钻井液典型技术应用文集

徐同台　刘雨晴　苏长明　孙金声　主编

石油工业出版社

内 容 提 要

本书分钻井液的研究与应用、钻井液工艺技术、复杂油井钻井液应用实例、特殊钻井液的研制与应用、钻井液技术在现场的应用五部分，共收录 150 余篇论文。内容涵盖了大量钻井液性能及其相关技术，具有较高的学术和实用价值。

本书可供石油钻井专业各级领导、工程技术人员、相关管理人员及大专院校师生参考使用。

图书在版编目（CIP）数据

钻井液典型技术应用文集/徐同台，刘雨晴，苏长明，孙金声主编 . —北京：石油工业出版社，2008.9
ISBN 978－7－5021－6431－7

Ⅰ. 钻…

Ⅱ. ①徐… ②刘… ③苏… ④孙…

Ⅲ. 钻井液－技术－文集

Ⅳ. TE254－53

中国版本图书馆 CIP 数据核字（2007）第 204347 号

出版发行：石油工业出版社（内部资料　注意保存）
　　　　　（北京安定门外安华里 2 区 1 号　　100011）
　　　　网　　址：www.petropub.com.cn
　　　　发行部：(010) 64523620
经　　销：全国新华书店
印　　刷：石油工业出版社印刷厂

2008 年 9 月第 1 版　2008 年 9 月第 1 次印刷
787×1092 毫米　开本：1/16　印张：64.25
字数：1643 千字　印数：1—2000 册

定价：210.00 元
（如出现印装质量问题，我社发行部负责调换）

钻井液典型实例分析

主　　编： 徐同台　刘雨晴　苏长明　孙金声

常务编委： 徐同台　刘雨晴　苏长明　孙金声　郭才轩　王文英
　　　　　　崔迎春　张孝远　鄢捷年　莫成孝　林喜斌

编委名单：（按姓氏笔划）

尹　达　王中华　王文英　王书琪　王权伟　王奎才
王悦坚　朱金智　任凤君　向兴金　刘天奎　刘占国
刘自明　刘进京　刘雨晴　刘　榆　关增臣　许登程
孙金声　苏长明　杨呈德　李　宁　李自立　肖红章
肖登林　邱正松　何　伦　何　涛　何振奎　汪世国
宋元森　张　斌　张孝远　陈永浩　林喜斌　周保中
侯万国　耿东士　耿晓光　莫成孝　贾　彪　徐同台
徐军献　徐国良　郭才轩　黄达权　崔迎春　崔茂荣
惠建西　童伏松　蒲晓林　鄢捷年

前　言

钻井液技术是油气钻井工程的重要组成部分，钻井液被称为钻井工程的"血液"，现代钻井技术的进步要求有更先进的钻井液技术来支撑。

几十年来，国内钻井液界围绕钻井工程不断出现的特点和难点，先后组织了国家级及公司级等各种层面的科研攻关，几代科研人员和工程技术人员孜孜不倦地努力求索，不断取得新的钻井液理论和实践成果，大力促进了石油工业的发展。

特别是近几年，随着油气勘探领域的扩展，钻井难度的增大，对钻井液技术提出了更高更新的要求，主要体现在四个方面：一是钻井液体系能有效适应复杂地层、高温高压等恶劣环境，防漏堵漏及保护油气层，以保证钻井安全及提高油气采收率和井产量；二是满足钻进探井时，地质录井对钻井液的特殊要求；三是满足保护生态环境需要的前提下，要求钻井液体系无毒、无污染；四是在有效解决钻井过程中各种井下复杂情况的前提下，简化钻井液体系，以降低钻井液成本。

围绕钻井工程对钻井液技术提出的以上要求，国内就钻井液理论进行了深入地研究，并进行了大量的施工实践，取得一些突破性的进展，即从机理研究、室内性能测试、技术优化到现场应用均得到一系列成果，其中有些成果形成的配套技术，已在现场应用中获得了良好的经济效益与社会效益。例如，最近研制成功的低损害钻井液、低侵入成膜封堵钻井液、弱凝胶无固相/无膨润土相钻井液、微泡钻井液、硬葡聚糖打开油层钻井液和充氮泡沫钻井液等一系列新型钻井液，为保护储层、增产增储提供了新的手段；又如，甲酸盐钻井液、合成基钻井液和水基深井钻井液等新型钻井液，满足了环保、稳定井壁和适应恶劣钻井环境的要求，推动了钻井技术的发展；有些技术引入了新的理念，如将纳米技术引入钻井液，或对钻井液中的一些关键处理剂利用纳米技术进行改性，有可能突破现有钻井液的技术瓶颈，有望在钻井液的抑制性、防塌、保护储层和提高钻速等方面实现新的突破。

该书编写的目的，就是力求比较全面地反映几十年来钻井液技术落后进步的成果。全书本着理论与实践相结合的原则、编辑尽量体现钻井液新技术和新成果，本着少而精、覆盖面广的精神，力求反映全国钻井液技术领域几十年的理论与实践精华，以及反映我国钻井液技术最新动态和研究水平。编写主要特点：针对国内油气田钻井过程中所面临的典型性难题，阐述解决问题的有关理论和实践事例，并特别注重理论与实践的相互联系。其中，深井重泥浆窄安全密度窗口钻井液技术、超低渗透钻井液技术、隔离膜与半透膜水基钻井液技术、深井超深井钻井液技术、聚多醇钻井液技术、微泡钻井液技术、空气泡沫钻井液技术、纳米技术在钻井液领域中的应用等，均是国内外钻井液研究的热点和新技术。本书具体内容分为储层保护、井壁稳定、防漏堵漏、解卡液、高温高压、井眼净化、抗盐抗钙、低密度、密封液和防腐等部分。

　　本书试图站在国内外钻井液技术发展前沿的高度来进行理论阐述和问题分析，对国内从事钻井液技术领域的科研人员及院校师生有一定的参考借鉴作用；本书重点总结了国内各油田在钻井液领域攻关课题中的成果和典型实例，有很强的实用价值，对工程技术人员拓宽钻井液现场处理思路，有效处置井下复杂情况有指导和借鉴作用。

　　限于编者的水平与时间，错误及欠妥之处，恳请读者批评指正。

编者

2007 年 12 月

目　录

钻井液的研究与应用

钻井液工艺技术

复杂油井钻井液应用实例

特殊钻井液的研制与应用

钻井液技术在现场的应用

钻井液的研究与应用

两性离子聚合物处理剂及其作用机理

潘世奎

（两性离子聚合物钻井液研究实验组）❶

摘　要　聚合物钻井液的抑制性和流变性能，都是通过聚合物链团（或链束）与黏土颗粒形成吸附层的包被作用和成网作用来实现的。由于其内在的诸方面因素制约，存在着维持钻井液体系的胶体稳定性与有效地抑制黏土水化分散间的矛盾。为此，提出了采用两性离子聚合物处理剂及其体系的新构思，并开发了两种两性离子聚合物新型处理剂，以其特有的结构特点，使其在具有较强抑制性的同时，又能起到改善钻井液性能的双重效果。

关键词　聚合物钻井液　聚合物　钻井液添加剂　流变性　抑制性　两性离子聚合物

广义地讲，凡是使用线性水溶性聚合物作为主要处理剂的钻井液体系都称为聚合物钻井液，它是为适应喷射钻井和优化钻井的要求而提出来的。几十年来，国内外聚合物钻井液发展的技术路线，主要具有下述两方面内容。一是从优化钻井液体系的组成、组分方面入手，以适应喷射钻井和优化钻井的要求，提出了控制固相含量及其分散度。二是从优化钻井液体系的流变性能入手，优选优配处理剂，以适应喷射钻井和优化钻井的要求，提出了优选钻井液流变参数，实现泵功率的合理分配。并从处理剂的分子结构、性能特点入手，研究其与上述两方面的关系，研制新型聚合物类处理剂，从而建立新的聚合物钻井液体系。

我国聚合物钻井液所用处理剂的发展也正是按照这一技术路线，由单一聚丙烯酰胺类发展到多种金属盐复配及多种单体聚合的共聚物、阳离子聚合物和两性离子聚合物；相应的聚合物钻井液体系也包括低固相聚合物钻井液、聚合物防塌钻井液、保护油气层的聚合物钻井液与完井液和聚合物深井钻井液。

一、聚合物钻井液研究中取得的主要成果

近年来，国外侧重于研究聚合物的抑制性作用机理，我国则在聚合物及其钻井液作用机理研究和聚合物类处理剂的应用研究方面取得了下述主要研究成果。

1. 空间网状结构

聚合物钻井液中存在着以聚合物分子链束与黏土粒子间相互作用而形成的空间网状结构。这种结构只需很少量的聚合物和黏土粒子，就可以达到很高的强度，并把大量的自由水束缚于网状结构中。而且，这种结构能随剪切作用的变化而发生可逆性作用，表现出与常规分散钻井液所不同的特性。

---

❶　两性离子聚合物钻井液研究实验组由中国石油勘探开发科学研究院油田化学所、西南石油学院、新疆、长庆、河南、四川、吐哈、华北及中原油田等单位联合组成，本文由西南石油学院李键、中国石油天然气总公司钻井局徐同台及华北石油管理局钻井工艺研究所陈乐亮执笔，西南石油学院罗平亚审核。

（1）具有良好的剪切稀释特性。能够满足喷射钻井和优化钻井技术的要求，这正是聚合物钻井液的一个重要技术特点。

（2）这种特有的结构，使聚合物钻井液的滤失特性与分散性钻井液不同，这是导致聚合物钻井液泥饼质量不好的原因所在。

（3）这种特有的结构，也使得聚合物钻井液的固相容量低，受固相（尤其是活性固相）侵污后，钻井液性能变化大。

（4）在静置条件下，钻井液的结构强度随时间增长和温度升高而不断增强。

因此，如何保持和控制聚合物钻井液的结构处于适当强度，并能充分发挥聚合物钻井液性能上的优势，尽量克服和避免这种结构带来的不利影响，成为聚合物钻井液应用技术中的一个基本内容。

2. 抑制性

研究与应用的实践证明，聚合物钻井液的抑制性是通过聚合物分子链束（链团）吸附在钻屑及井壁表面，形成的包被作用或产生高分子絮凝作用来实现的。

强抑制性是聚合物钻井液实现不分散的基础，也是能否保持泥页岩井段井壁稳定、抑制钻屑分散和减少油气层水敏性损害的关键。因此，如何增强并维持聚合物钻井液的强抑制性是聚合物钻井液应用技术中的又一基本内容。

二、聚合物钻井液存在的主要问题及原因分析

1. 存在的主要问题

在现场应用聚合物钻井液的实践中，也暴露出一些问题，尤其是在强造浆地层，它的技术优势不能明显发挥，出现下述主要问题：

（1）当聚合物钻井液的抑制能力不能有效地抑制地层造浆时，表现出它的黏土容量低，钻井液黏度和切力上升很快，最终导致无法维持钻井液体系的低固相；

（2）以现有增强钻井液抑制性的办法，常会导致难以维持钻井液体系的良好性能。调整钻井液的性能时所需的处理剂品种多、用量大，处理频繁，而且还不能实现钻井液体系在保持其强抑制能力的情况下，又能具有良好的流变性能与造壁性能。

（3）在强造浆井段常会出现需大量排放钻井液现象；

（4）强水敏性的井段井壁稳定性常出现问题；

（5）钻井液的静结构强，泥饼质量差。

这些技术问题的出现，使得聚合物钻井液体系的低固相无法保持，流变参数的优选也无法实现，大大地降低了聚合物钻井液对喷射钻井的适应能力。

2. 原因分析

初期的聚合物钻井液是建立在高分子聚合物的选择性絮凝的基础上的，即其抑制性是由聚合物的选择性絮凝作用提供的。然而，在实践中表明，高分子聚合物的选择性絮凝作用在现场往往是难以实现的。20世纪80年代以来，国外提出了聚合物的抑制机理是通过聚合物分子链吸附在钻屑颗粒和井壁表面，形成包被膜或吸附层，阻止和滞缓了水分子与黏土颗粒表面接触及向页岩晶层间的渗透，并减缓了钻屑因机械碰撞和机械剪切所引起的进一步破碎，防止钻屑颗粒再分散。

表 1　激光粒度仪的分析结果

聚　合　物		特性黏度 η	岩样粒径中值
种类	加量，%	mL/g	μm
PAM	0.3	1064.9	22.6
80A51	0.3	670.2	19.8
HPAM	0.3	301.6	14.3

（1）改善聚合物钻井液抑制性的通常方法及其局限性。

从聚合物抑制黏土水化分散的作用机理分析，改善抑制性的途径主要是从增强聚合物的吸附及包被能力，通常做法有以下几点：

①提高聚合物的相对分子质量（或有效链长）。聚合物的相对分子质量愈大，分子链愈长，则能尽可能多地包被钻屑颗粒，吸附牢固程度也愈大。表 1 反映了不同有效链长的聚合物与黏土作用后，黏土颗粒的粒径变化，图 1 为相对分子质量与回收率的关系。

②聚合物配合使用无机盐。无机盐的加入，既能增加聚合物在黏土表面的吸附量，又能提供金属阳离子降低黏土表面的 ζ 电位，从而显著降低黏土的水化能力，提高钻井液的抑制性。

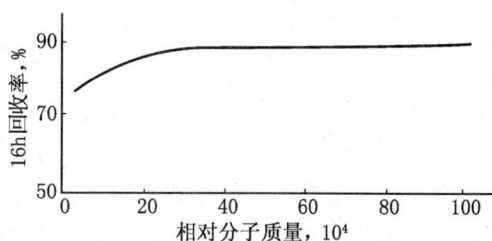

图 1　HPMA 相对分子质量与回收率的关系

③调整聚合物分子结构中吸附基团与水化基团的比例。增加聚合物分子链中吸附基团（如阴离子聚合物中的—CONH$_2$、—CN 等非离子基团及—OH 等极性官能团）的链节数，并引入增强聚合物链刚性的官能团，使聚合物链能处于较大的伸展状态，都能增强聚合物的抑制性。用有机阳离子基团作为吸附基团，则具有中和粘土表面电荷、降低 ζ 电位及增强聚合物链的包被作用，从而削弱了黏土的水化效应。

实践证明，聚合物钻井液经采取上述措施以后，虽然能起到明显的因提高抑制性而增强的防塌效果，但却给维持聚合物钻井液体系的性能良好和优化控制带来了困难，钻井液抑制性的增强是以牺牲钻井液的良好性能为代价取得的，钻井液的抑制性愈强，则钻井液性能变化的幅度往往也愈剧烈，维护处理也愈复杂。有关影响情况见图 2、图 3、图 4。

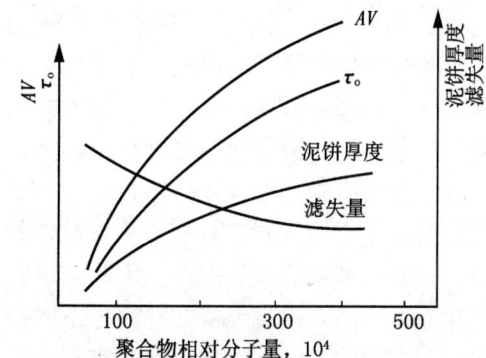

图 2　提高聚合物相对相对分子质量的影响

（2）产生上述局限性的原因：

①由聚合物钻井液的作用机理引起的。聚合物钻井液技术是建立在高分子聚合物通过吸附及桥联方式与黏土颗粒作用的，一方面是聚合物以链团或链束方式包裹粘土颗粒（即包被形式）；另一方面又以彼此桥联多个黏土颗粒（成网状或絮凝态），即是高分子聚合物的絮凝作用。聚合物的吸附、桥联作用能力愈强，则其包被、絮凝能力也愈强。表现出聚合物的包被作用与成网、絮凝作用的一致性，且互为因果关系。

图 5 是测定了几种聚合物在黏土表面的饱和

吸附量与相对应的钻井液结构强度间的关系，从一个侧面反映出增强吸附的同时，也增大了钻井液体系的结构强度。当出现水土分层，钻井液体系的胶体稳定性完全丧失，这是该聚合物成网、絮凝作用过强时的极端表现。

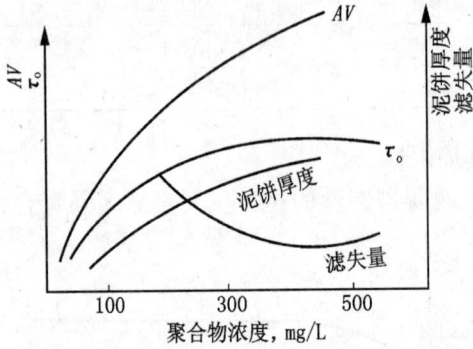

图 3　增加聚合物浓度的影响

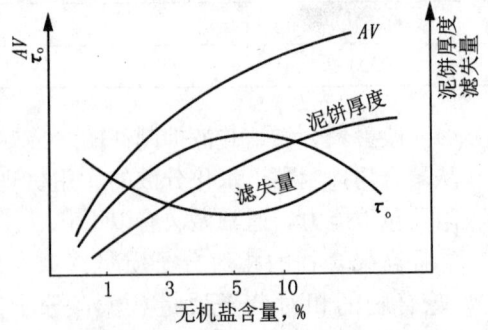

图 4　配合无机盐的影响

②因现有聚合物本身结构特点引起的。阴离子聚合物在黏土表面的吸附是依靠氢键和分子间引力。吸附键能低、吸附速度慢，则其吸附强度不高。由于黏土颗粒的平表面所带的负电荷与阴离子聚合物链上带的阴离子基团的电性斥力、使得聚合物链不能十分靠近黏土表面，这样就使得聚合物黏土颗粒的包被作用是不完整和不致密的。因此，国外有关研究人员认为：阴离子聚合物只是在一定程度上减缓了水化作用的进程。

③由现有聚合物钻井液体系的组成特点决定的。水基钻井液是以水为分散介质，黏土则为多级分散体系的分散相，钻井液性能的优劣取决于分散体系的胶体聚结稳定性。对黏土分散体系絮凝作用的增强，必然导致钻井液体系聚结稳定性的减弱甚至丧失，钻井液性能变坏。而聚合物钻井液体系是由高相对分子质量的（主体）聚合物和低相对分子质量的（辅助）聚合物组成的。低相对分子质量聚合物的功能是降滤失及降低黏度，使钻井液保持良好性能。但是，低相对分子质量聚合物是通过降低高相对分子质量聚合物的吸附和桥联能力，通过调整钻井液网状结构的强弱来实现对钻井液性能的控制，因此，在调整钻井液性能的同时，大都会减弱高相对分子质量聚合物的抑制性。

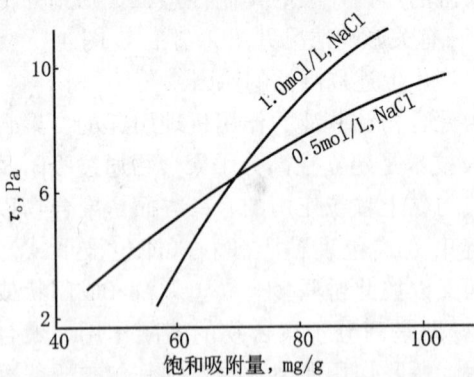

图 5　聚合物在不同盐浓度下在黏土
表面的饱和吸附量与钻井液结构强度的关系

综上所述，按现有聚合物类处理剂在钻井液中的作用机理分析，凡是增强钻井液抑制性的措施，都会增加钻井液体系中粘土颗粒的絮凝趋势，减弱钻井液体系的聚结稳定性，而且当抑制性增强愈多，絮凝趋势愈强，对钻井液性能的损害也愈大；按水基钻井液的作用机理分析，凡是改善钻井液性能的措施，都会提高钻井液体系中黏土颗粒的聚结稳定性，同时减弱了粘土颗粒的絮凝趋势，体系的抑制性必然削弱。因此，现有聚合物钻井液体系中，出现维持钻井液体系的胶体稳定性与有效地抑制粘土水化分散和实现地层稳定两者间的矛盾。

三、两性离子聚合物及其作用机理

1. 技术路线的提出

通过前述分析，欲想用现在聚合物类处理剂来解决聚合物钻井液体系所存在的矛盾是徒劳的，必须在对聚合物钻井液体系的作用机理深入研究的基础上，搞清聚合物分子结构与钻井液体系的抑制性、造壁性及流变性诸方面的内在关系及影响因素后，找出存在矛盾问题的根源，再运用分子设计的方法，研制出与现有阴离子（或阳离子）聚合物类处理剂作用机理不同的新一代聚合物类处理剂，能够满足在增强高分子聚合物抑制性的同时，其絮凝能力不增加或不增加过剧，即不能主要依靠聚合物的絮凝作用来提供对钻井液的抑制作用。在使用低相对分子质量处理剂（降粘剂及降滤失剂）来调整和改善钻井液性能时，不应降低甚至会增强钻井液体系的抑制性。

按照这一设想，提出了采用两性离子聚合物来解决这个矛盾。

两性离子聚合物（Amphoteric polymer）是在水溶液中能够同时离解带正电和负电基团的高分子聚合物及聚电解质。若将有机阳离子基团和有机阴离子基团同时引在同一分子链上，它在与黏土作用后，可能会具有下述特点：

（1）由于黏土粒子表面带负电荷，对两性离子聚合物中的有机阳离子基团能产生强烈的吸附，而且吸附得更快更牢固，故只需少量的阳离子基团，就可达到阴离子聚合物中需大量非离子极性吸附基团才能达到的吸附能力。与此同时，使两性离子聚合物分子链中可保持很高比例的阴离子水化基团，从而使其絮凝能力减弱，钻井液体系的聚结稳定性增强。

（2）阳离子基团在黏土颗粒表面吸附的结果，中和了黏土表面的负电荷，降低了 ζ 电位。

（3）两性离子聚合物所特有的分子结构，使其分子间更容易缔合，形成链束，并通过聚合物对黏土颗粒的强烈吸附，产生完整的包被作用。

（4）两性离子聚合物分子中拥有大量的水化基团，能在其周围形成致密的溶剂化层，阻止或延缓了水分子与黏土表面接触；另一方面，其大量水化基团可在黏土颗粒表面形成溶剂化层，又提供了对粘土颗粒的空间稳定作用，亦能达到减弱絮凝、稳定钻井液体系胶体稳定性的目的。这样就有可能利用两性离子聚合物自身分子结构的长处，来协调对钻井液体系的强抑制性和维持良好性能之间的关系，而且还能够与现有的钻井液体系及阴离子类聚合物处理剂相兼容。

基于上述技术路线，研制出子两性离子聚合物包被剂 FA367（高相对分子质量）及两性离子聚合物降粘剂 XY27（低相对分子质量）。

2. 两性离子聚合物包被剂 FA367 的性能特点及作用机理

（1）在粘土表面的吸附动力学规律。实验结果表明，FA367 达到吸附平衡时的时间较阴离子聚合物 80A51 和部分水解聚丙烯酰胺要短，而且吸附达到饱和时的吸附量也高（图 6），证实了两性离子聚合物对粘土颗粒表面的吸附速率快，吸附量大。

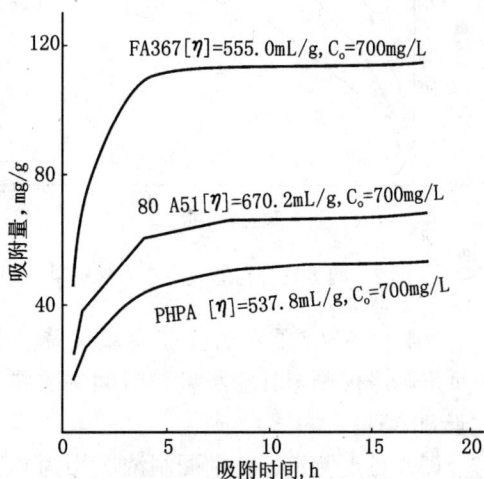

图 6 两类聚合物的吸附动力学结果

（2）吸附热力学规律。FA367 在膨润土粉表面的吸附量高于阴离子聚合物（图 7），而且还随着聚合物阳离子化度的提高，其吸附量增加。

若按 Langmuir 方程描述，以 C/Γ 对 C 来绘图，求得其饱和吸附量及吸附常数 K，计算出吸附自由能 $\Delta G = -RT\ln K$，结果见表 2。两性离子聚合物比阴离子聚合物具有更低的吸附自由能，证明了两性离子聚合物与黏土表面具有很强的键合能力，而阴离子聚合物的吸附自由能接近于氢键的自由能。

表 2　三种体系的热力学数据

吸　附　体　系	饱和吸附量，mg/g	吸附自由能 kJ/mol
FA367—膨润土	134.8	−69.8
80A51—膨润土	83.3	−15.6
HAPM—膨润土	75.6	−12.7

（3）FA367 对页岩的抑制能力。用页岩滚动回收率法评定了 FA367 和 80A51 对 1 号岩样（华北地区路 16 井馆陶组泥岩）和 2 号岩样（华北地区路 32 井明化镇组泥岩）的页岩滚动回收率，结果见表 3。实验结果表明：FA367 明显优于 80A51。

表 3　页岩回收率实验结果对比

处　理　剂		页岩回收率，%	
名称	浓度，%	1 号样	2 号样
清水		10.15	16.20
FA367	0.1	62.90	64.90
80A51	0.1	46.80	34.40

注：岩样均为 0.90mm 筛粒度。

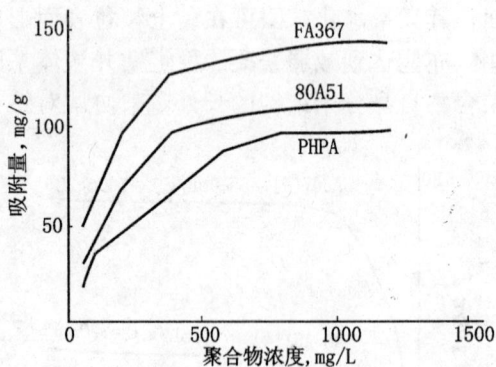

图 7　两类聚合物的吸附热力学结果

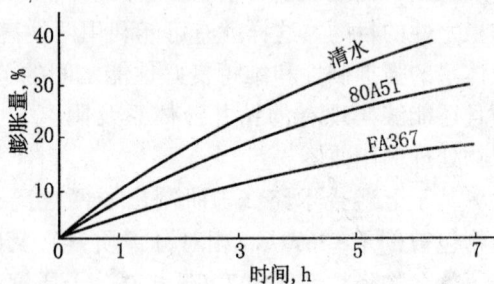

图 8　页岩在聚合物溶液中的膨胀曲线

（4）FA367 的页岩膨胀实验。分别配制浓度为 0.1% 的 FA367 和 80A51 的水溶液，用页岩膨胀仪测定其膨胀量与时间的关系，结果见图 8，FA367 的抑制页岩水化膨胀能力优于 80A51。

（5）粒度测定。分别配制浓度均为 0.3% 的 FA367 和 PAC141 水溶液，待膨润土（或岩粉）在该溶液中充分分散后，用激光粒度仪分别测定其粒径中值及比表面值，见表 4。数据表明，FA367 对安丘膨润土及岩屑的水化分散能力均优于 PAC141。

表 4　激光粒度仪测定数据对比

试验液配方	7.5％安丘土		7.5％泥岩粉	
	粒径中值，μm	比表面，m^2/g	粒径中值，μm	比表面，m^2/g
清水	4.4	153.14	11.6	59.4
0.3％PAC141 溶液	12.0	23.49	18.8	40.7
0.3％FA367 溶液	26.7	14.93	28.3	27.6

（6）两性离子聚合物钻井液性能特点。

①在淡水钻井液中的配浆性能见表 5。

表 5　FA367 在淡水钻井液中的配浆性能

钻井液组成	钻井液性能				
	AV	PV	YP	滤失量	pH 值
	mPa·s	mPa·s	Pa	mL	
基浆	11.5	4.0	7.5	30	10
基浆 + 0.1％FA367	32.0	15.0	17.0	11	10
基浆 + 0.2％FA367	39.0	16.0	23.0	10	10
基浆 + 0.3％FA367	54.5	21.0	33.5	9.5	10

②在盐水钻井液中的配浆性能。在含 15％膨润土的盐水钻井液（盐水组成为含氯化钠 45g/L、氯化钙 5g/L 及含 6 个结晶水的氯化镁 13g/L）中，加入不同量的主体聚合物 FA367，测定其钻井液的常规性能，见表 6。

表 6　FA367 在盐水钻井液中的配浆性能

钻井液组成	钻井液性能				
	AV	PV	YP	滤失量	pH 值
	mPa·s	mPa·s	Pa	mL	
基浆	5.0	3.5	1.5	65.0	9
基浆 + 0.5％FA367	22.5	20.5	2.0	6.0	9
基浆 + 0.7％FA367	36.0	25.5	11.0	6.0	9

③降低钻井液的水眼黏度。实验表明，在相同条件下 FA367 的水眼黏度比其它各种阴离子型主体聚合物低，使钻井液体系更易实现对流变参数的优选。

（7）两性离子聚合物包被剂 FA367 的作用机理。通过对 FA367 性能特点的研究，证实了它在钻井液中可能具有的作用机理，以图 9 来表示。

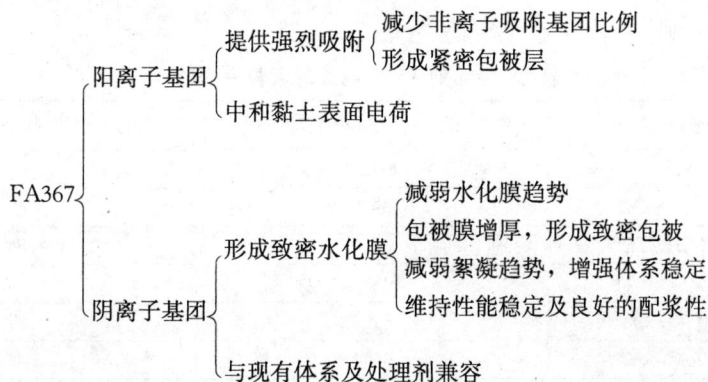

图 9　两性离子 FA367 作用机理

3. 两性离子聚合物降黏剂 XY27 的性能特点及其作用机理

两性离子聚合物降黏剂的研制目的是为解决现有的低相对分子质量聚合物降粘剂在降黏和调整性能的同时，都会不同程度地削弱钻井液体系的抑制性，导致维护处理中的恶性循环，又破坏了对钻井液体系流变参数的优选。

（1）性能特点。

①显著的降黏效果。在以含 4％膨润土并加入 0.3％PAC141 的基浆中，测定了 XY27 及其它阴离子型聚合物类降黏剂 XB－40、XA－20 的有关降粘效果见表7，XY27 的降黏效果明显优于阴离子类聚合物降黏剂。

表7 两类降黏剂的降粘效果对比

降黏剂	类型	XB－40			XA－20			XY27			基浆
	加量，％	0.1	0.2	0.4	0.1	0.2	0.4	0.1	0.2	0.4	
流变性能	$\phi 600$ 读值	59	23.5	21.5	24.5	24.5	24.5	23.5	20	18	89
	$\phi 300$ 读值	41	14	12.5	15	15	15	13.5	12.5	12	70.5
	AV mPa·s	29.5	11.8	10.8	12.3	12.3	12.3	11.8	10	9	44.5
	PV mPa·s	18	9.5	9.0	9.5	9.5	9.5	10	7.5	6	18.5

②增强体系的抑制性。测定了以 PAC141 为主体聚合物，并分别以 XB－40、NPAN、XA－20、PAC145 及 XY27 为辅助聚合物所复配的聚合物钻井液的毛细管吸吮时间（CST 值），见表8。两性离子聚合物降黏剂 XY27 能使钻井液体系的 CST 值降低，且降低幅度随降粘剂加量的增加而加快，表明了该类降黏剂的加入，使钻井液体系的抑制性进一步增强；而阴离子类聚合物降黏剂均会使钻井液体系的 CST 值升高。

表8 各种降黏剂对测试液 CST 值的影响

降黏剂类型	不同加量降黏剂的 CST 值，s		
	0	0.1％	0.2％
XB－40	229.9	478.4	513.3
NPAN	229.9	247.7	401.2
XA－20	229.9	478.5	536.1
PAC－145	229.9	753.4	1187.4
XT27	229.9	218.8	177.4

注：测试液配方为 15％岩粉＋0.1％PAC141＋0.5％KCl＋降黏剂。

页岩滚动回收率实验。实验表明，试验液中加入 XY27 后，页岩回收率明显提高，也就是使该体系的抑制性增强。有关实验见表9。

表9 降黏剂 XY27 对页岩回收率的影响

实验液配方	路16井馆陶组泥岩	路32井明化镇泥岩
0.1％FA367	62.9	64.9
0.1％FA367＋0.1％XY27	82.5	68.7
0.1％FA367＋0.3％XY27	86.2	81.0
0.1％80A51	48.6	34.4
0.1％80A51＋0.1％XY27	52.7	37.8
0.1％80A51＋0.3％XY27	66.1	46.8

页岩膨胀实验。实验液中加入 XY27 后，页岩膨胀量降低，有关测定结果见图 10。

激光粒度分析。按实验液配方对比了两类降黏剂添加后的粒径中值和比表面，其结果见表 10，XY27 对已被充分预水化的膨润土颗粒，基本保持其原有尺寸，对钻屑颗粒的分散度则趋降低。

表 10　激光粒度分析数据

实验液配方	粒径中值，μm	比表面，m^2/g
7.5%膨润土 + 清水	4.4	155.14
7.5%膨润土 + 0.4%XA - 40 + 清水	3.3	247.04
7.5%膨润土 + 0.4%XY27 + 清水	4.3	153.40
7.5%明化镇组泥岩粉 + 清水	11.6	59.40
7.5%明化镇组泥岩粉 + 0.4%XA - 40 + 清水	9.8	64.28
7.5%明化镇组泥岩粉 + 0.4%XY27 + 清水	13.7	53.53

③降低钻井液的水眼黏度。在含 3%膨润土浆中，分别用 FA367、80A51、FPK 及 PAC141 作预处理，再加入不同浓度的 XY27，测定其水眼黏度，结果见图 11，钻井液体系的水眼黏度随 XY27 加量的增加而明显降低。

（2）吸附特征

①吸附动力学规律。XY27 在膨润土表面的吸附量随时间的变化见图 12，两性离子聚合物降粘剂 XY27 较阴离子型聚合物降黏剂吸附达到平衡时所需的时间短，且吸附量更高，具有更快的吸附速度。

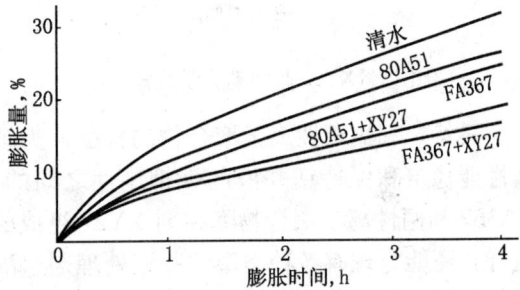

图 10　页岩在聚合物溶液中的膨胀曲线

②吸附热力学规律。XY27 在膨润土表面的吸附热力学规律见图 13，基本符合 Lang - muir 方程的规律。由吸附曲线计算出它在膨润土表面吸附自由能 $\Delta G_0 = -81.8kJ/mol$，其数值低于两性离子聚合物包被剂 FA367。据此，XY27 能够优先吸附于黏土表面，并阻碍大分子的吸附，从而起到降黏效果。同时，在研究中还发现，若将 FA367 与 XY27 中的阳离子基团互相对换，则 XY27 就不再具有降黏效果了。由此进一步证实，XY27 是以优先吸附，并拆散钻井液体系的内部结构而发挥其降黏效能的。

③作用机理。两性离子聚合物 XY27 在分子链中引入了阳离子基团，故它能在粘土颗粒上更快更牢地吸附，它的分子链中能够拥有更多的水化基团，还由于其特有的结构，能使其与大分子聚合物间的交联（或络合）的机会增

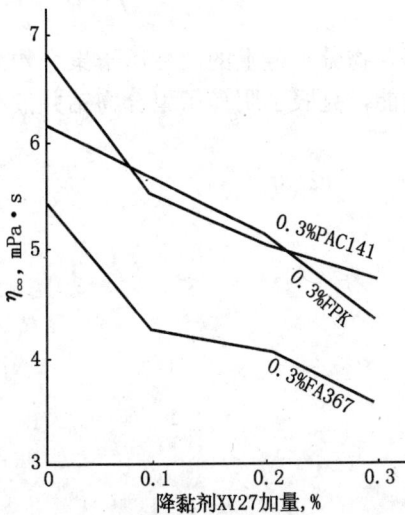

图 11　XY27 对 4 种钻井液水眼黏度的影响

加，从而取得较好的降黏效果。

XY27分子链中的有机阳离子基团通过静电作用吸附于黏土表面，一方面起到中和黏土表面负电荷，减弱黏土的水化趋势，起到增强抑制作用的效果；另一方面是它的这种特殊分子结构，使聚合物链间更容易发生缔合，从而能在具有较低相对分子质量的时候，仍能对黏土颗粒实现包被，不会减弱体系的抑制性。

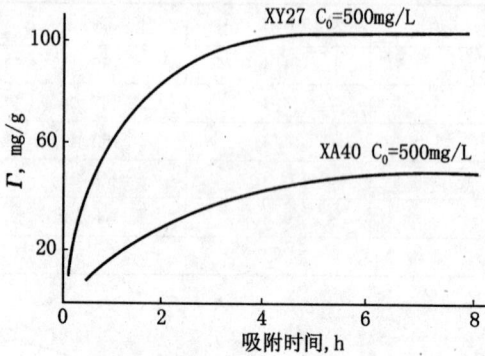

图 12　XY27 吸附动力学规律

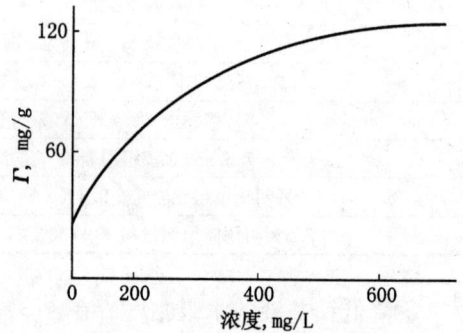

图 13　XY27 吸附热力学规律

显然，利用两性离子聚合物的特征，为解决常规聚合物钻井液体系中存在的维护钻井液性能稳定和保持钻井液的强抑制性之间的矛盾提供了途径。以两性离子聚合物包被剂FA367和两性离子聚合物降黏剂XY27组成的两性离子聚合物钻井液体系，除具备上述特点外，还能与现有各种类型钻井液处理剂组配，更好地满足地质条件要求和适应钻井工艺条件，具有很广阔的适应性和使用范围。

四、小　　结

（1）阴离子聚合物钻井液体系所存在的技术问题是由其阴离子型聚合物本身分子结构特点及其钻井液体系组成特点和作用机理所决定的。

（2）将有机阳离子基团与阴离子基团同时引入聚合物分子链上的两性离子聚合物既具有较强的抑制作用，又具有改善钻井液性能的双重效能，克服了阴离子聚合物钻井液存在的技术缺陷。

两性离子聚合物钻井液的研究与应用

潘世奎

（两性离子聚合物钻井液研究实验组）●

摘 要 依据两性离子聚合物处理剂及其作用机理的研究，开发出了以两性离子聚合物包被剂 FA367 及降粘剂 XY27 为主体、其他种类的辅助处理剂为配合、满足不同类型地层特点和钻井工程要求的 4 种钻井液体系，即两性离子聚合物无固相钻井液、两性离子聚合物低固相钻井液、两性离子聚磺钻井液及两性离子聚合物完井液。这 4 种类型钻井液先后在 15 个油田推广，在增强钻井液体系的抑制性，控制地层造浆、保持钻井液的低固相含量，防止井塌实现井壁稳定，降低井径扩大率，防止事故和减少井下复杂情况的发生，改善钻井液流变性，充分发挥喷射钻井效益，提高钻井速度及保护油气层等方面，都见到了显著效果。

关键词 聚合物钻井液 两性离子聚合物 钻井液添加剂 流变性 抑制性

一、两性离子聚合物无固相钻井液

这类钻井液通常用来钻地层倾角小、层理与裂缝不十分发育、地层较稳定的正常压力梯度条件的浅井或中深井段的软泥岩与砂岩互层。为了适应优化钻井，能安全、快速、高效地钻穿该段地层钻井液除了具有强的抑制钻屑水化、分散并有效地聚沉钻屑的能力，保持钻井液体系无固相，还应具有良好的流变性及极低的水眼黏度值，并能很容易地转化为低固相聚合物钻井液或分散型钻井液，以满足下部井段钻进的要求。

钻井液组成：清水 + 0.1%～0.3%FA367 + 0.1%CaCl₂ 或再配合使用 0.1%～0.3%的 PAC141（或等量 PHP）。性能：密度为 1.0～1.05g/cm³；漏斗黏度为 16～18s；塑性黏度为 1.0～2.0mPa·s；水眼黏度为 1.0～2.0mPa·s；动切力为 0.5～1.5Pa；pH 值为 7。

1. 钻井液抑制性效果

用长庆油田延长组泥页岩样进行滚动回收率实验及膨胀率实验，其结果分别见表 1 和表 2。

表 1 线性膨胀率实验结果

FA367 加量,%	0	0.05	0.1	0.2
24h 膨胀率,%	41.6	19.6	16.9	15.7

● 两性离子聚合物钻井液研究实验组由北京石油勘探开发科学研究院油田化学所、西南石油学院、新疆、长庆、河南、四川、吐哈、华北及中原油田等单位联合组成，本文由西南石油学院李键、中国石油天然气总公司钻井局徐同台及华北石油管理局钻井工艺研究所陈乐亮执笔，西南石油学院罗平亚审核。

表2 滚动回收率实验结果

FA367 加量,%		0	0.1	0.3	0.5	0.7	1.0
CaCl$_2$ 加量,%	类别	回收率,%					
0	一次回收率	27.6	89	92	93	93.5	94.5
0	清水二次回收率		56	63	87	90.5	91.5
0.1	清水二次回收率		85	91			

2. 流变性实验

FA367 与 CaCl$_2$ 所组配的两性离子聚合物无固相泥浆,具有极低的水眼黏度及一定的塑性黏度和动切力,见表3。如果钻进过程中仍需提高塑性黏度和动切力时,可加入 PAC141,此时该体系仍能维持较低的水眼黏度。

表3 流变性能实验结果

体系配方	漏斗黏度 s	表观黏度 mPa·s	塑性黏度 mPa·s	动切力 Pa	水眼黏度 mPa·s
水 + 0.1%FA367	15.8	1.5	1.0	0.5	1.07
水 + 0.1%FA367 + 0.1%CaCl$_2$	16	1.5	1.0	0.5	1.07
水 + 0.1%FA367 + 0.1%CaCl$_2$ + 0.1%PAC141	17	3.0	2.5	0.5	1.95
水 + 0.3%FA367	18	3.0	2.5	0.25	1.53
水 + 0.3%FA367 + 0.1%CaCl$_2$	18.5	2.75	2.0	0.75	1.31

3. 配制与维护处理

配制两性离子聚合物无固相钻井液时,是在二开用清水钻穿水泥塞后,在清水中加入 0.1%~0.3%FA367 及 0.1%CaCl$_2$,并根据实钻时钻速的快慢,采用等浓度方式补充聚合物胶液来维护。如果钻遇易塌地层,可增大 FA367 的加量,也可适当加入 PAC141 或 PHP 提粘。

4. 配套的工程技术措施

两性离子聚合物无固相钻井液应与正确的工程技术措施相配合,才能取得更好的成效。一是要选择合适的上返速度,确保有效地携带岩屑。ϕ311mm 井眼的环空返速不应低于 0.6m/s,ϕ215mm 及 ϕ245mm 的井眼环空返速应大于 1.0m/s。二是起钻前要充分循环钻井液,或注入 15~25m^3 高黏度携屑液。三是必须认真搞好固控,以便有效地沉除钻屑。

长庆油田采用两性离子聚合物无固相钻井液体系后,能有效地抑制钻屑分散、絮凝钻屑、稳定井壁,解决了靖边地区延长组的阻卡、拔活塞及长井段倒划眼等井下复杂情况。

二、两性离子聚合物低固相钻井液

该类钻井液常用来钻层理与裂隙不十分发育、地层倾角较小及粘土含量较高的地层。粘土矿物组成可以是蒙脱石或无序伊蒙混层为主、有序伊蒙混层为主及伊利石、绿泥石、高岭石为主的粘土矿物地层泥页岩。地层的水化分散性从弱分散到强分散。

为适应优化钻井和喷射钻井的要求,此类钻井液应具有下述特性。

(1)强的抑制性。能有效地包被钻屑并控制地层造浆,稳定井壁,防止地层缩径与坍塌，并保持泥浆的低固相。

（2）在较低的膨润土含量下，具有能满足优化钻井所需的环空有效黏度、切力，具有低的水眼黏度。

（3）滤失量易于调节控制，泥饼质量好。

（4）该体系较容易转化，以适应深井和钻井工艺的要求。

两性离子聚合物低固相钻井液的组成为：3％～4％膨润土＋0.1％～0.3％FA367＋0.05％～0.2％XY27＋0.1％～0.2％NH₄PAN（或用等量的 HPAN、JT41、JT888），也可配合使用磺化沥青、超细碳酸钙等改善泥饼质量的处理剂。

1. 钻井液体系抑制性特点

对该体系在不同地区、不同矿物组分的泥岩所进行的分散与膨胀试验的有关结果见表4。该体系对以蒙脱石或无序伊蒙混层为主的泥岩及以有序伊蒙混层为主的强、中等分散地层，均有较强的抑制作用，抑制性效果见表4。

表4　钻井液体系的抑制性效果

油田	区块	层位	井深 m	泥岩中粘土矿物相对含量，％						处理剂加量 ％		收率 (80℃/16h) ％	线膨胀量 (8h) mm
				蒙脱石	伊蒙混层		伊利石	高岭石	绿泥石	FA367	XY27		
					无序	蒙脱石							
华北	留路	明化镇	1788	80		70	3	11	6	0	0	10.1	—
										0.2	0.1	84.5	—
										0.2	0.3	82.0	—
		馆陶	1427	76		70	5	13	6	0	0	16.2	1.2
										0.1	0.1	75.0	0.52
										0.2	0.1	78.3	—
吐哈	鄯善	齐古	2693		50	72	26		24	0	0	33.0	2.0
										0.1	0.2	89.3	1.5
		七克台	2786		25	43	32	28	15	0	0	56.0	3.8
										0.1	0.2	96.0	2.7

2. 钻井液体系的流变性特征

该钻井液体系 FA367 加量为 0.1％～0.2％，并配合 0.05％～0.1％的 XY27 时，钻井液就能获得良好的剪切稀释特性，见表5。

表5　钻井液体系的性能

加量，％		表观黏度 mPa·s	塑性黏度 mPa·s	水眼黏度 mPa·s	动切力 Pa	剪切刀 Pa	滤失量 mL
FA367	XY27						
0.1	0	21	12.4	5.27	9.1	5.30	9.0
0.1	0.05	7.5	4.3	4.48	0.7	0.21	12.5
0.1	0.1	5	4.7	4.32	0.37	0.04	12.5
0.1	0.2	4.5	4.1	3.42	0.45	0.07	13.0
0.2	0.05	12.5	10.7	7.80	1.9	0.55	7.0
0.2	0.1	11	9.9	6.40	3.2	0.20	7.5

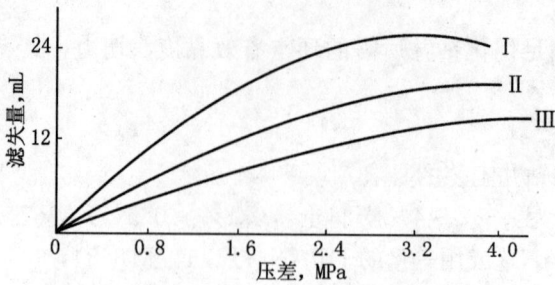

图 1 压差对两性离子聚合物泥浆的影响

Ⅰ：4％预水化膨润土浆 + 0.2％FA367 + 0.05％XY27 + 0.2％
JT41；Ⅱ：4％预水化膨润土浆 + 0.2％FA367 + 0.05％XY27
+ 0.2％JT41 + 2％HL－1；Ⅲ：5％预水化

膨润土浆 + 5％NaHm + 0.3％LV－CMC + 0.3％CaCl₂

3. 钻井液体系的造壁性

当配浆水矿化度较高或钻至中深井段时，对钻井液的造壁性及泥饼质量要求较高，除使用 FA367 和 XY27 之外，还可配合两性离子聚合物降滤失剂 JT41 或 JT888，也可使用水解聚丙烯腈铵盐（或钠盐）及磺化沥青等。尤其是超细碳酸钙及磺化沥青类产品中的细小颗粒，可填充在聚合物与粘土形成的网状结构孔隙中，降低了泥饼的渗透率，改善了泥饼的可压缩性，见表6及图1。

表6 超细碳酸钙或磺化沥青对泥饼质量的影响

钻井液配方	滤失量，mL			岩心动滤失量，mL	
	0.5min	总滤失量	泥饼在清水中的滤失量	1.5min	总滤失量
基浆	4.0	15	7	0.8	2.9
基浆 + 1％超细碳酸钙	3.5	14	7	0.7	2.3
基浆 + 3％超细碳酸钙	2.5	9	5.5	0.45	1.8
基浆 + 1％磺化沥青	4.0	13	6	0.7	1.9
基浆 + 3％磺化沥青	2.5	10	5	0.55	1.9
基浆 + 3％磺化沥青 + 3％超细碳酸钙	1.0	6	3.8	0.3	1.3

注：基浆配方：4％膨润土 + 2％纯碱 + 0.2％FA367 + 0.3％NPAN。

4. 易于加重的特点

两性离子聚合物低固相钻井液比分散钻井液具有在更低的黏度和切力下悬浮重晶石的能力，有关结果见表7。表中基浆组成为 4％膨润土 + 0.2％FA367 + 0.05％XY27 + 0.2％JT41。

表7 两性离子聚合物低固相钻井液加重前后性能对比

钻井液组成	密度 g/cm³	黏度 s	滤失量 mL	泥饼 mm	初切 Pa	终切 Pa	水眼黏度 mPa·s	剪切稀释指数	pH值
基浆	1.03	25	11.5	0.5	1.5	10	6.2	67	9.5
基浆 + 25％重晶石	1.20	26	8	0.5	1.5	10	13	162	9.5
基浆 + 56％重晶石	1.40	27	7.6	0.5	1	8	18.7	420	9.5

5. 两性离子聚合物低固相钻井液组成与配方的规律性认识

（1）以无序伊蒙混层为主其层理和裂缝不发育的中等分散程度的地层，其钻井液配方可采用 4％膨润土浆 + 0.2％FA367 + 0.02％～0.05％XY27，在进入中深井段时，加入 1％～2％磺化沥青类产品改善泥饼质量。当用咸水配浆时，可补充 0.2％～0.5％中分子聚合物作为降滤失剂。

（2）对以有序伊蒙混层为主、其层理和裂缝不发育的中等分散程度的中深井地层，可采用 4％膨润土浆 + 0.1％～0.3％FA367 + 0.05％～0.15％XY27 + 1％～3％磺化沥青（或

0.1%～0.5%中分子聚合物）的配方。

（3）对以大段无序伊蒙混层为主的层理和裂缝不发育的强分散易膨胀的软地层，如果钻井用水为淡水时，可采用4%膨润土浆＋0.2%～0.3%FA367＋0.1%～0.2%XY27的配方。

（4）对由伊利石、绿泥石与高岭石组成的层理和裂缝不发育的强分散软地层，如果采用大于ϕ311mm钻头，则用4%膨润土＋0.4%～0.5%FA367＋0.1%～0.2%XY27钻进，待进入中深井段时，加入中分子聚合物降滤失剂、1%～3%磺化沥青类产品及0.5%～1%润滑剂。

（5）对于上部为胶结性差的砂、砾石层，则先用8%～10%膨润土浆＋0.05%～0.1%FA367，待钻穿该层进入以无序伊蒙混层为主层理和裂缝不发育的强分散软地层时，则将该泥浆的膨润土含量逐渐稀释至4%左右，然后按（3）处理。

两性离子聚合物低固相钻井液的配制。通常采用下述两种方法。一种是在第一次开钻前先配好预水化膨润土浆，第二次开钻时先将其稀释至膨润土含量为4%，然后再按配方要求加入FA367和XY27及其他处理剂，如发现黏度过高，可适当增加XY27的量。另一种方法是，如果上部地层使用无固相聚合物钻井液钻进，则可直接加入预水化膨润土浆，使其膨润土含量达4%左右后，再依据地层特点和工程要求补充FA367及XY27和其他处理剂，使其组分及性能达到设计的要求。现场配浆时，应将FA367配成胶液使用。

三、两性离子聚磺钻井液

两性离子聚磺钻井液主要是用来钻层理和裂缝发育的易塌地层和深井。因此，该类钻井液必须满足下述要求。

（1）强的抑制性，能有效地抑制井壁或钻屑的水化、膨胀及分散，稳定井壁，防止坍塌。

（2）具有有效地封堵层理、裂隙的能力，较低的高温高压滤失量，泥饼薄而致密，可压缩性好，渗透率低。

（3）具有满足优化钻进所需的流变性能，良好的剪切稀释性，环空速梯下有适当的有效黏度，低的钻头水眼黏度，既能有效地携带和悬浮岩屑，又有利于机械钻速的提高。

（4）良好的热稳定性。

（5）易于加重，且加重钻井液应具有良好且稳定的性能。

（6）配方简单、易于维护。

1. 两性离子聚磺钻井液的组成

该体系一般由FA367、XY27、磺化酚醛树脂类产品及水解聚丙烯腈铵盐（或钠盐）及磺化沥青类产品组成，必要时可加入氯化钾或有机小阳离子聚合物来增强钻井液的抑制性。

由于我国大部分地区的坍塌泥页岩均属易水化的无序或有序伊蒙混层，且塌层又处于中深井段，此时钻井液中固相含量偏高，若继续使用大量大分子聚合物类包被剂来改善钻井液的抑制性，可能使流变性变差，性能不易调整，泥饼质量差。因此，在两性离子聚磺钻井液体系中，应增加XY27的用量，这不仅能够起到调整流变性的效果，还能增强抑制作用。两性离子聚磺钻井液保持了强的抑制性，使其在高密度的情况下，仍能保持良好的稳定性和钻井液性能，见表8。

表 8　两性离子聚磺钻井液热稳定性试验

钻井液配方	密度 g/cm³	滤失量 mL	泥饼 mm	黏度, s	视黏度 mPa·s	塑性黏度 mPa·s	动切力 Pa	初切 Pa	终切 Pa	pH 值
Ⅰ	1.89	12	2	34.5	48	44	4	1.5	12.5	10
150℃恒温 24h 后	1.89	15	8	40	68	44	24	10	19.5	9.5
150℃恒温 48h 后	1.89	10	4	42	46	34	12	8	21.5	9.5
150℃恒温 72h 后	1.89	9	4	38	46	34	12	9	20	9.5

注：FRH 为钻井液润滑剂；Ⅰ配方：3%膨润土浆 + 0.1%FA367 + 0.05%XY27 + 0.3%SMP + 3%FRH + 重晶石。

2. 两性离子聚磺钻井液配方选择原则

（1）除了选用 FA367、XY27 作为抑制剂外，还可以加入小阳离子聚合物、氯化钾或石灰等，进一步提高钻井液的抑制性。

（2）对于存在无序伊蒙混层或有序伊蒙混层的中等分散度坍塌层，应坚持加入 0.1% 以上的 FA367，并同时增大 XY27 加量至 0.2%～0.5%。

（3）对以伊利石、高岭石、绿泥石等弱水敏性矿物为主的深部地层泥岩，可增大 FA367 的加量，降低 XY27 的加量，两者比例可为 1∶（0.5～0.2）。

（4）必须加入 1%～3% 磺化沥青与磺化酚醛树脂类产品来改善泥饼质量，提高对层理和裂隙的封堵能力。随着地层层理和裂隙发育程度的加剧，应提高这两类处理剂的加量。使用的沥青其软化点应高于所钻地层的井温，且应将加量一次加足，以确保封堵效果。

（5）如果用该体系钻定向井或使用 PDC 钻头时，应在钻井液中加入润滑剂或混油。

两性离子聚磺钻井液的维护处理。该体系钻井液通常由两性离子聚合物低固相钻井液转化而成，必须在进入预计坍塌层前 50m 处（或进入深井段前）完成。转化前应先降低钻井液中的固相含量，依据所确定的配方，将各处理剂加够，使钻井液的各项常规性能及抑制性、封堵性、热稳定性及润滑性均达到要求。转化完成以后，采用等浓度维护处理的原则，钻进时必须用好固控设备。

四、适用于钻开储集层的两性离子聚合物完井液

两性离子聚合物所具有的强抑制特性，能够实现对储层中粘土矿物的水化、分散和运移的有效抑制，还能实现在钻开储层时使钻井液具有更低的密度及低固相含量，如再配合使用与储层孔喉相匹配的架桥粒子（如超细碳酸钙）、可变形的填充粒子（磺化沥青类的产品），在近井壁处形成"屏蔽"暂堵带，能有效地阻止钻井液滤液和固相颗粒的侵入，达到保护储层的目的。

现以新疆夏子街油田为例，来研究用于钻开储层的两性离子聚合物完井液的效果。

夏子街油层的压力系数低，属低压低渗非均质油层，泥质含量达 18%～22%，油层胶结致密，孔隙度为 15%～21%，变化较大，渗透率由 0.1763～5.577mD，变化甚大，储层水敏性渗透率损失可达 71.25%，属强水敏性。

对该储层采用两性离子聚合物完井液，并配合屏蔽暂堵技术（用粒度与储层相匹配的易酸溶的重质碳酸钙调整密度）方案。完井液的组成为 4%膨润土 + 0.2%FA367 + 0.5%NPAN + 3%碳化沥青 + 3%超细碳酸钙 + 1%重质碳酸钙 + 0.1%ABSN + 10%原油。其性能为：密度 1.05～1.10g/cm³，漏斗黏度 40～60s，滤失量 2～5mL，泥饼 0.5mm 塑性黏度 15～20mPa·s，岩屑回收率可达 93%，渗透率恢复值均高于其他类型完井液，见表 9。

表 9　各种完井液的岩心渗透率恢复值

完井液类型	原始渗透率 mD	最终渗透率 mD	渗透率恢复值 %
普通水包油完井液	0.5046	0.215	42.66
OF-1 水包油完井液	1.812	0.837	47.32
屏蔽暂堵两性离子聚合物水包油完井液	3.142	2.47	78.63

两性离子聚合物完井液的维护要点有以下几个方面。

（1）依据地层特点选择 FA367、XY27 及其他各种处理剂的加量，使完井液具有强的抑制性、良好的流变性与造壁性，其滤液性质与地层流体不发生沉淀。

（2）超细碳酸钙的纯度应超过 98％，其粒径应与储层孔喉相匹配。

（3）沥青类产品的软化点应高于储层温度，其粒径应与储层孔喉相匹配。

（4）超细碳酸钙粉与沥青类产品间的配合比例及加量应依据储层孔喉等特点通过试验来确定。

五、两性离子聚合物钻井液的现场应用效果

两性离子聚合物钻井液先后在全国 15 个油田推广应用，形成了两性离子无固相聚合物钻井液、两性离子低固相聚合物钻井液、两性离子聚磺钻井液及两性离子聚合物完井液等 4 种钻井液体系，共钻井 3000 多口，钻井液密度 $1.0 \sim 2.42 g/cm^3$，矿化度从淡水至 $10 \times 10^4 mg/L$，最深钻达 5700m，并相继在一些复杂地区打成了一批高难度的井，主要应用效果有以下几点。

1. 具有很强的抑制性，有效地抑制了地层造浆，实现了井壁稳定

（1）用两性离子聚合物无固相钻井液钻地层倾角小、层理裂缝不发育、正常压力梯度、中等分散软泥岩和砂岩地层，能有效地抑制钻屑分散，絮凝钻屑，稳定井壁。长庆油田采用该体系后，解决了靖边地区延长组遇阻卡、拔活塞和大段倒划眼等井下复杂情况。

（2）有效地抑制强分散软泥岩的地层造浆，大幅度降低了外排钻井液量，保持了钻井液性能的优质稳定。在相同正常压力的造浆井段钻进时，使用两性离子聚合物低固相钻井液的密度要比阴离子聚合物钻井液低。四川地区在红色泥岩井段的造浆得到了控制，在相同固控设备和钻井措施条件下，钻井液密度的上升幅度及处理剂消耗量都明显降低。吐哈油田及南阳油田均降低了钻井液的外排量，分别从 $400 \sim 600 m^3$ 和 $300 m^3$ 降低至无钻井液外排。新疆油田各区块的外排钻井液量亦大幅度降低，对比情况见表 10。

表 10　不同钻井液类型钻井液外排量对比

区块	平均井深 m	钻井液密度 g/cm³	钻井液类型	井数 口	外排钻井液 m³	外排降低率 %
七区	1066	1.10~1.90	两性离子聚合物	20	35	41.7
			阴离子聚合物	31	60	—
夏子街	1925	1.05~1.10	两性离子聚合物	98	86	28.3
			阴离子聚合物	19	120	—
百口泉	2038		两性离子聚合物	15	80	52.9
			阴离子聚合物	20	170	—

（3）使用两性离子聚合物钻井液，能提高钻井液体系的粘土容量，特别是在中深井和深井段钻高压层，使用较高的钻井液密度时，仍能保持较低的黏度，钻井液性能稳定，使用的处理剂品种也减少。新疆油田安 4 井，采用两性离子聚合物氯化钾钻井液，密度高达 2.42g/cm³ 时，钻井液仍维持良好性能，漏斗黏度 70～80s，滤失量 3mL，初切 15.5Pa，终切 29.5Pa，塑性黏度 54mPa·s，动切力 21Pa。四川川西南矿区的灵 6 井，位于川中—川南过渡带，钻至嘉陵江组和阳新统异常高压层，钻井液密度增至 1.80～1.90g/cm³，采用两性离子聚磺钻井液，漏斗黏度仅为 28～24s，全井只用 9 种处理剂；与此相近的灵 2 及灵 4 井使用的是三磺钻井液，在相同密度下钻井液的漏斗黏度为 50～120s，全井使用了 19 种处理剂。

（4）使用两性离子聚磺钻井液后，对层理和裂缝发育的地层，能有效地稳定井壁，防止井塌，降低了井径扩大率，减少了井下复杂情况，提高了电测的一次成功率。据统计，长庆、新疆和中原油田，两性离子聚磺钻井液所钻的井，其电测一次成功率较三磺钻井液的井提高 20%～30%。

使用两性离子聚磺钻井液还钻穿了一些极易坍塌的复杂地层。例如塔里木的侏罗系、三迭系和石炭系的泥岩，吐哈鄯善构造的七克台、西山窑组的泥岩，华北油田的馆陶组和沙河街组泥岩，特别是在地质情况极其复杂的准噶尔盆地南缘，采用该体系钻井液顺利钻穿了 E-32 强水敏坍塌层，相继在该地区打成了 4 口探井，结束了自 50 年代以来在该区没有钻成一口井的历史。尤其是该类钻井液具有较好的热稳定性，钻成了一批深井。例如新疆准噶尔盆地腹部沙漠钻成一口难度较大的井深为 5300m 的盆参二井，在塔里木顺利钻成深达 5700m 的 BS-1 井。

2. 更好的适应优化钻井所要求的钻井液流变参数，促进了钻井速度的提高

两性离子聚合物钻井液比阴离子聚合物钻井液具有更好的适应优化钻井的能力，优良的流变性能有利于水功率的充分发挥。两性离子聚合物钻井液更易实现和保持钻井液的低固相，具有更低的水眼黏度，表 11 列出了一些油田两种体系钻井液的水眼黏度资料。

表 11　两种钻井液的水眼黏度对比

钻井液类型	有关油田钻井液的水眼黏度，mPa·s						
	新疆	长庆	中原	吐哈	四川	华北	河南
阴离子聚合物钻井液	16.57	3.89	10.0	10～13	9.25	14	5.46
两性离子聚合物钻井液	8.55	2.44	7.0	5～8	6.6	12	5.10
降低值	8.02	1.45	3.0	5	2.65	2	0.36

根据新疆、长庆、中原、吐哈、四川及华北等 6 个油田在不同区块使用两性离子聚合物钻井液与使用阴离子聚合物钻井液的井的相比，机械钻速平均可提高 8%～25%。四川石油管理局在灵普寺构造的灵 6 井，使用密度为 1.80～1.90g/cm³ 的两性离子聚磺钻井液的机械钻速较使用三磺钻井液的灵 2 井、灵 4 井平均提高 0.54m/h（加重钻井液井段），而这三口井的工程技术措施及地质情况基本相同。两性离子聚磺钻井液为四川地区加重钻井液钻进提高机械钻速提供了一条途径。在新疆油田，还成功地使用两性离子聚合物钻井液顺利钻成了一口井深 1097m、垂深 984.2m、水平段长达 505.17m 的水平井。

3. 减少对油气层的损害，提高油井的产量

两性离子聚合物钻井液具有强抑制性，有效地抑制了储层中粘土矿物的水化膨胀，在较低膨润土含量下与超细碳酸钙和磺化沥青相配合形成的"屏蔽暂堵"效果，有效地减少了对油气层的损害。新疆夏子街油田采用两性离子聚合物水包油屏蔽暂堵钻井液钻油层，据已投产的 21 口井统计，平均日产量 24.04t，平均采油强度 1.2125t/（d·m），而采用常规水包油钻井液已投产的 9 口井，平均日产量 16.55t，平均采油强度为 0.804t/（d·m）。

超低渗透钻井液完井液技术研究与应用[❶]

孙金声[1] 张家栋[2] 黄达权[3] 白相双[4] 王宝田[5] 刘雨晴[1]
（1. 中国石油勘探开发研究院；2. 辽河油田钻井二公司；
3. 港油田钻井泥浆公司；4. 吉林油田钻井研究院；
5. 胜利油田钻井液泥浆公司）

摘　要　本文介绍了零滤失井眼稳定剂及超低渗透钻井液完井液组成、超低渗透钻井液完井液技术的独特的技术与作用机理、新颖的测试滤失量实验方法。在水基、油基钻井液中加入一定量的零滤失井眼稳定剂可以形成超低渗透钻井液完井液。实验结果表明，超低渗透钻井液封堵隔层承压能力强，能提高漏失压力和破裂压力梯度，相当于扩大了安全密度窗口；在储层井段使用能有效保护储层，大幅度提高采收率，储层渗透率恢复值大于95％。

关键词　超低渗透钻井液　砂床滤失量　岩心承压能力　岩心滤失量　储层损害

随着油气勘探开发领域的不断扩展，钻井过程中遇到的地层越来越复杂，在钻遇压力衰竭地层、裂缝发育地层、破碎或弱胶结性地层、低渗储层以及深井长裸眼大段复杂泥页岩和多套压力层系等地层时压差卡钻、钻井液漏失和井壁垮塌等复杂问题以及地层损害问题非常突出。长期实践表明，利用传统钻井液体系，往往顾此失彼，难以同时解决以上复杂问题。为此，近年来国外学者提出并开发出超低渗透钻井液体系。超低渗透钻井液主要工作原理为：利用特殊聚合物处理剂，在井壁岩石表面浓集形成胶束，依靠聚合物胶束或胶粒界面吸力及其可变形性，能封堵岩石表面较大范围的孔喉，在井壁岩石表面形成致密超低渗透封堵薄层（膜），有效封堵不同渗透性地层和微裂缝泥页岩地层，在井壁的外围形成保护层，钻井液及其滤液完全隔离，不会渗透到地层中，可以实现零滤失钻井。因此，超低渗透钻井液能较好地解决以下技术难题：

（1）超低渗透钻井液同一配方就能有效封堵不同渗透性地层，即具有广谱防漏和保护储层效果。而传统钻井液中固体颗粒桥堵作用效果却主要取决于颗粒分布与地层孔喉大小匹配吻合度，地层适应范围较窄。

（2）超低渗透钻井液封堵层形成速度快且薄，位于岩石表面上，没有渗入岩石深处，所以只要消除过平衡压力，封堵膜的作用就将削弱，一旦有反向压力，封堵膜就会被清除。因此，在完井和生产过程中，封堵层易于清除，不会产生永久堵塞，损害储层。

（3）超低渗透钻井液封堵隔层（膜）承压能力强，能提高漏失压力和破裂压力梯度，相当于扩大了安全密度窗口，能较好解决以往钻长裸眼多套压力层系或压力衰竭地层时易发生的漏失、卡钻、坍塌和油层损害技术难题。

（4）不同于常规钻井液的泥饼，超低渗透钻井液井壁表面封堵层很薄，且阻隔压力传

---

❶　中国石油天然气集团公司应用基础研究项目（No.04A20203）资助

递能力强，因此，能有效避免压差卡钻。

一、超低渗透钻井液是一项独特技术

（1）表面作用。超低渗透钻井液是利用独特界面化学无渗透逐步封堵机理，当钻井液渗入表面微裂缝或孔喉形成很薄的滤饼，能增加地层裂开压力，破裂梯度升至 27.56MPa（4000psi），可形成有效的套管膜。

（2）很低的动滤失。限制钻井液渗入岩石的深度，不是依赖钻井液的固相滤饼，而是通过封堵地层的裂缝。超低渗透钻井液不仅具有传统钻井液的优良性能，还拥有传统钻井液所不具备的优异性能：

①具有很低的动滤失性能，超低渗透钻井液可防止钻井液进入页岩；

②超低渗透钻井液可封闭页岩裂隙，因而可防止钻井液的渗透性；

③钻井液的滤失量不是进间的平方根的函数。

（3）有封堵膜。通过捕获钻井液中的小颗粒，在渗透性或微裂缝地层形成封闭膜并通过压差附着于井壁上。

（4）渗透率恢复值高。通过酸溶测试，超低渗透钻井液滤饼 98%～99% 可清除，压力反转可自动脱落，渗透率恢复值大于 95%，有利于提高产能。

（5）对环境友好。所有产品都通过了美国环保署的 LC50 测试，其毒性数据大于1000000。在北海也通过了环保鉴定。在环保敏感地区可以代替油基钻井液。

二、超低渗透钻井液的功用和作用机理探讨

1. 超低渗透钻井液降滤失、减小储层损害机理

当用超低渗透钻井液钻井时，由于钻井液含有的聚合物聚集成可变形的胶束，钻井液从可透过页岩渗透进去，这些胶束在页岩上迅速铺展开来并在孔喉处形成低渗透性封闭，由此阻止了钻井液的进一步的渗透。当钻井引起页岩产生裂缝时，超低渗透钻井液便能填塞这些裂缝，并且钻井液在这些裂缝的空隙中或碎片的表面上产生表面张力，空隙或碎片越小，张力越大。由此可阻止钻井液滤失。超低渗透钻井液在井壁表面形成致密超低渗透封堵薄层（膜），有效封堵不同渗透性地层和微裂缝泥页岩地层，在井壁的外围形成保护层，钻井液及其滤液完全隔离，不会渗透到地层中，可以实现接近零滤失钻井，防止地层内粘土颗粒的运移，减小钻井液对储层的损害，保护油气层。

2. 提高地层的承压能力的机理

在钻井施工过程中，由于井壁对钻具会产生各种摩擦力，这些摩擦力通过钻杆而形成过平衡压力，过平衡压力又通过钻杆施加于井壁上。如果无法减弱和消除对地层的过平衡压力，势必会造成井壁坍塌和钻井液严重滤失。超低渗透钻井液具有完美的封堵性能，它可将过平衡压力消除到零，压力不被传送到地层，通过有效的封堵地层，则钻杆不会由于过平衡压力而冲击井壁。在这种情况下，由过平衡产生的摩擦力被削减到零，故而不会造成井壁坍塌和钻井液严重滤失。

3. 消除压差、卡钻机理

压差是钻井液柱压力与地层孔隙之差值大小，是作用于钻铤而压紧在泥饼上的侧压力

值。压差愈大，愈容易发生卡钻，见图1。一旦钻杆与易渗透地层接触，钻井液产生的过平衡压力就会作用到钻杆上，钻杆顶靠井壁引起卡钻。在压差、卡钻的情形中，一个重要的影响因素是钻井液滤饼的性能，如果滤饼厚，钻杆上的泥饼会越来越多，则较之于薄滤饼易于卡钻。在超低渗透钻井液中低渗透屏障迅速生成，密闭封堵膜的形成，钻井液的滤失非常低，滤饼厚度不像大多数传统钻井液那样迅速增厚，压差没有传递到地层，见图2。因此使用超低渗透钻井液可大大降低卡钻的风险。

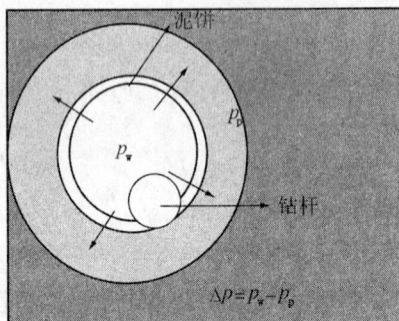

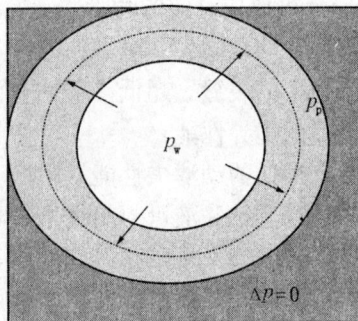

图 1　压差作用而卡钻　　　　　　图 2　低渗透屏障阻止压差传递

4. 堵漏机理

超低渗透钻井液胶束在弱地层原生裂缝处形成一个屏障，膨胀变大限制渗透，在摩擦系数大于井眼压力处，薄片吸入液体后膨胀，在漏失处锁住堵漏材，压力作用从颗粒中挤出滤液。由于堵漏材料的去水化，所以在漏失处，封堵更好。配制不同胀流性钻井液其添加剂的量也不同，水基钻井液中的浓度为 $50 \times 10^{-3} \, \text{mL/m}^3$ 油基或合成基钻井液中的浓度为 $70 \times 10^{-3} \, \text{mL/m}^3$。

钻井液的胀流性使其粘在一起，当胀流性钻井液进入滤失区时，随流速增加，其黏度进一步增大。通过在滤失区的增稠，渗漏进地层的一小部分钻井液停留在原地。其结果是架桥的固体可抗 6.89MPa（1000psi）的压差。

5. 形成泡沫桥塞

超低渗透钻井液含有气泡和泡沫，这些气泡和泡沫可使过平衡压力降到最低，并且气泡和泡沫可桥塞各种口径的孔道，阻止了钻井液的渗漏，防止了地层层理裂隙的扩大和井下复杂情况的发生。

6. 超低渗透钻井液完井液组成

超低渗透钻井液完井液主要有两个关键产品：零滤失井眼稳定剂 JYW-1 和防漏堵漏零滤失井眼稳定剂 JYW-2。在水基、油基钻井液中加入一定量的零滤失井眼稳定剂可以形成超低渗透钻井液完井液。JYW-1 与 JYW-2 的作用机理是一致的，JYW-1 主要用于中、低孔隙及微裂缝地层，JYW-2 主要用于大孔喉及裂缝地层。零滤失井眼稳定剂是由植物衍生物质形成的混合物、部分水溶和全水溶的合成有机聚合物、不溶的金属氧化物等组成，具有温度稳定性，抗温达 204℃。加量（4～6）×10^{-3} mL/m³ 可转换各种不同类型钻井液体系成为超低渗透体系（水基、油基）。可替代其他产品，在水/油基钻井液中替代了许多滤失控制添加剂（部分水解聚丙烯酰胺，SPA，沥青质，硬沥青，乙二醇和聚合物絮凝剂）。超低渗透钻井液完井液适应于高密度、高温高压苛刻条件下的水基、油基和合成基钻井液体系，且使用维护简单，环境友好。

三、室 内 试 验

1. 中压（API）滤失量试验

在配置好的钻井液中，加入一定量的零滤失井眼稳定剂，室温养护24h，测定钻井液的各项性能，结果见表1。试验结果表明，几种零滤失井眼稳定剂具有一定的降滤失作用，在加量小于1%时对钻井液的其他性能影响较小。

表1　几种零滤失井眼稳定剂 API 滤失量试验结果

配　　方	表观黏度 mPa·s	塑性黏度 mPa·s	动切力 Pa	API 滤失量 mL
基浆	31	28	3	14.8
基浆 + 1%JYW - 1	31	28	3	10.2
基浆 + 1%JYW - 2	31	28	3	14
基浆 + 1%LCP2000	31	28	3	14.8

注：基浆 4%土 + 0.5%FA367 + 0.8%NPAN + 0.3%XY27 + 1%FT - 1 + 0.3%CSW - 1 + 5%BaSO₄；
FLC2000、LCP2000：美国得威公司滤失控制稳定剂和井眼稳定剂；
JYW - 1、JYW - 2：中国石油勘探开发研究院钻井所研制的零滤失井眼稳定剂。

2. 现场钻井液 API 滤失量与高温高压（HTHP）滤失量试验

表2是大港油田 1 - 64 井井深 1100m、密度为 1.15g/cm³ 现场钻井液加入零滤失井眼稳定剂前后 API 滤失量与高温高压滤失量的试验结果。试验结果表明，JYW - 1、FLC2000 对现场钻井液性能影响不大，JYW - 2 对现场钻井液有一定的降粘和降滤失作用。

表2　现场钻井液 API 滤失量与高温高压滤失量试验结果

配　　方	表观黏度 mPa·s	塑性黏度 mPa·s	动切力 Pa	API 滤失量 mL	HTHP 滤失量（150℃） mL
基浆	26	20	6	3.2	25.6
基浆 + 1%JYW - 1	25.5	20	5.5	3.2	24.8
基浆 + 1%FLC2000	18.5	15	3.5	3.6	25.6
基浆 + 1%JYW - 2	15.5	12	3.5	2.8	8.8
基浆 + 1%LCP2000	14	11	3	2.8	26

3. 可视式砂床中压滤失试验

在可视式砂床中压滤失仪的圆柱筒中加入 350cm³ 经清水洗净后烘干的砂子（直径 0.45～0.9mm），压实铺平，慢慢加入 500mL 钻井液，按测试 API 滤失量同样方法加压测试 7.5min 滤失量或测量滤液进入砂床的深度。

表3是室内配制的聚合物钻井液及大港油田 1 - 64 井井深 1100m 现场钻井液加入零滤失井眼稳定剂前后 API 滤失量与中试砂床滤失量试验结果。试验结果表明，中压砂床滤失量与 API 滤失量没有对应关系，砂床滤失量不是时间平方根的函数。中压砂床降滤失测试方法提供了一个更接近实际的砂床测量滤失量的方法，为井下情况的判断提供了一个新概

念。通常泥饼的滤失量是时间平方根的函数，而渗透率不是间平方根的函数。

表3 几种钻井液的 API 滤失量与中压砂床滤失量试验结果

配　方	AV mPa·s	YP Pa	APIFL mL	(0.45～0.9mm)砂床滤 失量 mL 或进入深度，cm
基浆 1	31	14	14.8	全失
基浆 1+1%JYW-1	31	14	10.2	2.8
基浆 1+1%FLC2000	31	14	10.4	3.5
基浆 1+1%JYW-2	31	14	14	5.2
基浆 1+1%LCP2000	31	14	14.8	5.7
基浆 2	26	10	3.2	全失
基浆 2+1%JYW-1	18.5	7.5	2.8	2.8
基浆 2+1%FLC2000	14	5.5	3.6	5.0
基浆 2+1%JYW-2	25.5	10	3.2	4.0
基浆 2+1%LCP2000	16.5	6	5.2	5.4

注：基浆 1：4%土+0.5%FA367+0.8%NPAN+0.3%XY-27+1%FT-1+0.3%CSW-1+5%BaSO₄；

基浆 2：大港油田港 1-64 井，井深 1100m，密度 1.15g/cm³ 聚合物钻井液；

FLC2000、LCP2000：美国得威公司滤失控制稳定剂和井眼稳定剂；

JYW-1、JYW-2：中国石油勘探开发研究院钻井所研制的零滤失井眼稳定剂。

4. 膜结构密封度试验

试验方法：在可视式砂床中压滤失仪的圆柱筒中加入 350cm³ 经清水洗净后烘干的砂子（直径 0.45～0.9mm），压实铺平，慢慢加入 500mL 钻井液，按测试 API 滤失量同样方法加压测试 7.5min、20min 滤失量或测量滤液进入砂床的深度。

在可视式中压滤失实验做完后，倒出钻井液，缓慢倒入清水，按 API 滤失实验方法加压，测定在钻井液中加入零滤失井眼稳定剂后形成的泥饼对清水的封堵能力。钻井液中加入 1%JYW-1、1%JYW-2 后，加压 7.5min 形成的滤饼能够完全封堵清水。FCL-2000 加压 7.5min 形成的滤饼不能封堵清水，但加压 20min 形成的滤饼能够完全封堵清水。试验结果见表 4。试验结果表明，在钻井液中加入零滤失井眼稳定剂 JYW-1、JYW-2、FCL-2000、LCP-2000 能够形成完全封闭的膜结构，JYW-1，JYW-2 较 FCL-2000，LCP-2000 能更快形成能封堵清水的完全封闭的膜结构。

表4 膜结构密封度试验

配　方	压实时间　5min	压实时间　20min
基浆+1%JYW-1	密封	密封
基浆+1%FLC2000	全失	密封
基浆+1%JYW-2	密封	密封
基浆+1%LCP2000	全失	密封

注：基浆为大港油田港 1-64 井、井深 1100m、密度 1.15g/cm³ 聚合物钻井液。

5. 高温高压砂床降滤失试验

用 GGS71-A 型高温高压滤失仪，取消滤纸，直接加入 200g（0.45～0.9mm）经洗净烘干的砂子，加入 300mL 钻井液，进行常规高温高压相同步骤的试验。表 5 是室内配制的聚合物钻井液及大港油田 1-64 井井深 1100m 现场钻井液加入零滤失井眼稳定剂前后高温高压滤失量与高温高压砂床滤失量试验结果。试验结果表明，砂床高温高压滤失量不是时间的平方根函数，与高温高压滤失量没有对应关系。

表 5　几种钻井液的高温高压滤失量与高温高压砂床滤失量试验结果

配　　方	表观黏度 mPa·s	动切力 Pa	HTHP 滤失量 （150℃）mL	0.45～0.9mm 砂床 HTHP 滤失量 （150℃）mL
基浆 1	19	8.5	26	全失
基浆 1+1%JYW-1	22.5	10	18	116
基浆 1%JYW-1	24	10.5	24	全失
基浆 1+1%LCP2000	18.5	8.5	22.4	全失
基浆 2	26	10	25.6	全失
基浆 2+1%JYW-1	25.5	10	17	32
基浆 2+1%FLC2000	18.5	7.5	25.6	52
基浆 2+2%JYW-2	16.5	6	8.8	0
基浆 2+2%LCP2000	14	5.5	76	0

6. 封堵裂缝实验

在 300mL 配制好的基浆中，分别加入各种配比的处理剂水化 3~4h，装入 QD-1 型堵漏材料实验装置，并按照其操作规程，测定基浆中加入不同配比处理剂封堵各种型号裂缝的效果。实验结果见表 6。

表 6　零滤失井眼稳定剂封堵裂缝实验结果

配　　方	结　　果
基浆+1.5%JYW-2	可以封堵 1mm 以下裂缝
基浆+0.5%JYW-2+1.5%核桃壳（过 3.2mm 筛）	可以封堵 3mm 以下裂缝
基浆+2.0%JYW-2+2.0%核桃壳（过 4mm 筛）	可以封堵 4mm 以下裂缝
基浆+2.0%JYW-2+2.0%核桃壳（过 5mm 筛）	可以封堵 5mm 以下裂缝

基浆：4%±+0.5%FA367+0.8%NPAN+0.3%XY27+1%FT-1+0.3%CSW-1+5%BaSO4

加入 1.5%零滤失井眼稳定剂能够封堵小于 1mm 裂缝，对于 2mm 以上的裂缝，用适量的零滤失量井眼稳定剂配合适量粒径大小合适的核桃壳等絮挤粒子，就能达到堵漏效果，而仅仅用核桃壳无法达到堵漏效果。

7. 岩心降滤失实验

如图 1 所示，在岩心降滤失仪器中把岩心装入高温高压岩心夹持器中，加热至需要温度，把配制好的钻井液加入钻井液杯中，开冷凝器，手压泵加压至 0.7MPa，开平流泵加压至 4.2MPa，读取接液杯中的滤失量。如果没有滤失量，待高温高压岩心夹持器冷却后，取下岩心，量取滤液进入岩心的深度。表 7 是室内配制的聚合物钻井液及大港油田 1-64 井井深 1100m 现场钻井液加入零滤失井眼稳定剂前后高温高压岩心滤失量试验结果。试验结果表明，岩心高温高压滤失量与滤纸 API 滤失量及高温高压滤失量没有对应关系，而与砂床上的滤失规律更加接近。

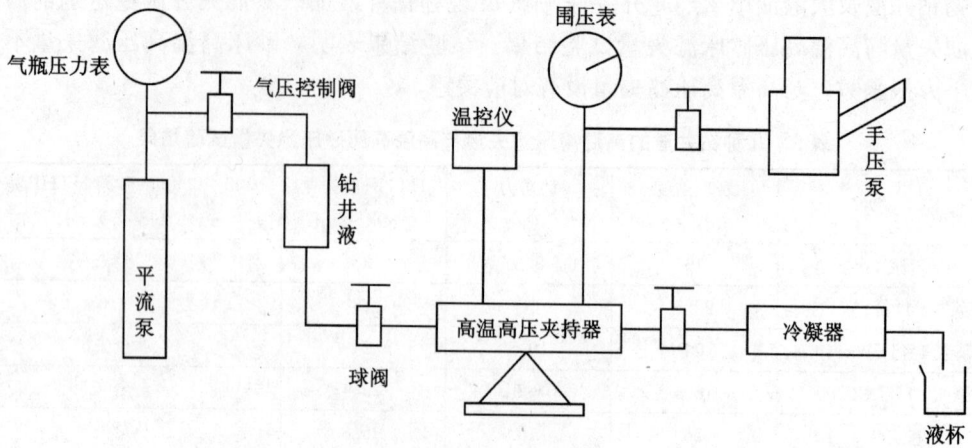

图3　高温高压岩心滤失仪装置图

表7　岩心滤失量实验结果（150℃）

配　　　方	滤失量，mL	进入岩心深度，cm
基浆1	8	—
基浆1+1%JYW-1	0	0.8
基浆1+FLC2000	0	2.0
基浆1+JYW-2	0	2.1
基浆1+1%LCP2000	0	2.6
基浆2	4	—
基浆2+1%JYW-1	0	0.6
基浆2+1%FLC2000	0	1.6
基浆2+2%JYW-2	0	1.9
基浆2+2%LCP2000	0	2.2

8. 岩心承压能力实验

在岩心承压能力评价仪器使用如图1所示仪器，把测试岩心滤失量后的岩心取下，轻轻刮下岩心表面的滤饼，重新装入岩心夹持器中，把钻井液杯中的钻井液换成清水，加压，开启平流泵，逐渐加压直至滤液接收杯中有液滴流出时，此时平流泵压力即为岩心的承压能力。几种钻井液对岩心承压能力见表8。

表8　钻井液对岩心承压能力的影响

钻　井　液	岩心滤失量，cm	岩心承压能力，MPa
聚合物钻井液	3.4	3.57
聚合物钻井液+1%JYP-1	1.2	14.8
正电胶钻井液	3.8	4.1
正电胶钻井液+1%JYP-1	1.0	15.6

注：聚合物钻井液组成4%钠土+0.3%80A51+2%FT-1+2%SPNH+0.5%NPAN；

正电胶钻井液组成4%钠土+0.4%MMH+2%FT-1+2%SPNH+0.5%DFD；

岩心渗透率为200D天然岩心。

实验结果表明，不同类型的钻井液能形成的内泥饼强度不同，零滤失量降滤失剂可以降低钻井液岩心滤失量，而且可以增强岩心内泥饼强度，大幅度提高岩心的承压能力。在现场应用中，能提高漏失压力和破裂压力梯度，扩大安全密度窗口。

9. 渗透率恢复值实验

用吉林大情字地区油田储层的天然岩心，在模拟现场条件下（温度 90℃ 左右，损害压差 3.5MPa，损害速梯 $150s^{-1}$，评价了 MMH 阳离子聚合物钻井液加入零滤失井眼稳定剂前后钻井液损害岩心的渗透率恢复值，试验结果见表 9。试验结果表明，在钻井液体系中加入零滤失井眼稳定剂后，能较大幅度提高钻井液损害岩心的渗透率恢复值，有利于保护油气层。

表 9　超低渗透钻井液动态损害天然岩心评价结果

钻井液配方	渗透率恢复值,%
基　浆	86.4
基浆 + 1.0%JYW - 1	97.2
基浆 + 1.0%JYW - 1	96.4
基浆 + 1.0%FCL2000	98.0
基浆 + 1.0%LCP2000	96.0

注：基浆：3%～4%膨润土 + 0.25%～0.35%MMH（干粉）+ 0.2%～0.3%CAL - 90 + 1%～1.5%DYDT - 1 + 1.5%～2%CHSP + 1%～2%NPAN + 0.05%～0.1%NP - 30 + 0.3%～0.5%QDJ - 1；

从上到下岩心号依次为 141 - 23, 34 - 3, 38, 20 - 3, 16 - 5。

四、现场应用

1. 超低渗透钻井液技术在大港

大港油田官字井的生物灰岩井段（1950～2055m）几乎每口井都发生较为严重漏失，常规方法堵漏效果差，导致井下复杂情况多，严重影响该地区的开发速度。官 23 - 50 井是一口定向生产井，设计井深 2400m，1950～2055m 地层为生物灰岩。钻至 1950m 发现井漏，漏速 10～15m/h，强行钻止 2055m，配制 30m³ 超低渗透钻井液打入井底起钻，漏失停止，下钻后没有出现漏失及渗漏现象，安全顺利钻至设计井深。邻井 23 - 49 井设计井深 2357m，1938m 发生井漏，漏速 10～15m/h，用常规方法堵漏，漏失量虽减小为 4～5m/h，但无法完全堵住，只好边钻边漏边补充新浆，直到钻至设计井深。

2. 超低渗透钻井液体系在辽河油田的应用

辽河油田钻井二公司泥浆公司通过对零滤失井眼稳定剂与该地区常用的 3 种钻井液体系进行室内配伍评价，并成功地在 3 口井上进行现场试验，防漏堵漏效果明显。

辽河钻井二公司泥浆公司目前常用的 3 套钻井液体系为 0～2000m 井段应用聚合物不分散泥浆体系，1800～3000m 用聚合醇降粘剂钻井液体系，2400～4300m 用硅氟（SF）钻井液体系。3 种钻井液在砂床滤失仪上试验，30s 左右，0.7MPa 下全部漏失。在 3 种钻井液中分别加入 JYW - 1、JYW - 2 超低渗透剂，加量为 0.5% 时浸入砂床深度为 7.2cm、1% 时侵入深度为 4.5cm、1.5% 时侵入深度为 3cm。室内试验见到明显效果，先后在欧 51 井、小 22 平 1 井、欢 612 平 1 井上试用，结果如下。

欧 51 井是一口探井，技套下入火成岩裂缝油藏顶部（辽河油田称之为粗面岩），该油藏压力低，时有井漏发生，为了防止钻入 2834m 粗面岩发生井漏卡钻，加入 JYW－1、JYW－2 各 0.5t，加入前钻井液中压砂床滤失量 30s 全部漏失，加入后浸入深度为 7.2cm，实际钻穿粗面岩顺利中完，电测一次成功，下套管固井顺利。三开，应用完井液，顺利钻完 3398m 完井。小 22 平 1 井是目前辽河油田最深的一口水平井，该井也是开发火成岩（粗面岩）裂缝油藏，使用 SF 钻井液，2600m 开始造斜，3067m 进入 88°中完下技套，这段钻穿煤层，触变玄武岩等复杂地层。为了防止井漏划眼，钻井液密度 1.28g/cm³ 左右，但进入粗面岩后裂缝发育且压力低，邻井井漏严重，1.08g/cm³ 密度液面 179m，更有一口井液面在 900m，采用泡沫等钻井液仍未能建立循环，后来有进无出地钻了 150m 完井。本井只有 300m 表层套管，为了防止发生井漏卡钻，加入 JYW－1、JYW－2 各 1t，当钻入粗面岩后，有轻微渗漏，每小时 0.5～1m³，顺利中完，下入技套。该井试用也见到了明显防漏效果。

欢 612 平 1 井是一口古潜山水平井，为了准确掌握潜山油藏，该井设计先打领眼，确定潜山油藏后再填井，造斜进入水平段施工，该潜山油藏为花岗岩风化油藏，压力低。邻井也发生严重井漏，钻井液密度 1.03g/cm³ 时液面在 200m 左右。进入潜山前钻井液密度为 1.20g/cm³，为防止钻井、固井工程中发生井漏，进入潜山前 30m 加入 JYW－1、JYW－2 各 1t，进入潜山面只发生渗漏，每小时 1m³ 左右，钻入 10m 后即基本不漏，顺利打完领眼，填井造斜进入中完，采用 φ311mm 大井眼，进入潜山前又加入 JYW－1、JYW－2 各 1t，同样收到只是渗漏的好效果，顺利下入 9⅝in 技套到 A 点 90°/2263m，钻至 2384m 完钻，测井固井顺利。

3. 超低渗透钻井液技术在吉林油田应用

吉林油田扶余西区 T73 区块，位于西浪河以西的松花江内，油藏物性较好，受地面条件限制，采用常规定向井难以开发，经过油藏地质方面的论证，认为在该区块采用浅层水平井开发是可行的。扶平 1 井、扶平 2 井两口井井距 20m。扶平 1 井油层有效厚度 6.7m，孔隙度在 23% 左右，平均渗透率在 120mD，垂深 442m，水平段长 288m。扶平 2 井，油层有效厚度 5.6m，孔隙度在 23% 左右，平均渗透率在 120mD，垂深 459m，水平段长 288m。

扶平 1 井、扶平 2 井均采用低固相聚合物防塌钻井液，其组成为：2%水化膨润土＋0.2% KPA＋1%铵盐＋1%HA 树脂＋1%防塌润滑剂＋1%ORH＋1%DYRH－3。扶平 1 井采用超细碳酸钙作暂堵剂作为保护储层措施。扶平 2 井在用超细碳酸钙作暂堵剂的基础上逐步加入 1% 零滤失井眼稳定剂，将其转换为超低渗透钻井液体系保护油层，钻井液性能未见显著变化。

该地区直井产量 2～3t/d。扶平 1 井开采方式为射孔完井，射开 1/3 水平段，稳产 7t/d，虽然在油井的单井产能上取得了突破，但试油后表皮系数为 9，说明各种工作液对油层存在较严重的污染。扶平 1 井开采方式也是射孔完井，射开 1/3 水平段，扶平 2 井稳产 13t/d，超低渗透钻井液有效保护储层，大幅度提高了采收率。

4. 超低渗透钻井液技术在胜利油田应用

车 271、272 区块的油藏物性、埋深都差不多，使用零滤失井眼稳定剂 JYW－1，先后完成车 272－2 井、271－1 井、271－2 井、271－5 井、271－3 井共 5 口井的试验。车 272－2 设计井深 2690m，位于济阳凹陷车镇凹陷曹庄和断阶带车 272 块高部位，目的是开发 272 块沙四段油藏。采用抑制性聚合物钻井液体系钻进至 2600m，针对沙四段地层易膨胀分散、坍塌掉块的特点，在 2600～2690m 使用非渗透强抑制暂堵钻井液。在现场应用过程中，加入 1.5%JYW－1，降低了钻井液体系在砂床的侵入深度，对体系的流变性能无大的影响。零滤失井眼稳定剂JYW-1可提高钻井液体系的抑制性和封堵效果，对防止井壁坍塌、防漏堵漏非常有效，所施工的5口井施工过程及完井作业都很顺利，5口井次主力油层试油，产油5～6t/d，比原来产能1～2t/d大幅度提高。

五、结 论

（1）在水基、油基钻井液中加入一定量的零滤失井眼稳定剂可以形成超低渗透钻井液完井液。

（2）中压砂床滤失量、高温高压砂床滤失量与API滤失量、高温高压滤失量没有对应关系，砂床滤失量不是时间平方根的函数。中压砂床降滤失测试方法提供了一个更接近实际的砂床测量滤失量的方法，为井下情况的判断可能提供一个新概念，通常泥饼的滤失量是时间平方根的函数，而渗透率不是时间平方根的函数。岩心高温高压滤失量与滤纸API滤失量及高温高压滤失量没有对应关系，而在砂床上的滤失规律更加接近。

（3）零滤失井眼稳定剂可以通过在井壁岩石表面形成致密封闭超低渗透膜降低滤失，甚至实现零滤失。

（4）超低渗透钻井液对不同孔隙的砂床、岩心和裂缝具有很好的封堵能力，可以有效防漏堵漏。

（5）超低渗透钻井液通过增强内泥饼封堵强度，大幅度提高岩心承压能力，能提高漏失压力和破裂压力梯度，相当于扩大安全密度窗口，有可能较好解决以往钻长裸眼多套压力层系或压力衰竭地层时易发生的漏失、卡钻和坍塌技术难题。

（6）能有效保护储层，大幅度提高采收率，储层渗透率恢复值大于95％。

参考文献

[1] 孙金声，林喜斌，张斌等．国外超低渗透钻井液技术综述．钻井液与完井液，2005，22（1），57～59

[2] 孙金声，唐继平，张斌等．超低渗透钻井液完井液技术研究．钻井液与完井液，2005，22（1），1～5

[3] Santos H，Villas-Boas M，Lomba R，et al．API Fil-trate and Drilling Fluid Invasion：Is There Any Correla-tion？．SPE53791

[4] Helio Sabtos，Petrobras & Roberto Perei．What have We Been Doing Wrong in Wellbore Stability？．SPE69493 Reid P，SPE and Santos H．Novel Drilling，Completion and Workover Fluids for Depleted Zones：Avoiding Los-ses，Fornation Damage and Stuck Pipe．SPE/IADC85326

可酸化凝固型堵漏技术的研究与应用

隋跃华　成效华

（胜利石油管理局钻井泥浆公司研究所）

胜利油田地层的漏失难题一直困扰着各种作业，具有代表性的是滨南采油厂滨四区沙四段及平方王构造带的裂缝性漏失，常规的堵漏工艺和注水泥作业都不能解决，给勘探开发带来很大的困难。可酸化高效凝固型随钻堵漏工艺技术，使用一种含有多种无机物与有机聚合物的堵漏剂，该剂注入漏层后具有凝固强度高、凝固强度可调、凝固后凝固体积不缩小等特点；根据漏层特点，堵漏剂的粒度具有一定的范围；易形成假塑性流体，滞流能力强，特别适合于高渗透及裂缝性地层的堵漏。可酸化凝固型堵漏剂稠化快、固化慢、强度高、可酸化、封堵效果良好。该项技术 1999 年现场应用了 5 口井，2000 年应用了 11 口井，均取得了良好效果。

一、室 内 评 价

通过对多种添加组份进行评价，优选出了在配方中起着主要作用和辅助作用的几种组份。实验结果表明，GCE、水泥具有一定的固化性能，可作为凝固型添加剂；XC 和 PAM 具有很好的悬浮稳定性，可作为悬浮稳定剂及流型调节剂。根据胜利油田滨南平王方地区、草桥地区、临盘地区的严重漏失情况，研制出了一种新型高效堵漏剂——可酸化凝固型堵漏剂，配方如下：（50%～90%）HDJ +（10%～20%）HDJS +（0.5%～3%）SR－Ⅰ +（0.3%～5%）SR－Ⅱ + 0.5%GCE + 10%油井水泥 + PAM（适量）+ XC（适量）。

其中 HDJ 为复合型固体堵漏剂，HDJS 为复合型液体固化剂，SR－Ⅰ 为小颗粒轻质桥塞剂，SR－Ⅱ 为大颗粒轻质桥塞剂。堵漏剂密度为 1.10～1.78g/cm³，塑性黏度为 15～48mPa·s，动切力为 5～15Pa。

1. 封堵率及解堵率

（1）实验步骤。在径向流地层模拟器上，采用均质液体稳定渗流水测渗透率的方法进行封堵实验。该方法以二维单向液体平面径向流稳定渗流的基本理论为出发点，在渗流过程中平面上任一点的渗流速度和压力是两个坐标轴（X 和 Y）的函数，渗流速度和压力等运动要素不随时间而变化。按照模拟条件的要求，在径向流模型上进行恒定速度的注水实验，在模型出口端记录流体的产液量和时间以及模型两端的压差，用平面径向流公式处理实验数据，求得地层渗透率。

将六通阀进出口、岩心出液孔均打开，打开电源，起动泵，将储水容器内的水泵入岩心，使岩心饱和，待压力稳定后，用量筒计量出口端的产液量，同时记下时间，求得调剖前岩心的渗透率。

关闭六通阀，打开岩心出口端，将搅拌均匀的堵漏剂用带有刻度的注射器从井筒注入高渗层，记录注入量，再注入 6mL 清水将堵漏剂替入地层。关闭所有阀门等待堵漏剂固化，每隔约 3～4h 测 1 次渗透率，24h 后停止。

测完 1 组渗透率后，再进行酸化解堵，以了解可酸化凝固型堵漏剂的暂堵性。酸化液的配方如下：

12％HCl + 5％HF

用注射器注入适量酸化液，关闭 20min 后开泵，使残酸和反应产生的气体排出，测量岩心的渗透率。

（2）结果分析。向模型注入 20mL 浓度为 20％的可酸化凝固型堵漏剂后，模型的渗透率从堵前的 509mD 下降到堵后的 23.85mD，表明该堵漏剂有明显的堵漏效果。从封堵效果看，可酸化凝固型堵漏剂主要是封堵了大孔道。从实验现象分析，在注入过程中，可酸化凝固型堵漏剂的注入压力逐渐上升且速度加快，表明该堵漏剂首先进入大孔道并在孔道中沉积，再进入小孔道，封堵小孔道。酸化后，基本可以恢复到堵前渗透率，封堵前模型的渗透率为 936.03mD，封堵后为 12.20mD，酸化后渗透率可恢复到 754.39mD。

2. 抗压强度

实验的目的是对比可酸化凝固型堵漏剂与油井水泥在相同温度、相同压力、相同加量的实验条件下所形成的封堵体积、封堵深度（厚度）及承压能力。

（1）有效封堵体积。取 100mL 水放入 150mL 的烧杯中，分别加入不同量的可酸化凝固型堵漏剂及油井水泥，搅拌 10min，静置 15min，测量两种堵漏剂产生的有效封堵体积。实验结果表明，两种堵漏剂加量为 10％时，可酸化凝固型堵漏剂的有效封堵物为 60mL，而水泥的有效封堵物仅为 10mL；加量为 50％时，可酸化高效堵漏剂的有效封堵物为 100％，不含自由水，全部为稠胶状胶液。由此看出，可酸化凝固型堵漏剂具有很强的封堵能力及膨胀性能和良好的悬浮稳定性及携带性能。油井水泥加量为 10％～70％时，配制的堵液不稳定，下沉速度快，自由水含量高，因此使用水泥堵漏的施工难度大，风险高，应选择可酸化凝固型堵漏剂。

（2）封堵深度。取 500mL 工业水，分别加入不同量的可酸化凝固型堵漏剂及油井水泥，低速搅拌 15min 后，在 0.75MPa 的压力下压制 7.5min 后，测量两种堵漏剂形成的滤饼厚度。结果表明，两种堵漏剂加量相同时，形成的滤饼厚度相差很大；加量为 10％时，可酸化凝固型堵漏剂的滤饼厚度为 1.8cm，而水泥的为 0.2cm；随加量的增大，可酸化凝固型堵漏剂的滤饼明显增厚，而水泥的变化较小。

3. 流变性能

取 500mL 工业水，分别加入两种不同量的堵漏剂低速搅拌 15min 后，用六速旋转黏度计测其流变性能，结果见表 1。由表 1 可以看出，随着可酸化凝固型堵漏剂加量的增加，液体黏度升高，切力增大，动塑比提高；随油井水泥量的增加，液体黏度基本无变化，切力为零，动塑比较低。由此看出，可酸化凝固型堵漏剂具有良好悬浮稳定性及流变性能。

4. 承压能力

（1）针入度。取 100mL 水，加入 120％的堵漏剂，搅拌 15min 后测量堵漏剂的有效封堵物及自由液，稳定后倒入 150mL 烧杯中，在 60℃恒温水浴中凝固 16h 后，利用针入度测试仪测量所形成固化体的硬度，结果见表 2。由表 2 看出，当 2 种堵漏剂加量分别为 120％时，针入度均为 0.1cm。由此看出可酸化凝固型堵漏剂具有一定凝固性。

表1 两种堵漏剂的流变性能

堵漏剂及加量	黏度，s	塑性黏度，mPa·s	动切力，Pa	静动力，Pa/Pa	$\phi600/\phi300$	$\phi200/\phi100$
10%HDJ	23.0	12	1.5	0.5/1.5	26/14	10/6
10%油井水泥	15.5	1	0.5	0/0	3/2	0.5/0.5
30%HDJ	29.5	17	3.5	1.0/2.0	41/24	16/12
30%油井水泥	15.9	3	0.5	0/0	7/4	3/2
40%HDJ	40.0	20	4.5	1.0/2.5	49/29	20/12
40%油井水泥	16.0	4	0	0/0	8/4	3/2
50%HDJ	49.5	28	7.9	1.5/4.0	71/43	29/20
50%油井水泥	16.0	5	0.5	0/0	9/4	3/2
60%HDJ	87.0	34	9	1.5/4.5	86/52	37/23
60%油井水泥	16.5	5	0	0/0	10/5	3/2
70%HDJ	滴流	55	10.0	3.0/5.0	138/75	55/35
70%油井水泥	16.5	5	0.5	0/0	11/6	4/3

表2 60℃时不同堵漏剂的硬度测试

配　　方	有效封堵物，mL	自由液，mL	针入度，cm
120%HDJ-I	145	3.0	0.3
120%HDJ-II	145	3.0	0.2
120%HDJ-III	150	2.0	0.1
120%油井水泥	118	5.0	0.1
150%油井水泥	140	3.0	0
180%油井水泥	155	2.5	0

注：HDJ-I、HDJ-II、HDJ-III为含不同组分的固体堵漏剂

（2）抗压强度。该实验利用抗压强度试验仪测定不同配方可酸化凝固型堵漏剂在不同时间的抗压强度，结果见表3。由表3看出，可酸化凝固型堵漏剂具有一定的承压能力；不同配方堵漏剂在相同条件下的初凝时间不同，承压能力也不同；不同量的HDJS对堵漏剂的承压能力有较大的影响。

表3 60℃时不同时间内不同配方堵漏剂的硬度（p）测试

配方	堵漏剂	p_{10h} MPa	p_{18h} MPa	p_{24h} MPa
1#	500mLH$_2$O+120%HDJ+1%HDJS	0	0	0.52
2#	500mLH$_2$O+120%HDJ+3%HDJS	0	0	0.48
3#	500mLH$_2$O+120%HDJ+5%HDJS	0	0.52	0.64
4#	500mLH$_2$O+120%HDJ+7%HDJS	0	0.72	0.88
5#	500mLH$_2$O+120%HDJ+10%HDJS	0.65	2.10	2.92

二、现场应用

1. 滨 193 - 斜 4 井

胜利油田滨 193 区块在大段低压地层钻井施工中遇到了严重漏失问题，多数情况为只进不出，无法正常钻进。采用常规堵漏方法，如柴油膨润土浆、水泥、快凝水泥及其他水泥堵漏剂和桥堵材料，堵漏效果都不理想。并且根据邻井资料，漏层后是主力油气层，过去使用密度 1.15～1.20g/cm³ 的钻井液不但引起了井下复杂情况的发生，而且污染了油气层。采用可酸化凝固型堵漏剂在滨 193 - 斜 4 井等 11 口井进行了堵漏施工，结果表明，该技术缩短了钻井周期，降低了钻井成本，很好地保护了油气层，成功地解决了该地区勘探开发过程中的难题。

滨 193 - 斜 4 井位于济阳坳陷东营凹陷尚店一平方王潜千山披露构造带东部，是 1 口老区生产井。该井完钻井深 2013m，井斜 25°，方位 350°05′。主要钻探目的是开发沙四段下部油藏。该井施工措施为：

（1）二开下入技术套管后，在套管内转化配制泡沫钻井液，并加入 5%～10% 桥堵材料。钻井液密度降至最低时开始钻进。

（2）密切观察岩性变化，卡准界面，钻进漏层前用可酸化凝固型堵漏剂对漏层进行封堵。

三开钻进过程中，间断发生几次漏失，约漏失钻井液 23m³。严重漏失有 2 次，发生在 1535～1550m 井段，漏速可达 40～50m³/h，但持续时间较短，漏失量不大；其他情况下漏速度为 2～3m³/h，不影响正常钻进。在钻进中适当补充泡沫材料和桥堵材料，补充泡沫钻井液的消耗，维护钻井液性能稳定。从井深 1550～1580m 未发现漏失，认为漏层已钻穿，短程起下钻，配制 15m³ 可酸化高效凝固型堵漏剂，注入裸眼段，起钻 8 柱，循环 1 周。关井憋压至 8MPa，稳压 5MPa，井口憋压 30min。泄压候凝 10h。下部井段钻进中未发生任何漏失，井下正常，完全达到了对漏层进行彻底封堵的目的。

2. CB244 井

CB244 井是胜利油田海上的一口重点探井，设计井深为 3750m。该井钻至井深 2930m 时，发生严重的裂缝性井漏，并出现 2m 的放空现象，共漏失钻井液 6000m³，先后使用各种堵漏剂 1000 多吨，没有效果。后来采用可酸化膨胀型高效堵漏剂堵漏，取得了成功，使该井顺利钻达目的层。该井投产后获得了 700t/d 的高产油流。

3. 白斜 3 井

白斜 3 井是在白 3 井的基础上侧钻成功的一口定向预探井。使用 ϕ215.6mm 钻头自 784m 开始定向钻进，钻至井深 1356m 进入凝灰岩顶界，在井深 1403.52m 发生漏失，只进不出。井漏期间曾进行过多次堵漏，效果都不好，而且井下出现了井眼垮塌的现象，经现场论证，决定使用可酸化凝固型堵漏剂进行堵漏。在边钻进边堵漏的情况下共封堵漏层厚度 158m，顺利钻至设计井深。

4. 云参 1 井

云参 1 井位于楚雄盆地东部浅坳陷中部断弯构造带发窝构造南高点，设计井深 3500m。该井地层岩性变化大，胶结性差，地层倾角最大可达 50°，地层裂缝极其发育，钻进过程中多次发生放空现象，最大一次放空间距为 42cm。从该井的漏失、取心、电测实际情况看，裂缝尺寸较大、方向杂乱，并且井深 1000m 以下三叠系在该地区无实钻资料，无法准确预测漏层井段及漏失类型。该井在井深 71.33m 发生第一次漏失，后又发生 70 多次，累计漏失量达 14690.88m³，前期针对不同的漏失速度及漏失类型，采取了多种堵漏方式，但效果均不理想，无法维持正常钻进。根据云参 1 井漏失情况，决定下入光钻杆至井深 1259.00m，使用可酸化凝固型堵漏剂进行堵漏。首先在循环罐内配制 25m³ 低强度可酸化凝固型堵漏剂，配方为：12.5t 固体堵漏剂 + 1.6t 液体堵漏剂 + 1.5t 锯末 + 1t 核桃壳。其密度为 1.09g/cm³，黏度滴流。

再配制 25m³ 高强度可酸化凝固型堵漏剂，配方为：15.415t 固体堵漏剂 + 2.24t 液体堵漏剂。其密度为 1.32g/cm³，黏度滴流。

注入漏层，候凝，堵漏成功。随后打开新钻地层时发生漏失，经过 3 次堵漏施工后，顺利完钻。

三、施 工 工 艺

（1）对于滨 193 区块大裂缝及溶洞型漏层，在钻进中应密切观察岩性变化，卡准界面。钻进漏层前用可酸化凝固型堵漏剂对漏层进行封堵。

（2）施工前将堵漏剂配制罐清洗干净，按照技术要求和所需堵漏层段的井眼容积配制可酸化凝固型堵漏剂。配方如下：

清水 + （60%～90%）HDJ + （15%～20%）HDJS + （3%～5%）锯末 + 0.5% SR - I + 0.3% SR - II + 0.1% GCC + 0.01% XC + （0.05%～0.07%）PAM + （3%～5%）GZN

其中 GCC 为辅助悬浮稳定剂，GZN 为流型调节剂。

（3）提前计算好可酸化凝固型堵漏剂量、顶替钻井液量、井眼容积等，然后开始注入堵漏剂。

（4）注完堵漏剂后迅速注顶替液（钻井时使用的钻井液），严格计量顶替液注入量，可酸化凝固型堵漏剂替入到计划井段环空后停泵起钻。

（5）起钻至可酸化凝固型堵漏剂液面以上安全井段后，接方钻杆循环，将钻杆内的可酸化凝固型堵漏剂替出后起钻至套管内。

（6）关井憋压 5～7MPa，观察压力变化情况。

（7）开井静止候凝 13～18h。

四、结 论

（1）可酸化凝固型堵漏剂具有稠化快、固化慢、强度高、可酸化等特点；注入漏层后凝固强度高、凝固强度可调、凝固体积不缩小；滞流能力强，特别适合于高渗透及裂缝性地层的堵漏技术，堵漏效果好。

（2）可酸化凝固型堵漏剂技术安全系数高、可操作性强，具有很强的封堵能力，堵漏剂候凝时间短，封固井段长，很好地解决了裂缝性地层的严重漏失问题。该技术可以缩短钻井周期，减少井漏造成的损失，保证钻井液性能的正常维护处理及正常的地质录井工作，减少井下复杂情况的发生，保护了储层。

参 考 文 献

［1］郭经峰等. 桥塞堵漏工艺及可酸化凝固型堵漏剂研究. 石油钻探技术，2000，28（5）

阳离子聚合物钻井液研究及应用

刘雨晴　孙金声

（中国石油勘探开发研究院）

　　摘　要　本文介绍了阳离子聚合物钻井液体系的组成，并详细分析了其性能。现场应用表明，该体系钻井液有良好的流变性和抑制性，利于携带钻屑、提高钻速；造壁性好，井眼稳定；且配制简单，便于维护。是一种值得推广使用的钻井液体系。

　　关键词　阳离子聚合物　钻井液　钻屑回收率

　　无论粗分散还是不分散钻井液体系，都是将粘土分散在水中形成的负电分散体系，粘土颗粒的分散是依靠其本身所带的负电荷，所用的分散剂和稳定剂，其主要作用机理都是增强粘土颗粒的负电动电位，强化这种负电的水化效应。因此，这些处理剂本身大都带有很强的负电基团，几乎都是阴离子型的，这种钻井液体系对地层中的粘土矿物和钻屑都是一种不稳定因素。凡能使钻井液中粘土分散的因素，也必然导致井壁和地层中粘土矿物水化、膨胀和分散，也能使钻屑分散。因此，稳定井壁、地层和钻屑主要靠带正电荷的物质，例如，高价的金属离子 Ca^{2+}、Al^{3+}、Fe^{3+} 等，它们能够中和粘土表面的负电荷，降低粘土颗粒的高电位，从而削弱它们的水化效应。众所周知，在钻进过程中所产生的泥页岩钻屑是带有负电荷的，尽管研究和应用实践表明，大相对分子质量的阴离子型聚合物能够吸附到钻屑表面，起包被和絮凝作用，但与含有正电荷基团的聚合物在钻屑表面上的吸附相比，阳离子型聚合物更难吸附，而且吸附强度也差很多。

　　K^+ 由于其本身同粘土颗粒的吸附非常牢固，很难解离，可以降低粘土颗粒的高电位，但由于钻井液体系中离子交换以及金属阳离子的吸附与脱附的动态平衡，使其抑制性受到一定的限制。而含有多个烷基基团且离子化能力较弱的有机季胺盐类（小相对分子质量有机阳离子化合物）产品在钻井液中的应用，对泥页岩的抑制是无机盐所不能比拟的。

　　1984 年，美国在西得克萨斯和新墨西哥州用 ASP－725 阳离子聚合物钻井液钻了 3 口井取得了很好的效果——抑制了红层粘土的水化和分散，提高了钻速。接着，加拿大、荷兰、美国、法国等相继使用阳离子聚合物钻井液对付复杂的地层，取得成功。我国石油勘探开发科学研究院钻井所从 1985 年开始研究阳离子聚合物钻井液，1986 年 6 月在二连油田哈 26 井首次使用以我国研制的阳离子聚丙烯酰胺为主要处理剂的阳离子聚合物钻井液，取得明显的效果。近年来，在辽河、二连、南海西部、渤海、冀东、广西、塔里木及吐哈等油田的 300 多口井中使用阳离子聚合物钻井液，绝大多数井都收到了好的效果。在这些井中，有直井、斜井、丛式井，最深井达 6401m。

　　阳离子聚合物钻井液是以高相对分子质量聚阳离子为包被絮凝剂，以小相对分子质量有机阳离子作为粘土稳定剂，并配合使用降滤失剂、降粘剂、封堵剂及润滑剂等的钻井液体系。它具有很强的抑制性、良好的流变性，并且易于维护。

目前，随着阳离子聚合物处理剂及其他处理剂的发展，阳离子聚合物钻井液体系的应用也得到迅速的发展。由于阳离子聚合物带高正电荷，中和能力强，聚合物链长，架桥作用好，能以较快的速度、较强的静电作用，以单分子层形式吸附在粘土上，使粘土的比表面和表面负电荷大大下降，从而使粘土的水敏性基本丧失而起到稳定粘土的作用。而相对分子质量小的有机阳离子化合物又能进入到粘土片的晶层间形成永久的吸附，有着更好地抑制泥岩和页岩水化、膨胀和分散的能力。

一、阳离子聚合物钻井液的组成

阳离子聚合物钻井液主要是水基钻井液，也可以配制成乳状液。对于水基阳离子聚合物钻井液来说，其主要成分与普通水基钻井液相近，但其中至少含有一种高相对分子质量的阳离子聚合物。

1. 有机阳离子聚合物处理剂

分子结构中含有带正电荷的原子或原子团的高分子有机聚合物叫有机阳离子聚合物（简称有机阳离子、大阳离子），有机阳离子聚合物在钻井液中主要作为包被絮凝剂。有机阳离子聚合物中绝大多数是含氮的聚合物，少数含有磷、硫等元素。

国内使用的有机阳离子聚合物的结构为：

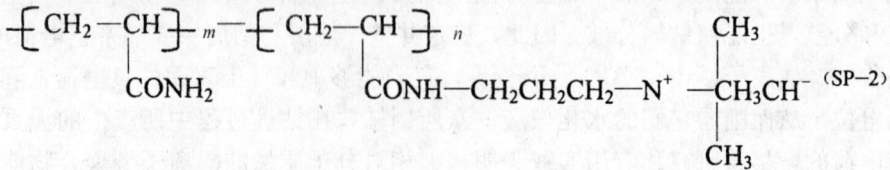

$$\left[CH_2-CH\right]_m-\left[CH_2-CH\right]_n \quad CONH_2 \quad CONH-CH_2CH_2CH_2-N^+-CH_3CH^{-} \quad (SP-2)$$

2. 小分子阳离子有机化合物（小阳离子）

小相对分子质量阳离子有机化合物主要作为粘土稳定剂，国内常用的有：

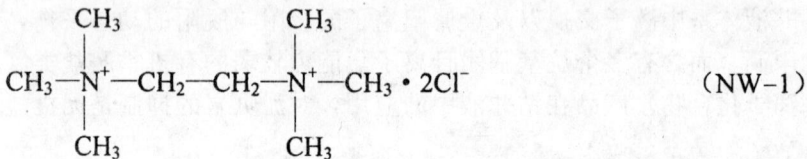

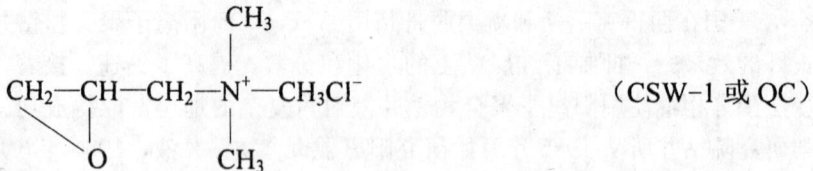

$$CH_3-N^+-CH_2-CH_2-N^+-CH_3 \cdot 2Cl^- \qquad (NW-1)$$

$$CH_2-CH-CH_2-N^+-CH_3Cl^- \qquad (CSW-1 \text{ 或 } QC)$$

3. 其他处理剂

不同的阳离子聚合物钻井液体系还要添加各种不同的处理剂，这些处理剂必须和阳离子聚合物相配伍。例如，降滤失剂可以用预胶化淀粉、阳离子淀粉；增粘剂可以用羟乙基纤维素、生物聚合物等；为了提高体系的抑制性，还可以加入氯化钾、氯化钙等盐类，对于乳化阳离子聚合物钻井液，还需要加入乳化剂。

二、阳离子聚合物钻井液的性能

阳离子聚合物钻井液主要是利用有机阳离子与泥、页岩之间的强烈相互作用来增强对泥、页岩水化膨胀和分散的抑制能力。有机阳离子聚合物在泥、页岩上的吸附既有物理吸附又有化学吸附，其吸附能力强、热稳定性好。阳离子聚合物钻井液的流变性能好、滤失量低，泥饼质量也好。因此，它不仅能稳定膨胀性泥页岩地层，也能稳定硬脆性泥、页岩地层。

1. 阳离子聚合物钻井液的一般性能

为了便于比较，我们在表1、表2、表3中列出了国内外几种阳离子聚合物钻井液的基本配方及其性能。

表1 国内几种阳离子聚合物钻井液性能

序号	处理剂加量，%								钻井液性能					R_{30}[①] %
	CPAM	KPAM	XA-40	JT-147	KCl	PAC	CMC (LV)	HPAN	漏斗黏度 s	表面黏度 mPa·s	塑性黏度 mPa·s	动切力 Pa	滤失量 mL	
1	0.2		0.3	0.6	3.0	0.4			58.0	32.0	24.0	8.0	6.0	92.07
2	0.2		0.3	0.6	3.0		0.4		47.5	22.5	14.0	8.5	9.4	87.84
3		0.3		0.6	3.0		0.6		34.0	20.5	17.0	3.5	5.4	80.42
4		0.3		1.0	3.0			1.0	53.0	42.5	42.0	2.5	9.2	80.00

① 表示30目筛回收率。

表2 美国CBF体系钻井液配方及性能

体系中的类型		CBF	增粘CBF	加重CBF
处理剂及加量	阳离子聚合物A，kg/m³	4.28	4.28	4.28
	预胶化淀粉，kg/m³	4.28	4.28	4.28
	HEC，kg/m³	0	2.85	2.85
	KCl，kg/m³	108.6	108.6	63.0
	CaCl₂，kg/m³	0	0	30.5
钻井液性能	PV，mPa·s	1	10.5	11
	YP，Pa	0.5	2.4	2.9
	10s切力，Pa	0	0.5	0.5
	10min切力，Pa	0	0.5	0.5
	API滤失量，mL	15	12	10
	密度，g/cm³	1.07	1.07	1.26

表3 英国Saledrill体系钻井液配方及性能（水包油乳化钻井液）

配方	油水比[①]	NaCl kg/m³	Saledrill Ex10[②] kg/m³	Saledrill WP20[③] kg/m³	Saledrill YP40[④] kg/m³	Saledrill WL50[⑤] kg/m³
	20∶80	28.5	2.85	8.55	3.21	2.85
性能	密度 g/cm³	塑性黏度 mPa·s	动切力 Pa	10s/10min切力 Pa	API滤失量 mL	pH值
	0.97	13.0	6.7	—	—	8.7
	1.32	17.0	10.45	1.43/1.9	7.5	8.6

①水相可用淡水、海水或盐水，油相为低毒油、柴油或原油。表中钻井液是海水和低毒油配制；②主乳化剂；③抑制性油润湿剂；④水溶性聚合物增粘剂；⑤聚合物降滤失剂。

2. 阳离子聚合物钻井液稳定粘土的特性

阳离子聚合物钻井液稳定粘土的特性主要从阳离子聚合物钻井液的钻屑回收率、固体粒度分布、粘土矿物质层间距、ζ电位等几方面加以研究。使用的泥、页岩样品粘土矿物质组成如表4如示。

表4 试验用泥、页岩样品的粘土矿物质组成

地区	井号	井段，m	粘土矿物相对含量，%					非粘土矿物含量，%		
			I	M	I/M	K	C	石英	长石	菱铁矿
二连	淖18	1200～1500	20		65	8	7			
沈阳大明屯	屯安69	1200～1700	14	70		11	55			
南海北部湾	涠10-3-11	流二段	16		21	9		42	3	8

1）钻屑回收率

将一定量（W_0）的钻屑样品粉碎到一定目数（如20目），放在盛有处理剂溶液或钻井液的老化罐中，恒温下滚动一定时间后，过湿筛，干燥后称量筛余物质（W_1），定义

$$R_{20} = \frac{W_1}{W_0} \times 100\%$$

R_{20}为钻屑回收率，它表示了处理剂或钻井液对钻屑分散性的抑制能力。

用小阳离子、大阳离子聚合物、氯化钾溶液等测定的钻屑回率和几种阳离子聚合物钻井液的钻屑回收率分别列于表5和表6中。

表5 几种处理剂溶液中的钻屑回收率

处理剂	加量，%	钻屑来源	R_{20}，%	R'_{20}，%	处理剂	加量，%	钻屑来源	R_{20}，%	R'_{20}，%
QC	0.3	屯安-69	81.0	80.7		0.1	淖-18	46.4	43.3
	0.6	屯安-69	85.4	83.0		0.2	淖-18	78.2	73.1
	1.0	屯安-69	88.0	85.7	NW-1	0.3	淖-18	86.7	83.4
KCl	3.0	屯安-69	70.9	45.1		0.4	淖-18	86.7	83.7
	6.0	屯安-69	76.3	46.6		1.0	淖-18	57.3	43.46
	10.0	屯安-69	76.3	46.6		2.0	淖-18	71.0	55.5
自来水		屯安-69	27.4		KCl	3.0	淖-18	74.8	53.6
QC	0.3	涠10-3-11	94.5			4.0	淖-18	76.0	56.3
	0.5	涠10-3-11	94.9		自来水		淖-18	37	
NW-1	0.3	涠10-3-11	86.2		CPAM	0.4	淖-18	60.0	57.6
	0.5	涠10-3-11	92.6		KPAN	0.4	淖-18	46.9	38.8
KCl	3	涠10-3-11	80.1		80A51	0.4	淖-18	39.6	27.2
	5	涠10-3-11	83.7		PHP	0.8	淖-18	33.4	19.8
蒸馏水		涠10-3-11	59.6		PAM	0.4	淖-18	15.0	

表6 几种钻井液中钻屑回收率的对比

序号	钻井液配方	钻井液性能				备注
		PV mPa·s	YP Pa	API 失水 mL	回收率 %	
1	2.5%潍县土 + 0.5%CMC（LV）+ 1%FCLS+1%DFD+0.1%Ca（OH）$_2$+0.5%NW-1+0.2%CPAM	7.0	3.5	9.8	R_{18} 87.23	
2	2.5%潍县土 + 0.5%CMC（LV）+ 1%FCLS+1%DFD+0.1%Ca（OH）$_2$+0.1%NW-1+0.2%CPAM+2%SPNH	9.0	2.0	5.8	R_{18} 66.05	①钻屑为屯安-69井样品，自来水回收率 R'_{18} = 25.43%
3	2.5%潍县土 + 0.5%CMC（LV）+ 1%FCLS+1%DFD+0.1%Ca（OH）$_2$+0.5%KCl+0.5%PAN+0.2%KPAM	13.0	2.0	7.6	R_{18} 48.93	②R_{18}测定条件为66℃，滚动16h后
4	2.5%潍县土 + 0.5%CMC（LV）+ 1%DFD + 0.1%TQ + 0.1%Ca（OH）$_2$ + 0.5%NW-1+0.2%CPAM	16.0	6.5	5.8	R_{18} 87.20	
5	5%潍县土 + 0.4%JT-147 + 0.3%XA-40 + 3%SLSP + 3%KCl + 0.2%CPAM	10.0	10	13.6	R_{30} 92.36	①钻屑为淖-18井样品，自来水回收率 R'_{30} = 73%
6	5%潍县土 + 0.4%JT-147 + 0.6%CMC（LV）+ 3%KCl + 0.3%KPAM	17.0	3.5	5.4	R_{30} 92.36	②R_{30}测定条件为66℃，滚动16h后
7	5%海泡石 + 3%潍县土 + 1%FCLS + 0.2%CMC（HV）+ 0.2%CMC（LV）+ 0.05%Ca（OH）$_2$ + 0.3%NW-1+0.1%CPAM	17.0	3.5	22.8	R_{30} 93.10	①钻屑来自涠10-3-11井样品，自来水回收率 R'_{30} = 59.6%
8	5%海泡石 + 3%潍县土 + 1%FCLS + 0.4%CMC（HV）+ 0.05%Ca（OH）$_2$ + 0.2%NW-1+0.1%CPAM+2%FT-1+2%SPNH	29.0	8.0	10.0	R_{30} 92.6	②R_{30}测定条件为120℃，滚动16h后 ③为海水钻进液

①钻屑回收率（R_{18}）符号的脚标表示筛网目数，R'_{18}表示二次回收率。测定条件：R_{20}是66℃的溶液中滚动16h的20目筛回收率；R'_{20}是测定R_{20}之后的钻屑在自来水中66℃滚动16h后20目筛的回收率。R_{18}是66℃的溶液中滚动16h的18目筛回收率；R'_{18}为测定R_{18}之后的钻屑在自来水中66℃滚动4h后18目筛的回收率。

②测定的钻屑回收率分别为R_{30}和R'_{30}。

由表5可以看出，两种小相对分子质量阳离子有机聚合物（NW-1和QC）对于所有钻屑的抑制作用都强于氯化钾；而聚阳离子包被絮凝剂比那些非阳离子包被絮凝剂（KPAN，80A51，PHP，PAM）对钻屑的抑制作用也强得多。这说明有机阳离子在泥、页岩样品上的吸附能力很强，使钻屑样品的表面由亲水变为弱憎水，显著阻碍了样品的水化膨胀和分散。

从表6可以看出，按配方1、配方5、配方7配制的钻井液抑制性强、钻屑回收率高，而且能保持原来的形状，较适合用于含膨胀性粘土矿物较多的浅井井段。配方2、配方8中加入了较多的高温降滤失剂和封堵剂，尽管回收率有所下降，但有效地降低了滤失量，改善了滤饼质量，因而对硬脆性页岩地层的适应性较强。

2）各种处理剂对固相粒度的影响

试验测定了钻屑（二连油田哈20井样品）和潍县土（膨润土）在蒸馏水和氯化钾、NW-1、CPAM、PHP溶液中的粒度分布，从测定的数据看，氯化钾、NW-1、CPAM、PHP对样品均有一定的抑制作用，而CPAM由于具有较强的包被絮凝能力，所以抑制能力最强。

为了比较阳离子聚合物钻井液和阴离子聚合物钻井液抑制粘土水化膨胀和分散的能力，还测定了钻井液中膨润土的粒度分布，见表7至表9。从粒度分布可以看，阳离子钻井液中小于2μm的胶粒为8.6%，而阴离子钻井液中却为23.3%，小于10μm的胶粒在前者仅占16.4%，而在后者中为49.5%。从比表面积来看，阳离子钻井液为4835cm²/g，而阴离子钻井液为10299cm²/g，这说明后者含细颗粒多，对提高钻速不利且维护钻井液时处理剂消耗量大，而前者有利于抑制粘土矿物的水化膨胀和分散，有利于稳定钻井液性能、降低成本和提高钻井速度。

表7　钻屑和潍县土在处理剂中的粒度分布

处理剂	样品	各种粒径（μm）所占百分比,%								比表面积 cm²/g
		0~2	2~5	5~10	10~20	20~30	30~40	40~50	50~200	
蒸馏水	潍县土	43.6	16.8	15.5	16.9	5.6	0.7	0.9	8.0	30702
2%KCl溶液	潍县土	1.7	5.5	18.5	47.6	11.8	5.1	1.9	6.0	2474
4%KCl溶液	潍县土	2.6	5.3	14.7	47.1	8.7	10.7	4.7	16.9	2332
0.2%NW-1溶液	潍县土	0.3	0.4	0.4	35.6	37.9	0.3	8.0	17.0	1208
0.4%NW-1溶液	潍县土	0.5		1.3	26.6	36.2	13.3	4.7		1204
蒸馏水	钻屑	18.7	18.3	27.1	16.4	12.5	6.0	1.0		9894.2
2%KCl溶液	钻屑	12.8	12.1	17.8	47.5	5.4	2.2	2.2		6977.7
4%KCl溶液	钻屑	13.0	10.1	18.0	46.3	7.4	3.0	1.4		7369.4
0.2%NW-1溶液	钻屑	12.3	12.8	18.9	42.9	5.9	3.5	3.2		69789.0
0.4%NW-1溶液	钻屑	11.0	12.0	13.8	37.9	13.5	3.6	3.2		6082.0

表8　潍县土在处理剂中的粒度分布

处理剂	各种粒径（μm）所占百分比,%								比表面积 cm²/g
	0~5	5~10	10~20	20~40	40~60	60~80	80~100	100~120	120~150	
0.2%CPAM溶液	0.3	0.3	1.5	4.0	3.8	12.0	14.6	21.0	36.7	387
0.2%PHP溶液	0.4	0.4	4.1	32.4	14.3	17.0	11.1	5.1	15.2	575

表9　膨润土在钻井液中的粒度分布

钻井液配方	样品	各种粒径（μm）所占百分比,%								比表面积 cm²/g
		0~2	2~5	5~10	10~20	20~30	30~40	40~50	50~200	
2.5%潍县土 + 0.5%CMC（LV） + 1%FCLS + 1% DFD + 0.1% Ca(OH)₂ + 0.5% NW-1 + 0.2%CPAM	原浆	8.6	3.1	4.7	52.6	15.4	2.2	12.2	1.2	4835
	离心沉淀物	1.2	0.4	1.4	16.9	21.4	24.3	7.8	26.6	1303
2.5%潍县土 + 0.5%CMC（LV） + 1% FCLS + 1% DFD + 0.1%Ca(OH)₂ + 5% KCl + 0.5% PAN + 0.2%PAMK	原浆	23.2	19.9	6.4	26.5	3.7	0	4.3	16.0	10299
	离心沉淀物	9.3	5.9	6.5	29.5	11.7	12.1	7.6	17.4	4840

3）NW－1和氯化钾对粘土矿物层间距的影响

实验用钠膨润土为四平土，其湿样的层间距（d_{001}）为 15.92×10^{-10} m，干样为 9.00×10^{-10} m。使用氯化钾（2%）处理后，湿样层间距仍为 15.92×10^{-10} m，而干样变为 10.59×10^{-10} m。使用 NW－1（0.1%、0.4%、0.6%）处理后湿样的层间距有所减小，且随处理剂浓度增加而减小（14.73×10^{-10} m，14.37×10^{-10} m，14.26×10^{-10} m）；干燥后的层间距几乎不发生变化，即使是用 KCl 溶液再处理也是如此。这说明 NW－1 不但可牢固地吸附于粘土表面，而且可进入层间，且不易被其他离子所交换。

4）ζ电位的变化

有机阳离子在粘土矿物上的吸附可以改变胶粒所带电荷的性质，即由负电荷变为正电荷，这可以从 ζ 电位测定的结果（表 10）看出来。

表 10　电位测定结果表

ζ电位，mV ＼ NW－1加量，%　＼　体系	0	0.05	0.10	0.15	0.20	0.25	0.30	0.30	0.35
4%潍县土悬浮液	－ 29	－ 15	－ 9.6	3.0	21.0	24.2	25.0	25.8	
4%潍县土 + 0.3%CPAM	－ 26	－ 22.4	－ 18.0	24.0	26.0	31.0	31.5		
4%潍县土 + 0.2%CMC	－ 30	－ 20	－ 3.0	0.0	4.25	6.0	9.0	9.0	
4%潍县土 + 1%SPNH	－ 25		－ 12	－ 4.2	0.2	2.4	6.8	9.0	9.25

使用阳离子聚合物钻井液，粘土颗粒的 ζ 电位由负电位变为正电位，形成正电位扩散双电层，使钻井液处于稳定状态。这样，使大相对分子质量的阳离子聚合物由于静电斥力很难再吸附到粘土颗粒表面，而主要吸附到钻屑颗粒表面，起包被絮凝作用，从而抑制钻屑在钻井液中的水化膨胀和分散。

3. 阳离子聚合物钻井液抗固相污染和抗温性能

在钻井液中加入钻屑（过 100 目筛）前后流变性及滤失性能列于表 11。这些数据表明，阳离子聚合物钻井液抗固相污染能力强。

表 11　阳离子聚合物钻井液抗固相污染性能实验数据

序号	钻井液配方	钻井液性能								
		PV mPa·s	YP Pa	FL mL	加入10%钻屑后			加入20%钻屑后		
					PV mPa·s	YP Pa	FL mL	PV mPa·s	YP Pa	FL mL
1	2%潍县土 + 1%FCLS + 0.5%CMC (LV) + 1%DFD + 0.1%Ca (OH)₂ + 0.5%NW－1 + 0.2%CPAM	18	9	6.8	18	2.0	6.4	21	3.5	7.6
2	配方1 + 1%FT－1 + 2%SPNH	18	9	6.4	17	3.0	4.4	20	3.0	3.2
3	2%潍县土 + 1%FCLS + 0.5CMC (LV) + 1%DFD + 0.1%Ca (OH)₂ + 0.5%PAN + 0.2%KPAM + 5%KCl	23	10	6.0	25	8.0	6.4	30	11.0	4.4
4	配方3 + 1%FT－1 + 2%SPNH	28	13	5.8	33	15.0	6.0	40	18.0	5.0

钻井液热稳定性实验结果列于表 12 中。

表 12　阳离子钻井液热稳定性实验数据

序号	钻井液配方	钻井液性能					
		热滚前			热滚后（100℃，16h）		
		PV mPa·s	YP Pa	FL mL	PV mPa·s	YP Pa	FL mL
1	2%潍县土 + 1%FCLS + 0.5%CMC（LV）+ 1%DFD + 0.1%Ca（OH）₂ + 0.5%NW－1 + 0.2%CPAM	10	4	7.8	10	2	6.0
2	配方 1 + 1%FT－1 + 2%SPNH	14	3	6.4	13	2.5	5.0
3	2%潍县土 + 1%FCLS + 0.5%CMC（LV）+ 1%DFD + 0.1%Ca（OH）₂ + 0.5%PAN + 0.2%KPAM + 5%KCl	15	4	6.8	19	11	7.6
4	配方 3 + 1%FT－1 + 2%SPNH	16	6	4.6	19	10	5.2

从表 12 可以看出，阳离子聚合物钻井液热稳定性较好。

三、阳离子聚合物钻井液的现场应用

根据不同油田不同地区的不同地质情况，确定合适的阳离子聚合物钻井液配方和维护方法是取得成功的关键。阳离子聚合物钻井液曾在国内很多油田使用，见到了很好的效果。现将应用的情况简单介绍如下。

1. 沈阳油田安 12 块 10 号平台丛式井

这个平台丛式井组是根据"七五"国家重点课题"定向丛式钻井技术"安排的。本丛式井组中，使用不分散聚合物钻井液钻井 4 口，钾石灰钻井液钻井 6 口，阳离子聚合物钻井液钻井 7 口。将阳离子聚合物钻井液与不分散聚合物钻井液的主要经济技术指标列于表 13 中。

表 13　10 号平台两种钻井液的主要经济技术指标

钻井液类型	井号	完钻井深 m	机械钻速 m/h	完井电测		钻井液成本 元/m³
				次数	一次成功率，%	
阳离子聚合物 钻井液	64－14	2388.0	10.55	1	100	44.71
	64－43	2290.0	8.88	1	100	28.69
	65－15	2370.0	10.92	1	100	29.60
	68－42	2313.0	9.71	1	100	38.48
	66－44	2336.0	10.10	1	100	32.71
	68－40	2376.0	9.09	1	100	39.08
	67－41	2380.0	9.51	1	100	38.90
	平均	2350.4	9.82	1	100	35.96
不分散聚合物 钻井液	66－46	2339.0	8.47	1	50	33.90
	67－45	2350.0	7.91	1	20	40.24
	68－46	2360.0	9.95	1	33.3	48.45
	66－40	2392.0	7.75	1	100	27.95
	平均	2360.0	8.52	2.75	50.8	37.60

从表 13 所列数据可以看出，阳离子聚合物钻井液在机械钻速、电测成功率等方面具有明显的优势。

10 号平台所用的阳离子聚合物钻井液配方为：4%膨润土 + 0.2%～0.4%大阳离子

+0.2%~0.3%小阳离子+0.2%~0.3%CMC。在钻进沙二段下部地层时使用了FCLS和NaT。所钻穿的地层中，东营组、沙一段和沙三段的上部由大段泥、页岩组成，该泥、页岩的粘土矿物组份主要是蒙脱石，钻井中钻井液易被粘土侵污，造成高黏度高切力，易泥包钻具。另外，泥、页岩膨胀造成井壁不稳定，易缩径、起钻遇阻、下钻不到底。为了保持一定的井斜和方位，井下有大直径的扶正器，易泥包、抽吸和遇阻，使用阳离子聚合物钻井液很好地解决了这些问题。在阳离子聚合物钻井液的维护中，必须注意在加入小阳离子之前，首先要用FCLS（或NaT）处理钻井液；用大阳离子和小阳离子同时处理时，先加一种处理剂循环1~2周后再加入另一种处理剂。

2. 南海西部油田北部湾地区3口井

北部湾地区复杂井段上部蒙脱石含量较高，属水敏性地层，易水化膨胀和分散、易造浆、易导致缩径；下部由以伊利石、高岭石为主的硬脆性页岩构成。在钻进此地层时，极易出现起下钻严重遇阻遇卡、卡钻，甚至埋钻具等事故。曾采用饱和盐水氯化钾钻井液，虽有一定的效果，但钻井液费用高，工作量大，钻井液密度高，不利于保护油气层。采用北京石油勘探开发研究院钻井所和南海西部泥浆公司共同研究的阳离子聚合物钻井液钻了3口井，基本上解决了上述问题。W11-4N-3井和W10-3-13井在涠洲组和流一段交界面各有一次阻卡，其他井段均起下钻顺利。W10-3-14井（定向井，井斜40°）全井未发生井下复杂情况。

3. 塔里木盆地轮西2井

塔里木地区已用阳离子聚合物钻井液钻成4900m以上的深井50多口，轮西2（LX-2）井是井深达6401m的超深井。

LX-2井的地质分层岩性描述列于表14中。

表14　LX-2井地层情况

层位		底界深，m	钻深，m	主要岩性简述
第四系		205	105	粘土及含砾粘土，底部为粘土质细砾石
第三系	库车组	2787.5	2682.5	泥岩，1044~1715m，泥岩中含少量石膏，2505~2790m为泥岩与粉砂岩呈略等厚互层，泥岩性软，吸水性强
	康村组	3777.5	990	泥岩，3195~3425m，泥岩中可见微层理，偶见石膏，3690~3785m可见白色石膏层，泥岩质纯，性硬脆，团块状石膏性软，吸水性强
	吉迪克组	4265	487.5	泥岩，其中棕色、棕红色泥岩较软，吸水造浆性强，3785~3960m有三层石膏层，吸水性强，松软，下部为泥质粉砂岩与泥岩呈不等层，见少量石膏
	苏维依组	4429	164	浅棕色泥质粉砂岩与暗棕色泥岩不等厚互层，泥质粉砂岩，岩屑滴淡水分散，泥岩质纯性硬，偶见石膏于泥岩裂隙中
白垩系		5015	646	含砾砂岩、砾状砂岩、粗砂、细砂岩、钙泥质胶结、疏松，砂岩中偶夹泥岩
侏罗系		5658	583	5073~5330m为泥岩，夹砂砾岩，泥岩质纯遇水易碎；5330~5430m为含砾砂岩，泥质胶结，极为疏松，偶见炭质页岩和煤屑；5403~5564m，上部为含砾砂岩夹微量煤，稍下为泥岩及砂岩，中下部为大段角砾岩；5564~5661m上部为砂岩夹少许煤层，下部为砂砾岩及砾岩，煤层厚度有的达1.5m，电测表明5482~5565m出现逆冲断层使侏罗系重复加厚（比设计厚度多186m）
三叠系		5938	280	上部为泥岩，往下为页岩，泥岩质纯性脆，遇水易裂呈球状剥落，页岩节理发育，性硬脆；中下部为泥岩砂岩互层，底部为粉砂质泥岩，与下部奥陶系地层呈不整合接触，中下部至底部泥岩易吸水胀裂
奥陶系		6401（未穿）	463	巨厚层状灰岩，上部灰岩有孔洞，溶洞多被泥岩、砂砾岩充填；6266~6298m和6325~6341m二段缝洞较发育

LX-2井各井段钻井液配方和钻井液性能分别列于表15和表16中。

表15　LX-2井各井段钻井液配方

井径，in	26		17		12		8	
配制钻井液体积，m³	150		170		200		150	
所加材料	浓度 g/L	总量 t	浓度 g/L	总量 t	浓度 g/L	总量 t	浓度 g/L	总量 t
膨润土	32.0	4.30	23.5	4.00	26.0	5.20	44.7	6.70
Na_2CO_3	1.87	0.28	1.17	0.20	0.80	0.16	1.6	0.24
CMC（HV）	1.17	0.175					0.67	0.10
CMC（LV）			3.53	0.60	4.25	0.85	6.67	1.00
FCLS			11.76	2.00	12.50	2.50	13.33	2.00
NaOH					0.45	0.09	1.20	0.18
DFD-2			11.76	2.00	18.75	2.75		
SPNH							23.33	3.50
CPAM 浓度 7%			31.76	5.40	25.0	5.00	6.00	1.20
NW-1 浓度 45%			7.06	1.2	7.00	1.40	5.33	0.80
FT-1							11.6	1.74

表16　LX-2井各井段钻井液性能

钻井液体系	膨润土稠浆		阳离子聚合物		
使用井段，in	26	17	12	8	5
使用浓度，m	208	1446.7	4581	5850	6401
密度，g/cm³	1.05～1.21	1.05～1.27	1.05～1.255	1.14～1.225	1.13～1.22
漏斗黏度，s	50～112	36～56	30～97	41～195	55～185
塑性黏度，mPa·s	12～23	9～19	4～53	17～65	17～57
屈服值，Pa	5.75～12.5	2.0～7.5	0～18.0	3.0～27.5	8.0～27.0
静切力，Pa/Pa	(3.5～4.5) / (11.0～27.0)	(0.25～2.0) / (2.5～13.5)	(0～3.0) / (0～24.0)	(0.5～7.0) / (1.0～23.5)	(1.5～15.0) / (6.0～22.5)
滤失量/泥饼 mL/mm	(6.8～9.5) / (0.5～0.2)	(4.6～7.0) / (0.5～1.0)	(2.4～7.0) / (0.5～1.0)	(0.8～4.0) / 0.5	(2.0～3.6) /0.5
HTHP 滤失量/泥饼 mL/mm			(14～15.6) / (1.0～1.5)	(5～16.5) / (1.0～1.5)	6.0/ (1.0～1.5)
pH 值	7～9.5	8.5～12	8～14	8～11	8～11
膨润土含量，g/L	63～141	24.6～60	35～58.6	49～70	50～60
固相含量，%	5～13.5	8～17.5	3～16	8～15	12～15
油/水含量，%	0/ (95～86.5)	0/ (92～82.5)	0/ (97～84)	(0～2.5) / (89.5～82.5)	1/ (88～85)
pt/pm	0/ (0.6～0.9)	(0～0.6) / (0.3～1.5)	(0～2.1) / (0.6～6.7)	(0.1～1.7) / (0.8～3.2)	(0.1～1.3) / (0.3～2.0)
滤液 Cl^-，mg/L	320～500	1100～1700	1000～3200	6200～18500	4500～7000
滤液 Ca^{2+}，mg/L	110～145	20～280	200～420	40～560	360～380
含砂量，%	0.8～2	0.05～460	痕量～0.8	0.2～0.7	0.3～0.5

阳离子聚合物钻井液在 LX-2 井的成功表明这种体系完全能满足超深井的钻井工艺要求，它具有以下几个优点：

（1）能有效地抑制泥岩的水化膨胀和造浆，防止卡钻。阳离子钻井液使得 LX-2 井上部（到 4510m）大段泥岩地层没有挂卡，起下钻畅通无阻。

（2）有助于提高固控效率。在钻遇大段造浆泥岩地层时，振动筛上钻屑清爽，地层砂样易清洗，固相易控制，不放浆，减少了材料消耗，节约了成本。

（3）不易泥包，摩阻小，起下钻顺利。由于阳离子聚合物钻井液体系能有效地控制滤失量，泥饼薄而韧，并因其特殊的性能使钻具不易泥包，摩阻小，提高了起下钻的速度，提高了效率。

（4）能在高温高压下控制钻井液的流变性。该钻井液体系在高温高压下流变性较易控制，满足了钻井的要求，井壁稳定，电测 10d 也不需要中途通井。特别是套管下至 4510m 一次成功。

（5）钻井液性能稳定，比较容易维护。LX-2 井从开钻到完钻，基本上没有因钻井液问题而造成事故和井下复杂情况，提高了钻井时效，缩短了钻井周期，提高了经济效益。

4. 百色地区 2 口井

1987 年第一批 10 口井钻进中垮塌现象多且严重，处理复杂情况所用时间最长的井超过钻井总时间的 26%，易塌井段集中在那读组；井径扩大严重，一般为 50% 以上，最大可达 133.9%。1989 年所钻花茶 10 口井中，有 5 口井发生恶性垮塌，发生恶性钻事故 5 井次，计 4 口井。该构造的第一口探井坤 7 井钻达 2386m 后，由于井下垮塌下钻下不到底，划眼时越划越浅，划到 2280m 处卡钻，处理事故达半年之久，最终报废。该地区曾使用两种钻井液体系：

腐钾聚合物钻井液：井浆 + 3%KHm + 0.3%CPAN + 0.1%PHP；

腐钾树脂钻井液：井浆 + 2%KHm + 2%k21 + 1%SMP。

前一体系因主要用 PHP、KHm 作为主抑制剂，有抑制性差、泥饼质量不好的缺点；后一体系也因未使用包被抑制剂，包被能力和抑制性不理想。因此这两体系均不能满足施工要求。利用该体系在百色地区打了两口井，情况如下。

（1）新坤 7 井：三开采用阳离子聚合物钻井液，其性能指标是：密度 $1.30\sim1.40g/cm^3$，漏斗黏度 35～50s，滤失量不超过 5mL，HTHP 滤失量不超过 15m，泥饼 0.5～1.5mm，pH 值 9～10，初切力 1.4～3.8Pa，终切力 2.4～7.2Pa，动塑比 0.14～0.38，膨润土含量 40～60g/L。其配方是：5%膨润土 + 0.3%NaCO$_3$ + 0.3%LV-CMC + 1%SPNH + 1%FT-1 + 0.3%NW-1 + 0.1%大阳离子 + 1%液体套管 + 0.3%石灰。配浆程序是：在 5%膨润土浆中加入 0.3%NaCO$_3$，预水化 24h 后，加入 0.3%LV-CMC 搅拌 4h，加入 1%SPNH 和 1%FT-1 搅拌 4h，加入 1%液体套管搅拌，测量性能，如果性能未达到要求指标，用 CMC（或 FCLS）、SPNH 调整。合格后，再加入 0.3%石灰和 0.3%～0.5%NW-1 搅拌 2h，并配制 1%阳离子胶液缓慢补充加入。

新坤 7 井有易坍塌卡钻的那读组泥页岩井段 800m。1991 年 1 月 16 日三开，2 月 27 日钻至设计井深 2700m，其中 2387～2404.5m 井段取心钻进，岩心平均收获率 95%。215.9mm 井眼平均井径扩大率为 10%，钻井液费用 25×10^4 元左右。井深 2400m 中途对比电测和完井后电测均一次成功。用了不到 3 个钻机台月的时间就钻完这口井（原设计钻完该井需 4 个钻机台月）。新坤 7 井是滇黔桂会战以来钻穿那读组的最深的一口探井，也是该构造钻成的第一口探井。

（2）花 13 井：花茶地区那读组厚度 1000m 左右。花 13 井是花茶地区的一口评价井，设计井深 2200m，表层套管下至 100.54m，二开用 215.9mm 钻头一直钻至设计井深，裸眼段长达 2100m。在井深 816m（百岗组）开始使用阳离子聚合物钻井液，其性能是：密度 1.17g/cm³，滤失量 4.4mL，泥饼 0.3mm，漏斗黏度 23s，静切力 0.2/0.3Pa/Pa，pH 值 8.5。采用了地面配制新浆，留用井筒老浆，新、老浆混合循环均匀的配浆方法。在百岗组开始使用阳离子聚合物钻井液的益处是：

①用该钻井液体系在百岗组钻进一段时间后，在打开那读组层段时易于适应地层；

②利用使用过一段时间的钻井液，易于穿过解理发育、极易造成垮塌的百岗组和那读组交界面。

尔后的钻井实践证明，打开那读组后，的确完全控制了交界面上的问题。工程电测曲线表明，使用 215.9mm 钻头，在百岗组用原钾钙聚合物钻井液所钻的井径为 290mm，使用阳离子聚合物钻井液所钻的井径为 220m；钻开那读组后（井深 1144m）井径为 230mm，在 1270~1280m 井段井径为 240mm。在百岗组井径扩大率为 2％左右；在百岗组和那读组交界面上的井径扩大率为 7％左右，小于体系转化前的井径扩大率。花 13 井设计周期 90d，包括掉钻头和井斜 7.5°填井损失 14d 在内，大约比设计提前一个月完钻，这在花字号井中，裸眼 2000m，那读组厚 1000m 大难度井中是前所未有的，说明阳离子聚合物钻井液能有效地防止那读组地层的垮塌。

阳离子聚合物钻井液具有良好的防塌性能，能有效地防止那读组地层的垮塌。新坤 7 井和花 13 井均施工顺利，井径规则，电测一次成功，缩短了钻井周期。该钻井液体系性能稳定，抑制性强。两口井均在除泥器、除砂器未正常工作的情况下，只用 40 目筛网振动筛就较好地控制了钻井液密度。该体系有较好的防卡、防泥包能力，两口井均下钻开泵一次成功。该体系配制工艺简单，性能易维护，体系稳定周期长，有时几天才调整一次性能。另外，两口井未排放过旧钻井液，减轻了钻井液对环境的污染。

四、结　论

（1）阳离子聚合物正电胶钻井液体系具有良好的流变性和强抑制性。阳离子型聚合物钻井液具有较好的剪切稀释特性，有利于携带钻屑，净化井眼，提高钻速；有较好的防卡、防泥包性能；有效地减缓钻井液对井壁的冲刷，减小钻屑或岩屑的井内堆积速度，将井内塌落物携带出井。

（2）体系的造壁性好，井眼稳定。井径扩大率降低，井下复杂情况减少，保证了井下各项施工的顺利进行，提高了中完井各项作业的一次成功率。

（3）钻井液配制方便，维护处理简单，处理剂使用量小，钻井液性能稳定，可降低材料费用和现场工作人员的劳动强度。

隔离膜水基钻井液技术研究与应用[1]

孙金声[1]　汪世国[2]　刘有成[3]　张　毅[2]　魏民洁[3]　刘雨晴[1]

（1. 中国石油勘探开发研究院；2. 新疆石油管理局泥浆技术服务公司；

3. 青海石油管理局井筒服务公司）

摘　要　本文介绍了隔离膜降滤失剂 CMJ－2 的膜结构特征、抗高温降滤失性和润滑性能，并详述了隔离膜降滤失剂 CMJ－2、高效高分子包被絮凝剂 JH－1、降滤失剂 CFJ－1 和降粘剂 JN－1 为主要处理剂的隔离膜水基钻井液的性能。本文评价了该钻井液体系的抑制性及抗盐、抗温、抗污染性能，并通过动滤失增量试验、渗透率恢复试验评价了其保护储层效果。该体系无荧光、无毒性，满足环保要求。现场应用效果表明，隔离膜钻井液在井壁外围形成隔离膜，在井壁的外围形成保护层，阻止钻井液及钻井液滤液进入地层，从而有效地防止了地层的水化膨胀，封堵了地层裂缝，防止了井壁坍塌。

关键词　隔离膜降滤失剂　水基钻井液　储层保护　高温高压　环保

泥页岩的一个主要特性是低渗透率。据有关文献指出，泥页岩的渗透率需用微毫达西表示（从几微毫达西到几十微毫达西），由于泥页岩非常小的孔隙仅在 $0.001 \sim 0.01 \mu m$ 之间，这种低渗透率的结果，使一般的水基钻井液在泥页岩地层上不能形成泥饼。水通过扩散进入岩石，在刚钻开后，靠近井壁的孔隙压力是低于原始孔隙压力的，这是由于页岩未排水和由于钻井液冷却作用的温度梯度影响。井壁周围的孔隙压力会随时间变化而变化，直到形成一种稳定的压力分布，最终孔隙压力的增加将导致井壁有效过平衡液柱压力的减少，结果岩石破裂。由于泥页岩的低渗透性，这种破坏将会延迟。孔隙压力扩散的快慢将取决于泥页岩的渗透性、弹性、钻井液与井壁之间物理化学作用等边界条件。通常情况下，渗透率越低，压力增长越慢。由于渗透率不同，在井壁内孔隙压力与井筒压力平衡时，压力扩散到某一地点的时间可能是几小时，也可能是几天。从这一观点来看，一个对页岩稳定的钻井液体系，最重要的任务是尽可能地避免流体渗入泥页岩体内以消除或延缓孔隙压力的扩散。隔离膜水基钻井液是通过聚合物吸附或化学反应在井壁上形成一层隔离膜，即在井壁的外围形成保护层，阻止水及钻井液进入地层。其作用效果是有效的防止地层水化膨胀、封堵地层层理裂缝、防止地层内粘土颗粒的运移、防止井壁坍塌及保护油气层。

一、隔离膜降滤失剂 CMJ－2 的膜结构特征及其性能

天然纤维经碱化，在高温条件裂解后，在催化剂作用下与不饱和有机胺化合物进行缩聚反应，得到一类新型有机胺天然纤维聚合物 CMJ－2。

---

❶　中国石油天然气集团公司应用基础研究项目（No. 03A20203）资助

1. CMJ - 2 膜结构特征

隔离膜降滤失剂 CMJ - 2 在淡水浆中经高温高压后的滤饼经过液氮冷冻、临界点干燥后，制成扫描电镜（SEM）分析样品，对滤饼的表面形态、内部结构进行的扫描放大分析研究。采用二次电子图像观察研究的滤饼的表面形态，配合能谱和波谱研究滤饼的结构组成。图 1 和图 2 便是高温高压后滤饼的表面结构，能观察到表面较致密，大的固相颗粒较少，并且能清晰地看到大块的膜结构，这种结构可以阻止水分子向泥页岩内渗透，有利于稳定井眼，而且 CMJ - 2 主链是以碳链为主，侧链上含有众多的胺基和羟基。胺基电荷密度高，水化性强，对外界阳离子的进攻不敏感，同时支链化的结构可以增大空间位阻，使主链的刚性增强，有利于抗温能力的提高。侧链羟基、胺基与粘土矿物既有吸附作用，又能够与粘土颗粒形成氢键，且由于其分子链的非离子特性，容易在滤饼上形成一层保护膜，阻止滤液及钻井液向地层渗透，从而稳定了井壁，保护了储集层。

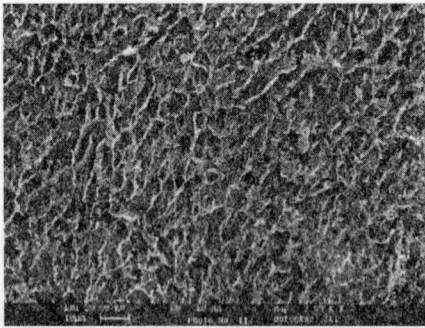

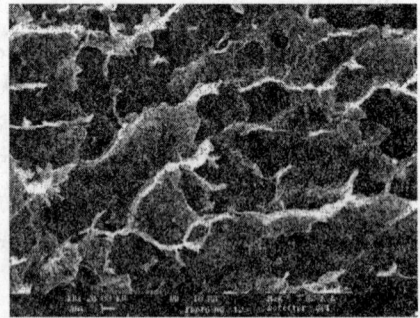

图 1　CMJ - 2 膜结构图（扩大倍数为 2590）　图 2　CMJ - 2 膜结构图（扩大倍数为 3820）

2. CMJ - 2 抗温性能

在淡水基浆中加入 1.0% CMJ - 2 高速搅拌 5min，分别在不同温度下进行老化处理 16h，测定钻井液老化处理前后的性能，实验结果见表 1。由表 1 可以看出，CMJ - 2 具有良好的抗高温降滤失性能，抗温达 180℃。

表 1　CMJ - 2 在淡水浆中的抗温性

性能 热滚温度,℃	表观黏度 mPa·s	塑性黏度 mPa·s	动切力 Pa	中压滤失量 mL	pH 值
常温	12	10	2	3.2	9
120	10	8	1	5.2	9
150	10	8	1	6.4	9
180	8	7	1	9.8	9

3. CMJ - 2 封堵性能

在压差 3.4MPa、温度 120℃、转速 200r/min 的条件下，用直径为 63mm，厚度为 6mm，渗透率为 100mD 的人造岩心，对 CMJ - 2 与 FT - 1 在低密度、高密度钻井液中进行封堵试验对比，其结果见表 2。试验结果表明，CMJ - 2 在低密度、高密度钻井液中均具有良好的封堵能力，其效果优于 FT - 1。

表 2　CMJ－2、FT－1封堵实验数据

滤失量,mL 时间,mm	配方1#	配方2#	配方3#	配方4#	基浆
瞬时	1.9	1.7	2.6	2.4	6.9
5	4.6	4.4	8.3	8.0	13.6
10	6.1	6.0	10.1	9.8	20.8
20	7.6	7.4	13.0	12.6	26.8
30	8.3	8.1	16.4	15.8	31.2
45	9.7	9.5	19.0	18.4	33.7
60	11.2	11.0	21.8	21.0	37.2
90	13.4	13.1	25.8	25.0	39.8
105	14.8	14.6	28.2	26.4	44.3
120	18.6	14.7	31.4	26.6	50.6

注：基浆：8%钠膨润土浆；配方1#：8%钠膨润土浆＋2%FT－1，密度为1.05g/cm³；

配方2#：8%钠膨润土浆＋2%CMJ－1，密度为1.05g/cm³；

配方3#：配方1#＋重晶石，密度为1.70g/cm³；

配方4#：配方2#＋重晶石，密度为1.70g/cm³。

4. CMJ－2对钻井液动滤失量和动滤失速率的影响

用冀东油田储层岩心在动滤失仪上测定了冀东油田LB1－13－22井井深3200m处井浆加入CMJ－2前后对钻井液动滤失量和动滤失速率的影响，结果见表3。实验结果表明，隔离膜降滤失剂CMJ－2能有效地降低钻井液的动滤失量和动滤失速率，可以减缓或阻止钻井液及钻井液滤液渗入泥页岩体内，延缓孔隙压力的扩散，有效防止地层水化膨胀及坍塌。

表 3　CMJ－2对钻井液动滤失量和动滤失速率的影响实验结果

序号	岩心	钻井液配方	气相渗透率,mD	平均温度℃	滤液体积，mL				动滤失速率，mL/min		
					65min	105min	125min	145min	0～25min	25～65min	65～105min
1	LTXN－7	LB1－13－22井井浆(3200m)	162.58	100	4.1	6.6	7	7.4	0.112	0.053	0.043
2	N－3	LB1－13－22井(3200m)＋2%CMJ－2	178.8	100	3.6	5.3	5.7	6.2	0.092	0.05	0.025

5. CMJ－2润滑性能评价

按钻井液用润滑剂评价程序 SY/T 6094—94 配制基浆，分别加入1.0%、2.0%、3.0%的CMJ－2样品测定其润滑系数降低率分别为64.96%、73.28%、77.57%。钻井液150℃热滚16小时后测得润滑系数降低率分别为60.99%、62.99%、65.62%。实验结果表明，隔离膜降滤失剂CMJ－2在常温和高温条件下均具有良好的润滑性。

二、隔离膜钻井液性能

1. 基本配方

水基隔离膜钻井液的基本配方由高效聚合物包被絮凝剂 JH－1、降滤失剂 CFJ－1、隔

离膜降滤失剂 CMJ－2 及降粘剂 JN－1 组成。其配方和性能见表 4，实验结果表明，隔离膜
降钻井液具有良好的流变性及抗温能力。

表 4　隔离膜钻井液基本性能

配方	热滚情况 16h	塑性黏度 mPa·s	动切力 Pa	初切/终切 Pa/Pa	中压滤失量 mL	高温高压滤失量（150℃） mL	pH 值
1#	150℃热滚前	16	5.5	1/2	5.2	26.8	8
	150℃热滚后	7	0.5	0/0	4	26	8
2#	150℃热滚前	25	2	1/2	6.4	27	8
	150℃热滚后	8	1.5	0/0	4.8	30.4	8
3#	150℃热滚前	12.5	4.8	2/3	4.2	22.8	8
	150℃热滚后	8	0	0/1	4.4	24	8
4#	150℃热滚前	15	8	4/13	4.8	22	8
	150℃热滚后	8	1.5	0/1	3.6	24.1	8
5#	150℃热滚前	16	6.3	2/2	4.4	21.6	8
	150℃热滚后	10.5	1	0/0	4.6	28	8
4#	180℃热滚前	17	7	3/7	4.8	22.4	8
	180℃热滚后	11	5	4/40	8.8	24	8
5#	180℃热滚前	15.5	7	2/3	5.2	20.8	8
	180℃热滚后	15	6.3	1/20	9.4	24	8

注：1#：3%土＋0.5%CFJ－1＋2%CMJ－2＋0.2%JH－1；

　　2#：3%土＋0.5%CFJ－1＋3%CMJ－2；

　　3#：5%土＋0.6%CFJ－1＋0.2%JH－1＋1%CMJ－2；

　　4#：5%土＋0.6%CFJ－1＋0.2%JH－1＋2%CMJ－2；

　　5#：5%土＋0.6%CFJ－1＋0.2%JH－1＋3%CMJ－2。

2. 隔离膜钻井液抗污染性能评价

隔离膜钻井液抗盐、抗钻屑污染性能见表 5 及表 6。实验结果表明，隔离膜钻井液具有
良好的抗盐、抗钻屑污染能力，抗 NaCl 达 20%。

表 5　温度和 NaCl 含量对隔离膜钻井液性能的影响

NaCl 含量，%	老化条件	中压滤失量 mL	表观黏度 mPa·s	塑性黏度 mPa·s	动切力 Pa
0	老化前	4.4	23.5	15	7.5
	120℃老化后	4.6	11	9.5	1.25
10	老化前	4.8	22	15	3.0
	120℃老化后	4.6	22	9	13.0
20	老化前	5.2	20	14	6.0
	120℃老化后	4.8	22	10	12.0

注：钻井液配方：5%钠膨润土浆＋0.6%CFJ－1＋0.2%JH－1＋2%CMJ－2

表6　隔离膜钻井液抗钻屑污染实验

性能 配方	钻井液性能				
	表观黏度 mPa·s	塑性黏度 mPa·s	动切力 Pa	初切/终切 Pa/Pa	中压滤失量 mL
基浆	23.5	15	7.5	1/2	4.4
基浆＋1％100目钻屑高搅40min	28.0	20	8	2/7	3.8
基浆＋3％100目钻屑高搅40min	31.0	22	9	4/8	3.0

3. 隔离膜水基钻井液渗透率恢复值实验

用吉林大情字地区油田储层的天然岩心，在模拟现场条件下（温度70℃左右，损害压差3.5MPa，损害梯度为200s^{-1}，按照动态模拟现场钻井液损害时的实验步骤评价了成膜钻井液，钻井液损害后岩心的渗透率恢复值实验结果见表7。用冀东油田储集层岩测定了冀东油田LB1－13－22井井深3200m处现场井浆加入CMJ－2前后的钻井液动滤失量，并在模拟现场条件下（温度100℃，损害压差3.5MPa，损害梯度为200s^{-1}），按照动态模拟现场钻井液损害时的实验步骤，评价了钻井液损害后岩心的渗透率恢复值，实验结果见表8。实验结果表明，隔离膜降滤失剂CMJ－2能有效降低钻井液的动滤失量，具有很好的封堵能力，可以有效阻止钻井液及钻井液滤液渗入泥页岩体内，具有很好的稳定井壁性能。隔离膜钻井液损害后岩心的渗透率恢复值高，具有很好的保护储层性能。

表7　成膜钻井液动态损害天然岩心评价实验

岩心编号	空气渗透率，mD	油相渗透率，mD	损害后渗透率，mD	渗透率恢复值，%	实验条件
16－2	203.59	165.1	136.0	82.9	温度70℃ 压差3.5MPa
切去1.8cm			157.18	95.2	温度70℃ 压差3.5MPa

表8　成膜剂对钻井液动滤失量和岩心渗透率的影响

序号	钻井液配方	岩心	105min动滤失 mL	气相渗透率 mD	油相渗透率 mD	渗透率恢复率 %	切割后渗透率恢复率 %	反排突破压差 MPa	平均温度 ℃
1	LB1－13－22井浆 （3200m）	LTXN－7	6.6	162.58	36.16	69		0.13	100
2	LB1－13－22 （3200m）＋2％CMJ－2	N－3	5.3	178.8	42.13	100		0.14	100

三、成膜水基钻井液毒性及荧光研究

对隔离膜水基钻井液中的几种处理剂，用DXY－2生物毒性测试仪，利用发光菌法对其生物毒性进行了测定。JH－1、CFJ－1、CMJ－2及其组成的成膜钻井液的EC50（mg/L）检测结果分别为6000。大于90000、大于40000和大于100000，均无毒性，达到了建议排放标准大于30000的要求。几种处理剂及其组成的成膜钻井液均无荧光，有利于测井和地质录井。

四、现场应用

马海区块是青海油田东部新近勘探开发的关注焦点，马北区块的地层大多以棕黄色、棕红色泥岩，砂质泥岩与黄绿色砂岩互层沉积为主，夹泥质粉砂岩。在该区块钻井施工过程中，为了保护油气层，严格限制了钻井液的密度，因此井壁不稳定导致井下经常发生复杂情况。特别在胶结性差的地层中，易发生坍塌、掉块。防止井壁膨胀、缩径、坍塌是该地区钻井施工过程中钻井液技术的难点；使用隔离膜钻井液体系的马105井和涩南2井，因为隔离膜钻井液在井壁外围形成隔离膜，在井壁的外围形成保护层，阻止了钻井液及钻井液滤液进入地层，从而有效地防止了地层的水化膨胀，封堵了地层裂缝，防止了井壁坍塌，从未发生过掉块和坍塌现象，井径较为规则。马105井井径扩大范围为10.61%～-5.35%,涩南2井的井径扩大范围为8.5%～-3.3%。而使用聚磺钻井液的邻井马103井井径扩大率为16.92%～23.03%。

新疆油田T85388井设计井深2480m，实际井深2501m。表层套管199.5m，二开井段长，分属多套压力系统，且地层原始压力遭破坏，难以准确预测，易发生井漏、井喷。三叠系白碱滩组、克拉玛依组泥岩地层层段长，粘土矿物以伊/蒙混层为主，易水化分散，造成散塌。目的层乌尔禾组地层裂缝发育，易井漏。用隔离膜钻井液完成二开井段，全井工作时间483h，机械钻速8.23m/h，纯钻时间304h，占总工作时间的60.68%，复杂时间18h，占总工作时间的3.59%，油层段井径扩大率-3.24%，非油层段井径扩大率-0.45%。用聚磺混油钻井液完成的邻井T85235井，完钻井深2463m，全井工作时间489h，机械钻速5.92m/h，纯钻时间418h，复杂时间39h，油层段井径扩大率3.24%，非油层段井径扩大率-0.38%。隔离膜钻井液机械钻速高，抑制性较强，钻屑包被效果好，其井径与邻井相比更规则。

五、结 束 语

（1）隔离膜钻井液体系能在井壁上形成隔离膜，具有很强的抑制泥页岩水化膨胀、分散的能力。隔离膜降滤失剂CMJ-2能有效降低钻井液的动滤失量和动滤失速率，可以减缓或阻止钻井液及钻井液滤液渗入泥页岩体内，延缓孔隙压力的扩散，有效防止地层水化膨胀及坍塌。

（2）隔离膜钻井液具有强的抗温、抗盐、抗污染能力，在低密度和高密度条件下均具有良好的封堵能力。

（3）隔离膜钻井液具有优良的润滑性能，可用于钻直井、斜井和水平井，有利于起下钻畅通，防阻防卡。

（4）隔离膜钻井液中使用的几种处理剂及其组成的钻井液体系无荧光、无毒性，满足环保要求。

（5）现场应用效果表明：隔离膜钻井液技术在井壁上形成隔离膜，在井壁的外围形成保护层，阻止钻井液及钻井液滤液进入地层，从而有效地防止了地层的水化膨胀，封堵地层裂缝，防止井壁坍塌。隔离膜钻井液损害后岩心的渗透率恢复值高，具有很好的保护储层性能。

参 考 文 献

［1］孙金声，汪世国等．水基钻井液成膜（半透膜、隔离膜）技术研究．钻井液与完井液，2003，No. 6

［2］袁春，孙金声等．抗高温成膜降滤失剂 CMJ－1 的研制及其性能．石油钻探技术，2004，No. 1

［3］徐同台，崔茂荣，王允良，李健．钻井工程井壁稳定新技术．北京：石油工业出版社，1999

聚合物阳离子乳化沥青 ASL-47 的研制和应用

王铁军[1] 鲍春雷[1] 王子龙[2] 吕忠远[2]

（1. 大庆石油学院石油工程系；2. 吉林石油集团第二钻井工程公司）

摘　要　聚合物阳离子沥青（ASL-47）主要用于封堵地层微裂缝。吉林油田 70 余口井的现场应用表明，ASL-47 避免了因井漏导致的井壁掉块和卡钻事故的发生，使测井一次成功率由原来的零提高到了 80% 以上，提高了钻井液的润滑性能，明显减少了漏失量并降低了钻井液成本。

关键词　聚合物阳离子沥青　防漏　井壁稳定　润滑　钻井液

吉林油田乾北地区属松辽盆地南部中央凹陷区长岭凹陷花敖泡构造。构造特点为地层层理发育，断层密度大，易发生井漏、井塌、卡钻等复杂情况。该区块下部地层嫩二段至完钻（1500~2300m）存在着不同程度的裂缝及微裂缝，钻遇该地层时不同程度地发生井漏现象，特别是青山口组漏失较严重。加之该地层层理发育，胶结不好，漏失钻井液进入地层，造成原有的地层应力被破坏，极易产生井壁地层剥落掉块，导致处理井漏或起下钻时在该层位卡钻，完钻电测时在该掉块层位遇阻。如吉林第二钻井公司 32874 队施工的花9-3-3 井和花 9-5-5 井，施工中漏失严重，均发生漏失后起钻处理井漏时发生卡钻的现象，完钻电测时在该层位遇阻。尽管在施工中使用了磺化沥青和防塌润滑剂等多种处理剂，仍不能有效地抑制井漏、井塌、卡钻等复杂情况。通过分析研究该区块已钻探井情况，发现该地区存在以下具体钻井问题：

（1）目前现场所使用的钻井液类型为硅胺聚合物体系，施工过程中井壁不稳定现象较严重，常常发生井壁掉块、起下钻遇阻，甚至井塌等井下复杂事故。

（2）钻井液流变性差、固相含量高、含砂量大。主要表现为抑制性较差，随着井深的增加固相含量及含砂量增加较快，导致钻井液性能变差，从而引发后期的井塌事故。

（3）磺化沥青软化点高，与地层温度不匹配，不能发挥抑制页岩的水化分散、降低钻井液高温高压滤失量、改善泥饼质量和提高润滑性及较强的封堵性等多种作用。

为了解决该地区钻井施工中所出现的问题，保障勘探开发的顺利进行，提高钻井效益，进行了该地区聚合物阳离子乳化沥青钻井液的研究和应用工作。

一、聚合物阳离子乳化沥青 ASL-47 的研制

1. 研制思路

研究分析和对比国内外有效的防塌封堵材料，沥青类处理剂是非常有效的防塌钻井液处理剂，主要有氧化沥青和磺化沥青两大类。不同类型的沥青产品防塌机理不同，氧化沥青主要作用是一定温度和压力下变形，改善泥饼质量封堵微裂缝，提高裂缝粘结力，能在井壁处形成一层致密的保护膜，阻止水进入页岩，其防塌作用是物理作用。磺化沥青防塌

机理则主要是物理、化学作用，磺化沥青中的溶于水的阴离子基团，起到降滤失作用，还能吸附在带正电的页岩裂缝边缘处，抑制水化，一些不溶于水的微粒起到堵孔作用。从封堵和粘结泥页岩裂缝的机理考虑，氧化沥青效果最好。对于井温低于60℃的易漏、易塌井，目前的沥青类处理剂效果不明显，主要原因是沥青产品的软化点和坍塌层实际温度不吻合。

依据氧化沥青和磺化沥青的作用机理，选择道路沥青做基础原料，在阳离子乳化剂乳化下制备阳离子沥青乳液，形成一定量的水不溶粘弹颗粒，强化对微裂缝的封堵和对裂缝的粘结力，配合聚合物乳液，强化降滤失和在井壁处形成致密的保护膜作用。

2. 合成

1）原材料

100号甲道路沥青（大庆联谊沥青厂），氢氧化钾（工业级），柴油（-10号），十六烷基三甲基氯化铵（工业级），亚硫酸氢钠（工业级），航空煤油，SP-80，丙烯腈（抚顺腈纶厂），丙烯酸（吉化），去离子水，过硫酸铵和小阳离子（NW-1）等。

2）制备方法

（1）聚合物乳液。

将航空煤油中加入SP-80，充分混匀，将丙烯腈、丙烯酸、氢氧化钾和去离子水按一定比例混匀后，在高速搅拌下加入到航空煤油中，然后加入过硫酸铵（1%浓度液）和亚硫酸氢钠（1%浓度液），高速搅拌一定时间后静置，制成聚合物乳液。

（2）阳离子沥青乳液。

①将100号道路沥青和柴油（-10号）加热（140℃以上）熔化；

②将水加热至100℃后加入阳离子乳化剂和氢氧化钾；

③在高速搅拌下（超过1000r/min）将①慢慢加入到②中乳化分散，形成悬浮乳液。

（3）聚合物阳离子沥青乳液。

在95~95℃下，在高速搅拌下将聚合物乳液和小阳离子分别按13%、2%的比例加入到阳离子沥青乳液中，制成聚合物阳离子沥青乳液（ASL-47）。ASL-47为黑褐色膏状体，pH值7~9，水溶物不小于50%，油溶物不小于40%。

二、聚合物阳离子沥青的作用机理

1. 粘聚补墙作用

阳离子沥青在井底温度作用下，容易发生分裂作用，使沥青乳液中的水分逐渐分离出来，沥青颗粒相互聚结；同时，由于与井壁岩石的吸附作用，沥青颗粒通过分子链与岩石表面进行物理吸附，使井壁岩石表面形成一层牢固的沥青薄膜。这一方面能阻止钻井液中自由水向地层渗透，另一方面沥青微粒在井壁上形成具有一定的强度沥青膜后，就不会再受钻井液冲刷的影响了。

2. 粘弹粘补作用

当液柱压力大于地层压力时，沥青钻井液中部分不溶于水的沥青颗粒，即油溶性沥青颗粒，在压差作用下，迅速从钻井液中分离出来，进入地层的微孔隙和微裂隙中。由于地层岩石的毛细吸附作用，沥青能在地层微孔隙和微裂隙内形成一层沥青粘弹性薄膜，粘补地层微孔隙和微裂隙。同时，由于沥青颗粒不溶于水的，能阻止钻井液中自由水的渗入，故能起到良好的抑制作用。

对于那些力学不稳定的地层、破碎带，由于孔隙较大，在压差作用下更有利于沥青颗粒的大量渗透，形成较致密和较厚的沥青薄膜层，并具有一定的强度，故能起到防止这类地层坍塌的作用。

3. 强化泥饼润滑作用

阳离子沥青颗粒由于自身的粘性和弹性，在液柱压力下产生形变，可进一步封堵泥饼中的孔隙，形成薄而致密的泥饼。其亲油部分在泥饼表面形成油溶剂化膜，其油溶性沥青颗粒在钻井液中起到良好的润滑作用。

4. 强化降滤失和抑制作用

ASL-47 中含有一定量的聚丙烯酸盐，聚丙烯酸盐以乳液形式存在，且含有一定量的钾离子，从钻井液中分离出来起到降滤失和抑制作用，同时在地层微孔隙中和井壁上为沥青膜提供网络作用；而未分离出来的聚丙烯酸盐乳粒靠自身的粘性和弹性能在地层微孔隙和微裂隙内强化沥青粘弹性薄膜。

三、室内试验

1. 实验仪器和方法

1）实验仪器

（1）常规钻井液测试仪器。

（2）P-01 页岩膨胀仪（华北钻井所）。

（3）滚子加热炉（美国）。

（4）粘滞系数测定仪 NZ-3A（青岛海信）。

（5）岩心流动实验装置（海安华达石油仪器厂）。

2）药品与材料

聚合物阳离子沥青 ASI-47，吉林油田现常用钻井液处理剂。

岩心取自情 92-95 井（1287.07～1288.53m）嫩五段岩心，石英砂人造岩心（自制）。

3）实验方法

（1）页岩膨胀对比实验。

取 10g 用 100 目筛子筛好的嫩五段页岩碎屑或膨润土，在 4MPa 下压 5min 制成岩心柱。岩心柱在各试液浸泡下用 NP-01 型页岩膨胀测试仪测定其不同时间的膨胀量。

（2）页岩滚动回收率。

6—10 目的嫩五段页岩岩屑，在 60℃实验液中滚动 16h。取出岩屑烘干，称量 40 目筛余的岩屑，计算其回收率。

（3）封堵实验。

将直径 2.5cm，长 3cm 的人造岩心放入岩心夹持器中抽空饱和水，用水测岩心渗透率，然后在恒温下将试液挤进岩心，30min 后测定水相渗透和计算封堵率；然后测定正向和反向突破压力（正向突破压力是从封堵后的岩心出口端流出率第一滴流体时的进口端压力；反向突破压力与之相反）。最后取出岩心劈开，观测沥青侵入深度。

2. 实验结果与分析

1）聚合物阳离子沥青与硅铵聚合物钻井液配伍性实验

（1）ASL-47 对硅铵聚合物钻井液性能的影响。

硅铵聚合物钻井液是吉林油田目前现场所使用的钻井液类型，其配方如下：

5%膨润土＋0.4%纯碱＋1.5%铵盐＋0.3%聚丙烯酸钾＋1%有机硅＋0.3%JS－E＋1%防塌润滑剂。

在硅铵聚合物钻井液中加入不同浓度的聚合物阳离子沥青，实验结果见表1。

表1　ASL－47对硅铵聚合物钻井液性能的影响实验数据表

ASL－47加量 %	密度 g/cm³	漏斗黏度 s	φ600	φ300	失水量 mL	高温高压失水量 mL	泥饼 mm	静切力（初切/终切） Pa/Pa
0	1.18	59	66	42	5	17	0.5	2/4
1	1.18	59	66	42	4.5	9	0.5	2/4.5
1.5	1.18	60	66	43	4.5	7	0.5	2/5
2	1.18	60	67	43	4.0	6	0.5	2/5.5

实验结果表明，加入1%～2%聚合物阳离子沥青能使硅铵聚合物钻井液的失水量降低，特别是使硅铵聚合物钻井液的高温高压失水量明显降低，而对硅铵聚合物钻井液的黏度影响不大。聚合物阳离子沥青与硅铵聚合物钻井液具有良好的配伍性。

（2）ASL－47对硅铵聚合物钻井液抑制性的影响。

测定用100目筛子筛好的嫩五段页岩碎屑在不同时间的膨胀量；用6—10目的嫩五段页岩岩屑做页岩滚动回收率实验。

实验所用钻井液配方如下：

①5%膨润土＋0.4%纯碱＋1.5%铵盐＋0.3%聚丙烯酸钾＋1%有机硅＋0.3%JS－E＋1%防塌润滑剂＋2%聚合物阳离子沥青。

②5%膨润土＋0.4%纯碱＋1.5%铵盐＋0.3%聚丙烯酸钾＋1%有机硅＋0.3%JS－E＋1%防塌润滑剂＋1%聚合物阳离子沥青。

③5%膨润土＋0.4%纯碱＋1.5%铵盐＋0.3%聚丙烯酸钾＋1%有机硅＋0.3%JS－E＋1%防塌润滑剂。

试验数据如表2所示。

表2　ASL－47对硅铵聚合物钻井液抑制性的影响试验数据表

钻 井 液	膨胀量，mm/gh	滚动回收率（60℃，16h），%
清水		0.6
钻井液A	0.35	81.6
钻井液B	0.41	68.4
钻井液C	1.02	46.2

实验结果表明，加有聚合物阳离子沥青的硅铵聚合物钻井液抑制泥页岩水化膨胀的能力明显增强，硅铵聚合物钻井液回收率都有明显的提高，说明聚合物阳离子沥青起到了很好的抑制作用。

2）封堵实验

实验条件为：温度55℃，压差3.5MPa，原浆：7%膨润土＋0.4%NaCO₃，基浆：5%膨润土＋0.4%纯碱＋1.5%铵盐＋0.3%聚丙烯酸钾＋1%有机硅＋0.3%JS－E＋1%防塌润滑剂。

实验部分结果见表3。

表3　封堵实验数据表

试液	孔隙率 %	水相渗透率，mD		封堵率，%	突然压力，MPa		沥青侵入深度，mm
		封堵前	封堵后		正向	反向	
原浆+2%ASL-47	33.5	45.4	2.2	95.1	≥7	≥7	22.5
	22.4	42.2	1.3	96.9	≥7	≥7	18.2
	0.5mm裂缝(压差0.7MPa)				1.4	1.2	
原浆+2%改性沥青	36.2	50.2	6.6	86.8	5.1	2.2	7.4
	19.6	44	6.1	86.1	6.4	3.5	6.5
	0.5mm裂缝(压差0.7MPa)			堵不住			
原浆+2%磺化沥青	30.7	50	7.8	84.4	≥7	5.5	9.2
	20.8	38	4.6	87.9	≥7	6.6	5.1
	0.5mm裂缝(压差0.7MPa)			堵不住			
基浆+2%ASL-47	35.8	40.5	1.9	95.3	≥7	≥7	25.6
	18.5	38	1.7	95.5	≥7	≥7	24.2
	0.5mm裂缝(压差0.7MPa)				2.5	1.7	
原浆+2%改性沥青	29.8	48.2	6.6	86.3	≥7	≥7	13.4
	19.5	32.8	2.5	92.4	6.8	3.1	12.5
	0.5mm裂缝(压差0.7MPa)			堵不住			
原浆+2%磺化沥青	33.6	39.6	5.1	87.1	≥7	2.2	5.5
	21.4	26	4.1	84.2	≥7	1.2	2.1
	0.5mm裂缝(压差0.7MPa)			堵不住			

实验结果表明，在本实验条件下 ASL-47 微粒易于软化变形，进入孔隙和微裂缝中，侵入深度较深，对孔隙和微裂缝有较强的封堵能力，对孔隙和微裂缝表面有较强的粘结能力，明显提高钻井液的封堵能力。

四、现场应用

吉林乾北地区井深均在 2200~2300m，其下部地层嫩江组、泉头组存在着不同程度的裂缝及微裂缝，钻遇该地层时不同程度地发生井漏现象，在该区所钻的井几乎每口井都发生了不同程度的井漏，钻井漏失率达 90% 以上，特别是青山口组漏失较为严重。因钻井液漏失极易产生井壁地层剥落掉块，导致处理井漏或起下钻时在该层位卡钻，完钻电测时在该掉块层位遇阻。有的井因漏失严重被迫提前完钻，施工中造成钻井成本大幅度增加，并对地层造成严重损害。

1. 典型事例

（1）花 9-3-3 井，钻进至井深 1544m 发生井漏，井口不返钻井液，漏失量 40m³。钻进至 1920m 渗漏，排量少 1/3，两凡尔钻进 25m，漏失 20m³，钻进至 2014m 漏失 40m³。短起钻，起至第三柱第一个单根时（H1950m）遇卡。钻进至 2104m 时漏失 30m³。两个凡尔钻进至 2114m 渗漏 20m³。加单根时上提遇卡，接振击器，振击解卡，振击活动起出 5 个单根后起钻正常，下钻差 5 个单根到井底时遇阻划眼，划至井底后钻进正常，测井 2100m 遇阻（漏失层位），通井后测井正常。全井漏失 5 次，共漏失钻井液 150m³，损失钻井液成本 64467.75 元。

（2）花 9－5－5 井钻进至 1445m～1525m 渗漏钻井液 40m³，短起钻 22 柱，静止堵漏，起下钻正常。钻进至 1930～1960m 渗漏 20m³，短起钻 5 柱静止堵漏，钻进至 2030m 时发生漏失，漏失 40m³，短起 6 柱，静止堵漏，下钻到底后两个凡尔钻进 25m 后正常，钻进至 2100～2114m 漏失 30m³，短起钻，遇卡振击解卡，下钻正常，钻进至 2114～2120m 渗漏 10m³，2145m 以后井段钻进正常，完井电测在 2100m 遇阻（漏失层），通井一次测井正常，全井共漏失钻井液 5 次，漏失量为 140m³，损失钻井液成本 63570.21 元。

2. ASL－47 的应用实例

针对因钻井液漏失极易产生井壁地层剥落掉块，导致处理井漏或起下钻时在该层位卡钻的情况，为了减轻漏失和稳定井壁的需要，自 2002 年 7 月从吉林钻井二公司 32874 队在该区块施工的第三口井开始，在原有钻井液体系不变的情况下，在钻井液中加入了聚合物阳离子沥青处理剂，并进行了 5 口井的先导试验。

（1）花 9－4－2 井。

该井 1510m 加入聚合物阳离子沥青 0.5t，钻进至井深 1925m 渗漏 10m³；钻进至 2014m 漏失 10m³；短起 18 柱，静止堵漏，向钻井液加入桥塞 1.5t，迪塞尔 1.5t，钻进至 2035m 渗漏 10m³；短起 5 柱，向钻井液中加入聚合物阳离子沥青 0.5t 双凡尔钻进至 2140m，短起钻 6 柱，起下钻正常。钻进至 22245m 漏失 10m³；起钻换钻头，下钻到底后循环井漏，短起至 1800m，向钻井液加入桥塞 0.5t，迪塞尔 0.5t，下到底后钻进正常，全井漏失钻井液 4 次，漏失量为 40m³。

（2）花 9－3－5 井。

该井钻进至 1500m 加入聚合物阳离子沥青 0.5t，钻进至 1900m 加入桥塞 1t，迪塞尔 1t，钻进至 2048～2050m 渗漏 10m³；短起 5 柱，加入桥塞 1t，迪塞尔 1t，加聚合物阳离子沥青 0.5t，150 缸套两凡尔钻进不漏；钻进至 2160m 起钻换钻头，下钻到底井漏漏失 15m³；又短起 8 柱，下钻到底仍漏失，加桥塞 2t，迪塞尔 2t，两凡尔钻进至 2268m，恢复正常排量钻进不漏，至完钻 2298m 无井漏现象，测井一次成功。全井漏失钻井液 2 次，漏失量为 25m³。

32874 队使用聚合物阳离子沥青施工 5 口井的先导试验表明，应用聚合物阳离子沥青虽未能完全控制井漏，但 5 口井的漏失量明显减少。5 口井均未发生卡钻现象，测井一次成功率由原来的 0 提高到 80%。

目前已在该区块应用聚合物阳离子沥青施工 70 余口井，获得了良好的经济效益和社会效益。

3. 应用结论

（1）聚合物阳离子沥青与硅铵聚合物钻井液体系配伍性良好，它的加入不起泡、不提粘，不影响钻井液性能。

（2）聚合物阳离子沥青有利于对地层微裂缝的封堵，能有效减少漏失量，有利于降低钻井液成本。

（3）聚合物阳离子沥青提高了硅铵聚合物钻井液的抑制能力，避免了因井漏导致的井壁掉块带来的卡钻事故的发生。

（4）聚合物阳离子沥青的使用，使钻井液泥饼的摩阻系数降低，具有良好的润滑性能。

参 考 文 献

［1］徐同台，崔茂荣，王允良等．钻井工程井壁稳定新技术．北京：石油工业出版社，1999
［2］吴隆杰，杨凤霞．钻井液处理剂胶体化学原理．成都：成都科技大学出版社，1992.3，183

超低渗透钻井液防漏堵漏技术研究与应用[❶]

孙金声[1]　张家栋[2]　黄达权[3]　王宝田[4]

（1. 中国石油勘探开发研究院；2. 辽河油田钻井二公司；

3. 大港油田钻井泥浆公司；4. 胜利油田钻井泥浆公司）

摘　要　在水基钻井液中加入一定量的零滤失井眼稳定剂可以形成超低渗透钻井液。本文介绍了超低渗透钻井液提高地层承压能力及防漏堵漏的机理。超低渗透钻井液对不同孔隙的砂床、岩心和裂缝性地层具有很好的封堵能力，可以实现近零滤失；零滤失井眼稳定剂通过在井壁表面形成超低渗透膜及增强内泥饼封堵强度而大幅度提高岩心承压能力。现场应用结果表明：超低渗透钻井液能自适应封堵岩石表面较大范围的孔喉，在井壁岩石表面形成致密超低渗透封堵薄层，可有效封堵不同孔喉地层和微裂缝泥页岩地层。超低渗透钻井液封堵隔层承压能力强，能提高漏失压力和破裂压力梯度，相当于扩大了安全密度窗口。

关键词　超低渗透钻井液　砂床滤失量　岩心承压能力　裂缝　防漏堵漏

超低渗透钻井液体系利用特殊聚合物处理剂，在井壁岩石表面浓集形成胶束，依靠聚合物胶束或胶粒界面吸力及其可变形性，能自适应封堵岩石表面较大范围的孔喉，在井壁岩石表面形成致密无渗透封堵薄膜，有效封堵不同渗透性地层和微裂缝泥页岩地层。超低渗透钻井液同一配方就能有效封堵不同渗透性地层，即具有自适应广谱防漏堵漏效果。然而，传统钻井液中固体颗粒桥堵作用效果却主要取决于颗粒分布与地层孔喉大小匹配吻合度，地层适应范围窄。超低渗透钻井液封堵薄层形成速度快，且位于岩石表面上，没有渗入岩石深处，所以只要消除过平衡压力，封堵膜的作用就将消弱，只要有反向流动，封堵膜就会被清除。因此，在完井和生产过程中，封堵层易于清除，不会产生永久堵塞损害储层。超低渗透钻井液封堵隔层承压能力强，能提高漏失压力和破裂压力梯度，相当于扩大了安全密度窗口，能较好协同解决以往钻长裸眼多套压力层系或压力衰竭地层时易发生的漏失、卡钻、坍塌和油层损害等共存技术难题。不同于常规钻井液的泥饼，超低渗透钻井液在井壁表面形成的封堵层很薄，且阻隔压力传递能力强，因此，能有效避免泥饼压差卡钻。

一、超低渗透钻井液提高地层承压能力及防漏堵漏机理

在钻井施工过程中，由于井壁对钻具会产生各种摩擦力，这些摩擦力通过钻杆而形成过平衡压力，过平衡压力又通过钻杆施加于井壁上。如果无法减弱和消除对地层的平衡压力，势必会造成井壁坍塌和钻井液严重滤失。超低渗透钻井液具有完美的封堵性能，它可

---

❶　中国石油天然气集团公司应用基础研究项目（No. 04A20203）资助

将过平衡压力消除到零，压力不被传送到地层，通过有效封堵地层，钻杆不会由于过平衡压力而冲击井壁。在这种情况下，由过平衡产生的摩擦力被削减到零，故而不会造成井壁坍塌和钻井液严重滤失。超低渗透钻井液胶束在弱地层原生的裂缝处形成一个屏障，膨胀变大限制渗透，在摩擦系数大于井眼压力处，薄片吸入液体后膨胀，在漏失处锁住堵漏材料，压力作用从颗粒中挤出滤液。由于堵漏材料的去水化，所以在漏失处，封堵更好。配制不同胀流性钻井液其添加剂的量也不同，水基钻井液中的浓度为 50mg/m³，油基或合成基钻井液中的浓度为 70mg/m³。钻井液的胀流性使其粘在一起，当胀流性钻井液进入滤失区时，随流速增加，其黏度进一步增大。通过在滤失区的增稠，渗漏进地层的一小部分钻井液停留在原地。其结果是架桥的固体可抗 6.89MPa（1000psi）的压差。此外，超低渗透钻井液含有气泡和泡沫，这些气泡和泡沫可使过平衡压力降到最低，并且气泡和泡沫可桥塞各种口径的孔道，阻止了钻井液的渗漏，防止了地层层理裂隙的扩大和井下复杂情况的发生。

二、室内实验

1. 配伍性实验

表1是在配置好的钻井液中，加入一定量的零滤失井眼稳定剂，室温养护24h。用胜利油田车 272 - 2 井井深 2600m 处井浆加入 1.5% 零滤失井眼稳定剂前后，测钻井液各项性能见表1。实验结果表明：两种零滤失井眼稳定剂具一定的降滤失作用，在加量小于 1.5% 时对钻井液的其他性能影响较小。

表1　零滤失井眼稳定剂在钻井液中配伍性实验结果

配　　方	表观黏度 mPa·s	塑性黏度 mPa·s	动切力 Pa	中压滤失量 mL	静切力（初切/终切） Pa/Pa
基浆₁	31	28	3	14.8	—
基浆₁ + 1%JYW - 1	31	28	3	10.2	—
基浆₁ + 1%JYW - 2	31	28	3	14	—
基浆₂	35	25	10	3.0	2/18
基浆₂ + 1.5%JYW - 1	35	26	9	2.8	2/14

注：基浆₁：4%土 + 0.5%FA367 + 0.8%NPAN + 0.3%XY27 + 1%FT - 1 + 0.3%CSW - 1 + 5%BaSO₄
　　基浆₂：为胜利油田车 272 - 2 井井深 2600m 聚合物钻井液

2. 中亚砂床封堵实验

在可视式砂床中压滤失仪的圆柱筒中加入 350cm³ 经清水洗净后烘干的 0.45～0.9mm 砂子，压实铺平，慢慢加入 500mL 钻井液，按测试 API 滤失量同样方法加压测试 7.5min 滤失量或测量滤液进入砂床的深度。

表2是辽河油田钻井二公司常用三种钻井液体系现场钻井液加入不同量的零滤失井眼稳定剂前后，砂床滤失量的测试结果。

实验结果表明：3 种钻水基井液体系中加入零滤失井眼稳定剂，可以转化为超低渗透钻井液体系，实现近零滤失。随着零滤失井眼稳定剂加量的增加，钻井液进入地层深度愈浅。

表2 超低渗透钻井液中压砂床封堵实验结果

钻井液体系	零滤失井眼稳定剂加量，%	砂床中压滤失量，mL（或进入砂床深度 cm）
1♯、2♯、3♯	0	30s 全失
1♯、2♯、3♯	0.5	7.2±0.1（cm）
1♯、2♯、3♯	1.0	4.5±0.1（cm）
1♯、2♯、3♯	1.5	3.0±0.1（cm）

注：1♯、2♯、3♯钻井液体系分别为辽河油田钻井二公司常用的聚合物钻井液、聚合醇钻井液、硅氟钻井液

3. 封堵裂缝实验

在配制好的基浆中，分别加入各种配比的零滤失井眼稳定剂及其他处理剂，水化3～4h，装入 D2M-01 型堵漏装置（华北油田钻井工艺研究院生产），并按照其操作规定，测定钻井液在不同温度下封堵裂缝的实验结果。

表3 零滤失井眼稳定剂在不同温度下封堵裂缝实验结果

配 方	温度 ℃	裂缝宽度 mm	不同压力下的漏失量，mL		堵漏结果
			0.7MPa	7MPa	
基浆＋1.5%JYW-2	80	1	100	300	成功
基浆＋2.0%JYW-2	120	1	150	350	成功
基浆＋2.5%JYW-2	150	1	200	375	成功
基浆＋1.5%JYW-2＋1.5%核桃壳（0.9～2mm）	80	2	15	20	成功
基浆＋1.5%JYW-2＋1.5%核桃壳（0.9～2mm）	100	2	250	350	成功
基浆＋1.5%JYW-2＋1.5%核桃壳（0.9～2mm）	120	2	200	300	成功
基浆＋1.5%JYW-2＋1.5%核桃壳（0.9～2mm）	150	2	200	250	成功
基浆＋1.5%JYW-2＋1.5%核桃壳（2.0～3.2mm）	80	3	80	150	成功
基浆＋1.5%JYW-2＋1.5%核桃壳（0.9～3.2mm）	100	3	100	200	成功
基浆＋1.5%JYW-2＋1.5%核桃壳（0.9～3.2mm）	120	3	100	200	成功
基浆＋1.5%JYW-2＋1.5%核桃壳（0.9～3.2mm）	150	3	200	300	成功
基浆＋2.0%JYW-2＋2.0%核桃壳（0.9～4mm）	25	4	100	200	成功
基浆＋2.0%JYW-2＋2.0%核桃壳（0.9～2mm）	150	4	250	360	成功
基浆＋2.0%核桃壳（0.9～4mm）	25	4	全漏		失败

注：基浆：4%＋0.5%FA367＋0.8%NPAN＋0.3%XY27＋1%FT-1＋0.3%CSW-1＋15%重晶石

加入1.5%零滤失井眼稳定剂能够封堵小于是1mm裂缝，抗温达150℃，对于2mm以上的裂缝，用适量的零滤失井眼稳定剂配合适量粒径大小合适的核桃壳等架桥粒子，就能达到堵漏效果，抗温达150℃，而仅仅用核桃壳无法达到堵漏效果。

4. 岩心承压能力实验

在岩心承压能力评价仪器上进行高压（3.5MPa）岩心滤失试验，把测试岩心滤失量后的岩心取下，轻轻刮下岩心表面的滤饼，重新装入岩心夹持器中，把钻井液杯中的钻井液换成清水，加压，开启平流泵，逐渐加压直至滤液接收杯中有液滴流出，此时平流泵压力即为岩心的承压能力。几种钻井液对岩心承压能力的影响结果见表4。

表 4 钻井液对岩心承压能力的影响

岩心类型	钻井液	岩心滤失量，cm³	岩心承压能力，MPa
1#	聚合物钻井液	3.4	3.57
1#	聚合物钻井液＋1％JYW－1	1.2	14.8
1#	正电胶钻井液	3.8	4.1
1#	正电胶钻井液＋1％JYW－1	1.0	15.6
2#	聚合物钻井液	4.6	3.2
2#	聚合物钻井液＋1％JYW－2	1.0	10.6

注：聚合物钻井液组成：4％钠土＋0.3％80A51＋2％FT－1＋2％SPNH＋0.5％NPAN；
　　正电胶钻井液组成：4％钠土＋0.4％MMH＋2％FT－1＋2％SPNH＋0.5％DFD；
　　岩心1#为渗透率200D天然岩心；
　　岩心2#为裂缝宽度为30μm泥岩。

实验结果表明，零滤失量降滤失剂可以降低钻井液侵入岩心的深度并且可以封堵裂缝。通过增强岩心内泥饼强度，大幅度提高岩心甚至裂缝性岩心的承压能力。在现场应用中，有效封堵不同渗透性地层和微裂缝泥页岩地层，提高地层的漏失压力和破裂压力梯度，扩大安全密度窗口。

三、现 场 应 用

（1）大港油田官字井的生物灰岩井段（1950～2055m）几乎每口井都发生较为严重漏失，常规方法堵漏效果差，导致井下复杂情况多，严重影响该地区的开发速度。官23－50井是一口定向生产井，设计井深2400m，1950～2055m地层为生物灰岩，钻至1950m发现井漏，漏速10～15m³/h，强行钻止2055m，配制30m³超低渗透钻井液打入井底起钻，漏失停止，下钻后没有出现漏失及渗漏现象，安全顺利钻至设计井深。邻井23－49井设计井深2357m，1938m发生井漏，漏速10～15m³/h，用常规方法堵漏，漏失量虽减小为4～5m³/h，但无法完全堵住，只好边钻边漏边补充新浆，直到钻至设计井深。

（2）辽河油田钻井二公司泥浆公司对零滤失井眼稳定剂与该地区常用的3种钻井液体系进行室内配伍评价，并成功地在3口井上进行现场试验，防漏堵漏效果明显。

辽河钻井二公司泥浆公司目前常用的3套钻井液体系为0～2000m井段应用聚合物不分散泥浆体系，1800～3000m用聚合醇降粘剂钻井液体系，2400～4300m用硅氟（SF）钻井液体系。3种钻井液在砂床滤失仪上实验，30s左右，0.7MPa下全部漏失。在3种钻井液中分别加入JYW－1、JYW－2超低渗透剂，加量为0.5％时浸入砂床深度为7.2cm、1％时浸入深度为4.5cm、1.5％时浸入深度为3cm。室内实验见到明显效果，先后在欧51井、小22平1井、欢612平1井上试用，结果如下。

欧51井是一口探井，技套下入火成岩裂缝油藏顶部（辽河油田称之为粗面岩），该油藏压力低，时有井漏发生，为了防止钻入2834m粗面岩发生井漏卡钻，加入JYW－1、JYW－2各0.5t，加入前钻井液中压砂床滤失量30s全部漏失，加入后浸入深度为7.2cm，实际钻穿粗面岩顺利中完，电测一次成功，下套管固井顺利。三开，应用完井液，顺利钻完3398m完井。

小22平1井是目前辽河油田最深的一口水平井，该井也是开发火成岩（粗面岩）裂缝油藏，使用 SF 钻井液，2600m 开始造斜，3067m 进入 88°中完下技套，这段钻穿煤层，触变玄武岩等复杂地层。为了防止井漏划眼，钻井液密度 1.28g/cm³ 左右，但进入粗面岩后裂缝发育且压力低。邻井井漏严重，密度 1.08g/cm³ 时液面 179m，更有一口井液面在900m，采用泡沫等钻井液仍未能建立循环，后来有进无出地钻了 150m 完井。本井只有300m 表层套管，为了防止发生井漏卡钻，加入 JYW－1、JYW－2 各 1t，当钻入粗面岩石，有轻微渗漏，每小时 0.5～1m³，顺利中完，下入技套，该井试用也见到了明显防漏效果。

欢 612 平 1 井是一口古潜山水平井，为了准确掌握潜山油藏，该井设计先打领眼，确定潜山油藏后再填井，造斜进入水平段施工。该潜山油藏为花岗岩风化油藏，压力低。邻井也发生严重井漏，钻井液密度 1.03g/cm³ 时液面在 200m 左右。进入潜山前钻井液密度为 1.20g/cm³，为防止钻井、固井工程中发生井漏，进入潜山前 30m 加入 JYW－1、JYW－2 各 1t，进入潜山面只发生渗漏，每小时 1m³ 左右，钻入 10m 后基本不漏，顺利打完领眼，填井造斜进入中完，采用 φ311mm 大井眼。进入潜山前又加入 JYW－1、JYW－2 各1t，同样收到只是渗漏的好效果，顺利下入 9⅝in 技套到 A 点 90°/2263m，钻止 2384m 完钻，测井固井顺利。

四、结　　论

（1）近零滤失井眼稳定剂可以通过在井壁岩石表面形成致密封闭超低渗透膜降低滤失，甚至实现近零滤失。

（2）超低渗透钻井液对不同孔隙的砂床、岩心和裂缝性岩心具有很好的封堵能力，可以有效防漏堵漏。

（3）超低渗透钻井液通过增强内泥饼封堵强度，大幅度提高岩心承压能力，能提高漏失压力和破裂压力梯度，相当于扩大安全密度窗口，能较好地解决以往钻长裸眼多套压力层系或压力衰竭地层时易发生的漏失、卡钻和坍塌技术难题。

（4）现场应用结果表明，超低渗透钻井液同一配方就能有效封堵不同渗透性地层、微裂缝及裂缝，即具有广谱防漏堵漏储层效果。而传统钻井液中固体颗粒桥堵作用效果却主要取决于颗粒公布与地层孔喉大小匹吻合度，地层适应范围较窄。

参 考 文 献

[1] 孙金声，林喜斌，张斌等．国外超低渗透钻井液技术综述．钻井液与完井液，2005，22（1），57～59

[2] 孙金声，唐继平，张斌等．超低渗透钻井液完井液技术研究．钻井液与完井液，2005，22（1），1～5

[3] Santos H，Villas－Boas M，Lomba R，et al．API Fil－trate and Drilling Fluid Invasion：Is There Any Correla－tion？．SPE53791

[4] Helio Sabtos，Petrobras & Roberto Perei．What have We Been Doing Wrong in Wellbore Stability？．SPE69493

[5] Reid P，SPE and Santos H．Novel Drilling，Completion and Workover Fluids for Depleted Zones：Avoiding Los－ses，Formation Damage and Stuck Pipe．SPE/IADC85326

正电钻井液在 LG101-2 井的应用

严　波　宋玉宽

（胜利石油管理局钻井工程技术公司泥浆公司）

摘　要　本文介绍了正电钻井液体系的室内研究和在 LG101-2 井的应用，室内研究和现场应用表明：该体系具有优良的抑制性、防塌性和抗盐性，具有毒性低、保护油气层的特点，是一种性能优良的新型钻井液。

关键词　正电钻井液　抑制防塌　保护油气层　保护环境

随着石油勘探的深入发展，环境保护与油层保护相统一已成为石油界的共识。因此开发既对环境无污染又能保护油层的钻井液是今后钻井液发展的方向。基于上述原因，我们研制了正电钻井液体系。研究表明：该体系具有无毒、可生物降解等优点，有利于环境保护；另一方面，该体系具有较强的抗盐、抗钙污染能力及强的抑制性，能有效抑制泥页岩水化、膨胀、分散和运移，渗透率恢复值较高，具有较强的保护油气层特性。在 LG101-2 井现场应用表明，该体系可以满足环境和油气层对钻井液的特殊要求，真正实现了"保护环境、保护油气层"的目的，创出了塔里木轮古地区同类井钻井周期最短的新纪录。

一、正电钻井液的室内研究

1. 油气层保护机理

正电钻井液体系所选用的处理剂，含有季铵化阳离子聚合物，由于季铵基团独特的结构，产生空间位阻效应，水分子更难进入到晶层间，使粘土的水敏性基本丧失，层间距几乎不发生变化，从根本上抑制了粘土矿物的水化分散和膨胀。此外，阳离子聚合物能进入粘土晶层并吸附在粘土颗粒表面，提高体系的电性，减小或消除双电层斥力，促进钻屑颗粒间的聚结，使地层粘土处于不分散状态，有效抑制了地层粘土的膨胀和运移，能最大限度地减小对油层的污染。这种作用既起到了稳定井壁的作用，同时又达到了从根本上保护油气层的目的。

2. 环境保护特点

在阳离子聚合物的配伍处理剂的选择方面，主要选用天然高、中、低分子处理剂，其无毒、无污染、易降解，有利于环境保护。

3. 正电钻井液体系性能评价

通过室内大量实验，优选钻井液体系处理剂，优化各钻井液性能参数，最后确定正电钻井液配方（简称 1♯）如下：

4％钠土浆＋2％阳离子聚合物＋0.4％SZDL-1＋1％SZDJ-1＋1％SZDJ-2＋2％SJH-1

1）双保型正电钻井液的抗温性能

室内测定了该体系在120℃和150℃条件下的钻井液性能，见表1。

表1 室温及120℃、150℃热滚16h后性能对比表

温度℃	pH值	φ600	φ300	表观黏度 mPa·s	塑性黏度 mPa·s	动切力 Pa	初切 Pa	终切 Pa	滤失量 mL
室温	9.0	81	52	40.5	29	11.5	3.5	24	5.6
120	9.0	65	39	32.5	26	6.5	1.5	9	6.4
150	9.0	60	35	30	25	5	0.5	8	6.8

由以上数据可见，正电钻井液经过高温热滚后，流变性、滤失量与热滚前无大变化，具有良好的抗温性。

2）正电钻井液的抗污染性能

钻井液抗盐、土污染实验见表2。

表2 盐、土污染对钻井液性能的影响

配方	pH值	φ600	φ300	表观黏度 mPa·s	塑性黏度 mPa·s	动切力 Pa	初切 Pa	终切 Pa	滤失量 mL
1#	9.0	73	50	36.5	23	13.5	4	12.5	6.4
1#＋3%NaCl	9.0	74	57	37	17	20	9.5	14	7.0
120℃	8.5	51	32	25.5	19	6.5	3	7	8.0
1#＋5%膨润土	9.0	97	76	48.5	21	27.5	11	23	5.6
120℃	8.5	114	73	57	41	16	3	14.5	5.2
150℃	8	55	33	27.5	22	5.5	2	12	6.4

根据以上数据进行分析，可以得出，正电钻井液在经过盐、土污染后，性能仍然保持良好。

3）正电钻井液抑制性评阶

（1）页岩回收率评价。

钻井液页岩回收率实验结果见表3。

表3 页岩回收率对比

配方	页岩加量,g	一次回收,%	二次回收率,%
1#	50.00	94.5	91.4
坨142-平5井浆	50.03	61.9	58.1
清水	50.01	34.3	29.9

注：该实验所用岩屑为梁212-17井沙三层位岩屑。测定条件为120℃热滚16h。

（2）页岩膨胀高度实验。

页岩膨胀实验结果见表4。

表 4　页岩膨胀高度实验

膨胀时间，h 膨胀高度，m 配方	1	2	3	4	5	6	7	8
10%KCl	5.78	6.52	6.83	6.95	7.00	7.03	7.06	7.07
1#配方	0.51	0.77	0.96	1.11	1.25	1.37	1.47	1.58
1#配方滤液	1.45	2.10	2.59	2.98	3.30	3.58	3.82	4.05
120℃恒温后滤液	1.65	2.35	2.83	3.21	3.51	3.78	4.01	4.22

由表 3 和表 4 中数据可以看出，优选出的钻井液具有优良的页岩抑制性，其钻井液、滤液及恒温后滤液的页岩膨胀高度均低于 10%KCl。这是因为体系带正电荷的处理剂通过静电引力吸附到带负电的粘土矿物表面，从而大大提高了双保型正电钻井液的抑制性。

4. 正电钻井液保护油气层评价

正电钻井液的岩心渗透率恢复值实验见表 5。

表 5　不同钻井液体系的岩心渗透率恢复值

钻井液体系	渗透率恢复值，%
正电钻井液	86.3
正电胶钻井液	77.6
聚合物钻井液	54.9

从表 5 可以看出，正电钻井液体系具有较强的保护油气层特性。

5. 正电钻井液环保性能评价

1）生物毒性测试 1

中国石油勘探开发研究院环境检测总站，使用 DXY－2 生物急性毒性测试仪，参照美国国家环保局确认的糠虾生物毒性分级标准，对正电钻井液进行毒性测试，检测结果见表 6。

表 6　生物毒性测试结果

样品名称	检测结果	
	EC50，mg/L	毒性分级
正电钻井液	80000	无毒
建议排放标准	>30000	—

从上表我们可以看出：正电钻井液毒性低，EC50 值远高于建议排放标准。

2）生物毒性测试 2

中国国家海洋局北海分局，对正电钻井液进行生物毒性检测，卤虫的 96h 半致死浓度（96hLC50）大于 30000mg/L。符合中华人民共和国"海洋石油勘探开发污染物使用管理暂行规定"对生物毒性的要求，获得《海洋钻井泥浆使用许可证》。

二、现场应用

LG101－2 井是轮古地区的一口开发直井，设计井深 5550m，是正电钻井液体系在轮古地区的第一口试验井。试验表明，该体系具有良好的抗盐污染能力和抑制性，可以满足塔里木地区对钻井液的特殊要求，真正实现了"保护环境、保护油气层"的目的，创出了塔里木轮古地区同类井钻井周期最短新纪录。

1. 地层分层及岩性

地层分层及岩性见表 7。

表 7　LG101-2 井地层分层及岩性描述

地层	底界，m	厚度，m	岩 性 描 述
第三系	3353		粘土、散砂、粉砂岩、泥岩及含砾砂岩
白垩系	4022	669	红褐、褐红色粉砂岩夹褐色泥岩
侏罗系	4457	435	上部为泥岩夹粉砂岩、泥质粉砂岩；下部为灰色粉砂岩夹白色含砾砂岩、砂砾岩与灰色泥岩互层
三叠系	4890	433	灰色深灰色泥岩与白色含砾粉砂岩、含砾粗砂岩、小砾岩不等厚互层
石炭系	5435	545	灰色、褐色、灰褐色泥岩，灰褐色灰色粉砂岩及浅灰褐色灰岩，双峰灰岩顶为 5354m
奥陶系	5550	95	灰白色灰岩

2. 工程简况

一开采用 ϕ311.2mm 钻头钻至井深 806.24m，下入 ϕ244.5mm 表层套管 806.24m。

二开采用 ϕ215.9mm 钻头钻至井深 5435.26m 完钻，奥陶系潜山顶界 5434m，ϕ177.8mm 套管顺利下至 5434.19m。

三开采用 ϕ152.4mm 钻头钻至 5475m 完钻。

3. 钻井液维护处理措施

（1）一开采用膨润土浆开钻，钻进中用 SZP-1 正电聚合物、MMH 正电胶维护粘切，保持钻井液良好的抑制性和携岩性，用 SZDL-1 流型调节剂调整流型，维护井壁稳定。

（2）二开钻进水泥塞时加适量纯碱，维护钻井液性能，正常钻进中继续用胶液维护。在 4000m 以前，胶液配方以 SZP-1 正电聚合物、MMH 正电胶、SZDJ-1 降滤失剂、SZDL-1 流型调节剂为主，4000m 以后以 SZP-1 正电聚合物、MMH 正电胶、SZDJ-2 降滤失剂、SZDL-1 流型调节剂为主，预计进入三叠系坍塌层段前，集中加入防塌剂，加量分别达到 2%，以后配胶液中不断加入以维持其含量，保证防塌能力，同时将密度提高到 1.25～1.30g/cm³。

（3）根据需要加入 1% 左右的润滑剂，提高钻井液的润滑能力。

（4）为了降低渗滤量和提高泥饼固壁能力，加入 3% 的超细碳酸钙。

（5）钻井液未加重前，开启四级固控设备，最大限度地消除粘土和劣质固相；加重后保持振动筛、除砂器 100% 使用，根据需要间断使用除泥器和离心机。

（6）电测及下套管前，罐面配制 35m³ 防卡润滑封井钻井液，注入井底，可有效提高钻井液及泥饼润滑性，保证施工顺利；同时可防止静止时间过长，避免高温增稠，保证开泵顺利。

4. 分段钻井液性能参数

分段钻井液性能见表 8。

表 8　LG101－2 井钻井液性能参数

井段 m	密度 g/cm³	漏斗黏度 s	塑性黏度 mPa·s	动切力 Pa	初切/终切 Pa/Pa	中压滤失/泥饼 mL/mm	高温高压滤失/泥饼 mL/mm	电性 mV	pH 值
0～806	1.11	40～50	12	8	4/8	—	—	-11	—
806～4000	1.09～1.15	31～36	10～13	3～6	(2～3)/(5～6)	(7～15)/1	—	-13	8～9
4000～4297	1.16～1.17	38～44	13～15	5～7	3/5	(5～6)/0.5	—	-13	8～9
4297～4584	1.22～1.23	45～49	15～20	7	3/5	5/0.5	10/1	-15	9
4584～5000	1.26～1.28	51～55	20～25	6～9	4/7	(3～4)/0.5	(9～10)/1	-15	9
5000～5220	1.28～1.30	55～57	24～25	7～10	(3～4)/(6～7)	3/0.5	9/0.5	-16	9
5220～5435	1.33～1.34	54～57	26～28	9～11	(3～4)/(6～7)	3/0.5	9/0.5	-15	9

5. 现场试验效果

钻井过程中所收集到的各种数据表明，正电钻井液各项性能良好。

1) 强抑制性

(1) 体系的膨润土含量低。从一开起，加入 SZP-1 正电聚合物和 MMH 正电胶。由于两种处理剂均带正电，因而其与粘土颗粒之间，除了物理吸附外，还有作用更强烈的静电吸附。SZP-1 正电聚合物和 MMH 正电胶在钻屑和井壁表面产生强烈的吸附，形成处理剂阻水膜，从而阻止水分子进入其结构内部，起到良好的包被作用，再配合大、中相对分子质量长链聚合物 SZDL-1 流型调节剂的絮凝作用，提高了固控设备的使用效果，充分清除了有害固相。

(2) 粘土颗粒粒径大。该体系抑制性强是由于小于 1μm 颗粒含量相对降低，从而提高了机械钻速。本井 1000m 用时 2d 又 19h；2000m 用时 4d 又 20h；3000m 用时 6d 又 12h；400m 用时 8d 又 13h，创该地区钻井速度新纪录。

(3) 钻屑浸泡实验。利用做中压失水和高温高压失水后收集起来的滤液，分别放入已晒干的容易水化膨胀分散的红色泥岩，进行常温浸泡实验，同时用蒸馏水作对比。结果表明，滤液具有很强的抑制性，经 5d 浸泡后的岩样，仍然保持原样，较坚硬；而蒸馏水浸泡过的岩样，4h 后即崩散分裂，水变浑浊。

取静止后析出的钻井液上部清液和三叠系、石碳系层位泥页岩坍塌掉块 50g，在 120℃条件下，恒温 16h，岩屑一次回收率 96%。

(4) 钻井液电性经检测在 -15mV 左右，因而属于强抑制体系，理论与实验结果是一致的。

2) 防塌性能

LG101-2 井所在地区多口井的施工经验表明，二开进入三叠系、石炭系地层，泥页岩地层易吸水膨胀、剥落掉块，垮塌严重。本井 4476m 进入三叠系。从岩屑录井看，4610m 开始出现掉块，但不严重。

电测结果表明，全井井径规则，平均井径为 228.6mm，井径平均扩大率为 5.9%。2500～5432.26m 实际井眼容积 120m³，理论容积 107.5m³，经计算，井径平均扩大率为 11.6%。由此证明该体系防塌能力强。

3) 抗盐性能

本井所用井场水矿化度高，Cl⁻ 含量 15725mg/L，Ca²⁺ 含量 1002mg/L，钻井液滤液

Cl^- 含量 18301mg/L，Ca^{2+} 含量 348mg/L，但由于所选用处理剂 SZP－1 正电聚合物、SZDJ－1 降滤失剂、SZDJ－2 降滤失剂、MMH 正电胶等均属于抗盐性处理剂，因而体系各项性能易于调整处理，便于控制，且性能稳定。

4）携岩性能

本钻井液体系具有良好的清洁井眼能力，主要表现为：全井自始至终下钻一次到底，开泵容易，无划眼现象；井底返出时沉砂很少；钻进过程中捞取的砂样界面分明，无混杂。

5）钻井液表面张力小，抗油气污染能力强

钻至井深 5230.23m 时，钻井液密度 1.29g/cm³，黏度 56s，在性能不变的情况下，气测全烃突然由 1.76％上升到 86.33％，井口瞬时气涌，但测钻井液性能，密度为 1.29 g/cm³，黏度 59s，没有出现变化，观察钻井液，也没有气泡包裹。由此证明该钻井液体系容易脱气，抗气侵能力强。经电测证实，5215～5221m 井段为气层，属于新发现层位。

三、结　论

通过室内实验和在 LG101－2 井的成功应用表明，正电钻井液体系具有以下特点。

（1）体系应用正电性聚合物，与粘土及井壁产生强烈静电吸附，使体系具有强的抑制性，固相含量低，大大提高了机械钻速，很好地保护了油气层。

（2）由于体系固有的防塌能力，配合及时的预处理措施，在三叠系、石炭系等易坍塌层段钻进过程中，很好地解决了泥页岩吸水膨胀、剥落掉块从而导致井径扩大，严重影响固井质量的难题。

（3）体系具有良好的抗温性能，解决了高温稠化、胶凝的问题。

（4）良好的抗盐性，保持了钻井液各项参数的最优化调整控制。

（5）该体系使用处理剂品种少，配方简单，性能稳定，便于操作，易于推广使用。

（6）体系毒性低，具有良好的环境保护效果。

参 考 文 献

[1] 张春光，徐同台，侯万国．正电胶钻井液．北京：石油工业出版社，2000
[2] 苏长明等．粘土矿物及钻井液电动电位变化规律的研究．钻井液完井液，2002

新型防塌阳离子聚合物钻井液的研究与应用

刘雨晴[1]　孙金声[1]　王书琪[2]　黎　明[2]

（1. 中国石油勘探开发科学研究院钻井所；2. 塔里木石油勘探开发指挥部钻井所）

摘　要　本文第一部分介绍了以粘土包被剂 SP－Ⅱ、降滤失剂 CHSP－Ⅰ、防塌剂 WFT－666、降粘剂 GN－1 四种阳离子型钻井液处理剂为基础的新型防塌阳离子聚合物钻井液的配方、性能，特别是耐固相污染性能；第二部分介绍了该钻井液在塔里木、河南、南海西部、渤海等油田 40 余口井应用概况，详细叙述了在塔里木、塔中、牙哈地区 5 口井，英买力地区 YM24 井，南海 W12－1－2 井使用的情况。

关键词　阳离子聚合物钻井液　防塌钻井液　阳离子型钻井液处理剂　阳离子黏土包被剂　塔里木地区

"七五"期间，我们研制了阳离子聚合物钻井液，即以大相对分子质量的阳离子聚合物为粘土包被剂，以小相对分子质量的阳离子化合物为页岩抑制剂，辅以降滤失剂、增黏剂、降黏剂、防塌剂和润滑剂组成的钻井液体系，该体系已在全国各油田推广，应用于数百口井，取得良好效果。该体系除大、小阳离子两种处理剂为阳离子型处理剂外，其他处理剂均为阴离子型。阴阳离子处理剂在钻井液中会发生化学反应，甚至产生沉淀，使处理剂作用效果降低、用量增大，钻井液成本费用增加。另一方面，该体系所用处理剂种类较多，现场应用时不易掌握。因此，我们研制了低价格的阳离子粘土包被剂 SP－Ⅰ、阳离子降滤失剂 CHSP－Ⅰ阳离子防塌剂 WFT－666 和阳离子降粘剂 GN－Ⅰ，以这些添加剂为基础再加上小阳离子 CSW－Ⅰ，研制了新型防塌阳离子聚合物钻井液，并进一步引入正电胶，研制出正电胶阳离子聚合物钻井液。

新型防塌阳离子聚合物钻井液与以前的阳离子钻井液相比有以下特点：

（1）从阴、阳离子共存的钻井液体系发展到全阳离子钻井液体系；

（2）钻井液成本费用大幅度降低；

（3）钻井液组成简单，现场易掌握和维护；

（4）抑制性进一步加强，有利于防止井壁坍塌；

（5）有利于保护油层。

一、新型防塌阳离子聚合物钻井液配方

1. 几种配方钻井液性能对比

表 1 为四种配方钻井液的性能对比。不同大分子包被剂显示不同的抑制性。FA367 体系（序号 3）的钻屑回收率 R_{30} 只有 45%，而 SP－Ⅱ 浆（序号 1）和 KPAM 聚合物浆（序号 2）的 R_{30} 分别为 85%、87%。SP－Ⅱ 浆的粘切值比 KPAM 浆低，对钻屑回收不利，故 R_{30} 略低。不用 CMC 而加入 1%WFT－666 和 0.2%CSW－Ⅰ 的 SP－Ⅱ 浆（序号 4），R_{30} 达

到 92%，现场应用中选用此配方。

表1　几种配方钻井液性能对比

序号	钻井液配方①	表观黏度 mPa·s	塑性黏度 mPa·s	动切力 Pa	静切力 Pa/Pa	滤失量 mL	$R_{30}^②$ %
1	基浆＋0.5%SP－Ⅱ＋0.2%GN－1	17.0	14.0	3.0	0/2.0	6.0	85
2	基浆＋0.5%KPAM＋0.2%XY27	24.5	19.0	5.5	0.5/0.3	6.0	87
3	基浆＋0.5%FA367＋0.2%XY27	22.5	17.0	5.5	1.0/4.0	5.0	45
4	0.5%膨润土＋0.2%CHSP－Ⅰ＋0.4%SP－Ⅱ＋0.2%CSW－Ⅰ＋1%WFT－666＋0.1%GN－1	17.0	13.0	4.0	0.5/2.0	5.6	92

①基浆含5%膨润土、0.4%CMC、2%CHSP－Ⅰ；

②在清水中 R_{30}＝19%。

2. 耐固相污染性能对比

在固相污染实验中，为了增强体系对污染固相水分散的抑制能力，在SP－Ⅱ浆中加入0.3%CSW－1（小阳离子），在KPAM浆中加入3%KCl。实验结果见表2。

结果表明SP－Ⅱ浆具有较好的固相耐受性，其原因是阳离子聚合物的粘土水化分散抑制性比KCl及阴离子聚合物强，这可以从颗粒度分布得到证实。表3和表4为潍县膨润土在2%和4%KCl溶液、0.2%和0.3%小阳离子CSW－1溶液、0.2%大阳子CPAM溶液、0.2%阴离子聚合物PHP溶液中的粒度分布对比。可以看出小阳离子溶液中 $10\mu m$ 以下的粘土颗粒比KCl溶液中少11～16倍（表3），粒径为80～150μm 的粘土颗粒，在0.2%大阳离子溶液中占78.3%，而在0.2%PHP溶液中仅占31.4%。粒度分布将影响固控设备的使用效率。因此，阳离子聚合物钻井液体系控制体系地层造浆、稳定钻井液性能的能力更强，从而能减少流变性问题诱发的井壁失稳。

表2　固相污染实验结果

钻井液配方	测试时间	表观黏度 mPa·s	塑性黏度 mPa·s	动切力 Pa	静切力 Pa/Pa	滤失量 mL
5%膨润土＋0.4%SP－Ⅱ＋0.4%DEF＋2%CHSP－Ⅰ＋0.2%GN－1＋0.3%CSW－1	污染前	17	13	4	0.5/2.0	6.6
	污染后	24	17	7	2.0/19.0	5.2
0.4%膨润土＋0.4%CMC＋0.2%KPAM＋2%CHSP－Ⅰ＋0.2%XY27＋3%KCl	污染前	27	16	11	3.9/7.0	7.2
	污染后	35	28	42	14.5/20.5	6.8

表3　潍县土在蒸馏水、小阳离子CSW－1溶液和氧化钾溶液中的粒度分布

粒径，μm	蒸馏水	氯化钾溶液		CSW－1溶液	
		2.0%	4.0%	0.2%	0.4%
＜2	43.6	1.7	2.8	0.3	0.5
2～5	16.8	5.5	5.3	0.4	0.4
5～10	15.5	18.5	14.7	0.4	1.3
10～20	16.9	47.6	47.1	35.8	26.6
20～30	5.6	11.8	8.77	37.9	36.2
30～40	0.7	5.1	10.7	0.3	13.3
40～50	0.9	1.9	4.7	8.0	4.7
50～100	—	8.0	6.0	16.9	17.0
50%平均粒径	3.15	15.1	15.7	23.4	25.8

表 4 潍县土在 0.2%大阳离子和阴离子聚合物溶液中的粒度分布

粒径，μm	CPAM	PHP
<5	0.3	0.4
5～10	0.3	0.4
10～20	1.5	4.1
20～40	4.8	3.4
40～60	8.8	14.3
60～80	12.0	17.0
80～100	14.6	11.1
100～120	21.0	5.1
120～150	36.7	15.2
50%平均粒径，μm	17	58

二、新型防塌阳离子聚合物钻井液推广应用概况

自 1993 年各种阳离子处理剂投产以来，新型防塌阳离子聚合物钻井液先后在塔里木、河南、南海西部、渤海油田推广应用 40 余口井，其中包括丛式井和定向井，最深井达 6500m。表 5 列出在塔里木、河南、南海西部油田的应用概况。

表 5 新型防塌阳离子聚合物钻井液应用概况表*

序号	井号	井深 m	平均井径扩大率,%	电测成功率,%	泥浆成本元/m	序号	井号	井深 m	平均井径扩大率,%	电测成功率,%	泥浆成本元/m
1	TZ403	4000	3.4	98		18	YH6	5695	5.6	90	357.4
2	TZ20	4000	6.3	83		19	YH8	6500	9.8	100	244.24
3	TZ16*	4250	8.45	100		20	YM22	4800	9.21	100	260.15
4	TZ2	4350	8.8	100		21	JF14－3	4900	8.7	100	156
5	TZ5	4103.5	10.0	100	214.07	22	JF1－10－3	4900	5.7	100	235
6	TZ8	3802	1.73	100	169.31	23	JF124*	5202.32	11.16	100	422.27
7	TZ102	5950	7.0	100		24	BD－2	4720	6.96	100	178
8	YM201	6400	4.9	100	281	25	HQ－1	5050	6.17	100	168.37
9	YM202	6200	9.1	100	263	26	MIN－1	4800	11.33	100	214
10	YM21	4861	8.1	100	210	27	MAC－1*	4420	7.5	100	433.3
11	YM22	4800	8.46	100	260.15	28	普惠1	6000	7.7	100	
12	YM211	4700	9.0	100	270	29	涧12－1－12	3200	8.3	100	309.3
13	YM23	4700	7.6	80	282.28	30	T3105	1750	0.01	100	10.3
14	YM24	5050	14.5	80	260	31	T4009	1805	6.5	100	19.82
15	YM101	6000	5.63	100	142.97	32	V391	1895	6.5	100	19.82
16	YM4*	6305	10.79	100	372.17	33	TZ102	5950	7.0	100	
17	YH2*	6000	6.98	100		34	提尔根102	5350	9.4 (9¹/₂in)	100	201.75

* 除下列 5 口井外，其余 29 口钻井过程中井下情况正常：TZ16 井断钻具两次；YM4 井处理井漏及高压水层三个月；YH2 井卡钻一次；JF124 井处理井漏三个月；MAC－1 井 H2728m 高压盐水层被压开后以发生井漏，进行了堵漏处理。

三、新型防塌阳离子聚合物钻井液典型应用实例

1. 塔里木、塔中、亚哈地区5口井

1）地质及工程各简况

钻探层位从第四系到奥陶系，岩性主要为砂岩泥岩，奥陶系含石灰岩。上部地层伊利石为主，其次为高岭石和伊/蒙混层，蒙脱石含量极小，砂岩渗透性好，部分地区有盐水层，以防阻卡为主。下部地层（侏罗系以下）泥岩易垮塌（物理、化学因素均存在），砂岩渗透好，以防塌防卡为主。

塔里木地区均采用26in（660mm）钻头开钻，8½in（216mm）或6in（152mm）钻头完井，各井段所钻深度主要视地层、厚度而定。

2）钻井液使用

根据塔里木地区的地层特性和钻井过程中存在的问题，选用以前述5种阳离子型处理剂为主体的阳离子聚合物钻井液是可行的。按照工程及地质情况确定了钻井液体系、配方、配制工艺及性能参数指标。表6列出5口井所用钻井液的性能参数指标。可以看到，该新型防塌阳离子聚合物钻井液具有良好的流变性、防塌造壁性和防卡润滑性。

表6 塔里木塔中、牙哈地区5口井钻井液性能参数

井号	井段* mm	常规性能							流变参数	
		密度 g/cm³	漏斗黏度 s	固含量 %	含砂量 %	API滤失 mL	API泥饼 mm	pH值	塑性黏度 mPa·s	屈服值 Pa
塔中403	324以上	1.04~1.22	40~70	6~11.5	0.4~0.5	4~7	0.5~1	8~9	10~35	8~13.5
	229以下	1.18~1.25	53~69	10~12	0.3~0.4	3~5	0.5	9~9.5	19~33	6.5~20.5
塔中20	324以上	1.12-1.27	45~64	6~10.8	0.3~0.5	3~5	0.5	9~10	23~35	7~13
	229以下	1.14~1.24	40~70	5.8~8.6	0.2~0.5	3~4	0.5	9~10.5	17~35	5.5~13
塔中16	324以上	1.10~1.18	50~70	5~10	0.3~0.5	4.5~10	0.5~1	9.5	14~25	7.5~14
	229以下	1.13~1.25	48~80	10~13.6	0.3~0.5	2.5~4	0.5	9~10	14~27	10~26
普惠1	324以上	1.14~1.20	53~73	7~12	0.3~0.5	4~8	0.5~1	8~9	25~45	9~22
	229以下	1.19~1.22	55~68	8~12	0.3~0.5	4~5	0.5	8.5~10	40~48	8~14
牙哈2	324以上	1.14~1.69	43~75	5.6~26.5	0.3~0.5	4~8	0.5~1	8~10	22~62	6~21
	229以下	1.28~1.40	45~86	15~19	0.2~0.3	0.5~5	0.5	9~10	23~66	7.5~25

井号	井段* mm	流变参数			造壁性及润滑性			化学分析		
		静切应力 Pa/Pa	n	K mPa·s^n	HTHP滤失 mL	HTHP泥饼 mm	摩阻系数	膨润土含量 g/L	Cl⁻ mg/L	Ca²⁺ mg/L
塔中403	324以上	(2~3)/(4~9)	0.59~0.65	0.52~0.76	15~14	1~1.5	0.1	35~50	12000~14000	330~410
	229以下	(2~3.5)/(7~12)	0.55~0.62	0.68~0.80	12~14	1~1.5	0.1	35~45	13620~33800	310~480
塔中20	324以上	(2~3.5)/(4.5~14)	0.62~0.68	0.35~0.48	8~10	1	0.0~95	35~45	24020~53380	130~160
	229以下	(2~5)/(4.5~14)	0.66~0.68	0.38~0.45	8~10	0.5~1	0.08	36~42	4270~10583	160~280
塔中16	324以上	(7~12)/(15~40)	0.47~0.62	0.79~1.53	3~10	1	0.09~0.1	36~60	1460~14700	30~160
	229以下	(10~18)/(17~30)	0.47~0.62	0.51~2.59	5~8	1	0.09~0.1	55~72	1460~14700	340~160
普惠1	324以上	(3~7)/(9~15)	0.45~0.70	0.35~1.00	7~10	1~1.5	0.1~0.2	42~45	4300~17000	170~200
	229以下	(2~4)/(4~15)	0.68~0.78	0.22~0.45	7~8	0.5~1	0.09~0.12	40~43	18000~19000	170~220
牙哈2	324以上	(2~6)/(4.5~16)	0.67~0.84	0.21~1.67	12~15	1~0.5	0.08~0.1	32~45	2160~17628	60~350
	229以下	(2~10)/(9~18)	0.21~0.45	0.20~0.45	8~10	1	0.08~0.1	31~43	4520~32150	102~1080

*324mm（12¼in）钻头以上井段不包括660mm（26in）钻头钻进井段。

为确保该钻井液体系发挥最佳效果，建立了一套适应现场条件的完整的维护处理工艺。用两个钻井液循环罐分别配制原浆和处理剂胶液，装在循环罐上的立式搅拌器连续运转。原浆应该水化良好，胶液应该充分溶解、混合均匀。只要正常钻进，就应等量连续补充胶液，原浆也最好与胶液混合均匀后一起补充，力求使钻井液性能达到优良、稳定。钻井液的包被抑制性、高温造壁性、防塌性、防卡润滑性、流动性、抗盐抗污染能力等，都应充分满足井下条件。各井段使用处理剂有所侧重。上部地层以增加钻井液包被抑制性、防地层缩径阻卡为主；下部地层以增加钻井液防塌抑制性、高温造壁性、防地层垮塌为主。加强固相控制，保证各种固控设备的最佳效用。

3）井下事故及复杂情况简介

牙哈 2 井在井深 5326.60m 发生卡钻一次，损失时间 8 小时 20 分；在井深 5712.10m 和 5845.10m 发生断钻具事故两次，鱼长分别为 4.98m 和 139m，分别下 $4\frac{1}{2}$in（124mm）公锥和 $7\frac{7}{8}$in（200mm）打捞筒打捞成功。共计损失时间 80 小时 5 分。

塔中 16 井在井深 212.96m 发生钻具脱扣一次，鱼长 11.71m，5 次下钻链对扣未获，第 6 次下 5in（127mm）弯钻杆带 $4\frac{1}{2}$in（114mm）公锥打捞成功。在井深 3420.15m 发生单吊环钻具落井事故一次，鱼长 1044.27m，经多次打捞磨铣套铣后，鱼长 31.19m，后打水泥塞侧钻，两次共计损失时间 1070h。

4）经济及技术效果对比

使用这套阳离子聚合物钻井液的经济及技术效果是十分显著的。以这 5 口井为一组，用非阳离子钻井液的塔中 9、塔中 18 和牙哈 4 等 3 口井为对比组；又从这 5 口井中选取塔中 16 和塔中 20 两口井为另一组，具有充分对比性的塔中 9 和塔中 18 两口井为对比组。使用新型防塌阳离子聚合物钻井液的两个井组与使用非阳离子钻井液的井组对比，平均钻井周期分别提前 37.14d 和 45.35d，平均机械钻速分别提高 21.77% 和 22.01%，平均起下钻次数分别降低 70.15% 和 100%，平均井径扩大率分别降低 53.81% 和 63.03%，钻井液平均成本费用分别降低 9.75% 和 23.23%，扩划眼时间，短程起下钻及阻卡情况等均大大降低。

2. 英买力地区 YM24 井

YM24 井为英买力地区一口边缘预探井，下部井段钻遇盐膏层和大段盐膏层。该井设计井深 5050m，工程设计井身结构如下：

0～500m 使用 $17\frac{1}{2}$in（464mm）钻头，钻井液密度 1.15g/cm³；

500～3700m，$12\frac{1}{2}$in（342mm）钻头，1.20g/cm³ 泥浆；

3700～4582m，$8\frac{1}{2}$in（234mm）钻头，1.50g/cm³ 钻井液；

4582～5050m，6in（152mm）钻头，密度低于 1.24g/cm³ 的钻井液。

在全井钻井过程中实行短起下钻，起下钻未遇阻、卡，每次到底，开泵一次成功。易坍塌的 3700～4380m 吉迪克组（N_1j）地层复杂，工程设计时间为 50d，用防塌阳离子聚合物钻井液钻井，18d 即钻穿该段地层，未出现任何复杂情况，比邻近井（约 50～60d）节约时间 30d 以上。

0～3700m 井段钻井液配方为：

5%膨润土 + 0.4%SP - II + 0.4%CSW - I + 1.0%DFD - 140；

3700～5050m 井段钻井液配方：5%膨润土 + 0.4%SP - II + 0.3%CSW - I + 2%CHSP - I + 1%WFT - 666。

在钻井过程中改变了井身结构，用 8½in（229mm）钻头从 3700m 直接钻至 5050m。3700～4600m 井段地层压力系数大，易垮塌，要求钻井液密度为 1.50g/cm³，而下部井段地层压力系数小，要求密度低于 1.24g/cm³，否则容易发生井漏。在这种情况下只好采取欠平衡方式钻进，采用小于 1.50（约为 1.30～1.40）g/cm³ 的钻井液完成全井段。易垮塌井段未封住，而且长时间（达 45d）为裸眼，在这种情况下钻进仍畅通无阻，全井段井径扩大率仅为 14.5%，这充分说明新型阳离子聚合物钻井液具有很强的防塌能力。

在完井电测过程中，第一趟电测顺利，第二趟电测因大风而中途被迫停工，再电测时在 4600m 盐膏层处遇阻，通井后电测顺利。

该井被钻井监督确认为英买力地区钻速最快，打得最顺利的一口井。

3. 南海 3 南海 W12－1－2 井

南海北部湾三涠 W12－1－2 井距离三涠州岛 35km，完钻井深 3211m，井下温度 140℃。该井设计完钻天数 47d，从开始钻进到完钻共 44d，扣除停工 7d，实际只用 37d，完钻速度提高 21.27%。

该井 1500～2200m 井段粘土矿物组成为：伊/蒙混层 38%～43%，伊利石 32%～35%，高岭石 10%～14%，绿泥石 8%；在 1500～2332m 井段有长段硬脆性易垮塌泥页岩近 800m，邻近井垮塌严重。该井使用新型防塌阳离子聚合物钻井液，钻井比较顺利，钻井液流变性好，在高密度和低密度下都具有良好的流变参数和较低的滤失量，泥饼质量好，有效地防止了井壁坍塌。在钻至井深 2816m 时避台风停钻 3d，3092m 时避台风停钻 4d，重新开钻时下钻都一次到底，中途无阻卡。全井井径扩大率小于 10%，低于邻近井。电测成功率为 100%。

该钻井液具有很强的抑制地层造浆能力，阳离子粘土包被剂 SP－II 具有很强的包被絮凝能力，在固控设备不能正常运转的情况下，钻井过程中没有排放过钻井液，钻井液性能稳定，具有良好的抗盐、抗温、抗污染和悬浮带能力。

4. 小结

四个油田 40 余口井的现场实践表明，新型防塌阳离子聚合物钻井液具有以下特点：

（1）同时具有良好的流变性和强抑制性。该钻井液具有较好的剪切稀释特性，在环空低剪切速率下黏度较高，有利于携带岩屑，净化井眼，在钻具内较高剪切速率下具有较低的黏度，可减少了钻具内的循环压耗，有利于提高钻速。该钻井液抑制性强，能有效地抑制强烈造浆地层的造浆，克服使用其他钻井液体系时常出现的放浆等恶性循环。

（2）造壁性好，井眼稳定。使用该钻井液使井径扩大率降低（大部分小于 10%），复杂情况减少，测井一次成功率提高。

（3）钻井液配制方便，维护处理简单，处理剂使用最少，可做到不排放钻井液，钻井液性能稳定，处理量小，因而钻井液成本费用和现场人员劳动强度降低。

参 考 文 献

［1］刘雨晴．阳离子聚合物钻井液的研究和应用．天然气工业．1992.12（3）；46～42

［2］孙金声，刘雨晴，王书琪，何涛，黎明．阳离子粘土包被絮凝剂 SP－II 的研制及应用．油田化学，1998，15（4）

［3］刘雨晴，孙金声，王书琪等．抗高温盐阳离子降滤失剂 CHSP－I 及其应用．油田化学，1996，13（1）；21～24

［4］孙金声，刘雨晴，王书琪等．低荧光阳离子防塌剂 WFT－666 的合成与性能．油田化学，1995，12（4）：304～307，311

［5］孙金声，刘雨晴，王书琪，何涛，黎明．阳离子降粘剂 GN－I 的合成及应用，油田化学，1998，15（4）

［6］孙金声，刘雨晴，王书琪等．阳离子聚合物正电胶泥浆研究与应用．油田化学，1998，15（3）：207～210

阳离子聚合物正电胶钻井液研究与应用

孙金声[1]　刘雨晴[1]　王书琪[2]　黎　明[2]　何　涛[2]

（1. 中国石油勘探开发科学研究院钻井所；2. 塔里木石油勘探开发指挥部）

摘　要　根据正电胶 MMH 对储层损害小，MMH—粘土结构具有强触变性的特点，把正电胶 MMH 引入阳离子聚合物钻井液，组成了阳离子聚合物正电胶钻井液，成功地解决了塔里木盆地中地区井壁坍塌问题，也取得了保护油气层的效果。

关键词　钻井液　阳离子聚合物　正电胶　井

阳离子聚合物钻井液主要利用有机阳离子与地层泥页岩的异电性来增强对泥页岩水化膨胀和分散的抑制能力。有机阳离子与泥页岩之间除了物理吸附外还有化学吸附成键作用，故吸附的强度大，热稳定性好。阳离子聚合物钻井液的工艺要点是以抑制为主，充分降低井壁泥页岩和钻屑的水化能力，同时辅之以适度的解絮凝剂，以获得良好的滤饼质量，使得钻井液既具有很强的抑制性能，又具有良好的流变性和低滤失量，因而可以减少井下复杂情况，保持井壁持续的稳定，起下钻畅通，电测顺利。这种钻井液体系在辽河油田、南海北部湾、二连、新疆等地的数百口井中使用，均取得了较好的效果，在职 6401m 的深井中使用也获得了成功。

一、室内研究

1. 以保护油层为主要目的的处理剂评选

表 1 为用常见的几种处理剂配制的防塌钻井液滤液对人造岩心渗透率损害的评价结果。结果表明，阳离子型处理剂对油层渗透率的损害比较小。含不同处理剂的钻井液滤液污染后的油相渗透率保留率（K_r/K_o 值），如大阳离子 SP‑II 的油相渗透率保留率为 71.6%，而 KPAM 和 FA‑367 的分别为 65.5% 和 64.8%，正电胶 MMH 的则高达 81.0%。因此，采用阳离子型处理剂配制防塌钻井液，对油层保护是很有利的。

2. 正电胶 MMH 的引入

1) 正电胶引入硬脆性泥页岩层防塌钻井液的优越性

正电胶 MMH 是一种表面带正电胶的层状混合金属氢氧化物胶体，可与带负电的粘土胶体颗粒形成复合体结构。MMH—粘土体系具有极强的触变性，即静止时切力很高但稍加一点剪切力便迅速变稀。这一特性在易坍塌地层能有效地起到如下作用：

①减缓钻井液对井壁的冲刷；

②将井壁扩大处积存的塌落物悬浮；

③减小塌落物向井内的堆积速度；

④携带出大量坍塌岩块。

此外，根据油层岩心渗透损害的单剂评价结果（表1），MMH 钻井液滤液的渗透率保留率 K_r/K_o 值高达 81%，对储层损害小。因此，在钻井液中引入正电胶对于解决硬脆性泥页岩坍塌及低孔低渗储层渗透率损害是很有效的。

表1　常用几种处理剂配制的防塌钻井液滤液对渗透率损害的岩心流动实验评价

处理剂及加量	气体渗透率 mD	油相渗透率，mD		K_r/K_o %
		原始值 K_o	污染后 K_r	
—*	23.60	2.65	1.04	39.2
0.2%SP-II	21.79	2.49	1.78	.71.6
0.2%KPAM	21.08	2.20	1.50	65.6
0.2%FA-367	23.28	2.53	1.64	64.8
0.2%MMH	20.92	2.63	2.13	81.0
0.5%SPC	21.20	2.35	1.39	59.3
0.5%CHSP-1	22.02	2.41	1.48	61.6
0.5%FT-342	19.53	2.08	1.26	60.7
0.5%FJ-938	19.26	1.99	1.33	65.3

注：*钻井液为3%膨润土浆。

2）正电胶引入阳离子聚合物钻井液的优越性

一般的正电胶—膨润土体系有两个主要缺点：

①与阴离子钻井液体系配伍性差。如果在 MMH—膨润土体系中混入少量阴离子型处理剂，处理剂在正电胶上吸附并中和其正电荷，将使体系失去特有的高触变性能。

②机械除砂泥困难。这势必影响其耐固相污染能力和泥饼质量的改善，在钻遇强造浆地层时其流变性不易控制。

正电胶引入阳离子聚合物钻井液体系时不会产生这两个缺点。首先，正电胶和阳离子钻井液处理剂电性相同，配伍性较好，二者配合使用可进一步提高对地层粘土的抑制性。其次，阳离子聚合物钻井液具有很好的耐固相污染能力，可以控制粘土颗粒的粒度分布以提高机械固控的效率，使正电胶钻井液的机械固控问题得到缓解。

3. 推荐的体系配方

根据以上处理剂评选结果和引入正电胶效果分析，硬脆性泥页岩层井壁稳定的钻井液体系确定为以阳离子聚合物为基础的正电胶体系，此体系同时具备防塌和油保护功能。表2列出6种阳离子聚合物正电胶钻井液配方和性能对比。

表2　几种阳离子聚合物正电胶钻井液配方[①]及性能对比

序号	配方号	密度 g/cm³	AV mPa·s	PV mPa·s	YP Pa	Gel Pa/Pa	FL, mL		R_{30}[②] %	K_r/K_o %
							API	HTHP		
1	1	1.03	17.0	13.0	4.0	1.0/2.5	5.4	18.3	93	81
2	2	1.03	27.0	20.0	7.0	2.0/11.0	5.4	19.6	95	83
3	3	1.03	27.0	18.0	9.0	3.0/12.0	3.2		94	
4	4	1.03	31.0	22.0	9.0	3.5/10.0	4.2			
5	4	12.7	44.0	28.0	16.0	4.0/12.0	3.3	20.7	92	74
6	5	1.03	36.0	27.0	9.0	3.0/9.0	5.0			

序号	配方号	密度 g/cm³	AV mPa·s	PV mPa·s	YP Pa	Gel Pa/Pa	FL, mL		$R_{30}^{②}$ %	K_r/K_o
							API	HTHP		
7	5	1.27	46.5	36.0	10.5	3.0/12.0	2.6	18.4	93	84
8	6	1.03	30.5	23.0	7.5	3.5/8.0	6.8	—	—	—
9	6	1.27	34.5	27.0	7.5	3.5/12.5	6.0	18.0	94	85
10	6③	1.27	42.0	37.0	5.0	2.5/10.0	3.6			

注：①各个配方除5.0%膨润土、0.4%大阳离子SP-II、2.0%浓度约7%的、MMH外，含有：2.0%CHSP-I+1.0%WFT666（配方1）；2.0%CHSP-I+0.4%CSW-1（配方2）；2.0%DFD-140+0.4%CSW-1（配方3）；2.0%CHSP-I（配方4）；2.0%CHSP-I+1.0%FJ938（配方5）；2.0%CHSP-I+1.0%FJ983+0.3%JHY+0.1%OP-10（配方6）。

②钻屑清水回收率R_{30}＝19%；本表为人造岩心静态流动实验测定值；配方6的API FL值偏高，是由于所用该批次阳离子降滤失剂CHSP-I的质量稍差。

③在110℃热滚8h的6号配方钻井液。

从表2中可以得出如下结论：

（1）此钻井液体系具有很强的抑制性，如配方1粘切值较低，但R_{30}仍高达93%。

（2）改变MMH加入顺序可以获得流变性差异很大的钻井液，配方1中MMH是在大阳离子之后加入的，钻井液的粘切值较低。

（3）此钻井液是防塌钻井液与保护油层完井液的统一，渗透率保留率K_r/K_o值高达74%以上。

二、现 场 应 用

1. 钻井液现场配方及基本性能

阳离子聚合物正电胶钻井液先后在塔里木探区的塔中101井、塔中25井和塔中201井试用，现场基本配方及基本性能列于表3、表4。

表3 塔里木探区塔中101井、25井和201井阳离子正电胶钻井液的配方

井号	膨润土,%	MMH,%	SP-II,%	LV-CMC,%	CHSP-I,%	WFT-666,%	GN-I,%
塔中101	3～5	1.0～2.0	—		0.5～0.8	0.8～1.0	0.2
塔中25	4～5	1.0～2.0	0.3～0.5	0.5	—	1.0～2.0	0.2
塔中201	3～4	0.5～0.7	0.4～0.5	0.3～0.4	0.3～0.4	1.0	0.2

表4 塔里木探区塔中101井、25井和201井阳离子正电胶钻井液的基本性能

井号	密度 g/cm³	AV mPa·s	PV mPa·s	YP Pa	Gel Pa/Pa	FL, mL		pH值	MBT g/L
						API	HTHP		
塔中101	1.06～1.20	40～65	9～20	8～20	3～10/5～18	5～8	9～12	8～10	30～70
塔中25	1.14～1.15	60～80	15～30	10～30	3～20/8～30	3～8	8～10	9～12	30～56
塔中201	1.10～1.25	40～75	12～25	3～12	3～8/5～15	2～8	9～15	8～10	30～50

2. 各井钻井液使用情况小结

（1）塔中 101 井。该井为塔中地区的一口评价井，设计井深为 3950m，在 500～3800m 段钻遇大段泥岩及砂、泥岩互层。工程设计的井身结构见表 5。

全井在钻井过程中，每次下钻一次到底，开泵一次成功。除在 2800～3000m 井段钻井液密度偏低造成井眼缩径，致使短起下遇阻 40t 外，全井短起下、起下钻未发生阻卡现象，各次电测均一次成功，各井段平均井径扩大率为 5.45%。全井从开钻到完井，建井周期比设计提前 48d。与设计井深相同、使用聚合物钻井液的邻近井（塔中 6 井）相比，钻井液材料费用降低约 50%。

该井由于钻井顺利，钻速较快，被认为是塔中地区较为成功的一口钻探井。这充分显示了阳离子正电胶钻井液体系的优越性。

（2）塔中 25 井。该井为塔中地区的一口预探井，设计井深为 4800m，因故在 3870m 提前完钻。该井除下部岩性为灰岩外，上部基本以泥岩、砂泥岩和砂岩为主。该井工程设计井身结构见表 5。

表 5　设计井身结构

井号	井段	井径 mm	钻井液密度 g/cm³
塔中 101	0～500	445	1.01～1.20
	500～3188	331	1.15～1.20
	3188～3810	203	1.18～1.24
	3180～3950	152	1.10～1.15
塔中 25	0～300	660	1.10～1.15
	300～1000	445	1.15～1.20
	1000～3130	311	1.18～1.25
	3130～4800	203	1.20～1.25

该井以膨润土浆钻开表层，逐步引入正电胶 MMH 和大阳离子 SP－Ⅱ 以增强体系的悬浮能力和护壁性，提高体系对地层的抑制能力和造壁性能。该井由于正确地应用了阳离子正电胶体系，在整个施工过程中短起下、起下钻均未有任何遇阻、卡现象，每次下钻一次到底，开泵一次成功，中途测试、电测均一次成功，下套管、固井顺利。平均井径扩大率仅为 4.97%。建井周期仅为 90d。

（3）塔中 201 井。该井是塔中地区塔 2 区块的一口评价井，顺利钻至 4500m。

该井所用钻井液由于引入了强包被剂 SP－Ⅱ 及页岩抑制封堵剂 WFT－666，有效地抑制了地层造浆和有利于清除钻屑，并具有良好的携岩能力，性能稳定，保证了井下安全。起下钻顺利，电测一次成功，其余各项施工任务也都顺利完成。

三、结　论

通过室内研究和在塔中地区 3 口井上应用，对阳离子聚合物正电胶钻井液有以下几点认识。

（1）此体系具有良好的流变性和强抑制性。阳离子型聚合物钻井液具有较好的剪切稀释特性，有利于携带钻屑，净化井眼，提高钻速；而阳离子正电胶钻井液能更有效地减缓钻井液对井壁的冲刷，减小钻屑或岩屑的井内堆积速度，将井内塌落物携带出井。

（2）体系的造壁性好，井眼稳定。井径扩大率降低（所钻 3 口井平均井径扩大率均小于 6％），井下复杂情况减少，保证了井下各项施工的顺利进行，提高了中、完井各项作业的一次成功率。

（3）钻井液配制方便，维护处理简单，处理剂使用量小，钻井液性能稳定，可降低材料费用和现场人员的劳动强度。

参 考 文 献

［1］刘雨晴．阳离子聚合物钻井液的研究和应用．天然气工业，1992，12（3）：46～52

［2］刘雨晴，孙金声，王书琪等．新型防塌阳离子聚合物泥浆的研究与应用．油田化学，1998，15（3）：201～206

正电胶阳离子聚合物低界面张力钻井液技术研究与应用

孙金声[1]　刘雨晴[1]　刘进京[1]　杨贤友[2]　周保中[2]　郝宗保[2]

（1. 中国石油勘探开发研究院；2. 吉林油田钻井工艺研究院、勘探院）

摘　要　大情字井油田是吉林油田新开发的一个油田，根据大情字井油田的地层特点和潜在损害问题，开展了防塌和保护储层的钻井液实验研究。在防塌钻井液的基础上，研究了钻井液水锁机理及减少水锁的方法，研制出既有利于防塌又有利于降低钻井液界面张力的保护储层钻井液技术，现场应用取得了十分显著的效果。

关键词　正电胶阳离子聚合物钻井液　界面张力　水锁损害机理　保护储层

我国低渗透、特低渗储层均存在不同程度的水锁损害，水锁损害渗透率平均值达27.7%。渗透率越小，水锁损害越严重，平均渗透率恢复值越低。渗透率小于10mD的储层，水锁损害平均值达28.7%，渗透率小于1mD的储层，水锁损害更加严重。

大情字井区块高台子油层属于中孔、低渗储层，气测渗透率最低为0.01mD，最大为40mD，有60%以上岩心的渗透率在0.1~40mD的有效分布区间之内。试井解释的油相有效渗透率最低为0.15mD，最大为63.2mD，平均为27.0mD左右；大情字区块葡萄花油层的平均气测渗透率为0.49mD，试井解释的油相有效渗透率最低为0.09mD，最大为0.09mD，平均为0.0495mD。可见，大情字葡萄花油层为中孔、特低渗储层。对于低渗、特低渗储层，由于其孔隙半径很小，一般在零点几到几个微米之间，所以，以孔喉中的油水界面间的毛细管阻力较大，侵入储层的水基液相不易返排而产生比较严重的水锁损害。由于吉林大情字井地区油田油层的孔隙半径较小，所以存在比较严重的水锁损害。为减轻钻井完井液引起的水锁损害，必须研究有效防止水锁损害的技术措施。

钻井液滤液的水锁损害是低渗、特低渗储层受到污染的一个重要原因。水锁损害可以通过两种途径加以解决，一种途径是通过降低钻井液的滤失量来减少滤液侵入储层的深度；另一种途径是在钻井液中加入适当的表面活性剂，在油水界面间形成亲水基溶于水相、亲油基溶于油相的吸附层，降低钻井液滤液与油相界面的界面张力，而减小毛细管阻力，使得滤液更容易返排。本文所述研究就是通过第二种途径，评选出适合吉林大情字地区保护储层钻井液的表面活性剂，用它来降低钻井液滤液引起的水锁损害。

一、室内研究

根据大情字井地区油田的地层特点和潜在的损害问题，要求钻井液应具有以下性能特点：

（1）强抑制性、强封堵能力和稳定井壁；

（2）低界面张力，减少水锁损害；

（3）较低的滤失量，减少水敏和水锁损害；

（4）保护储层效果好，渗透率恢复值高。

因此，在钻井液配方研制过程中主要从这几个方面进行研究。

1. 正电胶阳离子聚合物钻井液性能评价

表1为单剂流动实验评价结果。大阳离子SP-Ⅱ（CAL-90）、正电胶MMH的抑制能力相对于其他两种大分子的抑制性要强，降滤失剂、防塌润滑剂的渗透率恢复值基本相近，所以本体系应尽量选择阳离子化程度较高或正电性较强的处理剂来减少水敏性损害。

表1　单剂流动实验评价结果

单剂类型	名称	污染流体组成	K_a mD	K_o mD	K_{oa} mD	K_{oa}/K_o %
基浆	土浆	3%膨润土浆	23.60	2.65	1.04	39.2
大分子抑制剂	SP-Ⅱ（CAL-90）	基浆+0.2%SP-Ⅱ	21.79	2.49	1.78	71.6
	KPAM	基浆+0.2%KPAM	21.08	2.20	1.50	65.5
	FA-367	基浆+0.2%FA-367	23.28	2.53	1.64	64.8
	MMH	基浆+0.2%MMH	20.92	2.63	2.13	81.0
降滤失剂	SPC	基浆+0.5%SPC	21.20	2.35	1.39	59.3
	CHSP	基浆+0.5%CHSP	22.02	2.41	1.48	61.6
沥青类	FT-342	基浆+0.5%FT-342	19.53	2.08	1.26	60.7
	DYFT-1	基浆+0.5%FJ-938	19.26	1.99	1.33	65.3

根据大情字井地区油田的地层特点和前面的处理剂评选结果，认为MMH阳离子聚合物钻井液体系比较适合大情字地区的储层特点和工况条件。由于MMH为该体系的主处理剂，MMH为混合金属层状氢氧化物，正电性，加入的阳离子聚合物也带正电，因此，在选用其他处理剂时都应考虑与MMH及阳离子聚合物的配伍性。

阳离子树脂类降滤失剂CHSP具有良好的降滤失效果，也与MMH及阳离子聚合物具有良好的配伍性，因此，选用CHSP作为钻井液体系的降滤失剂。

为了进一步提高MMH钻井液体系的包被抑制性，根据抑制剂的评选结果，选用CAL-90来进一步提高该钻井液体系的抑制能力。

考虑到钻井过程中，由于钻屑的侵入，钻井液中粘土含量会增高，钻井液的粘切可能过高，必要时可加入XY-27或NPAN作为该钻井液体系的降粘剂。基本配方：4%膨润土+0.3%MMH（干粉）+0.2%CAL-90+1.0%CHSP+1.0%NPAN+1.0%DYFT-1

（1）钻井液抗温性能和加重对钻井液性能的影响。加重前后钻井液在常温与高温热滚后性能参数见表2。在120℃下，测得的HTHP滤失量为18mL。

表2　加重与未加重的正电胶阳离子聚合物体系热滚前后的性能变化

性能参数	基本配方		加重浆	
	常温性能	110℃老化后性能	常温性能	110℃老化后性能
密度，g/cm³	1.03	1.03	1.20	1.20
塑性黏度，mPa·s	22	24	23.5	25
动切力，Pa	9	11	11	16
切力（10s/10min），Pa/Pa	2.5/6	3/7	3/7	4/8.5
API滤失量，mL	4.2	4.8	4.4	4.6
pH值	8.5	8.5	8.5	8.5

注：加重浆：基本配方+重晶石。

从表 2 中的实验数据可以看出，该钻井液配方在加重和未加重、常温与 110℃热滚 16h 后都具有良好的流变性和降滤失性能。表中数据表明，经过 110℃热滚老化 16h 后，无论是否加重的钻井液，其粘切变化都不大。说明该钻井液体系的抗温性较强。

(2) 抗污染实验。

①抗钻屑污染实验。在钻井过程中钻井液钻屑不断侵入钻井液是难免的，因此，要求钻井液具有一定的抗钻屑污染能力，在钻屑侵入钻井液后，其性能应能保持相对的稳定性。所以，对正电胶阳离子聚合物钻井液抗钻屑污染能力进行了实验研究，研究结果见表 3。向钻井液中加入不同量的钻屑粉，热滚前后钻井液的性能变化分别见图 1、图 2。

表 3　MMH 阳离子聚合物钻井液抗钻屑污染实验结果

配方	钻井液性能					备注
	表观黏度 mPa·s	塑性黏度 mPa·s	动切力 Pa	静切力 Pa/Pa	滤失量 mL	
基本配方 A	48	25	23	8/10.5	3.8	老化前
	25	17	8	2.5/4	5.4	老化后
5％钻屑	49	24	25	8/10	3.8	老化前
	31	22	9	3/5	4	老化后
10％钻屑	43.5	17	26.5	8/10	4.4	老化前
	36.5	24	12.5	3.5/5.5	4.1	老化后
15％钻屑	47.5	28	19.5	8/10.5	3.8	老化前
	35.5	26.5	9	3.5/5.5	3.8	老化后
20％钻屑	56	36	20	8/11	4.3	老化前
	38.7	27.5	11	3.5/5.5	4.4	老化后

注：基本配方 A：4％膨润土＋0.3％MMH（干粉）＋0.2％CAL－90＋1.0％CHSP＋1.0％NPAN＋1％JT888

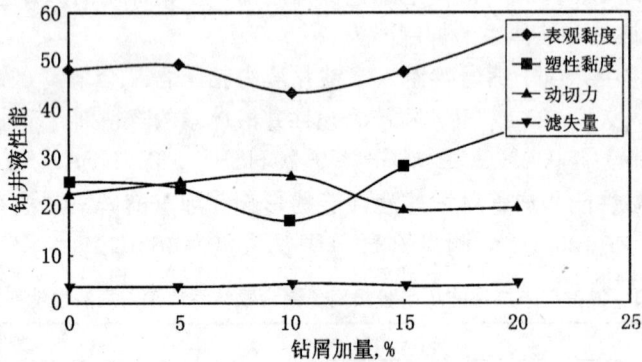

图 1　加入不同量钻屑热滚前钻井液的性能变化

由表 3、图 1 和图 2 中的数据可以看出，正电胶阳离子聚合物钻井液有较强的抗钻屑污染能力，可以抗 15％的钻屑污染。当 15％的钻屑加入该钻井液中后，钻井液的流变性基本保持稳定，API 滤失量仍低于 5mL，能满足钻井作业的要求。

②原油污染。由于钻井液要与储层接触，当钻开储层时，原油必然会侵入钻井液。若原油对钻井液性能造成严重影响，则必定会影响钻井施工。因此，对 MMH 阳离子钻井液

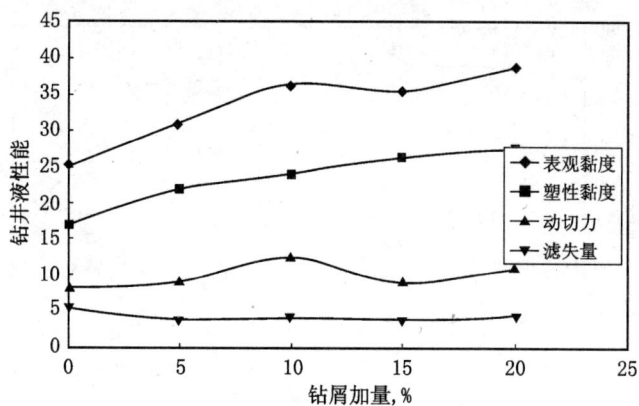

图 2　加入不同量钻屑热滚后钻井液的性能变化

抗原油污染进行了实验研究，确定原油对其性能的影响情况。原油对 MMH 阳离子聚合物钻井液性能的影响情况实验结果见表 4。向钻井液中加入不同量原油热滚前钻井液的性能变化分别见图 3、图 4。

表 4　MMH 阳离子聚合物钻井液抗原油污染实验结果

配方	钻井液性能					备注
	表观黏度 mPa·s	塑性黏度 mPa·s	动切力 Pa	静切力 Pa/Pa	滤失量 mL	
基本配方 A	51.5	33	18.5	7/11	3.6	老化前
	33	22	11	3/6	3.2	老化后
5%原油	45.5	29	16.5	6/10	2.4	老化前
	35	27	8	3/5.5	3.6	老化后
10%原油	43.5	31	12.5	7/11	2.1	老化前
	34	25	9	3/6	3.2	老化后
15%原油	40.5	29	11.5	4/7	2.4	老化前
	32.5	26	6.5	2.5/4	2.8	老化后

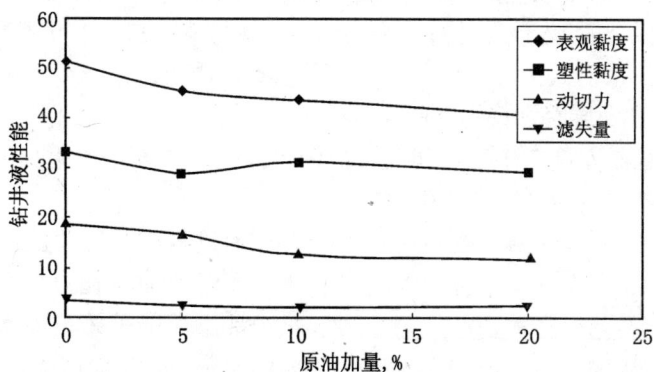

图 3　加入不同量原油热滚前钻井液的性能变化

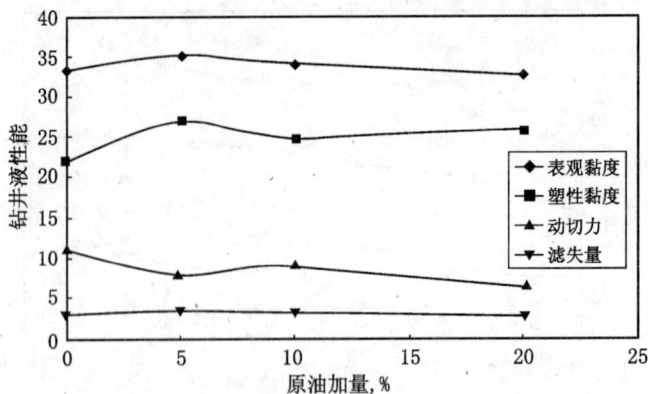

图4 加入不同量原油热滚后钻井液的性能变化

表4、图3和图4的数据表明，MMH阳离子聚合物钻井液具有一定的抗原油污染能力，当5%～20%的原油混入该钻井液体系后，钻井液的性能没有明显的变化，API滤失量仍低于4mL，能满足钻井作业的要求。

③综合污染。考虑钻井施工的实际情况，在钻井过程中钻屑和原油可能同时侵入钻井液，对钻井液造成污染，因此，对MMH阳离子聚合物钻井液抗钻屑与原油的综合污染情况进行了实验研究，实验结果见表5。

表5 MMH阳离子聚合物钻井液抗钻屑和原油综合污染实验结果

配方	钻井液性能					备注
	表观黏度 mPa·s	塑性黏度 mPa·s	动切力 Pa	静切力 Pa/Pa	滤失量 mL	
B	51.5	33	18.5	7/11	3.6	老化前
	33	22	11	3/6	3.2	老化后
B+10%钻屑+ 10%原油	37	24	13	4/6	3.0	老化前
	27	19	8	3/4.5	3.4	老化后

注：B（钻井液密度为1.25g/cm³）：配方A+25%重晶石

实验结果表明，MMH阳离子聚合物钻井液具有较强的抗钻屑和原油的综合污染能力，当10%钻屑和10%原油加入该钻井液体系后，钻井液的流变参数变化不大，仍具有良好的流变性能，API滤失量仍低于4mL，能满足钻井工程的需要。

2. 水锁损害机理及减轻水锁损害原理

水锁损害主要由细小孔道中两相间弯液面的界面张力所产生的附加毛细管阻力和孔道中的孤立液滴变性产生的贾敏效应所引起的。

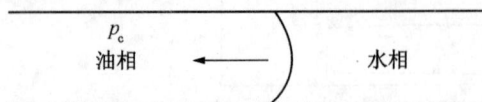

图5 亲水油层孔道中油水界面毛细管力 p_c 示意图

在作业过程中，作业液滤液的外界水相流体侵入水润湿的油层孔道，会把油层中原油的油相推向油层深部，并在油水界面形成一个凹向油相的弯液面，从而产生一个毛细管压力 p_c，如图5所示。生产时，要想使油相驱替水相流入井筒，就必须克服这一毛细管阻力 p_c。如果油层的能量不足以克服这一附加的毛细管阻力和流体流动的摩擦阻力，就不能将水相段塞驱开，而造成水相段塞堵塞损害。

根据如下毛细管压力计算公式：

$$p_c = 2\sigma\cos\theta/r$$

式中　p_c——毛细管压力；

　　　σ——水和油两相界面张力；

　　　θ——接触角；

　　　r——毛细管孔道半径。

可见，毛细管压力 p_c 与毛细管半径 r 成反比，即毛细管半径越小，毛管力就越大；与油水两相界面的界面张力 σ 成正比，即界面张力越小，毛细管压力就越小，由毛细管压力产生的油相流动的附加毛细管阻力也就越小。所以，降低油水界面的界面张力就可以降低水锁损害的程度。

由于油层孔道的毛细管半径大小是客观存在的，非人为可以控制，所以，减轻水锁的有效途径就是人为降低油水两相界面的界面张力 σ。而要降低油水界面的界面张力，较好的方法就是在作业液中加入既不影响作业液性能又可以有效降低作业液滤液表面张力的表面活性剂，这就是减轻钻井完井液滤液引起油层水锁损害的技术原理。为了从实验方面来证实表面活性剂加入钻井液后，可以有效降低钻井液滤液表面张力和界面张力这一原理，用德国克吕士公司生产的 KRUSS GMBH 全自动表/界面张力仪，采用吊片法试验，研究加入表面活性剂前后钻井液滤液表面/界面张力的变化情况。

（1）实验方法步骤。配制钻井液，并压制钻井液滤液；将钻井液滤液转移到表面/界面张力测定仪的测试杯中；将铂片挂在扭力天平或链式天平上，使薄片恰好与测试杯中的钻井液滤液液面接触，然后，测定薄片与液面拉脱的最大压力。利用下式计算表面/界面张力：

$$\sigma = (W_\text{总} - W_\text{片})/2L = \Delta W/2L$$

式中　$W_\text{总}$——薄片与液面拉脱的最大压力；

　　　$W_\text{片}$——薄片重；

　　　L——薄片宽度。

若液体能很好地润湿薄片，则只进行简单的测定和计算就可得到误差仅 0.1% 的结果，无需引入校正因下。若液体与测试薄片成 θ 接触角，上式变为：

$$\sigma = \Delta W/2L\cos\theta$$

（2）实验结果讨论。在 21.1℃ 恒温下，分别用 KRUSS GMBH 全自动表/界面张力仪测试了模拟现场聚合物钻井液滤液与钻井液中加入表面活性剂后降低水锁损害的效果。未加入表面活性剂的现场聚合物钻井液滤液的表面张力为 63.11×10^{-3}N/m，加入不同浓度表面活性剂 NP-30、T-80 及 C-125 后的表面张力与界面张力测定结果见表6、表7。

表6　加入不同浓度表面活性剂后模拟钻井液滤液的表面张力实验结果

表面活性剂	不同浓度表面活性剂加量下钻井液滤液的表面张力，10^{-3}N/m					
	0	0.0125%	0.025%	0.05%	0.075%	0.1%
NP-30	63.11	36.08	32.03	34.79	36.88	37.98
T-80	63.11	36.18	36.23	35.45	35.54	35.81
C-125	63.11	38.79	39.10	38.37	38.25	38.25

表7 加入表面活性剂后的模拟钻井液滤液的界面张力实验结果

表面活性剂	不同流体的界面张力，10^{-3}N/m
钻井液滤液	7.66
加入 0.025％NP-30 后的钻井液滤液	3.49
加入 0.025％T-80 钻井液滤液	3.24
加入 0.025％C-125 钻井液滤液	4.27

从表5和表6的试验数据可以看出：

①模拟现场聚合物钻井液加入表面活性剂后，其滤液的表面张力从 63.11×10^{-3}N/m 降到 40×10^{-3}N/m，界面张力从 7.66×10^{-3}N/m 降到 3.5×10^{-3}N/m 左右，表面张力和界面张力都显著降低。

②钻井液滤液中表面活性剂的浓度在 0.025％～0.05％ 时，NP-30 的表面张力最小，T-80 的表面张力居中，C-125 的表面张力最大。根据滤液的表面张力越小，侵入岩心后返排时的毛细管阻力越小，相应的降低水锁损害的效果越好，渗透率恢复值就越大。

③当表面活性剂的加量高于 0.075％ 时，NP-30 的表面张力略有增加，而 T-80 和 C-125 的表面张力基本不变，这是由于当加入的表面活性剂的浓度使表面吸附达到饱和后，即表面被一层定向的表面活性剂分子所盖满后，再继续增加表面活性剂的浓度时，表面上再也容纳不下更多的表面活性剂分子。此时，溶液内部的表面活性剂分子就采取另一种逃逸方式，以使体系的能量达到最低值。这种方式是分子中的亲油基通过分子间范氏引力缔合在一起，而亲水基则朝向水中，以使体系的能量降至最低，在溶液中形成胶团，并与表面活性剂分子（离子）之间成平衡。因此，溶液浓度在 CMC（临界胶束浓度）以下时，溶液中基本是单个的表面活性剂分子，表面吸附量随浓度增加而逐渐趋于饱和，当浓度超过 CMC 时，单个的表面活性剂分子浓度基本不再增加，而是胶团浓度增加。因此，当表面活性剂的浓度低于 CMC 时，表面张力随浓度的增加而急剧下降，当表面活性剂的浓度超过 CMC 时，表面张力不再降低（或变化很小）。所以，钻井液中表面活性剂的加量要适当，并不是浓度越大，效果越好。当超过一定浓度后，表面活性剂降低表面张力及水锁损害、提高渗透率恢复值的效果不再明显增加。

④NP-30、T-80 及 C-125 在同一浓度下的表面和界面张力相差并不是很大，表面/界面张力与渗透率恢复值之间似乎不存在定量关系，所以，用界面张力测定仪通过测定表面/界面张力评价表面活性剂在钻井液中降低水锁损害的效果还存在一定困难，仅可以作为参考。

3. 正电胶阳离子聚合物低界面张力钻井液配方确定

岩心流动评价实验表面，该 MMH 阳离子聚合物钻井液基本配方对天然岩心的渗透率恢复值为 72％ 左右，还没有达到渗透率恢复值大于 85％ 的要求。所以，通过加入表面活性剂和新研制的桥堵剂 QDJ-1 对该配方进行了改进，以进一步降低钻井液滤液的水锁损害，提高钻井液的渗透率恢复值。加入 0.1％NP-30 和加入 0.4％的 QDJ-1 后，改进的钻井液配方性能变化见表8。

由表8中的实验结果可以看出，正电胶阳离子聚合物钻井液中加入 0.1％NP-30 及 0.4％的桥堵剂 QDJ-1 后，对钻井液的性能影响不大。但后面将要介绍的岩心流动实验结果表明，改进后的钻井液的渗透率恢复值明显提高。

表 8　正电胶阳离子聚合物钻井液体系加入 NP－30 和 QDJ－1 后的性能变化

钻井液配方	钻井液性能				
	表观黏度 mPa·s	塑性黏度 mPa·s	动切力 Pa	静切力 (10s/10min) Pa/Pa	滤失量 mL
MMH 阳离子聚合物钻井液	22	13	9	2.5/6.0	4.2
MMH 阳离子聚合物钻井液 + 0.1%NP－30	20	13	7	2/5	4.0
MMH 阳离子聚合物钻井液 + 0.4%QDJ－1	22.5	18	4.5	2/5.5	3.2

根据上述实验结果，最终确定适合大情字井地区低渗特低渗、强水敏和水锁损害油层的保护储层的钻井液配方为：

3%～4%膨润土 + 0.25%～0.35%MMH（干粉）+ 0.2%～0.3%CAL－90 + 1%～1.5% DYFT－1 + 1.5%～2%CHSP + 1%～2%NPAN + 0.05%～0.1%NP－30 + 0.3%～0.5% QDJ－1

4. 正电胶阳离子聚合物低界面张力钻井液体系保护储层情况评价

用吉林大情字井地区油田储层的天然岩心，在模拟现场条件下（温度 90℃左右，损害压差 3.5MPa，损害速梯 150s^{-1}），评价了 MMH 阳离子聚合物钻井液。钻井液中加入 NP－30 表面活性剂和 QDJ－1 新型桥堵剂后，钻井液损害岩心的渗透率恢复值见表 9。

表 9　改进前后的 MMH 阳离子聚合物钻井液动态损害天然岩心评价结果

序号	损害流体	岩心号	K_a mD	K_o mD	K_{oa}/K_o,%	
					单块岩心	平均
1	MMH 阳离子聚合物钻井液	141－23	0.42	0.054	68.04	71.28
		34－3	6.67	1.65	74.52	
2	加 0.1%NP－30 改进后的 MMH 阳离子聚合物钻井液	38	0.31	0.0353	80.14	76.93
		20－3	2.13	2.23	73.71	
3	加 0.4%QDJ－1 改进后的 MMH 阳离子聚合物钻井液	16－5	5.535	2.80	68.71	79.81
		14－2	3.78	2.0369	90.91	
4	MMH 阳离子聚合物 + 0.1%NP－30 + 0.4%QDJ－1	47－2167.99～2168.09－1	0.78	0.673	93.58	88.71
		47－2167.89～2167.97－2	1.57	0.887	87.86	
		52－2353.62～2353－1	0.58	0.67	84.68	

实验结果表明，正电胶阳离子聚合物低界面张力钻井液具有良好的保护储层能力，渗透率恢复值达 88.71%

二、现场应用效果

吉林油田大情字井地区，在已钻和在钻的 28 口探井中发现，在现用井身结构条件下，井壁稳定问题十分突出，严重地制约了该地区的开发速度。该地区现有的井身结构为 φ339.7mm 套管封固第三系地层，φ224mm 牙轮钻头一直钻至井深约 600m，后用 215mmPDC 钻头和牙轮钻头钻至目的井深约 2500m，完钻。在这种条件下，二开裸眼井段较长，地层孔隙压力不均，属多压力系统，在低压力系数井段易出现漏失，高压力系数井段易出现缩径、垮塌；又由于该地区地层裂隙、裂缝发育，地层易渗漏，甚至严重漏失。渗漏的结果导致进一步扩张和相互连通，最后发生碎裂散落。现在解决井塌的办法是提高钻井液的密度，最高密度为 $1.29g/cm^3$，通常为 $1.25g/cm^3$。但是，如果钻井液密度偏高，无论是否在断层附近均有可能导致井漏，这是地层裂隙裂发育、渗透连通的结果。一旦井漏发生，钻井液泵上水跟不上，井眼内的钻井液柱液面便会下降，相应地，液柱压力下降，应液柱压力下降到不足以平衡地层坍塌压力时，就会引起垮塌，从而导致恶性循环。为了减少该地区勘探开发过程中存在的井漏、井塌和卡钻等复杂情况，降低钻井液对油层的损害、保护油气层，在黑 108 井试验了正电胶阳离子聚合物低界面张力钻井液技术。

从 300m 起把一开钻井液冲稀后，加入 CAL－90 和 NPAN，组成阳离子钻井液钻至 1560m，钻井液的密度为 $1.04～1.16g/cm^3$，CAL－90 有效抑制了上部地层造浆，钻井液性能稳定。在 1560m 处加高温降滤失剂 CHSP、防塌剂 DYFT－1，钻井液 HTHP 降至 10mL 以下。进入油层前 50m 加入正电胶干粉配制的胶液、表面活性剂 NP－30 和油溶性树脂 QDJ－1。顺利钻至 2520m 的目的井深，钻井液密度最高为 $1.20g/cm^3$。井径规则，试采表皮系数为－1.30。

三、结　论

（1）根据大情字井地区低渗特低渗油田损害的特点，研究出了正电胶阳离子聚合物低表面张力钻井液体系。该钻井液体系保护储层效果良好，平均渗透率恢复值可以达到 89％左右，可以满足大情字井地区保护低渗特低渗油层的钻井液对储层的损害程度应小于 15％的要求，损害程度最小可以达到 6％左右。所以，正电胶阳离子聚合物低表面张力钻井液是适合保护大情字井地区低渗特低渗油层的钻井液，其渗透率恢复值达到了大于 85％的要求，最高可以达到 94％左右。

（2）现场应用说明，正电胶阳离子聚合物低界面张力钻井液体系能有效防止井壁坍塌，保证井下安全。

参 考 文 献

［1］孙金声，刘雨晴等．正电胶阳离子聚合物钻井液技术研究与应用．油田化学，1998，No. 3
［2］孙金声，杨贤友等．大情字井地区储层损害机理及保护储层技术研究．钻井液与完井液，2002，No. 6
［3］刘雨晴，孙金声等．新型防塌阳离子聚合物泥浆的研究与应用．油田化学，1998，No. 3

有机盐钻井液技术研究及应用

张民立[1]　李再均[2]　尹　达[2]　唐怀联[1]

（1. 塔里木石油勘探指挥部第二勘探公司；2. 塔里木石油分公司）

摘　要　为了彻底解决传统高密度钻井液存在的"高固相与流变性、滤失量控制与流变性、抑制与分散、高固相及高亚微米级固相颗粒与机速、无机高矿化度（Cl⁻）对钻具、套管、橡胶的腐蚀及对电测的影响及对油层及环境的污染"等矛盾和弊病；克服传统高密度钻井液在维护、处理方面存在的"增稠—稀释—加重—增稠—稀释—排放"等恶性循环的被动处理方法；解决长裸眼井井壁稳定、井眼扩大率难题。研究开发了有机盐钻井液体系，并进行了抗温、抗污染、拟制性、毒性及油层保护等相关室评价，并在 DH1-8-6 等 3 口低、中密度井及 YTK5-2 高密度井进行了现场应用试验，取得了圆满成功。YTK5-2 井是目前该区所钻井中唯一一口全井安全无事故、速度最快、成本最低、综合指标最好的一口井。

关键词　有机盐钻井液　抑制性　油层保护

一、钻井液配方实验及室内评价

有机盐钻井液体系由 6 种主处理剂组成：提切剂 Viscol（2），降滤失剂 Redul（2），水溶性加重剂 Weight2（3），无荧光防塌剂 NFA-25 和 PGCS-1，填充剂 Filler。钻井液无固相时密度达 1.6g/cm³，密度在 1.6g/cm³ 以上时，用惰性加重材料加重。密度达 2.5～3.0g/cm³ 时，其流变性较好、滤失量较低、造壁性良好、钻井液性能稳定。该体系对泥页岩地层、盐膏层和盐岩层地层的抑制能力非常强，并且抗高温、抗污染能力良好。该体系钻井液固相含量较低，亚微米级固相颗粒含量较低，有利于降低钻头研磨效应，利于提高机械钻速。对金属及橡胶配件无腐蚀，无毒 EC50 值大于 10000，可有效保护油气层。

1. 有机盐钻井液性能评价实验

有机盐钻井液基本性能评价结果见表 1。实验结果表明，有机盐钻井液体系在各种密度情况下均具有低滤失量及良好的流变性。

表 1　有机盐钻井液基本性能

编号	密　度 g/cm³	塑性黏度 mPa·s	动切力 Pa	静切力（10s） Pa	静切力（10min） Pa	API 滤失量 mL	HTHP 滤失量 mL
浆 1	1.22	27.0	4.5	1.0	1.5	2.4	13.0
浆 2	1.31	40.0	5.5	1.0	2.0	1.6	11.0
浆 3	1.39	55.0	8.5	1.0	2.0	1.6	12.5
浆 4	1.45	58.0	9.0	1.0	2.0	1.7	12.0
浆 5	1.53	59.0	9.0	1.0	2.0	1.6	13.0
浆 6	1.80	67.0	6.5	1.0	2.5	1.8	13.0
浆 7	2.00	72.0	6.0	1.0	2.5	1.9	13.0

编号	密度 g/cm³	塑性黏度 mPa·s	动切力 Pa	静切力（10s） Pa	静切力（10min） Pa	API滤失量 mL	HTHP滤失量 mL
浆8	2.15	74.0	3.5	1.0	3.5	0.6	15.5
浆9	2.53	105.0	13.5	4.5	13.5	2.8	12.5

注：浆1：水+0.3%Na₂CO₃+4%Visoc+2%夏子街土+1.5%Redul+2%NFA-25+35%Weigh2；

　　浆2：水+0.3%Na₂CO₃+4%Visoc+2%夏子街土+2.0%Redul+2%NFA-25+70%Weigh2；

　　浆3：水+0.3%Na₂CO₃+4%Visoc+2%夏子街土+2%Redul+2%NFA-25+95%Weigh2；

　　浆4：水+0.3%Na₂CO₃+4%Visoc+2%夏子街土+2%Redul+2%NFA-25+50%Weigh2+70%Weigh3；

　　浆5：水+0.3%Na₂CO₃+4%Visoc+2%夏子街土+2.0%Redul+2%NFA-25+50%Weigh2+90%Weigh3；

　　浆6：浆5+铁矿粉，调密度至1.08g/cm³；

　　浆7：浆5+铁矿，调密度至2.00g/cm³；

　　浆8：浆5+铁矿粉，调密度至2.15g/cm³；

　　浆9：浆5+铁矿粉，调密度至2.53g/cm³。

2. 有机盐钻井液体系的抗温性能

有机盐钻井液体系的抗温性能如表2所示。

表2　150℃高温热滚16h后性能

编号	密度 g/cm³	塑性黏度 mPa·s	动切力 Pa	静切力（10s） Pa	静切力（10min） Pa	API滤失量 mL	HTHP滤失量 mL
浆1	1.22	19.0	2.5	0.5	3.5	3.4	14.5
浆2	1.31	30.0	2.5	1.0	1.5	2.0	12.5
浆3	1.39	44.0	2.0	0.5	1.0	2.4	15.0
浆4	1.45	45.0	2.5	0.5	1.5	2.3	15.0
浆5	1.53	46.0	2.0	0.5	1.0	2.0	16.0
浆6	1.80	75.0	11.0	3.5	7.5	2.5	14.5
浆8	2.15	68.0	9.5	3.0	6.0	2.5	14.8
浆9	2.53	98.0	19.5	7.5	16.5	2.8	13.0

实验结果表明：该体系在150℃高温热滚16h后，流变性及其滤失量比较稳定。

3. 有机盐体系抗污染性能

1）有机盐体系抗膨润土污染实验

有机盐体系抗膨润土污染实验结果见表3。

表3　有机盐体系在膨润土污染后性能

条件：150℃×16h		塑性黏度 mPa·s	动切力 Pa	静切力（10s） Pa	静切力（10min） Pa	API滤失量 mL
浆1+5%夏子街土	热滚前	20.0	2.5	0.5	4.5	3.6
	热滚后	20.0	2.0	0.5	2.0	4.4
浆3+5%夏子街土	热滚前	53.0	4.5	1.0	10.5	1.6
	热滚后	44.0	2.0	0.5	1.0	2.4

条件：150℃×16h		塑性黏度 mPa·s	动切力 Pa	静切力（10s） Pa	静切力（10min） Pa	API滤失量 mL
浆6+5%夏子街土	热滚前	67.0	8.5	1.0	3.0	1.6
	热滚后	58.0	8.5	2.0	7.0	4.4
浆9+5%夏子街土	热滚前	105.0	13.5	4.5	13.5	2.8
	热滚后	103.0	20.5	5.5	24.0	2.0

2）有机盐体系抗石膏污染实验

有机盐体系抗石膏污染性能见表4。

实验结果表明：该体系抗膨润土污染能力强，抗石膏污染能力强，同时表明体系具有很强的抑制性。

4. 抑制性评价

抑制性评价实验结果见表4、表5、表6。

表4 钻屑回收率实验结果

条件：150℃×16h	钻屑回收率，%
浆3+50g钻屑	93.4
浆6+50g钻屑	94.8
浆8+50g钻屑	94.2

表5 有机盐钻井液体系膨胀实验

样品名称	加量，%	膨胀高度，mm		
		1h	2h	8h
Weigh2	15	2.19	2.99	3.86
NaCl	15	3.14	4.06	4.57
KCl	10	54.55	4.72	4.74

表6 有机盐钻井液和聚磺钻井液体系钻屑滚动回收实验

序 号	钻井液体系	钻屑滚动回收率，%
1	清水	13.4
2	聚磺钻井液	62.4
3	有机盐钻井液	77.2

注：1钻屑为：吐孜3井6—10目钻屑；2聚磺钻井液：HD1-7井浆；3有机盐钻井液：DH1-8-6井浆。

表4、表5、表6的结果表明，该体系抑制性强，滚动回收率高，Weigh2的抑制性比NaCl、KCl强。有机盐钻井液体系的抑制性比聚磺钻井液强。

5. 渗透率恢复值实验

渗透率恢复试验数据见表7。

从表8可以看出：在不添加屏蔽暂堵剂的情况下，该体系保护油层能力比聚磺体系泥浆要强，同时，该体系保护油层不需要添加屏蔽暂堵剂材料。

表 7 有机盐钻井液油层保护试验数据

序号	污染物名称	钻井液体系	层位	井深 m	岩心号	岩心长度 m	岩心直径 cm	污染压力 MPa	污染后压力 MPa	污染前渗透率 mD	污染后渗透率 mD	渗透率恢复值 %
1	钻井液	有机盐	三叠系	4796.25	LN2-4J2-72	2.958	2.500	0.096	0.113	18.84	16.01	84.98
			侏罗系	4514.80	LN2-4-J2-29	2.864	2.488	0.055	0.056	32.15	31.58	98.23
			桑塔木		JF134-7	3.678	2.516	0.11	0.118	20.19	18.82	93.21
		聚磺	三叠系	4796.06	LN2-4-J2-70	3.00	2.508	0.08	0.094	22.78	19.39	85.12
			侏罗系	4513.76	LN2-4-J2-12	2.938	2.484	0.9	1.10	2.30	1.66	81.79
3	滤液	聚磺泥浆	三叠系	4748.49	LN2-4-J2-37	3.038	2.488	0.043	0.096	43.62	19.54	44.80
		有机盐泥浆	三叠系	4795.44	LN2-4J2-64	3.154	2.500	0.53	0.85	1.819	1.134	62.34
			石炭系		DH4-3	3.168	2.472	0.029	0.039	68.32	50.80	74.36
5	钻井液	配方			DH4-17	3.214	2.502	0.49	0.55	4.00	3.57	89.09
6	钻井液	配方			DH4-6	3.148	2.488	0.21	0.26	9.25	7.47	80.77

6. 有机盐钻井液对金属材料的腐蚀实验

在温度 95±3℃和压力 75±5MPa 条件下，在高温高压釜中浸泡 25d，同时进行动态搅拌，测定并计算 NK140 和 P110 钢的样品在 1.35g/cm³ 的 Weigh2 水溶液和 1.55g/cm³ 的 Weigh3 水溶液中的腐蚀速率，见表 8。

表 8 有机盐钻井液对金属材料腐蚀试验

有机盐水溶液	NK140 钢的腐蚀速率，mm/a	P110 钢的腐蚀速率，mm/a	评价
Weigh2 水溶液（密度 1.35/cm³）	0.01982	0.01342	轻度腐蚀
Weigh3 水溶液（密度 1.55g/cm³）	0.01874	0.01745	轻度腐蚀

7. 机盐钻井液毒性分析实验

使用 DXY-2 生物急性毒性测试仪，参照美国国家环保局确认的糠虾生物毒性分级标准，我们对 DH1-8-6 井井浆及 Weigh2、Weigh3 水溶液以及由它们配制成的钻井液浆一、浆二进行毒性测试，监测分析报告见表 9、表 10。

表 9 水生生物毒性监测分析报告

样品名称	分析结果		参照分级标准（美国国家环保局糠虾生物毒性分级标准）	
	EC$_{50}$，mg/L	毒性分级	EC$_{50}$，mg/L	毒性级别
DH1-8-6	>10000	实际无毒	<1	剧毒
			1~100	高毒
			100~1000	中等毒性
			1000~10000	微毒
			>10000	实际无毒
			>30000	建议排放标准

注：毒性监测采用发光细菌测定（GB/T 15441—1995）

表 10　水生生物毒性监测分析报告

样品名称	分析结果		参照分级标准	
	EC_{50}，mg/L	毒性分级	EC_{50}，mg/L	毒性级别
Weigh2 水溶液（密度 1.35g/cm³）	＞30000	无毒	＜1	剧毒
Weigh3 水溶液（密度 1.55g/cm³）	＞30000	无毒	1～100	高毒
			100～1000	中等毒性
			1000～10000	微毒
			＞10000	实际无毒
			30000	建议排放标准

注：Weigh2 水溶液：按 95g/mL 的加量，配制密度为 1.34g/cm³ 的水溶液；Weigh3 水溶液：按 150g/mL 的加量，配制密度为 1.55g/cm³ 的水溶液。

8. 有机盐钻井液润滑性实验

试验结果如表 11 所示。

表 11　不同钻井液体系的极压润滑仪系数对比

钻井液体系	配　方	密度 g/cm³	摩阻系数
聚磺	水＋4％膨润土＋0.5％FA367＋0.7％JT888＋0.7％NPAN＋2％磺化沥青＋1.5％SMP＋0.5％RH3＋铁矿粉	1.60	0.22
油基	柴油＋20％水＋3％SPAN80＋2.5％油酸＋2％ABS＋2.5％有机土＋3％石灰粉＋铁矿粉	1.60	0.05
有机盐	水＋2％Viscol＋0.2％XC＋2％Redul＋2％NFA25＋50％Weigh2＋70％Weigh3＋铁矿粉	1.60	0.06

二、有机盐钻井液的现场应用情况

DH1－8－6 井是新疆库车县境内东河塘构造上的一口开发井，完钻层位于石炭系，目的层 CⅢ油组，地层岩性见表 12。设计井深 5900m，实际井深 5950m。井身结构 ϕ311mm×1507m＋ϕ216mm×5950m。使用钻机 2.63 台/月，钻机月速 2262.36m/（台·月），机械钻速 6.91m/h，钻井周期 58d12h，建井周期 78d23h。

表 12　DH1－8－6 井实钻地质分层

地　层	底界深度 m	厚度 m	岩　性
第四系 Q	187	187	流砂、粉砂岩
上第三系 N	4462	4275	棕红色泥岩、粉砂岩、底部夹石膏
下第三系 K	4582	121	棕色泥岩、粉砂岩
白垩系 K	5116	533	浅棕色、棕红色、紫红色砂泥岩
侏罗系 J	5578	462	灰褐色、棕红色泥岩、粉砂岩
石炭系 C	5950	372	灰色泥岩、粗砂岩、细砂岩

DH1－8－6 井钻井液技术难题：

（1）该区块钻井一开表层段较长（1500m），有流砂层且地层胶结性差，极易造成串漏和散塌；

（2）该区块钻井二开裸眼段长（1500～5950m），要求钻井液具有良好的流变性、滤失造壁性及抗高温性能；

（3）该区块上下第三系至白垩系地层埋藏深（5116m），且以强水敏性泥岩为主，易分散造浆、易发生缩径卡钻；

（4）侏罗系地层极易发生垮塌、掉块，井壁稳定难度大；

（5）二开裸眼段存在多套压力系统，尤其是目的层石炭系压力系数低（小于1.00），易发生井漏。

现场施工：二开前将一开（1506.83m）钻井液用离心机处理，将固相含量降至5％，密度1.08g/cm^3，直接加入10％有机盐水溶性加重剂Weigh2及0.8％降滤失剂Redul。地面配制好15％的Weigh2胶液来调整钻井液，钻进中将振动筛筛布调整为60～80目。由于离心机不能有效工作，钻至3000m时，钻井液密度由1.14g/cm^{3}上升至1.20g/cm^3，因此通过把胶液中Weigh2含量降为5％～10％以降低密度。后又增加一台离心机，这样同时动用两台离心机，有效地控制了固相含量，钻井液黏度在50s以内，流变性能良好。顺利钻至井深4300m后，提高无荧光白沥青NFA25的加量，加入抗盐降滤失剂JHG。钻至5575m，由于NFA25、Redul已用完，Weigh2加量不足，抑制性差一些，提下钻时划眼113m至井底，返出大量井壁掉块（为侏罗系地层岩性），且钻井液流变性变差。钻至5770m，用（15％～20％）Weigh2（或NaCl）+（2％～3％）Redul+（2％～3％）NFA25胶液处理钻井液，流变性有改观，井壁非常稳定。顺利完成双筒取芯，提下钻畅通无阻。共用58d12h打完进尺5950m。完井电测、通井数次提下钻都畅通无阻。下套管顺利到底，钻井液返出正常，开泵循环一开即通，固井注水泥、替浆至碰压都非常顺利，无憋泵漏失现象。该完井液性能良好，为固井施工创造了良好的条件。固井质量为优。该井井深1500m以下井径比较规则，井径扩大率为5.4％。

与同区块其他井相比，有机盐钻井液优势明显：

（1）钻井液切力低，尤其是静切低，流动性好；

（2）冷却、清洗、保护钻头效果好，降低钻头磨损，可减少钻头使用数量；

（3）井下无复杂情况，无事故，井径规则，起下钻畅通无阻，测井顺利；

（4）固井作业顺利，固井质量为优；

（5）钻速较快。

羊塔克地区吉迪克、第三系地层十分复杂，盐、膏、膏泥、盐泥及泥岩、砂质泥岩、粉砂岩混层且埋藏深，地层压力系数高，需密度大于2.30g/cm^{3}的钻井液才能平衡地层压力。该区打过的井在钻井过程中都存在因高密度钻井液流变性差而出现井下复杂情况，粘切低加重物沉淀，粘切高流动困难，井下阻卡严重，导致恶性加重。YTK5-2井转为有机盐钻井液体系，密度为2.33g/cm^3，性能稳定，流变性良好，钻井及起下钻不阻、不卡，顺利穿过盐、膏层，井径规则，井径扩大率只有5％（N1j：5.0％、E：4.61％）。在该地区目前完成的所有井中，DH1-8-6井是速度最快、成本最低、全井无事故、综合指标最好的一口井。

三、结　论

（1）有机盐钻井液体系抑制性强，抗各种污染（膨润土污染、盐污染、石膏污染）能力强。流变性良好，既满足了携砂，又保护了井壁。

（2）该体系配方简单，处理剂加量少。所用材料无荧光，砂样易于冲洗，为地质录井提供了很大方便。

（3）有机盐溶液可达到较高密度，而所需固相加重材料较常规钻井液低得多，不但有利于提高钻速，而且彻底解决了传统高密度钻井液存在的诸多矛盾；具有独特的流变性，特别适宜水敏地层及长裸眼井，有利于完井作业。

家 59 井盐膏层有机盐钻井液技术的研究与应用

虞海法　　左凤江　　耿东士　　张民力　　吴廷银　　王小娜　　王志民

摘　要　在盐膏层等复杂地层钻探过程中，常规钻井液易受到盐、膏等的污染，导致钻井液性能恶化，维护处理复杂，甚至引发钻井事故。针对此类地层，研制出了抗盐、抗钙能力强的高密度有机盐钻井液技术。通过大量的试验，优选与有机盐相配伍的处理剂，优化处理剂加量，并对该钻井液体系的流变性、抗温性、抑制性、抗钙、抗盐能力、固相容量等进行了评价。结果表明，该钻井液体系性能稳定，抑制性、抗污染能力强，固相容量高。2003 年高密度有机盐钻井液在家 59 井现场应用，钻井液性能稳定，携砂能力强，维护处理简单，解决了盐膏层进钻井液技术难题，避免了复杂情况及事故的发生，安全顺利钻穿了该井沙二段 341m 的复杂盐膏层。

关键词　有机盐　钻井液　抗盐、抗钙能力　抑制性　固相容量

华北油田高家堡地区由于存在大段泥岩、膏泥岩、膏盐层等地层，在钻探过程中，出现许多复杂情况和事故，部分井甚至被迫提前完钻，未能钻达目的层。如家 58 井二开钻至沙二段 3488m 时，因膏盐层缩径发生卡钻，后填井侧钻至 3535m 时再次发生卡钻。由于卡钻引发两次断钻具事故，无法继续钻进，只能提前完钻，沙三段目的层未揭开。家 20 井技术套管下深 3755m，未完全封住膏盐层，对三开钻井液造成了严重污染，钻进过程中多次划眼，电测遇阻 8 次。针对膏盐层钻井液技术难点，在大量室内实验的基础上，研究开发了抗盐、抗钙能力强的高密度有机盐钻井液体系。现场应用表明，高密度下该钻井液体系流变性好，膏盐层钻进过程中性能稳定，维护处理简单，成功解决了膏盐层的缩径、垮塌问题，安全顺利钻穿了复杂膏盐层段，缩短了钻井周期，降低了钻井综合成本。

一、室内研究

1. 有机盐钻井液配方

有机盐钻井液使用的有机盐主要为多种低碳碱金属有机酸盐、有机酸铵盐、有机酸季铵盐以及它们的复合物。这些有机盐在水中有较高溶解度，可以形成密度较高的水溶液，如 NaCOOH 水溶液密度可达 $1.34g/cm^3$，KCOOH 水溶液密度可达 $1.55g/cm^3$，利用有机盐的密度调节作用，减少加重剂用量，降低钻井液的固相含量。有机盐分子通式为：

$$X_m R_n (COO)_1 M$$

式中　$X_m R_n (COO)_1^{q-}$——有机酸根；

　　　X——杂原子或基团；

　　　R——烃基；

　　　COO^-——羧基；

　　　M——单价金属阳离子或铵离子、季铵离子（如 K^+、Na^+、NH_4^+、$NH_x R_{4-x}^+$ 等）。

经过大量的实验，优选与有机盐钻井液相配伍的处理剂，优化处理剂加量，调整钻井液的流变性和抗温能力，研制出高密度有机盐钻井液配方为：

水＋0.5％Na_2CO_3＋3％～4％抗盐粘土＋0.15％～0.2％XC＋1.5％～2.5％降失水剂＋50％～130％复合有机盐＋2％无荧光防塌剂＋1.0％聚合醇＋加重剂。

2. 性能评价

（1）基本性能。配制密度为 1.70g/cm³、1.80g/cm³、1.90g/cm³、2.0g/cm³ 钻井液，测定其性能，见表1。从表1数据可以看出，高密度下有机盐钻井液流变性好，失水低，抗温能力达到150℃。

表1 有机盐钻井液体系性能

密度 g/cm³	条件	塑性黏度 mPa·s	动切力 Pa	静切力 Pa/Pa	中压失水/泥饼 mL/mm	高温高压失水/泥饼 mL/mm
1.70	70℃	61	9	2/6	3.8/0.5	11.01/1.5
	老化后	53	8	1.5/5	4.0/0.5	12.0/1.5
1.80	70℃	70	11	2/7	3.6/0.5	9.01/1.5
	老化后	72	12	1.5/6	4.0/0.5	11.0/1.5
1.90	70℃	67	10	2/7	3.8/0.5	9.8/1.5
	老化后	66	9	1.5/5	4.0/0.5	12.0/1.5
2.0	70℃	72	13	3/8	4.0/0.5	10.0/1.5
	老化后	74	12	3/6	4.0/0.5	12.0/1.5

注：老化条件：150℃×16h

取密度为 2.0g/cm³ 钻井液，静置24h后测密度：上部为 1.92g/cm³，下部为 2.01g/cm³，上下密度差 0.09g/cm³，能够满足悬浮加重剂的需要。

（2）抗岩屑污染能力。在钻井施工过程中，固控设备配备差或固控能力不能满足施工需要等原因都会造成钻井液中有害固相含量增加，这就要求体系具有较高的抗固相污染能力，以保持体系性能稳定。取家16井膏盐层岩屑，粉碎后过100目筛制成岩粉，将岩粉加入有机盐钻井液中，评价其抗岩屑污染能力，结果见表2。表2说明，当混入10％的岩粉后，体系黏度、滤失量基本不变，表明钻井液抗固相污染能力强。

表2 有机盐钻井液抗岩屑污染实验

序号	岩粉加量 ％	条件	密度 g/cm³	塑性黏度 mPa·s	动切力 Pa	静切力 Pa/Pa	中压失水/泥饼 mL/mm	高温高压失水/泥饼 mL/mm
1	0	70℃	2.0	72	13	3/8	4.0/0.5	10.0/1.5
2	10	70℃	2.0	67	12	2.5/7	4.0/0.5	9.6/1.5
		150℃×16h老化后	2.0	63	11	3/6	5.0/0.5	13.0/1.5

（3）抑制性。用过孔径为 0.154mm 筛、在105℃下烘干2h的二级膨润土，用页岩膨胀实验仪测其在不同钻井液中的 8h 线性膨胀量，见表3。

表3 页岩膨胀实验

介质	蒸馏水	聚合物	有机硅	有机盐
膨胀量，mm	6.54	2.87	2.51	1.81

选用家 16 井膏岩层岩心，做岩屑回收率实验。实验条件：在钻井液中加入 40g 粒径为 4—10 目的岩屑，在 140℃下滚动 16h，用 40 目筛回收，测定岩屑回收率，见表 4。实验结果表明，有机盐钻井液回收率高，说明该钻井液能很好地抑制页岩的水化膨胀与分散。

表 4　岩屑滚动回收率实验

泥浆类型	取样量，g	回收量，g	回收率，%
清水	40	10.4	21.0
聚磺钻井液	40	27.8	60.8
有机盐钻井液	40	36.1	90.2

（4）抗盐能力评价。抗盐能力评价分析实验见表 5。由表 5 看出，钻井液中加入 20% NaCl 后，钻井液性能变化小，表明该钻井液体系抗盐能力强。

表 5　有机盐钻井液抗盐污染实验

序号	NaCl 加量 %	条件	密度 g/cm³	塑性黏度 mPa·s	动切力 Pa	静切力 Pa/Pa	中压失水/泥饼 mL/mm	高温高压失水/泥饼 mL/mm
1	0	70℃	2.0	72	15	3/6	4.0/0.5	10.0/1.5
2	10	70℃	2.0	70	12	3/6	—	—
3	20	70℃	2.0	65	11	3/6	4.8/0.5	12.2/1.5
		150℃×16h 老化后	2.0	104	14	2/7	4.2/0.5	13.6/1.5

（5）NaCl 在有机盐钻井液中的溶解量。取 200mL 有机盐钻井液，加入 10g 大粒盐，升温至 90℃，搅拌使其充分溶解，分离出未溶解的 NaCl，烘干，称重为 4.5g，200mL 钻井液中仅能溶解 5.5g，含量为 2.75%。因而，盐类在有机盐溶液中的溶解度较低，有机盐钻井液可以降低盐岩层的溶解。

（6）抗钙能力评价。膏岩层钻进过程中，地层中的石膏将对钻井液性能造成较大的影响，使钻井液增稠、处理剂抗温能力下降等，这就要求钻井液具有较强的抗钙污染能力。有机盐钻井液抗钙污染能力评价结果见表 6。从表 6 看，在钻井液中加入 6%CaCl₂ 和 4%石膏污染后，钻井液的滤失量变化较小，流变性基本无变化，其抗钙污染能力完全满足钻石膏层的需要。

表 6　有机盐钻井液抗钙污染实验

序号	CaCl₂ 和石膏加量	条件	密度 g/cm³	塑性黏度 mPa·s	动切力 Pa	静切力 Pa/Pa	中压失水/泥饼 mL/mm	高温高压失水/泥饼 mL/mm
1	0	70℃	2.0	72	15	3/6	4.0/0.5	11.0/1.5
2	6%CaCl₂ +4%石膏	70℃	2.0	62	13	2.5/7	4.0/0.5	12.6/1.5
		150℃×16h 老化后	2.0	70	12	5/8	4.2/0.5	14.6/1.5

通过上述实验结果可以看出，高密度有机盐钻井液体系流变性好，抗温能力达到 150℃以上，抗盐、抗钙能力强，有较高的固相含量。因而，所研制的钻井液性能优异，完全可以满足复杂地层的钻井需要。

二、现场应用

1. 地质工程简况

家 59 井为华北油田的一口重点探井，为安全顺利钻穿复杂膏盐层段，设计四开井身结构，三开使用高密度有机盐钻井液实行膏盐层专打，为下步钻开沙三段的油层打好良好的基础。

家 59 井三开钻进的井段 3315.22～3656.00m，段长 340.78m，钻进过程中，钻遇大段泥岩、膏泥岩、泥膏岩盐膏岩等地层。因采用高密度有机盐钻井液体系，成功抑制膏泥岩、泥膏岩、盐膏岩的缩径和垮塌问题。安全钻穿沙二段，完成预定的设计目的。

2. 钻井液配制及维护处理措施

固井候凝期间，回收循环罐内钻井液，全面清洗循环罐、循环槽等地面循环系统。按配方配制好钻井液。下钻至井底，打入 10m³ 清水做前置液，然后用有机盐钻井液顶替完套管内的钻井液。钻进过程中，预先配制好复合有机盐及降失水剂胶液，以便及时维护补充。钻进时，根据地层岩性、钻进速度及钻井液性能，采取如下相应的维护处理措施。

（1）视钻井液黏度和切力情况，补充适量的抗盐粘土和黄原胶胶液，提高黏度和切力，以满足悬浮重晶石和铁矿粉的需要。

（2）膏盐层钻进过程中，及时补充复合有机盐胶液，增强钻井液抗钙、抗盐能力，抑制灰色及紫红色软泥岩的分散造浆，控制钻井液的黏度在 70s 左右，保持钻井液性能稳定。

（3）降失水剂以胶液形式补充，全井中压 API 失水维持在 4mL 左右，高温高压 HTHP（3.5MPa，120℃）失水控制在 18mL 以下。

（4）钻进至 3430m，加入 2t 液体润滑剂，降低摩阻，预防卡钻。

（5）根据起下钻挂卡情况及井漏情况，合理调整钻井液密度。

（6）现场配备了水分析化验仪器和试剂，每 8h 进行一次钻井液全套性能检测和水分析化验，特殊情况加密检测，以便对钻井液进行准确、及时、科学的处理。

3. 钻井液性能

家 59 井的应用表明，有机盐钻井液体系表现出对膏泥岩地层具有较强的适应性，抗石膏侵、盐侵能力强，有效抑制了软泥岩的分散造浆，钻进过程中钻井液性能稳定，维护处理简单，开泵循环通畅，达到了安全快速钻进的目的。钻井液性能数据见表 7。

表 7　家 59 井三开有机盐钻井液性能

井深 m	密度 g/cm³	漏斗黏度 s	塑性黏度 mPa·s	动切力 Pa	静切力 Pa/Pa	API 失水/泥饼 mL/mm	HTHP (120℃) 失水/泥饼 mL/mm	pH 值	Cl⁻ mg/L	膨润土含量 g/L	固体含量 %
3317	1.91	65	55	6	1/2	5/0.5	18.0/2.0	10	21300		
3337	1.80	61	46	8	1/2	4/0.5	16.0/2.0	10	28340		
3352	1.81	62	46	9	1.5/3	4.4/0.5	15.0/2.0	10	23078	14.3	33.5
3381	1.84	66	49	11	1.5/5	4/0.5	15.0/2.0	10	24956		
3401	1.84	69	49	13	1.5/5	3/0.5	13.0/2.0	10	23080		
3419	1.86	74	54	14	2/5	4/0.5	13.0/2.0	10	19550		

井深 m	密度 g/cm³	漏斗黏度 s	塑性黏度 mPa·s	动切力 Pa	静切力 Pa/Pa	API 失水/泥饼 mL/mm	HTHP (120℃) 失水/泥饼 mL/mm	pH 值	Cl⁻ mg/L	膨润土 含量 g/L	固体 含量 %
3441	1.87	74	55	13	2/5	3/0.8	12.8/2.0	9	28420		
3464	1.86	72	52	13	2/5	3/0.5	12.4/2.0	9	24860	28.6	35.2
3489	1.87	73	55	16	2/5	3/0.5	13.0/2.0	9	28432		
3518	1.87	73	56	16	2/5	3.8/0.5	12.6/2.0	10	37750		
3562	1.87	75	56	15	2/5	3/0.5	12.6/2.0	10	42600		
3590	1.85	74	60	15	2/5	3/0.5	12.4/2.0	9	46150		
3609	1.83	82	67	18	2.5/5	3/0.5	13.0/2.0	9	57694	21.4	39.0
3650	1.83	84	58	16	2/4	3/0.5	14.0/2.0	9	55320		
3656	1.83	84	59	15	2/5	3/0.5	13.2/2.0	9	54344		

三、应用效果

1. 良好的流变性

有机盐钻井液在密度 1.85～1.90g/cm³ 的情况下，漏斗黏度维持在 70s 左右静切力在 (1～2.5)／(2～6) Pa/Pa 之间，表现出良好的流变性和流动性（图 1 为钻井液在循环罐中的流动情况，图 2、图 3 为漏斗黏度和塑性黏度变化）。有机盐钻井液静切力低，因而开泵泵压低，减少了起下钻压力激动，有利于井下安全。

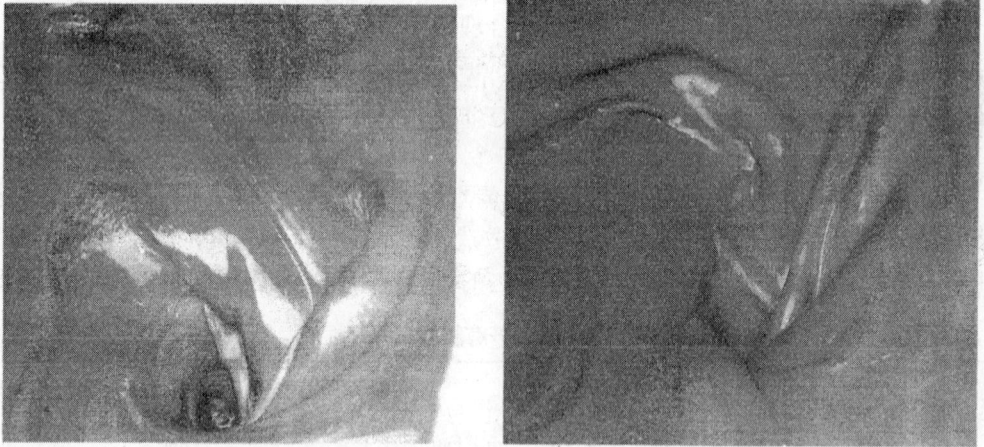

图 1　钻井液在循环罐中的流动情况

2. 抗钙、抗盐污染能力强

家 59 井 E₈₂ 段基本为膏盐、膏泥岩、泥岩互层，钻井液中 Ca^{2+} 含量最高达到 2044mg/L，Cl^- 含量最高达到 58076mg/L，从表 7 及图 2、图 3 可看出，钻井液性能无波动，充分显示了该体系较强的抗钙、抗盐污染能力。

3. 抑制性强

该井膏盐层段夹有较多的灰色和紫红色软泥岩，造浆性强，地质捞砂时用清水洗过后，即成为软泥岩；而从振动筛上的岩屑看，岩屑基本保持着钻头切削下来的形状。该层段钻进时，钻井液性能基本无变化，说明有机盐钻井液有极强的抑制性，有效抑制了软泥岩钻屑在钻井液中的水化分散造浆。

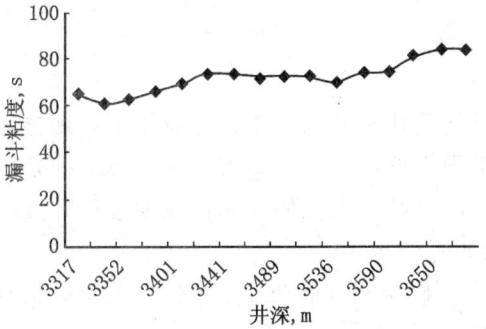

图 2　漏斗黏度变化曲线图

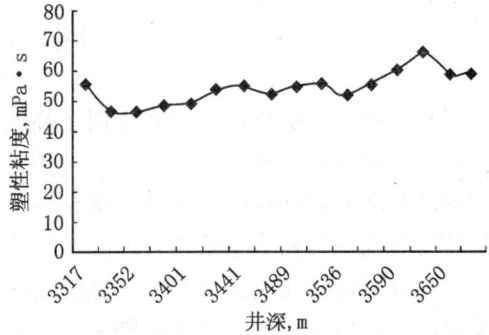

图 3　塑性黏度变化曲线图

4. 有利于提高机械钻速

有机盐钻井液用聚合物调整流型，一方面聚合物处理剂在紊流状态下减阻的能力较强，另一方面体系固相含量低，可大幅度降低摩阻和循环压耗，有利于发挥水力破岩作用，提高钻速。

5. 具有良好的悬浮携砂性能

该井钻进过程中，井眼清洗效果明显，起下钻畅通，无砂桥和砂床形成。电测及井壁取心，电测仪器入井 7 趟，未发生遇阻现象。从地质砂样看，岩屑保持着钻头切削时的形状，PDC 钻头齿印清晰可见，井壁掉块规则，棱角分明，如图 4、图 5 所示。

图 4　岩屑保持着钻头切削时的形状

图 5　井壁掉块棱角分明

6. 降低了钻头的研磨效应，延长了钻头的使用寿命

有机盐钻井液亚微米颗粒含量低，并且，相对于其他高密度钻井液体系，固相含量降低了 13.0%～14.0%（体积比），因而能降低了钻头的研磨效应，延长了钻头的使用寿命。该井使用 PDC 的钻头，完钻取出后钻头新度达 90%以上，证明该体系能够充分清洗、冷却和保护钻头，延长钻头寿命。

四、结　　论

（1）针对膏盐层特点，研究应用了高密度有机盐钻井液体系。该钻井液体系体现出流变性好、性能稳定、抗污染能力强、维护处理简单等优点，避免了高密度钻井液维护处理过程中"黏度升高→排放钻井液，降粘→加重→黏度升高"的循环怪圈，减少了钻井液维护处理的时间，有利于降低钻井液成本与钻井工程的综合成本。

（2）有机盐钻井液在家 59 井的应用成功，说明有机盐钻井液在复杂岩性钻探方面具有独特的优势，为该类地层钻探提供了一套有效的钻井液技术手段。

（3）该钻井液技术不仅可以应用于膏盐层、易垮塌泥页岩地层钻井，还可以应用于小井眼、水平井钻进，使用范围广泛。

PRD 钻井液工艺技术及应用

余可芝　徐绍成　谢克姜　陈志忠

（中海油田服务股份有限公司）

摘　要　根据南海油田的发展趋势和现场的需要，结合大斜度井及平井的勘探开发特点，开发出了一种新型无粘土相 PRD 钻井液体系。它能快速地形成弱凝胶结构，流变性独特，表观黏度低、低剪切速率黏度高，切力与时间无依赖性，具有良好的悬浮携砂能力，能减少钻井液对井壁的冲蚀，还能有效地阻止固、液相侵入储层，起到稳定井壁、保护储层的作用，适用于水平井的钻进。这种钻井液对环境的适应能力较强；抗盐、抗剪切；具有优异的悬浮性、润滑性和抑制性；失水小，形成的内外滤饼易于消除，对储层的损害小。

关键词　PRD 钻井液　无粘土相　低剪切速率黏度

一、流体设计的准则

该新型无粘土相 PRD 钻井液体系专为储层而设计，应用于砂岩层效果最佳，故一般适应水平井钻进及完井。该体系除了要满足钻井的要求外，同时还要满足完井的要求，故其设计准则如下：

(1) 满足携砂和清洗井筒需要的流变参数；

(2) 良好的抑制性和润滑性；

(3) 优选泥饼设计，保护油气层；

(4) 要适合完井装置；

(5) 有良好的泥饼清除方法，恢复渗透率；

(6) 符合环境保护要求。

二、适应钻井需要的流体性能

1. 流变性参数

水平井有造斜段和水平段，钻井过程中出现携砂难、易形成沉砂床是众所周知的。而含有生物聚合物的钻井液是克服这种困难的首选。在流动条件下，生物聚合物流体可以改善钻屑的悬浮和携带，减少钻屑的径向滑落，冲散形成的沉砂床。在大斜度井和水平井的静止条件下，生物聚合物的流变特性有利于悬浮，减弱颗粒沉降并降低岩屑床的形成。

PF－VIS　增稠剂，具有提高低剪切速率黏度的作用，并与羟丙基淀粉、聚合醇协同作用，所形成的弱凝胶，其流变性独特，表观黏度低、动塑比高，低剪切速率黏度高，具有良好的悬浮携砂能力，适用于水平井的钻进和井眼清洁。

2. 抑制性

PRD 无粘土相钻井液具有优异的抑制性。在实验室对抑制性进行了全面的评价，实验结果如表 1 所示。

表 1　PRD 无黏土相钻井液的抑制性

体系	PRD	PRD＋3％KCl	PRD＋5％KCl	条件：120℃×16h 热滚后
回收率，%	88.0	93.3	94.1	

表 1 表明，PRD 无固相钻井液体系回收率大、抑制性较强，并可通过加入 KCl 来进一步提高其性能。实验中还发现经过热滚（120℃×16h）后，钻屑完整、坚硬且干净。

3. 润滑性

PRD 无粘土相钻井液还具有优异的润滑性。在实验室对润滑性进行了评价，实验结果如表 2 所示。

表 2　PRD 无黏土相钻井液的润滑性

体系	PRD	PRD＋3％PF－JLX	PRD＋5％PF－JLX	条件：120℃×16h 热滚后
摩擦系数	0.24	0.11	0.09	

表 2 说明，该体系具备较好的润滑性，加入 PF－JLX（聚合醇）后其润滑性还能进一步地提高。

三、适应完井的要求

水平井在完井时往往要下入不同开口尺寸的筛管。故钻井液必须满足筛管的下入、冲洗、砾石充填、泥饼的清除等的需要。PRD 无粘土相钻井液，可以适应任何尺寸的筛管，并有相配套的破胶液和完井液。

四、保护储层的泥饼设计

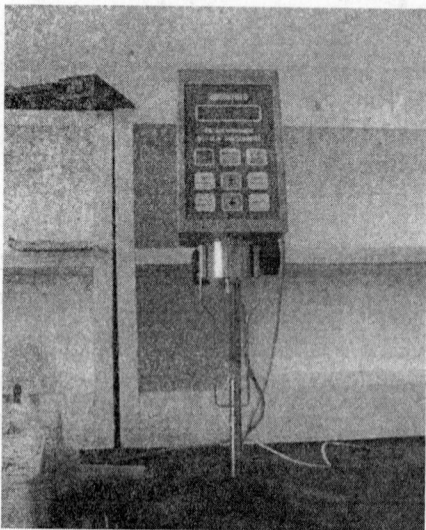

图 1　Brookfield 黏度计

低渗透率泥饼的很快形成，可以阻止外来流体的浸入，使储层不受污染。而在开发时，又可以有效地处理泥饼，恢复其渗透率。PRD 无粘土相钻井液利用流体快速地形成弱凝胶，该弱凝胶体系具有高的低剪切速率黏度，用布氏（Brookfield）黏度计（如图 1 所示）测量出接近零的剪切速率（速率梯度为 $0.06s^{-1}$）下黏度，其黏度非常大，如图 2 所示。这样能有效地控制污染带的深度（如图 3 所示），阻止固、液相侵入地层，避免对井壁的冲蚀，起到稳定井壁、保护储集层的作用。在开发前，使用破胶剂可以有效地清除泥饼，恢复渗透率。

在南海海域某油田的水平井、多底井首先使用了 PRD 无粘土相钻井液，使用的工艺技术都基本相同，现场使用效果良好。

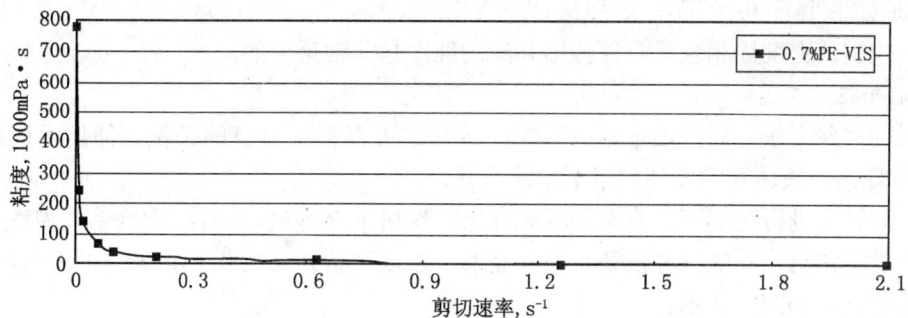

图2　PRD钻井液低剪切速率黏度

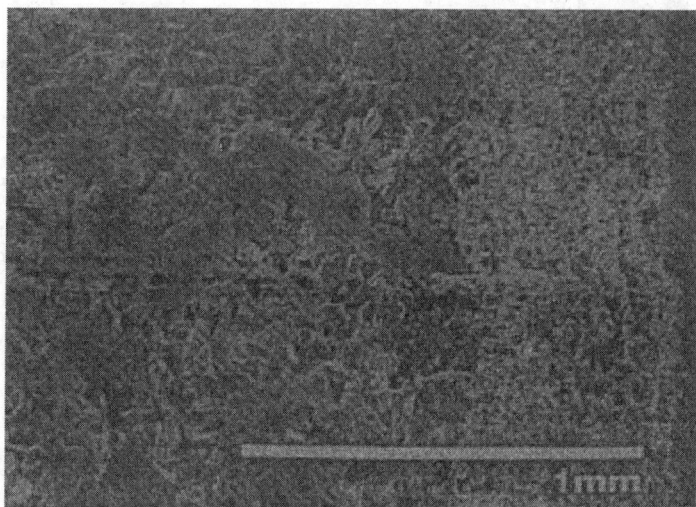

图3　PRD钻井液形成具有保护储层的作用的泥饼

五、现场施工工艺

1. 储层钻井施工工艺

1）PRD无粘土相钻井液基本配方

天然海水或淡水＋0.3％NaOH＋0.15％Na₂CO₃＋2％PF－FLO＋3％PF－JLX＋1.0％PF－VIS（加入盐来调整其比重，也可以加入超细碳酸钙增加封堵）。

2）钻井施工工艺

（1）用PHPA钻井液钻至油气层顶界以下，下入技术套管，封住泥页岩盖层，固井。用PHPA钻水泥塞。

（2）清洗所有的泥浆池和沉砂池及流程管线，按配方配制PRD无粘土相钻井液，替入井内，开始油气层钻进。

（3）在钻进过程中，钻井液主要是以PF－VIS调节流变性，提高携砂能力；用PF－KCl、PF－JLX来抑制泥岩的水化膨胀；用PF－FLO降失水；同时加入PF－JLX和PF－LUBE来改善润滑性；采用KCl或其他盐类来提高钻井液比重，平衡井底压力。

（4）钻进过程中，用布氏黏度计检测0.03转/分钟测量低剪切速率黏度，其数值大于

40000Pa。如果小于 40000Pa，则补充 PF - VIS。

（5）控制低密度固相含量，保持钻井液的纯净是非常重要的。

2. 完井施工工艺

不同的完井方法，对产油量也有影响。各油田可以根据自身的条件，使用不同的完井模式，PRD 钻井液体系主要使用以下模式完井。

（1）完钻后进行短起下，直至钻具无遇阻，然后下至井底，循环 PRD 钻井液洗井，直至振动筛除净钻屑，在裸眼井段替入新配制的、密度比钻井时大 0.01g/cm³ 的 PRD 无固相钻井液后起钻，如图 4 所示。

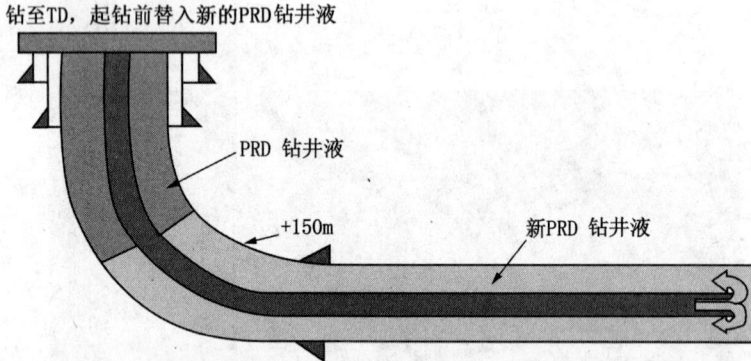

图 4　完井中新钻井液的替入

（2）起钻后，下入刮管管柱至井底，在封隔器座封位置刮管三次。

（3）短起至套管鞋上 30m，监测静态漏失量。如果没有漏失，替入与 PRD 无粘土相钻井液密度相同的完井工作液（隔离液、套管清洗液、隔离液和完井液）。顶替过程缓慢旋转、活动管柱，顶替至隔离液全部返出并放掉。停泵观察井筒漏失情况，如图 5 所示。

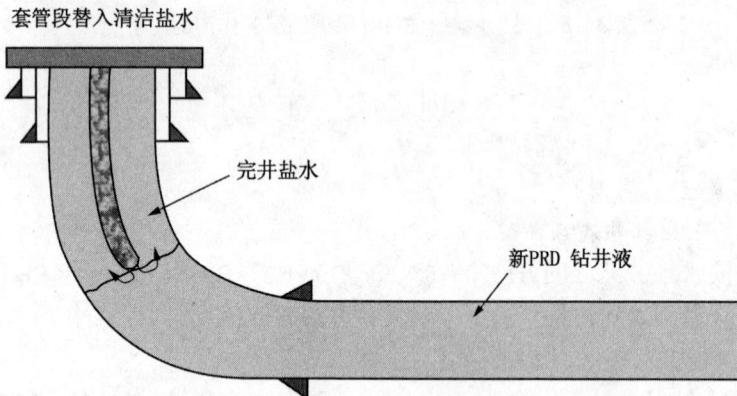

图 5　完井中清洁盐水的替入

（4）如果漏失速度小于 2m³/h，起出管柱。如果漏失速度过大，下入管柱至井底 5m，泵入 10m³ 的 PRD 无粘土相钻井液修补泥饼。起出管柱时要保持井筒充满完井液。

（5）下入防砂筛管如图 6 所示。

（6）下入筛管后，替入完井液，进行砾石充填作业，如图 7 所示。

（7）在裸眼段替入破胶液，浸泡 9h 以上清除泥饼，进行解堵。解堵时会有漏失情况，有漏失，说明解堵成功，如图 8 所示。

（8）把破胶液替出后，如图 9 所示，下入油管柱，开采。

通常根据不同的油田特点、条件，设计不同的完井模式。完井模式的优选，对保护油层起到很大作用。

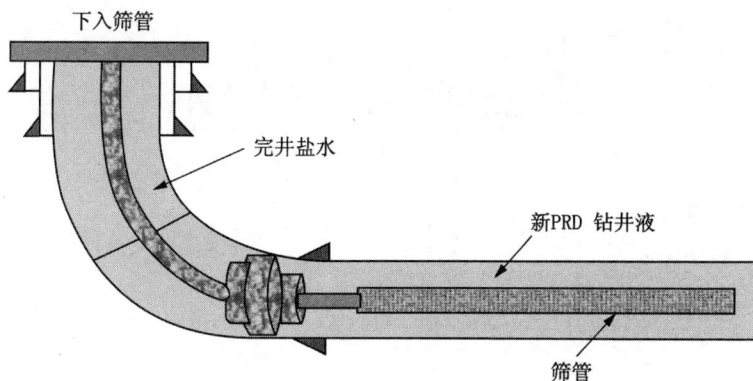

图 6　完井中筛管的下入

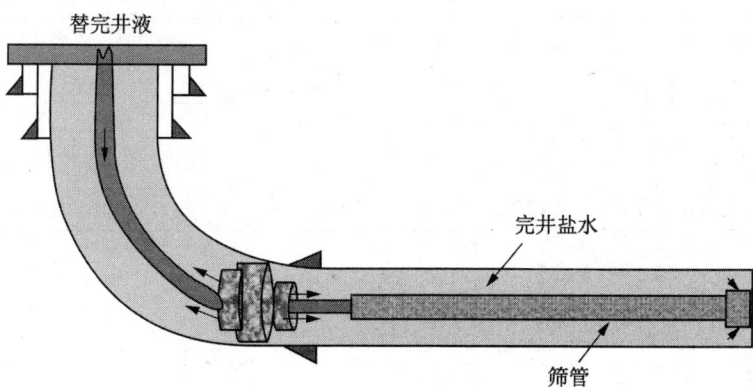

图 7　完井中完井液的替入

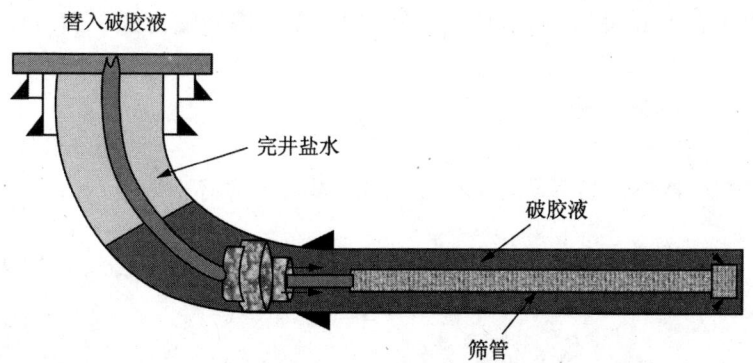

图 8　完井中破胶液的替入

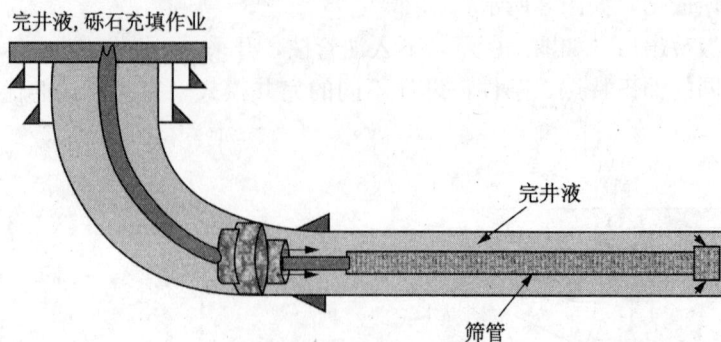

图 9　完井中砾石充填作业

六、应用效果

PRD 无粘土相钻井液为新研究的钻井液体系，在南海和东海使用。现场使用效果非常好。表3是南海海域的几口井使用 PRD 钻井液体系后的产油量。

表3　南海海域油井使用 PRD 钻井液体系后的产油量

井名	地层	完井方式	产量，m³/d	备注
水平井 1#	砂岩	水平井，防砂筛管，砾石充填	1008	超过 ODP 配产
水平井 2#	砂岩	水平井，防砂筛管，砾石充填	1010	超过 ODP 配产
水平井 3#	砂岩	水平井，防砂筛管，砾石充填	763	超过 ODP 配产
多底井	砂岩	水平井，防砂筛管，不充填	250	比其他体系高

七、结　论

（1）新型无粘土相 PRD 钻井液体系保护油层能力强，能有效提高渗透率恢复率，提高产量。

（2）适应范围广，可以封堵不同宽度的孔喉。

（3）具备钻井液和钻井液的优点，维护处理简单。携砂能力强，润滑性和抑制性好，特别适合钻定向井。

（4）可以适应任何完井装置。

（5）砾石充填效果好。

（6）不受环境的限制。易降解，无生物毒性，满足海洋环保要求。

葡深 1 井抗 220℃ 高温油包水钻井液的研究与应用

于兴东[1]　姚新珠[1]　林士楠[1]　刘志明[1]　赵雄虎[2]　肖玉颖[2]

（1. 大庆石油管理局钻井研究所；2. 北京石油大学）

摘　要　大庆原有油包水钻井液满足不了大庆中美合作葡深 1 井井底温度达 220℃ 生产急需的情况下，从改变材料入手，通过研选抗高温性好、乳化能力强的复合乳化剂，最后成功地研制出抗高温油包水钻井液，同时将原有油包水钻井液进行抗温性改进，并与抗高温油包水钻井液相容后应用于葡深 1 井现场。室内评价和现场使用证明，研制出的抗高温油包水钻井液实现了抗温 220℃，具有流变性符合要求、稳定性好和滤失量低等特点；现场应用顺利地完成了松辽盆地最深井（5500m）、采用国内技术所钻的国内井温最高井（井底温度 220℃）的钻探任务，达到了预期目的。

关键词　葡深 1 井　抗高温　油包水钻井液　乳化剂　高温稳定性

葡深 1 井是大庆油田与美国埃克森石油公司合作的一口重要探井，也是松辽盆地最深的一口井，设计井深 5410m，实际完钻井深 5500m。该井施工前根据邻井测试资料预测井底温度达 220℃，实际是 219.491℃，该温度是国内所钻油气井中井温最高的井。

针对这种高温情况，必须研制抗高温油包水钻井液以满足工程需要。

一、室 内 实 验

1. 抗高温乳化剂的评选与研究

根据乳化理论，用 HLB 值选择合适的乳化剂，提高乳化效率。经过数月探索研究，评选了十几种乳化剂，最后确定了适合抗高温油包水钻井液需要的两种乳化剂——UZEMUL - S（HLB 约为 3）和 UZEMUL - P（HLB 约为 9.5）。这两种乳化剂界面张力较低，有利于形成乳状液。

采用复合乳化剂技术以形成高强度的界面膜。将乳化剂 UZEMUL - S 和乳化剂 UZEMUL - P 按一定比例复合后 HLB 值约在 4.5～5.5。配制的钻井液性能实验表明：

（1）复配物可大大提高界面膜强度及乳状液的稳定性。

（2）乳化剂 UZEMUL - S 和乳化剂 UZEMUL - P 都是阴离子型的，会增加液滴所带的电荷及其相互间的斥力，从而增加乳状液稳定性。

（3）耐温能力强。高温裂解实验证明，乳化剂 UZEMUL - S 和乳化剂 UZEMUL - P 的热裂解温度都在 300℃ 以上，热稳定性很高。

（4）高温下界面吸附牢。

（5）高温下使外相保持较高黏度。乳化剂 UZEMUL - S 低温下在外相中溶解度不高，在高温下溶解度大增，并且溶解态能增加外相黏度，稳定乳状液液滴。

2. 抗高温油包水钻井液的研制

按照基本配方：80%～90%基油＋4%～6%有机膨润土＋2%～3%氧化沥青＋2%～3%磺化沥青＋50%CaCl$_2$（50%水溶液）＋8%～10%氧化钙＋1.5%～3.5%UZEMUL－P＋3%～5%UZEMUL－S，利用正交实验进行了大量配方研制实验。研制的油包水钻井液具有较强的电稳定性和热稳定性，破乳电压高，悬浮能力强，流变性好，HTHP滤失量和API滤失量都很低，能够满足220℃的井下施工要求。一些配方实验测定结果见表1、表2和表3。

表1　室内配制油包水钻井液常温及老化后性能（密度1.11g/cm³）

序号	测试条件	表观黏度 mPa·s	塑性黏度 mPa·s	动切力 Pa	滤失量 mL	破乳电压 V	HTHP滤失量 mL
1号	50℃	26.5	18	8.5	0	1900	16.4
	220℃×12h后	27	21.9	5.5	0	1275	—
2号	50℃	20	17	3	0	1013	18
	220℃×12h后	35	26	9	2	650	

表2　室内配制油包水钻井液常温及老化后性能（密度1.14g/cm³）

配方	测试条件	φ600/φ300	φ200/φ100	φ6/φ3	切力，Pa 10s/10min	滤失量/泥饼 mL/mm	破乳电压 V	油：水
3号	常温	98/64	81/37	15/14	8/11	0/0.5	>2000	80：20
	220℃×24h老化后	59/33	24/15	4/3	2/3	0.8/0.5	>2000	稳定

表3　室内配制的钻井液常温及220℃×16h老化后性能

实验条件	配方	钻井液性能								
		φ600	φ300	φ200	φ100	φ6	φ3	API滤失量 mL	HTHP滤失量 mL	破乳电压 V
常温	4	61	38	29.5	20.5	9	7.5	1.8		935
	5	54	28	20	11.5	3	2.5	0		747
	6	116	77	63.5	47.5	21	20	0		2047
老化后	4	42	22	15.5	9.5	2.5	2	1.8	24	580
	5	41	25	18.5	12	4	3.5	3	26.8	1350
	6	45	30	20	13	5	5	0.4	20.6	1442

注：以上HTHP测定是先按API标准做150℃×（3.5MPa/30min）滤失实验，然后再升温至220℃，在同样压力下做同样时间的滤失实验。

从表1、表2和表3实验数据看出，室内配制的油包水钻井液具有较强的电稳定性和热稳定性，破乳电压高，悬浮能力强，流变性好，HTHP滤失量和API滤失量都很低，说明室内研制的油包水钻井液配方能够满足220℃的井下施工要求，研制的抗高温油包水钻井液是成功的。

3. 原有油包水钻井液的抗高温改进及与抗高温油包水钻井液的相容性

实践已经实验证明大庆油田原有油包水钻井液抗温上限是180℃，所以在180℃以上温度钻进的，必须改换抗高温油包水钻井液或对原有油包水钻井液进行抗温性改进。为了充分利用原有 300m³ 油包水钻井液，节约成本，减少环境污染，在葡深 1 井现场钻井液的基础上，加入抗高温乳化剂，验证其抗高温性改进情况及两种钻井液的相容性。

钻井液中加入 UZEMUL－P 和 UZEMUL－S 两种乳化剂后，进行 220℃×24h 条件下热滚老化实验。结果表明，钻井液抗温能力有较大程度的提高，静切力和动切力都增大，悬浮能力和携屑能力大幅度增强，满足抗温 220℃ 要求。据此证明两种钻井液具有较好的相容性，而且使得原有油包水钻井液的抗温性得到了大的改进，改进后的钻井液性能完全达到了研制的抗高温油包水钻井液的性能。因而可以把葡深 1 井四开上部使用的油包水钻井液在现场改进成抗高温油包水钻井液，用于下部高温井段的钻井施工。

4. 抗高温油包水钻井液的长时间抗温性能评价

为了进一步验证钻井液的抗温能力，室内进行了更长时间的 220℃ 老化实验，即 24h、48h、72h 和 96h 的高温老化实验。48h、72h、96h 热滚老化实验后，自然冷却至室温，测试钻井液性能。根据实验数据，该钻井液能够抗 220℃ 高温。

5. 抗高温油包水钻井液高温高压流变性研究

根据抗高温油包水钻井液的高温高压流变性实验，得出如下一些结论。

（1）油包水钻井液的表观黏度、塑性黏度和动切力均随温度升高降低，随压力增加而增大。常温时压力对表观黏度和塑性黏度影响很大，但随温度升高，压力的作用逐渐减小。但前者降低的程度远远超过后者增加的程度。即由于温度和压力的协同作用，钻井液的表观黏度是随井深增加而趋于减小的。

（2）在深部井段，影响油包水钻井液流变性能的主要因素是温度和钻井液的组成，而不是压力。

（3）温度对油包水钻井液的表观黏度和塑性黏度的影响大于对动切力的影响。

（4）动塑比随温度升高而显著增大，受压力的影响相对较小。

（5）温度升高时，流型指数 n 值趋于减小，而压力对 n 值影响相对小些。

这些实验结论对正确认识和控制抗高温油包水钻井液的高温高压性能、研制并应用优质钻井液具有重要作用。

二、现 场 试 验

1. 试验经过

1999 年 12 月 4 日，葡深 1 井正常钻进至井深 4590m，对现场使用的钻井液进行抗高温性能改进。此后一直应用抗高温钻井液，至 2000 年 4 月 18 日 5：00 完钻，共经历 160 多天，总进尺 910m。

在大规模进行原有油包水钻井液抗温性改进前，首先进行了中试改进，目的是确定新引入的抗高温乳化剂是否会对气测录井有影响。与录井队联合测试，结果证明对录井无干扰。12 月 5 日开始大规模改进，改进后钻井液悬浮能力和携屑能力有很大改善，破乳电压也明显提高，改进成功。在接下来的正常施工中，按设计配方配制抗高温油包水钻井液，并视钻井液量变化适时补充提前配制好的抗高温钻井液至循环系统里，直至完钻井深，顺利地完成了钻井施工任务。

现场试验期间，多次取现场钻井液进行性能监测，并进行室内老化性能评价，相互对比，重点井段取样测试实验数据见表 4。

表4 葡深1井现场钻井液高温老化前后性能数据

井深 m	测试条件	钻井液性能							
		φ600/φ300	φ200/φ100	φ6/φ3	塑性黏度 mPa·s	动切力 Pa	初切/终切 (10s/min) Pa/Pa	滤失量 mL	破乳电压 V
4659	220℃×24h前	122/75	56/34	9/7	47	14	8.5/19.5	0	>2000
	220℃×24h后	>300/256	191/119	25/18	>50	—	9.5/24	0	>2000
4707	220℃×24h前	136/84	63/40	11/9	52	16	9/21	0	>2000
	220℃×24h后	288/175	132/83	16/11	113	31	7.5/18	0	>2000
4754	220℃×24h前	100/62	47/30	8/6	38	12	6.5/14	0	>2000
	220℃×24h后	173/109	82/52	11/8	64	22.5	6/14	0	>2000
4800	220℃×24h前	91/53	39/24	6/4	38	7.5	3/8	0	>2000
	220℃×24h后	94/52	38/22	3/1	42	5	2/3	0	>2000
4935	220℃×24h前	85/47	33/18	3/2	38	4.5	1.5/5	0	>2000
	220℃×24h后	150/95	74/50	18/15		20	9/21.5	0	>2000
	220℃×168h后	144/78	54/30	4/3		6	2/4.5	0	>2000
5186	220℃×24h前	72/44	34/22	6/4		8	4/9	0	856
	220℃×24h后	60/34	25/15	3/2		4	2/4.5	0	>2000
5431	230℃×24h前	91/57	44/29	10/9		11.5	4.5/10.5	0	906
	230℃×24h后	78/49	38/25	8/7		10	4/8	0	>2000
	230℃×96h后	54/31	24/14	3/2		4	2.5/4.5	0	>2000
	230℃×168h后	47/25	18/10	2/1		1.5	1/2.5	0	>2000
5500	230℃×24h前	108/64	52/37	12/10		10	5/11.5	0	>2000
	230℃×24h后	94/53	41/28	9/7		6	3/8.5	0	>2000

从表4实验数据看，钻井液性能好，高温稳定性好，各项性能指标均满足施工要求。

2. 试验效果

抗高温油包水钻井液在葡深1井的应用，见到了很好的效果：

（1）抗高温油包水钻井液的性能长期稳定对预防高温井段井下工程事故起到保障作用。抗高温油包水钻井液，性能优良、稳定，可以抗温220℃，能够满足长期钻进和静止下测井施工需求，比较顺利地完成了葡深1井5500m的钻探施工任务；保护了油气层，在各井段都有不同程度的气显示；也预防了以往高温深井井段钻井液悬浮性差，携屑能力差，经常造成返砂不好，下钻下不到底，易沉砂卡钻具等井下事故。

（2）抗高温油包水钻井液经受了长期高温考验。正常钻进期间钻井液经历160多天高温，完钻后测井温钻井液在井下静止了14d，返出钻井液仍然稳定，性能还可以满足工程要求。

（3）有效地抑制了井壁不稳定，4590~5500m平均井径扩大率为13.9%。其中4590~4710m平均井径扩大率为2.76%，4710~4800m平均井径扩大率为4.6%，4800~5500m平均井径扩大率为16.6%。

（4）钻井液性能稳定，维护处理简单，工程进展顺利。从1999年12月5日至2000年

5月14日固井，中间 50 余次起下钻及中途测井、固井下套管都能下到预定部位，无阻卡显示。钻井液经历 160d 高温环境，性能都非常稳定，很好地满足了工程需要，达到了预期的钻探目的。成功地摸索出了一套异常高温条件下抗高温油包水钻井液现场处理工艺。

（5）取采对上部井段所使油包水钻井液进行处理，顺利钻进 910m，钻达 5500m。该方案较国外某公司提出的全部换掉原有钻井液的方案，节约成本 165 万元。

（6）施工工艺简单。抗高温乳化剂 UZEMUL - P 和 UZEMUL - S 均为粉末状产品，使用配浆漏斗向钻井液循环系统加入很方便，并且可根据需要改变配比，调整性能。

（7）钻井液在井底 200℃以上温度下仍能满足气测录井需求。

三、结 论

（1）现场使用效果与室内研究及评价结果基本一致，解决了存在的技术难题，所研制的抗 220℃高温油包水钻井液配方是成功的。

（2）现场钻井液长期处在高温下，始终保持较好的流变性；具有较强的悬浮能力，起下钻畅通无阻，井底清洁；为井下安全施工提供了强有力的保证。

（3）现场钻井液处理、维护工艺简单、性能易于调整。

（4）抗高温油包水钻井液的研究和应用是一项成功的新的技术。

参 考 文 献

[1] 徐同台等. 深井泥浆. 北京：石油工业出版社，1994
[2] Houwen OH Geehan T. Rheology of Oil - Based Muds. SPE 15416，1986
[3] Fisk JV, Jamison DE. Physical Properties of Drilling Fluids at High Temperatures and Pressures. IADC/SPE 17200，1988

强抑制酸溶钻井（完井）液 ASS - 1 体系研制与应用

杨呈德　蔺志鹏　张建斌　杨　斌
（长庆石油勘探局工程技术研究院）

摘　要　强抑制酸溶完井液 ASS-1 体系是一种无土相且组成成份及滤饼酸溶的新型钻井完井液体系。该体系具有密度可调、失水低、滤饼痕迹、耐温 150℃、流变性好、抑制强和酸溶率高等特点。通过调节其中的惰性酸溶降滤失剂的粒度分布，还可以对储层实现屏蔽暂堵作用。2002 年在苏里格气田两口天然气井水平井的上古生界目的层小井眼水平段试验应用了该完井液体系，取得了良好的效果。

关键词　钻井液　完井液　流变性　润滑性　酸溶率　水平井　伤害评价

长庆气田上古气藏是一个低压低渗储层，如何提高气井产量是气田发现以来摆在长庆人面前的一大技术难题。多年来，围绕这一难题从开发方案、钻井工艺、增产措施、产层保护、采气工艺等方面进行了大量的研究和探索，水平井开发就是其中之一。

为了提高苏里格气田上古气层的产量，2001 年长庆油田分公司在苏里格地区进行了水平井开发试验，要在该区钻两口目的层为上古盒 8 气层的水平井。这两口水平井由长庆石油勘探局工程技术研究院承担设计和施工。在水平井段设计并使用了强抑制酸溶聚合物完井液，其表现出以下特点：

（1）密度低、失水低且性能稳定。苏平 1 井钻砂岩水平段 869.5m（原设计 600m），历时 45d，苏平 2 井钻水平段 800m，历时 42d。在井底温度达 100℃ 的情况下，密度保持 1.03～1.05g/cm³，API 失水 4～5mL，且性能稳定，7～10d 处理补充一次。

（2）流变性好，动塑比 0.3～0.5。苏平 1 井井眼轨迹为多台阶波浪形，在排量小的情况下，仍洗井良好，井底干净。

（3）钻井液润滑性好。在多台阶波浪形长达 869.5m 的水平段 6in 井眼中起下钻具，阻力只有 120kN，并且滤饼痕迹，防止了粘吸卡钻，保证钻井安全。

（4）现场取样，进行室内分析评价，钻井液滤饼酸溶率达 80％ 以上，对同井直井段储层岩心有伤害，但经酸洗后岩心渗透率恢复率达 75％ 以上。

一、储层伤害机理初探

按照长庆油田分公司的要求和工程设计，苏平 1 井、苏平 2 井水平段采用下筛管完井、酸洗投产。这就要求完井液性能不仅要满足长裸眼、小井眼水平井段钻进的施工要求，还必须对产层伤害小，并且在产层表面所形成的泥饼易被酸溶掉。在这种情况下，考虑在水平井段设计和使用强抑制酸溶次生有机阳离子聚合物完井液。但使用该体系并进行酸洗必须以储层没有酸敏效应为前提。

1. 储层岩心的酸敏试验

进行了四块岩心的酸敏试验，结果见表1。

表1 岩心酸敏试验数据

岩心号	岩心参数 K_g, mD	SB 盐水测 K_{w1} ϕ,%	20%HCl 酸化 mD	SB 测 K_{w2} 酸化注入量	酸敏 反应时间, h	酸敏 mD	伤害指数	损害程度
41	4.244	12.09	0.556	1.0	2.0	0.344	0.21	弱
33	2.626	14.88	0.260	1.0	2.0	0.258	0.002	弱
18	2.065	13.53	0.229	1.0	2.0	0.229	0.00	无
19	4.329	11.32	0.887	1.0	2.0	3.854	-2.97	改善

注：岩心为苏6井石盒子组气层岩心

从表1的试验数据可以看出，4块试验岩心中，2块为弱酸敏，1块无酸敏，1块改善，基本上属于弱酸敏或无酸敏地层。另外，长庆油田分公司研究院做苏18井、苏14井盒8气层5块岩心的酸敏试验，结果是4块弱酸敏，1块改善。油气工艺研究院做岩心盐酸酸敏试验4块，全部改善。

由此，可以认为该区盒8气层属于对盐酸弱酸敏或无酸敏地层，可以采用盐酸溶液酸洗工艺投产。

2. 水敏试验

在20世纪80年代末90年代初，对盆地东部的上古低压低渗砂岩气层岩心做了大量的水敏试验，得出的结论是下石盒子组气层岩心呈强水敏，山西组和太原组岩心为中等水敏。取苏里格气田盒8组的岩心，做了2块岩心水敏试验，结果为中偏强水敏性；另外，长庆油田分公司研究院做该层岩心水敏试验3块，初步结果是无水敏到弱水敏。油气工艺研究院做岩心水敏试验8块，结果为中偏弱。由于岩心取自不同井号，试验结果为无水敏到中强水敏。为保险起见，在完井液配方中要以中强水敏性来使用抑制水敏的添加剂。

3. 速敏试验

在作上述水敏试验的同时也作了速敏试验。东部盆地上古低渗砂岩气层的速敏试验结果为：下石盒子组为中等偏强速敏效应，而山西组和太原组为中偏弱速敏效应。苏里格气田上古盒8组的速敏效应共做8块岩心，结果为弱速敏效应。因此，可以认为该地层为弱速敏储层。

4. 其他敏感性资料

另外，还做了岩心的盐敏以及水锁效应试验。盐敏试验的结果为无或弱盐敏效应。水锁效应试验结果表明，水锁效应较严重，干岩心的气体渗透率与自吸标准盐水反排后的渗透率相比，下降65%～80%；残水饱和度65%～73%；岩心反排时气驱水的启动压力达18～48MPa/m。

5. 苏里格气田上古盒8组气藏基本物性参数

该气藏埋藏深度3170～3660m，气层厚度2.7～23.3m，空气渗透率（1.04～4.2）mD，孔隙度9.5%，含气饱和度70%，在陕甘宁盆地已发现的几个气田中，其物性是较好的。

6. 对完井液性能的要求

综上所述，用于苏平1井、苏平2井水平井段的完井液必须具有酸溶性、强抑制性和低失水性能，才能达到有效保护气层的要求，同时还必须符合水平井段钻井及完井作业所需的性能要求。因此，选择了当年针对下古碳酸盐岩伤害机理而研制的强抑制酸溶聚合物完井液 ASS-1 体系，并对其进行了改进和评价，将其用于这两口井的水平井段的钻进。

二、强抑制酸溶完井液 ASS-1 体系的评价试验

1. 配方组成

考虑上述储层各种敏感性，根据东部盆地上古气层伤害机理及克服试验，结合近年研制的良好抑制剂及有关助剂，运用正交试验方法，将上述各组份安排在正交表（L_8^2，L_4^3 等）上，进行常温、高温条件下的各种试验，最后得出用于这两口水平井段钻进的强抑制酸溶完井液 ASS-1 体系的配方及性能见表2。

表2　ASS-1 体系性能

序号	性能	常温指标	120℃×16h 热滚后指标
1	密度，g/cm³	1.03～1.08	1.03～1.08
2	漏斗黏度，s	40～90	35～60
3	API 滤失量，mL	5.0～8.0	6.0～10.0
4	滤饼，mm	痕迹	0.1
5	塑性黏度，mPa·s	20～40	15～25
6	动切力，Pa	15～35	10～20
7	动塑比	0.3～0.6	0.2～0.4
8	摩阻系数	0.04～0.07	0.04～0.06
9	静切力，Pa/Pa	(1～2)/(4～5)	(0.5～1)/(2～5)
10	滤饼酸溶率，%	97.3～98.1	97.3～98.05
11	滤液阳离子试验	强阳性	强阳性

2. 预计井下情况处理试验

1) 性能维护处理

苏平1井、苏平2井水平段垂深 3200m，设计水平段长分别为 600m（后加深至869.5m）和 803.38m，井底静止温度达 105℃，循环温度可达 80～85℃，预计施工时间至少 20d 以上。强抑制酸溶完井液 ASS-1 体系是无土相的酸溶完井液体系，是一种新型的完井液体系，在现场首次使用，没有施工经验。所以，在此井温和条件下长时间使用，该体系能否提供满足工程施工的基本性能参数维持（包括可处理恢复），是试验应用该体系时首先应掌握的问题。为此安排了老化处理试验和抗温试验，结果见表3。从表中可以看出，该完井液配方能够满足抗温、性能可调、性能稳定的施工要求。

表3　ASS－1体系处理试验

配方号	配 方 或 处 理	密度 g/cm³	失水 mL	泥饼 mm	pH 值	表观黏度 mPa·s	塑性黏度 mPa·s	动切力 Pa
1#	ASS－1基本配方·	1.03	6.0	痕迹	9.0	52.5	28.0	24.5
2#	1#83℃×16h	1.03	21.0	0.5	9.0	19.0	16.0	3.0
3#	2#＋1%ASR－1＋0.4%ASV－1	1.03	5.0	痕迹	9.5	95.0	42.0	53.0
4#	3#83℃×16h	1.03	8.0	0.5	9.0	40.0	33.0	7.0
5#	2#＋20%胶液（ASR－1＋HPG＋ASV－1＋水）	1.02	7.0	痕迹	9.0	31.5	25.0	6.5
6#	5#83℃×16h	1.02	12.0	0.5	9.0	45.0	37.0	8.0
7#	6#＋1.2%ASR－1＋0.2%HPG－1＋0.1%ASV－1＋%ASP－1250	1.03	5.0	痕迹	9.0	47.0	37	10.5
8#	7#83℃×16h	1.03	7.0	0.5	9.0	26.5	19.0	7.5
9#	8#＋1.2%ASR－1＋0.3%HPG－1	1.03	4.0	痕迹	9.0	77.0	56.0	21.0
10#	9#120℃×16h	1.03	6.8	0.6	9.0	42.5	35.0	7.5

注：10#测150℃×3.5MPa×30min，失水为16mL，泥饼2.0mm。

2）体系防腐试验

由于酸溶体系中使用部分改性的天然高分子聚合物，受细菌侵袭腐败的可能性很大。所以通过试验确定其腐败程度及防腐措施。通过实验得出：在CSJ－1及Mg（OH）$_2$存在的情况下，体系在较长的时间内基本不会变质，性能较稳定。具体试验数据见表4。

表4　ASS－1体系成份腐败实验

序号	观察结果								
	1d	2d	3d	4d	7d	8d	9d	10d	13d
1#	pH值9 未变	pH值9	pH值9 分层	pH值9	pH值8	pH值8	pH值8	pH值8	pH值8 变稠
2#	pH值9 未变	pH值9	pH值9 分层	pH值9	pH值9	pH值9	pH值9	pH值9 变稀	全沉 清水
3#	pH值7	pH值7 未变	pH值7 分层	pH值7 有霉菌	pH值7 有霉菌	变稀	pH值6 起泡	pH值6 起泡有异味	pH值7 变臭
4#	pH值9	pH值9	pH值9	pH值9	pH值9	pH值9	pH值9	pH值9	pH值9 好
5#	pH值9	pH值9	pH值9 分层	pH值9 分层沉淀	pH值9	pH值9	pH值9	pH值9 分层沉淀	pH值9 变稀未臭
6#	pH值9	pH值9 未变	pH值9 分层	pH值9	pH值8 未变	pH值8	pH值8	pH值8	pH值8 变坏

注：上述实验配方为：

1#—2%ASR－1液 200mL＋0.5%CSJ－1；

2#—2.0%ASR－1液 200mL＋0.5%Mg（OH）$_2$；

3#—2.0%ASR－1液 200mL；

4#—2.0%ASR－1液 200mL＋0.5%ASV－1＋3%ASP－1250＋0.5%CSJ－1；

5#—2.0%ASR－1液 200mL＋0.5%HPG－1－1＋3%ASP－1250＋0.5%CSJ－1；

6#—2.0%ASR－1液 200mL＋0.5%DT－1＋ASP1250＋0.5%CSJ－1。

3）加重及稳定实验

将上述实验的4♯、5♯配方进行加重，并进行稳定实验，见表5。可以看出，该体系可以加重，并可具有一定的沉降稳定性。

表5　ASS-1体系沉降稳定性实验

序号	配方及处理	密度，g/cm³	24h后上部密度，g/cm³	备注
1	表4中4♯加重	1.095	1.07	无明显沉淀层
2	83℃×16h	1.095	1.03	有虚沉层，搅动即开
3	表4中5♯加重	1.10	1.07	无明显沉层
4	83℃×16h	1.095	1.05	有虚沉层，搅动即开

4）润滑性实验

由于该体系将用于水平井的水平井段钻进，其润滑性的好坏对安全钻进十分重要，所以进行了大量各因素对体系润滑性影响的试验。润滑性测量仪器用 EP 极压润滑仪。试验结果表明，除了用石灰石粉或重晶石粉加重对润滑性有一定影响外，该体系配方成份变化对体系整体的润滑性影响很小，加各种润滑剂后摩阻系数降低不多。该体系的润滑系数基本在 0.028 左右（由于结果相差不大，数据表在此从略），说明体系本身就有很高的润滑性。

5）抑制性能实验

试验表明，只要在 ASS-1 体系中加入次生有机阳离子聚合物，其抑制能力将大大提高，具有很强的防塌能力。用直罗组泥岩岩屑样做热滚回收率试验，其一次岩屑回收率都在95％以上，二次清水回收率也在90％以上。而不加次生有机阳离子聚合物的试样，其一次回收率不到50％，二次回收率都在8％～12％。

从以上几方面的试验来看，ASS-1 体系在将要使用的井段条件下，完全可以满足钻井工程的需要。

3. 伤害及酸洗效果评价

1）体系的酸溶性评价

将体系各组份与现场可能使用的酸配方进行酸溶性和相容性评价。该试验分两部分进行，一是评价体系各组份与酸液配方的相容性，二是评价整个体系固相（滤饼）的酸溶率。试验结果表明，体系各组份配成 0.2％浓度的溶液，加入到可能使用的酸配方中，不出现浑浊或光密度值的明显变化，表明体系各组份均有良好的酸溶性；滤饼在 90℃下与酸配方反应 30min 及 60min 的酸溶率达 96.35％～97.60％，具体结果见表6及表7。

表6　完井液组份与酸液相容配伍试验

钻井液处理剂种类	15％HCl 酸液		20％HCl 酸液		12％HCl＋3％HF 酸液	
	常温	90℃	常温	90℃	常温	90℃
ASR-1	—	—	—	—	—	—
ASV-1	—	—	—	—	—	—
HPG-1	—	—	—	—	—	—

注：钻井液处理剂浓度均为 0.1％，"—" 为无沉淀、无混浊现象。

从表 6 可看出配方中各处理剂与酸液（三种酸液均加入 0.36%CF - 5A + 1.5%HJF - 94 + 0.15%CA + 0.3%CHJ - 95 + 0.35%YFP + 0.1%SP - 169）配伍性都好，无沉淀、无混浊现象。

表 7　完井液滤饼酸溶率试验

序号	酸液配方	试验温度	滤饼酸溶率,%	
			30min	90min
1	15%HCl	90℃	97.46	97.16
2			96.35	97.15
平均			96.91	97.16
3	20%HCl	90℃	97.49	97.58
4			97.37	97.62
平均			97.43	97.60
5	12%HCl + 3%HF	90℃	31.56	33.39
6			29.22	32.46
平均			30.39	32.93

注：30min、90min 是指酸液浸泡滤饼的时间。

从表 7 可看出，平行样结果接近，试验重复性好，该完井液体系酸溶率很高，浸泡 30min 和 90min 结果接近，说明 30min 内已基本溶完。加入 HF 后效果变差可能是由于泥饼溶解后产生的 Ca^{2+} 和 HF 中 F^- 生成了 CaF_2 沉淀所致。

2）伤害及酸洗效果评价试验

根据保护气层对完井液的要求，在室内对 ASS - 1 酸溶完井液对岩心伤害后的酸洗效果进行了评价。试验结果见表 8、表 9。

表 8　20%HCl 对不同体系伤害后的酸洗效果

岩心号	原始数据			K_{g1} mD	K_{g2} mD	K_{g3} mD	伤害率 %	恢复率 %	伤害完井液
	K_g mD	S_w %	ϕ %						
47	2.493	58.68	14.72	1.0615	0.7846	0.8354	26.09	78.70	1#配方
77	3.087	44.69	12.72	1.4958	1.0559	0.7336	29.41	49.04	1#配方
61	3.127	48.61	12.04	1.4464	0.3507	2.1834	75.75	150.95	5#配方
63	3.355	50.97	12.27	1.4674	0.5117	1.2144	65.13	82.76	5#配方
59	6.339	54.57	14.52	3.3060	1.2660	2.3200	61.70	70.18	5#配方 + 5%乙醇
80	6.757	46.99	11.02	2.8917	1.6015	2.0151	44.62	69.68	5#配方 + 5%乙醇
69	9.058	47.55	13.84	4.1224	2.1156	2.0387	48.68	49.45	2#配方
72	14.73	45.31	13.08	6.1779	3.0806	4.6082	54.14	69.60	2#配方

注：1#配方：3%膨润土浆 + 0.5%CSJ - 1 + 0.1%KPAM + 0.1%PAC141 + 1.0%FL - 1 + 1.0%FT - 98 + 1.0%RT988；

2#配方：3%膨润土浆 250mL + ASS - 1 配方；1 号，2 号配方 80℃下滚动 4h；

5#配方：ASS - 1 配方，试验岩心为苏 14 井石盒子组气层岩心。

从表 8 的结果可以看出，5#配方即酸溶完井液 ASS - 1 配方效果明显要好，酸洗前，堵塞效果较好，而酸洗后，恢复率较高。但是均未达到后文所做的酸洗效果，这可能和岩心的性质有关。因试验所做岩心为苏 14 井岩心，而该井所取的两块岩心的水敏试验结果为中偏强水敏性（注无离子水后 K_w 下降 61%～63%）。不同酸液配方对 ASS-1 伤害后的酸洗效果见表 9。

表 9　不同酸配方对 ASS-1 伤害后的酸洗效果

岩心号	岩心孔隙度 %	K_{g1} mD	K_{g2} mD	K_{g3} mD	伤害率 %	恢复率 %	酸洗配方
桃 6-6	10.08	4.4712	3.7612	4.0654	15.89	90.91	采用 1# 酸液配方
苏 6-11	15.68	6.6172	6.4528	7.3714	2.49	111.39	采用 1# 酸液配方
桃 5-12	10.08	17.9706	16.2929	17.5637	9.33	97.74	采用 2# 酸液配方
苏 6-3	14.06	15.9131	12.3740	14.7085	22.24	92.43	采用 2# 酸液配方
桃 6-1	11.8	3.0097	2.8661	2.5848	4.47	85.88	采用 3# 酸液配方
桃 6-2	13.6	4.4019	4.2133	4.1220	4.28	93.64	采用 3# 酸液配方

注：1# 酸液配方：15%HCl+添加剂；2# 酸液配方：20%HCl+添加剂；3# 酸液配方：12%HCl+3%HF+添加剂。

从表 9 的结果看，采用酸溶完井液 ASS-1 体系伤害酸洗后，获得了较好的渗透率恢复率，其中 HCl 配方效果更好，达 90% 以上。

三、ASS-1 体系现场应用效果

强抑制酸溶完井液 ASS-1 体系于 2002 年在苏平 1 和苏平 2 井水平段钻进中试验应用。2002 年 3 月 5 日配制 ASS-1 成功并开始应用于苏平 1 井，至 4 月 19 日完钻。水平段长 869.5m（3419.5～4289.0m），历时 45d 完钻，中间经历了掉牙轮磨牙轮的事故处理，完井液体系性能一直保持密度 1.03～1.04g/cm³，漏斗黏度 41～49s，滤失量 4～5mL，泥饼痕迹，pH 值 9～10。含砂量痕迹，表观黏度 28～31mPa·s，塑性黏度 17～21mPa·s，动切力 6～10Pa，动塑比 0.3～0.6。滤液阳离子含量定性试验为"++"～"+++"。并且润滑性、洗井性能及抑性性优良，保证了小井眼多台阶波浪形水平井段钻进及穿泥岩层的施工安全。在苏平 2 井，于 2 月 28 日配制完井液体系，3 月 11 日开始使用，4 月 11 日完钻，钻水平井段 803.38m（3441.62～4242.0m），历时 42d。体系性能指标与苏平 1 井一样，并一直保持稳定。根据这两口井使用过程中的取样分析和评价，完井液滤饼酸溶率 80% 以上（表 10），用同井直井气层岩心评价，伤害后经酸洗渗透率恢复率 75% 以上（表 11）。完井后用浓度为 20% 的盐酸酸洗时，返出液体中没有完井液中的固相成分，完井液滤饼全部溶解。

表 10　滤饼酸溶率试验

井号	取样井深，m	泥饼重，g	残渣重，g	滤饼酸溶率，%
苏平1井	3473.8	2.11/1.52	0.07/0.06	96.7/96.1
	3585	2.64/2.32	0.35/0.30	86.7/87.0
	3615	2.65/2.95	0.36/0.38	86.4/87.1
	3716	3.07/3.08	0.48/0.49	84.1/84.1
	3838	3.12/2.86	0.52/0.48	83.3/83.2
	3979	3.42/2.98	0.59/0.51	83.3/82.9
	4132	3.86/4.20	0.69/0.73	82.1/82.6

井号	取样井深，m	泥饼重，g	残渣重，g	滤饼酸溶率，%
苏平2井	3442	1.11/1.04	0.04/0.03	96.4/97.3
	3648	4.15/4.08	0.46/0.44	88.9/89.2
	3777	2.46/1.92	0.33/0.26	86.6/86.4
	3913	4.27/3.25	0.68/0.52	84.1/84.0
	4080	3.07/3.70	0.54/0.66	82.4/82.2
	4218	2.72/2.78	0.51/0.53	81.3/80.9

表11 岩心渗透率恢复率试验

岩心号	地层	K_{g1} mD	K_{g2} mD	K_{g3} mD	伤害率 %	恢复率 %	备注
苏12井36号	石盒子	0.0699	0.0465	0.0528	33.56	75.65	苏平1井3474m井浆伤害
苏12井28号	石盒子	0.1114	0.0807	0.0913	27.56	81.96	苏平1井3507m井浆伤害
苏平2井1号	石盒子	0.0481	0.0325	0.325	32.45	79.29	苏平2井3777m井浆伤害
苏平2井2号	石盒子	0.1918	0.0991	0.1421	48.32	74.14	苏平2井3648m井浆伤害

四、几 点 认 识

（1）这类完井液体系在天然气深井水平井中的应用，壳牌公司在长北1井和长北2井进行了应用，国内还未见报道。强抑制酸溶完井液ASS-1体系在苏里格气田长裸眼小井眼水平井段的成功应用，对国内水平井完井液技术的进步和提高具有一定的现实意义。

（2）应用证明，强抑制酸溶完井液ASS-1体系具有低密度、低滤失、滤饼酸溶率高、岩心渗透率恢复率高、技术工艺适应性强、便于现场推广应用的特点。应用过程中润滑性能良好，"钻具摩阻低、扭矩小。"井下安全，能够满足水平井的施工要求。

（3）该完井液体系在较低黏度下具有较高的动塑比值，有利于携带岩屑。但低剪切速率下的黏度计数值较低，不利于岩屑的悬浮。应继续进行研究试验，使其不断完善。

复合盐防腐钻井液的研制与现场应用

唐善法[1]　付绍斌[1]　童伏松[2]　张　琦[2]　马成发[2]　钟树德[2]

（1. 江汉石油学院石油工程系；2. 江汉石油管理局钻井处）

摘　要　江汉油田钻井用饱和复合盐钻井液对钻具的腐蚀相当严重。本文研究了江汉油田常用钻井液处理剂和 pH 值对钻具腐蚀的影响，评价了 5 种缓蚀剂的抗氧、抗温及抗复合盐性能。由缓蚀剂 TFC 与 TFE 复配组成的复合缓蚀剂 DFP 具有良好的除氧、抗温、抗复合盐性能。两口试验井中应用表明，0.2%DFP 防腐钻井液防腐效果明显，缓蚀率在 84% 以上；从井内起出的钻具表面光亮，在钻台停放 12d 不生锈。

关键词　水基钻井液　缓蚀剂　钻井液添加剂

江汉油田地处长江中下游平原地区，主要分布于潜江凹陷内，地下含有近千米厚的盐、膏及芒硝层，钻井时使用饱和复合盐钻井液体系。该钻井液体系中 Cl^- 含量达 180g/L、Ca^{2+} 为 3g/L、SO_4^{2-} 为 30g/L，同时钻井液中添加了多种成份复杂的处理剂；又因井内温度高，钻井液内含溶解氧，钻井液对钻具的腐蚀相当严重。1988—1993 年的钻具损耗资料表明，在 6a 的钻井 91.7km 进尺中，损失钻杆 1830t，合 61km，消耗达 2.0kg/m，腐蚀报废率达 30%，损失经费达 876.8×10^4 元，远高于同期美国钻杆损耗量（$1 \sim 1.5$kg/m）。据此，中国石油天然气总公司"八五"期间列专项开展了"钻井泥浆对钻具的腐蚀与防腐"课题研究。本文所报导的内容是其子课题"江汉油田钻井泥浆复盐对钻具的腐蚀与防护研究"的部分内容。

一、试 验 方 法

1. 钻井液的配制与性能测试

按 API RP13I 和 API RP13B 进行。

2. 腐蚀速度及缓蚀率的测试

钻井液的腐蚀速度测试，室内采用动态模拟法；现场采用钻具内挂环法。电解质（盐及复合盐）溶液的腐蚀速度测试采用线性极化电阻法。缓蚀率公式为

$$\phi = (V_0 - V_1)/V_0 \times 100\%$$

式中，V_0、V_1 分别为介质变化前后的腐蚀速度

3. 腐蚀、缓蚀机理研究

采用电化学方法——线性极化曲线法研究阴、阳极极化曲线变化情况，确定其缓蚀机理。

二、室 内 试 验

1. 处理剂抗腐蚀性能的评价

表 1 是江汉油田常用钻井液处理剂在 3%NaCl 盐水中对钻具腐蚀影响的电化学测试结

果。结果表明，在处理剂加量及 pH 值相同时（$C=1g/L$，pH 值为 8~9），各种处理剂均对钻具腐蚀有不同程度的影响。其中，增粘剂均使溶液极化电阻增大，具有一定的抗腐蚀性，如 HV-CMC、F、KP 均具有良好的防腐作用。进一步的电化学研究表明，HV-CMC 是一种混合型防腐添加剂，而 F 及 KP 分别属阴极型和阳极型防腐增粘剂，但降滤失剂对溶液极化电阻的影响较复杂，有增大的，也有降低的，选用时应做先导实验。降粘剂则均使极化电阻降低，具有明显的增强腐蚀作用。由此可见，处理剂由于自身分子结构的不同，对钻具腐蚀的程度不同。增粘剂本身就是一种较好的缓蚀剂，降粘剂则加速腐蚀。因此在防腐钻井液配方的研制中，应优先选用抗腐蚀性处理剂，以提高钻井液的防腐效果。

表 1　钻井液处理剂对钻具腐蚀的影响

处理剂		R_p Ω	pH 值	处理剂		R_p Ω	pH 值
增粘剂	HV-CMC	986	8.0	降失水剂	HPAN	686	8.5
	MV-CMC	803	9.0		SAS	571	8.0
	F	833	8.9		JFT	555	8.0
	JT-888	778	8.5		NH_4-HPAN	417	8.5
	FK-421	750	8.0		SMP	349	9.0
	KP	852	8.5	降粘剂	FCLS	514	8.0
	PAC-141	654	9.0		XY-27	395	8.5
	80A-51	581	8.5		PC-150	341	8.0

注：R_p 为极化电阻

2. pH 值对腐蚀的影响

表 2 钻井液是江汉油田广 208 井井浆，在不同 pH 值条件下用挂片法测定钻杆钢片定的腐蚀数据。结果表明，随着 pH 值的升高，钻井液的抗腐蚀性明显增强。如 pH 值为 10 时，年腐蚀 0.07mm，相对于 pH 值为 8.0 的条件，缓蚀率可达 79%。可见 pH 值的调控对控制钻井液腐蚀具有重大的作用。原因是当 pH 值大于 7 时，随着介质 pH 值的逐步升高，腐蚀电池阴极氢平衡电位负移，致使氢去极化过程受到抑制，腐蚀变慢。而当 pH 值不小于 7 时，钻井液体系中阴极腐蚀过程主要受氧的去极化作用控制，腐蚀速度基本与 pH 值无关，但当 pH 值在 9~10 时，由于形成 $Fe(OH)_3$ 膜并吸附于金属表面，使腐蚀变慢。结合钻井时防塌与储层保护的需要，江汉油田使用防腐钻井液的 pH 值控制在 8~10 的范围是非常必要的。

表 2　pH 值对钻井液腐蚀速度的影响

钻井液	NaCl 加量 %	黏度 s	pH 值	腐蚀速度 mm/a
广 208 井浆	24.5	97	5.0	0.43
广 208 井浆	24.5	69	8.0	0.33
广 208 井浆	24.5	55	10.0	0.07

3. 缓蚀剂的研制、评价与优选

（1）性能评价。

根据江汉油田复合盐钻井液对钻具的腐蚀特征及其对缓蚀剂的要求，经过上千次的合成与评价试验，研制出了 TFA、TFB、TFC、TFD、TFE 等 5 种系列缓蚀剂，它们在盐水及复合盐水体系中的缓蚀效果如表 3 所示。试验结果表明，在 pH 值为 8～10 的条件下，各种缓蚀剂的加入均使极化电阻增大，表明它们均具有一定的抗盐缓蚀性能。而在 3％NaCl + 0.3％Ca^{2+} + 0.3％SO_4^{2-} 的复合盐体系中，只有 TFC、TFD、TFE 等 3 种缓蚀剂的极化电阻较单一 NaCl 体系中的大，这表明在试验条件下，复合盐对上述缓蚀剂具有增效作用，这些缓蚀剂可作为复合盐钻井液的缓蚀剂。

表 3　缓蚀剂在盐及复合盐中的缓蚀效果

缓蚀剂	加量 mg/L	R_{p1} Ω	R_{p2} Ω
空白	0	562	668
TFA	1000	1603	850
TFB	1000	924	673
TFC	1000	843	951
TFD	1000	723	943
TFE	1000	656	1064

注：R_{p1} 和 R_{p2} 分别表示盐水及复合盐水中的极化电阻

（2）效果评价。

①抗氧、抗温性。由表 4 可知，在 pH 值为 8～10 的条件下向介质中通氧，均使介质极化电阻下降，极化电阻下降率由大到小的顺序为 TFC、TFD、TFE。表明 TFE 具有较好的抗阴极氧去极化作用，而使用 TFC、TFD 时，应采取除氧措施。进一步以动态模拟法考察了温度对缓蚀剂缓蚀性能的影响，TFC、TFD 和 TFE 在 3％NaCl 体系中经 100℃、24h 动态实验后，均具有一定的缓蚀效果，其中 TFC、TFE 的效果最好，这表明它们具有较好的耐温性，可满足井内高温条件下的防腐需要。

表 4　氧对缓蚀剂缓蚀效果的影响

介质构成	R_p Ω	R_p' Ω	ΔR_p ％
3％NaCl + 0.1％TFC	843	456	46
3％NaCl + 0.1％TFD	723	414	43
3％NaCl + 0.1％TFE	597	597	0

注：R_p 和 R_p' 分别表示未通氧和通氧后的极化电阻；ΔR_p 表示通氧后极化电阻的变化率。

②复配效果。综上所述，在研制的 5 种缓蚀剂中，TFC、TFD 和 TFE 具有较好的抗复合盐及抗氧能力，尤其是 TFC、TFE 两者具有较好的抗温性能。而且电化学研究结果表明，TFC、TFE 分属阳极型和阴极型缓蚀剂，两者具有良好的复配增效作用。有关结果见表 5。表 5 表明，TFC 随着加量的增加，缓蚀效果增强，达到 1500mg/L 时缓蚀率为 63.7％，而 TFE 随着加量的增加，缓蚀率逐渐下降，达 1000mg/L 时仅为 43.5％。但当 TFC 与 TFE 复配时，缓蚀率则达 85.6％，比任何单一缓蚀剂效果都好。进一步的研究发现，当复合缓蚀剂中引入除氧组分时，可进一步提高其缓蚀效果。将该复合缓蚀剂命名为 DFP。

表 5 缓蚀剂的复配效果

表 5　缓蚀剂的复配效果

缓蚀剂	加量 mg/L	腐蚀形貌	腐蚀速度 mm/a	缓蚀率 %
TFC	500	均匀腐蚀	0.426	35.4
	1000	均匀腐蚀	0.297	54.9
	1500	表面光亮	0.239	63.7
TFE	500	表面光亮	0.182	72.3
	800	均匀腐蚀	0.235	64.4
	1000	均匀腐蚀	0.372	43.5
TFC + TFE	1000 + 500	表面光亮	0.096	85.6

注：实验温度为 65℃

4. 复合盐防腐钻井液的配方

以江汉油田使用的饱和（复合）盐水钻井液为基础，根据处理剂对钻具腐蚀的影响情况，优先使用抗腐蚀性处理剂，优选出防腐钻井液的配方为

3％膨润土 + 0.5％～0.8％HV - CMC + 0.05％PHP + 0.5％～1.0％NaPAN + 1.0％SAS + 0.5％～1.0％CMS + 35％NaCl + 0.2％DFP

防腐钻井液的基本性能与防腐蚀效果如表 6 所示。由表 6 可看出，该防腐钻井液各项基本性能与江汉油田使用的饱和盐水钻井液基本相同，并具有良好的防腐效果，缓蚀率达 84％，抗温可达 120℃。

表 6　复合盐防腐钻井液基本性能及缓蚀效果

钻井液	密度 g/cm³	滤失量 mL	静切力 Pa/Pa	表观黏度 mPa·s	塑性黏度 mPa·s	动切力 Pa	动塑比	泥饼 mm	pH 值	腐蚀速度 mm/a	缓蚀率 %
饱和盐水井浆	1.33	4.6	4/8	93	70	23.5	0.34	0.5	8.5	0.699	84
防腐钻井液	1.33	4.4	4/8	92	69	22.9	0.33	0.4	8.0	0.192	

注：温度为 120℃，用动态模拟失重法测腐蚀速度

三、现 场 应 用

1. 试验区块及井位的确定

为了检验所研制缓蚀剂及防腐钻井液的效果，以期解决江汉油田复合盐条件下钻具的腐蚀问题，要求所选试验区块及井位具有如下特点。

（1）井位所在地层深部应含有一定的盐、膏及芒硝，以确保复合盐影响的存在。

（2）井深应达到 3000m，以确保井底温度接近 120℃，考察温度对钻具腐蚀的影响及防腐钻井液高温防腐效能。

（3）试验井所用钻井液为饱和盐水钻井液。

（4）试验井数 3—6 口，其中参考井 2 口。

2. 配制及维护

按照江汉油田常规方法配制饱和盐水钻井液，然后入井循环至钻井液性能稳定，随后加入规定量的缓蚀剂循环，即配制成功。钻井液的维护以每 3d 为一周期，根据室内缓蚀率的变化和消耗的钻井液体积，以 0.2％的量定量补加 DFP。

3. 应用效果

江汉石油学院与江汉油田钻井处泥浆站、管子站共同协商合作，按上述选井原则确定了两个区块（周8-8井、浩5-2井区块）4口井，进行防腐钻井液的现场试验。其中空白对比井2口（周8-8井、浩5-2井），防腐钻井液试验井2口（王新-40井、广-39井）。现场挂环测试结果表明，该防腐钻井液具有良好的防腐效果，缓蚀率均在80％以上。就腐蚀环腐蚀形貌看，空白井环内表面腐蚀明显，产物呈疏松状，坑蚀严重，钻具从井内取出2d后便产生锈蚀。而防腐钻井液试验井环内表面光亮，点蚀迹象不明显，钻具从井内起出后在钻台停放12d不生锈。防腐钻井液现场应用效果如表7所示。

表7 防腐钻井液现场应用效果

井号	环号	井段 m	时间 h	腐蚀速度 mm/a	平均腐蚀速度 mm/a	缓蚀率 %	腐蚀形貌
浩5井2	1#	1950～2750	432	0.9184	0.9169		环内坑蚀严重，产物疏松
	3#	1950～2750	432	0.9154			
广井39	1#	2410～2720	142	0.3030	0.1262	86.2	环内点蚀很少，钻具在钻台停放12d不生锈
	2#	985～1295	136	0.0574			
	3#	443～753	131	0.0186			
周8井8	1#	1643～3020	480	0.4500	0.4534		环内坑蚀严重，产物疏松
	3#	2097～3020	480	0.4567			
王新井40	5#	2078～2224	504	0.0611	0.0875	80.7	环内点蚀少，钻具表面较光亮
	7#	2356～3000	291	0.1139			

四、结论与认识

（1）通过研究江汉油田常用钻井液处理剂和pH值对钻具腐蚀的影响，发现增粘剂及部分降滤失剂具有较明显的抗腐蚀性，可作为防腐钻井液的首选添加剂；pH值的提高有利于腐蚀的控制，根据生产需要，建议防腐钻井液pH值控制在8～10之间。

（2）根据江汉油田饱和（复合）盐水钻井液对钻具的腐蚀特征，研制了一种复配缓蚀剂DFP，它具有良好的除氧、抗温、抗复合盐性能。

（3）研制出了适合于江汉油田钻具腐蚀特征的复合盐防腐钻井液体系，并进行了4口井的现场应用试验。其防腐效果明显，缓蚀率在80％以上，钻具表面光亮，在钻台停放12d不生锈，该防腐钻井液较好地解决了江汉油田复合盐钻井液对钻具的腐蚀问题，具有明显的经济效益和社会效益。

参考文献

[1] 唐善法，付绍斌. 用热滚动态模拟法评价钻井液对钻具的腐蚀. 钻井液与完井液，1996，（5）：22～24

[2] 化工部化工机械研究院编. 腐蚀与防护手册. 北京：化学工业出版社，1987.9：175～191，420～434

东方1-1气田开发井储层保护技术研究与应用

谢克姜　陈志忠　程昌怀

（中海油田服务股份有限公司）

摘　要　东方1-1气田开发钻完井项目第一期D/E平台共12口井作业，除了D1井为66°的大斜井外，其余11口为水平井，采取批钻井的方式作业，215.9mm井段每口井完钻后立即进行完井作业。水平井水平位移大，气藏压力系数1.04～1.14，地层坍塌应力1.24～1.35，钻井作业中使用的钻井液密度较高，作用在储层的压差较大。但通过采取正确的储层保护措施，优选并成功地使用了合适的储层钻开液和完井液，成功地实现了储层保护，避免了钻完井作业可能造成的油气层损害，投产的压力数据和产量均达到或高于ODP的配产要求。

关键词　储层保护　敏感性　无固相钻开液　隐形酸/甲酸盐完井液

一、地质概况

1. 储层损害原因

油气储集层在钻井、完井作业过程中，由于储层本身的物理、化学、热力学和水动力学等原有平衡状态的变化，以及各种作业因素、施工工艺条件等的影响，往往发生一些变化。

（1）外来工作液侵入储层，其与地层岩石之间及地层内油气水流体之间发生物理的、化学的或生物等作用，造成固体颗粒物堵塞或液体性质的改变，从而降低了油气相渗透率；

（2）在打开储层和生产作业过程中，由于温度、压力和流速等因素的变化，破坏了储层的化学或热动力学平衡，从而引起岩石及流体性质的改变，导致储层受到损害（表1）。

表1　储层损害的类型及原因

损害类型		产生原因
毛细现象（液相侵入）	相对渗透率影响	孔隙中水、油、气相对含量改变
	润湿性影响	表面活性剂侵入
	孔隙的液锁	粘性流体侵入
固相侵入		有机物、无机物微粒侵入
结垢		盐的沉淀
岩石的损害	微粒分散运移	离子环境的改变
	微粒运移	胶结颗粒的松散溶解
	矿物沉淀	矿物的溶解和重新结晶
	晶格膨胀	过多的水进入晶体
	非胶结	地层结构的疏松

与直井相比，钻井液和完井液对储层的伤害，水平井要严重得多，原因有以下几方面。

（1）水平井钻穿油气层长度比直井长，因而钻井液与油气层的接触面积比直井大得多；

（2）水平井钻进油气层时间长，因而油气层浸泡时间比直井长得多；

（3）水平井钻进油气层时的压差比直井高。压差随水平段所钻长度的增长而增加，油气层的损害随压差的增大而增加。

2. 东方1-1气田储层物性及敏感性分析

东方1-1构造位于莺歌海盆地泥拱构造带上，是一个泥底辟成因的短轴穹窿背斜构造。

1）地质分层

从上至下依次为：第四系，莺歌海组，黄流组和梅山组。

（1）第四系：

上部岩性为浅灰色粘土夹灰色中—粗砂层。

下部为灰色软泥岩与薄层粉细砂岩互层，并夹一薄层钙质砂岩，含有孔虫化石和生物碎屑。

（2）莺歌海组：

一段：岩性为灰色泥岩夹粉砂岩和泥质粉砂岩，含黄铁矿及有孔虫化石。

二段：上部岩性为灰色—深灰色泥岩，粉砂质泥岩与灰色粉砂岩、泥质粉砂岩、粉细砂岩互层，含生物碎屑及有孔虫化石。中、下部为厚层灰色泥岩与粉砂岩、泥质粉砂岩呈不等厚互层。

三段：灰色泥岩与粉砂岩互层。

（3）黄流组：

上部岩性以灰色—深灰色泥岩为主，夹薄层粉砂岩。

中部为灰色泥岩与灰—灰白色粉细砂岩、细砂岩呈不等厚互层。

下部为厚层灰白色细—中砂层与薄层灰色泥岩互层。

（4）梅山组：

以灰色泥岩为主。

2）储层温度和压力

根据DF1-1-1井DST1C资料，在垂深2540.7m（海拔）处地层温度为129.2℃，按此计算温度梯度为4.58℃/100m，属于异常的地温梯度。

根据DF1-1-1井钻探结果并利用井旁速度谱资料得知，随着井深的增加，压力系数逐渐升高，可以从小于1.20至1.80，甚至达到2.0（DF1-1-1井），属于异常的高压。

DF1-1气田开发井均为水平井，垂深不超过2500m，属正常的温度、压力系统，超过此深度则属于高温、高压地层。

3）储层物性特征

根据岩心物性分析资料，细砂岩孔隙度值范围是14.3%～21.1%，算术平均值18.33%，中值为18%～22%，频率为55%，其中孔隙度大于16%的占80%以上。渗透率值范围在0.28～3.2mD，算术平均值为1.17mD，属于中孔低渗性储层。泥质粉砂岩孔隙度值范围12.0%～16.7%，算术平均值13.82%，渗透率范围值在0.022～1.19mD，也属于中孔低渗性储层。储层泥质含量高，且蒙皂石的含量占了重要的地位，伊/蒙混层的混层也比较高。蒙皂石的阳离子交换容量约80～150毫克当量/100克土，遇淡水后其体积膨胀达原来的 8～10 倍。具体数据见表 2。

表 2　粘土矿物 X 衍射分析（DF1－1－2 井）

样号	井深，m	岩性	泥质含量，%	矿物组成，%					混层比，%	样品种类
				S	I/S	I	K	C		
1－6	1286.74	粉砂岩	8.6	33.4	25.7	21.6	19.3		69	岩心
1－19	1290.58	粉砂岩	12.5	26.7		30.1	21.1	22.1	72	岩心
2－2	1295.17	粉砂岩	15.0	41.4	23.7	17.1	17.8		68	岩心
2－14	1299.08	粉砂岩	18.5	36.3	25.9	19.7	18.1		65	岩心
2－25	1303.06	粉砂岩	20.5	30.4	27.8	20.9	20.9		67	岩心
3－1	1337.30	粉砂岩	12.1		21.5	32.7	45.8		23	岩心
3－14	1340.90	粉砂岩	14.1		18.7	34.4	46.9		26	岩心
3－27	1344.84	粉砂岩	8.6		25.4	27.1	47.5		23	岩心
3－41	1348.87	粉砂岩	16.0		19.7	32.8	47.5		26	岩心

4）储层地层水资料

以 DF1－1－2 井 DST4 测试计算，其地层水折算为具体物质配方为表 3。

表 3　DF1－1－2 井 DST4 测试地层水配方

组份	NaCl	KCl	$MgCl_2 \cdot 6H_2O$	$CaCl_2 \cdot 2H_2O$	Na_2SO_4	Na_2CO_3	$NaHCO_3$
浓度，g/L	19.517	0.0552	0.7186	0.184	1.766	1.882	12.856

该测试水样深灰色，油嗅，咸味，不透明，大量沉淀，pH 值 8.32，相对密度 1.023（0.1MPa，31℃），电阻率 0.400Ω·m，总矿化度 36551mg/L，$NaHCO_3$ 水型。

5）储层物性及敏感性分析

东方 1－1 气田浅部气藏是受构造和岩性双重因素控制的高温常压含水气藏，纵向上有多个砂组，部分砂体呈透镜状，横向连通性差。地层中产出物视不同井区分别以湿气和 CO_2 气为主，储层有多个压力系统，但压力系数变化不大，主要分布在 1.05～1.15 之间。储层为中高孔低渗性，孔隙度分布主频为 15%～25%，渗透率多数小于 10mD，少数大于 100mD。孔喉类型以片状和弯状喉道为主，收缩喉道在部分储层中发育，喉道级别主要是细喉道以下类型，有效储层主流喉道一般大于 0.1465μm。保护应主要针对半径为 0.5859～4μm 的喉道，因为这种类型的喉道极易受到固相和水锁的损害。

黏土矿物类型有伊利石、高岭石、蒙脱石、绿泥石和伊/蒙混层，绝对含量在 10% 左右，多数为原生黏土或泥质杂基，少数为成岩过程中的自生黏土。显然，储层泥质含量高，且蒙皂石的含量占了重要的地位，伊/蒙混层的混层也比较高。黏土矿物产状以粒间分散状和孔隙充填为主，偶见颗粒包膜状和孔喉搭桥状。其他敏感性矿物有菱铁矿、黄铁矿、硬石膏、微晶石英、（含）铁方解石和白云石。

储层敏感性实验表明，储层潜在速敏性和水敏性强、碱敏性次之、盐敏性较弱、盐酸酸敏较弱、土酸酸敏性弱。储层出砂趋势大，潜在"水锁"效应严重，应力敏感性弱～中等，结垢趋弱。外来固相侵入储层的损害不可忽视。根据敏感性分析，储层黏土矿物有较强的水敏性和速敏性，必须使用抑制性很强的钻井完井液体系（例如甲酸盐），以控制黏土矿物对产层的损害。气藏损害的主要特点为液相聚集或滞留。

6) 储层敏感性结论

(1) DF1-1气田莺黄组储层速敏程度为弱至中等偏强；

(2) 水敏程度为强，临界矿化度为120000mg/L左右；

(3) 碱敏损害程度为弱；

(4) 储层对盐酸和土酸的敏感损害程度为弱至无；

(5) DF1-1储层高孔低渗、胶结疏松，存在着应力敏感性。

二、储层保护技术

(1) 根据东方1-1气田储层特性，优选并采用筛管完井方式。

(2) 根据东方1-1气田储层类型、气层特性和所确定的完井方式，优选与储层特性相配伍的、能最大限度地避免钻开储层时可能造成油气层损害的钻开液体系。

通过对东方1-1气田的储层物性及敏感性分析研究发现，水敏和水锁效应是东方1-1气田储层损害的主要因素，因此，东方1-1气田气层钻进液选择原则应当是：

①优良的水平井段钻开液性能（流变性、润滑性等）；

②强的抑制性，有效地阻止水敏损害；

③降低油水界面张力，减少水锁效应；

④形成优质泥饼，有效地控制滤液侵入深度。

(3) PRD无固相钻开液体系（用甲酸盐加重）能满足东方1-1气田气层钻进液选择原则，是目前水平井储层首选钻开液体系。

在钻大斜度井，特别是水平井时，目前采用的传统钻井液（包括水基钻井液、油基钻井液）都难以解决大斜度段和水平井段的静态悬砂及动态携砂问题。根据室内台架管柱试验发现，只要井斜角大于35°，钻屑向井筒低边沉积是必然存在的，因此在井筒低边容易形成岩屑床，岩屑床的形成就与井壁岩石形成了一个压力系统，钻井液的液柱压差作用在岩屑床上，结果是钻井液的冲刷很难将岩屑床去掉，只有靠起下钻、活动钻具来清除岩屑床，给钻井工程造成极大的麻烦。同时在正常钻井作业过程中，钻具的扭矩和摩阻非常大，用传统的加润滑剂方法很难解决。

中海油田服务股份有限公司研究开发的PRD体系是一种不同于传统钻井液的新型油气层钻开液——优良的快速弱凝胶钻井液体系，它较好地解决了大斜度井、水平井的岩屑床问题，同时能最大限度地保护油气层，防止钻井作业过程中可能造成的油气层损害。

PRD无固相钻开液在WC13-1油田3口水平井以及WZ11-4油田两口侧钻水平井和渤海地区水平井中均取得非常成功的效果，它具有下述的优良特性：

①快速弱凝胶PRD钻开液为无黏土相钻井液体系。由于没有黏土相存在，彻底消除了黏土相对油气层的损害；

②滤失量低，侵入油气层液相少；

③优异的悬浮能力，具有常规钻井液所不具备的动态携砂和静态悬砂能力，能很好地解决水平段的井眼清洁问题；

④具有极高的低剪切黏度，转速0.3r/min下的黏度可达35000mPa·s以上，这也是常规钻井液所不具备的。还能有效地阻止固相、液相侵入储层，并减少对井壁的冲蚀，如图1所示；

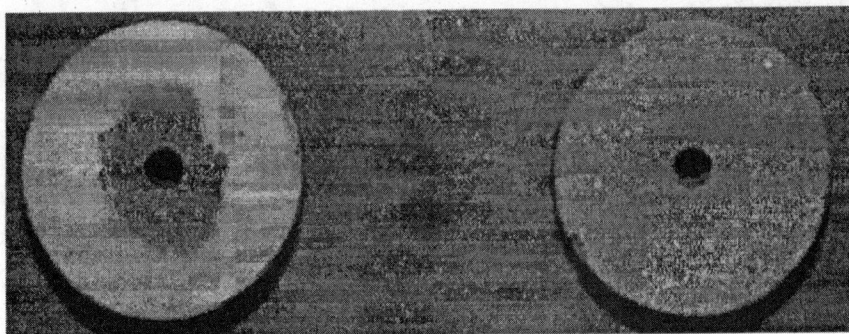

低剪切速率黏度＞35000mPa・s   低剪切速率黏度＜1000mPa・s

图1　具有极高的低剪切黏度的钻开液在岩心渗透情况

⑤凝胶强度具有无时间依赖性，体现出一种快速弱凝胶特性。剪切力的时间无依赖性，能有效地阻止岩屑床的形成；

⑥优异的润滑性、抑制性能满足水平井钻井的要求；

⑦抗污染能力强；

⑧生物毒性低，为环保型钻开液体系；

⑨钻开液形成的泥饼耐冲刷能力强，进一步防止滤液侵入，保护油气层。

（4）采用与PRD钻开液配套的破胶技术，清除井壁上形成的泥饼，进一步提高岩心的渗透率恢复率，最大限度地减少对储层的损害。

（5）根据东方1-1气田储层类型、气层特性、所确定的完井方式和储层钻开液，优选与储层特性相配伍的、能最大限度地避免可能造成油气层损害的完井液体系——隐形酸/甲酸盐完井液。

由于建议采用PRD/甲酸盐钻开液体系，考虑到井眼稳定问题，选用隐形酸/甲酸盐完井液体系，使钻井液与完井液实现一体化：隐形酸/甲酸盐完井液体系的基液和PRD/甲酸盐钻开液完全相同，不会产生液相损害，用相同的体系不会引起井壁的坍塌，能满足以下两种需要：一是水平井完井方式的需要；二是东方1-1气田水平井气井产能的需要。

由于莺黄组产层极易受到固相损害，所以应避免使用固相加重材料。使用甲酸盐加重，可以避免固相损害。根据敏感性分析，储层黏土矿物有较强的水敏性和速敏性，必须使用抑制性很强的KCl/甲酸盐，以控制黏土矿物对产层的损害。隐形酸/甲酸盐完井液体系是具有进攻性的气层保护完井液，液相进入产层后可以在一定程度上使气层渗透率得到改善，有利于克服水锁和液相损害。隐形酸/甲酸盐完井液体系的基液和PRD/甲酸盐钻开液完全相同，较好地实现了钻开液与完井液一体化，可以达到最大限度地避免可能造成的油气层损害，并实现以下目的：

①用KCl和甲酸钠复配加重，保证了清洁盐水完井液体系的无固相，避免气层的固相损害，同时能满足气井完井时的压井要求；

②年腐蚀速率为0.0456mm/a，低于标准要求（0.075mm/a）值，能满足完井作业的要求；

③有效地抑制黏土矿物的水化膨胀，并通过吸附、桥连作用把许多微粒"拉"到一起，防止其运移，有效地降低了水锁效应，如图2所示。图2表明储层岩心临界流速增大，抑

制微粒运移的效果好。

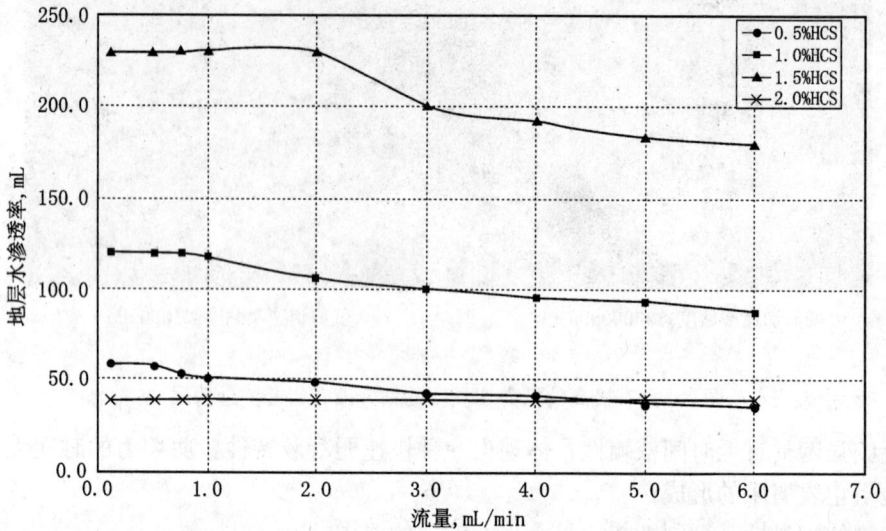

图 2　粘土稳定剂 HCS 对速敏损害的抑制效果

　　④液相进入产层后，可以在一定程度上使气层渗透率得到改善，克服水锁和液相损害，如图 3 所示。

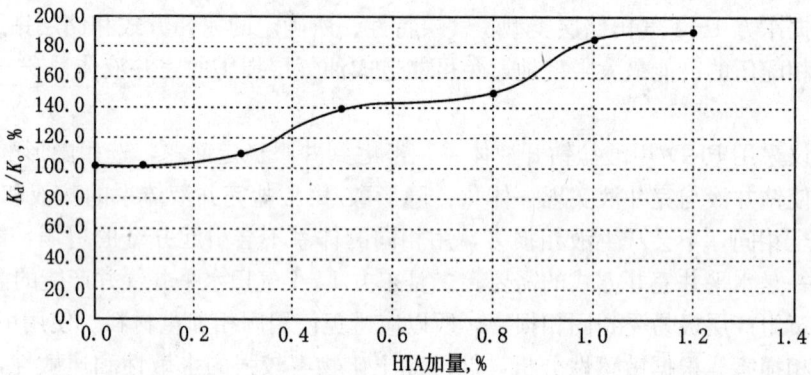

图 3　HTA 可以改善油气层的渗透率

三、储层保护技术应用

1. 储层井段（ϕ215.9mm 井眼）钻井作业

1）钻开液配制

本井段采用无固相油层钻开液体 PRD/PF－CONA 体系，全井采用 KCl 和 PF－CONA（甲酸钠）复配加重。钻前彻底清洗配浆池，用事先在基地配制好的 1.30g/cm³ 的 KCl/PF－CONA 盐水，按设计配方配制成 1.25g/cm³ 的无固相钻开液 PRD360m³，并预先水化、剪切和搅拌均匀。

2) 钻开液现场维护

将 ϕ244.5mm 套管下到油层顶界以下，封住泥页岩盖层，用新配制的、干净的钻开液完全替出井眼中的旧钻井液，然后进行水平段的钻井作业，在作业中要注意以下问题。

（1）钻进中密切注意水平段是否钻遇泥岩，注意观察振动筛情况；

（2）尽量避免在振动筛上大量冲水，以免引起钻开液性能的变化；

（3）在钻井液中加入 PF-LUBE 或 PF-HLA 以增加泥浆润滑性，同时协助改善砂岩堵塞振动筛筛眼和除砂；

（4）钻进中用 PF-FLO 控制钻井液滤失量，维护钻井液的 API 滤失量在 3.5～5.0mL/30min，并保证泥浆中 PF-JLX 和 PF-VIS 的含量；

（5）用 PF-VIS 控制钻井液的低剪切速率黏度，有效地阻止岩屑床的形成和阻止固、液相侵入储层，减少钻开液对井壁的冲蚀，稳定井壁，保护储集层；

（6）用烧碱、纯碱维持钻井液的 pH 值和 P_f，钻进期间维持钻井液的 pH 值在 8.5～9.5 之间；

（7）尽量保证固控设备完好、有效地进行工作，维护钻井液的低相对密度，固相含量不大于 5.0%，钻井液含砂量保持在 0.4% 以内，以保证井眼清洁；

（8）用 KCl/PF-CONA 甲酸钠复合盐水控制无固相 PRD 钻开液的密度，稳定井壁，防止井眼缩径；

（10）水平段钻完后，调整好钻井液的性能。

3) 钻开液主要性能见表4。

表4　钻开液主要性能

测量井深，m	入井前	钻井时
漏斗黏度，s	75～120	60～93
密度，g/cm³	1.25～1.27	1.26～1.27
塑性黏度，mPa·s	27～35	24～48
屈服值，Pa	25～50	25～50
静切力（10s/10min），Pa/Pa	（7～10）/（12～20）	5～15/10～20
API 失水（30min），mL	3～4	3～4
低剪切黏度，mPa·s	46000～70000	35000～50000
pH 值	9.5	9.5
氯根含量，mg/L	52000～55000	52000～55000
$\phi6/\phi3$	20/16	15～40/8～30

2. 现场使用结论

无固相油气层钻开液 PRD/PF-CONA 成功地解决了钻长裸眼水平井和打开油气层时所遇到的难题。

1) 井壁稳定问题

用 KCl 和甲酸钠复配加重，在很好地实现了高密度无固相油气层钻开液平衡地层坍塌应力的同时，进一步提高了钻开液的抑制性，控制黏土矿物对产层的损害和稳定井壁。

2) 井眼净化问题

PRD/PF-CONA 钻开液有优异的悬浮能力，具有常规钻井液所不具备的动态携砂和静态悬砂能力，很好地解决了水平段的井眼清洁问题，在不短起、不通井的情况下，能保证全部 11 口水平井段井眼畅通、筛管安全顺利下至设计井深。

3）油气层保护问题

PRD/PF－CONA 钻开液为无粘土相钻井液体系，很好地实现了以下目标：

（1）由于没有粘土相存在，彻底消除了粘土相对油气层的损害；

（2）滤失量低，侵入油气层液相少；

（3）具有极高的低剪切黏度，转速 0.3r/min 下的黏度可达 35000mPa·s 以上，这也是常规钻井液所不具备的。这能有效地控制固、液相侵入储层的深部，形成的泥饼耐冲刷能力强，防止滤液进一步侵入，保护了油气层。

3. 完井作业

（1）完井液体系：隐形酸/甲酸盐完井液。

配方：海水＋KCl/甲酸钠＋PF－HCS＋PF－SAA＋PF－HTA＋CA101－3。

密度用 KCl/甲酸钠复配加重进行调节，具体密度根据各井气层压力确定。

（2）泥饼破胶液消除。

配方：过滤 KCl/甲酸钠＋1.5%PF－HCS＋2.0%PF－HBK－2＋0.5%PF－SAA

（3）完井液配制。

东方 1－1 完井液采用隐形酸/甲酸盐完井液。在基地码头配制 $1.30\sim1.33g/cm^3$ 的 KCl/PF－CONA 盐水运至平台。在配制前清洗泥浆池及管线，用地面固井罐过滤盐水 NTU 小于 $3\mu m$ 至泥浆池，按设计加入完井液处理剂，调整密度和 pH 值达到设计要求。

（4）完井作业。

东方 1－1 完井采用筛管＋盲管裸眼完井技术。共 11 口水平井，完井裸眼段长，井底井斜角为 89°～95.08°。钻井结束后进入完井作业，组合刮管钻具下钻刮管、通井后，起钻，下入 6⅝in 筛管至设计井深，接着替入完井液、破胶液 $22m^3$、顶替完井液 $25m^3$ 后投球座挂封隔器，起钻。下入生产管柱，拆防喷器，装上采油树，在管柱内替入钻井水诱喷，放活井眼。关井作业结束。

（5）完井液性能见表 5。

表 5　完井液性能表

井名	实际密度，g/cm^3	pH 值	设计密度，g/cm^3
D1	1.25	5.5	1.18～1.25
D2h	1.19	5.5	1.19
D3h	1.18	5.5	1.19
D4h	1.19	5.5	1.19
D5h	1.17	5.5	1.18
D6h	1.18	5.5	1.18
D7h	1.19	5.5	1.19
D8h	1.19	5.5	1.19
E1h	1.18	5.5	1.19
E2h	1.22	5.5	1.22
E3h	1.18	5.5	1.25
E4h	1.17	5.5	1.17

四、结　　论

在东方 1-1 气田开发井的钻井过程中，由于正确地使用了能最大限度地保护油气层的 PRD/PF-CONA 钻开液体系和与之配套的破胶液及完井液体系，很好地保护了储层，防止了钻完井作业可能造成的油气层损害，实现了一期工程 12 口井开采产量达到或高于 ODP 要求。

参 考 文 献

[1] 张克勤，陈乐亮．钻井技术手册（二）钻井液．北京：石油工业出版社，1988
[2] 张绍槐，罗平亚等．保护储集层技术．北京：石油工业出版社，1996
[3] 李克向主编．保护油气层钻井完井技术．北京：石油工业出版社，1993
[4] 徐同台，洪培云，潘世奎．水平井钻井液与完井液．北京：石油工业出版社，1999
[5] 向兴金，董星亮，岳江河．完井液手册．北京：石油工业出版，2002

甲酸盐钻井液体系研究与应用

黄达权　周光正　田增艳　陈彩凤
（大港油田钻井泥浆技术服务公司）

摘　要　甲酸盐钻井完井液是国际公认的低毒、高效型钻井完井液体系，国外已广泛应用，取得了良好的效果。为了保护油气层，减少环境污染，开展了"甲酸盐钻井完井液体系研究与应用"工作，不但通过室内研究确定了体系配方，还通过现场试验，形成了系统的现场施工工艺技术。室内研究和现场应用表明，该体系有利于保护油气层且有利于环保。

关键词　甲酸盐钻井液　无膨润土　低固相钻井液

在钻井施工中钻遇易塌泥岩地层时，常用的钻井液防塌措施主要有：通过提高密度，使钻井液液柱压力大于井壁坍塌压力，保证井眼力学稳定；通过提高钻井液的抑制性，增强钻井液的化学防塌能力，防止泥岩地层井壁因吸水膨胀而坍塌。但从保护油气层的角度出发，降低密度有利于油层保护，这就产生了保护油气层与稳定井壁之间的矛盾。为了解决钻井安全和保护油气层之间的矛盾，我们研究出了甲酸盐钻井液体系，通过 25 口井的现场试验，取得了预期的效果，较好地解决了这对矛盾。

甲酸盐钻井液是国际泥浆界公认的低毒、高效型钻井液体系，国外用它已完成了多口高难度井施工。我们所研制的甲酸盐钻井液是由提黏剂、降滤失剂、井壁保护剂、辅助抑制剂和甲酸盐等组成的无膨润土低固相钻井液体系，根据需要，还可加入消泡剂、水基润滑剂等处理剂。

一、甲酸盐钻井液的特性及机理

1. 甲酸盐钻井液特性

甲酸盐钻井液中的甲酸盐为有机盐，与其他钻井液用无机盐如 KCl、K_2SO_4、$CaCl_2$ 和 $NaCl$ 等相比，具有很多优越性。它克服了无机盐的不足，能有效抑制粘土水化膨胀，其溶解度大，甲酸钠的盐水密度为 $1.35g/cm^3$，甲酸钾的盐水密度高达 $1.60g/cm^3$ 左右；甲酸根 $HCOO^-$ 与地层水配伍性良好，与 Ca^{2+}、Mg^{2+} 等高价离子的生成物可溶；甲酸盐对钻具和套管的腐蚀性小，K^+ 含量达 $10000mg/L$ 的甲酸盐钻井液对管材的腐蚀速度为 $3.6mm/a$，而相同钾离子浓度的氯化钾钻井液腐蚀速度为 $13mm/a$；甲酸盐为有机盐，毒性低，甲酸根可生物降解，对环境污染小。

无膨润土甲酸盐钻井液固相含量低，井壁泥饼薄，对地层伤害小，渗透率恢复值高，保护油气层效果好；钻井液性能稳定，易于维护；抑制防塌能力能，有利于井壁稳定；钻井液流变性好，有利于固控设备的使用和降低泥浆泵循环压力；对环境污染小。由于钻井液中的大部分处理剂实际上也是有机盐类，因此甲酸盐与它们具有较好的配伍性，加入甲酸盐处理钻井液时，对钻井液性能影响较小，不会出现常见的加少量无机盐时，钻井液黏切力上升、失水增大等情况；加入量大时，有钻井液黏切力下降、失水增大等现象。

2. 作用机理

甲酸盐溶解后，电离出 K^+ 等离子，提高了钻井液液相矿化度，防止或降低了渗透水化，从而减少钻井液中的水向地层渗透的可能性，即使存在渗透的现象，渗透的距离也会小于一般钻井液。钾离子通过直接水化和离子交换吸附于带负电的粘土表面或嵌入黏土晶层。进入黏土晶层间的钾离子增多，在钾离子的镶嵌和静电引力的双重作用下，减少了水分子的进入，从而起到防塌和抑制效果。

甲酸钾有助于泥岩膜效率的提高，从而更有利于通过降低钻井液中自由水活度的方法使地层水向井眼反向渗透，促进井壁稳定。这说明甲酸盐体系在近平衡地层压力的情况下，滤液向地层渗透的距离可能非常短，还可能存在反渗透现象，因而，有较强的稳定井壁能力。甲酸根 $HCOO^-$ 是极性水化基团，体积较小，可以通过氢键力吸附在岩屑的表面，增加水化膜的厚度，防止黏土形成结构，从而使钻井液保持良好的流变性和稳定性，有利于岩屑的清除。

常规的钻井液体系存在膨润土，加重剂常常属惰性颗粒。膨润土水化形成的亚微米级颗粒和加重剂粒子很容易随钻井液的滤液进入地层，堵塞油气运移通道而伤害油气层。甲酸盐钻井液用水溶性的甲酸盐加重，配套处理剂几乎全部属于水溶性的，整个体系属无土体系，不会产生由体系带来的固相颗粒对油气层的伤害作用。体系中的处理剂（包括甲酸盐在内）抗污染能力极强，不会与地层中的离子产生沉淀而堵塞地层。在钻进中，岩屑侵入钻井液体系，由于体系具有较强的抑制黏土水化分散作用，因此，容易被固控设备清除。体系中亚微米级颗粒及固相含量低于常规钻井液体系，从而有利于保护油气层。

二、室 内 研 究

1. 单剂优选

降滤失剂的优选原则是：既能提高黏度，又能降低失水。根据优选原则，初步确定选用 XC 和增黏降滤失剂，失水实验结果见表1、表2。

表1 在 I♯ 聚合物溶液中降失水效果评价

序号	配　方	黏度 s	失水/泥饼 mL/mm	pH值
1	清水＋0.5％ I♯ 聚合物＋复合盐	17	33/0.2	9
2	清水＋0.5％ I♯ 聚合物＋复合盐＋0.1％XC	18		
3	清水＋0.5％ I♯ 聚合物＋复合盐＋0.2％XC	18	33/0.2	9
4	清水＋0.5％ I♯ 聚合物＋复合盐＋0.2％XC＋1％增粘降滤失剂	35	24/0.2	9
5	清水＋0.5％ I♯ 聚合物＋复合盐＋2％增粘降滤失剂	35	24/0.2	9
6	清水＋0.5％ I♯ 聚合物＋复合盐＋0.2％XC＋2％增粘降滤失剂	53	24/0.2	9

表2 在Ⅱ♯聚合物溶液中降失水效果评价

序号	配　方	黏度 s	失水/泥饼 mL/mm	pH值
1	清水 + 0.5％Ⅱ♯聚合物 + 复合盐	16.5	32/0.2	9
2	清水 + 0.5％Ⅱ♯聚合物 + 复合盐 + 0.1％XC	17		
3	清水 + 0.5％Ⅱ♯聚合物 + 复合盐 + 0.2％XC	17	32/0.2	9
4	清水 + 0.5％Ⅱ♯聚合物 + 复合盐 + 2％增粘降滤失剂	30	20.6/0.2	9
5	清水 + 0.5％Ⅱ♯聚合物 + 复合盐 + 0.2％XC + 2％增粘降滤失剂	46	20.6/0.2	9

实验表明：在Ⅰ井聚合物甲酸盐溶液和Ⅱ♯聚合物甲酸盐溶液中，XC的提粘降失水效果不明显，而增黏降滤失剂的提黏降失水效果明显；但从降失水效果分析，XC在Ⅱ♯聚合物中效果更突出。因此，在以下的实验中，确定增黏降滤失剂为主要提黏降失水剂，包被剂主要选用Ⅱ♯聚合物。

2. 甲酸盐钻井完井液配方优选实验

在确定甲酸盐钻井完井液基本组成单剂后，我们根据钻井完井液的现场施工特点和性能要求进行体系配方的优选实验，实验结果见表3。

表3 甲酸盐钻井完井液配方优选实验

黏度 s	失水/泥饼 mL/mm	pH 值	静切力 Pa/Pa	表现黏度 mPa·s	塑性黏度 mPa·s	动切力 Pa	备注
1♯：清水 + 0.5％Ⅱ♯聚合物 + 复合盐 + 1.5％增黏降滤失剂							
26	24/0.2	9	0/0	21.5	17	4.5	
2♯：清水 + 0.5％Ⅱ♯聚合物 + 复合盐 + 1.5％增黏降滤失剂 + 2％辅助降滤失剂							
26	21/0.2	9	0/0	26.5	21	5.5	
32	19/0.2	9	0/0	38	28	10.0	120℃×16h
3♯：清水 + 0.5％Ⅱ♯聚合物 + 复合盐 + 1.5％增黏降滤失剂 + 2％辅助降滤失剂 + 3％CaCO₃							
26	14/0.2	9	0/0	27	22	5.0	
29	12.4/0.2	9	0/0.5	32.5	27	5.5	120℃×16h
4♯：清水 + 0.5％Ⅱ♯聚合物 + 复合盐 + 1.5％增黏降滤失剂 + 2％辅助降滤失剂 + 2％SAS + 3％CaCO₃							
26	14/0.2	9	0/0	28	23	5.0	
29	12/0.2	9	0/0.5	31.5	26	5.5	120℃×16h

实验结果表明：Ⅱ♯聚合物、增黏降滤失剂和辅助降滤失剂复配降失水效果更明显。3♯配方和4♯配方性能相当，但3♯配方所用处理剂更简便，成本较低，所以选择3♯为最优配方。

3. 加重实验

1）甲酸盐加重实验

根据资料介绍，用甲酸盐加重，钻井完井液最高密度可加重至 1.60g/cm³ 左右。为了验证这一说法，进行了加重实验。实验表明：用甲酸盐加重至 1.50g/cm³ 后再增加甲酸盐的量，出现甲酸盐结晶。这说明，用甲酸盐可以加重至 1.50g/cm³ 左右，此时钻井液的性能比低密度时更优越。

2）重晶石加重实验

由于甲酸盐本身密度只有 1.90g/cm³ 左右，现场施工时一旦钻遇高压油气层、水层，或因钻井液密度太低而发生井涌、井喷等情况需要快速加重时，仅靠甲酸盐提高密度是不能满足现场实际需要的，因此，必须研究一种快速加重的方法。实验采用重晶石加重。实验表明：如果直接在甲酸盐钻井液中加入重晶石，其悬浮能力不能满足体系沉降稳定的需要，只有增加体系的膨润土含量后，才能用重晶石加重。混入适量预水化膨润土浆，用重晶石加重不会造成体系性能的破坏。一般说来，混入重晶石 20%～40% 后，能把密度提到 1.40g/cm³，其悬浮能力能满足现场施工需要。

4. 稀释剂优选实验

甲酸盐钻井液为无膨润土低固相体系，与有固相体系相比，它对固控设备要求更高。在实际生产中，经常出现固控设备对钻屑的清除能力不能满足快速钻井需要的情况，致使钻井液中固相含量增加，体系性能变坏。为了稳定体系性能，除加强对固控设备的使用管理外，还必须优选一种有效的稀释剂，以完善整个体系。

按照优选出的甲酸盐钻井液配方配制密度为 1.20g/cm³ 左右甲酸盐钻井液，然后用土粉污染（目的是为了提粘，模仿上部地层造浆），再用稀释剂进行性能恢复处理，根据恢复效果优选稀释剂。实验表明：Ⅰ♯稀释剂对被污染的甲酸盐钻井液基本无降黏作用，Ⅱ♯稀释剂效果较好。因此，选择Ⅱ井稀释剂作为甲酸盐体系的配套稀释剂。

5. 甲酸盐钻井液体系综合评价实验

1）油气层保护评价实验

实验用钻井液为按配方室内配制，所用岩心为冀东油田 L29－3 井 2 井、9 井岩心，实验用仪器是静态岩心流动实验仪和动失水仪，用岩心流动实验仪测污染前后的岩心渗透率，用动失水仪对岩心进行污染，污染条件为：压力 3.5MPa，速度梯度 300s⁻¹，污染时间 2h，实验评价结果见表 4。

表 4　甲酸盐体系渗透率恢复值实验

岩心号	K_a mD	孔隙度 %	K_o mD	K_d mD	恢复值 %	井深 m
L29－3 井 2 井	10.6	14.6	5.5	4.55	92.7	3034.06
截去 1.2cm	—	—	—	5.26	97.1	
L29－3 井 9 井	21.4	18.2	10	8.68	88.6	3048.55
截去 1.2cm	—	—	—	9.81	98.1	

结果表明：油层渗透率恢复值达 90% 以上，在污染断截去 1.2cm 后渗透率恢复值达到 95% 以上，这说明甲酸盐体系对油气层具有良好的保护效果。

2）污染实验

（1）岩心粉污染实验。钻井施工过程中，如果固控设备配备效果差或固控设备能力不能满足施工需要等都会造成钻井液中有害固相增加，这就要求体系具有较强抗固相污染能力，以保持体系性能稳定。按所优选配方配制钻井完井液作为实验用基浆，加入港 205－1

井明化镇岩心粉进行污染实验，实验结果见表5。

实验表明：当体系中混入20%的岩心粉时，体系黏度、密度上升，滤失量降低；当污染岩心粉达到30%～40%时，体系密度、黏度进一步升高，滤失量进一步降低，但性能仍然可以接受。这表明钻井液抗固相污染能力强。

表5 岩心污染实验结果

密度 g/cm³	粘度 s	失水/泥饼 mL/mm	pH 值	静切力 Pa/Pa	表观黏度 mPa·s	塑性黏度 mPa·s	动切力 Pa	回收率 %	备注
1#：基浆									
1.22	26	14/0.2	9	0/0	27	22	5		
1.22	29	12.4/0.2	9	0/0.5	32.5	27	5.5	95	120℃×16h
2#：1#+10%岩心粉									
1.25	41	11.8/0.2	9	0.5/1	46	33	13		
3#：1#+20%岩心粉									
1.28	44	10.6/0.2	9	0.5/1	52	36	16		
1.28	38	11/0.5	9	0.5/1	48	36	12		120℃×16h
4#：1#+30%岩心粉									
1.31	49	9.8/0.2	9	1/1.5	58	40	18		
1.31	42	9.8/0.5	0	0.5/1.5	53	39	14		120℃×16h
5#：1#+40%岩心粉									
1.34	55	9/0.5	9	1.5/2	73	52	21		
1.34	50	9/0.5	9	1/1.5	61	45	16		120℃×16h

（2）抗盐污染实验。在现场施工中，经常会遇到钻石膏层、钻水泥塞等情况，石膏和水泥中的Ca^{2+}会对钻井液造成污染，这就要求钻井液必须眉一定的抗钙能力。在甲酸盐钻井液中加入$CaCl_2$，对甲酸盐钻井液进行抗污染能力实验，实验结果见表6。

表6 CaCl₂污染评价

密度 g/cm³	黏度 s	失水/泥饼 mL/mm	pH 值	GEL Pa	AV mPa·s	PV mPa·s	YP Pa	备注
1#：基浆								
1.22	40	8/0.2	9	0/1	41	30	11	
2#：1井+5%CaCl₂								
1.22	35	7/0.2	9	0/1	38.5	29	9.5	
1.22	32.5	8.8/0.2	9	0.5/1	35.5	26	9.5	120℃×16h
3#：1井+10%CaCl₂								
1.24	24	9.6/0.2	9	0/0	20.5	17	3.5	
1.24	31	11/0.2	9	0.5/1	32.5	25	7.5	120℃×16h

结果表明：甲酸盐钻井液中加入5%$CaCl_2$后性能基本无变化，加入10%$CaCl_2$后体系黏度降低，失水增大，但其抗钙污染能力完全能满足钻石膏层和水泥塞的需要。

三、甲酸盐钻井液现场应用

甲酸盐钻井液在大港油田进行了 25 口井的现场应用，其中二开井 17 口，三开井 8 口，取得了较好的效果，达到了预期的目的，基本形成了甲酸盐钻井液现场工艺技术，概括如下。

1. 现场配制工艺

（1）配制前根据井眼容积和地面循环罐容积准备甲酸盐钻井液所需处理剂，检查配浆用混合漏斗及配套设施，确保完好，做好配浆准备。

（2）清洗循环罐、泥浆循环槽，然后在罐内注入清水，开泵将套管内钻井液一次或逐段替净（测试清水密度为 $1.00g/cm^3$），最后根据情况补充罐内水量，确保钻井液配制质量和数量。

（3）从混合漏斗缓慢加入配浆所需处理剂，加入顺序为：根据现场钻井液体积先加入包被抑制剂，然后加入提黏降滤失剂，再加入辅助降滤失剂和细目碳酸钙，用甲酸盐加重至所需密度，最后再用提黏降滤失剂和辅助降滤失剂调整钻井液黏度和失水，用片碱调整体系的 pH 值为 8～9，如果泡沫较多，可加消泡剂消除体系表面泡沫。加料时最好保证钻具在套管内循环钻井液，确保所配钻井液性能均匀，药品溶解完全，避免未溶处理剂"鱼眼"堵钻头水眼或泵滤网。

2. 现场维护

（1）根据钻井速度和体系性能按配浆比例补充包被抑制剂胶液，从漏斗加入提黏降滤失剂和辅助降滤失剂，钻进时定期检测甲酸盐含量，及时补充所消耗的甲酸盐，保证体系性能稳定。

（2）需要提高密度时直接用甲酸盐加重，同时根据需要补充相应处理剂。当需要提高体系黏度、降低失水、增强絮凝包被能力时，可分别加入提粘降滤失剂、辅助降滤失剂和包被抑制剂，以达到相应的目的。

（3）对于定向井，钻进过程中可根据需要加入水基润滑剂等降低摩阻，防止卡钻。

（4）钻石膏层或水泥塞时，不需加入纯碱等处理剂，体系性能基本不受影响。

3. 配套要求

（1）循环系统：开钻前按科学打井的有关规定安装好循环系统，使之能满足堵漏、压井和段塞洗井等特殊施工作业的要求，循环系统要求配备 4 个容积为 $30m^3$ 的循环罐，两个容积为 $40m^3$ 储备罐。

（2）固控设备：要求配备 2 台高效震动筛，所用筛布孔径越小越好，一般不能低于 80 目，除砂器、除泥器运转正常，离心机性能良好，处理量 $80m^3/h$。安装布局科学，确保使用时间和效果。

（3）其他配套工程措施按一般钻井液要求执行。

四、应用效果评价

累计完成了 25 口井的现场应用，取得了预期的效果，试验井综合情况见表 7。

表7 甲酸盐钻井液应用井综合统计

井号	井型	井别	井深 m	使用井段 m	密度 g/cm³	平均井径扩大率 %	事故复杂	备注
家 45-15	定向井	生产井	2213	1695～2213	1.12～1.14	6.94	无	
庄海 1×1	定向井	预探井	2088	823～2088	1.03～1.12	11.51	无	
家 45-13	定向井	生产井	2191	1667～2191	1.05～1.11	2.91	撞套管	
港 508-5	定向井	生产井	3020	1600～3020	1.08～1.12	6.38	无	
家 43-15	定向井	生产井	2153	356～2153	1.05～1.12	5.78	无	
家 45-11	直井	生产井	2141	220～2141	1.03～1.13	5.97	无	
官 86-14	直井	生产井	2805	285～2805	1.09～1.18	4.60	无	
官 92-10	直井	生产井	2822	1768～2822	1.05～1.18	6.10	无	
港 508-6	定向井	生产井	3170	1690～3170	1.05～1.10	3.60	无	
官 82-16	直井	生产井	2803	281～2803	1.05～1.23	5.40	侧钻	
官 96-10	直井	生产井	2805	2709～2805	1.18	4.32	无	
庄海 4×1	定向井	预探井	2346	838～2346	1.08～1.12	6.50	无	
庄海 4×2	定向井	评价井	2007	970～2007	1.09～1.12	10.10	无	
港 508-12	定向井	生产井	3125	1303～3125	1.05～1.10	4.40	无	
庄海 3×1	定向井	预探井	3127	2512～3121	1.08～1.09	未测	无	
枣 81×1	定向井	预探井	2839	1732～2839	1.10～1.15	7.85	无	
官 8-9K	侧钻井	生产井	2125	1528～2125	1.04～1.20	0.14	无	
枣 81-18	定向井	生产井	1687	1486～1687	1.13～1.16	7.85	无	
港 5-69-1	定向井	生产井	1805	1265～1805	1.04～1.20	4.27	无	
管 4-11	定向井	开发井	956	247～956	1.02～1.08	2.23	无	
管 7×1	定向井	预探井	1011	239～1011	1.05～1.08	8.11	无	
管 4-P1	水平井	开发井	1176	297～1011	1.08～1.12	2.77	无	
庄海 9×1	定向井	预探井	1853	483～1853	1.07～1.09	1.65	无	
庄海 9×2	定向井	预探井	1868	528～1868	1.08	2.78	无	
庄海 9×3	定向井	预探井	2479	499～2479	1.08	2.05	无	

试验表明：甲酸盐钻井液性能稳定，抗污染能力强，润滑性好，防塌效果好，有利于发现和保护油气层，有利于提高固井质量。

1. 有利于发现和保护油气层

甲酸盐钻井液是采和可溶的甲酸盐加重，体系组成中无膨润土，惰性固相含量低，抑制防塌能力强，可用较低的钻井液密度解决井壁稳定问题，甲酸根的二价盐无沉淀，与油气层流体配伍性好，因此，有利于发现油气层，对油气层保护效果好。目前所完成的试验井中港 508-6 井在馆陶组和东一段发现良好油气显示。本井完钻后对东三段油层进行试油，用 6mm 喷嘴求产，日产油 47.4t/d、天然气 26194m³/d。邻井在东三段试油，6mm 喷嘴产油 50.9t/d，产气 9649m³/d。庄海 1×1 井在沙三段发现良好油气显示，完井后试油日产为 20.5t。官 82-16 井发现良好油气显示，日产油 24.1t/d，而其邻井官 90-12 井、官 88-12 井产油分别为 2.06t/d、1.68t/d。试验井港 5-69-1 井也发现较好油气显示，日产油 19.4t/d，而其邻井港 5-69-2 井产油为零。庄海 4×1 井在沙三段发现良好油气显示，完井后试油日产为 136.46t/d，庄海 4×2 井在沙三段也发现良好油气显示，完井后试油日产为 79.2t/d。

2. 抑制防塌能力强

使用甲酸盐钻井液的 25 口试验井的平均井径扩大率为 5.18%，其中最大单井平均井径扩大率也仅为 11.51%。在这 25 口井中除王 44 区块的外，其余存在邻井的试验井，其所用钻井液密度都低于邻井，井径扩大率也比邻井低，这表明甲酸盐钻井液抑制防塌能力比其他体系强。对于王 44 区块，由于存在玄武岩，其特性与砂岩、泥岩地层不同，它是火成岩，微裂缝发育，硬而脆。因此，仅靠提高钻井液的抑制性不能满足其防塌的需要，还要求钻井液具有良好的造壁性，尽量减少滤液进入地层，防止其强度降低，而目前所用的甲酸盐钻井液在这方面有所欠缺，因此，在本区块出现异常现象。

3. 有利于提高机械钻井速度

甲酸盐体系属无膨润土体系，瞬时失水较高，这对提高钻速非常有利。甲酸盐体系属于聚合物钻井液范畴，其惰性固相含量低，黏度低，有利于降低环空压耗，提高水马力，增加破岩效率。钻井液密度低，减少压持效应，从而有利于提高钻井机械钻速。表 8 列出了在相似条件下实施甲酸盐体系与采用其他体系的邻井，其钻井周期对比情况，表 9 例举了同区块、相同地层、相似井段、使用不同钻井液的邻井的机械钻速统计。表 8、表 9 数据表明，甲酸盐钻井液有利于提高钻井机械钻速。

表 8　相似条件下钻井周期对比

井号	井深 m	井别	井型	钻井液类型	钻井周期 d	备注
港 508-5	3020	生产井	定向井	甲酸盐	21.17	三开
港 508-12	3125	生产井	定向井	甲酸盐	18.63	三开
港 508-4	3061	生产井	定向井	钾聚合物	22.29	三开
家 45-11	2141	生产井	直井	甲酸盐	9.04	二开
家 45-7	2122	生产井	直井	抑制性	16.99	二开
家 45-21	2222	生产井	定向井	抑制性	16.79	二开
家 43-15	2153	生产井	定向井	甲酸盐	13.25	二开
官 86-14	2805	生产井	直井	甲酸盐	16.20	二开
官 84-14	2801	生产井	直井	聚合醇	19.40	二开
官 92-10	2822	生产井	定向井	甲酸盐	29.63	三开
官 97-8	2820	生产井	直井	抑制性	28.00	二开

表 9　不同井段机械钻速比较

井号	钻井液类型	钻具组合	井段 m	地层	平均机械钻速，m/h
港 508-6	甲酸盐	H517+稳斜钻具	2162~2392	馆陶底	19.7
港 508-7	钾盐聚合物	H517+导向马达	1630~2374	明化、馆陶	19.67
港 508-4	钾盐聚合物	H517+稳斜钻具	2225~2401	馆陶	10.4
港 508-6	甲酸盐	PDC+导向马达	2392~2900	东一、东二、东三	12.9
港 508-4	钾盐聚合物	PDC+导向马达	2401~3061	东一、东二、东三、沙一上	14.69
港 508-7	钾盐聚合物	PDC+导向马达	2486~2704	东一、东二	6.35
港 508-7	钾盐聚合物	PDC+导向马达	2704~3127	东三、沙一上	11.64
家 45-15	甲酸盐	H517+稳斜钻具	2127~2213	孔二	7.73
家 41-23	抑制性泥浆	H517+稳斜钻具	1986~2141	孔一底、孔二	6.59
家 45-17	抑制性泥浆	H517+稳斜钻具	2154~2258	孔二	4.95

4. 有利于提高固井质量

从表 7 可知：在 25 口试验井中，除庄海 1×1 井和庄海 4×2 井平均井径扩大率超过 10%以外，其余井井径均小于 10%，试验井平均井径扩大率为 5.18%，这表明试验井井径非常规则。尽管甲酸盐体系的滤失量较常规钻井液体系稍大，但由于其属无膨润土体系，在井壁形成泥饼薄，没有虚泥饼，这非常有利于固井质量的提高。在 25 口井中，除港 508-6 井、官 96-10 井固井质量合格外，其他井固井质量皆为优质。

5. 性能稳定，抗污染能力强

通过甲酸盐钻井液在 5 个区块 25 口井上的应用表明：该钻井液体系具有性能稳定、维护简单、井壁稳定性强、井眼清洁通畅、抑制泥岩水化分散效果好等优点。钻进中，漏斗黏度波动值在 2s 以内，特别在起下钻和电测等情况下静止 10~30h 后，其黏度增加值仅为 2~3s，切力几乎无变化，下钻开泵第一循环周返出的钻井液漏斗黏度与起钻时基本相同。在钻水泥塞和石膏层时，不需要对钻井液进行防钙侵处理，而钻井液性能几乎无任何变化，这说明该钻井液体系抗钙污染能力强。

6. 润滑性好

甲酸盐钻井液是低固相体系，以可溶的甲酸盐加重，其它处理剂为聚合物类，体系本身具有较小的摩阻系数，钻进中即使有岩屑侵入，固相含量仍然较低，因此，体系摩阻较小。在实际测量摩阻时需要注意的是：根据理论推导，7.5min 失水的二倍与测量 30min 的失水量应相同。但实际并非完全如此，特别对于甲酸盐这类无土相钻井液体系，其固相低，瞬时失水较大，形成泥饼非常薄，因此，将测量 30min 失水形成的泥饼用于测量摩阻，能更真实地反映甲酸盐钻井液的润滑性。实践表明，在固相含量为 2%~8%的情况下，所有用甲酸盐钻井液的井的滤饼摩阻系数均小于 0.10，在钻进中未出现转盘扭矩增加、起下钻具附加阻力大的现象。

五、认识与建议

（1）甲酸盐钻井液抗污染能力强、性能稳定、维护简单、抑制防塌能力强，能较好地解决油层保护与井壁稳定的矛盾。

（2）甲酸盐钻井液是无膨润土相体系，固相含量低，其滤液与地层流体配伍性强，有利于发现和保护油气层。

（3）甲酸盐钻井液体系摩阻低，固相含量低，剪切稀释性强，有利于降低循环压耗，充分发挥水马力，增强水力破岩作用，提高钻井速度。

（4）甲酸盐钻井液泥饼薄，有利于提高固井质量。

（5）甲酸盐钻井液对钻具、套管等的腐蚀小，对环境污染小。

（6）甲酸盐钻井液配制成本高，维护成本较低，建议研究解决重复利用问题，体系对固控设备要求高，现场必须配齐处理量适宜且保证使用效率的四级固控设备。

（7）甲酸盐钻井液成本高，其最大优越性是保护油气层效果好，建议在目的层井段使用。如果因环保问题必须在上部地层井段使用，建议配齐并使用好固控设备。

参 考 文 献

［1］汪小兰．有机化学．北京：人民教育出版社．1979
［2］周光正等．甲酸盐钻井液在大港油田的应用．钻井液与完井液．2001（2）

东秋 8 井下尾管高密度油基防卡钻井液研究与应用

安文华 王书琪 贺文廷 何 涛 赵善波 王泽华 李海霞 王庆华 夏小林
（塔里木油田分公司）

摘 要 东秋 8 井是塔里木油田的一口重点预探井，设计井深 5460m，该井在 $\phi149.2mm$ 井段的钻井过程中因砂岩层渗透性好、油气层压力高等原因，发生了多次井漏、溢流和粘附卡钻的复杂情况和事故，其中卡钻事故损失时间长，解除困难，因此决定提前下入尾管。通过研究分析，在原井浆性能较好，没有改良潜力的情况下，决定使用高密度油基钻井液规避下尾管卡钻的施工风险，室内攻关提出了配方和现场施工方案，在现场应用取得成功，以较小的经济代价规避了较大的施工风险。

关键词 油基钻井液 高密度 深井 尾管 防卡

东秋 8 井是塔里木盆地库车坳陷秋里塔克构造带库车塔吾构造高点西北上的一口重点预探井，设计井深 5460m。五开井段采用 $\phi149.2m$ 钻头自 4772m 钻达 5301m。使用多元醇 KCl 聚磺盐水钻井液，密度为 $2.10g/cm^3$ 左右摩阻系数 K_f 值为 0.0875，HTHTP 失水 6.2mL，泥饼厚度 2mm。地层主要岩性是砂岩，渗透性好，油气层压力系数高，差别大。钻井液密度低则易发生气侵，高则出现井漏。钻井过程中发生了 3 次压差粘附卡钻、3 次漏失和 1 次溢流事故或复杂，卡钻后事故解除难度大（最长一次处理时间长达 23d），造成了巨大的经济损失。由于继续钻进卡钻风险越来越大，决定在该井深下 $\phi127mm$ 尾管固井。

$\phi149.2mm$ 井段是该井的主要目的层段，有 7 个高压气层。$\phi127mm$ 尾管能否安全下至井底，并实现顺利固井，关系到气层测试以及钻探任务能否完成。为了避免下 $\phi127mm$ 尾管时出现粘卡等不安全事故，决定在下尾管前，在该井段 500m 裸眼内注入高密度油基防卡钻井液。

通过一个多月的室内研究，提出了适应于该苛刻条件深井段下尾管并进行固井作业的高密度油基钻井液配方和现场施工方案，在现场应用取得成功，取得了以较小经济成本规避较大施工风险的效果。

一、地 质 概 况

1. 实钻地质分层及岩性

东秋 8 井实钻地质分层及岩性见表 1

表 1 东秋 8 井实钻地质分层及岩性

地层	地质代号	底界井深，m	主要岩性描述
上第三系	N_{ij}	4250	褐色粉—细砂岩，泥质为主，间杂色砾岩
下第三系	E	5074	褐色含砾细砂岩，杂色砾岩为主
白垩系	K	实钻至 5301m 白垩系底界 5600m	褐色粉砂岩，中细砂岩为主夹泥岩粉砂岩

2. 油气显示

电测表明，该井存在下列油气层显示情况（表2）。

表2 东秋8井149.2mm井段油气层显示表

序号	井段，m	层位	岩性	综合解释
1	4876~4877	E	浅褐色泥质粉砂岩	差气层
2	5018~5019	E	灰色白云质灰岩	差气层
3	5042~5068	E	浅褐色细砂岩	气层
4	5020~5021	E	浅灰色灰岩	差气层
5	5074~5076	K	浅褐色细砂岩	气层
6	5077~5081	K	浅褐色细砂岩	气层
7	5090~5105	K	浅褐色细砂岩	气层

3. 井底温度

电测表明，该井5250m处温度为124℃，推算5301m静止温度是125℃。

二、工 程 问 题

1. 基础数据

（1）井身结构

东秋8井井身结构图见图1。

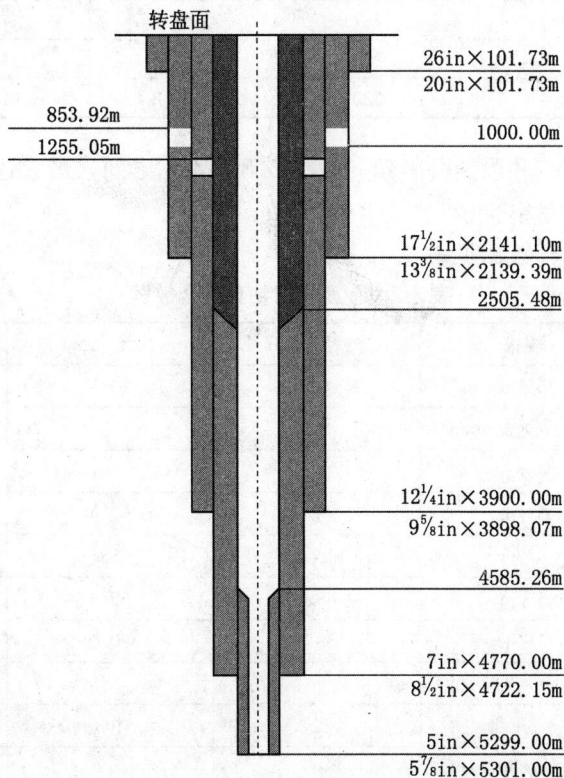

图1 东秋8井井身结构示意图

（2）电测井径。

电测井径数据见表 3。

表 3　东秋 8 井 149.2mm 井段电测井径数据

井段，m	井径，mm	井段，m	井径，mm
4770～4790	254.0	4875～5100	160.0
4790～4820	304.8	5100～5225	152.4
4820～4875	215.9	5225～5250	157.3
裸眼段平均井径，mm		166.5	

从表 3 中数据可以看出，该段实际井径呈扩径状态，最大井径为 304.8mm，只在个别位置呈缩径状态，但缩径不大（147.3mm）。

（3）电测井斜和方位。

电测井斜和方位数据见表 4。

表 4　东秋 8 井 149.2mm 井段电测井斜方位数据

井深，m	井斜（°）	方位（°）	井深，m	井斜（°）	方位（°）
4789.3	3.7	232	4989.6	5.1	220
4814.3	3.8	229	5014.6	4.8	223
4839.4	2.5	223	5039.6	4.8	223
4864.4	3.1	223	5064.7	4.6	225
4889.4	3.8	215	5089.7	4.5	226
4914.5	4.4	217	5114.7	4.0	229
4939.5	5.2	223	5139.8	4.0	223
4964.5	5.4	222	5164.8	4.4	228

表 4 中数据表明，该井段的井斜角一般在 3.8°～4.8°之间，最大达到 5.4°。

（4）发生阻卡时钻具组合。

发生卡钻时钻具组合数据见表 5。

表 5　发生阻卡时钻具组合数据

名称	规格	外径，mm	内径，mm	段长，m
钻头	5⅞in	149.2	—	0.26
接头	330mm×310mm	128	55	0.62
钻铤	4¾in	120.65	50	53.5
加重钻杆	3½in	88.9	52.4	119.82
随钻震击器	4¾in	120.65	58	9.84
加重钻杆	3½in	88.9	52.4	119.15
钻杆	3½in	88.9	70.2	2739.44
接头	311mm×410mm	—	55	0.52
钻杆	5in	127	108	2248.36
方保接头	411mm×410mm	—	—	0.5
下旋塞	5in	175	75	0.47

（5）钻井液及其性能。

该井 ϕ149.2mm 井段采用了多元醇 KCl 聚磺盐水钻井液体系，表 6 是钻达井深 5301m 时的钻井液性能。

表 6　东秋 8 井 149.2mm 井段钻井液性能

密度，g/cm³	2.10	漏斗黏度，s	62
表观黏度，mPa·s	89.5	塑性黏度，mPa·s	72
屈服值，Pa	17.5	静切力，Pa	4/9.5
高温高压失水/泥饼，mL/mm	6.2/2	滤失量/泥饼，mL/mm	1/0.5
固相体积含量，%	38	摩阻系数	0.0875
含砂量（体积含量），%	0.24	油/水体积含量，%	7.5/54.5
pH 值	9	BE，g/L	17.5
滤液 Cl⁻，mg/L	76800	滤液 Ca²⁺，mg/L	390

表 6 中数据表明，该井段钻井液流变性很好，滤失量小，泥饼薄，润滑性好。

2.149.2mm 井段溢流井漏和阻卡情况

（1）溢流情况。

该井 2002 年 6 月 6 日取心钻进至井深 5045.37m，起钻中出现溢流 1.4m³。经过加重，钻井液密度由 2.08 上升到 2.22g/cm³，节流循环压井成功。

（2）井漏情况。

在 5⅞in 井段进行钻井作业时，钻井液密度为 2.14～2.20g/cm³，发生过多次漏失。

钻进至 4876.41～4876.60m 井段，漏失钻井液 1.2m³（密度 2.20g/cm³），漏速 4.8m³/h。钻进至井深 4876.74m 漏失钻井液 7.2m³ 漏速 28.8m³；降排量（9L/s 下降到 2.6L/s）循环观察，漏失钻井液 13.4m³，漏速 13.4m³/h；提排量（2.6L/S 上升到 6.5L/s）循环观察不漏；再提排量（6.5L/s 上升到 8.4L/s）循环观察，漏失钻井液 3.6m³，漏速 7.2m³/h；降密度（2.20g/cm³ 下降到 2.18g/cm³）降排量（8.4L/s 下降到 6.5L/s）循环观察不漏，返出岩屑为浅褐色泥质粉砂岩。

钻进至井段 4924.87～4927.00m，漏失密度 2.14g/m³ 的钻井液 10m³。

钻进至 5018.00～5018.55m 井段，漏失密度 2.08g/m³ 的钻井液 14.5m³，密度 2.08g/cm³ 下降到 2.05g/m³ 循环观察，不漏，返出岩屑为浅灰色白云质灰岩，泵入钻井液 14.0m³。

钻进至 5018.55～5022.50m 井段，漏失钻井液 5.6m³，漏速 0.9m³/h，密度 2.08cm³，返出岩屑为浅灰色灰岩。

钻至井深 5260.5m，钻井液密度 2.12g/cm³，漏速 3m³/h，降排量 8L/s 到 5L/s，漏速 4m³/h，后静止堵漏成功。

7 月 26 日循环活动钻具过程中发生漏失，有进无出，打入堵漏浆堵漏成功，钻井液密度 2.14g/cm³。

（3）阻卡情况。

2002 年 6 月 15 日，钻至井深 5105.11m 接单根卡钻，活动钻具无效后，泡解卡剂解卡。6 月 27 日钻至井深 5176m，上提至井深 5155.89m，甩单根卡钻。活动钻具，泡 3 次解卡剂解卡。7 月 22 日，钻进至井深 5301m，准备进行 ϕ127mm 尾管固井作业。7 月 26 日在下钻通井循环钻井液时井漏，上提活动钻具发生卡钻，泡6次解卡剂未能解卡，最后倒扭时震开。

从以上一系列数据和发生的复杂事故情况可以看出，工程上主要问题是：钻井液密度高则发生井漏，稍低则发生井涌，钻井液的安全密度窗口窄，且易发生卡钻事故。下套管固井极有发生卡死套管的可能。

三、技 术 难 点

1. 阻卡原因分析

（1）钻井过程中发生的阻卡原因分析。

综合分析上述井径、井斜、钻井液性能等数据，可以认为，本井 ϕ149.2mm 井段发生粘卡的主要原因有以下几方面。

①地层物性好，钻井液密度高，在井壁形成厚泥饼，易造成压差卡钻。529m 裸眼中，砂岩段211m，大部分砂岩地层孔隙度在 17%～19%，渗透性好，多为含气水层。由于井径（大部分为 ϕ149mm）小，管柱与井壁之间环空间隙小，泥饼易粘附管柱。

②钻井液的润滑性能虽然较好，但仍不能满足井下要求。

③在 4825～5225m，最大井斜角为 4.8°，管柱在裸眼内静止后必然紧贴井壁，在钻井液液柱与地层之间存在压差的情况下，极易发生粘附卡钻。

（2）管柱在 ϕ149.2mm 裸眼内阻卡原因的分析研究。

管柱在 ϕ149.2mm 裸眼内靠壁后的情况可作如下计算分析：

假设井眼规则，井径为 ϕ149.2mm，钻具靠井壁后，可以利用三角函数的对应关系，推导出因管柱半径 r 和泥饼厚度 k 变化时，对应靠壁段弧长的变化趋势，从而可推导出钻具提升阻力的变化趋势，进而预测管柱发生粘卡的可能性管柱。

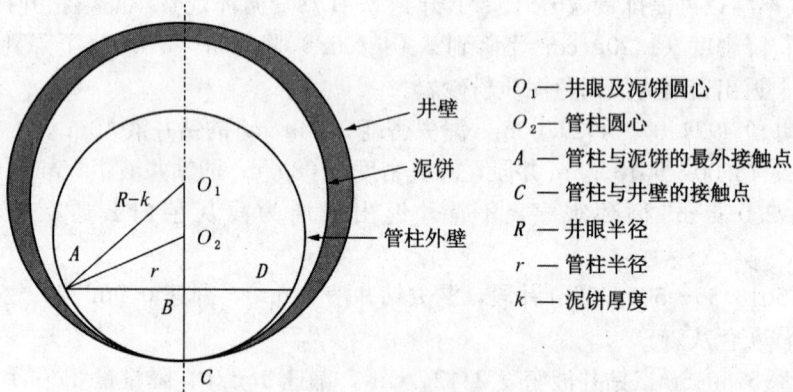

O_1 — 井眼及泥饼圆心
O_2 — 管柱圆心
A — 管柱与泥饼的最外接触点
C — 管柱与井壁的接触点
R — 井眼半径
r — 管柱半径
k — 泥饼厚度

图 2　管柱在裸眼中偏心示意图

从图2可推导出管柱进入泥饼的靠壁段弧长 ACD（L）

$$L_{ACD} = 2 \times r \times \angle AO_2C(\angle AO_2C \text{以弧度表示})$$

从上式可看出，靠壁段弧长与管柱半径成正比。表4和图3是按上述公式计算的在不同泥饼厚度下，ϕ120.65mm 钻铤和 ϕ127mm 尾管在 ϕ149.2mm 井眼内靠壁后的粘附弧长（L）。

— 156 —

表7 不同管柱不同泥饼厚度泥饼粘附弧长对应值

泥饼厚，m \ 弧长	管柱为 ϕ120.65mm 钻铤 弧长 l_1，mm	管柱为 ϕ127mm 尾管 弧长 l_2，mm	弧长比 (l_2/l_1)
2	72	83	1.15
4	103	120	1.17
6	127	149	1.17
8	148	174	1.18
10	167	198	1.19

表7和图2表明，在泥饼厚度相同的情况下，随管柱外径的增大，泥饼粘附管柱弧长不断增加，ϕ127mm 尾管的泥饼粘附弧长总是大于 ϕ120.65mm 钻铤的粘附弧长；在管柱外径一定的情况下，随泥饼厚度的增加，泥饼粘附管柱弧长不断增加。

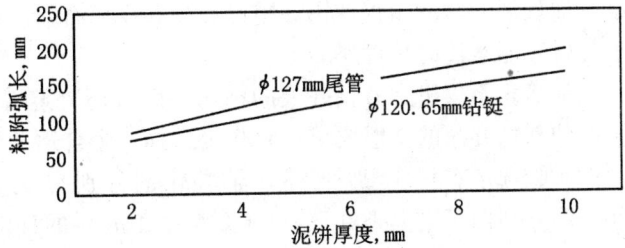

图3 不同泥饼厚度下 ϕ120.65mm 钻铤和 ϕ127mm 尾管粘附弧长

根据钻具提升阻力计算公式：

$$F = K_f \times A \times \Delta p$$

式中　K_f——为泥饼摩阻系数；

　　　A——为管柱与井壁的接触面积；

　　　Δp——为压差。

也可以得出 ϕ127mm 尾管发生粘卡的几率一定大于 ϕ120.65mm 钻铤发生粘卡的几率的结论。

2. 技术难点

鉴于钻进过程中发生过多次粘卡，且粘卡后解卡难度很大，要保证 ϕ127mm 尾管顺利下至井底，在其他因素不容易改变的情况下，必须改进钻井液性能。即：一是从严控制钻井液高温高压滤失量，降低泥饼厚度，从而降低套管与井壁的接触面积；二是降低泥饼的摩阻系数。

从实际情况看，发生卡钻时，井浆的高温高压滤失量已很低，泥饼已较薄，润滑性已很好，降低井浆泥饼粘滞系数 K_f 的可能性已很小，降低其 HTHP 滤失量和泥饼厚度很难。为了保证下尾管施工顺利，在该井段泵入高密度油基钻井液作为防卡液，不仅可破坏原来井壁的泥饼，而且可在套管壁上形成一层油膜，大幅度降低泥饼的摩阻系数（可降至 0.04 以下），大大降低施工风险。

综合基础数据和现场情况，高密度油基防卡钻井液必须同时满足以下要求：

（1）密度要高，为 2.10g/cm³ 左右；

（2）滤失量尽可能低，泥饼要尽可能薄，高温高压滤失量要小于 10mL；

（3）高温高压下静置两天的时间内，性能要稳定，不能出现破乳严重、降黏、增稠、加重剂沉淀等现象；

（4）与原钻井液配伍生要好。

这就为油基钻井液提供了一系列的技术难题，为此展开了室内研究。

四、下尾管防阻卡钻井液技术

按照以上分析，在室内进行了一系列下尾管防阻卡高密度油基钻井液研究。

1. 东秋 8 井下尾管高密度油基钻井液室内研究

1）东秋 8 井下尾管高密度油基钻井液配方实验

油基钻井液一般是用柴油作为连续相，水为分散相，有机土和氧化沥青作增粘切、降滤失剂，主、辅乳化剂控制乳状液稳定性，生石灰提供 Ca^{2+}，控制 pH 值，加重剂调整密度。加重剂通常使用碳酸钙、重晶石粉和铁矿石粉。

（1）油水比的选择实验。

油水比不仅决定着钻井液的粘切，而且还决定着钻井液的稳定性。根据东秋 8 井对高密度油基钻井液的性能要求，首先要选择一个合适的油水比。

实验选定有机土 4%，主、辅乳化剂分别为 3% 和 2%，CaO 为 2%，油水比 0%～20%，分别做了室温条件下，130℃滚动 16h 后的性能测试实验，实验数据列于表 8、表 9（配浆搅拌速率为 8000r/min），搅拌时间 1h。

表 8 油水比对钻井液性能影响实验数据表（室温）

油水比	测温 ℃	密度 g/cm³	表观黏度 mPa·s	塑性黏度 mPa·s	动切力 Pa	静切力（初切/终切） Pa/Pa	滤失量/泥饼厚度 mL/mm	破乳电压 V
100：0	室温	0.88	14	12	2	0/0		1720
100：0	室温	2.10	141	92	49	10/20	9.2/3	1720
95：5	室温	0.89	41	22	19	3/7		1720
95：5	室温	2.10	太稠，无法测				8.9/2	1720
90：10	室温	0.90	43	23	20	3/5		1700
90：10	室温	2.10	太稠，无法测				6.6/2	1680
85：15	室温	0.905	50	24	26	4/7	4.0/1	1400
85：15	室温	2.10	太稠，无法测					1400
80：20	室温	0.91	61	29	32	5/7	2.8/1	1200

表 9 油水比对钻井液性能影响实验数据表（130℃滚动 16h 后）

油水比	测温 ℃	密度 g/cm³	表观黏度 mPa·s	塑性黏度 mPa·s	动切力 Pa	静切力（初切/终切） Pa/Pa	滤失量/泥饼厚度 mL/mm	破乳电压 V
100：0	50	2.10	太稠无法测			7/23	6/2	1240
95：5	39	2.10	94	86	8	1.5/4	1.2/0.5	1000
90：10	43	2.10	110	100	10	1.5/4	2.2/0.5	900
85：15	44	2.10	138	126	12	2/5	2.0/0.5	940

从实验结果可以看出，不同油水比的油基钻井液，随油水比降低粘切增大，破乳电压降低。水含量为零的油基钻井液，室温下粘切较低，破乳电压较高，130℃滚动 16h 后，粘

切增高，滤失量降低，破乳电压降低；加水以后，随油水比降低，室温下油基钻井液的表观黏度、塑性黏度、动切力、静切力增大，滤失量降低，130℃滚动16h后，粘切、滤失量、破乳电压都降低。总的来看，破乳电压在油水比为90：10以后降低幅度较大，稳定性变差，为使乳状液达到热稳定好、滤失量低、能够加重至高密度的要求，油水比选在95：5和90：10之间较为合适。

（2）有机土加量的选择实验。

实验油水比选为90：10，有机土加量选为3%～5%，其他材料加量和实验条件同实验1。实验数据列于表10、表11。

表10 有机土加量对高密度油基钻井液性能影响实验数据表（室温）

序号	有机土加量 %	测温 ℃	密度 g/cm³	表观黏度 mPa·s	塑性黏度 mPa·s	动切力 Pa	静切力（初切/终切） Pa/Pa	破乳电压 V
1	2	38	2.05	106	66	40	10/12	1720
2	3	38	2.05	117	76	41	10/15	1380
3	4	38	2.05	127	78	49	12/13	1280
4	5	38	2.05	147	80	67	15/15	1280

表11 有机土加量对高密度油基钻井液性能影响实验数据表（130℃滚动16h后）

序号	有机土加量 %	测温 ℃	密度 g/cm³	表观黏度 mPa·s	塑性黏度 mPa·s	动切力 Pa	静切力（初切/终切） Pa/Pa	滤失量/泥饼厚度 mL/mm	破乳电压 V
1	2	59	2.05	36	37	−1	0.5/1	8/1	1100
2	3	48	2.05	50	47	3	2/3.5	6.1/1	1100
3	4	50	2.05	59	52	7	4/6	1.7/0.5	1100
4	5	46	2.05	80	70	10	4/8	1.4/0.5	1100

从实验结果可以看出：随有机土加量的增加，钻井液的粘切增加，滤失量降低，破乳电压基本不变。从高密度钻井液较低的滤失量和较薄的泥饼及较低的粘切考虑，有机土加量选为4%比较合适。

（3）主乳化剂TU-1加量的选择实验。

实验油水比选为90：10，主乳化剂加量从1%至5%，有机土、辅助乳化剂、石灰加量及实验条件同实验1，实验数据及结果列于表12、表13。

表12 TU-1加量对高密度油基钻井液性能影响实验数据表（室温）

序号	TU-1加量 %	测温 ℃	密度 g/cm³	表观黏度 mPa·s	塑性黏度 mPa·s	动切力 Pa	静切力（初切/终切） Pa/Pa	破乳电压 V
1	1	35	2.05	101	72	29	11/12	1400
2	2	35	2.05	124	57	67	11/20	1740
3	3	35	2.05	139	78	61	13/26	1720
4	4	35	2.05	135	65	70	15/28	1740
5	5	35	2.05	无法测	无法测	无法测	15/40	1740

表13 TU-1加量对高密度油基钻井液性能影响实验数据表 (130℃滚动16h后)

序号	TU-1加量 %	测温 ℃	密度 g/cm³	表观黏度 mPa·s	塑性黏度 mPa·s	动切力 Pa	静切力(初切/终切) Pa/Pa	滤失量/泥饼厚度 mL/mm	破乳电压 V
1	1	55	2.05	70	59	11	4/6.5	9/2	1180
2	2	53	2.05	83	72	11	4/7	3.6/1	1180
3	3	46	2.05	90	79	11	4/7	1.2/0.5	1120
4	4	54	2.05	80	71	9	3.5/6	0.8/0.5	1140
5	5	50	2.05	84	77	7	2.5/5	0.6/0.2	1060

从实验结果可以看出，室温下，随TU-1加量增加油基钻井液表观黏度、动切力、静切力增加，塑性黏度变化不大，破乳电压在TU-1加量为1％到2％时增加，大于2％后变化不大。130℃滚动16h后，随TU-1加量的增加，高密度油基钻井液表观黏度、塑性黏度稍有增加，动切力和静切力在TU-1加量1％到3％时不变，加量大于3％后微降，滤失量随TU-1加量增加而降低。从性能稳定和低滤失量考虑，TU-1加量选为3％比较合适。

（4）辅助乳化剂TU-2加量的选择实验。

实验辅乳化剂加量从0％到3％，主乳化剂TU-2加量3％，其他材料加量及实验条件同实验3，实验数据列于表14、表15。

表14 TU-2加量对高密度油基钻井液性能影响实验数据表 (室温)

序号	TU-2加量 %	测温 ℃	密度 g/cm³	表观黏度 mPa·s	塑性黏度 mPa·s	动切力 Pa	静切力(初切/终切) Pa/Pa	破乳电压 V
1	0	35	2.15	87	58	29	9/10	680
2	1	35	2.12	108	65	43	10/14	1120
3	2	35	2.13	131	74	57	16/23	1120
4	4	35	2.13	137	105	32	13/24	1120

表15 TU-2加量对高密度油基钻井液性能影响实验数据表 (130℃滚动16h后)

序号	TU-2加量 %	测温 ℃	密度 g/cm³	表观黏度 mPa·s	塑性黏度 mPa·s	动切力 Pa	静切力(初切/终切) Pa/Pa	滤失量/泥饼厚度 mL/mm	破乳电压 V
1	0	42	2.15	67	59	8	3/5	8/2	1140
2	1	51	2.12	59	54	5	5/8	6.0/1	1100
3	2	46	2.13	64	59	5	3/4	1.8/0.5	1100
4	4	43	2.13	68	62	6	3/4	0.6/0.2	1140

从实验结果可以看出，室温下，随TU-2加量增加，钻井液表观黏度、塑性黏度、静切力增加，动切力稍有降低，不加TU-2时破乳电压较低，加后较高。130℃滚动16h后，随TU-2加量增加，表观黏度、塑性黏度稍增，动切力、静切力及破乳电压变化不大，滤失量降低。从热滚动后各项性能看，TU-2加量选为2％较为合适。

（5）CaO加量的选择实验。

实验取油水比95：5，生石灰加量0.5％到3％，TU-2加量2％，其他材料加量及实验条件同实验4，实验数据列于表16、表17。

表 16　CaO 加量对高密度油基钻井液性能影响实验数据表（室温）

序号	CaO 加量 %	测温 ℃	密度 g/cm³	表观黏度 mPa·s	塑性黏度 mPa·s	动切力 Pa	静切力（初切/终切） Pa/Pa	破乳电压 V
1	0.5	35	2.15	87	58	29	9/10	680
2	1	35	2.12	108	65	43	10/14	1120
3	2	35	2.13	131	74	57	16/23	1120
4	3	35	2.13	137	105	32	13/24	1120

表 17　CaO 加量对高密度油基钻井液性能影响实验数据表（130℃滚动 16h 后）

序号	CaO 加量 %	测温 ℃	密度 g/cm³	表观黏度 mPa·s	塑性黏度 mPa·s	动切力 Pa	静切力（初切/终切） Pa/Pa	滤失量/泥饼厚度 mL/mm	破乳电压 V
1	0.5	42	2.15	67	59	8	3/5	8/2	1140
2	1	51	2.12	59	54	5	5/8	6.0/1	1100
3	2	46	2.13	64	59	5	3/4	1.8/0.5	1100
4	3	43	2.13	68	62	6	3/4	0.6/0.2	1140

由实验结果可以看出，室温下，CaO 加量从 0.5%到 1%时，钻井液表观黏度、塑性黏度增加动切力降低静切力不变；CaO 加量从 1%到 3%时，随 CaO 加量增加表观黏度、塑性黏度、动切力、静切力降低，破乳电压变化不大；130℃滚动 16h 时后，CaO 加量从 0.5%到 1%时，钻井液表观黏度、动切力、静切力降低，CaO 加量从 1%到 3%时，随 CaO 加量增加，钻井液表观黏度、塑性黏度、动切力、静切力增加；随 CaO 加量改变破乳电压基本不变，随 CaO 加量增加滤失量下降。从较低的粘切和滤失量考虑，CaO 加量选为 2%较合适。

（6）不同加重剂对高密度油基钻井液性能影响实验。

实验选油水比 95：5，有机土为 4%、TU-1 为 3%、TU-2 为 2%、CaO 为 2%，分别用重品石粉、铁矿石粉及活化重晶石粉、高密度铁矿石粉加重，实验条件同上，实验数据列于表 18、表 19。

表 18　不同加重剂对高密度油基钻井液性能影响实验数据表（室温）

序号	加重剂种类	测温 ℃	密度 g/cm³	表观黏度 mPa·s	塑性黏度 mPa·s	动切力 Pa	静切力（初切/终切） Pa/Pa	破乳电压 V
1	重晶石粉	室温	2.05	126	72	54	12/24	1310
2	活化重晶石粉	室温	2.10	98	55	43	14/14	0
3	铁矿石粉	室温	2.05	114	80	34	8/13	>2000
4	活化铁矿石粉	室温	2.05	90	64	26	9/2	0

表 19　不同加重剂对高密度油基钻井液性能影响实验数据表（130℃滚动 16h 后）

序号	加重剂种类	测温 ℃	密度 g/cm³	表观黏度 mPa·s	塑性黏度 mPa·s	动切力 Pa	静切力（初切/终切） Pa/Pa	滤失量/泥饼厚度 mL/mm	破乳电压 V
1	重晶石粉	44	2.05	79	71	8	2/5	1.4/0.5	1080
2	活化重晶石粉	44			乳状液破坏沉淀					0
3	铁矿石粉	46	2.05	66	61	5	1/3	1.5/0.5	470
4	活化铁矿石粉				乳状液破坏沉淀					1140

由实验结果可以看出，活化重晶石粉和活化铁矿石粉不能用作油基钻井液加重剂。铁矿石粉用于油基钻井液加重剂，室温性能还可以，130℃滚动后破乳电压大幅度降低，性能不稳定，只有重晶石粉才可用作油基钻井液加重剂。

（7）饱和氯化钙水溶液对高密度油基钻井液性能影响实验。

实验选油水比95：5，有机土为4％、TU－1为3％、TU－2为2％、CaO为2％，重晶石粉加重，实验条件同上，实验数据列于表20、表21。

表20 饱和氯化钙水溶液对高密度油基钻井液性能影响实验数据表（室温）

序号	水的类型	测温 ℃	密度 g/cm³	表观黏度 mPa·s	塑性黏度 mPa·s	动切力 Pa	静切力（初切/终切） Pa/Pa	滤失量/泥饼厚度 mL/mm	破乳电压 V
1	淡水	室温	2.13	131	74	57	16/13	5/2	1120
2	饱和 CaCl₂ 水	室温	2.10	82	72	10	12/3	12/3	1140

表21 饱和氯化钙水溶液对高密度油基钻井液性能影响实验数据表（130℃滚动16h后）

序号	水的类型	测温 ℃	密度 g/cm³	表观黏度 mPa·s	塑性黏度 mPa·s	动切力 Pa	静切力（初切/终切） Pa/Pa	滤失量/泥饼厚度 mL/mm	破乳电压 V
1	淡水	46	2.13	64	59	5	3/4	1.8/0.5	1100
2	饱和 CaCl₂ 水	47	2.10	94	86	8	1.5/6	4.6/1	800

从实验结果可以看出，使用淡水配制的高密度油基钻井液在室温下粘切、滤失量较高，130℃滚动16h后粘切、滤失量降低较大，破乳电压变化不大，而用饱和 CaCl₂ 水溶液配制的高密度油基钻井液在室温下粘切较低，滤失量较大，130℃滚动16h后，粘切反而略有升高，但破乳电压降低较大，静置冷却有加重剂沉淀，说明乳状液的稳定性降低，进而说明主辅乳化剂还不完全适用饱和 CaCl₂ 水溶液配制的高密度油基钻井液。

（8）氯化沥青（AL）加量选择实验。

实验选择油水比为95：5，有机土为4％、TU－1为3％、TU－2为2％、Ca为2％，氧化沥青加量0至5％，重晶石粉加重，实验条件同上，实验数据列于表22、表23。

表22 氧化沥青对高密度油基钻井液性能影响实验数据表（室温）

序号	AL加量,％	测温 ℃	密度 g/cm³	表观黏度 mPa·s	塑性黏度 mPa·s	动切力 Pa	静切力（初切/终切） Pa/Pa	破乳电压 V
1	0	36	2.12	123	75	48	13/20	1240
2	1	40	2.12	118	71	47	11/21	1240
3	2	36	2.12	135	80	55	11/22	1240
4	3	48	2.12	80	54	26	5/14	1220
5	4	48	2.12	93	59	34	8/16	1220
6	5	45	2.12	114	74	40	16/19	1240

表 23　氧化沥青对高密度油基钻井液性能影响实验数据表（130℃滚动 16h 后）

序号	AL 加量 %	测温 ℃	密度 g/cm³	表观黏度 mPa·s	塑性黏度 mPa·s	动切力 Pa	静切力（初切/终切）Pa/Pa	滤失量/泥饼厚度 mL/mm	破乳电压 V
1	0	36	2.12	60	57	3	1/2	1.8/0.5	1100
2	1	40	2.12	64	59	5	1/2.5	0.9/0.5	1100
3	2	36	2.12	66	60	6	1/4	0.4/0.5	1100
4	3	48	2.12	67	60	7	2/6	0.2/0.2	1100
5	4	48	2.12	74	66	8	3/7	0.2/0.2	1200
6	5	45	2.12	74	68	6	3/8	0.2/0.2	1120

从实验结果可以看出，随氧化沥青加量增加，钻井液表观黏度、塑性黏度、动切力、静切力增加，滤失量降低，破乳电压不变，从较低的粘切和滤失量考虑，氧化沥青加量 3％即可。

通过上述实验可以得出，配制油基钻井液的配方为：90％～95％的 0 号柴油，，5％～10％的淡水，3％～4％的有机土，3％的主乳化剂 TU‑1，2％的辅乳化剂 TU‑2，2％的 CaO，3％的氧化沥青，用高密度重晶石粉加重。

2）高密度油基封闭液的热稳定性实验

（1）高密度油基钻井液高温下静置稳定性实验。

实验 1 井配方：95％的 0 号柴油＋5％实验室自来水＋3％TU‑1＋2％TU‑2＋2％CaO＋4％有机土；实验 2 井配方：将 1 井配方中有机土的加量改为 3％，其他不变，另加 3％氧化沥青，用重晶石粉加重。高密度油基钻井液配好后装入老化罐静置于 140℃烘箱中，分别于 24h、48h、72h 后取出观察，测破乳电压，实验数据记录于表 24。

表 24　高密度油基钻井液 140℃静置老化实验情况表

配方号	密度 g/cm³	表观黏度 mPa·s	塑性黏度 mPa·s	动切力 Pa	静切力 Pa/Pa	破乳电压 V
1#	2.10	90	61	29	5/18	1240
140℃×24h	变稀，罐底无沉淀					800
140℃×48h	变稀，罐底有少量沉淀					380
140℃×72h	加重剂全沉淀					50
2#	2.10	80	54	26	5/14	1120
140℃×24h	变稀，罐底靠罐壁处有少量沉淀					600
140℃×48h	变稀，罐底靠罐壁处有较多沉淀					350
140℃×72h	加重剂全沉淀					80

由实验结果可以看出，配制高密度油基钻井液的配方为 95％的 0 号柴油，5％的淡水，4％的有机土，3％的主乳化剂 TU‑3，2％辅乳化剂 TU‑2，2％CaO，3％的氧化沥青。用高度重晶石粉加重，在 140℃下静置 48h 基本稳定，超过 48h 稳定性完全破坏。此配方亦即高密度油基钻井液的基本配方。

（2）常压下温度对高密度油基钻井液流变性的影响。

实验用上述 1# 配方配制的高密度油基钻井液加热至不同温度，用六速黏度计测其流变性，实验数据列于表 25。

表 25 高密度油基钻井液流变性随温度变化数据表

温度 ℃	密度 g/cm³	φ600	φ300	φ200	φ100	φ6	φ3	表观黏度 mPa·s	塑性黏度 mPa·s	动切力 Pa	静切力 Pa/Pa
35	2.11	262	188	159	121	61	55	131	74	57	16/24
46	2.10	210	149	124	90	40	34	105	61	44	7/18
68		80	42	30	18	4	3	40	38	2	3/7
86		58	30	19	11	1	0	27	28	1	1/3

从实验结果可以看出，在常压下，随温度升高，高密度油基钻井液粘切大幅度降低，其中以动切力和静切力降低幅度最大。

（3）高温高压对高密度油基封闭液流变性的影响。

实验选择 1 井配方配制的高密度油基钻井液，用 FAN70 高温高压流变仪测定其在不同温度下随压力变化的流变性变化和在同一高压条件下，随温度变化的流变性变化，实验数据见表 26 和图 4、图 5 和图 6。

表 26 高密度油基钻井液流变性实验数据表

实验温度 ℃	实验压力 MPa	φ600	φ300	φ200	φ100	φ6	φ3	表观黏度 mPa·s	塑性黏度 mPa·s	动切力 Pa
38.8	1	129.0	69.7	50.1	28.4	3.1	3.1	64.5	59.3	5.2
38.8	5	134.0	71.5	52.1	29.4	3.1	3.1	67.0	62.5	4.5
38.8	10	138.0	73.4	53.1	30.4	3.1	3.3	69.5	65.5	4.0
38.8	15	143.7	76.1	55.8	31.4	4.2	3.1	71.9	67.7	4.2
38.8	20	150.7	81.0	57.7	33.3	4.2	3.1	75.4	69.7	5.7
38.8	30	164.1	87.8	63.2	35.3	4.2	3.1	82.1	76.3	5.8
38.8	40	179.5	96.7	68.7	40.2	4.2	3.1	89.8	82.8	7.0
51.2	40	139.3	74.3	54.0	30.4	3.1	2.0	69.9	65.5	4.4
82.6	40	72.2	41.2	29.4	17.6	1.0	1.0	36.2	31.2	5.0
98	40	63.2	34.3	24.5	14.2	1.0	1.0	31.6	28.9	2.7
123	40	52	28.4	19.5	12.0	1.0	1.0	26.1	23.7	2.4
130	10	45.2	18.5	13.1	7.5	1.0	1.0	22.6	26.7	−4.1
130	20	50.1	21.5	14.2	8.6	1.0	1.0	25.1	28.6	−3.6
130	30	53.2	24.5	16.4	9.8	1.0	1.0	26.6	28.6	−2.1
130	40	53.2	27.4	18.5	10.9	1.0	1.0	26.6	25.7	0.8
130	50	54.9	29.4	20.5	12.0	1.0	0.0	27.5	25.5	2.0
147	40	49.1	19.5	13.1	7.5	1.0	1.0	24.6	29.6	−5.0

从表 26 和图 4 可以看出，在一定的低温（38.8℃）条件下，该高密度油基钻井液 YP 基本不变，AV、PV 升高，升幅在 15% 左右。

从表 26 和图 5 可以看出，在一定的高温（130℃）条件下，该高密度油基钻井液 YP 升高，幅度 1 倍左右。AV 先升高后有所降低，但幅度不大。PV 升高，升幅不大。总体来看在 130℃ 条件下，压力升高对 AV、PV 影响不大。

从表 26 和图 6 可以看出，在 40MPa 压力条件下该高密度油基钻井液 AV、PV、YP 呈下降趋势，AV、PV 在 38.8～82.6℃ 的范围内下降幅度在 1 倍左右，随后下降幅度不大，YP 下降趋势平稳，幅度不大。

综合分析可以看出，压力升高使该高密度油基钻井液 AV、PV、YP 呈上升趋势，温度升高使之成下降趋势，但压力对高密度油基钻井液 AV、PV、YP 的影响要小于温度的影响。

（4）高温高压对剪切稀释性和稳定性的影响。

上述配方配制的高密度油基钻井液，分别在 30℃、105MPa 和 125℃、105MPa 下，用高温高压流变仪测定不同剪切速率下的视黏度，实验结果见表 27 和图 7、图 8。

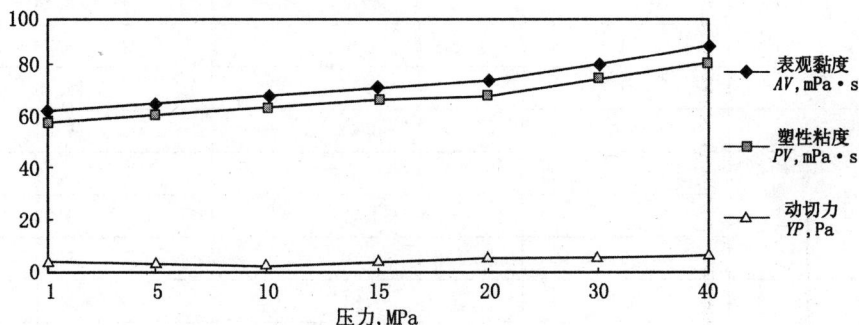

图 4　38.8℃时高密度油基钻井液性能随压力（1～40MPa）变化曲线

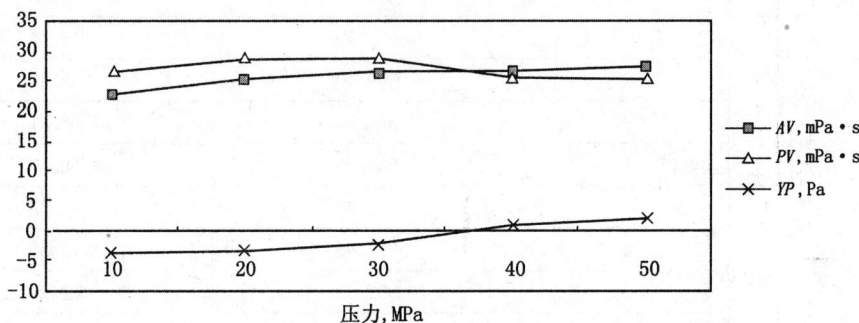

图 5　130℃时高密度油基钻井液性能随压力（10～50MPa）变化曲线

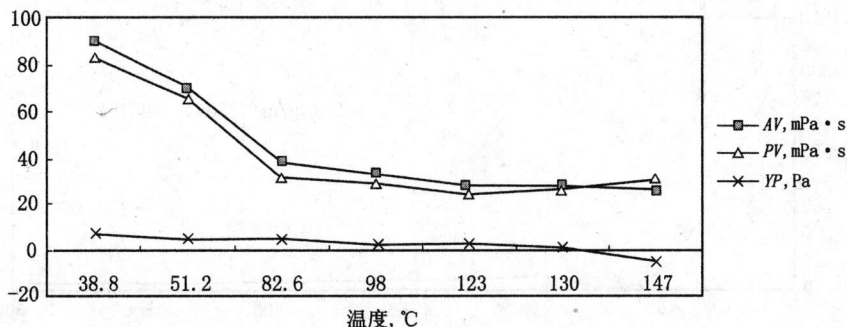

图 6　40MPa 压力条件下高密度油基钻井液随温度升高（38.8～147℃）性能变化曲线

表 27　油基钻井液视黏度与静止时间的关系

转速，r/min	时间，h	平均视黏度，mPa·s	
		30℃、105MPa 时	125℃、105MPa 时
600	0.5	17.61	4.66
	1	17.60	4.68
	3	17.59	4.67
	5	17.62	4.67
300	0.5	34.31	5.76
	1	34.30	5.74
	3	34.30	5.75
	5	34.30	5.75
200	0.5	50.49	5.00
	1	50.50	5.01
	3	50.51	5.00
	5	50.50	5.02
100	0.5	85.81	6.24
	1	85.79	6.25
	3	85.80	6.26
	5	85.80	6.25
6	0.5	509.59	68.38
	1	509.60	68.40
	3	509.59	68.41
	5	509.58	68.40
3	0.5	932.48	72.32
	1	931.98	72.30
	3	932.50	72.28
	5	932.50	72.29

注：同一剪切速度梯度（转速）两种温度压力条件下的 2.10g/cm³ 油基钻井液。

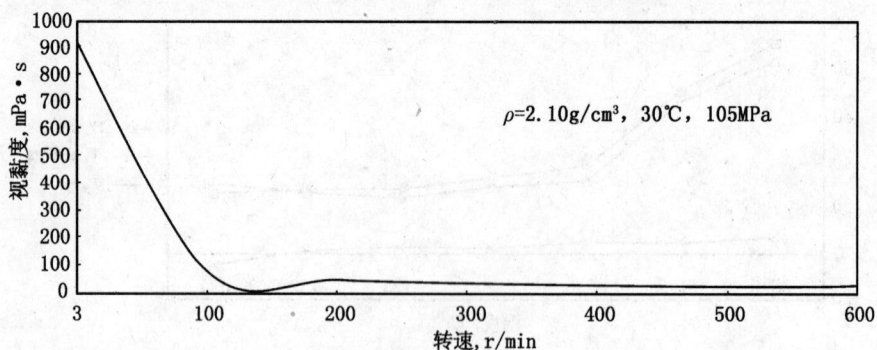

图 7　油基钻井液转速—视黏度关系曲线

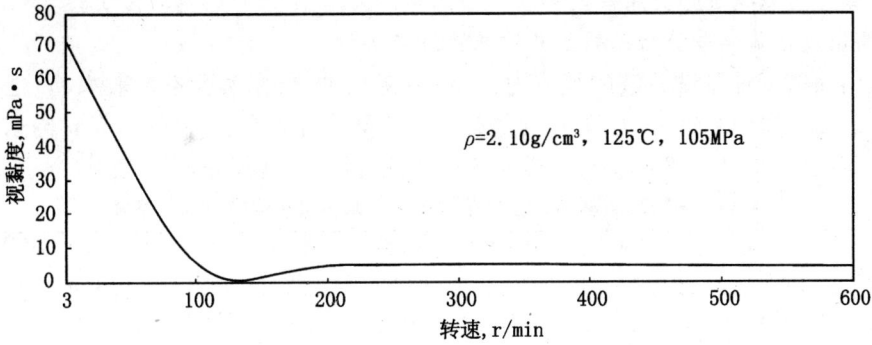

$\rho=2.10g/cm^3$，125℃，105MPa

图 8　油基钻井液转速—视黏度关系曲线

从实验结果可以看出，该高密度油基钻井液在相同的温度压力条件下，低转速时视黏度很高，高转速时视黏度很低，说明其具有良好的剪切稀释特性，有利于泵送。还可以看出，在同一剪切速度梯度（转速）、同一温度压力情况下，在静止 0.5～5h 的不同时间内，密度为 $2.10g/m^3$ 油基钻井液的视黏度（有效黏度）值不变，说明该钻井液稳定性好，抗高温高压能力强，若在井底静止条件下，在一定时间内不会出现增稠或减稠现象，能够满足现场施工需要。

为了有助于了解该钻井液在井底条件下更长时间静置后的黏度变化趋势，进一步验证其在高温高压条件下的稳定性，用 7716 型水泥浆稠化仪测定上述钻井液在高温高压条件下的稠度变化。实验结果见表 28、图 9。

表 28　高密度油基钻井液稠化实验数据

时间，min	0	30	60	90	100	150	660
温度，℃	37	109	112	110	110	112	110
压力，MPa	10	80	82	81	81	80	82
稠度值，BC	20	18	16	13	13	12	12

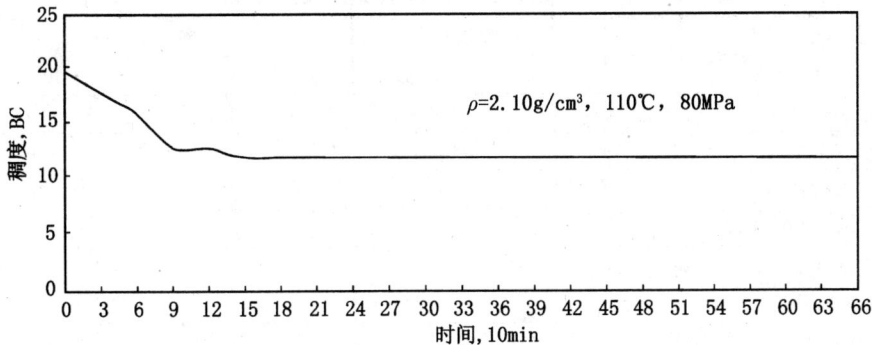

$\rho=2.10g/cm^3$，110℃，80MPa

图 9　油基钻井液稠度变化曲线

从实验结果可以看出，在接近井底温度（110℃）和压力（80MPa）的条件下，高密度油基钻井液在最初一段时间内稠度下降较明显，90min 钟至 11h 内，稠度值稳定，说明该钻井液在温度（110℃）和压力（80MPa）的条件下，在 11h 内性能稳定，不会出现增稠或沉淀等现象，可以满足施工需要。

3）高密度油基钻井液与东秋 8 井钻井液污染实验

实验用高密度油基钻井液的组成为：95％0 号柴油＋5％实验室自来水＋3％TU－1＋2％TU－2＋2％CaO＋3％氧化沥青＋4％有机土，重晶石加重至 2.10g/cm³，与东秋 8 井钻井液按一定比例混合后，8000r/min 搅拌 30min 测性能。实验数据列于表 29。

表 29　高密度油基钻井液与东秋 8 井井浆污染实验数据表（室温）

钻井液性能 钻井液类型	密度 g/cm³	表观黏度 mPa·s	塑性黏度 mPa·s	动切力 Pa	静切力 Pa/Pa	中压失水/泥饼 mL/mm	破乳电压 V
1#（井浆）	2.12	74	56	18	3/7	1.8/0.5	
2（1#＋10％3 井）	2.12	82	66	16	3/7	0.8/0.5	
3#（研究油基浆）	2.12	117	72	45	8/18	4/2	1240
4#（3#＋10％1#）	2.12	110	58	52	14/16	7.2/2	1140

从实验结果可以看出，东秋 8 井井浆混入 10％高密度油基钻井液后表观黏度、塑性黏度、动切力稍降，切力不变，滤失量降低；高密度油基钻井液混入 10％东秋 8 井浆后，表观黏度、塑性黏度降低，动切力升高，初切升高，终切降低。总的来看，两种浆相互混入 10％后，滤失量降低，粘切变化范围在 10％左右，即，东秋 8 井井浆对高密度油基钻井液性能影响不大，符合施工需要。

通过上述实验可以看出：95％的 0 号柴油＋5％淡水＋3％TU－1＋2％TU－2＋2％CaO＋3％～4％有机土或上述配方中加入 3％的氧化沥青，用高密度（4.3g/cm³）重晶石粉加重至 2.10g/cm³ 左右的高密度油基钻井液可以满足东秋 8 井下尾管作业施工的需要。

2. 现场施工方案的设计

1）油包水高密度油基钻井液配方

设计的配方为：油水比 95/5＋3％TU－1＋2TU－2＋2％CaO＋3％～4％有机土＋2％～3％氧化沥青＋4.30g/cm³ 重晶石粉（所得钻井液密度为 2.12g/cm³）。

2）设计的性能

钻井液设计性能列于表 30。

表 30　设计的高密度油基封闭液性能表

项　　目	室温性能（35℃）	130℃滚动 16h 后性能（45～50℃）
密度，g/cm³	2.12	2.12
漏斗黏度，s	110～130	70～80
表观黏度，mPa·s	100～130	60～70
塑性黏度，mPa·s	60～80	60～70
动切力，Pa	40～50	5～10
静切力，Pa/Pa	（10～15）/（20～25）	（3～4）/（4～6）
中压失水/泥饼，mL/mm	（2～4）/1	（0.5～1）/0.5
高温高压失水，mL	5～6	4～5
破乳电压，V	＞1100	＞1100

3）现场条件的验证实验

为了做到该配方在现场使用的万无一失，现场用送井 0 号柴油与井场用水按 95：5 的比例按照最后确定的配方加入送井的相应的有机土、氧化沥青、CaO、TU－1 和 TU－2 等，配制出高密度油基钻井液，再与井浆混合后，分别测其性能，实验数据列于表 31。

表 31 高密度油基钻井液现场配方实验

序号	配方	测定条件	表观粘度 mPa·s	塑性粘度 mPa·s	动切力 Pa	静切力(初切/终切) Pa/Pa	中压失水/泥饼 mL/mm	高温高压失水/泥饼 mL/mm	破乳电压	摩阻系数	备注
1	9.5L 柴油 + 0.5L 水 + 0.2kg 生石灰 + 0.3kgTU-1 + 0.2kgTU-2 + 0.4kg 有机土 + 26kg 重晶石	35℃	↑	—	—	12/15	10.5/2	—	1200	0.0437	TU-1 和 TU-2 加完后分别搅拌 20min。
2	9.5L 柴油 + 0.5L 水 + 0.2kg 生石灰 + 0.3kgTU-1 + 0.2kgTU-2 + 0.4kg 有机土 + 0.1kg 氧化沥青 + 2.6kg 重晶石	35℃	-↑	—	—	—	11/2	—	1180	0.0437	
3	9.5L 柴油 + 0.5L 水 + 0.2kg 生石灰 + 0.3kgTU-1 + 0.2kgTU-2 + 0.4kg 重晶石	35℃	↑	—	—	13/9	9/2	—	1200	0.0437	
		130℃×16h,45℃	130	106	24	3/8	1.4/0.5	4.5/2.5	1120	0.0437	
4	9.5L 柴油 + 0.5L 水 + 0.2kg 生石灰 + 0.3kgTU-1 + 0.2kgTU-2 + 0.4kg 有机土 + 0.1kg 氧化沥青 + 26kg 重晶石	35℃	↑-	—	—	13/21	8.5/2	—	1200	0.0437	TU-1 和 TU-2 加完后分别搅拌 20min。
		130℃×16h,45℃	133.5	112	21.5	3/8.5	1.1/0.5	4.5/2	1100	0.0437	
5	9.5L 柴油 + 0.5L 水 + 0.2kg 生石灰 + 0.3kgTU-1 + 0.2kgTU-2 + 0.4kg 有机土 + 26kg 重晶石	120℃×16h,45℃	109.5	93	16.5	2.5/7	1.2/0.5	4.6/2.5	1140	0.0437	
6	9.5L 柴油 + 0.5L 水 + 0.2kg 生石灰 + 0.3kgTU-1 + 0.2kgTU-2 + 0.1kg 氧化沥青 + 0.4kg 有机土 + 26kg 重晶石	120℃×16h,45℃	131	112	19	3.5/9	1.2/0.5	5.2/2.5	1100	0.0437	
7	9.5L 柴油 + 0.5L 水 + 0.15kg 生石灰 + 0.3kgTU-1 + 0.2kgTU-2 + 0.4kg 有机土 + 0.3kg 氧化沥青 + 26kg 重晶石	120℃×16h,45℃	77	72	5	2/6	1.4/0.5	4.8/2	1100	0.0437	TU-1 和 TU-2 加完后搅拌 20min。
8	9.5L 柴油 + 0.5L 水 + 0.15kg 生石灰 + 0.3kgTU-1 + 0.2kgTU-2 + 0.3kg 有机土 + 0.2kg 氧化沥青 + 26kg 重晶石	120℃×16h,45℃	139.5	113	26.5	8/12	1.2/0.5	4.6/1.5	1120	0.0437	
9	9.5L 柴油 + 0.5L 水 + 0.15kg 生石灰 + 0.3kgTU-1 + 0.2kgTU-2 + 0.3kg 有机土 + 0.2kg 氧化沥青 + 26kg 重晶石	常温	133	102	31	8/2	1.0/0.5	5.8/2.5	1120	0.0437	TU-1和TU-2加完后分别搅拌 20min。
		75℃	47	45	2	2.5/7.5					
		120℃×16h,45℃	75.5	65	10.5	2/4.5					
10	9.5L 柴油 + 0.5L 水 + 0.15kg 生石灰 + 0.3kgTU-1 + 0.2kgTU-2 + 0.3kg 有机土 + 0.3kg 氧化沥青 + 26kg 重晶石	45℃	75.5	58	17.5	2/6	9.5/1.0	—	—		TU-1 和 TU-2 加完后分别搅拌 20min。
		120℃×16h,45℃	115	100	15	3/3.8	0.8/0.5	5.2/2.5	1100	0.0437	
11	90%井浆 + 10%油基钻井液(3#,4#,5#,6#混浆)	75℃	55	49	6						
12	10%井浆 + 90%油基钻井液(3#,4#,5#,6#混浆)	75℃	130	109	21						
13	90%井浆 + 10%油基钻井液(10#油基混浆)	75℃降至45℃	76	58	18						
		75℃降至45℃	130	109	21						
14	10%井浆 + 90%油基钻井液(10#油基混浆)	75℃降至45℃	107.5	88	21.5						
		75℃降至45℃	146	108	38						

从实验结果可以看出：

（1）在配方相同的情况下，现场 120℃滚动 16h 后 45℃测的油包水高密度钻井液粘切较室内高；

（2）油包水高密度钻井液的润滑性均较好（摩阻系数小于 0.05）。

五、现场应用情况

1. 入井高密度油基钻井液的配制及性能

东秋 8 井 149.2mm 裸眼井段自 4770m 至 5240m 计 470m，实测井径最大为 304.8mm，最小为 149.2mm，一般在 165.1mm 左右，计算得出井眼容积为 12m³。考虑到钻井液罐底部将存留少量浆不能入井，现场配制高密度油基钻井液 16m³。

（1）现场高密度油基钻井液的配制

首先将配浆罐彻底清洗干净，加入 9.5m 的 0 号柴油和 0.5m³ 清水。边搅拌，边通过配浆漏斗依次加入 350kgTU－1、200kg 氧化钙和 200kgTU－2，在配浆罐中充分循环后，测得其破乳电压达 1100V 以上，再加 300kg 有机土，200kg 氧化沥青，继续循环搅拌，最后加入 30t 高密度重晶石粉，搅拌循环至均匀止。

（2）现场高密度油基钻井液的性能测定

取搅拌循环均匀的高密度油基钻井液测其性能，具体数据列于表 32、表 33。

表 32　入井高密度油基钻井液性能

测定条件	塑性黏度 mPa·s	动切力 Pa	静切力 Pa/Pa	中压失水/泥饼 mL/mm	高温高压失水/泥饼 mL/mm	破乳电压 V	摩阻系数
新配入井浆（45℃测）	85	35.5	10/23	—	—	1100	—
120℃滚动 16h（45℃测）	88	12	4/10	0.8/0.5	5.6/2.5	860	0.035
120℃，80MPa 恒温 637m（45℃测）	79	11	3/5	1.0/0.5	5/2	1100	0.044

注：表中高温高压滤失实验是在温度 120℃条件下测得，密度均为 2.18g/cm³。

现场采用便携式水泥浆稠化仪测其在 120℃、100MPa 下的稠度值，结果见表 33。

表 33　入井高密度油基钻井液稠化性能

时间，min	60	90	100	160	440
稠度，BC	17	11	11	10.5	10.5

从表 33 可以看出，初始阶段稠度下降较明显，1.5h 后稠度值基本稳定。

从测定结果可以看出，入井高密度油基钻井液 120℃滚动 16h 与在 120℃、80MPa 条件老化 637min 后，测得其粘切均与设计值相当；在 120℃、80MPa 条件下做稠化实验，1.5h 后稠度基本稳定，满足施工要求，可以入井使用。

2. 现场施工情况

现场于 2002 年 8 月 28 日配好高密度油基钻井液，29 日 23：10 开始入井，30 日 15：00 起钻完，30 日 17：00 开始下 φ127mm 尾管，31 日 14：10 下尾管至井深 5299m 完井留

2m 口袋）。φ127mm 尾管进入裸眼段下放和上提管柱有一定阻力，下放最大阻力 13t，上提悬重最大增加至 30t。但总的来说，施工顺利，高密度油基钻井液在井下静置 46.75h，安全地将 φ127mm 尾管下入预计井底。

尾管上提过程中，悬重增加较大，说明尾管靠井壁后，还是发生了粘附。但由于尾管和泥饼之间存在油膜，尾管粘附后，经上下活动，可轻松脱附，不会粘住，油基钻井液发挥了预期的作用见表 34。

表 34　127mm 尾管下入过程中悬重变化情况

序号	原悬重，t	下放悬重，t	上提悬重，t	φ127mm 尾管下入深度，m
1	100	95.2	101.8	4886.93
2	101	96.6	102.9	4938.75
3	102	96.5	102.6	4959.33
4	105	—	128.7	5139.73
5	105	101.3	—	5139.02
6	105	—	137.6	5139.54
7	106	100.7	135.2	5160.84
8	106	100.9	133.5	5160.83
9	108	96.2	—	5288.02

六、结　论

（1）同水基钻井液相比，油基钻井液虽然存在着随温度压力增大粘切变化大、材料选择范围窄等缺点，但能够大幅度降低泥饼的摩阻系数（降低幅度在 50％以上），只要配方优选得好，性能控制适当，比较适合于深井超深井易粘卡井段测井、下套管等特殊作业防阻卡的施工要求。

（2）室内研究和现场应用表明，95％的柴油、5％淡水、3％～4％的有机土、2％～3％氧化沥青、3％TU-1、2％TU-2（主辅乳化剂）和 2％生石灰用高密度重晶石粉加重配成的高密度油基钻井液，具有密度范围宽、滤失量低、泥饼薄、泥饼的摩阻系数小、高温高压稳定性较好、剪切稀释性好、悬浮性能满足深井作业需要等优点。

（3）室内实验表明，所研究的高密度油基钻井液的粘切随温度升高而大幅度下降，随压力升高而升高，但受温度的影响大于受压力的影响；在高温高压条件下，所研究的高密度油基钻井液的粘切随剪切速率升高而大幅度降低，随剪切速率降低而大幅度升高，有很好的剪切稀释性和悬浮性；在高温高压、同一剪切速率条件下，随时间增长（一定时间内），所研究的高密度油基钻井液视黏度值不变，性能稳定。

（4）现场配制高密度油基钻井液 16m³，共花费 5.6×10⁴ 元，但确保了东秋 8 井小井眼 φ127mm 尾管顺利下至井底，并顺利实施固井作业，解决了东秋 8 井下入 φ127mm 尾管极可能发生粘卡的难题，低投入解决了大问题，经济效益非常明显。

钻井液工艺技术

盐膏区块大斜度井钻井液工艺技术

摘　要　江汉油田是盐湖沉积断陷盆地，在潜江组地层普遍含盐，尤其是潜二段和潜四段地层含膏、盐极其丰富。本文主要介绍江汉油田在盐膏区块大斜度井、水平井的钻井液工艺技术的发展，并以广北平1井现场应用为例介绍了江汉油田此类井钻探中成熟的钻井液工艺技术。

关键词　盐膏层　大斜度井　水平井　钻井液体系

一、地质概况及技术难点

江汉油田是盐湖沉积断陷盆地，上部为上第三系平组，中部为广华寺组、荆河镇组，下部为潜江组。江汉油田的许多油田，如王场油田、广华油田、钟市油田、浩口油田、周矶油田等在潜江组地层普遍含盐，尤其是潜二段和潜四段地层含膏、盐极其丰富，存在多套盐膏韵律层，盐膏层单层厚度最厚近百米，全井累积厚度近千米；在其他外围区块如沙市、江陵、马王庙、拖市的新沟嘴组也含盐含膏，另外在江汉油田还有分布较广的盐间非砂岩油藏。钻井过程中，由于膏盐层的塑性蠕动，非常容易发生盐层卡钻，通过钻井技术人员的多年研究和摸索，已经掌握了常规井的盐膏层的钻井工艺技术，但随着油田的滚动开发的深入和钻井工艺技术的不断进步，大斜度井、水平井已成为油田夺油上产的发展趋势。大斜度井、水平井的钻井工艺在国内外许多油田已成功应用，钻井液工艺技术相对成熟，但是在盐膏极为发育的区块钻探，经验比较缺乏，须解决的技术难题较多，钻井液方面，应解决的主要问题有以下几方面。

1. 井眼净化

通过水平井的悬浮携岩和钻井流变性对岩屑运移影响的大量研究，结果表明在临界角30°～60°范围内颗粒的运移特性具有明显的变化；在$\theta=40°$及流速小于0.76m/s时，$\theta=50°$及流速小于0.91m/s时，就会形成岩屑床，此岩屑床沿钻井液流动的相反方向向下滑动，紊流和钻杆转动都会使岩屑床变得不稳定。在高井斜角（$\theta=60°～90°$）时，岩屑不会下滑，甚至停泵不会下滑。当有足够的岩屑沉降下来时，会使流动面积减少到液体的流速能把岩屑带出来，此时处于拟平衡状态，如何在小排量、低返速的条件下，及时、有效地将岩屑携带，避免岩屑床的形成，有效地降低摩阻和扭矩，减少砂卡，是该种井能否顺利完成的技术关键之一。

（1）提高岩屑携带能力，循环时如何及时地将井底岩屑携带了出来，停泵时如何悬浮岩屑，不至于形成岩屑床，是能否顺利施工的关键。通过调节钻井液的流变性来保证有效推岩、保持井眼清洁。主要对动切力、动塑比值和静切力等几个参数进行控制。通过对以上流变参数的控制，基本能够满足清洁井眼的要求。

（2）低剪切速率下流变性和静切力的控制。根据以往钻水平井的经验，提高低剪切速率下的流变性和钻井液的松弛力，可以大大改善钻井液的携岩能力；保持一定的静切力，可以避免接单根时钻井液静止和起下钻过程中环空岩屑的迅速下沉形成岩屑床。

2. 摩阻和扭矩问题

影响摩阻和扭矩主要有以下几方面的因素。

（1）钻具结构。

（2）井眼轨迹，包括井斜、造斜率、狗腿严重度、井眼轨迹的平滑程度和有无键槽存在等。

（3）钻井液的携岩情况和井眼清洁程度；是否存在岩屑床。

（4）固相含量，包括有用固相和劣质固相。

（5）井眼稳定，有无缩径、坍塌掉块。

（6）钻井液的性能稳定和失水造壁性。

（7）机械钻速和钻压大小。

（8）钻井液的润滑性能。水平井的摩阻和扭矩大并非都是钻井液润滑性不好造成的，而是由于洗井不良、井眼不稳定、键槽和岩屑床所致，只有解决以上问题后，钻井液润滑性的好坏才是关键。

3. 井眼稳定与钻井液的抑制性

保持钻井液有强的抑制性，不但能有效地抑制钻井液中钻屑和黏土的分散，保持钻井液性能稳定，同时还能达到稳定井壁的目的。保持合适的钻井液密度，满足井眼力学平衡。

水平井钻进大斜度和水平段过程中，钻井液必须解决井眼净化、井壁稳定、摩阻控制、防漏堵漏和保护储层等技术难题，然而钻进不同储层时，上述 5 大技术难题有时是共存的，有时其严重程度又不完全相同，因而钻进水平井时确定钻井液类型是关键。

二、钻井液技术

江汉油田是在 20 世纪 90 年代末才开始水平井钻探实践的。在钻井液方面，江汉油田的钻井液技术工作人员为了探索出适合本地区大斜度、水平井的钻井液体系，做了大量的研究工作，如水平井钻井液携岩机理和流变参数研究，水平井井壁稳定研究，水平井钻井液、完井液的配方及性能研究，优选出不同条件下水平井所需的钻井液完井液体系，研制出适用于水平井的新型钻井液处理剂，确定了水平井钻井过程中所需的钻井液密度以钻井液流变参数及排量等。理论研究和实践经历了 3 个的阶段，在钻井液体系上不断改进，在钻井液技术上不断发展、不断完善，逐步形成了一整套成熟的钻井液体系和钻井液维护处理方法。

三、现场应用情况

1. 第一阶段

在胜利油田技术人员的协助下，完成江汉油田第一口水平井——王平 1 井，尽管该井刚进入水平段由于钻井液气侵后稠化严重，被迫使用高密度钻井液压井而提前完钻，但是通过该井的钻探实践，对水平井钻井液工艺技术有了基本认识。

2. 第二阶段

在大斜度井、水平井采用自主研制的复合润滑饱合盐水正电胶体系。

王平 1 井之后的几年里，泥浆公司着手对大斜度、水平井段钻井液的特殊要求展开了研究，并针对王平 1 井施工中暴露的诸多不足，如，钻井液成本过于昂贵，钻井液抗气侵能力差，携砂、润滑仍不够理想等综合分析，选择复合润滑饱和盐水正电胶体系，钻大斜度井、水平井。

1）井眼净化问题的解决

井眼净化是大斜度井、水平井钻井工程的一个重要组成部分，在大斜度井和水平井段（45°～90°），由于受地面条件的制约，增加钻井液环空返速受到限制，钻井液在环空中无法达到紊流而起到理想的携砂效果，使得控制环空钻井液的流态、加强井眼的净化显得尤为重要。通过提高钻井液的动塑比值和动、静切力，增大平板型层流流核直径，加强钻井液悬浮能力，从而减少岩屑的聚积，以此达到提高清洁井眼的目的。在江汉地层富含盐的区块，通常要采用饱和盐水钻井液体系，而饱合盐水钻井液的动塑比值、切力值都较低，动塑比值常在 0.2 以下，所以携砂能力较差。通过室内的研究，采取饱和盐水正电胶结构体系，可大幅度提高动塑比、切力值，满足井下的需要。实验数据见表 1。

表 1   普通钻井液与正电胶钻井液的实验对比

流 体 名 称	密度 g/cm³	黏度 s	API 失水 mL	动切力 Pa	动塑比 mPa·s
3％钠土浆	1.03	18	42	1	0.5
3％钠土浆 + 3％正电胶	1.03	19	42	4	1.33
3％钠土浆 + CMS1.5％ + 1％NaOH（1/5）+ 0.8％HV - CMC + 35％NaCl	1.20	60	5	3	0.12
3％钠土浆 + 1.5％CMS + 1％NaOH（1/5）+ 0.8％HV - CMC + 3％正电胶 + 35％NaCl	1.20	65	5	15	0.67

实验结果表明，普通饱和盐水钻井液添加正电胶后，动塑比、切力值大幅度提高，大大改善了盐水钻井液携带能力。

2）大斜度井、水平井润滑性的控制

钻井液润滑性能的优劣直接影响钻具摩擦阻力和扭矩大小，关系到起下钻是否畅通、定向施工能否正常实现。油基钻井液润滑系数低于水基钻井液，水基钻井液中添加合理润滑剂，则润滑系数与泥饼摩擦系数均大大地降低，可以接近油基钻井液性能。为此在室内对几种流体进行润滑性评价，通过筛选，确定采用复合润滑（多功能润滑剂、原油）饱和盐水正电胶体系钻进大斜度井和水平井段，效果明显。流体润滑性数据表 2。

表 2   几种流体润滑性评价

流 体	润滑系数	泥饼摩擦系数
清水	0.36	
饱和盐水钻井液	0.20～0.24	0.18～0.47
复合润滑（多功能润滑剂、原油）饱和盐水正电胶	0.10～0.18	0.02～0.14

实验数据表明，添加复合润滑剂，可降低流体润滑系数 50％～60％，泥饼摩擦系数 70％～90％，起到很好的降阻润滑效果。

3）复合润滑饱和盐水正电胶体系在大斜度井、水平井中的应用概况

2001 年曾先后在周斜 23、钟平 1 井、王 57 平 - 1 井应用该钻井液体系，取得可喜效果。3 口井井下正常，起下钻畅通，无复杂事故，钻井成本也大幅度下降，取得了很好的经济和社会效益。钻井液性能见表 3，应用评价见表 4。

表3 复合润滑饱和盐水正电胶体系在大斜度、水平井段钻井液性能

井 号	井段 m	密度 g/cm³	黏度 s	动切力 Pa	动塑比	泥饼摩擦系数
周斜 23（最大井斜角 61.5°）	1875～3214	1.28～1.32	60～120	8～10	0.24～0.35	0.20～0.30
钟平 1	1800～2400	1.25～1.31	50～260	10～29	0.25～0.41	0.10～0.18
王 57 平 -1	2100～2621	1.27～1.32	60～278	10～25	0.30～0.53	0.02～0.14

表4 复合润滑饱和盐水正电胶体系在大斜度、水平井使用评价

井号	井型	井身结构	钻井液体系	使用效果评价
周斜 23	双目标、大斜度定向井	表套：ϕ339.7mm×120mm 技套：ϕ244.5mm×460m	多功能润滑剂饱和盐水正电胶	起下钻畅通、无井下事故
钟平 1	水平井	表套：ϕ339.7mm×50m 技套：ϕ244.5mm×800m	多功能润滑剂—原油饱和盐水电胶	起下钻畅通、无井下复杂事故
王 57 平 -1	水平井	表套：ϕ339.7mm×160m 技套：ϕ244.5mm×1730m	多功能润滑剂—原油饱和盐水电胶	起下钻畅通、无井下复杂事故

4）结论与建议

（1）复合润滑饱和盐水正电胶体系兼有正电胶体系的强抑制性、剪切稀释性、强携带能力，又具有很好的润滑性，能够满足富含盐膏区块大斜度井、水平井钻井工程及地质条件对钻井液的特殊要求，效果较好，具有一定的实用性。

（2）复合润滑饱和盐水正电胶体系在大斜度、水平井段使用的同时，还要作好以下配套工作。

①加强钻井液净化工作。用好净化设备，尽可能降低钻井液中的有害固相，有利于改善泥饼质量，降低摩阻，保护油气层。

②控制钻井液中膨润土含量为 2%～3%。在维护处理钻井液过程中，一定要搞好膨润土浆的储备和补充，使之达到最佳浓度。这有利于发挥正电胶的作用，增强其携带能力。

③加强钻井液配套措施的优化。在定向井段一定控制好井眼，防止大狗腿度、键槽、台阶的形成，要勤化眼，尽可能使之平缓，为起下钻的畅通、岩屑的上返创造有利条件，减少复杂事故的发生。

3. 第三阶段

在大斜度井、水平井推广使用新型聚合物饱和盐水乳化钻井液体系。

尽管复合润滑饱和盐水正电胶体系在实践中取得一些成绩，我们也初步掌握了盐膏区大斜度井的钻井液技术和管理经验，但是复合润滑饱和盐水正电胶体系对设备有较高的要求，在现场维护处理过程中也存在许多不能令人完全满意的地方，油田的钻井液技术人员又在此体系基础上，研制了一种全新的钻井液体系——聚合物饱和合盐水乳化钻井液体系，该体系具有以下优点。

（1）钻井液性能稳定，抗污染能力强，易于维护、处理。

（2）结构强，悬浮携带钻屑效果好。

（3）滤失量低，滤液与地层水配伍性好，泥饼薄而坚韧，有利于巩固井壁，保护油层。

（4）抗温能力、抗污染能力强。具有较强的抗 Ca^{2+}、Mg^{2+}、固相、油气、水及其他污染的能力。

（5）润滑性能好，摩阻小，防卡效果突出。

（6）对油层的损害小。滤失量小，劣质固相含量低，具有较好的油层保护效果。

目前，该体系已成为江汉油田含盐膏区块大斜度井、水平井在大斜度井段的首选钻井液体系。下面以广北平 1 井为例，介绍该体系在盐膏区块大斜度井水平井中的应用。

1）现场应用

（1）一开井段（ϕ444.5mm 钻头×339.7mm 表套 52m）。

①钻井液体系：正电胶钠土浆。

②钻井液配方：（5%～8%）钠土 +（0.2%～0.3%）MSF。

③现场维护：钻进中以 5% 的钠土浆补充消耗量，根据性能需要用 MSF 调整钻井液结构，确保岩屑带出地面，性能均匀稳定，满足了工程需要。钻井液性能参数见表 5。

表 5　实际钻井液性能

密度 g/cm³	漏斗黏度 s	滤失量/泥饼 mL/mm	初切/终切 Pa/Pa	pH 值	固含 %	塑性黏度 mPa·s	动切力 Pa	Cl⁻ mg/L
1.05～1.15	40～60	—	(0～1)/(0～2)	8～9	—	5～10	3～8	—

（2）二开井段（ϕ311.1mm 钻头×244.5mm 技套 862m）。

①钻井液体系：正电胶淡水钻井液。

②钻井液配方：3%～5%钠土 + 0.2%～0.3%MSF + 0.5%K - HPAN + 0.5%降滤失剂 + 1%QS - 2。

③现场维护：

A. 钻进中，按设计要求用 MSF、钠土浆调整钻井液粘切，满足了携砂要求，用降滤失剂、K - HPAN 等控制失水，稳定井壁。

B. 钻进时，加强了固控设备的使用，有效地控制了钻井液中劣质固相含量。同时现场钻井液性能保持均匀、稳定，避免大幅度波动而造成井壁失稳。

C. 当技套井深（以广华寺组底界为准）钻完后，用双泵大排量洗井，保证了井内干净，井眼畅通。

该段钻井液性能参数见表 6。

表 6　钻井液实际性能参数

密度 g/cm³	漏斗黏度 s	滤失量/泥饼 mL/mm	初切/终切 Pa/Pa	pH 值	固含 %	塑性黏度 mPa·s	动切力 Pa	膨润土含量 g/L	Cl⁻ mg/L
1.05～1.15	40～70	≤8/1	(0～3)/(2～5)	8～9	≤0.5	8～15	4～10	40～65	<6000

（3）三开直井段（ϕ215.9mm 钻头，862～2861m）。

①应用体系：聚合物淡水钻井液（862～1600m），聚合物饱和盐水钻井液（1600～2861m）。

②钻井液配方：回收二开浆稀释 + 1.0%K - HPAN + 0.5%正电胶降滤失剂 + 0.1%PHP + 0.1%80A - 51。钻进至荆河镇组底部（1600m）时，调整钻井液性能为聚合物饱和盐水钻进液体系。

③现场维护：

A. 该井段钻井液维护处理的重点是使井壁保持稳定和尽可能规则的井眼，避免扩径和缩径现象的发生，为下一步造斜段和水平段的施工创造良好的条件。

B. 用聚合物淡水钻井液钻穿荆河镇组地层时，利用 K－HPAN、PHP 等处理剂提高了钻进液的抑制性，降低了滤失量，控制了该井段泥岩的造浆，保证了该井段井壁稳定。

C. 钻至荆河镇组底部时，转化为饱和盐水体系，避免了进入潜江组膏盐韵律层后的溶解扩径，保证了井眼规则。

D. 钻进时，钻井液中加足各种井壁稳定剂，保证井壁的稳定、规则；进入盐层前补充 NaCl，确保了钻井液含盐量饱和；同时，井场储备了足够量的高矿化度盐水，用于配制胶液，补充消耗量，严格控制了盐层的溶解扩径。

E. 充分利用了三级固控设备，严格控制了钻井液中的固相含量，优化了钻井液性能，确保了井下安全。

该段钻井液性能参数见表 7。

表 7　钻井液性能参数（862～2861m）

井段 m	密度 g/cm³	漏斗黏度 s	滤失量/泥饼 mL/mm	初切/终切 Pa/Pa	pH 值	固含 %	塑性黏度 mPa·s	动切力 Pa	膨润土 含量 g/L	Cl⁻ mg/L
862～1600	1.05～1.15	40～60	≤5/0.5	(0～3) / (2～5)	8～10	≤0.5	5～12	3～7	30～60	<60
1600～2861	1.25～1.32	40～60	≤5/0.5	(0～1) / (0～2)	8～9	≤0.5	8～20	5～8	30～60	≥1800

（4）造斜段（ϕ215.9mm 钻头，2861～3189m）。

①钻井液体系：聚合物饱和盐水钻井液，混原油乳化为饱和盐水乳化钻井液。

②钻井液配方：第一增斜井段施工过后，随着井斜的增加，摩阻会相应增加，混入 5%～10%原油，使用优先后的乳化剂。

③现场维护：

A. 该井段是造斜、增斜、稳斜井段，在钻进过程中，除了要求有足够大的排量外，还要求钻井液具备良好的悬浮携带能力和流变性能，防止岩屑床形成而引起井下复杂情况。

B. 大斜度井段钻井施工时，钻具与井壁摩阻较大。随时根据井下情况，及时补充各种润滑剂（注意不同粒径的复配，固液态的混合），保证了钻井液良好的润滑性能。同时加强净化设备的使用，控制钻井液中的固相含量，保证钻井液与井壁的润滑性，降低了摩阻。

C. 在斜穿大段盐层（2940～3121m）时，由于井底温度高达 120℃，盐层蠕变现象较明显，易盐卡。现场钻井液保持适当的密度，起到压持作用；同时钻井液中加入防盐重结晶抑制剂，抑制了盐重结晶卡钻；工程操作上每钻进几米后，上提钻具，反复划眼，防止了盐卡。

D. 工程上定向钻进与复合钻进交替进行，保证了一定的钻具转动时间，便于钻井液将井底岩屑携带干净。钻进一定进尺后，中途旅行，反复扩划眼，破坏岩屑床，修正井眼，防止形成岩屑床和键槽，有效地保证了井眼通畅。

该段钻井液性能见表 8。

表 8　钻井液实际性能参数（2861～3189m）

井段 m	密度 g/cm³	漏斗 黏度 s	滤失量/ 泥饼 mL/mm	初切/终切 Pa/Pa	pH 值	固含 %	塑性黏度 mPa·s	动切力 Pa	膨润土 含量 g/L	含油量 %	Cl⁻ mg/L
2861～3019	1.28～1.32	40～80	≤5/0.5	(0～1) / (1～2)	8～9	≤0.5	20～40	8～15	30～60	0	>180000
3019～3189	1.25～1.30	70～120	≤3/0.5	(1～3) / (3～5)	8～10	≤0.3	40～60	10～20	30～60	4～6	>170000

（5）水平段（$\phi2159$mm 钻头×139.7mm 油套 3396m，3189～3398m）。

①应用体系：饱和盐水乳化钻井液。

②现场维护：

A. 该段进入水平井段，为进一步增强钻井液的润滑性，再次混入原油5％。

B. 水平段中，钻井液在原有基础上进一步提高了其携带能力、动塑比值，防止岩屑在井底形成岩屑床。

C. 一定时间内，通过补充胶液，适当改变井底钻井液流态或流型，使钻井液在井底局部呈现紊流或者平板型层流状态，以达到破坏岩屑床、扩大钻井液井底清洁半径、降低环空钻屑浓度的目的。

D. 加入保护油气层材料 QS－2、QS－4，防止油气层污染。

E. 完钻起钻前，充分循环洗井，配稠浆塞子推举沉砂，彻底清洗井内沉砂，保证井眼畅通。并加入润滑剂润滑井壁，保证了各项完井作业的顺利进行。

该段钻井液性能参数见表9。

表9　钻井液实际性能参数（3189～3398m）

密度 g/cm³	漏斗黏度 s	滤失量/泥饼 mL/mm	初切/终切 Pa/Pa	pH 值	固含 ％	塑性黏度 mPa·s	动切力 Pa	膨润土含量 g/L	含油量 ％	Cl⁻ mg/L
1.25～1.30	80～130	≤3/0.5	(1.5～3)/(3～5)	8～10	≤0.5	50～70	10～20	30～60	5～7	≥160000

2）现场效果

（1）一、二开钻井施工顺利，井眼畅通，电测、下技套、固井顺利。

（2）三开后钻井液性能优质、均匀、稳定，确保了钻进速度及井身质量。

（3）钻井液防塌效果良好，抑制性强，保证了井眼规则、通畅，井下安全无事故。

（4）钻井液良好的润滑性，保证了钻具的上提下放的摩阻基本上稳定在10t以下，有力地保证了每趟起下钻畅通及水平段钻进的顺利进行，无粘卡现象。

（5）斜穿盐层时，有盐卡现象，但很快解除。

（6）井眼通畅，没有形成岩屑床，起下钻畅通无阻。

3）油气层保护

钻井与完井的最终目的在于钻开储层并形成油气流动的通道，建立良好油气的生产条件，而储层损害的核心问题是降低储层的渗透率。

（1）优选处理剂，降低钻井液的滤失量，提高滤饼质量，把滤失侵入油气层损害控制在最低限度。

（2）混油可使饱和盐水钻井液密度由 1.32g/cm³ 下降至 1.25/cm³，并加快钻井速度，减少油层浸泡时间。

（3）加强固控设备的使用，清除钻井液中的有害固相，保持钻井液中低固相含量，降低固相对油气层的污染。

（4）加入粒度不同的 QS－2、QS－4，在产层喉道形成架桥，起到屏蔽式暂堵作用，完井后通过射孔可以很快恢复储层渗透率。

4）认识

（1）本口水平井各井段的钻井液体系较好地满足了各井段工程施工的需要，具备良好的抑制性、润滑性、悬浮携带性，优质快速地保证了该井的顺利完井。

（2）由于饱和盐水钻井液体系的结构不如淡水体系强，所以动塑比值不高。单纯强调结构，提高动塑比值，效果有限。要适当地局部改变流态或流型，使钻井液局部呈现紊流或者平板型层流状态，以达到洗井、破坏岩屑床并将井眼内岩屑携带出来的目的。同时还需要在工程操作上采取必要的工程措施，如：转动转盘钻进、短起下、勤划眼、大范围提放钻具，尤其在滑动钻进时，更要注意勤活动钻具，及时修整井壁和破坏岩屑床，才能真正解决井眼清洁问题，才能有效地保证井眼通畅。

四、总　述

江汉油田的含盐膏区块大斜度井的钻井液工艺技术发展经历了三个发展阶段，最终形成了多个成熟的钻井液体系，取得了丰富的钻井液现场管理经验。广北平 1 井是江汉油田应用聚合物饱合盐水乳化钻井液体系独立承钻的目的层最深、水平段最长的一口深水平井，随后又采用该体系成功钻探了广平 2 井、广平 4 井、王 63 斜 - 4 井、王西平 2 井、浩 5 斜 - 5B 井和周 8 斜 - 9B 井等多口大斜度井、水平井。该钻井液体系在超薄低渗透油藏王西平 2 井的成功应用，标志着泥浆公司完全能够担负起高难度特殊工艺水平井的施工任务。国内由于各油田所处的地理环境和地质情况不同，对于地层含有大段盐岩层的大斜度井、水平井和侧钻井多采用混油欠饱和盐水钻井液来解决盐溶、携屑、降摩阻等问题，但由于江汉春夏两季多雨，混油钻井液的污染和使用混油钻井液的高成本等问题，将是下一步的工作重点。

松基 6 井钻井液技术

徐同台　吴学诗　吴恩政　樊仲华　方丽贞　贾　铎　张美益　杨开文
（大庆石油管理局原钻井指挥部）

摘　要　本文详细介绍了松基 6 井的钻井液技术。现场应用表明，石灰、单宁碱和水解聚丙烯腈等处理剂能大大改善钻井液的性能。
关键词　钻井液　单宁碱　水解聚丙烯腈　处理剂

1962 年，大庆油田基本探明以后，为了了解深部地层的地质结构和生储油状况，决定在大庆长垣顶部钻一口基准井——松基 6 井。该井 1963 年 3 月 31 日开钻，1964 年 9 月 4 日钻达设计井深 4000m。根据地质要求加深，于 1966 年 9 月 14 日钻达井深 4718.17m 进入基岩完钻，是国内第一口超过 4000m 的深井。为了确保该井顺利钻达设计井深，钻井液必须解决以下三大技术难题：

（1）嫩江组泥岩含大量钠蒙皂石，造浆严重，钻井液黏度切力增加快。

（2）青山口组、泉头组层理裂隙发育的硬脆性泥岩坍塌。

（3）深层钻井液必须能抗 180℃ 高温。

为此，该井先后采用钙处理钻井液、水解聚丙烯腈钙处理钻井液、水解聚丙烯腈木质素磺酸铬铁钻井液等类型钻井液。

一、地层与工程简况

1. 地质特点

松基 6 井钻穿新生界的第四系、中生界的白垩系和侏罗系等地层。新生界第四系深度为 0～55m，主要为砂质黏土，上部含有流砂。中生界白垩系深度为 55～4188m，其中明水组（深度 55～102m），四方台组（深度 102～137.5m），嫩江组（深度 137.5～836.7m）主要为泥岩和砂岩，造浆性强；姚家组（深度 836.7～970m）主要为泥岩和页岩，易造成井壁坍塌；青山口组（深度 970～1404.5m）主要为脆性页岩，存在微裂缝，遇水后极易崩塌，引起井壁掉块和坍塌；泉头组（深度 1404.5～2641m）主要为紫色泥岩；登娄库组（深度 2641～4188m）主要为砂岩、泥质粉砂岩，岩石硬度 8 级以上。侏罗系（基底，深度在 4188m 以下）岩石硬度超过 10 级。

2. 工程简况

井身结构：表层用 19¾in 钻头钻至 73.15m，下 16¾in 表层套管至 67.03m；用 15¾in 钻头钻至 1296.77m，下 12¾in 技术套管至 1265.34m，封白垩系油层；用 11¾in 钻头钻至 2518m，（由于钻机负荷的限制，只允许钻至此深度）下 8⅝in 技术套管至 2516.28m，以封隔青山口组易坍塌地层；以下用 8½in 钻头钻至 2522.55m，改用 7½in 钻头钻至

4250.51m，再用 ϕ150mm "西瓜皮" 钻头，4½in 和 3½in 钻杆钻至 4718.77m 完钻。

二、钻井液技术

松基 6 井钻井液处理分为 5 个阶段。

1. 67.03～2236m 井段采用水泥和单宁碱液（NaT）处理的淡水钻井液

为了抑制嫩江组地层造浆，控制青山口组泥岩坍塌，采用水泥和单宁碱液处理的淡水钻井液。

2. 2236～4097m 井段采用石灰、单宁碱液和 CMC 混油钻井液

随着井的加深，钻井液出口温度增到 56℃，钻井液黏度、切力、滤失量增加，静结构力增强，起下钻后，钻井液流变性变差，黏度切力大幅度增加，起下钻后第一个循环周内钻井液黏度可相差 100s。为了提高钻井液热稳定性，采用石灰、单宁碱液、羧甲基纤维素（CMC）混油钻井液。钻井液滤失量从 11mL 降为 5mL 以下，黏度从 30～55s 降至 22～35s，终切力从 2.0～17Pa 降至 0.2～2Pa。处理一次可以稳定 5～10d，性能稳定，起下钻后第一个循环周钻井液黏度仅差 5s。为了有利于发现油气层，将钻井液密度从 1.32g/cm³ 降至 1.20g/cm³。为了防止压差卡钻，从 3212.29m 混入废机油与柴油混合油，钻井液密度降至 1.15g/cm³。

该井段钻井液配方与性能如下。

（1）配方：石灰量 0.1%～0.2%，1:1（1/10）单宁碱液量 1%～2%，CMC 量 0.1%～0.2%，混油量 5%～8%。

（2）性能：密度 1.15～1.16g/cm³，黏度 23～30s，滤失量 4～6mL，泥饼 1mm，初切力 0.03～0.1Pa，终切力 0.2～2Pa，pH 值 10～11。

（3）处理与维护方法：在钻井过程中，当钻井液终切力突然上升，及时进行处理，每次加入石灰 0.05%～0.1%，1:1（1/10）单宁碱液 0.5%～1%，CMC 计 0.05%～0.1%，定期补充油。控制好石灰与单宁之间的比值，确保钻井液性能稳定、优质，此值与井温有关，见表 1。

表 1　井温与钙处理钻井液配方的关系

井温，℃	石灰加量，%	单宁碱液碱比	石灰:单宁酸	最优的 pH 值
<130	0.05～0.1	2:1	4:1～3:1	10～11
130～145	0.1～0.2	1:1	3:1～2:1	11～13

用石灰、单宁碱液和 CMC 联合处理钻井液，存在以下规律：

① 石灰处理时，钻井液要经历从稠化到稀释的过程，为了减弱或消除稠化过程，处理时采用石灰和单宁碱液同时加入，并用钻井液枪强烈破坏由于加入石灰造成的对钻井液的絮凝所形成的结构，加快单宁碱液对钻井液中黏土颗粒的吸附速度。

② 彻底钙化才能保证钻井液长期稳定，当钻井液中有足够的石灰时，在高温下才能保持惰性，抑制地层黏土造浆。

③ 现场判断需不需要对钻井液进行处理的标志主要是终切力值，当钻井液的终切力值由 0.2Pa 急剧升至 0.5Pa 时，表明井内钻井液性能已经变坏，必须及时加以处理。实际处

理时，用石灰对钻井液中的粘土彻底实行钙化，保证钻井液在高温状态下长期稳定，这是本井处理钻井液总结出并始终坚持的一条基本原则。

④ 石灰和单宁碱液的比值以 2:1～4:1 为宜，如果石灰量不足，絮凝程度不够，终切力值高，初、终切力值相差大，钻井液流动性差，静止后性能变化大。

⑤ 随着井温的升高（150℃以前），根据小型试验，每次对钻井液处理时，石灰和单宁碱液的加量都随之增加，石灰和单宁碱液的比值下降，单宁碱液的碱比增加。否则，钻井液的性能不能稳定，从而引起钻井液的 pH 值上升。

⑥ CMC 可与石灰和单宁碱液同时加入，也可在石灰和单宁碱液加入后加入。当加量适宜时，只起降滤失量作用，对黏度和切刀影响不大。

上述钻井液在 3900m 以前性能稳定，井下情况正常，当井深超过 3900m，井温超过 140℃ 时，由于 CMC 在高温作用下产生降解，引起钻井液黏度、切力、滤失量上升，处理周期缩短，处理剂消耗量增加（表 2）。

表 2 3800～4000m 的钻井液处理剂消耗

井段，m	处理剂消耗，kg/m			
	石灰	单宁酸	烧碱	CMC
3800～3900	9.8	4	2.75	1.75
3900～4000	15.39	3.55	2.83	4.54

钻至 4035m 时，井浆尽管在起钻前性能均匀（同一循环周各点钻井液黏度仅相差 1s），但下完钻第一循环周各点黏度变化极大，井底附近返出钻井液稠化，黏度测不出来（表 3），钻井液不再接受石灰与高碱比单宁酸液处理（表 4），井浆已经抗不住 150℃ 高温。

表 3 松基 6 井 4000m 起下钻钻井液性能变化情况

井深 m	钻井液处理	循环周中钻井液黏度，s		钻井液性能						
		最高值	最低值	密度 g/cm²	黏度 s	滤失量 mL	泥饼 mm	初切力 Pa	终切力 Pa	pH 值
4003.8	—	29	24.5	1.15	24.8	5	1	0.035	0.56	12
		40	27	1.16	25	5	1	0.07	0.77	11.5
4018.6	—	25	24	1.16	25	5.4	1	0.07	0.96	11
		不流	26	1.15	27.5	5	1	0.07	1.96	11
4095		27	25.5	1.16	27	6	1	0.07	3.85	9.5
		不流	40	1.16	40	6	1	1.78	>15	9.5
4097	2:1（1/20）NaT0.5%，1:1（3%）HPAN1%	28	26	1.16	26	5.5	1	0.15	2.94	10.5
		56	39	1.16	35	5.6	1	0.15	7.1	11
4113.7	石灰 0.1%，2:1（1/40）NaT0.5%，1:1（3%）HPAN2%	27	26	1.16	27	5	1	0.07	0.2	11
		38	32	1.15	32	5	1	0.1	0.8	11
		26	25	1.16	25	5	1	0.07	0.15	10.5

表 4 井浆室内小型试验

井深 m	钻井液处理	钻井液性能						
		密度 g/cm³	黏度 s	滤失量 mL	泥饼 mm	初切刀 Pa	终切刀 Pa	pH值
4083		1.15	39	6	1	0.15	6.5	10.5
	石灰0.05%，2∶1 (1/10) NaT0.5%	1.15	44	5.5	1	0.3	8.3	11
4095.6		1.16	38.5	6.6	1	0.08	2.96	10.5
	2∶1 (1/10) NaT0.5%，1∶1HPAN3%	1.16	29.5	5	1	0.08	0.44	11
4097		1.165	39	5.4	1	0.15	5.3	10.5
	石灰0.025%，2∶1 (1/20) NaT0.5%	1.165	52.5	4.6	1	0.3	7.4	10.5
4105.16		1.16	38.5	4.8	1	0.15	6.8	10.5
	石灰0.1%，2∶1 (1/10) NaT0.5%	1.16	28	5	1	0.07	0.44	11.5

注：钻井液性能均在150℃养护24h冷却搅拌后测定。

3. 4097～4396m 井段采用石灰、五倍子单宁碱液、水解聚丙烯腈 HPAN 混油钻井液

为了提高井浆的热稳定性，将蓓花单宁碱液改用五倍子单宁碱液，并用水解聚丙烯腈替代 CMC 降低钻井液滤失量，并改善钻井液流变性能。采用井浆所进行的小型试验结果见表4。该井段钻井液配方、性能和处理维护情况如下。

（1）配方：石灰 0.05%～0.1%，2∶1 (1/10) 五倍子单宁碱液 1%～2%，1∶1（8%）水解聚丙烯腈 1%～3%，联合处理并混油。

（2）性能：密度 1.16～1.10g/cm³，黏度 24～30s，滤失量 4～5ml，泥饼 1mm，初切力 0～0.035Pa，终切力 0.07～0.14Pa，pH 值 10～11。

（3）处理与维护情况：4097m 采用单宁碱液与水解聚丙烯腈联合处理，黏度、切力、滤失量均下降（表5）。下完钻第一循环周各点黏度相差值从大于100s 降至20s 以下。而经3个钻头钻进后，井深达4105m 时，钻井液又能够接受石灰和单宁碱液处理。加入石灰与2∶1 (1/10) 单宁碱液，钻井液切力明显下降（表4），性能又恢复稳定；下完钻第一循环周最高黏度仅比起钻前高 7～10s（表3）。钻至414136m 因起钻修理设备，钻井液在井中静止87h，下完钻第一循环周最高黏度仅为57s。开泵一次成功，泵量从11L/s 增为15L/s，处理周期大大增长，从 3900～4097m 井段的 6d/次，增至4097m 以后的40d/次。在此井段中，由于井浆不断消耗，不断补充低密度新浆，故井浆密度从 1.16g/cm³ 降至 1.10g/cm³。

表5 石灰、单宁碱液和水解聚丙烯腈联合处理

井深 m	处理情况	密度 g/cm	黏度 s	滤失量 mL	泥饼 mm	初切力 Pa	终切力 Pa	pH值
4095.66	—	1.16	40	6	1	0.07	＞15	9.5
4109.50	石灰 160kg，单宁碱液 0.8m³，HPAN1.8m³	1.16	26	5	1	0.15	0.3	11

石灰、单宁碱液和 HPAN 联合处理钻井液，有如下规律：

① HPAN 是一种良好的钻井液高温稳定剂和降滤失剂，与石灰和单宁碱液配合比例合适时，不引起钻井液黏度和切力的升高。

② 当温度150℃时，石灰、单宁碱液和 HPAN 联合处理钻井液，仍能包被、絮凝钻井液中粘土颗粒，起到稀释钻井液的作用。

③ 当温度超过 150℃时，必须降低钻井液的 pH 值（pH 值 8～9），才能在高温下保持钻井液性能的长期稳定。HPAN 的碱比一般为 1：1 或 1：1.5，单宁碱液碱比一般为 3：1。若钻井液的 pH 值高于 8～9，不接受石灰和单宁碱液的处理时，可采用偏酸性稀释剂，如本质素磺酸铬铁（FCLS）等，降低钻井液的黏度和切力，并逐渐恢复对石灰和单宁碱液的处理的接受能力。

④ 当石灰加量不足时，钻井液的黏度高，切力低，对石灰和单宁碱液的接受能力很敏感，这时就要进行再处理。

⑤ 当石灰加量过多时，钻井液的切力高，滤失量大，不接受石灰和单宁碱液的处理，这时就要采用重铬酸钾处理，降低切力，并恢复对石灰和单宁碱液的处理的接受能力。

⑥ 用 HPAN 处理后，继续钻进过程，钻井液黏度不断下降，一般经 2～4 个钻头，钻井液黏度降至最低点，以后稳定在此数值上。

⑦ HPAN 在石灰和单宁碱液加入后加入，可更有效降低黏度、切力和滤失量。

4. 4397～4531m 采取低密度水解聚丙烯腈、本质素磺酸铬铁（FCLS）混油钻井液

（1）配方：FCIS（25%）为 1%，1：1（8%）HPAN1%，混油。

（2）性能：密度 1.10～1.12g/cm³，黏度 34～35s，滤失量 3～5mL，泥饼 1mm，初切力 0.03～0.07Pa，终切力 0.07～1.3Pa，pH 值 8.5～9.5，含油量 5%～8%。

（3）处理与维护：钻至 4235m 时，在钻井液中加入了大量的浅井自然造浆钻井液，引起黏度、切力失水量的升高。为了降低黏度和切力，先后加入石灰 588kg，1：1 单宁碱液 2.86m³，1：1.5 的 HPAN 计 3.9m³，造成钻井液中含碱量过高，钻井液不再接受石灰与单宁碱液的处理，导致钻井液性能的波动。

钻至 4300m，井浆加入石灰、单宁碱液、水解聚丙烯腈等高碱性处理剂，均引起钻井液黏切上升，改用酸性降黏剂，如 FCLS，单宁酸或重铬酸钾（$K_2Cr_2O_7$）均能有效降低黏度、切力，其中以 FCLS 最好（表 6）。

表 6　井浆室内小型试验

钻井液处理	钻井液性能						
	密度 g/cm³	黏度 s	滤失量 mL	泥饼 mm	初切力 Pa	终切力 Pa	pH 值
4335m 井浆	1.12	36	5	1	0.065	0.45	9
石灰 0.05%，2：1（1/10）NaT0.5%	1.11	46	5.5	1	0.2	5.95	10
FCLS（25%）1%	1.11	32.5	5.5	1	0.03	0.065	10
4337.59m 井浆	1.115	41	5.4	1	0.03	0.91	10
1：1（8%）HPAN1%	1.115	54.5	4.4	1	0.26	3.25	11
FCLS（25%）2%	1.115	35	4	1	0.03	0.065	10
4292.04m 井浆	1.13	45	4.5	1	0.065	1.56	10.5
$K_2Cr_2O_7$（1/20）1%	1.13	36	4.2	1	0.03	0.26	10
4359m 井浆	1.10	53	3	1	0.065	1.23	10
单宁酸	1.10	42	4	1	0.03	0.455	9.5

注：钻井液性能均在 180℃养护 24h 冷却搅拌后测定。

4397m 处开始采用 FCLS 与 HPAN 联合处理，钻井液性能稳定，处理周期长，例如 4441.5m 处理后稳定了 79d（表 7）。此井段钻井过程采用加水维持，待滤失量增至 5mL，再用 FCLS 与 HPAN 联合处理，控制 pH 值低于 9.5。

表7 水解聚丙烯腈和木质素磺酸铬铁联合处理

井深 m	处理情况	密度 g/cm³	黏度 s	滤失量 mL	泥饼 mm	初切力 Pa	终切力 Pa	pH 值
4441.50	—	1.05	46.5	4.5	1	0.07	0.26	9.0
4443.96	HPAN 计 1.52m³ FCLS 计 1.8m³	1.115	33	4.4	1	0.03	0.7	8.5

HPAN 和 FCLS 联合处理钻井液，存在以下规律：

（1）FCLS 对钙处理的钻井液是一种有效的稀释剂。但是，处理中存在稠化过程。稠化过程的强弱、延续时间的长短与粘土的性质有关，钙化越彻底，稠化现象越弱，延续时间越短。

（2）FCLS 偏酸性，处理钻井液时应同时加入烧碱水，提高钻井液的 pH 值，才能达到最佳的处理效果。

（3）HPAN 和 FCLS 联合处理，大大提高了 HPAN 降失水效果，并增加了钻井液的稳定时间。但是，HPAN 应该在加入 FCLS 稠化过程后加入，以免引起钻井液性能的波动。

5. 4532～4718.77m 采用低密度石灰、单宁碱液（低碱化）、水解聚丙烯腈混油钻井液

（1）配方。随着井温的增加，高 pH 值对钻井液热稳定性的影响越来越明显，从表8可以看出：4520m 井浆采用碱比为 1：1 单宁碱液处理后，在 180℃下养护 12h 冷却搅拌后的黏度从原来 41.7s 增为不流，此时钻井液 pH 值为 11.5。如处理剂加量不变，随着单宁碱液碱比的下降，加温后的黏度得以改善，当碱比降为 3：1 时，加温后黏度为 26.5s，pH 值为 9。故此井段钻进时钻井液配方改为：石灰 0.1%～0.2%，3：1（1/10）单宁碱液 0.5%～1%，1：1（8%）水解聚丙烯腈 1%～1.5%，并混油。

表8 单宁碱液碱化对钻井液热稳定性的影响

钻井液处理	常温钻井液性能							180℃养护 12h 后钻井液性能						
	密度 g/cm³	黏度 s	滤失量 mL	泥饼 mm	初切力 Pa	终切力 Pa	测温 ℃	密度 g/cm³	黏度 s	滤失量 mL	泥饼 mm	初切力 Pa	终切力 Pa	测温 ℃
4520m 井浆	1.11	34.4	4	0.02	0.11	0.11	19	1.11	41.7	4.6	0.02	0.08	9	20
石灰 0.5%，1：1 （1/10）NaT2%	1.10	36.9	4	0.04	0.23	11.5	19		不流					20
石灰 0.5%，2：1 （1/10）NaT2%	1.11	32.9	3	0.02	0.12	9.5	21.5	1.11	34.4	5	0.04	0.06	9	18
石灰 0.5%，3：1 （1/10）NaT2%	1.10	34	3.6	0.04	0.12	9.5	18	1.10	26.5	3.4	0.02	0.02	9	23
石灰 0.5%，4：1 （1/10）NaT2%	1.10	32	3	0	0.04	9.5	19	1.10	27.2	3.8	0.02	0.02	9	20

（2）性能：密度 1.08～1.11g/cm³，黏度 35～50s，滤失量 3～5mL，泥饼 1mm，初切力 0.04～0.09Pa，终切力 0.04～0.3Pa，pH 值 8～9。

（3）处理与维护：4530m 开始采用低碱比 3：1（1/10）单宁液处理，性能稳定，但井深超过 4571m 时，再次采用上述处理剂处理，钻井液黏度、滤失量下降，而切力反而上升。为了降低切力，采用重铬酸钾（2%）1%与水解聚丙烯腈联合处理，钻井液切力下降，性能保持稳定。自此后每隔 40～60d 处理一次，钻井液性能良好，直至完钻，其处理情况见表 9。

表 9　4500～4718m 钻井液处理情况

井深 m	钻井液处理	钻井液性能						
		密度 g/cm³	黏度 s	滤失量 mL	滤饼 mm	初切力 Pa	终切力 Pa	pH 值
4531		1.09	46.5	4	1	0.035	0.245	9.0
4537	3∶1（1/10）NaT2m³，石灰 300kg，HPAN1∶1（8%）1.8m³	1.085	34	3.6	1	0.018	0.105	9.5
4570		1.098	44.5	4.2	1	0.018	0.07	8.5
4574	3∶1（1/10）NaT0.8m³，石灰 100kg，HPAN1∶1（8%）1.4m³	1.09	33.9	3.2	1.2	0.035	>3.5	9.5
4589		1.105	39.6	4	1.2	0.088	6.6	9
4595	1∶1（8%）HPAN2.08m³，2% $K_2Cr_2O_7$ 计 1.98m³	1.085	45	3	1	0.070	0.245	9
4614		1.10	55.1	3.9	1	0.066	0.242	8
4614.75	3∶1（1/10）NaT 计 2.4m³，石灰 30kg，1∶1（8%）HPAN 计 1.8m³	1.095	42	3.4	1	0.088	0.176	9
4651		1.10	80	5.2	1	0.076	0.266	8.5
4643	3∶1（1/10）NaT2m³，石灰 300kg，1∶1（8%）HPAN1.5m³	1.10	37.3	3.4	1	0.076	0.190	9.5
4653.6		1.105	35.4	5	1	0.057	0.228	8.5
4653.6	3∶1（1/10）NaT2.4m³，石灰 245kg，1∶1（8%）HPAN2.8m³	1.11	34	4	1	0.036	0.152	9
4708.5		1.09	51	3	1	0.038	0.342	8
4711	3∶1（1/10）NaT3m³	1.11	41	2.2	1	0.038	0.304	10
4718.77		1.08	40	3.4	1	0.055	0.078	8

三、结　　论

（1）采用石灰、单宁碱液（NaT）和羧基甲基纤维素（CMC）联合处理的钙处理钻井液在井温低于 150℃时具有良好的性能。

（2）研制出抗高温降滤失剂水解聚丙烯腈（HPNA）和抗高温降黏剂木质素磺酸铬铁（FCLS），应用于现场，提高了钻井液热稳定性。

（3）采用石灰、五蓓子单宁碱液和水解聚丙烯腈联合处理，控制合理的 pH 值，可将钻井液抗温能力提高至 180℃，满足松基 6 井深井钻井的需要。

河南下二门油田防漏堵漏钻井工艺技术

蒋建宁[1] 唐大鹏[2] 何振奎[1] 邱建君[1] 孟怀启 管中原

（1. 河南油田分公司石油工程技术研究院；2. 河南石油勘探局）

摘 要 针对钻井过程中经常出现不同程度井漏的情况，下二门油田开始实施了防漏堵漏技术，并确定以防为主、防堵结合的原则，取得了明显的效果。

关键词 防漏 堵漏 钻井工艺

下二门油田位于南襄盆地，是河南油田的主力产油区块之一。下二门油田钻井过程中经常出现不同程度的井漏，特别是近年来随着注水开发的进一步进行，储层压力明显升高，必须适当提高钻井液密度才能平衡储层压力，这必然导致易漏地层更加频繁地发生漏失，从而造成了较大的经济损失。

一、地 质 概 况

下二门油田在南襄盆地泌阳凹陷东侧下二门断裂构造带中部高点上，上部流沙层疏松易漏。含油气范围内有 7 条正断层，其中 5 条为东西走向，2 条为南北走向，断距 10～228m，延伸长度 2000～4000m。储集层为中高渗透层，平均孔隙度 20.4%。由于上部地层疏松、断层裂缝发育、储集层为高渗透性砂岩。

二、井漏情况分析

1. 井例

（1）下 T5 - 2211 井。该井设计井深 1160m，表层套管下深 81m。二开后钻至井深 968m 时进行扭方位，接单根测斜后开泵，钻井液有进无出。首先配堵漏浆堵漏，无效；2d 后注水泥塞封堵，候凝 2d 后钻进；钻井液仅有少量返出；又用堵漏浆堵漏两次后才恢复正常钻进。损失时间 6d，造成经济损失 16.5 万元。

（2）下 T6 - 221 井。该井设计井深 1278m，表层套管下深 118m。二开钻至井深 400m 时发生井漏，漏速 20m³/h，边堵漏边钻进至井深 805m 时钻井液有进无出。先后 3 次注水泥塞堵漏浆堵漏，均无效。而且在钻水泥塞时由于水泥环掉块，处理不当而造成卡钻，多次浸泡原油、解卡剂无效。通过爆炸松扣、套铣后解卡，然后扩眼、下技术套管封堵上部漏层。损失时间 42d，造成直接经济损失 60 万元。

（3）下 T6 - 225 井。该井设计井深 1177m，表层套管下至井深 83m。二开钻至井深 240m 时由于钻头泥包憋漏地层，钻井液有进无出，配堵漏浆堵漏，漏速减小，井口有少量钻井液返出。边漏边钻至井深 372m，先后两次注水泥塞堵漏无效后，用堵漏浆强行钻至井深 972m 时再次有进无出。多次配堵漏浆堵漏仍有漏失，第 3 次注水泥塞封堵。候凝 2d 后钻进仍漏，最后投泥球并用堵漏浆堵漏成功。造成直接经济损失 43.5 万元。

2. 井漏原因分析

分析认为，下二门油田井漏的客观原因一是上部廖庄组地层疏松、不成岩，极易发生井漏；二是断层较多，易发生裂缝性漏失；三是储集层为渗透性极好砂岩，易发生渗透性漏失。主观原因是钻井措施不当、钻井液性能不佳等。根据下二门油田的地层特点和井漏原因，该地区安全钻井必须采取以防为主的原则，若实施一系列必要的防漏措施后仍然发生井漏，再采用桥接堵漏法堵漏。

三、防漏堵漏工艺技术

1. 防漏措施

1）工程技术措施

(1) 控制下钻速度，每根立柱的下入时间应为 45～60s。

(2) 当因井塌或砂桥等导致起下钻遇阻时，须缓慢开泵，并降低泵排量；划眼时控制速度，严防因憋泵而引起井漏。

(3) 下钻中循环钻井液时要用小排量。开泵时避开漏失段，禁止在漏失段定点循环。

(4) 下完钻开泵前必须上提方钻杆，先转动转盘 1min 以上，然后缓慢开泵，在泵压稳定前不要提高泵率。

(5) 对于已发生过漏失的井段，先用小排量开泵。开泵时上提钻具。钻井液返出正常后再用钻进排量循环。

(6) 加强坐岗以便及时发现井漏，并及早采取措施。

(7) 用好固控设备，尽量减少钻井液中的固相含量，降低环空实际钻井液密度，减轻液柱压力。

(8) 起钻时必须灌浆，防止井塌和漏层反吐。

(9) 在软地层钻进时防止钻头泥包。

2）钻井液技术措施

(1) 一开要用预水化膨润土浆钻进，泥浆黏度控制在 40～60s。

(2) 将一开钻井液进行预处理，并补充一部分新浆，使之转化为低密度、低固相、低粘切、高润滑性的低固相聚合物钻井液，用该钻井液钻穿上部胶结性差的砂砾岩疏松地层。

(3) 在满足钻井液携岩要求的前提下，尽量降低钻井液粘切。这样不仅可降低环空压耗，而且还可减少压力激动。

(4) 在高渗透性地层钻进时，降低钻井液滤失量，改善泥饼质量，防止因形成厚泥饼而引起环空间隙缩小，导致环空压耗的增加。

(5) 加重钻井液时，要均匀加入加重剂且控制加入速度，以免因钻井液加重过快而造成环空压耗过高。

(6) 钻进孔隙型漏失层时，进入漏层前，可通过增加钻井液中膨润土含量或加入增黏剂来提高钻井液黏度、动切力、静切力，以提高漏失层承压能力，实现防漏的目的，这对于微渗透性漏失层、浅井段疏松地层的漏失尤为重要。

(7) 钻遇漏层前，在钻井液中提前加入 3%～4% 单向压力封堵剂，最好再加入 4% 的细锯末，但加入锯末后不能使用振动筛，因此是否加入锯末应根据将钻通的断层裂缝的大小和邻井的钻井情况而定。加入锯末后必须使用除砂器，并定期掏罐以清除钻井液中的钻屑。

（8）下部注水层压力较高必须用高密度钻井液平衡时，如果上部地层承压能力较低，可进行先期堵漏。先期堵漏的程序是破试、堵漏、试漏。

2. 堵漏技术

1）技术措施

应用青岛产 QD 型堵漏材料试验仪、用不同粒径的桥接堵漏剂（如混合型贝壳粉、核桃壳、棉籽壳、花生壳、锯末、QS－2 和 DF－1 等）、以不同的配比在不同的压力下进行室内试验，优选出不同漏速下的桥接堵漏技术措施及堵漏液配方。

（1）若是漏速小于 $5m^3/h$ 的渗透性漏失，可起钻静止，无效时将钻井液黏度提高到 60～70s，加入 2%～3%的 DF－1，下钻注入漏层起钻静止。若仍无效，可重新配堵漏浆在上述基础上再加入 2%～3%的锯末，注入漏层，必要时还可适当憋压。

（2）若漏速为 5～$20m^3/h$，起钻或起钻至安全井段后，配制 25～$50m^3$ 桥接堵漏浆，桥堵剂类型及其加量要视现场实际情况而定。下二门油田堵漏桥堵剂的一般推荐加量为：①核桃壳（粗、中粒径比例 1∶1）3%～4%；②贝壳粉（粗、中、细比例 1∶1∶1）2%～3%；③杂木片 2%～3%；④棉籽壳 2%～3%；⑤花生壳 1%～2%；⑥锯末 2%～3%；⑦DF－1 2%～4%。配制时①、②可任选一种，④、⑤可任选一种。配制好后小排量注入漏层，必要时可适当憋压，起钻静止 8～12h。

（3）对漏速大于 $20m^3/h$、甚至有进无出的严重漏失，先投泥球然后再按上述（2）进一步堵漏。如果仍无效可在注入桥接堵漏浆后用水泥塞封堵，采用该方法必须慎重，因为如果注水泥无效可能会使井漏加剧。

2）注意事项

（1）认真分析井漏发生的原因，确定漏层位置、类型及漏失的严重程度。

（2）施工设计要科学，施工过程要细心。

（3）在钻进中发生井漏，如果条件许可，应尽可能强钻一些进尺，以钻穿漏层，避免重复处理同样的问题。

（4）堵漏浆的配制必须按要求达到保质保量。

（5）施工时如果条件允许，应起钻采用光钻杆注入堵漏浆并及时活动钻具避免卡钻。

（6）憋压堵漏、试漏时要缓慢进行，压力一般不能超过 3MPa，以避免憋漏地层。

（7）施工完毕后，各种资料必须收集整理齐全、准确以便分析和以后借鉴。

四、应用效果分析

下二门油田自 1997 年 7 月开始实施了防漏堵漏技术，并确定以防为主、防堵结合的原则，取得了明显的效果。1997 年 1—6 月下二门油田共钻井 13 口，进尺 $1.68×10^4$m，其中 3 口井发生井漏，共漏失钻井液 $2528m^3$，造成直接经济损失 120 万元。1997 年 7 月至 1999 年 12 月底共钻井 55 口，进尺达 $5.67×10^4$m，由于认真实施了防漏堵漏技术，尽可能避免了人为造成的井漏，仅 4 口井发生轻微漏失，漏失钻井液 $600m^3$，加之堵漏措施得力，直接经济损失仅 25 万元。

五、结论与认识

实践证明，下二门油田实施防漏堵漏技术并贯彻以防为主、防堵结合的原则是成功的，避免了大量井漏的发生，减少了经济损失，保护了油气层。但还存在不足，需在以后的钻井生产实践中进一步总结、完善和提高。

参 考 文 献

［1］徐同台著．钻井工程防漏堵漏技术．北京：石油工业出版社，1997
［2］程远方．安全钻井液密度窗口的确立及应用．石油钻探技术，1999（3）：16～18
［3］胡三清．保护油层堵漏钻井液的研究．石油钻探技术，2000（1）：33～34

长裸眼水平井钻井液技术

张民立　李再均　伊达成　唐怀连

（1. 塔里木石油勘探指挥部第二勘探公司；2. 塔里木石油分公司）

摘　要　针对简化井身结构水平井裸眼井段长，地层极易坍塌、渗漏，造成粘附卡钻等复杂问题，对不同的井段、不同地层采用了不同的钻井液体系。即，上部地层采用正电胶聚合物钻井液，以防中上部软泥岩地层分散、造浆以及粘附卡钻等复杂情况的发生；下部地层采用正电胶聚磺钻井液，保证钻井液在高温、高压下性能优良，再配合使用稳定处理剂对地层进行封堵，确保了长裸眼井段的井壁稳定，定向水平井段采用正电胶磺化混油钻井液，解决了钻进中存在的"岩屑床—流变性—水马力发挥—压耗"等诸多问题，提高了机械钻速，减少了裸眼井壁的浸泡时间，再配合使用油层保护剂及超细碳酸钙，改善泥饼质量，形成屏蔽暂堵层，较好地保护了油气层。经现场 80 口长裸眼水平井应用表明，该套钻井液体系性能稳定，具有很强的抑制性及悬浮携砂性，钻井施工安全、顺利，无粘附卡钻事故发生，取得了非常好的经济效益。

关键词　正电胶聚合物钻井液　井眼稳定　井眼净化　储层损害　水平井钻井

随着简化井身结构长裸眼钻井方案的实施，多数开发水平井均为二开井，裸眼段长为 4500～5000m，地层复杂。为了保证长裸眼井段钻井施工的顺利进行，对钻井液体系提出了较高的要求，事实上，优良的钻井液性能是保证长裸眼井优质、快速钻井的关键，也是制约钻井总成本的重要因素。近几年来，塔里木华北泥浆技术服务公司在塔里木地区完成了近 80 口长裸眼水平井，对钻井液体系和处理剂进行了科学优选和合理复配，并在实践中总结了一些经验。

一、钻井液技术方案

1. 体系优选

为了满足钻井工艺的要求，在设计长裸眼水平井钻井液时，从体系优选到处理剂复配、参数优化、成本控制等方面进行了综合分析，确定了正电胶聚合物（上部地层）－正电胶聚磺（下部地层）－正电胶磺化混油（定向水平段）钻井液体系，以满足长裸眼水平井不同井段、不同地层对钻井液性能的要求，利用正电胶的固有特性，既可以防止上部大井眼砂层坍塌、渗漏，又可以防止下部硬脆性泥页岩或火成岩地层的剥落、掉块。正电胶聚合物钻井液具有很强的抑制能力，能防止中上部软泥岩地层分散、造浆以及粘附卡钻等复杂情况发生。正电胶聚磺钻井液具有很强的抗高温稳定性，能够保证钻井液在高温、高压下性能优良，再配合使用稳定处理剂对地层进行封堵，可以确保长裸眼井段的井壁稳定。该套钻井液具有的低塑性黏度和低水眼黏度特性，有助于动力马达及钻头水马力的发挥，解决了大斜度井段和水平井段钻进存在的"岩屑床—流变性—水马力发挥—压耗"等储多问题，提高了机械钻速，缩短了钻井周期，减少了裸眼井壁的浸泡时间，较好地保护了油气层。引入新型聚合物随钻堵漏材料（LR—999），解决了长裸眼的渗漏问题。该套钻井液体系，满足了长裸眼水平井的需要。

2. 钻井液维护要点

钻井液性能参数见表1。

表1　长裸眼水平井钻井液性能参数

井段	漏斗黏度 s	塑性黏度 mPa·s	动切力 Pa	静切力 Pa/Pa	API失水 mL	HTHP失水 mL	pH值	膨润土含量 g/L	固相含量 %	摩阻系数
表层	50～80					<15				
中上部	30～45	8～15	6～12	(2～5)／(5～10)	5～8	<15	8～9	35～45	<0.5	<0.1
中下部	40～55	10～20	8～12	(3～5)／(5～15)	3～5	<12	9～10	35～45	<0.5	<0.1
定向水平段	40～55	6～15	8～15	(5～10)／(10～20)	2～4	<6	9～10	35～50	<0.3	不粘

1）表层（0～500m）

该井段为第四系成岩性较差的黏土层。在调整维护钻井液性能时，主要考虑防止地层坍塌、渗漏和悬浮携砂，保证钻井液具有很强的造壁性和适当高的切力。滤失量可适当放开。膨润土含量保持为50～60g/L，同时复配使用正电胶。充分利用正电胶的特性，发挥"软套管"的作用，利于悬浮携砂、防渗漏、防坍塌。

一开用浓度为8%～10%的膨润土浆钻进，用0.2%～0.4%的正电胶（干粉）和其他处理剂配成的胶液，调整处理钻井液，使钻井液形成良好的结构。膨润土含量与正电胶的加量成反比关系。钻进过程中用正电胶、高相对分子质量黏度和低相对分子质量黏度聚合物复配的胶液和膨润土浆对钻井液进行性能维护、补充消耗，保证充足的钻井液量，加大膨润土浆及正电胶的用量。严格用好固控设备，保证含砂量小于0.5%。

2）二开（500～5600m）

该段为长裸眼井段。钻遇地层为第三系、二叠系、侏罗系及石炭系，地层岩性复杂。第三系大套软泥岩、泥质砂岩、砂质泥岩易分散造浆；二叠系火成岩等易掉块垮塌；侏罗系及石炭系的硬脆性泥页岩极易剥落、掉块垮塌等。长裸眼井的钻井液性能维护不同于其他多开井，要求钻井液不但具有较强的抑制性，防止中上部软泥岩地层的分散、造浆，而且要有很强的防塌及抗温能力，保证长裸眼井段的井壁稳定及钻井液性能的高温稳定性。长裸眼井段在处理剂的选配与加量上也与其他多开井不同，抗高温降滤失剂、防塌剂、润滑剂的加量要适当增大，防止井壁坍塌和卡钻。

（1）中上部井段。该井段（塔中地区为500～2900m左右、轮南地区为500～4500m左右、哈德地区为500～4300m左右）钻井液的抑制性和流变性是主要矛盾。采用低固相强包被不分散正电胶聚合物钻井液，主要在如何优质快速钻进以及抑制分散、造浆、防止阻卡、防止钻头泥包、发挥水马力等方面做工作。在钻井液维护上，首先加入足量的高相对分子质量黏度聚合物包被剂并结合使用正电胶、清洁剂，尽量不用分散剂是解决阻卡、防止钻头泥包的关键，做到"一足、二低、一适当"，即加入足量的高相对分子质量黏度聚合物、低固相、低粘切、膨润土含量适当。膨润土含量是不可忽视的参数，它是形成优质泥饼、优良结构及保证良好流变性的基础。同时补充水化好的优质膨润土浆，为正电胶形成良好结构提供"活性离子"。正常钻进时，以正电胶结合高相对分子质量黏度、低相对分子质量黏度聚合物复配成的胶液对钻井液进行维护，它们的加量分别为0.2%～0.4%的正电胶

（干粉）、0.5%～0.8%高分子聚合物（80A51、KPAM等）、0.3%～0.5%低相对分子质量黏度聚合物（NPAN、KPAN等）、0.2%～0.4%清洁剂（RH-4）和1%～2%的润滑剂，并配合使用超细碳酸钙进行封堵，改善泥饼质量，用聚合物或两性离子稀释剂调整流型，避免使用强分散剂。

②中下部井段。该井段泥饼质量及流变性调整是主要矛盾，主要是保证井壁稳定、防坍塌、防渗漏及做好保护油层工作。在维护钻井液性能时，在中上部井段的基础上，及时引入磺化处理剂进行转化，改善泥饼质量，提高钻井液体系的抗温稳定性，并配合使用防塌剂以稳定井壁。磺化处理剂及防塌剂必须及时引入，而且量要加足，这是确保长裸眼井井壁稳定的关键。由于钻井速度的加快，长裸眼井壁会出现复杂情况，磺化处理剂的加量控制在3%～5%，防塌剂（阳离子乳化沥青）的加量控制在2%～3%；控井使用WFT-666、ZHF-1等处理剂，再配合使用油层保护剂及超细碳酸钙，改善泥饼质量，形成屏蔽暂堵层，保护好油气层。大斜度井段及水平井段处理剂加量可适当加大。可采用混原油并结合适量润滑剂的方法，改善润滑性。井斜角大于45°以前，原油加量控制在3%～5%范围内；井斜角大于45°后，原油加量逐渐提高到5%～8%范围内，乳化剂加量控制在0.5%～1.0%，保证原油充分乳化，钻井液流变化良好，中压滤失量2～5mL，高温高压滤失量控制在6～12mL左右。

二、现 场 应 用

1. 应用情况

几年来，运用该钻井液体系完成了近80口大斜度及水平井的长裸眼钻井，其中双台阶水平井近20口。实践证明。该体系解决了长裸眼大斜度井及水平井的复杂问题。

（1）哈德4-H4为哈德地区第一口简化井身结构长裸眼水平井，在钻井过程中，钻至井深5179.58m（井斜75°）起钻发现定向工具马达外壳脱扣，后经5次打捞，历时170h，6趟起下钻均畅通无阻，该井长裸眼砂岩地层跨隔测试一次成功。

（2）轮南2-25-H1井在钻井过程中，在大斜度长井段及水平段两次发生螺杆掉井事故，在长时间静止情况下，打捞均一次成功。

（3）ST6-H2井井深为5055m，钻井周期仅29 d（其中电测阻停耽误3d）。

（4）HD1-H13井在水平段钻进中，多次发生钻具、螺杆落井事故，静止24h，打捞一次成功。该井钻井周期长达250d，长裸眼井壁稳定、起下钻畅通，电测、下套管一次成功。

（5）HD4-15H井发生螺杆掉井事故，落鱼在水平段静止8d多，打捞一次成功。大斜度井和水平长裸眼井段钻井。仅套管费用每口井就节约几十万元，取得了非常好的经济效益。

2. 特殊施工措施

（1）井壁稳定。造成井壁不稳定的因素主要有两方面，物理化学作用和力学作用。解决物理化学作用引起的井壁不稳定，首先要提高钻井液的护壁性，降低钻井液滤失量及改变滤液特性，尤其是高温高压滤失量要低，并保证合适的膨润土含量，形成薄而韧的泥饼，加入足量的力学稳定剂。膨润土含量控制为35～50g/L，API滤失量控制在3～5mL，高温高压滤失量控制为8～12mL。解决力学作用造成的井壁不稳定问题，主要从钻井液密度及流态两方面考虑，在确定钻井液密度时，其密度值应高于地层压力而低于破裂压力。并非密度越高井壁越稳定，这一点很重要。加入足量防塌剂如阳离子乳化沥青，加量控制在 2%～3%。在体系选择方面充分利用正电胶的"固—液"特性，用软套管来保护井壁；控制钻井液流变性，调整流态，避免钻井液冲刷井壁；控制起下钻速度、操作平稳，尽量减少钻具对井壁的碰撞。

（2）悬浮携砂及避免岩屑床的形成。解决该问题的关键是钻井液流变性及工程参数。在小斜度井段保持平板层流，利于携砂，要求钻井液具有较高的屈服值、较低的塑性黏度及较高的动塑比。维护处理时，以正电胶为主，复配使用高相对分子质量黏度聚合物。在大斜度井段及水平井段保持紊流，有利于携砂，避免岩屑床的形成。钻井液处理紊流状态时，冲力接近常数，其携砂能力只由钻井液密度决定，而与屈服值关系不大。因此，钻井液应具有高切力，保证较强的悬浮能力。维护处理时，以正电胶为主，配合使用抗高温降滤失剂及防塌、润滑剂等处理剂，少用或不用高相对分子质量黏度聚合物，这是关键。在排量控制方面，井斜角小于 30° 时，环空返速控制在 0.616～0.916m/s，可以避免形成岩屑床，井斜角大于 45° 时，环空返速不小于 0.619m/s，能减少岩屑床的形成。

（3）防卡。首先保证形成优良的泥饼，其次加入适量的润滑剂或混原油，降低泥饼摩擦系数。在水平段钻进时，大部分扭矩提高和阻卡问题都是由于井眼清洁差而形成岩屑床、井壁不稳定、键槽或压差所引起的，只有这些复杂情况排除以后，润滑才成为关键。因此，水平井的扭矩及阻卡问题单靠润滑剂是不能解决的。提高润滑性可采取如下措施：当井斜角小于 45° 时，混入 3%～5% 的原油、0.5%～1.0% 的润滑剂、0.1%～0.3% 的乳化剂；井斜角大于 45° 时，原油加量控制在 5%～8%，润滑剂加量控制在 1%～2%，加入 0.3%～0.5% 乳化剂，使体系具有良好的润滑性；特殊井及特殊作业前，加入 0.5% 左右的固体润滑剂，如塑料小球或石墨粉等，变滑动润滑为滚动润滑，考虑到塑料小球对筛管的影响，尽量使用石墨粉，以保证特殊作业的安全顺利。用好四级固控设备，降低体系中劣质固相含量，使含砂量小于 0.3%，防止"砂纸"泥饼的形成，这也是防止井下卡钻事故的关键因素。

三、结　　论

（1）长裸眼定向水平井钻井成功的关键是井壁稳定，井壁稳定的关键是泥饼质量，优质泥饼的形成在于处理剂的选择与复配。

（2）正电胶聚合物－正电胶聚磺－正电胶磺化混油体系是长裸眼定向井的理想体系，阳离子乳化沥青及正电胶是长裸眼定向水平井不可缺少的两种处理剂。

（3）长裸眼定向水平井钻井液密度的控制及流变性的调整，要根据不同井段有针对性地进行。

（4）强化固控配套，尤其是高效离心机的使用是长裸眼定向水平井不可缺少的固控设备。

（5）钻井工程措施、井眼轨迹控制等，对长裸眼定向水平井的顺利施工有很大的影响。

红北 1 井钻井液技术

张　斌[1]　张振友[1]　刘天奎[2]　张金山[1]　乔国文[1]　闫晓清[1]

（1. 吐哈钻井泥浆公司；2. 吐哈油田公司勘探事业部）

摘　要　红北 1 井是吐哈油田第一口简化井身结构的深探井。该井地层复杂，第三系 N_2p、N_1t、Esh（500～1650m）及侏罗系 J_3q（3000～3900m）含易水化造浆、膨胀缩径的大段泥岩，白垩系 K_1s（1650～3000m）含易塌、易漏、成岩性差的砂砾岩，侏罗系 J_2q、J_2s（3900～4250）含易剥蚀掉块、微裂隙发育的泥岩等，这些将在施工中给钻井带来极大的难度。为了加快钻井速度，节约钻井综合成本，红北 1 井首次简化井身结构，即二开用 ϕ241mm 钻头钻穿侏罗系 J_3q 及其以上长达 3400 多米的含泥岩、砂砾岩的复杂地层；三开用 ϕ165mm 钻头钻至设计井深 4250m。针对该井的地质特点和施工要求，二开采用两性离子聚合物钻井液和随钻防堵漏技术，保证该井顺利中完；三开采用两性离子聚磺钻井液，配合固相控制技术和屏蔽暂堵技术，解决了侏罗系 J_2q、J_2s 硬脆性泥岩的剥蚀掉块、砂岩的粘附卡钻以及小井眼钻进循环压耗高、井壁失稳等难题。与吐哈油田完成的其他深探井相比，复杂事故降为零，钻井周期明显缩短。

关键词　吐哈油田　红北构造　钻井液　小井眼

一、前　　言

红北 1 井为吐哈油田在红北构造带第一口简化井身结构的深探井，设计井深 4250m。该井地层复杂，第三系 N_2p、N_1t、Esh（500～1650m）及侏罗系 J_3q（3000～3900m）含易水化造浆、膨胀缩径的大段泥岩，白垩系 K_1s（1650～3000m）含易塌、易漏、成岩性差的砂砾岩，侏罗系 J_2q、J_2s（3900～4250m）含易剥蚀掉块、微裂隙发育的泥岩等，在施工中将给钻井带来极大的难度。为加快钻探速度、节约钻井综合成本，从设计上改变以往的井身结构，首次简化井身结构为：ϕ444.5mm×500m + ϕ241mm×3900m + ϕ165mm×4250m。即二开用 ϕ241mm 钻头，钻穿侏罗系 J_3q 及其以上长达 3400 多米含泥岩、砂砾岩的复杂地层。三开用 ϕ165mm 钻头，钻至设计井深 4250m。针对该井地质特点和施工要求，二开裸眼井段采用两性离子聚合物钻井液技术和随钻防漏堵漏技术，成功地解决了大段泥岩水化造浆、膨胀缩径、砂砾岩的井塌井漏等问题，保证该井顺利中完。三开小井眼井段采用两性离子聚磺钻井完井液，配合固相控制技术和屏蔽暂堵技术，顺利解决了侏罗系 J_2q、J_2s 硬脆性泥岩的剥蚀掉块、砂岩的粘附卡钻以及小井眼钻进循环压耗高、井壁失稳等难题。红北 1 井通过简化井身结构，降低了复杂事故，缩短了钻井周期，从而加快了红北构造带的勘探步伐。其试验成功，不仅创造了吐哈油田裸眼钻井最长（3460.7m）的新记录，还填补了吐哈油田深井小井眼钻井液技术的空白。

二、地质工程概况

1. 地质特点

红北 1 号构造层系多、岩性复杂。第三系 N_2p、N_1t、Esh 地层（500～1650m）为土黄色泥岩、棕红色砂质泥岩；白垩系 K_1s 地层为厚度近 1300m 的棕红色泥岩、砂质泥岩与砂砾岩互层；侏罗系 J_3q 地层为厚度近 1000m 的大段棕红色泥岩，其中 3600～4070m 段泥岩夹杂泥质粉砂。J_2q、J_2s 地层（3900～4250m）含微裂缝发育的深灰色硬脆性泥页岩、渗透性好的灰色中砂岩。

2. 工程概况

红北 1 井一开用 $\phi444.5mm$ 钻头钻至井深 496.18m 电测，下入 $\phi339.7mm$ 表层套管至井深 494.18m，插入法固井，水泥返出地面。二开用 $\phi241mm$ 钻头钻至井深 3956.88m 中完电测，下入 $\phi193.7mm$ 技术套管至井深 3953.81m，双级固井质量合格。三开用 $\phi165mm$ 钻头钻至井深 4253.00m 完钻，因测井显示无油气，裸眼完井。

三、钻井施工难点

综合工程和地层情况，该井钻井液存在以下技术难点。

（1）第三系及侏罗系 J_3q 地层含大段泥岩，易水化造浆，膨胀缩径。

（2）白垩系 K_1s 含大段砂砾岩，易漏、易塌。

（3）侏罗系 J_2q、J_2s 硬脆性泥岩易剥蚀掉块；砂岩渗透性好，易形成虚、厚泥饼，造成起下钻、测井遇阻卡。

（4）长裸眼钻遇层系多，岩性复杂，钻井液技术兼顾防缩径、防漏、防塌的难度大。

（5）小井眼钻井本身存在以下难题：钻具与井壁接触面积大，易卡；环空返速高，对井壁冲刷严重；环空间隙小，循环压耗大，泵压高，易蹩漏蹩塌地层等。

四、钻井液技术

二开钻遇大段水化造浆、膨胀缩径的泥岩，易塌、易漏的砂砾岩，因此钻井液体系须具有较强的抑制包被能力，良好的封堵防漏、造壁防塌能力和优良的润滑防卡能力。

根据地质特点和钻井工艺要求，三开钻井液体系应具有以下特点：

（1）性能稳定，并有较强的抑制、润滑防卡能力；

（2）较高的动塑比，适宜的静切力；

（3）良好的封堵、造壁防塌能力；

（4）较低的膨润土含和固相，良好的剪切稀释特性。

通过资料调研和室内研究，二开采用两性离子聚合物钻井液，三开采用两性离子聚磺钻井完井液。

1. 一开（0～496.18m）

表层砾石岩胶结性差，且颗粒大，携带困难，易塌、易漏。采用普通膨润土浆，钻进中维持较高的固相、黏切、满足钻屑的悬浮携带；较高的瞬时失水，快速形成泥饼封堵井壁；适当的密度，保证井壁稳定，从而保证了表层钻井、测井、下套管等施工作业顺利。

2. 二开（496～3956.88m）

钻完水泥塞和夹杂的砂砾层后，用无固相大分子胶液（配方：0.4%FA－367＋0.2%NaPAN）替换井浆转化为两性离子聚合物钻井液。分段钻井液性能见表1。

表1 分段钻井液性能

井深 m	密度 g/cm³	中压滤失量 mL	塑性黏度 mPa·s	动切力 Pa	pH值	初切/始切 Pa/Pa	高温高压滤失量 mL	固相含量 %	膨润土含量 g/L	摩阻系数
1228	1.19	7.8	13	4	7	0.5/1	—	7	71.5	0.0349
1577	1.20	6.5	23	8	7	0.75/2	—	6	68	0.0262
2085	1.16	6.4	19	8	7	0.5/1.5	16	6	68	0.0349
2524	1.18	5.6	21	8.5	8	1/1.5	13.2	7	64.4	0.0349
3045	1.24	7	19	11.5	7.5	2/12.5	23	8	61	0.0349
3193	1.23	6	18	9	8	6/13.5	16	8	46	0.0262
3533	1.29	5.4	23	11	8	3/11	14.6	8	60	0.0349
3966	1.29	4.5	18	2	9.5	1/5	12.6	8	57.2	0.0349
3983	1.31	3.5	26	7.5	9.5	2.5/10	4	10	50.1	0.0262
4020	1.31	4	25	14	9.5	2.5/17	11	9	50.5	0.0349
4166	1.30	4.2	22	21.5	10	4/12	12	10	50	0.0262
4250	1.30	4	19	24.5	10	5/10	12	11	43	0.0262

第三系泥岩钻进时，向钻井液中加入 K－PAM、CJ－2000，配合 FA－367 增强体系的抑制包被能力；用 NaPAN、XY－27 控制中压和流变性。

白垩系砂砾岩钻进时，实施随钻防漏堵漏技术。室内结合该地层邻井的岩性特征，优选防漏堵漏材料，确定施工配方为：井浆＋2%QCX－1＋2%QS－2＋2%801 随钻堵漏剂＋3%NFA－25。同时混入 1%～2%WR－1，提高体系的润滑性，降低泥饼摩阻和钻具扭矩。

钻至 J_{3q} 泥岩和泥质粉砂岩，加大 K－PAM、CJ－2000 与 FA－367 用量以维护浓度，保证体系中大分子聚合物有效含量大于 0.3%；并加入 SPNH、NFA－25 和 QCX－1，改善泥饼质量，控制中压失水小于 6mL。

3. 三开（3956.88～4253m）

钻完水泥塞后，在套管内对井浆进行预处理，控制膨润土含量小于 50g/L、固相含量小于 8%。均匀混入 80m³ 无固相液（配方：0.6%CJ－2000＋2%NFA－25＋1.5%SPNH＋2%SMP＋2%PSC＋2%WR－1），将井浆转化为两性离子聚磺钻井液。循环调整钻井液性能满足三开要求。

进入 J_{2q}、J_{2s} 目的层 100m 前，实施屏蔽暂堵技术。完井液配方：井浆＋3%NFA－25＋3%QCX－1＋0.5%DF－1，利用合理粒径级配形成薄韧、致密的泥饼，减少滤液、固相进入地层，以更好地发现储集层和稳定井壁。

正常钻进时，采用等浓度维护法，维护钻井液中各种处理剂的有效浓度，保证性能稳定（钻井液性能见表1）。

侏罗系 J_{2q} 地层（3958～4002.72m）进尺慢（平均机械钻速小于 0.40m/h），且钻进中掉块严重。通过对工程及钻井液的主要参数（泵排量 18L/s、泵压 16～18MPa、密度

$1.29\sim1.32g/cm^3$、黏度$50\sim72s$、动塑比小于0.35）分析发现，原因一是钻井液循环压耗大，钻头压降小于$0.43MPa$，清洗井底岩屑能力差；二是环空钻井液呈紊流状态（表2），对井壁的冲刷严重。

表2 小井眼钻井液环空流态分析表

井深 m	密度 g/cm³	塑性黏度 mPa·s	动切力 Pa	流性指数	排量 L/s	直径 cm	环空返速 m/s 8.9	临界返速 m/s 8.9
3958	1.26	12	3.5	0.71	18	16.5	1.19	0.34
3966	1.29	18	2	0.86	18	16.5	1.19	0.26
3974	1.32	32	11	0.67	18	16.5	1.19	1.11
3983	1.31	26	7.5	0.71	20	16.5	1.32	0.76
4020	1.31	25	14	0.56	20	16.5	1.32	1.37
4100	1.30	29	13.5	0.60	20	16.5	1.32	1.34
4166	1.30	22	21.5	0.42	20	16.5	1.32	2.08
4200	1.30	17	27	0.31	20	16.5	1.32	2.64
4250	1.30	19	24.5	0.36	20	16.5	1.32	2.37

注：把钻井液作为塑性流体，以综合雷诺数 $Re_{综合}$ 大于2000为紊流考虑，根据 $Re_{综合}$ 等于2000推导的环空紊流临界返速计算。当计算的临界返速大于实钻上返速度时，环空钻井液流态趋于平板型层流状态。

为了提高侏罗系 J_{2q} 以下井段（$4002.72\sim4253m$）的钻井速度，工程改变设计参数，即将排量增至20L/s、泵压提至$25\sim26MPa$。为了满足工程设计的要求，及时改变维护处理钻井液的方法。

（1）利用固相控制技术，一是增加高分子聚合物 CJ-2000 用量，提高钻井液的包被、絮凝能力；二是将80—120目筛布合理搭配，达到最佳清除钻屑的效果；三是及时清理沉砂池，避免沉淀的岩屑再次参与循环。通过将以上方法有机结合，无用固相得到有效清除。

（2）加入 CMP-1 和 MHH，使体系的动切力大于10Pa、动塑比大于0.52，环空钻井液呈平板型层流状态（见表2），既满足了悬砂携砂要求，又减小了对井壁的冲刷作用。

（3）及时补充 NFA-25、QCX-1、SMP 和 WR-1 以改善泥饼质量，控制高温高压滤失量小于14mL，摩阻系数小于0.0349。

工程和钻井液措施的密切配合，保证了小井眼钻井施工安全，并达到了提高钻井速度（平均机械钻速为1.08m/h）的目的。

五、应用效果

1. 抑制包被能力强，膨润土含量和固相得到控制

在两性离子聚合物/聚磺钻井液中引入 K-PAM 和 CJ-2000，体系的抑制、包被和絮凝能力明显增强。二开强造浆段膨润土含量小于70g/L、固相低于8%；三开膨润土含量控制在50g/L以下、固相不超过11%。

2. 较高的动塑比满足悬砂携砂要求，减少对井壁的冲刷

二开钻进排量$32\sim36L/s$，环空返速小于1m/s，井眼净化不充分。通过调整钻井液动切力大于8Pa、动塑比大于0.4，保证了长裸眼井段（$500\sim3956.88m$）的井眼清洁。

三开小井眼钻进，通过加入 CMP－1 和 MMH，提高动塑比在 0.52 以上，保证 4002.72～4253m 井段环空流态为平板型层流，减少对井壁的冲刷作用。

3. 良好的封堵造壁性能，有效地稳定井壁

在白垩系易塌、易漏的砂砾岩钻进中，采用随钻防漏堵漏技术，强化封堵、造壁。该井段中完钻井液密度高达 1.43g/cm³（设计最高密度 1.25g/cm³）时未发生漏失现象。

在侏罗系 J_{2q}、J_{2s} 目的层实施屏蔽暂堵技术，增强造壁防塌能力，使该井段井眼规则，最大井径为 185mm、最小井径为 180mm。

4. 良好的润滑性

在两种体系中加入溶于白油的液态高分子聚合物 CJ－2000 和低荧光润滑剂 WR－1，保证钻进中泥饼的摩阻系数在 0.0349 以下，后期施工中钻具上提摩阻小于 150kN。

六、结论与认识

（1）两性离子聚合物钻井液引入 CJ－2000、K－PAM，增加了体系的抑制包被能力，解决了第三系和侏罗系 J_{3q} 的泥岩造浆、膨胀缩径问题；通过应用随钻防漏堵漏技术，使白垩系砂砾岩的漏失、侏罗系 J_{3q} 泥质粉砂岩的垮塌问题得到有效控制，保证了该井顺利中完。

（2）两性离子聚磺钻井液通过加入 CMP－1 和 MHH，保证动塑比在 0.52 以上，环空钻井液呈平板型层流，既增强悬浮携砂能力，又减少对井壁的冲刷作用；通过实施固相控制技术和屏蔽暂堵技术，顺利解决了钻井液的固相积累和硬脆性泥岩的剥蚀掉块等问题。

（3）红北 1 井简化井身结构，实施长裸眼和小井眼钻井技术，获得圆满成功。该井与吐哈油田完成的其他深探井相比（表3），复杂事故降为零，钻井周期大幅度缩短，为加快红北构造带的勘探开发奠定了基础。

表3 红北1井与吐哈油田同深探井的相关数据对比情况

井号	完井井深 （m）	钻井周期 （d）	最高密度 （g/cm³）	复杂损失率 （%）	平均钻速 （m/h）	套管层次
红北 1 井	4253	119	1.46	0	3.45	ϕ339.7mm × 494.1m + ϕ193.7mm × 3953.8m
胜深 3 井	4910	343.46	1.68	3.4	1.35	ϕ508mm × 283.3m + ϕ339.7mm × 2058m + ϕ177.8mm × 4569.5m
台参 1 井	4467	414.9	1.32	4.17	0.54	ϕ339.7mm × 2567.9m + ϕ244.5mm × 3400m + ϕ177.8mm × 4450m
陵深 1 井	4300	163.45	1.32	2.63	2.26	ϕ339.7mm × 505.3m + ϕ244.5mm × 3496.7m + ϕ139.7mm × 4295m

参 考 文 献

[1] 鄢捷年主编．钻井液工艺学，北京：石油大学出版社
[2] 李庆光等著．套管内侧钻水平井小井眼流体力学分析．钻采工艺，2003（5）：1～3

火 6 井钻井液工艺技术

乔国文　刘光忠　张　斌　张振友　涂阿朋

（吐哈钻井泥浆公司）

摘　要　火 6 井是吐哈油田完成的第一口双靶点大位移定向预探井，完钻井深 4030m，最大井斜 34.09°，斜井段长 2730m，水平位移 1047m。该井地层层序及岩性复杂，富含易造浆泥岩、盐膏层和煤层，在钻进中易发生井下复杂和事故，施工难度极大，同区块的火 1 井在钻进中多次发生复杂和卡钻事故，最终因卡钻而报废。针对该井的地层情况和双靶点大位移定向井对钻井液的特殊要求，二开 φ311mm 大井眼采用 CUD 抗盐聚合物钻井液钻进，三开采用 MMH 正电胶聚磺钻井液，并在深井段配合使用固、液两种润滑剂，有效地降低了摩阻和扭距，保证了该井的成功钻探。

关键词　吐哈油田　火 6 井　定向井　钻井液　正电胶

一、前　言

火 6 井是吐哈油田位移最大、斜井段最长的一口双靶点定向预探井，位于吐哈盆地台南凹陷玉北构造带玉北 2 号构造，井位布在火焰山半腰处，井底靶点位于火焰山下深处。玉北构造带 N_1t—K 地层富含盐膏，膏质泥岩和软泥岩，塑性变形及蠕变缩径非常严重，极易引起起下钻遇阻遇卡；下侏罗系的 J_2x—J_1b 地层含有多套厚煤层，且微裂隙发育，井壁稳定问题相对突出；三叠系地层剥落垮塌严重。在该构造上进行大位移定向井施工，难度极大，该构造带上的火 1 井在钻探中曾多次发生复杂和卡钻事故，最终因卡钻而致报废，未能钻至目的层。

该井设计井深 3760m，垂深 3500m，一靶垂深 2730m，位移 800m，二靶垂深 3340m，位移 1000m，设计方位 23°。实际完钻井深 4030m，垂深 3777.04m，斜井段长达 2730m，水平位移达 1047m，方位 27.26°，最大井斜 34.09°。为保证火 6 井的成功钻探，避免重蹈火 1 井的覆辙，针对火 6 井的地层情况和双靶点大位移定向井对钻井液的特殊要求，优选钻井液体系，二开 φ311mm 大井眼采用 CUD 抗盐聚合物钻进，抑制盐膏层蠕变缩径，工程配合每 50～100m 短程起下钻措施，及时清除井壁上的钻屑和岩屑床，防止阻卡；三开采用 MMH 正电胶聚磺钻井液，并在深井段配合使用固、液两种润滑剂，很好地满足了定向井对润滑、悬浮、携带的要求。现场应用表明，该井所用的两种钻井液体系，具有较好的抑制性、井眼净化和防塌性能，较好地满足了井壁稳定、定向施工、油层保护、地质录井以及取心等施工要求。

二、地质工程概况

1. 地层特点

（1）第三系及白垩系（700~1800m）为大段膏质泥岩和软泥岩，易盐溶、水化膨胀缩径和分散造浆，易引起缩径和井塌，导致起下钻遇阻，遇卡。

（2）下侏罗系为杂色硬脆性泥岩夹多套厚煤层，煤层井壁容易垮塌，硬脆性泥岩易剥落掉块。

（3）三叠系 T3h、T2h 地层剥落垮塌严重。

2. 工程概况

火 6 井用 ϕ444.5mm 钻头一开，钻至井深 656.00m 起钻测井，下入 ϕ339.7mm 表层套管。以 ϕ311mm 钻头二开，钻至井深 1302m（井斜 0.5°、方位 358°）开始定向，定向钻进至井深 1450m（井斜 33°、方位 26°），下入 GP535（ϕ311mm）钻头稳斜钻进。钻进至井深 2249.2m（垂深 2083m）时井斜降为 27°，方位右漂至 32°，由于井眼轨迹不符合设计要求，进行第二次定向扭方位，定向钻进至 2294.51m（井斜 32.5°、方位 12°）完成定向起钻，下钻至 2160m 钻具被卡，经震击、泡油、爆炸松扣、套铣、对扣震击等措施解除卡钻事故，恢复正常钻进。钻至井深 2670m，由于设备功率不能满足施工要求而提前下入 ϕ244.5mm 的技术套管中完。三开用 ϕ216mm 的牙轮钻头，继续稳斜钻进至 2900m（井斜 24.5°、方位 23°）顺利中靶，钻进至 3609m 进入煤层后连续发生两次煤层垮塌卡钻，事故处理完后，为了保证井下安全，简化钻具结构，光钻铤钻进，轨迹无法控制，井斜急剧下降，钻至加深井深 4030m 完钻时，井斜降为 2.6°，方位变为 78°，因无油气显示而裸眼完井。

三、钻井液技术难点

火 6 井在 N_1t—K 地层（700~1800m）富含易造浆泥岩和盐膏，侏罗系的 J_2x—J_1b 地层（3600~3800m）之间含较厚煤层，煤层上下为硬脆性泥岩，易剥落掉块，地层极其复杂；从 1302m 开始定向，斜井段长达 2730m，水平位移达 1047m，钻井施工难度相当大，要求钻井液应具有以下性能。

（1）较强的抑制性和抗盐钙能力。钻井液要能有效地抑制泥岩造浆及大段盐膏层的盐溶、膨胀缩径，防止盐膏层污染钻井液，破坏钻井液性能，造成井下复杂情况或事故。

（2）良好的防塌性能。由于斜井段长，且地层含膏质泥岩、硬脆性泥岩和煤层，与直井相比，地层更易发生垮塌，而且发生井下事故后更难处理，因此，钻井液要能有效地抑制地层水化膨胀、剥蚀掉块，以稳定井壁。

（3）良好的润滑性能。由于定向井井眼轨迹的特殊性，极易形成"狗腿"，钻具与井壁接触面积大，发生粘卡的几率高。因此，要求钻井液及泥饼具有良好的润滑性能，尽量减少扭矩和摩阻。

（4）携岩及清洁井眼能力。二开 ϕ311mm 大井眼定向过程中，钻井液排量较低，不利于携岩；在斜井段钻进中，岩屑极易沉降在下井壁，堆积形成岩屑床，很难被钻井液携带出来。因此，要求钻井液具有足够的携带岩屑能力。

四、钻井液技术

1. 一开 (0~656m)

该段地层可钻性好，但易塌、易漏。采用普通膨润土钻井液钻进，主要满足井壁稳定和大井眼携砂的需要。钻井液配方：150m³ 水 + 15t 土粉。

钻进中采用加土粉或清水来维护钻井液性能，使黏度保持在 40~80s，钻至井深 656m，测井、下套管顺利。

2. 二开 (656~2672m)

(1) 直井段 (656~1302m) 主要是抑制地层粘土造浆，抑制大段盐膏层的盐溶、膨胀缩径，防止盐膏层污染钻井液性能。采用抗盐聚合物钻井液，配方为：膨润土浆 + 0.4~0.6%K-PAM + 0.3%CUD + 2%~3%NaPAN + 0.5%XY-27。

钻进过程中加入足量的 K-PAM 及抗盐聚合物 CUD 增强抑制性和抗盐钙能力，加入NaPAN、CMC 抗盐降失水，控制钻井液滤失量小于 5mL，防止盐膏层污染钻井液而造成性能的大幅度波动。

(2) 斜井段 (1302~2672m) 继续使用抗盐聚合物钻井液，配方为：抗盐聚合物钻井液 + 2%~3%FK-1 + 2%WR-1 + 1.5%FT-1 + 2%SPNH。

造斜前按配方加入防卡抑制剂 FK-1、无荧光润滑剂 WR-1 处理好钻井液性能。钻进中根据实际施工情况调整处理剂加量，保证钻井液具有较强的抑制性、润滑性和悬浮携带能力。

稳斜钻进过程中，加大 K-PAM 的用量提高钻井液的抑制性，并用 NaPAN、CMC 控制钻井液失水小于 5mL，加入无荧光润滑剂、防卡抑制剂和塑料小球等固—液润滑材料，将钻具上提下放，摩阻控制在 5~8t，确保第二次定向扭方位的顺利施工。2294m 后加入磺化沥青 FT-1、高温降失水剂 SPNH，提高钻井液的封堵造壁能力和抗高温性，保证井下安全。

3. 三开 (2672~4030m)

三开采用正电胶聚磺钻井液进行降斜钻进，钻井液配方为：聚合物钻井液 + 0.7%MMH + 1%~2%NaPAN + 1%SMP + 3%SPNH + 0.5%CMC + 3%WR-1 + 3%塑料小球 + 2.5%FK-1 + 5%QCX-1。

三开前配制聚磺钻井液 250m³，钻完水泥塞后在套管内循环处理钻井液，先配加正电胶 MMH，转化为正电胶钻井液。钻进过程中，以 K-PAM、NaPAN 为主维护处理钻井液，配加正电胶，提高钻井液的动切力，增加钻井液的悬浮携带能力，每增加 100m 进尺补加正电胶 50kg，使其有效含量保持在 0.7% 以上。随着井深的增加，井温升高，斜井裸眼段增长，增大正电胶用量，进一步提高钻井液的携岩能力，并加入 2.5%FT-1、0.5%CMC、5%QCX-1、2~3%SPNH，使钻井液中的固相颗粒级配合理，以形成较好的泥饼，提高钻井液的封堵造壁和抗高温性。同时定期补充 2%~3%FK-1、3%WR-1，使其参与形成泥饼，提高钻井液的润滑性。间断性使用离心机及时清除劣质固相，工程上每钻 30~50m 进行短起下钻，及时清除岩屑床，控制摩阻在 30t，扭矩 33~55kN·m 以内。

井深 3652m 以后，为避免下部煤层的突发性坍塌，提高钻井液密度至 1.30g/cm³，以平衡煤层应力；加大正电胶 MMH 的用量，将黏度提高至 65~75s，以提高钻井液的悬浮携带能力；加入 4%QCX-1、1%DF-1 和 3%FT-1，进一步改善泥饼质量，强化封堵造壁，提高地层的承压能力，防止发生井漏；保持 pH 值在 9～9.5，确保磺化材料在碱性环境下充分发挥作用和钻井液良好的流动性。

3800m 以后，摩阻、扭矩变化为上升趋势，摩阻由 30t 增大至 58～74t。转盘和钻杆负荷已达到了极限值。在这种极度困难的情况下加粗颗粒塑料小球 2%，工程措施配合短起下钻措施（每 30m 短起下钻一次，每钻进 100m 短起下钻至套管脚），及时清除了岩屑床，使摩阻能够控制在 60t 以内。

4. 火 6 井分井段钻井液性能

火 6 井分井段钻井液性能见表 1。

表 1　火 6 井钻井液性能统计表

井深 m	密度 g/cm³	漏斗黏度 s	滤失量 mL	摩阻系数	塑性黏度 mPa·s	动切力 Pa	pH 值	膨润土含量 g/L	固相含量 %	HTHP 失水量 m/L
配浆	1.05	80	16	—	—	—	—	—	—	—
656	1.12	35	10	—	—	—	—	—	—	—
1245	1.15	26	6	0.0262	12	6	8.5	64	14	—
2294	1.20	32	5	0.0262	18	10	8	60	16	—
2672	1.20	50	3.8	0.0349	25	12	8.5	68	13	14.2/100℃
3633	1.24	48	3.5	0.0349	20	14	8.5	64	14	7.2/120℃
4030	1.30	64	4	0.0262	22	16	8.5	58	18	10/130℃

五、井下事故情况

1. 下钻遇阻卡钻

井深 2249.20～2294.50m 调整井眼轨迹结束后，下钻头带单稳定器钻具组合通井，下钻至井深 2160m 遇卡，开泵循环，泵压正常。经震击、泡油、爆炸松扣后，套铣对扣震击解除卡钻事故。

下钻遇阻卡钻原因是：该井斜井段较长（1302～2160m），钻铤附近井斜 28°左右，定向时排量较小，洗井能力不足，形成岩屑床，下钻时钻屑聚集所致。

2. 煤层卡钻

该井三开钻至井深 3608.24m 及 3632.50m 时均因煤层坍塌造成卡钻，第一次通过紧扣震击解卡；第二次震击无效，经爆炸松扣，下入震击钻具对扣，震击解卡。

六、现场实施效果

（1）表 2 为火 1 井与火 6 井完井指标统计表。由表 2 可以看出，火 6 井使用抗盐聚合物钻井液和正电胶聚磺钻井液较好地保证了该井的成功钻探。与使用乳化原油聚合物钻井液和乳化原油聚磺钻井液的火 1 井相比，火 6 井的复杂损失率及事故损失率明显降低。

表2　火1井与火6井完井指标统计表

井号	完钻井深 m	钻井周期 d	复杂损失率 %	事故损失率 %	机械钻速 m/h	完井方法
火1井	3037.38	139.03	2.72	47.45	3.64	报废
火6井	4030	143.21	1.71	17.74	3.80	裸眼完井

（2）火6井的钻井实践表明，坑盐聚合物钻井液和正电胶聚磺钻井液在应用中取得了良好的实施效果，主要体现在以下几个方面。

①抑制性和抗盐钙能力强，减小了地层造浆和盐膏层污染对钻井液性能的影响，降低了井下复杂和事故的损失率。在上部易造浆泥岩、膏质泥岩层段钻进中（656～2294m井段为大段暗紫棕红色、灰绿色泥岩及盐膏），所采用的聚合物钻井液体系突出了该体系的低膨润土含量、低固相、强抑制和抗盐膏污染能力。大段泥岩的钻进过程中没有因膨润土侵大量冲稀降粘而排放钻井液。钻遇盐膏层，钻井液性能波动小，表现出了较强的抗盐能力（各井段钻井液性能见表1）。而火1井80%以上的复杂和事故都发生在600～2300m富含易造浆泥岩及盐膏质泥岩地层，大量石膏及膏质泥岩的存在使其所使用的聚合物钻井液、乳化原油聚磺钻井液体系受到严重污染，钻井液失水增大，流动性变差，触变性增大，导致泥岩水化膨胀缩径，泥饼虚厚，引起多次起下钻遇阻、遇卡。

②悬浮携岩能力和剪切稀释性强。钻进过程中钻井液流动性好，动切力高，漏斗黏度低，钻井液动塑比始终保持在0.4以上，在深井段大于0.8，充分体现了正电胶MMH钻井液的特性，起下钻及短下钻畅通，开泵无砂桥堵塞现象。

③润滑性能良好。3609m煤层坍塌卡钻，循环震击解卡，钻具在井下停留30h，钻具未发生粘卡；井深3652m煤层坍塌卡钻，倒扣套铣顺利解卡。两次煤层卡钻事故的顺利处理充分说明了钻井液具有好的润滑性。

七、结　论

（1）CUD抗盐聚合物钻井液和MMH正电胶钻井液的应用，保证了吐哈油田第一口双靶点大位移定向井——火6井成功地钻至目的层，对了解吐哈油田玉北构造带地层层序及玉北2号构造侏罗系（J_{2q}、J_{2s}）和三叠系的含油气性起到重要作用。

（2）CUD抗盐聚合物钻井液具有良好的抑制性和抗盐、抗钙污染能力，保证了在易造浆泥岩、膏质泥岩层段的顺利钻进，减少了井下复杂和事故的发生，提高了生产时效。

（3）MMH正电胶钻井液具有良好的抑制、防塌、悬浮携带性能，保证了火6井的成功完钻，但是两次煤层坍塌卡钻事故说明大段煤层井壁稳定问题尚需进一步研究并加以解决。

（4）采用固—液双重润滑方式配合工程短程起下钻，及时清除岩屑床，能够有效地控制摩阻和扭矩，是保证大斜度、长裸眼定向井顺利施工的有效措施。

柴窝堡地区复杂地层钻井液技术

金军斌　郭才轩　蔡利山

（中国石化勘探开发研究院石油钻井研究所）

摘　要　本文详细介绍了新疆柴窝堡地区钻井液的室内实验和现场试验情况。实践表明，所研发的钾基聚合物石灰钻井液体系适合柴窝堡地区复杂地层的钻井施工要求，效果良好，值得推广。

关键词　钾基聚合物　石灰钻井液　抑制性　护壁剂

一、前　　言

新疆柴窝堡地区地层情况复杂，中国新星石油公司曾在该区施工了柴 1 井和柴 2 井，柴 1 井因施工困难而被迫提前完钻，柴 2 井因两次卡钻而事故终孔。中国新星石油公司石油钻井研究所针对新疆柴窝堡地区泥页岩成岩性差、水敏性强、裂隙发育、含砾石层胶结性差、胶结物水敏性强、极易水化剥落，某些地层倾角大、断层较发育，大部分地层含有 CO_2 气体，钻井液污染严重等问题，在室内试验的基础上，研制出了钾基聚合物石灰钻井液体系，并在柴窝堡土墩子构造上的柴 3 井中进行了现场试验并获得成功。该井是该区钻成的第一口深探井，柴 3 井下仓房沟群以上地层的平均井径扩大率比柴 1 井和柴 2 井公别降低了 47.0％和 33.2％；下仓房沟群地层的平均井径扩大率比柴 1 井、柴 2 井分别降低了 25.7％和 21.9％；目的层红雁池组地层的平均井径扩大率比柴 1 井降低了 20.2％，而且首次应用化学封固技术并取得明显效果。

二、地质概况及主要技术难点

1. 地质概况

柴窝堡地区位于新疆乌鲁木齐与吐鲁番盆地之间，由于受海西、印之、燕山、喜山运动影响，柴窝堡凹陷多次隆起、剥蚀，并伴随断裂活动，使该区地层极为复杂。新生界地层缺失严重，井深 300m 左右就进入中生界侏罗系，1000～1200m 左右进入古生界二叠系。钻井主要目的层为二叠系红雁池组，井深 4500m 左右，自上而下钻遇的地层依此为：第四系、下第三系、侏罗系的三工河和八道湾组、三叠系的郝家沟—黄山街—克拉玛依—上苍房沟、二叠系的下苍房沟和红雁池组。

2. 钻井液主要技术难点

（1）侏罗系地层部分泥页岩、砂砾岩胶结物水敏性强，极易产生井塌及缩径，导致起下钻遇阻，实验表明地层蒙脱石含量高达 40％～80％。

（2）三叠系上仓房沟群及其以下地层破碎严重，砂砾岩厚度高达 60％以上且胶结疏松，特别是井深 2300～2500m 和 3100～3600m 地层为欠压实井段，极易发生井眼坍塌。柴 2 井的两次卡钻就是由于欠压实段地层坍塌引起的。

（3）三叠系及二叠系泥岩层段，成岩性差且裂隙发育，极易水化剥落及坍塌。

（4）大多地层含 CO_2 气体。该地区几口井的施工表明，井深 600m 以后泥浆一直存在严重的 CO_2 气侵，严重破坏了泥浆性能，导致井内复杂情况的发生。

（5）井深 3600m 左右有断层存在，极易产生井漏、井壁失稳及坍塌。

3. 钻井液技术对策

（1）增强抑制性。柴窝堡地区复杂地层中蒙脱石含量高、水敏性强，遇水膨胀失稳严重，因此要求钻井液必须有低滤失性和强抑制性。

（2）提高钻井液的防塌能力。胶结疏松破碎严重的欠压实地层很容易产生井塌卡钻，因此要求钻井液具有一定的密度来平衡地层压力和较强的防塌能力。

（3）改善钻井液的封堵性。微裂隙发育、易漏地层要求钻井液中含有涂敷材料并能形成高质量的泥饼，必要时采用化学封固技术。

（4）采用预防和处理相结合的办法解决 CO_2 气侵问题。CO_2 气体的存在要求钻井液能抗一定程度的 CO_2 气侵，且维护处理简单。

三、室　内　实　验

1. 钻井液类型及配方

针对柴窝堡地区钻井液技术难点，中国新星石油公司石油钻井研究所利用聚合物不分散体系的强抑制低固相特性和钾离子稳定井壁的特有效果，用石灰预防和处理 CO_2 气侵，经过大量的室内实验，成功研制了钾基聚合物石灰钻井液体系，其基本配方是：3.0%～4.0%夏子街土 + 1%～3% YWFT-1 + 0.05%～0.2% KPAM + 0.5%～1.0% KPAN + 1.0%～1.5% FT-1 + 1.0%～2.0% SMP-1 + 0.2%～0.4% CaO。

其中以 YWFT-1（无荧光防塌剂）为防塌主剂，实验表明它不但有好的抑制性，还具有抗温、抗盐、抗钙和降滤失作用。适量的 KPAM 和 KPAN 起包被作用，同时提供 K^+，并用 KOH 调节 pH 值，进一步提高钻井液的抑制性；用 FT-1、SMP-1 的抗高温、低滤失、造壁性好的特性满足欠压实及微裂隙井段的钻井要求；用石灰控制钻井液由于 CO_2 侵入而产生的 HCO_3^-、CO_3^{2-} 的含量。

2. 钻井液抗劣土实验

钻井液抗劣土实验结果见表 1。

表 1　钻屑污染实验结果

配方	表观黏度 mPa·s	塑性黏度 mPa·s	动切力 Pa	初切/终切 Pa/Pa	API 滤失 mL
1#	16.0	11	5	2.5/4.0	8.4
2#	19.5	15	4.5	2.0/4.5	4.4
3#	20.0	15	5	2.0/3.5	4.4
4#	35	26	7	1.0/2.5	4.5
5#	27.5	23	9	0.5/1.0	3.6

注：1#：基本配方；2#：1# + 15%的 100 目泥岩粉；3#：2# 静置 24h；4#：1# + 20%的 200 目泥岩粉；5#：4# 在 150℃下滚动 16h。

由表1可见，基本配方中加入 15% 或 20% 的泥岩粉，钻井液黏度稍有提高，在 150℃ 下滚动 16h 后黏度稍有降低，说明该体系具有很强的抑制性。加入钻屑后滤失量降低到原来的 ½，证明该体系混入一定劣土后有利于降滤失。

3. 泥页岩滚动回收实验

泥页岩滚动回收实验结果见表2。

表2　泥页岩滚动回收实验结果

配方	表观黏度 mPa·s	塑性黏度 mPa·s	动切力 Pa	API 滤失 mL	滚动回收率，%	
					钻井液 6h	清水 2h
1#	12.0	4	8	24.8	52.8	26.8
2#	31	28	3	3.6	97.6	74.6
3#	27	24	3.5	3.4	91.6	60.0
4#	64	47	17	3.6	98.8	74.4

注：1#：4% 夏子街土基浆；2#：基本配方 + 0.3%SMT；3#：2# + 1%PB-1 + 0.3%XY-27；4#：基本配方 + 1%KAHM。

采用柴2井岩屑做滚动回收实验，由表2实验结果可见，泥浆 6h 滚动回收率大于 91.6%；清水 2h 滚动回收率大于 60%，证明钾基聚合物石灰钻井液体系具有较强的抑制性。

4. 模拟 CO_2 污染实验

假定地层孔隙度为 20% 且全被 CO_2 气体充满，根据理想气体方程、地层压力和地温梯度等计算，钻进时井眼地层最大污染量是 0.229g/L。实验中向优选的钻井液配方中充入 CO_2 最大污染量的一倍、二倍、四倍的 CO_2 气体，进行 CO_2 污染模拟实验，实验结果见表3。

表3　模拟 CO_2 污染实验结果

CO_2 污染量 g/L	塑粘 mPa·s	动切力 Pa	静切力（初切/终切）Pa/Pa	中压失水 mL	pH 值	CO_3^{2-} mg/L	HCO_3^- mg/L	石灰 g/L
0	23	6.0	1.5/5.0	5.2	11.5	360	0	2.05
0.229	18	4.5	0.5/3.0	5.4	11.3	210	0	1.69
0.458	19	3.5	1.0/2.0	5.2	11.0	180	0	1.52
0.817	20	5.5	1.5/2.0	5.6	10.5	0	0	1.36

由表3可见，随着 CO_2 污染量的增加，钻井液的流变性能变化不大，说明该钻井液体系对 CO_2 气体有较强的抗污染能力。

5. 封固剂 FGA-1 封固实验

FGA-1 是一种新型的成膜树脂，国内应用极少，利用人造岩心对 FGA-1 做封固实验，结果见表4。

由表4可见，当基浆中加入 1% 左右的 FGA-1 时，岩心外观完整无损，封固效果最好。另外 FGA-1 还能降低滤失、提高泥饼质量且与其他处理剂配伍性好。

表 4　FGA－1 封固实验结果

| 配方 | 动态封固实验清水滚动 3h 后 | | | 3.5MPa、90℃下封固模拟实验 | | |
	岩心外观	针入深度 mm	针入强度 kPa	岩心吸水量 %	针入深度 mm	针入强度 kPa
1#	掉块	3.92	114.5	10.2	0.45	8691
2#	表层脱落	3.72	127.2	9.7	0.42	9977
3#	完整无损	1.44	849.0	8.3	0.26	26036
4#	完整无损	1.22	742.0	9.2	0.28	22449

注：1#：基本配方1；2#：1#＋0.4%FGA－1；3#：1#＋0.9%FGA－1；4#：1#＋1.8%FGA－1

四、现 场 试 验

应用室内研究成果，钾基聚合物石灰钻井液体系在新疆柴窝堡凹陷达阪城次凹陷土墩子构造高点的柴 3 井进行了现场试验，并取得了良好的效果，使柴 3 井成为继柴 1 井施工困难提前完钻、柴 2 井事故终孔后第一口成功钻达设计井深的深探井。

1. 现场采用的基本配方

一开（0～1100m）：4%～5%夏子街土＋1.5%NaOH（土重）＋2%YWFT－1＋0.5%KPAM＋0.5%KPAN＋0.3%CaO，用 KOH 调节 pH 值。

二开（1100～3300m）：3%～4%夏子街土＋1.5%NaOH（土重）＋2%YWFT－1＋0.1%KPAM＋1%KPAN＋1%～2%SMP＋1%SAS＋0.2%～0.4%CaO。

三开（3300～4500m）：3%～4%夏子街土＋1.5%NaOH（土重）＋3%YWFT－1＋0.1%～0.2%KPAM＋1%KPAN＋2%SMP＋1.5%SAS＋0.2%NW－1＋1%PB－1＋0.2%～0.4%CaO。

2. 现场施工措施及要点

（1）为增加钻井液的抑制性，每次开钻前，对新配基浆都要按配方加足防塌剂和页岩抑制剂，钻进中要勤维护勤处理，保证钻井液处理剂含量达到设计要求。

（2）及时预防及处理 CO_2 气侵。配浆时加入适量的石灰乳来预防 CO_2 气体的影响；确保微超平衡钻进，防止地层中 CO_2 气体的大量溢出，钻进中密切注意钻井液性能的变化，发现问题及时处理。

（3）采用沥青质涂敷材料和化学封固技术钻穿欠压实砂砾岩和微裂隙地层。柴 3 井在井塌极为严重的 3970～4250m 井段使用了 FGA－1 井壁封固剂。

（4）加强固控，防止劣土及钻屑对钻井液的污染。

3. 试验结果分析

（1）钻井液性能控制良好、易于维护处理。

柴 3 井现场施工中每次开钻后的新配基浆，都能较长时间保持性能稳定，当固相污染严重和有害离子含量偏高时，经过大循环处理后即可恢复原有的性能。柴 3 井钻井液主要流变性变化波动较小，控制范围是：漏斗黏度 47～80s、塑性黏度 15～30mPa·s、动切力 9～20Pa。这说明钾基聚合物石灰钻井液体系适合该地区钻井施工，并且易于维护处理。

（2）井眼较稳定、井身质量好。

在柴3井全井钻井施工中，返出岩屑的成形度较好，起下钻顺利，从未发生严重的钻井事故和复杂情况。据测井资料分析，柴3井整体井眼稳定性及井身质量都大大地优于柴1井、柴2井，详细数据见表5。

表5 柴1井、柴2井、柴3井井径扩大率对比

地 层	柴1井		柴2井		柴3井	
	厚度，m	扩大率，%	厚度，m	扩大率，%	厚度，m	扩大率，%
新生界	67.5	—	350.5	7.0	318	3.8
侏罗系	—		645.0	13.2	654	4.6
小泉沟群	535	*	794.5	21.5	779	11.5
上苍房沟组	410.0	27.0	279.5	16.7	278	12.6
下苍房沟组	1108.5	24.9	1195.3	23.7	1522	18.5
红雁池组	919.5	41.45	—	—	916	33.1

*井径超出仪器测量范围

(3) CO_2 气侵得到有效遏制。

柴3井全井钻井施工过程都存在着较严重的 CO_2 气侵，由于采取定期补充新浆、添加石灰、增加密度的综合处理措施后，CO_2 气侵得到有效遏制。全井 Ca^{2+} 离子浓度控制较高，一般在 $100\sim240mg/L$；HCO_3^- 的浓度一般保持在 $500\sim1600mg/L$，最高时达 $1756.8mg/L$，CO_3^{2-} 的浓度一般保持在 $500\sim1000mg/L$，最高时达 $1382mg/L$，自始至终没有因 CO_2 气侵影响钻井液性能而停止钻进。

(4) 井壁封固技术取得明显效果。

据测井资料分析，使用 FGA-1 井壁封固剂后井径扩大率比使用前降低了 33.3%，钻井作业顺利，对柴窝堡地区弱胶结破碎砾岩地层取得明显的护壁效果。

五、结 论

(1) 钾基聚合物石灰钻井液体系适合柴窝堡地区复杂地层钻井施工要求，现场试验的柴3井也成为该区第一口成功钻达设计井深的深探井。

(2) 室内实验及现场试验表明，钾基聚合物石灰钻井液体系具有较强的抑制性和抗劣土污染的能力，适合于弱胶结砂砾岩及复杂泥岩地层。

(3) 钾基聚合物石灰钻井液体系具有较强的抗钙和抗 CO_2 污染的能力，且性能稳定、易于维护、可操作性强。

(4) 护壁剂 FGA-1 在该区首用并取得明显护壁效果，值得推广应用。

参 考 文 献

[1] 钻井液完井液编辑部编. 国外钻井液技术（上），1987年
[2] 李子成，张希柱. 碳酸根离子对钻井液的预防及处理. 石油钻采工艺，1999，21（6）
[3] 金军斌. 钻井液 CO_2 污染的预防与处理。钻井液与完井液，2001，18（2）
[4] 王立建，于峰. L-1超深井钻井液 CO_2 污染处理技术. 石油钻采工艺，2003，25（1）

厄瓜多尔 AP 油田 A10 井钻井液技术

杨　斌　马祥林

（长庆石油勘探局工程技术研究院）

摘　要　A10 井是长庆石油勘探局在厄瓜多尔为 Petroproduction 公司所钻的第一口定向井，该井设计井深 3130m，设计井斜 25.00°。该地区地层较新，欠压实，钻进过程中容易发生井塌、缩径等复杂情况，再加之地层造浆性强，密度、黏度上升很快，井下情况极其复杂，卡钻事故经常发生。针对这些情况，设计使用了全絮凝强抑制聚合物钻井液体系，井下正常，机械钻速高，取得了圆满成功。

关键词　防卡　防塌　全絮凝　强抑制　聚合物钻井液

一、AP 油田的地质概况

AP 油田位于厄瓜多尔北部的 LAGO 地区，地面海拔 250～300m，地层为第三系、白垩系，欠压实，容易垮塌。第三系地层以泥岩、泥质砂岩为主，易水化、缩径、坍塌、造浆性强，油层段以灰岩、砂岩为主，钻时慢，砂岩段易缩径。

二、钻井的技术难点与对策

1. 技术难点

第三系地层容易垮塌，从历史资料看，井眼的平均扩大率都在 50％ 以上，卡钻几率高，而且一开、二开井眼大，要求泥浆泵排量大；大部分地层缩径严重，钻进中必须短起下钻；上部地层造浆性强，要求钻井液具有很好的抑制性。

2. 对策

最大限度提高钻井液排量。该地区定向井钻井要求排量大，随着井眼的加深，沿程流阻大，泵压升高，泥浆泵排量减小，因此不强调钻头水马力，而要求钻头水眼尽可能的大。对于地层缩径，每钻完一个立柱划眼 2 次，起钻遇阻不能超过 10t，认真执行倒划眼制度。坚持 150～200m 进行一次短起下钻，消除井眼的缩径。通过提高 K⁺ 离子浓度和聚合醇的浓度，提高 PAC 加量，降低失水，抑制水化膨胀、坍塌，用 XCD 提高动切应力，保持体系有一定的膨润土含量及适当提高密度等措施来预防沉砂遇阻、遇卡。

三、分段钻井液技术措施

1. 一开（0～1208m）

钻遇地层：MESA、CHAMBIRA 和 ARAJUNO。

地层岩性：MESA 层为膨润土泥岩，下部泥质砂岩；CHAMBIRA 层为白色粉砂岩；ARAJUNO 地层，上部砂岩，下部泥质砂岩。

主要问题：砂岩中含有大量的粘土，受到严重的粘土侵，同时钻头易产生泥包。

1189~1449m（泥质砂岩）缩径严重，造成起下钻严重遇阻、遇卡。该组地层成岩性差，成松散堆积。易发生大规模坍塌，泵排量未达到设计要求（设计要求大于 70L/s，而实际只有 50~60L/s，携屑能力较差，造成后期井下沉砂较多，接立柱困难，起下钻遇复杂情况较多，钻速较慢。

表层钻井液采用地面大池子循环。钻井液体系为无固相聚合物体系与低固相聚合物体系。使用材料主要有 PHP、KPAM、CSJ-1、PX-02 和 KCL 等，钻井液体系具有很强的抑制性和防塌性能，并维持适当的密度和流变性。该段上部钻速较快，下部由于排量不足，井下沉砂较多，不得不转换体系。

950~1208m 井段，采用罐循环，并将体系转化为低固相聚合物体系。除了上述所用材料以外，还用了白土、FT-342、SMK、CMC、NaOH 和重晶石等。将钻井液密度、黏度、动切力、静切力等性能提高到适当范围，保证了井下安全，下套管顺利，且一次到底。

2. 二开（1208~2729m）

钻遇地层：ARAJUNO、CHALCANA、ORTEGUAZA、TIYUYACU、TENA 和 NAPO。

该段复杂问题：

（1）ARAJUNO 地层 1208~1450m 井段的泥岩、泥质砂岩极易水化膨胀，形成缩径井眼，造成起下钻严重遇阻、遇卡。起钻到此井段时开泵循环、倒划眼、缓慢上提，反之易造成卡钻事故；

（2）1450~2729m 井段地层岩性大部分是泥岩，其成岩性差，极易水化分散、造浆、坍塌。泥岩中粘土含量很高，对碱性很敏感，当 pH 值大于 8.5 时，加速了钻屑的分散，体系的密度、黏度、切力、固相含量均上升很快，极易受粘土侵；

（3）由于该地层成岩性差，岩石疏松，所以对密度很敏感，需要较高的钻井液密度来维持井壁的稳定。该段钻井液密度为 1.10~1.35g/cm^3，其高密度对机械钻速（ROP）的影响较大。

采用钾盐聚合物全絮凝强抑制体系钻进。该体系的特点是能有效地控制地层造浆，稳定井壁，加上大排量、PDC 钻头的使用，达到快速安全钻进的目的。钻井液主处理剂为 KNO$_3$、PHP、聚合醇、PAC、XCD 和重晶石。体系以硝酸钾和聚合醇为页岩抑制剂，PHP 为絮凝剂，PAC 为提粘降失水剂，XCD 为提切力剂，重晶石为加重剂。为了很好地控制固相，振动筛在钻进中一直使用，并且在下钻时也要使用。使用尽可能细的筛布（110—210 目）。除砂、除泥器在钻进中一直使用。罐上所有的搅拌器一直保持正常运转，即使是在钻井液停止循环时。离心机保证完好，并满足必要时的使用。循环罐，除了一号罐经常清罐之外，其他罐一律不清，这主要是为了减少钻井液损失，降低成本。该体系很好地解决了地层坍塌缩径的问题，钻进时井下稳定，体系的密度和黏度也控制得很好，很好地解决了造浆性强的问题。

为防缩径、起钻遇阻、遇卡，每钻进 200m 或钻进 18h，新井眼进行工程短起下钻以监测井眼的稳定性，取得了很好的效果。为满足斜井钻井的要求，用了一些 FT-342、SMK 和润滑剂，效果显著。钻井液泥饼摩阻系数降到 0.0612~0.0699。

3. 三开 (2729～3130m)

所钻地层：NAPO、HOLLIN。

地层岩性：NAPO 地层上部为浅灰、黑色坚硬易碎页岩、灰岩，中部为灰岩、砂岩、白色硬灰岩；下部又为三种情况：顶部为页岩，下部为石英质砂岩（包拓目的砂层"U"），底部为目的砂层"T"，奶油色中硬灰岩及深灰色硬质易碎页岩。HOLLIN 地层为含砾石英砂岩。

继续使用二开剩余钻井液，用离心机将密度降至 1.16g/cm³ 后三开，由于下部地层较稳定，不再使用絮凝剂和抑制剂，为保护油层使用碳酸钙作为加重剂。钻井液主处理剂为：PAC、XCD 和碳酸钙。本段钻进钻时慢，复杂情况较少。

各段钻井液性能见表 1。

表 1　分段钻井液主要性能

井段	密度 g/cm³	漏斗黏度 s	塑性黏度 mPa·s	动切力 Pa	静切力 Pa/Pa	滤失量 mL	pH 值	K⁺ mg/L
一开	1.02～1.14	32～120	4～17	1～13	(0～2) / (1～5)	8～30	8～9	
二开	1.10～1.35	35～80	10～25	10～25	(1～4) / (3～10)	≤8	7.0～8.5	20000～25000
三开	1.16～1.20	50～80	15～26	18～25	(2～5) / (3～7)	<7	8.0～8.5	10000～20000

四、认识与体会

(1) 密度是该区钻井液技术的关键，合适的密度既能有效防止井塌和缩径，还能提高钻井速度。

(2) 井塌应以预防为主，合适的密度、钻井液的强抑制性和低失水是预防井塌的良好手段。一开钻到 850m 后宜将密度提到 1.2g/cm³、黏度提到 50s。二开密度 1.28g/cm³、黏度 60～65s；三开钻井液密度 1.16～1.19g/cm³、黏度 60～70s。

(3) 短起下钻及划眼是对付缩径阻卡的有效手段，在复杂井段必须严格地执行。短起下钻间距：当机械钻速为 10～11m/h 时，每钻井 150m 左右进行一次短起下钻。当机械钻速 3.5～4.4m/h 时，每钻进 80m 左右进行一次短起下钻。

(4) 钻井液体系应具有强的抑制性、良好的控制地层造浆能力、较高的切力（特别是适当高的静切力）及良好的流变性。

(5) 合适的泵排量是保证井下安全的有效手段。二开保证排量 50～55L/s、三开单泵可以满足携砂要求。

吉林油田老平1井和民平1井钻井液技术

史海民[1]　周保中[1]　孙金声[2]　何军[1]　白相双[1]

（1. 吉林石油集钻井工艺研究院；2. 中国石油勘探开发研究院）

摘要　老平1井和民平1井是于1995年10月和1996年7月应用小阳离子聚合物混油钻井液相继完成的吉林油田第一、第二口水平井。完钻井深分别为1764.51m、1762.65m，水平段长分别为348.42m、360.72m。两口水平井钻井、完井施工顺利，没有阻卡情况发生。尤其是老平1井在完钻等待测井空井长达7天的情况下，井壁稳定，下钻通井畅通无阻。两口井电测均一次成功。

关键词　井壁稳定　水平井　小阳离子聚合物钻井液　润滑性能

一、地 质 情 况

老平1井位于吉林大老爷府油田老2井区，目的层为高台子油层。油层厚4m。该目的层为本区块的主要目的层，地层倾角小，砂岩分布比较稳定，平均渗透率4.83mD，平均孔隙度16.91%，天然裂缝方向为近东西向。该井设计水平段长300m，水平垂深误差1.5m，起始窗口横向误差20m，终止窗口横向误差50m。

民平1井位于新民油田东北部，目的层为扶余油层，油层厚度5m。该目的层为新民油田主力油层，地层倾角1.9°，砂岩分布稳定，平均渗透率1.59mD，平均孔隙度12.71%，裂缝方向为东西向。该井设计水平段长400m，水平垂深误差2m，起始窗口横向误差20m，终止窗口横向误差50m。

二、钻井工程情况

1. 井身剖面设计

考虑工具造斜率的不确定性和目的层垂深的不确定性，设计采用便于调整的一垂三增二稳一平的井身剖面，并采用中半径低限的造斜率钻进造斜井段。井身剖面分段设计数据见表1。

表1　井身剖面分段设计数据表

井　号	井段，m—m	起始井斜	终止井斜	造斜率，30m
老平1井	0.00～1043.20	0°	0°	—
	1043.20～1230.70	0°	50°	8°
	1230.70～1291.06	50°	50°	—
	1291.06～1418.97	50°	84°	8°
	1418.97～1437.97	84°	84°	—
	1437.97～1460.05	84°	90°	8°
	1460.05～1760.05	90°	90°	—

井　号	井段，m—m	起始井斜	终止井斜	造斜率，30m
民平1井	0.00～1028.05	0°	0°	—
	1028.05～1215.55	0°	50°	8°
	1215.55～1284.65	50°	50°	—
	1284.65～1406.53	50°	82.5°	8°
	1406.53～1426.03	82°	82.5°	—
	1426.03～1447.03	82°	88.1°	8°
	1447.03～1847.03	88°	88.1°	—

2. 井身结构设计

为保证后续施工安全顺利，设计 ϕ339.7mm 表层套管封固四方台组以上地层和第三系水层，水泥返至地面。ϕ244.5mm 技术套管下至油层顶部以封固姚家组、嫩江组不稳定地层。保证下部施工安全和减少三开钻具摩阻。水泥返至地面。完钻后全井下入 ϕ139.7mm 油层套管，水泥上返至技术套管鞋以上 150m。

三、钻井液技术难点

根据水平井工程要求以及老平1井和民平1井地质情况，钻井液要解决的主要技术难点是有效地控制上部地层的造浆和膨胀缩径，中下部地层的破碎坍塌，预防和消除岩屑床，保证井眼稳定，预防井下复杂情况及事故的发生，降低扭矩和摩阻。

四、主要钻井液技术

1. 钻井液体系的确定

针对老平1井和民平1井地层特点和水平井钻井对钻井液的要求。吉林油田钻井工艺研究院和石油勘探开发研究院钻井所合作开展了室内研究。通过对钻井液的抑制性、流变性、润滑性能等实验，确定采用水基小阳离子聚合物混油钻井液进行施工。

二开井段为有效地控制上部地层的造浆和膨胀缩径，中下部地层的破碎坍塌，提高斜井段携屑和。该井段使用小阳离子聚合物钻井液，该钻井液的特点是抑制造浆能力强，防塌效果好，流变性易于调整，润滑性好。该钻井液主要处理剂为：CSW-1、FA-367、低粘 CMC、铵盐、RH-3、XY-27、FT-1 等。

三开井段在二开钻井液的基础上，适当提高润滑剂和并加入 5% 的原油，以改善钻井液润滑性能，保证水平段钻进、测井和下套管作业的顺利进行。

2. 钻井液现场应用及效果分析

1）井眼稳定技术

民平1井和老平1井存在的井壁失稳问题是上部地层水化分散、膨胀缩径和青山口组地层的破碎造成坍塌。针对以上情况现场主要采取了如下措施：

(1) 确定合理的钻井液密度，维持一定的钻井液正压差，保持井壁稳定。

(2) 保持钻井液中小阳离子抑制剂和聚合物的含量在 0.3% 以上，保证钻井液的抑制性达到设计能力。

(3) 保证固设备正常运转，控制合理的固相。

（4）严格控制钻井液滤失量，斜井段和水平段钻井液滤失量控制在 4mL 以内。并加入 2％的 FT－1 封堵青山口地层的裂缝。

（5）工程上严格控制起下钻速度，避免定点循环。

现场应用结果表明，两口水平井易坍塌的嫩江组和青山口组地层未发生垮塌现象。钻进时返出的岩屑棱角分明。

2）润滑防卡技术

钻大斜度井段和水平井段时，为提高泥饼质量，改善泥饼润滑性能，主要采取了如下措施：

（1）保持体系中高效润滑剂 RH3 的含量不低于 1％，原油含量不低于 3％。

（2）保持 FT－1 的含量，确保泥饼质量。

（3）充分利用固控设备，降低钻井液的有害固相。调整钻井液的流变性能和采取必要的工程措施，抑制岩屑床的形成。

以上措施有效的改善了钻井液的润滑性能。如民平 1 井泥饼摩阻系数井斜 57°时 1 分钟 0.04，74°时 1 分钟 0.0262，88°时 1 分钟为 0.0262。由于良好的润滑性能，两口井大斜度井段和水平井段段钻井时，转盘扭矩较低。平均下钻摩阻 50～150kN，起钻摩阻 50～200kN。特别是民平 1 井从 1730m 至完井的 10 天时间内，为平衡地层流体压力，钻井液密度达到 1.62g/cm³，每次起下钻均顺利，无阻卡事故发生。

3）大斜度井段和水平井段的环空携岩技术

民平 1 井和老平 1 井在大斜度井段和水平井段为解决携岩问题，采取了以下技术措施：

（1）提高钻井液的动塑比和低剪切速率下的剪切应力。

（2）洗井时，采取上提、下放、旋转钻具等方法，尽量破坏井下的岩屑床或阻止岩屑床的形成。

（3）定期大排量循环钻井液和采取稠钻井液段塞清扫井下钻屑。

通过以上措施，老平 1 井和民平 1 井基本保证了井眼清洁，没有因岩屑返出不及时而影响施工的情况发生。

4）测井及下套管等完井工序钻井液技术

为确保测井和下套管作业的顺利进行，老平 1 井和民平 1 井在进行完井作业前，认真做好通井工作。通井到底后适当提高钻井液的粘切值并充分循环至震动筛和除砂器无岩屑返出。同时提高润滑剂的加量，使测井仪器和套管入井阻力降低。通过上述措施的实施，两口井测井、下套管作业均顺利完成。

五、结论和认识

（1）吉林油田钻井工艺研究院和石油勘探开发研究院钻井所合作，在室内研究的基础上，成功的应用了小阳离子聚合物混油钻井液完成了吉林油田两口水平井的钻井施工。两口水平井钻井、完井施工顺利，没有阻卡情况发生。尤其是老平 1 井完钻等待测井空井长达 7 天的情况下，井壁稳定，下钻通井畅通无阻。两口井电测均一次成功。

（2）在小阳离子聚合物钻井液体系的基础上，针对水平井的特殊性在解决携屑、润滑、防塌等问题所采取的技术措施收到非常好的效果，与油基钻井液相比，在安全、环保、成本等方面具有较大的优势。为吉林油田水平井钻井液技术发展奠定了基础。

玉门窿 9 井钻井液技术

李佳军　王宝成　徐登程

摘　要　本文介绍了玉门窿9井钻井液技术，重点阐述了各井段钻井液的使用情况和维护措施。
关键词　钻井液　聚合物钻井液　阳离子聚合物　空气钻进　雾化钻进

一、窿 9 井地质分层

窿 9 井实际地层分层与岩性描述如表 1 所示。

表 1　窿 9 井实际地层分层与岩性描述

地层名称		底界深度，m	视厚度，m	主要岩性综述
石炭系 (C)		132.00	116.00	顶部岩性为杂色砾岩；其下岩性以灰黑色炭质泥岩与黑色煤呈不等后互层为主，夹深灰色白云质大理岩，深灰色、黄色变质砂岩
志留系 (C)	旱峡组 (S_3h)	378.00	246.00	岩性为黄色、杂色、灰色、灰白色、肉红色变质砂岩与紫红色板岩呈不等后互层
	泉脑沟组 (S_2q)	1516.00	1138.00	上部岩性为深灰色、灰色、灰绿色变质砂岩，深灰色板岩；中部岩性以深灰色、灰色、灰绿色变质砂岩及深灰色、棕红色、灰色板岩为主，夹灰绿色变质闪长岩、千枚岩、变质安山岩；下部岩性以灰色、灰绿色闪长岩为主，夹灰绿色板岩、千枚岩、灰白色花岗岩，灰色、灰白色石英岩、灰绿色糜棱岩
	肮脏沟组 (S_1a)	3223.00	1707.00	上部岩性以深灰色，灰色干枚岩，灰色变质闪长岩为主夹灰色变质砂岩，灰白色石英岩；中部岩性以灰色千枚岩、糜棱岩为主，夹灰白色石英岩；下部岩性为深灰色、灰色千枚岩，灰色糜棱岩呈不等厚互层
白垩系 (K)	推覆体 (K)	3594.00	371.00	顶部岩性为杂色砾岩，其下岩性以灰黑色、深灰色白云质泥岩为主，夹灰色白云质粉砂岩
	中沟组 (K_1z)	3715.00	121.00	岩性以深灰色、灰色白云质泥岩为主，夹灰色白云质粉砂岩
	下沟组 (K_1g)	4500.00	785.00	上部岩性以深灰色白云质泥岩为主，夹灰色泥质白云岩；中部岩性以深灰色白云质泥岩与灰色白云质粉砂岩呈不等厚互层为主，夹灰色泥质白云岩；下部岩性以深灰色白云质泥岩与灰色白云质粉砂岩呈不等厚互层为主，夹灰色白云质细砂岩、粗砂岩，灰色泥质白云岩、砂质白云岩、砂砾岩及灰色含砾不等粒砂岩

二、钻井工程难点与问题

（1）巨厚逆掩推覆体地层倾角大，机械钻速低；岩石可钻性差，机械钻速低；地层研磨性强，钻具与钻头磨损严重；跳钻严重，刺断钻具频繁，钻具损坏严重。

（2）深部白垩系地层异常地应力对井壁稳定危害严重。

（3）深部地层破碎易垮塌，地层中蒙脱石含量高影响井壁和钻井液稳定。

三、钻井液的设计和使用

1. 钻井液分井段设计与性能及各井段钻井液使用与维护

1) 一开井段（0～140.94m）

地层以侏罗系石炭质泥岩和煤层为主，钻井液使用与维护的重点是搞好防漏和井眼的净化。为此，按清水 150m³ + 膨润土 63t + 单封 1.2t + HV - CMC 计 0.2t 的配方，配制了密度 1:10g/cm³、黏度为滴流的高粘切膨润土浆。在一开钻进过程中，适时补充膨润土和 HV - CMC，将钻井液的黏度控制在 90s 以上，以确保钻井液的携砂能力和井眼的畅通。同时，间断加入单封，提高钻井液的防漏、堵漏能力，减少钻井液的漏失（本井段漏失膨润土浆 94m³）。钻完一开井深后，采取起钻通井、下钻到底循环三周、注入黏度 120s 的稠泥浆封闭井眼的措施，确保了下套管与固井施工的顺利进行。

2) 二开井段（140.94～1150m）

地层为志留系推覆体，可钻性差、研磨性强、地层倾角大，跳钻严重、井斜控制困难，钻屑造浆能力差，钻井液使用与维护的重点是搞好润滑防卡和井眼净化。为此，二开选用聚合物钻井液。

在二开前钻水泥塞时，补充 0.2t 纯碱及适量的清水，有效清除了钻水泥塞时进入钻井液中的钙离子，确保钻井液具有良好的流动性。钻进过程中，采取了以下措施：

钻到井深 150m 时，按照循环周均匀加入 0.4t 大钾、0.6t 铵盐胶液，将钻井液转为聚合物体系。

钻进中定期补充大钾，保持其含量，使钻井液能够有效地控制地层。并适量加入铵盐，控制钻井液黏度在 40～46s 之间，确保钻井液具有良好的携砂能力。加入钠盐将失水控制在 9mL 以下，改善泥饼质量，增强泥饼的润滑性能。加入片碱，将钻井液 pH 值控制在 8～9 之间。

钻到井深 1150m 中完时，加入 1.3t 低荧光防塌剂，增强钻井液的防塌能力，循环起钻通井，在通井过程中维护钻井液性能达到密度 1.14g/cm³、黏度 46s、切力 3/6Pa、失水 8mL、滤饼 0.5mm、含砂 0.3%、pH 值 9，从而确保中完电测、下套管和固井的顺利实施。

3) 三开井段（1150～2970m）

地层仍为志留系推覆体，主要岩性为航脏沟组大段千枚岩，夹有变质岩、石英岩、糜棱岩，该井段地层倾角大、井斜控制困难，钻屑造浆能力差。钻井液使用与维护的重点是搞好润滑防卡、防塌和井眼净化。三开在 1150～2466m 井段采用聚合物钻井液体系，在 2466～2970m 井段采用阳离子聚合物钻井液体系。在钻井液方面采取了以下措施：

（1）三开前钻水泥塞时，补充 0.3t 纯碱，消除水泥对钻井液的污染，确保钻井液具有良好的流动性。

（2）在使用聚合物钻井液过程中，定期补充足量的大钾，确保聚合物钻井液的抑制能力。同时，考虑防塌的需要，加入了大量的铵盐、钠盐改善泥饼质量，将失水控制在 7mL 以下，并加入低荧光防塌剂增强钻井液的防塌能力，将钻井液密度由 1.13g/cm³ 逐步提高 1.22g/cm³。

表 2 隆 9 井各段钻井液性能

井段 m	地层	钻井液体系	密度 g/cm³	漏斗黏度 s	API 滤失量 mL	泥饼 mm	静切力 Pa/Pa	pH值	含砂 %	膨润土含量 g/L	固相含量 %	HTHP 滤失量 mL	摩阻系数	塑性黏度 mPa·s	动切力 Pa	Cl⁻ mg/L
0~140	Q_y	高膨润土浆	1.10~1.15	150~滴流	14~8	1.5~1.0	4~21	7	2.0	65~70						
140~1150	S K	钾铵基聚合物	1.15~1.25	40~75	7~4	1.0~0.5	4~20	8~9	0.5	50~60						
1150~2970	R K_1z	阳离子聚合物	1.15~1.25	55~65	7~4	1.0~0.5	2~12	8~9	0.4	50~60	8~15	15~12	3.0~4.0	15~25	8~15	2000~4000
2970~4500	K_1g	阳离子聚合物	1.25~1.35~1.40	60~80	5~3	0.5	3~16	9~9.5	0.3	50~60	15~20	12~9	3.0~4.0	17~25	8~16	3000~5000

注：Q_y—酒泉玉门组；S—志留系；K—白垩系；R—第三系；K_1z—中沟组；K_1g—下沟组。

（3）在井深 2466m 将普通聚合物钻井液转化为阳离子聚合物钻井液体系。转化前聚合物钻井液性能：密度 1.22g/cm³、黏度 44s、失水 6mL、滤饼 0.5mm、切力（2/7）Pa、pH 值 9、含砂 0.3%、固相 11%、膨润土含量 38.5g/L。转化时，按照循环周均匀加入 1.2t 小阳离子、0.5t 大阳离子、0.75t 稀释剂和 0.4t 的 NaOH 混合胶液，循环两周后，钻井液性能为：密度 1.22g/cm³、黏度 43s、失水 8mL、滤饼 0.5mm、切力（1/2）Pa、pH 值 9。由于失水较大，又加入 HV-CHC 计 0.5t，将失水降到 6mL。同时，用清水缓慢冲入 0.2tCaO，然后，通过定期补充大、小阳离子，使其浓度达到 0.3% 以上，加入 SMC 或稀释剂调整钻井液粘切，加入钠盐或 HV-CMC、SPNH 改善泥饼质量，失水控制在 6mL以下，HTHP 失水控制在 13mL 以下，提高了钻井液的抑制防塌能力。

（4）根据本井段先后进行多次导向纠斜、井眼轨迹较差的情况，在钻井液中加入水基润滑剂，确保摩阻系数 K_f 小于 0.10，为防卡工作奠定了基础。

4）四开井段（2970～4500m）

上部地层仍为志留系逆掩推覆体，为了缩短钻井周期，在四开开始 2970～3307.50m 井段采用气体钻井。

（1）气体钻井阶段。

气体钻井过程中，现场钻井液工作分为钻前准备、空气钻井、可循环泡沫钻井和雾化钻井四个阶段。

①在钻前准备中，用清水替出井筒内的阳离子钻井液，将替换出的钻井液、地面储存的阳离子聚合物钻井液约 250m³ 储存在循环罐内。然后分段进行气举，将井筒内的清水举出。

②空气钻进（2970～3011m）前，配置发泡胶液（清水 + 3.5% 抗盐降滤失剂 + 0.3% 发泡粉 + 0.5% 缓蚀剂）150m³，黏度 42～50s，发泡率 400%，半衰期 90min。从 2970m 开始，注气排量 70m³min，立压 11.2MPa。每钻完一个单根后，注入发泡胶液携带岩屑，清洗井眼，此时注气排量 70m³/min，发泡胶液注入排量 0.3m³/min。钻到 3004.42m，注入发泡胶液洗井，由于不能将井底岩屑携带干净，转盘时常被憋停，扭矩大，起钻换钻头，下钻到 2989m 遇阻，注气下划，停气遇卡，再注入发泡胶液携砂划眼，划眼到 3004.42m恢复钻进。分析认为，造成钻进过程中钻具遇卡、下钻划眼的主要原因是缓蚀剂的破胶性，降低了发泡胶液发泡率，同时在配制抗盐降滤失剂胶液时，混入了少量阳离子钻井液，导致发泡胶液的发泡率、半衰期达不到要求，携岩能力差，钻屑不能及时带出井眼。

③在这种情况下，决定采取泡沫钻井（3011～3063.33m）。配置发泡胶液（清水 +0.8%～1.0%CMC + 0.8% 液体发泡剂 + 片碱）150m³，黏度 35～45s，pH 值 8，发泡率400%～500%，半衰期 50～80min。钻进过程中，发泡胶液注入排量 0.2%～0.3m³min，注气排量 70m³/min，立压 7MPa。为节省发泡胶液，现场紧急改造，回收沉砂池中的泡沫胶液，回收率约 80%，平均每天消耗约 15～25m³ 发泡胶液，补充 CMC 胶液 15～25m³。为保持发泡剂的有效含量，钻进时每补充 10m³CMC 胶液，补充 0.1t 液体发泡剂；每回收 10m³ 发泡胶液，补充 0.05t 液体发泡剂。并适量地补充片碱，发泡胶液 pH 值控制在 8 左右。

④由于泡沫钻井钻速相对较慢，从 3067m 开始采用雾化钻井，发泡胶液配方与泡沫钻井相同，注入排量 0.12m³/min，注气排量 85～90m³/min，立压 3MPa，间断采用泡沫循环洗井。为维护发泡胶液的性能，发泡剂、CMC 胶液的补充量与泡沫钻进时的补充量基本相同。在 3082～3083m、3144～3145m 有荧光显示，随着地层气的出现，全烃值达到 0.01%，立压最高上升到 10MPa，将发泡胶液注入排量提到 0.8m³/min，进行泡沫循环，直到立压

恢复正常，继续钻进，钻进到3307.50m，由于已进入白垩系地层，地层坍塌严重，井下复杂加剧，决定转换为常规钻井液钻进。

(2) 四开钻井液钻井阶段。

下部地层主要岩性为灰黑色白云质泥岩，层里发育，呈片状，极易垮塌，钻井液使用与维护的重点是搞好防塌、润滑防卡、井眼净化和油层保护。本井段仍采用阳离子聚合物钻井液体系。在钻井液的使用与维护方面，分井段采取了不同措施。

①在3307.50～4037.03m井段。

在终止空气、雾化和泡沫钻井前，由于井下出水，白垩系推覆体地层裂缝发育，井壁坍塌问题严重，造成划眼、上提拉力大、接单根困难等复杂情况，决定转换常规钻井液钻进。采取分两次向井筒内替入阳离子钻井液123m³，然后循环调整钻井液，加入润滑剂、防塌剂、增粘剂和加重剂后，将钻井液性能调整为密度1.27～1.30g/cm³、黏度48～62s、切力 (3/5) Pa、失水4.5～3.6mL、滤饼0.5mm、含砂0.2%、pH值9、HTHP失水8.6mL，并用黏度为120s的稠浆36m³段塞洗井，划眼到底后恢复正常钻进。

在防塌方面，加入足量的大、小阳离子，确保钻井液的抑制防塌能力；适量加入SPNH、SMP，使HTHP失水小于9mL，API失水小于5mL；补充SAS，增加钻井液中的沥青含量，改善泥饼质量，增强钻井液对地层微裂缝的封堵能力，从而提高防塌能力；分次混入预水化膨润土浆，降低钻井液中的劣质膨润土含量，改善泥饼质量；及时调整钻井液密度平衡地层坍塌压力，在钻进到井深3330m、3396m、3533.12m、3840.52m和3611m时，分别将钻井液密度上提到1.33g/cm³、1.35g/cm³、1.38g/cm³、1.39g/cm³和1.42g/cm³。

认真处理井下垮塌。在井深3840.52m时下钻至3576m遇阻，划眼过程中，加入铁矿石粉6t，将钻井液密度从1.39g/cm³提到1.41g/cm³，加入CMC计0.6t，将钻井液黏度控制在95～120s之间、动塑比0.75以上，加入SAS计2.7t以增强钻井液防塌能力。划眼到底后，维持钻井液性能：密度1.41～1.42g/cm³、黏度95～100s、切力 (12～17/26～32) Pa/Pa、失水4mL、滤饼0.5mm、含砂0.2%、pH值9.5、HTHP失水9mL，一直钻至井深3926.82m。钻至井深3941m时，加入HV-CMC计0.5t，将钻井液黏度从72s提高到78s，提高钻井液的携岩能力，加入SAS计1.5t，提高泥饼润滑性能。钻到井深3942.31m时，为确保ϕ215.9mm的S635巴拉斯钻头一次下钻到底，在牙轮钻头起钻前，循环4.5h，短起下10柱，再次循环4.1h，将钻屑完全携带出井眼，确保了井眼畅通。起钻前钻井液性能：密度1.42g/cm³、黏度78s、切力 (13/25.5) Pa、失水4mL、滤饼0.5mm、含砂0.3%、pH值9.5、HTHP失水9mL。

②在4037.03～4221m井段。

在井深4037.03m准备中途电测起钻前，循环两周钻井液，短起下十柱，用0.25t塑料小球打封闭。起钻前钻井液性能：密度1.42g/cm³、黏度80s、切力15/26Pa、失水4mL、滤饼0.5mm、含砂0.3%、pH值9.5。由于电测在井深3751m遇阻，下钻通井到井深4011m遇阻，划眼到底后，钻进到井深4038.42m，充分循环，短起下20柱，用0.3t塑料小球打封闭后起钻，再次电测，在井深3925m遇阻。电测遇阻的主要原因是：井眼内的掉块或钻屑没有完全带出，形成砂桥；井眼轨迹太差，电缆所受的阻力大；钻井液润滑性能相对较差。

根据上述复杂情况，在该井段施工中采取了以下措施：

在井段3846～4038.42m划眼期间，转盘经常蹩停，钻具上提拉力2300～2400kN，下放阻力 350kN，接单根困难，扭矩 30～45kNm，有大量掉块返出。现场通过加入 2t 的 SMP、2t 的 SAS、2t 水基润滑剂、0.25t 大阳离子、0.2t 的 CMC、1.5t 单封和 30t 铁矿石粉，将钻井液密度由 1.42g/cm³ 逐步提至 1.48g/cm³，黏度维持在 80s 以上，HTHP 失水稳定在 9mL，提高钻井液的防塌、携岩、润滑、防卡、防漏能力，划眼到井深 4038.42m 恢复钻进。

在井深 4038.42m 以后的钻进过程中，使用顶驱应对井下复杂情况，钻井液采取了加大 SPNH、SMP 的用量，加入封堵防塌剂（天然沥青）与多功能井壁保护剂（主要成分为石墨），分别在井深 4040m、4134m、4162m 时，向钻井液中混入原油，共混原油 34.41t，并分别的井深 4117m、4162m、4190m、4210m 时，向钻井液中混入预水化膨润土浆（共混入 140m³），替换老浆中的劣质坂土，使钻井液密度维持在 1.50g/cm³，HTHP 和 API 失水分别控制在 9mL 和 4mL 以内，黏度控制在 65～80s，动塑比控制在 0.7～1.0，含砂量控制在 0.3% 以内，含油量控制在 6～8%，最终将钻具上提拉力降到 2100～2200kN，下放阻力降到 20kN 以下。

③在 4221～4500m 井段。

根据上一井段施工的经验与教训，在该井段施工中，主要采取了以下措施。

在润滑防卡方面，分别在井深 4243m、4255m、4287m、4328m、4402m 时，向钻井液中混入原油（共混入原油 24.57t），使含油量稳定在 6～8% 左右。同时，加入封堵防塌剂，改善泥饼质量，加入多功能井壁保护剂、水基润滑剂，增强钻井液的润滑性。

在防塌方面，加入 SMP，使 HTHP 失水小于 9mL，API 失水小于 4mL，加入 SAS 提高钻井液中的沥青含量，并在井深 4239m 将钻井液密度提到 1.52g/cm³。

在井眼净化方面，将钻井液黏度控制在 65～75s，动塑比控制在 0.7～1.0，并利用固控设备将钻井液中的含砂量控制在 0.3% 以内。

分别在井深 4301m、4390m、4410m 时，分 3 次向钻井液中混入预水化膨润土浆（共混入 70m³），替换老浆中的劣质膨润土、对老浆进行改造，防止钻井液老化。

（3）完井电测、下 φ177.8mm 套管。

钻至井深 4500m 完钻后，为确保完井电测顺利进行，在完钻后，循环两周，短起下二十柱，起钻前用 0.6t 塑料小球、0.6t 水基润滑剂打封闭，起钻前钻井液性能：密度 1.52g/cm³、黏度 67s、切力 12/24Pa/Pa、失水 3.5mL、滤饼 0.5mm、含砂 0.3%、pH 值 9.5，电测一次到底。

电测进行 24h 后，下钻通井、循环，并用 PSC 将钻井液性能调整为：密度 1.52g/cm³、黏度 68s、切力 13/24.5Pa/Pa、失水 3mL、滤饼 0.5mm、含砂 0.3%、pH 值 9.5。起钻前用 0.6t 塑料小球、0.6t 水基润滑剂打封闭。通过采取以上措施，完井电测顺利完成。

电测完成后，下钻通井、循环时，用稀释剂将钻井液性能调整为：密度 1.52g/cm³、黏度 67s、切力 12.5/24Pa/Pa、失水 3mL、滤饼 0.5mm、含砂 0.3%、pH 值 9.5。起钻前用 0.8t 塑料小球打封闭，起钻时无阻卡现象，下 φ177.8mm 套管，在井深 3668.22m 处遇阻并卡死。决定循环后固井，然后用 φ152mm 小钻头通井，补下 φ101.6mm 尾管固井。

（4）完井阶段划眼。

在固完 φ177.8mm 套管后，用 φ152mm 小钻头通井时，下钻至在井深 3704.10m 遇阻，由于井眼质量差，狗腿度大，糖葫芦井眼现象严重，为确保划眼工作进展顺利，采取了以下措施：

①继续采用阳离子钻井液体系，在划眼过程中，适量补充大阳离子、小阳离子，增强

钻井液的抑制防塌能力。

②在润滑防卡方面，适量加入硅油润滑剂、水基润滑剂，加大 SAS 用量，改善泥饼质量。同时，混入足量的原油，将钻井液的含油量稳定在 4%～6.5%，使钻井液具有良好的润滑性。

③在防塌方面，在划眼初期将钻井液密度提到 $1.52g/cm^3$，划至井深 3795m 时提高 $1.58g/cm^3$，划至井深 3829m 时提到 $1.62g/cm^3$，划至井深 4226m 时提到 $1.63g/cm^3$，划至井深 4255m 时提到 $1.65g/cm^3$。同时加入 SPNH、抗盐降失水剂控制失水，使钻井液的 HTHP 失水小于 9mL；失水小于 4mL，加大 SAS 的用量，补充石灰乳液，保持 Ca^{2+} 含量 400～600mg/L 提高阳离子钻井液防塌能力。

在井眼净化方面，利用四级净化设备，将钻井液含砂量控制在 0.3% 以内，正常划眼时，将钻井液黏度维护在 75～85s 之间，静切力 11～15/21～25Pa 左右，动塑比大于 0.6。划眼携砂困难时，向井内注入 120s 的清扫液 8～10m³，以提高钻井液的携岩效果。

对老浆进行改造。分别在井深 3714m、3721m、3775m、3785m 时，向钻井液中混入预水化膨润土浆（共混入 80m³），以替换老浆中的劣质膨润土。在井深 3825m 时，向钻井液中加入处理剂胶液 20m³（20m³ 清水 + 1% 稀释剂 + 6% 低荧光 SAS + 1.25% 片碱 + 0.075% 氧化剂）。在井深 3845m 时，向钻井液中加入处理剂胶液 8m³（8m³ 清水 + 3.75% 稀释剂 + 6.25% 低荧光 SAS + 2.5% 片碱）。在井深 3852m 时，向钻井液中加入处理剂胶液 15m³（15m³ 清水 + 1% 稀释剂 + 8% 低荧光 SAS + 2% 片碱 + 0.67% 阳离子）。

(5) 后期通井、下 ϕ101.6mm 尾管。

ϕ152mm 小钻头划眼到井深 4340.5m 后，井下情况复杂，而且划过了主要油气显示层，决定结束划眼。在循环两周后起钻，起钻前的钻井液性能：密度 $1.65g/cm^3$、黏度 72s、切力 12/23Pa/Pa、失水 2mL、滤饼 0.5mm、含砂 0.3%、pH 值 9.5。为了保证 ϕ101.6mm 尾管下入安全，通过改变钻具刚性，进行了三次通井。

第一次通井，下钻到底后循环，并在钻井液中加入 0.5t 的 SAS、0.1t 的 NaOH、0.1t 大阳离子、0.1t 小阳离子、0.2t 稀释剂，钻井液性能调整为：密度 $1.65g/cm^3$、黏度 77s、切力 11/22Pa/Pa、失水 2mL、滤饼 0.5mm、含砂 0.3%、pH 值 9.5。在充分循环后起钻，第一柱钻具上提力 1700kN，下放阻力 40～60kN，上下活动几次后起出，以后起钻正常。起钻到 ϕ177.8mm 套管内后，再次下钻到底循环，在钻井液中加入，0.1t 的 NaOH，将钻井液性能调整为：密度 $1.65g/cm^3$、黏度 81s、切力 12/24Pa/Pa、失水 2mL、滤饼 0.5mm、含砂 0.3%、pH 值 9.5。然后起钻，整个起钻过程非常顺利。

第二次通井，增强钻具刚性，下钻到底循环，在钻井液中加入 0.2t 的 NaOH，将钻井液性能调整为：密度 $1.65g/cm^3$、黏度 89s、切力 14/27Pa、失水 2mL、滤饼 0.5mm、含砂 0.3%、pH 值 9.5。考虑下尾管作业的需要，在充分循环钻井液后，将钻具起至 ϕ177.8mm 套管内，静止 20h，然后下钻到底循环，又在钻井液中加入 1t 的 SAS、0.1t 的 NaOH、1.5t 硅油润滑剂、0.2t 稀释剂，将钻井液性能调整为：密度 $1.65g/cm^3$、黏度 82s、切力 13/25Pa、失水 2mL、滤饼 0.5mm、含砂 0.3%、pH 值 9.5，起钻前加入 0.6t 塑料小球，短起下钻和起钻过程非常顺利。

第三次通井，由于井身质量差，为了确保 ϕ101.6mm 尾管下入成功，下入模拟尾管结构的钻具组合，下钻到底循环，在钻井液中加入 0.5t 的 SAS、0.15t 的 NaOH、1.5t 硅油润滑剂、0.3t 稀释剂，将钻井液性能调整为：密度 $1.65g/cm^3$、黏度 81s、切力 12/25Pa、失水

2mL、滤饼 0.5mm、含砂 0.3%、pH 值 9.5，起钻前再次加入 2t 塑料小球，起钻顺利。

通过三次通井和多次调整钻井液性能，最终确保了 φ101.6mm 尾管顺利下到预定位置。为确保固井施工顺利进行，在固井前，向钻井液中加入 0.5t 的 SPNH、0.3t 的 NaOH、0.5t 稀释剂，将钻井液性能调整为：密度 1.65g/cm³、黏度 75s、切力 11/25Pa、失水 2mL、滤饼 0.5mm、含砂 0.3%、pH 值 9.5。

在处理完井复杂过程中，由于组织严密、措施到位，未发生井眼坍塌和重复划眼现象，整个划眼、下尾管、固井过程进展顺利。

2. 油气层保护措施

本井主要油气层井段为 3821～3826m、4350～4356m，在钻进过程中，为了减少滤液和固相颗粒对油气层的损害，在钻井液方面采取了以下措施：

控制 HTHP 失水和 API 失水。在井段 3821～3826m，将 HTHP 失水控制在 9.5mL，API 失水控制在 5mL。在井段 4350～4356m，将 HTHP 失水控制在 9mL，API 失水控制在 3mL。

改善钻井液的泥饼质量，提高钻井液封堵能力。在井段 3800～4300m 和 4078～4300m 钻进过程中，分别加入 16.25t 的 SAS 和 16.25t 封堵防塌剂。在井段 3704.10～4340.5m 划眼钻进过程中，加入 9.39t 的 SAS。在井深 3456m、4064m、4068m 时，分别加入了细目碳酸钙（共加入 11t）。

钾盐聚磺改性醇防塌钻井液体系

刘长军　琚留柱

（中原石油勘探局钻井二公司）

摘　要　本文详细介绍了钾盐聚磺改性醇防塌钻井液体系的配方，及该体系在刘 29 井的现场应用情况。实践表明，该钻井液体系满足了刘庄断块钻井的需要，并可在中原油田其他易塌易掉块地层使用。

关键词　钾基聚磺体系　防塌　改性醇　钻井液

一、前　　言

刘庄构造是东濮凹陷垮塌最严重的地区之一。该区块沙河街组粘土矿物组分主要是伊/蒙混层，地层自上到下均含有较高的阳离子交换容量和膨胀率；地层中水溶性盐含量较低，K 含量低，属贫钾地层；地层层理裂缝较发育。20 世纪 80 年代中后期所钻的井平均井径扩大率多数在 30％左右。施工中掉块现象极为常见，起下钻遇阻、遇卡时有发生，严重时下钻长段划眼，严重威胁着钻井施工安全。为了解决该地区沙河街组地层垮塌问题，先后使用过聚合物钻井液、聚磺钻井液、阳离子聚合物钻井液等体系，虽有一定的防塌效果，但都不理想。之后又应用了以 KCl 为主防塌剂的钾基聚磺防塌钻井液体系，取得了一定的防塌效果，井壁稳定性大大提高，井径扩大率也有所降低，平均井径扩大率基本控制在 15％左右。今年以来，为了进一步提高防塌效果，在原来的钾基聚磺体系基础上复配应用了改性醇防塌处理剂，井壁稳定性进一步得到提高，井径扩大率控制在 10％左右，事故时效和复杂时效大大降低，促进了该区块钻井速度的提高。

二、防塌钻井液体系配方优选

根据刘庄构造地层特点，借鉴过去使用钾基聚磺钻井液成熟的经验，结合改性醇良好的页岩抑制性，将两者复配作为新的钻井液体系防塌剂优选方向，从配伍性和抑制性两方面进行室内实验，根据相关数据设计了 3 组配方，见表 1。

表 1　钻井液体系设计

序号	钻井液体系组成
1	4％膨润土 + 4％～7％KCl + 1％LV − CMC + 0.5％MAN101 + 3％SMP + 3％SMC + 2％LFT − 70 + 1.0％MEA
2	4％膨润土 + 4％～7％KCl + 1％LV − CMC + 0.5％MAN101 + 3％SMP + 3％SMP2％LFT − 70 + 1.5％ MEA
3	4％膨润土 + 4％～7％KCl + 1％LV − CMC + 0.5％MAN101 + 3％SMP + 3％SMC + 2％LFT − 70 + 2.0％ MEA

注：MEA 为改性醇；LFT − 70 为低软化点沥青。

在不同的实验条件下，测定上述 3 种钻井液性能及页岩回收率，数据详见表 2。

表 2　钻井液性能及页岩回收率

序号	温度 ℃	密度 g/cm³	滤失量 mL	表观黏度 mPa·s	塑性黏度 mPa·s	动切力 Pa	初切力 Pa	终切力 Pa	页岩 回收率%
1	常温	1.05	4.0	40.5	32	8.5	2.5	7.5	
	130℃/16h	1.05	4.2	36	28.5	7.5	2.0	6.0	90.2
2	常温	1.05	3.8	48	36	12	3.5	9.5	
	130℃/16h	1.05	4.0	42	32	10	2.5	6.5	92.4
3	常温	1.05	3.8	66	44	22	5.5	12	
	130℃/16h	1.05	4.0	60	40	20	3.5	9	92.5

以上数据显示出，设计的 3 组钻井液体系配方均显示出较好的页岩抑制性，且配伍性良好，配方 3 动塑比稍高，其抑制性与配方 2 相当，说明在原钾基聚磺钻井液的基础上加入一定量的改性醇时，钻井液性能良好，页岩抑制性更佳。

三、防塌钻井液技术

刘庄构造黏土矿物组分主要为伊蒙混层，地层自上到下均含有较高的阳离子交换容量（CEC 值）和膨胀率，尤其是 S_2—S_4 段，极易吸水膨胀、剥落掉块。造成井壁失稳的因素既有化学因素，也有力学因素。针对该区块地层特点，现场施工中主要采取了以下防塌技术措施。

1. 采用防塌钻井液体系

（1）进入 S_2 井段前将钻井液体系转化为钾基聚磺改性醇防塌钻井液，主要配方为：
5%KCl + 1%LV - CMC + 0.5%MAN - 101 + 3%SMP + 3%SMC + 2%LFT - 70 + 1.5%MEA

转化前，化验老浆的膨润土含量，依据老浆的膨润土含量，决定配备新浆的量，使转化后钻井液的膨润土含量控制在 25~25g/L 之间。转化后钻井液的性能应达到：漏斗黏度为 60~70s、滤失量不大于 5mL、初切/终切为（3~5）/（5~10）Pa/Pa、pH 值 8~10、动切力为 10~15Pa、塑性黏度为 30~40mPa·s。

（2）钻进过程维护钻井液，应保持 KCl 含量在 5%以上，改性醇含量保持在 1.5%左右。

（3）根据易塌层段地层压力情况，确定合理的钻井液密度，做到平衡压力钻进，确保井壁的力学稳定。

（4）钻井液保持较低的滤失量。上部地层，明化镇、馆陶组禁止使用清水钻进，采用大小分子复配的聚合物钻井液，滤失量控制在 8mL 以内；下部地层沙河街组滤失量控制在 5mL 以内；高温高压失水控制在 15mL 以内。通过控制钻井液的滤失量，达到抑制沙河街组地层水化膨胀的目的。

（5）钻井液应具有好的流变性。钻井液的良好流变性对保证井壁稳定非常重要，一般在进入易塌层段前，应适当提高钻井液黏度、切力，既要保证带出钻屑和掉块，又可使环空呈层流状态，减少对井壁的冲蚀。

（6）对于开发井或允许添加含荧光处理剂的井，可加入 2%~3%的低软化点沥青等可变形粒子，以有效封堵裂隙、改善泥饼质量，从而有效防止滤液侵入地层造成井壁失稳。施工中适时补充，保持含量2%左右。

2. 采取合理的工程技术措施

施工过程中应细化工程操作措施，避免因操作不当而引起井壁失稳。

（1）控制起钻速度，防止抽汲引起井壁坍塌。

（2）起钻连续灌浆，保持压力平衡。

（3）禁止使用斜喷嘴，避免定点循环。

（4）控制钻速，钻完单根倒划一次，修整井壁，形成有效的泥饼。

四、现 场 应 用

1. 刘29井地质概况

刘29井位于东濮凹陷中央隆起带刘庄构造高点，刘庄构造位于文留构造、桥口构造、孟居—梁占构造的结合部，地质概况见表3。

表3 刘29井地质概况

层　　位	层位垂深，m	对应斜深，m	泥浆密度，g/cm^3	地层压力系数
明化镇	1400	1400	1.10	1.05
馆陶组	1700	1650	1.12	1.05
东营组	2800	2750	1.15	1.05
沙一下	3280	3325	1.15～1.12	1.10
沙二上	3600	3762	1.25～1.30	1.20
沙二下	3900	4172	1.35～1.50	1.25～1.35

2. 刘29井的井身结构

井身结构为：$\phi444.5mm×300m + \phi311.5mm×3340m + \phi215.9mm×4180m$。

3. 刘29井的施工难点

（1）设计施工难度大，井深、井斜大且水平位移大，施工危险时刻存在。该井是一口设计垂深为3900m的双靶定向井，设计最大井斜43°，水平位移733m。

（2）刘29井是一口探井，钻进过程中不允许使用含荧光的钻井液处理剂，增加了钻井液的润滑难度和井壁稳定难度，进一步增加了钻井难度。

（3）二开井段长，再加上大井眼井段定向钻进，对钻井液能否及时携带和清除钻屑、掉块，提出了更高的要求。

（4）三开井段 S_3^1 为大套红色泥岩夹浅灰粉砂岩及灰白色含膏层，S_3^2 为灰色泥岩、砂岩、泥质砂岩、页岩和油页岩。泥岩吸水产生膨胀而缩径，泥岩、砂岩和页岩稳定性很差，剥蚀掉块严重，甚至垮塌，易形成糖葫芦井眼，起下钻遇阻卡严重，长井段划眼，井下复杂，严重威胁钻井施工安全。

4. 刘29井的钻井液工艺

一开：配膨润土浆经水化后开钻，钻完300m进尺后大排量循环起钻，下套管前用高黏度钻井液封下部井段，防止沉砂下套管遇阻。

二开：

（1）上部地层用 SK-1、NH_4-HPAN 配泥浆二次开钻，钻进中补充上述处理剂的胶液并用清水维护处理钻井液，钻至井深 2500m 时使用 JS-1 或 SS-1 胶液维护处理，控制滤失量。

（2）钻进中使用好固控设备，控制低密度固相含量。

（3）在 2856m 开始定向钻进，钻进时调整好钻井液性能，黏度控制在 55～75s，动切力 9～14Pa，滤失量控制在 5mL 以内，摩阻系数不大于 0.12，其他性能合适。

（4）钻完 3340m 二开进尺，短起下清砂、大排量循环后起钻电测，中完完井工作顺利。

三开：

（1）三开使用钾盐聚磺改性醇防塌钻井液。配方为：

5%～7%KCl+1%LV-CMC+0.5%MAN-101+3%SMP+0.5% CPS-2000B+3% PMC+1.5%MEA

（2）清理地面循环系统，配 KCl-聚磺改性醇防塌钻井液，放掉井内部分原浆（原浆保留多少根据膨润土含大小确定），充分混合均匀后即可进行。钻井液性能为：膨润土含量 28g/L，漏斗黏度 61s；滤失量 3.4mL；摩阻系数小于 0.5mm；初切/终切为 2.5/5.5Pa/Pa；pH 值 9；动切力 11Pa；塑性黏度 31mPa·s；钻进过程中及时补充 SMP 和 LV-cmc 胶液。

（3）钻进过程中及时加入无荧光润滑剂（固、液），降低摩阻。

（4）钻进过程中及时补充 KCl，保证钻井液中 KCl 的含量不低于 5%，改性醇含量保持 1.5%以上，严格控制钻井液滤失量小于 5mL，并适时调整钻井液密度，保持平衡压力钻进。通过四级固控用添加固相清洁剂 ZSC-201 等手段控制固含，从而保证了泥浆性能的稳定。通过增减 MAN101 等聚合物含量调控泥浆流变性，黏度始终控制在 70～80s，动塑比控制在 0.3～0.5 之间，使钻井液在环空中流型处于紊流向层流的过渡带，既保证了清洗、携岩的要求，又减轻了对井壁的冲刷。

（5）由于井斜较大（49°）每钻进 100m 短起下清沙一次，保证井下正常。

（6）钻完进尺后大排量循环两周，加入塑料小球封下部井段 1000m，电测顺利到底，完井工作顺利。

5. 取得的成果

（1）钾盐聚磺改性醇防塌钻井液自转化钻井液到完井，钻井液性能稳定，易于维护。

（2）钾盐聚磺改性醇防塌钻井液防塌效果好，掉块少，钻井施工正常，未出现任何井下复杂及事故，起下钻正常，全井封固段平均井径扩大率为 7.5%。

（3）平均机械钻速高，钻井周期短仅为 34d，均创同区块最新指标。

五、几点认识

（1）钾盐聚磺改性醇防塌钻井液体系能满足刘庄断块的防止井壁缩径、掉块、垮塌需要，为钻井安全提供保证。

（2）该钻井液体系抗高温抗污染能力强，在高温下性能稳定，高温高压滤失量小于 12mL 且稳定时间长。

（3）该钻井液体系易维护处理，多种处理剂相容性好，工人劳动强度低。

（4）该钻井液体系可在中原油田其他易掉块易塌地层使用。

G104－5P1 水平井油层保护技术

冯京海　李家库　陈永浩　孙五苓　裴素安

（冀东油田勘探开发工程监理公司）

摘　要　本文针对冀东油田高 104－5P1 井浅层馆陶组油藏的特点——胶结疏松，黏土矿物含量较高，渗透率、孔喉直径分布很不均匀，以及水平井施工的特点，着重介绍了本口水平井油层保护的技术难点。通过对储层物性特点的研究，分析了储层损害的潜在因素，并在此基础上介绍了室内 KCl－有机正电胶钻井液体系的优选，以及采用"理想充填"理论和"D_{90}规则"优选暂堵剂级配进行油层保护的效果评价。本文还概述了 G104－5P1 井现场实施情况及室内对该井油层保护效果的评价。

关键词　水平井　疏松油藏　理想充填　KCl－有机正电胶钻井液体系

一、G104－5P1 井储层特征和油层保护的难点分析

1. G104－5P1 井储层特征

G104－5P1 井位于高尚堡构造北部高柳断层上升盘的高缓断鼻构造上，地层总体上北倾，目的层为馆陶组的 13^2 层。馆陶组为一套辫状河沉积地层，砂体分布面积大，单砂体厚度变化较小。13^2 油层砂体平面上分布范围广，平均厚度大于 10m。

储层岩性主要为细砂岩和中砂岩，部分为不等粒砂岩、含砾砂岩、砂砾岩等。碎屑成分以石英为主，占 40%～56%，其次为长石和岩屑。砂岩颗粒分选中等，多呈次棱、次圆状，胶结疏松，胶结物含量一般在 5%～20% 之间，以泥质为主，含少量碳酸岩盐。胶结类型以孔隙式胶结为主。粘土矿物成分以蒙脱石、高龄石为主，相对含量 84.9%；其次为伊利石和绿泥石，相对含量 15.1%。

储层孔隙为原生粒间孔，孔喉半径变化大，流动孔喉半径为 $1.7～75\mu m$，平均 $4.5\mu m$。

储层物性较好，属高孔高渗储集层，但储层非均质性严重。孔隙度 26.5%～34.3%，平均 30.9%；渗透率变化范围为 171～3910mD，平均为 1533mD。邻井储层敏感性试验结果见表 1。

表 1　G104－5P1 井邻井 N_g13^2 层的敏感性试验数据表

井号	样品数	层位	敏 感 性			
			速敏	水敏	临界盐度，mg	酸敏
G206－4	4	N_g13^2	中等偏弱	中等偏弱	2500	弱酸敏

2. G104－5P1 水平井油层保护的难点分析

（1）馆陶组油层粘土矿物以蒙脱石、高岭石为主，钻井液滤液浸入易引起油层中黏土矿物的水化分散、颗粒运移，造成油层渗透率降低，引起深部堵塞。

（2）馆陶组储层渗透率变化范围大多为 171～3910mD，平均为 1533mD，各层孔隙度、渗透率在横向、纵向、层内、层间不均匀程度高。固相颗粒容易进入造成油层堵塞，同时油层的不均质性增加了屏蔽暂堵材料粒度选择的难度和封堵效果。

（3）目的层为岩性疏松、成岩性差的砂砾岩，钻井施工中，井眼稳定性差，井眼质量不容易保证。

（4）水平井油层保护井段由纵向变成了横向，油层的裸露面积大幅度增加，钻井液也与油层的接触面积增大，加大了油层损害的可能性。另外，随着水平段的延伸，保持井眼清洁的难度增加，钻井液流动阻力增大，环空压耗增加，更易造成油层的深部损害。

二、G104-5P1 水平井油层保护技术研究

1. 储层特性及潜在损害分析

从储层特性研究分析表明，G104-5P1 水平井所在馆陶组 13^2 小层，区域储层是粗孔高渗储层，孔喉半径较大。油层主要潜在损害因素为水敏、固相损害、黏土矿物水化膨胀、微粒运移、原油中沥青质和胶质析出、化学沉淀和乳化堵塞等因素。

在储多油层损害因素中，G104-5P1 水平井油层的主要损害因素是固相侵入和滤液损害。因此，该井所采用的油层保护技术是屏蔽暂堵技术，其暂堵粒子粒径的选择采用"理想充填"理论和 D_{90} 规则，要求钻井液在接触储层的短时间内能够迅速形成渗透率很低的屏蔽暂堵带，阻止固相颗粒侵入储层孔喉，阻止滤液浸入。

2. 钻井液体系的选择和室内油层保护试验

1）钻井液优选原则

选择的钻井液体系应与储层相配伍，具有优良的化学絮凝能力，保持钻井液低固相；减少钻井液中亚微米颗粒的含量；较强的抑制性和防塌能力，适应玄武岩井段和水平段井壁稳定的要求。依据储层特征优选合适的屏蔽暂堵材料，有效封堵近井眼带的油气层孔喉。有效降低钻井液的动失水，减少钻井液滤液对储层的损害，尽可能减少钻井液的浸泡时间。

通过对钾铵基聚合物钻井液、硅基钻井液、氯化钾-有机正电胶钻井液等 6 种钻井液体系的综合评价，优选出氨化钾-有机正电胶钻井液作为 G104-5P1 井钻井液。

2）氯化钾-有机正电胶钻井液性能评价实验

在高 104-5 区块多年油层保护研究和应用的基础上，根据水平井施工情况以及 13^2 小层油层的特点，进行了氯化钾-有机正电胶钻井液体系的完善和优选：

井浆＋0.3%PMHA-Ⅱ＋0.3%铵盐＋0.5%KCl＋2%有机正电胶＋2%有机硅腐植酸钾＋2%SAS＋1%抗盐降滤失剂＋5%复配暂堵剂＋10%～12%原油

通过室内性能实验，结果如下：密度 1.03g/cm³，塑性黏度 16mPa·s，动切力 5Pa，初切/终切 1/4.0，中压失水 4.2mL，pH 值 8.5，泥饼厚度 0.5mm，高温高压失水 14mL。

该钻井液配方以复合金属离子聚合物作为包被剂，抑制劣质固相水化分散；采用铵盐和抗盐降滤失剂控制钻井液 API 失水，低荧光磺化沥青和超细碳酸钙封改善泥饼质量，以有机正电胶和氯化钾提高钻井液的抑制性；采用复配暂堵剂，有效封堵近井眼带的油层孔喉。有效降低了钻井液失水，减少了钻井液滤液对储层的深部损害。

3）氯化钾—有机正电胶钻井液抑制性评价

（1）页岩膨胀率。

用 G81－1 井 1811.70m 岩样在室温下进行页岩膨胀率评价。清水的页岩膨胀量为 1.71mm/16h，钻井液配方胶液的页岩膨胀量为 0.73mm/16h，因此，相对膨胀降低率为 57.3%。

$$[(1.71-0.73)/1.71]\times100\%=57.3\%$$

（2）回收率。

利用 G81－1 井 1811.70m 岩样在 70℃×16h 条件下进行页岩回收率评价，清水的页岩回收率为 11.0%，钻井液配方的页岩回收率为 87.2%，详细结果见表 2。

表2　不同钻井液岩屑回收率对比结果

钻井液类型	滚动回收率，%（40 目筛）	16h 滚动后岩屑状态
4%预水化膨润土浆	11.0	呈稀泥状
钾铵基钻井液	67	边沿磨圆
氯化钾—有机正电胶钻井液	87.2	棱角分明

4）暂堵材料的粒度优化

根据邻井 G81－1 井的孔喉资料，N_g Ⅳ 段 13^2 小层孔喉半径在 1.0～75μm 之间，平均 r_{50} 等于 6.384μm。于是，我们可以应用 $D^{1/2}$ 理论分别做出两条基线，利用最优化算法，优化出不同粒径分布暂堵颗粒的混合比例，然后根据生产实际情况，对其最优比例进行适当调整，得到现场实际使用混合比例。见表3、表4和图1。理想充填暂堵剂配方为：

30%WC－1C＋50%600 目超钙＋10%1000 目超钙＋10%FB－2

表3　G206－4 孔隙结构表（针对 G104－5P1 井等 13^2 小层的邻井）

井号	井深	孔隙度，%	渗透率 $10^{-3}\mu m^2$	r_{max} μm	r_{50} μm	$r_{平均}$ μm	K 贡献值	主要流动孔喉半径 μm	r 主要流动 μm
G206－4	1860.04	36.7	1677	11.99	4.944	4.042	97.722	4.0～11.99	8.33
	1871.75	37.3	1913	18.3	5.698	4.313	98.309	4.0～18.23	9.38
	1874.8	21.4	3184	20.41	5.564	5.427	96.892	6.3～20.41	11.54
	1875.42	42.6	3011	19.19	6.384	5.46	98.501	4.0～19.19	10.71

表4　暂堵剂粒径分布表

D, μm	10	20	30	40	50	60	70	80	90	100	备注
600 目	1.01	2.2	3.5	6.5	9.95	13.0	16.0	20.0	23.67	40.0	碳酸钙
1000 目	1.01	1.6	2.5	3.9	6.03	7.8	9.2	12.8	14.99	28.0	碳酸钙
FB－2	0.722	1.5	2.5	3.9	6.544	9.5	13.23	19.5	26.79	35.0	油溶性树脂
WC－1C	12.04	20.1	30.2	40.5	49.53	60.4	75.0	100.0	145.7	250.0	碳酸钙

5）油层保护评价试验

利用人造烧结岩样（气测渗透率为 924.77mD 在 70℃ 温度下进行动态污染评价，污染压差为 3.0MPa，污染时间为 30min。煤油反排渗透率恢复率为 91.8%，见表5。

表 5   钻井完井液对储层岩心动态损害评价实验结果

配方	岩心号	K_a, mD	原始 K_o, mD	渗透率恢复值,%	
				污染后	切割 1cm 后
原配方	人造 71#	1280.72	649.24	38.46	99.64
改进后	人造 14#	924.77	107.01	91.8	

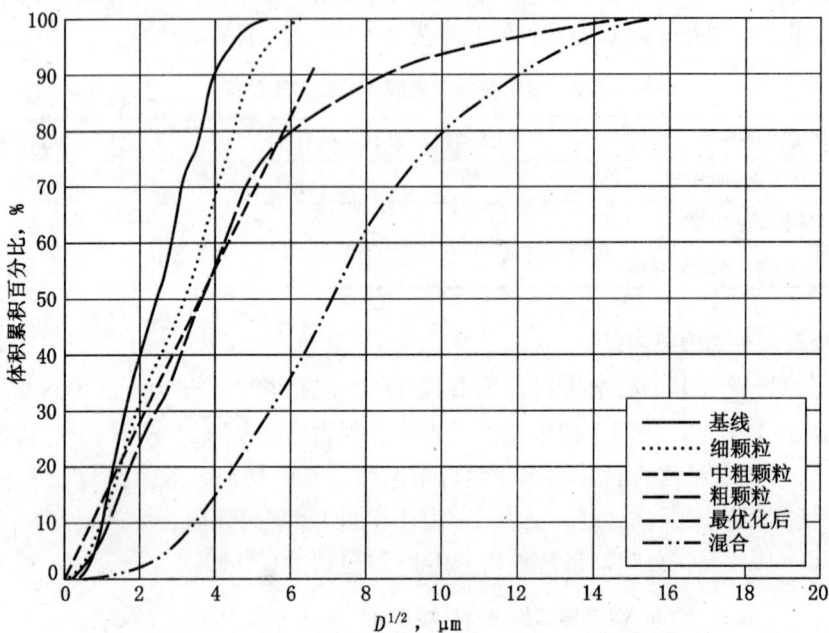

图 1 N_g Ⅳ段 13^2 小层优化结果图

通过上述室内评价可以看出,该氯化钾—有机正电胶钻井液体系的主要特点为:

(1) 固相低、抑制性强、防塌能力好,能够满足玄武岩井段和水平段的井壁稳定要求。

(2) 控制了 API 失水,有效的减少了滤液侵入地层。

(3) 混油后,润滑和携岩能力强,能够满足水平井施工的要求。

(4) 封堵性强,根据油层特性优选出的屏蔽暂堵颗粒可以形成渗透率很低的屏蔽带,减小施工中的固相和滤液的侵入,渗透率恢复值高。

三、G104-5P1 井油层保护现场实施方案

(1) 二开上部井段使用钾铵基聚合物钻井液,定向前转化为 KCl-有机正电胶钻井液体系,并加入一定量的水基润滑剂和原油,使体系泥饼摩擦系数降为 0.07。

(2) 在进入油层段之前对钻井液进行处理,降低劣质固相含量,钻井液的膨润土含量不大于 60g/L,采用石灰石粉加重,钻井液的 API 失水控制在 4mL,HTHP 失水控制在 12mL 以内,加入 5‰复配暂堵剂,将钻井液转化为保护油层的完井液。

(3) 钻进时根据钻井速度、体系配方和井下情况补充处理剂,保证钻井液性能稳定。

(4) 严格控制钻井液密度,目的层段钻井液密度控制在 1.13~1.15g/cm³,减少钻井液液柱压力对油层的伤害。

（5）水平段精心维护完井液各项参数，保证施工顺利进行，油层段钻进中停开离心机、除泥器，并连续均匀补充复配暂堵剂，保持钻井液中复配暂堵剂的有效含量。

（6）其他有利于保护油层的钻井技术措施：

①实现快速钻井技术，针对地层优化钻头类型和钻井参数，以达到提高钻头效率及机械钻速，缩短钻井周期，降低完井液对油气层浸泡时间的目的。

②做好测井准备，确保井下安全，缩短钻井液浸泡油层时间。

③控制起下钻速度，减少压力激动。

④尽可能避免定点循环和划眼，确保井眼规则。

⑤完井固井继续应用非渗透水泥固井技术，实施近平衡压力固井技术，控制水泥浆失水 50mL，析水接近于零，减少固井对油层的伤害。

四、G104－5P1 井油层保护现场实施

1. G104－5P1 井工程简况

G104－5P1 井位于冀东油田高 104－5 区块 Ng132 油藏构造高部位，ϕ273.05mm 的表层套管下深 300m，ϕ215.9mm 的油层套管下深 2205m；造斜点 1604m；A 靶垂深 1858.07m，斜深 2024m，B 靶垂深 1856.43m，斜深 2175m；全井水平位移 464.63m，水平段长 186m，最大井斜 92.77°/2024m，方位 308.4°；采用双增设计剖面，造斜后该井使用 LWD 地质导向钻具，全井使用 PDC 钻头，井径扩大率 14.33%，固井质量优质。

2. G104－5P1 井油气层保护措施的现场实施

1）一开井段（0～299.8m）用膨润土浆

2）二开上部井段（299.8～1567.2m）用聚合物钻井液

钻井液的维护与处理措施如下：

（1）在二开钻进过程中，钻井液保持低黏度、低切力、低密度，用 PMHA－Ⅱ和抗盐降滤失剂－Ⅲ按 1∶2～1∶3 比例配成胶液细水长流维护，充分利用聚合物钻井液的抑制能力来控制地层造浆，提高钻进液抑制性，保持钻井液低的固相含量。

（2）钻入 900m 以后，增加聚合物加量，提高钻井液抑制性，抑制地层造浆，控制钻井液中的固相和膨胀土含量分别低于 8% 和 50g/L。

（3）定时补充防塌降失水剂，保持其在钻井液中的有效含量，改善泥饼质量，增强体系的润滑性能。

（4）钻井过程中，根据井下情况进行短起下钻，保持井壁规则，井眼干净。保证固控设备完好率与运转率，维持钻井液中较低的固相含量，控制钻井液中含砂量不高于 0.3%。

3）二开下部井段（1567.2～2210m）用 KCl—有机正电胶钻井液

（1）钻井液转型。

钻进至 1567.2m 时停钻循环，通过混合漏斗依次向钻井液中加入 0.5%KCl、2% 有机正电胶、1%SAS、1% 有机硅腐植酸钾 GKHm、极压润滑剂 1%、稀释剂（HMP－Ⅲ）0.1%，充分循环混合均匀后钻井液性能为：密度 1.12g/cm³、漏斗黏度 47s、黏度 5/18mPa·s、初切/终切 0.5Pa/1Pa、失水/泥饼 6mL/0.5mm、pH 值 9。钻进至 1604.89m，起钻，定向前换牙轮通井以保证井眼畅通。

(2) 钻井液维护与处理。

①定向前向钻井液中混入原油 10t，进入水平段前又混入原油 10t，确保钻井液中原油含量保持在 10％以上；钻井中定期补充固体和液体润滑材料，确保润滑剂的有效含量，控制钻井液的泥饼摩擦系数小于 0.05，保证钻井液的润滑性。

②钻进过程中以胶液方式加入 KCl、有机正电胶、PMHA 和抗盐降滤失剂，保持钻井液的抑制性，控制钻井液 API 失水小于 4mL，HTHP 滤失量小于 12mL，同时提高钻井液抗盐性能。

③钻进中保持钻井液性能的稳定，避免大幅度波动，确保井眼稳定。当井斜达到 40°～45°后，用生物聚合物适当提高钻井液的动切力，改善钻井液携砂能力，保持井眼清洁。

④钻进至 1868m，加入石灰石粉提钻井液密度至 1.18g/cm³，以防玄武岩井眼垮塌。进入油层前 50m，加入并陆续补充复配暂堵剂 10t。

⑤水平段钻井过程中，进一步降低 API 失水和高温高压失水，适当提高钻井液的黏度和切力，确保水平段疏松砂岩的井壁稳定和井眼清洁，钻井过程中未发现明显的垮塌现象。

⑥保证固控设备完好率与运转率，维持钻进液中膨润土含量小于 50g/L、含砂量低于 0.3％。水平段钻进过程中保持泵排量，滑动钻进和转盘钻进交替进行，坚持定期短起下钻，清除粘附在井壁上的钻屑，防止岩屑床的形成。如果钻速太快，适当控制钻进速度，以控制钻井液的钻屑浓度，防止沉砂卡钻。

⑦完钻前 50m 调整好钻井液性能，完钻后起钻，下牙轮通井，大排量充分循环除砂，配稠塞洗井后起钻测井。

五、G104－5P1 井油气层保护措施的效果分析

1. G104－5P1 井现场及室内油层保护评价

(1) 用理想充填暂堵技术保护油气层的 KCl—有机正电胶聚合物钻井液技术，施工中钻井液配方达到油层保护方案。

(2) 在油层段—水平段钻进施工中，连续均匀补充 5t 复配暂堵剂，最大限度地保证钻井液中的大颗粒的含量，确保了暂堵效果。激光粒度仪分析结果见表 6。

表 6 现场钻井液粒度分布一览表

井深，m	D_{10}，μm	D_{50}，μm	D_{90}，μm	备注
1580	1.19	7.517	45.461	设计中值 12.5～16μm
1971	1.327	9.601	47.074	
1990	1.144	16.210	56.953	

(3) 本井试验重点是严格控制钻井液中细小的亚微米颗粒，也就是膨润土含量。转型后钻井液粒度中值为 7.51μm，远远大于常规聚合物钻井液的粒度中值 3～4μm，证明该钻井液具有很强的抑制性，整个施工井段膨润土含量小于 50g/L。钻井液密度从 1.10g/cm³ 开始用石灰石粉加重，钻井液的固相含量主要是有用固相，见表 7。

表 7 G104 - 5P1 井现场钻井液的固相含量

井深	钻井液密度, g/cm³	膨润土含量, g/L		固相含量, %	
		现场检测	室内检测	现场检测	室内检测
1580	1.13	37	35.8	9	6.1
1990	1.18	48	35.8	15	18.5
1971	1.18	35.75	42.9	15	12
2151	1.18	42.9	39.3	17	22

（4）保持足够的大分子含量，抑制了泥岩造浆，保持钻井液具有良好的流动性和井壁的稳定。现场钻井液的回收率见表 8。

表 8 G104 - 5P1 井现场钻井液的固相含量

取样井深, m	温度, ℃	清水回收率, %	钻井液回收率, %	备注
1580	80	3.2	70	G81 - 4 井 1810m 岩心
1971	80	3.2	80.2	G81 - 4 井 1810m 岩心
1990	80	3.2	82.0	G81 - 4 井 1810m 岩心
2151	80	3.2	88.2	G81 - 4 井 1810m 岩心

（5）严格控制 API 失水和 HTHP 失水，减少钻井液滤液对油层的伤害，见表 9。

表 9 G104 - 5P1 井现场钻井液的滤失量

井深, m	API 失水, mL		HTHP 失水, mL	
	现场检测	室内检测	现场检测	室内检测
1580	6	4.8		12.8
1971	3.8	2.6	9.8	8.4
1990	3.8	1.8	9.8	9.6
2151	3.6	2.0	9.2	6.2

在钻井液中加入 0.5% KCl 后，提高了钻井液滤液的矿化度，1990m 钻井液滤液的矿化度为 6889.12mg/L，大于油层盐敏临界矿化度（2500mg/L）。

（6）钻井液满足了现场施工的需要，确保了施工安全，全井起下钻畅通无阻，无任何井下复杂情况，油层封固段井径扩大率 12.3%，完井测井一次成功，减少了完井液对油层的长时间的浸泡，本口井 A 靶点钻井液的浸泡时间仅为 116h。

（7）油层保护效果好，室内评价现场钻井液能够很快形式屏蔽环，污染后的岩心封堵率 100%，切割后的岩心渗透率恢复值高。而且，其污染带—屏蔽环都小于 1cm，远远小于以前的试验井 1.5cm 左右，见表 10。

表 10 现场钻井液室内动态评价试验数据

井深, m	渗透率, mD		恢复值, %	
	气相	油相	切割前	切割后
1971	1972	355	80	
2151	1997	578	42	98

注：试验条件 3.5MPa，温度 80℃。

2. G104—5P1 井投产效果

G104–5P1 井自 2003 年 9 月 20 日正式投产到 2004 年 2 月 22 日，产液量、产油量分别稳定在 56t/d、48t/d。

六、结论及认识

（1）G104–5 区块储层属于疏松不均质油藏，孔隙度、渗透率在纵向、横向差异很大，钻井过程中固相堵塞及滤液浸入造成微粒运移是油层损害的主要因素。

（2）KCl—有机正电胶钻井液具有抑制性强、携岩性好、润滑防塌性能好等特点，能够满足浅层水平井施工的需要。

（3）KCl—有机正电胶钻井液配合理想充填暂堵技术能够有效地封堵不均质砂岩储层，同时对钻井液中亚微米颗粒的抑制大大提高了封堵效果。

（4）疏松砂岩油层保护的关键是保护水平段井壁稳定，KCl—有机正电胶钻井液配合有效的工程措施有较好的护壁性，确保了良好的井眼质量。

（5）采用 PDC 钻头和 LWD 地质导向对准确中靶、提高钻井速度、减少钻井液对油层的浸泡时间具有十分重要的意义。

哈得4油田超薄油藏深水平井钻井液技术

张成恩

（胜利石油管理局钻井工程技术公司泥浆公司）

摘　要　塔里木哈得4油田位于塔里木满加尔凹陷，主要由石炭系中泥岩段薄砂层油藏和东河砂岩油藏组成，油藏厚度薄，约0.3～2.0m，油藏埋深5000m以上。本文介绍了用聚合醇－正电胶－聚磺混油钻井液开发这种超薄油藏的钻井液体系配方和维护处理技术。

关键词　深水平井　聚合醇－正电胶－聚磺混油钻井液　体系配方　井眼稳定　油气层保护

一、地质工程概况

塔里木哈得4油田第四系和上第三系地层以砂岩、砂泥岩为主，下第三系、白垩系、侏罗系、三叠系和二叠系地层为页岩、玄武岩、泥岩夹砂岩薄层，石炭系地层为页岩、泥岩、砂岩、石膏层。石炭系油藏储层岩性为细粒长石砂岩、含灰、含膏质砂岩。油藏厚度一般为0.3～2.0m。为准确开发这种超薄油层油藏，一般采用先钻导眼探明油层位置，再回填造斜钻单台阶或双台阶水平井的方法。一开用 ϕ311.1mm 钻头钻至500m左右，下入 ϕ244.5mm 表层套管。二开用 ϕ215.9mm 钻头钻进，导眼段一般为5100m左右，然后回填到4800m左右造斜。完井用 ϕ177.8mm 套管下至3000m左右，下接 ϕ139.9mm 套管至A点，A—D段下 ϕ139.9mm 筛管完井。四口双台阶水平井基本数据见表1。

表1　四口双台阶深水平井基本数据

井深，m ＼ 井号	HD1－4	HD1－5	HD1－6	HD1－12
一开	518	500	499	516
二开	5521	5554	5510	5675
A点	5119	5121	5122	5213
B点	5274	5276	5272	5426
C点	5311	5326	5372	5486
D点	5521	5554	5510	5675
水平位移	613	717	599	816

二、技术难点分析

哈得4油田水平井裸眼段长，一般5000m以上，长裸眼段不同，地层存在不同的压力系数。井深2000～4100m为砂泥岩地层，地层渗透性好，容易泥包钻头。井深4100～

4300m 为玄武岩地层，容易坍塌。井深 4300～5521m 含有大段泥页岩地层，容易吸水膨胀，坍塌掉块，要求钻井液有良好的防塌能力，防止井塌、卡钻等井下事故。水平井裸眼段长，钻井施工周期长，钻井液对裸眼段浸泡时间长，容易造成井壁垮塌，同时对油气层的损害相对增加。因此要求钻井液全套性能优良，满足不同地层、不同岩性段及各种钻井作业对钻井液性能的要求。

（1）要求钻井液有良好的流变性、井眼净化能力，防止岩屑床形成。

（2）井底温度 130℃ 以上，要求钻井液有良好的高温稳定性、失水造壁性、防塌性能和润滑防卡能力。

（3）地层存在大段泥页岩，易水化分散，要求钻井液有强的抑制性。

（4）石炭系地层中夹有石膏层，要求钻井液有良好的抗污染能力。

（5）要求使用保护油气层钻井液，减少对油气层的损害。

三、钻井液体系的确定

针对该地区施工的技术难题，在室内实验及总结该地区以往经验的基础上，确定了聚合醇－正电胶－聚磺混油防塌钻井液体系。聚合醇属非离子型表面活性剂，生物毒性低，可生物降解，对环境无害，具有浊点效应。在低于浊点状态时，产品可溶于水，其表面活性使它自动吸附在岩屑和井壁的表面，形成一层憎水膜，阻止页岩的水化分散，稳定井壁，改善钻井液润滑性；而在温度超过浊点温度时，发生"相分离"现象，聚合醇会从水中析出，附在钻具和井壁上，形成一层类似油的分子膜，同时参与泥饼的形成，降低钻具扭矩，封堵岩层孔隙，防止水渗入岩层，从而实现稳定井壁、润滑防卡、改善泥饼质量的作用。正电胶具有较强的抑制性，能抑制粘土水化分散和膨胀，有利于井壁稳定，获得规则的井眼。加入正电胶后钻井液具有独特的流变性能和固液双重特性，剪切稀释性强，能有效悬浮携带岩屑，防止岩屑床的形成和卡钻事故的发生。具有较强的抗盐、抗污染能力。因此，聚合醇－正电胶－聚磺混油钻井液具有很强的抑制性，良好的润滑防卡防塌性能和抗高温、抗污染能力，能够满足不同地层钻井施工的需要。

该钻井液体系基本配方为：（5%～6%）膨润土＋（0.2%～0.5%）PAM＋（0.2%～0.3%）MSF＋（2%～3%）聚合醇＋（2%～3%）DH－1＋（2%～3%）SMP－1＋（1%～2%）SJ－1＋（1%～2%）FT－1＋（1%～2%）YL－80＋（0.2%～0.3%）MAN101＋（5%～10%）原油＋（1%～2%）SYP－1＋（2%～3%）TQS－3＋（1%～2%）TYZ－8。

四、钻井液工艺

1. 一开

本井段采用正电胶－聚合物钻井液体系，钻井液配方为：（5%～6%）膨润土＋（0.2%～0.3%）Na_2CO_3＋（0.2%～0.3%）NaOH＋（0.3%～0.5%）LY－1＋（0.2%～0.3%）MSF＋（0.2%～0.5%）PAM。

本段钻井液主要应满足悬浮携砂、防渗漏和防坍塌的要求。在钻井过程中，一般用正电胶－聚合物胶液维护处理钻井液，根据钻井液性能要求确定胶液的合理浓度。保持聚合物有效浓度 0.2%～0.5%、正电胶有效浓度 0.2%～0.3%。钻井液性能一般控制在：密度

$1.05\sim1.10g/cm^3$，黏度 $50\sim60s$。使用好四级固控设备，及时清除有害固相，保持钻井液性能优良稳定。

2. 二开导眼段

本段上部地层 $500\sim4100m$ 以砂岩、泥岩、页岩为主，胶结比较疏松，钻屑易吸水膨胀，宜采用强抑制性聚合醇－正电胶－聚合物钻井液钻进。在钻进过程中，以正电胶、聚合醇、PAM 胶液维护为主，根据钻井液粘切的高低使用胶液的不同浓度。一般情况下，保持正电胶含量在 $0.2\%\sim0.3\%$，PAM 含量在 $0.2\%\sim0.5\%$ 之间为宜。本井段钻头容易泥包，为防止钻头泥包，钻井液工艺应该按照"三低一高"的原则施工，即在保证较高排量的情况下，尽量使用低密度、低黏度、低切力的钻井液钻进。既能有效防止钻头泥包，又能提高机械钻速。此外，加入 $0.1\%\sim0.2\%$ 的 RH-4，防止钻头泥包。用铵盐和磺化丹宁控制粘切，用固控设备清除有害固相。加入 LY-1、PA-1、MAN101 和 SMP-1 等控制失水，上部地层失水不宜控制过低。

在井深 $4100m$ 以后，随着井低温度的升高，应把钻井液转化为聚合醇－正电胶－聚磺防塌钻井液。井深 $4100\sim4300m$ 有一段玄武岩地层，脆而硬，容易坍塌掉块，造成井塌、卡钻等井下复杂情况的发生。该段钻井液应适当提高钻井液的黏度和切力，提高钻井液的动塑比值，提高携岩能力，同时减少对井壁的冲刷。$4300\sim5100m$ 岩层主要以泥页岩为主，容易吸水膨胀，坍塌掉块。在 $4100\sim5100m$，随着裸眼段的延长，应着重提高钻井液的防塌性能，尤其做好玄武岩和泥页岩地层的防塌工作。加入抗高温降滤失剂 SJ-1 和 SMP-1，控制高温失水小于 $12mL$，同时提高泥饼质量。提前加入防塌剂聚合醇、SYP-1、LY-80、LYFF 和 FT-1 等，保持综合有效含量 3% 以上，确保井眼稳定。

3. 斜井段水平段

回填后，钻水泥塞时，加入适量 Na_2CO_3 防止钙的污染，调整好钻井液性能后定向钻进。斜井段和水平段钻井液的维护处理应主要从润滑防卡、井眼净化和防塌几方面进行。造斜前一次性混入 5% 的原油，加入 $0.3\%\sim0.5\%$ SN-1 和 SP-80，充分乳化。随着井斜度增加，提高原油含量，水平段有效含量达到 10%。配合使用润滑剂 DH-1，提高钻井液的润滑性能。通过加大正电胶和聚合醇的加量，适当提高钻井液的黏度、切力和动塑比值，要求钻井液有较高的初切值和 $\phi3$、$\phi6$ 值，增加钻井液的携岩悬浮能力，防止岩屑床的形成。要求钻井液排量在 $25L/s$ 以上，在环空有一个合理的上返速度，及时携带岩屑，防止岩屑堆积。在水平段钻进时，每钻完一个单根，根据井下情况划几遍眼后再接单根，而且要提出一个单根以上。循环钻井液时，上下大幅度活动钻具。每钻进 $50\sim100m$，短程起下钻一次。通过这些钻井液和工程技术措施，可以有效地防止和破坏岩屑床，保证井眼清洁。在井深 $4800\sim5120m$ 处，地层岩性为红褐色泥岩和灰色泥岩为主，蒙脱石含量高，容易吸水膨胀分散，坍塌掉块。井深 $4975\sim4990m$ 有石膏夹层，该井段钻井液要加大 MSF 和 PAM 的用量，增强钻井液的抑制性，降低失水。加大聚合醇用量，配合使用 FT-1、YL-80 和 LYFF 等沥青类防塌剂，加入适量纯碱清除钙的污染，防止地层剥落掉块。

五、油气层保护技术

1. 钻开油气层前必须调整好钻井液性能

（1）加入足量的抗高温降失水剂，控制钻井液高温高压失水量小于 $10mL$，降低钻井液滤液对油气层的损害。

（2）使用好四级固控设备，振动筛、除砂器使用率100％，根据情况使用离心机，控制固相含量小于12％。降低钻井液固相颗粒对油气层的损害。

（3）控制好钻井液的密度，应用近平衡压力钻井，做到"压而不死，活而不喷"。在油气层段钻进时，加强坐岗观察，有油气显示时加密测量密度和黏度，尤其密切关注每次起下钻后钻井液受油气侵发生变化的情况。根据井下情况，随时调整钻井液的密度。

2. 利用屏蔽暂堵保护油气层技术

塔里木哈得4油田储层物性以中孔、中渗为主，平均孔隙度为12.74％，平均渗透率为（46.21~131.25）×$10\mu m^2$。根据储层物性，在进入油层前50~100m，加入2％~3％相应粒度的TQS-3和2％~3％TYZ-8油气层屏蔽暂堵剂及磺化沥青，进行屏蔽暂堵，尽可能减小钻井液滤液和有害固相对油气层的污染，保证渗透率恢复值在85％以上。

部分井分段钻井液性能见表2。

表2 部分井分段钻井液性能

井段	井号	密度 g/cm³	漏斗黏度 s	滤失量 mL	HTHP滤失 mL	塑性黏度 mPa·s	动切力 Pa	静切力 Pa/Pa
导眼段	HD1-4	1.10~1.24	35~60	5~10	12~16	10~20	8~10	(3~5)/(8~15)
	HD1-5	1.14~1.23	45~58	5~12	13~16	13~22	8~10	(3~5)/(7~12)
	HD1-6	1.12~1.25	38~60	5~10	12~16	14~25	7~10	(4~6)/(9~13)
	HD1-12	1.10~1.25	40~65	5~10	12~15	12~25	7~9	(3~6)/(8~12)
定向水平段	HD1-4	1.22~1.23	50~70	4~5	8~10	20~24	8~15	(4~5)/(12~15)
	HD1-5	1.22~1.24	45~65	4~5	8~10	15~30	8~17	(5~6)/(10~20)
	HD1-6	1.24~1.25	50~80	4~5	8~10	16~32	8~16	(5~7)/(10~25)
	HD1-12	1.22~1.25	50~70	4~5	8~10	14~30	8~15	(4~5)/(10~16)

六、应 用 效 果

聚合醇-正电胶-聚磺混油钻井液体系抑制性强，配合使用四级固控设备，基本避免了钻井液的排放，既有利于环保，又节约了钻井液成本。该体系润滑防塌性能好，井底摩阻一般在10~20t之间，起下钻、电测、下套管都比较正常。该体系井眼净化能力强，有效防止了岩屑床的形成和泥包钻头。部分井井径扩大率及事故情况见表3。

表3 部分井工程指标数据

井 号	HD1-4	HD1-5	HD1-6	HD1-12
平均井径扩大率,%	8.16	9.78	12.23	10.27
井下事故，次	无事故	一次卡钻	两次钻具事故	无事故

七、认识与结论

（1）哈得 4 油田深水平井钻井液工艺应从井眼净化、井壁稳定、摩阻控制、防漏堵漏，油气层保护几方面着手，通过钻井液处理剂合理匹配，防止井塌、卡钻等井下事故的发生。

（2）聚合醇－正电胶－聚磺混油钻井液体系应控制好聚合醇、正电胶、聚合物的浓度，膨润土含量适当，使用好四级固控设备。

（3）聚合醇－正电胶－聚磺混油钻井液性能稳定，维护处理简便，有利于环保，完全满足哈得 4 油田深水平井钻井施工的要求。

参 考 文 献

［1］徐同台，洪培云，潘世奎．水平井钻井液与完井液．北京：石油工业出版社，1999

［2］沈伟．大位移井钻井液润滑性研究的现状与思考．石油钻探技术，2001　29（1）：26

塔河油田超深井欠平衡钻井钻井液技术

郭才轩[1]　李　江[2]　孟庆生[1]　王治法[1]

（1. 中国石化石油勘探开发研究院石油钻井研究所；2. 中国石化西北分公司）

摘　要　碳酸盐岩储层中溶孔、溶洞裂缝比较发育，地层对井底压力特别敏感。常规钻井过程中常发生井漏或井喷事故。欠平衡钻井技术成为解决这一难题的好方法。本文详细介绍了欠平衡钻井液体系和配方研究的方法及结果，介绍了钻井液固相控制技术，并详述了欠平衡钻井技术在塔河油田的现场应用情况。实践表明该技术有广阔的应用前景。

关键词　欠平衡钻井　钻井液　低胶聚磺钻井液　无固相聚合物钻井液

一、地 质 概 况

1. 地层基本特征

塔北地区的塔河油田位于新疆维吾尔自治区库车县塔里木乡，距轮台县城西南约50km。油田在塔克拉玛干沙漠北缘，地处干旱沙漠地区；冬冷夏热，干燥少雨，地表植被稀少，水资源贫乏，工农业极不发达。油田构造位置在沙雅隆起中段南翼的阿克库勒凸起上。西邻哈拉哈塘凹陷，东靠草湖凹陷，南接满加尔凹陷。

2. 储层基本特征

塔北地区阿克库勒隆起下古生界奥陶系为碳酸盐岩大型褶皱—侵蚀型潜山。由于碳酸盐岩的沉积成岩组构受沉积环境、构造、气候和成岩演化等因素控制，所以碳酸盐岩的沉积成岩变化可直接影响碳酸岩盐体地质体中储渗油空间的形成、类型和分布规律，储层属于复杂且具有极强的非均质性。塔河油田奥陶系储层为碳酸盐岩溶缝洞储层类型，其孔隙类型以构造缝和溶蚀孔、洞、缝等次生孔隙为主，储渗空间几何形态多样，大小悬殊，分布不均。该地区奥陶系碳酸盐岩资料分析表明，洞孔隙度发育极不均匀，分布区间从0～20%不等；缝以构造缝、构造溶缝及成岩形成的压溶缝为主，层理、层面缝不发育，构造缝和构造溶缝的油气显示率平均74.8%，缝合线的油气显示率平均高达95%；基质孔隙度一般为0.04%～1%，渗透率一般小于1mD。研究表明，塔河油田奥陶系储集空间具有以下基本特征：

（1）基质孔隙度低、渗透率性能较差，难以构成有效的储集空间；

（2）裂缝溶洞相对发育，是奥陶系碳酸盐岩储层的主要储集空间；

（3）储层分布在纵向和横向上，非均质性极强。

塔河油田石碳系和奥陶系地层是该油田的主要油气储层，属两套压力体系。石碳系地层压力系数一般为1.17～1.26，容易扩径，地层稳定性差；奥陶系地层压力系数一般为1.09，岩性稳定，水敏性差，比较适合欠平衡钻井钻进。由于在主要油气层存在两个压力系统，所以必须把石碳系和奥陶系地层分隔开来，目前塔河油田采用四级井身结构以达到此目的：一开表套封隔岩性差的上第三系，二开技套封隔不稳定的下第三系，三开套管封隔高压三叠系及石碳系，四开奥陶系裸眼完井。

二、钻井技术问题和对策

塔河油田的主力油藏为奥陶系碳酸盐岩潜山型油藏。奥陶系埋深 5400m 左右，地层压力当量密度 $1.09 \sim 1.12 g/cm^3$，属碳酸盐岩，溶孔、溶洞裂缝比较发育，由于连通性较好，地层对钻井液密度很敏感，安全窗口很小（$0.02 \sim 0.04 g/cm^3$）。在 1999 年以前的碳酸盐岩地层钻井中有多口井发生井漏，甚至严重井漏，如 S48 井在奥陶系施工过程中，钻井液密度为 $1.08 g/cm^3$ 时，静止就涌，循环则漏，平衡点很难掌握，奥陶系才揭开 7m，漏失泥浆和油田水超过 $2700 m^3$，不得不被迫提前完钻，给钻井作业和油气发现及评价造成了较大难度，对产层也造成了污染。

在碳酸盐岩储层的勘探开发中，由于溶孔、溶洞裂缝比较发育，地层对井底压力相当敏感。钻井过程中，钻井液密度稍大就漏，稍小就喷，给常规钻井作业造成很大麻烦，对储层的损害更是不可估量。因此欠平衡钻井技术成为解决这一问题的好方法。

三、欠平衡钻井液体系及配方研究

根据欠平衡钻井工艺技术对钻井液的技术要求，针对塔河油田实施欠平衡钻井的地层特征以及塔北地区原油的物理性质，在室内对钻井液体系进行了选择，同时对钻井液处理剂进行了优选，通过大量的室内实验最终确定了钻井液的配方。

1. 欠平衡钻井钻井液技术要求

欠平衡钻井不同于常规钻井，因此，欠平衡钻井对钻井液的要求除了应具备常规钻井钻井液的某些性能外，还有一些特殊的要求，具体有以下几个方面：

（1）在欠平衡钻井作业中，要求当量循环密度低于地层压力的当量密度。在欠平衡钻井中，钻井液密度应具备一定的调整范围，且钻井液的其他性能变化较小，以保证井底始终处于欠平衡状态，同时，又能够使井底负压值保持稳定。

（2）要有较强的携岩能力，能够以一种有效的方式将岩屑输送到地面并有效分离清除。

（3）要有良好的抗盐、抗气侵及抗污染能力，保证流变性能稳定。

（4）钻井液与原油分离效果要好，能够安全地将产出的地层流体输送到地面并有效分离。塔河油田原油质稠、密度高（$0.94 \sim 0.98 g/cm^3$）、黏度高、流动性差，油液分离效果至关重要。

（5）由于储层是碳酸盐岩，井眼相对稳定，所以钻井液的失水不作严格限制，但要确保钻井液与油气层特征和地层流体相配伍，防止发生置换性漏失而对地层造成损害。

2. 钻井液体系选择

据邻井测试资料表明，奥陶系地层压力当量密度在 $1.09 \sim 1.12 g/cm^3$ 之间。进行欠平衡钻进无须采用充气或泡沫钻井液进行人工诱导，选用常规密度的钻井液即能满足欠平衡钻井的密度要求。常用于欠平衡钻井技术的钻井液有清水、盐水、超饱和盐水、油或油基钻井液、不分散水基钻井液、低固相钻井液、完井液等，根据上述对钻井液的要求，初步决定在油基钻井液体系、低固相钻井液体系和无固相聚合物钻进液体系中进行优选。

1）原油分离效果选择

在室内对油基钻井液、低胶聚磺钻井液和无固相聚合物钻井液体系进行了油液分离实验。钻井液配方分别为：

（1）低胶聚磺钻井液：2.5％膨润土＋5％Na₂CO₃（土量）＋（0.3％～0.5％）PAC-141＋3％SMP（干剂）＋2％SAS（干剂）；

（2）油基钻井液：4％有机土＋2％SAS＋3％SP-80＋8％CaO＋2％环烷酸酰胺（油水比为90：10）；

（3）无固相聚合物钻井液：淡水＋1％聚合物。

实验用原油分别取自S48井和TK201井，S48井原油沥青质含量高、质稠、流动性差，密度0.98g/cm³；TK201井原油质轻、流动性好，密度0.90g/cm³。将两种原油分别以10％、30％、50％的量加入到不同体系的钻井液中，高速搅拌后放置2h、4h、6h，让原油与钻井液自然分离。分离效果分别见表1、表2。

表1 钻井液与S48井原油的分离效果

性能＼体系	密度 g/cm³	漏斗黏度 s	塑性黏度 mPa·s	动切力 Pa	原油的分离效果								
					10％原油			30％原油			50％原油		
					2h	4h	6h	2h	4h	6h	2h	4h	6h
1	1.04	36	14	5	7％	10％	11％	15％	20％	22％	16％	20％	23％
2	0.95	48	23	7	0	0	0	0	0	0	0	0	0
3	1.00	30	8	3	95％	99％	99％	96％	98％	99％	96％	97％	98％

表2 钻井液与TK201井原油的分离效果

性能＼体系	密度 g/cm³	漏斗黏度 s	塑性黏度 mPa·s	动切力 Pa	原油的分离效果								
					10％原油			30％原油			50％原油		
					2h	4h	6h	2h	4h	6h	2h	4h	6h
1	1.04	36	14	5	70％	80％	82％	87％	90％	91％	85％	90％	90％
2	0.95	48	23	7	0	0	0	0	0	0	0	0	0
3	1.00	30	8	3	97％	99％	99％	96％	98％	98％	95％	97％	99％

由表1、表2可知，油基钻井液与原油无法分离，无固相聚合物钻井液与原油分离效果最好，低胶聚磺钻井液次之，但对轻质油来讲，无固相钻井液和低胶钻井液分离效果都较好。

2）钻井液成本分析

根据三种钻井液体系的基本配方和处理剂用量，可以估算出每种钻井液体系的成本。经计算，油基钻井液为1700～1900元/m³，低固相聚磺钻井液为450～550元/m³，无固相聚合物钻井液为140～200元/m³。综合钻井液与原油的分离效果评价和钻井液成本分析，针对塔北地区实施欠平衡钻井的地层特征和原油性能，选择低胶和无固相钻井液体系作为欠平衡钻井施工的钻井液体系。若钻进砂岩、泥岩和灰岩地层而且泥岩段较厚时，选择低胶性钻井液体系；钻井碳酸盐岩地层时，选用无固相钻井液体系。

3. 钻井液配方实验研究

1）低胶聚磺钻井液配方实验

（1）性能评价及抗温性实验。

其实验方法为：用淡水按 2.5％膨润土＋5％Na_2CO_3（土量）配制基浆，用 NaOH 调整 pH 值到 9～10，高速搅拌后水化 24h。然后依次加入 3％SMP（干剂）、2％SAS（干剂）、0.3％CMC－HV、0.4％NW－1 等，高速搅拌使处理剂充分分散或溶解，静置 24h 后测定其性能。将测定室温性能的钻井液分别在 50℃和 120℃热滚 16h，冷至室温再测定其性能。实验结果见表 3。

表 3　不同温度下的钻井液性能

性能 条件	密度 g/cm³	漏斗黏度 s	塑性黏度 mPa·s	动切力 Pa	pH 值	流型指数	稠度系数
室温	1.04	32	15	6	9	0.78	0.19
50℃	1.04	28	15	4.5	9	0.65	0.22
120℃	1.04	24	12	2.5	9	0.67	0.14

实验结果表明，此配方室温条件下钻井液性能良好，120℃、16h 热滚后，黏度变化不大，动切力有所降低，但可以满足钻进过程中携岩要求，该体系具有一定的抗温能力。

（2）钻井液抑制性评价实验。

评价钻井液的抑制性强弱主要用岩屑的滚动回收率来评价，实验所用岩屑取自塔河油田 4 号构造易掉块坍塌地层（三叠系和石炭系）。分别将蒸馏水、膨润土浆和低胶聚磺钻井液及 50g 磨碎过 6—10 目筛的岩屑加入陈化罐中，80℃恒温滚动 16h 后，过 40 目筛，并用清水冲洗干净，烘干称重，计算其滚动回收率，实验结果如表 4。

表 4　滚动回收率实验结果

钻井液体系	滚动回收率，％	
	三叠系	石炭系
蒸馏水	52	58
膨润土浆	65	68
低胶钻井液	84	85

表 4 的滚动回收率实验结果表明：低胶聚磺钻井液具有较强的抑制性，岩屑滚动回收率均在 80％以上。由此确定的用于欠平衡钻井的低胶聚磺钻井液配方为：2.5％膨润土＋5％Na_2CO_3（土量）＋（0.3％～0.5％）PAC－141＋3％SMP（干剂）＋2％SAS（干剂）＋（0.2％～0.3％）CMC－HV＋0.4％NW－1，用 NaOH 调整 pH 值到 9～10。

（3）原油分离实验。

利用上述确定的钻井液配方配制出钻井液，并用 S48 井奥陶系稠油和 TK201 轻质油进行搅拌混合，原油的加量分别为 10％、30％和 50％，观察并计量 2h、4h、6h 原油从钻井液中自然分离出的量。分离实验结果如表 5。

表 5 钻井液与原油分离效果实验

油 质	10%原油			30%原油			50%原油		
	2h	4h	6h	2h	4h	6h	2h	4h	6h
轻油	90%	92%	92%	90%	92%	92%	90%	92%	92%
重油	15%	16%	16%	18%	18%	19%	17%	18%	18%

对于轻质原油,该钻井液与原油充分混合后90%以上的原油可以从钻井液中自然分离出来;而重质原油较难分离,分离出的原油量不超过加入量的20%。

在低胶钻井液中加入少量的破乳剂,继续进行原油分离效果实验,结果不理想,不管破乳剂的加量如何改变,分离效果最好的原油分离量仅40%。因此,此类钻井液进行稠油储层的欠平衡钻进,混入的原油极难分离。

2)无固相聚合物钻井液配方实验

对于无固相聚合物钻井液,其欠平衡钻进的地层主要是碳酸盐岩,其抑制能力不作考虑。考虑到现场制备与维护,在满足欠平衡钻进的条件下,力求配方简单。

(1)处理剂性能评价实验。

无固相钻井液配制为:淡水加入 NaOH 使其 pH 值达到 9~10,然后分别加入 1%的 PAC-141、PAC-143、HEC、CMC、FA367、KPAM、HPAM、PMHC 等,使其充分分散或溶解后测定其常规性能,以分析对比各处理剂的效果,实验结果如表6。

表 6 不同聚合物配制的钻井液流变性能

处理剂	加量,%	漏斗黏度,s	塑性黏度,mPa·s	动切力,Pa	流型指数	稠度系数
PAC-141	1.0	56	26	13.5	0.56	0.28
HEC	1.0	49	25	10	0.64	0.21
CMC	1.0	38	18	7	0.63	0.18
FA367	1.0	50	23	6	0.57	0.25
PMHC	1.0	43	26	12	0.67	0.25
HPAM	1.0	51	24	10	0.62	0.23
KPAM	1.0	42	23	10	0.58	0.24

表6的实验结果表明:PAC-141、HEC、FA367 和 HPAM 提黏效果较好,其加量在1.0%时,漏斗黏度都在50s以上。从动切力来讲,PAC-141、PAC-143、HEC、PMHC、HPAM 提高动切力最快。综合以上两项指标,再考虑处理剂价格,PAC-141 既经济,提黏切效果又好,因此,选择 PAC-141 作为配制无固相钻井液的添加剂。

(2)PAC-141 无固相钻井液抗盐实验。

针对塔北地区所施工的欠平衡钻井储层的压力特点,在保证欠平衡钻进的前提下,钻井液的密度一般要求在 1.03~1.07g/cm³,钻井液的密度用 NaCl 来调整。因此,应重点考察无固相钻井液加入 NaCl 后其性能变化特征。表7为用 NaCl 加重至 1.03g/cm³、1.05g/cm³ 和 1.07g/cm³ 的钻井液性能。

表 7　1%PAC‑141 无固相钻井液抗盐性实验结果

密度 g/cm³	漏斗黏度 s	塑性黏度 mPa·s	动切力 Pa	静切力，Pa/Pa	
				10s	10min
1.0	56	22	3	2.5	3.0
1.03	42	21	2	2.0	2.5
1.05	32	19	1.5	1.5	2.0
1.07	25	17	1	1.0	1.5

从表 7 的抗盐实验结果可以看出，随着含盐度（密度）的增加，钻井液的漏斗黏度和切力下降，其他处理剂也有类似的情况。因此，钻井液密度较高时，可以通过提高 PAC‑141 的加量来提高钻井液的粘切。增加 PAC‑141 后，钻井液的常规性能见表 8。

表 8　不同 PAC‑141、NaCl 加量下的钻井液性能

PAC‑141 加量，%	密度 g/cm³	漏斗黏度 s	塑性黏度 mPa·s	动切力 Pa	静切力，Pa/Pa	
					10s	10min
1.0	1.0	56	26	13.5	2.0	3
1.0	1.03	42	23	11	2.0	2.5
1.5	1.05	45	24	11.5	2.0	2.5
2.0	1.07	43	23	11	2.0	2.5

（3）PAC‑141 无固相钻井液抗温性实验。

对于塔北地区奥陶系碳酸盐岩地层井底静止温度一般在 120℃左右，在钻进过程中钻井液的循环温度一般不超过 80℃。因此，室内钻井液抗温实验选择 80℃和 100℃进行评价实验。表 9 为室内抗温性评价实验结果。

表 9　无固相钻井液抗温性实验结果

PAC‑141 加量，%	密度 g/cm³	实验条件	漏斗黏度 s	塑性黏度 mPa·s	动切力 Pa	静切力，Pa/Pa	
						10s	10min
1.0	1.0	室温	56	26	13.5	2.5	3.0
		80℃热滚后	42	22	10.5	1.0	1.5
		100℃热滚后	40	20	10	1.0	1.5
1.0	1.03	室温	42	23	11	2.0	2.5
		80℃热滚后	34	18	9	1.0	1.5
		100℃热滚后	28	15	7	0.5	0.5
1.5	1.05	室温	45	24	11.5	2.0	2.5
		80℃热滚后	38	19	10	1.0	1.5
		100℃热滚后	38	18	9	1.0	1.0
2.0	1.07	室温	43	23	11	2.0	2.5
		80℃热滚后	37	18	10	1.0	1.0
		100℃热滚后	30	17	9	0.5	1.0

表 9 的实验结果表明，随着温度的升高，钻井液的黏度和切力在不断地下降，但在100℃时，其黏度和切力仍能满足欠平衡钻进的携岩要求。

综上所述，无固相钻井液配方为：淡水 +（1.0%~2.0%）PAC‑141 +（0.1%~0.3%）NaOH（密度用 NaCl 调整）

（4）原油分离评价实验。

实验仍用 S48 井稠油和 TK201 井轻质原油。原油和无固相钻井液分离效果均良好，重质原油在 95% 以上，轻质原油在 97% 以上。

四、钻井液固相控制技术

塔北地区奥陶系碳酸盐岩地层岩性为微晶质灰岩，不存在因造浆而增加钻井液固相，钻井液固相控制主要就是清除钻井液中的岩屑。所以钻井液固相控制的研究思路是在原有的固控设备基础上不再增加新设备，根据所选钻井液体系的流变特性和现场的实际情况，充分利用现有的"一筛三除"固控设备来有效控制钻井液的固相，以维持稳定的钻井液密度，保证井底始终处于欠平衡状态。

1. 室内岩屑沉降实验

选用塔河油田奥陶系地层的灰岩岩屑，在室内分别用低胶聚磺钻井液和无固相聚合物钻井液的基浆与混油浆做了岩屑沉降实验。

1）基础钻井液的岩屑沉降实验

分别取 3%、5% 过 10 目筛的岩屑加到 400mL 低胶聚磺钻井液和无固相聚合物钻井液中，高速搅拌 1~2min，使岩屑在钻井液中充分悬浮。然后倒入量筒中静置，观察计量 5min、10min 和 20min 的沉降量。实验结果见表 10。

表 10 基浆的岩屑沉降实验结果

钻井液体系	岩屑加量%	沉降效果,%		
		5min	10min	20min
低胶聚磺钻井液	3	15	30	55
	5	20	38	60
无固相聚合物钻井液	3	50	95	98
	5	50	93	97

2）混油钻井液的岩屑沉降实验

分别取 3%、5% 的岩屑加到 400mL 混有 20%、30% 原油（S48 井原油）的低胶聚磺钻井液和无固相聚合物钻井液中，高速搅拌 10min，使岩屑在钻井液中充分悬浮。然后倒入量筒中静置，观察计量 5min、10min 和 20min 的沉降量。实验结果见表 11。

由以上实验结果可知，无固相聚合物钻井液静切力低，岩屑沉降速度快，易于清除，利用自然沉降法就可以有效控制钻井液的固相；低胶聚磺钻井液静切力高，悬浮性能较强，岩屑沉降速度慢，仅靠自然沉降岩屑清除困难，需要固控设备才能加以清除。

表 11　基浆混油后的岩屑沉降实验结果

钻井液体系	岩屑加量,%	混油量,%	沉降效果,%		
			5min	10min	20min
低胶聚磺钻井液	3	20	10	20	40
		30	8	18	37
	5	20	12	24	45
		30	10	20	40
无固相聚合物钻井液	3	20	50	95	98
		30	50	95	98
	5	20	50	95	98
		30	50	95	98

2. 现场应用固控措施

根据低胶聚磺钻井液静切力高和无固相聚合物钻井液静切力低的流变特性，结合现场的具体情况，针对两种类型的钻井液体系分别采取了不同的固控措施。

1) 低固相聚磺钻井液固控措施

低胶聚磺钻井液携岩性能好，静切力较高，岩屑悬浮能力强。现场应用时，在不增加固控设备的前提下，利用现有的固控设施，制定了合理的钻井液循环路径。无溢流钻进时钻井液循环流程为：泥浆泵→方钻杆→钻具→环空→旋转防喷器→高架槽→振动筛→循环罐→泥浆泵；溢流钻进时钻井液循环流程为：泥浆泵→方钻杆→钻具→环空→节流管汇→液气分离器→撇油罐→振动筛→循环罐→泥浆泵。入井的钻井液都要流经振动筛，以清除绝大部分的固相。

2) 无固相盐水聚合物钻井液固控措施

无固相盐水聚合物钻井液动切性能好，静切力低，钻井液静止后岩屑易沉。根据此钻井液的这一特殊流变性，现场应用中直接采用自然沉降法，使钻井液由井口返出后流经液气分离器进入撇油罐，在短时间内岩屑便会自然下沉到罐底，由砂泵倒入体内循环的钻井液已不含固相，岩屑和原油全部被撇在撇油罐内。钻井液循环流程为：泥浆泵→方钻杆→钻具→环空→节流管汇→液气分离器→撇油罐→循环罐→泥浆泵。

五、欠平衡钻井技术的现场应用情况

1. 塔河油田欠平衡钻井基本情况

塔河油田奥陶系裂缝、溶洞发育，地层压力低，钻进过程中漏失严重，对产层造成污染。为了解决钻进过程中的井漏情况及保护地层，决定奥陶系井段采用欠平衡钻井技术。自开展研究以来在塔河油田共完成了 S66、S70、S73、S88、S89、T401、TK605、TK430H、TK205、TK412、TK203、TK425、T501CH 和库 1 井等 20 多口欠平衡井的设计和现场施工，实现了边喷边钻。该地区完钻设计井深一般为 5600m，完钻层位奥陶系，欠平衡进尺约 200m，属裂缝发育的灰岩地层，预测地层压力当量密度 1.09~1.12g/cm^3。ϕ177.8mm 尾管套管下深 5400m 左右，离风化壳 2~4m。ϕ149.2mm 钻头欠平衡钻井至完钻。

2. 欠平衡钻井技术在 TK412 井的现场应用

1）四开前基本情况

该井设计井深 5592m，完钻层位奥陶系，厚度 200m，属裂缝发育的灰岩地层，预测地层压力当量密度 1.09g/cm³。已钻进井段井身结构和套管程序如下：

17½in×506.09m + 12¼in×3905.17m + 8½in×5378.69m

13⅜in×503.71m + 9⅝in×3903.00m + 7in×5373.98m

2）四开欠平衡钻井情况

（1）钻具结构。

ϕ149mm（5⅞in）钻头 + 120.7mm（4¾in）钻铤一柱 + ϕ120.7mm（4¾in）箭形回压凡尔两个 + ϕ120.7mm（4¾in）钻铤 1 柱 + ϕ120.7mm（4¾in）投入式旁通阀 + ϕ120.7mm（4¾in）钻铤 6 柱 + ϕ88.9mm（3½in）钻杆 + ϕ88.9mm（3½in）斜坡钻杆 300m + 下旋塞 88.9mm（3½in）+ 4¼in 六方方钻杆。

（2）负压值设计。

四开设计井底临界动负压值 1.7～2.0MPa，接单根时井底负压值 3.70MPa，起下钻时替入盐水使井底处于平衡或过平衡状态。

（3）钻井液体系及密度选择。

使用密度为 1.02g/cm³ 的无固相钻井液，起下钻用密度为 1.13～1.14g/cm³ 的盐水做为压井液。

（4）钻井液配方与性能。

现场用无固相聚合物钻井液配方：淡水 +（1‰～1.2‰）提黏携砂剂 +（0.1‰～0.2‰）NaOH（密度用 NaCl 调整。）

压力液：密度为 1.13～1.14g/cm³ 的地层盐水。

钻井液典型性能为：密度 1.01g/cm³，漏斗黏度 22～28s，塑性黏度 7～9mPa·s，动切力 3～4.5Pa，静切力 0.5/（0.5～1）Pa/Pa，流型指数 0.63～0.70，稠度系数 0.10～0.15，pH 值 9～10。

（5）钻井液现场维护与处理。

①为了保证钻井液不含固相且密度值在设计范围内，配浆前要彻底清理钻井液罐底以及泥浆槽中的沉砂。

②无溢流发生钻井液走振动筛时，要注意跑浆现象，因为聚合物为高分子物质，相互胶连性好，易跑浆，一般用 10 目的筛布。

③用 NaCl 对钻井液密度加以调整时，对钻井液的粘切影响较大，黏度下降幅度大，所以加盐提高密度的同时也要提高粘切。

④钻井液粘切下降小于 20s 时，及时用 PAC - 141 加以维护，其方法为：用搅浆罐配制高浓度 PAC - 141 胶液，黏度在 50～60s，然后逐渐参与循环，使钻井液黏度升至 22s 以上，以保证其良好的携岩能力。

⑤依据随钻产油情况和地层压力的变化，及时用 NaCl 调整钻井液密度。

⑥钻井液与压井液相互顶替时，及时放掉混浆带，以保证钻井液与压井液密度值的稳定。

3）现场实施情况

钻井液为井场水 +（1‰～1.5‰）PAC - 141，钻井液性能参数：密度 1.01g/cm³，黏度 28s。钻井参数：钻压 80kN，转速 55r/min，排量 14～15L/s，泵压 15～18MPa。欠平

衡钻井参数：井口套压为零（全开节流阀），计算井底动负压值 1.7～2.0MPa，接单根时井底静负压值 3.7MPa，起下钻时替入 1.14g/cm³ 盐水使井底处于平衡或过平衡状态。

尺寸 5⅞in 钻头扫水泥塞至原井深 5378.69m，开始四开欠平衡钻进，当钻至井深 5396.66m，泥气分离器出浆口有原油大量返出，出气口火焰高达 5～8m，关井求立压为 5.2MPa，计算地层压力系数约为 1.10～1.11，继续欠平衡钻进，随钻产油量约为 39m³/h，此时负压值 3.0MPa。

由于出油大，再加上原油流动性差，决定调整钻井液比重，控制地层流体产出量，把钻井液比重调至 1.04～1.06g/cm³，同时加 3.2MPa 左右的回压，使负压值保持在 0.5MPa 左右，欠平衡钻进正常，返出物是钻井液和原油的混合物。在欠平衡钻进过程中，如果调节回压小于 1.4MPa，井口返出几乎全是原油，且量大，火焰高达 8m 左右，如果回压加到 3.5MPa，井口无返出物。

钻至井深 5455m，出浆口只出原油，没有钻井液返出，为检验钻井液能否返出，完全打开节流阀，回压为零，循环一周，依旧只出油，不返钻井液，判断钻遇了大的裂缝。钻井液密度从 1.03g/cm³ 降至 0.95g/cm³，黏度 21s 增至滴流。甲方决定提前完钻，完钻井深 5460.47m，欠平衡钻井结束。

六、结　论

（1）无固相聚合物钻井液性能稳定，易于维护。无固相聚合物钻井液配制方便，性能稳定，现场维护少。密度与黏度需要进行调整时，现场操作也简单，提高密度、黏度时，NaCl 可直接加入泥浆罐中并用搅拌机搅动溶解，而提粘携砂剂则通过加药漏斗混入。降密度、黏度时则直接加淡水。

（2）无固相聚合物钻井液具有特殊的流变性能和良好的携岩效果。无固相聚合物钻井液流变性好，动切力高，静切力低，携岩性强，返出的岩屑棱角分明，不存在井底重复破碎现象。S73 井施工中，φ244.5mm 套管与 φ88.9mm 钻具之间的大环空内，岩屑上返正常。由于正常钻进过程中，钻井液不流经振动筛，岩屑很容易自然沉降分离除砂。

（3）无固相聚合物钻井液与原油分离效果好。无固相聚合物钻井液与原油的分离效果比较好，在多口井的应用中，不存在钻井液混油现象。S66 井油极稠，流动性差，在撇油罐内仍能有效分离；S70 井为轻质凝淅油，分离效果更为理想。

（4）无固相聚合物钻井液有一定的密度可调范围，完全满足塔河油田奥陶系碳酸盐岩地层的欠平衡钻井要求。

（5）无固相聚合物钻井液综合成本低，具有良好的经济效益。

（6）利用欠平衡钻井技术可有效地解决塔北地区碳酸盐岩地层钻井漏失等难题，可减少或防止地层漏失等井下复杂事故。该技术在低压地层、枯竭地层的钻井中使用前景广阔。

参 考 文 献

[1] 马宗金，肖润德. 现代欠平衡钻井技术. 钻采工艺，2003，3

[2] Todd R. Thomas. Underbalanced Drilling Advances Ease Earlier Difficulties. Petroleum Engineer International，1999，9

[3] B. Herzhaft, S. Saintpere. Low density fluids raise confidence in underbalanced drilling. Offshore,

1999，8

〔4〕罗世应等．欠平衡钻井的应用前景．天然气工业，1999，4

〔5〕罗平亚，孟英峰．低压欠平衡钻井．西南石油学院学报，1998，2

〔6〕韦实译．合理选择钻井液是欠平衡钻井成功的关键．世界石油工业，1997，3

〔7〕孙书贞译．欠平衡钻井需要解决的几个问题．世界石油科学，1997，5

〔8〕查金译．预计欠平衡钻井活动将稳步增长．世界石油工业，1997，2

〔9〕韦实译．适合欠平衡钻井的地层筛选标准．世界石油工业，1997，2

〔10〕高永灿译．使用空心玻璃球的欠平衡钻井液．国外钻井技术，1997.2

〔11〕杨云霞，潘华，曹雪红．负压钻井技术的发展与应用．石油钻探技术，1998，4

〔12〕孟庆生，赵新庆，郭才轩．塔河油田欠平衡钻井液技术．钻井液与完井液，2001，2

〔13〕侯绪田，曾义金，郭才轩等．常压井段负压钻井技术探讨．石油钻探技术，1999，1

〔14〕刘玉华，唐世春，李江等．负压钻井技术在塔北奥陶系地层中的应用．石油钻探技术，1999，6

达深 1 井硅酸盐钻井液技术

何　恕　郑　涛　敬增秀　刘平德

（大庆石油管理局钻井工程技术研究院）

摘　要　在大庆长垣东部深井井眼稳定理论研究的基础上，室内研制了以硅酸盐为主抑制剂的硅酸盐钻井液。针对所研制的钻井液，室内进行了常规钻井液性能实验、抑制性评价实验、润滑性评价实验、储层保护实验及抗高温性能实验。萨 53 井、达深 1 井现场的试验研究表明，硅酸盐钻井液具有较强的抑制页岩水化、分散能力、成本低、环境污染小，满足钻井和测井的要求。

关键词　硅酸盐　钻井液　深井　井眼稳定　页岩

井眼失稳问题是国内外钻井技术面临的重大技术难题，受到普遍关注。大庆油田近年来在长垣以东深层油气田勘探开发过程中也遇到了十分严重的井眼不稳定问题，轻者导致卡钻、划眼、井身质量差，重则导致井眼难以钻进或油井报废，严重阻碍了该地区油气资源的勘探开发步伐，因此，迫切需要在搞清该地区深部地层井眼失稳机理的基础上，探讨钻井液防塌对策。在井壁稳定力学研究、化学研究的基础上，室内研制出了适合大庆深层井眼稳定和储层保护的抗高温钻井液。所研制的硅酸盐钻井液采用硅酸盐与非离子表面活性剂相结合，利用硅酸盐与井壁的化学作用和非离子表面活性剂的润湿反转及浊点封堵作用，协同达到井眼稳定的效果；解决了硅酸盐钻井液流变控制的问题，提高了该钻井液抗污染的能力；通过筛选合适的聚合物，改善了聚合物在盐水钻井液中的抗温性能，提高了硅酸盐钻井液的抗温能力，满足钻深层探井的需要。硅酸盐钻井液在深探井达深 1 井和萨 53 井的现场应用中取得了较好的效果，硅酸盐钻井液在现场应用中表现出抑制性强、较好的抗温能力和润滑防卡能力、流变性好、携屑携砂性能好、处理维护简单等优点，满足钻井和环境保护的要求。

一、地质与工程概况

萨 53 井是松辽盆地中央凹陷区大庆长垣萨尔图构造的一口预探井，本井目的层是高台子、扶余油层。1999 年 8 月 3 日开钻，9 月 10 日完钻，建井周期 39d。一开采用 ϕ311.1mm 钻头，使用两性复合离子聚合物老浆开钻，钻至 180m，地层为第四系、白垩系明水组。二开采用 ϕ215.9mm 钻头，使用硅酸钻井液自 180m 钻至 2250m，钻遇明水组、嫩江组、姚家组、青山口组、泉头组等地层。明水组、嫩江组、姚家组地层粘土矿物以蒙脱石为主，青山口组、泉头组以伊利石为主，含少量的伊/蒙混层。在萨 53 井的现场试验中，在对硅酸盐钻井液的维护处理、流变控制、防塌抑制、滤失量控制等方面取得的经验，为深井的进一步现场试验打下了基础。

达深 1 井位于大庆市卧里屯东北 500m，属于松辽盆地东南断陷区安达断陷。该井为区域探井，设计井深为 4650m。一开 0～228.57m，地层以砂岩、砂砾岩为主，渗透性好、胶结疏松，钻进时易漏失，用 ϕ444.5mm3A 钻头、采用膨润土浆开钻，漏斗黏度 70～100s。二开 228.57～2550m，使用 ϕ311.1mm 钻头，采用低粘、低切正电胶钻井液钻进，钻遇明水组、嫩江组、姚家组、青山口组、泉头组等地层，该井段上部以灰色软泥岩为主夹少量粉砂岩，泥岩中蒙脱石含量高，造浆严重，下部地层为深灰色片状泥岩发育、井壁有明显剥落，青山口地层坍塌严重，但钻井过程顺利。1999 年 10 月 16 日三开，自 2550m 钻至 4650.1m，使用 ϕ215.9mm 钻头，采用硅酸盐钻井液，钻遇白垩系的泉头组、登娄库组和侏罗系等地层。上述地层中粘土矿物以伊利石为主，含少量的伊/蒙混层、绿/蒙混层。由于钻井周期长，在钻井液的浸泡下地层容易发生物理和化学变化，从而引起井眼剥落坍塌。该井于 2000 年 5 月 7 日顺利完钻。

二、硅酸盐钻井液配方与性能

聚合物硅酸盐盐水钻井液是一种低固相水基钻井液，是在膨润土含量 2%～4% 的预水化基浆中加入可溶性盐、聚合物、硅酸盐而形成的。室内实验研究表明，所研制的硅酸盐钻井液对易水化的岩屑具有很强的抑制能力。硅酸盐钻井液能够与泥页岩产生化学作用，形成的凝胶与沉淀物堵塞泥页岩的微裂缝和孔隙，阻止钻井液滤液进入地层，同时减少了压力穿透，具有一定的保持泥页岩完整性的能力，达到井眼稳定的目的。

1. 硅酸盐钻井液配方与性能

硅酸盐钻井液配方：2% 预水化膨润土浆 + 10% 硅酸盐 + 10% 无机盐 + 2%SUK（降失水剂）+ 1.0%BCM（抗盐降失水剂）+ 2%RHF（润滑剂）+ 3%SBK（聚合醇）。

硅酸盐钻井液性能见表 1。从表中数据可以看出硅酸盐钻井液具有较好的流变性能与较低的滤失量，热稳定性较好。

表 1　各种类型钻井液的性能对比

钻井液	温度/时间 ℃/h	黏度 s	pH 值	切力，Pa		表观黏度 mPa·s	塑性黏度 mPa·s	动切力 Pa	固相含量 %
				G10s	G1min				
正电胶	常	53	8.2	3.5	9.0	23.5	16.0	8.0	28.6
硅酸盐	常	56	7.0	2.0	6.5	24	19.0	5.0	21.2
两性复合离子	常	59	6.6	2.0	5.5	29.5	23.0	6.5	22.5
正电胶	170/24	58	8.2	3.5	12.0	29	19.0	10	46.8
硅酸盐	170/24	47	8.0	1.5	4.5	318	13.5	4.5	23.6
两性复合离子	170/24	68	7.0	2.0	8.5	34	25.0	9.0	23.8

2. 防塌性能实验

取达深 1 井嫩四段易膨胀泥岩岩屑分别对硅酸盐盐水钻井液、正电胶钻井液、油包水钻井液进行回收率和钻井液滤液的膨胀率实验，80℃ 下滚动 24h 后，测得的回收率见表 2。

粘土膨胀实验，取达深 1 井嫩四段易水化膨胀岩屑碾碎成粉，烘干过 100 目筛，取上述钻井液的滤液进行水化实验，其结果见表 2。通过实验看出硅酸盐钻井液抑制效果好于正电胶钻井液，具有较强的抑制能力。

表 2   达深 1 井嫩四段泥岩滚动回收率实验

钻　井　液	回收率,%	防膨率,%
正电胶	49.0	53.4
硅酸盐	79.5	86.1
油基	83.0	92.4
清水	1.95	18.5

3. 岩石水化硬度对比实验

选用芳深 4 井登四段大块泥岩岩样 （4cm×4cm），在 120℃ 条件下，用不同类型钻井液静止浸泡 16h，然后测定样品的针入度。从表 3 实验结果表明，硅酸盐钻井液所浸泡的岩心具有较高的剪切强度。

表 3   剪切强度实验

钻　井　液	剪切强度, MPa
硅酸盐	30.16
正电胶	12.87
油包水	40.23

4. 润滑性能评价

采用美国白劳德公司生产的极压润滑仪评价所筛选的润滑剂 RFH 的润滑效果。RFH 加量为 2%（V/V）时，老化前后（100℃/16h）钻井液的润滑系数测定结果见表 4。

表 4   润滑剂评价实验数据

钻　井　液	热滚前润滑系数	热滚后润滑系数
清水	0.30	0.30
硅酸盐 + 1%RFH	0.20	0.21
硅酸盐 + 2%RFH	0.175	0.18
RFH 润滑剂	0.10	0.10

5. 钻井液损害气层实验

大庆长垣以东深层的勘探目标主要是气层，选用汪 902、汪 903、升深 3 井登娄库组气层岩心做钻井液动态损害气层实验，实验结果表明，硅酸盐钻井液体系渗透率恢复率较高，对地层伤害小，见表 5。

表 5   硅酸盐钻井液损害气层实验

井号　层位 岩样号 测试项目	升深 3/d₄			汪 903/d₃			升深 4/d₂		
	1-3-1	1-3-2	1-3-3	2-8-1	2-8-2	2-8-3	3-5-1	3-5-2	3-5-3
孔隙度,%	5.43	4.87	5.01	7.28	8.26	8.19	6.81	7.23	6.47
气体渗透率, mD	0.41	0.391	0.402	0.923	0.961	1.026	0.381	0.376	0.395
含水饱和度,%	63.2	65.8	50.4	51.1	52.3	43.8	53.6	58.5	50.2
钻井液	正电胶	硅酸盐	油包水	正电胶	硅酸盐	油包水	正电胶	硅酸盐	油包水
损害前渗透率, mD	0.185	0.164	0.176	0.425	0.398	0.463	0.126	0.113	0.134
渗透率恢复值率,%	71.2	80.1	83.7	69.4	79.3	86.5	70.9	83.1	87.6

6. 硅酸盐钻井液对气测值的影响

为了评价硅酸盐钻井液对气测值的影响，进行以下实验。取萨 53 井现场硅酸盐钻井液（漏斗黏度 51s），实验温度 70℃，注入标准气样。电脱全烃值：CH_4 为 1.00%，全脱全烃值 5.13%。实验结果表明硅酸盐钻井液对地质录井气测仪器基线没有影响，满足地质录井要求。

三、硅酸盐钻井液现场应用

1. 硅酸盐钻井液在萨 53 井的现场应用

萨 53 井钻井施工过程中，钻速较快，起下钻顺利无遇阻和粘卡等井下复杂情况。该井下套管顺利，固井质量为优质，全井平均井径扩大率为 6.48%。

该井二开前配制硅酸盐钻井液，钻井液性能见表 6。钻进明水组、嫩江组、姚家组等易造浆地层，钻速较快，钻井液消耗量很大，主要以补充清水和少量改性硅酸盐来维护。钻进期间，二、三级固控设备使用效率低，加药漏斗不好用，在补充清水的同时，降滤失剂加量不足，使得造浆段岩屑过多地分散在钻井液中。现场钻井液表现出滤失量升高，粘切增大，给后期处理带来很大的困难。进入造浆段硅酸盐钻井液性能见表 7。

表 6　二开配浆性能

密度 g/cm³	黏度 s	φ600/φ300	初切/终切 Pa/Pa	滤失量 mL	泥饼 mm	pH 值	固相含量 %	膨润土含量 %	硅离子含量 mg/L	氯离子含量 mg/L
1.14	60	70/40	3/3.5	5.6	0.5	11.5	14.6	3.5	16000	15670

表 7　造浆段钻井液性能

井深 m	密度 g/cm³	黏度 s	φ600/φ300	初切/终切 Pa	滤失量 mL	泥饼 mm	pH 值	固相含量 %	膨润土含量 %	硅离子含量 mg/L	氯离子含量 mg/L
578.6	1.18	69	78/46	3/5.5	8	1	11	17.8	5.7	12000	13680
746.8	1.19	86	93/62	3.5/6	10	1	11	21.3	9.6	10860	12600
987.4	1.195	98	96/61	5/10	13	1	11	23.8	12.4	9500	9880
1126.5	1.20	80	99/63	7/15	13	1.5	11	25.4	13.6	8960	7680

针对硅酸盐钻井液在上部井段所存在的问题，进入青山口组后，对硅酸盐钻井液进行处理，提高钻井液的抑制性，使得钻井液流变性易控制、抗污染能力强。这些处理措施为：

（1）采用钻井液泵与加重漏斗相连，解决了加重漏斗自身排量小，无法使处理剂分散的缺点，提高了固控设备的使用效率。

（2）将降粘稀释剂的加量增加到 1.2%，利用降粘稀释剂的强吸附特性，拆散钻井液中已形成的三维空间网架结构，达到降黏降切的效果。

（3）及时补充硅酸盐及无机盐，保持硅离子含量大于 10000mg/L；在钻进青山口组后加入 2% 的非离子表面活性剂，利用硅酸盐的化学胶凝固壁作用和非离子表面活性剂的浊点封堵作用稳定井壁。

（4）针对上部造浆段泥饼较差，添加了 2.5% 超细碳酸钙（1350 目），降低了硅酸盐钻井液的滤失量，改善了泥饼质量。

硅酸盐钻井液在萨 53 井的现场应用表明，固控设备及加药设备的使用效率，对钻井液处理效果影响很大。下部硅酸盐钻井液经过处理后，性能稳定，泥饼质量好，抑制性强，易于维护处理。井径扩大率从上部井段的 9.44％降为下部平均井径扩大率 2.5％。

2. 硅酸盐钻井液在达深 1 井的现场应用

达深 1 井三开井段使用硅酸盐钻井液。

三开前现场配制 9％的预水化膨润土浆 100m³（在配制预水化膨润土浆前对清水罐中的清水进行除钙、镁，在 120m³ 的清水中加入纯碱 200kg）。水化 48h 后，按如下配方配制硅酸盐钻井液：3％（二级安丘膨润土）+5％氯化钾+4％氯化钠+2％硅醇稳定剂 SBK+2％润滑剂 RFH+1.5％SPNH-1+2％DYFT-1+0.8％抗高温抗盐滤失剂 BCM+8％硅酸盐（膜数 3.2，密度 1.40g/cm³）。配浆后在地面循环 13h，下钻后全井循环 6h 后硅酸盐钻井液性能稳定后开始钻进。钻井液性能见表 8。

表 8   达深 1 井硅酸盐钻井液配浆性能

井深 m	密度 g/cm³	黏度 s	滤失量 mL	表观黏度 mPa·s	塑性黏度 mPa·s	动切力 Pa	动切/终切 Pa/Pa	pH 值	HTHP 滤失量 mL	硅离子浓度 mg/L
2565	1.13	53	5.2	44.5	34	10.5	4.5/6.5	11.5	24.5	12560

在现场应用过程中硅酸盐钻井液性能稳定，流变性能较好。该钻井液在三开钻进过程中钻井液黏度控制在 55s 左右，没有出现大的波动。硅酸盐钻井液具有较好的抗温性（抗温可达 180℃），在井底温度较高的情况下，硅酸盐钻井液仍然保持较好的性能。硅酸盐钻井液的突出特点是其较好的抑制性能，井眼稳定，每次起下钻顺利，无挂卡现象，下钻及电测一次到底，保证钻井工程的顺利进行。从测井数据来看，除泉头组、登楼库组个别井段有较轻微的剥落外，2550～4010m 没有发生严重的井眼失稳现象。该段平均井径扩大率为 17.46％；下部井段从 4010～4650.1m，钻井顺利，无剥落现象；该井段平均井径扩大率为 5.76％，全井平均井径扩大率为 13.9％。该钻井液具有较好的润滑性能，润滑系数小于0.025，在 3290m 处的断钻具的事故处理过程中，打捞顺利。

达深 1 井当钻至井深为 3327m 时，发生井漏。井漏总计 2h，共漏失钻井液 45m³，后回吐钻井液近 20m³。分析漏失为裂缝性渗漏，现场硅酸盐钻井液采取补加 3％QS-2 和2％DYFT-1 来提高钻井液的封堵能力，利用固控设备降低钻井液的密度同时补加胶液降低密度，密度由 1.145g/cm³ 降低到 1.135g/cm，井漏停止。

表 9   达深 1 井硅酸盐钻井液钻井液性能

井深 m	密度 g/cm³	黏度 s	滤失量 mL	表观黏度 mPa·s	塑性黏度 mPa·s	动切力 Pa	初切/终切 Pa/Pa	pH 值	HTHP 滤失量 mL	硅离子浓度 mg/L
2648	1.14	45	5.2	26.5	19	7.5	1/1.5	11.5	24.5	10089
2841	1.14	44	4.8	25	20	5	1.5/2.5	11		9846
3298	1.15	48	4.2	24.5	21	3.5	2/3	11		8970
3494	1.15	47	4.8	25	19	6	2/3	11		11690
3556	1.15	67	4	32.5	27	5.5	2.5/3.5	12	23.8	10986
3871	1.15	55	4.0	36.5	30	6.5	3/4	11		9968
4236	1.14	51	4.2	28	22	6	3/4.5	11	24.0	11860

井深 m	密度 g/cm³	黏度 s	滤失量 mL	表观黏度 mPa·s	塑性黏度 mPa·s	动切力 Pa	初切/终切 Pa/Pa	pH值	HTHP 滤失量 mL	硅离子 浓度 mg/L
4411	1.13	54	4.8	26.5	18	8.5	3/4.5	11	24.0	12500
4567	1.14	56	5.0	28.5	25	3.5	2.5/5	11	23.0	12800
4614	1.14	62	5.2	38.5	31	9	3/5.5	11	23.0	12600
4633	1.15	60	5.0	35	31	8	3/6	11		12000
4650	1.15	54	5.4	27.5	22	5.5	2.5/5	11	23.6	11860

达深1井上部井径扩大率较大，而下部井径扩大率较小，其原因有以下几方面。

（1）通过对宋深3井的双井径数据分析，泉头组和登楼库组的长短轴比值，即椭圆度，为1.35～1.50之间，而侏罗系椭圆度为1.15～1.25之间。上部井段椭圆度较大证明井眼稳定除化学因素外还有力学因素。

（2）针对达深1井上部井径扩大率较大的情况，在处理硅酸盐钻井液过程中，控制钻井液密度为1.13～1.145g/cm³，进一步提高硅酸盐的使用量，加强硅酸盐钻井液的抑制性能。

（3）在提高硅酸盐的加量的同时，适当补充有机硅的加量。无机硅的封堵抑制和有机硅的润湿反转作用，在理论上提高了近井壁泥岩的膜效率，泥岩膜效率的提高有利于活度平衡诱导反渗透，降低了近井壁泥岩的空隙压力，达到井眼稳定的作用。

（4）当钻至井深4000m时，硅酸盐钻井液井底的循环温度为100～110℃之间，而该温度范围恰好是硅醇稳定剂SBK的转相点。硅醇稳定剂的转相使得溶解于其中的DYFT-1的油溶性成分以小颗粒形状析出，达到最佳的稳定井壁的效果。硅醇稳定剂和DYFT-1的相转化及其增溶作用，提示以后硅酸盐钻井液应使用温度变化范围较宽的、转相温度可调的硅醇稳定剂，更能满足硅酸盐钻井液的要求。

3. 硅酸盐钻井液在现场应用过程中起泡现象的原因分析

硅酸盐钻井液在现场应用过程中，由于使用低荧光磺化沥青和非离子表面活性剂等产品，又因硅酸盐钻井液中含有氯化钠和氯化钾等盐类，造成硅酸盐钻井液在现场应用过程中有起泡的现象，分析起泡的具体原因有以下几点。

（1）硅酸盐钻井液中含有表面活性剂成分，表面活性剂在盐水中的溶解度下降，因此过剩的表面活性剂会在另一个界面——空气/水界面产生吸附，由此产生比淡水钻井液多的气泡。

（2）盐水钻井液中由于有盐的存在，增加了气泡液膜的液相黏度和气泡膜的厚度，液相膜厚度及液相黏度的增加会对气泡产生稳泡作用。

（3）盐水钻井液与淡水钻井液相比，聚合物处理剂加量较大，聚合物处理剂主要以降滤失剂和提粘切剂为主。由于硅酸盐钻井液中含有大量的聚合物处理剂，提高了钻井液气泡的液相膜的黏度，不利于消泡。

硅酸盐钻井液现场消泡采用SR-9有机硅消泡剂，SR-9现场加量为0.25%，对硅酸盐钻井液能起到较好的消泡作用，但是现场硅酸盐钻井液中仍含有部分无法除掉的气泡，进一步采取的措施是在老浆中补加部分新浆，对硅酸盐钻井液进行稀释，进一步减轻硅酸盐钻井液中的气泡，现场具有一定效果。经过消泡处理后泵上水情况较好，泵压稳定，满足钻井工程的需要。硅酸盐钻井液在达深1井现场应用过程中，由于钻井液本身包裹了空气泡，地质录井的气测基线值略有波动。经投含有天然气的气样球校正，对硅酸盐钻井液进行检测，气测全烃值为100mg/L。通过校正，调整了气测仪器的灵敏度，消除了硅酸盐钻井液对气测的扰动因素。地质录井在三开录井过程中共检测出大小含气层34层，3970～3976m处气测显示最高为21.51％，同时每次下钻后效亦较大，因此证明硅酸盐钻井液满足地质录井的要求。钻井液现场消泡实验数据见表10。

表10 现场硅酸盐钻井液消泡实验

样　品	钻井液量，mL	高速搅拌1min泡沫高度，mL	半衰期，s
原浆（I）	300	450	86
I+0.1％PR6-6	300	425	60
I+0.3％PR6-6	300	430	50
I+0.1％SR-9	300	400	28
I+0.3％SR-9	300	370	30
I+0.1％ND130	300	440	36
I+0.3％ND130	300	420	23
I+0.1％S-36H	300	430	42
I+0.3％S-36H	300	390	43
I+0.1％磷酸三丁脂	300	460	44
I+0.3％磷酸三丁脂	300	460	45

四、结　论

（1）硅酸盐钻井液具有较强的抑制泥页岩水化、分散的能力，室内实验及现场应用中表明硅酸盐钻井液井眼稳定效果很好。

（2）硅酸盐钻井液携屑效果好，岩屑录井代表性强。

（3）所研制的硅酸盐钻井液流变性易于控制，现场维护处理简单、且具有较强的抗温能力，满足深层探井的需要。

参 考 文 献

[1] Van Oort. Silicate - Based Drilling Fluids：Competent，Cost - effective and Benign Solutions to Wellbore Stability Problems. IADC/SPE35059

[2] 梁大川．硅酸盐钻井液稳定井壁机理分析．西南石油学报，1998

高密度钻井液工艺技术

刘有成　王祥武　逯登智　徐珍焱

（青海油田井筒服务公司油化分公司）

摘　要　青海油田柴达木盆地冷湖七号构造、红沟子构造和狮子沟构造地层极为复杂，地应力大，地层破碎，地层裂缝发育，极易发生井漏和井下出盐水。钻遇盐岩、盐膏层、易塌页岩、大倾角易破碎地层时，井塌严重，造成多次卡钻，严重时解卡无效，被迫采用侧钻。由于钻井过程中漏、塌、斜、涌等复杂情况频繁发生，严重制约了钻井生产的进行。

冷七2井、狮25－1井和沟6井是布置在三个构造上的重点科学探井，对这3口井进行钻井液技术研究，建立适合地层特点的钻井液体系，最大限度地减少对储层的污染，有效防止复杂事故的发生，对柴达木盆地安全钻井有重要意义。

本文通过对各区块钻井的调查，依据地层特点，并从技术难点入手，认真分析井壁不稳定、井漏和钻井液污染的原因，探讨使用聚磺防塌钻井液体系、聚磺饱和盐水钻井液。在室内配方研究的基础上应用于现场，安全地钻穿了复杂地层，成功地解决了井塌、井漏、钻井液污染等复杂问题。

现场应用证明聚磺防塌钻井液体系具有防塌能力强、热稳定性高、抗污染能力强、防卡效果好、钻井液性能易维护处理等优点，为青海油田在深井钻井液技术方面积累了成功的经验。

关键词　聚磺钻井液　高密度　井眼清洁　井壁稳定　抗污染　油气层保护

一、地质工程简况

1. 地质简况

沟6井是青海油田尕斯—英雄岭油气勘探项目的一口重点预探井，其目的是为了进一步探明沟五井西断块 E_3^2 油藏含油气情况。狮子沟组（N_2^3）以灰色、棕黄色泥岩和砂质泥岩为主；油砂山组（N_2^2）以泥质粉砂岩与灰色泥岩互层为主；干柴沟组（E_3^2）以深灰色泥岩、砂质泥岩、钙质泥岩为主。

冷七2井是冷湖构造上的一口垂深最深的重点深井。该地区油砂山组上部岩性软，以棕黄色、灰绿色砂质泥岩为主。钻遇的地层胶结性较差，可塑性强。加之该井出现较多的逆断层，且含混合灰岩地层，局部形成次生孔隙带，极易发生井漏、井塌等复杂事故。

狮25－1水平井是青海油田柴达木盆地西部坳陷区茫崖坳陷亚区狮子沟—油砂山背斜带一个三级构造上的一口高密度水平井。该井深层岩性主要为各种不纯的碳酸盐岩、硅硝、石膏等盐岩层，储层类型以裂缝孔隙型为主，裂缝的发育程度受断层、岩性及构造等因素的控制。裂缝既是储油空间又是渗透通道，平均裂缝宽度范围为 $1\sim20\mu m$，兼有大量溶孔，其粘土矿物以伊利石、绿泥石为主，盐类矿物以硫酸盐为主，地层水矿化度达 32×10^4mg/L。

2. 工程简况

沟6、冷七2井一开均为 $\phi444.5$mm 钻头钻至设计井深，下入 $\phi339.7$mm 表层套管。二

开用 ϕ311.15 钻头钻至设计井深,下入 ϕ244.5mm 技术套管。三开用 ϕ215.9mm 钻头钻至设计井深,沟六井下入 ϕ177.8mm 尾管,封固高压盐水层。四开分别用 ϕ149.25mm、ϕ165.1mm 钻头,钻达设计井深 4400m、5304.8m 完钻。沟六井挂 ϕ127.0mm 尾管完井,采用近平衡法固井完井。冷七2井未钻达设计井深 5500m 而提前完钻。

狮25-1 水平井是利用狮25井 ϕ215.9 井眼从 3941.92m 处进行裸眼定向侧钻的一口中曲率半径水平井,经修复套管,打水泥塞封固裸眼井段后,开窗侧钻,完钻井深 4431.63m,垂深 4138.90m,水平位移 378.63m,水平井段长 178.63m,最大井斜角 89°,钻井周期 97d 又 21h。

二、技术难点

(1) 对于以灰色泥岩、砂质泥岩为主,夹泥质粉砂岩,成岩性差的地层,钻井液抑制性是关键。

(2) 钻井液受地层 Cl^-、Ca^{2+}、Mg^{2+} 严重污染,提高钻井液的抗污染能力是关键。

(3) 封堵高压盐水层,平衡地层压力是钻井液技术的难点。

(4) 由于特殊的井身结构,钻井液上返速度低(小于 0.1m/s),提高钻井液携带能力是关键。

(5) 为了保护井壁的稳定,防止浅部地层在钻进过程中井漏、井塌和井眼缩径是一个技术难点。

(6) 解决好深井高密度钻井液的抗温性能和热稳定性是一个技术难点。

(7) 解决好高密度水平井钻井液的防卡、润滑性是一个技术难点。

三、室内实验

针对 3 口井钻开高压盐水层,井底温度 160℃ 情况下使用密度超过 2.10g/cm³ 的钻井液的实际情况,实验室内进行了加重实验。用重晶石粉将井浆分别加重至 2.10g/cm³ 和 2.20g/cm³ 或者用铁矿粉(密度 4.8g/cm³)将井浆分别加重至 2.20g/cm³ 和 2.30g/cm³,在 160℃ 下热滚 16h,温度降低至 40℃ 后测量性能,然后确定提高钻井液相对密度时所使用的加重剂(见表 1)。

表1　用重晶石粉或铁矿提高钻井液相对密度的性能

配　方	密度 g/cm³	黏度 s	塑性黏度 mPa·s	动切力 Pa	API 滤失量 mL	高温高压滤失量 mL	pH 值
井浆 + 重晶石粉	2.10	105	38	15	5.5	14	9
井浆 + 重晶石粉	2.20	155	42	22	5.2	12	9
井浆 + 铁矿粉	2.20	89	26	19	5.6	12	9
井浆 + 铁矿粉	2.30	96	36	18	5.6	12	9

通过实验可以看出:使用铁矿粉加重钻井液,流变性易控制。

1. 主聚合物的优选

聚合物钻井液抑制造浆能力的强弱,主要取决于高分子主聚物的抑制包被能力。

（1）抑制性试验。

将钻屑加入钻井液中，在 120℃下热滚 16h 后测定回收率，见表 2。

表 2 不同钻井液中的钻屑回收率

序 号	钻井液类型	回收率，%
1	阳离子钻井液	59.40
2	甲酸盐钻井液	87.2
3	聚合物钻井液	78.0
4	清水	8.2

由表 2 可以看出，聚合物钻井液抑制泥页岩膨胀分散能力较阳离子钻井液及清水强，较甲酸盐钻井液弱。综合考虑，选用聚合物钻井液体系。

（1）膨胀量。

称取 10g 膨润土粉在 105℃下烘 2h，压模，用 HTP-1 型高温高压页岩膨胀仪，测其 8h 的线性膨胀量，结果见表 3

表 3 聚合物钻井液与阳离子钻井液、清水膨胀量对比

钻井液类型	膨胀量，mm
清水	6.56
聚合物钻井液	2.62
阳离子钻井液	2.80

由表 3 可知，加了聚合物后钻井液的岩心膨胀量较小，抑制性泥页岩有明显的优势。

（3）润滑剂的优选。

由于这几口井裸眼井段长（2000m 左右），同时有高压水层，导致钻井液密度高（最高达到 $2.17g/cm^3$）、粘切大，泥饼磨阻增加。通过室内荧光级别、润滑性和钻井液配伍性评价的对比试验（表 4），优选了适合深井钻井液和水平井钻井液使用的低荧光防塌润滑剂。

表 4 润滑剂室内对比实验

项 目	低荧光润滑剂	聚合醇润滑剂	GD11-5
粘滞系数降低率，%	65.8	65.8	64.8
润滑系数降低率%	48.9	37.7	48.1

2. 配方优选

通过对体系抑制性、流变性及抗污染能力的室内对比实验和评价，并经过现场的不断改进，确定聚磺钻井液体系配方为：基浆（密度为 $1.05g/cm^3$）+ 0.2%～0.3%FA-367（B-21）+ 0.3%～0.4%JT-888 + 0.3%～0.45%K-NH₄-HPAN + 0.3%～0.4%PX + 2%～3%HJ-3 + 1%～1.5%SMC。

四、现场钻井液技术

1. 一开

携砂，防止浅部地层裂缝和微小孔洞造成的井漏、井塌和井眼缩径是钻井液维护处理

的技术难点。在钻进过程中，钻井液受到来自地层的 Cl^-、Ca^{2+}、Mg^{2+} 离子的不断污染，钻井液性能持续严重下降。为了保证钻井液的强抑制性和各项性能满足施工需要，要及时补充包被剂 B-21 和广谱钻井剂，同时补充 NaOH，并复配护胶剂维护处理。利用固控设备及时清除钻井液中的有害固相，保证了钻井液良好的性能和电测、下套管的顺利施工。钻井液性能见表 5。

表 5　冷七 2 井钻井液性能

井深 m	密度 g/cm³	漏斗黏度 s	塑性黏度 mPa·s	动切力 Pa	静切力（初切/终切） Pa/Pa	滤失量 mL	pH 值	含砂量 %
500	1.22~1.24	41~54	20~21	21	(1~2) / (3~7)	5~7	9	0.3
800	1.32~1.36	43~47	18~20	22	(2~3) / (4~8)	6~8	9	0.5
1200	1.55~1.62	49~63	21~25	23	(3~4) / (8~11)	5~6	9	0.5

2. 二开

二开钻井液在一开井浆基础上，加入 0.3% 抑制性材料和 0.5% 护胶剂，同时降低钻井液黏度至 40~45s，切力至 2~4Pa 后二开。

二开井段地层成岩性差，井壁极不稳定，易破碎剥落掉块，且不易被包被。针对地层岩性的这些特点，在钻进过程中及时补充井壁稳定剂 W-11 和钻井液包被剂 B-21 以及广谱钻井剂 JFmg-16，以增强钻井液的抑制、防塌能力，防止因泥岩水化膨胀和剥蚀掉块而引起的井下复杂情况。沟 6 井因钻井液不断受盐污染，pH 值下降极快，在维护处理过程中加大 NaOH 用量，保持 pH 值在 10 左右，同时加入抗盐钙降滤失剂，抗高温材料 HJ-3 等（电测井底温度 158℃），将聚合物钻井液体系转化为聚磺钻井液体系，较好地改善了钻井液性能和流变性，增强了钻井液的抗污染能力，以保证在高矿化度（则 Cl^- 为 68989mg/L）下良好的钻井液性能（见表 6）。

表 6　沟 6 井钻进过程 Cl^-、Ca^{2+}、Mg^{2+} 离子污染及钻井液性能

井深 m	密度 g/cm³	黏度 s	表观黏度 mPa·s	塑性黏度 mPa·s	动切力 Pa	pH 值	含砂量 %	Cl^- mg/L	Ca^{2+} mg/L	Mg^{2+} mg/L	10s 切力 Pa	10min 切力 Pa	滤失量 mL	泥饼 mm
1455	1.22	41	19	10	9	10	0.3	15952	2040	1216	2	5	5	0.3
2070	1.23	43	21	11	10	10	0.3	31841	1122	3466	2	5	5	0.3
3100	1.26	45	22	14	8	10	0.2	40686			2	5	5	0.3

由于沟 6 井地下高压水层发育，钻进过程中钻穿了大小不等的几个高压水层，钻井液密度平均在 1.97~1.98g/cm³，最高达到 2.10g/cm³，塑性黏度 60~70s，为了保证钻井液不受污染和钻井施工作业的安全、快速、有效进行，对钻井液性能进行了调整和维护。

合适的钻井液密度是保证井壁稳定、平衡地层压力的关键因素。狮 25-1 水平井钻井液矿化度 20~25×10⁴mg/L，钻井液密度为 2.10~2.13g/cm³，而岩屑的密度为 2.40g/cm³ 左右，岩屑在高钻井液密度条件下，受到较大的浮力作用，加之较高的返速，良好的流变性，基本上未形成岩屑床，即使有较大的掉块也容易被清除。

3. 三开

三开钻井液在二开井浆基础上，为了更好地抗钙镁污染，补充抗盐处理剂，调整钻井液性能为：初终切为 1Pa/3Pa，滤失量不大于 8mL，黏度 45s，pH 值 10。然后三开。

（1）沟6井在该井段钻井中由于钻遇高压盐水层并夹有少量的天然气，当量密度由 1.30g/cm³ 提高到 2.15g/cm³ 以上才能平稳。每次下完钻有明显后效，钻井液滤失量从 6mL 上升到 115mL。井涌情况及处理措施如下。

钻至井深 3482.19m 气测异常，循环钻井液密度从 1.32g/cm³ 下降至 1.30g/cm³ 又上升至 1.32g/cm³，黏度从 43s 上升至 47s 又下降至 45s，钻井液池上涨 4.6m³，平均溢速 1.7m³/h。当时求得钻井液当量密度为 2.15g/cm³；将钻井液密度由 1.67g/cm³ 增至 1.91g/cm³ 又增至 2.00g/cm³，黏度 70～82s，停泵观察期间，发生间断性溢流，溢量 0.20m³，溢速 0.20m³/h，溢出钻井液及少量气泡，测氯离子 88448mg/L。继续循环加重，密度由 2.00g/cm³ 升至 2.17g/cm³，黏度 80～96s，至此，井口平稳，基本恢复正常。发生溢流与钻井液密度的关系如表7及图1所示。

表7　沟6井溢流与钻井液密度的关系

溢出钻井液密度，g/cm³	1.31	1.32	1.52	1.63	1.68	1.90	1.90	2.00	2.05
溢流速度，m³/h	1.7	1.54	1.50	1.25	1.40	0.4	0.41	0.20	0.16
状态	溢流	溢流	溢流	溢流	井涌	溢流	溢流	溢流	溢流

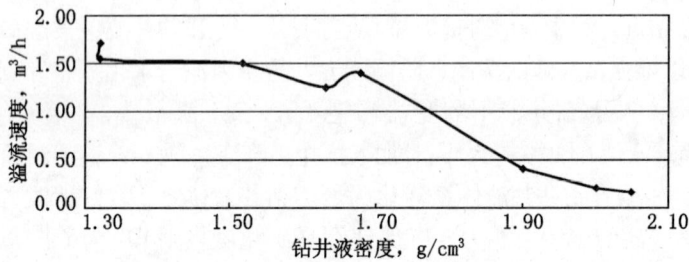

图1　相应的钻井液密度与溢流速度关系

（2）冷七2井。在该井段的钻井液维护处理中，冷七2井是技术矛盾比较突出的井段，其特征是：在通过提高密度解决井壁剥落掉块的同时，钻开的地层因钻井液密度的增加，有井漏发生，小的漏失一般在 1m³/h 左右，大的漏失，钻井液只进不出，而且是高压水层中的漏失。因此，堵漏时还不能降低钻井液原来的循环密度，否则井塌、井下出水的问题不可避免地会再次发生。这就出现了高压水层的堵漏技术。在堵漏的同时，还不能将水释放出来。所以，对于漏速大小不等、漏失压力敏感、不具备降低钻井液密度条件的井段，采用在井浆中混入 2%～3% 的随钻堵漏剂，并将 3%～5% 的桥浆（用井浆 20m³ + IT 复合堵漏剂配成）打入漏层后憋压 2～3MPa 的方法进行堵漏，获得成功。冷七2井钻井液性能见表8。

表8　冷七2井钻井液性能

井深 m	密度 g/cm³	表观黏度 s	塑性黏度 mPa·s	动切力 Pa	初切/终切 Pa/Pa	滤失量 mL	泥饼 mm	pH值	含砂量 %	摩阻系数
1500	1.73～1.95	44～58	18～21	20	（3～4）/（8～13）	6～18	0.4～1.5	8～9	0.5	0.0125
2000	1.87～1.93	50～56	22～24	22	（11～25）/（13～35）	10～17	0.4～1.5	9～10	0.5	0.0151
2500	1.88～1.94	42～54	20～22	21	（3～6）/（7～13）	6～8	0.4	9	0.4	0.0121
2900	1.94～1.97	55～56	20～21	21	（3～8）/（7～12）	7～8	0.4	8.5～9	0.4	粘不住
3290	1.98～2.0	57～68	28	25	（5～15）/（10～20）	7～8	0.4	9	0.5	粘不住

4. 四开

沟 6 井由于三开后钻遇异常高压盐水层，钻井液密度为 2.10g/cm³ 左右，下尾管封固高压盐水层。为了便于四开发现油气层，根据现场施工需要，将钻井液密度从 2.14g/cm³ 降至 1.50g/cm³，黏度 40s，切力为 3/5Pa/Pa 后四开钻。

在该井段的钻探过程中，为了有效地保证钻井液良好的携岩性能，清洁井眼，加大了护胶剂的用量，保持钻井液黏度 55s 以上、10min 切力 4～8Pa；为了保持井壁稳定，加入 0.5％的广谱钻井剂和 B-21 等，增强井壁稳定性；加入 1.5％QS-Ⅱ和 1.5％DUP-Ⅱ对油气层进行屏蔽暂堵。

沟 6 井第二次悬挂 ϕ127mm 尾管于 ϕ149.3mm 深井井眼中，施工风险较大，对钻井液性能的要求更高。为此，将钻井液黏度降至 45～50s 之间，全井段加入 0.5％液体润滑剂，起钻前将 1t 固体润滑剂泵入到挂尾管井段，保证了下套管施工的顺利完成。各个施工阶段的钻井液性能见表 9。

表 9　沟 6 井四开各个施工阶段的钻井液性能

施工井段 m	密度 g/cm³	黏度 s	表观 黏度 mPa·s	塑性 黏度 mPa·s	动切力 Pa	10s 切力 Pa	10min 切力 Pa	Cl⁻ mg/L	pH 值	滤失量 mL	泥饼 mm	含砂 量%
3792～3900	1.50	47～55	29～34	18～30	6～10	2～4	4～8	15155	8～9	4～5	0.3	0.3
3900～3915	1.42→1.38	52～54	28	22	6	4	9		10	4.2	0.3	0.2
3915～3990	1.38→1.35	55～60	26	16	10	5	9	15155	10	5	0.3	0.2
3990～4025	1.35→1.32	55～60	26～31	20～22	7～9	5	10	15921	10	4.5	0.3	0.3
4025～4400	1.31→1.32	58～65	29～33	22～26	8～13	5～6	10～12	21058	9～10	4.0～4.5	0.3	0.3
电测前	1.32	55～58	24	16	8	2	5		10	4.5	0.3	0.3
固井前	1.32	45	18	11	7	1	3		10	4.5	0.3	0.3
钻水泥塞	1.32	60～74	27	16	11	3	6		9	4.5	0.3	0.3

五、油气层保护

（1）钻开油气层前，加入适量的粘土抑制剂，防止粘土矿物的水化分散和吸水膨胀；降低钻井液滤失的量，使其值低于 5mL，以减少滤液进入储层造成的水敏和碱敏损害。

（2）在保证钻井液携岩性的前提下，降低钻井液的黏度，提高钻井速度，减少钻井液对油气层的浸泡时间。加入 1％的 QS-Ⅱ和 1.5％的 FT-Ⅱ，改善泥饼质量。

（3）采用屏蔽式暂堵技术很好地保护油气层。加入 1.5％的 QS-Ⅱ和 1.5％的 DUP-Ⅱ对油气层实行屏蔽暂堵，恢复其渗透率，达到保持油气层的目的。

（4）钻井液密度尽可能取低限，提高钻井速度，确保电测一次成功率，减少钻井液对地层的浸泡时间。

（5）施工中做好地层压力监测，实现近平衡钻进。

六、几点认识

（1）一开、二开使用聚合物钻井液体系，有效抑制了油砂山组上部地层粘土造浆、井壁剥蚀掉块的发生。

（2）在钻遇钙镁污染严重、高温（技套电测最高井温 158℃）、高压盐水层时。保持高 pH 值（10～11），同时加大护胶剂用量，有利于钻井液性能的稳定。

（3）在较高密度条件下，定向水平井的携砂更加便利，不易形成岩屑床。

石西油田石炭系油藏水平井钻井液技术

汪世国　李　云　蒋学光　陶卫民　郭延辉

（克拉玛依泥浆公司）

　　摘　要　石西油田石炭系油藏水平井垂直深度 4300～4400m，斜深 5000m 左右，钻遇地层剖面中，不稳定地层多，地层压力梯度差值大，储层段地层压力梯度高达 1.49～1.53MPa/100m，且裂缝发育，易漏失。通过采用两性离子聚合物混油钻井液，控制钻井液的初切力及动塑比值的方法解决了水平井段的井眼净化问题，成功钻成了 7 口水平井。水平井原油产量比直井提高了 5 倍以上。

　　关键词　水平井钻井液　抑制性　井眼稳定　井眼净化　高密度

一、基 本 情 况

　　石西油田位于准噶尔盆地腹部古尔班通古特沙漠之中，区域构造位置处于陆南隆起南部的陆南凸起上。石炭系油藏系火山岩裂缝性储层，适合采用水平井开发。油田地层剖面情况见表 1，部分地层粘土矿物分析见表 2。

表 1　石西油田石炭系油藏地层情况简述

地　　层		深度，m	厚度，m	主要岩性	复杂提示	压力系数
上第三系		970	970	流砂层、泥岩夹砂岩	垮塌	
下第三系		1220	250	泥岩、夹砂层与砾石	缩径、掉块	
白垩系	吐谷鲁组	3000	1780	泥岩、砂质泥岩	缩径	
侏罗系	西山窑组	3180	180	砂岩、泥岩、夹煤层	缩径、掉块	1.05～1.15
	三工河组	3400	220	泥岩、砂岩	缩径	
	八道弯组	3870	470	砂岩、泥岩、夹煤层	掉块	
三叠系	白碱滩组	4065	195	泥岩、夹砂岩	水敏垮塌	
	克上组	4185	120	泥岩、砂质泥岩	水敏垮塌	
	克下组	4275	90	泥岩、砂质泥岩	水敏垮塌	
二叠系	百口泉组	4320	45	砂质不等粒小砾岩	水敏垮塌	1.35～1.40
	下乌尔禾组	4365	45	泥岩、砂质泥岩	水敏缩径	
石炭系		4440	未穿	安山岩、英安岩	裂缝漏失	1.49～1.53

表 2　石西油田石炭系油藏部分地层粘土矿物分析

地　　层	深度，m	岩性	粘土矿物分析，%					混层中 S 含量，%
			S	I	K	C	I/S	
吐谷鲁组	1428	细砂岩	64	4	22	10		
	1738	细砂岩	52	9	35	4		
	2961	泥岩		39		14	47	
三工河组	3392	泥岩		26	30	8	36	
	3522	泥岩		34	28	10	28	
八道湾组	3767	砂质泥岩		24	46	16	14	30
	3798	砂砾岩		24	40	14	22	
白碱滩组	4238	中砂岩		9	52	33	6	25
克拉玛依组	4294	细砂岩		46	17	14	23	
石炭系	4400	安山岩		37	20	6	37	30

二、石西油田石炭系油藏水平井钻井液技术难题

1. 井身结构难题

从水平井造斜段和水平段施工安全考虑，技术套管应将不稳定地层全部封固，即应将三叠系地层封掉。实际上，技术套管下到石炭系顶界，二开井段钻井液技术难题更大，因为三叠系百口泉组与侏罗系、白垩系地层压力梯度相差较大，百口泉组压力梯度为1.35MPa/100m 以上，克拉玛依组及其以上地层一般仅为 1.10MPa/100m 左右，而侏罗系、白垩系地层泄漏压力梯度为 1.25MPa/100m 以下。在多套压力系统、多处易漏地层、长裸眼、大井眼中实施造斜钻进，钻井液技术难以满足工程施工要求，而且会使钻井液成本与钻井成本大幅度增加。

2. 井壁稳定难题

三叠系白碱滩组、克拉玛依组为长段泥岩，以伊/蒙混层矿物为主，层理裂缝发育，强水敏，易散塌。钻直井过程中，当钻井液性能达不到设计要求时，就会发生大段垮塌划眼。在这样的地层中造斜钻进，钻具对井壁的撞击、斜井眼使井壁受力状态的改变、钻井液滤液对地层的浸泡等都会加剧井壁失稳。二叠系下乌尔禾组的棕红色泥岩水化膨胀能力更强，缩径现象突出。不论采用何种井身结构，这一难题都始终存在。尤其是技套只封八道湾组，随着三开井段施工时间的延长，三叠系与二叠系下乌尔禾组地层井壁不稳定问题更加突出。

3. 井眼净化难题

对高密度钻井液如何调整流变性能来满足水平井大斜度井段与水平段的井眼净化，在完成石西油田石炭系油藏水平井之前尚未见过有关技术资料。低密度钻井液钻水平井的流变性能指标，即控制流性指数小于 0.42，通过实现环空平板层流并加大平板层流流核宽度的调整原则在高密度钻井液中难以实现。因为高密度淡水钻井液必然是高固相含量，同时具有较高的塑性黏度，难以实现高的动塑比值与低的流性指数。加上深井、钻具组合、机泵条件、仪器条件的限制，提高排量以提高环空钻井液上返速度的措施受到制约，进入大斜度井眼后，受最高泵压限制，环空返速很难达到水平井临界返速要求。

4. 降低摩阻难题

在大斜度定向井中，扭矩提高和阻卡问题的大部分原因是由于井眼清洁差而形成的岩屑床、井壁不稳定、键槽和压差卡钻。只有当这些复杂情况被排除之后，润滑才成为关键。钻井液的润滑性能不仅与润滑剂加量有关，更与泥饼质量有关，薄而韧的泥饼是低摩阻的基础。相对于低密度浅井钻井液，高密度深井钻井液的泥饼必然是厚而松散，加上石西油田石炭系油藏水平井在井壁稳定与井眼净化方面存在的问题，扭矩与阻卡是水平井施工中最严重的难题。

5. 深井高密度钻井液难题

深井高密度钻井液如何保证水平井安全钻井，实现井壁稳定、井眼净化、降低摩阻，以及裂缝性地层储层保护与防漏堵漏、钻井液的热稳定性等，在没有经验可借鉴的前提下，只能在实践中不断探索。

三、钻井液技术

1. 分段钻井液技术

1）表层钻井液技术

表层钻进中要求钻井液具有良好的携砂护壁功能，合理的流变参数，避免造成"大肚子"井段或不规则井眼。据此，采用高膨润土含量，高粘切钻井液开钻。

（1）钻井液体系：膨润土 – CMC 钻井液。

（2）配方：$H_2O + 10\%$膨润土粉 $+ 0.4\%Na_2CO_3 + 0.3\%MV - CMC$。

（3）性能范围：密度 $1.07 \sim 1.13 g/cm^3$，漏斗黏度 $60 \sim 100s$，API 失水小于 15mL。

（4）技术要点：表层钻进中补充钻井液量不能直接大量加清水，应以 MV – CMC 配成胶液在钻井液循环周上均匀补充，也可以一边加清水一边通过混合漏斗加入处理剂，维持钻井液性能均匀稳定。表层钻井液提高粘切必须使用 MV – CMC 或改性淀粉，不能用大分子聚合物。因为只加大分子聚合物，泥饼质量差，会造成下表层套管施工困难。

（5）固控要求：表层钻进中必须开动"两筛一除"，振动筛与除砂器运转时率达 100%。对于表层流砂主要靠除砂器清除。振动筛装粗目筛布，一般使用 24—30 目即可。若筛布目数过细，钻井液中的细砂与筛布网孔有交合尺寸，砂粒堵塞网孔，造成振动筛使用困难。

（6）配套措施：每钻完一钻铤（钻杆）单根划眼一次，然后停泵上提钻具，防止冲刷井壁，避免造成沉砂倒灌堵钻头水眼或卡钻。单泵钻进 50m 后再开双泵钻进，防止表层导管窜槽。表层进尺钻完后洗井两周，以振动筛面不见钻屑为宜。短程或全程提下通井一次，不遇阻就干通到底，若遇阻就开泵循环或划眼，确保下表套顺利。

2）二开段钻井液技术

（1）钻井液体系。

直井段：聚合物混油不分散钻井液；斜井段：聚磺混油钻井液。

（2）分段钻井液主控配方。

①二开转化：$2\% \sim 3\%$膨润土浆 $+ 0.5\% \sim 0.8\%FA - 367 + 0.7\% \sim 1\%JT - 888 + 0.2\%KOH$。

转化时钻井液密度 $1.03 \sim 1.04 g/cm^3$，漏斗黏度 $35 \sim 40s$，API 失水不超过 10mL，pH 值 $8 \sim 9$。

②井深 1000m 左右混入原油 5%～8% + 0.1%～0.2%ABSN。

钻井液密度 1.05～1.12g/cm³，漏斗黏度 35～45s，API 失水不超过 7mL，pH 值 8～9。

③井深 2000m 后加入磺化沥青干粉 2%。

钻井液密度 1.10～1.15g/cm³，漏斗黏度 40～50s，API 失水不超过 6mL，pH 值 8～9。

④井深 3000m 左右加入 2%SMP－1（干粉），根据钻井液粘切情况加入 0.2%～0.3% SK－3。

钻井液密度 1.12～1.15g/cm³，漏斗黏度 40～50s，API 失水不超过 5mL，pH 值 8～9。

⑤井深 4000m 后主控钻井液配方：0.5%FA－367 + 1%JT－888 + 3%磺化沥青干粉 + 3%SMP－1（干粉）+ 1%润滑剂 + 5%原油 + 1%～2%SPNH + 0.3%SK－3。

钻井液密度 1.15～1.20g/cm³，漏斗黏度 50～70s，API 失水不超过 5mL，静切力（5～10）/（10～20）Pa/Pa 动塑比 0.5～0.7，泥饼粘附系数小于 3，pH 值 8～9。

（3）钻井液技术要点。

①二开前将地面钻井液充分净化，清除锥形罐与 1 号罐中沉砂，将剩余钻井液加水冲稀至膨润土含量为 2%，按二开转化配方在地面大循环条件下配制微膨润土含量，高浓度聚合物胶液，待高聚物充分溶解后，将井筒钻井液混入地面胶液中，二开。

②表套固井灰塞不大于 30m 时，对钻灰塞钻井液不需作专门处理，因膨润土含量较低时不会产生明显钙侵。

③突出两性离子聚合物 FA－367 的抑制包被作用，二开井段控制 FA－367 含量为 0.5%以上。对于非加重钻井液，把加入等浓度 FA－367 胶液钻井液不增稠作为衡量钻井液维护处理的定性指标，把钻泥岩地层返出钻屑不糊振动筛作为衡量钻井液抑制性的直观标准。上部地层快速钻进中不使用任何稀释剂，二开直井段不使用分散剂。

④混油时加够乳化剂，以测 API 失水钻井液滤液中不见原油和钻井液槽面不见漂浮原油为标准，ABSN 不能加入聚合物胶液中，因为 ABSN 在聚合物胶液中会形成络合物，加入钻井液中不起乳化效果而且会使体系的抑制性降低。

⑤大井眼造斜时，提前 100m 按主控配方调整好钻井液相关性能，实现井壁稳定，井眼畅通，提下钻无阻卡。造斜钻进中采用高浓度聚磺胶液均匀维护，维持钻井液性能均匀稳定。

⑥大井眼造斜因受螺杆最大排量限制，只能使用单泵钻进。环空钻井液上返速度较低，维持较高的动塑比、较高的稠度系数、较高的静切力与旋转黏度计低转速下的较高数值是实现井眼净化的基本条件。因受裸眼井段地层泄漏压力梯度限制，钻井液密度一般以 1.15～1.20g/cm³ 为宜。

（4）固控要求。二开段振动筛运转时率达 100%，除砂器与除泥器累加运转时率达 100%，离心机运转时率达 60%以上。把实现二开井段不冲放钻井液作为衡量固控设备运转效率与固控工作好坏的直接标准。

（5）配套工程措施。

①直井段必须使用双泵钻进，单泵不打钻。

②采用低膨润土含量钻井液二开，钻井液切力低，悬浮能力差，在钻遇第三系砾石夹层时，接单根速度要快，接单根前适当延长划眼或洗井时间。确保设备正常运转，防止沉砂卡钻或砾石钻屑倒灌堵钻头喷嘴。

③严格落实短程提下钻措施，井深 2000m 以前每钻进 200m 短提一次，井深 2000m 以

后每钻进 100m 或 24h 必须短提一次，每次短提都要提出新井眼 100m 以上，上提遇卡应开泵循环或倒划眼解除，不能硬提卡死。

④大井眼造斜钻进，一般钻进二、三只钻头或造斜钻进 100m 左右应下入带扶正器的钻具通井一次，用于净化与修正井眼。通井时，开双泵，遇阻反复划眼。中完下套管前采用两只 ϕ290mm 非标准扶正器通井正常，在斜井段遇阻要耐心划眼，第一只扶正器应接在钻头上方。SHW10 井，中完井深 4235m，井底井斜 39°，通井时采用一只扶正器且接在离钻头一单根的钻铤上，划眼离井底 3m 时严重遇阻，没有继续采取处理措施，结果技套下至 4220m 遇阻，造成悬空井段过长，为后续施工留下了事故隐患。针对 SHW10 井技套遇阻情况，其后完成的水平井均采用 ϕ311mm 钻头 + ϕ290mm 扶正器 + ϕ203mm 钻铤 1 根 + ϕ290mm 扶正器 + …… 钻具组合通井，并反复划眼到井底，保证了中完下技套与固井施工的顺利进行。

3）三开段钻井液技术

（1）钻井液体系：聚磺混汕钻井液。

（2）三开转化主控钻井液配方：井浆加水冲稀至膨润土含量小于 20g/L，加 0.3％FA－367 + 0.8％JT－888 + 5％SMP－1（干粉）＋5％磺化沥青干粉 + 2％SPNH + 0.3％KOH + 1％润滑剂 + 8％原油 + 0.2％ABSN + 3％QCX－1 + 1％WC－1 重晶石粉提密度。

（3）钻井液技术要点。

①石炭系油藏克拉玛依组地层井壁岩石侧压力较低，直井钻进中，钻井液密度已降至 1.10g/cm³ 左右。根据水平井井壁稳定的特殊要求，在非油层段采用较高的正压差钻进，首先从力学角度防止三叠系地层垮塌。三开时使用密度 1.30～1.40g/cm³ 百口泉组使用密度 1.45～1.50g/cm³，油层段钻井液密度按设计执行。

②三开转化时，强化 FA－367 的包被防塌作用，加量达 0.3％以上，增强体系的抑制性，在三叠系地层钻进中，维护钻井液的胶液中 FA－367 浓度控制在 0.5％以上。进入石炭系后，由于地层不造浆，FA－367 用量可适当减少。

③根据地层渗透性、压差和地层的矿物组份控制合适的滤失量，可以减少卡钻事故，实现井壁稳定并减少地层损害，水平井高温高压失水量应低于直井指标。为获得较低的高温高压失水，三开转化时采用低膨润土含量、低固相基浆，将有关处理剂加至近似饱和，先加中小相对分子质量黏度的处理剂如 SMP－1（干粉）、磺化沥青干粉、JT－888、SPNH、润滑剂、原油等，再加惰性材料如 WC－1、QCX－1 等，根据钻井液流动性逐步加入大分子聚合物 FA－367。钻进过程中补充工厂预水化膨润土土浆，使膨润土含量达到 30～50g/L。采用超高浓度聚磺胶液维护。不论是加干剂，还是加胶体或胶液都必须进行高温高压性能试验。一般情况下，120℃、3.5MPa 失水量小于 10mL 即能满足水平井井壁稳定要求。

4）斜井段岩屑输送机理

①井斜小于 30°：井斜角在 10°之内的井基本上被认为是垂直的。当井斜角较大且环空返速低于 0.62m/s 时，在井眼低边形成一层薄的岩屑床，颗粒在床上反复翻滚。环空返速处于 0.62m/s 和 0.92m/s 之间时，不形成岩屑床，颗粒在井眼低边以团状或段塞状被输送。环空返速超过 0.92m/s，颗粒被平稳地输送。

②过渡带或临界角（井斜角 30°～60°）：当井斜角 40°和 50°，环空返速分别小于 0.77m/s 和 0.92m/s 时，形成向下滑动的岩屑床。当环空返速大于 0.92m/s 时，岩屑以段

塞状被输送。如果形成岩屑床，它们之间是间歇性变化（一段具有岩屑床的环空井段紧跟着一段没有岩屑床的环空井段），显示出准平衡状态。在此种状态下，高返速井段（由于岩屑床的形成引起有效环空间隙的减少）被冲蚀，使得岩屑进到没有岩屑床存在的井段，这样较低返速井段又引起岩屑沉淀，如此自身反复循环输送。层流条件下，岩屑在床形成之前基本上没有被携带，从而引起过流面积的减少，导致"环空"返速增高。在紊流中，一些岩屑在岩屑床形成之前就已到达环空顶部。停止循环时，岩屑床是由环空"下沉到井底"而形成的。应特别注意临界角区域，当低环空返速与钻井液携岩能力不够时，形成的岩屑床有可能相对泥浆流动方向下滑。

③大井斜角（井斜角60°～90°）：在大井斜角时，岩屑床实质是瞬间形成的，它与临界角范围内形成的岩屑床不相同。大井斜角下形成的岩屑床不会移动，即使在停泵时亦不会移动。岩屑在两个不同地带被输送。紧密聚集的岩屑在岩屑床上十分薄的层中发生轴向移动从而构成了第一个地带。在第一个地带上面立刻聚集一些稀疏的普通颗粒，这些颗粒以十分小的段塞流平稳地移动。准平衡状态存在于岩屑床与正在移动的颗粒之间。岩屑床已经发生的地方，流动面积降至岩屑被快速输送的那一点。准平衡层的厚度随流速与泥浆黏度的降低而增加。转动钻具可以使岩屑床朝切线方向摇晃，引起颗粒从岩屑床上移动出来而进入第一个地带。

5）大斜度井眼的钻井液流变性与井眼净化

大多数研究认为，在层流状态下，需要提高动塑比、降低流性指数 n 值并加宽层流流速剖面的平板宽度来提高井眼净化效率。在高密度钻井液中，这一点很难实现，由石西油田石炭系油藏已完成的 7 口水平井钻井液流变性能与井眼净化效果对比，认为采用初切力作为衡量携砂能力的指标较好，高的初切力有利于提高钻井液的悬浮与携带能力。高的初切力易于调整，但高的初切力必然导致高的终切力与高的表观黏度。终切力与黏度过高，将会使钻井液触变性变差。为了获得较高的初切力，同时又有较好的触变性，在流变性调整中维持粘土颗粒有较好的水化膜性质，不靠降低水化膜厚度来增强粘土颗粒形成"卡片房子"结构的能力，控制偏高的活性固相含量，相对提高惰性固相含量与惰性固相的分散度。膨润土含量控制在 30～40g/L，特殊情况下（如水泥侵以后）膨润土含量可以控制在 50g/L 以上。微细颗粒惰性材料加量为：3%WC-1、5%～6%QCX-1。实际可达到的流变性指标为：初切力 8～15Pa，终切力 10～25Pa，动切力 10～25Pa，$\phi 3$ 为 8～30，$\phi 6$ 为 10～35，漏斗黏度 60～100s。井眼净化效果较好的流变性与触变性应是：静切力 10/20Pa/Pa，动切力 20Pa，终切力与初切力的比值不大于 2，动塑比大于 0.3，漏斗黏度 70～80s。当钻井液终切力与初切力比值小于 2 时，钻井液触变性非常好，钻井液静止，结构马上形成且强度较高，随着静止时间延长，凝胶强度增长缓慢，在较低的流速梯度下钻井液就能流动。当低流速梯度下旋转黏度计读数 $\phi 3$ 大于 20 时，钻井液在低的流动观感较差，在较小坡度的地面钻井液槽中类似于塞流流动，此时，只要钻井液触变性好，就不要降低粘切。

6）降低摩阻

在实现井壁稳定、井眼净化的前提下，控制较低的高温高压失水，努力实现薄而韧且有弹性的泥饼是至关重要的，其次才是润滑剂加量与混油量问题。对于深井高密度钻井液，混油量 6%～8%为宜，润滑剂加量不宜大于 2%，配合 2%～3%的油溶性暂堵剂有利于钻井液润滑性能的提高。水平井钻井液润滑性的评价仅靠滑块式泥饼粘附系数仪测定是不够的，因为泥饼粘附系数测定仪测定的是常温常压条件下的泥饼润滑性，而且测量误差较大。

因此，直观定性评价泥饼质量，并结合钻具在井内的摩阻情况综合分析摩阻问题是必不可少的辅助手段。通过采用改善泥饼质量与增强钻井液润滑性并重的措施，较好地解决了水平井施工中的摩阻问题。

下油层套管前在斜井段与水平段钻井液中加入5％的固体润滑剂（玻璃微珠）可使钻具上提摩阻减少100kN左右。

7）保护储层

石炭系油藏系火山岩裂缝性储层，油藏储集空间主要为次生溶蚀孔，常见的孔隙类型有长石斑晶溶孔、基质溶孔、气孔充填物溶孔和裂缝充填物溶孔。孔隙不发育，面孔率为0.03％～0.12％；孔喉分选差，偏细态分布，孔喉半径主要分布在0.146～2.34μm之间。油层基质孔隙度在8.1％～17.6％之间，平均为14.8％；基质渗透率为0.11～0.97mD之间，平均值为0.36mD。裂缝是流体的主要渗流通道，石西油田裂缝角度高，宽度小，非均质性强，FMI测井解释的水动力宽度为16.4～193μm，平均为55.6μm，且分布不均匀，裂缝有效渗透率为0.089～678mD，属高压低渗油藏，钻井过程中易受污染。为了降低钻井过程中的储层损害，进入油层前将WC-1含量提高到2％～3％，QCX-1含量提高到5％～6％，同时加入3％油溶性暂堵剂。油层裂缝漏失，及时采用桥塞堵漏。控制合理的压差，努力实现近平衡压力钻井。通过采用以油溶性暂堵剂为主要内容的综合措施，见到了非常明显的保护油层效果。

石西油田石炭系油藏7口水平井水平段钻井液性能见表3。

表3　石西油田石炭系油藏水平井水平段钻井液性能

井号	取样井深 m	密度 g/cm³	漏斗黏度 s	中压失水 滤失量 mL	中压失水 泥饼 mm	K_f N·m	K_f (°)	pH值	静切力 初切力 Pa	静切力 终切力 Pa	高温高压失水 滤失量 mL	高温高压失水 泥饼 mm
SHW06	4905	1.60	85	2.5	0.5	0.15	2.5	9	11	19	6.2	1.5
SHW08	4690	1.59	78	2.6	0.5	0.16	2.5	9	13	24	5.6	1.5
SHW10	4910	1.61	72	2.8	0.5	0.16	3.0	8.5	12	23	8.5	2.0
SHW15	4913	1.59	69	1.5	0.5	0.15	2.0	10	11	20	6.2	1.5
SHW16	4855	1.60	75	2.6	0.5	0.17	2.5	9	10.5	15	7.0	1.5
SHW18	4967	1.60	73	1.4	0.5	0.15	2.5	9	11	20	6.2	1.5
SHW04	4505	1.58	155	0.8	0.4	0.16	3.0	9.5	6.5	18	5.4	1.2

井号	旋转黏度计读数 $\phi3$	旋转黏度计读数 $\phi6$	旋转黏度计读数 $\phi100$	旋转黏度计读数 $\phi200$	旋转黏度计读数 $\phi300$	旋转黏度计读数 $\phi600$	表现黏度 mPa·s	塑性黏度 mPa·s	动切力 Pa	流性指数	稠度系数 Pa·s^n	动塑比
SHW06	16	19	55	88	116	186	93	70	23.5	0.68	0.85	0.34
SHW08	21	25	60	75	103	154	77	51	26.6	0.58	1.41	0.52
SHW10	15	20	56	85	122	190	95	68	27.6	0.64	1.15	0.41
SHW15	17	19	61	94	122	194	97	72	25.6	0.67	0.96	0.35
SHW16	26	29	59	76	92	135	67.5	43	25.0	0.55	1.52	0.58
SHW18	17	21	57	84	113	184	92	71	21.5	0.70	0.73	0.30
SHW04	10	15	72	90	131	203	99	70	29.6	0.63	1.29	0.42

四、应 用 效 果

1996年5月至1998年7月钻井公司泥浆技术服务公司在石西油田负责完成了7口水平井的钻井液技术工作。在完全依靠自身技术力量条件下，解决了水平井施工中的许多钻井液技术难题，达到了水平井少井高产目的，为深井、高密度钻井液钻水平井积累了成功经验。完成的7口水平井井眼轨迹数据见表4，井身结构数据见表5，主要经济技术指标见表6。

表4 石西油田石炭系油藏水平井井眼轨迹数据

井号	完钻井深 m	造斜点 m	前靶垂深 m	后靶垂深 m	最大井斜（°）	水平位移 m	最大垂深 m
SHW06	4957	3989.88	4327.87	4361.8	90.99	808.99	4361.8
SHW08	4720	4120.45	4373.2	4380	91.8	498.37	4381.22
SHW10	4965	4020	4316.07	4372.03	89.2	781.55	4372.03
SHW15	5012	4118	4399.5	4439.4	87.1	814.1	4439.4
SHW16	5016	4015	4358.7	4362.6	91.5	825.3	4364.2
SHW18	4986	4051	4368.1	4380.8	90	719.07	4380.8
SHW04	4858	4133.3	4362.5	4395.33	90.2	647.65	4395.3

表5 石西油田石炭系油藏水平井井身结构数据（单位：m）

井号		SHW06	SHW08	SHW10	SHW15	SHW16	SHW18	SHW04
表套	ϕ340mm	499.96	506.28	503.53	491.80	497.27	504.71	497.60
技套	ϕ245mm	3912.58	4087.57	4219.96	4218.43	4223.93	4228.32	4099.70
技术尾管	ϕ178mm							3901.35~4504.83
油套	ϕ178mm	3841.49	4089.77	3776.42	3837.17	3759.46	3993.22	回接
	ϕ140mm	4945.05	4714.14	4947.04	5005.43	5003.46	4982.18	
油层尾管	ϕ127mm							4446.22~4858

表6 石西油田石炭系油藏水平井主要经济技术指标

井号	完钻井深 m	钻机月速 m/台月	机械钻速 m/h	主要生产时效，h			
				总日历	生产	事故	复杂
SHW06	4957	775	3.50	4609	3663	122	733
SHW08	4720	879	4.13	3868	1144	211	50
SHW10	4965	949	4.45	3769	3007	622	26
SHW15	5012	601	2.45	6002	4692	0	1046
SHW16	5016	871	3.79	4145	3853	0	168
SHW18	4986	618	3.39	5808	4350	1279	79
SHW04	4858	391	2.56	8957	5016	214	3389

五、结　论

（1）深井高密度钻井液钻水平井，用静切力来衡量满足井眼净化的流变性指标较好。主要指标：初切力超过 6Pa，终切力与初切力比值不超过 2，动塑比大于 0.3。

（2）采用正压差钻井，是水平井井壁稳定与压力平衡的首要条件。钻井液密度：白碱滩组至克拉玛依组 1.30～1.40g/cm³，百口泉组至下乌尔禾组 1.50～1.55g/cm³，油层段 1.60g/cm³。

（3）岩屑床是造成斜井段与水平段阻卡的主要原因。提高循环排量，优选钻井液流变性能，维持较高的初切力，及时进行短程提下钻作业是有效清除岩屑床的综合措施。

（4）薄而韧的泥饼是降低摩阻的基础。聚磺混油钻井液基本能满足水平井安全钻井的需要，其中 SHW15 井在大斜度与水平段施工中，无工程因素引起的复杂情况，井壁稳定，无倒划眼，井眼畅通，提下钻施工与直井基本相似。

（5）如果二叠系下乌尔乐组与三叠系百口泉组井段较长，钻井液应选用聚磺氯化钾体系，氯化钾加量 3%～5%。

（6）油溶性暂堵剂对石炭系裂缝性油层有较好的保护效果，完成的水平井在负压条件下就能获得高产，证明钻井过程中钻井液对油层的污染带很薄，屏蔽暂堵环带负压解堵能力较强。

海南 15-3 大斜度大位移井钻井液技术

刘 榆 宋元森

辽河油田钻井公司

摘 要 本文详细介绍了海南 15-3 大斜度大位移井钻井液技术。实践表明，该技术在防止粘卡方面效果显著，且提高了钻速，保护了油气层。

关键词 大位移井 井眼净化 润滑防卡

一、地 质 情 况

海南 15-3 井位于辽宁省大洼县赵圈河苇场西南 9km 的海滩地区，属环境敏感地区，属辽海西部凹陷东侧海南断裂构造带，地质分层见表 1。

表 1 海南 15-3 井地质分层及岩性情况

地层	实际垂深 m	岩 性
平原组		灰黄色粘土层、砂层、砂砾层
明化镇组	954	浅灰色砂砾岩、砂砾岩及灰色泥岩
馆陶组	1500	浅灰色砂砾岩、砾岩夹灰色泥岩
东一段	1700	浅灰色砂砾岩与绿灰色泥岩互层
东二段	2100	灰色中砾岩、浅灰色泥质粉砂岩、浅灰色砂砾岩与灰色泥岩互层
东三段	2360	灰色、深灰色泥岩夹浅灰色砂岩、油斑油迹砂岩粉砂岩
沙河街组	2395	灰色、深灰色泥岩夹浅灰色砂岩

二、工 程 情 况

海南 15-3 井是一口控制斜井，设计井深 3512.20m，完钻层位 S_{1+2}，完钻井深 3558m；最大井斜角为 61°，最大水平位移为 2276m，是一口大斜度大位移井。

井身结构：$\phi444.5mm \times 305.00m + \phi241.5mm \times 3558.00m$

该井 2002 年 11 月 23 日开钻，11 月 26 日二开，在 360m 开始用无线随钻跟踪定向钻进，钻至 896m 下入 PDC 钻头，用 4 只 PDC 钻头于 12 月 15 日打完进尺，完钻井深 3558m，完钻地层沙二段。于 12 月 24 日固井，12 月 26 日交井，建井周期 33d。

三、钻井液技术难点

（1）海南 15-3 井地处双台河口自然保护区，由滩海平台向浅海钻进，是环境敏感地区。

（2）最大井斜达 61°，水平位移为 2276m，稳斜段长，易于形成岩屑床，给井眼净化带来困难。

（3）360m 定向，稳斜段近 3000m，井斜达 61°，润滑防卡问题更为突出。

（4）该地区泥岩造浆强，下部砂泥岩互层中砂岩发育，邻井在施工中附加拉力大，一般在 20～35t，易发生粘卡；

（5）使用 PDC 钻头后，钻速加快，快速钻进后泥浆性能的调整和维护难度增加。

四、钻井液技术

1. 钻井液体系的选择

根据海南地区地层的特点，考虑环保要求，参考国内外大斜度、大位移井钻井液施工的经验，并在以前室内大斜度、大位移井钻井液技术研究的基础上选择该井钻井液体系。

上部地层（平原组、明化镇组，斜深 0～1500m）：该井段由于表层直井段井眼大，300～500m 井段含有较大的砾石，要求体系具有较好的悬岩、携岩能力。故采用能较好满足要求的正电胶钻井液体系，该体系剪切稀释性好、动塑比高、低切速率下黏度高、具有固/液双重性，在井壁形成一层不动层，缓解了钻井液对井壁的冲刷，能防止井径扩大，可为提高固井质量打下基础。其基本配方为：6%～8%膨润土 + 0.5%～0.8%Na_2CO_3 + 0.1%～0.2%MMH + 0.1%～0.2%CMC（HV）+ 1%～0.2%RT - 001（II）+ 1%～2%磷片石墨。

中部地层（馆陶组，斜深 1500～2000m）：该井段有一定的造浆能力，综合考虑采用聚合物不分散钻井液体系，该体系具有较强的抑制性且成本较低，能够满足该井段润滑、悬岩与携岩的要求。其基本配方为 3%～4%膨润土 + 1%～1.5%FT - 99 + 0.2%～0.3%K - PHP + 0.2%～0.4%NH4 - PAN + 1%～1.5%磷片石墨 + 2%～3%RT - 001（II）。

下部地层（东营组、沙河街组，斜深 2000m～井底）：考虑到抑制性、润滑性、悬岩、携岩能力及保护油气层等因素，该井段采用了聚合醇无毒钻井液体系。该体系具有较强的抑制性，钻井液性能处理时变化较小，性能稳定、维护时间长，悬岩、携岩能力强，能较好的保护油气层。其基本配方为 5%～6%膨润土 + 0.8%～1.2%无毒稀释剂 + 0.4%～0.6%NaOH + 1%～2%SMP + 1%～2%KH - 931 + 0.1%～0.2%K - PHP + 3%～4%RT - 001（II）+ 2%～3%聚合醇 + 1%～2%磷片石墨。

2. 现场施工的钻井液技术措施

（1）井眼净化技术措施。

大斜度、大位移井（井斜大于 30°）岩屑携带与直井不同，岩屑向下方井壁沉积，形成岩屑沉积层，若悬浮性不好，环空上返速度小，岩屑会下滑落入井底，这样易增大扭矩、摩阻升高，严重将致使卡钻、憋泵等复杂情况。在井斜 30°～60°时，岩屑向下方井壁沉积，形成岩屑沉积层即岩屑床，且井眼底边部位形成的岩屑床易下滑到井底，发生所谓的"boycott"效应，给钻井工程带来极大的危害。因此井眼净化非常的重要，应采取强有力的技术措施。

①在地面机泵条件许可的情况下，钻井液的流变性，如动塑比、$\phi3$ 值、$\phi6$ 值和初终切力应适当大一点，以能满足悬岩、携岩的要求。根据先期试验井的现场施工经验，钻井液的动塑比控制在 0.25～0.50Pa/mPa·s 之间，$\phi3$ 值保持在 2～4 之间，$\phi6$ 值保持在 3～6 之间就能基本满足悬岩、携岩的要求。

②用大排量的钻井液洗井，保证环空的上返速底。环空的上返速度控制在 $1\sim1.5m/s$，以实现紊流携砂。

③根据实际情况，在裸眼井段小于 1000m、地层较软的井眼每钻进 $200\sim300m$ 短起下一次钻具。对于井斜较大，裸眼井段长的井眼每钻进 $100\sim150m$ 短起下一次钻具，且每间隔 2—3 次短起下钻就应进行一次距离较长的短起下钻。并且每次短起下钻前后都应充分循环钻井液。

④钻进一个单根，都应上下活动钻具，并旋转钻具，以破坏岩屑床。

⑤若震动筛面上钻屑返出较少，接单根不好接，使用高黏度高切力的段塞清扫井底。

⑥强化固控设备，保证四级净化，确保固控设备的使用率，保持较低地固相浓度和含砂量。

（2）井眼稳定技术措施。

①根据地层的压力系数，选用合适的钻井液密度，以提高钻井液对井壁的支撑能力，这是井壁稳定的前提。

②通过化学方法，提高钻井液的抑制性、降低钻井液的高温高压（HTHP）滤失量及API滤失量，使其值分别小于 12mL、5mL，以防止泥页的吸水膨胀。加入足量的封堵剂、防塌剂以巩固井壁。

③在保证能正常携砂的情况下，使用合适的环空上返速度，以防止环空上返速度过大对井壁的冲刷。另外防止在某一井段长时间循环钻井液，以防大肚子井眼的形成。

（3）润滑防卡技术。

①保持较好的滤饼质量，提高滤饼润滑性。应保证基浆性能良好，这是形成好的滤饼质量的基本条件，在基浆中加入降滤失剂、封堵剂等使滤饼薄而韧。另外通过在钻井液中加入 $1\%\sim4\%$RT-001、$2\%\sim3\%$聚合醇液体润滑剂和 $1\%\sim2\%$磷片石墨、$0.2\%\sim0.5\%$塑料小球固体润滑剂改善滤饼的润滑性。

②钻井液的密度适当，防止因压差过大而发生的粘卡。

③使用好固控设备，及时清除钻井液中的有害固相，以提高钻井液的润滑性，降低滤饼的摩阻系数。

④通过采取各种措施，及时破坏、消除岩屑床，保持井眼清洁，这样有利于防卡。

⑤用加重钻杆取代钻铤，以减少其与井壁的接触面积。

⑥减少钻具在井内的静止时间。

（4）油层保护技术。

钻井过程中，钻井液对油层的污染主要有如下几个方面：钻井液中固相颗粒堵塞油气层；钻井液滤液与油气层岩石不配伍引起的损害；钻井液滤液与油气层流体不配伍引起的损害。因此钻开油气层钻井液不仅要满足安全、快速、优质、高效的钻井工程施工要求，而且要满足保护油气层的技术要求，使油气层得到最大限度的保护。在钻开油气层前，要求钻井液满足如下保护油气层的技术要求：

①降低钻井液中膨润土和无用固相含量，调节固相颗粒级配。

②按照所钻油气层特性调整钻井液配方，尺可能提高钻井液与油气层岩石和流体的配伍性。

③选用合适类型的暂堵剂及加量。

④降低 HTHP 滤失量，改善流变性与泥饼质量。

⑤在钻井施工过程中，要求钻井液要有较强的抑制性，HTHP滤失量小于 12mL、API 滤失量小于 4mL。并在油气层井段加入聚合醇，其原理为聚合醇的浊点效应，即在一定的温度（称为浊点温度）下，聚合醇本身的水溶性发生变化，低于这一温度，呈水溶性；高于这一温度，呈油溶性，且呈可逆性变化。在低于浊点温度时，溶解的聚合醇分子增大了钻井液滤液的黏度，延缓了滤液侵入油气层的速度；在温度高于浊点温度时，大多数聚合醇分子仍处于溶解状态，决定了连续相的黏度，溶解的聚合醇分子将进入油气层孔隙中，同样延缓了滤液侵入油气层的速度。聚合醇强的包被能力，润湿性为油相，可以防止水基泥浆与油层接触后引起的润湿反转而导致的油层渗透率降低，因而可以减轻泥浆对油层的污染，保护油气层。

3. 钻井液体系的维护、处理方案

1）0～1500m 上部井段

（1）一开井段（0～300m 内）。

采用正电胶钻井液体系，钻完表层进尺后提高钻井液的黏度到 80～100s 并充分循环，以确保表层套管的顺利下入。

（2）从二开到 1500m 的井段。

同样采用正电胶钻井液体系，二开配浆时加入 2～3t 的土粉和 120～150kg 的 MMH，用 CMC 提高黏度到设计要求，进行二开钻进。在二开钻水泥钻塞前，在钻井液中加入 50～100kg 的 FT-99 和 80～120kg 的 Na_2CO_3，对钻井液进行预处理。在钻到井深 300～500m 含较大砾石的井段时，可加入 1～2t 土粉或用 100～150kg 的 MMH 提高钻井液的携岩、悬岩能力。定向后一次加入 2～3t 的 RT-001（II）和 2～3t 磷片石墨。用 CMC 和 MMH 提高钻井液的黏度和切力，用 FT-99 改善钻井液的流动性和降低钻井液的滤失量。

（2）中部 1500～2000m 井段。

此井段采用聚合物不分散钻井液体系，它是在原上部正电胶钻井液体系的基础上按聚合物不分散钻井液体系的基本配方加入各种处理剂形成的钻井液体系。在使用过程中确保膨润土含量小 4%，每钻进 1m 加入 0.2～0.4kg 的 K-PHP 和 2～3kg 的 FT-99，以 NH4-PAN 改善流动性，以磷片石墨、RT-001（II）润滑钻具。

（3）下部 2000～3150m 井段。

考虑到防塌、润滑性、悬岩、携岩能力及保护油气层等因素，该井段采用了聚合醇无毒钻井液体系。在井深 2000m 左右时，放掉 20～30m³ 的钻井液，达到能够建立循环即可，将钻井液在两个循环周内由聚合物不分散钻井液体系改型为聚合醇无毒钻井液体系。改型处理剂用量为：1.2～1.5t 无毒稀释剂、0.8～1t 的 NaOH、1～1.5t 的 KH-931、1～1.5t 的 SMP、0.2t 的 K-PHP、4t 的 RT-001（II）、4t 聚合醇、2t 磷片石墨。在钻进到井深为 2300～2400m 时，进行该井段的第二次处理，处理时处理剂用量为：1～1.2t 无毒稀释剂、0.6～0.8t 的 NaOH、1t 的 KH-931、1t 的 SMP、0.1t 的 K-PHP、2t 的 RT-001（II）、2t 聚合醇、2t 磷片石墨。在钻进到井深为 2600～2700m 时进行第三次处理，处理时处理剂用量为：1～1.2t 无毒稀释剂、0.6～0.8t 的 NaOH、1t 的 KH-931、1t 的 SMP、0.1t 的 K-PHP、4t 的 RT-001（II）、4t 的聚合醇、2t 磷片石墨。在完井时进行第四次处理，处理时处理剂用量为：1～1.5t 无毒稀释剂、0.6～1t 的 NaOH、1t 的 KH-931、1t 的 SMP、2t 的 RT-001（II）、2t 聚合醇。在该井段钻进过程中以淡水维护钻井液。在完井后循环钻井液 1～2h，然后起出 PDC 钻头，换牙轮钻头并装 3 个大水眼下钻通井，到底后用 25～50kg 的 XC 或 1～1.5t 土粉打高粘切的钻井液段塞 25～30m³，洗井并循环 3～4h，然后按封下部 1000～1500m 井段和下部 200m 井段分别计算好井眼容积和替入时间及顶替时间后，再按时加入 0.5t 的塑料小球与 25kg 的 XC，然后起钻进行完井电测。在下套管前的通井循环过程中，循环时间为 3～4h，起钻前按封下部 1000～1500m 井段计算好井眼容积和替入时间及顶替时间后，再按时加入 0.5～1t 的塑料小球。

在全井的钻井过程中，固相的控制是井眼能否顺利钻完的关键。固控设备的配置必须是两个震动筛、除砂器和离心机。各级固控设备的使用率必须达到 100%。震动筛的筛布目数要求井深 1200m 内为 40～60 目，井深从 1200m 到完井必须达到 80 目。

在钻井液性能的维护过程中，要严格控制钻井液的膨润土含量和滤失量。在震动筛面上钻屑较少、转盘扭矩大、接单根停泵后上提钻具附加拉力大的时候，钻井液方面应提高 $\phi 3$ 和 $\phi 6$ 的值及动切力与塑性黏度的比值或打入高黏度高切力的钻井液洗井。钻进过程中严格按照要求维护钻井液，各井分段钻井液性能要求见表 2。

4. 现场应用

（1）现场应用。

在海南 15‐3 井的现场施工中，严格按照现场施工的钻井液技术措施和钻井液体系的维护、处理方案选择钻井液体系，规范现场作业的程序。通过在钻井液中加入 K‐PHP、MMH、聚合醇、FT‐99 SMP 和 KH‐931 等处理剂提高钻井液的抑制性、降低滤失量，化学防塌方法结合物理防塌方法来实现井壁稳定。润滑问题主要用提高滤饼质量、在钻井液中混入 RT‐001（Ⅱ）和聚合醇并加入磷片石墨的方法来实现。井眼清洁主要通过选择合适的流变参数、适当的泵排量、及时短起下钻、打入高粘切钻井液段塞等方法来解决。保护油气层主要通过近平衡钻进、降低滤失量和有害固相含量及加入聚合醇等方法来解决。在钻进过程中，避免钻井液性能的大幅度变化，以确保井下安全无事故。同时使用好三级固控设备，特别是离心机，使用率达到 100%。各井段施工中钻井液性能见表 3。

（2）实耗泥浆材料情况。

全井消耗材料情况见表 4。

5. 应用效果

（1）钻井施工顺利，无漏、塌、卡、喷等井下复杂情况发生。由于采取了行之有效的钻井液技术，在防塌、防漏、防卡等方面见到了较好的较果，同时起下钻比较顺利。特别在防止粘卡方面效果特别明显。

（2）井眼规则，固井质量好。由于钻井液的抑制性强，性能稳定，滤失量、固相含量及膨润土含量低，这就为钻成规则的井眼打下了好的基础。由于井眼规则，钻井液与固井液的配伍性好，为固井质量的提高创造了条件。

（3）钻井机械钻速高。由于钻井液抑制性强，抑制了钻屑的进一步分散，从而减少了亚微米粒子的含量，同时强化固控设备，特别是离心机的使用，除去钻井液中的有害固相。钻井液的携岩、悬岩能力强，井眼净化好。

（4）钻井液无毒性，对海洋无污染。由于使用的钻井液体系都经过了国家环境保护部门的检测，完全能满足海洋环境保护的要求。

（5）保护油气层。在进入油气层前 50m 通过提高钻井液的抑制性，降低膨润土和固相含量，降低滤失量，加入聚合醇等对油气层进行保护。

表 2 各井段要求钻井液性能表

地层		垂直井深 m	钻井液性能											
			漏斗粘度 s	pH 值	塑性粘度 mPa·s	动切力 Pa	流性指数	稠度系数	φ3	φ6	动塑比 YP/PV	终切/初切	固相含量 %	油基含量 %
平原组		310	60~100	8										
馆陶组		1500	70~50	8~8.5	10~20	4~8	0.60~0.65	250~320	2	3	0.25~0.50	3/5	<8	2
东营组	东一段	1700	45~50	8~8.5	10~16	3~7	0.60~0.68	100~240	2	4	0.25~0.50	4/6	<8	3
	东二段	2100	45~50	8.5~10.5	14~20	4.5~10	0.55~0.65	200~300	3	6	0.25~0.50	4/7	<9	3.5
	东三段	2360	45~50	10~11	15~21	4.5~10	0.55~0.65	300~450	4	6	0.25~0.50	5/8	<9	4
沙河街组		2395	50~55	10~11	16~24	8~11	0.55~0.65	300~500	4	6	0.25~0.50	5/8	<9	4

注：该井 1000m 后其他钻井液性能要求：含砂量 0.2%~0.3%，API 滤失低于 5mL，HTHP 滤失低于 12mL，密度 1.12g/cm³。

表 3 各井段施工中钻井液性能

垂直井深 m	钻井液性能											
	密度 g/cm³	漏斗粘度 s	滤失量 mL	pH 值	终切 Pa	初切 Pa	塑性粘度 mPa·s	动切力 Pa	流性指数	稠度系数	固相含量 %	油基含量 %
0~300	1.09~1.10	47~98										
300~1500	1.06~1.10	65~80	5.5~8	8~9	0.5~2	1.5~2.5	10~20	4~8	0.59~0.69	140~250	7.5~8	2.5~3
1500~1700	1.12~1.13	42~46	4.5~5.5	8	0.5	1	14~18	4.5~5.5	0.66~0.70	160~200	7.5~8	3~3.5
1700~2100	1.13	42~50	4.2~4.8	10~10.5	0.5	1~1.5	14~19	4.5~6.5	0.67~0.69	170~240	8	3.5
2100~2360	1.13~1.14	45~65	4.2~4.5	10.5~11	0.5~1	1.5~2.5	14~23	5.5~8.5	0.63~0.72	180~430	9~10	3.5~5
2360~2395	1.15	50~56	4.2~4	10.5~11	1	1.5~2.5	18~20	6~8.5	0.61~0.69	200~400	10	3.5~5.5

表 4　全井材料消耗

材料名称	实耗材料，t	材料名称	实耗材料，t	材料名称	实耗材料，t
CMC	0.3	Na_2CO_3	1.12	土粉	3.5
DF	1.15	NaOH	7.9	强力包被剂	0.5
FT－881	3.6	NH4－PAN	1.35	石墨	19.7
JLX	12	RT－001	14.45	塑料小球	3.7
KH－931	4.7	SMP	6.5	无机盐	0.45
K－PHP	0.75	XPJ	1.08		
XC	0.2	WD	7.9		

双 18-44 井钻井液技术

李长际　徐多胜

摘　要　本文介绍了双 18-44 井的钻井液体系配方，以及各井段的具体技术措施。并详述了钻井液的维护和处理方案。实践表明，该体系钻井液使得施工顺利，钻井速度快，效果不错。

关键词　钻井液　无机盐凝胶　聚合物　不分散体系　有机硅氟钻机液

一、地质情况简介

双 18-44 井位于辽宁省盘山县东郭苇场欢喜岭分场酒壶嘴塘埔南偏东约 3.1km，属辽河坳陷西部凹陷双南构造双 208 区块，位于滩海地区。地质分层见表 1。

表 1　双 18-44 井地质分层及岩性情况

地　层	实际垂深，m	岩　性
平原组	370	灰黄色粘土层、砂层、砂砾层
明化镇组	929	浅灰色砂砾岩、砂砾岩及灰绿色泥岩
馆陶组	1241	浅灰色砂砾岩、砾岩、砾岩夹灰色泥岩
东营组	2240	灰色粉砂岩、绿灰色泥岩互层
沙一	2840	深灰色泥岩、灰色粉沙质泥岩、灰白色砂砾岩、细砂岩
沙二	3424	灰色荧光粉砂岩与深灰色泥岩
沙三	3820	灰色荧光粉砂岩与深灰色泥岩

二、工程情况简介

双 18-44 井于 2001 年 2 月 1 日开钻，2001 年 3 月 31 日交井。建井周期 59d，2050m 定向，最大井斜 31.5°，井身结构为：ϕ444.5mm×52m + ϕ311mm×1350m + ϕ215mm×3820m。

三、双 18-44 井技术难点

（1）馆陶组由块状砂砾岩组成，胶结疏松，成岩性差。

（2）沙河街组沙一、三段地层泥岩水化分散能力强，沙河街组地层压力分布不均，局部存在较大正压差，易发生压差卡钻。易发生坍塌。

（3）沙三段地层裂缝发育，易发生漏失。

（4）地层倾角大，井身轨迹不好控制。

（5）由于该井地处滩海地区，要求钻井液体系无毒。

（6）钻井液密度要求严格，要求采取油层保护措施。

四、双18－44井钻井液体系及配方

该井使用了无机盐凝胶钻井液、聚合物不分散钻井液、有机硅氟钻井液等3种钻井液体系，见表2。

表2　双18－44井钻井液体系及配方

井　段	体　系	配　方
表层	普通分散钻井液体系	8％～10％土粉＋0.5％纯碱＋0.1％CMC
表层～馆陶底	无机盐凝胶钻井液体系	3％～5％土粉＋0.5％纯碱＋0.05％～0.1％正电结构剂＋0.2％～0.3％FT－99
馆陶底～2400m	聚合物不分散钻井液体系	0.1％～0.2％K－PHP＋0.2％～0.5％NH_4－PAN＋1％～2％FT－99＋加重剂
2400m～完井	有机硅氟钻井液体系	0.5％～1％有机硅氟＋1％～2％SPNH＋2％～3％低软化点沥青＋0.1％K－PHP＋3％～6％柴油＋1％石墨粉＋加重剂

五、双18－44井使用的钻井液新技术

1. 在上部大井眼井段使用的无机盐凝胶钻井液体系

双18－44井在上部馆陶组井段钻头尺寸为ϕ311mm。该段含有较大的砾石，地层胶结性差，使该井段井径扩大率较大。由于机泵条件的限制，环空返速较低，钻屑易在井眼聚积而影响钻井速度甚至发生井漏，同时使固井质量下降。应用无机盐凝胶钻井液体系可以解决以上问题。无机盐凝胶钻井液体系具有动塑比高、流型独特和携岩能力强等特点，能很好满足上部大井眼地层快速钻进要求，在近井壁形成具有缓冲作用的滞流层，避免钻井液液流对井壁的冲刷，达到保护井壁、避免井壁扩大和防止井漏的作用。

2. 聚合醇在深井段的应用

聚合醇在钻井液中的作用原理是利用其在浊点温度前后性质的改变来满足钻井对钻井液的要求。它有以下几方面的特点和优越性：第一，低于其浊点温度时，呈水溶性，当高于其浊点温度时，呈油溶性，并从水基钻井液中析出，使钻井液的高温润滑性大大增强。第二，当其在浊点温度以上时，成油溶性的聚合醇析出，通过物理、化学作用吸附于钻屑表面，起到包被作用，使钻屑在钻井液中不易分散，便于固控设备清除；而在循环至上部井段温度低于浊点后，聚合醇又溶于水，而不被钻屑带走，保持了其在钻井液中的有效浓度。第三，浊点以上析出的聚合醇可把钻井液中沥青类处理剂浓缩，并与之形成复合体，这个复合体吸附于地层中的页岩井段，可以同时起到包被、抑制、封堵、填充微裂缝的作用；聚合醇也可增强钻屑的硬度，这些作用恰好是控制井壁稳定的关键。第四，强的包被能力，润湿性为油相，可以防止水基钻井液与油层接触后引起的润湿反转而导致的油层渗透率降低，因而可以减轻钻井液对油层的污染，保护油气层。通过聚合醇的应用，解决了该地区深部井段润滑防卡、防塌问题，并且使油气层得到了保护。

六、钻井液体系的维护和处理方案

1. 0～50m 井段

采用普通分散钻井液体系，钻完表层进尺后提高钻井液黏度到 80～100s 并充分循环，以确保表层套管的顺利下入。

2. 50m～馆陶底（1350m）井段

采用无机盐凝胶钻井液体系，二开配浆时加入 6～7t 的土粉和 200～300kg 无机盐，用 CMC 提高黏度到设计要求，进行二开钻进。在二开打水泥塞前，在钻井液中加入 50～100kg 的 FT－99 和 80～120kg 的 Na_2CO_3 对钻井液进行预处理。在钻到 300～1350m 含较大砾石的 ϕ311mm 大井眼井段时，及时补加土粉或用 100～150kg 无机盐提高钻井液的携岩、悬岩能力。下技术套管前大排量洗井，提高钻井液黏度到 80～90s。

3. 1350～2200m 井段

此井段采用聚合物不分散钻井液体系，它是在原上部无机盐凝胶钻井液体系的基础上按聚合物不分散钻井液体系的基本配方加入各种处理剂形成的钻井液体系。在使用过程中确保膨润土含量小于 4％，每钻进 200m 加入 150kg 的 K－PHP 和 400kg 的 FT－99，以 NH4－PAN 改善流动性，以磷片石墨、改性柴油润滑防卡。

4. 2200～完井井段

考虑到防塌、润滑性、悬岩、携岩能力及保护油气层等因素，该井段采用了聚合醇有机硅氟钻井液体系。在井深 2200m 左右时，放掉 20～30m³ 的钻井液，达到能够建立循环即可，将钻井液在 2 个循环周内由聚合物不分散钻井液体系改型为聚合醇有机硅氟钻井液体系。改型处理剂用量：1.2t 有机硅氟、0.1t 的 NaOH、0.1t 的 K－PHP、1t 的 FT－99。在钻进到 2500m 时，进行该井段的第二次处理，处理时处理剂用量为：0.6～0.8t 有机硅氟、0.1t 的 NaOH、0.1t 的 K－PHP。在以后钻进过程中每钻 100～200m 处理一次钻井液，处理时处理剂用量为：0.6～0.8t 硅氟、0.1t 的 NaOH、1t 低软化点沥青、1t 的 SMP、1t 的 KH－931 和 0.1t 的 K－PHP。根据井上情况使用润滑剂，上部加入 2％柴油和 2％石墨润滑，下部在 2％柴油、2％石墨润滑的基础上再加入 1％聚合醇。

分段钻井液性能见表 3。

表 3 双 18－44 井分段施工钻井液性能

地层	垂深 m	密度 g/cm³	黏度 s	滤失量 mL	pH 值	流性指数	稠度系数 (mPa·s)	膨润土含量 ％	固相含量 ％
表层	52	1.06～1.10	60～90	<12	8				
馆陶	1304	1.10～1.15	55～60	<8	8	0.70～0.75	120～200		
东营 沙一 沙二	2600	1.15～1.25	35～45	<6	10	0.68～0.80	100～300	<3	<18
沙三	3206	1.25～1.40	45～70	<5	10	0.75～0.62	300～540	<3	<25
沙三	3820	1.18～1.20	70～85	<4	10～11	0.60～0.68	300～600	<3	<10

七、总　结

（1）本井施工顺利，漏、塌、卡等井下复杂情况较双南其他井明显减少。

（2）井眼规则，固井质量好。

由于钻井液的抑制性强，性能稳定，滤失量、固相含量及膨润土含量低，这就为钻成规则的井眼打下了好的基础。由于井眼规则，钻井液与固井液的配伍性好，为固井质量的提高创造了条件。

（3）机械钻速高。

由于钻井液抑制性强，抑制了钻屑的进一步分散，从而减少了亚微米粒子的含量，同时使用强化固设备除去钻井液中的有害固相。另外钻井液的携岩、悬岩能力强，井眼净化好，以上这些都可以使机械钻速提高。

新庙地区低渗透油田钻井液完井液技术

周保中　张嵇南　张路军　何景岩　王　波
（吉林石油集团公司钻井院）

一、概　述

吉林油田分公司目前可开采储量多数属于低渗透低丰度油藏，而降低开发成本、提高总采收率问题直接影响着这部分储量的开发。如何防止钻井液、完井液对油气层的伤害在整个开发过程中占有重要的位置。为了寻求经济、高效开发途径，针对新庙地区低渗透油田储层特性，进行了储层敏感性、伤害机理的研究以求解决问题的方法。

二、地　质　概　况

新庙地区完钻目的层为扶余油层和扬大城子油层，分布在泉四段和泉三段上部地层，油层顶面埋深为 1236～1616m，平均油层中部深度为 1450m。钻遇的地层及岩性为：第四系灰黑色腐植土，粘土，砂力层等；第三系灰、灰绿色泥岩，含砂砂质泥岩，疏松砂岩及杂色砂砾岩；嫩江组灰、深灰、棕红色泥岩，泥质粉砂岩，含钙粉砂岩，底为褐灰色油质页岩等；姚家组棕红色泥岩，粉砂质泥岩；青山口组深灰、灰绿色泥岩，粉砂质泥岩，地步夹劣质油页岩及页岩薄层；泉头组四段及三段紫红、深灰色泥岩，灰、灰绿色泥质粉砂岩，灰白色粉砂岩，含钙粉砂岩，含钙细砂岩等。

三、泥页岩粘土矿物成分及理化性能分析

实验中取新庙116井的岩样进行了粘土矿物的 X 射线衍射分析及岩样的膨胀、亚甲基兰容量实验。其实验结果见表1～表3。

表1　庙116井岩样粘土矿物 X 射线衍射分析结果

井段，m	层位	粘土矿物相对含量，%						混层比，%	
		S	I/S	I	K	C	C/S	I/S	C/S
750	嫩4		88	8		4		45	
900	嫩3		79	17		4		30	
1036	嫩1		81	12		7		25	
1100	姚2+3		76	17		7		25	
1150	姚1		71	14		15		25	

井段，m	层位	粘土矿物相对含量，%						混层比，%	
		S	I/S	I	K	C	C/S	I/S	C/S
1265	青2+3	6	83	9		8		25	
1307	青2+3	2	72	13		9		20	
1421	青2+3		85	4		9		20	
1500	青1		86	7		7		20	

表2 庙116井岩样矿物X射线衍射结果

井段，m	层位	矿物种类和含量，%								粘土矿物，%
		石英	钾长石	钠长石	方解石	白云石	黄铁矿	赤铁矿	方沸石	
750	嫩4	21.2	1.9	10.8	4.2	2.9	1.9		4.6	33.3
900	嫩3	18.6	4.2	10.3	6.8	5.8		0.9	8.0	44.1
1036	嫩1	17.9		9.1	5.8	6.3			10.4	52.5
1100	姚2+3	17.2	4.3	11.5	4.3	0.9		1.7	14.2	45.9
1150	姚1	20.8		13.5	3.4	3.2	0.9		8.5	49.7
1265	青2+3	619.0		12.1	5.8	3.9	2.5		2.7	54
1307	青2+3	219.9	1.8	10.4	7.6	3.2	1.6		2.8	52
1421	青2+3	26.2		12.5	4.3			1.0		56
1500	青1	27.0		14.7	4.6			2.2		51

表3 庙116井岩样的膨胀率和亚甲基兰容量

井深，m	750	900	1036	1100	1150	1265	1307	1421	1500
岩心高度，mm	1.31	1.28	1.24	1.24	1.25	1.26	1.27	1.21	1.22
最大膨胀量，mm	1.38	0.76	0.62	0.66	0.63	0.90	1.46	0.75	0.90
膨胀率，%	105	59.4	50.0	53.2	50.4	71.4	115	62.0	73.8
亚甲基兰，meq/100g	16.3	12.1	11.7	10.1	9.9	12.9	11.0	11.4	12.9

由岩样的粘土矿物、全矿物和岩性试验分析可知：新庙地层粘土矿物主要以伊/蒙混层为主，某些地层的膨胀率较大，超过了100%。嫩1、青1和青2+3段的粘土矿物总量超过50%。

四、新庙地区储层特征

新庙地区储层特征见表4。

表4 新庙地区油层物性资料

泥质量，%	石英量，%	长石量，%	岩屑量，%	碳酸盐量，%	胶结物量，%	蒙脱石量，%	高岭石量，%	粒度分选度
12.7	38.418	27.582	34.00	3.700	16.4	0	0	(标准偏差)
伊利石，%	绿泥石，%	伊/蒙混，%	粒度均值，mm	胶结类型	平均孔隙，%	平均渗透率，mD	矿化度，mg/L	0.71～1.0
0.366	4.758	7.076	0.25	基底接触	12.5	1.40	6738.8	

五、储层敏感性评价

试验采用石油天然气行业标准 SY/T5358—94《砂岩储层敏感性评价实验方法》中规定的操作程序，使用石油大学仪表厂生产的岩心流动实验装置和美国 STIME LAB 公司的岩心动滤失仪对新庙地区的庙 3 井、庙 101 井、庙 114 井岩心进行了岩心敏感性评价。

1. 储层流速敏感性评价

储层流速敏感性评价结果见表 5。

表 5　新庙油田储层速敏感性评价

井号		庙 101	庙 3	庙 101	庙 3	庙 114
岩心号		2	1	8	3	5
井深，m		1416.37	1360.71	1360.60	1360.50	1360.50
气测渗透率 K_a，mD		0.842	3.66	1.54	0.381	0.0142
不同泵速下标准盐水测渗透率 K_a，mD	0.10mL/min	测不通	测不通	测不通	测不通	测不通
	0.50	测不通	0.321	0.167	测不通	测不通
	0.75	测不通	0.456	0.176	测不通	测不通
	1.00	0.0390	0.687	0.178	测不通	测不通
	2.00	0.0391	0.801	0.180	测不通	测不通
	3.00	0.0371	0.810	0.187	测不通	测不通
	4.00	0.0325	0.443	0.192	测不通	测不通
	5.00	0.0335	0.461	0.199	测不通	测不通
	6.00				测不通	测不通
岩样渗透率损害值，mD		0.1600~0.4200				
损害程度		弱速敏	中等偏弱速敏	没有速敏		

由实验结果得知：新庙地区储层属于中等偏弱和弱速敏，速敏范围在 3.0~4.0mL/min 范围内。

2. 储层水敏性评价

储层水敏性评价结果见表 6。

表 6　新庙油田储层水敏性评价

井号	地层	岩心号	K_a，mD	K_{w1}，mD	K_{w2}，mD	水敏指数	损害程度
庙 101	1380.10	22	0.432	0.050	0.011	0.78	强水敏
庙 101	1370.50	24	0.420	0.405	0.018	0.60	中等偏强水敏
庙 101	1360.00	26	0.634	0.044	0.022	0.50	中等偏弱水敏
庙 3	1360.80	4	1.540	0.384	0.265	0.309	中等偏弱水敏
庙 101	1416.27	5	0.842	0.146	0.098	0.32	中等偏弱水敏
庙 3	1360.65	7	0.889	0.066	0.036	0.45	中等偏弱水敏

注：K_a 为气测渗透率；K_{w1} 为地层水测渗透率；K_{w2} 为蒸馏水测渗透率。

实验证明：新庙地区储层属于中等偏弱水敏。

3. 储层碱敏性评价

结果见表 7。

表 7　新庙油田储层碱敏性评价

岩心号	K_a, mD	K_{kcl}, mD	pH 值为 8			pH 值为 10			pH 值为 13		
			K, mD	碱敏指	损害程度	K, mD	碱敏指	损害程度	K, mD	碱敏指	损害程度
28	1.55	0.193	0.188	0.026	无	0.061	0.165	弱	0.088	0.540	中等
29	0.46	0.048	0.043	0.104	弱	0.037	0.229	弱	0.026	0.458	中等

注：K_{KCl} 为 KCl 溶液测渗透率。

由实验结果强知：当 pH 值大于 10 时，出现碱敏。

4. 毛细管阻力的损害实验

毛细管阻力的损害实验结果见表 8。

表 8　毛细管阻力的损害实验数据表

岩心号	井号	驱替压力，MPa	$K_{a,mD}$	$K_{01,mD}$	$K_{02,mD}$	损害率
44	庙 3	1.024	1.539	0.212	0.050	74.61%
44	庙 3	1.625	1.539	0.212	0.091	57.07%
44	庙 3	2.425	1.539	0.212	0.108	49.06%
44	庙 3	3.403	1.539	0.212	0.125	41.04%

实验结果表明：毛细管阻力对储层的损害是比较严重的，最大损害率达 74.6%。实验中还测定了不同驱替压力下对受毛细管阻力损害的岩心进行驱水实验，结果表明：随着驱替压力的增加，油相渗透率逐渐增加，毛细管阻力的损害趋于下降。因此，说明毛细管阻力的损害可从提高采油压差来解决。

综合上述实验结果表明：新庙储层水敏、碱敏、速敏性很弱，存在着较强的毛细管阻力的损害。

六、钻井过程中储层损害分析

为了掌握目前新庙地区所使用的钻井液体系对储层的损害情况，针对新庙地区储层特征及损害敏感程度、特点等情况，进行了钻井液体系对储层损害评价实验。

1. 液处理剂与地层水的配伍性

钻井液滤液与地层水产生沉淀是综合反应，为了确定钻井液体系中是否有与地层水反应生成沉淀的处理剂，进行了处理剂与地层水相溶性实验，实验结果见表 9。

表 9　不同处理剂溶液与地层水相溶性实验数据表

处理剂浓度	现象	pH 值	加处理剂溶液	与地层水混合溶液
钻井液滤液	淡黄澄清液	9	无沉淀	无沉淀
地层水	淡黄澄清液	7.5	无沉淀	—
0.2%NaCO₃	澄清液	11.5	无沉淀	少量白色沉淀
0.25%NW-1	澄清液	6.0	无沉淀	无沉淀
0.1%XY-27	澄清液	6.0	无沉淀	无沉淀
0.1%FA-367	少量白色絮状物	6.5	无沉淀	无沉淀
0.5%NH₄PAN	少量浅棕色不溶物	8.5	无沉淀	无沉淀

从相溶性实验结果可知，钻井液所采用的处理剂与地层水具有非常好的相溶性，即使溶液的 pH 值调到 9～10，混合液也无沉淀产生。

2. 井液固相颗粒对储层损害研究

实验测试结果钻井液粒度分布在 0.10～62.50μm 范围内，粒度均值为 6.476μm，粒度中值为 3.068μm。钻井液中粒径小于 1.92μm 的只占 4% 左右。而新庙地区储层最大孔喉半径为 0.29～1.92μm，孔喉半径中值为 0.004～0.07μm，最小流动孔隙为 0.1μm。

3. 钻井液对储层损害实验

实验结果见表 10。

表 10　钻井液对储层的损害评价

井号	岩心号	钻井液	静态损害条件			K_a，mD	K_{wl}，mD	K_a，mD	损害指数
			时间，h	温度，℃	压力，MPa				
庙 3	8	井浆	2	75	3.5	1.540	0.454	0.385	0.848
庙 3	10	井浆	2	75	3.5	0.889	0.161	0.125	0.780
庙 101	30	井浆	16	75	3.5	0.623	0.084	0.059	0.702

实验得出损害指数均大于 0.7，表明钻井液对储层损害程度属于轻度损害。

七、保护储层、减少损害的技术对策

在上述实验的基础上，进行了钻井液、完井液改进试验。现使用的两性离子钻井液粒度分布在 0.1～0.40μm 之间，加入油溶性树脂 JHY 后，钻井液固相粒度分布加大，在 0.1～100μm 之间，粒度中值为 3μm 左右，峰值为 2～3μm。其粒度分布略大于岩心孔喉分布。加入 JHY 的钻井液对岩心暂堵效果见表 11。

表 11　加入暂堵剂的钻井液暂堵效果

序号	K_{wl}	暂堵剂浓度	压力 0.465MPa	压力 3.779MPa	压力 4.110MPa	气测渗透率，mD	损害指数
40	0.417	3%JHY	0.231	—	0.402	1.56	0.964
29	0.084	2%JHY	0.035	0.069	0.076	0.89	0.905
31	0.070	3%JHY	0	—	0.068	0.067	0.971
32	0.067	3%JHY	0	0.064	0.065	0.65	0.970
40	0.480	庙 3 - 38	—	0.042	—	1.53	0.875
41	0.338	庙 3 - 38	—	0.221	—	4.608	0.653

从表 11 中实验数据可得出：加入 JHY 或 JHY 与超细碳酸钙后，其渗透率复值超过 90% 以上。因此，可得出 JHY 和超细碳酸钙具有明显的暂堵效果。而且，单一使用 JHY 的暂堵效果不如 JHY 和超细碳酸钙复配使用的效果。暂堵压力越大，屏蔽质量越强，伤害指数越小。

针对这种情况，并考虑到低渗透油田开发的经济性，可以采取以下技术对策。

（1）调整钻井液性能，合理控制钻井液固相含量及膨润土含量，降低钻井液滤失量，改善滤泥饼质量。

（2）做好地层压力预测与监测工作，科学设计钻井液密度，并严格执行，严防压差过大压漏储层。

(3) 控制钻井液 pH 值不应超过 10，防止造成碱敏伤害。

(4) 进入油层前，根据要求可向钻井液完井液中加入 3%JHY 和 3%超细碳酸钙复配使用，以进一步减小钻井液完井液对储层的损害。

八、现场施工情况及效益分析

1997 年在新庙地区布置了庙 1-40、庙 9-40 及庙 8-40 三个丛式井组，共计 12 口井，其中庙 1-40 为小井眼丛式井组。使用的钻井液体系为两性离子体系。为了提高小井眼钻井液的抑制性，使用了小阳离子—两性聚合物钻井液体系。具体措施如下：

(1) 使用 2%~4%膨润土 + 1%NH₄-HPAN + 0.3%FA267 + 0.1%XY-27（或小阳离子 0.21%）的钻井液体系开钻。

(2) 定向钻进过程中，混入 3%原油，以提高钻井液润滑性；进入坍塌段前 50m，加入 1%FT-1，提高钻井液防塌能力。

(3) 进入储层前，视钻井液性能情况，决定 NH₄-HPAN 及 FT-1 的加入量，以改善钻井液滤饼质量、降低钻井液滤失量。

(4) 钻井液密度严格按设计执行，并搞好钻井液净化工作，控制固相含量，特别是劣质土的含量。采用重晶石来提高钻井液密度，严禁采取自然提密度方法。

(5) 为了试验低渗透油藏保护油气层的效果，在庙 3-38 井进行了油层保护试验，该井上部采用与其他井相同的钻井液体系，在进入油层前对钻井液进行了改进，在确保钻井液、完井液各项性能参数达到要求的同时，一次性向钻井液完井液中加入 1.5t 油溶性树脂，至 1800m 顺利完钻。

九、应用效果及结论

从钻井液体系应用上看，两性离子钻井液体系具有较强的抑制性、良好的润滑性和携砂性能，在施工过程中，体现为井壁稳定，井下清洁、起下钻顺利。

从钻井液、完井液成本上看，未采取油层保护的井，其钻井液、完井液成本平均为 62720 元/井；而采取油层保护的井，其钻井液、完井液成本平均为 81470 元/井，增加了 29.9%。

从套管捞油生产试验结果上看，油层中部深度平均 1684.2m，捞油深度为 1175m，平均捞油次数为 6.38 次，平均每次捞油量为 2.235t。采取保护油层措施的 3-38 井，其平均每次捞油量为 2.10t，与其他井相近。

经过大量的试验研究，得出如下结论：

(1) 新庙地区储层具有弱水敏、弱速敏和弱碱敏性；外来液体对储层潜在损害的原因主要是毛细管阻力。降低这种损害的方法是尽量降低钻井液滤失量，合理地调整钻井液密度。

(2) 新庙地区钻井过程中所采用的钻井液体系对储层损害属于轻度损害，钻井液对储层的损害指数大于 0.70。另外，采取和未采取保护储层措施所完成的井，其产油量相近。所以从这一点来看并考虑低渗透油田的开发经济性及钻井过程中对储层的损害程度，在油层段钻进时，合理控制钻井液密度，并降低钻井液滤失量即可。

高 22 - 10 井钻井液技术

宋元森　徐多胜

（辽河钻井一公司）

一、地质工程概况

1. 地质情况

高 22 - 10 井位于高尚堡背斜构造北翼，高北断层上升盘的高北斜坡带，实际完钻井深 4585.18m。开发井按探井要求施工。

2. 地质分层及岩性

高 22 - 10 井地质概况见表 1。

表 1　高 22 - 10 井地质概况

层位	底深，m	岩　性
第四系	249.5	未成岩的粘土及散砂
明化镇	1732	棕黄及灰色泥岩与浅灰色沙岩互层，局部夹棕红色泥岩
馆陶组	2101.5	顶部棕红、棕黄泥岩与浅灰色、灰白沙岩互层，中下部以灰黑色玄武岩夹灰白小砾岩为主，底部为大套小砾岩夹灰白泥岩
东营组	2409	灰色沙岩交互地层，下部为浅灰色沙砾岩层间夹泥岩
S_1	3129.5	棕红、灰、灰绿泥岩与浅灰、灰白色砂岩及杂色砾岩砂岩互层
S_2	3413	棕红、灰色泥岩与灰白色细砂岩、粉沙岩互层
S_3^1	3737	岩性较粗，以灰、深灰、褐灰色泥岩与浅灰、灰白色细砂岩、粉砂岩及浅灰色泥岩粉砂岩互层
S_3^2	3943.5	上部为暗色泥岩集中发育段，中部夹薄砂岩层，下部为砂岩层集中段，中间夹薄泥岩
S_3^3	4503	主要油层段，浅灰、灰白色砂岩及灰、深灰、褐灰色泥岩呈不等厚互层
S_3^4	4585	深灰、灰黑色泥岩为主，灰白色砂砾岩与泥岩呈不等厚互层

二、工　程　概　况

高 22 - 10 井 750m 定向，最大井斜 19.52°。2002 年 5 月 30 日一开，9 月 25 日交井，建井周期 118d。该井是辽河钻井一公司在冀东施工的第一口井，也是冀东近年施工的最深井，井底裸眼段达 2000m。井身结构见表 2。

表 2　高 20 井井身结构

序号	套管层次	套管直径，mm	套管下深，m	井径，mm	井深，m
1	表层套管	339.7	205.56	444.5	207
2	技术套管	244.5	2565.89	311.1	2568
3	油层套管	139.7	4566.05	215.9	4585.18

三、钻井液技术难点

1. 由于地质的特殊要求，增加了钻井液施工难度

（1）钻井液体荧光级别小于 4 级；

（2）电阻率：3900m 到完井，要求钻井液电阻率 $0.8\sim1.2\Omega\cdot m/18℃$；

2. 钻井液施工难点

（1）高 22 - 10 井 750m 定向，要求钻井液有良好的润滑防卡性能；二开使用 ϕ311.1mm 钻头，井眼净化很重要，钻井液携砂、悬砂性能要好。

（2）馆陶玄武岩和 S_3 深部地层的坍塌问题，其次是明化镇到 S_2 段的造浆问题，再次是馆陶、S_1 砾石层及 S_3^3 可能的裂缝性漏失。

（3）预计下部井温将达 120～140℃，泥浆的热稳定性是本井成功的关键。

四、钻井液技术

1. 地质、工程对钻井液的要求

除了一般探井的要求以上，高 22 - 10 井还有以下特殊要求。

（1）保护油气层的要求。为保护油气层，勿加入油类及 4 级以上荧光处理剂，钻井液荧光级别小于 4 级；加重料尽量采用可溶性酸性材料，尽量降低粘土含量。

（2）目的层的要求。从 3900m 到完井，要求钻井液电阻率 $0.8\sim1.2\Omega\cdot m/18℃$。设计钻井液密度 $1.05\sim1.26g/cm^3$，最高不超过 $1.26g/cm^3$。

（3）情况处理的要求。钻井液要低失水、低固相、低摩阻、携砂能力强且热稳定性好。控制 API 失水不超过 5mL，HTPH 失水不大于 12mL。

2. 钻井液性能要求

（1）高 22 - 10 井 750m 定向，要求钻井液要有良好的润滑防卡性能；二开使用 ϕ311.1mm 钻井，井眼净化很重要，所以要求钻井液携砂、悬砂性能好。

（2）要解决馆陶玄武岩和 S_3 深井地层的坍塌问题，其次是明化镇到 S_2 段的造浆问题，再次是馆陶、S_1 砾石层及 S_3^3 可能的裂缝性漏失。

（3）预计下部井温将达 120～140℃，泥浆的热稳定性是本井成功的前提。

（4）深井防塌：防塌是本井钻井液工作的重点，主要坍塌层位是进入馆陶前 70m 左右的玄武岩，含蛋白石和角质泥岩，水化极强，膨胀率 1.8～2.4 倍，水化周期 24d，极易坍塌，因此要求钻井液必须低失水快速穿过。对钻井液主要从以下两个大方面采取措施。

①必须保证力学平衡，即合理使用钻井液密度，以确保力学不失稳。根据地质资料、邻井资料和随钻压力监测及时确定合理密度。

②化学方面防塌：高 22 - 10 井采用聚合醚为防塌剂，利用其浊点效应和封隔压力传递效果防塌；通过与无机盐复合使用产生络合作用来提高钻井液防塌效果，同时起到保护油层和润滑的效果。使钻井液达到足够的黏度 55～65s，并使用造壁性好的提粘剂 XC 等提高钻井液的封堵能力。

另外还使用硅酸钾、硅稳定剂和 KCl 为深井抑制剂，提高钻井液的抑制能力和热稳定能力，抑制泥页岩水化坍塌。严格控制失水，特别是高温高压失水小于 15mL，3800m 后小于 12mL。封堵剂使用 SMP、SPNH，保证封堵剂和防塌剂的有效含量。

(5) 防漏：套管未封掉 S_1 段的砾石层，3100m 前易漏失，S_1、S_3^1 也含有砾石，高 22 井多次发生漏失，漏失前密度 1.46g/cm³；高 15～22 井、15～20 井在 S_3^1 段发现裂缝性漏失。

(6) 防泥包、抽吸：本井油层主要在明化镇大段泥岩、沙泥岩互层，必须使用强抑制性钻井液，加强离心机使用。从上到下造浆逐渐降低，但仍造浆，必须注意抑制剂加入和固控设备的使用。

(7) 三开后防喷：要求井场始终储备 80t 重晶石和足量的处理剂，储备 80m³ 密度要大于井内在用钻井液密度（0.15g/cm³）的重钻井液。

3. 钻井液设计

(1) 体系及配方：

一开：井径 φ444.5mm（井段 0～210m），采用预水化膨润土钻井液。

配方：5%～8% 膨润土 + 0.3%～0.6% 纯碱 + 0.05%～0.1%CMC。

二开：井径 φ311mm（井段 210～2580m），采用钾铵基聚合物钻井液。

配方：膨润土 + 0.5%～1% 防塌剂 + 0.4%～0.8%NH₄ - HPAN + 0.1%～0.3%K - PHP + 2%～3% 润滑剂 + 1%～2% 石墨 + NaOH。

三开：井径 φ215.9mm（井段 2580～4723m），使用硅基—聚合醚防塌钻井液。

配方：井浆 + 1%～2% 聚合醚 + 1%SMP + 1%GWJ + 1%GXJ + 2%FD - 1 + 0.5%KCl + 1%GT - 98 + NaOH。

要求垂深 3900m 以下电阻率在 0.8～1.2Ω·m/18℃。

(2) 钻井液性能设计见表 3。

表 3　钻井液性能设计

钻头尺寸 mm	井段 m	常规性能						流变性能		API 中压失水		摩阻系数	失水量 mL	固相含量 %
		密度 g/cm³	漏斗黏度 s	含砂量 %	pH 值	初切 Pa	终切 Pa	塑性黏度 mPa·s	动切力 Pa	滤失量 mL	泥饼 mm			
444.5	0～203	1.08	30～35		8									
311.1	～750	1.08～1.10	35～45	<0.5	9	<0.5	0.5～1	6～8	1～2	≤10	<1			4～6
311.1	～1800	1.10～1.18	35～45	<0.3	9	0～0.5	0.5～1	6～8	3～5	≤8	<0.8	≤0.1		5～8
311.1	～2583	1.18～1.22	35～45	<0.3	9	0.5～1	1～1.5	9～12	4～6	≤5	<0.5			6～10
215.9	～3000	1.20～1.26	35～45	<0.3	9	1.5～3	3～5	13～17	6～8	≤5	<0.5		≤12	9～15
215.9	～4000	1.26	35～45	<0.3	9	2～4	4～6	15～20	7～10	≤5	<0.5		≤12	10～15
215.9	～4717	1.26	35～45	<0.3	9	2～4	4～7	15～20	7～20	≤5	<0.5		≤12	10～15

五、油气层保护措施

1. 保护油气层项目意义

高 22 - 10 井属低孔低渗油气层，预计油层物性一般，保护油气层工作的好坏直接关系到能否及时发现新的油气层、油气田和对储量的正确评价。

探井钻井完井过程中，如果没有采取有效的保护油气层措施，油气层就可能受到严重损害，使一些有希望的油气层被误认为是干层或不具有工业价值，延误新的油气田或油气层的发现。在钻井完井过程中，如果油气层受到钻井液、完井液的损害，往往会影响测井资料和试油结果以及对油气层渗透率、孔隙度、油水饱和度等参数的正确解释，从而影响油气储量的正确计算。其次，保护油气层有利于油气井产量及油气田开发经济效益的提高。保护油气层配套技术在钻井完井过程中的应用，可以减少对油气层的损害，提高油气井产量。因此，根据高 22 - 10 井和邻井资料以及辽河油田的工作经验，设计采用类似聚合醇的聚合醚油气层保护技术。

2. 油层保护技术的理论依据

（1）屏蔽暂堵技术理论。

屏蔽暂堵技术是西南石油学院在"八五"期间的中国石油总公司科技公关项目的研究成果，该技术是建立在多孔介质孔隙度及其孔隙结构和油层渗透率基础上的油气层保护技术。屏蔽暂堵剂由架桥粒子、填充粒子和可变形粒子组成，架桥粒子、填充粒子为刚性粒子，具有一定的支撑能力，可变形粒子是在一定温度（软化点）之前，能够发生变形的粒子（如沥青类）。孔隙度及其孔隙结构（孔喉直径的分布）以及油层渗透率的大小决定了架桥粒子、填充粒子的直径（或当量直径）和架桥粒子、填充粒子及变形粒子在钻井液中的浓度（但有最低量）。架桥粒子的直径为多孔介质孔径的 2/3，填充粒子及可变形粒子直径为多孔介质的孔径的 1/4，这样在一定的正压差下、很短的时间内，由首先进入地层的架桥粒子嵌入地层形成架桥，填充粒子填入已被堵塞的架桥中，进一步使其孔径变小，可变形粒子在一定的温度和压力下发生弹性变形嵌入架桥粒子、填充粒子形成的复合体中，形成稳定并具有一定强度的内泥饼，使内泥饼的渗透率快速降低直至为零（称为零渗透率）。同时外泥饼的质量也大大提高，致密而具有韧性，最终避免了钻井液中的固相颗粒进入地层，同时防止钻井液滤液进入地层引起地层润湿性反转，以及由此引起的固相颗粒的运移和地层中粘土颗粒的水化膨胀，由于内泥饼非常致密，且厚度在 2~2.5cm 之间，远远低于一般射孔的深度，在射孔以外的深度上完全保持了地层的原始状态，也就是说屏蔽暂堵钻井液对地层的伤害在射孔后就不复存在，因此从根本上解决了钻井液对地层的伤害。

（2）聚合醇保护油气层技术理论。

该技术原理是利用聚合醇的浊点效应，即在一定的温度（称为浊点温度）下，聚合醇本身的水溶性发生变化，低于这一温度，呈水溶性；高于这一温度，呈油溶性，而且过程呈可逆性变化。在低于浊点温度时，溶解的聚合醇分子增大了钻井液滤液的黏度，延缓了滤液侵入页岩的速度；在温度高于浊点温度时，大多数聚合醇分子仍处于溶解状态，决定了连续相的黏度，溶解的聚合醇分子将进入页岩孔隙中，同样延缓了滤液侵入页岩的速度。同时它还改善了油层的界面特性，有利于渗透率的提高。

3. 聚合醇屏蔽暂堵技术取得的成果

辽河油田在沈北、双 208 块的 45 口井上使用了聚合醇屏蔽暂堵技术，取得了明显的经济效益和社会效益。其中沈 625 井在 3162m 使用 ϕ152.4mm 钻头三开钻进，完井液体系为 MMH 正电胶体系，正确钻进 50m，预计钻入储层，在 3215m 按聚合醇屏蔽暂堵配方：3％聚合醇 4＋2％QS－1＋1％911＋1％石墨配制钻井液，并加入 2t 的 911、5t 的聚合醇、5t 的 QS－1 和 2t 的石墨（由于是探井，变形充填粒子的软化点沥青无法加入）。将钻井液转换为聚合醇屏蔽暂堵完井液体系。为了保持合理的暂堵材料含量，在 3217m 又及时补充 2t 的 QS－1、2t 聚合醇 4、2t 的石墨和 1t 的 911，在 3248m 补充 2t 的 QS－1、1t 的 911、1t 的聚合醇 4。该井钻至 3293m 顺利完钻。由于技术措施得当，及时发现并较好地保护了油气层，沈 625 井试油日产原油 245t。

沈 628 井在 3371m 使用 152.4mm 钻头三开钻进，完井液体系为 MMH 正电胶体系，正常钻进近 180m，钻井液密度 $1.05g/cm^3$，在 3536m 发现有良好的油气显示，及时更换钻井液，将 MMH 低固相正电胶完井液更换为无固相聚合醇屏蔽暂堵完井液体系，按聚合醇屏蔽暂堵配方：3％聚合醇 4＋3％QS－1＋1％911＋1％石墨，并加入：4t 的 911、6t 的聚合醇 4、6t 的 QS－1 和 2t 的石墨，（由于是探井，变形充填粒子的软化点沥青无法加入）。将钻井液转换为无固相聚合醇屏蔽暂堵完井液体系。为了保持合理的暂堵材料含量，在 3561m 又及时补充 1t 的 QS－1、1t 聚合醇 4、1t 石墨和 1t 的 911。该井钻至 3561m 顺利完钻。及时保护了油气层，沈 628 井试油结果为 ϕ5mm 油嘴，日产油 71t/d。

4. 配方

聚合醇屏蔽暂堵配方为：3％聚合醇 4＋3％QS－1＋1％911＋1％石墨＋2％油溶性树脂。

六、现场应用

70131 队使用 JC70D 钻机，地面循环系统配备 6 个循环罐，容量达到 $390m^3$。净化设备使用三台振动筛，一台除砂器，一台除泥器，二台离心机四级净化，从设备上为该井施工顺利提供保证。

1. 一开配浆

配方：$180m^3$ 清水＋10t 膨润土＋0.4t 纯碱＋0.1t NaOH＋0.1t CMC。配制优质膨润土浆，黏度 30～35s，密度 $1.04～1.06g/cm^3$。待膨润土浆 24h 充分水化后开钻。排量 50L/s。

一开钻到 207m，大排量充分洗井，黏度自然上升到 50s，充分循环二周，振动筛无沙子起钻。套管顺利下到 205.56m。钻进、下套管和固井都非常顺利。

2. 二开聚合物不分散体系钻井液

二开前回收一开钻井液，开动全部固控设备，充分清除一开基浆中的有害固相。加清水稀释，并加入 1.2t 的 N－PAN，0.8t 的 K－PHP，补充 3t 土粉，加入 0.2t 纯碱，循环均匀后准备二开。钻进过程中，每钻进 100～150m，以胶液形式补充加入 50～100kg 的 K－PHP，150～300kg 的 N－PAN，抑制地层造浆，保证钻井液性能均匀稳定。750m 定向，进入稳斜段加入无荧光液体润滑剂以及石墨、塑料球等固体润滑剂，降低摩阻系数，改善泥饼质量，达到防卡目的。1500m 后，开始补充加入腐植酸钾，来降失水和防塌，使 API

失水控制在 5～7mL。

二开钻头 ϕ311.1mm，井眼大，环空返速低，因此，在工程上保证排量的同时，必须合理控制钻井液的黏度、切力和其他流变性能，动塑比基本控制在 0.5～0.8Pa/mPa·s 之间，使钻井液具有较好的携砂能力。坚持每钻进 200～300m 或钻进 24h，适时进行短程起下钻，及时破坏岩屑床，使井眼畅通。

保证固控设备运转良好，震动筛使用 80～120 目筛布，保证使用率达到 100%；造浆段坚持使用离心机，降低固相含量，固相含量控制 10%～15%；保证井眼内清洁，控制含砂不大于 0.5%、膨润土含量 40～50g/L。1900m 进入玄武岩井段，将钻井液密度提到 1.18g/cm³，并加大腐植酸钾处理量，控制 API 失水在 5mL 之内。钻到 2568m 中完，电测起钻前加入 1t 石墨粉，1t 塑料球打封闭。

钻井液性能：密度 1.22g/cm³，漏斗黏度 37s，API 失水 5mL，泥饼 1mm，塑性黏度 15mPa·s，动切力 6.5Pa。循环两周，井眼干净起钻，中完电测顺利到底。

下技术套管采取同样方法，使技术套管顺利下到 2565.89m。

由于采取措施得当，二开使用聚合物不分散体系，钻井液施工非常顺利，没有出现任何井下复杂情况及事故，只用了 20t 钻井液就钻到 2568m。钻井液实际成本 299433 元，平均每米 116.60 元。实际钻进过程中钻井液性能见表 4。

表 4　高 10-22 井二开钻井液性性能

井深 m	密度 g/cm³	黏度 s	滤失量 mL	泥饼 mm	pH 值	含砂%	塑性黏度 mPa·s	动切力 Pa	流型指数	稠度系数 mPa·sⁿ	排量 L/s	组分分析%		
												固相	黏土	油
200	1.05	38	8	1	8	0.6					50			
367	1.07	34	4	1	9	0.5	13	3	0.68	146	50	6		
858	1.10	43	4	1	9	0.4	14	5.5	0.65	220	50	7.5		
1030	1.14	35	3.5	1	9	0.4	12	3.0	0.74	91	50	6	60	
1300	1.15	35	5	1	9	0.4	12	4	0.68	146	50			
1718	1.15	35	5	1	9	0.4	14	4	0.71	133	50	5	45	
1947	1.18	37	5	1	9	0.4	15	6	0.64	252	50	7		
2061	1.18	38	5	1	9	0.4	16	6	0.69	178	50	6		
2145	1.21	39	4	1	9	0.3	22	5.5	0.74	166	50	7		
2234	1.21	40	4	1	9	0.3	17	7	0.63	300	50	7.5	65	
2340	1.18	44	4	1	9	0.3	15	6	0.59	383	50	8	65	
2414	1.21	48	5	1	9	0.3	21	12	0.56	693	50	16	70	
2450	1.20	39	5	1	9	0.3	15	5.5	0.66	215	50	11	65	
2535	1.22	37	5	1	9	0.3	16	6.5	0.64	271	50	12	51	
2568	1.22	37	6	1	9	0.3	15	6.5	0.62	297	50	14	55	
2568	1.23	40	4.5	1	9	0.3	20	8	0.62	337	50	14	—	—

3. 三开聚合醚有机硅防塌体系钻井液

三开钻井液是本井工作的重点。由于地质方面的要求，钻井液荧光级别小于 4 级，因此所有加到井中的处理剂必须是无荧光或低荧光。在现场施工中，与地质密切配合，每次到井的处理剂都做荧光级别测定，对于级别超标的进行退货，直至验收合格为止。选用新研制的无荧光封堵剂 FD－1 和聚合醚做封堵剂。由于荧光级别要求限制，无荧光或低荧光降失水剂处理剂种类不多，而且价格普偏高，造成钻井液成本大幅度上升。

三开配浆钻井液转型：二开钻井液回收一部分后，加清水稀释，补充加入 4t 土粉，0.2t 纯碱，并加入 2t 的 GW，2t 的 GX，改为有机硅体系钻井液。加入 2t 的 GT－98、降低失水，改善泥饼质量，加入 0.2t 的 K－PHP，增强钻井液的抑制性，充分循环均匀后，密度维持在 1.20～1.22g/cm³ 三开钻进。

钻进过程中，坚持勤维护、勤处理，处理剂均以胶液形式加入。正常钻进每 12h 补充25～50kg 的 K－PHP 胶液，把 GT－98、SMP、SPNH、有机硅腐植酸钾、无荧光防塌剂和 FD－1 等防塌剂、降失水剂配成胶液不断地补充加入，时刻保持钻井液性能均匀稳定。每次大型处理前都做小型实验，避免处理失误，做到处理剂合理匹配，有效使用。

由于该井钻井液设计最高密度 1.26g/cm³，而邻井密度多在 1.45～1.52g/cm³ 完井。因此，在施工现场，我们时刻注意井下岩性及地层变化，依据实际情况，钻井液密度从 1.26g/cm³ 提到 1.28g/cm³、1.30g/cm³、1.33g/cm³、1.35g/cm³，一直到完井时的1.42g/cm³。

3900m 后，要求钻井液电阻率为 0.8～1.2Ω·m/18℃，这给调整钻井液性能带来了极大的难度。在钻井液电阻率方面，我们的经验不多，通过大量室内实验和调研，决定三开配浆就将电子率调整到要求上限，在一切考核井段微调即可。以减少无机盐 KCl 对钻井液性能的影响，特别是在 4500m 深井后可能带来严重井下复杂情况。在配浆时加入 3t 的 KCl，使钻井液电阻率基本达到 1.2Ω·m/18℃。随着井深的增加，电阻率不断变化；密度提高，电阻率增大，要不断补充降低电阻率的处理剂，调整泥浆性能符合要求，保证正常施工生产。表 5 是高 22－10 井电阻率情况。

表5　高 22－10 井电阻率情况

井深，m	密度，g/cm³	黏度，s	电阻率，Ω·m/18℃	常温电阻率，Ω·m
2761	1.24	34	1.48	1.28/26.11℃
2910	1.25	35	1.40	1.18/27.20℃
3054	1.30	35	1.22	1.08/27.12℃
3200	1.32	42	1.14	0.93/28.12℃
33248	1.33	45	1.02	0.88/28.02℃
3520	1.33	46	0.98	0.80/26.33℃
3725	1.35	43	0.92	0.81/27.32℃
3910	1.35	44	0.90	0.79/26.68℃
4120	1.35	45	0.87	0.72/28.25℃
4310	1.35	47	0.88	0.69/29.35℃
4389	1.35	45	0.85	0.66/28.18℃
4419	1.35	46	0.86	0.67/28.43℃
4512	1.35	48	0.83	0.69/27.26℃
4585	1.35	46	0.85	0.63/29.02℃
4485	1.42	46	0.96	0.76/28.88℃
4485	1.42	45	0.95	0.73/28.60℃

随着井深的增加，泥浆的热稳定性以及防塌性是本井的关键。因此，需要不断增加处理剂的用量。每次处理钻井液需加入 2t 的 GW 和 2t 的 GX，防塌降失水剂 SMP、SPNH、FD-1 及 HLX-C-S 根据需要匹配加入。

在润滑方面，以 RH-3 液体润滑剂配合石墨粉和塑料球共同使用达到降低摩阻的目的，确保井下安全。

三开后使用 120 目筛布进行固相清除，保证震动筛 100% 运转，除砂器、除泥器配合使用，离心机也多次使用，加入 K-PHP 和 HLX-C-S，控制钻屑分散，使用以上四级固控设备及时清除钻井液中的有害固相。

完井前钻井液性能保持均匀稳定，一般情况下不需进行大型处理，密度维持在 1.38g/cm³，黏度 48～50s。电测前进行短起下钻，畅通无阻后，加入 1t 塑料球封闭起钻电测。该井钻到 4585m 完钻，电测一次到底。但由于测井仪器原因造成测井遇阻，通井多次。最后密度提到 1.42g/cm³，黏度 55～60s，打封闭，套管顺利下到 4566.05m。

三开钻进中加强了钻井液性能监测。密度、黏度每 30min 测一次；油层段、易漏地层、大型处理后，每 5～10min 测量一次。钻进中 6h 测一次全套性能，每 24h 测一次固相含量、摩阻系数以及膨润土含量。起钻前、处理钻井液前后、重大施工前（取心、测井、下套管和固井等）测全套钻井液性能，3800m 测高温高压失水。每次大型处理前均做小型实验，做到准确、及时、科学地处理钻井液。

该井在 3248m 钻进时，泵压不正常，起钻发现钻头掉三个牙轮，此时密度 1.32g/cm³，黏度 40s。下入三只磨鞋，损失 128h，而每次起下钻都能顺利到底。全井无卡、漏及大段划眼，钻井液性能均匀稳定，热稳定性好，下钻到底后，循环钻井液黏度一般只上升 2～3s，变化幅度小。三次下套管、固井都非常顺利。

三开钻进中采取了油气层保护措施。在进入 3900m 油层前 50m，利用固控设清除固相，彻底处理钻井液，保证性能优良、稳定，按配方加入油层保护剂，再次调整好钻井液性能。施工中及时补充各种处理剂，保证配方含量。

三开实际钻井液性能见表 6。

表 6　高 10-22 井三开 2568～4585m 钻井液性能

井深 m	密度 g/cm³	黏度 s	滤失量 mL	泥饼 mm	静切力 Pa	pH值	含砂 %	塑性黏度 mPa·s	动切力 Pa	流型指数	稠度系数 mPa·sⁿ	排量 L/s	组分分析,%		
													固相	黏土	油
2568	1.20	34	4	1	1/1.5	9	0.3	15	5	0.68	183	30	15	—	—
2686	1.24	34	4	1	1/1.5	9	0.3	14	3.5	0.74	106	30	16	—	—
2870	1.24	33	4	0.5	0.5/1	9	0.3	12	3.0	0.74	91	30	16	—	—
2970	1.29	34	3.5	0.5	1/1.5	9	0.3	16	4.0	0.74	121	30	15	—	2
3080	1.30	35	4	0.5	1/1.5	9	0.3	16	3.5	0.76	102	30	15.5	66	2
3149	1.30	38	3.5	0.5	1.5/2	9	0.3	21	4.5	0.77	123	30	15.5	64	1
3203	1.31	41	3.5	0.5	2/3	9	0.3	25	6.5	0.73	201	30	17	64	1
3248	1.33	48	4	0.5	3/4	9	0.3	32	9.5	0.70	326	30	15	—	1
3251	1.33	44	4	0.5	2.5/3	9	0.3	28	7.5	0.73	227	30	14.5	—	1
3302	1.33	45	4	0.5	3/4	9	0.3	29	9.5	0.68	350	30	15	—	1
3425	1.33	45	4	0.5	3/3.5	9	0.3	28	6.5	0.73	219	30	15	—	1

井深 m	密度 g/cm³	黏度 s	滤失量 mL	泥饼 mm	静切力 Pa	pH 值	含砂 %	塑性黏度 mPa·s	动切力 Pa	流型指数	稠度系数 mPa·s^n	排量 L/s	组分分析，%		
													固相	黏土	油
3663	1.33	45	3.5	0.5	3/4	9	0.3	30	8	0.73	246	30	22	—	
3769	1.35	43	3.5	0.5	3/4	9	0.3	27	9	0.68	328	30	16	—	—
3843	1.35	44	3	0.5	4/4.5	9	0.3	29	10.5	0.66	414	30	21		
3923	1.35	44	3.5	0.5	2.5/4	9	0.3	27	8.5	0.69	319	27	17	88	—
4036	1.35	43	3.2	0.5	3/3.5	9	0.3	27	10	0.65	413	27	18		
4110	1.35	43	3.5	0.5	3.5/4	9	0.3	25	11.5	0.61	542	27	20	—	1
4258	1.35	45	3	0.4	4/5	9	0.3	27	10.5	0.65	422	27	20	84	1
4360	1.35	45	3	0.5	3.5/45	9	0.2	22	11	0.63	478	27	19	82	1
4401	1.35	46	2.5	0.5	4.5/5	9	0.2	28	13	0.60	648	27	20	83	1
4485	1.38	45	2.5	0.5	4.5/5	9	0.2	27	13	0.60	636	27	19	84	1
4530	1.38	43	2.5	0.5	4/5	10	0.2	24	12	0.59	612	27	19	85	1
4585	1.38	47	3	0.5	4/5	10	0.2	31	15	0.61	688	27	17	—	1
4585	1.42	44	3	0.5	4/5	10	0.2	30	19	0.60	696	27	20	—	—

七、应用效果

通过各方面的共同努力，圆满完成了高 22-10 井的施工任务。施工过程中，无卡、漏、塌、喷等复杂情况及井下事故。电测、下套管、固井都非常顺利，井日采油 25m³，取得了良好的社会效益和经济效益。

1. 技术指标

（1）事故复杂损失时间为零；

（2）粘卡为零；

（3）中完、对比、完井电测一次成功率 100%；

（4）井径规则，全井井径扩大率 8%，油层考核段井径扩大率 9.5%；

（5）3900～4585m 电阻率 0.83～0.96Ω·m/18℃；

（6）荧光级别满足要求；

（7）固井质量合格；

（8）油层保护工作受到甲方高度赞扬。该井日采油 25m³，而邻井高 22 为干井（高 22-10 与邻井高 22 的技术指标对比见表 7）；

（9）钻井周期 86d，完井周期 105d。

高 22-10 井技术指标见表 8。

表 7 高 22-10 完井技术指标及与邻井高 22 对比

井号	完钻井深	完钻层位	井身结构
高 22-10	4585	ES33	φ339.7mm×207m+φ244.5m×2568m+φ139.7mm×4585m
高 22	4314	ES33	φ339.7mm×201.21m+φ244.5mm×2161.29m×φ139.7mm×4302.06m

表 8　高 22 - 10 井与高 22 井完钻情况

井号	完钻密度 g/cm³	钻井周期，d	电阻率 Ω·m/18℃	荧光	成本，元/m	事故复杂
高 22 - 10	1.40	86	0.8～1.2	<4	324.75	无
高 22	1.52	127	不要求	不要求	336	漏失 3 次 222m³，划眼 12d

2. 效益

高 22 - 10 井是我公司在冀东施工的第一口井，是外出施工的第一口深井，是冀东近年施工的最深井，也是辽河施工的最深井，井底裸眼段长达 2000m。通过共同努力安全顺利按质完井油层保护效果明显。

八、认识和经验

（1）高 22 - 10 井是冀东油田也是辽河油田近年首次完成的最深、最漂亮的深井。井底裸眼段长达 2000m。

（2）该井进行了一系列技术创新：

①采用新型无荧光封堵剂 FD - 1，保证了荧光要求和防塌需要；

②深井预控制电阻率技术，在辽河和冀东都是首创；

③聚合醚油层保护技术，出油效果良好，日产油 25m³，邻井高 22 是一干井，深得甲方好评；

④将聚合醚与无机盐复合使用，通过络合作用提高防塌效果；

⑤完井密度由 1.50～1.53g/cm³ 降到 1.40g/cm³；

⑥硅基钻井液抗温能力达到了 150℃。

克拉 2 号气田盐膏层高压气层钻井液技术

安文华 王书琪 何 涛 贺文廷 周志世 廖光裕 王 宏 周 进 陈 林 单春华
（塔指工程技服）

摘 要 克拉 2 号气田下第三系存在大段盐膏层，下第三系和白垩系存在多套压力高、安全密度窗口小的气层，这些地层易缩径、垮塌、易漏易喷。塔里木油田钻井液技术工作者总结克拉苏地区钻探经验，在对克拉苏 2 号构造带地质情况进一步认识的基础上，通过大量的室内实验研究，引进多元醇等材料，优选出强抑制、强封堵、流变性好、泥饼质量好、滤失量较小的高密度钻井液配方，经过现场精心调配，在克拉 203 井、204 井应用成功，解决了膏盐层、盐岩层的缩径、垮塌问题，易漏性砂岩地层的防漏问题，同时配套工程措施，较好地完成了钻井任务，缩短了钻井周期，降低了钻井成本，提高了综合经济效益。

关键词 高密度钻井液 抑制 封堵 流变性 泥饼 滤失量 盐膏层 高压易漏气层

一、概 述

克拉 2 气田位于塔里木盆地南天山造山带南侧库车坳陷北部克拉苏构造上。塔里木油田自 1997 年起对该构造进行钻探，先后完成了 KL-2、KL-201、KL-202、KL-203、KL-204、KL-205 等 6 口探井和评价井，探明了该构造的天然气地质储量，确立了克拉 2 号气田国家"西气东输"主力气田之一的地位。

钻探表明，克拉 2 号构造地层自上而下分别为第四系、上第三系、下第三系、白垩系。其中，下第三系库姆格列木群存在 300～800m 厚度不等的复合盐层，下第三系和白垩系有多套高压气层，储层压力系数高（克拉苏气藏平均地层压力为 74.41MPa）、温度高。高压气层的岩性主要为粉砂岩、细砂岩，少部分为白云岩。下第三系底砂岩及其以下白垩系砂岩地层兼具孔隙与裂缝双重性质，孔隙压力相对小，具有安全密度窗口小、易喷易漏的特点；白云岩气层裂缝发育，孔隙压力高，且与漏失压力十分接近，安全密度窗口小，实钻过程钻井液密度调节范围只有 $0.02～0.03 g/cm^3$。这些地层情况，为该区域钻井工作带来很大困难，增加了勘探开发成本。

1999 年下半年起，塔里木油田钻井液技术工作者总结克拉苏地区钻探经验，在对克拉苏 2 号构造带地质情况进一步认识的基础上，通过大量的室内实验研究，使用饱和盐水钻井液，运用化学封堵、物理封堵的方法防塌、防阻卡、平衡地层压力，配合使用新型钻井液材料，调整高密度钻井液流变性、滤失量，形成了一套针对性强、经济实用的高密度饱和盐水钻井液技术，在克拉 203 井、204 井应用，成功地解决了大段膏盐层、高压气层的缩径、垮塌，易漏易喷问题，同时配套工程措施，较好完成了钻井任务，缩短了钻井周期，降低了钻井成本。

二、克拉 2 号气田盐膏层高压气层为钻井液带来的难题

1. 克拉 2 号气田部分已完成井的基本情况

塔里木油田在克拉 2 号气田部分完成井的基本情况见表 1、2 和图 1、2、3、4。

表 1　克拉 2 号气田部分完成井基本情况表

	井别 项目	KL-2	KL-201	KL-203	KL-204
	井深，m	4130	4060	4050	4050
	开钻日期	1997 年 3 月 25 日	1998 年 6 月 23 日	1999 年 9 月 29 日	1999 年 10 月 12 日
	目的层	下第三系 白垩系	下第三系 白垩系	下第三系 白垩系	下第三系 白垩系
	钻井周期，d	417.27	234.96	149.65	143.81
	完井周期，d	448.58	253.67	160.85	154.21
	钻机月速，m/台月	275.33	480.16	795.84	787.94
	平均机械钻速，m/h	1.08	1.61	2.37	2.28
	事故时效，%	25.02	9.83	11.03	6.66
井漏情况	漏失次数	9	18	9	1
	漏失量，m³	478.7	784.0	616.9	有进无出
	最大漏速，m³/h	75.6	115.1	46.4	
	漏失井段，m	2849.00~4042.52	3242.92~4060.00	3684.00~3976.90	下 7in 套管后开泵憋漏，强行固井成功
	漏失主要层位	上第三系下部 下第三系白垩系	下第三系白垩系	下第三系白垩系	
	漏失层主要岩性	粉砂岩 细砂岩 白云岩	粉砂岩 细砂岩	粉砂岩 细砂岩	
气层情况	厚度，m	303.0	269.5	209.0	—
	主要层位	下第三系 白垩系	下第三系 白垩系	下第三系 白垩系	白垩系

表 2　克拉 2 号气田部分井钻遇膏盐岩地层对照表

	井别 地层	KL-2		KL-201		KL-203		KL-204	
		底界井深，m	钻厚，m	底界井深，m	钻厚，m	底界井深，m	钻厚，m	底界井深，m	钻厚，m
下第三系库姆格列木群	泥岩段	3236.0	170.5	2843.0	202.0	3147.0	215.5	3097.0	164.0
	膏盐岩段	3530.5	284.5	3600.0	757.0	3680.5	533.5	3773.5	676.5
	白云岩段	3539.5	9.0	3607.5	7.5	3684.5	4.0	3778.5	5.0
	膏泥岩段	3560.0	20.5	3631.0	23.5	3698.5	14	3802.0	23.5
	砂砾岩段	3572.5	12.5	3650.5	19.5	缺失	0.0	3813.5	11.5

2. 克拉 2 号气田盐膏层高压气层地质特征

克拉 2 号气田钻揭地层从上至下为上第三系（底界深约为 2600~2840m）、下第三系（底界深为 3700~3800m 左右）和白垩系（底界深为 4050~4120m 左右，未钻穿）。气层主

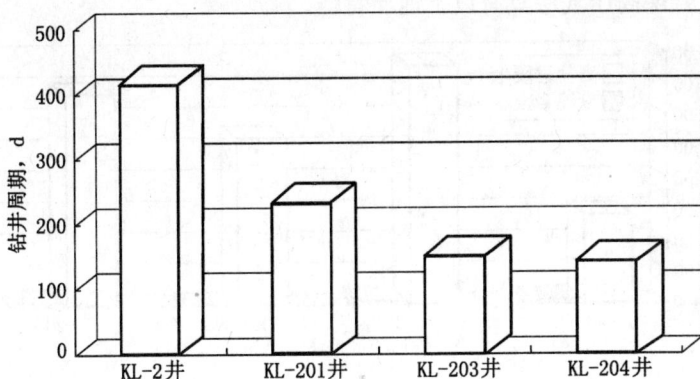

图 1 克拉 2 号气田部分井钻井周期对照

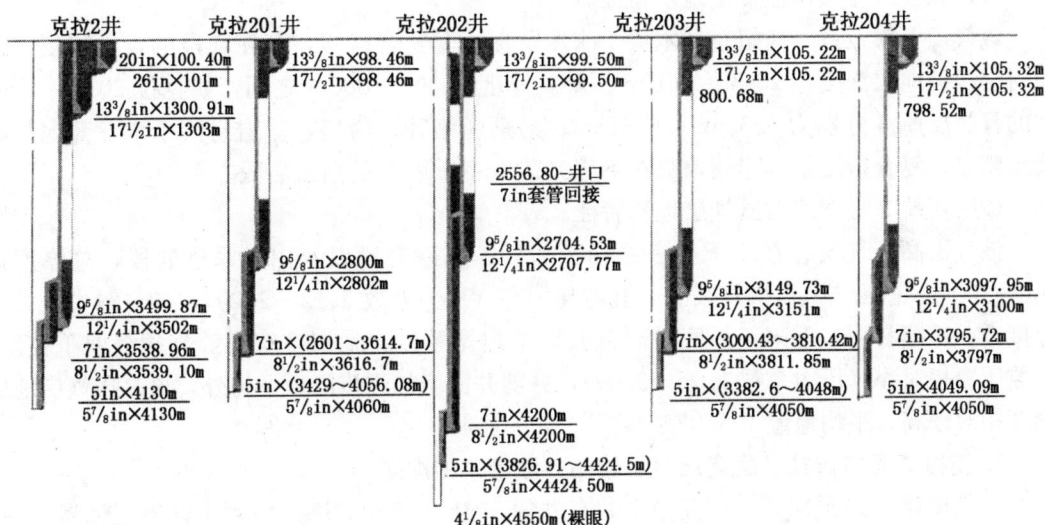

图 2 克拉苏 2 号构造带部分井井身结构示意图

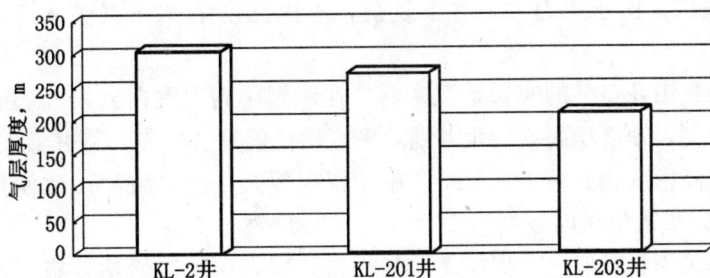

图 3 克拉 2 号气田部分井气层情况对照

要分布在下第三系库姆格列木群的白云岩、砂砾岩和白垩系的巴什基奇克砂岩段。其中下第三系库姆格列木群主要为蒸发边缘海相的扇三角洲亚相和蒸发潮坪亚相沉积，白垩系巴什基奇克属于扇三角洲和辫状三角洲。从表 1，表 2，图 1－4 和相关地质资料可以看出，克拉 2 号气田盐膏层高压气层具有以下地质特征。

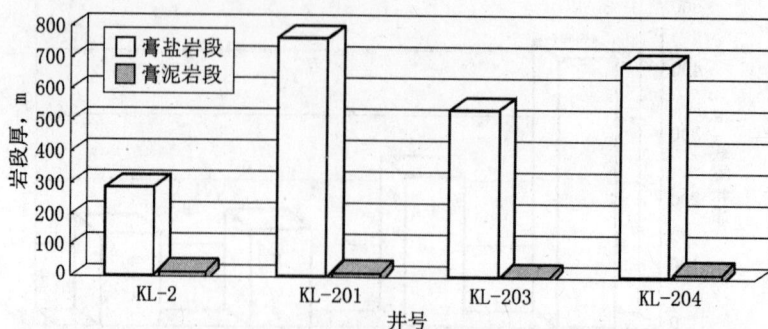

图 4 克拉 2 号气田部分井盐膏层段对照

（1）克拉 2 号气田盐膏层地质特征。

该气田下第三系（库姆克列木群 E_1k）发育一套复合盐层，存在大段的膏盐岩层、膏泥岩层。该地层深度在 2843～3802m 不等，厚度在 300～800m 之间，如克拉 203 井、204 井的膏盐层厚度分别为 533.5m、676.5m；易蠕变缩径、垮塌，盐岩易溶于水，膏泥盐易吸水膨胀；复合盐层基本连续，只在下部夹杂 4～9m 左右的白云岩段。

（2）克拉 2 号气田高压气层地质特征。

该气田高压气层存在于下第三系白云岩段、底砂岩段以及白垩系砂岩段，总厚度达 200～300m。白云岩气层裂缝发育，孔隙压力高（压力系数 2.12～2.20），且与漏失压力十分接近，易喷易漏；下第三系底砂岩及其以下白垩系砂岩地层兼有孔隙与裂缝双重性质，孔隙压力相对小（压力系数 1.95～2.09），并随井深增加逐步降低。另外，该高压气层地层温度相对较高，平均地温 105.8℃。

3. 克拉 2 号气田盐膏层高压气层给钻井液带来的难题

该气田第一口预探井——克拉 2 井在井深 3236～3560m 库姆格列木群地层钻遇 324m 厚的膏盐层，在井深 3501m 发生卡钻事故，经过 2 个月时间的处理后，被迫侧钻。侧钻至 3502m 发生压差卡钻，事故解除后下入 9⅝in 技术套管。后用 8½in 钻头钻至 3539m 遇白云岩高压气层，由于压力大、井下复杂，不得已仅钻 37m 又下入 7in 套管封住该气层。

从克拉 2 号气田几口井的实钻情况来看，在库姆格列木群白云岩气层或白垩系气层钻井液密度不好控制，密度稍高就发生井漏，密度稍低就发生气侵，钻井液安全密度窗口小。克拉 2 井共漏失高密度钻井液 268.9m³。由于以上复杂情况的发生，致使克拉 2 井钻井周期长达 417.27d，事故复杂时效高达 25.02%。

从上例及相关资料可看出，克拉 2 号气田盐膏层高压气层给钻井施工带来的主要危害是盐膏层蠕变、井壁不稳定、易喷易漏，易造成卡钻等复杂情况或事故，使钻井周期延长，钻探成本增加，综合效益下降。盐膏层和高压气层处于同一裸眼中，要求井壁稳定，克服易喷易漏，对钻井液性能在抑制性、封堵性、流变性、润滑性以及滤失量、泥饼等方面都有新的要求：钻井液必须具备高密度、强封堵、强抑制等主要特性，且必须克服使用高密度钻井液所带来的流变性差、泥饼厚、滤失量大、无用固相清除困难、现场难以维护等技术难题。

三、问题探讨及室内研究

针对克拉 2 号气田钻井中存在的钻井液技术难题，在总结塔里木盆地近十多年来钻探复合盐层及使用高密度钻井液经验的基础上，对存在的问题加强了探讨和室内研究，形成了一套较为成熟的、科学的钻盐膏层高压气层高密度钻井液技术。

1. 密度的确定

1）下第三系多区块盐膏层钻井液密度规律研究和钻井液密度图版

由于塔里木探区复合盐层存在的普遍性，且大都又是良好储层的盖层，塔里木油田钻井液工作者与高校合作展开了盐膏层钻井液密度规律研究和钻井液密度图版绘制，图 5 就是塔里木油田山前构造下第三系复合盐岩层钻井液的密度图版。

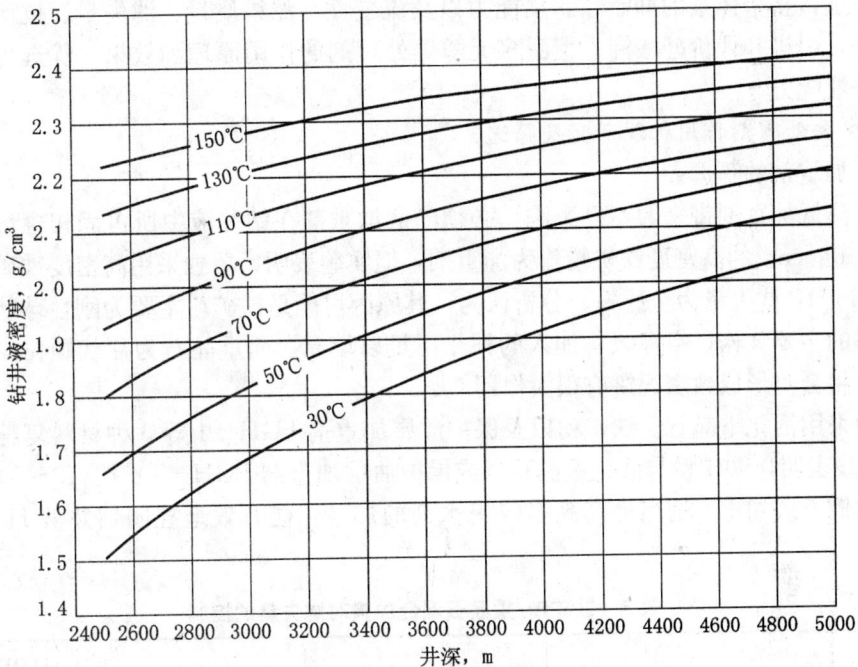

图5　山前构造下第三系复合盐岩层钻井液的密度图版

(缩径率 0.05/h)

2）钻克拉 2 号气田盐膏层高压气层钻井液密度的确定

根据图 5 以及该气田地层压力系数，考虑到气层的安全附加系数，确定钻克拉 2 号气田盐膏层高压气层钻井液密度为：下第三系盐膏层，$2.10 \sim 2.20 \text{g/cm}^3$；下第三系白云岩气层，$2.20 \sim 2.30 \text{g/cm}^3$；白垩系气层，$2.03 \sim 2.20 \text{g/cm}^3$。

2. 气层井段高密度钻井液理论研究

由于克拉 2 气田气层压力高，为了平衡地层压力，必须使用高密度钻井液。

对于密度在 2.00g/cm^3 以上的高密度钻井液来说，加重材料占固相含量的 35%～40% 或 40% 以上，大量的加重材料在钻井液中参与滤饼的形成，影响滤失量，同时对整体流变性有严重的影响，因此，加重剂的选择和使用十分重要。另外，也由于高密度钻井液中加重材料占固相含量比例较大，所以必须更好发挥固控设备的作用，尽可能清除无用固相，减少无用固相对钻井液流变性、泥饼、滤失量的不良影响。

高密度钻井液固相含量高，综合解决好悬浮问题、流变性、润滑性、泥饼质量和高温高压条件下滤失量是其技术关键。高密度钻井液在现场应用前，必须通过室内实验选择好处理剂，调整好配方。

气层井段高密度钻井液在应用过程中，还应注意调整好其密度变化范围，处理好气侵带来的问题，做好防漏防喷工作。

3. 室内研究

为了进一步加强对克拉 2 气田盐膏层高压气层钻井液技术的理论探讨，为现场摸索出一套科学、实用、经济的钻井液体系，从处理剂的作用机理探讨、处理剂筛选入手，加强了室内研究工作。

室内研究是在塔里木油田深井段使用成熟的聚磺钻井液体系基础上，从加重剂、强抑制剂的筛选，整个体系的抑制、封堵能力以及流变性、泥饼质量、滤失量、抗污染能力等方面入手，引进和评价硅酸钾、聚醚多元醇等处理剂的作用原理和效果，优选出现场可采用的钻井液配方。

1）主要处理剂作用机理研究及筛选

（1）加重剂的筛选。

为了降低加重剂带来的不良影响，必须降低加重剂在钻井液中所占固相含量。首先选用密度 5.0g/cm³ 的高密度铁矿粉作为加重剂，但实验表明，单独采用高密度铁矿粉加重的钻井液 HTHP 滤失量为全滤失。分析认为，其原因可能是铁矿粉主要为刚性球状颗粒，是形成滤饼的主要架构，空隙大，加入的粘土不足以填充。而重晶石为片状颗粒，若二者配合使用，将会对形成致密泥饼有很大作用。

实验采用活化重晶石、铁矿粉以及保护油层加重剂 BGH-1 等 3 种材料复配，结果见表 3。实验表明，铁矿粉与活化重晶石（或保护油层加重剂 BGH-1）按（2～3）：1（质量比）比例方式加重，适当提高高温降失水剂的加量，能有效地控制钻井液 HTHP 滤失量。

表 3　铁矿粉/重晶石混合加重对滤失量的控制

序号	配　　　　方	HTHP 失水/泥饼 mL/mm
1	3.0%土浆＋14.0%SMP－2＋6.0%FT－1＋4.0%SPC＋盐＋铁矿粉	全滤失
2	3.0%土浆＋14.0%SMP－2＋6.0%FT－1＋4.0%SPC＋盐＋重晶石	6.0/2.0
3	3.0%土浆＋14.0%SMP－2＋6.0%FT－1＋4.0%SPC＋盐＋铁矿粉/活化重晶石（1:1）	8.0/2.0
4	3.0%土浆＋14.0%SMP－2＋6.0%FT－1＋4.0%SPC＋盐＋铁矿粉/活化重晶石（2:1）	10.0/2.0
5	3.0%土浆＋14.0%SMP－2＋6.0%FT－1＋4.0%SPC＋盐＋铁矿粉/活化重晶石（3:1）	12.0/5.0
6	3.0%土浆＋14.0%SMP－2＋6.0%FT－1＋4.0%SPC＋盐＋铁矿粉/BGH－1（2:1）	8.5/2.0

注：实验用高密度铁矿粉密度为 5.0g/cm³。

（2）硅酸盐的引入和评价。

①硅酸盐的防塌作用。

引入硅酸盐，主要目的是提高钻井液的抑制性，特别是提高钻井液对盐膏层中的石膏、软泥岩的抑制效果。

硅酸盐在水中可以形成不同大小的颗粒——离子状态、胶体状态和分子状态，这些颗粒通过吸附、扩散等途径结合到井壁上，封堵地层孔喉和裂缝。

进入地层的硅酸根，与盐膏层中的钙离子作用形成硅酸钙沉淀，从而在含膏地层表面形成坚韧致密的封固壳来封堵地层加固井壁。

进入地层中的硅酸盐遇到 pH 值小于 9 的地层水，立即形成凝胶和沉淀，封堵地层孔喉和裂缝，阻止泥浆或泥浆滤液继续侵入页岩。

在深井段地层温度超过 80℃ 时，硅酸盐的硅醇基与粘土矿物的铝醇基发生缩合反应，产生胶结性物质，把粘土等矿物颗粒结合成牢固的整体，封固井壁。

盐水硅酸盐钻井液也可利用脱水机理提高井壁稳定性。

②石膏溶解实验。

采用容量法测定现场露头石膏在不同无机盐溶液中的溶解度。实验结果列于表 4。

表 4   石膏在不同溶液中的溶解度

溶液	溶解度，g/100mL	溶液	溶解度，g/100mL
自来水	0.254	饱和盐水 + 7%KCl	0.634
饱和盐水	0.692	饱和盐水 + 3%硅酸钠	0.209
7%KCl	0.630	饱和盐水 + 3%硅酸钠 + 1%PAC	0.190
1%硅酸钠	0.158	饱和盐水 + 3%硅酸钠 + 1%CMC	0.258
3%硅酸钠	0.060	饱和 Ca(OH)$_2$	0.129
5%硅酸钠	0.015		

由表 4 可以看出，石膏在饱和盐水中的溶解度是在淡水中的 2.7 倍，在 7%KCl 溶液中的溶解度也远远大于在淡水中的溶解度，而石膏加入 3%硅酸盐饱和盐水中的溶解度与淡水中相当。因此，稀硅酸盐－饱和盐水钻井液是对付复合盐层较理想的钻井液。

③"软泥岩"浸泡实验。

将巴楚地区"软泥岩"干粉在 8MPa 下压制 5min 制成岩心，于不同试液中浸泡，观察岩心的变化情况，结果列于表 5，实验用软泥岩全岩矿物分析数据见表 6。

表 5   "软泥岩"浸泡实验

浸泡液	现象
自来水	10min 开始剥落、坍塌，30min 完全坍塌
饱和盐水	10min 轻微剥落，30min 严重坍塌，60min 完全坍塌
7%KCl	10min 开始剥落，30min 完全坍塌
饱和盐水 + 7%KCl	20min 开始剥落，60min 完全坍塌
3%硅酸钠	30min 岩心无变化，40min 出现裂纹，24h 岩心有裂纹但未坍塌，表面有硬壳形成
饱和盐 + 3%硅酸钠	30min 岩心无变化，40min 出现裂纹，24h 未坍塌
饱和盐 + 3%硅酸钠 + 7%KCl	30min 岩心无变化，40min 出现裂纹，24h 未坍塌
饱和盐 + 3%硅酸钠 + 1%CMC－MV	30min 岩心无变化，40min 出现裂纹，24h 未坍塌
饱和盐水 + 7%KCl + 1%CMC－MV	20min 有轻微剥落，60min 严重坍塌

表6 实验用软泥岩全岩矿物分析数据表

石英	石盐	硬石膏	方解石	白云岩	钾长石	粘土矿物
10%	39%	31%	4%	2%	—	10%

由于实验用"软泥岩"样品中含有大量的石膏和盐，在淡水、饱和盐水和7%KCl溶液中浸泡1h后即完全分散，加入3%硅酸盐后，浸泡24h仍能基本保持原状。这是因为硅酸盐淡水溶液在岩心表面形成一层硬壳，随时间的增长，硬度增大，充分表现了硅酸盐对该类地层的良好抑制性。

(3) 聚醚多元醇的引入和评价

研究表明，聚醚多元醇不仅有良好的抑制性、润滑性、高温稳定性及抗污染能力，而且无毒、易生物降解，对油层损害小，国外已广泛用于对付水敏性地层和海洋钻探，并收到良好的效果。室内对聚醚多元醇作用机理和效果进行了详细的研究，并引用到高密度强抑制钻井液体系中。

①聚醚多元醇作用机理的探讨。

A. 浊点的测定。

聚醚多元醇作为一种非离子表面活性剂，在溶液中具有逆溶解性，即随温度的升高溶解度降低，当超过某一温度时，部分多元醇分子就会从溶液中析出，溶液变浑浊，此转变温度为浊点（CPT）。而浑浊的溶液在温度降低至CPT以下时又会重新变澄清，因此可以通过测定已浑浊的溶液变清的温度来测得CPT。

配制一定浓度的聚醚多元醇溶液50mL，向50mL刻度试管中倒入30mL配好的溶液，插入温度计，然后将试管移入烧杯中，加热，同时用温度计轻轻搅拌溶液，直至溶液完全呈浑浊状，停止加热，试管仍保留在烧杯中，用温度计轻轻搅拌溶液使其慢慢冷却，记录浑浊消失时的温度。平行测定二、三次，取平均值，即为该浓度时聚醚多元醇的浊点。

实验结果表明，1.5%聚醚多元醇的浊点为22℃。

B. 吸附实验。

非离子型聚醚多元醇可与浓的硫氰酸钴盐生成稳定的蓝色三元配合物，多元醇浓度不同，则生成的三元配合物的颜色深浅就不同。根据比耳-郎伯特定律，在某一浓度范围内，吸光度a与多元醇浓度c成正比，即$a = K \times c$。

a. 绘制工作曲线。

配制浓度为0.01%、0.02%、0.03%、0.04%、0.05%的聚醚多元醇溶液。用蒸馏水溶解30g的$Co(NO_3) \cdot 6H_2O$，200g的KCl和200g的NH_4CNS，配制成1L浓硫氰酸钴钾溶液。用移液管移取20mL的CH_2Cl_2和20mL浓硫氰酸钴钾溶液至125mL的分流漏斗中，然后加入5mL已配好的聚醚多元醇溶液，塞好塞子，震荡1min。用移液管移取10mL异丙醇放入50mL干燥的锥形瓶中，当分液漏斗中分层完全时，放出1mL萃取液，用移液管移取15mL萃取液到锥形瓶中，混合后立即用UV-754型分光光度计测其吸光度a。以聚醚多元醇的浓度c为横坐标，吸光度a为纵坐标，绘制工作曲线，曲线表示为线性关系，表明在该浓度范围内测定的方法是有效的。将上述的蒸馏水换成1mol/L的NaCl和1mol/L的KCl，用同样的方法测定不同介质中的吸光度a与聚醚多元醇浓度c的关系，绘制工作曲线。

b. 测定吸附量。

取1g安丘膨润土置于100mL容量瓶中，加入50mL蒸馏水，摇匀，加入0.05g纯碱，加热，充分水化24h备用。加入一定量的聚醚多元醇溶液，再加水，放入恒温水浴（30℃）中，充分吸附2h，取出，在5000r/min转速下离心15min。取适量上层清Y液，按与工作曲线相同的方法测定吸光度a，根据工作曲线，查得相应的聚醚多元醇的浓度，用以下公式计算吸附量：

$$\Gamma = (c_1 - c_2) \times V/G$$

式中　Γ——聚醚多元醇在粘土颗粒上的吸附量，g/g；

　　　　c_1、c_2——聚醚多元醇溶液吸附前后的浓度，%；

　　　　V——溶液的体积，mL；

　　　　G——粘土质量，g。

用以上的方法测定聚醚多元醇在蒸馏水、1mol/L的NaCl和1mol/L的KCl中的吸附量，结果见表7和图6。

表7　聚醚多元醇吸附量表

介　质	起始浓度 c_1%	吸附后浓度 c_2%	多元醇在粘土上的吸附量，g/g
蒸馏水	0.05	0.0305	0.0195
	0.10	0.0512	0.0488
	0.15	0.0999	0.0601
	0.20	0.1387	0.0613
1mol/L 的 NaCl	0.05	0.0352	0.0148
	0.10	0.0606	0.0394
	0.15	0.0984	0.0516
	0.20	0.1468	0.0516
1mol/L 的 KCl	0.05	0.0344	0.0156
	0.10	0.0623	0.0377
	0.15	0.0824	0.0676
	0.20	0.1289	0.0711

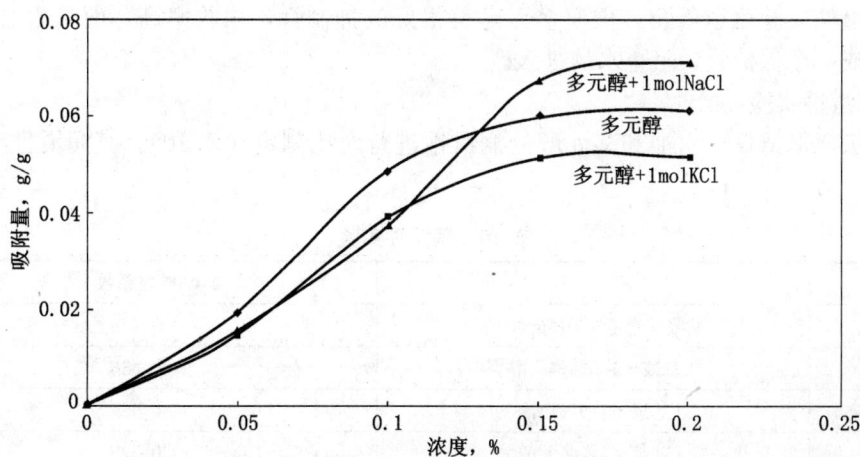

图6　聚醚多元醇在不同介质中的吸附等温线

由上述浊点和吸附实验可以看出，聚醚多元醇亲油性强，浊点低（仅22℃），而井下温度一般高于22℃。聚醚多元醇水溶时其表面活性使它自动吸附在岩屑和钻具表面，形成一层憎水膜，阻止泥页岩水化分散，稳定井壁，改善钻井液的润滑性，降低钻具的扭矩和摩阻，防止钻头泥包，稳定钻井液性能；聚醚多元醇不溶于水时呈油状析出，附着在钻具和井壁上，形成一层类似油的分子膜，不但能够降低钻具扭矩，提高极压润滑性，而且同时参与泥饼的形成，起到空间阻碍作用，封堵岩石孔隙，防止水渗入地层，能有效控制孔隙压力传递，提高毛管阻力，从而实现稳定井壁的作用。同时，聚醚多元醇相对分子质量较小，容易进入粘土晶层之间，将晶层中部分水排出，并与粘土晶层形成紧密结构，起到稳定与封堵作用。

②性能评价。

A. 抑制性实验。岩心回收率实验数据见表8。岩心浸泡实验数据见表9。

表8　岩屑回收率实验

序号	试　液	岩屑回收率,%
1	自来水	10.8
2	混合液（水＋海水）	11.2
3	3.0％多元醇＋混合液	78.9
4	2％KCl＋混合液	36.0
5	5％KCl＋混合液	45.1

表9　岩心浸泡实验

序号	试　液	现　象
1	水	5min 少量剥落，3h 完全解体
2	2％KCl	1min 少量剥落，2h15min 完全解体
3	1.5％多元醇	3min 边缘少量翘起，24h 产生裂纹，几天仍未解体
4	2％KCl＋1.5％多元醇	5min 边缘少量翘起，24h 产生裂纹，几天仍未解体

从以上两实验可以看出，聚醚多元醇有很好的抑制性，回收率高，而且岩心浸泡后，其表面形成一个保护膜，阻止水的进入。

B. 润滑性实验。

利用极压润滑仪对白油和多元醇的润滑性进行对比测定（表10），其润滑性与白油相当。

表10　润滑性实验

序号	配　方	摩阻系数
1	基浆（密度 1.025g/cm³）	0.478
2	基浆＋1.5％多元醇	0.356
3	基浆＋1.5％白油	0.464
4	基浆＋3％多元醇	0.325
5	基浆＋3％白油	0.356

（4）阳离子乳化沥青的引入和评价

打破了过去"吸附"为基础的降失水理论，提出了"封堵"为基础的理论。

YL 系列乳化沥青为粒度细小的可变形封堵材料，可以封堵大颗粒架桥后留下的孔隙和地层孔隙裂缝。根据井温的不同，选择配合使用相应软化点的 YL 系列乳化沥青，可大幅度降低 HTHP 失水、API 失水，促进在井壁形成薄而韧的泥饼，同时，又有很好的防塌、防漏和润滑作用。

图 7 是在相同基浆情况下，分别加入 4% 的 FT-1、乳化沥青 YL-120、天然沥青粉，在 110~120℃、3.5MPa 条件下测得的滤失速率，可以看出乳化沥青的封堵效果最好。

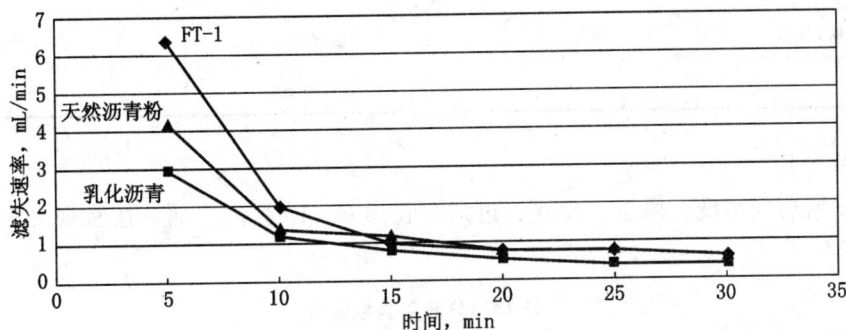

图 7　滤失速率实验

根据上述实验数据和作用机理分析可以看出，使用合适的加重剂复配，既可以尽量少降低高密度钻井液中固相含量，又可以控制其 HTHP 滤失量；硅酸盐、多元醇、阳离子乳化沥青对复合盐层、易漏性砂岩地层有着很好的抑制、封堵和防塌作用。

2）钻井液配方的优选

根据克拉 2 号气田盐膏层高压气层特点和对主要处理剂作用机理研究以及室内实验情况，确定钻井液体系为高密度多元醇饱和盐水稀硅酸盐 KCl 聚磺钻井液体系，优选出了一套钻井液配方，同时对配方的热稳定性、抑制性、润滑性、造壁性及抗污染能力进行了评价。

（1）热稳定性。

表 11 为在室温及在 150℃、热滚 16h 后测得的钻井液性能。

表 11　钻井液性能表

项目	密度 g/cm³	$\phi 6$	表观黏度 mPa·s	塑性黏度 mPa·s	动切力 Pa	动塑比, ×10³
室温	2.2	4	68.5	55	13.5	245
高温	2.2	2	56.5	47	9.5	202

项目	流性指数	稠度系数 mPa·s^n	静切力 Pa	水眼黏度 mPa·s	API 滤失量 mL	HTHP 滤失量 mL
室温	0.74	0.41	2.04	46.4	0.5	27.4
高温	0.28	0.26	1.0	40.1	0.5	

从实验数据可看出，该钻井液在高达150℃温度作用16h后，性能变化不大，表现出较强的热稳定性。

（2）抑制性。

①膨胀实验。

取105℃下烘干的二级安丘膨润土8g在10MPa下压5min，按常规实验方法实验，结果见表12，可以看出其良好的抑制性。

表12　抑制性评价表

2h		4h	
膨胀量，mm	膨胀率，%	膨胀量，mm	膨胀率，%
0.35	3.6	0.53	5.4

②分散实验。

取实钻岩屑经水洗、风干、粉碎、过筛，收集6～10目的岩屑，按常规方法测定回收率，见表13。

表13　分散实验数据表

	35目筛余，g	回收率，%
实验配方	49.98	99.96
自来水	8.3	16.6

测出的回收率值高达99.96%，说明该套钻井液配方抑制性好。

③页岩稳定指数（SSI）测定。

实验按常规评价方法，页岩稳定指数高达98，实验数据见表14。

表14　页岩稳定指数（SSI）测定数据表

线膨胀率，%			页岩稳定指数		
4h	6h	8h	4h	6h	8h
2.82	2.80	2.79	98.95	98.80	98.64

（3）润湿性。

利用极压润滑仪对配方的摩擦系数进行测定，摩擦系数为0.1839，表现出良好的润滑性能。

（4）造壁性。

钻井液造壁性的好坏对封堵地层、稳定井壁及保护油气层都有很大影响。若钻井液泥饼致密，则滤失量就小，对地层封堵效果就好，有利于井壁稳定和油气层保护。

实验在110～120℃、3.5MPa下测定HTHP滤失量，用取得的泥饼来测定室温下不同时间内自来水的滤失量，时间为30min（见表15）。用滤失量对时间作图，所得曲线的斜率为滤失速率dv/dt。利用以下公式计算泥饼渗透率K：

$$dv/dt = K \times A \times \Delta p/(\mu \times h_{mc})$$

式中　A——过滤面积；

　　　Δp——压差；

　　　μ——水黏度；

　　　h_{mc}——泥饼厚度。

表 15　造壁性实验数据表

HTHP 滤失量，mL	泥饼厚度，mm	自来水滤失量，mL/30min	泥饼渗透率，mD
27.4	6.5	4.9	2.239

实验数据表明，该钻井液造壁性好。

（5）抗污染能力。

钻井液抗污染能力是衡量钻井液体系优劣的重要指标。常见的污染物主要是钻屑和石膏。为了考察这些污染物对钻井液性能的影响，分别进行了不同污染物的污染实验，实验结果见表16、表17。

表 16　岩粉对优选配方性能影响的实验数据

岩粉加量，%	钻井液性能						备注
	密度 g/cm³	$\phi 6$	表观黏度 mPa·s	塑性黏度 mPa·s	动切力 Pa	滤失量 mL	
0	2.2	4	68.5	55	13.5	0	室温
	2.2	2	56.5	47	9.5	0.5	120℃/16h
5	2.2	5	75	60	15	1.4	室温
	2.2	5	82.5	65	17.5	3.0	120℃/16h

注：岩粉为塔里木地区东秋5井2500m过100目筛的岩屑。

表 17　石膏对优选配方性能的影响实验数据

石膏加量，%	钻井液性能						备注
	密度 g/cm³	$\phi 6$	表观黏度 mPa·s	塑性黏度 mPa·s	动切力 Pa	滤失量 mL	
0	2.2	4	68.5	55	13.5	0	室温
	2.2	2	56.5	47	9.5	0.5	120℃/16h
0.2	2.2	4	66	53	13	2.8	室温
	2.2	3	63.5	51	16	2.0	120℃/16h

上述实验可以看出，优选配方的良好抗污染能力，同时再次证明其抗温性能。

（6）页岩滚动回收率。

页岩回收率实验数据见表18。

表 18　页岩滚动回收率实验（120℃、16h滚动）

配方	滚动前岩屑重，g	滚动后岩屑重，g	回收率，%
清水	30.00	19.50	65.00
0#	30.01	29.65	98.80

注：所用岩屑为YM-1井钻屑（6～10目）。

从页岩滚动回收率实验看，所选配方钻井液的页岩滚动回收率高，抑制性良好。

3）钻井液配方及性能指标

通过大量的室内优选及性能评价实验，给出了该钻井液的配方和性能指标，具体见表19。

表19　室内给定的性能指标

项　　目	指　　标
密度，g/cm³	2.2
漏斗黏度，s	90～100
塑性黏度，mPa·s	70～110
屈服值，Pa	7.5～15
静切力（10s/10min），Pa	(3～5)/(8～16)
API失水/泥饼，mL/mm	(3～5)/0.5
HTHP失水/泥饼，mL/mm	(5～15)/1
摩阻系数	0.1091
固相含量（体积含量），%	38～40
膨润土含量，g/L	<20
pH值	10～11
滤液Cl⁻，mg/L	170000～190000

四、现场应用情况

上述研究成果首先被应用在克拉2号气田KL-203井、KL-204井的钻井过程中。

克拉203井一开采用17½in钻头钻至105.22m，13⅜in表层套管下深105.22m；二开12¼in钻头钻至盐顶3151m，9⅝in技术套管下至3149.73m；三开用8½in钻头，采用多元醇饱和盐水稀硅酸盐KCl聚磺钻井液体系，安全地钻穿了复合盐层与白云岩，进入白垩系砂岩100多米，由于白云岩气层与下部砂岩气层压力系数相差过大导致严重井漏，故提前下入7in尾管，封隔井段为3000.43～3810.42m；四开采用5⅞in钻头，继续使用该体系，为控制井漏，根据地层压力系数的逐步下降，不断降低钻井液密度，从2.18g/cm³逐步降至完钻井深4050m的2.03g/cm³，最后下入5in（3382.6～4048m）尾管完井。

克拉204井采用了与克拉203井相同的井身结构，所不同的是先采用7in尾管封固复合盐层与高压白云岩气层。该井自8½in井眼至完钻也采用了该钻井液体系，完钻井深4050m，5in尾管完井。

1. 现场施工的先期准备工作

1）设备要求

（1）根据钻井液需用量，要为地面循环罐留有足够大的空间，配足膨润土浆罐以及胶液罐，要保证每个罐上水回水方便，罐罐连通。

（2）高密度钻井液加重系统负荷大，利用率高，为了保证施工顺利、方便需增加一套。

（3）震动筛为一级固控设备，是去除高密度钻井液中有害固相的主要固控设备，为了尽可能除去高密度钻井液中有害固相需采用高频直线型震动筛，并需准备足量高目数筛布。

2）钻井液转换

（1）虽然有室内研究配方作为基础，但在现场钻井液转换前，仍需做好小型实验。

（2）根据小型实验结果、原有钻井液的性能、处理剂情况制定好转换方案。

2. 现场钻井液维护处理

（1）及时补充按照比例复配的加重材料，保持所需的钻井液密度和相对低的固相，保证钻井的顺利进行。

（2）严格控制钻井液流变性，调整好钻井液的黏度和切力数值，不使用稀释剂。

（3）确保钻井液的强抑制性和封堵能力。通过加入强抑制性处理剂多元醇、氯化钾、硅酸钾和具有封堵作用的乳化沥青，可确保钻井液体系的强抑制性和强封堵能力，维护井眼稳定。

（4）确保形成优质泥饼，严格控制钻井液的滤失量。加入适量具有良好抗高温、抗盐污染的能力的降失水剂。

（5）维护适当的含盐量。现场根据地层情况，把钻井液中的 Cl^- 控制在 160000～190000mg/L 的范围内。

（6）保持钻井液适当的 pH 值。钻井液体系的 pH 值是否适当，直接关系着钻井液处理剂性能的有效发挥，同时 pH 值也是判断钻井液是否受到污染的主要依据。在盐膏层的钻井过程中，pH 值往往会不断地有所下降。在现场维护过程中，及时补充烧碱，减少各种因素造成的钻井液 pH 值的降低，避免处理剂效能的降低和钻井液性能的破坏。

（7）保证钻井液优良的润滑性。钻井液中加入的乳化沥青和多元醇对钻井液均具有较好的润滑作用，但现场仍需加入润滑剂，保证钻井液的润滑性，降低钻井液的摩擦系数，有利于提高机械钻速。

（8）充分重视钻井液的固控工作，最大限度地发挥一级固控效率。

总之，高密度多元醇饱和盐水稀硅酸盐聚磺钻井液的配制和维护技术是保证所设计的体系以优良性能钻穿盐膏层的关键。在使用过程中，把握好该钻井液的维护要点，与工程措施配合使用，确保钻井液满足地质和钻井工程的要求。

部分井的漏失情况见表 20、表 21。

表 20 克拉 2 号构造带部分井白垩系漏失情况对比表

井 号	井漏次数	漏失量，m³	损失时间，h
KL-2 井	10	268.9	162
KL-201 井	10	168.4	226
KL-202 井	3	986.75	1129
KL-203 井	4	422.4	209
	4	190	59
KL-204 井	0	0	0

表 21　克拉 2 号构造带部分井第三系库姆格列木群漏失情况对比表

井　　号	井漏次数	漏失量，m^3	损失时间，h
KL-2 井	6	277	27
KL-201 井	9	278.4	228
KL-202 井	6	204.65	134
KL-203 井	0	0	0
KL-204 井	0	0	0

注：KL-203 井采用的是停钻注桥浆和随钻堵漏的办法，效果良好；为保护油气层，可酸溶的堵漏剂应占桥堵剂总量的 70% 以上。

3. 现场作用的钻井液性能

1）克拉 203 井钻井液性能

表 22、表 23 是克拉 203 井盐膏层高压气层段，即 $8\frac{1}{2}$ in（3151.5～3811.85m）井段、$5\frac{7}{8}$ in（3811.85～4050m）井段钻井液性能的详细情况。

表 22　克拉 203 井盐膏层白云岩高压气层 3151.5～3811.85m 井段钻井液性能

密度，g/cm^3	2.08～2.28	摩阻系数	0.0963～0.0787
漏斗黏度，s	70～95	固相含量（体积含量），%	38～40
塑性黏度，mPa·s	69～114	膨润土含量，g/L	<20
屈服值，Pa	7.5～15	pH 值	9.0～11
静切力（10s/10min），Pa	（3～5）/（7～15）	滤液 Cl^-，mg/L	160000～190000
API 失水/泥饼，mL/mm	（2.5～4.2）/0.5	滤液 Ca^{2+}，mg/L	200～1000
HTHP 失水/泥饼，mL/mm	（4.8～15）/（1～2）	含砂量（体积含量），%	0.1

注：体系为高密度多元醇饱和盐水稀硅酸盐聚磺钻井液体系。

表 23　克拉 203 井白垩系高压气层 3811.85～4050m 井段钻井液性能

密度，g/cm^3	2.03～2.19	摩阻系数	0.0963～0.0783
漏斗黏度，s	78～99	固相含量（体积含量），%	38～40
塑性黏度，mPa·s	75～105	膨润土含量，g/L	<20
屈服值，Pa	7.5～14.5	pH 值	9.0～11
静切力（10s/10min），Pa	2.5～3/6～8	滤液 Cl^-，mg/L	111000～130000
API 失水/泥饼，mL/mm	2.5～3/0.5	滤液 Ca^{2+}，mg/L	220～680
HTHP 失水/泥饼，mL/mm	6.5～8.0/0.5～1	含砂量（体积含量），%	0.1

注：体系为高密度欠饱和盐水聚磺钻井液体系。

2）克拉 204 井钻井液性能

克拉 204 井钻井液性能与克拉 203 井钻井液性能基本相似。

4. 现场的实际效果

1）钻井液性能优良

（1）该钻井液具有良好的流变性。在密度高达 2.10～2.30g/cm³ 的情况下，钻井液漏斗黏度 70～100s，切力（3～5）/（7～10）Pa/Pa，表现出良好的流变性。

（2）有较强的封堵和抑制能力。

①顺利钻穿克拉 203 井、204 井 533.5m 和 676.5m 的盐膏层，盐膏层钻井过程中，事故率和复杂时效为零，盐膏层电测井径无扩径、缩径。

②强封堵形成优质泥饼，提高了井壁的承压能力扩大了钻井液安全密度窗口，配合堵漏技术，较好地控制了井漏的发生（参见表 20、表 21）。

③在高压气层段（即白云岩段、白垩系产层段）实现了近平衡钻井。

例如，在 $8\frac{1}{2}$ in 井眼，强抑制、强封堵功能不仅完全满足了库姆格列木群复合盐层钻井的需要，而且在高压白云岩气层井壁，形成了一道渗透率极低的封堵墙，使采用尽可能接近孔隙压力的钻进液密度成为可能（井漏时泥浆密度 2.13g/cm³，地层压力 2.12g/cm³）；在 $5\frac{7}{8}$ in 井眼，提出和运用下列平衡压力钻井操作技术：钻开气层时，控制岩屑气气测全量 30%～50%；钻开气层后，控制单根气气测全量 5%～10%米调整钻井液密度，使实钻钻井液密度从邻井的 2.20～2.25g/cm³ 降低到 2.19～2.03g/cm³。

（3）该钻井液有较低的滤失量和薄而韧的优质泥饼，HTHP 失水量为 6～8mL，泥饼厚变为 1mm 且韧性好。

（4）钻井液润滑性优良，现场钻井液的摩阻系数为 0.078～0.096。

（5）钻井液性能稳定，抗污染能力强。

①克拉 203 井、204 井 Ca^{2+} 含量分别达到 1200mg/L、880mg/L 钻井液性能无波动，充分显示了该体系较强的抗污染能力。

②克拉 203 井、204 井钻井液在井底静止 50～68h，泥浆性能稳定。

2）成功钻穿大段复合盐岩层，安全钻过高压气层

3）实现了低成本勘探

由于实现了安全快速钻进，克拉 203、204 井比稍早前开钻的克拉 2、201 井大幅度缩短了钻井周期（详见表一），因该钻井液维护过程中不需要采取排放泥浆来调整性能，同时较好地控制了地层漏失，所以整体钻井液成本也得到了控制，实现了低成本勘探目的。

五、认　　识

（1）针对克拉 2 号气田盐膏层高压气层特点，研究应用了针对性、实用性较强的多元醇饱和盐水稀硅酸盐聚磺钻井液，该钻井液中多元醇、硅酸盐、阳离子乳化沥青等处理剂在使用过程中发挥了抑制、封堵、防塌等重要作用，是该钻井液的重要组成部分。该钻井液具有抑制性强，封堵能力强，流变性好，高温高压失水小，能形成压缩性好、渗透率低、薄而韧的优质泥饼，润滑性能优良，性能稳定，抗污染能力强，易于维护等特点。它改变了传统饱和盐水高密度钻井液要经过排放，才能较好维护调整钻井液性能的缺点，改变了油基钻井液成本高、易污染环境的缺点，降低了钻井液成本和钻井的综合成本。

（2）该技术是克拉 2 号气田盐膏层高压气层实现安全快速钻进，提高钻探综合经济效益，实现低成本勘探的一项重要技术保证。

（3）该技术可以在塔里木油田迪那地区及山前构造其他地区同一或相似地层推广应用。

（4）为能较好解决大段气层段的易漏易喷问题，应从井身结构着手，下入一层套管封隔上部高压气层，然后调整钻井液密度，钻下部气层。

马古 3 井钻井液工艺技术

刘 榆 吴军康

（作者单位）

摘 要 本文详细介绍了马古 3 井的钻井液工艺技术。实践表明，该井所用的 MMH 钻井液体系和打封闭技术满足了大井眼的悬携岩要求，聚合物有机硅钻井液体系抗温性妙，防塌能力强。

关键词 大井眼 正电胶钻井液 打封闭 聚合物有机硅钻井液

一、地质情况简介

马古 3 井位于辽河西部凹陷马圈子潜山带，是一口预探斜井，完钻井深 4608m，主要目的层为太古界潜山段油藏。兼探中生界和沙三段。地质分层见表 1。

表 1 马古 3 地质分层及岩性情况

地层	斜深，m	岩 性
明化镇组	380	浅灰色砂砾岩，砂砾岩及灰色泥岩
馆陶组	1115	大套灰白色块状砂砾岩与下伏地层呈角度不整合接触
东营组	1690	灰白色砂岩与薄层灰绿色泥岩、泥质粉砂岩呈不等厚互层
沙一、二段	2018	深灰色泥岩夹浅灰色粉砂岩、黄灰色灰质页岩、砂岩互层
沙三段	3258	深灰色泥岩夹薄层灰色荧光细砂岩、粉砂岩及灰色粉砂质泥岩
中生界	4168	绿灰色安山岩、紫红色泥岩、褐灰色泥岩与杂色砂砾岩互层
太古界	4608	灰白色荧光、油迹混合花岗岩、灰色荧光斜长角闪岩

二、工程情况简介

该井 2004 年 2 月 13 日开钻，2004 年 10 月 11 日交井，是预探斜井，1950m 定向，最大井斜 25°，稳斜段长 2238m，多次扭方位，井身轨迹不好。

表 2 马古 3 井身结构

序号	井眼尺寸，mm	井段，m	套管尺寸，mm	套管下深，m
1	660.4	0～52	508	51
2	406	～1204	339.7	1184.58
3	311	～4188.26	273	4173.6
4	215.9	～4608	139.7	4600

三、钻井液施工技术难点

1. 大井眼携带岩屑和悬浮岩屑、防止憋漏难点

该井用 ϕ406mm 钻头钻到 1204m，ϕ311 钻头钻到井深 4188m，是辽河油田同尺寸井眼中，井深和井斜最大的一口井。

2. 井眼稳定难点

该井三开 1204～4188m，施工时间 178d，沙一、沙二段及沙三段，含有大段深灰色泥岩、页岩，水敏性强，经长时间的浸泡，极易发生剥落、坍塌现象。

3. 润滑防卡难点

井深 1950m 造斜，稳斜井段长达 2238m，最大井斜 25°，由于稳斜段长，多次扭方位，井身轨迹不好，使井壁多处形成键槽，造成起钻有遇卡现象，给防卡带来很大困难。

4. 无固相钻井液的抗温、稳定性难点

该井井底温度为 150℃，使用无固相钻井液，钻井液性能稳定难。

5. 无固相钻井液能否成功实现欠平衡难点

要求钻井液的密度低于 $1.02g/cm^3$，实现欠平衡钻井施工，在欠平衡条件下起钻压井和钻进时岩屑侵入条件下控制无固相钻井液密度是个难题。

6. 保护储集层难点

由于探井地层特性和地层流体性质的不确定性，给钻井和储集层勘探油层保护工作增加了难度，四开能否成功使用无固相完井液是实现欠平衡和保护储集层的关键。

四、钻井液技术

1. 钻井液技术措施

(1) 使用正电胶体系和 XC 段塞，解决大井眼携岩、悬岩问题。

(2) 使用有机硅钻井液体系和聚合醇，成功解决长裸眼长时间井壁稳定问题。

(3) 使用聚合醇和固液混合润滑防卡技术，解决该井长裸眼井段、大井斜的润滑防卡问题。

(4) 运用处理剂在井内高温状态下的化学反应，解决无固相钻井液体系抗温、性能稳定问题。

(5) 及时消除无用固相和使用卤水压井液，解决欠平衡期间密度有效控制问题。

(6) 用无固相钻井液实现欠平衡，用卤水压井，解决储集层污染问题。

2. 钻井液工艺技术措施的实施

1) 钻井液体系的选择

(1) 一开、二开钻井液体系的选择。

一开用普通膨润土钻井液体系。二开后，使用具有"快速弱凝胶性质"的无机盐钻井液体系。起钻前用 XC 打封闭，成功满足了大井眼携岩、悬岩的要求。

(2) 三开钻井液体系的选择。

中部地层（东营组、沙一段、沙二段，斜深 1204～1905m），使用聚合物不分散钻井液。

下部地层（沙三段、中生界斜深 1905～4188m），聚合物有机硅钻井液体系，基本配方为：2%～3%膨润土 + 0.8%～1.0%GWJ + 0.8%～1.0%GXJ + 0.2%～0.3%K－PHP +

1%～2%SMP＋1%～2%KH－931＋2%～3%聚合醇＋1%～2%SPNH＋3%～4%RT－001＋1%～2%固体润滑剂＋加重剂。

（3）四开钻井液体系的选择。

四开（4188～4608m）使用无固相钻井液完井液体系，基本配方为：清水＋0.7%～1.2%增粘剂A＋0.5%～1.0%增粘剂B＋1.0%～1.5%交联剂A＋0.7%～1.0%交联剂B。

2）钻井液体技术措施的实施

（1）一开井段0～52m的普通膨润土钻井液体系的维护、处理工艺。

一开用普通膨润土钻井液体系，钻完表层进尺后提高钻井液的黏度到80～100s并充分循环，以确保表层导管的顺利下入。

（2）二开井段52～1204m的膨润土聚合物钻井液体系的维护、处理工艺。

黏度提到70s进行二开钻进，当钻至500～1000m含有大段砂砾岩、砾岩的馆陶段时，加入1%土粉，提高粘切，维护时用XC提高黏度保持在85～110s，保证钻井液的悬浮、携带岩屑能力。电测起钻前大排量洗井，确保电测一次成功。下套管前一次加入1%磷片石墨以确保深表层套管的顺利下入。

（3）三开井段1142～1956m的聚合物不分散钻井液体系的维护、处理工艺。

该井段采用聚合物不分散钻井液体系，它是在原上部膨润土聚合物钻井液体系的基础上按聚合物不分散钻井液体系的基本配方加入各种处理剂形成的钻井液体系。在使用过程中确保膨润土含量小于4%，钻进过程中按每米0.5～1.0kg的K－PHP、1.0～2.0kg的NH_4－HPAN和1%FT－881加入各种处理剂，以K－PHP抑制泥岩造浆，以NH_4－HPAN改善流动性。

（4）井段1956～4188m的聚合物有机硅钻井液体系的维护、处理工艺。

该井段采用了聚合物有机硅钻井液体系。钻到井深1956m时，将钻井液在2个循环周内由聚合物不分散钻井液体系改型为聚合物有机硅钻井液体系。改型处理剂用量为：1%GWJ、1%GXJ、1%FT881、0.05%K－PHP和1%固体润滑剂。钻进到2200m，进行该井段的第二次处理，加入3%的降失水剂，在聚合物有机硅钻井液体系稳定以后，每钻进150～200m左右处理一次，2500m后加入聚合醇，使钻井液API失水小于3mL，HTHP失水小于10mL。2200m进入稳斜后加入润滑剂，第一次按2.0%加入，以后按5kg/m分别加入固体润滑剂和RT－001，含油量达到3%。在进入油层前，控制膨润土含量低于80mg/L。该段钻井液性能见表3。

表3　分段典型钻井液性能表

| 井深 m | 密度 g/cm³ | 漏斗黏度 s | pH 值 | 滤失量，mL | | 初/终切 Pa/Pa | 流性指数 | 稠度系数 mPa·sⁿ | 固相含量 % |
				API	HTHP				
1500	1.13	42	8.5	5.0		1.5/2.5	0.68	182	9
2000	1.17	44	10.5	5.0		1.0/2.5	0.64	253	10
3000	1.29	47	10.5	3.0		1.5/3.0	0.68	277	13
3300	1.37	50	10.5	3.0	10.0	1.5/3.0	0.63	379	17
3700	1.40	60	10.5	3.0	8.0	4.5/7.0	0.59	741	20
4100	1.40	78	10.5	3.0	8.0	7.0/10.0	0.48	1899	21

（5）四开井段 4188～4608m 采用高温胶联无固相钻井液。

A. 配制工艺。

a. 下完技术套管固完井后清掏所有的钻井液循环罐，用清水替出井筒内的钻井液，达到要求后进行无固相钻井液体系的配制。

b. 按配方加入各处理剂配制无固相钻井液体系。

B. 维护要点。

a. 钻进中，根据实钻情况按循环周补足各种处理剂，保持黏度在 45～50s，保证携带岩屑的要求。

b. 强化固控设备使用，利用四级净化设备，充分清除钻屑，保持密度在 1.01～1.02g/cm^3，实现无固相；降低有害固相对油层的损害，实现欠平衡钻井，保护了油气层。

c. 进入油气层后，每次起钻前要测后效，根据油气土窜速度及套压值计算压井用卤水量，卤水压到上部，不污染产层，做到"压而不死，活而不喷"。

d. 完井前大排量洗井，充分携砂，保证完井电测一次成功，减少油层侵泡时间，保护油气层。

C. 分段钻井液性能见表 4。

表 4　四开分段钻井液性能

井深，m	密度，g/cm^3	黏度，s	API 滤失量，mL	HTHP 滤失量，mL	动切力，Pa	流性指数
4188	1.01	50	4.0	10.2	6.0	0.59
4400	1.01	46	3.5	9.6	4.0	0.71
4500	1.01	48	4.0	9.6	5.0	0.68
4600	1.02	49	4.2	9.8	6.0	0.70

五、马古 3 井钻井液技术效果

1. 满足了大井眼、长裸眼的携岩、悬岩要求

该井大井眼井段钻井期间起下钻顺利，震动筛钻屑返出正常，电测、下套管顺利。

2. 实现了润滑防卡技术的突破

该井裸眼段长 2238m，最大井斜 25°，井深轨迹不太好，多次扭方位，钻进、起下钻过程中附加拉力始终在 15～20t，扭矩正常，2 次钻具落井成功捞获。

3. 防塌技术得到了提高

该井裸眼井段长，施工时间特别长，地层中泥页岩浸泡的时间长而易于坍塌，但该井施工过程中井下正常，没有出现划眼现象，每次下钻均顺利到底，电测、下套管正常。电测数据表明 2500～4188m 井径扩大率为 8.68%，在 178d 长时间浸泡情况下，防塌效果非常明显，井径规则。

4. 使用无固相钻井液体系，成功实现了欠平衡钻井

该井从 4188～4608m 使用无固相钻井液成功实现了欠平衡安全、顺利钻井，多次点火成功，证明无固相钻井液体系在 150℃条件下性能稳定，成功满足欠平衡钻井的要求，实现了历史性的突破。

5. 对储集层实行了很好的保护

试油结果证明该井油井产量高（日产油 30 余吨，日产气万余立方米），在钻井过程中对储集层进行了保护，见到了明显的效果。

六、结论与认识

（1）使用 MMH 钻井液体系和打封闭等技术，可以满足了大井眼携岩、悬岩的要求。

（2）聚合物有机硅钻井液体系抗温性好，防塌能力强，通过在其中加入聚合醇，防塌周期可达 178d。

（3）高温胶联无固相钻井液，现场试验证明可以抗温 150℃，密度可控制在 1.03g/cm³。

参 考 文 献

[1] 黄汉仁等. 泥浆工艺原理. 北京：石油工业出版社
[2] 王昌军. 聚合醇 JLX 防塌润滑性能研究. 钻井液与完井液，2003，3
[3] 杨景利. 无粘土相钻井液的研究与应用. 钻井液与完井液，1996，2

陈古 1 井钻井液技术

摘 要 本文详细介绍了陈古 1 井的钻井液技术及施工情况，解决了复杂深井段的防塌和扭方位问题。

关键词 欠平衡钻井 防塌 扭方位 聚合醇无毒钻井液

陈古 1 井是中国石油投资的一口近 5000m 的科学参数井，该井位于吴家乡牛官屯东约 1.2km，西部凹陷陈家洼陷的东部，圈闭位置为陈家地区冷 46 井区陈家潜山顶部，主要目的层为元古界，兼探 S_3、S_4 油层。

陈古 1 井于 1999 年 12 月 12 日打入 ϕ508mm 导管 28.45m 后，用 ϕ444.5mm 钻头开钻，钻至 226.58m 导管返钻井液，用人工及固井方法处理未果，于 12 月 16 日起出导管，用 ϕ562mm 刮刀钻头扩至 57.12m，下入导管 56.98m 固井。12 月 17 日用 ϕ444.5mm 钻头钻至 1247.53m 下入 ϕ339.6mm 套管 1242.53m，12 月 28 日固井二开中完。

2000 年 1 月 7 日用 ϕ311mm 钻头三开，8 日监督上井，在 1395.96m 进行地层压力测试。2 月 18 日 1726m 随钻定向，最大井斜 25°。三次扭方位，井身轨迹差。4 月 20 日在井深 3724m 完钻，电测 3280m 遇阻，通井后连续电测 46h 正常，下套管正常，仅用 23h 顺利下完，是辽河 ϕ311mm 井眼下套管最深的井，4 月 29 日顺利固井，固井质量优质，该段井径规则，井径扩大率 8%。

5 月 2 日下钻至 3690m 加水替钻井液，配 KCl 钻井液，5 月 3 日钻水泥塞，5 月 4 日钻进，5 月 24 日完钻，完钻井深 3990m。其间 5 月 25 日电测、称重、下尾管，5 月 29 日固井完。整过施工过程顺利，电测一次到底，井径规则、扩大率 6%。

本井工程施工中存在的主要问题是动力设备和井身质量问题。动力问题于 3 月 12 日基本得到解决，排量可达 2.2～2.8m³/min。设备问题主要是泵和预驱常出问题。由于井身规迹差，导致附加拉力达 20～40t、最高 60t，扭矩大。前期生产时效低，1999 年 12 月 12 日开钻至 2000 年 2 月 29 日，纯钻时间 388h。

一、地质工程概况

1. 地质情况

陈古 1 井主要地质分层情况见表 1。

表 1 陈古 1 井主要地质分层

层 位	设计井段，m	实际井段，m
N_G	1130	1159
E_D	1900	1985
S_{1-2}	2350	2305
S_3	3600	3624

层　位	设计井段，m	实际井段，m
S₄	3800	3760
E_F	3950	3967
P_T	4800	

2. 井身结构

陈古 1 井井身结构如图 1 所示。

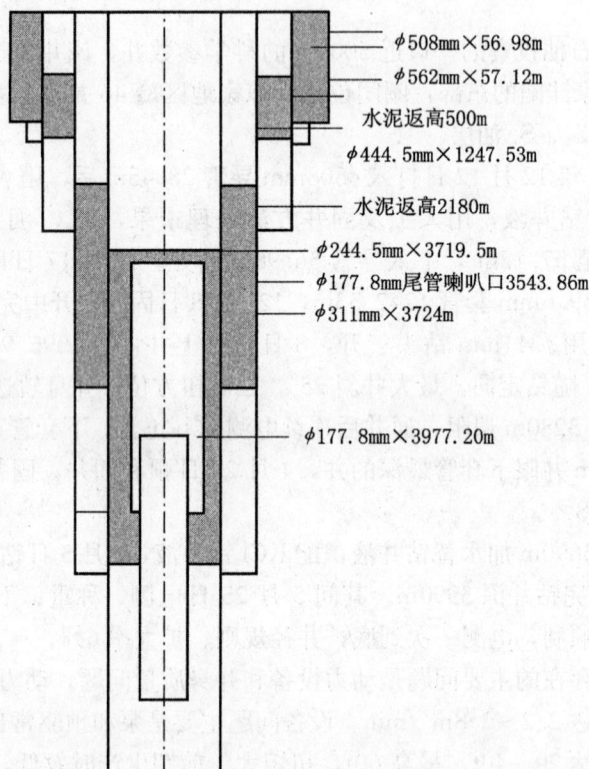

图 1　陈古 1 井身结构图

φ508mm×56.98m
φ562mm×57.12m
水泥返高500m
φ444.5mm×1247.53m
水泥返高2180m
φ244.5mm×3719.5m
φ177.8mm尾管喇叭口3543.86m
φ311mm×3724m
φ177.8mm×3977.20m

二、钻井液技术

1. 设计思路

1）对钻井液的要求

对于钻井液工艺来讲，困难主要在以下几方面。

（1）在主要目的层潜山段采用 $0.96g/cm^3$ 的钻井液密度，实施欠平衡钻井工艺技术。

（2）二开的馆陶地层大井眼段的井眼稳定、携岩和防漏问题。

（3）三开 S₄ 泥页岩水化坍塌井壁不稳定和斜井防卡。

（4）四开房身泡组严重井壁不稳定。

邻井冷 168、S125、S111 均在 S₃ 下部、S₄、房身泡组发生井壁坍塌，特别是身泡组坍塌严重。

2) 设计思路

（1）一开用普通膨润土浆下入导管。减少配降时间、节约成本。

（2）二开馆陶地层采用 MMH 钻井液体系，利用其动塑比高、携岩能力强的特点，满足上部大井眼地层快速钻进的要求。该钻井液流型独特，在近井壁形成具有缓冲作用的滞流层，避免钻井液液流对井壁的冲刷，达到保护壁、避免井壁扩大和防止井漏的作用。

（3）三开上部东营段造浆井段及 S_{1-2} 地层用聚合物不分散体系。该钻井液体系是正广泛应用的成熟的钻井液体系，配方简单，操作容易，体系固相含量低，特别有利于密度较低的浅地层的快速钻进，有利于加快钻井速度减少钻井液成本。

S_3 下部用无毒聚合醇体系，该体系有很强的热力稳定性和动力稳定性，润滑降摩阻能力强，有一定的防塌能力，同时有很高的固相容量限，适用于复杂地层的加重钻井液体系的斜井。

（4）四开采用 KCl 体系。长期以来，辽河地区东三及沙河街地层的井壁坍塌一直是钻井施工顺利的最大障碍，KCl 体系是国际公认的仅次于油基钻井液的最优秀防塌钻井液体系。但由于该体系成本昂贵，操作技术难度大，1985 年在沈北实验中严重絮凝，阻碍了在辽河地区的应用。KCl 体系在陈古 1 井用于解决 S_4 下部及房身泡地层井壁坍塌问题。

（5）五开应用水包油钻井液完井液。水包油钻井液完井液是针对保护油气层而开发出的一套完井液体系，该体系没有固相，避免了黏土对储层的污染。针对该井地层特点和钻井工艺要求，在过去水包油钻井液完井液的基础上研究开发出一种深井水包油钻井液完井液，其密度在 $0.93 \sim 0.99 \text{g/cm}^3$ 间可调，该体系抗温能力可达 150℃，能够满足垂深5000m 井的钻进要求。

2. 钻井液施工情况

（1）普通膨润土浆、MMH 浆、聚合物是常规钻井液体系，完全按照预期进行施工，满足地质需要，钻井施工顺利。

（2）三开聚合醇无毒钻井液处理维护情况及效果 2700～3724m。

A. 处理维护情况。

2700m 转化为聚合醇无毒钻井液，3000m 后加强防塌、润滑性能，并达到以下指标：

a. API 失水 3～4mL，HTHP 失水 9～10ml，膨润土含量 4%～4.5%。

b. 钻井液中保持 0.2%Drispac、3%JLX 和 3%大量的降失水剂，使其具有良好的泥饼质量、防塌能力。

c. 钻井液中的固相含量小于 17%，pH 值 10～10.5。钻井液均复配综合处理。

B. 施工中的复杂情况说明。

a. 2000 年 1 月 18 日，在 1726m 下钻，钻具落井，落鱼总长 397.2m，鱼顶深度1340m，下钻打捞水眼堵，起钻，钻具在井内静止 29.6h 后捞获。

b. 2000 年 1 月 20 日，井深 2082m，漏失钻井液 20m³。钻至该井深 3min，漏失 20m³，原因是动力不足，排量不够，钻时过快，开泵泵压过高引起的。处理经过：配钻井液起钻，起钻遇卡抽吸严重，采用倒划眼起出，下钻处理正常。

c. 3 月 2 日掉牙齿 32 颗，打捞不全，PDC 使用不好。

d. 划眼。3 月 19 日取心后下螺杆余 6 柱，井深 3247m 划眼 7h，3 月 20 日下钻通井余8 柱，划眼 32h，划眼中憋跳，反复划眼，划眼前密度 1.26g/cm³，漏斗黏度 55s，塑性黏度 25mPa·s，动切力 6.5Pa，流型指数 0.73，稠度系数 201。划眼中密度逐渐提高到

$1.38g/cm^3$，3 月 22 日划眼到底，短起下钻正常，下钻正常。

C. 三开聚合醇无毒钻井液效果。

2000 年 7 月 1 日用 ϕ311mm 钻头三开，最大井斜 25°。三次扭方位，井身轨迹差。4 月 20 日完钻后连续电测 46h 正常，仅 23h 顺利下完套管，是辽河 ϕ311mm 井眼下套管最深的井，4 月 29 日固井，质量优质该段井径规则，井径扩大率 8%。钻井液费用 117 万元。

钻井液施工完全按照设计进行，保证了在设备问题较多、施工困难情况下顺利进行。但在下部对碳酸根污染发现和处理不及时，加之对安全考虑太多，影响了电测和钻井液费用。

D. 四开用 KCl 钻井液（3724～3990m）。

a. 配浆时间：5 月 2 日开始钻水泥塞，共用时 30.5h。5 月 4 日开始钻进，共用时 42.5h。

b. 配浆工艺：先打入水 180m³ 将膨润土含量降低，加入 7%KCl 循环一周后，再加降失水剂，接着加入增粘剂、稀释剂，最后加重到 $1.42g/cm^3$，塑性黏度 60s。

c. 处理与维护：由于该钻井液体系抑制能力强，钻井液性能稳定，只需补充少量的 KCl、降失水剂和适量增粘剂，钻井液抑制能力就极强而且性能稳定，不用加稀释剂。钻井施工顺利。

d. 完井工作：该井段完井工作十分顺利，电测一次成功，下套管、固井十分顺利。

e. 四开 KCl 钻井液效果：该井段钻井施工、取心 5 次均十分顺利，电测一次到底、下套管顺利、固井质量优质、井径规则、井径扩大率 6%。

钻井液发能优良、稳定，具有极强的抑制、防塌能力。

3. 陈古 1 井欠平衡水包油钻井液工艺技术

设计要求在陈古 1 井潜山井段（3998～4800m）首次实施欠平衡钻井工艺，直观、直接地发现油气层，保护好油层，保证产层处于原始状态。该井预测地层压力系数 1.04～$1.08g/cm^3$（实测为 $1.04g/cm^3$）。要求用密度 $0.96g/cm^3$ 的水包油钻井液、完井液体系施工，其密度最低可达 $0.93g/cm^3$，这种钻井液无固相、无膨润土，滤液不与地层矿物、流体反应而损害油层。

1）水包油钻井液工艺难点及思路

（1）水包油钻井液工艺难点：

A. 岩屑携带问题：水包油钻井液中无固相、无膨润土，对于无固相和无膨润土钻井液体系，井温超过 120℃后提高其粘切的手段和处理剂极少，效果也不是十分理想，这是个世界性难题。同时该井为多层套管程序，岩屑携带问题更为突出。

B. 乳化稳定性：该井与一般应用水包油钻井液的井有两点区别，一是井温在 120～150℃间，二是密度要求在 $0.95～0.96g/cm^3$，含油量需达到 40%～45%，而水包油钻井液的油水比例愈接近 1:1，其乳化稳定性愈差。

C. 负压钻井压井液的优选：负压欠平衡钻井工艺要求起下钻时必须压井，对压井液的要求是：

a. 与钻井液配伍；

b. 易于替换出，对水包油钻井液的污染量小，降低钻井液的损耗；

c. 易取易操作。

D. 钻井液体系的高温稳定性：由于水包油钻井液中使用的处理剂大多是有机物，它们在弱碱性和酸性条件下不稳定，会发生一定的化学变化，而 120℃以上、高温 4000 多米的井下压力条件下将更有利于发生一定的化学变化，从而造成处理剂和钻井液体系的不稳定。

（2）解决问题思路：

对于无固相、无膨润土钻井液的提粘切处理剂，由于可选品种极少，选用最常用和有效的 XC，它能抗温 120℃，有一定的提粘切作用，在最佳加量时切力可提高到 2/6Pa/Pa，但对于陈古 1 井的多层套管结构，经处理剂处理的钻井液也难以满足要求，必须在乳化剂上取得突破。在满足乳化要求的情况下，同时提供粘切，如果乳化剂选择恰当，还可以同时解决水包油钻井液体系的高温稳定性。根据这一思路，进行了大量实验并获得成功。

2）实验结果

根据设计思路，选取 XC 作为提粘剂，Drispac 作为降失水剂。通过大量实验，选取 OT 作为主乳化剂，其抗温能力达 150℃，选取了 OP-10 及 A 作为辅乳化剂，辅乳化剂 OP-10 提高钻井液的乳化稳定性，A 可增加钻井液的粘切和体系的热稳定性，A 加量为 0.3% 时其粘切可达 4/8Pa/Pa，该体系抗温可达 150℃。体系配方为：60% 水 + 40% 柴油 + 0.3%XC + 0.5%OP-10 + 0.5%NP-10 + 0.2%Drispac + 0.5%A，其性能见表 2。

表 2　水包油钻井液性能

温度	密度 g/cm³	表观黏度 s	动切力 Pa	静切力 Pa/Pa	流性指数	稠度系数	pH 值	膨润土含量 g/L	泥饼 mm
常温	1.06	57	32	1.5/3.5	0.59	620	9.5	2.5	0.4
90℃	1.05	38	26	1/2.5	0.62	380	8.5	3	0.4
150℃	1.05	36	23	1/2	0.68	290	8.5	3	0.4

3）现场实施

（1）实施时间：2000 年 6 月 10 日～2000 年 9 月 21 日。

（2）实施井段及地层：3989～4270m，潜山地层。

（3）现场配制：清净所有循环罐、撇油罐、储备罐等循环设备。在循环罐内加入 60% 清水，加入 40% 柴油和适量的乳化剂，用 NaOH 调 pH 值，再加提黏、降失水剂，配制出的钻井液的乳化性能良好，其性能见表 3。

表 3　现场配制水包油钻井液性能

密度 g/cm³	漏斗黏度 s	塑性黏度 mPa·s	动切力 Pa	静切力 Pa/Pa	流型指数	稠度系数 mPa·s^n	pH 值	膨润土含量 g/L
0.96	55	16	10.5	1.5/2.5	0.52	734	8.5	2.5

（4）钻进施工：自井深 3989m，钻井液密度 0.96/cm³，黏度 53s，3989.52～4051.54m 取心三次，岩心总长 8.55m，收获率 95.7%。钻至井深 4121～4136m 时钻时加快，点燃火把，火焰高 2～10m。6 月 28 日钻至井深 4184.8m 进行中途测试，7 月 10 日继续钻进。7 月 18 日钻进至 4269.83m 断钻具，开始处理事故，整个钻进过程中火把一直燃烧。

事故处理一直持续至 9 月 11 日，下套管固井顺利完井。处理事故期间起下钻均点燃火把。事故是由于钻杆质量问题引起的，整个处理过程中起下钻 40 余次，起下正常，保证了钻井施工顺利进行。

（5）钻井液施工过程中的处理和维护：6 月 12 日井深 3989m 开钻至 4269.8m 钻完进尺，钻井液密度一直保持在 0.94～0.96g/cm³，最低 0.92g/cm³，黏度 55～90s，起下钻顺利，达到了设计要求。处理钻具事故后期，由于起下钻频繁，压井液混浆增多，钻井液密度维持在 0.96～0.98g/cm³ 时，下钻后均能点燃火把，说明钻井液密度完全满足欠平衡需要。整个施工中处理维护钻井液时，XC、Drispac 和乳化剂 A 都是按比加入的。

在钻井过程中和处理事故的前期，一直以清水作为压井液，后期钻井处理事故施工改用 1.20g/cm³ 卤水作为压井液。

4）结果

整个钻井施工过程中起下钻、试油及完井工作均十分顺利，说明该钻井液、完井液体系满足该井欠平衡施工需要，钻井液中始终无固相。

（1）自 4121m 揭开油气层点火燃烧成功，到完井，均能点火，证明该井钻井液达到了欠平衡工艺的要求，达到了直官发现油层和保护油气层的预期目的。

（2）通过现场实施，证明陈古 1 井潜山深井段的水包油钻井液工艺技术是成功的，解决了水包油钻井液高温条件下的携岩问题及高温稳定性和乳化稳定性问题。特别是通过乳化剂来调节水包油钻井液的岩屑携带能力和其他高温稳定性，是深井水包油钻井液工艺的一个重大突破。

三、陈古 1 钻井液工艺总结

陈古 1 井自 1999 年 12 月 6 日开钻至 2000 年 9 月 16 日完井，历时 285d，钻至井深 4270m，共使用了 6 套钻井液体系。在整个施工过程中，钻井液保证了钻井起下钻、各种钻井施工、电测、各种测试、下套管、固井等施工的顺利进行，整个施工作业均无任何钻井液因素造成的复杂情况。陈古 1 井的施工在钻井液工艺上是成功的，是深井钻井液工艺技术的又一大进步，同时在以下几方面有所突破。

（1）四开的聚合醇无毒钻井液体系，解决了复杂深井段防塌、扭方位的钻井施工问题，保证了完井工作、特别是在大负荷下套管的问题。

（2）三开成功地使用了 KCl 钻井液体系，解决了易塌的房身泡地层的坍塌问题，证实 KCl 钻井液有极强的防塌力。整个钻井施工、完井作业十分顺利，固井质量优良，井径扩大率仅 6%，钻井液性能非常稳定，钻井液成本 48.96×10⁴ 元。

（3）在辽河油田 3989～4270m 潜山井段成功地用 0.92～0.96g/cm³ 的水包油钻井液实施了欠平衡钻井工艺，同时解决了深井水包油钻井液的岩屑携带问题、温度超过 120℃时钻井液体系的乳化稳定和体系稳定的问题。钻井液成本 201.34×10⁴ 元。

四、分段钻井液材料消耗及费用

陈古 1 井钻井液材料使用情况见表 4。

表 4　陈古 1 井钻井液材料使用情况

项目	井段，m	材料消耗及价格
一开	0～1247	土粉：73，纯碱：3.3，MMH：1.1，FT881：3.25，DF：4，NPAN：0.55，石墨：0.15，KRAM：0.225
二开	1247～2700	纯碱：0.65。FT881：8.5。DF：1.75，NPAN：8.5，石墨：6，KRAM：1.73，CMC：1，COATER：3，SMP（I）：6。NaOH：1，RT001-2：21.4，SMP（S）2.RT001：21.2，RT001-2：21.4 重晶石 42.9

项目	井段，m	材料消耗及价格
三开	2700~3724	土粉：4，石墨 3，KPAM：0.7，CMC：0.85，SMP（Ⅰ）：4，NaOH：14，RT001-2：23.3，SMP（S）1，FCLS：10，无毒 15，JLX：36，SPNH：12。KH931：6
四开	3724~2977	柴油 161m³，XC4.8，XCD0.3，DrispacH4.7，DrispacL4.8，OT12.5，OP-104，NP-10 1，A24m³，Naoh6，NMH1，MHA-2 1，固体乳化剂 4.3，消泡剂 1.5，抗盐土 3 稠钻井液 30m³ 卤水 160

五、几个问题的说明

（1）钻井液荧光问题：

在 3120m 钻进时处理钻井液后，发现钻井液中荧光严重（9—11 级），气测含烃值 1.223%~2.709%，认为处理剂含有荧光。3000-3247.53m 为大段深灰色泥岩，含薄层细砂岩，通过取心岩心分析，结论是：3142~3246m 泥岩丰度高，富含有机质，为生油层段，该泥岩已经成熟并且大量排烃，证实荧光是地层产生，因此，2000 年 4 月 1 日以后基本不再谈论该问题。

（2）三开聚合醇无毒钻井液处理剂费用问题分析：

A. 该井三开钻井液量 400~450m³，相当于二、三口井的钻井液量。

B. 井身轨迹差、深井段扭方位，润滑剂用量超过预计用量。

C. 钻井周期长，共 112d。

（3）活化重晶石使用情况：

2000 年 1 月 21 日至 3 月 13 日共用重晶石 126t，使用 8 次，二开 4 次共用 74.4t，三开 4 次共用 51.9t，钻井液密度基本在 1.26g/cm³。加入活化重晶石，钻井液黏度切力没有变化，能达到预计计算的加重效果，稳定时间长。而重晶石加入后，密度有逐步下降趋势，密度从 1.38 降至 1.37g/cm³，后又降到 1.35g/cm³。

（4）KCl 配浆问题：

由于组织不善，在水和重晶石上耽误的时间较多，四开配浆花的时间较长，用了 42.5h，如果只计算到钻水泥塞也有 23.5h。钻井液费用 48.96×10⁴ 元。

（5）五开水包油钻井液欠平衡事故：该事故完全是钻具质量问题，是在钻具本体断裂。由于发现不及时，干钻 6.5h 进入 ϕ152mm 小井眼中，事故处理极为困难，长达近 3 个月。但在整个事故处理过程及完井中，钻井液性能优良，保证了施工的顺利进行。

盐膏区块大斜度井钻井液工艺技术

摘　要　江汉油田是盐湖沉积断陷盆地，潜江组地层普遍含盐，尤其是潜二、潜四段地层含膏、盐极其丰富。本文主要介绍江汉油田在盐膏区块大斜度井、水平井的钻井液工艺技术的发展，并以广北平1井现场应用为例介绍了江汉油田此类井钻探中成熟的钻井液工艺技术。

关键词　盐膏层　大斜度井　水平井　钻井液体系

一、地质概况及技术难点

江汉油田是盐湖沉积断陷盆地，上部为上第三系平组，中部为广华寺组、荆河镇组，下部为潜江组。江汉油田的许多油田，如王场油田、广华油田、钟市油田、浩口油田、周矶油田等在潜江组地层普遍含盐，尤其是潜二、潜四段地层含膏、盐极其丰富，存在多套盐膏韵律层，盐膏层单层厚度最厚近百米，全井累积厚度近千米；在其他外围区块如沙市、江陵、马王庙、拖市的新沟嘴组也含盐、含膏，另外在江汉油田还有分布较广的盐间非砂岩油藏。钻井过程中，由于膏盐层的塑性蠕动，非常容易发生盐层卡钻，通过钻井技术人员的多年研究和摸索，已经掌握了常规井的盐膏层钻井工艺技术。但随着油田的滚动开发的深入进行和钻井工艺技术的不断进步，大斜度井、水平井已成为油田夺油增产的发展趋势。大斜度井、水平井的钻井工艺在国内外许多油田已成功应用，钻井液工艺技术相对成熟，但是在盐膏极为发育区块的钻探，经验比较缺乏，须解决的技术难题较多，钻井液方面，应解决的主要问题有以下几方面

1. 井眼净化

通过大量研究水平井的悬浮携岩和钻井流变性对岩屑运移的影响，有如下认识：在临界角 $30°\sim60°$ 范围内颗粒的运移特性具有明显的变化；在井斜角 $\theta=40°$ 及流速小于 0.76m/s 时，或 $\theta=50°$ 及流速小于 0.91m/s 时，就会形成岩屑床，此岩屑床沿钻井液流动的相反方向向下滑动，紊流和钻杆转动都会使岩屑床变得不稳定。在高井斜角（$\theta=60°\sim90°$）时，岩屑不会下滑，甚至停泵不会下滑。当有足够的岩屑沉降下来时，会使流动面积减少到液体的流速能把岩屑带出来，此时处于拟平衡状态，如何在小排量、低返速的条件下，及时有效地将岩屑携带，避免岩屑床的形成，有效地降低摩阻和扭矩，减少砂卡，是该种井能否顺利完成的技术关键之一。

（1）提高岩屑携带能力，循环时如何及时地将井底岩屑携带出来，停泵时如何悬浮岩屑，不至于形成岩屑床，是能否顺利施工的关键。通过调节钻井液的流变性来保证有效携岩、保持井眼清洁，主要对动切力、动塑比值和静切力进行控制。通过对以上流变参数的控制，基本能够满足清洁井眼的要求。

（2）低剪切速率下流变性和静切力的控制。根据以往钻水平井的经验，提高低剪切速率下的流变性和钻井液的松弛力，可以大大改善钻井液的携岩能力；保持一定的静切力，可以避免接单根时钻井液静止和起下钻过程中环空岩屑的迅速下沉形成岩屑床。

2. 摩阻和扭矩问题

影响摩阻和扭矩主要有以下几方面的因素。

（1）钻具结构。

（2）井眼轨迹，包括井斜、造斜率、狗腿严重度、井眼轨迹的平滑程度和有无键槽存在等。

（3）钻井液的携岩情况和井眼清洁程度，是否存在岩屑床。

（4）固相含量，包括有用固相和劣质固相。

（5）井眼稳定，有无缩径、坍塌掉块。

（6）钻井液的性能稳定和失水造壁性。

（7）机械钻速和钻压大小。

（8）钻井液的润滑性能差、水平井的摩阻和扭矩大并非都是钻井液润滑性不好造成的，而是由于洗井不良、井眼不稳定、键槽和岩屑床所致。只有解决以上问题后，钻井液的润滑性的好坏才是关键。

3. 井眼稳定与钻井液的抑制性

保持钻井液有强的抑制性，不但能有效地抑制钻井液中钻屑和黏土的分散，而且能保持钻井液性能稳定，同时达到稳定井壁的目的，而且有利于保持合适的钻井液密度，满足井眼力学平衡。

水平井钻进大斜度和水平段过程中，钻井液必须解决井眼净化、井壁稳定、摩阻控制、防漏堵漏和保护储层等技术难题。然而钻进不同储层时，上述5大技术难题有时是共存的，有时所表现的严重程度不完全相同，因而钻进水平井时确定钻井液类型是关键。

二、钻井液技术

江汉油田是在20世纪90年代末才开始水平井钻探实践的。在钻井液方面，为了探索出适合本地区大斜度、水平井的钻井液体系，江汉油田的钻井液技术工作人员做了大量的研究工作：水平井钻井液携岩机理和流变参数研究，水平井井壁稳定研究，水平井钻井液、完井液的配方及性能研究，优选出了不同条件下水平井所需的钻井液完井液体系，研制出了适用于水平井的新型钻井液处理剂，确定了水平井钻井过程中所需的钻井液密度，钻井液流变参数及排量。我们的理论和实践经历了三个的阶段：在钻井液体系上不断改进，在钻井液技术上不断发展、不断完善，逐步形成了一整套成熟的钻井液体系和钻井液维护处理方法。

三、现场应用情况

第一阶段：在胜利油田技术人员的协助下，完成江汉油田第一口水平井—王平1井，尽管该井刚进入水平段由于钻井液气侵后稠化严重，被迫使用高密度钻井液压井而提前完钻，但是通过该井的钻探实践，对水平井钻井液工艺技术有了基本认识。

第二阶段：在大斜度井、水平井采用自主研制的复合润滑饱合盐水正电胶钻井液体系。

王平-1井之后的几年里，泥浆公司着手对大斜度、水平井段钻井液的特殊要求展开了研究，并针对王平-1井施工中暴露的诸多不足，如，钻井液成本过于昂贵、钻井液抗气侵能力差、携砂、润滑仍不够理想等，进行综合分析，最后选择复合润滑饱和盐水正电胶体系，钻大斜度井、水平井。

1. 井眼净化的解决

井眼净化是大斜度井、水平井钻井工程的一个重要组成部分，在大斜度井和水平井段（45°～90°）由于受地面条件的制约，增加钻井液环空返速受到限制，钻井液在环空中无法达到紊流，起到理想的携砂效果，使得控制环空钻井液的流态，加强井眼的净化显得尤为重要。通过提高钻井液的动塑比值，动、静切力，增大平板型层流流核直径，加强钻井液悬浮能力，从而减少岩屑的聚积，以此达到提高清洁井眼的目的。在江汉地层富含盐的区块，通常要采用饱和盐水钻井液体系，而饱含盐水钻井液的动塑比值、切力值都较低。动塑比值常在 0.2 以下。所以携砂能力较差，通过室内的研究（表1）采取饱和盐水正电胶结构体系，可大幅度提高动塑比、切力值，满足井下的需要。

表1　普通钻井液与正电胶钻井液的实验对比

流体名称	密度 g/cm³	黏度 s	API 失水 mL	动切力 Pa	动塑比
3％钠土浆	1.03	18	42	1	0.5
3％钠土浆＋3％正电胶	1.03	19	42	4	1.33
3％钠土浆＋CMS1.5％＋NaOH（1/5）1％＋HV－CMC0.8％＋NaCl35％	1.20	60	5	3	0.12
3％钠土浆＋CMS1.5％＋NaOH（1/5）1％＋HV－CMC0.8％＋3％正电胶＋NaCl35％	1.20	65	5	15	0.67

结论：普通饱和盐水钻井液添加正电胶后，动塑比，切力值大幅度提高，大大改善盐水钻井液携带能力。

2. 大斜度井、水平井润滑性的控制

钻井液润滑性能的优劣直接影响钻具摩擦阻力和扭矩大小，关系到起下钻是否畅通，定向施工能否正常实现。油基钻井液润滑系数低于水基钻井液，水基钻井液中添加合理润滑剂，则润滑系数与泥饼摩擦系数均大大地降低，可以接近油基钻井液性能。为此在室内对几种流体进行润滑性评价（表2），通过筛选确定采用复合润滑（多功能润滑剂、原油）饱和盐水正电胶体系钻进大斜度井和水平井段，效果明显。

表2　几种流体润滑性评价

流体	润滑系数	泥饼摩擦系数
清水	0.36	
饱和盐水钻井液	0.20～0.24	0.18～0.47
复合润滑（多功能润滑剂、原油）饱和盐水正电胶	0.10～0.18	0.02～0.14

结论：添加复合润滑剂，可降低流体润滑系数 50％～60％，泥饼摩擦系数 70％～90％，起到很好的降阻润滑效果。

3. 复合润滑饱和盐水正电胶体系在大斜度井、水平井中应用概况（表3，表4）

2001 年曾先后在周斜 23、钟平 1 井、王 57 平－1 井应用取得可喜效果，3 口井井下正常，起下钻畅通，无复杂事故，钻井成本也大幅度下降，取得了很好的经济和社会效益。

表3 复合润滑饱和盐水正电胶体系在大斜度、水平井段钻井液性能

井　号	井　段 m	密度 g/cm³	黏度 s	动切力 Pa	动塑比 YP/PY	泥饼摩擦系数
周斜23（最大井斜角61.5°）	1875～3214	1.28～1.32	60～120	8～10	0.24～0.35	0.20～0.30
钟平－1	1800～2400	1.25～1.31	50～260	10～29	0.25～0.41	0.10～0.18
王57平－1	2100～2621	1.27～1.32	60～278	10～25	0.30～0.53	0.02～0.14

表4 复合润滑饱和盐水正电胶体系在大斜度、水平井使用评价

井号	井型	井身结构	钻井液体系	使用效果评价
周斜23	双目标、大斜度定向井	表套：φ339.7mm×120m 技套：φ244.5mm×460m	多功能润滑剂饱和盐水正电胶	起下钻畅通、无井下事故
钟平－1	水平井	表套：φ339.7mm×50m 技套：φ244.5mm×800m	多功能润滑剂－原油饱和盐水正电胶	起下钻畅通、无井下复杂事故
王57平－1	水平井	表套：φ339.7mm×160m 技套：φ244.5mm×1730m	多功能润滑剂－原油饱和盐水正电胶	起下钻畅通、无井下复杂事故

4. 结论与建议

（1）复合润滑饱和盐水正电胶体系兼有正电胶体系的强抑制性、剪切稀释性、强携带能力，又具有很好的润滑性，能够满足富含盐膏区块大斜度井、水平井钻井工程地质对钻井液的特殊要求，效果较好，具有一定的实用性。

（2）复合润滑饱和盐水正电胶体系在大斜度、水平井段使用同时，还要作好以下配套工作。

①加强钻井液净化工作。用好净化设备，尽可能降低钻井液中的有害固相，有利于改善泥饼质量，降低摩阻保护油气层。

②控制钻井液中膨润土含量2%～3%。在维护处理钻井液过程中，一定要搞好膨润土浆储备、补充，使之达到最佳浓度。这有利于发挥正电胶的作用，增强其携带能力。

③加强钻井液配套措施的优化。在定向井段一定控制好井眼，防止大狗腿度、键槽、台阶的形成，要勤划眼，尽可能使之平缓，为起下钻的畅通、岩屑的上返创造有利条件，减少复杂事故的发生。

第三阶段：在大斜度井、水平井推广使用新型聚合物饱和盐水乳化钻井液体系。

尽管复合润滑饱和盐水正电胶体系在实践中取得一些成绩，我们也初步掌握了盐膏区大斜度井的钻井液技术和管理经验，但是复合润滑饱和盐水正电胶体系对设备有较高的要求，在现场维护处理过程中也存在许多不能令人完全满意的地方，我们油田的钻井液技术人员又在此体系矣使用基础上，重新研制了一种全新的钻井液体系—聚合物饱和合盐水乳化钻井液体系。该体系具有以下几项优点：

（1）钻井液性能稳定，抗污染能力强，易于维护、处理。

（2）结构强，悬浮携带钻屑效果好。

（3）滤失量低，滤液与地层水配伍性好，泥饼薄而坚韧，有利于巩固井壁，保护油层。

（4）抗温能力、抗污染能力强。其有较强的抗 Ca^{2+}、Mg^{2+}、固相、油气、水及其他污染的能力。

(5) 润滑性能好，摩阻小，防卡效果突出。

(6) 对油层的损害小：滤失量小，劣质固相含量低，具有较好的油层保护效果。

该体系已成为目前江汉油田在含盐膏区块大斜度井、水平井在大斜度井段的首选钻井液体系。下面以广北平1井为例，介绍该体系在盐膏区块大斜度井水平井中的应用。

5. 现场应用

1) 一开井段（ϕ444.5mm 钻头×339.7mm 表套 52m）

钻井液体系：正电胶钠土浆

钻井液配方：5%～8%钠土 + 0.2%～0.3%MSF

现场维护：钻进中以 5%的钠土浆补充消耗量，根据性能需要用 MSF 调整钻井液结构，确保岩屑带出地面，性能均匀稳定，实际性能参数见表 5，满足了工程需要。

表 5　实际性能参数

D g/cm³	PY s	PL/泥饼 mL/mm	G10″/10′ Pa	pH	Cs %	PY mPa·s	YP Pa	CL mg/L
L05－L15	40～60	—	(0～1) / (0～2)	8～9	—	5～10	3～8	—

2）二开井段：（ϕ311.1mm 钻头×244.5mm 技套 862m）

钻井液体系：正电胶淡水钻井液

钻井液配方：3%～5%钠土 + 0.2%～0.3%MSF + 0.5%K－HPAN + 0.5%降滤失剂 + 1%QS－2

文东地区盐层高压油气井的钻井液技术

郑斯耕　刘庆湘　李海江

摘　要　文东地区地层十分复杂，盐间高压油气井的钻井难度很大，钻井液技术是钻井成败的关键。本文总结了油包水乳化钻井液和聚合物饱和盐水钻井液的工艺技术，以及采用这两类钻井液体系钻文东盐间高压油气井的成果。

关键词　高压油气井　乳化钻井液　聚合物饱和盐水　油包水

一、前　言

文东地区钻井必须钻穿沙三^{2}盐层，钻入沙三^{4}盐层，目的层是沙三^{3}高压油气层，故称盐间高压油气井。这两套复合盐层和一套高压油气层非常复杂，钻井难度很大。1976—1980年间，采用水基钻井液钻文东盐间高压油气井，喷、卡、塌、漏等复杂问题和钻井事故接连不断，钻井成功率仅为30%。因此，文东被视为钻井禁区。

1981—1983年间，采用我们自己研制的油包水乳化钻井液先后钻成了文92井和文204井，使文东盐间高产油气层的勘探取得了突破性的进展。1986年，采用油包水乳化钻井液又打成了深度达5613m的濮深7井，证明了这种钻井液的可使用性。

20世纪80年代中期，国外公司纷纷向文东地区投资，采用饱和盐水钻井液先后打成了文13-65井、文13-74井和丛1井。与此同时，1984—1985年我们大胆地进行了自己研制的饱和盐水钻井液的现场实验，打成了文13-63井等6口优质高产井，使聚合物饱和盐水钻井液在文东地区的使用有了突破性进展。1986—1987年，文东盐间的油气开发井共70多口井，全部采用饱和盐水钻井液，都获得了成功。国内专家一致认为，中原的聚合物饱和盐水钻井液达到了20世纪80年代国外同类钻井液的水平。

二、油包水乳化钻井液技术

1. 油包水钻井液所钻井段

油包水钻井液所钻井段情况见表1。

表1　油包水钻井液所钻井段

井号	技术套管下深	完井井深，m	油包水钻井液所钻井段，m	盐膏层井段，m
文92	ϕ244.5mm×2701m ϕ177.8mm×3336m	3801	2701~3801	S$_3^2$2880~3250 S$_3^4$3700~3801
文204	ϕ244.4mm×2986m ϕ177.8mm×3920m	4350	2986~4350	S$_3^2$2990~3224 S$_3^4$3556~4220
濮深7	ϕ244.5mm×3394m ϕ177.8mm×5468m	5613.2	3400~5613.2	S$_3^2$断掉 S$_3^4$4367~5453.5

2. 油包水钻井液的组成和性能

油包水钻井液的组成和性能见表2、表3。

表2　3口井的钻井液组成

原材料 井号	文92	文204	濮深7
柴油（0号或-10号，L/m³	750~800	750~850	850~920
氯化钙水溶液（500g/L），L/m³	200~250	150~250	80~150
油酸，kg/m³	20~25	25~30	30~35
环烷酸酰胺 YNC-1，kg/m³	35~40	25~30	20~25
烷基苯磺酸钠 ABS，kg/m³	20~25	20~25	20~25
812 有机土，kg/m³	25~30	25	20~25
生石灰粉，kg/m³	15~30	15~30	30~50
重晶石粉，kg/m³	按需要	按需要	按需要

表3　3口井钻井液性能范围

井号和井段	性能	密度 g/cm³	塑性黏度 mPa·s	动切力 Pa	API滤失量 mL	HTHP滤失量 mL	钻井液碱度 Pm	破乳电压 V	油/水
文92	S₃²2700~2880m	1.5~1.63	30~50	10~20	3.0	15~20	1.5	400~800	75/25
	S₃²2880~3250m	1.63~1.75	40~60	15~19	2.5	15~20	1.5	700~900	75/25
	S₃³3250~3700m	1.75~2.0	50~80	12~28	0~2.5	10~20	1~1.5	400~800	80/20
	S₃⁴3700~3801m	1.96~2.0	50~60	12~15	0~2.0	10~20	1~1.5	600~800	80/20
文204	S₃²2990~3224m	1.63~1.90	40~80	5~14	1~3.0	3~15	1~1.5	500~800	75/25
	S₃³3224~3556m	1.89~1.99	60~80	5~18	0~2.0	3~8	1~1.5	400~700	80/20
	S₃⁴3556~S⁴4350m	1.86~2.0	75~110	8~21	0~2.0	3~10	1~1.5	300~700	85/15
濮深7	S₃³3400~4367m	1.90~2.11	38~54	2.5~8	0~1.5	3~5	1~2.0	700~1400	85/15
	S₃⁴4367~5453.5m	2.01~2.17	41~70	6~12	0~2.5	3~5	1~2.0	800~2000	85/15
	S₄5453.5~5613m	1.72~2.12	35~66	2.5~9	0~1.0	3~5	1~2.0	500~900	85/15

表2的组分中，柴油为分散介质，氯化钙水溶液为分散相，油酸为主乳化剂，YNC-1和ABS为辅助乳化剂，有机土为提黏降滤失剂，石灰粉为稳定剂，重晶石粉为加重剂。

3. 油包水钻井液的技术关键

（1）连续相为柴油，分散相为水，采用油酸、环烷酸酰胺和ABS作复合乳化剂加强乳化，使油包水型乳状液非常稳定。采用有机土造胶，提供粘切，并悬浮加重剂，使钻井液密度达到2.3g/cm³，从而平衡地层压力。采用石灰粉控制钻井液碱度，使Pm超过1.0，确保钻井液体系有过量石灰，从而使钻井液处于稳定状态。

基于上述组成，该钻井液体系具有防止盐膏溶解的能力，同时具有优良的润滑性和极高的抗温能力（200℃以上）

（2）采用500g/L浓度的氯化钙水溶液作为水相，相当于（36~37）×10⁴mg/L的CaCl₂，其活度为0.47~0.49，确保水相活度低于文东沙三段页岩地层的活度，从而使泥页岩"去水化"，达到稳定泥页岩、防塌的目的。如此高的水相矿化度，是世界上油浆中所少见的（国外油包水钻井液的水相矿化度一般为（30～35）×10^4 mg/L 的 $CaCl_2$）。这是基于文东沙三泥页岩地层和活度（0.5～0.75）十分低而选定的。

（3）采用 75/25～90/10 的油/水比控制钻井液，使其具有良好的流变性，以减少钻复杂地层的一系列问题。

油/水比越高，原材料加量越少，钻井液的胶性越低，从表 2、表 3 中可见，钻井液成分、油/水比的不同，可以获得不同的钻井液性能。文 92 井和文 204 井是典型的油包水钻井液，而濮深 7 井则是接近低胶性的油包水钻井液。对于重钻井液来说，不能追求流性指数 n、稠度系数 k 值，只要能悬浮加重剂，有效携带钻屑，尽可能低的粘切对钻井液是有利无害的。

油基钻井液的特点是，在井下高温作用下减稠温度和压力综合作用的结果使井下黏度略高于地面黏度，对这种与水基钻井液大不相同的性能国外已有相关报道。因此，只要在重晶石地面不沉淀，则在井下也不会沉淀。钻井实践已证明了这一点。

（4）必须严格控制滤失量，强有力的乳化和添加有机土、石灰，是降低滤失量的有效手段。

国外往往把"低胶性的油浆"与"放宽滤失量的油浆"等同，这是因为放宽滤失量会使胶性（粘、切）降低。我们则认为，放宽滤失量的低胶油浆不一定适用于钻文东复杂层，只有低滤失量的低胶性油浆才适应这种复杂层。因此我们提倡低胶性，但更强调低滤失量。

（5）钻井中钻井液密度是根据地质、工程要求，参考国外钻盐层的密度图板来确定的。总的来说，足够的密度对于防止盐岩、软泥岩塑流是必要的，如果钻井液密度不足，钻这样的地层同样会发生卡钻问题。

总之，这种油包水钻井液是高油/水比、高矿化度（"去水化"）、低滤失量、适当胶性的油包水乳化钻井液。成功的钻井实践证明，它是适用于文东复杂层的油基钻井液类型。

4. 钻井效果

（1）钻大段盐膏层安全顺利。

文 92 井和文 204 井分别顺利钻穿 470m 和 1086.5m 的大段盐膏层，特别是濮深 7 井，盐膏层埋藏最深最厚，这是油包水钻井液的突破性进展。

（2）稳定井壁效果优异（见表 4）。

其他井段，井径更为规则。值得指出的是，凡井径最大的部位均为膏质泥岩或含膏泥岩，说明了这种岩性十分脆弱，即使用优质油基钻井液也会使它分散掉入井内，使井径扩大。凡井径最小、缩径的部位均为盐岩或盐膏岩，说明岩盐塑性流动还是存在的。

表 4 $8\frac{1}{2}$ in 井眼盐层段井径

井号 项目	文 92	文 204	濮深 7
平均井径，mm	227.5	219	217
平均井径扩大率，%	5.5	1.5	0.6
最大井径，mm	250	245	255
最大井径扩大率，%	15.8	13.5	18.1
最小井径，mm	200	200	200
最小井径扩大率，%	-7.4	-7.4	-7.4

（3）滑性优良，防止效果好，电测顺利。

起下钻无阻卡或很少阻止，3口井均未发生压差卡钻事故。多次中途电测均一次成功，均27h以内全套测完。特别是濮深7井，在3400～5470m的长裸眼、最大井斜16°的复杂层井段，先后4次中途电测，均一次成功，均在21～27h内全套测完，这是任何水基钻井液都难以实现的。

（4）收率高。

文92井、文204井和濮深7井分别在3237～3495m、3136～4330m和3510～4190m井段取心进尺65.9m、235.85m和183.22m，收率分别为96.2%、97.9%和99.17%。

（5）钻井液性能稳定，维护处理量大大减少，抗高温性能好。

钻井液性能稳定的原因是它抗盐膏、钻屑、H_2S、水泥侵的污染能力强，并且它是高抑制性的不分散钻井液，钻屑不分散，易清除，同时它具有优良的抗温能力（表5）。

表5 钻井液的抗温能力

井 号	井深，m	实测温度，℃
文92	3206	126
	3800	138
文204	3740	152
	3882	158
濮深7	5470	180
	5613	192

（6）创造了PDC钻头在深井、超深井中应用的好成绩。

濮深7井从4648～5470m应用了DS23、R482和R486型PDC钻头3只，平均单只PDC钻头进尺为250m左右，平均机械钻速为0.61m/h。而J33钻头在同类地层进尺为15m，平均机械钻速仅为0.22m/h。一只PDC钻头相当于17只J33钻头，同时，使用PDC钻头节省了大量的起下钻时间，减轻了劳动强度，经济效益显著。

5. 钻井中的技术问题和油包水钻井液的局限性

1）井漏

文92井在3158～3344m井段，曾发生5次井漏，采用沥青粉、云母粉堵漏效果不显著，历时5个半月。主要原因是φ244.5mm技术套管下得太浅，为了平衡高压油气层，钻井液密度必须升高，因而将上部地层压漏。钻井液密度下降，势必发生井涌、井喷。漏与喷的问题往往连锁发生，下尾管之后，才解决了这个问题。文204井和濮深7井基本上未发生井漏问题。

2）井涌、井喷

3口井均发生过井涌、井喷。文92井在3302.5m，因钻井液密度低（1.73～1.74g/cm³）而发生井喷，喷完终止，未失控。文204井在3136m，因钻井液密度低（1.70g/cm³）发生井喷，未失控。后钻井液加重至1.80g/cm³以上，问题解决。濮深7井钻至4550m，电测完成之后，下钻至3509m，钻井液气侵，密度下降（2.04g/cm³降至1.95g/cm³），发生井喷，失火，钻具被卡死。后采用全井泡解卡剂并且降密度放喷才获解卡，损失九个多月时间和数百万元人民币。解卡后采用密度为2.15g/cm³的钻井液才安全钻进。

3) 油包水乳化钻井液的局限性

（1）钻井液成本较高且耗用大量柴油。以濮深 7 井为例，每立方米未加重的基浆约 1000 元，油浆总费用高达 270×10⁴ 元，油浆总进尺为 2213.20m，平均油浆成本为 1220 元/m。

（2）油基钻井液钻井更易井涌、井喷。因为井眼规则，起钻时易抽吸，将气抽入井内，加之天然气在油浆中的溶解度比在水基钻井液中大上百倍，因此起钻和下钻循环时容易发生井涌、井喷。

（3）所用柴油含 8%～10%芳烃，产生荧光，因而电测解释较水基钻井液难度大。同时芳烃有毒，对环境及工作人员均有较大影响。

三、聚合物饱和盐钻井液技术

1. 钻井液的组成

聚合物饱和盐钻井液组成见表 6。

表 6　聚合物饱和盐钻井液配方

处理剂名称或代号	主要功能	聚合物三磺饱和水钻井液 kg/cm³	聚合物多磺饱和盐水钻井液 kg/cm³
钠膨润土	提粘造浆	15～40	15～40
纯碱	除钙	5～7	5～7
烧碱	调整 pH 值	3～5	3～5
食盐	抑制盐溶、防塌	饱和或过饱和	饱和或过饱和
PAC141、MAN101、80A51、CPA 选用一种①	提粘、调整流型	3～5	3～5
CMS 或 LV‑CMC	降滤失	15～25	15～25
SMP	降滤失	15～25	15～25
SMC	降粘、降滤失	20～25	10～15
FT‑1（或 SAS 或 FT‑341)	防塌、润滑②、降滤失	15～20	15～20
FCLS	降粘		5～10
SMT	降粘		必要时 3～5
重晶石粉	提高黏度	按需要	按需要

①高粘 CMC 提粘，HPAN、NPAN 降滤失，可视情况选用；
②必要时可混入 5%～10%的原油来改善润滑性能。

2. 钻井液性能

密度：1.75～2.00g/cm³（按密度图板和实际情况确定）；

漏斗黏度：40～60s；

API 滤失量：≤5mL；

HTHP 滤失量：≤20mL；

塑性黏度：20～50mPa·s；

动切力：8～15Pa；

静切力：0/5Pa/Pa；

pH 值：9～11；

Cl^-：>185000mg/L；

低密度固相含量：8%～12%（体积）。

3. 钻井效果

聚合物饱和盐水钻井液的钻井情况见表7。

表7　文东盐间高压油气井聚合物饱和盐水钻井液钻井情况

项　目　\ 泥浆公司	美国星巴克泥浆公司	中原油田各泥浆站		
完钻时间	1985 年	1984—1985 年	1986 年	1987 年
统计井数，口	1（文 13-65）	6	22	38
平均井深，m	3702	3887	3689.5	3614.2
平均钻井周期，d	113	190	149.5	110.5
井身质量合格率，%	100	100	100	100
平均井径扩大率，%	6.5	8.7	8.2	7.4
平均钻井液成本，元/m	196.83	171	232.60	191.42
平均钻井成本，元/m	1308.99	1063	1019.06	878.86

注：1. 钻井液成本和钻井成本均为全井平均成本，未考虑物价上涨因素的影响；

　　2. 油包水钻井液所钻的文 92 井和文 204 井，平均钻井周期 564d，平均钻井成本为 1131.33 元。

　　3. 1980 年以前采用水基钻井液钻文东盐间油气井，钻井成功率仅为 30%，平均井径扩大率为 24.5%。

从表7数据可明显看出，使用聚合物饱和盐水钻井液，获得如下技术效果。

（1）钻井安全顺利，成功率 100%，盐层恶性卡钻事故完全避免。

（2）井径规则，平均井径扩大率达到低于 10% 的优质水平。

（3）钻井周期大大短于使用油包水钻井液的钻井周期，从而节省了大量的时间与资金。

（4）各项技术指标逐年提高，完全达到了国际上同类钻井液水平。这种钻井液的经济效益也是显著的：

①1987 年的钻井成本大幅度下降，与油基钻井液相比，钻井成本下降了 22.32%。这样，仅 1987 年钻成的 48 口井，就获得 4560×10⁴ 元的经济效益；1984 年以来用这种钻井液钻文东复合盐层，共节省了 3 万余吨柴油，既节省了能源，又减少了污染。

②与文 13-65 井引进的国外同类钻井液相比，1987 年钻井成本下降了 32.86%。

③与 1980 年以前的水基钻井液相比，其经济效益之大难以估量。

从表7数据中还可以看出，聚合物饱和盐水钻井液的成本约占钻井成本的 22%，钻井液成本相对较高，并且难以降低。随着钻井液原材料的涨价，以后降低钻井液成本更难；但是，对于文东沙三段如此复杂的地层，钻井液确实是钻井成败的关键，钻井液的花费与钻井成功和钻井经济效益相比是完全值得的。可以认为，聚合物饱和盐水钻井液已达到了具有良好的滤失控制能力、合适的流变性能和良好的稳定性，同时具有优良的防卡效果，是文东复合盐层的理想的、惟一的水基钻井液。

目前钻文东复杂层，突出的问题是井漏问题。这主要是 S_3^3 盐层和 S_3^3 第五砂层（高压气层）需要 1.80g/cm³ 以上的钻井液密度，而 S_3^3 第六层组（油层）压力系数随着原油的开采大幅度下降，降到 1.20g/cm³ 以下，这样的漏气同层，井漏频繁发生。一旦井漏，势必井涌、井喷，幸有良好的井控措施而不致造成失控井喷。但是，漏、喷和漏、卡很有可能连带发生的，新文 13-73 井就是明显一例。这种情况的发生，是十分危险的，这个问题不是钻井液技术能够解决的。

由于井漏问题突出，堵漏工艺也获得了进展，1986、1987 年狄塞尔堵漏剂在文东获得了广泛应用，并且取得了较好的效果。

4. 讨论

聚合物饱和盐水钻井液的技术关键有以下几点。

1）必须饱和或过饱和

有两种措施可以确保钻井液在井下处于饱和盐状态：

一种方法是采用过饱和盐水钻井液，使钻井液在地面保持 3～5mg/L 的过量盐。这就需要在保持测量钻井液滤液 Cl^- 并使其含量高于 185000mg/L 的同时，测量过量盐。推荐采用下述测量方法：

（1）按标准方法测定钻井液滤液的 Cl^-，换算成 NaCl 的 mg/L。

（2）取 1mL 井浆样品，添加 10mL 蒸馏水，然后测定 Cl^- 换算成 NaCl 的 mg/L。

（3）用干馏法测量固相含量及水的体积％。

计算过盐量：

$$过量盐 = S_m - S_f \times SSW_f$$

式中　　S_m——钻井液中的 NaCl 含量，mg/L；

　　　　S_f——钻井液滤液中的 NaCl 含量，mg/L；

　　　　SSW_f——饱和盐水的体积分数，为水的体积分数×（1 + 0.13）。

例如：某饱和盐水钻井液经测试，S_m265000mg/L，S_f315000mg/L，盐水体积分数 70％，则

$$SSW_f = 0.70 \times (1 + 0.13) = 0.791$$

$$过量盐 = S_m - S_f \times SSW_f = 265000 - 315000 \times (0.791) = 16150mg/L$$

第二种办法是饱和盐水钻井液中加 NTA 盐重结晶抑制剂，能有效地防止在地面上结晶出来，又使钻井液处于过饱和状态，从而避免了井下盐溶。使用 NTA 必须注意，必须在饱和盐体系下使用，加量要足够，否则无效。从理论上讲，它和过饱和盐技术的效果是相当的，因为它也是地面过饱和盐状态，只不过是未结晶而已。中原油田钻井二公司 4 年来打成 30 多口聚合物饱和盐水钻井液井，均未添加 NTA，但技术经济效益非常好。这就是说，NTA 不是饱和盐水钻井液必不可少的处理剂，况且采用 NTA 与过饱和盐技术相比，要多花资金。

2）必须控制尽可能低的滤失量

对于文东沙三段这种复杂地层，低的滤失量带来许多好处，如，泥饼质量好、防卡润滑性好和井下安全等。

3）保持优良的流变性

密度 1.8～2.0g/cm³ 的聚合物饱和盐水钻井液，不应该也不可能控制低固相不分散钻井液的流变参数，不能追求所谓的动塑比和 n、k 值。在确保悬浮加重剂的前提下，应采用尽可能低的粘、切，在这种情况下，保持良好的流动性即等于良好的流变性。否则，会带来一系列问题，如气侵问题、井漏问题等。文东聚合物饱和盐水钻井液实践证明，降粘工作是主要的钻井液维护处理工作，降粘剂耗量大，有时效果差，采用低浓度的聚合物胶液稀释往往效果更好。

4）强化固控

应严格控制固相含量，特别是低密度无用固相的含量。文东沙三段因为密度高，一般只能采用 40～60 目振动筛，其他固控设备的应用也受到限制。在这种情况下，不要说低密度固相低于 10％，就是低于 15％都比较困难。文 13－65 井引进全套固控设备，也未达到这个水平。这个问题尚未很好解决，这是钻井液成本高的根本原因。为了控制固相含量，消耗了大量药品。

参 考 文 献

［1］刘庆湘．中原油田钻盐膏层的泥浆技术．钻井液与完井液，1988（5）
［2］李允子，李根明．中原油田复合盐层的特性及钻井工艺技术．石油钻采工艺，1985（7）

超薄油层三维深水平井钻井液技术

谭希硕

摘 要 王西平 2 井是江汉油田第一口超薄油层、三维轨迹控制的深水平井，该井使用的聚合物饱和盐水乳化钻井液体系具有良好的悬浮携带能力和润滑性能，且耐高温、抗污染、稳定井壁能力强，较好地满足了勘探、开发及钻井工程的需要。

关键词 超薄油层 聚合物饱和盐水乳化钻井液 井眼清洁 摩阻控制 储层保护

一、前 言

王西平 2 井是江汉油田部署的一口探索开发超薄低渗透油藏的水平井，此类井在国内钻探的数量较少。该井是江汉油田第一口超薄油层低渗透深水平井，实际完钻井深 3789.00m，水平段长 222m，最大井斜 97.03°，主油层厚度 0.9m，并沿 23° 的地层倾角向上绕曲。此类井使用何种钻井液体系才能满足工程施工上的各种特殊要求，对江汉油田而言，没有可以借鉴的经验。

王西平 2 井采用由江汉钻井泥浆公司（JHDF）自主研制的聚合物饱和盐水乳化钻井液体系，通过大胆探索和精心维护，取得圆满成功：悬浮携带钻屑能力强，井眼清洁效果好，井壁稳定，润滑性好，摩阻小，得到参与施工各方的肯定和赞许。这一钻井液体系在王西平 2 井的成功应用，显示出了 JHDF 水平井钻井液技术的雄厚实力，标志着 JHDF 完全能够担负起高难度超薄油层、深水平井的钻井液施工任务。

二、聚合物饱和盐水乳化钻井液体系的特点

江汉油田多数区块地层中有盐岩，因此使用聚合物饱和盐水钻井液实属不得已而为之，但聚合物饱和盐水钻井液除具结构力弱、成本偏高的缺陷外，与其他钻井液体系相比在许多方面有其自身的优势。

在聚合物饱和盐水钻井液中混入原油，将其转化为聚合物饱和盐水乳化钻井液体系，可弥补聚合物饱和盐水体系结构弱的不足，同时也有利于对油气层的保护。该体系的突出特点如下：

（1）钻井液性能稳定，抗污染能力强，易于维护、处理，与常用处理剂配伍性好，可满足复杂地质条件下的钻井作业。

（2）结构较强，悬浮携带钻屑效果好。混入原油弥补了聚合物饱和盐水体系结构弱的缺陷。

（3）滤失量低，滤液与地层水配伍性好，具有较强的防膨胀能力，泥饼薄而坚韧，有利于巩固井壁，防止井垮，保护油层。

（4）抗温能力、抗污染能力强。具有较强的抗 Ca^{2+}、Mg^{2+}、固相、水及其他污染的能力，能避免因可溶性盐类地层溶解而造成的大肚子井眼。

（5）润滑性能好，摩阻小，防卡效果突出。

（6）对油层的损害小。钻井液滤失量很小，而且钻井液中劣质固相含量低，具有较好的油层保护效果。针对江汉低渗透油藏而言，混油可使聚合物饱和盐水钻井液密度由 $1.32g/cm^3$ 下降至 $1.25g/cm^3$ 左右，这一下降将有利于控制钻井液对油层可能产生的损害。

三、前 期 准 备

在王西平 2 井施工前对江汉油田使用该钻井液体系完成的广北平 1 井、广平 2 井、钟平 1 井等水平井进行了调研，对存在的乳化效果欠佳、漏斗黏度太高等问题进行了探讨、研究。并围绕该井超薄低渗、井眼深、施工工艺特殊等特点进行了一系列的针对性实验：对乳化效果重新设计了 3 套实验方案，最终优选出先使用固体乳化剂、再用液体乳化剂的复合乳化施工方案；对体系的耐温能力、抗污染能力进行了验证实验：最终确定的配方，在 120° 条件下恒温滚动 8h、常温静置 24h 后，测得上下密度差小于 $0.01g/cm^3$。

确定配方后，又制定了具体的施工要点及出现意外情况时的应急措施。

四、现 场 应 用

1. 地质、工程概况

1) 地质分层与钻探要求

该井设计地质分层情况见表 1。

表 1　王西平 2 井设计地质分层

地　层		设计地层垂直深度，m	岩 性 简 述
平原组		90	黄色黏土、砾石、流砂层
广华寺组		750	杂色粘土岩、砾状砂岩、砂砾岩
荆河镇组		1600	灰、绿灰色泥岩，底部夹油页岩
潜江组	潜一段	2040	膏盐韵律层段及砂泥岩互层段
	潜二段	2570	盐岩、油浸泥岩及石膏质泥岩组成的韵律层段
	潜三段	3445	岩盐、油浸泥岩、灰色泥岩夹粉砂岩

该井设计 A 靶点垂深 3445m，B 靶点垂深 3445m，水平段长 135m，B 点井深 3765m，完钻井深 3800mm。井口至 A 点方位 9.08°，位移 333.98m；井口至 B 点方位 5.86°，位移 467.24m。因预计水平段仅厚 1.8m（实钻主油层厚度仅 0.9m 左右），因此要求严格控制钻井轨迹和中靶半径，水平段靶点间实际井身轨迹与设计轨迹在纵向上上下摆动不得超过 1m，水平方向控制在 6m 以内。

2) 工程施工概况

实钻井眼尺寸及套管串结构如下：

钻头：$\phi444.5mm \times 49.50m + \phi311.2mm \times 1683.90m + \phi215.9mm \times 3789.00m$

套管：$\phi339.7mm \times 41.43m + \phi244.50mm \times 1675.47m + \phi139.70mm \times 3772.24m$

该井技术套管下深 1675.47m，封住潜江组以上的所有地层，避免了上部易垮地层可能出现的复杂情况对下部施工产生影响。钻至 3092.12m 开始定向，至井深 3559.20m 井斜达到 82.35°后，改用 SL 油田 FEWD 地层导向随钻测量系统完成后续施工，实钻水平段长 222m，主油层垂深比设计提前 2.60m，主油层厚度 0.9m，而且并不是水平方向的，而是沿 23°的地层倾角向上绕曲的，实钻情况表明，目的层处于构造低部位，其岩性与物性均变化较大，水平段的井眼轨迹变成了不断向上绕曲的需进行三维控制的井眼，施工难度陡增，钻井液的悬浮携带、降低摩阻等方面面临严峻的考验。进入水平段后为跟上油层的绕曲趋势，先是增井斜，钻至井深 3723.57m，井斜达 97.03°，方位 344.60°，此后开始降低井斜，并右扭方位，钻至 3761.34m，井斜降到 93.69°，方位由进入水平段时的 358.92°右扭至 342.03°，最后钻至 3789m 时，井斜 94.31°，方位 342.40°，接甲方通知完钻，设计的水平段 B 靶点无法钻达。

2. 钻井液现场施工

1）使用的钻井液体系

该井所用的钻井液体系见表 2

表 2　王西平 2 井实钻使用的钻井液体系

井段，m	0～50	50～750	750～1683	1683～3287	3287～3789
钻井液类型	正电胶钠土浆	正电胶淡水钻井液	聚合物淡水钻井液	聚合物饱和盐水钻井液	饱和盐水乳化钻井液

2）钻井液配方和分段钻井液维护处理

（1）一开（0～50m）。

配制钠土浆 100m³，充分循环水化好后，再加入 MSF 配制成正电胶钠土浆后开钻，钻进中以 5%的钠土浆补充消耗量，用 MSF 调整钻井液结构，确保岩屑带出地面，钻完表层进尺，充分循环洗井，井底无沉砂后起钻，表套下入顺利。

（2）二开（50～1683m）。

将部分一开优质浆加水稀释后，进行如下处理：+2%～3%钠土+0.2%～0.3%MSF+0.5%K-HPAN+0.5%正电降滤失剂+1%QS-2 配制 180m³ 二开浆，充分循环，调整钻井液性能达到设计要求后开钻。钻进中，用 MSF、钠土调整钻井液粘切，满足携砂要求，用正电降滤失剂、K-HPAN、防塌降滤失剂等控制滤失量。

钻至 750m 穿过松软的广华寺地层后，将井浆稀释，调整密度至 1.10g/cm³ 左右，加入 1.0%K-HPAN、0.5%正电降滤失剂、0.1%PHP、0.1%80A51，使其性能符合聚合物淡水钻井液要求，此后用防塌降滤失剂、K-HPAN、正电降滤失剂、PHP 等配胶液维护，钻进中充分利用四级固控设备，并勤放漏斗，及时清除循环系统积砂，有效降低了有害固相含量。

（3）三开直井段（1683～3092m）。

清洗干净循环罐、回收二开优质浆，加 2%降滤失剂，1%增黏剂 B，再均匀加入 NaOH 液调 pH 值，加盐 30%，调整钻井液性能达到三开要求后开钻。开钻后，一次性加入 2%FT-1、0.5%聚合物防塌剂。钻进中根据钻井液性能及时补充聚合物胶液，确保加入均匀，避免性能大幅度波动。钻进中随井深增加逐渐提高钻井液漏斗黏度，以满足携砂要求。

（4）三开斜井段（3092～3567m）。

钻至3092m开始定向，钻至3287m，井斜达21.5°，向钻井液中混入原油，转化为聚合物饱和盐水乳化钻井液，转化前后的钻井液主要性能指标见表3。

表3　王西平2井钻井液乳化前后的主要性能指标

主要指标 测量点，	密度 g/cm³	漏斗黏度 s	滤失量 mL	动塑比
混油前 3287	1.32	68	2.8	0.28
混油后 3315	1.25	104	1.4	0.42

3287～3567m井段是造斜、增斜、稳斜交替作业井段，这一井段在钻井液混油后，主要通过补充高浓度聚合物胶液的方法来维持钻井液性能的稳定。主要使用增粘剂、絮凝剂、防塌剂、抑制剂、pH值调节剂等进行维护处理。

该井段在固相控制方面关键是用好高频振动筛，旋流除砂、除泥器、离心机等则视密度情况把握使用时间。混油后漏斗黏度升高，要保证过筛，最佳的方法是调节高频振动筛筛面的倾角，该井通过调节，泥浆全部过筛，未出现筛面跑浆现象，为钻井液的清洁、性能的稳定奠定了基础。

此段有多层复杂膏盐层，pH值有较强下降趋势，pH值偏低时不能最有效发挥处理剂作用，并对其他性能的稳定构成威胁。为了保证pH值稳定在合适范围，加大了新型pH调节剂的用量，且钻进中坚持不间断地补充，顺利钻过了这一复杂层段。

这一井段钻井液的悬浮携带能力是钻井成败的关键点之一。实钻过程中考虑到若漏斗黏度过高，会产生过筛困难、粘卡几率高、钻井液反喷严重等诸多不良现象，因此钻进中一直控制漏斗黏度在适当范围内。主要通过每日多次检测流变参数和密切关注接单根、起下钻的情况，来判断悬浮携带能力能否满足井下要求。在动塑比值降到0.30时，采用固控和化学处理双管齐下的方法，调低塑性黏度、提高结构黏度，从而达到漏斗黏度增加微小而动塑比值增加较大的效果。该井段动塑比值最低0.30，最高0.42。配合工程上加强短起下钻、勤划眼等行之有效的技术措施，这一井段的岩屑悬浮携带取得满意的效果，接单根时没有钻井液外溢现象，每次下钻不需中途开泵，钻具就可顺利下到井底。

该井段摩阻的控制是我们把握的另一个关键点，在实钻过程中，随时监测钻具上提下放的摩阻；在钻井液的维护处理中，不间断地使用具有较好润滑特性的处理剂，这一井段最大井斜角虽然到了84°，但最大摩阻未超过150kN，没有出现明显托压现象，这是江汉油区所钻水平井中控制托压最好的一口井。

该井段施工中，优质、平稳的钻井液性能起到了很好的稳定井壁效果，未出现任何上部地层的坍塌或剥落掉块。

（5）三开水平段（3567～3789m）。

这一井段施工中，地质、工程上是"摸着石头过河"，边钻井边判断薄油层的绕行趋势，钻出的井眼轨迹总体趋势是向上绕曲的，需要进行三维控制。

在钻至3590m、井斜超过90°以后，为了跟上油层向上绕曲的趋势，不断地右扭方位、增井斜，这样井眼清洁、防卡问题再次面临严峻考验。为了保障井下安全，在钻至3598m时补充混油。为防止混油后、乳化效果差、漏斗黏度太高，在混油前加入复合乳化剂，混油的同时，缓慢加入清水胶液。该次混油前后的钻井液主要指标见表4。

表4 王西平2井水平段钻井液主要性能指标

指标 井段，m	密度 g/cm³	漏斗黏度 s	滤失量 mL	动塑化	摩阻 kN
3567～3598	1.26～1.27	130～138	1.4	0.32～0.36	150～180
3598～3789	1.23～1.25	136～154	1.4	0.38～0.42	80～100

从表4中可见，这次混油对漏斗黏度的影响很小，在钻井液的漏斗黏度稳定的状态下，动塑比有明显的提高，降低摩阻的效果明显，达到了补充混油的预期效果。

补充混油后，在钻井液方面，关键是维持性能的稳定。对性能勤维护，不轻易进行大幅度的处理。该井段钻进中极为明显的一个现象是：滑动钻进时，筛面上有极少极细的岩屑，复合钻进时，砂样返出量基本正常。而观察接单根后、下钻到底的情况则无任何异常，测定动塑比达0.40，此时并没有盲目地大幅度提高黏度，而是通过勤划眼、大范围提放钻具的方法，来破坏上翘点附近的岩屑堆积，收到了良好效果。从进入水平段到钻至3732m共起下钻7次，加上一次水平段电测，钻具共入井8次，每次均畅通无阻。井底无沉砂，有力说明悬浮携带、摩阻控制均能满足井下要求。

钻至3789m完钻后，电测时，测井仪器顺利下放至3455m（注：此处井斜58.7°，3400m以下不需再次电测）。测井仪器的顺利下放表明井眼轨迹控制良好，钻井液稳定井壁能力强，润滑性能良好，井径规则，φ215.9mm井眼，最大扩径率16%，平均扩径率仅9%左右。

在深井阶段，通过多次测量下钻后返出的井底钻井液性能，均未发现异常情况，显示出该钻井液体系良好的抗温、抗污染能力。完钻前，实测钻井液24h密度稳定性为零。

五、认识与体会

（1）合理使用固控设备、精心维护钻井液，使钻井液具有良好的悬浮携带能力、强抑制能力和好的润滑性能，是该井顺利施工的技术保障。

（2）王西平2井的成功，证明聚合物饱和盐水乳化钻井液体系能够满足工艺特殊、轨迹复杂的深水平井的施工要求，提升了江汉钻井泥浆公司高难度复杂井的技术服务水平，为以后钻探同类井积累了宝贵的经验。

（3）水平井施工中，大部分摩阻增大、出现托压等现象都与井眼清洁差、井壁不稳定、键槽、压差过大等因素有关，这些问题真正解决之后，钻井液的润滑性才成为关键。地质、工程、泥浆技术人员必须对此有清晰的认识。因此，必须进行综合治理，才能降低水平井的摩阻。

（4）除了钻井液要具备良好的悬浮携带能力外，工程上要经常短起下、勤划眼、大范围提放钻具，尤其在滑动钻进时，更要注意勤活动钻具，及时破坏岩屑床、才能真正、彻底解决井眼清洁问题。

参 考 文 献

[1] 徐同台等. 水平井钻井液与完井液。北京：石油工业出版社，1999，12

兴 231 - 1 井钻井液技术

徐多胜　李长际
（辽河钻井一公司）

一、地 质 情 况

兴 231 - 1 井位于辽宁省盘锦市兴隆台区陈家屯西偏北约 400m 处，在钻一运输公司院内，属于高危施工。该井属于辽河凹陷西部凹陷兴隆台构造老区块兴 212 区块的一口开发斜井，该区块由于长期注水、注气开采，1600～1850m 井段地层严重亏空，而 2050～2300m 气层发育，易发生上漏下喷等复杂情况。地质分层及地层岩性见表 1。

表 1　地质分层及地层岩性

系	地层组	段	实钻深度，m	地层岩性
上第三系	馆陶组		1148	砂岩、粗砂岩、砂砾岩夹薄层泥岩
	东营组		1508	灰色、深灰色泥岩夹薄层砂岩
下第三系	沙河街组	S_1	1714	灰色泥岩、砂岩互层
		S_2	1940	砂岩、细砂岩夹薄层泥岩
		S_3	2320	上部为砂岩、细砂岩，下部为深灰色泥岩、褐色油斑砂砾岩及角砾岩
		S_4	2366	深灰色泥岩、褐色油浸砂砾岩及角砾岩
太古界			2742	杂色油斑、荧光混合花岗岩

二、工程情况简介

兴 231 - 1 井于 2003 年 2 月 26 日开钻，2003 年 5 月 10 日交井，从 315～2742m 使用水基分散钻井液体系。施工中从 1800m 后发生井漏，随钻堵漏钻到 2133m 发生井涌，在压井过程中发生井漏，此后多次堵漏，边堵边钻，直至 2742m 完钻。兴 231 - 1 井井身结构见表 2。

表 2　兴 231 - 1 井井身结构

序号	井眼尺寸，mm	井段，m	套管尺寸，mm	套管下深，m
1	444.5	0～312	339.7	311.1
2	241	2742	139.7	2741

三、钻井液施工技术难点

（1）馆陶组地层结构疏松、胶结性差，钻进过程中极易发生漏失；东营组为富含蒙脱石的灰色泥岩，水化分散能力强，造浆严重并易给后期留下大量劣质固相。

（2）S_3 段下部、S_4 段多为硬脆性深灰色泥岩，极易发生剥落坍塌，地层压力系数高，需要钻井液密度高。同时于长期注采影响，1600～1850m 井段地层严重亏空，2050～2300m 气层发育，在同一裸眼段多套压力体系下施工，易发生上漏下喷等复杂情况。

（3）该井位于市区，环保和防喷工作是极其关键的。

四、钻井液施工技术

1. 钻井液施工技术措施

1）防漏措施

（1）在馆陶和东营组段，要使钻井液保持适当的膨润土含量和一定的造壁性，并能有效清除固相，为漏失层施工提供良好条件。

（2）在 S_2 段易漏地层钻进时，通过足够的膨润土、超细碳酸钙、沥青、柴油和护胶剂提高造壁性，以提高地层的承压能力。

（3）保持钻井液流动稳定、性能良好，减少环空阻力。

（4）应用好净化设备，及时清除钻井液中的有害固相，减少环空阻力。

（5）工程上采取相应措施，避免产生压力激动。

（6）增强化学防塌功能，降低使用密度，尽可能减少环空压力。

2）防喷措施

（1）钻进至气层发育井段，钻井液密度严格执行设计上限，注意观察井口和循环罐液面，并加密测量钻井液密度，要储备足够的加重材料和钻井液处理剂。

（2）揭开气层后，严格控制起钻速度，防止抽喷，并注意灌好钻井液。

3）防塌措施

钻至 S_3 段下部地层以后，要加大抑制剂、防塌剂和抗高温降失水剂的用量，控制 API 滤失量低于 3mL 和 HTHP 失水低于 10mL，通过增强化学防塌功能，降低使用密度，减少环空压力。

2. 钻井液施工

本井使用无毒聚合物分散钻井液体系，自 1500m 在钻进过程中每 150～200m 处理维护一次，维护处理时保证含量满足配方要求。配方为：0.5％～1％无毒降粘剂 + 0.2％～0.4％K-PHP + 3％超细碳酸钙 + 3％沥青 + 5％柴油 + 2％～3％SMP，黏度 38～42s，pH 值 9～10。

由于该井段自 1830m 发生井漏，此后的钻井施工一直处于处理井漏和井涌等复杂情况的工程中，钻井液也一直处在不断的补充新浆、调整性能的过程中。每次补充新浆，都按配方加入各种处理剂，始终保持钻井液性能处于稳定状态；在打入胶质水泥堵漏后，仍有漏失，采用了加入超细碳酸钙、沥青和单项压力封堵剂等封堵后，漏速减少。

3. 分段钻井液性能

分段钻井液性能见表3。

表3　兴231-1钻井液分段性能

井段 m	密度 g/cm³	表观黏度 s	静切力，Pa/Pa		API滤失量 mL	pH值	动切力 Pa	流性指数
			10s	10min				
302～1148	1.10～1.12	60～70	3.0～4.0	4.0～6.0	<8	8.0～9.0	3.5～5.0	0.65～0.72
1148～2050	1.15～1.18	38～42	0.5～1.5	0.5～2.0	<4	9.5～11	5.0～7.0	0.60～0.67
2050～2742	1.28～1.33	50～80	2.0～4.0	5.0～8.0	<4	10～11	5.0～7.0	0.66～0.71

4. 兴231-1井事故复杂情况及处理采取的技术措施

本井钻进至1830m时，由于即将钻至气层，密度为1.14g/cm³提高至1.18g/cm³，发生井漏，加入单项压力封闭剂、暂堵剂911和复合堵漏剂915进行堵漏，成功。继续钻进至2057m，提密度至1.20g/cm³，再次发生井漏，井口不返，起钻至1596m时遇卡，活动钻具时钻具自本体断裂，打捞未全获，填井至1672m。侧钻至1838m又发生井漏，当时密度为1.18g/cm³，加复合堵漏剂、云母片等堵漏材料堵漏进行复合堵漏，同时将钻井液密度降至1.16g/cm³，不漏。继续钻进至2133m，发生气侵，提密度至1.28g/cm³压井成功，下钻至1780m循环井口不返，起钻后下光钻杆至1830m处打胶质水泥堵漏，候凝后下钻钻进时仍有漏失现象。后采取屏蔽暂堵技术，在钻进过程中不断补充3%超细碳酸钙、2%单项压力封闭剂和3%低软化点沥青，漏失量越来越小，直至不漏。当钻进至2280m时振动筛上发现大量硬脆性深灰色泥岩掉块，接单根放不到底，井壁出现垮塌现象，提密度至1.33g/cm³又发生漏失现象，此后采取同样防漏措施，边漏边堵边钻，直至完钻。完井下套管至2340m后井口不返，固井时井口不返钻井液，声幅显示水泥返高至1850m，后在1786m处挤水泥固井。

五、现场效果

（1）兴231-1井在钻井施工过程中，多次发生井漏，但通过采取复合堵漏、胶质水泥堵漏、屏蔽暂堵技术提高地层承压能力等有效的技术措施，达到了预期目的。

（2）由于采取了行之有效的钻井液技术措施，在防塌、防喷、防卡等方面见到了较好的效果。

（3）全井使用的钻井液体系满足了在市区施工的环保要求，无毒无害。

六、结　论

（1）该井使用的钻井液体系满足施工及环保的要求。

（2）对于多压力系施工井，用屏蔽暂堵技术提高地层承压能力是有效的防漏措施。

参 考 文 献

[1] 徐同台，刘玉杰，申威等. 钻井工程防漏堵漏技术. 北京：石油工业出版社，1997

[2] 张家栋等. 屏蔽暂堵保护油层技术在辽河油田的应用. 钻井液与完井液，1994，11（6）：63～65

文 404 井钻井液技术

摘　要　文 404 井是一口位于东濮凹陷前梨园洼西北翼的预探井，设计井深 4600m。二开采用低固相聚合物钻井液体系。由于沙一盐段比设计提前且盐层纯而厚，钻井液严重污染，Cl⁻ 含量达 $18×10^4$ mg/L，性能严重破坏，造成井垮长井段划眼。三开采用聚磺饱和盐水钻井液，当钻至 3955m 进入文九盐段时，因钻井液密度不能平衡盐的塑性流动遇卡严重。在加重时发生井漏，单凡尔排量有进无出，进行了桥接材料堵漏和高强度平推堵漏失败后，全井钻井液加入 3‰的 FHFD 复合堵漏剂，堵漏成功。顺利钻至 4600m 完钻。井身结构为：ϕ444.5mm 井眼×356.00m/ϕ339.7mm 表套 × 355.74m + ϕ311.1mm 井眼 × 3000.00m/ϕ244.5mm 技套 × 2996.95m + ϕ215.9mm 井眼×4600m。

关键词　聚合物　聚磺饱和盐水　钻井液　井垮　划眼　堵漏

一、地质概况及钻井中的问题

文 404 井是一口位于东濮凹陷前梨园洼西北冀的预探井，完钻井深 4600m。上部地层明化镇、馆陶组、东营组岩性为棕黄色、灰色、棕色软泥岩，灰白色砂砾岩夹细砂岩。粘土矿物以伊/蒙无序间层为主，阳离子交换容量高。钻进过程中易水化膨胀分散，引起缩径。沙一段主要为灰色泥岩、含膏泥岩、白色盐岩。岩层钻进中由于盐的溶解易形成糖葫芦井眼，不利于钻井液携砂，导致起下钻困难。沙河街组的沙二、沙三段岩性依次为紫红色泥岩、灰色泥岩、浅棕色粉砂岩、灰白色膏泥岩和膏盐岩、灰色泥质砂岩、深灰色泥岩、浅灰色粉砂岩、灰色泥质粉砂岩。钻进中泥页岩易水化膨胀，不均匀的膨胀及页岩的剥蚀易造成井壁垮塌掉块，砂岩较发育，盐层纯，易塑性流动，井底温度高，压力梯度变化大，易造成井漏、井喷、卡钻等事故。

二、技　术　难　点

（1）本井属于预探井，没有相应的邻井地质资料，可预见性差。

（2）本井设计两套盐层，沙一盐 2900～3050m，沙三段文九盐 3870～3900m，4100～4150m。要求钻井液具有良好的抗盐层污染能力。

（3）上部地层易造浆，要求钻井液有良好的抑制性；下部地层易垮塌掉块，要求钻井液有很好的抑制防垮能力。

（4）设计井深 4600m，井底温度高。要求钻井液及其处理剂有抗高温能力。

（5）文九盐设计钻井液密度 1.40～1.50g/cm³，根据中原油田钻文九盐的经验，密度必须达到 1.65g/cm³ 以上，否则极易造成盐层卡钻。

三、钻井液技术

根据本井特点，结合以往本地区钻井液的施工经验，上部地层（二开井段）采用低固相聚合物强抑制钻井液。进沙一盐前对钻井液进行预处理，降低固相及滤失量，保证钻井液有良好的抗污染能力。聚磺饱和盐水钻井液具有较强的抗高温能力和抑制防垮能力，有利于井壁稳定和控制井径扩大率，能够满足深井文九盐钻探的要求，因此下部三开井段采用聚磺饱和盐水钻井液。打开文九盐时，每钻 0.5～1m，钻具必须提出来进行套划眼，并根据井下情况决定钻井液是否加重。

四、现场钻井液技术工艺

(1) 一开。用膨润土 5000kg、纯碱 320kg 配制预水化膨润土浆 80m³。钻进中根据地层造浆情况及时补充清水，维护钻井液性能：密度 1.10g/cm³，黏度 32～45s。钻完表层大排量洗井 2 循环周以上，用 50s 以上高粘切钻井液打封闭，下套管及固井均顺利。

(2) 二开。

①配方：1500kg 的 NH_4HPAN + 250kg 的 80A－51 + 一开原浆 + 清水共配浆 150m³。配浆性能：密度 1.06g/cm³，黏度 33s，滤失量 12mL。

②维护。二开采用低固相聚合物钻井液，大循环钻进，用 80A－51 控制地层造浆，用 NH_4HPAN、SDX－1 稀胶液控制滤失量。钻进中钻井液性能：密度 1.06～1.13g/cm³、黏度 33～40s、滤失量 6～10mL、静切力为 0、pH 值 8～9。钻至井深 2200m 改小循环，充分利用振动筛、除砂器、离心机等固控设备清除泥浆中有害固相，降低膨润土含量。

③盐层钻进。钻至井深 2632m 时，钻时加快，钻井液密度由 1.17g/cm³ 上升至 1.19g/cm³，滤失量由 6mL 上升至 8mL，黏度由 46s 上升至 62s，岩屑中有石膏，地质判断已提前进入沙一盐（预计沙一盐 2900～3050m）。于是决定钻井液提前预处理。小型实验配方：原浆 + 10% 水 + 0.5% 的 PAC－142 + 0.5% LV－CMC + 0.3% NaOH。现场按照上述配方预处理钻井液后，循环均匀，钻井液密度 1.18g/cm³、黏度 77s、滤失量 5mL、泥饼 0.5mm、静切力 5/15Pa/Pa、pH 值 9、含砂 0.2%、膨润土含量 52g/L。预处理后，用 PAC－142、JT888 稀胶液维护，钻井液性能比较稳定。井深 2810m 时钻井液密度 1.19g/cm³，黏度 76s、滤失量 5.5mL、泥饼 0.5mm、静切力 7/18Pa/Pa、pH 值 10、含砂 0.2%。井深 2916m 时密度 1.23g/cm³，黏度 46s，滤失量 7mL，pH 值 7，Cl^- 含量 12×10^4mg/L。表明大量的盐已经浸入钻井液中，加入 500kg 的 LV－CMC、600kgPAC－142、1100kg 的 NaOH、3000kg 抗盐土进行提粘切处理，效果不明显。井深 2937m，Cl^- 含量 183445mg/L、密度 1.27g/cm³、黏度 35s、滤失量 9.2mL、静切力 0、pH 值 9。于是加入 5000kg 抗盐土、2000kg 的 LV－CMC、1000kg 的 NaOH、800kg 的 SL－2，井深 3000m 中完，泥浆密度 1.29g/cm³、黏度 42s、滤失量 5mL、静切力 0/2/Pa/Pa、pH 值 9。

④划眼。钻完进尺 3000m，大排量循环，起钻时起不出来，用 300kg 的 SL－2、200kg 的 HV－CMC 配高粘切钻井液（黏度 100s）30m³，分 2 次替入井内循环带砂以后，停泵钻具仍是提不起来。经分析认为，目前聚合物钻井液已变成饱和盐水钻井液，钻井液粘切很低，且盐层段井径很大，井眼呈糖葫芦状，井底砂子带不出来。于是用 8000kg 抗盐土、600kg 的 HV－CMC、500kg 的 NaOH，调整钻井液性能为：密度 1.34g/cm³、黏度 62s、滤失量 5mL、静切力 1/2Pa/Pa、pH 值 9、塑性黏度 27mPa·s、动切力 5.5Pa。再次配黏度 100s 的高粘切钻井液带砂 1 周，然后用黏度 100s 的高粘切钻井液替入井底起钻。起钻时前 3 柱不好起，东营组不好起，其他井段基本正常。起钻后甩掉直径 228.6mm、203mm 钻

— 356 —

铤简化钻具、下牙轮钻头和一柱 178mm 钻铤及 127mm 钻杆下钻通井。下至 2200m 遇阻，接方钻杆划眼。当时钻井液密度 1.36g/cm³、黏度 65s、滤失量 4.5mL，静切力 1/2Pa/Pa，pH 值 9，含砂量 0.3%。划眼循环时返出大量细砂，比较好划，划一单根可下一立柱。划至 2300m，因焊高压管线停止循环 16min，钻具经反复活动才提起来，原因是钻井液粘切偏低，悬浮能力差。重新制定了下一步划眼措施：第一，大井眼划眼要高粘切小排量。钻进时排量 50L/s，划眼时可采用 40L/s；黏度要求 100s 以上，只要有足够的粘切把砂子悬浮住，使钻屑不往下走，下面划眼就有可能放空下立柱，否则砂子一直往下走，就得根根划眼。第二，划眼时钻井液消耗较大，要求送泥浆 40m³。加入 10000kg 抗盐土、1000kg 的 SL-2、1000kg 的 NaOH、高粘切钻井液 40m³，循环均匀后钻井液密度 1.39g/cm³、黏度 215s、滤失量 4mL、静切力 8/21Pa/Pa、pH 值 11、塑性黏度 70mPa·s、动切力 30Pa。接单根小心划眼，划至盐层段时，振动筛处返出大量大块砂子，最大直径有 10cm。划眼过程中，钻压 10~30kN，转速为 I 档，注意泵压变化，防憋泵。由于措施得力，没有出现其他复杂情况，划眼顺利到底。

⑤中完作业。划眼到底，大排量充分循环干净后，加入 800kg 的 SMT、250kg 的 NaOH，调整钻井液性能为：密度 1.38g/cm³、黏度 170s、滤失量 4mL、静切力 5/13Pa/Pa、pH 值 10、含砂量 0.3%、塑性黏度 50mPa·s、动切力 26Pa。然后进行短起下拉井壁，充分循环后起钻电测，电测顺利，固井正常。

（3）三开。

①配浆。首先根据二开钻井液情况做了室内试验，确定了三开配方为：二开钻井液 + 15% 饱和盐水 + 2% 的 PSP + 2% 的 SDX-3 + 0.5% PAC-142 + 0.5% NaOH。现场将地面循环罐清干净，然后依次加入 25m³ 饱和盐水、4000kg 的 PSP、4000kg 的 SDX-3、1000kg 的 PAC-142、800kg 的 NaOH，将钻具下至技套鞋处，循环均匀。钻井液密度 1.32g/cm³、黏度 78s、滤失量 3.5mL、静切力 1/5Pa/Pa、pH 值 11、含砂量 0.2%。

②维护。三开采用聚磺饱和盐水钻井液。钻进中主要用 PSP、SDX-3、PAC-142 和饱和盐水胶液维护补充钻井液。同时使用好振动筛、除砂器、离心机等固控设备。井深 3865m 起钻遇阻，下钻至 3570m 遇阻划眼，当时钻井液密度 1.47g/cm³、黏度 65s、滤失量 3mL、泥饼 0.5mm、静切力 1.5Pa/10Pa、pH 值 9、含砂量 0.3%、高温高压滤失量 12mL、膨润土含量 61g/L、Cl⁻ 含量 178275mg/L、固含 16.26%、泥阻 0.0262、塑性黏度 32mPa·s、动切力 9Pa。划至 3656m 时不好划，速度慢，采用高粘切钻井液携砂 1 周，并将钻井液密度加至 1.52g/cm³，划眼顺利，有时可以下整立柱。钻至 3955m 时发现快钻时，确定进入文九盐。钻具上提遇卡，转 18 圈未开，悬重 110kN，提至 170kN 振击器工作解卡。决定将钻井液密度加至 1.65g/cm³，在将钻井液密度由 1.52g/cm³ 加重至 1.54~1.56g/cm³ 时井漏，加入堵漏剂 FCR-2 计 4000kg、QS-2 计 4000kg 后继续加重至 1.59g/cm³ 井漏。于是起钻进行了 3 次堵漏施工，堵漏成功后，钻井液密度保持在 1.64~1.65g/cm³，用 SMT、NaOH 维护钻井液的流动性，PSP、SDX-3 和 PAC-142 控制滤失量，保证钻井液各项指标合格，高温高压滤失量小于 15mL，钻井液抗高温，顺利钻完了进尺 4600m，完井电测前玻璃小球 1000kg，C9501 计 500kg 打封闭起钻，电测一次成功，完井作业顺利。

③堵漏。井深 3955m 时钻井液密度加重至 1.59g/cm³，井漏，有进无出，漏失 7m³，改单凡尔循环，逐渐正常。为了文九盐井段的安全钻进，地层承压能力必须达到 1.70g/cm³ 以上，

故决定起钻进行专门堵漏。起钻至 3750m、3610m、3443m 起钻困难，倒划眼。当时钻井液密度 1.58g/cm³、黏度 82s、滤失量 5mL、静切力 10/26Pa/Pa、pH 值 13、固含 7.5%、高温高压滤失量 14mL、膨润土含量 57.9g/L、Cl⁻ 含量 17.8×10⁴mg/L、塑性黏度 38mPa·s、动切力 28Pa。安全将钻具起出后，通过对地质资料及岩性的对比分析，发现 3400～3750m 砂岩发育，地层渗透性好，判断为漏失井段，起钻时也证明该井段地层疏松，泥饼厚，不好起。

A. 第一次堵漏。采用桥接材料堵漏法。先用装有大水眼的牙轮钻头通井至 3750m 处，井眼畅通后起至技套内。配堵漏钻井液在 4#罐中装满钻井液，然后加入 3500kg 棉籽壳、1200kg 蚌壳渣、4000kg 的 DSR、2000kg 核桃壳、1200kg 的 DC-1 共配堵漏钻井液 40m³，堵浆密度 1.56g/cm³、滤失量 5mL。然后下钻至 3750m，单凡尔小排量替堵浆 30m³，钻杆内留 5m³，立即起钻至技套内，关井挤钻井液 4m³，套压升至 6MPa 后稳在 4MPa，每隔一段时间挤 0.6m³，直至套压可憋至 7～8MPa（相当于地层承受钻井液密度 1.70g/cm³），憋压 46h 后，套压由 8MPa 下降到 4.2～6.5MPa 后稳定。决定全井钻井液加至密度 1.65g/cm³，然后分段循环下钻，下至 3420m 时，单凡尔循环不漏，开三凡尔漏失 3m³，只进不出，堵漏失败。

B. 第二次堵漏。桥接材料堵漏失败后，为了增加堵层的强度，采用了高强度平推堵漏技术。在 4 号循环罐内留 5m³ 钻井液，加入 20m³ 饱和盐水，然后依次加入 1000kg 棉籽绒、1000kg 的 DF-1、4000kg 的 DSR、3000kg 水泥、1000kg 石灰、2000kgDC-1，加重至密度 1.53g/cm³。堵浆完全失水时间 156s，滤饼结实，厚 5cm，光钻杆下至技套鞋处，替堵浆 25m³，然后关井推入顶替钻井液 58m³。套压由 0.4MPa 上升至 0.5MPa，说明堵浆已进入漏层，停泵静止候凝 24h，然后分段循环下钻，下钻至 3400m 开始遇阻划眼，井深 3520m 出现渗漏，漏速 1.2m³/h。加入堵漏剂 FCR-2 计 5000kg、FD-1 计 4000kg 后正常。划眼至 3770m，划眼困难，钻井液密度 1.62g/cm³，黏度 91s，滤失量 4.4mL，泥饼 0.5mm，静切力 1.0/6.5Pa/Pa，pH 值 10。用 2000kg 抗盐土、175kg 的 HV-CMC、75kg 的 SL-2 打流动封闭，高粘切钻井液返出地面不久，井漏，漏速 5m³/h。

C. 第三次堵漏。井深 3770m 井漏后，全井加入 FHFD 复合堵漏剂 6000kg，小排量单凡尔循环不漏，开三凡尔开始划眼，划眼到底，返出不少掉块。短起下至 3400m 顺利，然后将钻井液密度加至 1.65g/cm³，起下钻换钻头，顺利钻开文九盐段，钻进中未用振动筛。3962m 钻井液密度 1.66～1.67g/cm³，开始使用振动筛，至 3967m 大部分堵漏剂筛出时，井漏，有进无出。起至技套内静堵，又加入 FHFD 复合堵漏剂 6000kg，然后分段循环下钻，钻进中不用振动筛，用好除砂器，勤放沉砂锥罐，每次起下钻清罐清砂。钻进中及时补充 FHFD 复合堵漏剂，保持其含量不低于 3%，顺利钻达 4600m，未发生井漏，每次起下钻畅通无阻。

五、结 论

（1）由于对地层了解不足，二开使用的低固相聚合物钻井液被沙一盐段严重污染，含盐量达饱和，性能严重破坏，盐层井径大，造成了长井段划眼。制定合理的划眼措施后，通过加入抗盐土、增粘剂及高粘切钻井液提高了钻井液粘切，划眼顺利。

（2）聚磺饱和盐水钻井液具有很好的抗温抗盐能力，井壁稳定，能够满足深井盐层钻井的要求。

（3）通过全井钻井液加入 3% 的 FHFD 复合堵漏剂，解决了长井段井漏问题，大幅度提高了地层承压能力。

（4）本井在加入 3% 的 FHFD 复合堵漏剂后，坚持用好四级固控设备，定期清罐除砂，保证了钻井液性能的稳定。

参 考 文 献

［1］徐同台，刘王杰，申威等 . 钻井工程防漏堵漏技术 . 北京：石油工业出版社，1997
［2］杨振杰，王中华，易明新等 . 钻井液与完井液研究文集 . 北京：石油工业出版社，1997

文 72 块的先期堵漏技术

王学军　吴登民　杨自轩

（江苏油田安徽公司泥浆站）

摘　要　针对 272 块地层喷、漏非常严重的情况，进行了堵漏液配方的室内优选及先期堵漏工艺技术的现场应用。实践证明，该堵漏液配方提高了堵漏成功率，先期堵漏技术也是解决井下复杂情况的有效措施。本文最后说明了堵漏液配方存在的问题，尚有待进一步研究。

关键词　井漏　堵漏　破裂压力

文 72 块是典型的多套压力层系的区块，每套压力层系数相差悬殊，因此，井喷与井漏现象一直困扰着该区块沙三中油气层的开发。1988—1990 年曾试探性地在该区块开钻 3 口井，其中文 195 井因发生井喷，压井时在表层套管鞋处发生破裂，井喷无法控制，最后井眼喷塌，钻具埋井报废。第一个井眼报废后，第二个井眼侧钻至原井深时，又发生同类事故，钻具埋井（两个井眼）共计 3972.63m，经济损失 150 万元。文 72－143 井和文 72－144 井在吸取了文 195 井教训的基础上，虽然钻达目的层，但井漏现象相当频繁。为了克服井喷和井漏，确立了先期堵漏工艺技术，经过 1991—1992 年的实施，取得了显著的技术效益和经济效益。

一、问题的提出

文 72 块主要油气层为沙河街组的沙二下（8 个砂层组）、沙三上（10 个砂层组）和砂三中段（10 个砂层组）。从压力分布来看，沙二的 1～2 砂层组未投入开发，基本保持着相当于 1.30～1.40g/cm³ 的原始压力系数。沙二下、沙三上部分砂层组受多年开发的影响，压力已经很低。如沙二下的 3～8 砂层组及沙三上的 1～3 层组的压力系数都已降到了 1.00g/cm³ 以下。而未开发的沙三中地层，压力系数均在 1.85g/cm³ 以上，钻进中使用的钻井液密度在 2.00～2.13g/cm³ 之间。所以整个井眼的压力形成了高—低—高的情况。

为了克服整个井眼存在的高—低—高的压力系数，解决沙三中段钻井过程中井喷和井漏之间的矛盾，曾计划采用 φ244.5mm 表层套管封隔沙二下及沙三上的低压层。但它受两个方面的制约，一是 350m 的表层套管难以承受沙二下 1～2 砂层组和沙三上下部砂层组所需的 1.60g/cm³ 钻井液密度，一旦发生井喷将失去控制；二是沙三上地层埋藏深度大（约 3300m），若下 φ244.5mm 套管将沙三上地层封隔，在固井作业时，已接近钻机的额定负荷。因此，φ244.5mm 套管仅能下至沙二上底部或沙三上顶部。这样压力系数相差悬殊的沙二上、沙三上与沙三中地层处于同一裸眼内，井喷与井漏的矛盾就表现的相当尖锐。为了解决沙二下与沙三上地层的井漏问题，必须进行先期堵漏，即在地层尚未发生漏失之前，有意识地进行加压实验，确定其地层所承受的当量密度，若地层承受的当量密度不能满足要求时，就采用压漏的方式将堵漏剂投入地层，先期提高地层抗破裂压力能力。

二、堵漏液配方

根据文 72 区块的情况，先期堵漏的目的是把抗破裂压力能力较低的沙二下及沙三上地层，提高当量密度为 2.30g/cm³。因此，我们对堵漏液凝结后的强度进行了研究，经室内试验，推出三种配方，见表 1。

表 1 堵漏液配方列表

序号	基浆配方	加量，%				
		狄塞尔	核桃壳	蚌壳渣	单堵剂	水泥
Ⅰ	2%~3%膨润土	6~10	6	6	—	—
Ⅱ	0.3%Na₂CO₃、0.3%NaOH	6	6	6	3	—
Ⅲ	适量 CPA	6	6	6	3	3~5

从室内试验与现场破裂压力试验资料看出，三种配方凝结后的强度顺序为Ⅲ＞Ⅱ＞Ⅰ。因此，选择配方Ⅲ。

三、先期堵漏工艺技术

先期堵漏工艺分为破裂压力试验与堵漏两步，破裂压力试验的目的是提供地层所能承受的当量密度，寻找低压层，为下一步注入堵漏剂提供依据；堵漏则是提高地层的承压能力。

四、破裂压力试验

破裂压力试验分 4 次进行：
（1）三开钻进 5~6m，检查套管的固井质量和套管鞋处的破裂压力能力；
（2）钻遇第一个砂层组；
（3）钻穿沙二下地层；
（4）钻穿沙三上地层。

五、现场堵漏工艺

1. 堵漏液的配制
（1）彻底清理配制罐后，加入 2/3 堵漏液配制量的清水；
（2）加入 3%的膨润土或抗盐土及 0.3%的 Na₂CO₃ 和 NaOH 循环 1h，使基浆性能为：密度 1.05~1.10g/cm³；漏斗黏度 20~30s，API 滤失量 60~80mL。pH 值 10~11；
（3）加入 6%~10%的狄塞尔，同时加入 3%~5%的水泥；
（4）加入 3%的单向堵漏剂；

（5）加重到所需的密度 1.70～1.95g/cm³；

（6）最后加入 6％的蚌壳渣。堵漏剂的性能要求为：密度 1.70～1.95g/cm³，漏斗黏度大于 150s（只要能满足可泵性），API 滤失量 40～80mL，泥饼 5～10mm，pH 值 10～12。

2. 堵漏液入井时的钻头位置

为了确保施工顺利，一般应下入去掉水眼的钻头，钻头位置据实际情况而定。一是三开后裸眼井段较短时（200m 以内），钻头可下至套管鞋处；二是三开后裸眼井段较长时，将钻头下至待堵层位（潜在漏层的底部）。然后将配制好的堵漏液泵入井内，泵入量一般为 15～20m³。

3. 替入水泥

堵漏剂泵入钻杆后，计量替入水泥，钻井液的替入量决定于钻头位置。若钻头在套管鞋处，堵漏液到达钻头后，关封井器，继续替入钻井液，直至堵漏液到达待堵层位；若钻头在待堵层位，钻井液的替入量按照使堵漏液在钻杆内外液面平衡的原则进行。

4. 堵漏液挤入地层

若钻头在套管内，当堵漏液到达待堵层位时，可直接将堵漏液挤入漏层；若钻头在待堵层位，应将钻具起至套管内，倒好闸门，关闭封井器，将堵漏液挤入地层。经现场证明，堵漏液挤入地层的数量不能少于 5m³。先期堵漏是在地层尚未漏失的情况下，采用强硬手段将堵漏液挤入地层，泵压往往较高，堵漏液的挤入可能会受到限制。但是，不能因为泵压高而使堵漏液的挤入量少于 5m³。

5. 憋压静置

堵漏液挤入地层之后，静止，保持堵漏液挤入地层时的压力，静置 36～48h。

6. 破裂压力试验

静置 36～48h 后，释放压力，下钻至井底，将井筒内残余的堵漏循环出地面，起钻至套管内重新加压试压，检查堵漏效果，文 72 块规定，将沙二下及沙三上地层的抗破裂压力能力提高至当量密度 2.30g/cm³ 以上，或者超过设计钻井液密度 0.15g/cm³ 以上，方可钻开沙三中油气层。否则应再次进行堵漏，直至符合要求。

六、结　　论

（1）该套堵漏液配方可将地层的抗破裂压力能力提高到 2.30g/cm³ 以上，堵漏成功率达 100％，一次成功率达 92％。

（2）采用了先期堵漏之后，在钻井液密度高达 2.05～2.15g/cm³ 的钻井和完井作业中多数井未再出现井漏现象。因此，先期堵漏的成功应用，缓解了文 72 块沙三中钻井过程中的喷、漏矛盾，是一项克服同一裸眼内存在着多套压力层系而造成复杂问题的有效措施。

（3）该堵漏液配方虽然满足了要求，但是其凝结后的强度随时间的变化有递减现象。特别是经解卡液浸泡之后，强度骤减，极易导致重复井漏。因此，堵漏液配方尚有待进一步研究。

提高大情字井地区钻井速度的钻井液技术

赵剑龙　李小兵　张嵇南　周保中　陈　平

摘　要　根据大情字井地区的地质情况和工程问题,作者进行了钻井液完井液的室内研究,并现场试验了3口井。实践表明,所研究的钻井液体系能够提高机械钻速,并解决了防塌,防漏等问题。

关键词　机械钻速　两性离子聚合物钻井液　钾基硅铵聚合物钻井液　防塌　防漏

一、地 质 概 况

大情字井油田位于吉林省乾安县大情字井乡,东北方向距乾安油田约15km,东南方向距大老爷府油田30km。油田周围铁路、公路交通方便,地势平坦,地面海拔145~155m,年平均气温3~6℃,七月份平均气温22~26℃,该区地理位置和气候条件较好。

1. 地层层序及沉积类型

大情字井地区钻遇的地层自下而上依次为白垩系下统的泉头组、青山口组、姚家组、嫩江组地层,白垩系上统的明水、四方台组(与下伏地层嫩江组地层呈不整合接触)地层,第三系的大安组、泰康组地层(与下伏白垩系地层呈不整合接触),第四系地层等。主要目的层为姚家组一段、青山口组地层和泉头组地层。地层层序及沉积类型见表1。

表1　大情字井地区地层层序及沉积类型表

地层		项目	底深,m	岩性描述	沉积相	与下部接触
第四系			50	黄土,粘土,底部为砂砾层		
第三系		泰康组	224	杂色砂砾岩,夹绿灰色泥岩		整合
		大安组	290	以暗色泥岩为主,下部及底部各发育一层杂色砂砾岩		不整合
上白垩系	明水组	二	539.5	上部为暗紫色泥岩;中部为暗紫、紫灰色泥岩与灰、灰绿、紫灰色泥质粉砂岩组成的不等厚互层;下部为暗紫色泥岩,底部发育一薄层粉砂质泥岩	河流相	整合
		一	788	主要为大段暗紫色泥岩,下部夹一层灰色粉砂质泥岩,一层灰白色泥质粉砂岩,底部发育一层灰白泥质粉砂岩		整合
	四方台组		1127.5	杂色砂砾岩		不整合
下白垩系	嫩江组	五	1219	棕红、灰绿、灰色泥岩,含粉砂质泥岩、泥质粉砂岩	河湖过渡相	整合
		四	1487	棕红、灰绿、灰色泥岩,粉砂质泥岩、泥质粉砂岩		整合
		三	1560	泥质为主,含粉砂质泥岩		整合
		二	1653	上部为深灰色泥岩;底部为灰黑色油页岩,为区域标志层	深湖相	整合
		一	1721.5	大段灰色泥岩为主,夹灰色粉砂质泥岩		整合
	姚家组	二、三	1795.5	以泥岩为主,夹粉砂质泥岩	滨浅湖相	整合
		一	1841	棕红色泥岩为主,含粉砂质泥岩,泥质粉砂岩		整合
	青山口组	二、三	2315	上部以棕红色泥岩为主,含粉砂质泥岩,泥质粉砂岩,下部以泥岩、泥质粉砂岩为主	三角洲相	整合
		一	2410	灰色、灰褐色粉砂岩与暗色泥岩互层见介形虫及黄铁矿		整合
	泉四段		2510	泥岩,粉砂质泥岩、细砂岩		整合

2. 地层矿物组分与理化性能

为了了解大情字井地区地层情况，2000年开展了该地区工程取心研究，分别对四方台子组、嫩五段、嫩二段、嫩一段、姚二＋三段、姚一段、青二＋三段、青一段和泉四段进行了工程取心。针对所取岩心进行了地层矿物组分与理化性能分析，分析结果见表2。

表2　情92－25井地层矿物组分与理化性能表

井深 m	层位 系	层位 组	岩性	黏土矿物相对含量,% I/S	S	I	K	C	间层比 (I/S)%	非粘土矿物组分与含量,% 石英	长石	方解石	泥页岩理化性能 回收率 %	膨胀率 %	阳离子交换总量 mmol/100g
888.0	上白垩系	四方	砂砾岩		5	71	8			10	39	25	1.3	6.05	15.68
888.45		四方	砂砾岩		9	90	5			18	28	23			15.48
1287		嫩五	灰绿色泥岩		2	83	8			31	28		0.3	10.3	13.47
1628		嫩二	黑色泥岩		2	94	4			41	24		69.3	4.8	12.76
1727		嫩一	灰色泥岩			93	5			50	17		96	4.6	14.36
1731.73		嫩一	灰色泥岩			83	17								12.38
1733.75	下白垩系	嫩一	灰色泥岩			85	15			52	15				12.02
1793		姚2＋3	泥岩			93	7			26	29		81.3	6.0	13.51
1794.95		姚2＋3	泥岩	4	80	6		10	20	14	15	31			13.74
1844.0		姚1	棕红色泥岩	6	82	4		8	20	21	25	25	69.8	3.2	11.09
1848.0		姚1	棕红色泥岩	5	81	3		11	15	16	32	27			12.65
2105.0		青2＋3	棕红色泥岩			77	2	21		22	36	14	69.3	4.3	13.77
2112.45		青2＋3	棕红色泥岩			80	2	18		18	30	15			12.25

通过地层矿物组分与理化性能分析，大情字井地区主要造浆段在1300m（即N_5底）以上，以下蒙脱石基本消失，阳离子交换容量低，造浆能力减弱。从N_1开始，黏土矿物主要以伊利石为主，同时含有高岭石，属非膨胀性矿物。Y_1段仍以伊利石为主，高岭石减少，同时含有绿泥石和伊蒙/混层。在高剪切和长时间剪切情况下会有一定程度的分散。Q_{2+3}段层理特别发育，岩心成"千层饼状"，水分子极易沿层理面和裂缝进入层片之间，加剧了黏土片间的离解，导致井壁剥落、掉块等现象发生。Q_1段地层裂缝发育。

3. 油藏地质情况

大情字构造高台子油层和葡萄花油层控制地质储量分别约为9616×10^4t和1929×10^4t。埋藏深度分别在1939.2～2490.6m和1792.5～1989.0m。高台子油层单层有效厚度最小为0.6m，最大为4.8m，多数为1～3m，单井有效总厚度为2.0～11.0m。葡萄花油层，单层有效厚度为2.8～5.0m，平均3.4m。

1）储集层岩石组成及粘土矿物含量

（1）储集层岩石组成。

大情字储集层岩石的岩性主要为粉砂岩和细砂岩，以石英、长石砂岩和岩屑长石砂岩为主，分选好。岩石中青山口组的碳酸盐含量为4.95%～24%，泥质含量为10%～25%，平均为14.03%；姚家组的碳酸盐含量平均为12.9%，泥质含量平均为15.42%。青山口组的胶结物以方解石为主，姚家组的胶结物以泥质和钙质为主。

（2）黏土矿物含量。

该地区青山组和姚家组储集层的黏土矿物组成差别不大，都以伊利石为主，相对含量为 54%～70%，平均含量为 59%；其次是伊/蒙混层，相对含量 25%～41%，平均含量为 34.44%，蒙脱石混层占 5%～28%；高岭石和绿泥石的含量较低，其相对含量范围分别为 0%～9% 和 0%～10%，平均含量分别为 1.7% 和 2.2%。

2）储集层物性

大情字区块高台子油层属于中孔、低渗储集层，油层物性见表 3。

表 3　储集层物性统计表

层位	气相渗透率，mD			试油平均渗透率，mD	孔隙形，%			备注
	最大气相渗透率	最小气相渗透率	有效区间		最大值	最小值	有效区间	
葡萄花油层	0.009	12	0.1～12	0.0495	20.4	3.1	10.23～20	中孔特低渗
高台子油层	0.01	40	0.1～40	27.0	23	5	10.65～20	中孔低渗

3）储集层温度及压力

大情字构造储集层地温梯度的范围为 3.31～3.57℃/100m，平均约为 3.47℃/100m 左右。地层压力系数为 0.91～1.00，平均为 0.97 左右。

4）储集层流体性质

（1）原油性质。

高台子油层原油的蜡含量、胶质含量分别为 22% 和 11% 左右，凝固点为 30℃ 左右。葡萄花油层蜡含量、胶质含量和凝固点更高。

（2）地层水性质。

地层水性质见表 4。

表 4　地层水性质统计表

类　　型	$NaHCO_3$ 型		备　　注
参数名称	参数量值范围		
	范围	大多数范围	
pH 值	6～10	6～7	
总矿化度，mg/L	5270.7～26974.2	10000～20000	
K^+/Na^+，mg/L	1734.6～8792.8	4000～7500	
Ca^+，mg/L	10～380.8	<100	统计 13 口井 446 个水样。
Mg^{2+}，mg/L	0～198.4	10～40	
Cl^-，mg/L	2255.7～12496.1	4000～8000	
SO_4^{2-}，mg/L	9.6～460	70～300	
HCO_3^-，mg/L	867.7～13041.8	1000～3000	
CO_3^{2-}，mg/L	0～862.2	<862.2	

二、工程问题

大情字井油田是一个具有亿吨级储量的大型油田，根据地质研究，大情字井油田预计可布井 539 口，其中新钻井为 471 口，可建产能为 80.34×10^4 t，有望建成百万吨级产能的大型油田，2002 年大情字井地区已布井 129 口。两年来的钻井生产实践证实，此地区在钻井过程中，存在着上缩、下漏、中间塌、下部地层钻速慢和钻井施工周期长等诸多问题。

1. 地层漏失问题

大情字井地区井漏主要发生在下部青山口组高台子油层井段。该井段裂缝比较发育，钻井过程中，由于经常发生井漏，由此引起了不同程度的井下复杂情况，影响了该区块的正常钻井施工。根据对 1999 年和 2000 年所钻井的统计，1999 年共钻探井 15 口，发生井漏 13 口，占 86.7%；2000 年共钻井 75 口，发生井漏 56 口，占 74.7%，其中漏失量超过 100m³ 的有 30 口井，占漏失井的 53.6%，统计情况见表 5。

表 5　大情字井钻井液漏失情况统计表

井号	时间	井下复杂情况	经过、原因	处理情况
黑 48 井		1850m 井漏，2466m 漏 278m³	钻进发生井漏	加堵漏剂
黑 49 井		2317～2359m，漏失 190m³	钻进发生井漏	加堵漏剂
黑 51 井		1250m 漏 190m³，二次共漏 270m³	取芯循环井漏	加堵漏剂
黑 52 井		904m 完钻，共计漏失 260m³	裂缝井漏	加堵漏剂
黑 53 井	1999 年	900m 井漏 160m³	裂缝井漏	加堵漏剂
黑 54 井		泉头组井漏 485m³	钻井时井漏	加堵漏剂
黑 56 井		卡钻井深 1674m，964m	起钻时缩径	倒扣套铣
黑 50 井		卡钻 2000.4m	起钻时卡钻	倒扣套铣
黑 57 井		1300m 起钻	上部岩层掉块	震击解卡
黑 58 井		2100m	起钻时	震击解卡
黑 106		累计漏失 415m³	钻进发生井漏	加堵漏剂
情 100－21 井		累计漏失 130m³	钻进发生井漏	静止堵漏
情 104－19 井		累计漏失 245m³	钻进发生井漏	静止堵漏
情 86－17 井		累计漏失 305m³	裂缝井漏	加堵漏剂
情 86－21 井	2000 年	累计漏失 155m³	钻进发生井漏	加堵漏剂
情 84－25 井		累计漏失 200m³，卡钻，掉块	井漏起钻卡钻	划眼封堵
情 84－29 井		累计漏失 90m³ 掉块	钻进发生井漏	补量钻进
情 88－29 井		352.1m 漏失 60m³	裂缝井漏	加堵漏剂
情 88－27 井		累计漏失 91m³	裂缝井漏	补量钻进
黑 108 井		累计漏失 145m³，井塌	井漏起钻抽吸	划眼堵漏

2. 井壁坍塌问题

井塌井段主要在嫩二、嫩一与姚二＋三段，井深为 1600～1800m，其岩性主要以大段灰色、深灰色泥岩为主，夹粉砂质泥岩。地层岩石矿物组分以伊利石为主，高岭石较少，同时含有绿泥石和伊/蒙混层。2000 年所钻 75 口井的平均井径为 247mm，平均井径扩大率为 14.9％，大于平均井径的有 36 口井，占 48％。其中黑 50 井井径情况如图 1 所示。

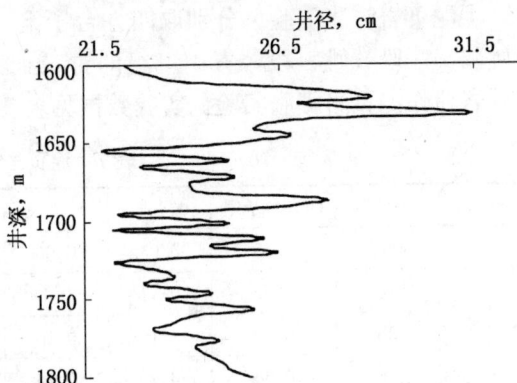

图 1　黑 50 井井径曲线图

3. 地层膨胀缩径问题

地层膨胀缩径主要发生在 800～1200m 井段，层位为四方台子组及嫩江组的嫩五段，该层位岩石为杂色砂砾岩及棕色、灰绿、灰色泥岩。泥岩黏土矿物以伊/蒙无序间层为主，蒙托石含量相对较高（例如：888m 处岩石中蒙托石含量为 9％），易发生膨胀缩径。此外，姚家组地层有薄泥页岩和发育好的砂岩层，易形成膨胀缩径和厚泥饼，发生卡钻。

三、技 术 难 点

由于该地区上部地层易缩径、中部地层易坍塌、下部地层垂直裂隙易漏失，严重影响了钻井施工，降低了钻井速度。因此，认为井壁稳定技术和裂缝性地层防漏堵漏技术是提高大情字井地区钻井速度的钻井液技术难点。

四、钻井液技术

1. 钻井液完井液配套技术室内研究

1）钻井液体系及性能研究

经技术攻关，优选出了适合于大情字井地区的两种钻井液体系：

体系 1：6％膨润土＋0.5％纯碱＋0.3％FA－367＋1％NH₄HPAN＋0.3％XY－27。

体系 2：6％膨润土＋0.5％纯碱＋0.2％KPA＋1％NH₄HPAN＋1％有机硅。

（1）流变性实验。

流变性实验数据见表 6。

表 6　配方流变性实验数据表

配方	加热前				加热（100℃，16h）后				高温高压滤失量 mL
	滤失量，mL	表观黏度 mPa·s	塑性黏度 mPa·s	动切力 Pa	滤失量 mL	表观黏度 mPa·s	塑性黏度 mPa·s	动切力 Pa	
1	7	20	15	5	8	20	15	5	9
2	9	14	12	1.5	10	8.5		0.5	12

注：高温高压实验温度为 100℃，压力为 3.5MPa。

实验数据表明，两种体系在常温、100℃条件下，流变性稳定。

（2）抑制性实验。

①泥页岩膨胀实验。分别取四方台子组，嫩江组的嫩五段、嫩二段、嫩一段，姚家组的姚二＋三段、姚一段，青山口组的青二＋三段、青一段的岩石，粉碎后过100目筛子，取其岩粉作泥页岩膨胀实验。实验数据见表7。

表7　泥页岩膨胀量对比表　　　　　　　　　　　　　单位：mm

配方	时间	四方台子组	嫩五段	嫩二段	嫩一段	姚二＋三段	姚一段	青二＋三段	青一段
1	30min	0.15	0.08	0.06	0.06	0.13	0.07	0.05	0.03
	1h	0.2	0.11	0.1	0.19	0.19	0.09	0.09	0.04
	2h	0.29	0.18	0.16	0.26	0.3	0.13	0.12	0.05
	3h	0.36	0.25	0.23	0.3	0.36	0.16	0.17	0.05
2	30min	0.26	0.30	0.20	0.26	0.18	0.10	0.09	0.08
	1h	0.32	0.36	0.30	0.34	0.26	0.16	0.13	0.10
	2h	0.45	0.43	0.36	0.44	0.40	0.23	0.18	0.12
	3h	0.50	0.51	0.45	0.49	0.48	0.28	0.24	0.12

实验数据表明：两种体系对该地区地层具有较强的抑制作用。

②泥页岩滚动回收实验。分别取四方台子组，嫩江组的嫩五段、嫩二段、嫩一段，姚家组的姚二＋三段、姚一段，青山口组的青二＋三段、青一段的岩石，粉碎后过4～10目筛的岩屑作滚动回收实验，实验数据见表8。

表8　泥页岩滚动回收率（%）

配方	筛目	四方台子组	嫩五段	嫩二段	嫩一段	姚二＋三段	姚一段	青二＋三段	青一段
清水	10目	0	0	37.8	79.5	71.7	63	65.7	97.3
	20目	0	0	64	80.3	80.7	69	69	97.7
1	10目	69.1	70.2	68.2	91.5	86.0	84.6	92.9	98.0
	20目	75.6	76.0	82.1	93.4	87.7	88.5	93.3	98.7
2	10目	40.3	48.5	86.4	90.2	92.6	89.5	89.8	94
	20目	68.2	78.6	89.2	95.0	96.5	92.8	90.5	96

实验数据表明：两种体系对该地区地层具有较强的抑制作用。

2）钻井液堵漏实验

实验目的：针对大情字井地区青山口组的漏失情况，进行桥堵实验，优选堵漏材料、粒级配比、加量以及堵漏钻井液的性能，从而优化出适合大情字井地区的堵漏措施。

（1）堵漏材料优选。

在室内，针对15种不同种类的堵漏材料进行了筛选，优选出单项堵漏材料有核桃壳、云母、皮绒等，复合堵漏材料有迪塞尔、桥塞。

（2）粒级配比优选。

经过相同浓度不同粒级实验优选出最佳粒级配比为：粗∶中∶细＝1.5∶1∶0.5，粒∶片∶纤维＝6∶3∶2。

（3）堵漏实验。

基浆配方：6％膨润土＋0.5％纯碱＋0.03％KPA＋16％重晶石。

配方性能：密度 1.17g/cm³，黏度 60s，失水 17mL，切力 14/17.5Pa/Pa，pH 值为 8.5。

堵漏钻井液配方：基浆 4000mL＋2％迪塞尔＋1％核桃壳＋0.2％云母。

表9　渗透性漏失实验数据表

缝　　宽	抗压，MPa	时间，s	结果
1 号缝	7	10	封堵成功
2 号缝	7	10	封堵成功
3 号缝	7	10	封堵成功
4 号缝	7	10	封堵成功

上述漏失实验证明大情字井地区可采用桥堵技术实现堵漏效果，具体方法措施如下：

①进入漏层前，彻底清除钻井液中的有害固相，调整钻井液性能合理后，加入 2％迪塞尔、2％桥塞，停止使用固控设备。

②防漏钻井液配方为：井浆＋2％迪塞尔＋2％桥塞。

3）配方防塌性研究

（1）控制钻井液密度。

由于大情字井地区地层属于多压力系统，所以钻井液密度的选择很关键，钻井液密度设计的原则为以地层压力为主，附加值取下限，如，黑 47 井地层孔隙压力系数最大为 1.145，附加后的钻井液密度为 1.20g/cm³，高于地层坍塌压力系数 1.143。根据这一原则情 92－23 井的钻井液密度采用 1.20g/cm³。

（2）提高钻井液的抑制性、护壁性，降低钻井液的滤失量。

在室内研究中，选择 ASL－1、FGL－432 作为护壁抑制剂，从而抑制嫩江组的水化膨胀，消除起钻拔活塞引起的下部抽塌。

（3）控制钻井液的流型

调整钻井液流变性，保证井眼环空钻井液的流型为层流，消除紊流，实现井壁稳定。

（4）钻井液防塌配方：井浆＋3％ASL－1＋3％FGL－432。

2. 提高机械钻速的钻井液研究和技术措施

（1）开展地层水力可钻性研究，直接提高钻井速度。

开展钻井液流变性研究、钻头水力学研究，优化钻井液性能，降低水眼黏度，提高水力破岩，从而提高钻井速度。

（2）消除井下发生的复杂情况，保证钻井的顺利施工，相对提高机械钻速。

针对大情字井地区地质情况及井下复杂情况，研究如下技术措施：

①合理使用钻井液密度。根据地层各种压力的预测数据，结合井壁预应力学分析结果，考虑井漏现象，确定合理的钻井液密度。

②钻井液具有强抑制性。强抑制性能使钻井液滤液治理微裂缝时不致引起粘土矿物、尤其是层间矿物的水化膨胀，增强井壁稳定能力。

③钻井液具有良好造壁和封堵性。钻井液中粘土颗粒具有足够分散度，改善泥饼质量；同时钻井液中还应具有足够的刚性与可变形离子，保证钻井液中颗粒的合理级配，并与地

层孔喉、裂缝相配，实现在近井附近形成致密的屏蔽带，从而有效减少钻井液滤液进入，增强井壁的联结和稳定。

④钻井液具有优良的流变性。良好的流变性既能有效携砂，又能减小对井壁的冲刷，强调钻井液的抑制性不损害流变性和造壁性。

五、现场应用情况

（1）情 92-23 井。

本井为开发井，采用两性离子聚合物钻井液按设计配置钻井液，井深 1000m 时加入 3%ASL-1，井深 2100m 时加入 2%迪塞尔和 2%桥塞。该井钻井过程中钻井液密度始终控制在 1.20g/cm³ 以内。所选钻井液能够抑制嫩江组以上地层泥页岩水化，该钻井液体系具有强抑制、低比重、低固相、低失水和良好的触变性等特点，采用"迪塞尔 + 桥塞"桥堵技术缓解了 2148.20m 和 2210m 的井漏，封堵见效果。

（2）黑 79-10-10 井。

本井为开发井，采用钾基硅铵聚合物钻井液按设计配置钻井液，井深 1000m 时加入 3%ASL-1，井深 1500m 时加入 3%FGL-432。钻井液中加入 ASL-1、FGL-432 两种处理剂后，流变性基本不变，失水有所降低，泥饼质量得到很大改善，表现在试验井的泥饼较薄且坚韧，润滑系数由 1min 的 0.1016 降到 0.0699，10min 的由 0.2938 降到 0.1495；同时，起到了井壁稳定作用。从完井测井曲线上看，井深 1550m 以下井段井径比较规则，而其上井段井径明显不规则。

（3）黑 96 井。

本井为预探井，采用钾基硅铵聚合物钻井液按设计配置钻井液，采用 ASL-1 作为井壁稳定剂，井深 1000m 时加入 3%ASL-1。现场试验证明，该钻井液体系可以满足钻井需要。该井井眼扩大率为 11.5%，井径规则，测井一次成功。

六、结   论

针对钻井液体系及性能、防塌、防漏堵漏等特性进行了研究，并现场试验 3 口井。取得了良好的效果。

（1）黑 96 井、黑 79-10-10 井和情 92-23 井机械钻速分别为 2.17m/h、2.49m/h 和 1.93m/h，与 2000 年相比分别提高了 17.9%、35.3%和 5%。

（2）采用 ASL-1、FGL-432 井壁稳定技术解决了上部地层疏松坍塌、缩径的问题。

（3）"迪塞尔 + 桥塞"桥堵技术缓解了下部地层的漏失问题。

（4）1.20g/cm³ 低密度钻井液可以控制井壁坍塌问题，实现近平衡钻井。

（5）研究出了一套适应大情字井地区地层性质的钻井液完井液类型。

塔北地区长裸眼钻井液技术

王书琪 何 涛 贺文廷 王 伟 周 进 周志世 王泽华 于松法 陈 林
（塔指工程技服）

摘 要 塔河油田塔北地区长裸眼井段，一般从 1000 多米的上第三系地层起到 5000 多米的石炭系结束，长 4000 多米，经过新近系、古近系、白垩系、侏罗系、三叠系和石炭系等地层。该段地层变化大，裸眼段长，机械钻速相对较快，对钻井液的携砂能力、维护井壁稳定能力、固相含量控制以及流变性、润滑性、泥饼质量、滤失量等方面都有较高要求。通过认真分析研究地层和长裸眼段为钻井液带来的技术难题，在吸取塔里木油田多年在塔北地区打井经验教训的基础上，提出了应对思路和技术措施，丰富和完善了塔北地区长裸眼钻井液技术，在塔河油田 TK318 井、TK629 井和 TK451 井等三口井的应用取得了很好的经济效益。

关键词 长裸眼 快速钻井 深井 钻井液技术

一、地 质 概 况

塔北地区地质概况见表 1。TK318 井地质分层情况见表 2。

表 1 塔北地区地质地层概况

层位		层位代号	埋深，m	岩 性	岩性特征
第四系		Q	0～40	灰白色粉砂岩，细砂岩与黄灰色黏土盐	性软；可钻性好，易分散
上第三系	库车组	N_2k	40～1815	黄灰色泥岩，粉砂质泥岩与浅灰色粉砂岩，细砂岩不等厚互层	胶结性差，性软，但钻屑成形性好，可钻性好
	康村组	N_1k	1815～2765	上部为浅灰、灰白色粉砂岩，细砂岩与黄灰色泥岩略等厚互层；下部棕褐色泥岩为主	胶结性差，可钻性好
	吉迪克组	N_1j	2765～3303	上部棕褐色泥岩，含膏泥岩与浅灰、灰白色粉砂岩，细砂岩略等厚互层；中部蓝灰色泥岩与棕色粉砂岩、细砂岩略等厚互层；下部棕褐色泥岩为主，夹棕色粉砂岩、细砂岩，含粉末状石膏	砂岩段胶结差，可钻性好，泥岩段中等硬度，可钻性一般。易遭遇石膏侵
	苏维依组	N_1s	3303～3419	棕红色粉砂岩、细砂岩、粗砂岩与棕褐色泥岩不等厚互层，含分散状石膏	胶结性差，可钻性好
白垩系上统	下第三系	K_2-E	3419～4079	上部棕褐色泥岩与棕色细、中砂岩不等厚互层；下部棕色细、中砂岩；砾状砂岩；细砾岩与泥岩泥质粉砂岩不等厚互层	胶结性差，可钻性好，钻屑成形性差，易分散
白垩系下统		K_1kp	4079～4463	上部绿、棕红色泥岩为主；中部灰白色细砂岩、粉砂岩等厚互层；底部为灰白色细砂岩，含砾砂岩	砂岩段胶结差，可钻性好，泥岩段硬度中等，可钻性一般
侏罗系		J_1	4463～4521	灰白色含砾砂岩、砂质砾岩、砾岩、细砂岩与黑色泥岩不等厚互层，夹煤线	砂岩段胶结差，可钻性好，泥岩段硬度大，可钻性差，易垮塌

层位	层位代号	埋深，m	岩　性	岩性特征
三叠系	T	4521～4956	深灰、灰黑、黑色泥岩与灰质粉砂岩、泥质粉砂岩、细砂岩、砾状砂岩不等厚互层	砂岩段胶结差，可钻性好，泥岩段硬度大，可钻性差，易垮塌
石炭系	C	4956～5438	上部为深灰色泥岩与灰色细砂岩、粉砂岩不等厚互层；中部为黑色砂泥岩，下部为微晶灰岩、黑泥岩	砂岩段胶结差，可钻性好，泥岩段硬度大，可钻性差，易垮塌
奥陶系	O	5438～5600	灰岩	地层压力系数低，普遍存在裂缝，易漏

表2　TK318井地质分层

系	底界，m	厚度，m	钻井液密度，g/cm³
上第三系 R	3390	3390	1.07～1.15
下第三系 E	4040	650	1.12～1.20
白垩系下统 K	4405	365	1.20～1.22
侏罗系 J	4475	70	1.22～1.24
三叠系 T	4884	409	1.24～1.29
石炭系 C	5364	480	1.25～1.29
奥陶系 O	5564	200（未穿）	1.09～1.12

资料表明，三口井地质层位相差不大。

二、工 程 问 题

TK318井是塔河油田首次采用简化井身结构的开发井，$8\frac{1}{2}$in井段裸眼长3600m。设计井深5575m，完钻井深5587。于2001年6月11日开钻（钻井液技术服务同时开始），2001年9月28日四开测井完毕，历时110d，钻井周期比设计周期长26d。全井全部采用牙轮钻头钻进，地质取心作业三趟，起下钻次数明显增多，全井平均机械钻速较慢。

TK629井是塔河油田第三次采用简化井身结构的开发井，在TK318井井身结构的基础上，进一步简化，超长裸眼井段即$9\frac{1}{2}$in井段1200～5499m，裸眼段长4299m。设计井深5700m，完钻井深5598m。本井实际钻井周期为58d，设计钻井周期为67d。

TK451井设计井深5650m，完钻井深5659m。井身结构与TK629井类似，简化井身结构后，二开长裸眼设计井段为1200～5500m，钻头尺寸为$9\frac{1}{2}$in。于2001年12月16日开钻，2002年3月1日四开测井完毕，历时75d。

表3是这3口井的基本数据。表4是这3口井的井身结构数据。图1是这3口井的井身结构图。

表3　3口井的基本数据

井　号	设计井深，m	完钻井深，m	设计钻井周期，d	实际钻井周期，d
TK318 井	5575	5587	84	110
TK629 井	5700	5598	67	58
TK451 井	5650	5659	—	75

表4　3口井井身结构主要数据统计表

井　号	一开井段，m	二开井段，m	三开井段，m	四开井段，m	长裸眼段钻头尺寸，in
TK318 井	0～300	301～1800	1801～5362	5363～5567	8½
TK629 井	0～1200	1200～5499	5499～5700	—	9½
TK451 井	0～1200	1200～5488	5488～5659	—	9½

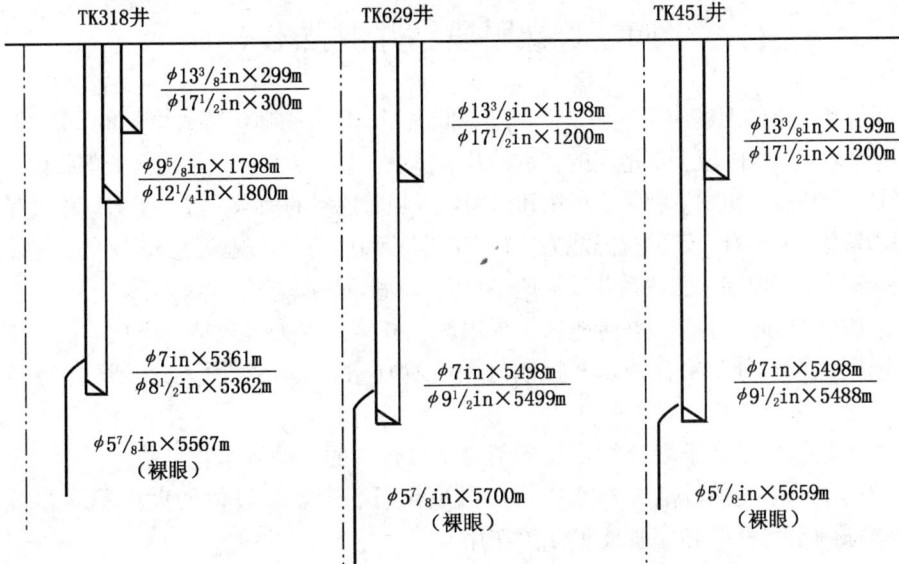

图1　3口井井身结构示意图

三、技术难点

从上述的基本资料可以看出，塔北地区长裸眼井段上部地层（2500m 以上）主要以黄灰色泥岩、粉砂岩为主，泥页岩中粘土矿物主要以高岭石、绿泥石、伊利石、伊/蒙混层的弱膨胀黏土矿物为主。地层特性集中表现为胶结性差、渗透性好、水化弱、分散性强，易造成阻卡。下部地层（4400m 以下）黑色泥页岩、灰黑色泥岩、棕褐色泥岩在应力和水化等物理化学作用下，易发生掉块、剥落及垮塌等现象，处理不好将可能造成埋钻具等复杂情况或事故。

（1）上第三系和下第三系的泥岩地层易水化膨胀分散，砂泥岩易强分散，必须加强钻井液的包被性、抑制性，合理控制失水量，提高泥饼质量。

（2）上第三系苏维依组普遍存在石膏，必须加强钻井液的抗 Ca^{2+} 污染能力。

（3）下第三系以上地层机械钻速较快，钻井液中有害固相含量较高，易造成固相污染，使钻井液流变性变差，易形成虚厚泥饼，容易造成阻卡，必须提高钻井液的携砂能力，加强地面固控设备的应用，及时净化好钻井液。

（4）白垩系砂泥岩渗透性好，必须严格控制失水量，提高泥饼质量，防止形成虚厚泥饼，引起缩径，给钻井作业带来阻卡的危害。

（5）从塔河、轮南地区大量勘探开发井的实钻情况来看，侏罗系、三叠系和石炭系的硬脆性泥岩普遍存在严重垮塌的问题。大量的室内研究表明，硬脆性泥岩的垮塌主要由以下两方面因素引起：一是钻井液滤液沿泥页岩的层理微裂缝侵入地层，泥页岩吸水后水化膨胀，引起严重剥落和垮塌；二是揭开地层后，钻井液液柱压力不能平衡地层应力，地层应力释放，井壁受力失稳引起井塌。应维持合适的钻井液密度，提高钻井液的封堵防塌能力，降低钻井液的滤失量，促使在井壁形成优质薄而韧的泥饼，并提高携砂能力。

（6）对长裸眼段，由于地层承受的压力系数有差别，所以必须提高钻井液的造壁性，提高上部地层的承压能力，防止压差卡钻，保证该井段钻井液具有优良的润滑性。

四、长裸眼段钻井液技术

室内评价和大量的现场应用证明，低密度、低固相、聚合物强包被钻井液体系完全满足上述条件，是塔河地区长裸眼段上部地层的首选钻井液体系。另一方面，塔河地区长裸眼段下部地层（侏罗系及以下地层），易发生剥落、掉块和垮塌，且随着地层的加深，温度上升，因此钻井液既要防止地层垮塌，又要有一定的抗温能力。在室内实验和总结大量现场经验教训的基础上，在塔河地区长裸眼段下部地层（侏罗系及以下地层）应采取多元醇聚磺钻井液体系。

综合上述两方面的考虑，塔河地区长裸眼段钻井液技术关键包括以下内容。

（1）选用优质大分子聚合物，并控制好聚合物加量，充分发挥大分子聚合物的包被抑制作用。

（2）加入足量小阳离子聚合物，发挥阳离子聚合物的强抑制水化性能。

（3）利用不同浓度的硅酸盐在水中可分散成离子、分子、胶体的大小不同颗粒，发挥硅酸盐的强抑制水化性能和凝胶成膜保护作用。

（4）加入一定量的聚合多元醇，利用多元醇的强吸附性能，吸附在泥页岩的表面，抑制其水化膨胀，并改善泥饼质量，降低失水。利用多元醇的浊点析出特性，在中高温（高于浊点温度）井段发挥多元醇液晶颗粒的充填封堵微裂缝和降低微裂缝及地层孔隙压力传递作用。充填、封堵示意图见图2。

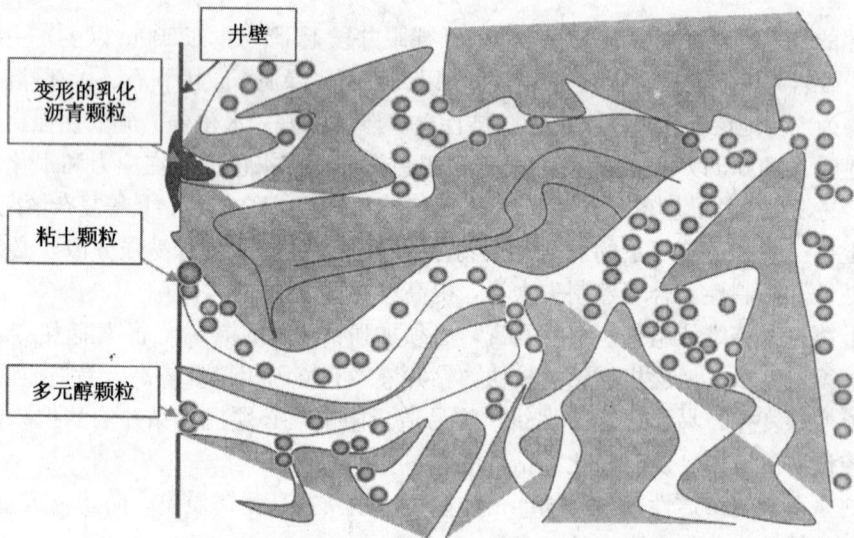

图2　乳化沥青、多元醇、粘土颗粒封堵地层微小孔喉示意图

（5）加入一定量的抗高温磺化降失水材料，最大限度地控制住钻井液的高温高压失水。

（6）控制好钻井液的 pH 值，充分发挥处理剂的作用，控制好膨润土含量，调节好钻井液的流变性能。

（7）搞好钻井液中有害固相的清除，充分利用四级固控设备，要保证振动筛使用率达100％，并且根据钻屑情况更换筛布，除砂器、除泥器使用率达70％以上，离心机使用率达40％以上，注意清理锥形罐、泥浆槽中沉积的固相。

（8）加入适量优质润滑剂，保持润滑性能良好。

（9）搞好钻井液的转化，即在进入侏罗系前，采取逐步转化钻井液的方式，逐渐减少聚合物的加量，增大磺化类处理剂的加量，逐步完成裸眼内钻井液的转化工作。

（10）在取心作业前，调节好钻井液性能，保持钻井液性能稳定，在电测、下套管、固井等作业前，增强钻井液的携砂能力，提前配制、打入防卡钻井液。

总之，用优质大分子聚合物包被剂，加强钻井液的包被和抑制性能；采用大、中、小分子聚合物复配，配合适量润滑剂，改善泥饼质量，调整、优化钻井液流型，从而解决上部地层的阻卡问题；采用多元醇、硅酸盐、阳离子聚合物等多种防塌材料复配，解决侏罗系、三叠系、石炭系硬脆性泥岩的垮塌问题。

五、现场应用情况

1. 实际应用情况

1）在 TK318 井的应用情况

（1）8½in 井眼 4200m 以上井段钻井液技术及应用情况。

①钻井液配方主要组成为：

$0.2\%\sim0.3\%Na_2CO_3+0.1\%\sim0.2\%NaOH+3\%\sim4\%$膨润土$+0.1\%KPAM+0.1\%\sim0.2\%$PolyPlus$+0.2\%\sim0.3\%KPAN+0.5\%MHR-86D$

②钻井液典型性能见表5。

表5　4200m 以上井段钻井液性能

密度 g/cm³	黏度 s	塑性黏度 mPa·s	动切力 Pa	初切/终切 Pa/Pa	滤失量/泥饼 mL/mm	pH 值	膨润土含量 g/L	摩阻系数
1.17	50	16	8.5	2/11	4.5/0.5	8.5	38	0.07

③8½in 井眼上部井段防阻卡钻井液技术要点。

8½in 井眼上部井段的主要问题是钻屑相对较细，且易水化膨胀和分散。由于钻具与井壁的环空窄，钻屑更易粘附井壁形成假泥饼。因此，该井段的主要问题是防阻卡。针对这些特点，TK318 井 8½in 井眼上部井段钻井液采取了以下防阻卡措施：

A. 大分子聚合物的浓度保持在 $0.05\%\sim0.3\%$，使泥浆具有良好的包被、抑制性能，控制好钻井液的粘切。

B. 保证钻井液具有良好的流变性，马氏漏斗黏度控制在 $42\sim52s$，使钻井液在满足携砂要求的前提下，对井壁进行适当的冲涮。

C. 加大了小分子聚合物的用量，中压失水控制在 6mL 以下，保证新井眼最初形成的泥饼质量较好，为长裸眼的井壁稳定打下基础。

（2）8½in 井眼 4200m 以下井段钻井液技术及应用情况。

①钻井液配方主要组成为：

井浆＋1％SMP－1＋1％SPNH＋1％DOS－328＋0.2％NW－1＋0.5％～1％WFT－666＋1.5％～2％JY－5510＋0.5％～1％MHR－86D

②钻井液典型性能见表6。

表6　4200m以下井段钻井液性能

密度 g/cm³	黏度 s	塑性黏度 mPa·s	动切力 Pa	初切/终切 Pa/Pa	滤失量/泥饼 mL/mm	pH值	膨润土含量 g/L	摩阻系数
1.19	58	21	7.5	1/4	4.2/0.5	8.5	38	0.07

③8½in井眼下部井段防垮塌钻井液技术要点。

A. 利用多元醇的高温浊点特性，对泥页岩的微裂缝进行封堵，多元醇的加量控制在1.5％～2％。

B. 利用有机硅吸附性强的特点，加入了WFT－666，井壁形成一层保护膜，阻止滤液侵入泥页岩的微裂缝。WFT－666的加量为1％～1.5％。

C. 利用硅酸根离子可与地层中钙基土的钙离子形成硅酸钙沉淀的机理，加入了硅酸钾，硅酸钾加量为0.2％。

D. 利用小阳离子的强抑制性，加入小阳离子抑制泥页岩的水化膨胀，小阳离子NW－1的加量为0.2％。

另外，对钻井液的流变性进行了严格控制，马氏漏斗黏度大多控制在52～65s，塑性黏度控制在19～22mPa·s，动切力控制在6.5～9Pa。确保钻井液不对井壁产生严重冲涮作用，又避免高粘切引起的起钻严重抽吸作用。

2）在TK629井的应用情况

（1）1200～4500m井段钻井液技术及应用情况。

①钻井液配方主要组成为：

0.2％～0.3％Na₂CO₃＋0.1％～0.2％NaOH＋3.5％～4％膨润土＋0.1％KPAM＋0.1％～0.3％PolyPlus＋0.1％NH4－PAN＋0.1％MAN－101＋0.5％～1％RH－97D（RH－99D）

②分段钻井液性能见表7、表8。

表7　1200～2500m井段钻井液性能

密度 g/cm³	黏度 s	塑性黏度 mPa·s	动切力 Pa	初切/终切 Pa/Pa	滤失量/泥饼 mL/mm	pH值	膨润土含量 g/L	摩阻系数
1.12～1.15	42～49	13～17	4～5.5	1～2/3～10	6～7/0.5	8	35～40	0.07

表8　2500～4500m井段钻井液性能

密度 g/cm³	黏度 s	塑性黏度 mPa·s	动切力 Pa	初切/终切 Pa/Pa	滤失量/泥饼 mL/mm	pH值	膨润土含量 g/L	摩阻系数
1.16～1.21	43～49	13～20	4.5～5.5	1/3～5	4.6～6/0.5	8	35～40	0.07

③1200～4500m井段防阻卡钻井液技术要点。

A. 严格控制各井段所需钻井液密度：1200～2500m，密度为1.12～1.15g/cm³；2500～4500m，密度为1.12～1.22g/cm³。

B. 大分子聚合物KPAM、PolyPlus复配使用，与MAN－101、NH4－PAN配成胶液

以细水长流的形式补充到钻井液中，三者比例为：（KPANM + Polyplus）：MAN－101：NH4－PAN＝（2.5～3）：1：1，使钻井液具有极强的包被抑制性，稳定井壁，包被钻屑，有利于固相清除。

C. 严格控制失水在设计范围内，对于渗透性好的井段（主要为白垩系砂岩段），加大降滤失剂 MAN－101、NH4－PAN 的用量，控制中压失水在 5mL 以下，形成优质低渗、剪切强度好的泥饼，为下一步提高密度奠定基础，满足长裸眼钻进的要求。

D. 保持钻井液适当的膨润土含量 35～40g/L，使用大分子聚合物控制好钻井液的流变性、携带性，防止井底沉砂。

E. 在吉迪克地层，保持钻井液适当的矿化度，Cl^- 含量 4000～4100mg/L，同时预先加入适量的纯碱，加强监测 Ca^{2+} 含量，有效地防止了污染。

F. 加入适量的润滑剂 RH－97D 和 RH－99D，使泥浆和井壁泥饼具有良好的润滑性，摩阻系数保持在 0.0699，减少了阻卡和短起下及起下钻时间。

G. 该井段机械钻速快，钻井液中有害固相含量多，必须加强钻井液携带能力，合理使用固控设备。

振动筛：使用率 100%，不断调整目数（40 目、60 目、80 目）；

除泥器：使用率 90%；

除砂器：使用率 40%～50%；

离心机：使用率 40%～50%。

（2）4500～5499m 井段钻井液技术及应用情况。

①钻井液配方主要组成为：

0.1%～0.2%Na_2CO_3 + 0.1%～0.2%NaOH + 3.5%～4%膨润土 + 0.05%～0.1%NW－1（PolyPlus）+ 2%～3%SMP－1 + 1%～2%SPNH + 1%～3%JY－5510 + 0.5%～1%K_2SiO_3 + 0.5%～1%RH－97D（RH－99D）+ 5%QS－2。

②钻井液性能见表 9。

表 9　4500～5499m 段钻井液性能

密度 g/cm³	黏度 s	塑性黏度 mPa·s	动切力 Pa	初切/终切 Pa/Pa	高温高压滤失量 mL/mm	pH 值	膨润土含量 g/L	摩阻系数
1.28～1.31	48～65	22～30	7～13	2～3/3～13	9～10/1	8～9	32～38	0.0699

③4500～5499m 井段钻井液技术要点。

A. 按设计要求进行钻井液体系的转换工作，转化方法如下：在保持性能稳定的同时，在泥浆中逐步加入抗高温磺化材料 SMP－1 和 SPNH，其含量分别为 3% 和 2%，减少原聚合物体系中 MAN－101 和 NH4－PAN 的加量，大分子聚合物保持 0.1% 左右的浓度。

B. 防塌是该段钻井液工作的重点和难点，针对不同的掉块采取相应的防塌措施：

黑灰色泥岩：控制多元醇浓度 1%～3%，保持 NW－1 和 PolyPlus 的含量为 5kg/m³，使用适量的 K_2SiO_3，中压失水控制在 5mL 以下；

黑色页岩掉块：保持适当的钻井液密度为 1.30～1.31g/cm³，尽可能降低失水，加大多元醇 JY－5510，K_2SiO_3 用量，增强钻井液封堵能力；

棕褐色泥岩掉块：保持适当的钻井液密度为 1.30～1.31g/cm³，降低高温高压失水在

9~10mL，增大多元醇 JY - 5510 及小阳离子 NW - 1 加量，增强钻井液的抑制性。

C. 切实做好石炭系油气层保护工作，加入 5% 左右的酸溶性屏蔽暂堵剂 QS - 2（超细碳酸钙），既保护油气层，又能有效地防漏和降低滤失。

D. 及时补充润滑剂 RH - 99D、RH97D，摩阻系数控制在 0.0699，确保钻井液具有良好的润滑性能。

E. 控制适当的膨润土含量 35~40g/L，便于调整钻井液的流变性和携带性。

F. 重视四级净化设备的使用。

3）在 TK451 井的应用情况

（1）9½in 井眼 4200m 以上井段钻井液技术及应用情况。

①钻井液配方主要组成为：

0.1%~0.2%Na_2CO_3 + 0.1%~0.2%NaOH + 3.5%~4%膨润土 + 0.1%KPAM + 0.1%~0.2%PolyPlus + 0.2%~0.3%KPAN + 0.5%~1%MHR - 86D。

②钻井液性能见表 10。

表 10　TK451 井 4200m 以上井段钻井液性能

密度 g/cm³	黏度 s	塑性黏度 mPa·s	动切力 Pa	初切/终切 Pa/Pa	滤失量/泥饼 mL/mm	pH 值	膨润土含量 g/L	摩阻系数
1.15~1.8	42~50	11~19	4.5~7	1~2/3~5	4.5~6/0.5	8.5	35~40	0.0699

③9½in 井眼 4200m 以上井段防阻卡钻井液技术要点。

与大井眼相比，9½in 井眼的钻屑细，钻屑易水化膨胀和分散，并且钻具与井壁的环空窄，钻屑更易粘附井壁形成假泥饼。针对这些特点，9½in 井眼上部井段钻井液技术方面采取了以下防阻卡措施。

A. 大分子聚合物的浓度保持在 0.05%~0.3%，使钻井液具有良好的包被、抑制性能。

B. 保证钻井液具有良好的流变性，马氏漏斗黏度控制在 42~52s 为宜，使钻井液在满足携砂要求的前提下，对井壁进行最大限度的冲涮。

C. 加大小分子聚合物的用量，中压失水控制在 6mL 以下，保证新井眼最初形成的泥饼质量较好，为长裸眼的井壁稳定打下基础。

D. 使用好四级净化设备。

（2）9½in 井眼 4200m 以下井段钻井液技术及应用情况。

①钻井液配方主要组成为：

0.1%~0.2%Na_2CO_3 + 0.1%~0.2%NaOH + 3.5%~4%膨润土 + 0.1%~0.3%NW - 1 + 1%~3%SMP - 1 + 1%~2%SPNH + 1%~2%JY - 5510 + 0.1%~0.5%K_2SiO_3 + 0.5%~1%RH - 97D（RH - 99D）+ 5%QS - 2。

②钻井液性能见表 11。

表 11　TK451 井 4200m 以下井段钻井液性能

密度 g/cm³	黏度 s	塑性黏度 mPa·s	动切力 Pa	初切/终切 Pa/Pa	高温高压滤失量 mL/mm	pH 值	膨润土含量 g/L	摩阻系数
1.18~1.30	51~60	16~21	6~9	1~3/3~7	8~10/1	8.5	38	0.0699

③9½in 井眼 4200m 以下井段钻井液技术要求。

A. 利用多元醇的高温浊点行为，对泥页岩的微裂缝进行封堵，多元醇的加量控制在 1.5%～2%。

B. 利用硅酸根离子可以与地层中钙基土的钙离子形成硅酸钙沉淀的机理，加入了硅酸钾，硅酸钾加量为 0.2% 左右。

C. 利用小阳离子的强抑制性，加入小阳离子抑制泥页岩的水化膨胀，小阳离子 NW-1 的加量为 0.2% 左右。

另外，对钻井液的流变性进行了严格控制，马氏漏斗黏度大多控制在 50～65s，塑性黏度在 16～22mPa·s，动切力在 5～10Pa。确保钻井液不对井壁产生严重冲刷作用，又避免高粘切引起的起钻严重抽吸作用。

（3）9½in 井段特殊作业钻井液技术措施。

9½in 井段 4900～5200m 进行了三趟取心作业，直到完钻未进行通井，测井一次成功；9½in 井段长裸眼下套管及固井作业安全顺利。为保证此三项工作的顺利进行，钻井液技术方面主要采取了以下措施。

①润滑剂加量保持在 1% 以上，确保了钻井液具有良好的润滑性，泥饼的摩阻系数小于 0.07，使环空窄而容易发生粘卡的概率大大降低。

②加足主要防塌材料，多元醇加量达到 2%，硅酸盐加量达到 0.5%，小阳离子加量达到 0.3%。每次进行特殊作业前，振动筛上见不到任何掉块。

③严格控制钻井液的流变性。马氏漏斗黏度大多控制在 50～65s，塑性黏度控制在 18～22mPa·s，动切力控制在 7～11Pa。

④加足抗高温降失水材料，主要降失水剂加量达到设计上限，中压失水控制在 4.5mL 以下，高温高压失水控制在 10mL 以下，且泥饼韧性好，避免了长裸眼上部地层的厚泥饼问题。

下套管前，为确保井下安全，按固井设计要求，井底打一段润滑性能好的防卡钻井液，进一步改善了泥饼的润滑性。

2. 应用效果

TK318 井，TK629 井和 TK451 井等 3 口井在长裸眼段钻进过程中，未因钻井液发生过一次复杂情况和事故，保证了取心、电测、下套管、固井等特殊作业的安全顺利进行。与简化井身结构前相比，节约大量 9⅝in 套管成本（TK318 井 9⅝in 套管缩短 2100m，TK629 井 9⅝in 套管缩短了 3900m）。

从实钻情况看，塔北地区长裸眼钻井液技术具有流变性好、携砂能力强、包被抑制性能好、封堵防塌能力强、滤失量小、泥饼薄而韧等特点，能够满足塔北地区上第三系到石炭系长裸眼地层的优质、快速、安全、高效的钻井需要。表 12 和图 3 是有关统计数据。

表 12　3 口井长裸眼段长度及完成时间统计表

井　号	长裸眼井段长度，m	完成进尺时间，d
TK318 井	（1800.4～5387.4）3587.4	75
TK629 井	（1200～5499）4299	33
TK451 井	（1200～5488）4288	39

TK318 井长裸眼段全部使用牙轮钻头，起下钻次数频繁，背离了简化井身结构的初衷，是造成该段钻井时间较长（是其他两口井的两倍左右）的主要原因。

随着简化井身结构在 TK318 井首次取得成功，在.TK629 井、TK451 井等井进一步获得成功，现已被广泛推广应用在塔河油田的直井中，长裸眼段钻井液技术也得到了进一步的应用。

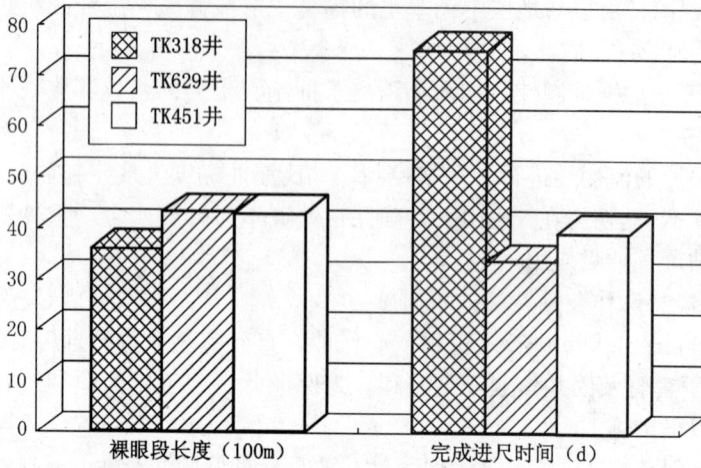

图 3　3 口井长裸眼段长度与该段完成进尺时间对比

六、结　　论

（1）塔北地区长裸眼段应用的低密度、低固相聚合物强包被钻井液体系和多元醇聚磺钻井液体系，性能优良，易维护转化，能够满足上下部地层差异大、裸眼段长、机械钻速快的钻井工程和地质录取资料的需要，与以前相比，缩短了钻井周期，节约了大量的成本。

（2）塔北地区长裸眼段低密度、低固相聚合物强包被钻井液体系和多元醇聚磺钻井液体系，为在塔北地区（或类似地层地区）1000 多米到 5000 多米的长裸眼井段，实现"快速、安全、优质、高效"（4299m 长的井段完成进尺时间只需 33d，节约 9⅝in 套管长达 3900m）的现代钻井和油田开发理念提供了良好的技术保障。目前在塔里木油田塔北地区，简化井身结构井已得到广泛应用，带来了更大的经济和社会效益。

双 210 井钻井液技术

宋元森　刘　榆

（辽河钻井一公司）

摘　要　本文详细介绍了双 210 井的钻井液工艺技术措施和使用效果，实践表明双 210 井所用钻井液体系有效防止了各种井下复杂情况的发生，保障了钻井施工的顺利进行，而且有效地保护了油气层。

关键词　钻井液　强力包被剂　聚合醇—钾钙双磺防塌钻井液　PAMH-2 低固相

一、地 质 情 况

双 210 井是双南构造的一口重点探井，位于盘山县南尖子苇场，属井壁严重不稳定的双南地区河口构造。地质分层及岩性描述见表 1。

表 1　双 210 井地质分层及岩性

地　层	设计井深，m	实钻井深，m	岩　性　描　述
馆陶组	1400	1454	砂岩、粗砂岩、砂砾岩、砾石夹薄层灰色泥岩
东营段	3200	3297	灰色、灰绿色泥岩夹薄层砂岩
沙一、沙二段	3800	3920	灰绿色泥岩、深灰色泥岩、页岩
沙三段（未穿）	4051	4050	砂岩、细砂岩夹灰色泥岩

二、工 程 情 况

双 210 井完钻井深 4050m，井斜 41°。该井位于辽河油田钻井施工难度最大的双南地区，地层复杂。于 1998 年 1 月 22 日开钻，7 月 2 日完井，建井周期 160d，平均机械钻速 4.75m/h，井身结构：$\phi311mm\times1553m+\phi241mm\times3814m+\phi152mm\times4050m$。

三、钻井液施工难点

（1）馆陶组地层胶结性极差，结构疏松，并含有大段砾石，极易发生井漏，要求钻井液要有突出的携带、悬浮岩屑的能力和较好的流型。

（2）东营组地层为富含蒙脱石的灰绿色软泥岩，造浆性极强，该井段为定向井段，满眼钻具，极易发生井眼缩径、钻具泥包、起钻抽吸等复杂情况，要求钻井液具有强抑制性。

（3）沙一、沙二段地层是本井施工难点，主要为深灰色泥岩、页岩，水敏性极强，极易发生剥落、坍塌，邻井在沙一、沙二段大多发生井塌，甚至恶性坍塌，要求钻井液要具有较强的抑制防塌能力。

（4）沙三段地层多为砂岩、细砂岩，该段为本井的主要勘探目的层，要求钻井液要具有较强的保护储层能力，以利于对储层的评价。

四、钻井液技术措施

1. 钻井液体系的优选

（1）针对易漏易扩径的馆陶组，选用携带岩屑能力强、冲蚀井壁能力弱的 MMH 正电胶弱凝胶钻井液体系。

（2）在强造浆的东营地层段选用强抑制性的强力包被剂 COATER 作为主聚合物。

（3）选用了防塌性能好的聚合醇—钾钙双磺防塌钻井液体系为解决沙一、沙二段泥岩井壁坍塌问题。

（4）为保护勘探目的层选用了聚合醇—PAMH－2 低固相钻井液体系。

2. 钻井液工艺技术措施

1）防漏措施

（1）在易漏井段选用防漏能力强的 MMH 正电胶体系。

（2）该段钻进速度较快，每打完一个单根要充分循环，防止环空内岩屑浓度过高，导致环空阻力大而蹩漏地层。

（3）下钻时要缓慢匀速下放，开泵时排量由低到高，防止压力激动过大引起井漏。

（4）保证四级净化，确保固控设备的有效使用率，保持钻井液中较低的固相含量和含砂量。

2）井壁稳定措施

（1）利用 K^+、Ca^{2+} 离子的强抑制性，防止泥岩缩径和泥页岩垮塌。

（2）根据地层压力系数，选用合适的钻井液密度，做到近平衡压力钻井。

（3）提高钻井液的抑制性、降低钻井液的 HTHP 滤失量和 API 滤失量，使其分别在 12mL 和 5mL 以内，并加入足量的封堵剂和防塌剂巩固井壁。

（4）选用合适的环空上返速度，在易造浆缩径的东营组选用较高的上返速度，在易垮塌的沙一、三段选用较低的环空上返速度。

3）润滑防卡措施

控制好膨润土含量，加入护胶星处理剂改善滤饼的质量；采用固液复配防卡技术，配合聚合醇进行综合防卡。

4）油层保护措施

（1）严格控制钻井液密度不超过设计密度 $1.05g/cm^3$。

（2）使用 80 目筛布和离心机，严格控制固相含量小于 4%。

（3）采用聚合醇屏蔽暂堵的方法保护油气层，保持聚合醇含量大于 3%。

3. 钻井液的维护、处理

1）0～1554m 井段使用 MMH 正电胶钻井液

（1）配方。配浆加入 0.5 的 MMH，用改性淀粉降失水，FT－881 改善泥饼质量，每钻进 200m 补充一次。

（2）使用情况。全井共使用 MMH7 次，计 3.98t，其典型钻井液性能为：密度1.15g/cm³，漏斗黏度 60s，滤失量 7mL，初切/终切为 2/5Pa/Pa。

2）1454～3200m 井段使用强力包被剂（COATER）聚合物钻井液

自进入东营段后开始加入 COATER，首次加量 1t，使其含量达 0.8%，随后补充加入，每钻进 100m 补充 0.4t。保持其含量达到 1%，累计加量 6.5t。典型钻井液性能见表 2。

表 2　双 210 井 COATER 钻井液典型性能

井深 m	施工内容	密度 g/cm³	漏斗黏度 s	API 失水 mL	塑性黏度 mPa·s	动切力 Pa	流性指数	稠度系数 mPa·s^n	HTHP 失水 mL
1550	钻进	1.13	25	5	15	3.5	0.7	144	
2100	钻进	1.13	23	5	12	3.5	0.71	114	25
2850	钻进	1.16	40	4	20	6	0.7	201	18

3）3200～3814m 井段使用聚合醇—钾钙双磺防塌钻井液

（1）配方：井浆 + 2%聚合醇 + 1%K₂CO₃ + 0.5%CaO + 2%SAS + 3%SMP + 0.2%Drispac + 1.2%FCLS + 1%NaOH。

（2）使用情况及用量：为了保证该井段顺利，在进入沙一段前 300m，即 2900m 时将钻井液转化为聚合醇—钾钙双磺防塌钻井液，聚合醇自 3050m 首次加入，至 3200m 加量达 5t，含量达 2%以上，该段共加入 9 次，累计加 16t。2900～3200m 井段仍为东营段地层，为保证钻井液强抑制性，所以仍加入 COATER 抑制地层造浆，该段共加入 7 次，累计 4.2t。

（3）维护情况：每次处理都按比例综合处理，处理剂大都配成胶液加入，没有引起其性能大幅度变化。维护钻井液主要以磺化单宁碱液及 Drispac 胶液维护，每次起下钻视情况打入 200m 封闭。保证了下钻顺利。典型钻井液性能见表 3。

表 3　双 210 井 COATER 钻井液典型性能

井深 m	施工内容	密度 g/cm³	漏斗黏度 s	API 失水 mL	塑性 mPa·s	动切力 Pa	流型指数	稠度系数 mPa·s^n	HTHP 失水 mL
3258	钻进	1.37	46	4	23	11	0.60	540	15
3480	钻进	1.50	43	3.5	28	6.5	0.70	173	13
3656	钻进	1.50	90	3.5	44	19.5	0.61	927	12
3791	钻进	1.49	145	3	52	27.5	0.60	835	12
3814	完测	1.46	122	3	43	23.5	0.57	1305	11

4）3814～4050m 使用聚合醇—PAMH-2 低固相钻井液

（1）配制：在配制完井液前，将上部钻井液彻底放掉，并对循环罐进行清洗，防止不利于油层物质的侵入。配浆时严格按照完井液配方，膨润土含量必须不大于 1%，膨润土含量过高将对油层伤害带来系列影响。

（2）施工情况：①钻进施工时，严格控制好密度不大于 1.05g/cm³，由于钻井液密度较低，处于近平衡或负压钻井，钻井施工曾两次出现井塌，使钻井施工很困难，为了很好保护油气层，不论钻井施工多困难，钻井液密度始终控制在 1.05g/cm³。采取增加防塌剂和可酸化的超细碳酸钙封堵的方法来提高井壁稳定性。②严格控制钻井液失水，保持 API

失水不大于 3mL，高温高压失水不大于 11mL。虽然这会增大钻井液的成本，但有利于保护油层。③在双 210 井首次推广使用 80 目筛布和离心机，将固相含量始终保持在 4% 以下。

（3）维护：以 PAMH－2 作为提黏剂、抑制剂，保证钻井液黏度符合井下要求，控制完井液滤液进入地层，聚合醇含量大于 3%，以达到保护油气层的目的。以 KH－931、SMP 控制钻井液滤失量，以聚合醇保护油气层和提高润滑能力。典型钻井液性能见表 4。

表 4　双 210 井聚合醇—PAMH－2 低固相钻井液典型性能

井深 m	施工内容	密度 g/cm³	漏斗黏度 s	API 失水 mL	塑性黏度 mPa·s	动切力 Pa	流性指数	稠度系数 mPa·s^n	HTHP 失水 mL
3880	钻进	1.03	68	5	23	11	0.60	540	11
3932	钻进	1.03	132	5	27	13	0.60	636	9
4050	完测	1.05	133	5	23	14	0.53	965	9

五、钻井液使用效果

（1）馆陶段 MMH 正电胶钻井液使用效果。

双 210 井 MMH 正电胶钻井液使用井段，起下钻顺利，未发生憋泵、憋漏地层、沉砂划眼等复杂情况，施工顺利，平均井径扩大率仅为 18%。与邻井的对比情况见表 5。

表 5　双 210 井 MMH 正电胶钻井液使用井段井径扩大率与邻井对比

井号	双 210 井	双 202 井	时 1 井	双 206 井
井径扩大率，%	18	20	60	48
钻井液体系	MMH 正电胶	聚合物不分散	聚合物不分散	聚合物分散

（2）东营组 COATER 聚合物钻井液使用效果。

整个东营组井段的钻井液性能稳定，岩屑清洁，钻井液排放量减少，钻井施工过程中无抽吸、泥包现象，起下钻、电测、固井均非常顺利，井径扩大率仅为 10.8%。与邻井的对比情况见表 6。

表 6　双 210 井 COATER 新型聚合物钻井液使用井段井径扩大率与邻井对比情况

井号	双 210 井	时 1 井	双 206 井
井径扩大率，%	10.8	32	12.8
钻井液体系	COATER 钻井液	硅油钻井液	聚合物分散（多处缩径）

（3）沙一、二段聚合醇—钾钙双磺防塌钻井液使用效果。

该段是双南地区地层最复杂的井段，极易发生垮塌。在该段使用聚合醇—钾钙双磺防塌钻井液没有发生粘卡、井塌，在大斜度井中钻具三次落井，最长静止时间长达 26h 未发生粘卡，掉牙轮、键槽等引起卡钻，长时间划眼而未发生坍塌，充分说明聚合醇—钾钙双磺防塌钻井液的防塌、防卡能力强，打破了双南地区泥岩段浸泡 18d 必然垮塌的结论，而且井径扩大率远远小于同一区块同一构造上的邻井。与邻井的对比情况见表 7。

表 7　双 210 井聚合醇—钾钙双磺防塌钻井液使用井段井径扩大率与邻井对比情况

井号	井段，m	井径扩大率，%	井径情况
双 210 井	3297~3788	14.7	最大 26%，最小 6%，较规则
双 206 井	3310~3750	26	最大 62.5%，最小 4%，不规则
时 1 井	3165~3771	38	最大 82%，最小 0.4%，极不规则

（4）沙三段聚合醇—PAMH－2 低固相完井液使用效果。

双 210 井三开井段使用聚合醇—PAMH2 低固相完井液体系，钻井施工基本顺利，油气层保护效果好，试油测试 3969.5~3961.3m 井段，日产量为 73.47t，而同一断块上的双 206 井试油日产量仅 7.15t，说明聚合醇—PAMH－2 低固相完井液有很好的油层保护能力。但该段井径扩大率高达 57.7%，原因有以下方面：

①技术套管漏封沙二段易垮塌泥岩 100 多米，导致三开钻井液密度无法平衡地层压力引起井塌。

②为保护油气层，保证勘探目的，三开钻井液密度始终保持低于 $1.05g/cm^3$，处于负压钻井状态。

六、结　　论

从该井钻井液的施工情况和使用效果可以看出，选用的几种钻井液体系有效地防止了双南区块各复杂层段井下复杂情况的发生，保障了钻井工程施工的顺利进行，油气层保护效果良好。

（1）MMH 正电胶钻井液很好地解决了双南地区馆陶段大井眼岩屑携带和扩径的难题。

（2）COATER 新型聚合物钻井液有效地控制了东营强造浆段的大量废钻井液排放和泥岩缩径的难题，有利于环境保护。

（3）聚合醇—钾钙双磺防塌钻井液对双南地区大段泥页岩的井壁防塌效果明显，双 210 井是该区第一口未发生坍塌井。

（4）聚合醇—PAMH－2 低固相完井液具有很好的保护油气层效果。

绥中 36-1 油田二期开发项目优质快速钻井液技术

于志杰　王权玮

（中国海洋油田服务股份有限公司泥浆服务中心）

摘　要　本文从绥中 36-1 油田二期开发中钻井液工作遇到的困难出发，提出了小阳离子钻井液体系+屏蔽暂堵油层保护的钻井液技术。现场应用表明，该技术完全满足优质快速钻井的需要。

关键词　钻井液　小阳离子泥浆　屏蔽暂堵　油层保护

一、项 目 简 介

绥中 36-1 油田是目前我国海上自营勘探开发的最大油田，原油地质储量达 2.5×10^8 t 以上。油田分布广、埋藏浅、层系多、油层厚。由于开发难度大，中国海洋石油公司决定对该油田分期投入开发，试验区开发工程（即一期开发工程）A、B 平台于 1993 年和 1995 年先后建成投产，J 区为二期开发试验用的无人驻守的卫星小平台，亦于 1996 年建成投产。

绥中 36-1 油田二期开发工程共钻开发井 100 多口（包括 6 口水源井），历时 500 多天。

绥中 36-1 油田主力油层在东营组，钻井液的工作难点在于以下几方面。

（1）储层保护。

绥中 36-1 油田的储层为非均质性储层，从渗透率小于 100mD 的低渗透地层到渗透率为 1000～10000mD 的高渗透地层都存在。储层孔喉半径分布在 25～100μm 之间，大多数孔喉半径分布在 40～63μm 之间。

由于 A、B 区的开发，孔隙压力系数已有较大的下降，大约在 0.96～0.88 之间。

开发井机械钻速高，环空的钻屑浓度高，较易对大孔喉储层造成损害。

（2）降低摩阻。

二期开发工程与以往的开发工程最大的不同之处是采用大平台、密集井口，井斜和位移都增加很多，摩阻必然增大，要达到优质快速钻井，降低摩阻是关键。

（3）钻屑的携带。

二期开发工程钻井的机械钻速平均超过 100m/d，在如此高的机械钻速下，如何确保钻屑的携带是一大难题。

（4）工作量大，材料的采购、储存、运输困难。

（5）作业时间长，劳动强度大，人员安排有困难。

（6）采用屏蔽暂堵油层保护技术，必然要停用部分固控设备，加大了钻井液维护难度。

二、钻井液体系的选择及现场保护措施

1. 钻井液体系的选择

针对绥中 36-1 二期储层易损害的问题，为绥中 36-1 油田二期开发钻井工程精心准

备了两套方案：

（1）合成基钻井液；

（2）小阳离子体系钻井液＋屏蔽暂堵油层保护。

合成基钻井液的优点是具有油基钻井液性质，抑制性强，对储层污染小；本身密度小，钻屑易清除；体系密度低，有近平衡钻进的条件；由于是合成基，环境也可接受。不足之处是无现场操作经验，成本比水基稍高。

小阳离子钻井液体系＋屏蔽暂堵油层保护的优点是在现场操作，便于钻井液控制，风险小，又能满足环保要求。

经过多次论证，决定在绥中 36－1 油田二期开发工程钻井项目中继续采用小阳离子钻井液体系，并在低压区使用屏蔽暂堵油层保护技术。

钻井液体系配方如下：

（2％～3％）膨润土＋（0.1％～0.2％）NaOH＋0.5％ PF－TEMP＋0.3％PAC－HV＋（0.3％～0.4％）PF－JFC＋0.5％PF－FLO＋0.5％PF－TEX

2. 地层资料及油层保护措施

绥中 36－1 油田地质分层如表 1。

表1　绥中 36－1 油田地质分层一览表

地　层	底界垂深，m	垂厚，m	备　注
Q_p	400	400	粘土松散砂岩
N_m	927	527	松散砂岩、泥岩
N_g	1156	229	砂砾岩
E_d^1	1600	446	大段泥岩夹粉砂岩

（1）上部地层为大套砂岩、粉砂岩，馆陶下部为砾岩夹薄层泥岩，东营为大套泥岩夹粉砂岩。

（2）储层存在严重的非均质性，由渗透率小于 100mD 的低渗透层、渗透率介于 100～1000mD 的中渗透层和渗透率介于 1000～10000mD 的特高渗透层构成。

（3）孔喉半径分布在 25～100μm 之间，有的储层段主要孔喉半径分布在 40～63μm 之间。

（4）层胶结物为粘土矿物，蒙脱石含量高，还有部分高岭土和伊利石，因此，储层容易产生水敏、速敏和碱敏。

（5）储层孔隙压力系数主要在 0.96～0.88 之间，破裂压力系数在 1.60 左右。

由于开发井的高机械钻速导致钻屑浓度高，钻井液当量密度增大，必然会对油层形成较高的正压差，而地层大孔喉又使储层易受固相污染，所以采用屏蔽暂堵技术。

3. 屏蔽暂堵技术及相关措施

"选择性架桥，逐级填充"架桥粒子的架桥作用见图 1，包括填充粒子的填充，变形粒子的作用和地层孔喉尺寸和钻井液中固相粒级的匹配。

现场相关措施：

（1）在现场施工中，用激光粒度仪测定钻井液粒度的分布曲线并与储层孔喉分布尺寸对比，调整屏蔽暂堵材料的浓度和加量。

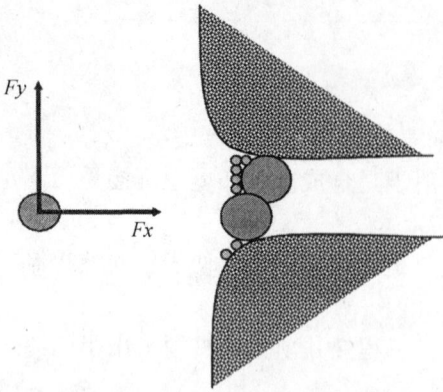

图1 架桥粒子的架桥作用示意图

（2）打开油层以前，充分利用除砂器和除泥器，清除泥浆中无用的固相颗粒，并放掉三分之一老浆，加入预先配制好的含有足够浓度的暂堵粒子胶液，直至粒度满足要求，再恢复钻进，打开油层。

（3）屏蔽暂堵材料加入后停用离心机、清洁器及除泥器，同时将振动筛筛布换成小于84目，以避免屏蔽暂堵材料被清除。

（4）钻井液密度应能保证有足够的正向压差。

（5）在油层井段保持暂堵材料的加量，3%PF－ZD1（ZD粗与ZD细之比为1∶2）、2%PF－EP1。在油层钻进过程中始终按比例不断加入暂堵剂，直到钻过油层。

（6）油层段严格控制钻井液失水量（6～4ML）。

（7）打开油层后，控制泵排量，确保环空返速在合适范围内。

（8）现场检测钻井液粒度每百米1次或每2小时1次。

（9）进入油层时，钻井液入口密度控制在1.15g/cm³以上（低压区）。

（10）油层井段结束，立即将所有固控设备开启，清除泥浆中的无用固相。

从SZ36－1－D19井加入屏蔽暂堵材料前后的粒度分布图（见图2、图3）可以看出：加入屏蔽暂堵材料前，钻井液粒度分布范围小，粒度中值为$5.85\mu m$，最大粒度为$60\mu m$；而加入屏蔽暂堵材料后，钻井液粒度中值为$7.52\mu m$，与储层孔喉中值直径有较好的匹配，小于$10\mu m$的颗粒含量超过40%，大于$60\mu m$的颗粒含量超过10%，颗粒尺寸分布呈明显的双峰特性。粒度分布区间在$0.1\sim100\mu m$之间，较好的覆盖了储层孔喉区间。

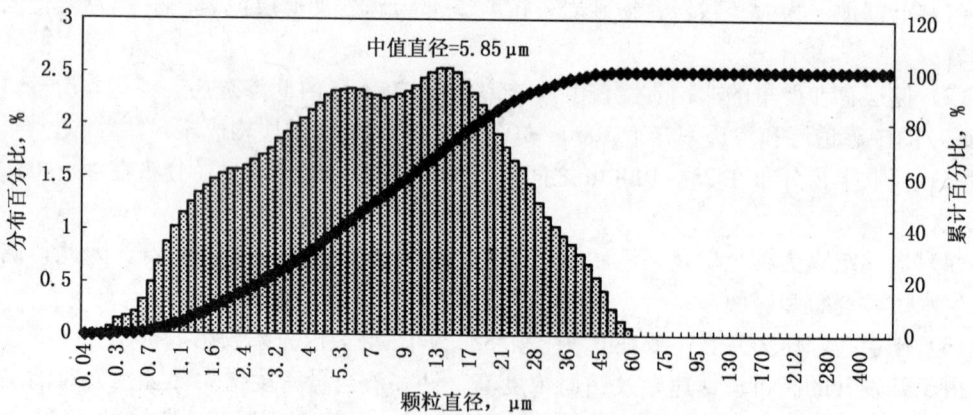

图2 SZ36－1－D19井钻井液屏蔽前的粒度分布（1513m）

4. 新型小阳离子钻井液特点

（1）新型小阳离子聚合物钻井液体系的抑制性。

采用热滚回收率的方法进行实验，实验数据见表2。

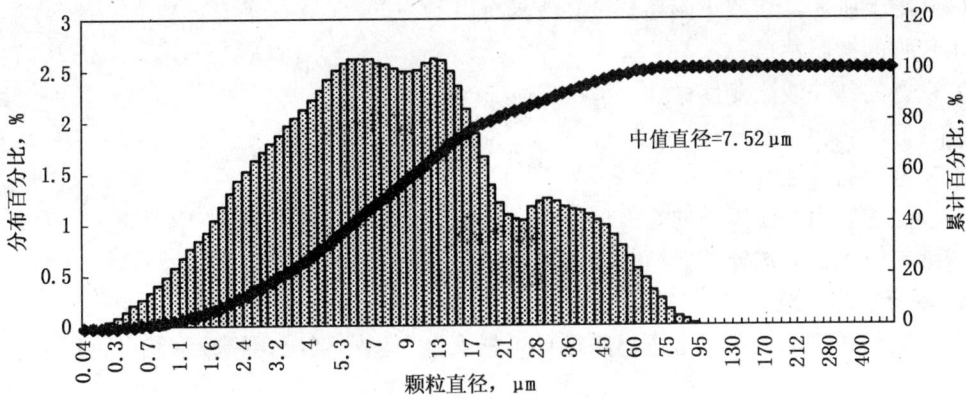

中值直径=7.52μm

图3　SZ36-1-D19井钻井液屏蔽后的粒度分布（1576m）

表2　新型小阳离子聚合物钻井液体系的抑制性实验数据

钻井液	热滚条件	回收率,%
基浆	70℃×10h	29
基浆+0.4%JFC	70℃×10h	78
基浆+0.6%JFC	70℃×10h	86
基浆+0.9%JFC	70℃×10h	93.5
基浆+1.2%JFC	70℃×10h	98

（2）新型小阳离子聚合物钻井液体系的热稳定性。

热稳定性实验数据见表3。

表3　热滚前后的钻井液性能变化

钻井液体系	表观黏度 mPa·s	塑性黏度 mPa·s	动切力 Pa	滤失量 mL	滤饼 mm	实验条件
1	35.5	22	12.5	13.0	0.5	30℃
	28	18	10	13.6	0.8	70℃×10h
2	32	19	13	13.0	0.5	30℃
	28	19	9.0	11.6	0.5	70℃×10h
3	41	32	9.0	8.0	0.5	30℃
	22	18	5.0	9.6	0.5	70℃×10h

（3）膨润土含量及JFC加量对小阳离子钻井液体系的影响。

从表4可见阳离子JFC加量的影响。

表4　阳离子JFC加量的影响（膨润土含量2.5%）

钻井液	表观黏度 mPa·s	塑性黏度 mPa·s	动切力 Pa	滤失量 mL	滤饼 mm	摩阻系数	回收率 %
基浆	23	16	4.0	9.0	0.5		73
基浆+0.3%JFC	30	22	8.0	11.8	0.8	0.028	78.7
基浆+0.5%JFC	34	25	9.0	10.4	0.8	0.03	84
基浆+0.7%JFC	30.5	21	8.5	11.2	0.8		86.3

（4）综上所述，新型小阳离子钻井液具有以下特点：

①较强的抑制性；

②良好的钻井液流变性；

③良好的热稳定性；

④良好的润滑性；

⑤较强的抗钙、镁离子的能力；

⑥维护简单，成本较其他钻井液低。

5. 现场技术措施

（1）上部井段采用膨润土浆闭路循环，根据井下返出情况用稠塞清扫井底。其目的在于：

①确保上部井眼较开路循环规则，同时减少因各井间距小可能造成的互相干扰；

②降低上部井壁的摩阻；

③利于 MWD 信号的稳定。

（2）选择在 1100m 左右转化钻井液（进入馆陶组地层前）。转化前用稠塞洗井，转化时放掉部分井浆，用预先配好的胶液补充循环池，一个循环周完成。确定转化井深时主要考虑以下几点：

①馆陶组钻进需良好造壁性以减低摩阻；

②馆陶组砂砾大，携带要求高；

③定向造斜及起钻的要求。

（3）摩阻控制。

①增强钻井液润滑性；

②馆陶组增强钻井液造壁性，控制渗漏；

③采用改性石墨进一步降低钻井液粘附系数。

（4）加入塑料小球。

图 4 为加入润滑剂前后，井浆摩阻系数的变化。

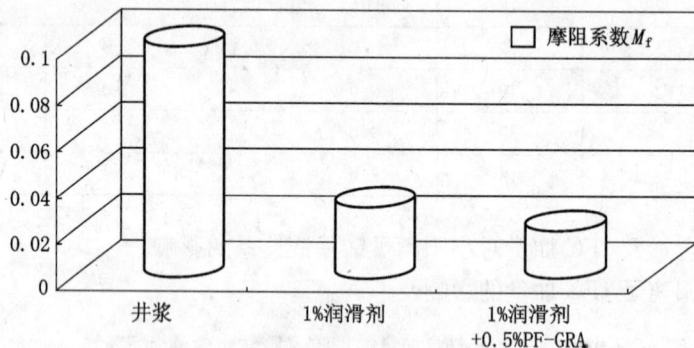

图 4　添加剂对井浆摩阻的作用

从图 4 可以看出：井浆在加入 1% 的润滑剂后，摩阻从 0.09 降至 0.02，再加入 0.5% PF-GRA 后，则降到 0.015，说明润滑剂和 PF-GRA 的加入对降低井浆摩阻起到了重要的作用。

6. 小阳离子钻井液体系性能

小阳离子钻井液体系钻井液的性能见表5。

表5　小阳离子钻井液性能

钻井液类型	\multicolumn{4}{c}{小阳离子钻井液}

钻井液类型	小阳离子钻井液			
井段	12¼in 和 9⅞in			
油层保护	无屏蔽暂堵		屏蔽暂堵	
密度，g/cm³	1.08~1.15	1.08~1.15	>1.15	>1.15
黏度，s	35~55	35~54	35~55	35~55
塑性黏度，mPa·s	10~25	10~34	10~35	12~38
动切力，Pa	7.2~12	7.2~13.4	9.6~16.8	11.0~18.7
API失水，mL　非油层段	<8	<7	<8	<8
API失水，mL　油层段	<5	<5	<6.5	<6

井眼清洁是保证快速钻井的前提，钻井液流变性控制为低黏，黏度一般在33~45s，但切力一般较高，动切力在7.2~12Pa为宜。

是否采用屏蔽暂堵油层，对钻井液密度变化的影响很大，如图5、图6所示。

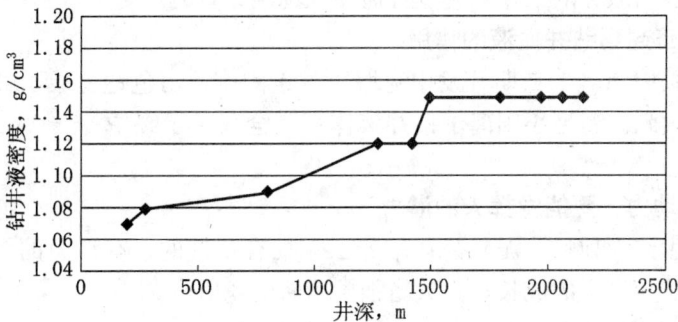

图5　井屏蔽井钻井液密度随井深变化情况

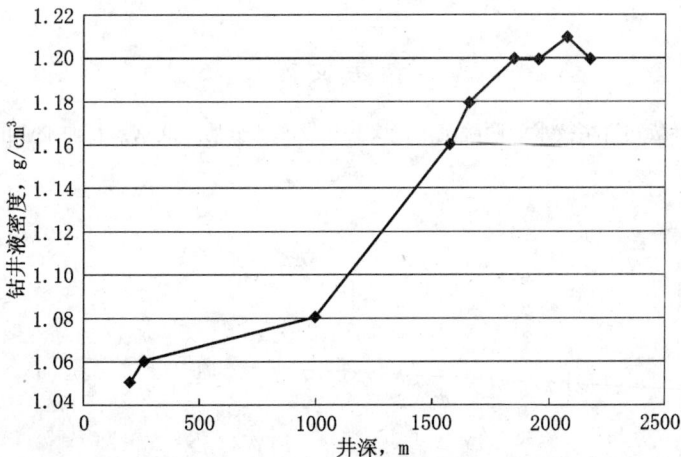

图6　屏蔽井钻井液密度随井深变化情况

7. 防硫化氢技术

在 E 平台钻井过程中发现有硫化氢，随后在其他两个平台也有发现。严重的井，停钻 1.5h 循环排气观察。为了实现安全、高效地钻井作业，有效地解决硫化氢问题已成为关键。

在钻井过程中，直接往钻井液中加入 200kg 的 $ZnCO_3$ 和 300kg 的 PF－CA101 以中和出现的 H_2S，起钻电测前往井浆中加入 100kg 的 $ZnCO_3$ 和 200kg 的 PF－CA101，从根本上解决了 H_2S 返出地面的隐患。

三、几点认识

1. 油层保护

油层保护技术措施合理，现场执行严格。激光粒度仪在现场应用是屏蔽暂堵技术准确实施的保证。绥中 36－1 油田二期开发井达到 ODP 配产要求，屏蔽暂堵井增产大于 10%。

2. 团队精神

团队精神是项目成功的关键。钻井液工作的顺利完成离不开甲方项目组不遗余力的支持，同时也和一线井队的全力支持以及二线供应等单位的大力协作分不开的。泥浆公司也为确保其他专业公司服务的工作顺利进行而在现场倾尽全力。

3. 钻井液真正起到钻井血液的作用

泥浆公司在绥中 36－1 二期开发中克服了重重困难，出色地完成了任务，为项目全面成功做出了巨大贡献。新型小阳离子钻井液体系完全满足了绥中 36－1 二期优质快速钻井的需要。

4. 变压力为动力，更能发挥人的潜力

通过这个跨世纪大项目，泥浆公司培养了一批有朝气的、有活力的年轻技术人才。在项目实施中加速了年轻人的成长，大大增强了团队的竞争力。

5. 低压高渗油藏

对低压高渗油藏，油层保护还应做大量工作，钻井液体系和技术措施都应不断进步和完善。

参 考 文 献

[1] 罗平亚．屏蔽式暂堵技术．两院院士论文集—罗平亚分册．北京：石油工业出版社，1999.

新疆陆 9 井区中、高渗砂岩储层保护技术

戎克生　　鄢捷年

（中国石油大学）

摘　要　针对克拉玛依陆 9 井区吐谷鲁群中、高渗砂岩油气藏的储层特点，在优选出钻井液基本配方的基础上，运用分形理论对储层孔喉和暂堵剂颗粒的尺寸与分布进行了分析，优选出了颗粒尺寸及分布与储层孔喉尺寸及分布相匹配的暂堵剂，并采用了将 3 种类型暂堵剂复配使用的广谱暂堵技术。使用储层天然岩心的暂堵评价实验表明，采用该优选方法能使岩心的渗透率恢复值明显提高，侵入深度明显降低，较好地解决了该地区高渗油气藏的储层保护问题。

关键词　高渗油气藏　储层保护　渗透率　暂堵剂

一、前　言

陆 9 井区位于准噶尔盆地腹部陆梁隆起三个泉地区，是目前新疆油田产能建设的主要探区之一。该地区以吐谷鲁群（$K_1 tg$）储层为主要目的层，其储层岩性以中细岩屑砂岩为主，砂质成分主要为石英、凝灰岩和长石。填隙物以泥质为主，平均含量 6%；胶结物以方解石为主，平均含量 7%；胶结类型以孔隙式为主；黏土矿物中伊/蒙混层和蒙脱石含量分别为 41.3% 和 29.3%，伊/蒙混层的间层比为 57.8%。吐谷鲁群（$K_1 tg$）储集空间为孔隙型，孔隙发育好，且孔喉连通性很好。平均喉道半径 4～16.3μm。物性分机结果表明，储层孔隙度为 27.3%～33.2%，平均为 30.3%；渗透率为 225～1580mD，平均为 781mD，为典型的中、高渗储层。

对于中、高渗储层来说，由于储层孔喉尺寸的分布范围很广，因此与低渗和特低渗油藏的储层相比，实施暂堵的难度更大。本文针对该井区中、高渗储层的特点，就如何提高其暂堵效果进行了系统的实验研究，提出了保护中、高渗砂岩储层的复配暂堵方案，从而较好地解决了中、高渗储层的保护问题。

二、保护高渗砂岩储层的钻井液技术研究

1. 基本思路

陆 9 井区的地层特点是典型的中、高渗储层，且具有较强的水敏性。对于高渗砂岩储层的保护技术来说，关键在于钻井液体系的选择以及复配暂堵方案的确定。为了确保安全，快速钻进，宜选用具有良好的抑制性、降滤失性的聚合物磺化泥浆体系。在保护油气层技术方面，考虑到中、高渗储层孔喉尺寸极不均匀，为数不多的大孔喉对渗透率的贡献值相当大，因而，为了封堵这部分大孔喉，仅加入超细 $CaCO_3$ 是不能满足要求的，必须同时加入一部分对大孔喉能起架桥作用的较大尺寸的颗粒。因此，最有效的方法是采用各种级配

颗粒参与架桥和充填的复配暂堵技术，从而实现对储层大、中、小孔喉均能有效封堵的目标，即达到一种广谱的暂堵效果。我们在运用分形理论对陆9井区孔喉尺寸范围和现有暂堵材料粒径分布进行分析的基础上，采用起架桥作用的颗粒状暂堵剂、起填充作用的颗粒状暂堵剂以及可变形的油溶性暂堵剂复配的暂堵方案，并通过实验对各种暂堵剂的类型及加量进行了优选。

2. 暂堵技术最优化方法

在钻井过程中，储层保护的关键技术之一是实施暂堵或屏蔽暂堵技术，然而以往的成功经验往往停留在储层平均孔喉尺寸和暂堵剂尺寸（一般为粒度中值）的匹配关系上。实际上，储层孔喉分布与暂堵剂颗粒分布之间的匹配关系也是不容忽视的，因为在平均孔喉直径相同的情况下，储层孔喉的分布却可能大相径庭。因此，为了更好地实施暂堵技术，我们需要利用分形的方法对复杂的储层孔喉分布进行描述，确定其分维值 D。再利用储层孔喉尺寸及其分布，来最终确定适合的暂堵剂及钻井液配方。

建立暂堵最优化方法，第一步也是最关键的一步是孔隙结构的分形描述，包括储层孔喉的平均尺寸，也包括储层孔喉的分布情况。由于地下储层是在不同年代、不同环境下沉积而成的，因此每一个层位，甚至某一层位的不同深度，地层的复杂性都各不相同。而我们实施暂堵技术是从钻开油层前 50m 开始，一直持续到整个钻井周期的结束，所经过的地层深度长达几百甚至上千米。因此，如何针对整个储层选择最佳的分维数和平均尺寸，继而合理选择暂堵剂的尺寸与分布，使其尽可能发挥最优的暂堵作用，是一个需要认真研究的问题。

基于以上思路，拟建立以下暂堵技术最优化方法：

（1）首先建立给定储层的孔喉分布分形模型，在掌握该储层不同深度储层孔喉尺寸与分布分析资料的基础上，计算各层位深度的孔喉尺寸分维数 D_i 和平均孔喉直径 d_i。

（2）计算能最大限度满足整个储层孔喉尺寸、分布描述和提高暂堵效果的分维值 D_f 和平均孔喉直径 d_f。

（3）建立暂堵剂的分形模型，确定各种暂堵剂能代表其尺寸分布特征的分维值。

（4）在按照"2/3 架桥规则"以及"1/4～1/3 充填规则"选择合适粒度中值的暂堵剂基础上，选择其分维值与储层孔喉分维值 D_i 最接近的暂堵剂（包括架桥粒子、充填粒子及可变形粒子）作为优选暂堵剂。

（5）通过大量实验研究，最终确定最优复配暂堵方案。

根据分形几何原理，储层孔径分布符合分形结构，则储层中大于 r 的孔隙数目 $N(r)$ 与 r 有如下幂函数关系：

$$N(r) = \int_r^{r_{\max}} p(r)\mathrm{d}r = Cr^{-D}$$

式中　r——储层孔隙直径，μm；

$r_{\max}$——储层中最大孔隙直径，μm；

$p(r)$——孔径分布密度函数；

C——比例常数；

D——孔径分形维数。

通过对上式进行求导，最终可得砂岩储层孔隙结构的分形模型：

$$\ln S(< r) = (3 - D)\ln(\frac{r}{r_{\max}}) + C$$

式中　S（$<r$）——孔隙直径小于 r 的累积体积分数。

我们可以利用对各层位岩石—孔隙界面上的结构特征体的尺寸分布的统计，求出 $\ln S$（$<r$）和 $\ln\left(\dfrac{r}{r_{max}}\right)$ 的值，然后在直角坐标系上作出 $\ln S$（$<r$）—$\ln\left(\dfrac{r}{r_{max}}\right)$ 的关系曲线，通过对曲线进行线性回归，最终得到各层位孔喉分布的分形维数 D。最终通过计算能够最大限度满足整个储层孔喉尺寸、分布描述的分维值 D_f 和平均孔喉直径 d_f，来最终确定暂堵剂的粒径及分布。其中整个储层具有代表性的分维值计算式如下：

$$D_f = \frac{\sum D_i \cdot H_i}{\sum H_i}$$

式中　D_i——储层任一层位的分维数；

　　　H_i——相邻两个层位之间的距离，m。

考虑到在现场取心过程中，相邻两层位之间的距离变化很大，甚至间断距离可能超过百米。而这样的距离仅凭一个分维数是很难表述的，因此在计算过程中我们规定对于相邻两层位之间的距离超过 1m 的均以 1m 进行计算。

根据类似储层分形模型的推导方法同样得到暂堵剂颗粒的累积体积分布模型：

$$\ln P(<r) = (3-D)\ln\left(\frac{r}{r_{max}}\right) + C$$

式中　P（$<r$）——暂堵剂颗粒累积体积，μm^3；

　　　r——暂堵剂颗粒尺寸，μm；

　　　r_{max}——暂堵剂颗粒累计体积百分比为 90% 所对应的尺寸，μm。

3. 根据分形模型和粒度分析结果对暂堵剂的优选

根据以上建立的暂堵技术最优化方法和暂堵剂颗粒的粒度分析结果，便可以对最适合的暂堵剂进行优选。首先根据储层孔喉分形模型对储层的平均孔喉直径以及孔喉尺寸分布的计算可知，该井区 K_1tg 高渗储层的平均孔喉直径为 $d_f = 14.48\mu m$，代表孔喉尺寸分布的分维值为 $D_f = 2.42$。根据尺寸分布匹配关系，应选择的暂堵剂颗粒尺寸分布的分维值也应在 2.42 左右，因此我们可以根据现有的暂堵剂材料来选择尽可能接近孔喉分布分维值的暂堵剂。同时按照"2/3 架桥规则"、"1/4～1/3 充填规则"、暂堵剂颗粒尺寸及其分布与储层的平均孔喉直径以及孔喉尺寸及其分布的匹配关系来优选暂堵剂，并最终通过室内试验确定最合理的复配暂堵方案。

优选暂堵剂时，首先应该考虑储层平均孔喉尺寸和暂堵剂粒度中值之间的匹配关系。但实际上，高渗储层具有特殊性，有关资料表明，对于高渗储层来说，大孔径孔喉所占的比例虽然较小，但其对渗透率的贡献比小孔径孔喉要大得多。据统计，该地区各储层最大孔喉的平均直径为 $50\mu m$ 左右，其中最大孔喉直径可达 $100\mu m$。因此，在暂堵剂的选择上，尤其是架桥粒子的选择上，不仅要考虑对数量较多的小孔喉的保护，同时更要考虑到对渗透率贡献很大的大孔喉的保护。又由于钻井液中固相颗粒的尺寸是不断变化的，不可能选择完全合适的暂堵剂尺寸及其分布，也就是说，在实际操作中，只能从宏观上对暂堵剂尽可能地进行优选，并向现场人员提出暂堵方案的调整和改进意见。考虑以上两方面，最终确定了用两种架桥粒子进行复配广谱暂堵方案。一方面选择颗粒较粗的 $CaCO_3$ 作为架桥粒子以保护较大的孔喉，另一方面选择颗粒较细的 $CaCO_3$ 作为架桥粒子以保护较小的孔喉，亦可作为充填粒子。同时加入起填充作用的颗粒状暂堵剂以及可变形的油溶性暂堵剂复配，将使暂堵作用得到更好的发挥。综合以上考虑，在理论分析与室内实验研究的基础上，最终优选的适合陆 9 井区储层保护技术的复配暂堵方案为：1%WC－1C（粗钙）＋3%QCX－1（细钙）＋1.5%ST－2（油溶性暂堵剂）。

4. 保护高渗砂岩储层的钻井液配方设计

按照钻井液设计的基本思路，在大量室内实验基础上，选取了几种较为理想的保护储层的钻井液配方。根据加入复配暂堵剂前后泥浆性能的变化，最终选择了一种能较好满足现场钻井要求的钻井液基本配方。表 3 给出了在这种基本配方中，未加暂堵剂以及加入暂堵剂后泥浆性能的对比情况。这两种配方分别为：

（1）3%膨润土＋0.15%Na$_2$CO$_3$＋0.8%MAN104＋0.2%KOH＋0.5%NP－2＋5%SMP－1（胶体）＋3%SPNH＋2%KT－100＋铁矿粉；

（2）3%膨润土＋0.15%Na$_2$CO$_3$＋0.8%MAN104＋0.2%KOH＋0.5%NP－2＋5%SMP－1（胶体）＋3%SPNH＋2%KT－100＋铁矿粉＋1%WC－1C＋3%QCX－1＋1.5%ST－2。

表 1　两种钻井液配方的常规性能表

序号	老化	密度 g/cm³	表观黏度 mPa·s	塑性黏度 mPa·s	动切力 Pa	动塑比	静切力（10s/10min）Pa/Pa	API滤失量 mL/mm	pH 值
1	前	1.13	35.5	28	7.5	0.268	0.5/2.5	4.6/0.5	9.5
	后	—	30.5	24	6.5	0.271	0.5/2.0	4.6/0.5	9.5
2	前	1.14	43	33	10	0.303	1.5/5.5	4.2/0.5	9.5
	后	—	37	28	9	0.321	0.5/2.0	4.4/0.5	9.5

注：热滚温度为 75℃，时间为 16h。

从钻井液性能实验结果可以看出，两种配方均具有良好的流变性和降滤失性。并且在加入暂堵剂之后，钻井液性能没有出现大的变化，这将有利于在钻进至储层之前，将常规钻井液转化为保护油气层的钻井液。

5. 暂堵效果评价实验结果及分析

室内研究中，分别就不加暂堵剂以及采用不同暂堵方案的钻井液对高渗岩心的污染情况进行了评价。测试方法同前。所使用的钻井液基本配方为：

3%膨润土＋0.15%Na$_2$CO$_3$＋0.8%MAN104＋0.2%KOH＋0.5%NP－2＋5%SMP－1（胶体）＋3%SPNH＋2%KT－100＋铁矿粉。

（1）无暂堵剂钻井液的污染情况

使用不加任何暂堵剂的钻井液基本配方对岩心进行污染实验。然后采用逐级切片法评价了两块岩心的渗透率恢复情况，实验结果见表 2、图 1 和图 2。

表 2　无暂堵剂钻井完井液污染后储层岩心的渗透率恢复值

井号	岩心号	流速（mL/min）	K_s mD	K'_s，mD				
				污染后	切片1	切片2	切片3	切片4
陆 103	66	2.0	881.82	273.65 (31.03%)	399.80 (45.34%)	653.74 (74.13%)	724.94 (82.21%)	903.95 (102.5%)
陆 103	63	2.0	422.85	142.17 (33.62%)	219.11 (51.82%)	301.06 (71.20%)	346.14 (81.86%)	411.78 (97.38%)

注：66 号岩心均取自陆 103 井 1412.54～1414.28m 井段；　括号内的值表示渗透率恢复值。

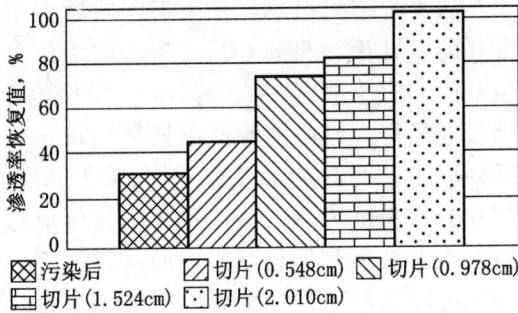

图 1　无暂堵剂钻井液污染第 66 号岩心情况

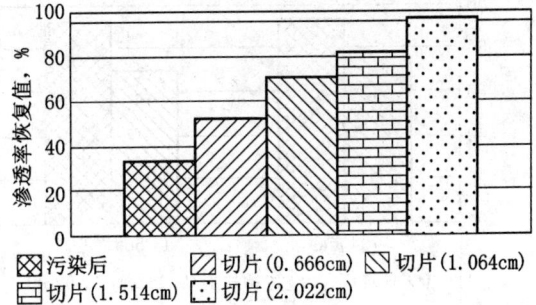

图 2　无暂堵剂钻井液污染第 63 号岩心情况

从实验结果可以看出，对于未加暂堵剂的钻井液来说，储层受的污染是很严重的，一方面表现在渗透率恢复值很低，岩心受污染后的渗透率恢复值在 30％左右；另一方面在污染深度上，无暂堵剂钻井液侵入岩心的深度很深，当切片长度为 0.5cm 左右时，其渗透率恢复值仅在 50％左右，直至切片 2cm 之后，其渗透率才基本上恢复至原始渗透率。而这种深度的损害是很难通过酸化、压裂等措施来解除的。

（2）最佳暂堵方案的暂堵效果

在选择了与储层孔喉尺寸与分布相匹配的暂堵剂之后，室内对暂堵方案进行了大量实验研究，最终选择了适合于陆 9 井区储层保护的最佳暂堵方案。对比实验结果与最佳暂堵方案实验结果分别见表 3、表 4 和图 3。

表 3　采用不同复配暂堵方案时的岩心渗透率恢复值

序号	岩心号	复配暂堵方案	K_s mD	K'_s mD	K'_s/K_s %
1	66	基本配方（无暂堵剂）	881.82	273.65	31.03
2	57	2％QCX－1＋1％WC－1C	699.64	393.025	56.17
3	68	3％WC－1C＋2％QCX－1＋1.5％FB－2	647.592	411.69	63.57
4	44	3％QCX－1＋1.5％FB－2	183.22	100.14	54.65
5	34	1％WC－1C＋3％QCX－1＋1.5％FB－2	405.78	284.70	70.16
	61		533.08	371.03	69.60
6	79	1％WC－1C＋3％QCX－1＋1.5％ST－2	120.13	91.98	76.56
	56		50.23	35.53	70.73
7	4－1－1	1％WC－1C＋1％QCX－1＋1％ST－2	435.33	299.29	68.75
	7－3－1		482.84	341.96	70.82

表 4　采用最佳暂堵方案的钻井液污染后储层岩心的渗透率恢复值

井号	岩心号	流速 mL/min	K_s mD	K'_s mD	K'_s/K_s %	K'_s ($10^{-3}\mu m^2$)（切片，0.487，0.502cm）	K'_s/K_s %
陆 103	79	2.0	120.13	91.98	76.56	112.44	93.60
陆 103	56	2.0	50.23	35.53	70.73	46.51	92.59

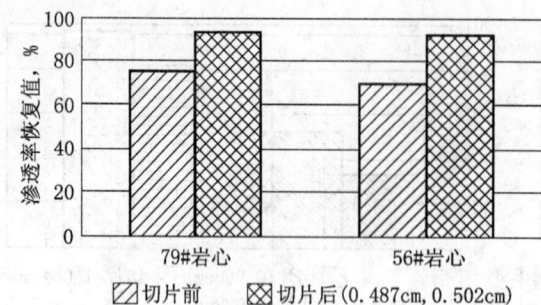

图 3　切片前后岩

从实验结果可见，采用不同暂堵方案配置的钻井液污染岩心后，岩心的渗透率恢复值均有了明显提高，其中 6 号方案暂堵效果最好，岩心的渗透率恢复值均达到 70％以上。并且岩心受污染的深度很浅，切片为 0.5cm 左右，其渗透率恢复值就可以基本上恢复到原始状态，而这种深度是完全可以通过压裂及酸化等方法来实现解堵的，这也充分说明了采用复配暂堵方案后，在岩心上形成了致密的屏蔽带，对油气层保护极为有利。

三、结　论

（1）对高渗储层进行保护的技术，关键在于复配暂堵方案的确定，尤其是架桥粒子的选择，架桥粒子的粒径尺寸及分布应尽可能与储层的孔喉尺寸及分布相匹配。

（2）储层孔喉分布具有自相似性，因此可以应用分形的方法建立孔喉的分形模型，以便能够较好地对储层孔喉的分布进行评价。同时根据储层的有代表性的孔喉分维数的大小选择与之相匹配的暂堵剂。

（3）实验结果表明，应用分形理论优选的暂堵方案具有较理想的暂堵效果，可有效地避免储层受到严重损害。

（4）暂堵剂对钻井液性能有一定的影响，但只要加量适当，影响程度并不显著。因此，加入暂堵剂之后，各项性能参数均能满足钻井工程的要求。

参 考 文 献

［1］樊世忠，鄢捷年，周大晨编著．钻井液完井液及保护油气层技术．北京：石油大学出版社，1996
［2］鄢捷年，黄林基著．　钻井液优化与实用技术．北京：石油大学出版社，1993
［3］A. Suri and M. M. Sharma. Strategies for Sizing Particles in Drilling and Completion Fluids. SPE 68964, 2001
［4］王域辉，廖淑华编著．分形与石油．北京：石油工业出版社，1994
［5］张济忠编著．分形．北京：清华大学出版社，1995
［6］贺承祖，华明琪，储层孔隙结构的分形几何描述．石油与天然气地质，1998，19（1）：15～23

复杂油井钻井液应用实例

安棚碱井钻井液技术

何振奎[1]　唐大鹏[2]　蒋建宁[1]　张国新[1]　孟怀启[1]　肖俊峰[2]

（1. 河南油田分公司石油工程技术研究院；2. 河南石油勘探局）

摘　要　安棚碱矿位于南襄盆地泌阳凹陷东南部深凹构造区，天然碱矿叠合面积为 10.74km²，工业储量约为 4985×10^4 t。1999—2000 年河南油田钻井公司为安棚碱矿的进一步开发承钻了 9 口碱井。安棚碱矿要求在碱层取出的含碱岩心直径必须大于 80mm。采用饱和 Na_2CO_3 钻井液本系完成了 S31 井和 S41 井，在钻井过程中，Na_2CO_3 使用量分别为 144t 和 75t，钻井液密度分别为 1.33g/cm³ 和 1.30g/cm³，钻井液成本过高，平均机械钻速仅为 3.8m/h。针对这些问题，通过实验优选出了饱和 $NaHCO_3$ 碱水钻井液体系。经过 S02 井和 S21 井应用表明，在井深基本相同的情况下钻井液密度分别为 1.15～1.16g/cm³ 和 1.15～1.18g/cm³，$NaHCO_3$ 用量仅为 25t 和 36t，平均机械钻速达 5.0m/h，取得了很好的效果。

关键词　碱井　岩心直径　$NaHCO_3$ 碱水钻井液　Na_2CO_3 钻井液

一、地　质　概　况

安棚碱矿区地层上部第四系及新近系厚度 250m 左右不稳定，下部地层稳定，地层压力梯度低于 0.010MPa/100m，地温梯度在 0.022～0.042℃/m 之间，平均为 0.034℃/m。碱岩储藏于古近系核桃园组的核二段和核三段，埋深 1310～2522m 之间，共发现 17 个碱层，厚度最小 26m，最大 208.6m，一般在 60～80m 之间。单层厚度最小 0.2m，最大 4.0m，一般在 0.6～2.0m 之间。碱岩产状有三种：一是纯碱岩，二是含有白云岩条带或薄层状不规则碱岩，三是碱岩充填在泥质白云岩溶孔中。

安棚碱岩为白色、浅褐色和棕褐色晶体，呈玻璃光泽。化学成分主要是 $NaHCO_3$ 和 Na_2CO_3，其中 $NaHCO_3$ 含量 18.07%～96.56%，平均为 77.06%；Na_2CO_3 含量 0～40.35%，平均为 16.33%。$Na_2CO_3 + NaHCO_3$ 总量 82.86%～99.47%，平均为 93.38%。

二、技　术　难　点

碱岩溶蚀导致收获率低，甚至大段碱岩被溶蚀。为了正确评价碱矿的储层特征，提出碱岩层收获率必须大于 85%，非碱岩层大于 75%，碱岩心直径大于 80mm。

碱岩钻井液要满足两点要求，一是要保证碱岩取心收获率在 85% 以上，二是要保证井下安全、优质、快速钻进。因此，钻井液一方面要有好的流变性以满足钻井工程需要，另一方面要有好的护壁性，形成的泥饼薄而致密，滤失量低，对碱岩没有溶蚀作用。饱和碱水钻井液能使碱岩不溶解，而且具有很强的抑制作用，保证井壁稳定、顺利施工和提高取心收获率。

饱和 Na_2CO_3 钻井液体系成本高，钻速低，综合效益差。

三、钻井液技术

1. 室内实验

采用基浆来优选 $NaHCO_3$ 膨润土和降滤失剂的加量。基浆配方如下：

1#：5%膨润土 + 0.02%纯碱 + 0.15%FA - 367 + 1%MG - 1。

1）$NaHCO_3$ 加量的确定

由于钻井液是多相体系，$NaHCO_3$ 和 Na_2CO_3 在钻井液中的溶解度与纯水不同。同时碱层取心深度一般为 1700～2500m，碱层温度为 45～90℃。确定 $NaHCO_3$ 在钻井液中的饱和加量的方法是将不同量的 $NaHCO_3$ 加入钻井液中，测定钻井液性能，当钻井液性能不再发生变化时，$NaHCO_3$ 加量为饱和加量。根据表 1 可以确定，$NaHCO_3$ 在钻井液中的饱和加量为 13%。

表 1　$NaHCO_3$ 加量对钻井液性能的影响

配方	$NaHCO_3$ 加量，%	滤失量，mL	静切力，Pa/Pa	塑性黏度，mPa·s	动切力，Pa
1#	0	20	4/16	15	8
1#	8	18	5/18	16	9
1#	10	12	7/24	18	12
1#	13	20	4/16	15	8
1#	14	10	2/5	12	6

2）膨润土加量的优选

在基浆中加入不同量的预水化膨润土浆来确定膨润土最佳加量，试验结果见表 2。基浆配方如下：

2#：5.0%膨润土 + 0.02%纯碱 + 0.15%FA - 367 + 1.0%MG - 1 + 13.0% $NaHCO_3$。

表 2　饱和 $NaHCO_3$ 钻井液中膨润土加量的优选

配方	膨润土，%	密度，g/cm³	滤失量，mL	静切力，Pa/Pa	塑性黏度，mPa·s	动切力，Pa
2#	0	1.13	20	4/16	15	8
2#	6	1.13	18	5/18	16	9
2#	8	1.14	12	7/24	18	12
2#	10	1.14	10	7.5/26	19	14
2#	13	1.14	10	10/35	25	16

从表 2 可以看出，随着膨润土加量的增加，滤失量降低，黏度和切力上升；当加量大于 8%时黏度和切力上升较快，而滤失量下降减缓，因此选择膨润土的加量为 11%～13%。

3）降滤失剂的优选

普通水基钻井液常用的降滤失剂有 MG - 1 和 CMS。采用 3# 配方基浆优选降滤失剂，实验数据见表 3。3# 基浆配方为：

3#：12%膨润土 + 0.48%纯碱 + 0.15%FA - 367 + 13%$NaHCO_3$。

表 3　降滤失剂的优选

配　方	钻　井　液	滤失量，mL	塑性黏度，mPa·s	动切力，Pa
3#	基浆	12.0	18	12
4#	3#+1%MG-1	5.0	18	12
5#	3#+2%MG-1	4.5	16	13
6#	3#+3%MG-1	4.5	17	12
6#*	3#+3%MG-1	14.0	16	9
7#	5#+1%CMS	3.5	20	10
7#*	6#+1%CMS	10.0	18	7.5

＊试验条件为在 80℃下热滚 16h。

从表 3 可以看出，MG-1 和 CMS 配合使用效果更佳。

2. 饱和 $NaHCO_3$ 碱水钻井液体系配方

通过室内大量试验，最终确定饱和 $NaHCO_3$ 碱水钻井液体系配方如下：

8#（11%～13%）膨润土+（0.1%～0.3%）FA-367（PAC141）+0.48% 纯碱+（1.5%～2.0%）MG-1+（0.5%～1.5%）CMS+13% $NaHCO_3$+（1.5%～2.0%）SPNH。

四、现场应用情况

1. 现场维护处理措施

1）二开至碱层前钻井液的维护处理

二开后放掉一开部分井浆，使用 0.8t 的 FA-367、0.2t 的 PAC-141 配 50m³ 胶液混入井浆。随着井深的增加不断加入 FA-367，使其在钻井液中的含量维持在 0.15%～0.25% 之间。加入 MG-1 控制滤失量，加入 1%FT-1 抑制硬脆性泥岩地层坍塌。钻至第一个碱层前 50m 增加高分子包被剂 PAC-141 或 FA-367 的用量，用好四级固控设备，保证钻井液固相含量低、流变性和造壁性良好。钻井液密度 1.13～1.15g/cm³，黏度 35～45s，膨润土含量 40～60g/L。塑性黏度 10～15mPa·s，动切力 8～12Pa，滤失量小于5mL，含砂量小于 0.3%，pH 值 8～9。

2）钻井液的转化及维护

在原井浆转化前加入聚合物和预水化膨润土浆。最后加入 $NaHCO_3$，并使其饱和。具体措施如下。

（1）将储备罐中 30～40m³ 预水化 24h 以上的膨润土浆混入井浆，循环均匀后，通过混合漏斗加入 0.3%FA-367（或 PAC141）、1.5%MG-1 和 1%CMS，循环 2 周均匀后，缓慢加入 $NaHCO_3$，循环 2 周，调节塑性黏度为 14～20mPa·s、动切力为 8～12Pa、静切力为（3～5）/（5～10）Pa/Pa、滤失量小于 12mL 方能钻进。

（2）钻井过程中补充的新浆必须是充分预水化的膨润土浆（碱量达到饱和）。维护处理时，将处理剂配成胶液按循环周加入。在钻井液中加入饱和 $NaHCO_3$ 水，严禁加入淡水或污水。

（3）为提高黏度，加入高分子聚合物 PAC141（或 FA367）或预水化好的膨润土浆；用 CMS 和 MG-1 控制滤失量，改善泥饼质量，提高钻井液的造壁性。

（4）在碱层取心前和取心过程中及时测定滤液中 CO_3^{2-}、HCO_3^- 含量，并及时补充 $NaHCO_3$ 使 $NaHCO_3$ 在钻井液中的含量达到饱和。

2. 现场应用效果

采用饱和 $NaHCO_3$ 碱水钻井液体系在安棚碱矿钻成了 S02 井和 S21 井。现场应用表明，该钻井液体系性能稳定。井下正常，碱层取心直径都大于 80mm，表明饱和 $NaHCO_3$ 钻井液满足了碱层钻井施工要求。

1）经济效益对比

使用饱和 Na_2CO_3 钻井液体系钻成 S31 井和 S41 井。从表 4 可以看出，饱和 $NaHCO_3$ 碱水钻井液体系比饱和 Na_2CO_3 钻井液体系碱加量少、机械钻速高，有利于提高钻井时效和节约成本。详细数据见表 4。

表 4 $NaHCO_3$ 钻井液与 Na_2CO_3 钻井液经济效益对比

井号	井深，m	钻井液类型	费用，元/m	钻井周期，d	平均钻速，m/h
S21	2345.60	$NaHCO_3$	58.24	41.41	5.10
S02	2200.00	$NaHCO_3$	75.82	39.41	4.81
S31	2539.04	Na_2CO_3	148.43	86.97	3.80
S41	2342.62	Na_2CO_3	110.46	74.15	3.75

2）机械钻速

从 4 口井碱层取心情况可以看出，虽然碱心直径为 78～90mm，取心收获率都很高，但是饱和 $NaHCO_3$ 碱水钻井液体系取心钻速高，更利于防止碱心溶解，利于取全取准资料，见表 5。

表 5   碱层取心情况

井号	取心井段，m	岩心长，m	收获率，%	碱心长，m	直径，mm
S21	2305.00～2313.50	8.43	99.2	2.75	90.0
S21	2333.00～2341.50	8.1	95.3	1.48	77.5
S02	1620.20～1630.20	8.7	24.0	—	—
S02	2130.00～2140.00	6	96.7	—	—
S31	1767.35～1773.50	6	97.6	0.28	80.0
S31	2286.81～2294.50	7.9	102.7	2.38	85.0
S31	2448.26～2456.50	7.94	95.7	1.23	90.0
S31	2465.50～2472.30	7.1	104.0	4.15	90.0
S31	2489.00～2497.80	8.52	91.8	·1.16	65.0
S31	2497.81～2505.10	6.11	84.0	1.95	50
S41	2189.54～2198.54	8.40	93.7	2.52	91.0
S41	2164.50～2373.50	8.60	95.5	0.98	90.0

＊为岩心爪卡死。

五、结　论

（1）饱和 $NaHCO_3$ 碱水钻井液体系抑制性强，易于现场施工，有利于取全取准资料，可以满足碱井钻井施工。

（2）饱和 $NaHCO_3$ 碱水钻井液体系比 Na_2CO_3 钻井液碱加量少，钻井液成本可节约 40% 以上，机械钻速提高了 30%。

克拉玛依油田八区调整井钻井液技术

汪世国　孙文剑　杨斌　王喜宝　王安鹤
（新疆石油管理局钻井泥浆技术服务公司）

摘　要　通过对克拉玛依油田八区地质特点、注水开发地层压力变化情况与储层特点的全面分析，采用聚磺混油屏蔽暂堵钻井完井液体系以及桥塞堵漏为主要内容的近平衡压力钻井技术，兼顾密度、抑制、封堵、流变特性，在现场应用700余口井，95％的井实现了不下技术套管完井，解决了该区加密调整井的喷、漏、塌、卡等钻井技术难题，并对安全钻井密度"窄窗口"的钻井液技术进行了一些有益的探索，对"开泵漏、停泵吐、提钻抽"的特殊漏层提出了治理方法，取得了显著的经济效益。

关键词　克拉玛依油田八区　聚合物混油钻井液　钻井液密度　特殊漏层

一、地　质　概　况

克拉玛依油田八区下乌尔禾组油藏位于克拉玛依油田白碱滩地区，克拉玛依市东南约45km处。该油藏发现于1965年，1979年投入试验开发以来，共经历了试验开发、一次加密扩边调整、二次加密调整及全面注水开发和综合治理控制递减4个开发阶段。经复算，八区下乌尔禾组油藏含油面积77.8km²，石油地质储量12008×10⁴t，剩余可采储量614.9×10⁴t。

八区下乌尔禾组油藏构造上处于准噶尔盆地西北缘克—乌断裂带下盘，顶面结构形态为一向东南倾的单斜，基底倾角为13°，顶角倾面6.5°。该区范围内有南白碱滩断裂和256断裂两条主要断裂。南白碱滩断裂属克—乌油田范围内的一级断裂，为逆掩断层性质，该断层起着控制下乌尔禾组沉积及含油气范围的作用，是八区下乌尔禾组北部的边界断层。256断裂是八区下乌尔禾组的内部断层，断层主要在二叠系发育，断裂走向为近南北向，倾角75°～80°，断距20～40m之间，对调整试验区油气分布的控制作用并不明显。

下乌尔禾组储层岩性主要为灰绿、灰白、褐灰色砾岩，褐色凝灰岩屑砾岩，砾石成分主要为酸性熔岩、凝灰质砾岩等；有效孔隙度11.0％，有效渗透率2.15mD储集空间以孔隙为主，少量微裂缝，孔隙类型较多，原生孔隙与次生孔隙并存，以次生孔为主，特别是次生溶孔较发育。岩心观察储层裂缝7.5条/m，缝宽0.025～0.3mm之间，长0.11m左右，根据产状分为垂直裂缝和低角度斜裂缝，从W_1（下乌尔禾组地层细分，下同）至W_5天然裂缝都有分布，以构造直劈缝和高角度缝为主，天然裂缝段厚度与地层厚度百分比约为1.45％～10.46％，W_1比W_2至W_5段裂缝发育差。纵向上油水界面附近裂缝较发育。裂缝连续厚度弯化不大，可从几厘米到近40m。平面上裂缝主要发育在断裂附近及东部靠近水边地区。

克拉玛依油田八区下乌尔禾组油藏地质分层见表1、表2。

表1 克拉玛依油田八区下乌尔禾组油藏正常井地质设计分层

地 质 分 层		底界深度，m	厚度，m	地层倾角（°）	压力系数
白垩系	吐谷鲁组 K_1tg	680	680	3	
侏罗系	齐古组 J_3q	940	260	6.5	
	头屯河组 J_2t	1210	270	8.5	
	西山窑组 J_2x	1420	210	8	
	三工河组 J_1s	1575	155	7	
	八道湾组 J_1b	1810	235	5	1.09
三叠系	白碱滩组 T_3b	2100	290	4.5	
	上克拉玛依组 T_2k_2	2365	265	3	1.09
	下克拉玛依组 T_2k_1	2545	180	2.5	1.10
二叠系	下乌尔禾组 P_2w_1	油层底 2970	425	0	1.29
		3000（未穿）	30		

表2 克拉玛依油田八区下乌尔禾组油藏断层井地质分层

地 质 分 层		底界深度 m	厚度 m	地层倾角 (°)	压力系数
白垩系	吐谷鲁组 K_1tg	600	600	4	
侏罗系	齐古组 J_3q	765	165	17	
	头屯河组 J_2t	—	—	—	—
	西山窑组 J_2x	1240	130	25	
	三工河组 J_1s	850	85	18	
	八道湾组 J_1b	920/1480/1685	70/240/165	20/24/11	1.09
三叠系	白碱滩组 T_3b	980/1520/2010	60/40/325	21/55/6	
	上克拉玛依组 T_2k_2	2300	290	5	1.09
	下克拉玛依组 T_2k_1	2500	200	3	1.10
二叠系	下乌尔禾组 P_2w_1	油层底 2970	470	0	1.29
		3000（未穿）	30		
石炭系	石炭系 C	1110	130	70	1.30

八区地层黏土矿物分析及部分地层压力梯度与地层破裂压力梯度见表3、表4。

表3 八区地层黏土矿物分析

地 层		底界深度，m	主要岩性	黏土矿物组分				
				S	I/S	I	K	C
白垩系	吐谷鲁组 K_1tg	560	泥岩	45	23	21		11
侏罗系	齐古组 J_3q	930	泥岩	40	25	18	10	7
	头屯河组 J_2t	1200	泥岩	43	27	20		10
	西山窑组 J_2x	1420	泥岩、砂岩		46	20	21	13
	三工河组 J_1s	1520	泥岩	47	20	21		12
	八道湾组 J_1b	1805	泥岩、砂岩		43	28	18	11
三叠系	白碱滩组 T_3b	2100	泥岩		62	16	14	8
	克上组 T_2k_2	2380	泥岩、砂岩		56	18	17	9
	克下组 T_2k_1	2510	泥岩、砂岩		50	27	16	7
二叠系	下乌尔禾组 P_2w_1	3050	砾岩					

表 4　八区部分地层压力梯度与地层破裂压力梯度

地　层	原始压力梯度 g/cm³	注水压力梯度 g/cm³	地层破裂压力梯度 g/cm³
八道湾组 J₁b	1.15～1.20	1.20～1.60	1.40～1.60
克拉玛依组 T₂k	1.20～1.25	1.25～1.60	1.50～1.60
下乌尔禾组 P₂w₁	1.25～1.30	1.30～1.40	1.35～1.40

二、钻井技术难题

（1）地表裂缝发育，钻进中受清水或钻井液滤液浸泡极易在近地表处形成大裂缝，产生有进无出的漏失，给表层施工和供水组织带来较大困难。

（2）上盘八道湾组和克拉玛依组为注水开发地层，原始压力遭到破坏，产生的压力不等，地层压力难以准确预测。

（3）三迭系白碱滩组与克拉玛依组为长段泥岩（主要以伊/蒙混层为主）。当钻井液的抑制性达不到要求时将产生较强的水化分散，井壁发现剥失现象，造成大段划眼。

（4）目的层下乌尔禾组地层裂缝发育，据三维地震解释，下乌尔禾组内部发育有 9 条断裂。下乌尔禾组地层裂缝由岩心观察，一般为直劈裂缝、羽状缝、斜交缝，直劈裂缝断面无充填物。地下原始裂缝处于闭合状态。大裂缝的泄漏压力较低，有些井裂缝的泄漏压力与地层流体压力相近，其差值有时甚至小于 $0.03g/cm^3$，安全钻井液密度窗口太小，使钻井施工难以正常进行。

（5）过断层井钻遇石炭系地层的井，因石炭系与中盘八道湾组受注水影响形成异常高压。实际地层压力梯度高达 $1.50～1.55g/cm^3$（设计密度 $1.30g/cm^3$），多口井在钻进过程中多次发生过出水、井漏现象。

三、钻井液技术对策

根据克拉玛依油田八区地质特点，并结合该地区出现的井下复杂情况，制定以下相应的钻井液技术对策。

（1）适当的钻井液密度。

使用适当的钻井液密度是确保井壁稳定和预防井漏的关键，特别在是地层压力变化大，井塌井漏并存的地区，确定并及时地调整钻井液密度尤为重要。

（2）钻井液具有强抑制性。

因三叠系白碱滩组与克拉玛依组长段泥岩（主要以伊/蒙混层为主）分化分散能力较强，易发生缩径、坍塌及造浆，因此强抑制性的钻井液才能减少钻井液与地层的物理化学作用，减少井下复杂事故。

（3）优良的造壁性和封堵能力。

要求钻井液对易发生井塌、划眼和易漏失井段严密封堵，尽快地形成致密泥饼，因此钻井液中黏土颗粒要具有足够分散度以改善泥饼质量，同时钻井液还应有足够的、可变形的粒子，保证钻井液中颗粒的合理级配，并与地层的孔喉、裂缝分布相配，并在井壁附近形成致密的屏蔽带，从而有效减少钻井液滤液的侵入，减少地层水化，提高地层的承压能力，同时也可预防漏失，为保护油气层提供条件。

（4）钻井液体系具有优良的流变性。

在不同井段与工程措施下，钻井液应当具有与之相应的流变性。在井段稳定与快速钻井时，钻井液低黏切、低固相，提高钻速。在易漏、易塌井段，钻井液低黏切，低触变性，而且能有效携砂。满足井下不同钻具组合下，不同排量下都能有效携带岩屑。

（5）钻井液抑制性与良好造壁性、流变性的和谐有机统一。

在钻井液流变性调节、造壁性改善过程中不能引起钻井液抑制性减弱；反之，增强钻井液抑制性，也不能以损害钻井液流变性、造壁为代价，各种封堵材料、磺化沥青产品等不能引起钻井液显著增稠。

（6）采用防漏体系钻漏失严重的乌尔禾地层。

四、钻井液室内研究

1. 膨胀性实验

使用 NP-01 型页岩膨胀试验仪，应用正交实验法对白垩系吐谷鲁组 K_1 及三叠系白碱滩组 T_3 泥岩岩样进行处理剂的单一和复配实验，实验数据及结果见表 5。

表 5　K_1、T_3 岩样膨胀性实验

配方 \ 岩样 时间	K_1 岩样膨胀量，mm		T_3 岩样膨胀量，mm	
	2h	8h	2h	8h
H_2O	0.85	1.21	0.67	0.76
NaC	0.90	1.25	0.78	1.00
0.4%HPAN	0.88	1.23	0.78	1.08
0.4%NPAN	0.83	1.17	0.78	1.08
0.4%JT888	0.55	0.63	0.63	0.81
0.4%FA-367	0.40	0.51	0.36	0.44
0.2%XY-27	0.49	0.61	0.49	0.61
0.4%FA-367+0.4%JT888 +0.2%XY-27	0.25	0.39	0.31	0.35

由表 5 可见，FA-367、JT888、XY-27 对 K_1、T_3 泥岩抑制膨胀能力强，复配使用效果较好。

2. 页岩滚动回收率实验

T_3 岩样过 6～10 目筛，在 70℃ 温度下滚动 16h，测一次回收率（40 目筛），然后在 70℃ 清水中滚动 2h，测二次回收率，部分实验数据见表 6。由表 6 可见，FA-367、XY-27、JT888 对 T_3 泥岩抑制分散能力较强，复配使用较好。

表6   T₃岩样滚动回收率实验

表6 T_3 岩样滚动回收率实验

配　　方	一次回收率 %	二次回收率 %
H₂O	18.3	—
0.4％SK-2	88.2	95.2
0.4％HPAN	75.2	93.1
0.2％XY-27	85.4	97.5
0.1％FA-367+0.4％JT888	91.7	98.2
0.2％FA-367+0.4％JT888	91.7	98.2
0.3％FA-367+0.4％JT888	95.0	98.2
0.4％FA-367+0.4％JT888	95.0	99.3
0.2％FA-367+0.4％JT888+0.1％XY-27	97.0	98.0

3. 钻井液配方及性能

依据钻井液技术对策及室内实验结果，确定采用聚磺混油屏蔽暂堵钻井完井液体系。根据聚磺钻井液基本原理及抑制性实验结果，选用FA-367为主聚物，JT888、NPAN为降滤失剂，XY-27为稀释剂，原油为润滑剂，磺化沥青为物理防塌剂及泥饼防透剂，SMP-1及SPNH改善泥饼质量及降低高温高压失水。

钻井液体系配方为：4％膨润土+0.2％Na₂CO₃+0.2％NaOH+（0.2％～0.4％）FA367+（0.3％～0.4％）JT888+（0.4％～0.5％）NPAN+（0.1％～0.2％）XY-27+2％SMP-1粉+1％SPNH+2％胶体沥青+2％磺化沥青干粉+5％原油+0.2％ABSN+铁矿粉。

进入目的层前50～100m加入1.5％油溶性暂堵剂KZD、2％QCX-1、0.5％～1％DF-1，加入2％综合堵漏剂、3％核桃壳粉防漏堵漏。

钻井液性能见表7。

表7　钻井液性能参数

井段 m	常规性能								流变参数				总固含 %	膨润土含量 %
	密度 g/cm³	漏斗黏度 S	API失水 mL	泥饼 mm	pH值	含砂 %	HTHP失水 mL	摩阻系数	静切力，Pa		塑性黏度 mPa·s	动切力 Pa	流性指数值	稠度系数值		
									初切	终切						
0～200	1.05～1.10	50～80	≤10													
200～3000	1.10～1.40	45～75	≤5	≤0.5	8～10	≤0.5	≤18	≤0.18	1～5	3～9	12～35	5～15	—	—	≤25	3.0～4.0

4. 维护要点

（1）进入八道湾组、克拉玛依组地层之前，认真复核邻井（注水井）压力，根据实际压力确定合理钻井液密度。

（2）采用低膨润土含量、高浓度聚合物不分散胶液二开，充分利用聚合物不分散钻井液的强抑制性、剪切稀释特性来实现泥岩地层的井壁稳定，抑制地层造浆，提高机械钻速。

（3）通过该区已完钻井资料分析，凡在侏罗系发生过漏失的井，完钻后承压试验均承不住压，所以在上部井段施工中防止侏罗系漏失是钻井液性能控制工作的重点。侏罗系地层钻进、提下钻、开泵应尽量避免人为激动压力的产生，该井段一旦发生漏失，应采用桥塞堵漏方法进行堵漏。通过已完井资料统计，桥塞堵漏成功率较高。

（4）进入白碱滩组之前，加入2％磺化沥青干粉，提高钻井液的防塌能力，同时钻井液密度不低于1.30g/cm³，实现正压差钻井。

（5）混油加足乳化剂，以钻井液槽面、罐面不见油花，测API失水滤液中不见原油为标准。

（6）搞好钻井液的四级固控工作，用净化保优化。

（7）进入油层采用近平衡钻井，减少油层污染。根据该区井深梯度与目的层地层流体物性，钻井液密度附加值以0.05～0.07g/cm³为宜，即油层段钻井液密度1.35～1.37g/cm³。

（8）采用桥塞屏蔽暂堵防漏钻井液体系钻油层，利用桥塞材料及屏蔽暂堵剂对裂缝性储层实施有效保护。进入油层前30～50m，调整好基浆性能，控制钻井液API滤失量不大于5mL，加入3％核桃壳粉＋2％综合堵漏剂＋1.5％KZD＋2％QCX－1＋1％DF－1。

（9）完钻后，采用"试提钻"措施，检验使用钻井液密度在提钻工况条件下能否平衡地层压力。一般提钻15柱，不灌钻井液，再下钻到底，建立循环，观察迟到时间，看井底钻井液返出时有无地层流体侵入。确认没有地层流体侵入，循环均匀，将泵入钻具内的钻井液密度提高0.02～0.03g/cm³，开始提钻，确保提钻中不喷钻井液。

（10）保持钻井液性能均匀稳定，全循环周密度差小于0.02g/cm³。

5. 断层、异常高压地层技套段施工

上部地层存在异常高压，若使用钻井液密度达1.50～1.60g/cm³，钻井中井漏将是不可避免的，技术工作重点是有效防止井喷，努力防止卡钻，及时发现井漏，正确处理井漏，在处理井漏过程中控制井喷。

（1）进入上盘八道湾组地层之前，根据地质预告与邻井压力调整钻井液密度。进入上盘石炭系地层之前30m左右，采用桥塞堵漏或注水泥堵漏将裸眼井段地层承压能力提高到1.60g/cm³，循环不漏，恢复钻进。钻至石炭系地层后，将钻井液中堵漏材料筛除，并逐步降低钻井液密度至1.50g/cm³左右。

（2）中盘八道湾组与石炭系地层压力究竟多高，必须在实钻中摸索，邻井注水压力只能作为参考。具体做法：在钻进中以0.01～0.02g/cm³的幅度逐步降低钻井液密度，直到发现钻井液静液柱压力欠平衡时，即可求得地层压力梯度，并据此确定钻井液使用密度。实钻法求取地层压力，如果没有综合录井仪配合，将是一项难度极大的工作，因此，必须做到以下几点。

①补充低密度流体来降低密度时要在循环周上均匀加入，确保密度均匀。

②降密度过程中以10min间隔连续测量钻井液密度。

③降密度过程中，观察有无地层流体侵入，特别是每次停泵要观察井口是否外溢，开泵后要在高架槽处细心观察井底返出钻井液中有无地层流体侵入。地层流体侵入，不能及时发现将导致井喷事故。

④降密度后的第一趟提钻，必须采用"试提钻"验证压力平衡。

⑤降密度应在新钻头入井时进行。

⑥提钻过程中要准确测量、记录灌入井内钻井液量，确保灌入钻井液与提出钻具体积相等。发现异常立即停止提钻作业，发现溢流立即关井，组织压井。

（3）上部高压层使用高密度钻井液，当钻遇侏罗系砂砾岩层段、煤层、裂缝、破碎带时必然发生井漏，有时会发生有进无出漏失。一旦发生严重井漏，必须做到以下几点

①井口液面看不见时，应以 5min 间隔每次向井内灌入 0.5m³ 钻井液，以维持钻井液液柱压力，控制高压层流体上窜。

②井口液面看不见时，不能盲目提钻，发排专人负责活动钻具，防止卡钻。

③快速配制桥塞堵漏钻井液 80～100m³，加 10％核桃壳、5％综合堵漏剂，同时组织同密度钻井液，进行连续堵漏施工，直至堵漏见效或能看见井筒液面。由于地层压力下低上高，一般情况下井漏后不具备提下钻改变钻具组合实施注水泥堵漏条件。

④看好井口，发现溢流，立即关井，配制桥塞堵漏钻井液压井。

（4）堵漏钻井液性能满足裸眼段井壁稳定要求。

（5）采用近平衡钻井时，提下钻均要在高压层段循环，排除后效。

（6）中完电测与中完下技套作业，视情况采用"两段密度法"维持压力平衡，即提钻至高压层处循环加重，使高压层以上井段密度附加值满足安全作业要求。

（7）石炭系、三迭系地层可不用桥塞钻井液钻进，侏罗系地层间断采用桥塞钻井液钻进。使用桥塞钻井液钻进时，停用振动筛，间断开动除砂器，及时清除锥形罐中沉砂。

（8）高密度钻井液井段严格落实短程提下钻措施，每钻进 100m 进尺或 24h 必须短提一次。短提或提钻遇卡，采用倒划眼解除。

五、防漏堵漏技术

1. 防漏

（1）采用当量密度法维持施工全过程中的压力平衡。根据采油厂提供的等压图按"压力坡度法"设计钻井液密度，喷漏同层井采用"试提钻法"验证实际使用钻井液密度在提钻条件下能否平衡地层压力，对高压注水区按邻井最高压力确定钻井液密度。

（2）推行桥塞防漏钻井液钻漏层。通过对桥塞防漏堵漏机理研究和对核桃壳浸泡体积膨胀实验，认为桥塞堵漏主要是通过漏失使桥材料在漏失通道中架桥、填充、封堵，实现其堵漏作用，核桃壳的刚性架桥对大裂缝堵漏起主要作用，核桃壳的体积膨胀作用只是次要方面。

（3）钻井液流变性、触变性要好。静切力的终切力小于 10Pa，动塑化 0.3 左右，漏斗黏度小于 60s。

（4）降低压力激动。控制提下钻与下套管速度，下钻中途循环，开泵前先转动钻具，先用小排量开通，对发生过漏失的井，开泵同时上提钻具，待钻井液返出正常后再用钻进排量循环。

（5）使用桥塞钻井液钻进，停止使用振动筛，继续使用除砂器。

（6）强化座岗制度，落实井控措施。井漏做到 1～2m³ 发现，发现后及时停泵，正确处理。井漏一经发现，及时桥堵和静止，利于形成桥塞，避免裂缝扩张，减小井漏损失。

2. 堵漏

（1）漏失速度小于 10m³/h 时，在防漏钻井液中将桥塞材料浓度提高到 5％～6％，补

充钻井液钻进 1～2h，若漏失速度不降，则静止 4～6h。

（2）漏失速度为 10～45m³/h 时，一次配置桥堵钻井液 50～80m³，加核桃壳 8%～10%，综合堵漏剂 2%～3%，黏土含量大于 8%，钻井液密度比漏失时高 0.01～0.02g/cm³，钻头置于井底，桥堵钻井液全部泵入井内，若不能恢复正常循环，停泵，上提下放活动钻具，进口液面不降时，提钻至八道湾组以上，分段循环调整好相关性能，一般均能恢复正常。

（3）漏失速度大于 45m³/h 至井口失返时，一次配置桥堵钻井液 80～120m³，加核桃壳 10%～12%，综合堵漏剂 3%～4%，黏土含量大于 10%，钻井液密度与井浆相同，钻头置于井底，桥堵钻井液全部泵入井内，堵漏效果视漏失原因区别判断。

3. 特殊漏层治理

当采用桥塞堵漏钻井液对某些漏层进行堵漏后，有时会出现"开泵漏，停泵吐，提钻抽，下钻降"的异常现象，钻井液随钻具产生同向运动，即上提钻具时井口倒流钻井液或液面上升，类似于提钻"拔活塞"，下放钻具时液面下降，开泵循环初期部分排量失返，停泵初期有严重的类似溢流显示，甚至出现短时间开泵、停泵井口返出钻井液排量无变化现象。此种现象处置不好，往往造成井喷事故。

（1）通过多口井实际例证分析，初步认为产生异常现象的原因如下。

①漏失地层含有流体且为较大裂缝，当循环产生正压差时钻井液漏入地层且挤压地层流体。停止循环时，环空循环压降消除或提钻抽吸，钻井液液柱压力降低，进入地层的钻井液在地层流体增量压力驱动下流向井眼，桥塞难以形成。

②桥塞材料浓度达临界值后环空循环压降呈指数形式增加。

③钻井液密度与地层压力梯度差值不合适。

④地层破裂压力梯度与地层流体压力梯度差值小。

（2）根据钻进中环空钻屑浓度不能大于 9% 的实验结论及异常现象的原因推论，治理的一般方法如下。

①降低全循环周桥塞材料浓度至 5%～7%。

②按近平衡压力钻井方法优选钻井液密度。

③提钻前井筒钻井液密度附加值必须超过地层压力梯度 0.05g/cm³。

④采用"试提钻法"验证使用钻井液密度在提钻工况条件下能否平衡地层压力。

（3）钻井液密度小于地层破裂压力梯度的井漏，通过桥塞堵漏可见明显效果。钻井液密度大于地层破裂压力梯度或裂缝泄漏压力梯度的井漏则是难以克服的。当地层破裂压力梯度与地层压力梯度差值小于 0.09g/cm³（提钻抽吸压力梯度取 0.05g/cm³，下钻激动压力梯度取 0.036g/cm³，环空循环压力梯度取 0.03g/cm³）的井只有应用当量钻井液密度法才能实现安全完井。当量密度法的应用技术要点如下。

①准确求取地层压力梯度、地层破裂压力梯度，严格控制环空循环压力、下钻激动压力，使钻井液液柱压力始终维持在地层压力与地层破裂压力之间。

②当地层破裂压力和地层压力差值极小时，要努力降低抽吸压力、激动压力和环空循环压降，提钻时必须使钻井液静液柱压力与抽吸压力之和仍大于地层压力。

③精心调控钻井液性能，准确计算调整密度时液体处理剂或加重剂的用量，读表控制加药品速度，实现全循环周钻井液密度差小于 0.02g/cm³。

④认真收集现场资料，施工过程中有专人观察井口和测量地面钻井液量，任何分析计算或操作失误都将诱发井下复杂事故。

⑤特殊情况时，可在边循环、边加重、边漏失条件下，使用高密度钻井液在循环过程中均匀将井筒钻井液密度提高到预定数值。下钻时，分段循环降低钻井液密度，提钻时重复此项操作。

（4）堵漏材料选择应根据漏层特性调配，一般原则是：粒、片、丝，粗、中、细与软、硬匹配，以实现架桥、填充、封堵效果。

（5）堵漏钻井液应按配方加足药品，确保堵漏过程中井壁稳定。

（6）非油层段发生严重漏失时，在确保压力平衡同时，可以采用注水泥堵漏。油层段若发生严重漏失，桥塞堵漏效果不好时，采用注水泥堵漏。

（7）如果是上部井段发生此类严重漏失应立即扩眼下入技术套管封陏低压层。

六、应 用 效 果

该技术在现场应用 700 余口井，实现了 95％的不下技术套管完井的顺利施工，解决了该区加密调整井的喷、漏、塌、卡等钻井技术难题。700 余口井复杂时率控制在 5％以内，完井电测一次成功率达到 85％以上。

七、结　　论

（1）聚磺混油钻井液体系能满足克拉玛依油田八区乌尔禾组调整井的钻井需要。体系具有的强抑制性较好地解决了该区块上部长段强水敏泥岩水化分散引起的缩径、剥落等井壁失稳现象，良好的造壁性及封堵能力有效地降低了钻井液滤液对地层的损害，同时，在井壁形成的致密屏蔽带有利于提高地层的承压能力，降低漏失风险。适宜的流变性既提高了钻速，又能有效清洁井眼，防止过度冲刷井壁，避免大的压力激动，实现安全、快速钻井。

（2）采用当量密度法维持施工全过程中的压力平衡，喷漏同层井采用"试提钻法"确定钻井液密度的使用及采用桥塞防漏钻井液钻漏层，解决了该区块多套压力系统并存，安全密度窗窄，密度不易调控的难题，是防止井漏、井喷及井塌的关键，现场应用效果明显。

迪那 22 井高密度钻井液及防漏堵漏技术

朱金智　尹达　张保书

（塔里木油田分公司）

摘　要　本文详细介绍了高密度钻井液及防漏堵漏技术在迪那 22 井的应用。根据迪那构造复合盐层、高压、裂缝发育的特点，所选用高密度钻井液有强抑制性、强封堵能力、流变性好且放卡、抗盐，井漏处理效率高。

关键词　高密度钻井液　防漏　堵漏

一、地质概况

库车坳陷是一个以中生界、新生界沉积为主的前陆盆地，其构造特征为一强烈变形的山前逆冲带，发育一系列不完整的逆冲推覆构造体系，且成排成带分布。秋立塔克构造带是库车前陆变形带南部的最长变形带，为一弧形构造，北部与拜城凹陷以单斜相连，中西段褶皱冲断隆起较高，向东逐渐倾伏、消失，其第三系发育多套膏泥盐岩层。东秋立塔克构造带位于秋立塔克二级构造带东段，其形成和演化与喜山运动息息相关。其发育和形成受两条北倾的逆冲大断裂即迪北断裂和东秋立塔克大断裂控制。

迪那 22 井位于塔里木盆地库车坳陷东秋立塔克构造带迪那 2 号断背斜构造东高点上，是一口预探井，设计井深 5300m，钻探目的层为上第三系吉迪克组（N_1j）及下第三系（E）。钻经的地层序列自上而下为第四系、上第三系的库车组、康村组、吉迪克组，下第三系（未穿）。从地表到吉迪克组顶部为正常压实地层，岩性以砂泥岩为主，压力系数在 1.10～1.30 之间。进入 3300m 即吉迪克组（3291.50～4742.00m）左右开始出现异常高压，为复合盐岩层所致。吉迪克组地层主要岩性分 5 段，从上到下依次为：上部蓝灰色泥岩段和膏盐岩段，下部沙泥岩段和泥岩段，底部砾岩段；复合盐岩层厚度达 1000m 左右，易产生缩径、塑性流动、石膏吸水膨胀、盐溶坍塌等潜在危险，对安全钻井威胁极大，需要的安全钻井液密度在 2.15g/cm³ 以上。下第三系（4742.00～5101.00m 未穿）主要岩性为粉砂岩、细砂岩、泥岩及泥质粉砂岩。实际钻遇的油气层井段为 4722～5101m，即吉迪克组的底砾岩和下第三系，油气层具有高压高产及压力敏感型特征，储层裂缝十分发育，油气层顶部即吉迪克组的底砾岩油气层压力系数高达 2.23，钻井中使用的钻井液密度达 2.28～2.30g/cm³。同时由于油气层厚度较大，上下跨度达 300～400m，在同一裸眼作业，溢漏复杂情况多次发生，钻井液安全密度窗口小。再加上油气藏埋藏深，油气藏压力在 105MPa 以上，井漏导致溢流的复杂情况经常发生，井控风险非常大。由于上述原因，造成该井的钻井难度极大。

二、钻井概况

用 ϕ444.5mm 的钻头钻至 203.50m，下入 ϕ339.72mm 的套管至 203.29m；用

ϕ311.15mm 的钻头钻至 3498.00m，下入 ϕ244.47mm 的套管至 3496.41m；用 ϕ215.9mm 的钻头钻至 4650.00m，下入 ϕ177.80mm 的高抗挤尾管至 4649.18m，封固复合盐岩层，后回接至井口；用 ϕ149.2mm 的钻头钻至 5101.00m，准备中完时，发生卡钻事故，经 2 次注解卡剂浸泡无效，套铣倒扣打捞至井下仍有落鱼 94.49m，鱼顶深度 4797.59m，鉴于井下情况复杂，就此事故完井，下入 ϕ127.0mm 的尾管于 4182.22～4784.22m 井段封固鱼顶以上油气层。

三、主要技术难点

1. 钻井预见性差

由于钻前对钻井可能钻遇的复杂情况预测不准确，导致钻井过程中发生"遭遇战"，主要表现为：钻前地层压力预测精度不高，造成井身结构和钻井液密度很难制定，易导致井漏、井喷等复杂情况发生。

2. 复合盐岩安全钻井难度大

复合盐岩层厚度达 1000m 左右，易产生缩径、塑性流动、石膏吸水膨胀、盐溶坍塌等潜在危险，对安全钻井威胁极大，需要的安全钻井液密度在 2.20g/cm³ 以上。

3. 地层压力高

迪那区块目的层压力系数在 2.00～2.23 左右，需要使用高密度钻井液，处理维护给钻井液工作造成困难。

4. 同一裸眼段溢流和井漏交替发生

迪那地区吉迪克底砂岩、下第三系储层裂缝、微裂缝发育，地层孔隙压力系数高，漏失压力系数低，安全钻井液密度窗口窄，造成井涌和井漏频繁发生。该井在钻进过程中先后发生 12 次溢流和 24 次井漏，损失钻井液 1831.2m³。

5. 高密度条件下的防漏堵漏难度很大

面对 2.0g/cm³ 以上的高密度钻井液，常规的防漏、随堵材料基本无法使用，必须发出新一代的随堵材料。对于大漏和有进无出地层，加入常规桥堵材料浓度有限，而且配制困难，时间很长，堵漏效果不好。

四、钻井液工艺技术

由于钻井的主要难点在于复合盐岩层段的防卡和目的层高压油气层段的井漏控制与防止黏卡，因此钻井液工艺技术措施主要是针对以上两个井段制订的。

1. 技术思路

（1）对于复合盐岩层，根据迪那构造复合盐岩层的特点，要求选用的钻井液体系必须具有以下特性：

①强抑制性；

②高密度、高矿化度条件下优良的流变特性；

③薄而坚韧光滑的高温高压泥饼质量；

④良好的润滑防卡能力；

⑤良好的抗盐、钙污染能力。

（2）对于目的层高压油气层根据其高压高产、裂缝发育、对压力十分敏感、安全密度窗口窄等特点，要求选用的钻井液体系除具备上述钻复合盐岩层钻井液体系特点外，还要具有以下特性：

①强封堵能力，以实现控制井漏和保护油气层的功效；

②高密度条件下良好的稳定性，尽量避免钻井液密度大幅度波动而诱发井漏和井喷等复杂情况。

（3）主要的钻井液工艺技术对策如下：

①对于塔里木盆地上部表层至吉迪克组复合盐层顶部的大尺寸井眼普遍易产生阻卡的砂泥岩地层，采用低密度、低固相、强抑制、不分散聚合物钻井液体系；

②复合盐层钻井为防止井漏和盐溶坍塌，在盐顶下入技术套管，封固上部低压地层，同时在钻开盐层前将钻井液转化为近饱和盐水钻井液体系，控制适当的含盐量，使用合理的钻井液密度，以控制适度盐溶与膏盐的塑性流动与变形；

③使用多元醇与硅酸盐增强体系的抑制性，抑制膏泥岩、软泥岩等的吸水膨胀；

④为了减少井漏和油气层污染，采用颗粒度很小的乳化沥青及超细碳酸钙与多元醇及氯化钾配合使用，加强体系的物理封堵与化学封堵能力；

⑤以高密度铁矿粉（5.0g/cm³）与活化重晶石按一定比例配合加重，并加入优质高效的抗高温降滤失剂，确保获得优质高温高压泥饼质量；

⑥使用高效防卡润滑剂，进一步改善高密度钻井液的润滑防卡能力；

⑦为了保证高密度钻井液具有良好的流变性及稳定性，严格控制适当的膨润土含量，保持含盐量稳定，采用等浓度维护工艺并高效使用固控设备。

2. 钻井液体系方案

一开井段 0～203.50m 使用了正电胶聚合物钻井液体系，钻井液密度为 1.10～1.11g/cm³；二开井段 203.50～3498.00m 使用了不分散聚合物钻井液体系，钻井液密度为 1.06～1.53g/cm³；三开井段 3498.00～4650.00m 使用新型多元醇－KCl 聚磺饱和盐水钻井液体系，钻井液密度为 2.02～2.22g/cm³，Cl⁻ 含量为 167700～221300mg/L；四开井段 4650.00～5101.00m 使用了强抑制、强封堵的新型多元醇－KCl 聚磺盐水钻井液体系，钻井液密度为 2.26～2.30g/cm³，Cl⁻ 含量为 60000～150000mg/L。

3. 高密度钻井液工艺要点

1）工艺要点

（1）确保合理的钻井液密度，从根本上平衡膏岩、膏泥岩、膏盐岩、岩盐的蠕变、缩径和超高压气层，同时要考虑到白云岩及及裂缝型砂岩的防漏问题，现场根据实际情况按比例使用加重材料进行调整。

（2）确保钻井液具有良好的流变性，既要悬浮加重材料，又要有良好的流动性和井眼清洁能力。

（3）使用聚醚多元醇、氯化钾、硅酸钾以及乳化沥青确保体系的强抑制性和强封堵能力。

（4）严格控制钻井液的高温高压滤失量，确保形成优质泥饼。该体系选用具有抗高温、抗盐能力强的磺化类处理剂 SMP－2 和 SPC，很好地控制了钻井液的高温、高压滤失量（一般控制在 8mL 以下），同时配合使用的沥青类物质、超细碳酸钙，改善了泥饼质量，提高了泥饼压缩性、润滑性，增强了体系的造壁性，维护了井壁的稳定。

（5）复合盐岩层井段控制适当的含盐量，充分溶解膏盐岩、岩盐蠕变缩径的部分，并防止大肚子井眼的形成。现场实际含盐量控制在 175000～190000mg/L。

（6）维护适当的 pH 值，pH 值控制在 9～11 范围内较为适当。

（7）高密度钻井液流变性控制的关键是固相控制。因此采用高频低幅直线振动筛，使用 80 目以上的筛布十分关键。

（8）制定行之有效防漏堵漏方案，解决下第三系（E_1k）砂泥岩漏失和白垩系（K_1bs）压力敏感性裂缝性砂岩漏失。

2）**现场维护性能**

（1）复合盐岩层井段钻井液性能：密度 2.08～2.15g/cm³，黏度 80～110s，塑性黏度 68～101mPa·s，屈服值 10～20Pa，静切力（3～5）/（7～15）Pa/Pa，API 失水/泥饼（2.5～4.2mL）/0.5mm，高温高压失水/泥饼（7.5～10mL）/（1～3mm），Cl^- 160000～190000mg/L。

（2）高压油气层井段钻井液性能：密度 2.24～2.30g/cm³，黏度 56～85s，塑性黏度 40～80mPa·s，屈服值 6～12Pa，静切力（3～5）/（7～12）Pa/Pa，API 失水/泥饼（2.5～4.0mL）/0.5mm，高温高压失水/泥饼（8～12mL）/（1～3mm），Cl^- 60000～150000mg/L。

五、现场应用情况

迪那 22 井于 2001 年 6 月 1 日使用 ϕ444.5mm 的钻头一开钻进，于 2002 年 4 月 16 日完井，全井完井周期 205d。在井深 3498.00m 下入 ϕ244.47mm 的套管后，将钻井液体系由不分散聚合物钻井液转化为聚磺近饱和盐水钻井液体系，密度为 2.02～2.22g/cm³，控制 Cl^- 含量为 167700～221300mg/L，钻复合盐岩层。由于本段仍然采用的是总包制钻井方式，部分材料使用没有完全按照设计配方加入，钻井液性能控制不够理想，复合盐层钻进起下钻期间阻卡时有发生，曾发生 2 次堵 PDC 钻头水眼的复杂情况，主要是由于高密度钻井液中劣质固相量高、黏切高造成，后经大幅度处理，恢复正常。本段钻至 4650m 钻完复合盐层，中完电测、下套管都比较顺利。

钻完复合盐层下入 ϕ177.80mm 的高抗挤尾管至 4649.18m，封固复合盐岩层，用 ϕ149.2mm 的钻头四开钻进，层位为吉迪克组，钻井液采用强抑制、强封堵的新型多元醇-KCl聚磺盐水钻井液体系，密度 2.25g/cm³，Cl^- 含量根据地质测井需要降至 60000mg/L 以下。钻进至 4726m 时根据地质要求下取心工具取心，取心钻进至 4733.3m，钻开吉迪克底砾岩后发现溢流，采用 2.30g/cm³ 密度的钻井液压井成功，后采用 2.26～2.28g/cm³ 密度的钻井液钻进，计算地层压力系数为 2.26。进入下第三系地层，岩性以砂砾岩为主，夹褐色泥岩，由于油气层井段跨度长、油气层裂缝发育，对压力十分敏感，安全密度窗口极小，在钻井过程中溢流、井漏频繁发生。高密度条件下的压力敏感性地层压井、堵漏难度都很大，所以生产时效较低。根据统计在 4733.30～4989.00m 井段共发生溢流 12 次，压井累计损失相对密度 2.28～2.35g/cm³ 的钻井液 519.8m³，累计损失时间 188.2h；在 4739.180～5101.00m 井段共发生井漏 24 次，累计漏失相对密度 2.26～2.30g/cm³ 的钻井液和堵漏剂 1311.4m³，累计损失时间 457.5h。本井先后发生的 12 次溢流和 24 次井漏复杂情况，共计漏失密度 2.26g/cm³ 以上的高密度钻井液 1831.2m³。

本井在目的层钻进过程中，制定了一系列的钻井液技术措施，特别是防小井眼压差卡钻和防漏堵漏措施，采用强封堵、强抑制多元醇钻井液体系，确保了本井的正常钻进，完成了设计地质任务，在钻进过程中发现了多层油气显示。

六、防漏堵漏工艺技术

1. 现场防漏主要技术方法

（1）地质上要加强地层预告和漏层位置预告。

（2）严格控制采用具有良好流变性的强抑制、强封堵优质高密度多元醇钻井液体系钻进。严格控制钻井液性能，密度 2.26～2.28g/cm³，黏度 50～65s，初切 1.5～3.0Pa，高温高压（100℃）滤失量小于 10mL，同时确保体系具有良好的封堵能力及润滑性，达到防止黏卡以及降低循环阻耗、减少井漏的目的。

（3）正常钻进时，采用近平衡钻进。严格控制钻井液密度和流变性，每 15min 测量一次入口钻井液密度和黏度，如钻井液密度超过 2.26g/cm³ 或黏度超过 65s 则停止钻进，循环调整钻井液性能，达到控制指标后方可恢复钻进。起钻时可采用打重泥浆帽的方法。

（4）坚持小排量钻进，钻进时，排量控制在 4～6L/s，泵压不超过 10MPa。钻压 50～80kN，转速80～100r/min。

（5）正常钻进时控制钻速在 2m/h 以内，同时每钻进 3～5m，上提划眼，确保有足够的时间形成泥饼，封堵地层，减少井漏。

（6）下钻过程中特别是进入裸眼段后，控制速度，防止压力激动造成井漏。

（7）每次启动泥浆泵时，必须先转动转盘，破坏静切力，然后小排量顶通，再逐步缓慢地开大排量。

2. 现场井漏处理主要工艺方法

1）发现井漏，及时采取措施

（1）停止钻进，降低排量，将钻头提离井底，保持低排量循环观察。循环观察期间最大钻井液漏失量控制在 5m³ 以内。若漏速较大或有进无出，则立即停泵，采取措施。为了尽最大努力控制漏失量，不允许强钻。

（2）如漏速在 15m³/h 以下，可采用随钻控制回压桥浆堵漏工艺进行抢钻和边钻边堵。

（3）如漏速在 15m³/h 以上或有进无出，则采用随钻控制回压桥浆堵漏工艺或吊灌起钻至安全井段进行堵漏。

（4）如发生漏速在 30m³/h 以上的大漏，可采用大漏堵漏工艺。

（5）井钻头不得带喷嘴。

2）堵漏方法

（1）随钻控制回压桥浆堵漏工艺（前提是井口安装了旋转控制头具备欠平衡钻井的条件，并要求根据地质预告提前准备好有效体积：5⅞in 井眼 8～10m³，8½in 井眼 10～15m³ 的钻井液，漏速较大可适当增加 20%～30% 的钻井液，以备配制堵漏钻井液。

①停泵后，上下活动钻具或低速转动钻具防止卡钻，每半小时正顶钻井液 0.5m³ 以保持钻具水眼畅通；每半小时环空反灌钻井液 0.5m³ 防止液柱下降过低；同时地面抓紧配制堵漏钻井液（力争在 2h 之内配好）。

②堵漏钻井液配好后，立即泵入堵漏钻井液。泵入堵漏钻井液和顶替钻井液期间可进行抢钻。每钻 0.5m 活动钻具，有阻卡情况立即停钻。抢钻过程中注意扭矩变化，扭矩增

大，立即上提，如果上提无阻卡，可抢钻。

③顶替钻井液时，堵漏钻井液出钻头前出口钻井液改走节流管汇。

④堵漏钻井液出钻头时适当提高排量，并调节节流阀开度，根据出口返出量控制回压1～4MPa。如有条件，可根据实际情况边堵边钻1～2m。如无条件抢钻，应将钻头划至井底，再将钻头提离井底，保证堵漏钻井液能够充分接触井底漏层。

⑤待堵漏钻井液将全部出钻头时，打开节流阀，取消回压控制。

⑥打开旋转控制头出口液动阀，关闭4#液动阀，钻井液出口恢复正常途径。

⑦控制排量循环观察漏失情况。

⑧根据漏失情况决定下步措施。

（2）吊灌起钻至安全井段的堵漏工艺。

①吊灌起钻。按钻具体积的1.2～1.5倍吊灌起钻至套管鞋或安全井段。同时地面抓紧配制堵漏钻井液，堵漏钻井液浓度视井漏严重程度定，一般控制在25%～30%，堵漏材料采用核桃壳以及酸溶性桥堵剂SLD-1与SQD-98，以中细为主。

②吊灌起钻至套管鞋或安全井段后，每30min环空吊灌0.5～1m³；

③堵漏钻井液配好后，直接在套管鞋处泵入堵漏钻井液。

④堵漏钻井液密度与井浆密度差在0.02g/cm³以内。

⑤堵漏钻井液出钻头后关井挤替，关井正挤前环空灌满钻井液，堵漏钻井液接触漏层后，降低排量挤注，根据情况控制套压在3～5MPa以内，争取一次挤入漏层60%的堵漏钻井液憋压候堵，后每隔半小时挤入漏层0.5m³，待裸眼剩余2～3m³堵漏钻井液后，并井憋压候堵。

⑥如正挤过程中起压较高，堵漏钻井液难以挤入漏层，可开井顶替堵漏钻井液至内外平衡，起钻至堵漏钻井液以上50m，再关井憋压候堵。

⑦根据稳压情况，修堵6～10h后可开井循环观察，若不漏可下钻恢复钻进，若未堵住则重复上述操作，直至正常为止。

（3）漏速在30m³/h以上或有进无出的大漏堵漏工艺。

钻进过程中若发现有进无出的大漏，立即停钻，采用如下措施：

①强行吊灌起钻（吊灌量按钻具体积的1.5～2倍灌入）至套管鞋，关井观察立、套压情况。

②如有套压，则采用反推法从环空反挤，将环空中的钻井液及气体挤入漏层，地面同时准备堵漏钻井液，堵漏钻井液浓度在20%（并加20%的水泥）左右，堵漏材料使用SQD-98及核桃壳，以中细为主。

③环空反推成功，套压为零后，从钻具水眼内正挤堵漏钻井液20m³，用钻井液正挤，将堵漏钻井液全部挤入漏层，如果正挤过程中起压，强行将桥浆加水泥挤入漏层，裸眼留2～3m³，确保堵漏钻井液全部出钻头进入裸眼，憋压候堵。

④每隔半小时正挤0.5m³钻井液，确保水眼畅通。

⑤关井候堵24h，候堵24h后可根据立、套压变化情况决定是否开井。

⑥关井如无立、套压，则按（2）工艺堵漏。

（4）施工注意事项及准备。

①地面贮备200m³的有效钻井液（密度2.28～2.30g/cm³）和400t以上加重材料。

②井场储备能够配置60m³浓度25%的桥浆的堵漏材料和10t袋装G级水泥。

③地面提前准备 2.38～2.40g/cm³ 的钻井液，调整好性能，以备配制堵漏钻井液。

七、几点认识

（1）对于复合盐岩层，根据迪那构造复合盐岩层的特点，要求选用的钻井液体系必须具有：①强抑制性；②高密度、高矿化度条件下优良的流变特性；③薄而坚韧光滑的高温高压泥饼质量；④良好的润滑防卡能力；⑤良好的抗盐、钙污染能力。

（2）对于迪那构造盐下高压油气层，根据其高压高产、裂缝发育、对压力十分敏感、安全密度窗口窄等特点，要求选用的钻井液体系具有：①强封堵能力，以实现控制井漏和保护油气层的功效；②高密度条件下良好的稳定性，尽量避免钻井液密度大幅度波动而诱发井漏和井喷等复杂情况。

（3）对于具有裂缝发育、对压力十分敏感、安全密度窗口窄等特点的高压油气层，采用井口安装旋转控制头，按照具备欠平衡钻井条件的方式钻井，能够在钻井过程中有效地控制溢流、井漏频繁发生所带来的井控风险，确保井控安全；同时能够在高密度条件下进行井漏处理时，有利于采用随钻控制回压桥浆堵漏工艺进行堵漏，减少井漏处理时间，降低井漏造成的高密度钻井液损失，提高井漏处理效率。

西藏伦坡拉探区钻井液技术

刘四海[1]　梁金城[2]

（1. 中石化石油勘探开发研究院石油钻井研究所；2. 中原油田钻井四公司）

摘要　西藏伦坡拉探区钻井过程中容易发生井塌、井漏、井斜等问题，针对这些问题研制出的钾聚屏蔽钻井液具有抑制性强，防漏效果好等特点，可以明显降低该探区的井漏、井塌和储层损害。

关键词　井斜　井漏　钾聚屏蔽钻井液

一、地 质 概 况

伦坡拉盆地位于西藏自治区班戈县境内，属高原缺氧地区，海拔高度 4700m，自然环境恶劣，交通不便，可进行钻井施工的时间为 5 个月。自 1993 年原地矿部对伦坡拉盆地进行第二轮石油普查勘探以来，至 1999 年底共施工了 10 口井，分别为藏 1 井、西伦 1 井、西伦 2 井、西伦 3 井、西伦 4 井、西伦 5 井、西伦 6 井、西伦 7 井、西伦 8 井和班戈 1 井。施工井位主要分布在盆地中央凹陷地带的罗马敌库断鼻构造、将日阿错北缘红山头鼻状构造，以及南斜坡长山断层东段的断鼻构造上。钻遇地层自上而下分别为第四系、上第三系和下第三系丁青湖组与牛堡组。岩性以泥岩为主，砂岩少且较薄。地层孔系压力系数一般在 0.922～0.9733 之间。地层倾角变化较大，上部为 0～20°，下部 20°～80°不等。勘探目的层主要为丁青湖组一段、牛堡组三段和二段储层。

二、钻井工程技术问题

从已施工完钻的 10 口井钻井情况来看，伦坡拉探区钻井过程中容易发生下列工程技术问题。

1. 井斜

西藏伦坡拉探区地层倾角变化较大，从 0°到 80°不等，且方位不同，钻井中很容易发生井斜。为了钻达目的层靶心，采用了各种钻具组合，如塔式钻具、满眼钻具和钟摆钻具，均未起到理想的防斜效果。采用吊打和螺杆纠斜的方式进行钻进，严重地影响了机械钻速。如西伦 1 井 $\phi215.9mm$ 井眼采用 20～40kN 钻压钻进，机械钻速 0.76m/h，1200m 的井深，钻井周期达 78d。

2. 井漏

伦坡拉盆地受喜马拉雅等构造运动的影响，地层在上抬过程中形成了各种各样的褶皱、裂缝和断裂，容易井漏。如藏 1 井 1088.0～22319.0m 井段，连续发生漏失 9 次，损失钻井液 343.8m³；西伦 6 井 1399.0～2286.0m 井段，连续发生漏失 7 次，损失钻井液 734.8m³。

3. 井塌

伦坡拉盆地下第三系牛堡组二段地层以硬脆性灰岩为主，岩石破碎、裂缝发育，钻井中容易发生井漏和井塌。如藏 1 井、西伦 3 井和西伦 6 井均因为井塌而未钻达设计井深。

4. 缩径和卡钻

缩径和卡钻也是西藏伦坡拉盆地钻井过程中经常发生的井下复杂情况之一。特别是在以伊利石和高岭石为主、含部分伊/蒙混层的上第三系和下第三系牛堡组三段、牛堡组一段地层，钻井工程中经常发生遇钻卡现象。伦坡拉盆地黏土矿物分析结果见表 1。

表 1 地层黏土矿物分析结果

井号	层位	井深 m	黏土总量 %	黏土矿物相对含量，%					
				高岭石	绿泥石	伊利石	蒙脱石	伊/蒙混层	混层比
XL1 井	E	811.01	24	12	27	65	6		
		940.50	4	9	21	62		8	35
		1456.00	7	16	8	65		11	55
XL2 井	E	1500.05	34	9	17	66		8	50
		2645.98	4	50	5	40		5	50
		2801.75	5	49	9	34		8	45
XL5 井	E	1253.20	7	6	32	46		16	85
		1587.20	17	8	15	62		15	60
		1919.50	16	3	4	84		9	45
XL6 井	E	1425.90	20	3	25	65		5	55
		1571.00	16	5	27	60		5	45
		1970.80	20	8	24	64		5	45

三、钻井液体系和配方的研究

1. 钻井液技术难点

伦坡拉探区牛堡组二段为以伊利石为主的硬脆性泥岩地层，纵向裂缝十分发育，地层孔隙压力低于正常压力梯度，钻井中很容易发生井漏、井塌，同时该段地层又为目的层，因此牛堡组二段地层的防漏、防塌和储层保护技术是该盆地钻井的技术难点和关键。

2. 钻井液技术对策

针对西藏伦坡拉探区牛堡组二段地层岩石破碎、纵向裂缝发育的情况，提出了以防漏为主，防堵结合的原则，同时提高钻井液的抑制性与造壁性，防止井塌发生。

1）抑制性的实现

采用大、小分子相结合方法提高钻井液的抑制性和防塌效果，如 KPAM、KPAN、80A-51、KHm 等。

2）封堵能力

采用在水中有一定分散能力、粒度较细的无荧光防塌剂（YWFT）、配合颗粒较粗的沥青，充当架桥粒子，依靠钻井液中分散细小的黏土颗粒作为填冲材料，多功能屏蔽暂堵剂（PB-1）中的溶胀材料作为护胶材料，在地层近井壁处形成一层致密的屏蔽环，防止钻井液的漏失和滤液的侵入。

3. 钻井液配方

根据上述钻井液体系研究思路，针对西藏伦坡拉探区的地层特征及泥页岩水敏性研究结果，通过对处理剂的筛选和配伍实验，研究出了防塌、防漏的钾聚屏蔽钻井液体系，其基本配方为：（40～45kg/m³）人工钠土＋（10～30kg/m³）YWFT＋（0.5～1kg/m³）KPAM＋（5～10kg/m³）KPAN＋（10～15kg/m³）改性沥青＋（10～20kg/m³）KHm＋（7.5～10kg/m³）PB-1，用KPAM和KPAN提高钻井液的抑制性，KHm水溶液控制黏度，改性沥青和PB-1多功能屏蔽暂堵剂防漏和保护油气层。

4. 钻井液性能评价

1）抑制性能

利用钾聚屏蔽钻井液配方和西伦3井现场用钻井液配方对西伦2井钻屑进行了滚动回收评价实验，结果见表2。

表2 泥岩滚动分散实验结果

序号	配方	密度 g/mL	表观黏度 mPa·s	塑性黏度 mPa·s	动切力 Pa	API失水 ml/30min	西伦2井钻屑滚动回收率,%	
							钻井液 16h	清水 2h
1	夏土4%＋NaOH	1.02	12	4	8	24.8	52.8/57.8	26.8/29.2
2	钾聚屏蔽钻井液配方	1.06	31	28	3	3.6	97.6/98.4	76.4/78.6

从表2可知，钾聚屏蔽钻井液配方具有较强的抑制性和防塌作用。

2）膨胀性能

分别利用西伦4井572～576m（N₃段）井段的棕红色泥岩钻屑和1782～1787m（N₂段）井段的灰色泥岩钻屑，将其粉碎过200目筛，并于105℃下烘干，称取10g岩样在压力机上以13MPa的压力制取人工岩心，用其做膨胀实验。

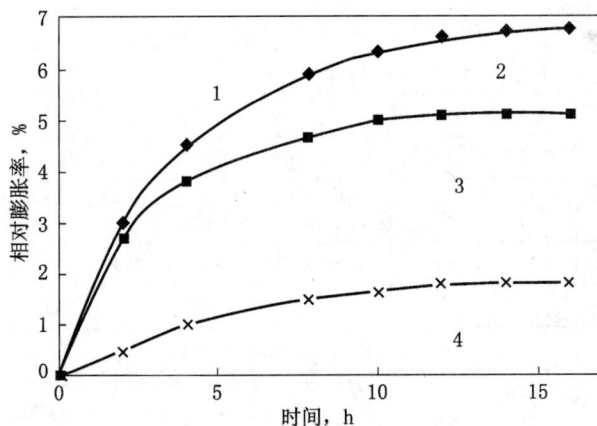

图1 泥岩膨胀实验曲线

曲线1、2分别表示西伦3井现场配方和钾聚屏蔽钻井液配方浸泡西伦2井N₃段棕红色泥岩的膨胀曲线。曲线3、4分别表示西伦3井现场配方和钾聚屏蔽钻井液配方浸泡西伦2井N₂段灰色泥岩的膨胀曲线。

由图1可以看出，钾聚屏蔽钻井液配方的抑制页岩膨胀能力明显好于西伦3井现场配方，可以满足伦坡拉探区井壁稳定的需要。

3）封堵能力

分别选取具有一定级配的石英砂和西伦 2 井泥岩岩粉以填砂形式置于黏附系数测定仪中进行实验，实验时石英砂的配比为（0.057～0.105mm）：（0.18～0.45mm）：（0.45～0.9mm）：（0.9～2.0mm）= 37：37：13：13；泥岩粉的配比为（<0.154mm）：（0.45～0.9mm）：（0.9～2.0mm）= 44：28：18，西伦 5 井钻井液的封堵效果见表 3。

表 3　钻井液封堵能力评价

封堵对象	HTHP 滤失量 mL	V mL	V_1 mL	B mm	B_1 mm	K μm^2	K_1 μm^2
石英砂	5.0	0	0	2.4	1.5	0	0
泥岩粉	0	0	0.1	2.5	1.0	0	0.1×10^8

注：V、B 和 K 分别为在压差 0.7MPa 下的漏失量、泥饼厚度和渗透率；V_1、B_1 和 K_1 分别为在压差 3.5MPa 下的漏失量、泥饼厚度和渗透率。

从表 3 可知，钾聚屏蔽钻井液配方有较好的封堵效果。

四、现场应用情况

为了检验钾聚屏蔽钻井液配方的防塌、防漏和保护油气层效果，1995 年 8 月至 1996 年 10 月在西伦 4 井、西伦 5 井和西伦 6 井等 3 口井进行了现场试验，试验结果如下。

1. 防漏堵漏效果

西藏伦坡拉探区 1997 年以前共施工了 7 口井，各井井漏情况、堵漏措施及堵漏效果见表 4。

表 4　钻井液封堵能力评价

井号	漏失次数	漏速 m³/h 最大	漏速 m³/h 平均	漏失总量 m³	堵漏措施	堵漏效果
Z1 井	9	6	0.9	343.9	4%～5%DF-1 堵漏	共 3 次，均取得成功
XL1 井	2	34	1.2	405	2%DF-1 堵漏	效果不理想
XL2 井	1	15	2.1	58	将钻井液密度从 1.15g/cm³ 降至 1.12g/cm³，漏失自动消失	
XL3 井	7	16	1.0	535	DF-1、DL-93 和 LCP 堵漏	材料消耗太大
XL4 井					1%～1.2%PB-1 防漏	效果很好
XL5 井	2	7.7	4	8	1%～1.2%PB-1 防漏	效果很好
XL6 井		35	2	450	1537.59m 以前井段，由于 PB-1 材料不足，采用 1.5%～2% PB-1 堵漏；1537.59～2286m 井段，因为没有 PB-1，采用稠浆堵漏	效果不理想

由表 4 可以看出，按钾聚屏蔽钻井液配方预先加入 1%～1.2%PB-1 多功能屏蔽剂防漏的西伦 4 井和西伦 5 井几乎没有发生漏失，而采用其他措施处理的井或井段均发生了严重漏失。如藏 1 井和西伦 5 井同属罗马敌库断鼻构造上的两口井，相隔仅 530m，藏 1 井共发生漏失 9 次，损失钻井液 343.9m³，而西伦 5 井仅发生轻微漏失，损失钻井液 8m³。说明

采用1%～1.2%PB-1多功能屏蔽剂防漏的方法在伦坡拉探区是适用的，也是成功的。

2. 油气层保护效果

由于藏1井和试验井西伦4井、西伦5井和西伦6井同属罗马敌库断鼻构造，且试验井中仅西伦5井有油气显示，进行了钻井液污染深度解释和完井测试，因此只对藏1井和西伦5井进行对比。对比数据见表5。

表5　油气层保护效果

井号	层号	井段 m	污染深度 cm	表皮系数 (Horner 分析)	备注
Z1井	10	1360.6～1369.2	50	49.57	邻井
	12	1446.0～1451.8	108	9.30	
	20	1675.0～1676.8	19	20.89	
XL5井	5	1335.5～1360.2	30	-3	实验井
	4	1535.2～1541.4	20	2.167	
	3	1569.0～1574.9	21	1.77	
	2	1584.8～1593.1	18	4.47	
	1	1718.4～1721.2	20	-1.37	

从表5可以看出，藏1井钻井液的污染深度为19～108cm，西伦5井钻井液的污染深度为18～30cm，说明西伦5井储层污染深度较浅，均在测试射孔弹所能射穿的范围。完井测试，藏1井储层表皮系数为9.30～49.57，西伦5井储层表皮系数为-3～4.37。说明西伦5井储层污染程度较轻，根据中国石油天然气有关标准，属轻度污染。

3. 钻井技术指标

从所试验3口井的施工情况（除西伦6井因材料供应不足，钻遇牛堡组地层后，没能按设计加入PB-1防漏外）可以看出，钾聚屏蔽钻井液配方具有抑制性强、防漏效果好等特点。整个试验期间，井底干净无沉砂，返出钻屑层次分明，无混杂现象，井径规则，下钻一次到底，电测一次成功，节约了钻井时间，提高了台月效率。1993—1997年期间西藏伦坡拉探区施工的7口井钻井技术指标见表6。

表6　伦坡拉探区钻井技术指标

井号	施工井队	台月效率，m/台月	井径扩大率,%	备注
藏1井	4021	791	—	事故完钻
西伦1井	2013	440	4.63	
西伦2井	4021	817	5	
西伦3井	4021	739	—	事故完钻
西伦4井	4021	1051	3	—
西伦5井	4021	1159	2.6	优质井
西伦6井	4021	1143	—	事故完钻

五、结论与建议

（1）针对西藏伦坡拉探区的储层特点和钻井中存在的施工问题，研制的钾聚屏蔽钻井液配方具有抑制性强、防漏效果好等特点，可明显降低伦坡拉探区的井漏、井塌和储层损害。

（2）PB-1多功能屏蔽暂堵剂具有明显的防止孔隙性漏失和裂缝性漏失，以及减少储层损害的效果。

（3）伦坡拉探区牛堡组二段井塌与井漏有着十分密切的联系，施工中必须备足防漏材料，并在施工中按设计加入。

（4）建议在今后的施工中开展牛堡组二段孔隙压力和坍塌压力的预检测技术，为合理的钻井液密度设计和防塌技术提供技术支撑。

宝岛 19 - 2 - 2 井高温高压油基钻井液技术

朱战兵　徐绍成　余可芝　陈志忠　谢克姜　程昌怀

（中海油田服务股份有限公司）

摘　要　本文详细介绍了 HTHP - MOM 油基钻井液体系的室内实验研究和评价情况。现场应用表明该钻井液体系具有良好的高温高压稳定性，满足深井钻井施工的要求。

关键词　油基钻井液　高温高压　流变性　抑制性　滤失量

一、概　　述

南海海域存在温度 220℃ 的异常高温高压地层，存在水敏性和硬脆性泥页岩，所用钻井液密度为 2.35g/cm³。由于高密度钻井液在高温下的稳定性、流变性、储层保护性等性能难以控制，在高温高压的作用下，钻井液中的黏土（包括加入的膨润土）会产生高温分散和高温聚结作用，严重破坏钻井液的流变性和形成厚泥饼，给钻井作业带来很大的隐患。钻井液处理剂在高温高压作用下产生高温降解和胶联作用，从而导致处理剂大部分或部分失效，易出现高密度钻井液加重材料沉淀和流变性难于维护等问题。水基钻井液在高温高压作用下更易出现井壁稳定问题，钻遇水敏性泥页岩时，出现吸水膨胀，造成缩径甚至卡钻；钻遇硬脆性泥页岩时，因侵入滤液为水基滤液，其中的伊利石、高岭石和伊/蒙混层等会水化膨胀（尽管它们膨胀率不高，小于 5%）造成岩块受力不均，这种受力不均更加剧了滤液的侵入和微裂缝的开启。当一个岩块周围微裂缝完全被滤液充满开启时，该岩块就被水基滤液完成一次"水力切割"，于是便与周围岩体分离开来，从而表现为剥落掉块和垮塌。直至目前为止，水基钻井液未能满足南海海域高温高压井的作业要求，作业中经常出现严重的钻井液问题，导致部分井身质量差、施工难度大、钻井成本高，极大地影响了该地区的勘探和开发。

尽管油基钻井液具有很好的抑制性能，能抑制伊利石、高岭石和伊/蒙混层等水化膨胀，克服水敏性和硬脆性泥页岩造成的井壁稳定问题，同时具有较好的抗温性能，但以前国内油基钻井液处理剂尚未有一套完善的处理剂体系，也未能满足海洋环保的要求。为发展民族工业而建立起来的国家高科技 863 计划中的 820 - 07 - 01 课题的"高性能优质钻井液与完井液的研究"便是针对这些难题而进行研究的。经过中国海洋石油（中国）有限公司湛江分公司钻井部、中海油田服务股份有限公司、石油大学（昌平）、西南石油学院和江汉石油学院共同研究，研制出高性能的优质钻井液体系：HTHP - MOM 油基钻井液体系，该钻井液密度达到 2.30g/cm³ 以上，抗温能力大于 220℃，具有良好的流变性能、防塌和保护油气层的能力，满足了高温高压深井钻井施工要求。

二、室内研究实验

经过对国外油基钻井液处理剂的组份分析和加工工艺研究，研发出了一套完整的油基钻井液处理剂。

(1) 乳化剂：PF-MOEMUL、PF-MOCOAT。

(2) 降失水剂：PF-MOFAC、PF-MOTEX。

(3) 抗温稳定剂：PF-MOESA。

(4) 润湿反转剂：PF-MOWET。

(5) 提黏切剂：PF-MOGEL、PF-MOHSV。

(6) 降黏剂：PF-MOTHIN。

根据对高温高压钻井液技术和井壁稳定技术的充分研究，经过反复的配方实验，研发出 HTHP-MOM 高温高压油基钻井液体系，该体系是以油为连续相的油包水乳化钻井液，其配方如下：

(1) 5 号白油，1m³；

(2) PF-MOEMUL，主乳化剂，55.56L；

(3) PF-MOCOAT，辅助乳化剂，55.56L；

(4) PF-MOESA，高温稳定剂，18.52L；

(5) PF-MOGEL，有机黏土，29.63kg；

(6) PF-MOFAC，高温降滤失剂，37.037kg；

(7) PF-MOTEX，降滤失剂，74.074kg；

(8) PF-MOWET，润湿反转剂，62.96kg；

(9) 20%氯化钙盐水，111.11L；

(10) 生石灰，33.33kg。

HTHP-MOM 高温高压油基钻井液体系的室内实验结果达到了以下指标：

(1) 密度不低于 2.30g/cm³；

(2) 抗温超过 220℃；

(3) 抗海水污染：15%；

(4) 抗岩屑污染：20%；

(5) K_d/K_o 不低于 77%；

(6) LC_{50} 值超过 10000mg/L；

(7) 具有良好的流变性、抑制性和储层保护；

(8) 达到环保要求。

三、现场应用

1. 钻井液的配制

根据实验室的配方，在湛江南油码头配浆厂配制基浆，采用双罐配制方法配制基浆。基浆经过实验室检验后，用工作船运至平台。在平台检测性能后，加重至 1.43g/cm³，替入井筒，开始钻进。

2. 钻井液的维护

(1) 密度的调整。

根据地层压力预测（3900～4500m 相对密度为 1.42，4500～5200m 相对密度为 1.52 左右），调整初始钻井液相对密度为 1.43 开始钻进。在钻进过程中，根据井下情况，气测值的大小，后效气测值的大小，单根气的大小，逐步调整钻井液比重，完井时的钻井液相对密度为 1.66。

(2) 流变性制。

该井是直井，在维持足够的切力来悬浮加重材料和提供足够的携砂能力的前提下，尽可能维持低的流变性、减少喷嘴和环空压力降以获得最佳钻头水马力和最大钻速。该井的流变性控制主要是根据室内大量的实验，确定有良好流变性的钻井液配方，配制基浆；在现场，通过控制低密度固相和合适的油水比，加基浆或白油稀释，加乳化剂和润湿剂来调整。钻井液流变性如图 1 和图 2 所示。

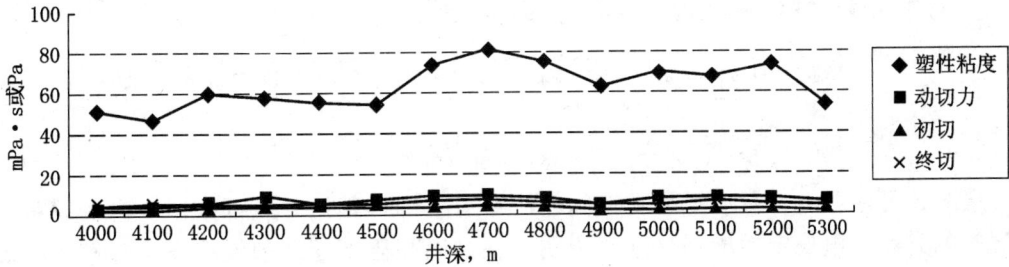

图 1　井深与流变性关系

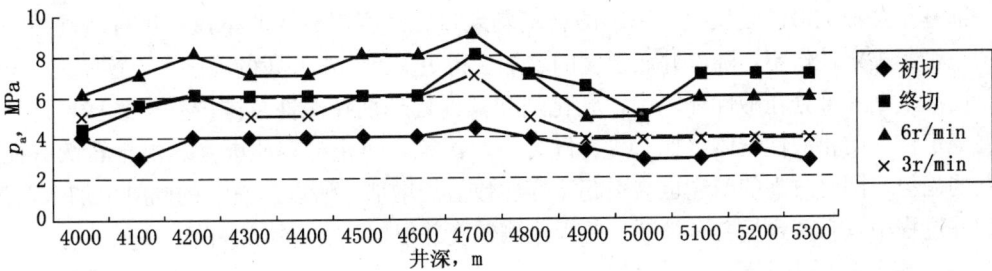

图 2　井深与低剪切速率关系

从图 1 和图 2 可以看出，该油基钻井液流变性在低温低压井段和高温高压井段差别不大，说明钻井液的高温高压稳定性比较好。

(3) 固相控制。

由于固相进入油基钻井液中便与油相接触变成油润湿，使油基钻井液的黏度、切力和密度增加，同时也会影响钻井液的费用、钻速、水马力和井漏的可能性，加之油基钻井液不能排放，要回收重复使用，固相控制变得非常重要。在油基钻井液中，由于基油黏度比较大，使用的密度较高，固相从油中分离出来较困难，长时间使用离心机，也会失去大量的油，很不经济，因此，该井的固相控制主要通过高频率振动筛使用高目数（210～240 目）密筛布来控制清除固相，同时补充新配制油基钻井液基浆稀释处理。该井的最高总固相不超过 35%，经理论计算可知钻井液中的低密度固相含量约 1.5%。

(4) 电稳定性。

电稳定性是测量水在连续相中被乳化的程度，是衡量乳状液稳定性的一个重要参数。通常其破乳电压大于 400V。破乳电压的大小通常跟油水比、电解质的浓度、水润湿固体、处理剂、剪切状况和温度等有关。该井钻进至 4100～4500m 时，有地层水侵入，油水比由 83:17 下降至 75:25，电稳定性也大幅度下降。其处理方法是提高比重，平衡地层压力，防止地层水的侵入，加入白油，提高油水比，再加入乳化剂、润湿剂、氯化钙、石灰等来维护钻井液的稳定性，使电稳定性逐步上升。日常的电稳定性维护是观察其电稳定性的变化趋势，如果电稳定性有下降的趋势。即加入乳化剂、润湿剂等处理。全井电稳定性如图3所示。

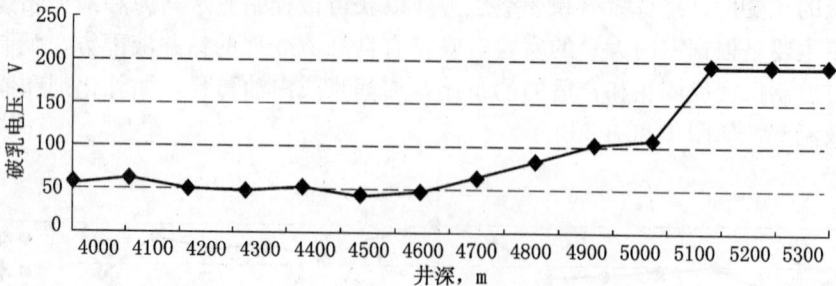

图 3　井深与破乳电压关系图

从图3可以看出，在水侵井段破乳电压略有下降，其他井段都处于上升的趋势。随着温度的升高，电稳定性增强。这些说明，在高温高压下处理剂没有发生降解，抗温能力强。

（5）碱度 Pom。

油基钻井液的碱度是反映体系中的石灰剩余量。碱度用石灰调整，石灰对油基钻井液的成功与否起决定性作用，随着井底温度的增加变得更关键。本井段的碱度主要控制在1.5～3.0间，使油基钻井液处在碱性环境中，乳化剂和其他处理剂在碱性范围内获得最佳性能，保证高温稳定性，防止酸性气体（如 CO_2、H_2S 等）污染，防止电解质电离。由于石灰有促进水润湿的趋势，同时过高的碱度也会引起流变性数值的增加，所以加石灰的同时也加入润湿剂。在钻井过程中，石灰含量会有消耗，每天检测碱度并根据其需要添加石灰。

（6）高温高压失水量。

通过维护抗温稳定剂和抗温降失水剂的浓度，控制高温高压失水在3～4mL，并且滤液都是油。该井段前半段因为有水侵，高温高压失水量大于 4mL，并且滤液中含有水。经过调整油水比，加入乳化剂和降失水剂处理后，滤失量小于4mL，并且滤液都是油。高温高压失水的泥饼为 1.0～1.5mm，薄而结实。

（7）油水比的调整。

该油基钻井液在码头配浆时，其油水比为 90∶10，待油基钻井液运至平台后，其油水比已降至 85∶15，全部替入井里后，其油水比为 82∶18，这表明该钻井液在运输和钻井液替换过程中，已混入水。同时该井段在 4100～4500m 有水侵，最低油水比降至 75∶25，性能变差。其处理方法是提高密度平衡地层压力，防止地层水的侵入，加入白油提高油水比，加入约 $80m^3$ 后，在钻至井深 5000m 时油水比达到 90∶10，其流变性和稳定性也达到最佳的状态。如图4所示，油水比降低，破乳电压也降低。

（8）活度 A_w 控制

"活度"是用来定义钻井液或页岩中的水的化学位的量度单位，用 $CaCl_2$ 维护钻井液的活度。该井没有检测"活度"，主要根据室内实验结果，在现场通过检测 Cl^- 含量的变化决定 $CaCl_2$ 的补充数量来维护，使液相的 $CaCl_2$ 含量达到 25%。

现场油基钻井液性能如表1所示。

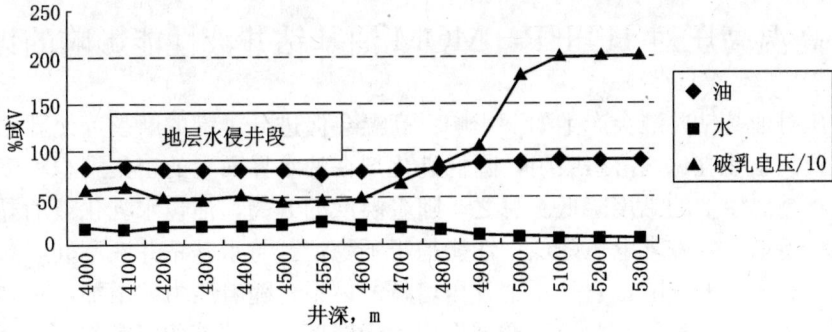

图4 井深与油水比及电稳定性关系图

表1 宝岛 19－2－2 井 8½ in 井段的典型钻井液性能

井深 m	密度 g/cm³	黏度 s	油水比	破乳电压 V	塑性黏度 mPa·s	动切力 Pa	初切/终切 Pa/Pa	φ6/φ3	Pom	HTHP 滤失量/泥饼 mL/mm
4000	1.42	55	82.4/17.6	590	51	2.5	4/4.5	6/5	3	5.8/1.5
4050	1.42	53	82.4/17.6	610	40	3.5	3/5	6/5	3	5.2/1.5
4100	1.48	58	83.9/16.1	635	47	3	3/5.5	7/5	2.4	6.0/1.5
4150	1.52	70	83/17	520	60	5	4/6	8/6	2.0	3.2/1.4
4200	1.55	66	80/20	520	60	6	4/6	8/6	2.0	4.4/1.4
4250	1.55	73	80/20	540	75	12.5	4/7	8/6	2.0	4.4/1.4
4300	1.55	70	80/20	485	58	8.5	4/6	7/5	2.0	4.4/1.4
4350	1.55	70	80/20	499	55	12.5	4/6	7/5	2.0	4.0/1.4
4400	1.55	68	80.5/19.5	547	56	4.5	4/6	7/5	2.2	4.0/1.4
4450	1.55	75	79/21	430	72	5.5	4/6	8/6	2.5	3.4/1.4
4500	1.55	75	79/20	449	55	7.5	4/6	8/6	2.4	3.4/1.4
4550	1.55	78	77/23	474	61	8.5	4/6	7/5	2.4	6.4/1.5
4560	1.58	80	75/25	417	84	5.0	4/6	7/5	2.4	6.4/1.5
4573	1.58	73	77/23	444	65	7.5	4/6	7/5	2.0	4.6/1.5
4600	1.60	78	78/22	497	75	10	4/6	8/6	2.0	4.4/1.5
4650	1.60	96	78/22	624	83	8.5	5/8	9/6	2.2	4.2/1.5
4700	1.63	94	80/20	680	82	10.5	4.5/8	9/7	2.2	4/1.4
4750	1.66	85	80/20	740	87	10.5	5/9	8/6	2.2	2.8/1.2
4800	1.65	78	82/18	885	76	8	4/7	7/5	2.1	2.4/1.2
4850	1.66	77	84.5/15.5	880	68	7	3.5/6	6/4	2.3	2.6/1.2
4900	1.62	66	88/12	1068	64	5.5	3.5/6.5	5/4	2.8	3.0/1.2
4950	1.63	81	89/11	1334	80	12	3.5/7	7/4	2.4	2.8/1.2
5000	1.64	67	90/10	1140	71	9	3/5	5/4	2.1	3.2/1.2
5005	1.64	65	90/10	1450	78	7.5	3/5	5/4	2.1	3.2/1.2
5015	1.64	63	90/10	1800	67	5.5	3/5	5/4	2.6	3.2/1.2
5040	1.64	67	90.4/9.6	>2000	63	5.5	3/5.5	5/3	2.5	3.2/1.2
5060	1.64	69	90.4/9.6	>2000	76	6	3/6	5/3	2.3	3/1.2
5080	1.66	67	90.5/9.5	>2000	59	8.5	3/6	5/3	2.4	3/1.2
5130	1.66	76	91/9	>2000	69	9	3/7	6/4	2.1	3/1.2
5200	1.67	84	90.5/9.5	>2000	72	8.5	3.5/7	6/4	2.1	3/1.2
5250	1.67	86	90.3/9.7	>2000	72	7.5	4/7	6/4	2.0	3.5/1.2
5300	1.66	74	91/9	>2000	56	7.5	3/6	5/3	2.1	3.2/1.2

四、高温高压对 HTHP – MOM 油基钻井液性能影响的评价

高温高压对油基钻井液会产生如下影响：高温会促进分子键的断裂，使乳化剂和润湿反转剂失效；高温使乳化剂溶解吸附，降低乳化剂在油水界面上的密集堆积程度，大大降低膜的强度；高温使油的黏度降低。总之，随着温度的升高，油包水乳化液的黏度、切力会降低，滤失量增大，破乳电压降低，性能趋于不稳定。与水基钻井液不同，高压对油基钻井液的性能有显著的影响，它是一个升压增稠的体系，随着压力的增加，对黏度有较大的影响，极高的压力对油基钻井液的增稠作用大于温度对钻井液的降黏作用。因此，随着井深的增加，性能的变化是温度和压力的综合作用的结果。

一般说，高压对钻井液有增稠的作用，高温对钻井液有减稠的作用，而性能的变化是温度和压力的综合作用的结果。下面 3 个实验分析了高温高压对油基钻井液性能的影响。

1. 高温高压对流变性的影响

在现场，使用 Fann50 测量高温高压动态流变性，其数据见表 2。

表 2　高温高压动态流变性数据表

井深 m	密度 g/cm³	温　度 ℃	压力 MPa	φ600/φ300	φ200/φ100	φ6/φ3	塑性黏度 mPa·s	动切力 Pa
4620	1.60	60	常压	157/86	62/36	7/5	71	7.5
		44	5.5	60	6.89	99/55	40/24	5/3
		23	2	120	6.89	50/27	19/12	4/3
		17	2.5	150	6.89	40/23	17/10	2/1
		14	4	180	6.89	36/22	16/9	2/2
		15	2	210	6.89	31/19	13/9	3/3

如图 5 所示，在压力恒定的情况下，温度升高，钻井液有减稠作用。高剪切速率的流变性大副下降，低剪切速率的流变性变化不大。这也说明，高温高压下，钻井液有良好的剪切稀释作用，这样可以降低环空压降，降低循环当量密度，这对高温高压井钻井液来说是非常重要的。高温高压作用下，低剪切速率的流变性变化不大，说明高温高压下悬浮能力和携砂能力也比较好。

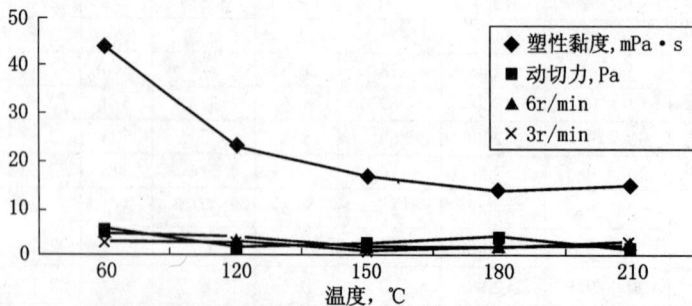

图 5　温度升高时流变性的变化图

2. 老化实验（室内）

由现场取钻井液样品（取样深度4900m），在基地化验室作老化实验。室内实验方法：油基钻井液样品经高速搅拌1.5h，在60℃测定老化前的性能；经高速搅拌后，用200℃，120h静态老化，然后用同样的方法测定性能，结果见表3。

表3 老化实验数据表（实验室）

性能	密度 g/cm³	油水比	破乳电压 V	塑性黏度 mPa·s	动切力 Pa	初切/终切 Pa/Pa	φ600/φ300	φ6/φ3	Pom	HTHP滤失量/泥饼 mL/mm
现场	1.66	83/17	820	64	8	3.5/6.5	144/80	6/4	2.2	3.6/1.2
老化前	1.68	92/8	1666	62	11	3.5/4	145/83	9/5	2.0	2.8
老化后	1.68	92/8	1431	52	6.5	1.5/2.5	117/65	7/3	2.0	3.2

室内评价结果：经过200℃、120h静态老化，钻井液的性能还能保持比较好的稳定状态，老化罐内的钻井液有沉淀，但沉淀不结实，比较松软。按此判断，在现场井下的条件下，钻井液在井内停止5d一般不会有什么问题。表3表明，高温老化后，钻井液的流变性减稠。电稳定性和高温高压失水量略有下降。

3. 老化试验（现场）

钻进至5080m，进行电测，电测测出井底温度200℃，经过48h的井底静止老化，循环返出后，取井底钻井液样作对比试验，结果见表4。

表4 老化试验数据表（现场）

性能	密度 g/cm³	黏度 s	油水比	破乳电压 V	塑性黏度 mPa·s	动切力 Pa	初切/终切 Pa/Pa	φ600/φ300	φ6/φ3	Pom	HTHP滤失量/泥饼 mL/mm
电测前	1.66	67	91/9	2000	61	6	3/6	136/75	5/3	2.4	3/1.2
井底静止48h	1.66	108	91/9	2000	81	9	3/6	190/109	6/4	1.8	3.6/1.3
循环26h	1.66	76	91/9	2000	69		3/7	156/87	6/4	2.1	3.0/1.3

从表4可看出，高剪切速率的流变性大幅升高，低剪切速率的流变性变化不大。结果表明，在静态情况下，高温高压的作用表现为增稠作用，但其增稠作用是可逆的，经过循环剪切后，流变性会慢慢恢复。由于高温高压增稠的作用，重晶石不会轻易沉淀，而经过剪切后又有稀释作用。电稳定性、油水化、高温高压失水量变化不大。

以上3个实验表明，在高温高压的作用下，室内实验（高温高压动态流变性和滚子炉的老化实验）和钻井液在井底静止老化结果相反。其原因可能是高温高压动态流变性试验的压力是6.89MPa（约1000psi）滚子炉的老化实验的压力是加温的自然膨胀压，其压力和井底压力（约为90MPa）相差甚远。油基钻井液在极高压的情况下，增稠作用大于温度对钻井液的降黏作用。从实际情况判断，高温高压下，该油基钻井液是增稠的，而剪切后流变性会慢慢恢复。而其他性能在高温高压下比较稳定。

4. 高温高压动失水造壁性

一般说静态 HTHP 失水标准为 3～4mL,并且滤液为油,但没有动态高温高压失水量标准。在现场,用 Fann90 流变仪模拟井下失水造壁的情况如图 6、图 7、图 8 所示。

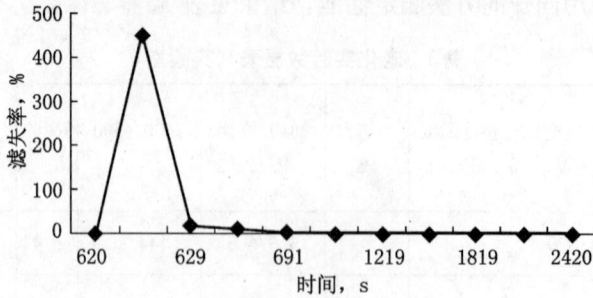

图 6　时间与滤失量关系

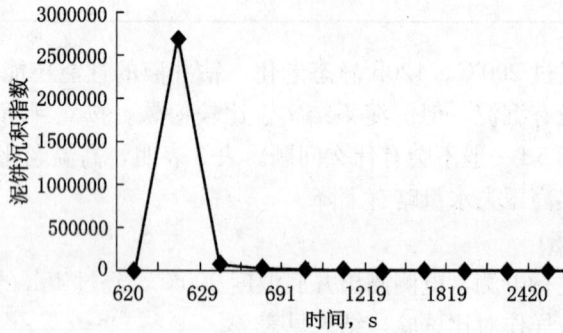

图 7　时间与泥饼沉积情况

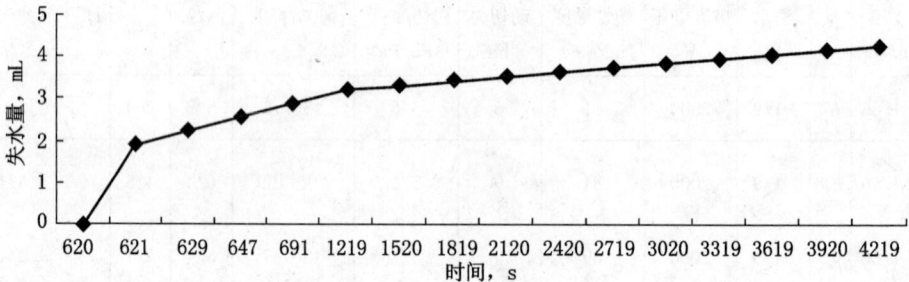

图 8　时间与滤失量关系图

从图 6、图 7、图 8 可以看出:

(1) 由于动失水和静失水的过滤介质不一样,动失水的过滤介质为人造岩心,其失水状态模拟井下。静失水的过滤介质为滤纸,动失水量和静失水量难以作比较,但相同的温度、压力和时间内,动失水量要比静失水量大;

(2) 当钻头钻开地层后,有一个瞬时喷射体积,即瞬间的滤失率很大,随着泥饼的形成,孔隙的堵塞,滤失率越来越小;

(3) 一般说动态失水率小于 0.2mL/min 为好,从上图可以看出,1min 后,动态失水率小于 0.2mL/min;

(4) 低的泥饼沉积指数 CDI 值说明形成的泥饼接近稳定状态,形成新泥饼的速度与泥饼被冲刷掉的速度几乎相当或增加泥饼的厚度对滤失量几乎没有影响。

5. 沉降稳定性

试验一：滚子炉高温高压静止老化实验，现场取钻井液样品（取样深度 4900m），在基地化验室做老化实验。室内实验方法：油基钻井液样品经高速搅拌 1.5h，用 200℃、120h 静态老化。取出后，老化罐内的钻井液有沉淀，但沉淀不结实，比较松软。

试验二：在环境温度下，用开口杯中装一杯钻井液，放置 3～5d，没有发现沉淀。

试验三——现场作用情况：每次下钻到底，无发现有深砂；每次电测，电测工具都能探到底。

结论，该体系的抗高温高压能力强，热稳定性好，悬浮能力强，沉降稳定性好。

五、结　论

该井 215.9mm 井段作业时间 110d，井下畅通、安全，没有发生任何复杂情况，即使在地层压力大于液柱压力而发生水侵的情况下，也没有出现井壁坍塌等复杂情况现象。起下钻 30 多趟，没有出现遇阻情况。电测 2d 后，起下钻仍畅通无阻，无沉砂。现场应用的结论如下。

（1）HTHP－MOM 油基钻井液处理剂在高温高压下没有发生降解。处理剂配伍性好，乳化能力强。电稳定性高，具有良好的高温稳定性；

（2）HTHP－MOM 油基钻井液体系在常温和高温下，均具有良好的流变性能和高温稳定性；

（3）钻井液性能长时间稳定；

（4）钻井液的剪切稀释性强，有利于悬浮和携砂，不容易发生憋泵；

（5）钻井液的高温高压滤失量低，泥饼质量好；

（6）该体系具有良好的悬浮和携砂能力，在高温高压的共同作用下没有发生沉淀和沉砂现象；

（7）抗污能力强；

（8）抑制性强，没有缩径和扩眼，其井径基本为一条直线；

（9）施工工艺和维护简单，无需频繁的处理；

（10）储层保护好。

水平井 DK-580 钻井液技术

储书平　徐国良

（江苏石油勘探局钻井处泥浆公司）

摘要　DK-580 井是卡塔尔 Dukhan 油田的一口水平井，井深为 9048ft，水平段长 3108ft。针对该井地层特点，在不同井段采用不同的钻井液体系。对水平井段油气层段，采用低固相无伤害钻井液体系，实施近平衡钻井，较好地保护了油气层。现场施工表明，各井段采用不同的钻井液体系，既保证了井下安全，有效保护油气层，又节约了成本。

关键词　无伤害钻井液　完井液　井漏　水平井　固相控制

一、前　　言

DK-580 井是卡塔尔 Dukhan 油田的一口水平井。一开用 $17\frac{1}{2}$ in 钻头钻至 1425ft，下入 $13\frac{3}{8}$ in 套管至 1425ft；二开用 $12\frac{1}{4}$ in 钻头钻至 3746ft，下入 $9\frac{5}{8}$ in 套管至 3746ft；三开用 $8\frac{1}{2}$ in 钻头钻至 5940ft，下入 7in 套管至 5940ft；四开用 $6\frac{1}{8}$ in 钻头钻至 9048ft，水平段替入完井液，下入 $3\frac{1}{2}$ in 油管完井。

二、地　质　概　况

卡塔尔 Dukhan 油田是有几十年开发历史的老油田，地层为中古生界地层，UMM ER RADHUMA 地层为白云岩，钻进中发生孔洞性漏失，井口失返；AHMADI 泥页岩易垮塌；NAHR UMR 地层为高压水层。HITH、U. ANHYDRITE 和 M. ANHYDRITE 为石膏层，易污染钻井液；水平井段 ARAB "C" 为石灰岩地层，平衡梯度小、易发生井漏，但由于该区油气层活跃，又易出现井涌、井喷。DK-580 井钻遇的地层层序和主要岩性见表1。

表1　DK-580 井钻遇的地层层序和主要岩性

层　　位	平衡梯度 psi/ft	垂直深度 ft	段长 ft	主要岩性
UMM ER RADHUMA		1135	1135	松软白云岩
SIMSIMA		1657	522	石灰岩、白云岩
HALUL		1706	49	石灰岩
LAFFAN		1746	40	石灰岩
MISHRIF		1850	104	石灰岩
AHMADI		2478	628	页岩、石灰岩
MAUDDUD		2591	113	石灰岩
NAHR UMR	0.513	3015	424	砂岩/页岩含水土层

层　　位	平衡梯度 psi/ft	垂直深度 ft	段长 ft	主 要 岩 性
SHU "A" IBA		3390	375	软石灰岩
HAWAR		3448	58	石灰岩/页岩
KHARAIB		3682	234	石灰岩/页岩
LEKHWAIR		4169	487	泥岩
YAMAMA	0.475	4448	279	石灰岩
SULAIY	0.474	4931	483	石灰岩
HITH		5323	392	石膏
ARAB "A"	0.477	5356	33	石灰岩
U. ANHYDRITE		5390	34	石膏
ARAB "B"	0.462	5404	14	石灰岩
M. ANHYDRITE		5438	34	石膏
ARAB "C"	0.39	5445	7	石灰岩

三、钻井液技术难点

（1）上部一开井段松软白云岩易漏失，并存在大井眼携带、悬浮大颗粒砾石问题。

（2）二开井段存在地层压力异常，NAHR UMR 地层为高压水层，泥页岩易垮塌。

（3）三开井段主要为石灰岩和石膏互层，该段为造斜段至窗口，井眼净化方面和润滑防卡方面为该段的技术难点：

①钻屑的下滑方向由直井的轴向向水平井的径向下滑转化，钻井液的轴向上提力克服钻屑的径向下滑力—比克服钻屑轴向下滑力困难得多；

②斜井段要形成稳定的沉积层，沉积层的厚度随井斜角的增加而增厚，下井壁的钻屑沉积，在停泵时会整体下滑落入井内，使岩屑携带情况恶化并且使扭矩增大，摩阻上升，提升阻力增大，钻压不易加到井底，无法进行钻进；

③斜井段带砂困难造成井壁不干净，泥饼增厚，特别是水平段地层渗透性强，为平衡井壁稳定而所需的钻井液密度可能导致渗透层的泥饼增厚，进而发生压差卡钻。

（4）四开水平井段 ARAB "C" 为石灰岩地层，平衡梯度小，易发生井漏，但由于该区油气层活跃，又易出现井涌、井喷；同时钻具对岩屑的研磨性强，固相不易从钻井液中清除；另外，水平段长，携砂困难，滤液与固相侵入严重，这些将给油层带来污染。

（5）油气层中含有 H_2S、CO_2 等酸性气体，对钻具和钻井液会产生不利影响。

四、钻井液技术及现场应用

1. 一开井段（17½ in 井眼）

（1）钻井液类型：清水和高黏浆。

（2）现场应用情况：该段以清水钻进，钻至 217ft 井口失返，根据该地区以往的钻井经验，未采取任何堵漏措施，继续盲打，采用清水强钻，每钻进四、五根单根和测斜前采用瓜胶配制高黏浆 20～30bbl 扫井一次，将钻屑携带至漏层，降低井筒中岩屑浓度，防止沉砂卡钻。下套管前在井底预置 100bbl 高黏度膨润土浆，增强钻井液的悬浮能力，下套管固井顺利。

2. 二开井段（12¼in 井眼）

（1）钻井液类型：膨润土浆/NaOH/CMC 体系。

（2）钻井液配方：5％膨润土 + 0.3％NaOH + 0.2％～0.3％HV－CMC。

（3）现场应用情况：以清水钻进至 1830ft 转化为膨润土浆/NaOH/CMC 体系，钻进至 1923ft 出现井漏，因漏速达 180～250bbl/h，改用清水强钻，每钻进 4～5 根单根和测斜前采用瓜胶配制高黏浆 20～30bbl 扫井一次。钻进至 2914ft 遇 NAHR UMR 高压水层，出现井涌（井涌量达 800～1000bbl/h），关井无套压，采用边涌边抢钻至 3690ft 套管鞋位置，同时用膨润土 8t 在淡水配制 700bbl 膨润土钻井液，加入 0.5％的 Flowzan 和 HV－CMC 以提高黏度和切力，再加入重晶石配制相对密度为 11 的重浆，关井从环空注入 180bbl 重浆，压井成功，起钻。下入 9⅝in 技术套管至 1915ft，遇阻，循环替出重浆，出现井涌，带出大量大块泥页岩，至返出岩屑较少后关井，从环空注入 100bbl 重浆，压井成功，继续下入 9⅝in 技术套管至 3746ft，采用双级固井，完成该段施工。

3. 三开井段（8½in 井眼）

（1）钻井液类型：聚合物钻井液。

（2）钻井液配方：

2％膨润土 + 0.2％NaOH + 0.3％Na₂CO₃ + （0.1％～0.2％）Flowzan + 0.2％PAC－R + 0.5％Fluidex + NaCl

（3）现场应用情况：以低膨润土浆聚合物钻井液钻进，该井段是定向造斜井段，最终目的是钻至油层窗口，然后进入水平井段。所以钻井液的携岩、泥饼的润滑性能的好坏直接关系到钻井的成败。对钻井液处理措施有：

①使用水为地层水，经过 NaOH 和 Na₂CO₃ 处理，使水的总硬度小于 400mg/L；

②以 Flowzan 作为主要的流型调节剂，加量为 0.2％～0.3％，保持钻井液有较高的动切力，从而保持钻井液的动塑比大于 0.5，保证钻井液有较高的携岩能力；

③以 PAC－R、Fluidex 作为抑制性降滤失剂，控制钻井液的滤失量在 25mL 以内，改善泥饼质量，使井壁稳定，又保证了钻进速度；

④钻进过程中必须保证钻井液的 pH 值在 9 以上；

⑤以 Na₂CO₃ 处理石膏，控制总硬度小于 400mg/L，保证聚合物处理剂的使用性能。

水平井的井眼净化是极为突出的问题。针对该段易形成岩屑床和易黏卡等问题，在钻进过程中采取了以下措施：

①在钻进过程中，采用较低黏度和合适的返速，使钻井液形成紊流，配合转动钻具，使岩屑不易形成岩屑床。即使有岩屑床出现，该岩屑床也是不稳定的，时而形成，时而被冲刷，有效改善了岩屑的输送效果；

②高黏钻井液扫井。先泵入 10bbl 清水，然后泵入 40bbl 高黏度浆，同时配合转动和上提下放钻具，清洗井底和破坏岩屑床；

③以 NaCl 为加重剂，同时使用好各级固控设备，保证钻井液的固相含量小于 6％，减少无用固相的含量，尽量降低钻井液的塑性黏度，以确保泥饼质量，具有较好的润滑性能。该井施工中钻井液性能稳定，摩阻小，无钻井液原因引起的事故与复杂情况，满足了工程

施工的需要。

钻井液性能：密度 $0.92\sim0.94g/cm^3$，黏度 $30\sim35s$，动切力 $1.4\sim2.4Pa$，塑性黏度 $6\sim8mPa\cdot s$，API 失水 $20\sim25mL$。

4. 四开井段（$6\frac{1}{8}in$ 井眼）

（1）钻井液类型：低固相、无伤害聚合物钻井液。

（2）钻井液配方：

$0.2\%NaOH + 0.3\%Na_2CO_3 + （0.2\%\sim0.3\%）Flowzan + 0.2\%PAC - R + 0.5\%Fluidex + NaCl$。

（3）现场应用情况：该段为油气层，保护油气层是该段的重点，泥浆体系采用低固相、无伤害钻井液体系，以 Flowzan 为主聚物，PAC - R、Fluidex 为降失水剂，以 NaCl 为加重剂，该体系动塑比高（$0.5\sim1$），携砂好，对地层伤害小。强化固控，浆泥浆中无用固相含量降到最低，同时实施近平衡钻井，有效降低油气层污染。对该段易形成岩屑床和易黏卡等问题，在钻进过程中采用了以下措施：

①低黏度（$32\sim35s$），以利于对井壁的冲刷；

②以 Flowzan 为主聚物，提高动塑比（$0.5\sim1$），保证钻屑及时返出；

③间断使用 Flowzan 高黏浆段塞洗井，清洁井底；

④强化固相控制，振动筛搭配使用 210 目、265 目和 310 目筛布，确保钻屑在地面能及时清除，有效控制钻井液中无用固相的含量，提高了泥饼的质量，防止了黏卡的发生；同时有效控制钻井液密度也是设计要求，实现了近平衡钻进；

⑤以 PAC - R、Fluidex 为降失水剂，以提高泥饼质量和减少钻井液滤液对油气层的污染；

⑥控制钻井液的碱性在 9 个以上，减少盐对钻具的腐蚀和防止硫化氢的污染。

钻井液性能：密度 $8.5\sim8.7mg/L$，黏度 $32\sim35s$，动切力 $1.4\sim2.4Pa$，塑性黏度 $6\sim8mPa\cdot s$，API 失水 $15\sim20mL$。

五、完 井 液

按照完井液的设计要求，将地下水用 Na_2CO_3 处理，沉除 Ca^{2+}，并使 pH 值达 9 以上，以 NaCl 加重至需要密度，然后通过过滤器过滤后加入除氧剂、防腐剂、杀菌剂。在电测完后，即用过滤后的清洁盐水顶替出裸眼段钻井液，起钻至 7in 套管鞋时，将井筒中替为处理过的抑制性盐水。完井液配方：清洁盐水 + 0.04% Oxygen Scavenger + 0.2% Corrition inhibiter + （$0.4\%\sim0.5\%$）Na_2CO_3。

六、分析与讨论

（1）在对一开大井眼段 UMM ER RADHUMA 白云岩地层漏失处理上，最初采用复合堵漏法和打快凝水泥堵漏成功后继续钻进，往往出现多次漏失，既耗费时间，又耗费大量资金。采用清水强钻，技术套管封固该段，效益明显。

（2）本井二开段出现井漏后未堵漏，采用清水强钻，钻至高压水层，出现井涌，采取边涌边漏边钻进至套管点，下入技术套管，采用二级固井，但固井质量差；在 DK - 581 井和 DK - 596 井中采用复合堵漏法、快凝水泥堵漏成功后打开高压水层，钻井液体系采用膨润土浆/NaOH/CMC 体系，有利于工程施工中的安全。

（3）定向造斜段采用低膨润土含聚合物钻井液体系、水平段采用低固相无伤害钻井液体系，以 Flowzan 为主聚物，PAC－R、Starch 为降失水剂，NaCl 为加重材料，以高动塑比、低黏切和适当排量来满足携砂要求；泥饼薄而韧，质量好，具有良好的润滑性，不需要混油（在井身轨迹较差井中，采用 2～4bbl 植物油配制 50～100bbl 段塞扫井），对环境污染压力较小。

（4）固相控制方面，使用 Derrick 公司高频振动筛及除砂器、除泥器，在不同井段中使用不同的筛布组合，尤其在 8½in 与 6⅛in 井眼，针对岩屑在斜井段与水平段经过研磨，颗粒越来越细，分别采用 175 目、210 目组合与 210 目、265 目和 310 目组合，有效、及时地将岩屑在地面消除，为井下安全打下了较好的基础。

七、认识与结论

（1）针对不同井段，采用不同钻井液体系，既节约成本，又能满足各井段的工程施工要求。全井建井周期仅 25d。

（2）使用的聚合物 Flowzan、PAC－R 要优于国内产品，加量少且效果明显。另外，钻井液性能稳定，在处理上不使用降黏剂，节约了钻井液成本。

（3）采用低固相、无伤害钻井液体系和实施近平衡钻进，完井后使用完井液，对油层伤害小。

参 考 文 献

[1] 李介士. 水平井钻井完井及增产技术. 北京：石油工业出版社，1992
[2] 李克向. 保护油气层钻井完井技术. 北京：石油工业出版社，1993

BZ 34 – 2EP – P1S 钻井液技术

耿铁　王权玮

（中海油田服务股份有限公司泥浆服务中心）

摘　要　截至 2002 年 7 月底，BZ34 油田采出程度 10.6％，综合含水 22.1％，油田继续生产面临着诸多不利因素。为了有效地扭转油田生产不利的局面，决定对 BZ34－2－P1 井实施侧钻增产措施，预计侧钻后该井产能可达 100m³/d。该油田在前期勘探与开发过程中出现过严重的井眼坍塌现象，钻探难度大，钻井液相对密度较高又给油层保护工作带来一定的困难。经大量的前期研究和现场调整，最终使用 PEM 钻井液钻进，采用屏蔽暂堵工艺和成膜工艺进行油层保护，成功完成了 BZ34－2－P1S 调整井的钻井作业，侧钻后该井实际产能高达 140m³/d。

关键词　油层保护　屏蔽暂堵　成膜工艺　防塌　**PEM** 钻井液　环境保护

一、前　　言

BZ34 油田是中国海洋石油渤海公司与日本国日中石油开发株式会社共同合作发现的一个有商业价值的油田。截至 2002 年 7 月底，采出程度 10.6％，综合含水 22.1％。目前油田继续生产面临着诸多不利因素，为了有效地扭转油田生产不利的局面，保证油田稳定生产，提高油井利用率及油田储量动用程度，创造更好的经济效益，决定对 BZ34－2－P1 井进行侧钻增产措施。

该油田在前期勘探与开发过程中出现过严重的井眼坍塌现象，BZ34－2－P1 井开发过程中曾在东营组和沙河街组发生 7 次严重坍塌，均填井侧钻。该油田经多年开发，地质情况更加复杂，8⅛in 井段同时穿过了东营组和沙河街组地层，钻探难度更大，在井塌风险存在的同时又增加了井漏风险。另外深井作业的油层保护工作也存在一定的困难。经大量的前期研究及现场调整，最终使用 PEM 钻井液钻进，采用屏蔽暂堵工艺和成膜工艺进行油层保护，安全、高效地完成了 BZ34－2－P1S 调整井的钻井作业，侧钻后该井实际产能高达 140m³/d。

二、前　期　研　究

1. 钻井液体系的选择

1）选择钻井液的基本原则

BZ34－2－P1 井的主要难度在于井壁易失稳及较深井和钻井液相对密度较高时的油气层保护问题，因此，在钻井液体系的选择上主要考虑油层保护和防塌，尤其把油气层保护放在首位。

2）PEM 钻井液的特点

PEM 钻井液是在 PF－PLUS 钻井液的基础上，使用 20 世纪 90 年代国际先进水平的

PF－JLX水基防塌滑剂和PF－WLD抑制剂，使得PEM钻井液具有如下的特点。

（1）良好的润滑性能。钻井液性能见表1。

表1　PEM钻井液润滑性实验数据表

钻井液	密度 g/cm³	表观黏度 mPa·s	动切力 Pa	滤失量 mL	摩阻系数	降摩阻率 %
基浆1	1.11	26	8.18	7.5	0.229	—
基浆1＋2%PF－JLX	1.11	24	4.6	10	0.045	80.35
基浆2	1.15	22	8.17	8.6	0.229	—
基浆2＋2%PF－JLX	1.15	17	4.09	6.8	0.091	60.3

（2）良好的抑制性和井壁稳定性，能有效抑制钻屑的分散和造浆，防止井壁坍塌，保证井眼的稳定和井下的安全。

（3）具有保护油气层的特点。

（4）具有环境安全的特点，该体系无油类和重金属盐类，可以直接排海。钻井液单剂的生物毒性见表2。

表2　钻井液单剂的生物毒性

名称	使用浓度,%	LC50，mg/L	毒性分级
PF－TEMP	1	＞30000	无毒
PF－PAC－H	0.4	＞30000	无毒
PF－XC－H	0.2	＞30000	无毒
PF－PLUS	0.3	＞30000	无毒
PF－TEX	1.0	＞30000	无毒
PF－JLX－C	5.0	＞30000	无毒
PF－DEF	0.05	＞30000	无毒
PF－WLD	2.0	＞1000	低毒
PF－SMP	1.5	＞30000	无毒

3）PEM钻井液的作用机理

该体系是在常规的PF－PLUS聚合物钻井液体系中引入低分子醇类表面活性剂JLX和经过化学改性的类硅酸盐结构的高温防塌剂WLD配制而成，其抑制防塌作用机理为体系中各种处理剂的协同作用。

（1）常规聚合物钻井液体系中高分子处理剂的吸附、包被和絮凝，提供对钻屑的抑制和絮凝以及对井壁的稳定作用。

（2）水基防塌润滑剂JLX的作用：

①小分子的JLX极易在黏土、钻屑表面发生氢键吸咐和分子间力产生的吸附，置换黏土和钻屑表面的水分子层，破坏了黏土—水分子的水化结构，削弱了钻屑、黏土粒子和近井地带孔隙中矿物的表面水化作用。

②小分子的JLX极易渗入钻屑、黏土粒子的晶层之间，与晶层内表层发生氢键和分子间力产生的吸咐，置换晶层间的水化层，从而抑制和削弱了粒子层间的扩散双电层的形成和形成程度，抑制和削弱了钻屑粒子的水化膨胀和分散而提高钻井液抑制能力，抑制和削

弱钻井液滤液侵入近井地带的水化膨胀而有利于井壁稳定。

③小分子的 JLX 极易与钻井液中液相水分子形成氢键，降低水分子的活度和水相的蒸汽压，减弱高温条件下钻井液的水蒸汽浸入钻屑和地层的程度，有利于抑制和井壁稳定。

④小分子的 JLX 中的部分组份存在"浊点"行为，在"浊点"温度以上，JLX 分子以"分子束"的方式与水相产生相分离，极易在钻具、钻屑和井壁上吸附，封堵泥页岩的微裂缝和毛细孔，改善泥饼质量（高温高压滤失量明显降低），提高钻井液的抑制性和防塌能力。

（3）防塌剂 WLD 的作用：

防塌剂 WLD 是经化学改性的类硅酸盐结构的处理剂，据资料介绍，在一定的温度条件下，WLD 分子可以同井壁和钻屑表面发生化学反应，削弱钻屑和井壁的活性，减弱水化能力；同时 WLD 分子也可以同有机分子的活性官能团发生化学反应，将高分子处理剂在钻屑和井壁上的氢键和分子间力吸附转化为化学键作用力，极大地提高了钻井液的抑制性和防塌能力。

（4）低荧光 PF-TEX 防塌作用：

PF-TEX 低荧光磺化沥青具有磺化沥青封堵和降低泥岩水化活性的优点，产品荧光小于 6 级，钻井液荧光小于 5 级。

（5）K^+ 的防塌作用

K^+ 正好适合黏土的晶格，可以降低黏土的水化分散能力。

2. 井壁稳定性研究

BZ34 油田在前期勘探与开发过程中出现过严重的井眼坍塌现象，使用的钻井液密度从 $1.30 g/cm^3$ 到 $1.40 g/cm^3$，最高到达 $1.45 g/cm^3$，但在钻进过程中仍然出现井壁坍塌。井壁坍塌总是由力学因素和物理化学因素两方面因素决定的。

1）地层坍塌压力、破裂压力的检测

运用编制的计算机软件，对 P5 井数据进行处理可以得出地层坍塌压力和地层破裂压力随井深变化的曲线，如图 1 所示。

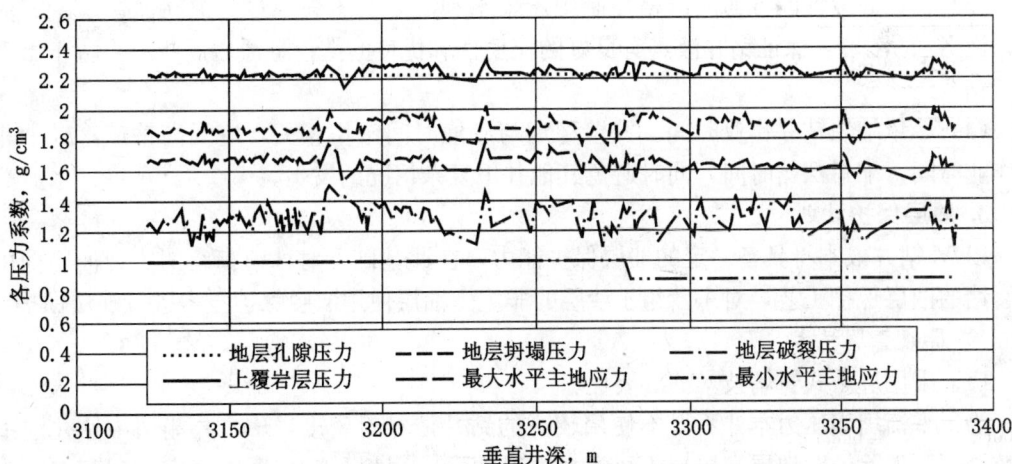

图 1　BZ34-2-P5 井各压力系数随井深变化的曲线图

（1）从曲线可以看出，由于受构造应用的作用，地层坍塌压力较大，基本上在 $1.30 \sim 1.40 g/cm^3$ 之间，根据坍塌压力取外包络线的原则，地层坍塌压力在 $1.40 g/cm^3$。

(2) 从地层破裂压力曲线来看，数据基本上在 $1.8\sim2.0g/cm^3$ 之间。但钻井时往往不是地层发生破裂，而是地层出现漏失，漏失的出现一般要有三个条件，一是要有漏失的通道，如裂缝、断层、溶洞、孔隙等，二是要有一定的压差，其压差要能克服漏失流动的阻力；三是井壁周围无阻隔层或阻隔层薄弱。故钻井时要时时谨慎操作。根据国内的经验，在钻井过程中井底的总压力不应超过最小水平主地应力（本井的该数值最小为 $1.60g/cm^3$）。若超过此值，裂缝、裂纹就会重新张开产生漏失。

2) 井壁稳定性具体分析

(1) 该区块的地层孔隙压力基本上为正常压力系统，其数值在 $1.0g/cm^3$ 左右；只有在沙河街地层I段略微上升，其最大值为 $1.023g/cm^3$，尔后在该层的Ⅲ段的压力又逐渐下降。

(2) 该区块构造应力大，井眼力学不稳定因素明显。

(3) 该区块的东营组下段和沙河街组地层的坍塌压力在 $1.30\sim1.40g/cm^3$ 之间，地层破裂压力检测值在 $1.8\sim2.0g/cm^3$ 之间，最小水平主应力最小值为 $1.60g/cm^3$。

(4) 根据 BZ34-2-P1S 井的井眼轨道设计数据，结合地应力的检测结果，和以往的研究经验，认为设计的井眼轨道方位是合理的。但斜井的地层坍塌压力和破裂压力与直井相差不大。

(5) 从该区块 P5 井的泥岩黏土矿物分析可以看出该区块泥岩中主要是伊利石和伊/蒙混层黏土矿物，占85%以上，这些矿物的吸水膨胀率低，再结合其他资料，可以看出该区块的井壁不稳定是由于硬脆性页岩的剥落坍塌。

3) 井壁稳定的控制

(1) 按已建立的地层坍塌压力、破裂压力和最小水平主应力剖面，在钻井过程中选用合适的钻井液密度，以平衡力学因素引起的井眼不稳定。

(2) 考虑到许用的钻井液密度窗口小，在钻井过程中应严格控制起下钻操作速度，开泵循环要慢，避免井眼的抽吸和压力激动。采用有效措施，减小钻井液的冲刷和对井壁的机械碰撞。

(3) 在钻井液性能方面应严格控制中压失水和高温高压失水量，提高泥饼质量，保证钻井液 K^+ 的浓度，保证钻井液具有良好的流变性和优良的携带悬浮岩屑能力，防止出现沉砂卡钻。

(4) 尽量缩短钻井作业时间。井壁稳定与浸泡时间密切相关，应提高钻速，减小非生产作业时间，缩短裸露时间，同时避免其他井下复杂情况的发生。

3. 油层保护计划

PEM 钻井液本身具备一定的油层保护能力，在此基础上对沙河街组的主力油层采用屏蔽暂堵的油层保护工艺，对东营组 J 沙层的非主力油层使用成膜保护技术进行油层保护。

1) 屏蔽暂堵技术

(1) 采用屏蔽式暂堵技术的必要性。

为了平衡坍塌压力本井不得不使用较高的钻井液相对密度，P1S 井侧钻中钻井液中固相粒子不可消除，对地层高压差不可避免，对地层的固相和液相损害堵塞客观存在。为了保证把井打成，同时又能保护好油层，只有采用屏蔽式暂堵技术才能平衡高压差与井壁稳定和油井产能这对矛盾。

(2) 屏蔽暂堵技术的机理。

屏蔽式暂堵技术是在认清并利用固相微粒对油层孔喉的堵塞机理和规律的基础上，在打开油层时人为地，在油层井壁上快速、浅层、有效地形成一个损害堵塞带。这个损害堵塞带必须快速地（几分钟到十几分钟内）形成；所谓浅层是指堵塞深度控制在5cm以内；所谓有效是指损害堵塞带渗透率极低，甚至为零。其结果是，通过这个损害带阻止钻井液对油层的后续固相和液相损害，消除浸泡时间的影响，并通过一定的强度要求实现消除钻井液的损害。对于射孔完成井来讲，其解除措施基于损害带很薄，可以通过射孔加以解除。

（3）屏蔽式暂堵剂的选择。

BZ34油田沙三段的主要产层的典型孔喉尺寸分布如图2所示，沙三段储集层的孔吼直径主要分布在3.99～22.16μm，孔喉半径均值为12.86μm。

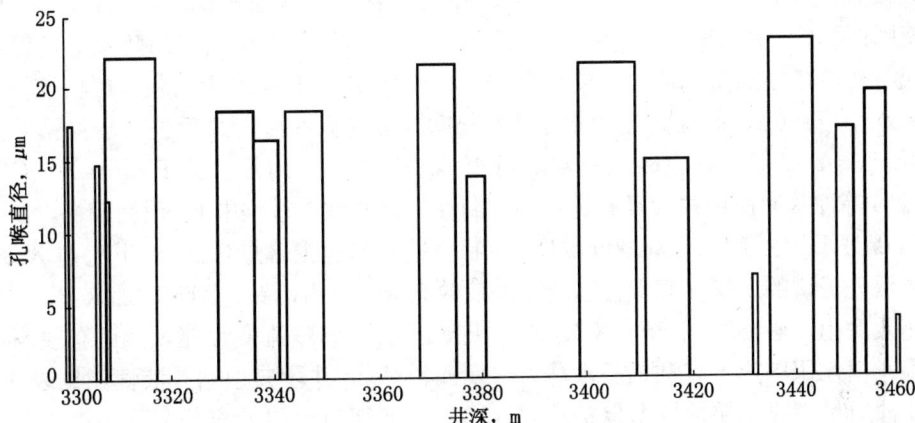

图2　BZ34-2-P1井沙三段储层平均孔喉尺寸沿井深分布图

①架桥粒子和填充粒子的选择。

选用QS-2超细碳酸钙作为BZ34油田北块沙三段的刚性架桥暂堵剂，这种暂堵剂的中值直径达到了14.77μm，与储层的平均孔喉直径匹配较好。QS-2的加量为4%，QS-2中的部分小颗粒和钻井液中的大量膨润土颗粒可以作为屏蔽暂堵的填充颗粒。

②可变形软化暂堵剂的选择。

选用EP-3可变形软化暂堵剂。EP-3暂堵剂选用的材料的软化点为140℃，适合于BZ34油田沙三段油藏的温度。在钻井液中EP-3的加量为3%。

（4）屏蔽暂堵效果的评价。

BZ34-2-P1S井进入油层前对钻井液进行屏蔽式暂堵改造的配方为：原用钻井液+3%EP-3+4%QS-2。通过用岩心进行的暂堵试验及其结果分析得到以下结论。

①在钻井液中加入QS-2和EP-3后，能实现对储集层的快速、有效暂堵。

②压差越大，暂堵效果越好。

③剪切速率越大，暂堵效果越好。

④暂堵强度大于20MPa，可以避免高压差对储集层的损害。

⑤暂堵深度浅（小于3.0cm），完全可以用射孔解堵。

2）成膜保护技术

对非目的层的东营段J沙组油层采用成膜保护技术来保护油层。该技术采用在井浆中加入1%的油层保护剂PF-WD，防止钻井液滤液与油层中流体接触后发生乳化现象，将油水界面分离开来，避免钻井液滤液对油层的污染，达到保护油层的作用。

三、现场钻井液技术

1. 开窗段

本井段采用黏度 45s 以上的膨润土浆钻进,黏度偏低时用 PF－XC－H 提黏,确保钻井液动切力超过 25lbs/100ft²,保证膨润土浆的携带能力。钻进新地层 1.5m 将钻井液转化为 PEM 钻井液体系,7m 后开窗作业结束。

2. 8½in 井段

本井段采用密度 1.32g/cm³ 的 PEM 钻井液开钻,钻井液中的 PF－JLX－C 加量为 5%、KCl 加量 8%,并加入足量的 PF－TEX 及 PF－WLD 等抗高温的防塌剂,保证钻井液在高温下仍具备强的防塌能力。使用 PF－SMP 及 PF－TEMP 等材料,严格控制钻井液的中压失水小于 4mL,高温高压失水小于 15mL,钻进至沙河街组后进一步将钻井液中压失水降低至 3mL 以下,高温高压失水降低至 12mL 以下。用足量的 PF－JLX－C、KCl、PF－PLUS 等抑制剂使钻井液具有优良的抑制性。该井钻进过程中 K⁺ 消耗较快,及时补充加入 KCl 保证 K⁺ 浓度大于 30000mg/L。控制合适的膨润土含量,加入 PF－TEX 及 PF－LUBE 来保证泥饼的质量和润滑性以及钻井液的润滑性,滑动钻进困难时加入 PF－BLA 来降低扭矩及摩阻。必要时用 PF－XC、PF－PAC－HV 调整流变性能,保证有较高的环空黏度和最小的水眼黏度,有利钻头水马力的发挥。8½in 井段典型钻井液性能见表 3。对东营段的 J 沙组采用成膜保护技术保护油层,进入沙河街组油层前充分利用固控设备清除有害固相,进油层前停除泥器及离心机,在沙河街Ⅱ Ⅲ、Ⅳ油组采用屏蔽暂堵技术保护油层。由于该井可能产生的井壁失稳主要是由于物理平衡原因造成的,因此发现井下出现掉块要及时提高钻井液密度,完钻钻井液密度为 1.41g/cm³。该井钻进过程中发生了几次小的井漏,漏速在 12~15m³/h,降低排量并加入 PF－DF－1 处理后基本均可恢复正常钻进。完钻后用 5m³ 稠钻井液清扫井眼,将钻井液比重提高至 1.43,加入 1% 的 PF－LUBE 及 0.5% 的 PF－BLA 进一步提高钻井液的润滑性,垫 8m³ 稠钻井液后起钻,电测沉砂 16m。电测后通井,探井底沉砂 9m,划眼到底后打稠塞 5m³ 携砂,井浆后加入 0.5%PF－DF－1,增强地层抗压程度,防止固井时井漏。起钻前井浆中加入 1%PF－LUBE 和 0.5%PF－BLA 并用稠塞垫底 200m,保证下套管作业顺利。下套管作业顺利,套管下深 3720.41m。固井顺利。

表 3 8½in 井段典型钻井液性能

密度 g/cm³	黏度 s	塑性黏度 mPa·s	动切力 Pa	静切力 (10s/10min) Pa/Pa	中压失水 mL	高温高压失水 mL	膨润土含量 %
1.32~1.43	51~62	25~41	10.1~17.3	4~5/6~14	2.4~4.2	8~13	40~50

3. 屏蔽暂堵油层保护技术的具体施工

(1) 进油层前充分利用固控设备清除钻井液中的有害固相。

(2) 提前调整好钻井液性能,保证高温高压失水量小于 12mL。

(3) 油层段使用 84 目振动筛布,并停除泥器及离心机。

(4) 根据井上实际情况进油层前 25m 按 4%PF－QS－2 和 3%PF－EP－3 的加量加入屏蔽材料,进油层前 3m 加完。

（5）保证钻井液在钻杆处环空返速小于 1.5m/s。

（6）用激光粒度仪监测钻井液的力度分析，及时补充屏蔽材料。

根据 BZ34－2－P1 井测井解释结果，沙三段储层的孔吼直径主要分布在 3.99～22.16μm。从施工中实测粒度分布图（图3、图4为油层段粒度分布图）中可以看出，加入屏蔽暂堵材料后钻井液中 0.1～25μm 的粒子数量大幅度增加，与地层孔隙配伍良好。及时补充油层暂堵剂，保证屏蔽暂堵技术的顺利实施。

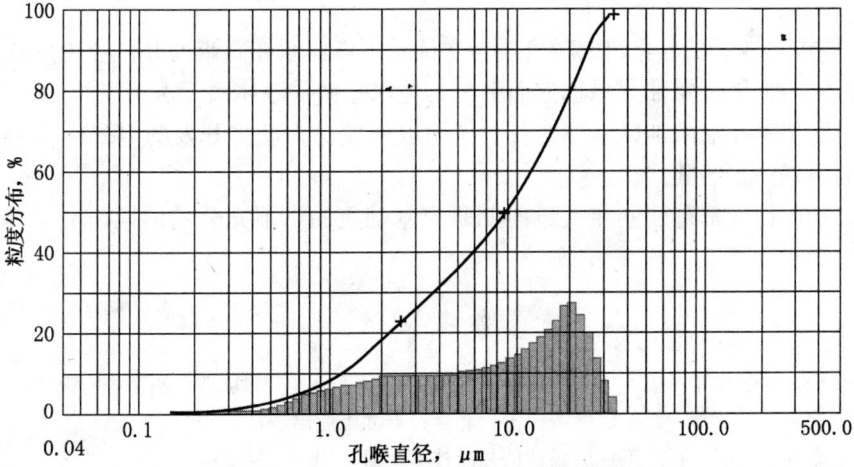

图 3 BZ34－2－P1 井沙三段储集层实测平均孔喉尺寸分布图（屏蔽前）

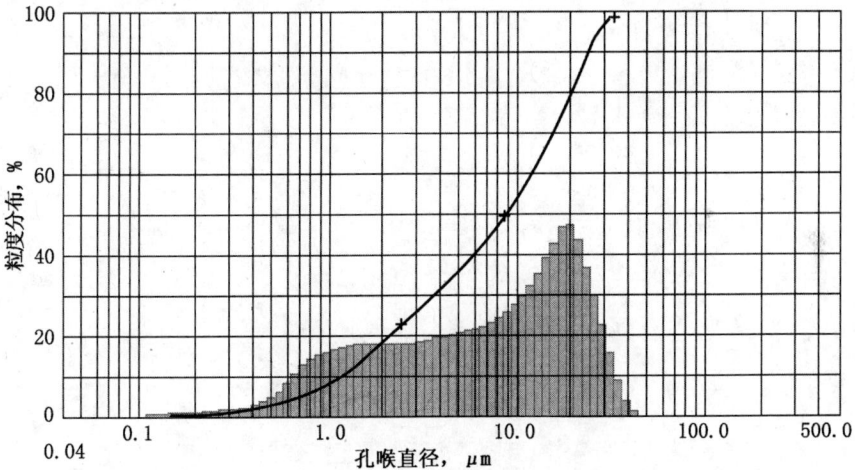

图 4 BZ34－2EP－P1S 井沙三段储集层实测平均孔喉尺寸分布图（屏蔽后）

四、问题与讨论

（1）钻进至沙河街组后出现了几次井漏，漏速均较慢（12～15m³/h）。加入 PF－DF－1 封堵后可恢复正常。建议今后该区块作业在钻进沙河街组时，提前加入 PF－DF－1 来增强地层抗压能力，以降低发生井漏的可能性。

（2）通过对几趟起钻情况的分析，基本可以确定在该区块沙河街组钻开后，合理的钻井液相对密度应为 1.40~1.41，测井及下套管时合理的钻井液相对密度应为 1.43。

（3）本井钻进沙河街组井段时，控制钻井液高温高压失水小于 12，K$^+$ 浓度大于 30000mg/L，取得了较好的效果。建议该区块今后作业严格控制高温高压失水量，建议 KCl 加量为 9%。

五、结 论

PEM 钻井液体系在本井的成功应用再次证明了该体系在高难度井作业中的优势，PEM 钻井液在防塌、抑制性及油层保护方面都是其他水基钻井液体系无法比拟的。

屏蔽暂堵技术在渤海地区深井的首次应用取得成功为即将开发的 BZ25－1 沙河街组油田等深层油田提供了经验。

任何成功的作业都是建立在大量前期研究基础上的，不充分的前期研究总是会带来作业的风险。

参 考 文 献

［1］罗平亚．屏蔽式暂堵技术．两院院士论文集—罗平亚分册．北京：石油工业出版社，1999
［2］张绍槐，罗平亚等．储集层保护技术．北京：石油工业出版社，1993
［3］莫成孝等．北京：石油工业出版社钻井液技术手册，1998

乌参 1 井试油泥浆完井液技术

王书琪　何涛　贺文廷　赵善波　张欢庆　于松法　陈林　李华　蒋太华

（塔指工程技服）

摘　要　乌参 1 井是塔里木油田分公司的一口重点探井，2003 年 9 月 25 日完井后正式转入试油。该井完钻井深 6394m，井底最高温度 127℃，钻井时钻井液最高密度 2.25g/cm³，完井后决定在 6000 多米深的 K 层进行试油测试，测试时密度 2.10g/cm³ 的泥浆完井液在井下静放 15d，密度 1.45g/cm³ 泥浆完井液在井下静放 24d，起钻无阻卡，较好地满足了超深井高温、高压层段长时间静置条件下试油测试对高密度泥浆完井液的要求。

关键词　超深井　泥浆完井液技术　试油

乌参 1 井是塔里木油田分公司的一口重点探井，位于新疆阿克苏地区温宿县境内。2003 年 4 月 28 日取心钻至 6009.93m 发生外溢，中途测试见良好的天然气显示。2004 年 8 月 13 日钻至 6394m 完钻，并对 T_e 层 6264～6394m 裸眼段中测，后注水泥塞至 6200m 封隔。2004 年 9 月 25 日完井正式转入试油，在 K 层测试过程中，密度为 2.10g/cm³ 的泥浆完井液在 6000 多米的井下静放 15d，密度为 1.45g/cm³ 的泥浆完井液在 6000 多米的井下静放 24d，起钻无阻卡，较好满足了超深井高温、高压层段长时间静置条件下试油测试对高密度泥浆完井液的要求。

一、地 质 概 况

（1）地质分层：Q～N₂K～N₁₋₂K～N₁j～E～K～T（未完）。

（2）钻井时油气水显示：

①4696～4698m 钻进中外溢，产盐水 61.86m³/d。

②6009.93m 取心时外溢，产气，因中测时筛管堵，产量不清。

③6272m 钻进中外溢，产盐水 11.3m³/d。

（3）全井主要岩性：泥岩、页岩及砂岩互层，无灰岩和白云岩，未见石膏。

（4）完钻层位：三叠系。

（5）完钻井深：6394m。

（6）井底最高温度：127℃。

（7）地层压力系数：测试层 K 层的压力系数为 1.97。

二、工 程 问 题

1. 基础数据

（1）井身结构：7in 套管 0～5917m，5in 套管 5650～6264m。

(2) 试油层数：K层，共试4层。

(3) 全井容积及所需钻井液量：全井容积108m³ + 地面循环量，共需140～150m³。

2. 试油简况

(1) 第一层：地层K，井段6119～6138m³，测试时间2003年9月26日至10月5日，共9d，测试结果表明该层为盐水层，下机桥至6116m封隔。

(2) 第二层：地层K，井段6081～6087m，测试时间2003年10月6日至11月13日，历时38d。第一次挤酸1.94m³后，压力升高，放喷点火，用密度为2.10g/cm³的钻井液压井，进行第二次测试。射孔放喷无显示，后发现井下工具内外串通，起钻时发现水力矛本体断，落鱼130.96m。打捞后下机桥至6076.40m封隔，进行第三次测试。密度为2.10g/cm³压井重钻井液在井下静置15d。

(3) 第三层：地层K，井段6038.50～6052m，测试时间2003年11月14日至12月13日，测试结果表明该层为油气层。

3. 工程对试油泥浆完井液的要求

试油测试要求泥浆在井下不发生减稠、沉淀或增稠、固化等现象，保证测试数据的获取和解封起钻的安全顺利，对储层损害较小。

三、技术难点

高密度试油泥浆完井液需要在井下高温高压条件下长时间静置且性能稳定。即测试过程中，在120℃左右的高温条件下，高密度试油泥浆完井液在井下静置时不发生减稠、沉淀或增稠、固化等现象，保证测试数据的获取和解封起钻的安全顺利。因此，保证测试点泥浆高温长时间静置时的稳定性是高密度试油泥浆完井液的技术关键。

四、试油泥浆完井液技术

根据具体承担的塔里木油田分公司科研项目《深井超深井水基试油泥浆完井液》的研究成果（试油泥浆完井液对砂岩的渗透率恢复值接近90%），取乌参1井钻井完井液，依据试油施工方案中对试油泥浆完井液密度、抗温性和井下静置时间等方面的要求，做实验，找出将该钻井完井液改造成试油泥浆完井液的配方组成和配制要点等，以指导现场施工。

1. 新浆组成和混合比例的确定

原钻井泥浆性能见表1。

表1　原钻井泥浆性能

测试条件	ρ g/cm³	AV mPa·s	PV mPa·s	YP Pa	Gel Pa/Pa	pH	FL mL	MBT g/L	Cl⁻ mg/L	Ca²⁺ mg/L
35℃	2.17	72	65	7	1.5/7.5	10	2.0	22	5400	380
115℃×17h×35℃	2.18	109	87	22	4.5/14	10	—	—	—	—

注：115℃×17h×35℃是指泥浆在115℃高温下静止放置17h后，再冷却至35℃下测性能。

表中数据表明，密度为2.17g/cm³的原钻井泥浆完井液，在高温后黏切显著增加。

室内按照 120℃，密度 1.45g/cm³ 和 2.10g/cm³ 的基本实验条件和实验要求进行实验，确定新浆的配方组成，测定新浆的性能，确定新浆与钻井完井液的混合比例，改造浆的性能及配制程序。室内改造后泥浆的性能见表 2。

表 2 室内改造浆性能

测试条件	ρ g/cm³	AV mPa·s	PV mPa·s	YP Pa	Gel Pa/Pa	pH 值	FL mL	MBT g/L
35℃	1.45	82	44	38	9/21	10	2.3	69
120℃×16h×35℃	1.46	73	45	28	5/15	9	2.5	—
120℃×11d×35℃	1.46	67	33	14	6/16	8	2.0	—
43℃	2.10	98	46	52	10/30	10	2.0	30
120℃×16h×32℃	2.12	96	80	16	4/13	9	2.2	—
120℃×11d×33℃	2.12	121	95	26	8/18	8	2.0	—

注：120℃×16h×35℃是指泥浆在 120℃高温下静止放置 16h 后，再冷却至 35℃下测性能；120℃×11d×35℃是指泥浆在 120℃高温下静止放置 11d 后，再冷却至 35℃下测性能，其他同。

从表 2 可以看出，室内改造后密度为 1.45g/cm³ 和 2.10g/cm³ 的泥浆，在 120℃高温下静止放置 11d 后性能良好，未发生增稠、固化或减稠、沉淀等现象，满足施工的要求。

2. 现场钻井完井液改造成试油泥浆完井液的配制程序

通过室内的实验，总结出了现场钻井完井液改造成试油泥浆完井液的配制程序，主要内容是：

（1）对完井后的钻井完井液进行全部性能的分析，特别要准确测定出密度、活性膨润土和钻屑含量。

（2）根据钻井完井液膨润土和钻屑的含量，对照将钻井完井液改造成试油完井液的配方组成和性能要求，计算出井浆与新配土浆的混合比例以及新配土浆的优质膨润土含量及密度。

（3）按新浆配制程序配新土浆，除了优质膨润土和加重剂按（1）、（2）两步计算得出的结果加入以外、其他药品的加量不变。

（4）按计算井浆与新配浆的混合比例进行混合，充分搅拌，适当调整性能，使之更好地符合设计要求。

五、现场应用情况

1. 现场试油泥浆完井液的配制

现场严格按照实验室给出的配制程序和性能要求，配制、改造钻井完井液为试油泥浆完井液。

2. 试油泥浆完井液的使用情况

根据密度和所处井下环境来看，试油泥浆完井液在第二层测试和第三层测试中所表现的作用最为明显。下面就该井具有典型意义的密度为 1.45g/cm³ 和 2.10g/cm³ 的试油泥浆完井液，在井下静置时间较长的第二层和第三层的试油施工中的使用情况简述如下：

（1）第二层测试压井用重泥浆性能。

第二层测试压井用重泥浆是在原钻井泥浆的基础上，通过地面改造调整，待性能符合要求后，再泵入井内的泥浆性能见表3。

表3 压井重浆性能

测试条件	ρ g/cm³	AV mPa·s	PV mPa·s	YP Pa	Gel Pa/Pa	pH	FL mL	FL$_{HTHP}$ mL	MBT g/L	Cl⁻ mg/L	Ca²⁺ mg/L
常温	2.10	105	89	16	3.5/17	—	—	—	—	32000	200
127℃×24h	2.11	115	105	10	4/22	—	—	—	—		
127℃×72h	2.11	108	100	8	4/22	—	—	—	—		
127℃×10d	2.12	92	86	6	3/20	—	—	—	—		

注：127℃×24h（72h、10d）是指泥浆在127℃高温下静止放置24h（72h、10d）后，再冷却至常温下测性能。

表中数据表明：密度为2.10g/cm³的压井用重泥浆，在常温或高温静止放置多天后（最长10d）性能良好、稳定。

（2）第三层测试用泥浆性能。

按照基地实验室试验后提供的配制方案，现场进行了实际配制调整，待性能达到要求后，入井使用。泥浆性能见表4。

表4 测试用泥浆性能

测试条件	ρ g/cm³	AV mPa·s	PV mPa·s	YP Pa	Gel Pa/Pa	pH	FL mL	FL$_{HTHP}$ mL	MBT g/L	Cl⁻ mg/L	Ca²⁺ mg/L
常温	1.45	71	52	19	2/12	—	—	—	—	2000	120
120℃×24h	1.46	71	58	13	2/9	—	—	—	—		
120℃×72h	1.46	61	50	11	2.5/8	—	—	—	—		
120℃×10d	1.46	65	55	10	2.5/8	—	—	—	—		
120℃×25d	1.46	61	52	9	2/7	—	—	—	—		

注：127℃×24h（72h、10d、25d）是指泥浆在127℃高温下静止放置24h（72h、10d、25d）后，再冷却至常温下测性能。

表中数据表明：密度为1.45g/cm³测试用泥浆，在常温和高温静止放置多天后（最长25d）性能良好、稳定。

3. 试油泥浆完井液性能变化的跟踪监测

为了较为准确地把握试油泥浆完井液在井下条件下的变化情况，为工程施工提高必要的依据，现场做了试油泥浆完井液高温老化跟踪监测实验。工程人员根据跟踪监测实验结果调整测试时间等，取得了较好的施工效果。

4. 实际应用效果

从以上数据和试油施工情况可以看出，压井和测试所使用的两套泥浆在常温或长时间高温作用后，性能都比较好，能够满足试油施工的需要，具体的使用效果如下所述。

（1）密度为 2.10g/cm³ 的压井用重泥浆的使用效果：2003 年 10 月 15 日用该浆通井至 6113m（机桥下至 6116m），起钻下测试管汇至 6088m。测试失败后，起钻发现水力矛本体断，落鱼 130.96m。至 11 月 6 日下钻对上扣，开泵正常，上提悬重无变化，起钻无阻卡，全部捞获落鱼。落鱼共在井下静放 15d，表明该浆长时间在 6000 多米的井下既未增稠，也没有发生沉淀。

（2）密度为 1.45g/cm³ 的第三层测试用泥浆的使用效果：2003 年 11 月 16 日开始用该浆测试第三层，至 12 月 9 日开 RD 安全阀循环，操作压力正常。该浆在深度为 6000 多米的井下共静放 24d。后续的测试施工情况表明，该泥浆在井下长时间高温作用下，既未增稠，也没有发生沉淀，保证了测试施工的安全。

（3）在井深 6000 多米的条件下应用这两套泥浆，在小井眼（5in）、小钻具（2⅞in）中起钻基本不喷，且该两套泥浆在地面泥浆槽中流动良好、在地面泥浆罐中长时间静放无沉淀。这些情况表明按照该套泥浆技术配制的不同密度（1.45g/cm³ 和 2.10g/cm³）的泥浆，性能长时间良好稳定，完全能够满足超深高温井长时间试油施工的需要。

（4）这两套泥浆是利用原钻井完井液改造而成，减少了泥浆的总体排放量，减轻了对环境的污染。

（5）此套技术充分利用了原钻井完井液，与完全利用清洁盐水相比，节约了成本。

六、结　　论

（1）通过室内实验制定现场施工方案，现场严格按照方案执行，测试施工过程中再进行跟踪监测实验，这一工作方法和程序适合于高密度、高温高压和超深井的试油泥浆完井液，规避了试油施工可能带来的泥浆方面的风险。

（2）该试油泥浆完井液技术经受了 15～24d 井下高温高压条件的考验，不仅完全满足了试油工程的要求，同时也把该泥浆在超深井井下高温高压环境下的静放时间进一步延长。

（3）本文所述的试油泥浆完井液技术在乌参 1 井的实际应用表明，该技术有费用少（与采用清洁盐水相比）、长时间静置性能稳定、抗高温、油保性能好和对环境污染小等优点，适合超深井高温高压气井的试油测试作业，值得进一步推广应用。

肯基亚克油田钻井液技术

范作奇　逯登智　林建强
（青海油田井筒服务公司）

摘　要　西哈萨克斯坦滨里海盆地东缘肯基亚克构造带上的肯基亚克油田，因地质情况极为复杂，喷、漏、塌、卡等复杂事故频繁发生，钻井成功率极低。选用两性离子聚合物（聚磺）钻井液体系及配套技术，克服了大尺寸井眼大段泥岩的造浆、井壁稳定、高密度盐水钻井液的流变性控制、漏喷同层的压力控制等复杂问题。

关键词　聚磺钻井液　高密度　井下复杂

一、引　言

根据哈萨克斯坦肯基亚克油田区域的地层特点，钻井和钻井液工艺可能存在的潜在隐患有以下几方面：

（1）巨厚盐层溶解、塑性变形及硬石膏吸水膨胀所带来的井眼失稳及盐、石膏对钻井液性能的破坏；

（2）斜井段钻具贴靠井壁与高压差引起的压差卡钻；

（3）高密度、高矿化度条件下钻井液流变性调整和大斜度井眼钻屑的携带；

（4）漏喷同层安全密度的控制（防漏、防喷）和油气层保护；

（5）硫化氢对钻具的腐蚀。

鉴于上述问题，要求选用的钻井液体系突出下述技术特性：

（1）强的抗盐、钙能力和良好的抑制性；

（2）优异的润滑防卡能力；

（3）优异的流变特性，避免斜井段岩屑床的形成

（4）合理的颗粒粒级分布，良好的封堵能力；以实现保护油层的屏蔽暂堵功效；

（5）良好的防硫除硫特性及对钻具的防腐；

（6）高密度、高矿化度条件下良好稳定的综合性能，避免钻井液密度的大幅波动诱发漏、喷等复杂情况。

为此，选用具备上述特性的"两性离子聚合物钻井液＋两性离子聚磺（饱和）盐水钻井液"体系。二开前将钻井液转化为含盐量饱和的盐水钻井液，保持下部井径规则，避免盐溶形成"大肚子"井眼。通过在体系中加入封堵防塌剂，增强体系的防塌能力。采用液体润滑防卡剂与固体润滑剂复配使用，强化钻井液的润滑防卡能力。进入油层前采用屏蔽暂堵技术改造井浆为保护油层的钻井完井液。钻井液体系方案见表1。

表 1 钻井液体系方案

井眼尺寸 mm	层位	井段 m	密度 g/cm³	钻井液体系
660.4	Q+K	0～60	1.05～1.12	两性离子聚合物钻井液
444.5	K+J+T₁	60～650	1.05～1.15	两性离子聚合物钻井液
311.1	下二叠 P₁k	650～3781	1.25～1.85	两性离子聚磺饱和盐水钻井液
215.9	下二叠 KT－Ⅰ+ 石灰 KT－Ⅱ	3781～4533	1.92～2.02	两性离子聚磺盐水屏蔽暂堵防卡钻井液

二、施 工 方 案

1. 导管（0～60m）

（1）膨润土浆的配制。

开钻前配制 100m³ 膨润土浆。配方为：100m³ 清水＋700kg 纯碱＋10t 土，充分循环均匀，静置水化 24h。

（2）钻井液预处理。

开钻前，必须对膨润土浆进行预处理。配方为：100m³ 膨润土浆＋0.3％FA－367＋0.3％XY－27。处理方案为：50m³ 清水＋500kg 的 FA－367＋500kg 的 XY－27 与 100m³ 膨润土浆混合。

（3）钻井液维护。

开钻后，用 FA－367 和 XY－27 按 1∶1 的比例配成 1％的浓度复配胶液处理，即：10m³ 清水＋50kg 的 FA－367＋50kg 的 XY－27。

2. 一开（60～650m）

（1）一开钻井液的准备。

导管固井时要做好钻井液的防水泥污染和回收工作，用导管井浆进行一开。

（2）一开钻井液维护。

一开钻井液维护处理的重点是控制地层造浆及保持合适的流变参数。应充分发挥四级固控设备的效能，控制劣土含量，为二开钻井液打下良好的基础，处理上采用等浓度处理法，保持钻井液中各种处理剂的有效浓度，尤其是胶液中的 FA－367 浓度不能低于 0.5％。

胶液配方为：FA－367 与 XY－27 的比例为 1∶1（1％浓度）或 FA－367、XY－27 和 JT－888 的比例为 1∶1∶1（1.5％浓度），即：10m³ 清水＋50kg 的 FA－367＋50kg 的 XY－27，或 10m³ 清水＋50kg 的 FA－367＋50kg 的 XY－27＋50kg 的 JT－888。

3. 二开（650～3781m）

（1）二开饱和盐水钻井液的准备。

二开后，很快就进入下二迭孔谷组盐层，为防止盐层大量溶解、上部泥岩和砂岩地层失去依托而垮塌，二开前应在一开钻井液基础上，加盐将其转化为饱和盐水钻井液，方法是：二开前，下钻到套管鞋处循环钻井液，钻井液总量约为 150m³。在循环过程中加入胶液 30m³，胶液配方为：30m³ 清水＋500kg 的 FA－367＋500kg 的 XY－27＋500kg 的 JT－888。然后通过水力混合漏斗按循环周均匀加入 3％（6t）SMP－2。在此基础上，加盐 35％使钻井液中含盐量达到饱和，加烧碱调整 pH 值，在加盐的过程中如黏度、切力偏低，可干加 JT－888、CMC 护胶，干加 FA－367 提高黏度、切力。注意在转化前必须清理钻井液罐。

二开钻井液配方为：（6％～7％）膨润土＋0.2％纯碱＋0.3％烧碱＋（0.8％～1.0％）FA－367＋（0.5％～0.6％）XY－27＋1％JT－888＋0.5％CMC＋3％SMP－2＋35％NaCl；

转化后应达性能见表2。

表2 转化后钻井液性能

钻井液密度，g/cm³	1.25～1.32	pH 值	7.0～8.0
漏斗黏度，s	60～80	塑性黏度，mPa·s	20～30
屈服值，Pa	8～10	总固含，％	≤20
膨润土含量，g/L	45～55	静切力，Pa/Pa	（1～3）/（3～10）
API滤失量，mL/30min	≤5	Cl⁻含量，mg/L	（17～19）×10⁴

（2）二开钻井液的维护。

二开井段主要为巨厚岩盐层夹石膏层，偶夹陆源碎屑岩，地层基本无造浆性，在钻进过程中钻井液中的黏土颗粒会逐步消耗，同时钻井液中的黏土颗粒受电解质影响，胶体分散性和聚集稳定性被削弱，情况严重时，钻井液失去结构特性，以至难以悬浮加重剂。因此维护处理的重点是保护钻井液中黏土颗粒的胶体稳定性和保持钻井液中黏土颗粒的合适含量，提供钻井液必须的携带和悬浮能力。具体来说应通过保持钻井液中足够的处理剂含量来提高钻井液的抗盐、钙能力，并及时补充水化好的膨润土浆来弥补膨润土颗粒的消耗，保持或提高钻井液密度、切力，保证在需要加重的井段能及时提高钻井液密度，以平衡深部盐层井段的变形压力，顺利钻过下二叠统（P₁）孔谷阶（P₁k）的复杂盐层。

推荐维护处理配方和方法如下。

正常维护：FA－367、XY－27和JT－888的比例为1∶1∶1，2.0％～3.0％浓度复配胶液；

护胶降失水：通过水力漏斗均匀干加JT888、SMP－2和CMC；

提高黏度、切力：通过水力漏斗均匀干加FA－367和CMC；

补充钻井液量：充分预水化的膨润土钻井液（土含量至少10％），加入前用2％SMP－2、1％JT－888护胶预处理；

（3）预水化膨润土浆的储备。

从地质设计（见附表）来看，盐层厚度约为3000m左右，即使不考虑钻井液的正常耗损，仅二开后井眼的填充就需要钻井液体积240m³，因此二开井段需大量补充膨润土钻井液。为此二开前应至少准备100m³膨润土基浆备用（土含量为10％）。配方为：100m³清水＋600kg纯碱＋100kg烧碱＋10t膨润土。加入井浆之前，用3％SMP－2、1％JT－888护胶预处理。

（4）提高钻井液黏度、切力的方法。

在盐层中钻进，易出现钻井液黏度、切力低，加重困难等情况，可采用补充10％预水化土浆（用SMP、JT－888护胶），同时从水力混合漏斗干加0.5％SMP－2、0.2％CMC，0.3％FA－367的方案处理。

在盐层或石膏层钻进，每天应加入适量烧碱和纯碱，以维持合适的pH值和沉除钙离子。

（5）钻井液密度的确定

钻井液密度以能够平衡盐层侧压力为原则，根据井下情况适时提高钻井液密度，但开始加重的井深不应小于2200m；加重前在钻井液中加入2％的润滑剂HY－203以降低摩阻系、改善泥浆润滑性，预防压差卡钻。

4. 三开（3781～4533m）

（1）三开钻井液的准备。

原则上用二开泥浆作三开基浆，但因二开钻井液工作周期较长，膨润土含量高，不能适应三开的高密度钻井液要求，根据二开钻井液情况用适量胶液作稀释处理，以保证三开深井段的钻井液质量。具体方法是：固井后，除套管内钻井液外（约150m³），循环罐内钻井液全部转入储备罐作备用钻井液并清罐，然后配制胶液。

（2）胶液的配制。

三开前配制30～50m³胶液。配方为：30m³清水＋225kg的FA－367＋300kg的XY－27＋225kg的JT－888。

（3）三开钻井液预处理。

按循环周加入胶液，并通过水力混合漏斗干加1～2t的SMP，加重使密度达到1.92g/cm³。按设计要求调整最终的钻井液性能，然后三开。

（4）三开钻井液配方及性能。

①三开钻井液配方为：（3%～4%）膨润土＋（0.2%～0.3%）纯碱＋（0.2%～0.3%）烧碱＋（0.5%～0.75%）FA－367＋（0.6%～0.8%）XY－27＋（0.5%～0.6%）JT－888＋3%SMP－2＋2%EP－1＋3%ZD－1＋（20%～22%）NaCl。

②三开钻井液性能见表3。

表3　三开钻井液性能

钻井液密度，g/cm³	1.92～2.02	pH值	7～9.5
漏斗黏度，s	70～120	塑性黏度，mPa·s	60～80
屈服值，Pa	10～20	总固含,%	≤40
膨润土含量，g/L	30～40	静切力，Pa/Pa	（2～5）/（10～20）
API滤失量，mL/30min	≤4	Cl⁻含量，mg/L	（14～15）×10⁴
HTHP滤失量，mL/30min	≤10	泥饼摩擦系数，K_f	≤0.08

（5）三开钻井液维护。

三开钻井液维护处理的重点是保持钻井液在三高（高密度、高温、高矿化度）条件下良好稳定的性能，包括钻井液的热稳定性、防卡、防塌能力和流变性，避免因钻井液性能的大幅度波动诱发漏、喷、塌等井下复杂事故。要保持钻井液性能的稳定，关键是做好以下工作。

①保持钻井液中含盐量的稳定；

②保持钻井液中各种处理剂浓度的稳定；

③充分高效的使用机械固控设备，减少地层钻屑在钻井液中的积累。

为此三开钻井液必须采用等浓度维护处理法，即加入钻井液中的胶液，其含盐量和主要处理剂的浓度应与钻井液中的含盐量和处理剂浓度相当，尤其是胶液中FA－367的含量应保持在0.5%左右。同时强化振动筛的使用，筛布规格至少为110目或更细。

推荐的维护处理配方为：清水20m³＋40t的NaCl＋100kg的FA－367＋200kg的XY－27＋（100kg的JT－888）＋600kg的SMP－2。

需要特别指出的是，FA－367要连续使用、全井使用，并保持合理的含量。该处理剂既可提高钻井液抑制性、包被钻屑，控制地层造浆，又可调节流型，保持钻井液良好的剪切稀释特性和控制黏土颗粒处于适度的颗粒分布状态，抑制黏土颗粒高温分散引起深井阶段钻井液流变性恶化等。

三、复杂情况的预防及处理

1. 预防压差卡钻

在大斜度定向井施工中，因重力作用钻具易贴靠在井眼下井壁上，形成大面积的接触，在压差作用下极易发生压差卡钻，因此斜井施工对钻井液的防卡能力有极高的要求。本井三开后，钻井液密度高、压差大（约 8MPa）、固相含量高、裸眼井段长，尤其是斜井段较长和井斜角接近水平，压差卡钻的几率极大，能否从钻井液工艺的角度解决压差卡钻问题，关系到本井的成功与否。本井采取液体润滑剂与固体润滑剂复配的方式提高钻井液的润滑防卡能力。具体方法如下。

（1）在直井段钻进，以液体润滑剂为主，加量为 2%。

（2）进入斜井段后，加大液体润滑剂的含量至 4%～6%。

（3）当井斜达到 50°时，采用固体与液体润滑剂复合防卡，即通过水力混合漏斗在钻井液中均匀加入 2% 的固体润滑剂，并每日检测其含量，根据含量变化情况及时补充。或每次起钻前，在裸眼井段注入含固体润滑剂塑料小球 3% 的防卡钻井液。

（4）如全井钻井液加固体润滑剂塑料小球，需换用粗孔筛布，对振动筛的清除效率有一定影响，对除砂器、除泥器、离心机的工作没有影响。为避免固体润滑剂被振动筛清除，保持在钻井液中的含量，加入固体润滑剂之前，振动筛应换用 20 目的筛布。

（5）下油层套管、取心、中途测试等特殊作业时，应强化斜井段钻井液的防卡能力，方法是替入一段含 3% 塑料小球的钻井液封闭裸眼段，提高钻井液防卡能力。

（6）应密切注意钻具提升阻力和钻盘扭矩的变化，如提升阻力特别是钻盘扭矩出现反常的增加，应进一步提高防卡剂的含量。

（7）大斜度井发生卡钻的几率大大高于直井，因此应采取一切有效措施搞好防卡工作。在斜井段、油层段，一旦发生压差卡钻事故，为保持压力平衡，应侵泡密度与钻井液密度相同的解卡剂，避免侵泡原油引起钻井液液柱压力大幅度下降诱发其他复杂事故。

2. 井壁稳定

该区域泥岩较为发育，尤其是三开井段，过去在该地区钻井，井塌现象较为常见，井壁稳定是该井钻井液工艺的重点。本井防塌以抑制性盐水钻井液体系、合理的钻井液密度、封堵防塌剂的使用（2%EP-1、3%ZD-1）与低的钻井液滤失量、尤其是控制低的高温高压滤失量等综合性措施为主。

3. 防喷、防漏、防硫化氢

由于该油田下二叠系及石炭系为异常高压油气层，地层压力与漏失压力接近，钻井液密度安全窗口小，极易造成井喷、井漏同时发生。同时油层中原油和溶解气含剧毒硫化氢气体，在油层井段施工必须要作好防硫除硫工作，具体要求如下。

（1）确定合理的钻井液密度，实现近平衡（正压差）钻井是本井油层段施工的关键。应保证在压稳油气层的条件下施工，钻井液密度控制在高于油气层压力当量系数 0.07～0.10 的范围内，并根据实际施工状况及时调整，既要避免井涌、井喷，又要防止钻井液密度过大压漏地层。

（2）加强对硫化氢报警仪器的观测和对钻井液性能的检测，尤其是注意钻井液 pH 值的变化，pH 值反常的下降，往往是硫化氢污染引起。

（3）进入油层前，在钻井液中加入除硫缓蚀剂 $[2ZnCO_3 \cdot 3Zn(OH)_2]$ 碱式碳酸锌 $0.3\% \sim 0.5\%$，保护钻具免受硫化氢腐蚀。

（4）钻进过程中出现气侵时，应停钻循环观察，开动除气器循环排气，同时加入消泡剂除气，恢复钻井液密度。如循环过程中，井内返出钻井液气侵现象持续存在，应考虑提高钻井液密度。

（5）在油层井段施工，应尽可能保持钻井液密度的稳定。确需加重时，要控制加重速度，并按循环周均匀加重，钻井液密度的上升幅度每循环周一般不超过 $0.02g/cm^3$（特殊情况例外）。避免因钻井液密度过大或不均，造成地层开裂性漏失，继而诱发井喷。

（6）严格控制起下钻速度，避免因井内压力激动诱发井漏、井喷、井塌等井下复杂事故。

（7）起钻灌好钻井液，贯彻及时和等量原则。即起钻时保持连续灌钻井液，灌入钻井液体积与起出钻具体积相符，避免液柱压力下降引起严重的油气侵。

（8）钻开油层前储备钻井液密度为 $2.10g/cm^3$ 的重钻井液 $150m^3$，同时储备重晶石 200t。

四、油层保护

（1）钻开油层前，按地层实际压力调整好钻井液密度，保持近平衡钻井。

（2）维持钻井液中大分子聚合物含量 0.5% 左右，始终保持体系的化学抑制环境，防止泥岩吸水膨胀造成井壁失稳。

（3）严格按设计控制滤失量，进入油层后造成的水缩效应，损害油气层。

（4）据地质预报，进入油层前 50m，在钻井液中加入 4% 酸溶性暂堵剂 ZD-1 和 2% 油溶性暂堵剂 EP-1，并随井深每增加 100m 各补充 1t，使体系具有屏蔽暂堵功能，实现保护油气层的目的。

（5）进入油气层后，保持良好稳定的钻井液性能，保证优质快速钻井的需要，尽量缩短油气层侵泡时间。

五、固相控制措施

（1）按要求使用好配备的四级净化设备。

（2）在不影响钻井液正常性能的情况下，间断地往振动筛上有时间性地喷水，减少包复现象和阻塞效应，提高其处理量。

（3）振动筛筛布的选择，以钻井液在筛布上的覆盖面占筛布的 75% 左右为依据，根据实际情况尽可能选择细目筛布，使用率达到 100%。根据实钻情况来看，三开后泥岩地层较硬，钻屑细，吸水分散性强，对钻井液流变性影响极大。因此三开井段必须使用双振动筛，选用 110 目或更细的筛布，尽可能的筛除钻屑，保持钻井液性能的稳定。

（4）除砂器底流尽可能伞状形喷雾状，杜绝绳流。使用率视密度情况而定，但不能低于 80%。

（5）除泥清洁器要尽早使用。在非加重井段，除泥器的使用率不低于90％，加重井段的使用率不低于70％。

（6）在非加重钻井液期间、泥岩井段，每天坚持开动离心机，其使用率不低于40％。尤其在钻井液加重前，要充分使用离心机清除劣土。

六、结论及认识

（1）两性离子聚合物钻井液和两性离子聚磺（饱和）盐水钻井液体系适合肯基亚克油田的地层。

（2）采用液体和固体润滑剂复配防卡措施，提高了钻井液在大斜度井中的润滑防卡能力。

（3）施工中要强化高密度钻井液的固相控制工作，提高固控设备的使用效率。

附表　肯基亚克油田地质设计

地　层			设计分层		岩性描述	预测地层压力与压力系数
层系	阶	地层代号	底深，m	厚度，m		
白垩系		K	60	60	砂质黏土、砂	
中生界		KJT	730	670	砂岩、粉砂岩与泥岩不等厚互层，底部有20～30m砾岩	
下二叠统（PI）	孔谷组	PIK	3781	3051	大段岩盐层中间偶夹石膏层，底部为泥岩、砂岩与硬石膏互层	压力系数1.20～1.72 压力65MPa
	阿尔琴阶	ＰⅠ－Ⅰ ＰⅠ－Ⅱ ＰⅠ－Ⅲ	4305	524	砂岩、泥岩不等厚互层，底部为一套红色泥岩组成风化壳残积层（30m）覆盖在石炭系之上	压力系数1.82～1.92 压力68.9～83.6MPa
	萨克马尔阶	ＰⅠ－Ⅳ				
	阿舍利阶	ＰⅠ－Ⅴ				
中石炭统（C2）	下巴什基尔阶（C2b1）	KT－Ⅱ	4357	52	生物碎屑灰岩、鲕粒灰岩	

C101 井钻井液工艺技术

许春田　　王再明

（江苏油田钻井处）

摘　要　C101 井是一口深探井，所钻遇复杂地层有大砾石层、芒硝层、石膏层和高压盐水层。该井针对不同井段地层采取用了"三高一适当"钻井液、复合金属离子聚合物钻井液和甲基硅油聚磺重钻井液，并在钻进过程中采取了一些新的工艺，有效保护了长裸眼井壁的稳定并保证了高温高压下钻井液性能的稳定。

关键词　复杂地层　甲基硅油重钻井液　长裸眼　井壁稳定

一、前　言

C101 井位于 JD 盆地 YR 凹陷，设计井深 4700m，地质构造条件复杂，自上而下有大砾石层、强造浆软泥岩层、芒硝层、石膏层、高压盐水层、易垮塌碳质泥岩层和易垮塌红层。这些不稳定地层给钻井工作增加了很大难度，钻井液使用了"三高一适当"钻井液、复合金属两性离子聚合物钻井液、甲基硅油聚磺高密度钻井液和深井金属离子聚磺钻井液等四种体系，保证了钻井、测井及下套管固井等施工的顺利进行。

二、工程地质概况

C101 井于 1997 年 10 月 28 日用 ϕ444.5mm 钻头开钻，至 1998 年 9 月 26 日钻达设计井深 4700m 完钻，全井钻井周期 236d，使用钻头 46 只，其中 ϕ444.5mm 钻头 4 只，ϕ311mm 钻头 33 只，ϕ216mm 钻头 9 只。C101 井所处地层自下而上划分为四段，中下古生界、二叠—侏罗系、下白垩系和新生界地层，自上而下划分为第四系、疏勒系群、白杨河组、柳河庄组、中沟组、下沟组、赤金堡组，目的层为赤金堡组。

三、技术难点

（1）上部地层 0～1500m 含有大砾石，且胶结性差，因此携岩及防漏将是本井段技术难点。

（2）在井深 800～1463m 之间由于存在芒硝层和石膏层及棕红色泥岩，因此要防止钻井液污染和提高地层的抑制性。

（3）由于本井裸眼段长（800～4162m），保证长裸眼段的稳定是本井施工的重要任务。

（4）在井深 3295～3776m 的岩性为棕红色软泥岩，缩径严重，抑制其缩径是本井施工的又一技术难点。

（5）本井下部（3233～3235m、3951～3955m）存在高压盐水层，钻井液密度将高达1.78g/cm³。保证高温高压下高固相钻井液的性能稳定将是本井的另一个技术难点。

四、C101井钻井液技术及现场应用情况

1. "三高一适当"钻井液的应用

该井0～800m岩性主要为砾石层，砾石大、胶结性差，极易发生井漏、垮塌、卡钻等复杂事故。本段使用高膨润土含量、高黏切、高失水、适当密度的"三高一适当"钻井液。

（1）钻井液配方：10％钠膨润土 + 0.2％NaOH + 0.3％CMC（H）+ 2％DF + BaSO₄（加重至1.16g/cm³）。

（2）现场钻井液配制：使用钠膨润土粉15t配制钻井液150m³，水化48h，加入重晶石30t，调整密度至1.16g/cm³，再加入300kg的HV - CMC（H），3t的DF，钻井液黏度滴流，初切9Pa，终切20Pa，中压失水16mL。

（3）维护处理：使用10％NaOH水控制流变性，适当加入HV - CMC。钻进中该段井眼容积大，钻进速度快，加之地层渗漏性强，钻井液消耗量大，定期使用15％预水化好的钠膨润土浆补充钻井液，保持钻井液中的膨润土含量大于10％。每钻进100m补充1％DF，用于防漏。钻井液性能见表1。

表1　0～800m钻井液主要性能

井深，m	密度，g/cm³	黏度，s	静切力，Pa/Pa	API滤失量，mL	膨润土含量，g/L	pH值
0～800	1.16～1.21	滴流～150	(8～13) / (12～29)	9～23	70～90	9～12

（4）应用效果：该井段钻井液膨润土含量高，失水大，在井壁能快速形成修补井壁泥饼，防止了砾石层的垮塌和井漏。钻井液具有较好的悬浮携带能力，该井段钻井液返速仅为0.35～0.4m/s，大块砾石均能有效带出，起下钻畅通无阻。

2. 复合金属两性离子聚合物钻井液应用技术

1）800～1463m钻井液技术

井段800～1463m，岩性以棕红色软泥岩夹砂岩为主，易水化膨胀，易缩径。

（1）钻井液配方：原井浆 + 30％水 + 0.2％PMHA + 0.4％HPAN + 0.5％K - PAN + 0.1％XY - 28。

（2）钻井液转化：井深800m左右，砾石逐渐变细、变少，钻井液适时进行了转化。具体方法如下：转化前，全面清理循环罐内沉砂，配制并混入6％～12％HPAN溶液30m³和0.75％～1％PMHA胶液40m³，降低膨润土含量。再加入0.5％K - PAN，顺利地将钻井液转化为复合金属两性离子聚合物钻井液。

（3）维护处理：

①以0.75％～1％PMHA - II胶液正常维护，保证钻井液内含0.2％～0.3％PMHA。

②用10％～15％K - HPAN胶液控制钻井液的失水，并提供抑制性，其含量达0.5％。

③使用5％～10％XY - 28胶液调整钻井液的流变性。

钻井液性能见表2。

表 2　800～1463m 钻井液性能

井深，m	密度，g/cm³	黏度，s	动塑比	动切力，Pa	静切力，Pa/Pa	稠度指数，mPa·s^n
800～1200	1.20～1.23	58～32	0.41～0.52	8～11	2.5/8	0.51～0.65
1200～1463	1.23～1.25	28～33	0.4～0.55	7～8	2/6	0.4～0.5

（4）井下情况：钻井液转化及时，抑制性大大增强，在该井段钻进过程中，钻井液性能平稳，既保证了大井眼钻井过程中岩屑的携带，又成功地抑制了软泥岩的水化膨胀，防止了缩径；钻井液携带性能好，井壁干净，起下钻畅通无阻，在井深 900m 左右钻遇芒硝层，钻井液黏切、失水均无变化，井深 1463m 起钻电测一次成功。表层固井顺利。

2）1463～3200m 钻井液技术

该区间以棕红色软泥岩为主，夹细砂岩，蒙脱石含量高，地层易造浆，在第三系下部 3094～3240m 有石膏夹层。

（1）二开钻井液的配制：二开前将循环罐内固相积累严重的钻井液全部清理干净，使用优质钠土 5t 配制钻井液 120m³，充分水化 24h 后加入 QS－Ⅱ 计 6t，K－PAN 计 2t，1%PMHA－Ⅱ 溶液 25m³ 进行预处理。处理后钻井液性能见表 3。

表 3　处理后钻井液性能

密度，g/cm³	黏度，s	静切力，Pa/Pa	API 滤失量，mL	动塑比	动切力，Pa
1.07	28	0.5/1	5.6	0.53	9

（2）二开钻井液的维护：该区间大段软泥岩易水化、易造浆、易缩径。因此，在维护处理上着重强调钻井液的抑制性，保持钻井液性能的稳定性，减少无用固相，并注意加强井壁的承压能力，为加重钻井液转化打下良好的基础。

①用 1%～2%PMHA－Ⅱ 溶液进行正常维护，保证钻井液内 PMHA 含量大于 0.3%，以增强钻井液的抑制性和包被能力。

②每钻进 100m 补充 K－HPAN 计 100～300kg，控制钻井液失水 5～6mL，并提供钻井液内 K$^+$ 的含量。

③用 5%～10%XY－28 胶液和 1%PMHA－Ⅱ 胶液加入钻井液中，调整钻井液的流变性。

④配制胶液中，适当加入 NaOH，保证钻井液的弱碱性（pH 值 8～9）。

⑤进入牛胳套组（N_2n）后（井深 2000m），加入 1%FT－1，改善泥饼质量。

⑥加入 0.2%～0.3%HV－CMC 增强泥饼质量。

⑦加入 3%QS－Ⅱ，保证了钻井液粒度合理级配，同时改善泥饼质量，加强井壁的承压能力。

⑧进入弓形山后，加 1%PSC，增强钻井液抗污染能力，并降低失水。

⑨3074m 出现石膏层后，一次性加入 2%PSC、1%JT888，保证了钻井液性能的稳定。

⑩定期使用离心机（每班开 2～4h），保证了钻井液的清洁。

分段钻井液性能见表 4。

表4 该井段钻井液性能

| 井段 | 密度 | 黏度 | API 滤失量/泥饼 | 表观黏度 | 动塑比 | HTHP 滤失量 | 静切力 | pH 值 | 固相含量 |
m	g/cm³	s	mL/mm	mPa·s		mL	Pa/Pa		%
1463~1800	1.14	34	5.8/1	23	0.78	20	1/3	11	0.3
1800~2100	1.16	32	5.6/1	22	0.60	20	1/3	10	0.3
2100~2400	1.18	30	5.8/1	19	0.62	20	1/3.5	9	0.2
2400~2700	1.18	32	5.0/1	24	0.44	19	1.5/5.0	9	0.2
2700~3000	1.17	34	4.8/1	24	0.36	19	1.5/5.0	9	0.2
3000~3200	1.26	40	4.5/1	31	0.43	18	2/5.5	9	0.2

（3）井下情况：通过以上的维护处理，起下钻畅通无遇阻，无挂卡。从测井曲线上看，井眼规则。

3. 甲基硅油聚磺重钻井液应用技术（3200m～4162m）

（1）甲基硅油聚磺重钻井液的室内实验。

聚磺钻井液性能稳定，泥饼质量好，HTHP 失水低，但在密度较高时流变性调节比较困难，润滑性能难以保证。为了增强聚磺重钻井液的润滑防卡性能和抑制性能，调整好重钻井液流动性能，在聚磺重钻井液体系中引入甲基硅油，并就其对重钻井液性能的影响，进行了室内实验。实验结果见表5。

表5 甲基硅油聚磺重钻井液的室内实验数据

| 钻井液 | 密度 | 黏度 | φ300 | φ600 | 静切力 | API 滤失量 | 摩阻系数 | 回收率 |
	g/cm³	s			Pa/Pa	mL		%
基浆	1.86	66	70	113	3/22	3.5	0.1405	55.8
基浆＋2%机油	1.86	73	52	111	3/25	2.7	0.1051	57.0
基浆＋1%甲基硅油	1.86	32	41	74	2/3	3.4	0.1051	70.0
基浆＋2%甲基硅油	1.86	30	39	73	1.5/2	3.0	0.0875	73.0
基浆＋3%甲基硅油	1.86	28	33	63	1.5/2	2.0	0.0875	74.0
基浆＋4%甲基硅油	1.86	27	30	59	1.5/2	2.8	0.0437	80.0

注：回收率所用岩心为 G6-8 井 EF 泥岩

表中可知甲基硅油能有效地降低重钻井液摩阻系数和黏切，对泥岩分散有较好的抑制作用。

（2）甲基硅油聚磺重钻井液的现场使用配方：

金属离子聚合物泥浆＋2%～3%PSC＋1%SMP＋2%～3%FT-1＋1%JT888＋0.5%～0.7%K-PAN＋0.1%～0.2%PMHA-II＋1.5%～2%甲基硅油＋2%～3%QS-II＋加重剂。

（3）复合金属离子聚合物钻井液向甲基硅油重钻井液的转化。

钻进到 3000～3200m 井段，逐步加入 2.5%PSC＋1%JT888＋2%FT-1＋15%钾基硅油＋1%SMP-II＋2%QS-II，加重到 1.28g/cm³，其性能转化见表6。

表6 转化成甲基硅油重钻井液前后性能

| 钻井液 | 井深 | 密度 | 黏度 | API 滤失量 | 动切力 | 动塑比 | 静切力 | pH 值 | HTHP 滤失量 |
	m	g/cm³	s	mL	Pa		Pa/Pa		mL
转化前	3015	1.17	33	5.0	6.5	0.34	2/5.5	9	20
转化后	3244	1.28	42	4.8	10	0.53	2/6	9	15

从表6可以看出，由金属复合离子聚合物钻井液，转化为甲基硅油聚磺重钻井液后，钻井液的HTHP失水显著降低，携带能力明显增强。

（4）维护和处理：

①正常钻进时以5％PSC碱液和5％FCLS碱液调整钻井液的流变性，保证钻井液的漏斗黏度在55～75s之间。

②加入1％～2％PMHA-II胶液，保持钻井液内含0.2％～0.3％PMHA。

③加入PMHA增黏时，用5％～10％XY-28提高钻井液的抗污染能力。3300m后钻井液的API失水小于4.5mL，HTHP失水保持11～15mL之间。

④用SMP-II、HPAN、K-PAN、JT888配合降低钻井液的失水。

⑤钻井液密度达1.40g/cm³后，每钻进300m，补充1％钾基硅油，降低泥饼摩擦系数，提高钻井液抑制性。

⑥井深3600m后，适当加入红矾，保证了钻井液性能的稳定。

⑦钻井液内保持FT-1含量2％～3％，并配合用3％QS-II，增强泥饼质量，保证了井下安全。

⑧定期补充预水膨润土浆，保证了钻井液性能的活度。

⑨坚持用好双除和离心机，保证了钻井液性能的稳定。

分段钻井液性能见表7。

表7　该井段钻井液性能

井段 m	密度 g/cm³	黏度 s	API滤失量 mL	动切力 Pa	动塑比	HTHP滤失量/泥饼 mL/mm	膨润土含量 g/L	pH值	Cl⁻ mg/L
3200～3240	1.25～1.27	48～54	5	11～14	0.51～0.53	15	51	9.5	1809～1847
3240～3297	1.47～1.49	55～59	4.8～5.0	10～13	0.47～0.50	15	48	9.5	15000～21000
3297～3809	1.54～1.57	60～62	4.5～4.8	12～15	0.50～0.54	15	43	10	14300～18500
3809～4162	1.60～1.65	65～69	4.5	12～16	0.49～0.51	14～15	41	10.5	13400～14800

（5）井下情况：通过以上处理，安全钻穿高压盐水层，易垮塌碳质泥岩层和易垮塌红层，起下钻畅通，测井、下套管固井顺利。

4. 深井金属复合离子聚磺钻井液的使用（4162～4700m）

（1）所用钻井液的组成配方：

7％钠膨润土＋0.2％PMHA-II＋3％～4％FT-1＋4％QS-II＋2％PSC＋1％K-PAN＋2％SMP。

（2）三开钻井液的处理。

①三开前排放掉原来（1.68g/cm³）的钻井液，将循环系统全部清干净后，按以上配方配制130m³新浆，调整井浆性能达到表8的设计要求。

表8　三开前调整好的钻井液性能

密度 g/cm³	黏度 s	API滤失量 mL	HTHP滤失量 mL	静切力 Pa/Pa	pH值	含砂 ％	塑性黏度 mPa·s	动切力 Pa	动塑比
1.18	34	4	11	2.5/5	11	0.2％	32	8	0.25

②三开钻井后，由于钻井液密度由 1.68g/cm³ 降到 1.18g/cm³，加上技术套管座在易塌泥岩段（地层压力系数 1.30～1.31），钻井液液柱压力与地层压力存在明显负压，致使钻井过程中出现严重的垮塌。采用加大防塌处理剂的量（FT-1 由 3% 上升到 4%、SMP 由 2% 上升到 2.5%），提高泥饼质量，同时适当逐步提高钻井液密度（1.18→1.20→1.22→1.24→1.25g/cm³）。

③正常钻井时，每钻井 100m，补充 FT 计 1～2t、K-HPAN 计 1～2t、PSC 计 1～2t、SMP 计 1t，控制钻井液的失水。

④加入 1%PMHA-Ⅱ胶液，提高钻井液的抑制能力。

⑤配制处理剂时，均以弱碱性为主，从而保证了钻井液性能稳定。

分段钻井液性能见表 9。

表 9　4163～4700m 钻井液性能

井段 m	密度 g/cm³	漏斗黏度 s	API 滤失量 mL	静切力 Pa/Pa	表观黏度 mPa·s	稠度系数 mPa·sⁿ	HTHP 滤失量 mL	pH 值
4162～4192	1.18～1.20	35～60	4～3.4	2/4 4/7	30～35	0.25～0.4	10～11	10～11
4192～4320	1.20～1.25	60～80	3.4～2.8	3.5/9 15/26	35～50	0.5～1.3	10～11	11
4320～4700	1.25～1.26	60～80	3～2.8		45～20	1～1.3	10～11	11

（3）井下情况：通过以上处理，起下钻畅通，测井、下套管固井顺利。

五、复杂情况下的钻井液处理

1. 井深 900m 芒硝层的处理

砾石层钻完，进入牛胳套层风化面上，遇到 21m 芒硝层。通过处理加入 KPAN 计 1.7t、PMHA 计 0.8t、XY-28 计 0.3t、HPAN 计 1.7t 钻井液性能稳定，起下钻畅通无阻。

2. 井深 3074m（白洋河风化面）石膏层的处理

在进入白洋河前，对钻井液进行了预处理，加入了 2%PSC 和 1%JT888，因此，打入风化面上的石膏层后，钻井液性能变化不大。只加入少量 FCLS 碱液并配合用纯碱（0.4t）后，顺利钻穿石膏层。钻穿石膏层前后钻井液性能见表 10。

表 10　钻穿石膏层前后钻井液性能

钻井液	密度 g/cm³	漏斗黏度 s	API 滤失量/泥饼 mL/mm	表观黏度 mPa·s	动塑比	HTHP 滤失量 mL	静切力 Pa/Pa	pH 值	含砂 %
膏层前	1.28	34	4.5/1	27	0.358	18	2/6	9	0.2
膏层后	1.29	35	4.5/1	27	0.300	18	2/2.5	9	0.2

3. 四次出水的钻井液处理

四次出水前后钻井液性能见表 11。

表 11　四次出水前后的钻井液性能

性能 井段，m	密度 g/cm³	漏斗黏度 s	API 滤失量/泥饼 mL/mm	表观黏度 mPa·s	动切力	HTHP 滤失量 mL	静切力 Pa/Pa	pH 值	BaSO₄ t	Cl⁻ mg/L
3197~3223	1.16	32	5.0	22	0.29	18	1.5/5	9		1085
	1.25	34	4.5	27	0.29	15	2/5.5	9	80	1809
3240~3242	1.27	56	4.5	31	0.40	15	2/5.5	9		1847
	1.47	70	4.6	43	0.55	14	5/11	9	155	21000
3296~3310	1.48	69	4.6	57	0.63	14	6/15	9.5		15917
	1.54	61	4.6	47	0.62	14	5/12	9.5	44	19718
3809~3813	1.54	67	4.3	47	0.74	11	7/13	9.5		13365
	1.65	77	4.2	49	0.75	11	8/16	9.5	52	14088

备注：溢流量为 $0.6~2m^3/h$，为高压低渗水层

从表 11 可见，每次出水都伴随着钻井液性能变化（失水增大、Cl^- 上升）。因此在每次处理前，先加入 2%FT－1、2%QS－Ⅱ、2%PSC 和适量 KPAN、SMP 进行护胶后再加入硅油和 FCLS 碱液调整流变性，然后再加重，每循环周加重幅度为 $0.03g/cm^3$。该井段虽然发生溢流，但处理以快制胜，起下钻均正常。

4. 井深 3295~3776.26m 之间钻遇"红层"的处理

在 3295~3776.26m 之间钻遇"红层"，其中在 3295~3296m、3341~3343.5 m、3714~3776.26m 缩径非常严重，上提接单根后下放不到底。处理上加入 FT－1 计 6t、重晶石 45t、HPAN 计 1t、钻井液密度由 $1.51g/cm^3$ 提到 $1.54g/cm^3$，钻井工程中采用加压划眼（20~25t 钻压），使红层缩径问题得以解决。

5. 三开 K_1g 地层垮塌处理（4162~4192m）

三开钻井后，根据钻井工程设计，钻井液密度由 $1.68g/cm^3$ 降至 $1.18g/cm^3$，采用了换新浆方式，同时，ϕ311mm 井眼中下 ϕ244.5mm 套管座在高压易垮塌泥岩地层，因而在三开钻井过程中，出现严重的垮塌。提高护胶剂的加量（2%SMP、3%PSC、4%FT－1），同时加入 0.2%PMHA，密度由 $1.18g/cm^3$ 逐步提高至 $1.25g/cm^3$（1.20→1.22→1.23→1.24→$1.25g/cm^3$），井下正常。钻井液性能及处理情况见表 12。

表 12　三开复杂时钻井液性能及处理情况

性能 过程	钻井液性能						加入处理剂	处理措施	收到效果
	密度 g/cm³	黏度 s	滤失量 mL	稠度系数 mPa·s	静切力 Pa/Pa	pH 值			
复杂前	1.18	42	3.7	0.45	2/6	11			
处理复杂时性能	1.18 ↓ 1.20 ↓ 1.22 ↓ 1.25 ↓ 1.26	42 ↓ 60 ↓ 80	3.7 ↓ 2.8 ↓ 3.0	0.7 ↓ 0.9	2/6 ↓ 7/20	11	FT－1，14t KPAN，6t JT888，1t QS－Ⅱ，26t PMHA－Ⅱ，0.6t SMP，1t CMC（M），0.8t CMC（H），0.75t 铁矿粉，15t	加重后密度逐步达到 1.26g/cm³ 加抑制剂增强泥浆抑制防塌能力 下套管对套管鞋处泥浆除气 反复划眼	恢复正常

六、油气层保护工作

1. 合理的钻井液密度的选择

三开钻井后，根据甲方地质设计、工程设计和现场压力监测值，钻井液密度本着近平衡和平衡的目前去实施。特别是在打开了 4255～4257m 油气后，气测显示活跃，每趟起下钻（静止 9～25h）后，后效油气上窜速度最高达 134m/h，钻井液密度由 1.26g/cm³ 降至 0.96g/cm³，黏度由 70s 上升至滴流，气柱在泥浆槽面上翻的情况下，保证了井下的安全钻井。钻井液密度始终保持在 1.26g/cm³ 以内（而邻井同期为 1.35g/cm³）。

2. 新型屏蔽暂堵技术的应用

钻开油气层后，全井眼内禁止加入任何酸不溶的纤维状材料，只在钻井液内加入可溶性 QS-II、FT-1、SMP、PSC 等堵塞地层裂缝，提高钻井液泥饼质量，保证了井下安全和减少了油层的损害。

3. 可溶性加重材料的选择

三开打开油气层之后，为了发现和保护好油气层，本着既满足钻井工程的需要选择钻井液加重剂，同时还要不污染油层。因此，选用 QS-II 作为正常维护钻井用加重材料，而铁矿粉（密度 4.3g/cm³）做为压井用加重材料备用。

七、结　论

（1）砾石层钻进，所用"三高一适当"钻井液的关键在于高膨润土含量。

（2）高压盐水层钻进，钻井液的处理要点在于地层水层位置搞清楚之后及时压稳水层，强化高密度钻井液抑制性、润滑性和优化流变性，而甲基硅油能较好地满足这方面的要求。

（3）负压钻进虽然是解放油层的重要手段，但危险性大、成本高。

（4）高密度钻井液的成功应用，为我国油田在古生界等高压油气井的施工和走向国际、国内钻井市场提供了经验。

（5）全井各井段所使用的钻井液体系较好地满足于 C101 井地层的状况，全井事故率为 0，复杂率 1.29%（邻井事故率 5.02%，复杂率 7.41%），电测成功率 100%，与邻井相比钻井周期减少近 100d。

参 考 文 献

[1] 徐同台，陈乐高，罗平亚. 深井泥浆. 北京：石油工业出版社，1994

塔河油田深井巨厚盐膏层钻井液技术

刘贵传[1]　王悦坚[2]　靳书波[2]　石秉忠[1]

（1. 中国石化石油勘探开发研究院石油钻井研究所；2. 中石化西北分公司）

摘　要　本文详细介绍了塔河油田深井巨厚盐膏盐的钻井液技术，在实践中总结了许多经验，如承压堵漏作业采用有针对性的全裸眼堵漏，欠饱和盐水钻井液转换是钻盐膏层前的一项关键技术，应争取一次转换成功等。这些经验值得其他同类地区借鉴。

关键词　盐膏层　塑性蠕变　垮塌　承压堵漏

一、地 质 概 况

新疆塔里木盆地是中国石化重点勘探地区之一，2002 年末在塔里大盆地塔河油田先后布 3 口盐膏层井，即 S105 井、S106 井和 S107 井。以 S105 井为例，该井是位于塔河油田沙雅隆起 7 号构造上的一口膏盐层深探井，其盐膏层位于石炭系巴楚组，属于滨海相沉积，经历了海浸、海退过程后而沉积形成了一套纯净的盐膏层。其主要地质特征为盐岩，纯而厚，埋藏深度大。根据电测井数据及录井资料分析，最有可能发生漏失层位为：3000～3100m、3700～4335m、4455～4587m 等物性较好的砂岩层以及 4689～4690m 的地质不整合面，底部 5085～5100m 的双峰灰岩。盐膏层井段 5098～5360m，层厚 262m，以 NaCl 为主，顶部含膏，局部夹泥岩薄层。盐层平均蠕动速率 0.51mm/h。盐上裸眼井段 3000～5098m，分别为第三系、侏罗系、二叠系、石炭系地层，岩性为砂泥岩互层。

二、盐膏层钻井中存在的复杂问题

巨厚盐层是油气储层很好的盖层，大量的油气资源可能在盐下，因此盐下油气的开发也将是今后 10 年勘探的重点之一。巨厚盐膏层钻井技术是当今钻井工程中重大难题之一，胜利油田、中原油田以及新疆塔里木等已先后施工钻遇膏盐层、盐膏层达百口以上；由于盐膏层的塑性蠕变、非均质性、含盐泥岩的垮塌等地质因素，且上下压力系统的明显不同，钻井施工过程中常常引起卡钻、埋钻、套管挤坏、固井管外水泥被挤走等工程事故，施工作业风险极大。如塔河地区前期施工的沙 10 井、乡 1 井、沙 98 井等井，不同程度地发生了卡钻、埋钻、井漏、挤坏套管、固井后管外水泥被挤走等工程事故，无法钻达设计井深或中途报废，造成了很大的经济损失。

三、钻井液密度选择及技术难点

1. 钻井液密度确定

根据以往该构造盐膏层井钻井的实践及该地区存在不同上、下压力系统，尤其是盐膏层与盐下泥岩井段不能在同一井段。通过优化设计，S105 井井身结构确定为五级井身结构，即：26in×300m + 17½in×3000m + 12¼in×5403m + 8½in×5860m + 5⅞in×6225m，盐膏层段 5105～5360m 采用 250.8mm 高抗挤、高强度套管。

针对已确定的井身结构，选择高钻井液密度对盐膏层钻井固然有利，但盐上长裸眼、低压薄弱地层井段必将出现井漏等复杂情况，而过低的钻井液密度又无法抵抗膏盐层的塑性流动。为此，选择井眼收缩率中值（0.5mm/h 左右），由此确定的钻井液密度为 1.65～1.70g/cm³。而该密度值必须由欠饱和盐水钻井液技术来保障，着重控制好钻井液 Cl^-，以抵消膏盐层的塑性蠕变。

2. 技术难点

（1）盐上裸眼井段承压堵漏作业。由于井身结构的原因，本井段存在多套压力系统，打开巴楚组盐膏层时钻井液密度高达 1.65～1.70g/cm³，如果不对盐上裸眼井段进行先期承压堵漏，上部低压薄弱地层产生漏失将不可避免，后果将非常严重。因此，考虑到上部地层的承压能力，打开盐膏层时必须对 ϕ311.15mm 裸眼井段进行承压能力试验及堵漏，使地层的承压能力达 1.72g/cm³ 以上。但漏失层位不明确，是长裸眼堵漏技术难点之一。

（2）欠饱和盐水钻井液转换。为顺利揭开盐膏层并完成下套管固井作业，揭开盐膏层前必须及时将原聚磺钻井液转换为欠饱和盐水钻井液。欠饱和盐水钻井液转换是盐膏层钻进的基础，也是盐膏层钻井液技术关键点之一。

（3）盐膏层井段钻井液维护与处理。尤其是欠饱和盐水钻井液 Cl^- 控制，润滑性、流变性等综合性能的调控技术。

四、盐膏层钻井液技术

1. 3000～5100m 井段承压堵漏作业

根据设计要求，在打开巴楚组（设计深度 5117～5464m）的盐膏层以后，钻井液密度高达 1.65～1.70g/cm³，考虑到同井眼上部薄弱地层的承压能力，必须对 ϕ311.15mm 裸眼井段进行承压能力试验。

1）井内状况

（1）承压堵漏前井浆性能。

钻井液性能为：密度 1.29g/cm³，黏度 65s，API 失水 5.5mL，pH 值 9，HTHP 失水 14mL。井内钻井液 410m³，其中裸眼段钻井液 170m³。

（2）地层简述。

根据电测井数据及录井资料分析，目前井深 5100m，层位 C_1b。最有可能发生漏失层位是 3000～3100m、3700～4335m、4455～4587m 等物性较好的砂岩层以及 4689～4690m 的地质不整合面，底部 5085～5100m 的双峰灰岩。

2）盐膏层上部裸眼井段承压堵漏作业程序

（1）钻至井深约 5100m 处，起钻去掉钻头水眼后下钻到底，将井浆加重至 1.40g/cm³，充分循环均匀，做好替堵漏浆准备。

（2）根据电测井数据及录井资料分析，找出可能发生漏失层位，分别配制相应复合堵漏浆，并将堵漏浆泵入层位相应上方。典型堵漏浆配方为：井浆 + (15～25)kg/m³ PB－1 + (15～25)kg/m³ 云母 + (20～25)kg/m³ SQD－98 + (0.5～1)kg/m³ AT－1 + (10～20)kg/m³

膨润土。

（3）提钻至 2000m，检查井口，准备打压。

（4）试压。按井底（5100m）1.72g/cm³ 的当量密度计算，采用 1.40g/cm³ 的钻井液须在井口加 17MPa 的回压，试压分步进行。

①关井后，小排量（15～20 冲/min）憋压。首次试压时井口加回压 8MPa，静止憋压，当井口压力低于 5MPa 时，继续加至 8MPa，直至 1h 后的压力不低于 6～7MPa；

②第二次试压，将井口压力打至 10MPa，静止憋压，直至能稳压 1h（稳压值 8MPa 左右）；此后，按此方法逐步提高井口压力，每 4～8h 进行一次，增压幅度为 1～2MPa，直至将井口压力打至约 17MPa 左右，最后稳压于 16.3MPa。

3）堵漏结果

按试压程序，先后向井内相应层位井筒注入堵漏浆共 246m³。根据稳压情况，以小排量（15～20 冲/min）向井内憋挤堵漏浆，共憋漏 71.43m³。最后稳压于 16.3MPa，井底当量密度已达 1.75g/cm³，满足设计要求。

2. S105 井盐膏层钻井液体系选择

由于井身结构所限，选择中等钻井液密度，即井眼收缩率取中值，钻进过程中必然出现一定的膏盐层塑性流动，工程上表现为缩径。若选择饱和或超饱和盐水钻井液体系，难以解决缩径等卡钻问题。钻井液体系的选择上，通过大量的室内实验研究，运用化学抑制、物理封堵配合使用新型的钻井液材料的方法，形成了一套针对性强的聚磺欠饱和盐水钻井液体系。通过控制盐岩溶解速率，实现盐岩蠕变与溶解的动态平衡，采用硅酸盐处理剂/KCl 抑制膏盐对钻井液的性能影响，提高钻井液的抑制性和抗污染能力，从而解决缩径卡钻难题。钻井液中 Cl⁻ 含量控制非常重要，过低容易出现"大肚子"井段，过高无法有效溶解井壁盐岩。根据试验测定的该构造盐膏层井眼收缩率与盐岩溶解速率规律，欠饱和盐水钻井液中 Cl⁻ 含量控制在 160000～175000mg/L 为宜。

（1）欠饱和盐水钻井液转换小型实验。

根据欠饱和盐水钻井液转换设计要求及井浆情况，分别配制胶液 1、胶液 2 两种胶液。其中胶液 1 配方：6%SMP-2+5%SPC+0.2%KPAM+0.1%AT-1，胶液 2 配方：6%SMP-2+5%SPC+1%CMC+2%SPNP-2+NaOH。分别按井浆与胶液之比为（3:1）～（1:1）混合后，加 26%NaCl 及加重剂进行转换小型实验，实验结果选择 4# 配方，详见实验数据表 1。

表1　欠饱和盐水钻井液转换小型实验数据表

序号	实验配方	钻井液性能								
		密度 g/cm³	表观黏度 mPa·s	塑性黏度 mPa·s	动切力 Pa	API滤失量 mL	HTHP滤失量 mL	静切力 Pa/Pa	pH值	Cl⁻
1#	井浆	1.30	31	20	11	6	15	5/14	9	5120
2#	胶液1+井浆（1:1）	—	37	28	9	7	18	—	—	
	+26%NaCl+NaOH		24	25	4	7	23			160000
	+加重剂	—								
3#	胶液2+井浆（1:1）	1.16	36.5	26	10.5	4.8	13			
	+26%NaCl+NaOH	1.20	26.5	21	5.5	3.6	18		8	160000
	+加重剂	1.68	40.5	39	1.5	4.2	17		8.5	

序号	实验配方	钻井液性能								
		密度 g/cm³	表观黏度 mPa·s	塑性黏度 mPa·s	动切力 Pa	API滤失量 mL	HTHP滤失量 mL	静切力 Pa/Pa	pH值	Cl⁻
4#	胶液2+井浆（1:2）	1.21	31.5	22	9.5	5.5	14	—	9	—
	+26%NaCl+NaOH	1.25	27.5	22	5.5	5.6	18	—	—	160000
	+加重剂	1.68	51.5	44	7.5	5.6	18	5/17	8.5	
5#	胶液2+井浆（1:3）		31	21	10	6	15	—		
	+26%NaCl+NaOH		26	18	8	6.5	21	—		160000
	+加重剂	1.65	44	36	8	6				
6#	胶液2+井浆（3:5）		36	26	10	4.6	14			
	+26%NaCl		30	25	5	4.5	17			160000
	+加重剂	1.67	50	45	5	4.5	17			
7#	4#井加温120℃，16h	1.68	51	44	7	5.6	18	5/14	8	

实验结果：采用胶液2配制的4#配方为可行方案。

（2）欠饱和盐水钻井液转换。

①根据欠饱和盐水钻井液转换小型实验结果，选择6#配方进行转换，即按井浆与胶液之比为2:1的比例混合后，加26%NaCl及加重剂。胶液配方为：井场水＋6%SMP-2＋5%SPC＋1%CMC＋2%SPNP-2＋NaOH。

②承压堵漏试验完成后，下钻到底充分循环钻井液，循环期间对钻井液进行固相清除等技术处理，视情况放掉部分钻井液。

③提钻至13⅜in套管鞋处，首先将地面及套管内的原钻井液约300m³进行转换，配制150m³胶液，按2:1（原浆:胶液）混合均匀（边循环边混入胶液），且性能满足要求后，连续均匀干加25%NaCl和3%KCl，密度1.37g/cm³，充分循环。

④下钻至井底，地面配制约40m³胶液，循环钻井液，将替出的裸眼段内约80m³原钻井液继续进行转换，方法同上。

⑤加盐完毕后，充分循环直至性能均匀，此时密度1.37g/cm³，循环均匀加重至密度1.67g/cm³。

转换完并充分循环均匀后，钻井液性能：密度1.67g/cm³、漏斗黏度74s、塑性黏度33mPa·s、动切力10Pa、静切力2/8 Pa/Pa、API滤失量6mL、泥饼0.5mm、pH值8.5、HTHP滤失量17mL、膨润土含量32.7kg/m³、固含23%、Cl⁻含量165000mg/L、摩阻系数0.09，满足钻井液设计要求。

3. 盐膏层钻井液维护与处理

1）盐膏层钻进钻井液技术措施

（1）进入盐膏层前（5100m前后），采用先期堵漏技术将地层的承压能力提至1.75g/cm³当量钻井液密度以上，以确保盐膏层钻井、固井作业的顺利进行。

（2）严格遵循盐膏层钻井液转换程序，将井内所有钻井液完全转换成为聚磺欠饱和盐水钻井液体系后，再进行下部井段的钻进作业。

（3）在盐膏层钻进过程中，一是要注意严格按配方和性能要求补充加足各种处理剂，尤其要保持适当的膨润土含量值，钻井液处理剂应以胶液的方式按循环周均匀加入 SMP-2、SPC、SPNP-2、CXP-2 等，确保性能稳定，防止钻井液性能波动。

（4）补充胶液过程中应注意密度变化，及时补充加重材料，以维持钻井液密度在 1.65～1.70g/cm³。钻井过程中应随时调整钻井液密度，在保证井眼稳定的前提下，钻井液密度应尽可能取其最小值，以能平衡盐层蠕动为原则。钻进时先用 1.65g/cm³ 的密度，如作业中发生有下钻遇阻现象应适当提高密度，并密切观察，以获得尽可能合理的平衡密度值。

（5）不定期加入 YK-H 和 GR-1 等，提高泥饼润滑性，保证井下安全。

（6）钻进过程中，注意监测 Cl⁻ 含量，合理补充胶液，保持 Cl⁻ 含量 160000～175000mg/L。

（7）定期加入 KCl，使 KCl 浓度保持在 3‰～5‰以内。

（8）适当加入 K₂SiO₃，配合纯碱控制 Ca²⁺，注意 K₂SiO₃ 的加入一定要用细水长流的方式，不可一次加入量过多。

（9）由于本井段井眼大、裸眼长，黏切的控制成为重中之重，为避免黏土过度分散形成恶性循环，使性能失控，尽可能少使用强分散剂和稀释剂。在钻进维护中直接用处理剂胶液控制黏切，中完作业时可配合使用稀释剂调整。

（10）加强固控设备的使用，把钻井液中劣质固相含量控制在最低范围，最大限度减轻工作压力，维持性能稳定。在高密度条件下，离心机不宜多用，除砂器除泥器的使用效率低，固相控制难度较大。因此必须充分使用好泥浆振动筛等固孔设备，盐膏层段振动筛布更换为 100～140 目。

（11）由于本井段密度较大，钻井液还必须充分调整润滑性，防止黏附卡钻，由于井段较深还必须加足抗温、抗盐处理剂，保持适当的滤失量和优质的造壁性能。

（12）盐水钻井液，应注意钻井液 pH 值的变化，及时补充碱液。

（13）高密度条件下处理钻井液，尤其大型处理必须以实验数据为依据。

（14）钻进过程中应密切检测钻井液的量，及时发现井漏现象，现场要储备一定量的堵漏材料。

2）对钻井工艺技术措施要求

严格按钻井设计要求，选择合理的钻井参数，控制合理的机械钻速，坚持划眼及短起钻制度，严防盐层卡钻。除按常规操作外，着重坚持以下措施：钻膏盐层时坚持划眼、短起制度，每钻 0.5m 上提 2m 划眼到底，钻进 12h（或更短），短起钻过盐层顶部；控制机械钻速，每米钻时不低于 10min。

3）盐膏层钻井液维护与处理补充胶液的估算

（1）前提条件：①本构造盐膏层以 NaCl 为主，可视为纯盐膏层；②维持钻井液含盐量不变。

（2）补充胶液量原估算。

补充胶液量可近似地用下式表示：

$$V_j = (100\rho_y - x) V_y / x$$

其中，盐层总盐岩量（体积）为：

$$V_y = V_{yz} + V_{yr}$$

而盐岩钻屑量（体积）为：

$$V_{yz} = \pi (DH/2)^2 \times h \times 10^{-6}$$

盐岩蠕变量（体积）为：

$$V_{yr} = \pi \left[(DH/2)^2 - (DH/2 - u_r)^2 \right] \times h \times t \times 10^{-6}$$

式中　　V_j——补充胶液量，m^3；

　　　　V_y——盐层总盐岩量（体积），m^3；

　　　　V_{yx}——盐岩钻屑量，m^3；

　　　　V_{yr}——蠕变量，m^3；

　　　　h——盐膏层厚变，m；

　　　　DH——钻头直径，mm；

　　　　u_r——蠕变速率，mm/h；

　　　　t——时间（钻时），h；

　　　　ρ_y——盐岩密度，g/cm^3；

　　　　x——钻井液中要求的盐含量，％。

另外，还应考虑非钻井时间的溶解增量。

4）井眼稳定技术措施

由于盐膏层使用 1.65～1.70g/cm^3 高密度钻井液钻进，井眼失稳的力学因素可不作重点考虑，主要考虑以下几方面。

（1）由于井段较深，必须加足抗温、抗盐处理剂及磺化沥青类处理剂，保持适当低的滤失量和薄而韧的泥饼，提高钻井液的造壁性能。

（2）定期加入 KCl，K_2SiO_3，提高钻井液的抑制性。

（3）确保性能稳定，防止钻井液性能波动。

（4）控制起下钻速度，防止抽吸波动。

五、盐膏层钻井技术效果

在盐膏层钻井液日常维护与处理过程中，严格执行了钻井液设计的盐膏层井段钻进钻井液技术措施，取得了明显的技术经济效果。

（1）钻井液性能稳定，性能始终控制在设计范围内，既满足了盐膏层钻进，也保证了盐上地层的稳定。盐膏层井段钻井液性能见表2。

表2　S105 井盐膏层钻井液综合性能表

井深 m	钻 井 液 综 合 性 能												
	密度 g/cm^3	漏斗黏度 s	塑性黏度 mPa·s	动切力 Pa	静切力 Pa/Pa	滤失量 mL	pH 值	固含 %	膨润土含量 kg/m^3	HTHP mL	摩阻系数	Cl^- mg/L	Ca^{2+} mg/L
5101	1.67	70	33	9	3/11.5	6	8.5	23	32.7	17	0.06	165190	76
5136	1.67	70	34	11.5	6/13.5	6	8.5	24.6	32.7			164130	
5154	1.68	77	36	14.5	6/14.5	6	8.5	25.1	32.8	17.2		166510	144
5173	1.69	75	35	14.5	5/13.5	6	8.5	24.8	33.4		0.074	166460	98
5207	1.68	57	31	8	2.5/9	6	8.5	25.3	33.2			169146	187
5258	1.69	50	28.5	6.5	2/7	6	8.5	25.7	33.4	17.8		171224	187
5300	1.68	51	29	6	2/6.5	6	8.5	26.5	33.4	16.4	0.08	175362	128
5336	1.67	52	28.5	6.5	2/6	6	8.5	25.6	32.7			171636	153
5362	1.68	58	39	7	2/6	6	8.5	24.8	33.7			172037	161
5378	1.68	50	28	5	2/5	5.8	8.5	25.2	34.1	15.2	0.074	172237	128

（2）井眼无垮塌现象，盐膏层钻进过程顺利，无阻卡现象，三次电测均一次到底，下套管、固井顺利，为钻进、下套管、固井顺利进行提供了技术保障。

（3）方案合理、技术措施得当，大大地降低了钻井液成本，盐膏层钻进钻井液材料费用不足邻井的⅓，详见表3。

表3　盐膏层钻进钻井液成本分析

序号	项　目	钻井液材料费用，10^4 元	
		试验井 S105 井	邻井 S106 井
1	承压堵漏作业	19.0074	96.0815
2	欠饱和盐水钻井液转换	31.4665	77.2700
3	钻进维护	28.0006	100.7069
4	合　计	78.4745	274.0584

六、结论与建议

（1）目前井身结构条件下，承压堵漏作业是钻盐膏层的一项重要基础工作。本井裸眼长、地层复杂性，承压堵漏作业应采用有针对性的全裸眼堵漏，且每次泵入量 10m³ 以内为宜，泵速不宜太高（15～20 冲/min）。配制堵漏浆时，重点考虑颗粒大小兼顾、软硬配合，并有针对性地封堵不同地层。

（2）进行欠饱和盐水钻井液转换是钻盐膏层前的一项关键技术工作，应争取转换一次成功。转换时，应严格按配浆程序及小型实验结果，将原浆与胶液混合均匀，性能满足要求后，再加盐、加重至设计要求。

（3）本井盐膏层钻井液维护与处理，应及时补充胶液，着重控制好钻井液 Cl^-，使 Cl^- 不超过 175000mg/L，以保持钻井液对盐膏层井壁的合理溶解，减小盐膏层蠕变缩径对钻井施工的影响。

（4）及时补充相应钻井液添加剂，控制好钻井液流变性、高温高压失水、润滑性等，并保持性能稳定。

（5）钻井液密度保持在 1.66～1.68g/cm³ 为宜。

（6）钻盐膏层是一项系统工程，除合理选择盐膏层钻井液维护与处理工艺技术外，合理选择盐膏层钻井工艺技术措施也是安全快速钻穿盐膏层的重要技术保证。

（7）为了确保钻井液处于欠饱和状态，减轻盐膏层钻井液维护与处理过程中控制钻井液 Cl^- 的压力，配制欠饱和盐水钻井液时可适当降低 Cl^- 值，使 Cl^- 保持在 155000mg/L 左右，应更为合适。

参 考 文 献

[1] 徐朝仪，董振国．塔北深探井厚膏层蠕动地层钻井技术．钻采工艺，1997，20（1）
[2] 徐同台．各油田盐膏层基本情况及泥浆技术措施．钻井泥浆，1985，2

KL-2井盐膏层及高压气层钻井液技术

肖俊峰[1]　胡金鹏[1]　李剑[1]　何振美　薛建国[2]　王学良
（1. 河南石油勘探局钻井工程公司；2. 河南石油勘探局）

摘　要　本文详细介绍了 KL-2 井盐膏层及高压气层的钻井液技术，实践表明，对于膏盐层的溶蚀和蠕变，钻井液的密度和盐水钻井液的抑制性是关键。

关键词　盐膏层　高压气层　高密度钻井液

克拉 2 号气田为国家"西气东输"主力气田之一，位于塔里木盆地南天山造山带南侧库车坳陷北部克拉苏构造上。KL-2 井位于克拉苏构造东高点，是克拉 2 号气田第一口预探井。

一、地质钻井概况

克拉 2 号构造下第三系库姆格列木群组存 300～800m 厚度不等的复合盐层，下第三系和白垩系有多套高压气层，储层压力系数高、温度高。下第三系底部的砂岩及白垩系砂岩地层兼具孔隙与裂缝双重性质，孔隙压力相对小，具有安全密度窗口小、易喷易漏的特点；白云岩气层裂缝发育，孔隙压力高，安全密度窗口小。

该井设计井深 4100m，设计使用钻井液体系上部为聚合物，中下部为聚磺-KCl 钻井液。表层开钻钻井液密度大于 $1.20g/cm^3$，目的层使用最高钻井液密度 $2.40/cm^3$。全井施工中钻遇高压气层 11 层，发生井漏 17 次，井涌 3 次，卡钻 2 次。由于下部为白垩系渗透性好的厚砂岩，钻井液密度高易发生漏失，密度低易发生井喷，再加上 ϕ244.5mm 套管及井口装置的抗压强度达不到气层所需的压力，决定提前下入 ϕ244.5mm 套管。下部用 ϕ149mm 小井眼钻至 4130m，下入 ϕ127mm 尾管完钻。

二、技术难点

1. 钻遇盐膏层的复杂情况及问题分析

KL-2 井钻井过程中，在井深 3282～3286m、3465～3475m 井段缩径严重，起钻下钻多次遇阻遇卡，重复划限，钻至井深 3501.8m 时，下钻至 3472m 处卡死，4 次浸泡解卡剂无效，造成恶性卡钻事故，报废进尺 402m。

造成阻卡的主要原因有两点：

（1）泥岩的吸水膨胀缩径及软泥岩弹塑性缩径；

（2）硬石膏的吸水膨胀缩径。

2. 钻井中的复杂问题

超高压气层主要在下第三系下部及白垩系，地层岩性为棕褐色膏质白云岩、泥质粉砂岩，下部为较厚泥质粉砂岩、含砾中粗砂岩。钻井中出现很多复杂问题：

一是溢流。该井共进行大型压井 3 次，井深 3526m 时，进行循环压井，压井液密度 2.39～2.40g/cm³；井深 3561.16m 时溢流，压井液密度 2.25g/cm³；井深 3746m 时，下钻至 566m，发生溢流，从环空挤入密度 2.45g/cm³ 的压井液 66m³ 压稳。

二是井漏。井深 3526～4130m 共有漏层 11 处，7 个高压气层均发生漏失，漏速 24～75m³/h，该段发生井漏 17 次（3 次溢漏并存），漏失钻井液总量 554m³（密度 2.09～2.45g/cm³）。具体归纳为下面三点：

（1）高密度钻井液。

高压气层要求使用高密度钻井液。φ216mm 井眼 3533～3539m 为高压气层，地层压力系数为 2.24，采用钻井液密度 2.39～2.40g/cm³，钻井中多次发生溢流和井漏；φ128mm 井眼 3561～3568m、3740～3750m 为高压气层，钻井液密度超过 2.258g/cm³ 时发生井漏，低于 2.22g/cm³ 发生井涌，控制密度 2.22～2.24g/cm³ 钻至 4130m。而下部 3950～4071m 之间仍有 5 个不同压力气层，在此密度下还发生井漏。

（2）压差卡钻。

小井眼厚砂岩段高密度钻井液引起的压差卡钻。φ128mm 井眼使用钻井液密度 2.23～2.25g/cm³。该井段存在渗透性好的含砾砂岩，孔隙度 12%～18%。该井段含有不同的压力层系，易漏，易形成厚泥饼，加之 φ128mm 井眼小，引起压差卡钻矛盾很突出，钻井中只有通过改善泥饼质量和摩阻系数来解决问题。

（3）高密度引起的井漏。

该段在高密度情况下有多个漏层，密度安全窗口小，溢漏并存。采用堵漏剂配成总浓度 10%～15% 加重堵漏浆堵漏。

三、钻井液技术

1. 钻盐膏层的钻井液技术

1）钻井液体系、配方及性能控制

（1）体系：KCl—聚磺钻井液。

（2）配方：基浆（膨润土含量 30g/L）+（0.1%～0.2%）MANl01 + 4%SMP-1 + 2%SPNH + 4%FT-1 + 2%KHAM + 3%～4%MHR-86D + 7%～8%KCl

（3）钻盐膏层的钻井液性能控制范围见表 1。

表 1　钻盐膏层的钻井液性能控制范围

密度 g/cm³	漏斗黏度 s	API 滤失量/泥饼 mL/mm	塑性黏度 mPa·s	动切力 Pa	HTHP 滤失量/泥饼 mL/mm	膨润土含量 g/L	固相含量（体积百分数）%	摩阻系数
1.71～1.80	55～70	2～4/0.5	35～50	10～15	≤8/4	25～30	28～35	≤0.16

2）钻井液技术措施

（1）控制钻井液密度 1.75～1.80g/cm³，平衡地层压力抑制盐岩层、盐膏软泥岩的塑性蠕变和膨胀缩径。

（2）保持钻井液抗盐抗温的稳定性，控制 HTHP 滤失量低于 8mL、泥饼小于 4mm，在盐膏层井壁表面形成封堵能力强、渗透率低、可压缩性好的泥饼，阻止盐膏的溶解和膏泥岩的吸水膨胀。

（3）在钻井液中加入 KCl、KHam、K_2SiO_3，增强钻井液的抑制性。K_2SiO_3 能在石膏泥岩颗粒表面形成惰性保护膜，减缓水化作用，提高了井壁强度。

（4）控制钻井液较好的流变性，环空保持层流。

（5）改善钻井液的润滑性，减少摩阻，防止黏吸卡钻。

（6）下套管前，盐膏层段注入防卡封堵钻井液。配方为：井浆 + 2%塑料小球 + 3%润滑剂。

在以上钻井液技术措施的基础上，工程上要保证控制钻进速度，每钻进 0.5～1m 时就把钻头提离井底 2～3m 划眼，坚持"进一退二"的原则；当出现井塌不严重、反复划眼、长时间无好转的位置，可能为软泥岩的蠕变，要及时提高钻井液密度；钻具尽量不带扶正器。

2. 高密度钻井液技术

1）钻井中采用聚磺钻井液体系

体系配方为：基浆（膨润土含量 18～25g/L）+ 0.1%～0.3%ANTISOL - FL30（或MANl01）+ 3%～4%SMP - 1 + 1%～2%SPNH + 2%～3%润滑剂 + 1%～2%封堵剂 + 加重剂。

2）现场使用钻井液的参数

钻井液参数见表 2。

表 2　KL-2 井高密度钻井液性能参数表

井深 m	密度 g/cm³	漏斗黏度 s	塑性黏度 mPa·s	动切力 Pa	静切力 (10s/10min) Pa/Pa	API 滤失量 mL/mm	HTHP 滤失量/泥饼 mL/mm	pH 值	膨润土含量 g/L	固相含量 %
3536	2.40	86	89	12	2/9	0.5/1	8/4	10	18	44
3539	2.39	68	74	12	3/7	0.5/1	8/4	11	15	42
3566	2.23	66	68	11	2/6	0/1	8/4	10.5	18	39
3820	2.25	79	89	10	3/9	0.5/1	8/4	11	20	40
4010	2.24	84	92	12	4/11	0.5/1	8/4	10.5	22	40

3）维护处理

（1）钻井液密度调整。提高密度措施：压井时一边加重压井，一边用稀释剂调整黏切。降低密度措施：当调整幅度较小时，用浓胶液或低密度钻井液混合加入或用离心机；当调整幅度较大时，要补充膨润土浆。

（2）正常钻进时，使用 0.2%ANTISOL - FL30、4%～6%SMP - 1、2%～3%SPNH、1%～3%MHR - 86D，混合胶液浓度 8%～15%，按循环周加入，边加胶液边补充加重剂，加重速度以入口密度测量数据达到要求为准。

（3）降黏切：主要采用稀释胶液（浓度 5%～10%）循环加入，必要时采用 1/10 浓度 FCLS 碱液小流量加入以免切力过低无法悬浮加重剂。控制 10min 静切力不小于 5Pa。

（4）降失水：使用 ANTISOL - FL30、SMP - 1、SPNH、WFT - 666 混合浓胶液，总浓度 15%～20%，同时加入泥饼改善剂 FT - 1、封堵剂 QS - 2。

(5) 加入消泡剂 0.05%~0.2%。

(6) 定时补充润滑剂，控制摩阻系数低于 0.12。

四、现场应用情况

1. 选择高效钻井液处理剂

该井选择了能抗盐、抗高温的磺化处理剂 SMP-1、SPNH 和超低黏聚合物降滤失剂 ANTISOL-FL30，同时使用 FT-1、QS-2 封堵剂，MHR-86D、RH-3、RH-4 为辅助处理剂，使钻井液具有抗盐、抗高温、热稳定性好、泥饼渗透率低的特点。

2. 流变性控制

(1) 严格控制膨润土含量，高密度钻井液膨润土含量控制在 15~20g/L。膨润土含量过高，易高温分散，热稳定性变差，丧失流动性，处理剂效能降低，处理频繁。

(2) 钻井液密度超过 2.0g/cm³ 时，不使用高黏聚合物。本井只使用超低黏 ANTISOL-FL30（或 Man101）控制滤液黏度以防黏切过高，循环脱气困难。

(3) 禁止向钻井液中加干粉处理剂，保证钻井液中含有一定浓度的稀释剂。本井使用 FCLS 碱液（1/10 浓度），混入少量 $K_2Cr_2O_7$，增强稀释效果。高密度钻井液一般流变性差的问题难以解决，而该井钻井液流变性能较好（见表 2）。控制高密度钻井液弱凝胶特性，降低小井眼压力激动，对控制压力敏感层的漏、喷起到了一定的作用。

3. 良好的稳定性

控制 HTHP 滤失量低于 8mL、泥饼小于 4mm；在钻井液中含有足够浓度 SMP-1、SPNH、ANTISOL-FL30 等抗温护胶剂，保证钻井液胶体特性，保证了大量加重剂的悬浮。KL-2 井在 3529m 压井时钻井液密度由 1.72g/cm³ 循环加重至 2.39~2.40g/cm³，连续加入加重剂 365t，由于没有及时处理钻井液，稳定性变差，HTHP 滤失量达到 18mL、泥饼达到 13mm，起钻时黏度 75s，下钻后黏度升为 128s，后经处理加入 SMP-1 计 7t、SPNH 计 2t、FT-1 计 6t、MHR-86D 计 6t。处理后，HTHP 滤失量低于 8mL、泥饼小于 3mm，起钻前后黏度相差 10~15s，性能保持稳定状态。

4. 润滑性能好，防止压差卡钻

KL-2 井使用大量的 SMP-1、SPNH、FT-1 提供不同的变形粒子，同时加入封堵剂，提供合理的架桥粒子，控制 HTHP 泥饼小于 4mm，在砂岩表面形成屏蔽层，增加了井壁的承压能力，泥饼保持薄、韧、可压缩性好、渗透率低，同时加入润滑剂，控制摩阻系数低于 0.15。

5. 固相控制

严格控制钻井液中的劣质固相含量。钻井液密度 2.30g/cm³，固相含量最高达 45%，钻进中要加强固控设备管理，尽量使用 80—100 目筛布，除砂器、除泥器要保证正常运转。用优质轻钻井液或胶液一边补充一边加重，降低劣质固相的比例。

6. 工程方面

工程方面采取了相应的措施，小井眼钻井保证钻具在井下处于活动状态。起下钻活动转盘，坚持短起下，拉刮井壁。KL-2 井 φ128mm 小井眼钻遇大段厚砂岩，钻井液密度 2.22~2.24g/cm³，起下钻、取心、电测、下套管均很顺利，保证了钻井的正常施工。

五、结　论

（1）对付盐膏层的溶蚀及蠕变，钻井液密度及盐水钻井液抑制性是关键。

（2）加入足量的护胶剂和防塌润滑剂，保证钻井液具有良好的防塌、润滑、抗温、抗污染能力，是顺利钻穿盐膏层的关键。

（3）钻井液密度越高，井温越高，控制适当的膨润土含量是使用高密度钻井液的基础。

（4）高密度钻井液要热稳定性好，控制 HTHP 滤失量低于 8mL、泥饼小于 4mm，高温下泥饼致密、光滑、可压缩性好，钻井液要有润滑防卡能力，摩阻系数不超过 0.15。

参 考 文 献

［1］徐同台．油气田特性与钻井液技术．北京：石油工业出版社，1998
［2］安文华．克拉 2 号气田盐膏层高压气层钻井液技术．钻井液与完井液，2003（2）：12～17

检 7 井密闭取心钻井液技术

孟怀启　何振奎　邱建君　陈博安　景国安　管中原
（河南油田分公司石油工程技术研究院）

摘　要　本文介绍了以 MG-1（主要成分为腐殖酸钾和酚醛树脂）为降滤失剂和抑制剂的低滤失量密闭取心钻井液体系。该体系简单实用、易维护。

关键词　密闭取心　MG-1　密闭率

1978 年河南油田进入注水开发期，为了掌握油藏水淹规律、油藏水驱效果、油层物性变化、剩余油分布以及落实油藏最终采收率，进行了多口井的密闭取心。

一、地 质 概 况

检 7 井位于泌阳凹陷双河油田 437 断块，钻遇的地层主要为廖庄组、核桃园组。上部 0～1309m 为灰色软泥岩、杂色砂砾岩、棕灰色泥岩和泥质细砂岩，泥岩中蒙脱石含量为 50%～70%，膨胀分散性极强。中部 1309～1577m 为灰色泥岩、细砂岩互层，泥岩中伊利石含量高，阳离子交换容量为 20×10^{-3} mol 左右，有一定的膨胀分散性。下部 1577～1682m 为深灰色泥页岩、含砾砂岩、砾状砂岩和砾岩，泥岩中伊利石含量高，其次为伊/蒙混层和绿泥石，有一定膨胀分散性。邻井 T12-15 井 2000m 井深岩屑在自来水中膨胀率为 48.5%，80℃、16h 滚动回收率为 42%。

检 7 井密闭取心井段为 H_3 段的 $I\ 4^2 51$ 油组、$II\ 1^{1-4}$ 油组、$III\ 1^{1-4}$ 油组、$IV\ 112^3$ 油组，地层为含砾砂岩、砾状砂岩、粉砂岩和砾岩，中间夹深灰色泥岩，其中砾岩层、砾状砂岩层胶结性差，夹层水化分散性较强。

二、工 程 简 况

检 7 井井深 1784.52m，一开 ϕ444.5mm 钻头钻深 190.10m，ϕ340mm 表层套管下深 184.12m；二开 ϕ244mm 钻头钻至井深 1795m，ϕ178mm 技术套管下至井深 1784.52m。该井取心井段为 1350～1375.63m、1402～1439.20m、1573～1604.50m 和 1678.97～1713m。全井共取心 102.73m，取心收获率 90.17%，密闭率 77%。

三、技 术 难 点

密闭取心要求钻井液 API 滤失量小于 2.3mL，密闭率达到 70%。在诸多影响密闭率的因素中，地层岩性、含水饱和度是不可控的客观因素，机械钻速也只能在有限的范围内提高，因此影响密闭率的主要可控因素是钻井液滤失量及密闭液的性能。

四、钻井液技术

1. 密闭取心对钻井液性能的要求

（1）滤失量小。密闭取心要求密闭率很高，因此钻井液必须具有较低的滤失量，以减少钻井液对岩心的污染。

（2）防塌性能好。密闭取心要求取心钻具下钻遇阻压力不超过 30kN，这就需要钻井液具有一定的防塌性能，使井壁稳定性能好，不易垮塌，具有较好的井身质量。

（3）携砂性能好。钻井液应有较好的悬浮携砂能力，使井内岩屑净化干净，使井眼畅通，防止取心钻具下钻遇阻。

（4）防卡能力强。由于取心钻进时钻井液的排量较低，并且取心筒与井壁间隙较小，若钻井液性能不好或钻井液与地层间存在较大的正压差，就会引起卡钻事故，因此钻井液应有一定的防卡能力。

2. 钻井液配方及性能

针对地层特点和密闭取心工艺的要求，检 7 井的钻井液必须具有较强的抑制性、携砂性和低的滤失量。通过室内复配实验，优选出以 MG-1 为主降滤失剂和抑制剂的钻井液体系。MG-1 的主要成分为腐殖酸钾和酚醛树脂，该体系配方为：6% 预水化膨润土基浆 + 1.5%MG-1 + 1%CMS + 1%GX-1。

钻井液 API 滤失量为 2.2mL，表观黏度为 31mPa·s，动切力为 9Pa，塑性黏度为 22mPa·s，静切力为 1/10Pa/Pa。80℃时，H_3 段岩屑滚动 16h 后的回收率为 92.86%。钻井液具有良好的流变性和抑制性，滤失量低，能满足密闭取心的要求。

五、现 场 应 用

1. 0~1159m 井段

该井段采用低固相聚合物钻井液正常钻井，钻井液配方为：4% 预水化膨润土基浆 + 0.2%PAC-141 + 0.4%PAC-142 + 0.05%XY-27。

钻进过程中，将 PAC-141 和 PAC-142 按 1∶1 的比例配成 1% 的胶液，均匀地加入钻井液中以维护钻井液的性能。钻进造浆地层，复配 FA367 提高钻井液的抑制性，并用 XY-27 配成 2.5% 的胶液调整钻井液的流变性。调整后，钻井液密度 1.05~1.13g/cm³，黏度 40~45s，API 滤失量 5~7mL，动切力 2~8Pa，静切力（0.5~1）/（1~5）Pa/Pa，塑性黏度 4~15mPa·s。

2. 1159~1795m 井段

该井段进行密闭取心，要求钻井液 API 滤失量小于 2.3mL，而上部使用的钻井液不能满足要求，因此，在取心前 200m（井深 1159m）进行体系转换。向井浆中加入 8% 预水化膨润土浆，使井浆膨润土含量达 6%，然后加入 1.5%MG-1、1%CMS、1%GX-1。取心前将以上 3 种处理剂配成胶液进行维护处理，确保其在钻井液中的有效含量。取心钻进过程中，将 MG-1、CMS 和 GX-1 按 2∶1∶1 的比例配成 4% 的胶液，调整钻井液的流变性和滤失量。密闭取心段钻井液 API 滤失量小于 2.3mL，密度 1.10~1.12g/cm³，黏度为 60~80s，pH 值 7~8，动切力 9~12Pa，动塑比 0.3~0.45，静切力（2~3）/（9~12）Pa/Pa，膨润土含量 60~70g/L。

六、结论与认识

(1) 滤失量低、密闭率高。

取心过程中，API 滤失量最高为 2.3mL，最低为 1.8mL，密闭率平均为 77.4%，为河南油田同区块、同密闭液条件下的最高水平。

(2) 携砂、悬浮能力强、抑制效果好。

检 7 井泥岩地层水化分散性较强，但该取心钻井液体系在泥岩段钻进过程中钻井液黏度能得到有效控制，无坍塌、缩径现象。全井 30 多次起下钻无阻卡，中途电测和完井电测均一次成功。

(3) 泥饼致密、润滑性好。

用 DLA-II 型润滑仪测得取心井段摩阻系数最小为 0.15，最大为 0.19。井深 1703.27m 处，下钻到底接方钻杆时，大绳跳槽，钻具在井底静止 55min，无阻卡现象。

(4) 体系简单、便于现场管理。

以往密闭液使用的处理剂品种繁杂，而检 7 井只用 MG-1、CMS 和 GX-1 等三种处理剂配制的钻井液就能满足工程和密闭取心的要求。该钻井液抑制性强，外排量小，利于环境保护，便于现场管理。

参 考 文 献

[1] 杨峰. 岔 15-332X 井密闭取心钻井液技术. 钻井液与完井液，1999 (3)：42~43

陈古 1 井钻井液技术

概　　述

陈古 1 井位于吴家乡牛官屯东约 1.2km，西部凹陷陈家洼陷的东部，圈闭位置为陈家地区冷 46 井区陈家潜山顶部，主要目的层为元古界，兼探 S3、S4 油层。参考邻井为 S111 和 S125 井。陈古 1 井是 CNPC 投资的一口近 5000m 的科学参数井，泥浆公司为打好该井，详细探讨和修订了钻井液施工方案。并在施工中不断实验、完善和提高。

陈古 1 井于 1999 年 12 月 12 日打入 508mm 导管 28.45m 后，用 ϕ444.5mm 钻头开钻，钻至 226.58m 导管返钻井液，用人工及固井方法处理未果，于 12 月 16 日起出导管，用 562mm 刮刀钻头扩至 57.12m，下入导管 56.98m 固井。12 月 17 日用 ϕ444.5mm 钻头钻至 1247.53m 下入 ϕ339.6mm 套管 ϕ1242.53m，12 月 28 日固井二开中完。

2000 年 1 月 7 日用 311mm 钻头三开，8 日监督上井，在 1395.96m 进行地层压力测试。2 月 18 日 1726m 随钻定向，最大井斜 25°。于 1 月 25—27 日、2 月 15—18 日、4 月 2—11 日三次扭方法，井身轨迹差。4 月 20 日在井深 3724m 完钻。电测 3280m 遇阻，通井后连续电测 46h 正常，下套管正常仅用 23h 顺利下完，是辽河 311mm 井眼下套管最深的井，4 月 29 日顺利固井，固井质量优质，该段井径规则，井径扩大率 8%。

5 月 2 日 17：00 下钻至 3690m 加水替钻井液，配 KCl 钻井液，5 月 3 日 23：35 钻水泥塞，5 月 4 日 11：00 钻进，5 月 24 日完钻，完钻井深 3990m。其间 5 月 25 日 21：00 电测、称重、下尾管、5 月 29 日 2：00 固井完。整个施工过程顺利，电测一次到底，井径规则、扩大率 6%。

本井工程施工中存在的主要问题是动力设备和井身质量三大问题。动力问题于 3 月 12 日基本得到解决。排量可达每分 2.2～2.8m³。设备问题主要是泵和顶驱常出问题。由于井身轨迹差，导致附加拉力大 20～40t、最高 60t，扭矩大。前期生产时效低，12 月 12 日开钻至 2 月 29 日，纯钻时间 388h，三月份 312h。

一、地质工程概况

1. 地质情况

主要地质分层情况如表 1 所示。

表 1　地质分层情况表

层　　位	设计井段，m	实际井段，m
NG	1130	1159
ED	1900	1985
S12	2350	2305
S3	3600	3624
S4	3800	3760
EF	3950	3967
PT	4800	

2. 井身结构

井身结构如图 1 所示。

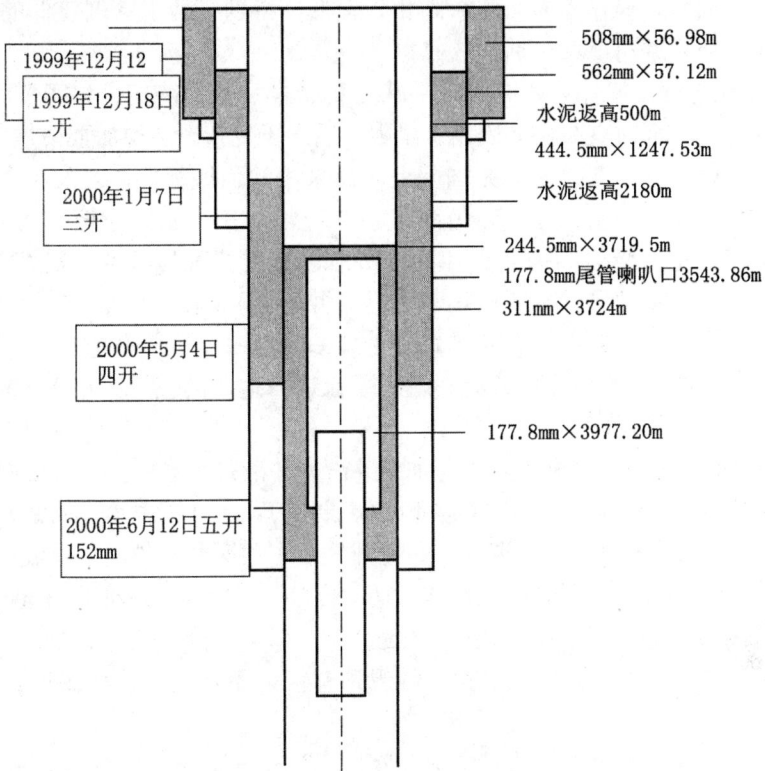

图 1　陈古 1 井身结构图

图中标注：

- 508mm×56.98m
- 562mm×57.12m
- 水泥返高500m
- 444.5mm×1247.53m
- 水泥返高2180m
- 244.5mm×3719.5m
- 177.8mm尾管喇叭口3543.86m
- 311mm×3724m
- 177.8mm×3977.20m

- 1999年12月12
- 1999年12月18日 二开
- 2000年1月7日 三开
- 2000年5月4日 四开
- 2000年6月12日五开 152mm

二、钻井液技术

1. 设计思路

1) 对钻井液的要求

对于钻井液工艺来讲，难度主要在于：

在主要目的层潜山段采用 0.96g/cm³ 的钻井液密度，实施欠平衡钻井工艺技术。

二开的馆陶地层大井眼段的井眼稳定、携砂和防漏问题。

三开 S4 泥页岩水化坍塌井壁不稳定和斜井防卡。

四开井身泡液严重井壁不稳定。

其邻井冷 168、S125、S111 均在 S3 下、S4、井身泡液发生井壁坍塌。特别是井身泡液坍塌严重。

2) 设计思路。

根据这口井地质情况和钻井施工特点，钻井液设计思路是：

一开用普通膨润土浆下入导管。减少配降时间、节约成本。

二开馆陶地层采用 MMH 体系，利用其动塑比高，携岩能力强的特点，以满足上部大井眼地层快速钻进要求，流型独特，在近井壁形成具有缓冲作用的滞流层，避免钻井液液流对井壁的冲刷，达到保护壁，避免井壁扩大和防止井漏的作用。

三开上部东营段造浆井段及 $S_{1,2}$ 地层用聚合物不分散体系，它是正广泛应用的成熟的钻井液体系，配方简单，操作容易，体系固相含量低，特别有利于密度较低的浅地层的快速钻进。有利于加快钻井速度减少钻井液成本。

S3 下部用无毒聚合醇体系，有很强的热力稳定性和动力稳定性，润滑降摩阻能力强，有一定的防塌能力，同时有很高的固相容量限，适用于复杂地层的加重钻井液体系的斜井。

四开采用 KCl 体系：KCl 体系是国际上广泛采用的强抑制性钻井液体系。在对黏土矿物深层次的物理化学研究基础上，利用钾离子与黏土晶格间的镶嵌作用，抑制页岩水化作用，稳定泥页岩井壁。极强的抑制力和稳定页岩能力是这种体系的突出特点。长期以来，辽河地区东三及沙河街地层的井壁坍塌一直是钻井施工顺利的最大障碍，KCl 体系是国际公认的仅次于油基钻井液的最优秀防塌钻井液体系。但由于该体系成本昂贵，操作技术难度大，在 1985 年在沈北实验严重絮凝，阻碍了在辽河地区的应用。用于见解决该井 S4 下部及房身泡地层井壁坍塌问题。

五开应用水包油钻井液完井液：水包油钻井液完井液是针对保护油气层而开发出的一套完井液体系，该体系没有固相，避免了黏土对储层的污染。在过去水包油钻井液完井液的基础上针对该井地层特点和钻井工艺要求，研究开发出一种深井水包油钻井液完井液，其密度在 $0.93 \sim 0.99 \mathrm{g/cm^3}$ 间可调，该体系抗温能力可达 150℃，能够满足垂深在 5000m 的井。

2. 钻井液施工情况

普通膨润土浆、MMH 浆、聚合物是常规钻井液体系，完全按照预期进行。满足地质需要，钻井施工顺利。

三开聚合醇无毒钻井液处理维护情况及效果：27/2～29/4，2700～3724m。

处理维护情况：

2700m 转化为聚合醇无毒钻井液，3000m 后加强其防塌、润滑能，并达到：

失水 4～3mL，HTHP9～10mL，膨润土含量 4～4.5%。

钻井液中保持 0.2% Drispac、3% JLX 和 3% 大量的降失水剂，使其具有良好的泥饼质量、防塌能力。

钻井液中的固相含量小于 17%，pH 值 10～10.5。

钻井液处理均复配综合处理。

施工中复杂情况说明：

一月 18 日 7：00，在 1726m 下钻钻具落井，落鱼总长 397.2m，鱼顶深度 1340m，下钻打捞水眼堵，起钻，钻具在井内静止 29.6h 后捞获。

一月 20 日，井深 2082m，漏失钻井液 20m³。钻至该井深 3min，漏失 20m³，原因是动力不足，排量不够，钻时过快，开泵泵压过高引起的。处理经过：配钻井液起钻，起钻遇卡抽吸严重，采用倒划眼起出，下钻处理正常。

划眼：3 月 19 日取心后下螺杆余 6 柱，井深 3247m 划眼 7h，3 月 20 日下钻通井余 8柱，划眼 32h，划眼中憋跳，反复划眼，划眼前密度 D1.26，FV55，PV24，YP6.5，n0.73，k201 密度逐渐提高到 $1.38 \mathrm{g/cm^3}$，22/17：30 划眼到底，短起下钻正常，下钻正常。

3 月 2 日掉牙齿 32 颗，打捞不全，PDC 使用不好。

划眼 3 月 19 日取芯后下螺杆余 6 柱，井深 3247m 划眼 7h，3 月 20 日下钻通井余 8 柱，划眼 32h，划眼中憋跳，反复划眼，划眼前密度 1.26，55，pv 25，yp6.5，n0.73，k201 密度逐渐提高到 $1.38g/cm^3$，1 月 22 日 7：30 划眼到底，短起下钻正常，下钻正常。

三开聚合醇无毒钻井液效果：

2000 年 1 月 7 日用 311mm 钻头三开，最大井斜 25°。于 1 月 25—27 日、2 月 15—18 日、4 月 2—11 日三次扭方位，井身轨迹差。4 月 20 日完钻后连续电测 46h 正常，仅 23h 顺利下完套管，是辽河 311mm 井眼下套管最深的井，4 月 29 日固井质量优质，该段井径规则，井径扩大率 8％。钻井液费用 117 万元。

钻井液施工完全按照设想进行，保证了在设备问题较多、施工困难情况下顺利进行，但在下部对碳酸根污染发现处理不及时，虽然有井身轨迹差，钻井施工时间长的问题，钻井液费用仍偏高，我们主要考虑安全太多。另外在后期碳酸根污染发现处理不及时。影响电测和钻井液费用。

四开 KCl 钻井液：5 月 4—29 日，3724～3990m。

配浆时间：5 月 2 日 17：00，5 月 3 日 23：35 钻水泥塞，30.5h。5 月 4 日 11：00 钻进，共 42.5h。

配浆工艺：先打入水 $180m^3$ 将土含量降低，加入 KCl 7％循环一周后，再加降失水剂，最后加入增黏剂、稀释剂，最后加重到 $1.42g/cm^3$。

处理与维护：由于该钻井液体系抑制能力强，钻井液性能稳定，只需补充少量的 KCl、降失水剂，和适量增黏剂，钻井液抑制能力极强、性能稳定，不用加稀释剂。钻井施工顺利。

完井工作：该井段完井工作十分顺利，电测一次成功，下套管、固井十分顺利。

四开 KCl 钻井液效果：

该井段钻井施工、取心 5 次均十分顺利，电测一次到底、下套管顺利、固井质量优质、井径规则、井径扩大率 6％。是我们近年来最成功的深井。

钻井液性能优良、稳定，具有极强的抑制、防塌能力。是我们又一深井防塌钻井液体系。

3. 陈古 1 井欠平衡水包油钻井液工艺技术

设计要求在陈古 1 井潜山井段（3998～4800m）首次实施欠平衡钻井工艺，直观、直接的发现油气层，保护好油层，保证产层处于原始状态。该井予测地层压力系数 1.04～1.08m/cm^3（实测为 $1.04g/cm^3$）。要求采密度 $0.96g/cm^3$ 的水包油钻井液、完井液体系施工，其密度最低可达 $0.93g/cm^3$，它无固相、无膨润土，滤液不与地层矿物、流体反应，损害油层。

1）水包油钻井液工艺难点及思路。

水包油钻井液工艺难点：

岩屑携带问题：水包油钻井液中无固相、无膨润土，对于无固相和无膨润土钻井液体系，井温大于 120℃后其提高黏切的手段和处理剂极少，效果也不是十分理想，这是个世界性难题，同时该井为多层套管程序岩屑携带问题更为突出。

乳化稳定性：该井区别于一般水包油钻井液有两点。一是井温在 120～150℃间，二是其密度要求在 0.95～$0.96g/cm^3$，含油量需达到 40％～45％。众所周知水包油钻井液其油水比例接近 1：1 时其乳化稳定性愈差。

负压钻井压井液的优选：负压欠平衡钻井工艺是首次在辽河使用。起下钻时必须压井，在压井液的选择上必须做到：（1）与钻井液配伍；（2）易于替换出，与水包油钻井液的污染量小，降低钻井液的损耗；（3）易取易操作。

钻井液体系的高温稳定性：由于水包油钻井液中使用的处理剂大多是有机物，它们在弱碱性和酸性条件下不稳定，将起一定的化学变化，同时在 120℃ 以上的高温 4000 多米的井下压力条件下将更有利于发生一定的化学变化，从而造成处理剂和钻井液体系的不稳定。

解决问题思路：无固相、无膨润土钻井液的提黏切问题，由于可选品种极少，选用最常用和有效的 XC，它能抗温 120℃，有一定的提黏切作用，在最佳加量时切力可提高到 2/6Pa，但对于陈古 1 井的多层套管结构，其黏切难以满足要求，必须在乳化剂上取得突破。在满足乳化要求的情况下，同时提供黏切，如果乳化剂选择恰当可同时解决水包油钻井液体系的高温稳定性，根据这一思路，进行了大量试验并获得成功。

压井液选择便宜、易获得的液体，根据密度需要进行选择。

2）试验结果

根据设计思路，选取 XC 作为提黏剂，Drispac 作为降失水剂；通过大量试验，选取 OT 作为主乳化剂，其抗温能力达 150℃，选取了 OP-10 及 A 作为辅乳化剂，辅乳化剂 OP-10 提高钻井液的乳化稳定性；A 可增加钻井液的黏切和体系的热稳定性，在 A 加量 0.3% 时其黏切可达 4/8Pa，该体系抗温可达 150℃，其配方为：水（60%）+ 柴油（40%）+ XC（0.3%）+ OP-10（0.5%）+ NP-10（0.5%）+ Drispac（0.2%）+ A（0.5%）。其性能如表 2 所示。

表 2 水包油钻井液性能

温度	D	FV	YP	G_{10s}/G_{10M}	n	K	pH	B	泥饼
常温	1.06	57	32	1.5/3.5	0.59	620	9.5	2.5	0.4
90℃	1.05	38	26	1/2.5	0.62	380	8.5	3	0.4
150℃	1.05	36	23	1/2	0.68	290-	8.5	3	0.4

3）现场实施

实施时间：2000 年 6 月 10 日 12：00～9 月 21 日。

实施井段及地层：3989～4270m，潜山地层。

现场配制：清净所有循环罐、撇油罐、储备罐等循环设备。在循环罐内加入 60% 清水，加入 40% 柴油和适量的乳化剂，用 NaOH 调 pH 值，再加提黏、降失水剂，配制出钻井液的乳化性能良好。其性能为：

表 3 现场配制水包油钻井液性能

D	FV	PV	YP	G_{10S}/G_{10m}	n	K	pH 值	B
0.96	55	16	10.5	1.5/2.5	0.52	734	8.5	2.5

钻进施工：6 月 12 日自井深 3989m 钻进，钻井液密度 0.96g/cm³，FV = 53s，自 3989.52～4051.54m 取心三次，总芯长 8.55m，收获率 95.7%。6 月 21 日钻至井深 4121～4136m 时钻时加快，点燃火把，火焰高 2～10m。6 月 28 日钻至井深 4184.8m 进行中途测试。7 月 10 日继续钻进。7 月 18 日钻进至 4269.83m 断钻具，开始处理事故，整个钻进过

程中火把一直燃烧。

事故处理一直持续至 9 月 11 日，下套管固井顺利完井。处理事故期间起下钻均点燃火把。事故是由于钻杆质量问题引起的，整个处理过程中起下钻 40 余次，起下正常。保证了钻井施工顺利进行。

钻井液施工过程中的处理和维护：6 月 12 日井深 3989m 开钻至 4269.8m 钻完进尺，钻井液密度一直保持在 0.94～0.96g/cm³，最低 0.92g/cm³，黏度 55～90s，起下钻顺利，达到了设计要求，直至处理钻具事故后期由于起下钻频繁压井液混浆增多，其密度也维持在 0.96～0.98g/cm³ 时，下钻后均能点燃火把，说明钻井液密度完全满足欠平衡需，整个施工中钻井液的处理维护均是按比例加入，用 XC、Drispac 和乳化剂 Λ 按比例补充作为日常维护，在 7 月 12 日补充钻井液量 80m³，处理剂按配方加入。

在钻井过程中和处理事故的前期，一直以清水作为压井液，后期钻井处理事故施工改用 1.20g/cm³ 卤水作为压井液。

4）结果

整个钻井施工过程起下钻试油及完井工作均十分顺利，说明该钻井液、完井液体系满足该井欠平衡施工需要，钻井液中始终无固相。

自 4121m 揭开油气层点火燃烧成功后，到完井均能点火，证明该井钻井液达到了欠平衡工艺的要求。达到了直观发现油层和保护油气层的需要的预期目的。

通过现场实施，证明陈古 1 井潜山深井段的水包油钻井液工艺技术是成功的，解决了水包油钻井液高温条件下的携岩，高温稳定性和乳化稳定性问题，特别是通过乳化剂来调节水包油钻井液的岩屑携带问题和其他高温稳定性，是在深井水包油钻井液中的一个重大突破。

三、陈古 1 钻井液工艺总结

陈古 1 井自 1999 年 12 月 6 日开钻至 2000 年 9 月 16 日完井，历时 285 天，钻至井深 4270m，共使用了 6 套钻井液体系。在整个施工过程中，钻井液保证了钻井起下钻、各种钻井施工、电测、各种测试、下套管、固井等施工的顺利进行，整个施工作业均无任何钻井液因素造成的复杂情况。在钻井液工艺上是成功的，是深井钻井液工艺技术的又一大进步。同时在以下几方面有所突破：

四开的聚合醇、无毒钻井液体系，解决了在复杂深井段防塌、扭方位的钻井施工问题，保证了完井工作特别是在大负荷下套管的问题。

三开成功的使用了 KCl 钻井液体系，解决了易塌的房身泡地层的坍塌。完成了多年的夙愿，摆脱了 KCl 钻井液失败造成的影响。证实 KCl 钻井液极强的防塌力。是防塌钻井液体系的又一次进步。整个钻井施工、完井作业十分顺利，固井质量优良，井径扩大率仅 6%。钻井液性能非常稳定。钻井液成本 48.96 万元。

在辽河 3989～4270m 潜山井段成功地用 0.92～0.96g/cm³ 的水包油钻井液实施了欠平衡钻井工艺，同时解决了深井水包油钻井液的岩屑携带，高于 120℃ 的钻井液体系的乳化稳定和体系稳定的问题，在深井油层保护的钻井液、完井液方面是一进步。钻井液成本 201.34 万元。

四、分段钻井液材料消耗及费用

表4 陈古1井钻井液材料使用情况

项目	井段	日期	材料消耗及价格
一开	0～1247	12月12日至28日	土粉：73，纯碱：3.3，MMH：1.1，FT881：3.25，DF：4，NPAN：0.55，石墨：0.15，KRAM：0.225
二开	1247～2700	1月7日至2月26日	纯碱：0.65，FT881：8.5，DF：1.75，NPAN：8.5，石墨：6，KRAM：1.73，CMC：1，COATER：3，SMP（1）：6，NaOH：1，RT001-2：21.4，SMP（S）2，RT001：21.2，RT001-2：21.4，重晶石42.9
三开	2700～3724	2月27日至4月29日	土粉：4，石墨3，KPAM：0.7，CMC：0.85，SMP（1）：4，NaOH：14，RT001-2：23.3，SMP（S）1，FCLS：10，无毒15，JLX：36，SPNH：12，KH931：6
四开	3724～2977	—	柴油 161m³，XC4.8，XCD0.3，DrispacH4.7，DrispacL4.8，OT12.5，OP-10 4，NP-10 1，A24m³，Naoh6，MMH 1，MHA-2 1，固体乳化剂 4.3，消泡剂 1.5，抗盐土 3 稠钻井液 30m³，卤水 160

五、认识与总结

这口井的施工基本与我们预期吻合，满足了地质及工程需要，电测、下套管、固井均顺利，井径规则扩大率9%，钻井液费用223.12万元。

四开配浆由于我们组织不善，在水和重晶石上耽误的时间较多，配浆花的时间较长，用了42.5h，如果到钻水泥塞也有23.5h。钻井液费用49.55万。

六、几个问题的说明

1. 钻井液荧光问题

3月22日在3120m钻进时处理钻井液后（无毒 2t，烧碱 2t，KH931 1t，80A51 0.275t），地质发现钻井液中荧光严重（9～11级），气测含烃值2.709%～1.223%。认为处理剂含有荧光，地质现场检查结果：消泡剂 10，80A51 8 KH931 8，KPAM 8，JLX 8，Drispac 6，SPNH 8，烧碱 8（未录入报告）。3000～3247.53m为大段深灰色泥岩，含薄层细砂岩，通过取心岩心分析结论是：3142～3246m泥岩丰度高，富含有机质，为生油层段，该泥岩已经成熟并且大量排烃。证实荧光是地层产生的1/4以后基本不再谈论该问题。

2. 三开聚合醇无毒钻井液处理剂费用问题分析

该井三开钻井液量400～450m³，相当于2-3口井的钻井液量。

井身轨迹差，润滑剂用量超过预计用量。

钻井周期长，112天。

3. 活化重晶石使用情况

1月21日至3月13日共126t，使用8次，二开四次74.4t，三开四次51.9t，密度基本在1.26。加入活化钻井液黏度切力没有变化，能达到预计计算的加重效果，稳定时间长。而重晶石加入后，密度有逐步下降趋势，4月4日，密度从1.38降至1.37g/cm³，到4月5

日降为 1.36 到 1.35g/cm³。

4. KCl 配浆问题

四开配浆由于我们组织不善，在水和重晶石上耽误的时间较多，配浆花的时间较长，用了 42.5h，如果到钻水泥塞也有 23.5h。钻井液费用 48.96 万元。

五开水包油钻井液欠平衡事故：该事故完全是钻具质量问题，是在钻具本体断裂。由于是发现不及时干钻 6.5h 及 152mm 小井眼中，事故处理极为困难，长达近 3 个月。但在整个处理过程中及完井中，钻井液性能优良，保证了施工的顺利进行。

濮深 5 井钻井液技术

杨振杰　张全明　胡留德　朱俊

（中原石油勘探局）

摘　要　濮深 5 井是中原油田为寻找深层天然气部署的一口重点探井，井深 4750m，地层复杂。本文介绍了该井不同井段的钻井液配方及维护处理措施，对钻井液性能进行了评价。室内实验和现场观察结果表明，深井钻井液的性能要求是滤失量低、抗高温稳定性好、抗污染能力强、固相和膨润土含量低、性能维护及时。

关键词　聚合物钻井液　水基钻井液　深井钻井　井眼净化　防止地层损害

濮深 5 井位于河南省濮阳市，属东濮凹陷杜寨地区岩性圈闭，是 1 口深层天然气探井，设计井深 4800 m。上部地层为强造浆性黄色泥岩及流砂层，沙一段有大段盐膏层，易垮塌，下部地层有含膏泥岩和脆性的灰色泥岩，易剥蚀掉块。因此针对不同地层，采用不同的钻井液体系和相适应的钻井液处理措施，避免了复杂事故的发生，保证了钻井、地质录井、气测、中途测试、电测、下套管及固井的顺利进行。

一、工 程 简 况

濮深 5 井一开，采用 ϕ444.5mm 钻头，钻至井深 401.31m，下入 ϕ339.70mm 表层套管 401.21m。二开使用 ϕ311.10mm 钻头，顺利钻穿沙一盐层，钻至井深 3218.66m，下入 ϕ244.5mm 技术套管 3218.21m，该井段钻井施工顺利。三开采用 ϕ215.90mm 钻头，钻至井深 4675m 进行中途测试，第一次下测试仪器时，仪器掉入井内，工程打捞成功，第二次测试顺利，继续钻进至井深 4686.07m 完钻，下入 ϕ177.80mm 套管 4682.60m。四开用 ϕ149mmPDC 钻头，钻至井深 4750m 完钻，进尺 66m，电测和测试均一次成功，最后裸眼完井。

二、钻井液工艺

1. 一开

用 600kg 膨润土和 300kg 纯碱、300kgLV－CMC 配浆 50m³ 开钻，钻进中补充清水。完钻时钻井液密度为 1.20g/cm³，漏斗黏度为 24s，下套管固井顺利。

2. 二开

（1）配浆。用 100kg 的 KPAM、1000kg 的 HPAN 和 300kg 的 CMC 配成密度为 1.03g/cm³、漏斗黏度为 17s 的浆液 200m³。

（2）维护。二开采用大土池循环。上部地层井眼大，钻速快，易造浆，大土池循环有利于沉砂，能有效保持钻井液低密度、低黏度。钻进中按循环周均匀地补充清水，用 SDX、

HPAN 控制滤失量。

（3）钻盐层。井深 2805m 进行预处理，用 1200kg 的 LV－CMC、1000kg 的 SDX 和 800kg 的 NaOH 配制胶液 35m³，混入钻井液。其密度为 1.18g/cm³，漏斗黏度为 28s，滤失量为 5.0mL，泥饼厚 0.5mm，静切力为 0/1.5Pa/Pa，pH 值为 12。在井深 2859m，进入盐膏层，钻井液受盐膏污染，使黏度、静切力和滤失量上升，污染最严重时钻井液密度 1.19g/cm³，黏度 123s，滤失量 10mL，泥饼厚 0.7mm，静切力 1.4/3.2Pa/Pa，pH 值 11。用 FCLS、NaOH、LV－CMC 和 SDX 配胶液进行维护，顺利穿过盐膏层，井下正常。

（4）中途完钻。井深 3218m 时钻井液密度 1.32g/cm³，黏度 55s，滤失量 6mL，泥饼厚 0.5mm，静切力 0/1.2Pa/Pa，pH 值 13，短起下钻拉井壁。加 300kg 的 SL－Ⅱ和 300kg 的 CMC 配制 400s 以上黏度的稠钻井液 30m³，下钻至井底后用稠钻井液清洗井眼 1 周后起钻。下入 φ215mm 钻头打口袋至井深 3230.31m。钻井液密度为 1.32g/cm³，黏度 42s，滤失量 6.5mL，泥饼厚 0.5mm，静切力 0/2.0Pa/Pa。用 100kgr 的 SL－Ⅱ、250kg 的 SMP 和 500kg 小球配封闭钻井液 35m³。钻井液密度为 1.32g/cm³，黏度为 65s，滤失量为 5mL，泥饼厚 0.5mm，起钻打封闭，电测顺利。用 250kg 的 SMP、500kg 小球和 250kg 的 C8501 配封闭钻井液 40m³ 进行通井，在起钻前打封闭，然后下入 φ244mm 技术套管，固井正常。

3. 三开

（1）配浆。配浆前清洗泥浆罐，检修固控设备及循环系统设备。先用 300kg 的膨润土和 200kg 的 NaOH 配浆 30m³，在 4 号罐内预水化。在 2 号、3 号罐内向 50m³ 水中加 1000kg 的 NaOH、500kg 的 PAMH、300kg 的 SDX、3000kg 的 SMP 和 1000kg 的 JT－888 与地面钻井液和膨润土浆混合，其密度 1.06g/cm³，黏度为 25s，滤失量为 8.4mL，泥饼厚 0.5mm，静切力 0/0Pa/Pa，pH 值为 13。

（2）维护。三开采用聚合物正电胶体系，用 PAMH、JT－888、SDX 配胶液维护，用 SMP、HPS、CMC 控制滤失量，改善泥饼质量，钻井液性能稳定，井下正常。4274m 后，采用聚磺钻井液体系提高钻井液的抗温稳定性，并用 3%～6%SMP、3%～6%SDX－3、0.5%NaOH 配成胶液进行维护。黏度偏高时增大 SDX－3 加量，并配合少量的 LV－CMC，钻井液性能稳定。

（3）中途测试前结钻井液准备。

①室内按 10% 作混油实验，基本配方为：井浆（4635m）+10% 原油 +0.5%OP－10 + 重晶石，并进行高温滚动检测，实验数据见表 1。

表 1　中途测试钻井液性能

性　　能	井浆（85℃）	井浆（180℃×24h）	处理浆（85℃）	处理浆（180℃×24h）
密度，g/cm³	1.41	1.14	1.48	1.48
漏斗黏度，s	38	40	50	57
滤失量，mL	2	2	2	1.5
泥饼，mm	0.5	0.5	0.5	0.5
静切力，Pa/Pa	0/0	0/0	0/1.6	0/1.0
pH 值	10	10	10	10
塑性黏度，mPa·s	29	35	36	45
动切力，Pa	9	6.5	15.5	12.5
流性指数	0.69	0.79	0.62	0.73
稠度系数，mPa·s^n	3.23	1.77	7.11	3.69

②下钻到底循环钻井液，启动所有固控设备除砂。

③混入原油 30m³，同时加入 1000kg 的 OP-10。

④测量进出口钻井液密度，如果井口密度低于 1.44g/cm³，开始加重，否则停止加重，保持混油过程中钻井液密度基本不变。

⑤混原油后，钻井液黏度有所上升，加入预先配好的 FCLS、SDX-3 碱液进行处理，最后钻井液密度 1.45g/cm³，黏度 52s，滤失量 1.2mL，泥饼厚 0.5mm，静切力 0.3/2.5Pa/Pa，pH 值 11，含砂 0.1%。

⑥起钻前用 2000kg 玻璃小球、80kg 的 OP-10 打封闭。

（4）封闭钻井液。在下套管前用 2000kg 玻璃小球和 400kg 的 C8501 配浆打封闭。

4. 四开

采用低膨润土盐水聚合物钻井液。

（1）钻井液配制。用 8000kg 膨润土、500kg 的 Na₂CO₃ 配浆 90m³，预水化备用。3d 后用清水和膨润土浆顶替井浆。循环加入 1000kg 的 MAN-101、4000kg 的 FT-1、3000kg 的 SMP、4000kg 的 SMC、2000kg 的 LV-CMC、7000kg 的 KCl、2400kg 的 NaOH，循环均匀后其密度 1.19g/cm³，黏度 39s，滤失量 10mL，泥饼厚 1.0mm，静切力 0/1.0Pa/Pa，pH 值为 7。性能没达到设计要求，补加 1500kg 的 LV-CMC、2500kg 的 MAN-101、400kg 的 NaOH、22000kg 重晶石，循环均匀后其密度 1.25g/cm³，黏度 46s，滤失量 4.5mL，泥饼厚 1.0mm，静切力 0/0Pa/Pa，pH 值为 8。

（2）钻井液性能维护。开钻后钻井液黏度、滤失量比较稳定，井深 4700m 钻井液切力开始上升，初切为 3.0Pa，终切为 4.0Pa。用 1000kg 的 FCLS、400kg 的 NaOH 配碱液稀释，降低切力，直到完钻钻井液性能变化不大。

三、应 用 效 果

钻井液性能及现场施工措施基本上满足了钻井施工、地质录井、气测、电测及中途测试的需要，没有发生任何与钻井液有关的事故。

1. 抗高温稳定性

濮深 5 井在 4200m 以后，钻井液的抗高温稳定性显得特别突出，见表 2。室内实验表明，滤失量一般小于 12mL，最小的仅 4mL，经 180℃高温高压滚动 24h 后，钻井液性能变化小，滤失量不上升反而下降。每次起下钻后井底返出钻井液与正常钻进时的钻井液性能相差不大，通过循环后即可恢复原性能。完井电测井底温度为 138℃。

表 2　濮深 5 井钻井液性能

井深 m	测试 条件	密度 g/cm³	漏斗黏度 s	中压滤失量 mL	静切力 Pa/Pa	高温高压滤失量 mL	塑性黏度 mPa·s	动切力 Pa
4372	A	1.39	40	3	0/1.3	11	29	5.5
	B	1.40	38	2.2	0/0	10	30	2.5
4461	A	1.40	37	2.5	0/1.2	8	22	8
	B	1.41	33	3	0/0	7	32	1.5
4542	A	1.40	38	2.2	0/1.0	7.2	27	5
	B	1.40	33	1.8	0/0	6	32	3.5

井深 m	测试 条件	密度 g/cm³	漏斗黏度 s	中压滤失量 mL	静切力 Pa/Pa	高温高压滤失量 mL	塑性黏度 mPa·s	动切力 Pa
4604	A	1.40	38	2	0/0	7.6	29	9
	B	1.40	40	2.2	0/0	6	35	6.5
4635	A	1.46	35	2	0/0	6	27	6.5
	B	1.46	47	2.4	0/1.2	5	33	7
4675	A	1.46	43	1.5	0/2.0	4.5	32	12
	B	1.48	41	1	0/1.2	4	47	1

注：泥饼厚度均为 0.5mm，pH 值均为 10，摩阻均为 0，A 指加温至 85℃，B 指 185℃下滚动 16h。

2. 抗污染能力

使用现场钻井液进行室内实验。钻井液中分别加入 5％的膨润土、10％或 20％水后，在 180℃下滚动 24h，其性能基本不变，有些性能反而比井浆好。实验数据见表 3。

表 3　钻井液污染试验

浆液	密度 g/cm³	滤失量 mL	静切力 Pa/Pa	pH 值	塑性黏度 mPa·s	动切力 Pa
4372m 井浆	1.42	2.2	0/0	10	30	2.5
井浆+10％水	1.35	5.0	0/0	9	28	2
井浆+5％膨润土	1.42	3.2	0/1.0	10	38	8
4461m 井浆	1.41	3.0	0/0	9	32	1.5
井浆+10％水	1.36	2.5	0/0	8	30	1.5
井浆+5％膨润土	1.42	2.0	0/0	9	33	6
4542m 井浆	1.40	1.8	0/0	10	32	3.5
井浆+20％水	1.35	3.2	0/0	10	30.5	2.0
井浆+5％膨润土	1.42	1.0	0/1.0	10	37	8
4604m 井浆	1.47	2.2	0/0	10	35	6.5
井浆+20％水	1.42	2.6	0/0	9	33	4.5
井浆+5％膨润土	1.47	1.0	0/2.0	10	55	16.5

注：测试条件为 180℃下滚动 24h；泥饼均为 0.5mm；4372m，4461m，4542m，4604m 原浆的黏度分别为 38s，33s，33s，40s。

3. 润滑防卡效果

为满足地质录井和气测要求，三开后未加任何润滑剂，但钻井液体系润滑性好，泥饼摩阻小，钻井中钻具扭矩小，上提钻具阻力小。全井未发生黏卡事故。在井深 4675m 进行中途测试时，因操作不当整套测试仪加钻具共 170m，掉入井内，静止达 64h，打捞顺利，上提一次成功。中途测试时，钻具静止测试达 9h，上提钻具时悬重增加不超过 20t。

4. 油气层保护

该钻井液体系具有较强的抑制性，加上采用了四级净化，钻井液的低密度固相含量为 9％～10％，膨润土含量为 29～46g/L，减少了固相对油气层的污染。钻井液中压滤失量为 2～3mL，高温高压滤失量小于 12mL，经过 180℃高温滚动 4h 后，钻井液的滤失量仍然小于 3mL，泥饼致密，韧性好，减少了钻井液滤液对油气层的污染。钻井过程中基本上采取了近平衡或欠平衡钻井技术，钻开的油气层都有较好的油气显示，钻井液的进出口密度差一般在 0.03～0.05g/cm³ 之间，每次起下钻后油气后较严重，油气上窜速度一般在 20～30m/h，有时发生溢流。中原油田钻井液研究所取井深 4635m 钻井液样品进行岩心污染实验，其动态污染岩心渗透率恢复值为 79.42%，静态污染岩心的渗透率恢复值为 82.95%，说明此钻井液对油气层有一定的保护作用。分别对两个重要气层进行了综合评价，基结果见表 4。实验结果表明两个气层在钻井过程中的浸泡时间分别为 32d 和 26d，虽然对油气层有一定的污染，但由于钻井液性能较好，起到了保护储层作用。完井后试采，在此段储层见到了较好的气显示。

表 4　三开两气层受损害的综合评价结果

井深，m	4602～4615	4646～4654
动滤失速率，mL/（cm²·h）	0.063	0.063
总滤失量，mL/cm²	34.668	27.08
动态浸泡时间，h	476	360
静态浸泡时间，h	292	264
损害半径，m	0.38	0.34
表皮系数	0.31	0.28
产能比	0.959	0.962
堵塞比	1.042	1.038
动态渗透率恢复值，%	79.42	79.42
静态渗透率恢复值，%	82.59	82.59

5. 井径扩大率

2000～3218m 井径扩大率为 10.2%，3956～4407.3m 井径扩大率为 9.07%。全井共电测 5 次，均一次成功。平均机械钻速为 2.17m/h，比同一地区同一深度井的钻速高 20%。三开后分别在井段 4309.07～4314.31m、4501.31～4506.18m 和 4550.65～4554.95m 取心 3 次，进尺 14.41m，心长 14.3m，收获率 99.24%。每次取心均一次下到井底，无沉砂。

四、几点认识

（1）通过在室内对钻井液进行高温实验和现象观察，深井钻井液的滤失量是一项重要的指标，直接影响钻井液的抗温稳定性。从室内实验看，中压滤失量大于 5mL，钻井液通过高温滚动后，黏度、切力、滤失量变化大，现场反映出钻井液静止后，井底返出的钻井液黏度、切力也特别高。因此，深井钻井液的滤失量要控制在 4mL 以下。

（2）加强深井钻井液的监测实验，特别是高温高压试验，同时还要做一些人为的污染实验，包括加水、加膨润土、加盐等实验，这样能提前预测钻井液的抗污染能力，为钻井液的维护处理提供依据。

（3）深井钻井液的维护，要根据现场实际情况，定期补充处理剂，防止钻井液性能的变化。

（4）深井钻井要使用四级净化固控设备，有效地清除有害固相，保证深井钻井液的低固相、低膨润土含量。

东秋 8 井钻井液技术

尹 达 朱金智

（塔里木油田分公司）

一、地 质 概 况

东秋 8 井是塔里木盆地库车凹陷秋立塔格构造带库车塔吾构造高点西北的一口预探井。设计井深 5460m，设计完钻层位为白垩系，钻探目的层为上第三系吉迪克组、下第三系及白垩系。钻经的地层序列自上而下为上第三系的吉迪克组、下第三系、白垩系（未穿）。从地表到 4250m 为上第三系吉迪克组（N_{ij}），本组地层沉积巨厚，其中 0～100m 岩性为泥岩、粉砂岩；100～2352.5m 岩性为大套泥岩夹灰质胶结的砂岩，还有少量中等粒度的砾岩，泥岩为硬脆性的褐红色泥岩和灰色塑性泥岩频繁交替，褐红色泥岩易剥落坍塌，灰色泥岩易水化膨胀；2352.5～4168m 为吉迪克组盐膏层发育段，岩性为大套膏泥岩、石膏层、石盐层夹砂岩，根据岩石组分与理化性能实验分析，3775m 以前地层属中膨胀、强分散、垮塌坍塌型，3800 以后为低膨胀弱分散垮塌坍塌型，其中 3105～3122m 为塑性极强的"软泥岩"（见表 1）。4250～5051.5m 为下第三系（E），地层沉积较厚，以蒸发泻湖相沉积的膏盐岩及海湾白云岩发育为特征，根据岩性组合、电性特征并结合区域分段原则分为 6 个岩性段；4250～4629m 为上膏泥岩夹砂岩段；4629～4851.5m 为膏盐岩段；4851.5～5015m 为下膏泥岩夹砂岩段；5015～5022m 为云岩段；5022～5039.5m 为膏泥岩段；5039.5～5051.5m 为底砂岩段。根据岩石组分与理化性能分析，4330～4700m 地层属低膨胀强分散垮塌坍塌型（见表 1）。5039.5m 进入下第三系底砂岩，有良好的油气显示，完井测试获得了工业性油气流。5051.5m 进入白垩系至5301m（白垩系未穿），主要岩性为渗透性和物性较好的砂岩。

二、钻 井 概 况

ϕ660mm 钻头钻至井深 101.73m，下入 508.00mm 表层套管至井深 101.7m。用 ϕ444mm 钻头钻至井深 2141.10m，下入 ϕ339.72mm 技术套管至井深 2139.39m。用 ϕ311mm 钻头钻至井深 3900.00m，下入 ϕ250.80＋ϕ244.47mm 组合技术套管至井深 3898.07m。用 ϕ215mm 钻头钻至井深 4767.95m，下入 ϕ177.80mn 技术套管至井深 4265.00m 遇阻，起出套管后分别用 ϕ215mm 巴拉斯钻头和 ϕ200mm 磨鞋钻磨井下落物（套管扶正器），磨进至井深 4772.15m，下 ϕ177.80mm 技术套管至井深 2505.48～4770.00m。用 ϕ149mm 巴拉斯钻头钻至井深 5301.00m，在下尾管前通井过程中发生卡钻，同时发生大漏，经过 8 次泡解卡剂未解卡，准备倒扣前紧扣过程中解卡，就此完钻，井深 5301.00m，层位为白垩系。下入 ϕ127.00mm 油层套管至井深 4585.26～5299.00m，并回接至井口。本段钻井过程中先后处理井漏复杂 13 次、溢流压井 2 次，处理卡钻事故 2 次，钻井取心 4 次。钻井情况见表 2。

表 1 东秋 8 井岩石组分与理化性能综合分类表

井号	层位	岩性	井深 m	粘土矿物,%					全岩砂物,%									密度 g/cm³	理化性能								坍塌类型
				K	C	I	I/S	S	石英	长石	方解石	白云石	方沸石	硬石膏	石盐	粘土总量	非晶态总量		CEC mmol/100g土	膨胀率 %	回收率 %	分散性 s	水化性 s	吸附值 %	可溶盐	坍塌性 $10^{-3}/(y-b)$	
东秋8井	N	灰紫色砂泥岩夹膏岩膏盐层	2612~3775	1~4	2.1~8.2	5~30.6	1~14.6	4~85	11.4~44.2	2.1~19.5	2.3~18.8	2~11.4	1.2~5.5	1~87	1.3~47.9	11.4~45.6	0.4~4.0	2.66~2.96	5~8 低	7.1~27.8 中	1.2~23.4 低	193~624 弱	61~268 弱	11.7~23.8 高	2.2~25.7 高	6.5~470 弱	中膨胀、强分散跨塌坍塌型
	E₃	紫色钙质砂泥岩互层	3800~4330	1.1~3.5	3~5.5	6.5~27.7	1~5.4	40	19.8~56	7.1~16.3	6.1~22.7	2~4.7	1~7.2	2~19.7		12.2~38.7	2.0~5.2	2.66~2.79	4.5~6 低	4.8~16.1 低中	5.6~28.6 低	251~2098 强	91~1824 弱	2.1~8.6 高	0.6~2.2 高	2~1811	低膨胀(强)、分散跨塌坍塌型
	E₁₊₂	紫色砂泥岩夹膏泥岩	4340~4700	1~3.4	1.5~5.9	7~28.8	0.5~4.2	40	20.6~46.1	6.7~19.4	9.4~25.4	1~5.4	1~1.4	2~34		4.61~10.2	1.0~4.0	2.72~2.82	4~5.5 低	8.6~15.6 低	4.2~15.9 低	188~565 弱	101~282 弱	3.4~6.8 中	0.4~2.9 高	5.4~286	低膨胀、强分散跨塌坍塌型

表 2 钻井情况表

开钻顺序	钻头尺寸, in	井段, m	套管尺寸, in	封固井段, m	钻井液密度, g/cm³
一开	26	0~101.73	20	0~101.73	1.25~1.32
二开	17½	101.73~2141.1	13⅜	0~2139.39	1.49~1.66
三开	12¼	2141.1~3900	9⅝	0~3898.07	1.94~2.35
四开	8½	3900~4772.15	7	2505~4770	2.15~2.30
五开	5⅞	4772.15~5301	5	4585~5299	2.08~2.27

三、主要技术难点

(1) 上部地层倾角大，达 60°~80°，钻井中易发生井斜；井眼钻开以后应力释放，易发生井壁失稳，造成垮塌。

(2) 存在浅气层（103~706m），上部井段需采用较高的钻井液密度，二开钻井液密度最高达 1.66g/cm³，降低了机械钻速，使成本升高。

(3) 17½in 井段井眼尺寸大，机械钻速慢，井眼浸泡时间长，褐红色泥岩和灰色泥岩易吸水分散、膨胀造成垮塌和缩经，加之上部井段地温异常（达 70°~80°），使得钻井液性能变差，导致钻头泥包和阻卡严重。

(4) 12¼in 井段同时存在地层压力高的高压盐水层（2682~2685m）复合盐层（软泥岩）和地层承压能力相对较低的砂岩井段（2430m），导致该井段同时出现了盐水溢流、严重井漏和膏泥盐段阻卡频繁等复杂情况。

(5) 本井膏泥岩、复合盐层井段长（从 2100~4665m）加之集中在 12¼in 大尺寸井眼，钻井液处理维护量大，钻井液长期处于高密度状态（最高达 2.35g/cm³），使钻井液的维护处理十分困难，性能不易保持稳定。

(6) 从 5042m 进入下第三系底砂岩至完钻井深 5301m，岩性主要为物性好的砂岩，由于目的层段存在高压气层，为了保证井控安全，必须将钻井液密度提高，导致 5⅞in 井眼钻进时压差很大，极易发生井漏和压差黏附卡钻。

四、钻井液技术

(1) 针对上部井段地层倾角大，存在浅气层的问题，为了保持井壁稳定和保证井控安全，及时将钻井液密度提至设计高限，同时上部井段钻进时储备密度为 1.80g/cm³ 的重浆 80m³。

(2) 由于 17½in 井段存在大段的易剥落坍塌和水化膨胀的泥岩井段，必须提高钻井液的抑制性，适当提高多元醇（PE-1）的加量，加足降滤失剂（JHG-1），增强钻井液的防塌能力和控制滤失量，保证井壁稳定。

(3) 膏泥岩段出现以后，及时将环保钻井液体系转化为抗盐、抗钙、抗钻屑污染能力强的多元醇 KCl 复合盐水体系（该井在 2906.31m 转化）。

(4) 由于 12¼in 井段存在高压盐水层和复合盐层、软泥岩地层，因此在进入盐水层前必须提高钻井液密度（至 2.35g/cm），压稳盐水层，以及平衡复合盐层和软泥岩以防蠕变缩经，同时由于低压漏失层的存在，必须加强钻井液体系的封堵能力，提高泥饼质量。准备足够的大、中、小颗粒堵漏材料，要有大漏的思想准备，堵漏浆中的桥堵材料浓度为 30%~40%，经过堵漏，提高地层的承压能力。

（5）该井由于地层情况复杂和高压气层的存在，从三开的 2100m 井深开始直至完钻钻井液密度一直维持在 2.00g/cm³ 以上。需长期使用高密度钻井液，因此钻井液的配制、处理、维护必须严格按照《高密度钻井液处理维护技术》的规定执行。固控设备的使用和循环系统的配备也应达到高密度的钻井液处理维护的要求。

（6）5⅞in 井眼地层物性好，必须严防压差黏附卡钻和渗透性漏失。一是要根据气层的上返速度和后效情况，摸清气层规律，在保证起下钻安全的情况下，适当降低钻井液密度（2.08～2.12g/cm³）；二是加足多元醇（SYP-1）、高软化点沥青（FT-1A、YL-120）、超细碳酸钙（YX-1、YX-2）加强钻井液的强封堵能力，改善泥饼、降低 HTHP 滤失量。三是加足润滑剂和乳化剂（SP-80），提高润滑性。通过这些措施来尽量降低压差黏附卡钻的可能性。

（7）该井高密度钻井液在复杂层段钻进过程中，主要性能应达到如下要求：

①流变性好。将膨润土含量控制在 15～20g/L，有利于维护黏切，漏斗黏度 FV 控制在（55～70s）之间，静切力控制在(1.5～3)/(8～20)Pa/Pa 之间，好的流变性能减少井下复杂情况的发生。

②滤失量小。要求钻井液具有较低的滤失量，特别是 HTHP 失水（120℃），控制在 10mL 以下，泥饼为 2mm 以内。因此必须加足 SMP-2 或 SMP-1、沥青类材料。

③润滑性好。摩阻系数 K_f 值应小于 0.1。高密度钻井液固含高，摩阻相对较大，必须使用好四级固控设备，尤其是直线振动筛（筛布为 100—120 目），充分清除无用固相，固相含量控制在 35%～38% 之间。加足润滑剂，使含油量在 6% 以上，并加入乳化剂，充分乳化油相，降低摩阻。

五、现场应用情况

1. 钻井液基本情况

东秋 8 井于 2001 年 3 月 27 日开始钻进，2002 年 9 月 6 日钻进至井深 5301m 完钻，历时 524d。φ26in 和 φ17½in 井段采用"双保"体系钻井液钻进。该井段由于井眼大，多为泥岩段，主要以强化抑制、包被、控制地层造浆为主，以 80A51、KPAM 为包被剂，配合 FXY-1、PE-2 进行抑制包被，达到岩屑不分散的目的，以 JHG-1 为降失水剂，控制失水。井深 1500m 后，由于地层含盐膏，Cl⁻ 上升至 40000mg/L 以上，Ca²⁺ 在 400mg/L 以上，按照设计要求，继续以 80A51、FXY-1 及 PE-2 进行强化抑制、包被，以 JHG-Ⅱ控制失水，提高井浆的抗盐、抗膏能力，并保持良好的流变性，保证工程、地质的需求，达到安全、快速钻井的目的。12¼in 井段井壁垮塌、岩屑分散严重，在二开"双保"钻井液的基础上，体系转化为高密度多元醇 KCl 饱和盐水体系。8½in 井段存在复合盐层，继续使用高密度多元醇 KCl 饱和盐水体系。5⅞in 井段采用高密度多元醇 KCl 欠饱和盐水体系。该井段存在物性好的大段砂岩，在设计的指导下，针对井下易黏卡、易井漏及环空间隙小的实际，以封堵强、润滑好作为处理的主要原则，控制好流变性、HTHP 失水，以获得薄而韧致密的泥饼。5⅞in 小井眼（4770～5301m）地层岩性为细砂岩，渗透性好，在钻进过程中常发生压差黏卡，其中卡死三次。为确保 5in 尾管顺利下至井底，不发生黏卡，必须尽可能提高钻井液的润滑防卡能力。为此决定 5⅞in 裸眼井段在下 5in 尾管前全部用油基泥浆充满，即，换掉原来的水基钻井液。采用该套油基钻井液作为防卡液，有效地降低了摩阻，泥饼质量好，使 5in 尾管（与 5⅞in 井壁的环空间隙只有 4mm）顺利下至 5299m，顺利完成固井作业。各井段钻井液性能见表 3。

表 3 各井段钻井液性能表

井眼尺寸 in	井段 m	层位	钻井液体系	密度 g/cm³	漏斗粘度 s	API失水 mL	HTHP失水 mL	塑性粘度 mPa·s	动切力 Pa	静切力 Pa/Pa	膨润土含量 %	固相含量 %	pH值	K_f	Cl⁻
26	0~101.73	N_{1j}	"双保"	1.25~1.32	43~50	5~8		21~27	6~16	(2~4)/(7~12)	42	10	9		2200~3240
17½	101.73~2141.1	N_{1j}	"双保"	1.49~1.66	46~60	3~8	8~12	22~50	7~18	(2~3)/(4~12)	23~35	15~20	8.5		4171~4953
12¼	2141.1~3900	N_{1j}	饱和盐水	1.94~2.35	55~84	1.6~6	10~19	55~104	12~31	(1.5~5)/(4~22)	16~27	30~45	8.5	0.06~0.1	(15~19)×10⁴
8½	3900~4772.15	N_1—E	饱和盐水	2.15~2.3	80~62	1.8~2.4	5.6~10	68~80	9~13	(2~3)/(7~5)	16~23	40~43	8~9	0.07~0.1	(17~13)×10⁴
5⅝	4772.15~5301	E—K	KCl复合盐水	2.08~2.27	51~72	1.1~2.2	5.2~7.6	50~75	6.5~12	(1.5~4)/(4~16)	19~23	35~38	8.5~9.5	0.08~0.09	(13~7.9)×10⁴

2. 钻遇主要复杂情况及处理措施

1) 阻卡情况

(1) 上部井段褐红色泥岩垮塌引起的阻卡。

二开从900m开始进入褐红色泥岩井段，地层出现垮塌情况，这种褐红色泥岩一直到2320m均存在，由于垮塌严重，导致整个二开井段913～2129m阻卡严重，最大挂卡50t，平均30～40t。

垮塌原因：一是地层倾角大，地层倾角在70°以上；二是这种褐红色泥岩遇水易吸水剥落坍塌；三是"双保"钻井液体系封堵抑制能力不足。

处理措施：一是提高钻井液密度，从1.49g/cm³提至1.66g/cm³；二是加足降滤失剂控制失水。

(2) 下部井段盐膏层、软泥岩塑性蠕变引起阻卡。

复合盐层钻进中存在褐色含膏泥岩，即软泥岩。井段集中在3105～3122m，这种软泥岩钻开后见水快速分散，相互黏结，形成泥团。同时蠕变性很强，塑性流动非常快，钻进中时常憋死钻头和憋停转盘，平均一天有6～8h进行划眼。在起下钻中阻卡特别严重。

蠕变原因：一是含膏泥岩易吸水分散；二是"软泥岩"地层为欠压实层，钻开后失去平衡易蠕变流动。

处理措施：一是提高钻井液密度；二是严格控制HTHP失水低于8mL；三是加强钻井液的抑制性，加足多元醇、KCl；四是采取勤划眼，勤短起下钻，修理井眼，保证畅通。

2) 高压盐水层发生溢流

(1) 钻至2427.49m发生井漏，堵漏后溢流出盐水，用密度2.28g/cm³钻井液压井恢复正常，外排盐水钻井液181m³。

(2) 2682～2865m井下出现高压盐水层，用密度2.24～2.26g/cm³的钻井液无法平衡，遂将钻井液密度加至2.35g/cm³，每天出水量由20m³降为5～6m³。

(3) 五开钻进从5018.55m开始地层出盐水，5018.55～5301m共发生盐水溢流6次，钻井液密度为2.08～2.12g/cm³。全井共排盐水混浆673m³。

3) 井漏

全井共发生大小井漏30次，损失钻井液892.5m³，主要漏失情况如下。

(1) 钻进至2427.49m发生井漏，漏速为22m³/h，钻井液密度2.20g/cm³，下钻至2100m，漏速增至33m³/h，配密度2.19g/cm³桥浆50m³，泵入40m³，挤1.5m³，堵漏成功。

(2) 钻进至2906.31m发生井漏，漏速57m³/h，钻井液密度2.35g/cm³，下钻至2400m，配密度2.18g/cm³桥浆（浓度40%）32m³，泵入21.8m³，挤入1.5m³，憋压4.5MPa，堵漏成功。

(3) 本井五开井段地层为渗透性极好的细砂岩，从5201.58m至5301m完钻井深共发生渗透性漏失13次，钻井液密度2.08～2.14g/cm³，采取降密度和静止堵漏的方式，堵漏成功。

六、几点认识

(1) 东秋8井地层极其复杂，钻遇的复杂情况很多，地层倾角大和强分散"软泥岩"

的存在导致井壁失稳严重，存在大套复合盐膏层，高压盐水层多，井漏严重，这些情况的同时存在，导致该井井下极其复杂。从整体来看，由于体系选择对路和措施得当，钻井液技术满足了该井的钻井要求，圆满完成了这一世界级难井的钻井工作。

（2）高密度多元醇 KCl 饱和盐水体系抑制封堵能力强，对于地层压力高且不稳定的泥岩、"软泥岩"、复合盐层的钻井作业非常有效。

（3）存在高压差的小井眼井段钻井时，若条件允许可考虑使用油基钻井液体系，可以减少压差黏附卡钻的发生。

克拉 201 井盐膏层钻井液技术

于茂盛　吴升　耿爱东　陈德铭　陈敦辉

（华北石油管理局第一钻井工程公司）

摘　要　克拉 201 井是塔里木盆地库车凹陷克拉苏构造克依构造中西段上的一口重点评价井，完钻井深 4060m。钻探目的是探明克拉 2 构造的油气分布和储量。该地区下第三系盐膏层厚度大，压力高，钻井过程中极易造成井塌、井漏、卡钻、划眼等井下复杂事故。克拉 201 井在盐膏地层采用高密度钻井液，该钻井液是在聚磺钻井液中加入护胶剂 SPNH、SMP－Ⅱ和防塌剂 FT－1。在钻井过程中使用 Na_2CO_3 和适量硅酸钾除钙，控制适当的 pH 值，膨润土含量保持在 16～22g/L，解决了高密度钻井液的流变性、润滑、防塌、抗温及抗盐膏污染能力难题，满足了施工要求。

关键词　加重钻井液　钻井液添加剂　抗盐特性　盐膏层　堵漏　防塌

克拉 201 井位于新疆拜城县北东约 55km，是塔里木盆地库车凹陷克拉苏构造克依构造中西段上的一口重点评价井，完钻井深 4060m。钻探目的是探明克拉 2 构造的油气分布和储量。该地区下第三系盐膏层厚度大，分布广，压力高，在钻进过程中，造成多次井漏及卡外事故，使侧钻次数增多。由于盐膏溶解，钻井液中 Cl^- 含量高达 182978mg/L，Ca^{2+} 含量达 660mg/L，增大了钻井液配制、维护、处理的难度。因此，克拉 201 井在盐膏层中使用密度为 2.38g/cm³ 的钻井液，该钻井液在聚磺钻井液的基础上加入足量的护胶剂 SPNH、SMP－Ⅱ和防塌剂 FT－1，并使用 Na_2CO_3 和适量硅酸钾除钙，控制 pH 值在 10 以上，膨润土含量保持在 16～22g/L，较好地解决了克拉 201 井盐膏层高密度钻井液防塌性、流变性、润滑性、高温稳定性和抗污染能力等一系列难题，顺利钻穿了盐膏层。

一、工程地质简况

1. 工程简况

使用聚磺钻井液和 φ444.5mm 钻头一开，钻至井深 98.46m，下入 φ339.7mm 表层套管至井深 98.46m，二开使用 311.15mm 钻头钻至井深 2802m，下入 φ244mm 技术套管至井深 2800m；三开使用 φ216mm 钻头钻至井深 3616.7m，下入 φ177.8mm 技术套管至井深 3616m；四开使用 φ149mm 钻头钻至井深 4060m，下入 φ127mm 尾管至井深 4056.08m。

2. 地质简况

下第三系（2843～3598m）为复合盐膏层，岩性为膏质泥岩、膏盐岩、泥质盐岩、盐岩、盐质泥岩。地层应力不平衡，形成裂缝、节理、微裂缝，盐、石膏充填在裂缝中形成盐膏泥混层。一经钻开便产生应力释放，造成盐溶、水化膨胀、垮塌、掉块等复杂情况。地层压力系数为 1.86～2.12，需要密度大于 2.20g/cm³ 的钻井液来平衡地层压力。

二、钻井液技术

1. 钻井液技术难点

（1）高密度钻井液的流变性较难控制。克拉 201 井钻井液密度达 2.38g/cm³，接近重晶石、铁矿粉加重的极限密度，固相含量也在 44％以上。并且由于盐膏溶解使钻井液中 Cl⁻ 含量高达 182978mg/L，Ca²⁺ 含量达 660mg/L。如何保持钻井液具有良好的流变性是高密度钻井液工作的重点。

（2）钻复合盐膏层、软泥岩和硬脆性泥岩时极易引起井壁坍塌事故。

（3）使用高密度钻井液钻井，在砂岩地层极易发生黏附卡钻。

（4）第三系下部地层白云岩裂缝十分发育，并且含有天然气，漏失压力很低，使用高密度钻井液钻遇白云岩地层时，极易发生严重漏失，循环失返。因此，要求在保护产层的情况下，提高堵漏成功率。

（5）由于井深、地温梯度高，高密度钻井液应具有一定的高温稳定性和抗温能力（抗 150℃高温）。

2. 钻井液技术要点

（1）选择适当的膨润土含量，防止在盐膏层钻进时，由于高密度钻井液受污染严重，性能不稳定，流动性差，给高密度钻井液的使用和维护带来困难。

（2）在高密度钻井液中加入少量 80A51，控制泥岩分散，使用 NPAN 降低高密度钻井液滤失量。

（3）在高密度钻井液中加入 FCLS，改善高密度钻井液的流变性。

（4）使用 Na₂CO₃、硅酸钾除 Ca²⁺，并用硅酸钾抑制石膏和膏质泥岩分散。

（5）使用 2％～3％FT－1 防止层理、裂缝发育的泥岩垮塌，并改善高密度钻井液的润滑性。

（6）钻井液中加入足量的 SMP－Ⅱ、SPNH 护胶剂，增强钻井液的抗盐膏能力、高温稳定性及造壁性。

（7）选择合理的钻井液流变参数和环空返速，保证高密度钻井液具有一定的携带钻屑的能力，并使环空处于层流。

三、现 场 应 用

克拉 201 井三开后在 2873～2890m 井段划眼，将钻井液密度提至 1.64g/cm³钻进。钻至井深 2893m 起钻遇卡，上提 200t 解卡。解卡后，将钻井液密度提至 1.81g/cm³。下钻时，在 2803～2893m 井段，再次划眼。为使下部地层钻进顺利，调整高密度钻井液性能，控制高密度钻井液中膨润土含量为 20g/L，在钻井液中加入 7.8t 的 SMP－Ⅱ、4.4t 的 SPNH，以增加高密度钻井液的护胶能力，使用 FCLS（3.6t）控制钻井液的流变性，用 NaOH 调节 pH 值为 10，用 FT－1（5.1t）封堵盐膏层中泥岩层理、裂缝、微裂缝，并改善高密度钻井液润滑性。选用密度不低于 4.3g/cm³ 的铁矿粉加重，将钻井液密度提至 1.94g/cm³钻进。在钻进中，要根据井下阻卡情况及时提高钻井液密度，在钻至井深 3280m 时，钻井液密度达到 2.38g/cm³，其他钻井液性能见表 1。

表 1　井深 3280m 时的钻井液性能

漏斗黏度 s	塑性黏度 mPa·s	动切力 Pa	API 滤失量 mL	HTHP 滤失量 mL
58～100	68～85	21～27	2	12～15

泥饼 mm	静切力 Pa/Pa	膨润土含量 g/L	固相含量 %	摩阻系数
0.5	(3～4) / (15～20)	16～22	44～46	≤0.01

1. 流变性能控制

钻遇盐膏层时，高密度钻井液黏度、切力、滤失量上升，根据钻井液的受污染程度采取相应的维护及处理措施。

(1) 钻井液受污染较严重。当受污染严重的钻井液漏斗黏度达到 160～180s 时，钻井液应采用"除钙、稀释"方法进行处理，使用 Na_2CO_3 及适量硅酸钾除钙，减少钻井液中钙离子的浓度，加大胶液中烧碱、铁铬盐用量，加强对钻井液的稀释，以达到改善钻井液流变性的目的。所用胶液浓度为 13%，其中 NaOH：Na_2CO_3：FCLS：SPNH：SMP-Ⅱ：FT-1：红矾：硅酸钾 = 0.3：0.2：1.5：1：1：0.5：0.1：0.2，在每个钻井液循环周中胶液加量为钻井液总循环量的 1%，控制钻井液漏斗黏度在 100s 以内。当钻井液密度下降时，要及时地将密度提高至 2.38g/cm³。

(2) 钻井液受污染较轻。受污染轻的钻井液漏斗黏度在 120s 左右时，采用以护胶为主，稀释为辅的方法，相对加大 SPNH、SMP-Ⅱ 的用量，增强钻井液体系的护胶能力，控制钻井液漏斗黏度在 80s 左右。所用胶液浓度为 16%，其中 NaOH：Na_2CO_3：FCLS：SPNH：SMP-Ⅱ：FT-1 = 0.2：0.1：1：1.5：2：1。

(3) 钻井液性能稳定。保持钻井液中的护胶剂、降滤失剂、防塌剂含量，控制钻井液漏斗黏度在 60s 左右，所用胶液浓度为 12%，其中 NaOH：FCLS：80A51：NPAN：SPNH：SMP-Ⅱ：FT-1 = 0.2：0.5：0.05：0.2：1：1.5：1。

2. 固相控制

(1) 采用密度大于 4.3g/cm³ 的重晶石和铁矿粉加重，尽可能减少钻井液中的固相含量，从而减少因固相含量引起的不良影响。

(2) 严格控制高密度钻井液中的岩屑含量，使用好固控设备，振动筛使用孔径为 0.28～0.18mm 的筛布，除砂器使用孔径为 0.154mm 的筛布，除泥器使用孔径为 0.125mm 的筛布。

(3) 高密度钻井液中膨润土含量超过 21g/L 时，使用离心机循环一周并补充同样密度新配制的钻井液。

3. 防卡措施

高密度钻井液容易发生黏附卡钻，因此应采取如下预防措施。

(1) 改善高密度钻井液的滤失造壁性，使之形成致密且薄而韧的泥饼，减少钻具与泥饼的接触面积。

(2) 尽量清除高密度钻井液中的低密度固相，提高滤饼质量。

(3) 在高密度钻井液中加入润滑防卡剂 DH-1、DH-4 和 FT-1，使高密度钻井液中的含油量达到 2%～3%，尽量降低钻井液的黏附系数。

（4）提高钻井液抗温性能，严格控制高温高压滤失量。

4. 防漏堵漏措施

（1）防漏措施。

①在易缩径地层钻进时，选用合理的钻井液密度，防止因缩径而减小环空间隙。

②加重钻井液时，要均匀加入加重剂并控制加重速度，严防加重过猛，造成环空压耗高。

（2）堵漏措施。克拉 201 井三开后在钻至井深 3242m、3360m、3600.97m、3601.97m、3604.34m、3616.7m 时发生了井漏，漏失钻井液总量为 176.6m³，采用常规桥堵钻井液和凝胶（正电胶、水泥）桥堵。采取间歇挤压（压力为 3~5MPa）和憋压候凝堵漏措施，取得了较好效果。

当盐膏层和软泥岩地层发生漏失时，采用常规桥堵钻井液。桥堵钻井液配方为：井浆 + 1%中粗核桃壳 + 2%细核桃壳 + 4%蛭石 + 2.5%锯末。

盐膏层下部白云岩裂缝发育，钻进时钻压放空，漏失量大，钻井液循环失返，以漏失压力折算钻井液密度为 2.245 g/cm³。为了保护产层，仍采用桥堵钻井液，为增强堵漏效果，增加堵漏材料的用量。加入浓度为 7%的 MMH 以增强漏层桥塞强度，堵漏钻井液配方为：井浆 + 5%中粗核桃壳 + 10%SQD - 98 + 2%蛭石 + （0.6~0.8%）棉籽壳 + （1%~2%）膨润土 + （1.6%~2%）MMH。

下套管前，为提高地层承压能力，防止在下套管和固井过程中发生井漏，进行先期堵漏，使用了水泥桥堵液，并将堵漏材料浓度提至 24%。堵漏液配方如下。

井浆 + 8%中粗核桃壳 + 12%SQD - 98 + 2.5%云母 + 1.5%棉籽壳 + 5%水泥

四、结　论

（1）钻井液密度越高，井温越高，控制适当的膨润土含量是使用高密度钻井液的基础。

（2）加入足量的护胶剂和防塌润滑剂，保证钻井液具有良好的防塌、润滑、抗温、抗污染能力，这是顺利钻穿盐膏层的关键。

（3）在盐膏层钻进中，应及时提高钻井液密度，避免井下复杂情况进一步发生。

（4）该地区首次使用硅酸钾除钙和抑制石膏，较好地抑制了膏泥岩水化分散，应用效果良好。

（5）对于克拉 201 井严重漏失的白云岩地层，采用增大堵漏材料加量的胶凝桥堵钻井液，既能防止产层污染，又能使堵漏成功，取得了良好的效果。

多靶点、大斜度井张 28 井钻井液工艺技术

李希君

（胜利石油管理局钻井工程技术公司泥浆公司）

摘　要　本文分析了大斜度井钻井液施工的技术难点。针对不同的井段、井斜、地层岩性及诸多工程不利的影响因素，采取不同的钻井液技术措施，成功地完成张 28 井的钻探，并发现了多层油气。现场施工结果表明：正电胶聚合物润滑防塌钻井液体系与其他处理剂的配伍性良好，抑制防塌效果好，携岩能力强，性能稳定，润滑性好，并能较好地保护油气层，满足了南阳油田张店地区复杂地层特殊井的施工要求。

关键词　正电胶聚合物　润滑　防塌　大斜度　多靶点

一、基 本 概 况

张 28 井是河南石油勘探局的第一口大斜度多靶点定向探井，是为了探明张店油田南 38 断块、宽缓鼻状构造油气情况而设计的一口重点探井。该井用 ϕ445mm 钻头一开，下入表套：ϕ340mm×198m（J55×9.65mm），用 ϕ311mm 钻头二开，钻进至 1950m 开始造斜，采用"增斜—增斜—增斜—稳斜"的井身结构，由于该地区地层倾角大，地质结构复杂、岩性坚硬且可钻性差，而提前下技术套管：ϕ244mm × 2144m（N80 × 10.03mm）；用 3Aϕ216mm 钻头三开，采用增斜钻具钻进，沿途钻穿 A、B、C 三个靶点，最大井斜 75°。基本数据见表 1。该井二开后采用聚合物防塌钻井液体系钻进至 1900m 后，逐渐转换为正电胶聚合物润滑防塌钻井液体系施工。

表 1　张 28 井井眼基本数据

	斜深 m	造斜点 m	A 靶点 m	B 靶点 m	C 靶点 m	最大井斜 (°)	井底位移 m
设计	2961.44	1946.70	2251.67	2498.07	2829.14	72	854.26
实际	3034.00	1950.50	2247.71	2491.92	2824.97	75	926.31

二、钻井液技术难点

由于该井钻遇的断层较多且要中 3 个靶点，下第三系地层岩性为细砂岩、粉砂岩及灰色泥岩，上部软、下部较硬，且软硬夹层很多，地层极易坍塌掉块。黏土矿物以蒙脱石为主，伊利石次之，故有较大的膨胀性和分散性，因此对钻井液提出了很高的要求。

1. 井壁的稳定性

首先，南 38 断块的构造轴向近南北，北部的③号断层为该块的含油主控层，断层走向

近东西，倾角上陡下缓，2166m 左右钻遇该断层，断面倾角 20°，断距 70m，地层斜倾角 15°；近 A 靶区位置，岩性为细砂岩、粉砂岩，泥岩为主，上覆岩层造成井壁岩石应力集中，易垮塌；造斜段（2144～2824m）要保证 3 个月内井眼稳定，所以钻井液要有良好的护壁性。其次，因地层倾角大，地质结构复杂、岩性坚硬、可钻性差，为了中靶调整钻具结构，起下钻频繁，也要求井壁有很好的稳定性，因此钻井液要有良好的抑制防塌能力。以前在此地区所钻的几口井均出现了复杂情况，如大面积的坍塌、卡钻等。

2. 润滑性能

一个井眼 3 个靶心，井底井斜度大（大于 70°），定向有难度，经过多次测斜扭方位，造成轨迹不圆滑；裸眼长，钻具与井壁摩擦面积大，要求钻井液摩阻系数低，润滑性能要好。

3. 悬浮携岩能力

微增斜段（15°～30°）和稳斜段（72°～74°）较长，小排量、低返速的条件下要及时、有效地将井底岩屑携带出来，停泵时能悬浮住岩屑，不至于形成岩屑床，要求钻井液悬浮能力好。

三、钻井液工艺的具体措施

1. 钻井液体系的选择

钻井液类型的选择和设计必须满足地质和工程的需要，对于大斜度多靶点井，钻井液要具有：强抑制性，能控制地层造浆，保持钻井液性能稳定性；良好的悬浮携带性，可满足井眼清洁要求；良好的润滑性，能有效降低摩阻和扭矩；还能有效进行油气层保护。我们采用正电胶聚合物润滑防塌钻井液体系，针对不同的地层、井眼轨迹、井斜，通过改变钻井液配方中的某种处理剂的含量来调整钻井液性能，解决实际施工中的复杂情况，取得了很好的效果。该钻井液体系主要以聚合物、正电胶 MMH 为主，辅助剂有防塌剂（SL-2）、乳化剂（SN-1）、降滤失剂（SL-1、SNY-1）、流型调节剂（NH$_4$HPAN）、降黏剂（SL-4）、润滑剂（RT-001）和加重剂（铁矿粉）等。

现场施工中，将钻井液分为以下 4 个阶段。

（1）聚合物润滑钻井液。

井段 1900～2122m 是填井前的造斜段到增斜段，井斜由 7.93°增至 49.53°，主要岩性是细砂岩与泥岩不等厚互层，以及少量粉砂岩。

基本配方：0.5％～0.75％NaOH + 0.65％～1.25％NH$_4$HPAN + 0.4％～0.6％PAM + 0.5％～0.65％SL-1 + 0.1％SN-1 + 0.5％～1％RT-001

室内实验：500mL 井浆 + 0.5％NaOH + 0.8NH$_4$HPAN + 0.5％PAM + 0.6％SL-1 + 0.1％SN-1 + 1％RT-001，高搅 2h 后测其性能：API 失水 5mL，pH 值 8，塑性黏度 19mPa·s，动切力 10Pa，初/终切 3.0/10Pa/Pa，动塑比 0.53，泥饼黏附系数 0.0787。

（2）正电胶聚合物钻井液。

井段 1950～2175m 是填井后重新定向的造斜段到增斜段，井斜由 13°到 45°，主要岩性为细砂岩与泥岩不等厚互层，以及少量粉砂岩。

基本配方：0.25％～0.5％NaOH + 0.35％～0.5％NH$_4$HPAN + 0.35％～0.5％PAM + 0.65％～0.75％SL-1 + 0.25％～0.35％PAC141 + 0.25％SL-4 + 2.5％～5.0％MMH + 0.5％～1％RT-001 + 0.1％SN-1。

室内实验：500mL 井浆 + 0.4NaOH + 0.4％NH₄HPAN + 0.4％PAM + 0.7％SL - 1 + 0.3％PAC141 + 0.25％SL - 4 + 4％MMH + 0.1％SN - 1 + 1％RT - 001，高搅 2h 后测其性能：API 失水 4mL，pH 值 8，塑性黏度 25mPa·s，动切力 13Pa，初/终切 4.0/12Pa/Pa；动塑比 0.52，摩阻系数 0.0612。

（3）正电胶聚合物润滑钻井液。

井段 2175~2480m 是该井的主要增斜段，地层岩性为细砂岩、粉砂岩及泥岩，井斜由 45°增至 63°。该段极易发生岩屑垂沉现象，摩阻和扭矩增加，因此应进一步提高钻井液的悬浮携带和润滑防卡能力，以满足井下施工要求。

基本配方：0.65％~0.75％NaOH + 0.25％~0.35％NH₄HPAN + 0.2％PAM + 0.75％~1.0％SL - 1 + 0.25％~0.35％PAC141 + 1.0％~3.0％MMH + 0.75％~1.0％SNY - 1 + 1.5％~2.5％RT - 001 + 0.2％~0.3％SN - 1

室内实验：500mL 井浆 + 0.7％NaOH + 0.3％NH₄HPAN + 0.2％PAM + 0.8％SL - 1 + 0.3％PAC141 + 2％MMH + 0.8％SNY - 1 + 0.3％SN - 1 + 2.5％RT - 001，高搅 2h 后测其性能：API 失水 4.2mL，pH 值 8.5，塑性黏度 30mPa·s，动切力 23Pa，初/终切 8.0/16Pa/Pa，动塑比 0.77，泥饼黏附系数 0.0524。

（4）正电胶聚合物润滑防塌钻井液。

井段 2480~3034m 为主要的稳斜段，井段由 63°增至 74°，岩性为细砂岩，粉砂岩与泥岩。此段易形成岩屑床，同时注意防塌。

基本配方：0.65％~1.0％NaOH + 0.2％~0.4％PAM + 0.15％~0.25％PAC141 + 1.0％~1.25％SL - 1 + 0.4％~0.5％SL - 4 + 1.0％~1.25％SL - 2 + 1.0％~2.5％MMH + 1.0％~1.25％SNY - 1 + 0.25％NH₄HPAN + 0.2％~0.3％SN - 1 + 2％~3％RT - 001。

室内实验：500mL 井浆 + 0.8％NaOH + 0.3％PAM + 0.25％PAC141 + 1.0％SL - 1 + 0.4％SL - 4 + 1.0％SL - 2 + 2％MMH + 1.0％SNY - 1 + 0.25％NH₄HPAN + 0.3％SN - 1 + 3％RT - 001，高搅 2h 后测其性能：API 失水 4.2mL，pH 值 9.5，塑性黏度24mPa·s，初切力 25Pa，初/终切 12/17Pa/Pa，动塑比 1.04，摩阻系数 0.0349。

4 个井段的钻井液性能见表 2。

表 2 4 个井段的钻井液性能

井段 m	密度 g/cm³	黏度 s	API 失水 mL	pH 值	塑性黏度 mPa·s	动切力 Pa	初/终切 Pa/Pa	膨润土含量 g/L	动塑比	摩阻系数
1900 ~ 2122	1.15~1.17	58~63	4.5 ~ 5.5	8~9	17~22	9~12	(2.5~4) / (9~12)	62~65	0.40 ~ 0.60	0.0787 0.0612
1950 ~ 2175	1.16~1.19	70~100	3.5 ~ 4.0	8~9	24~30	11 ~ 14.5	(3.5~4) / (10~14)	57~60	0.48 ~ 0.55	0.0787 0.0524
2175 ~ 2480	1.18~1.22	90~100	4.0 ~ 4.5	8~9	28~32	14~23	(5~9.0) / (13~17)	50~53	0.50 ~ 0.82	0.0612 0.0437
2480 ~ 3034	1.22~1.23	98~128	3.0 ~ 4.5	9~10	23~30	22~27	(10~13) / (15~26)	48~52	0.80 ~ 1.30	0.0524 0.0349

2. 防塌措施

在钻上部岩性为砂砾岩及细粉砂岩的核Ⅱ、核Ⅲ段时，在钻井液中加入足量的SL-1，用NH₄HPAN和SNY-1来调节钻井液的流变性，控制API滤失量在3.0～5mL的范围内，减少泥页岩的膨胀。由于核Ⅲ段有断层，而且该段的砂砾岩、细砂岩互层，易膨胀、垮塌且地层倾角达20°，上覆岩层造成井壁岩石应力集中，所以，该井段设计的钻井液密度为1.23～1.25g/cm³，现场控制钻井液密度在1.22～1.23g/cm³之间，保持钻井液对井壁有合适的支撑能力。随着井斜的增加，同时增加SL-1、SL-2和SNY-1在钻井液中的含量，施工中SL-1与SL-2的加量以1∶1的比例，防塌的效果最好。钻进过程中，保持钻井液中高分子聚合物总量为0.5%～0.8%之间，较好地抑制造浆，适时使用除泥器和离心机，除掉劣质固相，保持膨润般土含量适中、钻井液性能稳定、泥饼薄且坚韧致密以及很好的稳定井壁。

3. 润滑防卡措施

提高钻井液的润滑性能是降低钻井施工过程中摩阻和扭矩的主要途径。由于该井为重点探井，要求钻井液不能影响地质录井，液体润滑剂采用无荧光白油润滑剂（RT-001），固体润滑剂采用塑料小球（HZN-102）。随着井斜的增加，白油润滑剂的量也相应加大，"油/水"含量高于5.0/80，泥饼摩阻系数控制在0.08以下（用NZ-3型泥饼黏滞系数测定仪所测）。

RT-001的加量对泥饼影响的对比实验：取500mL的井浆，加一定毫升数的RT-001和0.1%～0.3%的乳化剂SN-1，高搅1h后测其性能，见表3。

表3 RT-001的加量对泥饼影响的对比实验结果

项　　目	500mL的井浆＋RT-001的百分数							
	0	1%	1.5%	2%	2.5%	3%	3.5%	4%
API滤失量，mL	5	5	4.8	4.6	4.6	4.4	4.4	4.2
摩阻系数，K_f	0.096	0.088	0.079	0.052	0.043	0.035	0.026	0.026
K_f降低率，%		8.3	10.2	34.2	17.3	18.6	25.7	0

从实验结果可以看出，RT-001的加量在2%～3%比较合适，泥饼摩阻系数在0.035～0.052之间，能够满足防卡、快速钻进的要求。若RT-001加量大于4%时，润滑性可能会更好，但考虑其价格，为了降低泥浆成本，RT-001的含量不宜太高。在井斜由40°增至70°的井段，现场施工时采取在循环槽中细水常流的方式加RT-001，每钻进50m补充1～2t的RT-001，钻具的摩阻系数可降低24%～35%，扭矩可降低24%～31%。

固体润滑剂（HZN-102）主要用于减少钻具或套管与井壁之间的摩擦，下套管之前，将HZN-102加入到钻井液的入口罐中，使其在钻井液中的含量达2.5%～3%，同时配合加入白油RT-001计0.5～1t，充分搅拌，计算好时间，将其泵入井眼，封堵裸眼段，防卡效果很佳，每次下套管都很顺利。

4. 井眼净化措施

由于该井斜度大，三开使用8½in钻头钻进，沿途要钻穿A、B、C三个靶点，井斜逐渐增到72°，在较长的微增斜及稳斜段，极易发生岩屑沉垂及井壁垮塌现象。工艺上保持钻井液具有较好的流变性能，在兼顾钻井液其他性能情况下提高钻井液的动切力及动塑化，来提高钻井的悬浮携带能力，正电胶聚合物润滑防塌体系的动切力可提高到25～27Pa，动塑比值高达0.80～1.20。该体系MMH的加量对提高钻井液的动切力及动塑比起决定性的作用，初次提切，MMH 的含量达 4％～5％，当钻井液的动切力及动塑比足够大时，MMH 的加量减少，其含量为 1.5％～2％。本井控制的静切力值，理论上计算，静止时完全可以悬浮住 5mm 以下岩屑，使之不沉降。钻进中，环空中不可避免地存在大的颗粒，这些颗粒最容量沉降到下井壁形成岩屑床，因此净化井眼还要与工程措施配合好，每打完一个立柱上下活动钻具一次，每钻进 100m 短起下一次。在钻进过程中保持钻具的旋转或经常活动，可以防止形成岩屑床，还可将大颗粒岩屑磨碎，使岩屑更容携带出来。大排量循环，协助携砂，破坏岩屑床，保证井眼清洁。

5. 油气层保护措施

钻进过程中，钻井液密度始终保持在 $1.25g/cm^3$ 以内，进入油层，API 滤失量控制在 5mL 以下，其次，实施屏蔽暂堵油层保护技术，在进入油层前 100m，加入 3％以上的油溶树脂屏蔽暂堵剂及 0.5％～1％单封。使用井深 2250m 和 2290m 处的井浆在室内进行砂岩油气层损害程度评价实验，结果渗透率恢复值分别为 90.8％和 93.3％。

四、复杂情况的处理及现场使用效果

1. 复杂情况及处理

本井钻进至 2122m，由于变更地质设计（龙 11 井是 1975 年完钻的一口探井，作为张 28 井的参照井，因龙 11 井井位与新的地质认识存在矛盾，对龙 11 井井位进行了重新测量。结果与原图井口位置有较大变动，致使张 28 井设计目的层段的断层倾角由原来的 10°变为 20°。因此原设计井钻探已不能达到地质设计目的，致使张 28 井变更地质设计），决定填井重新侧钻，填井段 1800～1980m，候凝时间 72h。由于填井时前置液使用清水，候凝时间长，水泥浆有"窜槽"现象，造成钻井液严重污染。下钻通井时在 1340m 遇阻，开泵循环时有水泥块返出。自 1340m 到 1850m 井段均有水泥浆、混浆，致使通井时划眼困难，时而放空，时而遇阻。钻打水泥塞时，振动筛上返出水泥块及伪凝固的稠水泥浆。在 1700m 处，长时间划眼后，停泵上提钻具遇卡现象严重，此时黏度 65s，动切力 10Pa，仍不能满足井下安全。根据实际情况，进一步改善钻井液性能，使正电胶含量达 $25kg/m^3$，黏度高达 300s，满足了井下需要。实施结果：有大量岩屑和水泥块返出，量重的达 380g，循环两周后井下趋于正常。以后钻进中使用铵盐和 SL－4 逐渐将黏度降为 80～100s，直至 ϕ311mm 井眼完钻，中途电测作业、下技套、固井都很顺利，均一次成功。

2. 现场应用效果

在钻 ϕ216mm 的井眼时，井斜度已达 50°，定向测量设备要求使用 QDT 无线随钻测斜仪，由于 QDT 仪器出了故障不能修复，只好仍采用 DST 有线随钻仪器测斜仪，探管在钻杆内下滑很慢，有时采取开泵帮助才到井底，致使每次测量时间达 2～3h。由于井眼清洁，钻井液性能优良，从未出现黏卡等异常现象，每次测量都很顺利。

完井电测结果解释，共发现了 16 个油层，累计达 114.5m，比原设计要求更理想，取得了很好的经济效益。

五、几点认识

（1）根据地质构造、地层岩性及井眼轨迹等特点选择正电胶聚合物润滑防塌钻井液体系，满足了河南油田张店地区复杂地层特殊井的施工要求。

（2）该体系悬浮携带能力强，抑制、润滑防卡效果好，能很好地满足多靶点、大斜度井的施工要求。

（3）大斜度定向井，工程上需要有良好的配合，每钻进一定时间或井段短起下一次，可以避免岩屑床的形成；充分利用好固控设备，最大限度地降低钻井液中的劣质固相含量，是钻井液性能稳定的重要因素。

参 考 文 献

［1］胡景荣著．再论大斜度定向井的井眼净化问题．钻采工艺，2001
［2］孟怀启等著．河南油田大斜度定向井钻井液技术．钻井液与完井液，2002年第1期

吉林油田浅层水平井钻井液技术

白相双[1]　薛剑平[1]　王德民[1]　张明[2]　刘金和[3]　孙金声[4]

（1. 吉林油田钻井工艺研究院；2. 吉林油田第一钻井工程公司；
3. 吉林油田钻井工程服务公司；4. 中国石油勘探开发研究院）

摘　要　吉林油田扶余西区 T73 区块，位于西浪河以西的松花江内，油藏物性较好，受地面条件限制，采用常规定向井难以开发，经过油藏地质方面的论证，认为在该区块采用浅层水平井开发是可行的。扶平 1 井、扶平 2 井均采用低固相聚合物防塌钻井液，室内实验和现场应用表明：该钻井液性能稳定、防塌和悬浮携砂能力强、润滑效果好，很好地满足了浅层水平井各井段钻井施工要求。超低渗透钻井液有效地保护了储层，大幅度提高了采收率。该技术的成功实践，对浅层水平井水基钻井液技术的发展提供了宝贵经验。

关键词　吉林油田　浅层水平井　井眼稳定　井眼净化　储层保护

一、地质概况

吉林油田扶余西区 T73 区块，位于西浪河以西的松花江内，该区块主力油层为扶余油层，油藏物性较好，孔隙度在 23％左右，平均渗透率为 120mD，而且油层厚度较厚，单层厚度达 8m 以上，油层埋深为 436～444m 之间，由于油藏距松花江岸边较远，采用浅层定向井技术难以开发，但具备水平井开发条件，钻井过程中将依次钻穿第四系、嫩江组、姚家组、青山口组和泉头组。目的层为泉四段，埋深 430～460m。

二、工程概况

扶平 1 井、扶平 2 井均选用 ZJ15D 钻机，采用的井身结构为：ϕ444.5mm 钻头×102.00m＋ϕ331mm 钻头×470m＋ϕ215.9mm 钻头×设计井深，具体结构见表 1。

表 1　扶平 1 井、扶平 2 井井身结构

井　号	斜深 m	垂深 m	造斜点 m	水平位移 m	技套下深/井斜角 m/（°）	靶前位移 m	水平段长 m
扶平 1 井	891.66	442.00	220.7	548.96	448.6/60	260.8	288.16
扶平 2 井	916.00	459.30	240.8	552.18	479.4/67	263.5	288.68

三、主要技术难点

钻井液要解决的主要技术难点是有效地控制上部地层的造浆和膨胀缩径，中下部地层的破碎坍塌，预防和消除岩屑床，降低扭矩和摩阻，保证井眼稳定，预防井下复杂情况及事故的发生。浅层水平井由于钻柱重量轻，加之直井段短，可施加的钻压小，因此摩阻的控制非常重要，直接影响到造斜能否按设计进行以及水平段的延伸长度。钻井液除了满足水平井携岩外，重点要提高润滑性、降低摩阻。

四、钻井液技术

现场应用证明，低固相、聚合物强包被钻井液体系可以有效地控制上部地层的造浆和膨胀缩径，下部地层的剥落、掉块和垮塌，能够很好地满足直井、浅层定向井的钻井要求。扶余浅层水平井钻井液在现有钻井液体系下进行优化，其重点是结合水平井对井壁稳定、井眼清洁以及井眼润滑的特殊要求。低固相、聚合物强包被钻井液体系基本配方为：2％～4％水化膨润土 + 0.3％～0.5％纯碱 + 0.1％～0.3％KPA + 1％铵盐 + 1％～2％HA 树脂 + 1％防塌润滑剂，并在此基础上提高钻井液的携屑能力及润滑性。

1. 钻井液的携岩净化技术

由于水平井特殊的井身结构，带来的一个特殊问题就是如何将钻屑及时地携带到地面并及时清除。对于该技术问题，可以从两个过程（钻屑从井底到地面过程、钻屑从钻井液中清除）和三个方面（合理的钻井液性能、流型和流态、固控技术）采取技术措施。

钻屑从井底到地面的过程要求钻井液具有足够的携屑能力，将钻屑及时携带出井眼，同时必须在低黏土相的基础上完成。选用了 XC 作为低固相钻井液提切剂，同时抛弃了动塑比携岩理论，采用两个携岩指标：动切力和（$\phi6 + \phi3$）/2 不小于井眼尺寸（英寸）理论。实验结果见表 2。

表 2　钻井液性能表

XC 加量 %	塑性黏度 mPa·s	动切力 Pa	初切 Pa	终切 Pa	$\phi3/\phi6$
0.05	11	3.5	0.5	2.5	0.5/1
0.1	14	7	2.5	5	4/5
0.15	13	11.5	3.5	5	7/10

实验结果表明 XC 作为低固相钻井液提切剂，加量为 0.15％能满足携岩要求。

利用流态计算，设计二开双泵排量，三开钻井液泵排量不小于 34L/s。利用流态流型计算，设计在易形成钻屑床井段采用短起循环等施工工艺清除岩屑床。要求四级固控技术，及时清除钻屑。钻井液流态见表 3。

表 3　根据设计井身结构、钻具组合和钻井液性能计算钻井液流态

井径 mm	钻具外径 mm	钻井液密度 g/cm³	临界流速 m/s	流速 m/s	流　态
215	165	1.20	1.34	1.71	紊流
215	127	1.20	1.34	1.08	层流
224	165	1.20	1.34	1.42	紊流
224	127	1.20	1.34	0.95	层流
311	165	1.20	1.34	0.47	层流
311	127	1.20	1.34	0.4	层流

2. 钻井液的润滑、降低摩阻技术

要保证钻井液的润滑性，必须降低固相含量；另外，钻井液由高密度固相（重晶石）和低密度固相组成，所以要实现实际的低固相，必须尽量降低低固相所占的比例，即尽量降低有害固相含量。室内研究固相含量应控制在8%～10%，除了形成优质泥饼所必须的优质膨润土相外，不再增加黏土相，钻井液携岩所需要的结构力由聚合物提供。室内研究中，膨润土含量为2%。在室内研究中选用了两种液态润滑剂，即油基润滑剂 DYRH-3 及水基油基润滑剂 ORH-10。

基浆＋1%DYRH-3 和 1%ORH-10 具有很好的润滑效果：1min 泥饼摩阻系数为 0.0349，10min 为 0.0699。

3. 超低渗透钻井液油层保护技术

降低钻井液密度，减小井底压差和钻井液滤液对油层的损害，扶余西区 T73 区块测试油层压力系数为 0.98，确定钻井液密度下限为 1.10g/cm³，实际密度应为 1.10～1.15g/cm³，而该地区常规井钻井液密度均在 1.40g/cm³ 以上，降低密度措施能减小对油层的伤害。采用复合暂堵技术保护油气层，扶平 1 井、扶平 2 井均采用低固相聚合物防塌钻井液，其组成为：2%水化膨润土＋0.2%KPA＋1%铵盐＋1%HA 树脂＋1%防塌润滑剂＋1%ORH＋1%DYRH-3。扶平 1 井采用超细碳酸钙作暂堵剂，保护储层。扶平 2 井在用超细碳酸钙作暂堵剂的基础上，逐步加入 1%零滤失井眼稳定剂，转换为超低渗透钻井液体系保护油层，钻井液性能未见显著变化。

五、现场应用效果

（1）扶平 1 井和扶平 2 井现场施工中钻井液的各项性能指标按研究和设计方案维护和执行。使用 2%的膨润土配制打钻浆，开钻即运转所有固控设备清除有害固相，控制总固相含量小于 11%。使用 XC 提高钻井液的动切力，提高其携屑能力。在大井眼井段，适应提高钻井液的动切力，特别是当井斜角在 45°～55°时，动切力的提高梯度为 3.5～6.0～8.5Pa，从振动筛上看，返出的岩屑棱角分明，满足了携屑要求，还采取了强制携屑技术，利用 XC 配成高黏清扫液，将泥浆和 XC 混合，体积量控制在 5～10m³，作为清扫液直接泵入井筒，要求清扫液漏斗黏度大于 150s。按 1 次/50m 的频率并在每次起钻前进行洗井作业，破坏岩屑床，保持井眼干净。

（2）两口井现场施工钻井液性能见表 4、表 5。

表 4 扶平 1 井钻井液性能

井深 m	密度 g/cm³	漏斗黏度 s	中压失水 mL	pH 值	塑性黏度 mPa·s	动切力 Pa	摩阻系数 1min	含砂 %	固相 %
378	1.30	50	5	8	22	7.5	0.0875	0.5	9
512	1.17	43	4.6	13	19	5	0.0699	0.5	9
576	1.18	42	4.8	12	19	4	0.0963	0.8	10
685	1.18	46	5.4	9	20	5	0.0787	0.8	10
793	1.16	45	4.5	9	20	5	0.0963	0.8	11
891	1.18	49	4.8	9	22	5	0.0349	0.9	11

表 5　扶平 2 井钻井液性能

密度 g/cm³	黏度 s	失水 mL	pH 值	塑性黏度 mPa·s	动切力 Pa	静切力 Pa/Pa		摩阻系数		含砂 %
						10s	10min	1min	10min	
1.11	45	6.8	9	19	4	1.5	4.0			0.4
1.23	80	6.0	8	33	17.5	6	14			0.4
1.18	45	5.5	8	21	6	2	9	0.0524	0.0963	
1.17	53	4.8	8	21	8	4	18	0.0437	0.0699	0.3
1.06	40	5.8	9	13	3.5	1	6	0.0349	0.0699	0.2
1.10	42	6.6	8.5	12	4.5	1.5	7.0	0.0349	0.0699	0.1
1.14	54	5.0	8	22	8.5	4.5	10	0.0349	0.0787	0.5
1.11	54	4.8	8	22	7	2.5	7	0.0437	0.0699	0.5

（3）全井钻井液施工顺利，表现出了良好的抑制性、润滑性和携岩性，油层保护效果好；钻进过程中，钻压施加正常；技术套管和油层套管下入十分顺利。

（4）该地区直井产量 2～3t/d。扶平 1 井开采方式为射孔完井，射开 1/3 水平段，稳产7t/d，虽然在油井的单井产能上取得了突破，但试油后表皮系数为 9，说明各种工作液对油层存在较严重的污染。扶平 1 井开采方式也是射孔完井，射开 1/3 水平段，扶平 2 井稳产13t/d，超低渗透钻井液有效保护了储层，大幅度提高了采收率。

六、结　论

（1）在低固相聚合物防塌钻井液的基础上，使用 XC 提高钻井液的动切力和携屑能力。使用油基润滑剂 DYRH-3 及水基润滑剂 ORH-10 提高钻井液的润滑性。室内实验和现场应用表明，该钻井液性能稳定、防塌和悬浮携砂能力强、润滑效果好、能很好地满足浅层水平井各井段钻井施工的要求。

（2）超低渗透钻井液有效地保护了储层，大幅度提高了采收率。

（3）该技术的成功实践，为浅层水平井的钻探成功提供了有力的技术保障，对浅层水平井水基钻井液技术的发展提供了宝贵资料及经验。

H4 阶梯状水平井钻井液技术

胡金鹏[1] 何振奎[3] 尚会昌[2] 孙中伟[3] 张国新[3] 邱建君[3]
（1. 河南石油勘探局钻井工程公司；
2. 河南石油勘探局；3. 河南油田分公司石油工程技术研究院）

摘　要　本文详细介绍了 H4 水平井的钻井液技术。现场应用中取得的经验和认识，能够成为同行有益的借鉴。

关键词　水平井　阶梯状　聚合物不分散钻井液　聚磺正电胶混油钻井液

H4 井位于新疆焉耆盆地宝浪苏木构造上，目的层为侏罗系三工河组Ⅲ油组 2 小层，是河南油田第一口阶梯状水平井。

一、地 质 概 况

0～160m 为第四系黄色黏土、杂色砾石互层，松散未固结。160～2167m 第三系上部为黄泥岩、泥质粉砂岩、粉砂质泥岩和细砂岩不等厚互层，中部为膏泥岩、粉砂质泥岩、细砂岩及含砾砂岩。2167～2335m 上部为深灰色泥岩夹煤层，下部为砾状砂岩、细砂岩、灰色泥岩互层。水平段储层为砾砂岩和细砂岩，储层物性差，孔隙度 12%～13%，渗透率较低，储层类型以低孔低渗和低孔特低渗为主。地层压力梯度在 1.05～1.11MPa/100m 之间，地温梯度为 3.5～3.9℃/100m。

二、工 程 简 况

该井完钻井深 3308m，垂深 2331.83m，最大井斜 93.7°，AB + CD 两个水平段长758.33m，总水平位移 1159.63m。一开 ϕ444.5mm 钻头钻深 407m，ϕ340mm 表层套管下深405.99m；二开 ϕ311mm 钻头钻至井深 2537m，ϕ244mm 技术套管下至井深 2534.97m；三开 ϕ215.9mm 钻头钻至井深 3308m，ϕ140mm 表层套管下深 3305m。

水平段 A 点斜深 2539.55m，垂深 2322.87m，井斜 88.8°，位移 391.82m；B 点斜深2883.37m，垂深 2322.56m，井斜 88.86°，位移 735.51m；C 点斜深 2984.37m，垂深2329.05m，井斜 89.5°，位移 863.27m，D 点斜深 3294m，垂深 2333.61m，井斜 83.8°，位移 1145.74m。

三、技 术 难 点

该地区上部井段以软泥岩为主，造浆严重；井深 1550～2100m 为膏泥岩，易发生石膏污染；井深 2193～2495m（井斜角 37°～61°）有三段不等厚煤层，钻井过程中极易发生垮塌、掉块等复杂情况。下部水平段 800m，水平段间存在有落差近 10m 的阶梯，钻进时易形成岩屑床，后期钻井中存在加压困难、扭矩过大等难题，对钻井液的携带能力、润滑性能提出了较高要求。

直井段要防止软泥岩分散造浆和缩径阻卡，造斜段要防止煤层炭质泥岩的垮塌和阻卡，油层段要防止油气层污染和胶结差的砂砾岩、细砂岩的破碎和垮塌。钻井液体系的选择要有利于悬浮携带，能很好地抑制黏土吸水膨胀和水化分散造浆，具有很好的防塌、防卡和润滑性能，还要能很好地保护油气层。

四、钻井液技术

1. 钻井液技术

该井直井段采用聚合物不分散钻井液体系，使用 80A51 包被絮凝钻屑，抑制地层造浆，用 XY－27、纯碱、烧碱处理膏浸，调节钻井液流变性能，成功地解决了上部地层造浆和膏泥岩浸，斜井段及水平段采用聚磺正电胶混油钻井液体系，使用大分子聚合物包被絮凝钻屑，正电胶提高钻井液动切力，屈服值控制在 10～15Pa、动塑比 0.5～0.8 之间；加入 SMP－1、FT－1 控制高温高压失水小于 10mL；加入 8% 原油、1% 润滑剂提高钻井液润滑性，解决了中下部井段煤层垮塌，下部井段钻井液的携带、润滑防卡，应用屏蔽暂堵技术保护油气层，满足了钻井工程施工及保护油气层的要求。

2. 钻井液体系及配方

直井段采用聚合物不分散钻井液体系，斜井段及水平段采用聚磺正电胶混油钻井液体系。钻井液体系配方如下。

直井段：水 + 0.2%～0.3%Na_2CO_3 + 6%～8% 土 + 0.1%～0.3%PAM + 0.1%～0.3% FA－367 + 0.1%～0.3%80A51。

造斜段：井浆 + 0.5%～1%MSF + 2%～3%FT－1 + 1%～2%SMP + 1%～2% SPNH + 3%～5% 原油。

水平段：井浆 + 2%～4%FT－1 + 1%～2%SAS + 2%～4% 超细 $CaCO_3$ + 5%～10% 原油。

五、现 场 应 用

1. 钻井液工艺

1）一开（0～407m）

采用 7% 的预水化膨润土浆开钻，配制 1% 的 80A51、XY－27（3∶1）胶液均匀加入，控制钻井液密度 1.03～1.10g/cm³，黏度 50～60s，含砂量小于 1%，防止表层窜、漏，下套管、固井顺利。

2）二开（407～2535m）

上部采用聚合物钻井液体系，下部采用正电胶聚磺混油钻井液体系。二开前对钻井液进行预处理，用 80A51、XY－27 胶液将钻井液黏度稀释至 30～40s 钻进。

（1）直井段（407～2005m）。

处理好该井段钻井液的关键，一是聚合物加入要早，加量要足，尽可能包被絮凝钻屑，控制地层造浆；二是充分使用好净化设备，特别是离心机要满足要求，最大限度地清除钻屑。具体处理措施如下：

①以 PAM、80A51、XY-27 聚合物胶液维护处理，大分子加量 2~3kg/m，大小分子比例为 3:1。控制钻井液黏度 40~50s，密度 1.12~1.14g/cm³，滤失量小于 8mL，静切力（0.5~1）Pa/（2~5）Pa，大排量携砂，满足井眼净化要求。

②钻至井深 1550m 后发生石膏浸，使用适量纯碱、烧碱及 XY-27 胶液处理，控制好钻井液性能。

③使用好四级固控设备，定期清洗锥形罐，使用 60 目振动筛布，最大限度地清除钻屑。

（2）造斜段（2005~2535m）。

防止煤层垮塌掉块，提高钻井液的悬浮携带及润滑性能是该井段钻井液处理的关键。钻井液处理措施为：

①定向前使用离心机清除钻井液中有害固相，一次性混入原油 10t、润滑剂 2t，增加钻井液润滑性，随井斜增加，原油加量增到 8%~10%。

②钻开煤层前，调整钻井液密度为 1.18~1.20g/cm³，加入 2%~3%FT-1、1%~2%SMP-1，改善泥饼质量，降低高温高压失水，防止煤层垮塌。钻开煤层后，适当提高钻井液黏度、切力和流变参数，使钻井液具有较强的携带和悬浮能力。加入 0.1%~0.2% MSF 控制动切力 10~15Pa，动塑比 0.5~0.8，初切 5~7Pa，终切 8~15Pa。

③钻煤层时要用转盘转钻进，钻进过程中要坚持"进一退二"原则，每钻 0.2~0.3m 划眼两次，每钻进 40~50m 应短起下一次，确保煤层稳定后，再适当增加短起段长。

④定期向钻井液中加入润滑剂 DH-1、原油、FT-1，保证钻井液中各种处理剂的有效含量在最佳范围。原油每次加量 10t 左右，润滑剂每次加量 2~3t。

⑤做好本井段的钻井液净化工作，使用好固控设备，使钻井液含砂量不超过 0.4%。

⑥下技术套管前，调整好钻井液性能，大排量循环洗井，保证井眼畅通，起钻前向裸眼井段注入含有 2%塑料小球的封闭钻井液，使下套管顺利。

3）三开（2535~3308m）

三开水平段钻井液技术的关键，一是应用屏蔽暂堵技术，搞好油气层保护；二是加足原油及润滑剂，使钻井液具有良好的润滑性，减少起下钻摩阻，降低钻井过程中的附加压力；三是调整钻井液性能，使钻井液具有良好的携带、悬浮能力。

（1）油气层保护。

钻井完井液配方：井浆 +3%FT-1+2%超细石灰石粉 +1%普通石灰石粉。

钻水泥塞时，在套管内用纯碱、XY-27 稀胶液处理钻井液，保持钻井液黏度 70~80s，密度 1.14~1.15g/cm³。然后，加油保材料 FT-1 为 6t、超细石灰石粉 4t、普通石灰石粉 2t。在井深 2996m 进入第二水平段前，再加入油保材料 FT-1 为 3t、超细石灰石粉 2t、普通石灰石粉 2t。

（2）钻井液维护处理。

①钻进时用 80A51、MSF 维护钻井液的流变性能，黏度维持在 80~100s，动切力 8~15Pa，动塑比 0.4~0.7，切力 5~7Pa/8~15Pa。

②利用 FT-1、SMP-1 改善泥饼质量，控制钻井液滤失量小于 4mL，高温高压失水小于 10mL。

③每钻进 200m 补充原油 10m³，润滑剂 3t，确保钻井液摩阻系数小于 0.04，起下钻摩阻小于 100kN。

④工程上必须及时进行短起下和活动钻具，配合钻井液携带砂子，破坏岩屑床。利用固控设备清除钻屑，保证井眼清洁。

⑤完钻前 50m 调整钻井液性能，完钻后充分循环洗井，保证电测顺利。电测后应甩掉扶正器，用大水眼钻头通井，大排量循环，待井眼清洁无砂时，向裸眼井段注入含有 2% 塑料小球和 2% 润滑剂的封闭钻井液，确保下套管、固井施工顺利。

2. 钻井液性能

全井实钻钻井液性能见表 1。

表 1　H4 井钻井液性能表

井深 m	密度 g/cm³	漏斗黏度 s	塑性黏度 mPa·s	动切力 Pa	初切/终切 Pa/Pa	动塑比	滤失量/泥饼 mL/mm	含砂 %
400	1.12	65						
930	1.12	30	16	6	1/2.5	0.38	6.5/0.5	0.2
2058	1.16	66	21	11.5	3/11.5	0.55	3/0.5	0.2
2323	1.20	80	20	11	4/17	0.55	3.5/0.5	0.3
2411	1.20	95	28	12	5/21	0.43	2/0.5	0.4
2601	1.16	75	21	11	12/20	0.52	4/0.5	0.5
2858	1.14	102	23	17.5	10/20	0.76	3.5/0.5	0.3
3027	1.14	95	24	17	8.5/18	0.71	3/0.5	0.3
3110	1.14	101	24	18	8/20	0.75	2/0.5	0.3
3250	1.17	96	27	18.5	9/21	0.69	2/0.5	0.2

3. 现场应用效果

1）抑制性

上部地层采用聚合物不分散钻井液体系，钻进时根据钻进速度及时补充大分子聚合物胶液，有效抑制了地层造浆，减少了钻井液排放，钻井液密度小于 1.15g/cm³。石膏浸时配合 XY-27，一个循环周内可将钻井液性能控制在设计范围内。

2）防塌效果

垮塌井段主要是煤层，施工中采用加入 FT-1、SMP-1 封堵与合理的钻井液密度及得当的工程措施，使煤层垮塌减少到最低程度。本井钻开煤层二、三趟钻后，煤层不再垮塌、掉块，井壁稳定，起下钻顺利，保证了电测、下套管及固井施工顺利。

3）井眼净化

该井 2000m 以前采用低黏、低密度钻井液，配合固控设备及时清除有害固相，保证了井眼净化；钻开煤层后，适当提高黏度、切力，使垮塌煤块能及时带出，避免了起下钻阻卡；在水平段，使用正电胶调整钻井液性能，坚持及时短起下钻，破坏井壁岩屑床，保证井眼清洁。本井，特别是水平段，起下钻畅通无阻，电测、下套管施工顺利，说明了该钻井液携砂效果较好。

4）润滑性能

该井使用原油、润滑剂较好地解决了水平井钻井液的润滑问题，坚持在下套管前用含有塑料小球的钻井液封闭裸眼井段，保证了施工的顺利进行。全井 4 次电测均一次成功。水平段钻至井深 2475.2m，发生断钻具事故，历时 63h 打捞成功，未发生卡钻具事故，表明钻井液润滑性能好，能满足工程施工的需要。

六、结论与认识

（1）上部地层井眼大、进尺快、地层造浆严重，必须加足大分子包被剂；无特殊情况要禁用一切有可能引起分散的处理剂，使钻井液真正实现不分散。

（2）煤层钻穿后，钻井液性能要稳定，尤其是密度不要大幅度波动。

（3）ϕ311mm 井段是本井的重点和难点，除了要求钻井液有良好的防卡、防塌能力外，携带能力也至关重要。

（4）短程起下钻、旋转钻具，有利于破坏岩屑床，有利于净化井眼。

（5）现场施工中应保证四级固控设备的充分利用，及时清除有害固相。

参 考 文 献

［1］徐同台著．水平井钻井液与完井液．北京：石油工业出版社，1999

［2］张春光著．正电胶钻井液．北京：石油工业出版社，2000

［3］万绪新．水平井钻井液优化的几点思考．石油钻探技术，1999（2）：28～29

冀东油田北堡西 3X1 大位移井钻井液技术

邢韦亮　朱宽亮　徐小峰　孙五苓　郭景芳　冯京海

（中国石油冀东油田分公司监理公司）

摘　要　北堡西 3X1 井是冀东油田第一口大位移井。上部地层成岩性差，造浆严重，井眼斜度大，裸眼井段长，井壁容易垮塌，钻井过程中极易在井眼下井壁形成钻屑的沉积层，导致钻柱扭距增大、摩阻升高，造成卡钻。上部地层采用聚合物钻井液；下部地层采用聚硅醇防塌钻井液。在聚合物钻井液中加入复合两性金属离子包被剂、无荧光防塌剂和聚合醇，提高了钻井液的抑制防塌能力，井径扩大率较小；三开、四开采用聚硅醇防塌钻井液，润滑防卡效果强，聚合醇井保持其含量为 2%，以减轻旋转钻井时的扭距、起下钻和下套管时的负荷，减少了复杂事故的发生；携岩净化效果强，95% 以上的井段 $\phi 3$ 都为 2~10，$\phi 6$ 都为 3~12，满足了大位移井对井眼净化的要求，保证了钻井作业的顺利进行。

关键词　聚合物钻井液　聚硅醇防塌钻井液　大位移井　井壁稳定　井眼净化

一、工程地质概况

冀东油田北堡西 3X1 井是南堡凹陷北堡西构造带上的一口大位移重点探井，该井实钻井深为 4189m（垂深为 2452.16m），井眼轨迹为四段制，造斜点为 300m，最大井斜为 67.18°，水平位移为 3049.79m，位移与垂深之比为 1.24：1。该井一开用 $\phi 660.4$mm 钻头钻至井深 203m，$\phi 508$mm 套管下至井深 201.89m；二开用 $\phi 444.5$mm 钻头钻至井深 1303m，$\phi 339.7$mm 套管下至井深 1300.36m；三开用 $\phi 311.1$mm 钻头钻至井深 3053.6m，$\phi 244.5$mm 套管下至井深 3051.12m；四开用 $\phi 215.9$mm 钻头钻至井深 4189m，$\phi 139.7$mm 套管下至井深 4185m。该井钻井周期约为 60 天，全井机械钻速为 14.08m/h，全井施工未发生任何复杂事故。北堡西 3X1 井自上而下钻遇地层：平原组（0~300m）为黏土和散砂；明化镇组（300~3019m）以泥岩、砂岩互层为主；馆陶组（3019~3858m）上部为砂岩与泥岩互层，下部为含砾不等粒砂岩、泥岩和砾岩；东营组（3858~4189m）以砂、含砾砂岩及砂泥岩互层为主。

二、钻井液技术

1. 钻井液技术难点

北保西 3X1 井上部地层成岩性差，造浆严重，井眼斜度大，裸眼井段长，井壁容易垮塌失稳；钻具斜躺在长的裸眼下井壁上，加大了钻具和井眼的接触面积，使钻井作业的钻具扭矩和摩阻很大；钻井过程中极易在井眼下井壁形成岩屑床，导致钻柱扭矩增长，摩阻升高，造成卡钻。因此，钻井液必须具有强的抑制防塌性、高润滑性、优良的井眼净化能力。

2. 钻井液体系选择

针对北堡西 3X1 井地层特点，结合北堡地区多年来的实践，上部地层采用聚合物钻井液；钻开储层时采用聚合物硅基钻井液。为提高该井水基钻井液的润滑性，在水基钻井液中加入聚合醇、极压润滑剂、石墨润滑剂，通过 3 类润滑剂的复合使用，水基钻井液润滑性能接近油基钻井液。

（1）润滑剂基本加量。为确定聚合醇与极压润滑剂的基本加量，对不同加量的润滑剂进行了实验，结果见表 1。

表 1 不同加量的润滑剂对钻井液润滑性能的影响

序 号	聚合醇,%	极压润滑剂,%	润滑系数	黏附系数
1	0	0	0.24	0.153
2	0.5	1	0.145	0.119
3	1.0	1	0.140	0.110
4	2.0	1	0.146	0.110
5	4.0	1	0.146	0.115
6	2.0	2	0.136	0.100
7	2.0	3	0.134	0.105

由表 1 看出，聚合醇加量为 2% 和极压润滑剂加量为 2% 时，钻井液有较好的润滑和防卡性能。

（2）钻井液配方。

①基本配方的确定。

根据大位移井钻井对井壁稳定、摩阻控制、井眼净化的要求，首先从提高抑制地层造浆、防塌、携岩能力入手，结合冀东油田多年来的实践，确定采用已成熟的聚合物钻井液、硅基钻井液作为大位移井水基钻井液的基本配方。其基本配方分别如下：

聚合物钻井液：1.05g/cm³ 膨润土浆 + 0.3%PMHA + 0.8% 铵盐 + 1% 硅腐钾 + 1.5% SAS；

硅基防塌钻井液：聚合物钻井液 + 2%GWJ + 2% 硅腐钾 + 2%SMP + 1% 无荧光防塌剂 + 1.5%SAS + 3% 超钙（细）。

钻井液性能见表 2。

表 2 基本配方钻井液性能

配　　方	表观黏度 mPa·s	塑性黏度 mPa·s	动切力 Pa	静切力 Pa/Pa	中压失水 mL	高温高压失水 mL	备　　注
聚合物防塌钻井液	19	16	3	0.75/11.5	6.2	15.0	80℃/3.5MPa
硅基防塌钻井液	41.5	35	6.5	2/25	5	15.2	100℃/3.5MPa

②大位移井水基钻井液配方确定。

根据冀东油田多年来成功地使用硅基钻井液体系的经验以及对润滑剂抑制性、优选，在基本配方里分别加入 2% 聚合醇、2% 极压润滑剂和 1% 石墨，形成大位移井的聚合物防塌钻井液（A）和聚硅醇防塌钻井液（B），其配方如下：

A：1.05g/cm³ 膨润土浆 + 0.3%PMHA + 0.8% 铵盐 + 1% 硅腐钾 + 1.5%SAS + 2% 聚合醇 + 2% 极压润滑剂 + 1% 石墨；

B：A＋2%GWJ＋1.5%硅腐钾＋2%SMP＋1%无荧光防塌剂＋2%聚合醇＋2%极压润滑剂＋1%石墨＋1.5%SAS＋3%超钙（细）。

钻井液性能见表3。

表3 配方A与B钻井液性能

配　方	表观黏度 mPa・s	塑性黏度 mPa・s	动切力 Pa	静切力 Pa/Pa	中压失水 mL	高温高压失水 mL	备　注
A	18	15	3	1.0/7.75	6.6	15.6	80℃×3.5MPa
B	29	26	3	1.5/20	4.8	14.8	100℃×3.5MPa

a. 钻井液高温老化实验

实验结果见表4。

表4 配方A、B钻井液高温老化后性能（100℃×16h）

配　方	表观黏度 mPa・s	塑性黏度 mPa・s	动切力 Pa	静切力 Pa/Pa	中压失水 mL
A	14	12	2	0.5/1.0	7.2
B	15.5	13	2.5	1.0/2.0	5.4

对比表3、表4可以看出，配方A、B钻井液高温老化前后性能相比，黏度切力有所降低，但基本满足现场施工要求。

b. 抑制性评价

配方A选用冀东油田M39-3井馆陶组2482～2503m的2～5mm岩心进行页岩回收率评价实验，配方B选用B28井东二段3099～3136m的2～5mm岩心进行页岩回收率评价实验，具体结果见表5。

表5 配方A、B页岩回收率评价试验结果（80℃×16h）

体　系	回收率,%
清水＋M39-3岩心	7.5
清水＋B28岩心	3.46
配方A＋M39-3岩心	40.66
配方B＋B28岩心	96.44

从表5可以看出，两种钻井液抑制性较强，聚硅醇防塌钻井液页岩回收率高达96.44%。

c. 润滑性评价

表6 配方A、B润滑性评价实验结果

配方	润滑系数F	摩阻系数K
A	0.122	0.0908
B	0.130	0.0955

从表6可以看出，配方A、B钻井液均能满足润滑系数小于0.15、摩阻系数小于0.1的大位移水基钻井液的基本要求。

d. 油层保护性能评价

选用两块不同渗透率的烧结岩样，在100℃温度条件下对B配方进行油气层保护性评价，结果见表7。

表 7　配方 **B** 钻井液油层保护性能评价实验结果

体系	气体渗透率	污染前		污染后		封堵率	反排解堵率
	mD	K_w, mD	K_O, mD	K_w, mD	K_o, mD	%	%
B 配方	193	147.6	67.4	0	59.3	100	88.0

污染条件：温度 100℃，污染压差 3.0MPa，污染时间 0.5h。

由表 7 可以看出，聚硅醇防塌钻井液具有很好的油层保护性能，暂堵率为 100%，渗透率恢复率达 88%。

通过上述实验，最终确定北堡西 3X1 井钻井液配方如下：

聚合物钻井液：膨润土 + 0.2%～0.4%PMHA-2 + 0.5%～1%铵盐 + 1%～2%磺化沥青 + 1%～2%聚合醇 + 2%～3%润滑剂 + 1%～2%石墨 + NaOH；

聚硅醇防塌钻井液：膨润土 + 0.1～0.2%PMHA-2 + 0.4%～0.8%铵盐 + 1%～2%磺化沥青 + 1%～2%SMP + 2%GWJ + 2%GXJ + 2%GKHm + 1%～2%聚合醇 + 2%～3%润滑剂 + 1%～2%石墨 + NaOH。

三、现场应用情况

1. 一开

按 6% 加量配制 100m³ 膨润土浆，预水化 48h，开钻前对所用固控设备进行了试运转。完钻后配 60～80m³ 稠钻井液，封闭裸眼段，保证下套管顺利。

2. 二开

由于该井 300m 处开始定向，所以施工中要求钻井液性能稳定，保证固控设备良好运转，使钻井液保持清洁。在二开过程中，由于上部地层散砂、流沙段较长，在加强钻井液抑制性的同时，配 60m³ 3% 的膨润土浆补入钻井液中，使井壁形成坚固的泥饼。钻至设计井深后，由于井眼大，井内岩屑不易返出，施工中配 100m³ 黏度为 60s 的稠钻井液清扫井底。电测前加入 2t 塑料微珠封闭裸眼段，以利于测井作业的进行。

3. 三开

在三开钻水泥塞过程中，加入 0.32t 纯碱除钙。三开时严格按照设计调整钻井液性能。首先，在开钻前将钻井液密度调整至 1.13～1.14g/cm³，黏度调为 47s，充分使用好固控设备，保持钻井液的优质性能。由于此井段水平位移长，防塌性能尤为重要，钻至井深 2692m 时将密度调整至 1.17g/cm³；保持钻井液中有 2% 的 SAS 和 2% 的聚合醇，严格控制中压滤失量为 4～5mL，尽量减弱地层水化膨胀。在实际钻井过程中注意扭矩和上提拉力的变化情况，及时补充润滑剂，保证施工正常进行。由于三开钻井速度快，在充分使用固控设备情况下，井深 2901m 时排放掉 80m³ 钻井液，并且按设计要求配制 80m³ 胶液均匀补入钻井液中，以最大限度地减少钻井液中的有害固相。钻完进尺后，充分循环洗井、除砂，起钻电测前加入 1%～1.5% 的塑料微珠封闭裸眼，保证电测顺利。下套管起钻前充分洗井，再加入 1%～1.5% 的塑料微珠封闭裸眼，保证下套管施工顺利。

4. 四开

在钻遇玄武岩地层时，提高钻井液防塌性能，进入该地层前补加 1%～2% 的单向压力封闭剂和 1% 的防塌材料，控制钻井液密度为 1.25～1.26g/cm³，并密切注意振动筛岩屑返出情况。每次起下钻后，配 20m³ 新钻井液补入井浆内，以改善钻井液的造壁性。电测前加入 2％塑料小球，保证电测顺利。

四、钻井液及应用效果

1. 固相控制

为了有效控制固相含量，保证钻井液含砂量小于 0.3％，该井特别配备了线性振动筛 3 台、除砂器 1 台、除泥器 1 台、除气器 1 台、离心机 2 台。钻井液固相含量随井深变化情况见图 1。

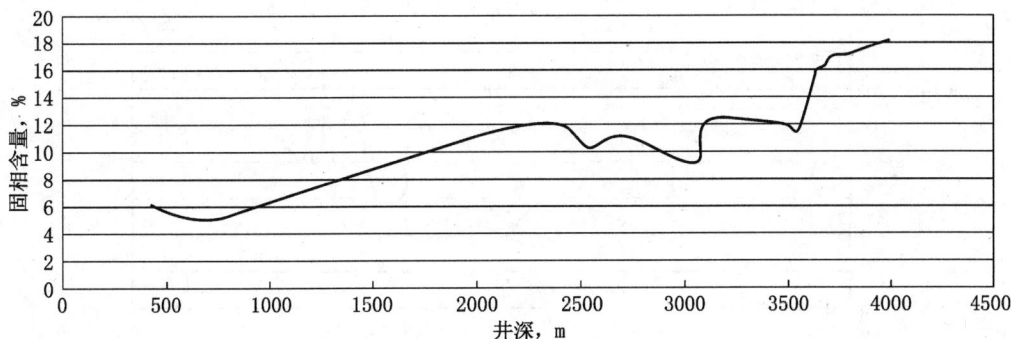

图 1　固相含量随井深变化曲线

从图 1 可以看出，该井钻井液固相含量为 5％～18％，说明该井在钻井施工过程中固控设备使用率高，及时清除了钻井液中的无用固相，保证了钻井液性能的稳定。

2. 抑制防塌效果

该井采用化学耦合防塌和力学防塌相结合解决井壁稳定问题，在聚合物钻井液中加入复合两性金属离子包被剂、无荧光防塌剂和聚合醇，提高了钻井液的抑制防塌能力；施工过程中采用合理的钻井液密度，取得了良好的效果，井径扩大率较小。

3. 润滑防卡效果

该井在钻井液施工中特别注意降低摩阻，二开定向前，在钻井液中加入白油、磺化沥青，钻进过程中保持润滑剂含量不低于 3％；三开施工时，加入聚合醇、磺化沥青、白油；四开加入极压润滑剂、聚合醇并保持其含量为 2％。钻井液摩阻系数随井深的变化情况见图 2。

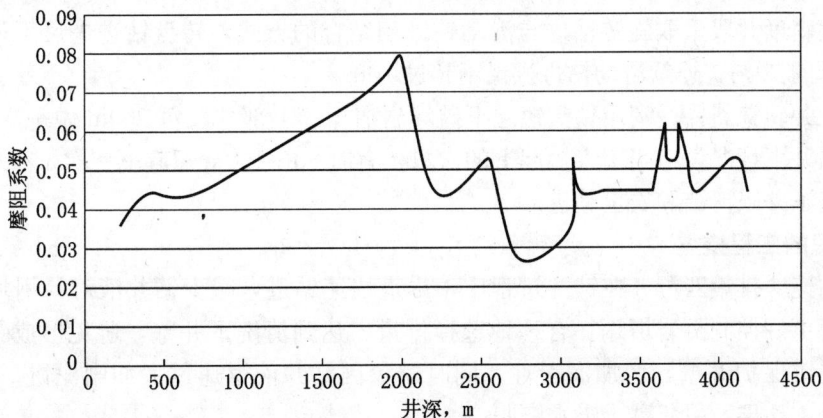

图 2　摩阻系数随井深变化曲线

从图 2 可以看出，该井钻井液摩阻控制得非常成功，97％以上的井段摩阻系数均在 0.08 以下，最低摩阻系数小于 0.03。这说明该井钻井液具有良好的润滑性，特别是在 2500m 以后井段，摩阻系数都小于 0.06。由于摩擦阻力的降低，减轻了在旋转钻进时的扭矩、起下钻特别是下套管时的负荷，并延长了钻头和马达的寿命，减少了复杂事故的发生。

4. 携岩净化效果

目前，常用钻井液 $\phi3$、$\phi6$ 值的大小来表征钻井液的携岩能力，因此该井一直强调对 $\phi3$、$\phi6$ 的控制。钻井液 $\phi3$、$\phi6$ 随井深变化情况见图 3。

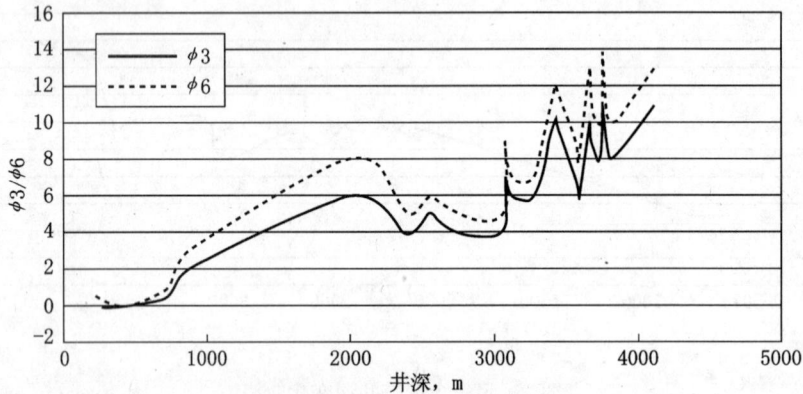

图 3 $\phi3/\phi6$ 随井深变化曲线

从图 3 可以看出该井 95％以上的井段钻井液 $\phi3$ 均为 2～10，$\phi6$ 均匀 3～12，满足了大位移井对井眼净化的要求。并且，随着井深的增加，钻井液 $\phi3$、$\phi6$ 增大，携岩能力增强，使井下产生的大量钻屑及时输送到地面，保证了井下的顺利钻进。

5. 井眼清洁和井壁稳定技术

(1) 在保证钻井液性能的前提下，利用大排量钻进。排量是影响井眼清洁最重要的参数，因为排量直接影响环空流速。一般来说，黏度低的钻井液，易形成紊流可提供较好的清洁效果。当井斜角小时，钻井液的黏度增加到超过某一值时，层流状态高黏度的钻井液对井眼的清洁优于低黏度的紊流状态钻井液。控制起下钻速度，防止抽吸或压力激动过大。钻具到底开泵或随钻测试要求开泵都要缓慢开关。

(2) 大斜度井段采取旋转钻进与滑动钻进相结合的方式，转盘钻进进尺不低于大斜度井段总进尺的 70％，连续滑动钻进进尺不超过 10m。

(3) 大井斜稳斜井段利用钻具短起下破坏岩屑床。上部井段每 200m 做一次短起下钻，四开后依据井下情况，适当增大短起下的次数，有时 80～100m 短起下一次，有利于破坏岩屑床，保持了井眼清洁和安全钻进。

6. 合理的工程措施

(1) 钻速、排量匹配。在钻井过程中，尽量快速钻进，减少钻井液对易坍塌层的浸泡时间，以便更好控制页岩坍塌。合理地选择排量，达到清洗下井壁，避免形成钻屑床，形成优质的泥饼保护井壁，增加润滑性。同时避免因钻井液返速过大冲刷泥饼，破坏泥饼，造成滤液进入地层，引起黏土吸水膨胀。

(2) 防止钻井液液柱压力突变。操作应平稳，防止开泵过猛或者下钻过快造成压力激动，起钻应控制速度，防止起钻过快造成抽吸，从而造成压力波动；加重或大处理钻井液时，钻井液性能变化幅度不能过大。

(3) 在排量的选择上，根据井眼大小、钻井液的流变性能、短起下情况、钻头水眼大小和马达要求排量等情况，确定一定的排量。ϕ444.5mm 井段，排量控制在 59～62L/s，ϕ215.9mm 井段，排量控制在 28～3L/s

(4) 合理使用加重钻杆。在大斜度角条件下钻井，钻柱组合中尽量减少钻铤的使用，用加重钻杆代替钻铤为钻头加压，其目的是为了降低钻柱重量和防止黏附卡钻，同时也可降低摩阻与扭矩。

(5) 使用 ϕ139.7mm 钻杆。由于井较深，沿程钻井液的水力损耗很大，尤其是使用导向马达＋随钻测试，更增加了其全过程循环压耗，通过计算发现，使用 ϕ127mm 钻杆已经超过现有机泵的能力，不能达到清洁井眼所需的排量，因此在套管内使用了 ϕ139.7mm 钻杆，增大钻杆内径，缩小钻杆与井眼之间的过流面积，降低了沿程压耗，为增加排量、提高钻井液在环空中的返速和充分清洁井眼创造了条件。统计表明，使用 ϕ139.7mm 钻杆，泵压可以降低 3～6MPa。修泵时间大幅度减少。

五、结论与认识

(1) 选择合理的钻井液体系，配合适当的钻井液密度，控制低的钻井液滤失量是解决该大位移井井壁稳定的三项主要技术措施。

(2) 聚合醇、极压润滑剂和固体石墨的复配使用能满足大位移井工程施工对钻井液润滑防卡性能的要求，尤其是聚合醇还具有优良的防塌效果。

(3) 保持钻井液良好的流变性、较高的动塑比，采用适当的钻井液环空返速，配合适时短起下钻等合理的工程措施是大位移井井眼净化的技术关键。

(4) 良好的固控设备，尤其是离心机的应用是保证大位移井顺利施工的一项关键措施。

参 考 文 献

[1] 黄浩清. 西江 24-3-A20ERW 大位移井钻井液技术. 钻井液与完井液，2002（1）
[2] 李希君. 多靶点、大斜度张 28 井钻井液技术. 钻井液与完井液，2002（4）

Z4 井钻井液工艺技术

杨星　李祥华　黄物星　张景阳

（江苏油田钻井处泥浆公司）

摘　要　本文详细介绍了 Z4 井的钻井液工艺技术。全井采用了 3 套钻井液体系，保证了该超深井的正常顺利施工，满足了探井地质录井和新区油气勘探的需要。

关键词　超深井　聚合物钻井液　聚磺钻井液　欠饱和盐钻井液

　　Z4 井是中国石化工集团公司西部勘探新区在塔里木盆地部署的一口重点预探井。该井位于新疆巴州且末县西北塔中 38 井西北 275°约 6km，构造位置位于卡 4 潜山带塔中 38 井西背斜，设计井深 6600m，主探奥陶系——寒武系，兼探石炭系，完钻层位寒武系。Z4 井是一口超深探井，地层复杂多变，并且存在较多不确定性，要求钻井工程和钻井液工艺技术有较强的适应能力。所采用的钻井液体系应具有强的包被抑制能力、携带悬浮岩屑、稳定井壁能力，防喷、防漏堵漏功能，良好的高温稳定性和抗盐、抗钙、抗 CO_2、H_2S 酸性气体污染能力，有利于地质资料录取和发现保护油气层。

　　因实钻地层与地质设计误差较大，该井加深至 7220m 完钻（为目前中国陆上最深井）。根据井深、地层岩性、井温的变化，全井采用的 3 套钻井液体系，基本采用欠平衡和近平衡钻进，保证了超深井的正常顺利施工，满足了探井地质录井和新区油气勘探的要求。

一、地 质 概 况

1. Z4 井地质分层（表 1）

2. Z4 井地层岩性

　　Z4 井实际钻遇地层依次为第四系、第三系、白垩系、三叠系、二叠系、石炭系、奥陶系和寒武系。各层系岩性情况如下。

　　（1）第四系：为疏散沙层。

　　（2）第三系：岩性为灰黄色、灰褐色含砾砂岩，细砂岩，厚层粉砂岩夹紫红色、薄层褐色粉砂质泥岩，成岩性差，砂岩为松散状。

　　（3）白垩系：上部为灰白色细砂岩，夹粉砂质泥岩；中部为含砾砂岩、厚层中砂岩夹薄层紫红色泥岩；下部为杂色细砾岩、灰白色砾状细砂岩夹薄层紫红色泥岩。砂岩成岩性较差，疏松。

　　（4）三叠系：上部为灰—浅灰色细砂岩，与紫红色、灰褐色泥岩呈不等厚互层；中部为灰白色含砾中砂岩、细砂岩、泥质粉砂岩与紫红色—暗紫色泥岩呈不等厚互层；下部为浅灰色粉砂岩与灰色泥岩呈不等厚互层。

　　（5）二叠系：上部为紫红色、深紫色、灰褐色泥岩夹薄层粉砂岩，灰质泥岩；下部为杂色砂砾岩，含砾粗砂岩与紫红色、灰褐色、深紫色泥岩呈不等厚互层。

表 1　Z4 井地质分层

地　层				设 计 地 层	
界	系	统	组	底深，m	厚度，m
新生界	第四系 Q			218	209
	第三系 R			1821	1603
中生界	白垩系 K			2126	305
	三叠系 T			2718	592
	二叠系 P			2973	255
古生界	石炭系 C	上	小海子组	3192	219
		上、下	卡拉沙依组	3318	126
		下	巴楚组	3422	104
	奥陶系 O	中	丘里塔格上亚群　一间房组	缺失	
		上	丘里塔格上亚群　鹰山组		
			丘里塔格上亚群　蓬莱坝组	3639	217
	寒武系（断层上盘）	上	丘里塔格上亚群	4462	823
	奥陶系 O	上	勒牙依里组	4696	234
	奥陶系（断层下盘）	中	丘里塔格上亚群　一间房组	5156	450
		下	丘里塔格上亚群　鹰山组	5286	130
			丘里塔格上亚群　蓬莱坝组	5528	242
	寒武系	上	丘里塔格上亚群	6752	1224
		中	阿瓦塔格群	7072	320
			沙依里克组	7092	20
		下	吾松格尔组	7198	106
			肖尔布拉克组	7220 未穿	22

（6）石炭系：

①小海子组：为灰白色灰岩与紫红色、紫褐色、深紫色泥岩，浅灰色粉砂岩、细砂岩呈不等厚互层；

②卡拉沙依组：为浅灰色含砾砂岩，粗砂岩，细砂岩，粉砂岩与紫褐色、灰褐色泥岩互层；

③巴楚组为灰色灰岩、紫褐色泥岩。

（7）奥陶系：

①蓬莱坝：为灰褐色、浅灰色白云岩，灰岩，顶部白云岩含燧石结核；

②勒牙依里为深灰色泥岩、泥质灰岩；

③一间房为褐灰色灰岩、生屑灰岩。本组地层取心见轻质油显示 4.88m/5 层，荧光显示 0.44m/1 层；

④鹰山组为褐灰色白云岩、白云质灰岩；

⑤蓬莱坝：为灰褐色、浅灰色白云岩，灰色白云质灰岩，浅灰色灰岩。

（8）寒武系：

①丘里塔格下亚群为灰—深灰色白云岩，灰色燧石白云岩；

②阿瓦塔格（上膏盐岩段）深灰色—灰色泥质白云岩、膏质白云岩；

③沙依里克组为褐灰色—灰色白云岩、膏质白云岩；

④吾松格尔组（下膏盐岩段）褐灰色—灰色泥质白云岩、膏质白云岩；

⑤肖尔布拉克组为褐灰色—灰色膏质白云岩、云质膏岩。

二、工程简况及问题

1. 工程简况

Z4井一开钻进用 ϕ444.5mm 钻头，完钻井深 1503.00m，表层套管下深为 ϕ339.7mm×1017.51m。

二开使用 ϕ311.2mm 钻头钻进至 4500.00m。二开井段取心 2 筒次，取心进尺 11.34m，收获率为 100%。下入 ϕ244.5mm 技术套管×4496.35m，固井质量合格。

三开使用 ϕ215.9mm 钻头钻进至 6735.00m。悬挂 ϕ177.8mm 尾管，管串位置 4349.41～6732.32m，1.36g/cm³ 低密度水泥浆固井。三开井段取心 8 筒次，取心进尺：54.45m，平均收获率：97.41%。

四开使用 ϕ149.5mm 钻头钻进。经多次加深钻进至 7220.00m 完钻，小井眼电测一次成功。打悬空水泥塞试压合格。裸眼完井。

2. 工程问题

Z4井是一口超深探井，地层复杂多变，导致工程施工方案的变化，带来以下问题：

（1）ϕ311.2mm、ϕ215.9mm、ϕ149.2mm 钻进深度均超过设计深度，达到钻机负载极限。

（2）裸眼井段长，不同压力系数的地层同处一个裸眼系统，不仅给防喷、防漏堵漏带来困难，而且严重影响井眼稳定。

（3）工程周期长，钻具易疲劳损伤引发钻具事故。

（4）地层岩性多变，缺少地层资料，给钻头选型带来困难。

（5）古生界地层裂缝、孔隙发育，易发生漏失，防漏堵漏工艺技术要求高。

（6）本井地处沙漠腹地，环境恶劣，生产保障存在较大困难。

三、技 术 难 点

1. 地层方面

（1）第四系井段地层胶结疏松，易塌、易发生井漏。

（2）第三系井段地层成岩性差，岩屑水化分散能力强，钻井液中的有害固相会迅速增加，砂岩发育，渗透性好，易在高渗透性砂岩段形成厚泥饼造成阻卡。

（3）白垩系以下地层的泥岩以伊/蒙混层为主，紫红—暗紫色泥岩易水化膨胀，导致缩径，随着井深增加，间层中的蒙脱石含量降低，泥岩微裂隙发育，水化能力的差异，极易发生井壁剥落掉块和坍塌。二叠系及石炭系泥岩由于欠压实，层理发育，垮塌程度随着井深的增加而加剧。

（4）奥陶系地层裂隙、孔隙发育，易发生大型漏失。寒武系地层岩性为含膏盐地层，易发生蠕变缩径和井壁溶蚀坍塌。

（5）缺少实钻资料，对地层压力、坍塌应力了解较少，加之对钻井液密度要求严格，给防喷和井眼稳定带来困难。

2. 钻井液方面

（1）Z4井为超深井，对钻井液体系的优选、性能参数的制定和体系转换的要求都很高。所用钻井液应具有强的包被抑制性、造壁性、良好的悬浮和携砂能力、封堵微裂隙能力、润滑性和高温稳定性。

（2）目为层奥陶系为海相碳酸盐岩地层，防喷防漏是全井的关键。

（3）实钻中把握合理的密度，井壁稳定、防喷防漏和及时发现、保护油气层是本井的重点。

（4）寒武系含膏盐地层要求钻井液具有良好的高温稳定性，同时还要具有较强的抗盐抗钙能力和防止蠕变缩径、井壁溶蚀坍塌能力。

3. 钻进中发现的难题

（1）开钻前配浆发现地表水硬度高，无法配制性能符合要求钻井液。

（2）钻进过程中地层流体对设备的腐蚀十分严重，尤其是CO_2、H_2S酸性气体对钻具的腐蚀对钻井液提出了新的技术要求。

四、技 术 措 施

1. 钻井液体系的确立

通过查阅新疆塔里木盆地相关的地质资料和相邻地域井史，特别是塔参1井的各项资料，利用中国石化西部新区勘探指挥部提供的地质和工程设计，结合江苏钻井的技术和经验，确立全井使用3套钻井液体系：第四系—二叠系，采用强抑制性聚合物钻井液；石炭系—奥陶系采用新型聚磺钻井液；寒武系采用欠饱和盐水聚磺钻井液。

2. 防塌措施

（1）根据地质预告在脆性泥岩、炭质泥岩或泥页岩裂隙发育井段前，做好防塌预处理，加足防塌剂，并在原有基础上适当提高钻井液密度。

（2）钻进中定期复配并使用防塌剂、超细纤维状封堵剂和超细碳酸钙及防塌剂，增强防塌效果。

（3）适当提高黏切，增强带砂能力，同时增加防塌剂及润滑剂的用量。注意观察振动筛返砂情况，必要时采用"段塞"清扫井筒。

（4）严格控制钻井液中压（API）滤失量和高温高压（HTHP）滤失量，减少钻井液中的自由水侵入易垮泥岩地层。

（5）工程作业时减少对易垮地层的压力激动，加强地层压力跟踪监测，避免负压钻进。

（6）提高钻进速度，缩短易垮泥岩井段的浸泡时间。

3. 防漏、堵漏措施

（1）备足堵漏材料，保证液面报警装置完好，加强人工液面观察。

（2）钻井液具有好的流变性能，保持井眼畅通，防止压力激动，诱导地层漏失。

（3）对发生的井漏要分析判断出漏层位置、类型、漏失速度及漏失层位的岩性等，确定堵漏液的配方和堵漏工艺。

4. 防喷措施

（1）防喷是全井安全施工的重点。按照探井防喷安全规定，配备安全防护用品，备足加重剂并按井筒容积的 1～1.5 倍备重浆。

（2）加强坐岗观察，及时发现井漏、井涌等异常情况。发现溢流，及时了解油气上窜速度，取全取准地层压力等方面数据，并根据套压、立压等数据计算出当量密度，及时采取井控措施。

（3）对已侵入钻井液中的油气及时分离，检测气体组分，防硫化氢中毒。同时做好防火、防止环境污染工作。

（4）压井过程中注意防止压漏地层。

5. 钻膏盐岩层钻井液技术措施

（1）及时判断、分析岩性，卡准寒武系膏盐岩层界面，在地质设计预告前 5～10m 把钻井液转化成欠饱和盐水聚磺钻井液。

（2）确定合理的钻井液密度，通过实测或根据测井资料计算盐层蠕变速度，确保钻井施工、电测、固井等特殊作业的安全时间。

（3）控制欠饱和盐水聚磺钻井液的膨润土含量在 25～35g/L，Cl^- 含量 15.5～17.5mg/L，严格控制 API 滤失量和高温高压滤失量，加足抗盐、抗高温处理剂，防止钻井液因高温钝化或减稠。

（4）钻井液处理与维护以等浓度为原则，以胶液按循环周均匀补充，避免性能波动较大引起井下复杂，并根据摩阻及时补充润滑剂，提高钻井液润滑性。

（5）考虑到盐水钻井液对钻具、设备的强腐蚀性，借鉴江苏淮阴盐井的经验，在钻井液中加入缓蚀剂。

6. 保护油气层措施

（1）采用近平衡钻进，严格控制钻井液中的固相含量，防止固相颗粒堵塞储层孔道。

（2）保持钻井液有较好流变性能，严格控制滤失量，尽可能采用易于酸化的加重剂。

（3）在进入目的层段前加入屏蔽保护暂堵剂，改善泥饼质量，减小滤液、固相对油气层的污染。

五、现场应用情况

1. 钻井液类型、配置工艺及分段钻井液性能

（1）钻井液类型及配置工艺见表 2。

表 2　钻井液类型及配置工艺

井段，m	体　系	配置工艺
0～3003	聚合物钻井液	原浆 + FA - 367 + AT - 1 + PE - Ⅱ + SK - Ⅱ + WFT - 666
3003～6815.89	聚磺钻井液	原浆 FA - 367 + AT - 1 + PE - Ⅱ + WFT - 666 + MFG - Ⅱ + SPNP + SMC + SMP - Ⅰ + SMP - 2 + FZB - Ⅰ + MC - Ⅱ + DH - 50
6815.89～7200	欠饱和盐水聚磺钻井液	原浆 + SMP - 2 + SMC + FZB - 1 + MC - 2 + DH - 50 + LV - CMC + NaCl + DH - 42

（2）分段钻井液性能见表3。

表3 钻井液性能

性能 项目	钻井液性能					
井眼尺寸 mm	444.5	311.2		215.9	149.2	
井深，m	0~1503	1503~3003	3003~4515	4515~6744.74	6744.74~6815.89	6815.89~7220
钻井液体系	聚合物 钻井液	聚合物 钻井液	聚磺 钻井液	聚磺 钻井液	聚磺 钻井液	欠饱和盐 水钻井液
密度，g/cm³	1.12~1.20	1.10~1.15	1.15~1.20	1.11~1.18	1.19~1.22	1.30~1.39
漏斗黏度，s	46~56	43~64	40~65	37~62	40~45	48~78
API 失水 mL	4.5~5.4	4.1~7.4	3.5~4.9	3.8~6.8	4.6~5	4.6~8.2
HTHP 失水 mL			7~11.4	8.3~13.4	14.4~12	10.2~14.2
pH 值	7~9	8~12	8~9.5	9~12	10~11	9~11
初切/终切 Pa/Pa	1~3/4~14	1~4/3~10	1~4/2~8.5	1.0~10.0/3~18	3.0~5.5/7~8.5	1.5~3.5/3~9
塑性黏度 mPa·s	19~24	17~23	17~31	9~26	13~18	26~54.5
动切力，Pa	4.5~9.5	4~12	3~10.5	3.5~19.5	5~8	3~11
Cl⁻，mg/L	1695~2066	1819~3364	2728~4001	3273~115500	11117~10620	141371~178838
Ca²⁺，mg/L	30~79	0~476	159~476	238~28771	1600~1026	0~409
膨润土含量 g/L	45~76	46.5~60	35.75~53.60	35.7~50.1	44.4~30.8	30.25~38
固相含量，%	12.5	9~12	9~14	6.5~12	15~12	14~20
含砂量，%	0.5~10	0.3~1.3	0.2~1	0.2~0.4	0.2	0.2
摩阻系数		0.0437	0.0349~0.0875	0.1051~0.0437	0.096~0.0637	0.0437~0.1051
流性指数	0.60~0.75	0.57~0.75	0.61~0.84	0.28~0.84	0.51~0.66	0.61~0.88
稠度系数	0.13~0.47	0.12~0.46	0.06~0.46	0.09~4.11	0.20~0.69	0.07~0.36

2. 现场钻井液施工情况

（1）一开：0~1503.00m，ϕ444.5mm 井眼，采用聚合物钻井液体系。

①淡水配浆 140m³ 一开，用井场软化水配浆补充钻井液量。

②钻至井深 120m 见泥岩，用 NH₄HAPN、NaOH 调节钻井液流变性，降低膨润土含量。

③加大 FA-367 的用量，抑制泥岩水化分散；用 NH₄HPAN、JYP 控制滤失量，增强体系的抑制性。

④使用 HV-CMC、预水化膨润土浆配合适量 DF-1，增强钻井液的携带、悬浮和造壁

能力。

⑤下表套前大排量循环洗井，充分净化井眼，并在下部井段注入润滑浆进行封堵，下表层套管过程中由于设备故障，套管下至1017.51m，留有ϕ444.5mm裸眼段485.49m未下套管封固。

⑥一开配浆前对井场井水进行检测，由于水的硬度高（Cl^- 1792mg/L、Ca^{2+} 1250mg/L、Mg^{2+} 428mg/L），加入黏土不能水化分散，因此现场对井水进行软化处理后，再进行补充浆的配制，基本满足了施工要求。

（2）二开：1503～4515.0m，ϕ311.2mm井眼，采用抑制性聚合物—聚磺防塌钻井液。

①二开前，彻底清除循环罐沉砂。钻水泥塞时，加入NH_4-HPAN胶液和Na_2CO_3溶液处理水泥污染，以胶液形式补充FA-368、SK-Ⅱ和PE-Ⅱ，调整钻井液性能。

②针对水化分散能力强的泥岩，根据钻井速度及时补充FA-367、AT-1，加量达0.2%～0.6%，增强钻井液的包被抑制能力，控制泥岩水化分散，用JYP、SK-Ⅱ和NH_4-HPAN控制滤失，确保钻井液性能稳定。

③井深1570～1620m多为含膏砂泥岩，极易水化分散污染钻井液，用Na_2CO_3溶液和NH_4-HPAN胶液处理，增强钻井液抗钙能力。

④2500～3100m，地层压力系数为1.17～1.18。甲方要求的钻井液密度为1.12～1.15g/cm³，尽管钻井液滤失量控制得较低，同时还采取了暂堵措施，但三叠系紫红色泥岩及灰褐色泥岩水敏性极强，产生较大膨胀压力；二叠系暗紫色泥岩微裂隙发育、硬脆，坍塌应力较大，由于钻井液密度不能平衡，出现缩径、坍塌掉块阻卡现象，后将钻井液密度逐渐提高至1.20g/cm³，井下逐渐趋于正常。

⑤钻进至3000m，体系抗稳能力差，性能出现波动，根据井下情况及小型试验结果，见表4。

表4　井浆加磺化物及热滚后性能

序号	密度 g/cm³	漏斗黏液 s	塑性黏度 mPa·s	动切力 Pa	初切/终切 Pa/Pa	滤失量 mL	流型指数	稠度系数	高温高压失水量 mL	膨润土含量 g/L	pH值
1#	1.14	54	22	7.5	2.5/6	4.2	0.67	0.28	18	53.6	9
2#	1.14	67	24	9	3/8	3.4	0.57	0.65	12	53.6	9
3#	1.14	63	25	8	3/7	3.8	0.65	0.36	15	53.6	9
4#	1.14	53	22	7	2/6	4.0	0.71	0.21	11.6	53.6	9
5#	1.14	57	23	8	2/6	4.2	0.74	0.18	13.4	53.6	9

注：1#　井浆；2#：1# + 2%SMC + 1.5%SPNP；3#：1# + 1.5%SMC + 1%SPNP；4#：2#热滚24h（120℃）；5#：3#热滚24h（120℃）。

按2#配方及时成功地将钻井液由聚合物体系转换为聚磺体系。并在后续钻井过程中及时补充SPNP、SMC，保持钻井液体系的高温稳定性。

⑥进入二叠系前将WFT-666、QS和MFG-Ⅱ复配使用，填充、封堵微裂缝，降低泥饼渗透率，提高泥饼质量，减少滤液侵入地层，从而起到在泥岩井段防塌、在砂岩井段防止压差卡钻的作用。

⑦针对留有ϕ444.5mm大尺寸，裸眼485.49m的特殊情况，钻进过程中根据井口返出岩屑的形状和数量，控制钻井液良好流型的性能，提高钻井液的悬浮、携带能力，满足清

洁井眼的需要。

⑧使用好四能净化设备，配合人工清砂工作，有效地控制钻井液中的劣质固相含量，配合使用润滑剂 FXT、WGR-1，增强钻井液的润滑性能。

⑨与地质紧密配合，及时判断分析岩性，加强地层预测；与工程紧密配合，保证足够的排量，定期进行短起下，修正井壁。

⑩钻进至 3609.91m，钻时变快，停泵有溢流，钻井液密度由 1.20m/cm³ 降至 0.8g/cm³，黏度由 61s 上升至滴流，出现气侵，泵入 1.35g/cm³ 备用重浆并补充加重剂，将钻井液密度逐步恢复到 1.20g/cm³，井下恢复正常。

⑪钻进至 4477.11m，出现严重漏失，漏速大于 100m³/h，采用桥堵浆 35m³（桥堵材料比例为：云母：棉子壳：核桃壳：锯末 = 1：2：3：1.5，浓度 15%）堵漏一次成功，顺利钻至二开完钻井深。

⑫电测前用堵漏、润滑稠浆封闭下部井段 4000～4515m，为电测一次成功创造了良好条件；

⑬下完技术套管，由于过早采用大排量循环，再次发生井漏，漏速 15m³/h。桥堵浆静堵漏速降为 9.7m³/h。经甲方同意，第一级采用低密度泥浆，降低环空压差并用堵漏泥浆作为领浆顺利完成第一级固井作业，固井质量优良，为第二级固井创造了条件。

（3）三开：4515～6744.74m，ϕ215.9mm 井眼，采用暂堵型聚磺钻井液体系。

①三开前彻底清除循环系统沉砂，处理好水泥污染，用 SMP-Ⅱ、SPNP、SMC、GMP-Ⅲ、NaOH 混合胶液调节钻井液的流变性、高温稳定性能、润滑性能，满足三开要求。

②补充 FA367 和 AT-1，维持体系的抑制性，及时补充预水化膨润土浆，确保钻井液良好的流变性能和造壁能力。

③FZB-Ⅰ、QS-2、MFG-Ⅱ、WFT-666 等配合使用，提高体系的封堵防塌能力，用 JT-888、HJ-3、DH-50 等控制滤失量，改善泥饼质量，增强井壁承压能力，保护油气层。

④及时补充 SMC、SPNP、SMP-Ⅱ，增加体系抗温能力，保证钻井液性能的高温稳定。

⑤搞好固控工作，以净化保优化，将无用固相含量降至最低。尽量使用好一级固控，减轻二、三、四级固控的负担。

⑥做好防 H_2S 的准备工作，根据地质提示加入碱式碳酸锌除硫预处理，同时提高钻井液 pH 值至 10～11。

⑦加强坐岗，及时发现异常，在三开井段重点是做好奥陶系、寒武系海相地层的防漏、堵漏和防喷工作。现场备有各级别堵漏剂，储备满足井控要求的加重浆和加重材料。

⑧及时监测钻井液高温高压滤失量和滤液中 Cl^-、Ca^{2+} 浓度的变化，加大抗高温处理剂以及抗盐降滤失剂的用量，保证钻井液中有一定的抗高温、抗盐处理剂含量，满足抗稳抗盐的需要。

⑨由于三开井段裸眼长达 2229.74m，在中完电测、下尾管前充分循环洗井，下尾管前，在下部井段注入了具有良好稳定性和护壁性的高黏度润滑封闭液，保证了电测、下尾管施工的安全顺利进行。

⑩ϕ177.8mm 尾管固井施工替水泥浆中途憋泵，水泥低返，尾管中留有水泥塞 964m。钻完水泥塞，充分处理钻井液，满足四开要求。

⑪由于钻井过程中钻具腐蚀较为严重，必须采取防腐缓蚀措施，现场对钻井液与缓蚀剂的配伍性进行了试验（表 5）。

表5　井浆和缓蚀剂搅拌后常温性能和热滚后性能

序号	密度 g/cm³	漏斗黏度 s	初切/终切 Pa/Pa	中压失水 mL	塑性黏度 mPa·s	动切力 Pa	高温高压失水 mL	流性指数	稠度系数
1#	1.12	44	5/11	5.6	11	11.5	13.4	0.4	1.41
2#	1.12	73	8/16	11.6	17	10	22.2	0.55	0.60
3#	1.12	73	8/16	12	16	12	24.1	0.49	0.94
4#	1.12	69	5.5/12	12	18	9.5	24.6	0.58	0.49
5#	1.12	75	2.5/6	10.6	30	11.5	20.2	0.65	0.46
6#	1.12	73	2.5/6	10.2	31	13	20.0	0.63	0.56

注：1#：井浆；2#：1#+0.3%缓蚀剂-1+0.3%缓蚀剂-2；3#：1#+0.4%缓蚀剂-1+0.4%缓蚀剂-2；4#：1#+0.5%缓蚀剂-1+0.5%缓蚀剂-2；5#：3#热滚动17h（120℃）；6#：4#热滚动17h（120℃）。

试验数据表明，加入缓蚀剂后，漏斗黏度上升，但流变性能优于井浆，特别是各加0.5%最佳；加入缓蚀剂后，HTHP滤失水量增大，热滚动后，塑性黏度增大明显，流动性较好，滤失量略有下降。

现场施工时在井深5575m分别加入A、B两种缓蚀剂-1和缓蚀剂-2各1.75t，随后加入SMP-Ⅱ、SPNP、MC-2抗盐降滤失剂，控制HTHP滤失量在12～15mL之间，满足了性能需要。

（5）四开6744.74～7220m，φ149.2mm井眼。

①6744.74～6815.89m。

A. 继续做好寒武系海相地层的防漏、堵漏和防喷工作。现场备足堵漏浆、堵漏剂，同时储备1.5倍井筒容积、密度为1.60g/cm³的压井钻井液。

B. 钻进过程中及时补充SPNP、SMP-Ⅱ与SMC，保证钻井液的高温稳定性。配合抗盐降滤失剂DH-50、HJ-3、MC-2以及抗高温、抗盐降黏剂GMP-3、DH-42，调整钻井液的流变性能并提高抗盐、抗钙能力。

C. 控制钻井液的膨润土含量值在30～35g/L，为钻井液高温稳定性及体系转化打下了基础。

D. 加入超细碳酸钙QS-2，配合白沥青防塌剂FZB-1，增强体系防塌能力，保证井壁稳定，对目的层实施保护。及时清除有害固相，含砂量一直维持在0.2%以下，保持清洁的钻井液体系。

②6815.89～7220.00m。

钻进至6815.89m，地质预告5～10m后可能进入中寒武统阿瓦塔格组下段膏盐段。停钻转化钻井液体系，转化过程如下。

A. 现场小型试验结果见表6。

表6　井浆加NaCl等处理后性能

序号	密度 g/cm³	漏斗黏度 s	塑性黏度 mPa·s	动切力 Pa	静切力 Pa	滤失量 mL	流性指数	稠度系数	HTHP滤失量 mL	膨润土含量 g/L	pH值	Cl⁻ mg/L
1#	1.22	45	18	7	4/7	4.8	0.64	0.30	12	30.75	11	11177
2#	1.29	46	22	6	3/9	12.4	0.74	0.16	18	30.75	9.5	157974
3#	1.29	52	28	4	2/7	5.8	0.82	0.13	13	30.75	9.5	157974

注：1#：井浆；2#：1#+20%NaCl；3#：2#+2%SMC+2%SMP-Ⅱ+1.2%DH-50+1%MC-2+1%DH-42

通过对钻井液性能的测试和小型试验，常规性能、膨润土含量等均符合要求，可以直接对全井进行钻井液转化。

B. 起钻至套管内循环转化：加入 SMC、SMP－2、DH－50、MC－2，混入 100m³ 重浆，对钻井液进行预处理，循环加盐，Cl⁻ 浓度达到 $17 \times 10^4 mg/L$，用 DH42、WFT－666、NaOH 调整钻井液性质，加入 $BaSO_4$，调整密度达到 $1.36 g/cm^3$。

C. 转化结束后充分循环，钻井液性能调整均匀符合设计要求后下钻到底钻进。转化结束后的钻井液性能见表7。

表7 转化后钻井液性能跟踪

序号	密度 g/cm³	漏斗黏度 s	塑性黏度 mPa·s	动切力 Pa	初切/终切 Pa/Pa	中压失水 mL	流性系数	稠度系数 K	高温高压失水 mL	膨润土含量 g/L	pH值	Cl⁻ mg/L
1	1.36	53	28	4	1/2.5	7.4	0.83	0.10	14.2	30	9	170207
2	1.35	54	25	5	1/2.5	7.4	0.78	0.24	14.2	30	9	160207
3	1.37	55	34	5	2/6	7.0	0.83	0.13	14.2	30.25	9	164559
4	1.35	56	30	7	1.5/5	4.6	0.75	0.20	14.2	30.25	10	156330
5	1.35	54	28	6.5	1.5/5	5.0	0.75	0.19	13.6	30.25	10	157079
6	1.36	57	31	6.5	1.5/5	4.6	0.77	0.18	13.6	30.25	10	157079

D. 转化效果。

a. 转化过程中因先在地面进行了部分转化，在全井替换时没有出现转化盐水钻井液的"极点"等现象；转化中严格按药品的加入顺序操作，效果明显。由于转化前做好了充分的准备，转化全过程仅用 18h，实现了转化过程的安全、顺利。

b. 通过对性能跟踪，转化初期失水偏大，塑性黏度大，动切力及 K 值偏低，Cl⁻ 降低。及时加入 HJ－3、SMP－Ⅱ、DH－50、LV－CMC、MC－2 等抗盐处理剂，控制钻井液 API 和 HTHP 滤失量。

E. 现场维护工艺。

a. 维持 pH 值在 10～11 之间，膨润土含量为 25～35g/L，保持性能稳定。

b. 加大 SMC、SMP－Ⅱ 的用量，严格控制钻井液的 HTHP 失水，改善泥饼质量，增加体系抗温能力。

c. 使用含高价金属离子的处理剂铬酸盐，进一步提高钻井液体系和处理剂的抗稳能力，同时提高钻具的抗腐蚀能力。

d. 补充 WFT－666、FZB－1，通过防塌剂与高聚物、磺化处理剂的协同增效作用，有效地稳定井壁。

e. 钻井过程中，根据岩屑形状的变化，及时调整钻井液性能，用 DH－50、MC－Ⅱ、LV－CMC 控制钻井液的滤失量，配合 DH－42、GMP－Ⅲ 控制钻井液具有较强的剪切稀释性，提高悬浮、携带能力，保证正常钻进。

f. 对钻井液 Cl⁻ 含量进行监测，及时补充 NaCl，保证 Cl⁻ 含量维持在 160000～175000mg/L。

g. 使用好四级固控设备，严格控制有害固相含量，保证钻井液清洁优质。四开后振动筛一直采用 120 目筛布。

h. 与地质紧密配合，及时判断分析岩性，加强地层预测、预告；与工程紧密配合，保证足够的排量，定期进行短起下钻，修整井壁，为钻井液处理、维护提供依据。

i. 本井裸眼完井，在 4915～5085.77m 之间打悬空水泥塞。候凝 24h 后下钻探扫水泥塞（4913～4950m），试压合格（20MPa，稳压 30min）。

六、结论与建议

1. 取得的成绩

（1）Z4 井施工难度大，在缺少邻井实钻资料、实钻地层与设计偏差较大、缺少超深井钻井液施工经验等不利情况下，通过不断探索，逐一解决了各井段施工中的技术难点。安全、高效、优质地完成了全井的钻井液技术保障，创造了多项全国陆上钻井新记录：完钻井深 7220m，7000m 以上超深井钻井周期最短（374d），7000m 以上深井机械钻速最高（1.84m/h），7000m 以上深井纯钻时效最高（43.98%），低密度钻井液钻井深度最深，全井五次电测一次成功率 100%。与钻井液相关的井下事故为零、井下复杂仅占钻井总时间 1.35%。事故复杂时效为塔中地区 6000m 以上超深井中最低。

（2）二开井段聚合物—聚磺钻井液具有较强的抑制能力、封堵防塌能力，确保了井眼稳定。

（3）三开、四开井段聚磺钻井液在钻进过程中，处理剂选配得当，配方合理，钻井液抗高温稳定性好，性能变化小，每次起下钻后井底返出钻井液与正常钻进时的钻井液性能相差不大，循环一周后即可恢复原性能。

（4）三开以后加大了抗盐、抗钙处理剂的量，钻井液抗污染能力强，钻至 5922～5968m，多次加快钻时，岩性为灰色白云岩，偶见盐垢（该地层为原地质设计所没有），Cl^- 含量由 7452mg/L 上升至 33532mg/L，最高上升至 115500mg/L，Ca^{2+} 含量由 637mg/L 上升至 19828mg/L，黏度由 48s 逐渐上升至 52s，密度由 1.12g/cm³ 逐渐上升至 1.14～1.15g/cm³，其他性能没有大的变化。说明该钻井液体系具有较强的抵御盐膏污染的能力。

（5）四开后在实钻中遇到大量含膏地层，及时将聚磺钻井液转化为欠饱和盐水聚磺钻井液，高温稳定性、抗盐抗钙能力非常强，为安全钻达 7220m 提供了充分的保障。

（6）搞好固控设备的维护与使用，严格控制有害固相含量，是保证钻井液高温稳定性、润滑性和抗盐抗钙能力的关键。本井曾 3 次处理井下钻具事故，井下静止最长时间 268h，起下钻无阻卡。全井电测成功率 100%。

（7）根据甲方提供的工程、地质设计，结合本井所遇到的实际情况，钻井液密度严格控制在甲方允许的范围内，并对目的层采取暂堵保护，为该井在奥陶系 4891～4896m 发现良好油气显示并保护好储层创造了有利的条件。

2. 建议

（1）因使用的钻井液密度低，二开后基本上是欠平衡或近平衡钻进。根据本井钻井液的应用情况，为了减少和避免井下复杂事故，在钻井液密度的控制上应适当灵活些。

（2）上部井段在不影响录井的前提下应放宽对钻井液材料的使用限制。

（3）深井、超深井，钻具防腐是相当关键的问题，本井采取了一定的防腐缓蚀措施，但在使用效果和作用机理方面还需进行深入的研究。

6000m 超深井钻井液技术

何 纶 张 坤 秦中伦

（四川石油管理局）

摘 要 1976 年 2 月 27 日，四川油气田 7002 队在龙女寺构造钻探成功中国的第一口 6011m 超深井（女基井），钻遇坍塌层、高压盐水层、高压气层、岩盐层、石膏层、漏层等复杂地层，井底温度最高达 182℃，首次钻穿四川盆地川中地区的全部沉积岩地层，并在二叠系阳新统地层打出了工业气流，获天然气产量 4.55～4.68×10⁴m³/d。

关键词 超深井 磺化钻井液体系 抗高温 182℃ 泥浆工艺技术 高温热稳定性

本文主要介绍了我国钻探第一口 6000m 超深井的钻井液工艺技术、抗高温抗盐磺化处理剂 SMC（磺化褐煤）、SMT（磺化单宁）、SMK（磺化栲胶）和磺化钻井液体系的诞生，超深井的钻井液体系的初步形成和现场维护工艺技术等。钻井过程中，各阶段钻井液配方及钻井液工艺技术均满足了钻井工程的要求，保证了录井、电测、气测、固井、取心和处理钻具事故的顺利进行，在很大程度上提高了深井钻探的成功率。抗高温深井磺化钻井液的研究成功，开创了我国超深井钻井液的先例，是我国在深井钻井液技术上的一大进步，为超深井钻井积累了经验，该抗高温深井磺化钻井液的配方一直为众多油田所使用。

一、地 质 概 况

(1) 0～1255.6m 井段，地层为侏罗纪泥页岩。

(2) 1255.6～4210m 井段，地层为香溪群的高压盐水层、三迭系的乐平煤系。

(3) 4210～5251m 井段，地层情况复杂，钻遇二迭系，震旦系，有高压气层和漏层，井底温度 154℃以上，地温梯度约 2.5℃/100m。

(4) 5251～6011m 井段，地层为震旦系，井底温度 182℃。

二、工 程 概 况

(1) 一开：钻头 17½in。

(2) 二开：钻头 12½in。

(3) 三开：钻头 8⅜in。

(4) 四开：钻头 φ150mm。

三、技 术 难 点

女基井是我国第一口设计井深超过 6000m 的超深井，测算井底温度超过 180℃，解决超深井抗高温钻井液技术难题成为该井当时非常艰巨而又十分紧迫的任务，因此急需开发高效抗高温处理剂，研究满足深井、超深井工程要求的钻井液体系和钻井液配套工艺技术，主要技术难点是解决深井段钻井液控制高温失水、造壁性和热稳定性。

1976 年四川油气田第一口 6000m 超深井，钻遇坍塌层、高压盐水层、高压气层、岩盐层、石膏层、漏层等复杂的地层，井底温度最高达 182℃。当时钻机机型设备陈旧，对于泥浆工作的特别困惑之处是：工程条件差，无法选择钻头型号，无超深井钻井液钻探的任何经验，有关超深井处理剂及深井钻井液技术查无依据，体系配方无任何参考资料，深井钻井液工艺技术及现场维护方案无从借鉴，同时国内没有高温、高压试验仪器，对模拟井下状况、分析钻井液在高温高压下的动态没有指导作用。

在井身结构合理的前提下，超深井钻探要成功，还必须解决好钻井液的防塌、携砂、抗可溶性盐污染、抗温、润滑、防卡、防漏和堵漏等技术难题，而且钻井液要对付各种复杂地层，要有抗高温、高压能力，对黏土的水化分散具有较强的抑制能力。超深井钻井液体系要满足钻井工程要求，应做到：

（1）安全。能满足地质录井和钻井工艺的需求，确保井下安全钻进。

（2）优质。是指流变性、造壁性、抗温性和润滑防卡性能好、抗可溶性盐、膏污染能力强，能确保钻井液性能优质稳定。在井口至井底最高温度之间的任何温度下，钻井液都能满足井下实际需要的性能。具有良好的热稳定性，即钻井液不仅在高温下具有合格的性能，而且在经受长期的高温作用后还能保持性能稳定。

（3）快速。井眼净化好，满足钻井工程的需要，提高机械钻速。

（4）钻井液体系维护处理方便。

四、钻井液技术效果

女基井全井使用 5 套钻井液体系克服了井塌、井漏，压住了高压盐水层，防止了岩盐和石膏对钻井液的污染，在高压气层存在下保证了密度 1.80g/cm³ 以上的加重钻井液的稳定性，抗温能力达到了 200℃，满足了深井钻井的要求。过去，中深井钻井常遇卡钻事故，而该井钻至井深 6011m，从未因钻井液性能而造成阻卡现象，保证了录井、电测、气测、固井、取心和处理钻具事故的顺利进行。

五、现场应用情况

（1）全井使用 5 套钻井液体系

①0～1994m 井段采用褐煤－氯化钙钻井液体系；

②1994～2274m 井段采用褐煤－氯化钙盐水钻井液体系；

③2274～4210m 井段采用铁铬盐－CMC 饱和盐水钻井液体系；

④4210～5251m 井段采用铁铬煤－铬煤碱液混油含盐钻井液体系；

⑤5251～6111m 井段采用磺化钻井液体系（铬磺甲基搬土钻井液体系）。

（2）第一次开钻钻井液使用情况。

0～1255.6m，钻头 17½in，地层为侏罗纪泥页岩，易塌、易造浆，因此选用该地区传统的常规褐煤氯化钙钻井液，通过室内实验及现场摸索试验，找到适合大井眼携砂好的煤碱剂与氯化钙的配合比例，即氯化钙加量为煤碱剂加量的1%，这种钻井液起到抑制造浆和防塌的效果。

（3）第二次开钻钻井液使用情况。

1255.6～4210m井段，钻头12½in地层为香溪群的高压盐水层、三迭系的乐平煤系。在钻至1994m遇高压盐水层，压力为27MPa，现场采用的钻井液工艺技术是一次性地迅速将褐煤—氯化钙井浆加重到1.45g/cm³，成功地压住了高压盐水。继续钻至2274m遇二迭系岩盐、石膏层，因此将井浆转化为铁铬盐－CMC饱和盐水钻井液。

该井段裸眼长度2955m，井浆用量460m³，钻井时间长达11个月，这两套加重钻井液体系避免了高压盐水造成恶性事故，也防止了岩盐的溶解和乐平煤层的坍塌。在井浆转换为铁铬盐饱和盐水钻井液过程中，加入铁铬盐时钻井液中有大量气泡产生，同时pH值由9.5下降至8.5，提高碱性后，气泡逐渐消失，为了保证体系的pH值不低于8.5，现场实验室增加了钻井液滤液酚酞碱度的测定，确保性能稳定。

钻井实践证明，温度对钻井液性能有很大影响，井口温度在65℃的条件下，地面循环系统的钻井液性能稳定，而在150℃高温下失水由8mL增加到21mL，黏度由80s降到13.6s，性能显著变坏。其原因是井浆中含有一定量的电解质，在高温作用下，稀释剂产生了降解，降低了钻井液性能的稳定性。经过室内1051套次的维护实验，修改混合剂配方，加入了烷基磺酸钠，取得了稳定周期长的好效果。通常维护钻井液的混合剂比例为丹宁：烧碱：CMC：铁铬盐：纯碱：水＝8：16：10：40：10：1000。此外钻井过程中，因干旱，井场抢水管线，停钻28d，在井深4000m左右，钻井液性能仍然保持稳定，下钻一次到底。在井深4000多米后，3次处理金刚石钻头落井事故，井浆悬浮性较好，井底无沉砂、掉块，下钻3次对扣打捞成功。

（4）第三次开钻钻井液使用情况。

4210～5251m井段，钻头8⅜in，地层及复杂情况：钻穿二迭系、震旦系，遇高压气层、漏层；井温154℃；地温梯度约2.5℃/100m。

4210～4330m井段开始使用铬腐植酸—铁铬盐—膨润土混油钻井液。后中途测试替出这套井浆，用清水继续钻至4405m遇高压气层，又利用上部二开用饱和盐水井浆由1.40g/cm³逐渐加重在1.85g/cm³。将气层压住。但该井浆在上部地层使用长达3个月，井浆黏度升高，切力增大，室内150℃高温试验后达不到技术要求，流动性差，分析井浆出现老化现象，于是先后两次用重铬酸钠进行"返老还童"处理，黏、切仍然很大。然后根据室内制备铬腐植酸的原理在现场配制铬腐植酸，没有设备就用搅拌器代替，没有反应条件（温度60～80℃），就利用配制煤碱剂放出的热量，找出铬腐植酸上铬的有利条件，井浆性能得到改善，抗温能力提高到170℃，保证了7套管安全顺利下到预计井深，固井成功。该井段曾遇漏失井段，采取降低比重至1.65g/cm³建立循环的措施，处理了小环隙情况下发生井漏的复杂情况。

（5）第四次开钻钻井液使用情况。

5251～6011m井段钻头φ150mm，地层复杂情况：震旦系，井底温度182℃，该段钻井液使用SMC磺化褐煤－膨润土钻井液，初期阶段因损耗较大，不断向井内补充SMC－膨润土浆，后期仅用单一的SMC水溶液控制钻井液的流变性，钻至6011m，从未做过其他处理，性能保持稳定。SMC－膨润土钻井液，组分简单，仅由水、膨润土、纯碱、SMC组成，具有高密度、低黏切、低失水、保证井壁稳定、携砂能力强、热稳定性好等特点，该钻井液体系经受了井下 182℃ 高温的考验，历时 6 个月，顺利钻到目的层。该抗高温钻井液性能稳定的主要技术关键是引用了抗高温处理剂——碘化褐煤 SMC，这是一种天然高分子腐植酸（褐煤）改性所得到的产物，在腐植酸的苯环上引入的磺甲基是负电荷的亲水基团（—$CH_2SO_3^-$），其水化作用就是由这个负离子的电性所引起，它可以增加黏土颗粒的电动电位，因此高温对水化膜的厚度影响较小，从而增加了胶体粒子的聚结稳定性而起到稀释和护胶的作用。此外，磺化褐煤中高价中心阳离子 Cr^{3+} 的存在，使其可以较牢固地吸附在带负电荷的黏土表面，它在黏土表面的吸附不因高温而大部分或全部降解，同时还因为这种天然高分子本身的降解温度较高，引入的磺甲基热稳定性较强，所以经 SMC 处理的钻井液在较高井温下仍然保持了好的流浆流变性，并显示出它的稀释能力和降失水能力。

女基井 5251～6011m 超深井段 SMC－膨润土泥浆使用情况，见表1、表2。

表 1　SMC 的抗温能力

序号	性能 配方及试验条件	密度 g/cm³	黏度 s	失水 mL	泥饼 mm	pH 值	初切 Pa	终切 Pa	备　注
1	四川三台土原浆（密度 1.10g/cm³）＋5%SMC＋0.2%NaOH	1.10	33	4.5	0.5	10	6	16	测温 65℃
	200℃×24h	1.105	36	6	0.5	8.5	1.5	3	
2	配方同一	1.11	21	5	1	10.5	0	14	SMC 以 1/6 浓度水剂加入
	200℃×24h	1.11	27	7	0.5	8.5	0	2	
3	配方同一	1.11	22	4.5	0.5	10.5	4	24	
	250℃×24h	1.11	30	8.5	3	8.5	0	0	（2、3 号浆）

表 1 中井浆成分：膨润土粉配成密度 1.07g/cm³ 的原浆，纯碱加量为膨润土粉的 8%，磺化褐煤为钻井液量的 4%。

表 2　膨润土泥浆使用情况

编号	配方药剂名称及加入量	钻井液性能							
		密度 g/cm³	黏度 s	失水 mL	泥饼 mm	pH 值	初切（1min） Pa	终切（10min） Pa	测定温度 ℃
1	井浆	1.07～1.14	18～21.5	4.5～5	1	9～11			65
2	170℃×24h	1.11～1.12	38～50	5～7.5	1～2	8.5～9			65
3	180℃×24h	1.13～1.14	25～27.5	6～7	1	9	0	0	65
4	190℃×24h	1.135	31.5	7.5	1	8.5	0	0	65
5	200℃×24h	1.135	29.5	7.5	1	8.5	0	0	65
6	井浆井内停 20d	1.135	21.5	4.5	1	10.5	0	0	65
7	井浆井内停 20d 后恒温 185℃×24h	1.135	29.7	6.5	1	9.5	0	0	65

表 2 中井浆配制：采用渠县膨润土粉配成密度为 $1.07g/cm^3$ 的土浆，纯碱加量是土粉重量的 8%，SMC（干粉）为钻井液重的 4%。当温度升高，液相黏度降低，钻井液中各种粒子热运动加剧，流动阻力减小，粒度降低，见表 3。

表 3　女基井 SMC—膨润土井浆在高温下的流变性能（5251～6011m 井段的井浆）

常温常压（130℃）		高温高压（200℃，37MPa）	
塑性黏度，mPa·s	切力，Pa	塑性黏度，mPa·s	切力，Pa
18.8	4.1	3.33	0.68

注：国产 NXS-31 型高温高压旋转黏度仪

该段井浆的技术路线：SMC-膨润土钻井液是将膨润土配浆，利用 SMC 对于膨润土高温分散的抑制作用，将黏土的分散度控制在一个适当的范围内，以获得在各种温度下的合于要求的流变性能，因此控制和调整钻井液中膨润土的含量，分散度通过控制膨润土含量达到控制分散度及确保 SMC 的含量。

采用密度 1.06～1.08g/cm³ 的膨润土原浆加 3%～5% 的 SMC，即可配成抗 200～220℃高温钻井液，见表 4。SMC 与其他处理剂复配后可提高钻井液热稳定性，见表 5。

表 4　抗 200～220℃高温钻井液性能

编号	配　方 药剂名称及加入量	钻井液性能							
		密度，g/cm³	黏度，s	失水量，mL	泥饼厚度，mm	pH	初切，Pa	终切，Pa	测温，℃
1	原浆（τ 1.08）+3%SMC	1.00	40	5.5	0.5	8	4.5	10.5	65
	200℃×24h	1.095	90	7.5	1	8	3.5	7	
2	原浆 +4%SMC	1.095	44	6	0.5	8	33	95	65
	200℃×24h	1.11	71	6.5	0.8	8	3	6	65
3	原浆 +5%SMC	1.095	44	5.5	0.5	8	25	105	65
	200℃×24h	1.11	71	6	0.5	8	2	5	
4	原浆 +5%SMC+0.2% NaOH200℃×24h	1.1	33	4.5	0.5	10	8	13	65
		1.105	36	6	0.5	3.5	1.5	3	65

表 5　SMC 与其他处理剂复配后钻井液性能

编号	配　方 药剂名称及加入量	钻井液性能								
		密度，g/cm³	黏度，s	失水，mL	泥饼，mm	pH	初切	终切	测温℃	备注
1	原浆 +3%SMC	1.09	40	5.5	0.6	8	45	105	65	
	上浆恒温 200℃×24h	1.09	90	7.5	1	8	3.5	7	65	
2	原浆 +3%SMC+0.3%NaOH +0.3%A·B·B +0.3%SP-80 +0.3%SP-10 +10%柴油	1.08	42	5	0.5	11	25	45	65	无法检测高温下的钻井液性能
	上浆恒温 200℃×24h	1.08	40	5	1	10	2	4	65	

SMC 与其他处理剂配合使用，控制膨润土钻井液体系的高温性能十分优良，特别是控制高温下和经高温后的失水有更好的效果。

磺化钻井液（SMC 钻井液）主要利用 SMC 处理剂既是抗温稀释剂，又是抗温降滤失剂的特点，通过实验确定加量之后，用膨润土直接配制或用井浆转化为抗温深井钻井液，一般需加入适量的表面活性剂 SP-80 等，进一步提高其热稳定性，室内试验及现场使用证明，该类体系可抗 180~200℃的高温。

现场施工工艺：技术要点是在用膨润土配浆时，必须充分预水化，否则钻井液性能达不到适宜的黏度、切力，膨润土含量不宜过高，通过加入 SMC 调整钻井液性能，现场维护使用 SMC 胶液（一般 5%~7%）控制井浆黏度的上升，用 CaO 可降低体系的分散度。一般体系中保持膨润土含量 100~130g/L 之间，膨润土含量过低，黏切太低，可用预水化、膨润土浆补充，并相应加入适量 SMC。女基井用该钻井液体系顺利钻至 6011m，井下安全，无阻卡。

六、超深井现场试验工作的几点认识

（1）加强现场井浆维护的预处理工作，特别在盐膏层和复杂情况到来之前，在现场必须对井浆做污染试验及还原处理实验。

（2）钻井液在高温作用下 pH 值严重下降，为了防止体系碱性降低性能不稳，应该在停钻前提高碱性，并且做将恒温时间延长的实验，确保性能稳定。

（3）超深井钻井液性能的好坏，最主要的是保证在高温下性能的稳定。因此加强井浆高温试验工作，现场做到每日进行井浆高温性能的测定。

（4）为了保证钻井液体系中有足够的、稳定性能的"护胶剂"，应该建立"饱和盐水容量限"，"清水容量限"的定期检查制度，即取井浆分别用 5%、10%、20%……等加量的饱和盐水和清水稀释试验，观察失水量的变化情况。如果加水量高，失水仍然小，证明体系中有足够的护胶剂，性能则稳定；相反，则应该及时进行处理。

（5）坚持起下钻时清除泥浆槽沉砂，定期淘洗沉淀池、泥浆池，充分利用现有的固控设备。

（6）摸索出一套超深井钻井液现场维护管理的具体办法。

①每段钻井液体系的使用都有现场施工方案，现场处理有配方，事后有小结，建立各种钻井液及处理剂使用情况记录，做到管理规范化。

②在处理钻井液时，根据井深钻井液量大、处理时间长的特点，做到加剂均匀、数字准确、细水长流，处理剂在循环一周内缓慢加完。

③在油、气、水显示的关键时刻，泥浆工不离开泥浆槽，日夜坚守岗位。

④采用"科研、生产、使用"三结合，仅用钻井液性能衡量检验处理剂是片面的，井下使用、井浆性能是检验产品的唯一可靠标准。

（7）在理论上取得了一些认识。

①高温对钻井液热稳定性的影响，首先是通过对钻井液中黏土的高温分散作用及高温表面钝化作用来实现。

②当处理剂效能不变时，由于体系中土的种类及其含量不同会产生增稠、减稠、焦凝、固化等完全不相同的结果，因此抗高温水基钻井液体系中土的种类和含量，是抗温钻井液

热稳定性的基础。

③有效地抑制和减弱高温对黏土的分散作用和钝化作用，是抗高温钻井液性能稳定的关键。而矿化条件，特别是 pH、Ca^{2+} 及其他高价离子的种类和含量对此有重要影响。

④利用井下高温对处理剂的增效作用，通过对抗温钻井液性能的控制和调整，增强其热稳定性。

⑤利用抗高温 180～250℃ 的水基钻井液处理剂，建立与之适应的超深井钻井液体系，满足工程的要求，实现安全、优质钻达目的层。

(8) 女基井首次钻穿了四川川中地区沉积岩，并在阳新获得具有工业价值的气流，女基井的钻探成功，开创了我国钻 6000m 超深井钻井液技术的历史，在我国初步形成了以抗高温处理剂磺化褐煤 SMC 为主的"磺化钻井液体系"，为我国超深井钻井液工艺的发展奠定了良好的基础，积累了经验。

参 考 文 献

[1] 罗平亚. 抗高温水基泥浆作用原理. 钻采工艺，1980，1

油南 1 井防漏堵漏钻井液技术

王祥武　钟　明

（青海石油管理局井筒服务公司）

摘　要　油南1井位于柴达木盆地西部茫崖凹陷区中部的一个大型中央隆起带，该地区地层破碎，成岩性差，严重井漏是该井钻井时效和速度的最大障碍。在施工中，一开采用盐水钻井液体系，通过多种堵漏技术和工艺的具体实践，一方面保证顺利施工，另一方面为二开摸索最有效的工艺和方法，达到快速、优质钻进的目的。现场应用表明，一开采用盐水钻井液体系并采用桥堵＋水泥复合堵的方法能很好地解决浅层井漏的问题；二开采用桥堵＋水泥复合堵漏的方法并采用随钻桥浆钻进达到了防漏、提高地层承压能力和减少漏失的效果。

关键词　防漏　堵漏　盐水钻井液　桥堵　随钻桥浆

井漏是在钻井、固井、测试等各种井下作业中，各种工作液（包括钻井液、水泥浆、完井液及其他流体等）在压差作用下漏入地层的现象。钻井液漏失是钻井作业中一种常见的井下复杂情况。井漏可以发生在浅、中及深层中，也可以在不同地质年代，如第四系直到古生界中发生，而且各类岩性的地层中都可能出现。一旦发生漏失，不仅延误钻井时间，损失钻井液，损害油气层，干扰地质录井工作，而且还可能引起井塌、卡钻、井喷等一系列复杂情况与事故，甚至导致井眼报废，造成重大经济损失。

油南1井于1999年12月23日开钻，2001年1月10日钻至设计井深4560m，在钻进过程中共计发生大小井漏83次，发现漏层16个，分别为25.85～26.38m、58.28～59.13m、68.62～89.75m、106.39～121.47m、147～165m、176～201.21m、243～249m、445～451m、457～460m、485～514m、534～542m、705～707.6m、756.69～776.87m、871～875.58m、1057～1063.38m、1231.7～1283m，这些漏层具有如下共同特点：

（1）漏速大，一般双泵有进无出；

（2）漏失井段一般长达10m以上；

（3）裂缝小，漏失面积大，属平面层状层间漏失，即360°均漏；

（4）地层破碎，承压能力不高，即使一次堵住，但试不起压，容易再漏。

全井共计漏失各种液体总量8804m³，其中：淡水泥浆＋桥浆2560.7m³，水泥浆375.8m³，其他各类液体5867.5m³，严重影响了钻井施工的正常进行。青海石油管理局井筒服务公司（原化工公司）与川东钻探公司泥浆公司合作，采取随钻防漏技术及桥堵、化学堵、复合堵等堵漏方法和工艺，圆满完成了该井的施工任务，并将现场实践经验总结成本文，以供以后在该地区或其他严重井漏区块钻井施工时参考。

一、地　质　概　况

油南1井位于柴达木盆地西部茫崖凹陷中部的一个大型中央隆起地带，是油泉子背斜上的一个三级构造，同时，它也是茫崖凹陷内各主要生油凹陷的主要油气运移指向区。油南Ⅰ号潜伏构造，基岩埋深 5800m，与两侧生油凹陷高差 5000m 以上。整个油南构造带为一大型基岩隆起带，上覆地层有 M_z、E_{1+2}、E_3^1、E_3^2、N_1、N_2^1、N_2^2 等，井眼层位为 N_2^2 顶部。储集层为裂缝性储层，岩性有薄层粉砂岩条带和透镜体，泥岩、泥灰岩、灰岩及其间的过度岩类型。岩性类型多，以滨浅湖半深湖相的细粒沉积物为主。

根据地面调查、井下岩性观察和岩石薄片鉴定，该油田第三系储集空间有次生粒间孔、铸模孔、溶洞和各种类型的裂缝，裂缝十分发育，以低角度缝和斜交缝为主，宽度一般为 0.2~10mm，最宽可达 8mm，洞穴面积一般为 6mm×15mm。

二、工 程 情 况

1. 井身结构

一开：13⅜in 套管下至 688m；二开：9⅝in 套管下至 2830m；三开：5½in 套管下至 4150m（做了人工井底。）

2. 施工中存在的主要问题

（1）由于严重井漏，需要进行大规模的堵漏和强钻，因而供水供应不及时是影响一开进程的重要因素。

（2）由于采取强钻、桥浆随钻、水泥堵然后钻水泥塞等不同工艺和方法，防卡问题也是工程施工过程中的一项重要技术。

（3）如何在目的层段做到防漏堵漏和保护油气层并举。

三、技 术 难 点

本井的技术难点在于如何快速穿透上部漏层，具体来说就是要寻找一种对付本地区严重井漏的方法和工艺，特别是在一开，要进行堵漏方法（工艺）的探讨，为二开及更深层的堵漏施工创造条件。

四、钻井液技术

一开为二开及更深层的堵漏施工探索堵漏方法（工艺），在成功更换钻井液体系的基础上，采取见漏堵漏的方法，先后探讨了桥堵、水泥堵、化学交联堵、桥堵+水泥复合堵等工艺，并确定桥堵+水泥复合堵为处理本地区严重井漏的方法。二开在采用桥堵+水泥复合堵进行有效堵漏的基础上，又采用随钻桥浆进行钻进，达到了防漏和提高低地层压力的双重效果。表 1 列出了本井所用钻井液性能。

表 1　油南 1 井分段钻井液性能

井段 m	钻井液类型	密度 g/cm³	黏度 s	静切力初切/终切 Pa/Pa	滤失量 mL	泥饼 mm	pH 值	含砂量 %
0~59.13	淡水聚合物	1.05~1.07	35~65	0.5/1	5~8	0.3~0.5	13	0.5~1.0
59.13~688.00	盐水聚合物	1.20~1.24	45~80	2/5	5~7.5	0.1~0.5	7~8	0.5~0.6
688.00~877.58	淡水聚合物	1.07~1.20	40~70	0.5~1/1~4	5.0	0.3~0.5	9~13	0.5
877.58~2830.00	淡水聚合物桥浆	1.10~1.30			5.0	0.5	9~10	0.5
2830.00~4560.00	淡水聚磺	1.36~1.56	40~60	2~3/5~7	3~5	0.2~0.5	9~10	0.3

五、现场应用情况

1. 室内防漏堵漏配方探讨

由于青海油田于 1988 年在离此井不到 100m 处钻过一口探井油南参 1 井，当钻至 451m 时因严重井漏而报废。因此青海石油管理局井筒服务公司在成功中标本井钻井液技术服务以后，就针对油南参 1 井的具体情况在实验室作了如下防漏堵漏配方工作。

1）化学交联堵漏实验

（1）原胶配方：0.5% GRJ - 11 + 1% KC1 + 0.15% Na$_2$CO$_3$ + 0.12% NaHCO$_3$ + 0.2% TA - 6。

（2）交联液配方：BCL - 61（A）0.14% + BCL - 61（B）0.2% + 水。

用六速旋转黏度计测液体在 600r/min 下的黏度，结果见表 2。

表 2   不同交联比例下旋转黏度的变化 单位：mPa·s

交联比	0	100：2	100：4	100：8
原胶	37	46	62	185
原胶 + 3%801	58	61	61	80
原胶 + 4%801	52	57	57	75
原胶 + 3%QS - 1	53	54	54	78
原胶 + 4%QS - 1	42	42	44	60
原胶 + 3%QS - 2	45	46	48	63
原胶 + 4%QS - 2	41	42	45	55
原胶 + 3%QS - 3	42	44	48	84
原胶 + 4%QS - 3	36	42	48	76

通过实验可知，堵漏材料的加入，对压裂液原胶有明显的增黏作用，交联比增大到 100：8，形成冻胶；通过结果对比，801 随钻堵漏剂、QS - 1、QS - 3 复合堵漏剂，增黏效果较明显。

2）钻井液中随钻堵漏方法及测定

按配方：5% 膨润土 + 5% Na$_2$CO$_3$（按土量计）+ 10% 水泥配制基浆 4000mL；将上述基浆均分为 4 份，一份为空白，一份加入 1%801 随钻堵漏剂，一份加入 2%801 随钻堵漏剂，一份加入 3%801 随钻堵漏剂，每间隔 1 小时测定其流变性能，结果见表 3。

表 3   加入不同比例的 801 后漏斗黏度的变化 单位：s

	0	1h	2h	3h	4h
空白	26	28	28.2	30.0	30.0
1%的 801	52	54	54.8	64.2	64.4
2%的 801	滴流	滴流	滴流	滴流	滴流
3%的 801	滴流	滴流	滴流	滴流	滴流

通过实验可知，在钻井液中加入 801 随钻堵漏剂，有较强的增黏作用，且 3h 后黏度不再发生变化，虽然 801 的量超过 2％以后，漏斗黏度无法测得，但从实验室搅拌的情况来看，不会影响现场对钻井液的泵送。

2. 现场堵漏工艺

1）一开

一开主要进行堵漏工艺（方法）的探索，为二开及深井段快速堵漏作准备。

（1）钻井液体系的更换。

按设计一开刚开始采用低密度淡水聚合物钻井液开钻，2000 年 1 月 7 日在对第二漏层（58.29～59.13m）多次堵漏失败以后，决定对钻井液体系进行更换。取山脚对应层位的岩样做化验分析和浸泡实验，结果见表 4 和表 5。

表 4　岩样中膏盐含量

化学成分	CaSO₄	NaCl	MgSO₄
百分含量，％	3.25	29.38	0.18

表 5　岩样浸泡实验结果

分散介质组成	浸泡结果
清水	4～6min 裂碎、溶解
清水 + 0.3％FPT - 52	剥蚀
盐水	微裂，微剥蚀

从表 4 和表 5 可以看出，岩样中 NaCl 含量较多，岩样在淡水中裂解、剥蚀甚至溶解，而在盐水中则剥蚀情况不大，于是决定采用盐水强钻，而在强钻过程中卡钻事故频频出现，经现场专家组研究，决定改用盐水泥浆和盐水桥浆，具体方法是在预水化好的淡水浆中加入 65％的盐水，在盐水浆中加入堵漏材料，配成盐水桥浆。盐水浆的性能见表 6。

表 6　盐水浆性能

项目	密度 g/cm³	黏度 s	滤失量 mL	泥饼 mm	pH 值
10％预水化淡水浆	1.05	50	30	0.3	12
10％预水化淡水浆 + 65％饱和盐水 + 10％FCLS 碱液	1.03	80	5.4	0.3	9

（2）堵漏工艺（方法）的探讨。

①桥堵。

漏层：25.75～26.38m。

配方：10％淡水聚合物浆 25m³ + 6％QHFD - Ⅱ + 5％QHFD - Ⅰ + 4％石棉 + 2％棉籽壳 + 1％锯末。

性能：密度 1.04g/cm³，黏度为滴流。

效果：注桥浆 8m³ 见返，成功。

②化学交联堵 + 桥堵。

在第二漏层（58.78～59.13m），多次运用不同比例的桥堵失败以后，决定采用化学交联堵 + 桥堵的方法。

配方：水 22m³ + 0.1%GRJ - 11 + 0.2Na$_2$CO$_3$ + 0.15%Na$_2$S$_2$O$_4$ + 0.3%BCL - 61 + 6%QHFD - Ⅱ + 5%QHFD - Ⅰ + 5%棉籽壳。

性能：密度 1.04g/cm³，黏度为滴流。

效果：注交联桥浆 15m³ 未见返，30min 后注钻井液 12m³ 未见返，失败。

③盐水浆桥堵。

漏层：58.78~59.13m。

配方：盐水浆 25m³ + 8%QHFD - Ⅲ + 1%石棉 + 2%棉籽壳 + 2%云母。

性能：密度 1.17g/cm³，黏度为滴流。

效果：注桥浆 24.6m³ 见返，但循环有漏失。

④井口调配水泥堵。

漏层：68.62~89.75m。

配方：水 2m³ + 1.5%土粉 + 50%普通水泥 + 2.5%CaCl$_2$ + 2.5%棉籽壳 + 7.5%核桃壳 + 少许纤维袋子和白棕绳。

效果：候凝 16h 后，下钻探得水泥面 50.37m，但在钻塞过程中又漏失。

⑤桥堵 + 水泥复合堵。

漏层：106.39~121.47m。

桥堵浆配方：盐水浆 35m³ + 6%QHFD - Ⅱ + 6%核桃壳 + 3%石棉 + 4.5%石棉。

性能：密度 1.18g/cm³，黏度为滴流。

过程：先注桥堵浆 15m³，用大泵间隙关挤（加压），然后用水泥车注胶状水泥浆（加入水玻璃 2.1t）23.8m³，候凝。

效果：下钻探得水泥面 85.06m，钻塞过程中不漏。

至此，适用于本井的堵漏方案基本确定，即采用桥堵 + 水泥复合堵工艺，在后来的施工中取得了很好的效果，事例如下：

在第七漏层（243~249m），先注桥浆 28m³，后用水泥车注水泥浆 7m³，候凝 16h，灌钻井液 18m³ 见返，钻塞过程中不漏。

在第十一漏层（534~542m），先注桥浆 16m³，后用水泥车注水泥浆 7.7m³，候凝 16h，灌钻井液 28m³ 见返，钻塞过程中不漏。

2）二开

（1）钻井液体系的更换。

二开在一开摸索的基础上采用了桥堵 + 水泥复合堵工艺，在堵漏方面节约了时间，提高了堵漏效果。现对二开堵漏的情况，举例如下：

漏层：756.69~776.87m。

桥堵浆配方：井浆 24m³ + 6%核桃壳 + 3%石棉 + 3%石棉。

性能：密度 1.08g/cm³，黏度为滴流。

过程：先注桥堵浆 17m³（其中注 14.3m³ 时见返），用大泵间隙关挤（加压），然后用水泥车注水泥浆 8.4m³，候凝。

效果：下钻探得水泥面 85.06m，钻塞过程中不漏，挤 0.8m³ 钻井液憋压，压力由零上升到 4.8MPa 又下降到 3.0MPa，不稳。

以上可以看出，随着井深的不断增加，仅仅堵漏成功还不够，必须提高地层的承压能力。因此，在成功堵漏的基础上，对防漏（新漏层和二次漏）工作提出了更高的要求。经过现场专家组研究，决定采用 3‰～5‰ 的随钻桥浆进行钻进，即在淡水聚合物中加入 3‰～5‰801、FD－923 等细颗粒堵漏剂进行钻进，并在钻进过程中按比例补充堵漏剂，这样既提高了地层承压能力，又起到了很好的防漏堵漏效果，举例如下：

漏层：1231.7～1283m。

桥堵浆配方：井浆 45m³ + 4‰核桃壳 + 2‰锯末 + 1‰石棉 + 1‰QHFD－Ⅰ。

性能：密度 1.08g/cm³，黏度为滴流。

过程：先注桥堵浆 157m³ 未返，用大泵间隙关挤（加压），然后用水泥车注水泥浆 6.0m³，候凝。

效果：下钻探得水泥面 1049m，钻塞过程中不漏，挤 0.8m³ 钻井液懊压，压力由零上升到 4.5MPa，稳压 10min。

（2）效果。二开由于采用了随钻桥浆钻进，只发现了 5 个漏层，并由于采用了桥堵加上水泥复合堵工艺，堵漏次数明显减少，堵漏成功率得到提高。表 7 对一开、二开的漏失、堵漏情况进行了对比。

表 7 一开、二开的漏失、堵漏情况对比：

	漏层，个	漏失量，m³	堵漏次数，次	平均每漏层堵漏次数，次
一开	11	5867.5	65	5.9
二开	5	2456.8	18	3.6

3）防卡措施

在加入润滑剂如 GD11－5、HZN－101 等的基础上，应加强短起下钻的密度。在采用桥浆钻进时，一方面要时刻注意扭矩及摩阻的变化；另一方面要勤清理沉砂池和上水池。在强钻时，必须现准备几十立方米高黏钻井液。同时，井场随时应准备足够的解卡剂和解卡工具。

六、结论与建议

1. 结论

（1）采用盐水强钻、盐水钻井液钻进、盐水桥浆堵漏的体系，能很好地解决本区块浅层成岩性差，在淡水中裂、溶以及漏失的问题。

（2）桥堵＋水泥复合堵工艺是对付本井严重井漏的较好的方法。

（3）采用随钻桥浆钻进，即提高了地层承压能力，又起到了很好的防漏堵漏效果。

2. 建议

通过本井的实践，对本区块以后钻井工作提出以下建议。

1）改变井深结构

本井结构如下：

一开，13⅜in 套管下至 688m；

二开，9⅝in 套管下至 2830m；

三开，5½in 套管下至 4150m（做了人工井底）。

按照前面所述漏层分布情况及实际情况可以看出，此井身结构不太合理。一开 542～688m 没有漏层，而在此段钻进中发生上部多次井漏；同样二开 1283～2830m 没有漏层，而在钻进过程中发生多次井漏。因此可以采用如下措施：

（1）表套下至 600m；

（2）技套下至 1400m；

（3）至于三开长井段裸井的问题，从井实际来看，没有塌和缩径的现象，可以从技术上加以保证。

2）钻井液体系选择

一开、二开均应采用随钻桥浆来防漏堵漏，提高地层承压能力，同时一开应尽量采用盐水钻井液体系，三开采用聚磺体系，比较合适。

另外，如果有条件的话，可以利用先进的空气钻井液进行钻进。

（1）在随钻防漏堵漏的基础上，采用桥堵＋水泥复合堵的方法，并采用桥浆间隙关挤（加压）堵漏工艺，在对付深井长裸眼的裂缝压差漏失的堵漏过程中取得了良好的效果。

（2）从该井的系统工程分析，深井长裸眼的堵漏工作有较大的难度和风险性，找准漏层是处理井漏时遇到的最大难题。

（3）长裸眼井段"试压堵漏"难度大，只要选择适当的堵漏剂和处理措施，就有利于加快钻速，提高防漏堵漏效果。

（4）在防漏方面，在工艺上还应要求均匀下钻、缓慢开泵、分段循环等工艺方法来减少压力激动，起钻时勤灌钻井液，保证井壁不因额外因素而膨胀、收缩，进而发生地层缝隙中堵漏物的吞吐而漏。

（5）在保护油气层和防漏堵漏同时并举的情况下，可采用欠平衡钻进工艺，确保一箭双雕。

（6）在以后如果大量开发，可采用小井眼技术，减少井漏面积，从而减少工作量和成本。

参 考 文 献

[1] 徐同台，刘玉杰，申威等．钻井工程防漏堵漏技术．北京：石油工业出版社，1994

[2] 王厚燕．随钻堵漏技术在中原油田的应用．钻井液与完井液，1995.2

[3] 郑祥玉．复杂地区防漏堵漏技术．钻井液与完井液，1990.3

[4] 韩玉华等．大庆油田易漏区块小眼井钻井液技术．钻井液与完井液，1988.5

特殊钻井液的研制与应用

抗 180～200℃ 高温高矿化度盐水钻井液在超深井中的应用

罗平亚[1]　刘长栋[2]

（1 西南石油学院 2 青海石油管理局）

摘　要　本文叙述了抗高温（180～200℃）的欠饱和、饱和、及过饱和盐水钻井液体系，在高温下和经高温后的变化规律，介绍了适合于超深井 5000～6000m 特殊需要的 SMC－SMP（本研究所用 SMP 一律为 SMPⅡ水剂）－PFC 高矿化度盐水钻井液体系。探讨了它的热稳定性、高温高压（HTHP）性能及各种有关因素对它的影响，提出了使用和维护该体系的原则和基本方法，并对其作用机理进行了初步探讨。文中还介绍了该体系在青海地区 5000m 深井的使用实例。

关键词　盐水钻井液　高矿化度　热稳定性

根据青海柴达木盆地深部地层特点和深探井套管程序的要求，在深井和超深井段（2400～6000m）所使用钻井液应具有三防（深井防塌、防重钻井液黏卡、防止深层泥岩盐层缩径）、五抗（抗盐水、黏土、石膏、芒硝、岩盐等污染）的能力，并尽可能减少对油气层的损害，以利于发现和保护油气层。为此，钻井液应设计为高温流变性和造壁性良好、抗高温 180℃ 以上的高矿化度（欠饱和、饱和、过饱和）盐水加重钻井液体系。虽然，这类钻井液体系在国内尚无成功的使用经验。但是在室内对于其配方及作用规律已进行过研究。根据这些研究，可采用由基浆配制或由井浆转化的 SMC－SMP－SMT 盐水钻井液体系，而且最好由井浆转化为所需钻井液体系。首先解决井浆转化的可能性问题；然后，进一步摸清体系各组分间的作用规律及其与钻井液性能及变化趋势之间的关系……最终得出钻井液配方、使用维护要求和施工方案等等，为下井使用提供可靠依据。研究工作以碱 2 井 3507m 井浆为基础，将其转化为抗 180℃ 高温欠饱和盐水钻井液体系，然后把它发展成抗 180℃ 高温的饱和、过饱和盐水钻井液体系，从而完善了本钻井液系列。

一、井浆转化的可能性

1. 井浆状况

井浆是由 HPAN－PAM－FCL 钻井液体系转化的 SMC－SMPⅠ盐水钻井液体系，其组分为：Cl^- 含量 50790mg/L，SO_4^{2-} 含量 2421mg/L，CO_3^{2-} 含量 2408mg/L，HCO_3^- 含量 4217mg/L，Ca^{2+} 含量 295mg/L，Mg^{2+} 含量 34mg/L。总矿化度 97597mg/L（约 $10×10^4$mg/L），黏土含量 12.7%（体积百分数），膨润土含量 72.9mg/L。SMC 含量 2%～3%，SMP 含量 2%～3%（计算值）。

井浆性能（表 1）说明它能较好地运用于 3500～4000m 深井段。在使用中表现出黏土上升和失水下降的趋势。

表 1 碱二井井浆性能

性能 配方	密度 g/cm³	黏度 s	API 失水/泥饼 mL/mm	pH 值	塑性黏度 mPa·s	动切力 Pa	初切/终切 Pa/Pa	温度 ℃	高温高压 mL	泥饼 mm	备注
井浆	2.03	45	4/1	10.5	96	11	3.6/6.7	60	37.2	1.5	H·T·H·P 失水测温 100℃，压差 3.5MPa
130℃×24h	2.04	87	4.5/2	9.5	73	1.5	2.6/15.4	60	9.0	1.6	

2. 井浆转化成 180℃ 高温高矿化度盐水钻井液的可能性

根据抗高温盐水钻井液的要求及其抗高温作用原理，对井浆的黏土含量、矿化度、抗高温稀释剂及失水控制剂的效能和含量等因素进行综合分析研究。在研究中，为了描述钻井液体系的变化规律，使用 60℃测定的钻井液常规性能来衡量钻井液的井口性能（又称低温性能）。用 180℃静恒温老化实验来检验其热稳定性，用 Baroid 高温高压（HTHP）失水仪在 $\Delta p = 3.5MPa$，$t = 150 \sim 180℃$时，测定 HTHP 失水和泥饼来检验其高温高压造壁性。

（1）黏土含量。

抗高温钻井液的"黏土高温容量限"是钻井液性能及其热稳定性的基础，它与钻井液的使用温度、矿化度、pH 值、处理剂效能和含量等因素有关。对于我们选定的 SMC-SMP-PFC 体系而言，我们应从井浆 180℃的黏度水限（表 2），提高矿化度（表 3），增加抗高温稀释剂（见表 4），测定井浆中黏土含量、膨润土含量等方面来考察井浆黏土含量是否能适应抗 180℃的要求。

表 2 井浆 180℃的黏度水限

序号	性能 配方	密度 g/cm³	黏度 s	API 失水/泥饼 mL/mm	pH 值	塑性黏度 mPa·s	动切力 Pa	初切/终切 Pa/Pa	黏土含量 %	温度 ℃	备注
1	井浆	2.3	46	4/1	10.5	96	11	2.6/6.7	12.7	60	
	180℃×24h			胶			凝				
2	井浆+30%清水	1.79	22	6/2	10	46	2.9	0/0	9.8	60	
	180℃×24h			胶			凝				
3	井浆+30%清水	1.70	21	4.5/5	9.5	50	2.4	0/0	9.0	60	
	180℃×24h			稠			化				
4	井浆+30%盐水	1.81	23	5/4.5	10	21	2.4	0/0.48	9.8	60	盐水浓度 10%
	180℃×24h	93	93	10/3		41	41	11	0/1.4	9.8	60

表 3 增加矿化度对井浆流变性的影响

序号	性能 配方	密度 g/cm³	黏度 s	API 失水/泥饼 mL/mm	pH 值	塑性黏度 mPa·s	动切力 Pa	初切/终切 Pa/Pa	温度 ℃	黏土含量 %	Cl⁻ mg/L	备注
1	井浆+10%盐	2.04	60	5/1	10	45	9.6	7.2/22	60	12.7	107037	
	180℃×24h			胶			凝					
2	井浆+15%盐	2.07	滴	6.5/3	9.5	99	21.1	24/25.9	60	12.7		
	180℃×24h			胶			凝					
3	井浆+20%盐	2.07	滴	6.5/5	9.5	92	23	25/45.1	60	12.7	190155	
	180℃×24h			胶			凝					

— 558 —

表 4 增加抗温稀释剂对井浆流变性的影响

序号	配方 性能	密度 g/cm³	黏度 s	API 失水/泥饼 mL/mm	pH 值	塑性黏度 mPa·s	动切力 Pa	初切/终切 Pa/Pa	温度 ℃
1	井浆 + 15％盐 + 3％SMT	2.02	177	7/4	10.5	51	13.9	7.7/34.6	60
	180℃×24h		胶				凝		
2	井浆 + 15％盐 + 3％FCL + 0.2％红矾	2.05	滴	4/15	11	89	25.9	21.1/55.7	60
	180℃×24h		胶				凝		
3	井浆 + 15％盐 + 3％SMC + 0.3％红矾	2.05	165	5/2.5	10	79	19.2	23.5/44.1	60
	180℃×24h		胶				凝		

分析表 2、表 3、表 4 的资料可知：

①井浆经 180℃高温作用后，胶凝而丧失热稳定性，其原因首先不是处理剂不足或其矿化度不合要求，而是黏土含量超过了它的容量限。

②为了适应抗 180℃高温的要求，在维持井浆原有矿化度的条件下井浆中黏土含量不能超过 10％（体积百分数）。

（2）井浆中的抗高温稀释剂。

若钻井液中黏土含量低于其高温容量限，则抗高温稀释剂的效能及用量是决定钻井液体系高温流变性及其热稳定性的关键。采用使钻井液中黏土含量等于或略高于其容量限时，加入定量的抗高温、抗盐稀释剂（如 SMT）的办法来确定井浆是否缺乏抗高温稀释剂。实验（表 5）表明，此井浆明显缺乏抗 180℃高温的抗盐稀释剂。

表 5 SMT 对体系流变性的作用

序号	配方 性能	密度 g/cm³	黏度 s	pH 值	塑料黏度 mPa·s	动切力 Pa	初切/终切 Pa/Pa	温度 ℃	黏土含量 ％
1	井浆 + 20％盐水 + 15％盐	1.90	45	9.5	28	9.1	9.1/28.8	60	10.1
	180℃×24h		胶			凝			
2	井浆 + 20％盐水 + 15％盐 + 30％SMT	1.89	49	9.5	28	9.1	7.2/17.3	60	10.1
	180℃×24h	1.89	40	8	20	7.7	2.4/7.2	60	

（3）井浆中的抗高温失水控制剂。

同理，采用加入足量的抗温抗盐失水控制剂（SMP + PFC）的办法来确定井浆是否缺乏抗高温失水控制剂。实验（表 6）证明，对于抗 180℃高温的要求，井浆缺乏必要的抗温失水控制剂（在保证合格的流变性能及其热稳定性的前提下）。

表 6 SMP、PFC 对井浆造壁性的影响

序号	配方 性能	密度 g/cm²	黏度 s	API 失水/泥饼 mL/mm	pH 值	温度 ℃	高温高压失水 mL	泥饼 mm	备注
1	井浆	2.03	46	4/1	105	60	62	22	
	180℃×24h		胶		凝		—		
2	井浆 + 50％混合剂 + 15％盐	1.80	54	3/0.5	10	60	—		混合剂：SMC：SMP：PFC：红矾：H₂O = 15：30：15：100
	180℃×24h	1.78	125	7.5/4	8	60	10.6	10	

综上所述可以得到如下结论：第一，井浆可以改造成为我们所需要的体系；第二，根据所设计的钻井液体系要求，井浆现有黏土含量过高（应降到10％以下），而且缺乏足够的抗温稀释剂和失水控制剂。

二、由井浆转化为180℃高温高矿化度盐水钻井液体系

1. 钻井液体系中黏土含量的上、下限

钻井液体系中黏土含量是决定该钻井液体系高温高压流变性、造壁性及其热稳定性的基础。实验已经证明，此钻井液体系的黏土含量限（上限）为10％。实验（表7）也表明，当黏土含量低到7％时钻井液体系仍具有合格的高、低温性能和良好的热稳定性。若黏土含量再低则无此把握，所以此钻井液体系中黏土含量的范围是7％～10％。其中，以黏土含量8.0％～8.5％，膨润土含量25～35g/L为宜。

表7　180℃高温SMC－SMP－PFC盐水钻井液的黏土含量

序号	性能 / 配方	密度 g/cm³	黏度 s	API 失水/泥饼 mL/mm	pH值	塑性黏度 mPa·s	动切力 Pa	初切/终切 Pa/Pa	温度 ℃	黏土含量 %	高温高压失水 mL	泥饼 mm	备注
1	井浆＋50％水＋20％盐＋3％SMC＋2％PFC＋5％SMP＋0.01％红矾＋0.3％NaOH	1.72	78	3/2	10	33	9.1	11.5/27.4	60	8.0		—	基浆
	180℃×24h	1.72	39	5/2	9.5	27	7.2	11.5/27.8	60	8.0	15.2	5	
2	基浆＋10％盐水	1.69	46	5/2	9.5	28	6.7	5.8/15.4	60	7.5	—		盐水浓度25％
	180℃×24h	1.70	34	6/2	9	23	5.8	8.2/17.3	60	7.5	13.2	5	
3	基浆＋20％盐水	1.66	33	2/1	9.5	20	4.8	2.9/8.6	60	7.0	—		
	180°×24h	1.66	38	10/2	8.5	23	5.8	8.2/13.9	60	7.0	19.2	10	

2. SMC的作用

SMC是此钻井液体系的主要抗温稀释剂。同时又是配合SMP控制失水的重要组分。因此，它是体系中处理剂的基础，必须首先考察它在体系中的作用规律（表8）。

表8　SMC的作用

序号	性能 / 配方	密度 g/cm³	黏度 s	API 失水/泥饼 mL/mm	pH值	塑性黏度 mPa·s	动切力 Pa	初切/终切 Pa/Pa	温度 ℃	备注
1	基浆＋SMC3％	1.76	30	10.5/2	9	22	4.8	2.9/14.4	60	基浆＋井浆＋水
	180℃×24h	1.76	32	23/27	8	33	11	1.9/5.3	60	50％水＋20％盐＋3％SMC
2	基浆＋4％SMC	1.76	32	10/2.5	9	22	2.4	5.8/13	60	
	180℃×24h	1.76	25	20/6	8	21	0	1.4/5.8	60	
3	基浆＋5％SMC	1.75	36	10/2	9	23	1.9	7.2/17.8	60	
	180℃×24h	1.75	25	17/5	8	25	1	1/2.9	60	
4	基浆＋3％SMC	1.79	41	9/2	9.5	23	4.3	11/21.6	60	SMC溶于淡水后加水
	180℃×24h	1.80	38	14/5	8	21	5.8	7.7/12	60	

由实验可知，随 SMC 用量增加，钻井液体系高温后黏度下降，若 SMC 大于 3％，则体系出现明显的高温减稠。这是因为 SMC 能有效的控制黏土的高温分散作用，同时又因其抗盐能力差，不足以在高矿化度下阻止黏土粒子高温下产生面一面聚结。因此，它虽能较好地控制体系的高温增稠，但用量过多则使体系产生严重的高温减稠（特别是塑性黏度、动切力大大下降），从另一方面破坏了体系的热稳定性。

值得注意的是 SMC 加入方式对体系效果有一定的影响（对此，表 8 中的配方 1、4）。SMC 干粉直接加入盐水钻井液后（配方 1），由于它在盐水中的溶解能力差，使其效果发挥慢、作用小，因此钻井液黏度低、失水大。若将 SMC 溶于淡水后再加入盐水钻井液（配方 4），则它可很快发挥作用。由于它对黏土粒子产生一定的护胶作用，故使钻井液失水较低、且在盐的作用下钻井液黏度较高。因此，为使 SMC 更好的发挥作用，使用时最好配成溶液加入；但是，在这种钻井液中 SMC 必然不能有效降低低温黏度。

3. SMP 的作用

由于 SMP 是一种抗温抗盐的分散剂，它在高温、高矿化度下仍能促进钻井液中黏土粒子的高温分散，从而使体系出现高温增稠（表 9），当然这种高温增稠作用将为 SMC 所抵消，从而表现出两者相互制约的规律。同理，SMP 应该有效降低体系高、低温失水并保证它的热稳定性（表 10）。因此，SMP 是控制此钻井液体系造壁性的关键。

表 9 SMP 对钻井液流变性的影响

序号	性能 配方	密度 g/cm³	黏度 s	API 失水/泥饼 mL/mm	pH 值	塑性黏度 mPa·s	动切力 Pa	初切/终切 Pa/Pa	温度 ℃
1	井浆＋50％水＋20％盐＋5％SMP	1.73	30	3/0.5	9.5	21	5.8	1.9/7.2	60
	180℃×24h	1.73	143	9/3	9	35	19.2	21.6/30.7	60
2	井浆＋$\frac{50％水}{20％盐}$＋$\frac{1％SMC}{5％SMP}$	1.72	38	5/1	9	29	6.7	3.5/10.6	60
	180℃×24h	1.72	39	6/2	9	28	9.1	6.7/11	60

表 10 SMP 对钻井液体系造壁性的影响

序号	性能 配方	密度 g/cm³	黏度 s	API 失水/泥饼 mL/mm	pH 值	塑性黏度 mPa·s	动切力 Pa	初切/终切 Pa/Pa	温度 ℃	高温高压 失水 mL	泥饼 mm
1		1.73	108	9/4	9.5	27	10	20.6/33.1	60		—
	180℃×24h	1.73	27	13/3	9	21	2.4	2.9/7.2	60	121	22
2	基浆＋8％SMP	1.72	181	8/4	9.5	31	13	15.8/54.4	60		
	180℃×24h	1.72	29	11/3	9	28	2.4	1.9/5.8	60	63	1
3	基浆＋10％SMP	1.70	118	4.5/3	9.5	34	12.5	11/54.4	60		
	180℃×24h	1.70	28	6/2.5	9	26	3.8	1.4/6.7	60	25	8

注：基浆：井浆＋50％水＋5％SMC＋20％盐

4. 抗高温抗盐稳定剂 PFC 的作用

PFC 是一种新的抗盐稳定剂，它能有效的降低盐水钻井液的低温黏度（表 11），这对于调整此钻井液体系使用时的井口黏度有较大的实际意义。

表 11　PFC 对钻井液流变性的影响

序号	性能 配方	密度 g/cm³	黏度 s	API 失水/泥饼 mL/mm	pH 值	初切/终切 Pa/Pa	温度 ℃
1	井浆＋50％水＋5％PFC＋20％盐	1.76	27	8/2	9.5	2.9/8.6	60
	180℃×24h	1.76	滴	10/6	9	29/38.4	60
2	井浆＋50％水＋5％SMC＋20％盐	1.73	108	9/4	9.5	29/38.4	60
	180℃×24h	1.73	27	13/6	9	1.4/8.6	60

由于 PFC 的抗温、抗盐特性，即使在高矿化度下也能促进钻井液中黏土粒子分散而引起钻井液高温增稠（表 11），且加量愈多作用愈大。这对于维护体系高温流变性十分不利，不过适当加入红矾可以减弱这种作用。同理 PFC 辅助 SMP 降低失水必然比 SMC 更有效，特别是在高矿化度条件下对 HTHP 失水效果更好（图 1、图 2），这是 PFC 的突出特点。

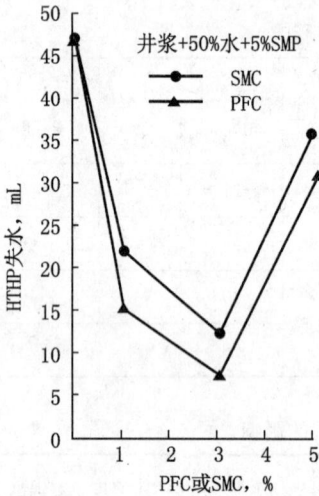

图 1　PFC 或 SMC 对高温高压失水的影响

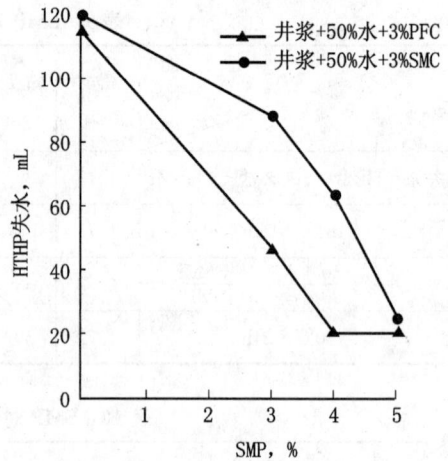

图 2　SMP 对高温高压失水的影响

5. SMC、SMP 和 PFC 复配在钻井液体系中的复合作用

综上所述，单独使用 SMC、SMP 和 PFC 都不能有效调整和控制钻井液体系的性能；同时它们之间存在着互相制约或彼此促进的关系。因此，只有进行合理复配才有可能达到有效控制钻井液体系的目的。

（1）SMC、SMP、PFC 复配对钻井液流变性的影响。

表 12 表明，SMC、SMP 复配，严重增加钻井液体系的低温黏度，但同时产生高温减稠，用量愈大，这两种趋势愈强。这种与实际需要相矛盾的特性，对于此钻井液下井使用十分不利。虽然可以采用大量减少 SMC 与 SMP 用量的办法来减缓这个矛盾，但将使体系的造壁性和高温流变性难以控制。因此，只有在保持其用量的前提下，解决这个矛盾才能使此钻井液体系使用于现场。

表 12 SMC、SMP 复配对钻井液体系流变性的影响

序号	性能\配方	密度 g/cm³	黏度 s	初切/终切 Pa/Pa	塑性黏度 mPa·s	动切力 Pa	温度 ℃
1	基浆（1）	1.77	85	17.3/21	36	11.5	60
	180℃×24h	1.77	27	1/1.9	19	3.4	60
2	基浆（1）+8%SMP	1.75	滴	19.2/28.8	42	10.1	60
	180℃×24h	1.75	33	1/1.4	27	5.3	60
3	基浆（1）×10%SMP	1.74	滴	19.7/28.8	62	11.5	60
	180℃×24h	1.74	36	1/1.4	31	7.2	60
4	基浆（2）+1%SMC	1.72	38	4.8/14.4	29	6.7	60
	180℃×24h	1.72	39	6.2/13	28	9.1	60
5	基浆（2）×3%SMC	1.70	49	7.2/19.2	27	8.6	60
	180℃×24h	1.70	28	0.5/1.4	22	5.3	60
6	基浆（2）	1.70	30	0.5/5.8	21	5.8	60
	180℃×24h	1.70	143	14.4/19.7	35	19.2	60
7	基浆（2）+5%SMC	1.70	滴	19.2/28.8	43	12	60
	180℃×24h	1.70	30	0.5/3.8	27	12	60

注：基浆（1）：井浆+50%水+5%SMC+20%盐；

基浆（2）：井浆+50%水+10%SMP+20%盐。

由于 PFC、SMP 都是抗盐能力很好的抗温分散剂。因此二者复配对钻井液体系低温黏度影响很小，且其黏度值比 SMP、SMC 复配小得多。但体系必然出现严重的高温增稠（表13）。因此若能发挥其低温效能而抑制其高温作用，则将大大有利于体系流变性的控制和使用。

表 13 SMP、PFC 复配对体系流变性的影响

序号	性能\配方	密度 g/cm³	黏度 s	初切/终切 Pa/Pa	塑性黏度 mPa·s	动切力 Pa	温度 ℃
1	基浆（1）	1.81	28	1.9/5.8	21	3.4	60
	180℃×24h	1.81	68	19.2/28.8	22	16.8	60
2	基浆（1）+6%SMP	1.79	35	3.8/6.7	26	6.7	60
	180℃×24h	1.79	101	22.1/24	40	24	60
3	基浆（1）+8%SMP	1.79	36	3.4/8.2	30	7.7	60
	180℃×24h	1.79	190	19.2/28.8	48	—	60
4	基浆（1）+10%SMP	1.78	40	3.4/5.3	31	21.6	60
	180℃×24h	1.78	滴	19.2/28.8	64	37.4	60
5	基浆（2）	1.72	30	1/4.8	25	5.3	60
	180℃×24h	1.71	110	24/28.8	40	29.3	60
6	基浆（2）+3%PFC	1.73	29	2.9/5.8	25	5.3	60
	180℃×24h	1.73	滴	15.4/28.8	62	39.4	60
7	基浆（2）+5%PFC	1.73	30	1.9/3.8	30	5.3	60
	180℃×24h	1.73	滴	19.2/28.8	56	52.8	60

注：基浆（1）：井浆+50%水+3%PFC+20%盐；

基浆（2）：井浆+50%水+20%盐+10%SMP 或者 0.1%红矾。

综上所述可以得出以下推论:

①SMC 与 SMP 复配使钻井液低温黏度激增的原因主要是 SMC 不抗盐。

②PFC 在低温下有很好的抗盐稀释能力,若用它代替或部分代替 SMC 与 SMP 复配则可以解决体系低温黏度过高不利于下井使用的问题。

③分析 SMC 与 PFC 的作用机理可以设想:PFC 与 SMC 对钻井液低、高温流变性及热稳定性的影响具有加和性,即,SMC 抑制黏土粒子高温分散引起高温减稠的作用,应该能与 PFC 促进黏土粒子高温分散引起的高温增稠作用互相制约。因此若用 SMC 与 PFC 适当复配,不仅可以解决体系低温黏度过高,不能下井使用的问题,还可以同时解决体系激烈的高温增稠或高温减稠问题。从而,既保证了体系流变性的热稳定性,也较好地解决了上述矛盾。

实验(表 14)完全证实了上述推论的正确性。因此,SMC、PFC 和 SMP 的合理复配,为自如调整和控制此钻井液体系高、低温流变性及其热稳定性提供了可能,从而,为此钻井液体系下井使用创造了必要的条件,并为使用中的钻井液体系的流变性调整、维护和控制提供了有效的办法和可靠的依据。

表 14　SMC、SMP 和 PFC 对钻井液流变性的协合作用

序号	性能配方	密度 g/cm³	黏度 s	初切/终切 Pa/Pa	pH 值	塑性黏度 mPa·s	动切力 Pa	温度 ℃
1	井浆 + 50%水 + 1%SMC + 20%盐 + 3%PFC + 5%SMP	1.70	37	2.9/71	9.5	24	5.8	60
	180℃×24h	1.70	89	19.2/28.8	9	33	15.8	60
2	井浆 + 50%水 + 2%SMC + 20%盐 + 3%PFC + 5%SMP	1.68	45	5.8/15.4	9.5	26	9.1	60
	180℃×24h	1.67	66	10.1/13	9	37	14.9	60
3	井浆 + 50%水 + 3%SMC + 20%盐 + 2%PFC + 5%SMP	1.68	66	11.5/20.2	9.5	36	11	60
	180℃×24h	1.68	77	9.6/10.6	9	36	12.5	60
4	井浆 + 50%水 + 3%SMC + 20%盐 + 1%PFC + 5%SMP	1.72	43	2.4/5.3	9.5	30	9.1	60
	180℃×24h	1.72	44	2.9/7.2	9	36	8.2	60

(2) SMC、SMP、PFC 复配对钻井液体系造壁性的影响。

综合实验(表 15)表明:SMC - SMP、SMP - PFC、SMC - SMP - PFC 各种组合的复配,只要 SMP 用量在 6%~8%以上,SMC 或 PFC 或二者用量之和在 2%~3%,则体系的低温失水及其热稳定性都可以完全合格,但对于 HTHP 失水的影响却要复杂的多。

表 15　SMC、SMP 和 PFC 对钻井液体系造壁性的协合作用 (低温)

序号	性能配方	密度 g/cm³	滤失量 mL	泥饼 mm	pH 值	温度 ℃
1	基浆 + 3%SMC + 5%SMP	1.70	5	2	9.5	60
	180℃×24h	1.70	4	1	9	60
2	基浆 + 5%SMC + 5%SMP	1.72	5	2	9.5	60
	180℃×24h	1.72	5	2	9.5	60
3	基浆 + 2%SMC + 1%PFC 3%SMP	1.73	4	1	9	60
	180℃×24h	1.73	9	3	9	60

序号	性能＼配方	密度 g/cm³	滤失量 mL	泥饼 mm	pH 值	温度 ℃
4	基浆 + 3％PFC + 5％SMP 0.1％红矾	1.73	4	0.5	9	60
	180℃×24h	1.73	8	3	9	60

注：基浆：井浆 + 50％水 + 20％盐。

SMC – SMP、PFC – SMC 复配对钻井液体系 HTHP 失水的影响。

由图 1、图 2 可知：

①SMC 和 PFC 单独使用都不能有效降低 HTHP 失水，而 SMP 虽能大幅度降低 HTHP 失水，但无把握使之下降到合格程度（25mL 以下）。只有 SMC – SMP、SMP – PFC 复配才能较有把握达到目的。

②PFC – SMP 复配降低 HTHP 失水能力明显优于 SMC – SMP 的复配。

③复配时，只有当 SMP 用量达到 3％～4％以上，才能有效控制 HTHP 失水。此时，随 SMC 或 PFC 用量增加都表现出 HTHP 失水先降后升的趋势，因此它们的用量约 3％为宜。

④此体系恒温老化后的 HTHP 失水大大低于恒温前的数值（表 16）。这是该类钻井液体系的重要特点。在实际使用中它的性能越用越好，井愈深，效果愈佳。为了使室内实验能较好地反映出这个特点，用 180℃老化前后测定的 HTHP 失水值进行了研究比较（表 16）。

表 16　SMC、SMP 和 PFC 盐水钻井液体系 180℃老化前后的 HTHP 失水

序号	泥浆配方	HTHP 失水，mL
1	井浆 + 50％水 + 5％PFC + 20％盐 + 5％SMP + 0.1％红矾	62
	180℃×24h	20.8
2	井浆 + 50％水 + 1％PFC + 20％盐 + 3％SMC + 5％SMP	71.2
	180℃×24h	12.4

由于高温对钻井液体系的影响十分复杂，因此抗温钻井液实验的重现性是一个值得充分重视的问题。分析此重现性的好坏将是了解钻井液受高温作用的变化规律及其可靠性的重要方法。为此，用重复实验的合格率（性能合格实验次数/重复实验总次数×100％）来表示其重现性好坏并借以进行分析比较。

PFC – SMP、SMC – SMP 复配的重现性实验（表 17）表明，虽然 SMC – SMP 复配有可能使 HTHP 失水符合要求，但其可靠性远比 SMP – PFC 复配为差。同时当 SMC 或 PFC 用量为 3％：5％时，对降 HTHP 失水更有把握。这些规律与上述结论完全一致。

表 17　SMC、SMP 和 PFC 各种复配对 HTHP 失水影响的重现性

配方	重复次数	合格次数	合格率，％
5％SMC + 5％SMP	7	2	28.5
3％SMC + 5％SMP	4	1	25.0
3％PFC + 3％～5％SMP	9	8	89.0
5％PFC + 3％～5％SMP	6	2	33.0

注：钻井液体系中其他组分及加量相同。

(3) SMP-SMC-PFC 协同作用对 HTHP 失水的影响。

实验证明，为了控制 HTHP 失水，利用 SMC、PFC 和 SMC 的适当复配可以收到十分良好的效果（表 18），这可能与 SMC、PFC 与 SMP 高温交联增效和复配增加 SMP 在高温下的吸附量有关。为了进一步研究此规律的可靠性，采用 1%～3%SMC + 3%～4%SMP + 1%～3%PFC 进行重复性实验。共做实验 38 组，其中 35 组合格，合格率高达 92%，合格率如此之高在抗高温高矿化钻井液实验中实为少见。因此，三者的复配不仅是控制钻井液体系流变性及其热稳定性所必需的，也是控制其 HTHP 失水有效而可靠的方法。

表 18   SMP、SMC 和 PFC 复配控制 HTHP 失水

钻井液配方	HTHP 失水，mL
井浆 + 50%水 + 3%SMC + 20%盐 + 5%SMP	82
井浆 + 1%PFC + 0.1%红矾 + 0.1%NaOH	11.6
井浆 + 50%水 + 2%SMC + 20%盐 + 2%PFC + 0.1%红矾 + 4%SMP	15.6
井浆 + 50%水 + 2%SMC + 20%盐 + 2%PFC + 0.1%红矾 + 5%SMP	16.0

6. NaOH 的作用

在高矿化度钻井液中 OH^- 对于发挥处理剂（特别是 SMP）的效能、促进它们之间的高温交联以及促进黏土粒子的高温分散和高温钝化等都有较大的作用，实验（表 19）也表现出 OH^- 有利于钻井液高温增稠和有利于控制 HTHP 失水的特点，所以选择合适的碱量以控制钻井液体系的 pH 值对此钻井液体系有重要意义。实验表明，对此井浆转化为 SMC-SMP-PFC 高矿化度钻井液而言，加入 NaOH0.1～0.3%，使其 pH 值达到 9.5～10.5、酚酞碱度 0.04～0.05Me，则能较好地发挥处理剂的作用，保持体系良好性能及热稳定性。

表 19   NaOH 对钻井液体系的影响（成果配方之一）

序号	性能 配方	密度 g/cm³	黏度 s	API 失水/泥饼 mL/mm	pH 值	塑性黏度 mPa·s	动切力 Pa	初切/终切 Pa/Pa	温度 ℃	HTHP 失水 mL	HTHP 泥饼 mm	酚酞碱度 Me
1	基浆	1.70	69	4/1	9	31	18	27/59	60	—		0.0315
	180℃×24h	1.72	28	5/2	8.5	24	3	2/6	60	30	8	
2	基浆 + 0.1%NaOH	1.72	69	4.5/1	9.5	31	20	17/37	60	—		0.0396
	180℃×24h	1.72	30	5/2	8.5	29	9	4/13	60	11.6	4.5	
3	基浆 + 0.3%NaOH	1.72	43	3/0.5	9.5	19	19	4/25	60	1		0.0466
	180℃×24h	1.72	43	6/2	9	36	17	14/39	60	14		

注：基浆：井浆 + 50%水 + 3%SMC + 20%盐 + 6%PFC。

综上所述：对于我们所选的碱二井 3507m 井浆而言，选取黏土含量 7%～10%，膨润土含量（MBT）低于 25～39g/L，SMC 含量 2%～3%，盐 25×10⁴mg/L 过饱和，SMP 含量 3%～5%，PFC 含量 1%～2%，NaOH 含量 0.1%～0.3%，红矾含量 0.1%～0.3%（见表 20），则体系可以较为自如地调整、控制其流变性并具有良好的 HTHP 失水（压差为 3.5MPa，温度为 150～180℃时，失水 10～20mL）。

表 20 SMC、SMP 和 PFC 高矿化度盐水钻井液体系抗污染的能力

序号	配方 / 性能	密度 g/cm³	黏度 s	API 失水/泥饼 mL/mm	pH 值	塑性黏度 mPa·s	动切力 Pa	初切/终切 Pa/Pa	温度 ℃	HTHP 失水 mL	HTHP 泥饼 mm	备 注
1	基浆 + 10%盐	1.74	120	2/1	10	54	16.3	14.4/28.8	60	—		基浆为成果配方
	180℃×24h	1.74	69	12/6	9	29	13.9	11.5/13.4	60	21.6	10	有结晶盐 Cl 192.000mg/L
2	基浆 + 0.5%石膏	1.70	107	4/0.5	9.5	50	18.2	8.6/24.5	60	—		
	180℃×24h	1.71	33	6.5/3	8.5	25	5.3	3.4/8.6	60	21.2	6	
3	基浆 + 20%岩粉	1.78	滴	4/2	10	46	14.9	25/46.1	60	—		为 E 地层岩粉（180目）
	180℃×24h	1.78	55	5/2	9.5	42	12.5	15.4/31.2	60	18		
4	基浆 + 8%芒硝	1.73	75	3/1	9.5	36	11.5	11.5/12.5	60	—		
	180℃×24h	1.73	49	8/4	8.5	37	8.6	13/16.3	60	20.4	8	
5	基浆 + 20%饱和盐水	1.66	33	2/1	9.5	20	4.8	2.9/8.6	60	—		
	180℃×24h	1.66	38	10/2	8	23		8.2/13.9	60	19.2	10	

三、现场实例

青海柴达木盆地碱 2 井钻至井深 4500m 以后，由于 N_2^1（下油沙山组）的灰色、深灰色和紫红色泥岩的水化作用，加上所用钻井液体系（SMC-SMP 低矿化度盐水钻井液体系）对此不适应，引起下钻严重阻卡，下钻长段划眼，甚至接单根困难，并出现掉块。为了解决这个预先已经估计到的问题，决定按预定方案将井浆转化为 SMC-SMP-PFC 高矿化度盐水钻井液体系，然后此钻井液体系安全、顺利的使用到完钻（井深 5130m，井温 176～180℃），历时 76d。

1. 体系使用简况

转化时（井深 4750m），按实验方案采用混合剂（SMP：SMC：NaOH：$K_2Cr_2O_7$：NaCl：H_2O =（4～7）：3：1：07：（20～30）：100）逐渐冲稀钻井液并随时加重，直至把井浆的黏土含量降到其"容量限"以下为止。同时按实验方案要求，逐渐把 SMP 及盐粉直接加入井浆，以达到配方要求。然后，用同浓度的混合剂对井浆定期维护，使井浆性能逐渐变好，最后完全适应井下要求（表 21）。最终井浆配方为 SMP9%，SMC4.5%，PFC1%，总矿化度 $25×10^4$ mg/L，与施工方案基本吻合，而钻井液性能优于实验结果（表 21）。为了降低泥饼摩擦系数以防压差卡钻，井浆中加入表面活性剂 ABS、SP-80 和磺化妥尔油等，其中 SP-80 加入后使井浆 HTHP 失水明显下降（从 40.2mL 降至 22mL）。这可能是由于 SP-80 在 90℃以上从钻井液水相中析出，成为胶体沉淀，从而增加了胶体粒子比例、降低了泥饼渗透性的关性。活性剂的加量一般为 0.1%～0.3%。

表 21　井浆分段性能

性能 井浆	密度 g/cm³	漏斗黏度 s	塑性黏度 mPa·s	动切力 Pa	初切 Pa	终切 Pa	API失水 mL	API泥饼 mm	HTHP失水 mL	HTHP泥饼 mm	膨润土含量 g/L	总矿化度 10⁴mg/L	pH值
4748m 井浆 （转化前）	2.10	52.4	74	120	24	97.7	4	2	31	14	57	6.2	11
4751~5130m 井浆	2.15~2.05	50~45	40~35	72~45.6	19.2~9.6	46.9~14.4	5~3	1.5~1	35~16	10~3	42~21	25~18	12.5~10
完钻时井浆	2.15	42	26	33.6	8.6	14.4	3	1	14.4	3	18.6	25	10

2. 使用效果

井浆转化后，井下情况明显好转，起下钻逐渐畅通。表 22 所列井浆转化前后起下钻阻卡情况说明，新井段泥页岩水化所造成的阻卡现象已基本消除。完钻（5130m）后电测一次到底，仅用 24h 时顺利测完，井径、井斜、声波等六项数据和电阻曲线（反相）良好。井径十分规则，井径扩大率仅 4.5%。同时掉块基本消除，砂样代表性好，红色泥岩和灰色泥岩分辨清楚，界线分明，录井质量好。

综上所述，可以认为此钻井液体系基本能适用于柴达木盆地深井和超深井段泥岩地层，能解决出于水化引起的井下复杂问题，使井壁稳定，起下钻正常，电测顺利，为超深井安全顺利的钻进提供了可靠的手段。

表 22　井浆转换前后起下钻情况对比

井段 m	钻井液 类型	起钻遇卡情况			下钻遇卡情况			备　注
		起钻总 次数	遇卡立柱 总数，根	平均 根/次	下钻总 次数	遇卡立柱 总数，根	平均， 根/次	
4751~4390	转化前	5	99	19.8	5	10	2.0	阻卡多发生在井底且多为线卡
5130~4751	转化后	11	40	3.6	11	18	1.6	阻卡多发生在4200~4400m井段井斜方位变化大处

3. 使用特点

（1）井浆在转化和使用中表现出和室内实验结果相同的规律，即在高矿化度条件下，井浆性能靠 SMC、SMP 和 PFC 的合理复配调整和控制，而且其具体使用配方也与室内实验基本一致。这说明此体系具有规律性强、易于掌握、便于使用的特点。

（2）井浆热稳定性好。在室内高温（180℃）老化和井底静置后井浆性能变化都很小，而且其变化趋势可以控制到向好的方向变化（表 23）。所以此钻井液体系一旦建立，将长期稳定，表现出维护周期长、维护用药量少、使用方便和维护简单等特点。井浆自转化到完钻 41d 里，从未作过专门处理，只需每天加入 6.02m³ 混合剂以补充水份蒸发和钻井液损失，就能保证井浆性能长期良好稳定，而且愈用愈好。因此，可以预见，此钻井液体系使用时间愈长、井愈深（在 6000m 以内），则性能愈好、愈稳定、成本愈低。

（3）HTHP 性能良好。井浆高温高压失水可低到 10mL 以下，且经受高温长期作用保持不变（表 23），这对高矿化度盐水钻井液并非易事，对于防止重钻井液钻卡、减少泥页岩水化带来的井壁稳定问题和保护产层十分有利。井浆于井内静置几天以后，能下钻到底，开泵一次成功，从不憋泵，这充分说明井浆高温下的流变性好，这也是完井电测一次成功的重要原因。

（4）高矿化度盐水钻井液冰点低，利于防冻，这在高寒的柴达木地区，有很大的实际意义。

表 23　井浆转化后的热稳定性

性　能 井　浆	密度 g/cm³	漏斗黏度 s	塑性黏度 mPa·s	初切 Pa	终切 Pa	HTHP 失水 mL	HTHP 泥饼 mm	API 失水 mL	API 泥饼 mm
5127m 井浆	2.07	45	140	16.8	26.4	9	2	3	1
井底静放 72.75h	2.07	43.5	152	18.7	28.8	10.8	2	4	1.5
室内 180℃老化 24h	2.07	44	145	19.2	27.8	10	2	4	1

综上所述，可以认为，这种钻井液体系完全适用于柴达木地区 5000～6000m 的深井（180℃左右），能有效解决由于深部泥页岩水化所带来的井下问题。

四、小　结

（1）抗 180℃以上高温的 SMC-SMP-PFC 高矿化度（欠饱和、饱和、过饱和）盐水钻井液体系具有符合设计要求的井口（低温）性能和井下（HTHP）性能以及良好的热稳定性，并具有按要求加重的能力。因此，它具有利于深井和超深井段防塌、防止泥岩和岩盐层井段缩径、防黏卡及减少对油层损害的效能。同时该钻井液体系较强的抗温、抗污染能力和防重钻井液黏卡的效能有利于深井长裸眼安全钻进。

（2）只要严格控制钻井液体系中黏土含量及 SMC、PFC、SMP 三者的合理复配，就可以把各种类型的井浆转化为这种体系，只是随井浆不同，上述数值和比例不同而已，而这些具体的数值和比例都可按本文所述的方法由实验求出。

（3）本钻井液体系是利用 SMP、PFC 的高温稳定作用（此作用因 SMC 而加强）和 SMG、SMP、PFC 的高温交联作用来控制体系的造壁性及其热稳定性的。利用 PFC 控制低温流变性，由 SMP、PFC 对黏土的高温分散作用和 SMC 对黏土的高温抑制分散作用相制约来控制其高低温流变性及热稳定性。因此选择适当的 pH 值和使用红矾以帮助处理剂发挥效能是必要的。

（4）使用中，钻井液体系的造壁性一般会愈用愈好。但其黏度可能出现增稠或减稠的趋势，这可以通过调整复配比例或其他方法来解决。

（5）此钻井液体系在青海碱 2 井 5000m 深井（176～180℃）中使用时，表现与室内实验相同的作用规律，并取得良好的井下实际效果。

鄂西渝东海相水平井低压气藏钻井液气层保护技术

童伏松

（江汉油田钻井工程处）

摘　要　本文针对鄂西渝东地区水平井钻井气层保护的难点：含裂缝碳酸盐岩、低压、后期裸眼完成（水平井眼），评价选择了过平衡钻井状况下的暂堵型保护方案。通过开展以裂缝和暂堵带强度及性质为主要内容的试验研究，形成了同时满足暂堵和解堵两方面要求的复合暂堵—解堵配套技术及应用工艺，经多口井应用获得良好效果，为类似油气层的保护提供了借鉴。

关键词　碳酸盐岩　水平井　低压　裂缝　复合暂堵　应用效果

鄂西渝东天然气勘探区域地处鄂渝两省（市）交界山区，地理位置包括湖北省恩施州利川市和重庆市万州、石柱县的部分地区，构造位置为四川盆地东缘万县向斜带、方斗山背斜带、石柱向斜带等（建南气田位于石柱向斜带内）。江汉石油管理局在该地区的钻探始于 1970 年，当年发现建南气田，至 1981 年结束详探，共钻探井 30 余口，获工业气井近 20口，同时进行了大量的地质综合研究，基本搞清了建南气田的地层、构造、气水分布及气藏类型，发现了 4 个工业产层，控制了 8 个气藏。钻遇地层从上至下分别为侏罗系（重庆统、自流井统、须家河组）、三叠系（巴东、嘉陵江、飞仙关组）、二叠系（长兴、乐平、茅口、栖霞、铜矿溪组）、石炭系（黄龙群、下石炭统）、泥盆系和志留系，4 个工业产层则分别是 T_1j、T_1f、P_2ch、C_2h。

近年来，江汉钻井公司在该地区先后完成了马（鞍）1、黄金 1、建 26、建平 1、太 1、新场 2、茶园 1 及建字号等一批共近 20 口井，完成井深最大的为 4646m，有十余口井井深超过 4000m。尤其是完成了建平 1（水平段长为 1046m）、建 69 平 1、建 27 侧平 1、建 46侧平 1 及平 2、建 44 援 1 侧平 1 等一大批新钻、老井侧钻及老井套管开窗侧钻水平井，使江汉钻井公司的海相钻井、海相（套管开窗、侧钻）水平井钻井技术（包括配套的钻井液技术、固井完井技术）不断得到了改进，形成了特色技术系列。其中低压气藏水平井的钻井完井液气层保护技术在建平 1、建 41 侧平 1、建 27 侧平 1 井等多口井应用，获得良好效果，为江汉油田利用水平井提高产量和储量动用程度、同时节省巨大的钻井钻前工程投入、提高气藏开发综合效益提供了技术支撑。

一、储层特性及损害机理

建南气田由 9 个不同类型的小型气藏和裂缝系统组成，储层物性差，气井自然产能低，属低孔低渗型气藏，平均孔隙度不足 5％，平均渗透率约 1～3mD。储层可分为裂缝—孔隙型复合储渗结构、孔隙型储渗结构、孔洞型储渗结构和裂缝型储渗结构四种主要类型。由于储层物性复杂，裂缝发育，地层压力低，储层保护工艺技术实施困难。为了完成水平井储层保护工作，开展了复合暂堵钻井完井液工艺技术研究应用。J－H1 井的气层保护技术具有较强的代表性。

J－H1 井开采层位为 T_1f^3，属构造圈闭层状气藏，储层综合描述为Ⅲ类、低压低渗低自然产能的裂缝—孔隙型储层。储层特性及钻井工艺有关特点如下：

(1) 储层岩性：以鲕粒灰岩、砂屑灰岩、白云岩为主，其次为裂缝较发育的微晶灰岩。

(2) 储层储集、渗流特征：储集空间为粒内孔、粒间孔、晶间孔、溶孔、溶洞以及裂缝和沿裂缝发育的溶孔和溶洞，天然气渗流主要靠裂缝。

(3) 储层基质孔、渗特征：基质孔隙度 11.9％～0.11％，平均仅 1.2％；渗透率平均不足 0.1mD。

(4) 储层压力系数：0.8 左右。

(5) 储层埋深：3500m 左右。

(6) 钻井完井方式及井型：后期裸眼完井，水平井。

(7) 钻井裸眼井段：技术套管以下裸眼段共约 2000m，岩性主要为石灰岩，但夹含膏盐层、碳质泥岩、泥岩等不稳定岩层。

建南地区 T_1f^3 储层为碳酸盐岩双重介质储层，具有极强的非均质性，基质是主要储集空间，裂缝为主要渗流通道，这种裂缝—孔隙型储层的损害机理和影响因素与砂岩储层相差甚远。因此，为了弄清碳酸盐岩双重介质储层的真实损害机理和规律，提出行之有效的保护技术和工艺，就要对 T_1f^3 气层的岩心裂缝宽度及分布进行深入研究。然而，要获取地下真实的裂缝宽度及分布是非常困难的，这是因为当把岩心从井下取到地面后，地层应力已完全释放，测出的裂缝数据已经失真；而借助井下摄影技术获取的裂缝宽度，不仅分辨率低（约 1mm）且作业价格昂贵。

为了能获取具有一定参考价值的储层裂缝宽度数据，在研究中应用了一种基于裂缝面三维光电扫描的井下裂缝宽度预测技术，计算出无应力状态下裂缝宽度在 65～178μm 之间，折算出井下 T_1f^3 储层裂缝宽度在 39～78μm 范围内。裂缝和充分发育的溶孔、溶洞结合，为气流提供良好的通道，考虑到还有各种小裂缝和裂隙，储层保护的重点是保护宽度在 20～78μm 范围的裂缝。

同时，还进行了速敏、水敏、盐敏、酸敏及应力敏感性实验。T_1f^3 储层速敏程度为弱，对于水平井而言，由于渗流速率相对较小因而速敏造成的储层损害较小；水敏程度为中等偏弱，淡水对裂缝性岩心渗透率伤害较小；盐敏程度为中等；无酸敏，碱敏程度弱。另外，应力敏感性强。

二、完井液方案的确定及工艺技术研究

1. 完井液方案选择

对 T_1f^3 这种低压、低渗、裂缝—孔隙型气层，在目前钻井、完井方式下，要避免钻井过程中的气层伤害，有两种方案可供选择：欠平衡钻井或过平衡钻井时的暂堵保护。

若选择欠平衡钻井方案，会有如下问题：

(1) 裸眼井段中还有不稳定地层；

(2) 气层压力系数太低不易选择合适的钻井流体；

(3) 即使花费极大的投入制出合适的钻井流体，但既不易保证水平井段钻进时的井眼轨迹控制监测，也无法在全部钻井施工中实现全过程欠平衡，结果，钻井流体液柱压力与气层压力之差忽正忽负而造成更严重的储层伤害，此种情况完全与采用欠平衡钻井保护、解放储层的初衷背道而驰；

（4）产层天然气中硫化氢含量较高。

这些因素使欠平衡钻井无法实施。因此，只能采用过平衡钻井，对气层进行暂堵保护。

在水平段（储层）钻井过程中，钻井完井液要满足整个裸眼段井壁稳定的需要，要满足大斜度及水平井眼中悬浮携屑、润滑性能的要求，就不可避免地要保持其中的膨润土等多种固相和使用各种处理剂（如各类聚合物等）。因此，其暂堵技术就不能套用砂岩油层的暂堵及单纯孔隙型储层的屏蔽暂堵技术，而必须是一种新的技术。另一方面，水平井眼气层其完井方式为后期裸眼完井，为保证试气、投产过程中气层井壁稳定性不被破坏（即不能采用酸化、压裂等增产措施），必须慎重选择解堵方法，在解除暂堵、打开气层通道时不能伤害岩石骨架结构，即解堵技术反过来要制约到暂堵方案。因此，暂堵与解堵必须综合考虑。

2. 复合暂堵技术的基本原理和室内实验

对 T_1f^3 气层实施暂堵就是利用钻井液中的各种颗粒，在一定的正压差作用下，在很短时间内在离井壁很近的距离内形成有效的（渗透率近为零）堵塞环。这个堵塞环能阻止钻井完井液中固相和液相进一步侵入气层（即使时间不断延长），同时有相当的承压能力。进入裂缝中的各种微粒被裂缝表面捕集、在重力作用下沉降、在裂缝内架桥，这三种作用同时发生并相互影响。钻井完井液中的各种纤维（条）状粒子进入裂缝，这些粒子吸附有微米、亚微米级的其他微粒，由于吸附的不均匀及流动动力的挠动，使条状粒子翻转，并挟裹更多的微粒而形成更大的团簇。这些团簇被缝壁上的微凸体象钉子一样钩挂住或在裂缝宽度（两接触点的距离）小于团簇直径的部位被卡住而形成具有相当强度的桥塞。钻井液中其他球形、片状、棒状粒子（刚性的及可变形的）还可使桥塞更致密、强度更高。

据研究，T_1f^3 储层对渗透率有贡献的裂缝宽度总区间为 $20\sim78\mu m$，按裂缝架桥原理，架桥粒子尺寸范围应为 $16\sim62\mu m$。经检测，改造前的井浆，其粗颗粒太少，最粗的颗粒没有超过 $60\mu m$，中值直径只有 $10\mu m$ 左右，因此难以满足对几十微米裂缝的架桥，形成的堵塞环不够稳定且欠致密，所以暂堵后还有一定的渗透率。经添加特别设计并加工生产的、粒度分布可满足较宽裂缝范围的复合暂堵剂 JHZD 对原浆进行改造后，钻井液中颗粒粒度分布得到改善，不仅增加了粗颗粒，使颗粒直径的覆盖范围扩大到近 $300\mu m$，能很快实现架桥，且粒径分布呈现明显的双峰型，有利于滤饼的快速形成，使形成的滤饼渗透率接近于零。为检测暂堵带在长水平段长时间施工、较大正压差情况下是否被破坏而导致储层伤害，进行了暂堵强度实验，结果表明暂堵强度大于 11MPa，可以满足现场施工要求。

3. 复合解堵技术研究

根据钻井、完井方式及复合暂堵方案，研究应用了 SAA 洗井液洗井、AC 洗井液洗井预解堵及 OX 解堵液浸泡解堵的复合解堵工艺，其基本原理是：SAA 洗井液将井筒中有暂堵作用的钻井完井液顶替并清洗干净（仅留下复合暂堵带），AC 洗井液洗井时与复合暂堵带中部分固体颗粒（部分架桥、充填粒子）发生作用从而部分解堵，随即 OX 解堵液很快顶替 AC 洗井液充满井筒，对复合暂堵带中的特殊架桥物质发生作用使其断裂、分解，从而大幅度降低复合暂堵带的强度，使其在返排时随液、气排出，达到解除堵塞的目的。技术的关键在于 OX 解堵液的配制和解堵后及时的返排。

同时还开展了用解堵剂解堵的试验，分别选用三种不同的解堵剂进行试验，结果见表1。

表 1　解堵剂选择试验结果

解　堵　剂	1－1	1－2	2－1	2－2	3－1	3－2
解堵返排率,%	153	176	84	76.6	122	95.5

由于第一类解堵剂对地层岩石骨架伤害较大,经综合分析后,决定选用第 3 类解堵剂。

三、复合暂堵/解堵现场应用工艺

室内研究得出的复合暂堵技术,其优越性之一就在于它充分考虑到了水平井钻井工艺对钻井完井液的要求,所以在储层井段可毫无顾虑地对钻井完井液性能进行调整,使用各种所需的处理剂。J－H1 井复合暂堵具体方案如下:

(1) 钻达 A 点前调整钻井液各项性能指标,满足技术规范要求和井下需要,并取钻井液样和复合暂堵剂样进行分析,复核室内研究结论;

(2) 钻过 A 点后 30m 开始实施暂堵方案,按钻井完井液循环总量,分三个循环加入 0.2% 的 OMC、5.5% 的 JHZD 和 3% 的 LFT－19 等处理剂;

(3) 储层段钻进中,根据控制、调整钻井完井液性能的要求使用固控设备,按固控设备的消耗补加暂堵剂量,定时监控固控设备使用效果和钻井完井液固含情况;

(4) 在每次正常起下钻后,补加 1% 的 JHZD;

(5) 首次添加 JHZD 后,每钻进 100m 左右进行一次钻井完井液全面检测,根据检测结果及时调整维护处理方案。

钻井过程中对复合暂堵情况进行了跟踪监测,监测结果表明,振动筛和除砂器的使用对粒度分布影响较小,钻井完井液中颗粒粒度分布范围较广,从 $0.1\mu m$ 到 $150\mu m$,呈双峰或多峰分布,完全覆盖了需要暂堵的地层孔隙或裂缝的尺寸范围。

该井完井作业后,迅速进行了解堵施工,步骤如下:

(1) 安装、调试试气流程,准备、完善作业设备及物资;

(2) 通井至 B 点,用原钻井完井液充分洗井;

(3) 用 SAA 洗井液洗井,将井筒清洗干净;

(4) 用 AC 洗井液＋OX 解堵液洗井解堵,其中 AC 洗井液洗井,OX 解堵液浸泡解堵;

(5) 起钻,下油管,装采气树,气举＋抽吸返排。

四、暂堵、解堵效果

有了坚实的理论作指导,有严格的现场实施工艺作基础,有严密的跟踪监测作保障,复合暂堵、解堵工艺技术的现场应用取得了明显的效果。具体体现在如下方面:

(1) 避免了井漏的发生。同构造上的某邻井,使用低密度钻井液钻 J_1—T_1f^4 井段,用密度 $1.06g/cm^3$ 的钻井液钻 T_1f^3 井段,均因地层中存在(微)裂缝而发生井漏,本井使用的钻井完井液密度更高、地层压力系数更低,但却没有发生井漏,说明复合暂堵是有效的。在解堵时井筒中流体密度远低于钻进时的密度,却发生了井漏,同样证明了暂堵的有效和稳固性。

(2) 部分抑制了气测的后效。J－H1 井在钻达 A 点之前,曾钻遇气层,当时为普通钻井液，在钻开气层后一段时间内，气测值一直保持较高，接单根、起下钻均有后效，而在水平段主气层中钻进时由于使用了有效的复合暂堵钻井完井液，气测上仅在刚钻开优质层位时有显示，随后即衰减下来，且气测基值线不象普通钻井完井液那样每钻遇一层就上抬一次，而是可以回到原来基值，这既证明了复合暂堵的有效性，同时也消除了前次气显示的影响，有利于发现随后的气层。

（3）OX解堵液注入气层井筒中 2h 后发现井漏（此时井筒中液柱平均密度大于气层压力系数），说明复合暂堵带已被破坏，气流通道连通。

解堵后立即返排，至发生井漏 31h 后天然气涌出地面，油管中喷出天然气和气化水，放喷点火，火焰高约 15m，用 $\phi18mm$ 孔板、控制套压 17.4MPa、油压 16.41MPa 求产，产量 $21×10^4 m^3/d$（折算无阻流量 $45×10^4 m^3/d$），是同构造邻井措施作业前平均无阻产量的9.6倍。

J27C－H1 井的试气效果同样具有很强的说服力。该井是在 J27 井老井中实施套管开窗侧钻而成的，目的层仍为 T_1f^3。J27 井该层完井试气产量很低，仅每日千余立方米。而J27C－H1 井通过应用江汉钻井公司自主开发的先进适用的连续导向钻井技术，仅用两趟钻就安全快速地完成了从开始定向至钻达 B 点的定向、水平段（长 700 余米）钻井施工，同时在水平段应用复合暂堵技术保护气层，后期裸眼完井后解堵试气，稳定产量达 $8.2×10^4 m^3/d$，是老井产量的数十倍。这一效果同样说明了水平井技术和复合暂堵—解堵配套技术的联合应用可有效地提高该类低压低渗低自然产能碳酸盐岩气藏的产量。

五、结论及认识

深入开展海相钻井完井液研究，完善配套工艺技术，对提高鄂西渝东地区钻井效率，提高勘探开发综合效益具有积极的意义。

J－H1 井、J27C－H1 等井应用的复合暂堵—解堵配套技术，暂堵迅速、有效、牢固，兼顾了钻探工艺多方面的需要，对建南构造 T_1f^3 这种低压、低渗、裂缝—孔隙型碳酸盐岩气藏长水平裸眼段的气层起到了很好的保护作用，且油气层保护效果并不随浸泡时间的延长而降低，避免了钻井、完井过程可能的气层伤害；解堵高效，彻底，可形成良好的气流生产通道，实现了单井高效的目的。

钻井过程的油气层保护并非只是片面降低钻井液密度。对低压极低压油气层实施钻井过程中的暂堵保护，有科学、针对性的室内试验作基础、严格的实施工艺作保障、现场应用效果作评判，实践证明完全可以将正压差这一对油气层保护的不利因素转变为有利因素，从而减轻钻井过程中潜在的油气层损害。

缓蚀剂 PF-Ⅰ在加重盐水钻井液中的应用

方 慧 潘小镛

（石油勘探开发科学研究院）

摘 要 本文讨论了无固相盐水体系及饱和盐水加重钻井液体系对钻杆的腐蚀问题，介绍了一种以咪唑啉生物为主的复合型缓蚀剂 PF-Ⅰ，并对 PF-Ⅰ的缓蚀效果进行了评价。结果表明，PF-Ⅰ缓蚀剂成膜能力强，能有效地抑制盐水及加重盐水钻井液对钻具的腐蚀。

关键词 缓蚀剂 腐蚀控制 腐蚀速率 水基钻井液

高密度饱和盐水钻井液及无固相清洁盐水完井液对钻杆、套管的腐蚀非常有严重，经常引起钻杆穿刺或裂逢，使管体布满蚀坑。盐水基钻井液、完井液需要特殊的缓蚀剂，一些缓蚀剂使用不当，还会加重腐蚀。为此研制了一种以咪唑啉衍生物为主的复合型缓蚀剂。该缓蚀剂能有效地抑制盐水的电化学腐蚀，具有实用价值。

一、室内试验

1. 仪器与药品

（1）仪器。滚子加热炉，陈化罐，聚四氟乙烯支架，精密天平（精度为 ±0.0001g）。

（2）药品。NaCl、Na_2SO_4（CP）、MMH、SMP、OXAM 和膨润土等，腐蚀材质为 G105 钢材。

2. 方法

（1）静态挂片法。将钢片平行置于 400mL 盐水中，在 20℃下 180h 后取出，处理后干燥，称重。

（2）动态滚动法。将钢片串在聚四氟乙烯支架上，放入陈化罐中，陈化罐中加入钻井完井液或清洁盐水作为腐蚀介质，置于滚子炉中加热滚动，在 120℃下 30h 后取出，处理后干燥，称重。腐蚀后先擦除钢片表面疏松的腐蚀产物，再用 14%HCl 除去表面腐蚀产物，用自来水冲洗，立即擦干，依次无水乙醇、丙酮清洗，用滤纸吸干，放入干燥器中干燥。

二、结果与讨论

1. 无固相盐水体系的腐蚀速度

取几种盐水溶液作为腐蚀介质，作静态与动态腐蚀试验，结果见表1。

表 1 清洁盐水体系的腐蚀速度

腐蚀介质	温度,℃	腐蚀方式	腐蚀速度 g/（m²·h）	腐蚀描述
15%NaCl	20	静态挂片	0.0736	均匀腐蚀

腐蚀介质	温度℃	腐蚀方式	腐蚀速度 g/ (m²·h)	腐蚀描述
36%NaCl	20	静态挂片	0.0410	均匀腐蚀
15%NaCl + 10%Na₂SO₄	20	静态挂片	0.0342	均匀腐蚀
47%CaCl₂	130	动态滚动	1.3920	疏松腐蚀物
250%ZnBr₂	20	静态挂片	0.0385	均匀腐蚀
250%ZnBr₂	170	静态挂片	161.7460	腐蚀严重

注：盐的含量为在100g水中的含量。

从表1中可知，钢片在15%NaCl介质中的腐蚀速度大于在36%NaCl介质中的腐蚀速度，大于在15%NaCl + 10%Na₂SO₄介质中的腐蚀速度。这主要是电化学腐蚀和氧腐蚀作用的结果。氧气在盐水中的溶解度随盐水浓度的增加而减小，在15%NaCl中的溶解度最大，在36%NaCl中的溶解度最小，所以钢片在15%NaCl盐水中腐蚀速度最大。在36%NaCl盐水中的腐蚀速度大于在15%NaCl + 10%Na₂SO₄中的，说明Cl^-引起钢片的电化学腐蚀比SO_4^{2-}严重。静态20℃下，各种盐水介质的腐蚀速度均小于0.1g/ (m²·h)，而高温下钢片在盐水介质中的腐蚀速度明显增加，是常温下腐蚀速度的几十倍甚至上千倍，因此必须研究高温下的腐蚀与防腐问题。

2. 不同密度加重钻井液的腐蚀速度

钻井液配方为：4%膨润土 + 3%MMH + 0.5%903 - A + 0.5%SL - Ⅰ + 0.1%SK - Ⅱ + 1%SMP + 1%OXAM + 30%NaCl + 5%Na₂SO₄，加重材料为重晶石。钢片在120℃下不同密度的钻井液中进行动态滚动达37h，试验结果见表2。

表2 不同密度加重钻井液的腐蚀速度

重晶石加量	密度 g/cm³	腐蚀速度 g/ (m²·h)	腐 蚀 描 述
50%	1.54	0.0539	金属表面光亮有点蚀
100%	1.70	0.1891	局部腐蚀，腐蚀表面变污，面积较小
160%	1.96	0.2888	局部腐蚀表面变污，面积较大

从表2可知，重晶石的加量从50%增加到160%，腐蚀速度从0.0539g/ (m²·h)增大到0.2888g/ (m²·h)，增加了5倍。这说明钻井液中的固相颗粒对腐蚀钻杆影响较大，固相颗粒含量越高，对金属表面的腐蚀越大，盐水对金属表面的电化学腐蚀与固相颗粒磨损协同效应的结果，加速了对钢片的腐蚀，使腐蚀速度增大，试片腐蚀由点蚀转为局部腐蚀，最后造成断裂。

3. 缓蚀剂的缓蚀效果

腐蚀介质为现场钻井液，密度为1.93g/cm³，配方为：4%膨润土 + 3%MMH + 0.5% ~0.7%903 - A + 0.5%~0.7%SL - Ⅰ + 0.1%~0.3%SK - Ⅱ + 1%~3%SMP + 1%~3% OXAM + 30%NaCl + 5%Na₂SO₄ + 重晶石。在120℃下动态滚动37h对缓蚀剂进行评价，结果见表3。

表 3   缓蚀剂在现场钻井液中的动态评价

缓蚀剂	加量 %	腐蚀速度 g/（m²·h）	缓蚀率 %	腐蚀描述
无		0.2415		点蚀、坑深且较多
ZH-Ⅱ	0.3	0.2516	-4.18	点蚀、坑深且较多
PF-Ⅰ	0.3	0.2248	6.92	点蚀、坑略浅
ZH-Ⅱ	0.5	0.1859	23.02	点蚀、坑略浅且较少
PF-Ⅰ	0.5	0.1355	43.89	表面光滑均匀腐蚀

注：ZH-Ⅱ为中原油田缓蚀剂

由表 3 可知，大多数缓蚀剂很难达到良好的缓蚀效果。这主要是因为除了盐水腐蚀外，还存在重晶石及钻屑等固相颗粒对金属表面的磨损，使缓蚀剂在金属表面形成的保护膜容易脱落，裸露出的新鲜金属与周围表面膜覆盖处构成小阳极大阴极的电池，阳极电流密度集中，迅速形成蚀孔。缓蚀剂加量为 0.3% 时，ZH-Ⅱ不仅没有缓蚀作用，反而加蚀。这主要是由于缓蚀剂在金属表面不能形成完整的保护膜，裸露的金属表面造成更加严重的点蚀。用 PF-Ⅰ比用其他缓蚀剂的钻井液腐蚀速度慢，试片表面光滑，没有蚀坑，均匀腐蚀，说明 PF-Ⅰ缓蚀效果好，形成保护膜的能力强。

作缓蚀剂 PF-Ⅰ和 ZH-Ⅱ在 47%CaCl₂ 中、130℃ 下滚动 26h 的试验结果见表 4。由表 4 可知，当缓蚀剂 PF-Ⅰ的加量为 1.0% 时，所形成的保护膜致密且牢固，缓蚀效果好。

表 4   缓蚀剂在 47%CaCl₂ 中的动态评价结果

缓蚀剂	加量 %	腐蚀速度 g/（m²·h）	缓蚀率 %	腐蚀描述
无	—	1.3920	—	疏松的腐蚀产物
ZH-Ⅱ	0.5	1.2976	6.78	较易擦掉的黑色膜
PF-Ⅰ	0.5	1.1700	15.97	较易擦掉的黑色膜
PF-Ⅰ	1.0	0.2300	83.48	较难除去的锈红色膜

4. 缓蚀机理探讨

缓蚀剂 PF-Ⅰ是一种以咪唑啉衍生物为主的复合型缓蚀剂，分子中含有 N 原子的五元杂环及酰胺基团，能与金属表面的 Fe 发生吸附甚至化学反应，形成一层保护膜，而复配的小分子无机盐可以填充咪唑啉在金属表面形成膜的空隙，使膜更完整致密，从而有效地抑制 Fe 失去电子生成 Fe^{2+} 的阳极反应，得到更好的缓蚀效果。

三、几点认识

（1）温度对腐蚀速度影响很大，温度升高，腐蚀速度明显增大。盐水钻井液中固相含量越高，越容易形成点蚀和不均匀腐蚀。

（2）缓蚀剂的缓蚀效果取决于缓蚀剂在金属表面的成膜能力，形成膜越牢固、致密，缓蚀效果越好，腐蚀由点蚀转变为均匀腐蚀。

（3）缓蚀剂 PF-Ⅰ成膜能力强，能够有效地抑制清洁盐水及加重盐水钻井液对钻具的腐蚀，是一种有效的缓蚀剂。

可循环泡沫钻井液研究与应用

隋跃华　成效华

（胜利石油管理局钻井泥浆公司研究所）

　　摘　要　胜利油田草桥、孤南、桩西、临盘等地区的古潜山地层，连通性好，孔隙度高，裂缝、溶洞发育。钻井过程中极易发生严重的井漏，有的井甚至造成报废。本文研究了可循环泡沫钻井液体系，并在室内对该体系的性能、稳定性、抗污染能力及油气层保护等性能进行了评价。现场 29 口井的应用表明，可循环泡沫钻井液体系具有一定的稳定性，密度低（0.60～0.90g/cm³），携砂性能好。该钻井液体系解决了胜利油田古潜山地层易漏问题，减少了钻井液对油层的损害，降低了钻井成本，提高了原油产量，获得了良好的经济效益。

　　关键词　泡沫钻井液　平衡压力钻井　防止地层损害井漏

　　胜利油田已探明的石油储量中 30％储存于古潜山碳酸岩、火成岩地层及低压地层中，由于储层压力系数（小于 1.00），这些储量使用目前的钻井手段难以开采。开发这些油区，必须使用充气钻井液或泡沫钻井液，而目前国内外使用的一些泡沫钻井液体系必须有配套专用设备，并且施工周期长、成本高，难以推广应用。为适应胜利油田勘探、开发低压油气层的需要，尽可能减少投入并保护好油气层，在室内研究并评价了一种可循环泡沫钻井液体系，该钻井液体系已在现场推广应用了 29 口井。现场应用表明，可循环泡沫钻井液体系不仅在钻井和完井期间能保护产层，而且消除了钻井液和完井液大量漏失而造成的浪费，更重要的是可以勘探开发以前放弃的油区，降低钻井成本，增加原油产量，提高勘探开发的综合经济效益。

一、室内评价

1. 性能评价

　　取 500mL 淡水，准确称取一定量的处理剂边搅拌边加入水中，在常温低速条件下，搅拌 2～3h，待其充分形成稳定的三相分散体系后，测分散体系密度、发泡体积及各种常规性能，实验结果见表 1。

表 1　可循环泡沫钻井液的性能

加量 %	密度 g/cm³	滤失量 mL	静切力 Pa/Pa	动切力 Pa	塑性黏度 mPa·s	发泡体积 mL	稳定时间 h
3.5	0.40	10	2/5	13.5	21	1100	3
4	0.50	9	4.5/10.5	17	24	1000	3
4.5	0.50	8	5/12	19.5	28	900	3
5	0.55	7	6.5/16	25	30	850	72
5.5	0.54	6.5	11.5/18	28	31	780	72
6	0.60	6	15/22.5	28.5	33	720	>72
7	0.62	6	19/28.5	33	32	700	>98

　　注：泥饼厚度均为 0.1mm

由表 1 可以看出，随着处理剂加量的增加，可循环泡沫钻井液体系的密度升高，滤失量降低，切力升高，动塑比升高，稳定性增加，而发泡体积随着处理剂加量的增加而减小。所以该处理剂的加量有一定的极限，超过最佳加量时，钻井液性能会出现异常现象，导致钻井液性能难以控制，所以在现场施工中要根据条件，灵活调整处理剂的用量。

2. 处理剂加量对泡沫体系稳定性的影响

可循环泡沫钻井液的稳定性取决于泡沫的稳定性，而泡沫的稳定性取决于钻井液体系的稳定以及钻井液中气泡液膜的致密程度。因此，处理剂的加量是影响可循环泡沫钻井液稳定性的重要因素。实验结果见表 1。从表 1 可以看出，当加量为 5%～7% 时，可循环泡沫钻井液稳定时间大于 72h，从而能达到较稳定的体系。因此，在现场应用时加量控制在5%～7% 时较好。在优选出最佳加量的基础上，考察了泡沫钻井液的高温（80～140℃）稳定性，实验结果见表 2。由表 2 的数据可以看出，可循环泡沫钻井液体系具有较强的抗温能力，温度对可循环泡沫钻井液体系稳定性的影响不明显。

表 2　可循环泡沫钻井液的抗温性

温度 ℃	密度 g/cm³	滤失量 mL	泥饼 mm	静切力 Pa/Pa	动切力 Pa	塑性黏度 mPa·s
常温	0.54	6	0.1	2.5/14	12.5	34
80	0.54	7	0.1	2.5/14	12	33
100	0.53	7	0.1	2/14	18	27
120	0.40	12	0.1	2/14	30	17
140	0.40	8.5	0.1	2/14	33.5	15

3. 抗煤油污染

在可循环泡沫钻井液中加入不同量的煤油进行污染，观察该钻井液体系的稳定性。其结果见 3。

表 3　可循环泡沫钻井液的抗煤油污染性能

煤油加量 %	密度 g/cm³	滤失量 mL	泥饼 mm	静切力 Pa/Pa	动切力 Pa	塑性黏度 mPa·s
基浆	0.48	6	0.1	8/19	26	40
10	0.54	7	0.1	6/18	21	30
20	0.54	6	0.1	6/18	22	34
30	0.54	5	0.1	5/18	21.5	34

从表 3 可以看出，随着煤油的增加，可循环泡沫钻井液体系的密度、动塑比不变，滤失量降低。该体系具有一定的抗煤油污染能力。

4. 剪切速率的影响

剪切速率是影响可循环泡沫钻井液稳定性及流变性的重要因素，在不同的剪切速率下泡沫钻井液表现出不同的性能，如密度不同、发泡体积不同、稳定性不同以及流变性不同等。当剪切速率过大时，发泡快且泡沫均匀，质量好，但是在现场施工中由于受设备的制约一般不容易达到。如果剪切速率太低，对可循环泡沫钻井液不能保证有足够的冲击力，直接影响该体系的稳定性。实验结果见表 4。

表 4 剪切速率对可循环泡沫钻井液体系 (6%) 的影响

剪 切 速 率	密度 g/cm³	滤失量 mL	泥饼 mm	静切力 Pa/Pa	动切力 Pa	塑性黏度 mPa·s
低速搅拌 3h	0.5	6	0.1	8/17	43	21.5
高速搅拌 10min	0.41	6	0.1	15/21	43	69

从表 4 可以看出,当剪切速率大时,可循环泡沫钻井液的切力、塑性黏度明显升高,密度变得很低,泡沫体系更加稳定。因此,在现场施工中,尽可能保证较高的剪切速率才能获得高质量、稳定性好的泡沫钻井液休系。

5. 粒径分析

通过剪切速率对泡沫影响的分析得出,泡沫是一种与剪切过程有关的流体,剪切速率一定时,气泡尺寸及其分布处于一种稳定状态,且泡沫黏度随泡沫质量的增强而增加。当泡沫质量较差时,黏度大小取决于泡沫质量和剪切速率;剪切速率极高时,泡沫黏度只与泡沫质量有关,此时产生的泡沫结构更细。在室内做泡沫的粒径分析,粒径在 $45\sim68.1\mu m$ 范围的泡沫占 70.5%,粒径细小的泡沫结构悬浮能力差,粒径大的泡沫结构不稳定,悬浮携带能力下降。所以可循环泡沫钻井液体系的泡沫粒径应在一定的范围内,见表 5。

表 5 可循环泡沫钻井液泡沫的粒径分布

粒径范围 μm	含量 %	累计含累 %	粒径范围 μm	含量 %	累计含累 %
0.0~0.6	0.1	0.1	12.1~13.8	1.9	11.4
0.6~1.4	0.3	0.4	13.8~15.5	1.4	12.8
1.4~2.1	0.3	0.7	15.5~17.3	2.2	14.9
2.1~2.8	0.4	1.1	17.3~19.5	2.6	17.5
2.8~3.1	0.2	1.3	19.5~22.2	3.1	20.6
3.1~3.5	0.2	1.5	22.2~25.1	3.5	24.1
3.5~3.9	0.3	1.8	25.1~28.3	3.8	27.9
3.9~4.4	0.3	2.1	28.3~31.8	4.1	32.0
4.4~5.0	0.4	2.5	31.8~35.5	5.1	37.1
5.0~5.6	0.5	3.0	35.5~39.4	6.6	43.7
5.6~6.3	0.6	3.6	39.4~44.1	7.4	51.1
6.3~7.2	0.7	4.3	44.1~50.7	7.2	58.3
7.2~8.1	0.9	5.2	50.7~59.0	6.7	65.0
8.1~9.3	1.2	6.4	59.0~68.1	7.6	72.6
9.3~10.6	1.4	7.8	68.1~82.7	14.8	87.5
10.6~12.1	1.6	9.4	82.1~111.6	12.5	100.0

6. 油气层保护

为评价可循环泡沫钻井液对储层的损害程度,根据标准《用动态模拟法评价钻井液对油层损害程度的推荐实验方法》,对罗 151-11 井的可循环泡沫钻井液体系在室内进行了岩心评价实验,罗 151-11 井的钻井液性能见表 6。该实验主要是通过测定动态条件下岩样被污染前后渗透率的变化,计算出渗透率恢复值。将岩样装入动态污染装置,在设定的动态条件下，使钻井液反向挤入岩样进行污染。污染结束后，取出岩样并刮去反向端面形成的滤饼，测污染后的油相正向渗透率 K_{ro}，计算渗透率恢复值 K_{rd}，结果见表7。表8中岩心经过污染，切割 0.93 cm 后，测得渗透率恢复值为 96.68%，通过实验得出，可循环泡沫钻井液与其他钻井液相比，对油气层保护程度较高。

表6 罗 151－11 井可循环泡沫钻井液性能

密度 g/cm³	漏斗黏度 s	滤失量 mL	泥饼 mm	pH 值	静切力 Pa/Pa	塑性黏度 mPa·s	动切力 Pa
0.63	85	4.5	0.1	9	6/25	33	27

表7 罗 151－11 井 24# 岩心动失水评价储层污染结果

K_a mD	K_o mD	K_{ro} mD	P_o MPa	P_{ro} MPa	滤失量 mL
97.8	65.42	43.53	0.015	0.025	11

注：K_a 为气体渗透率；K_o 为污染前油相渗透率；P_o 为污染前平衡压力，P_{ro} 为污染后压力。

表8 罗 151－11 井 24# 岩心渗透率恢复值

l cm	K_o mD	K_d mD	L cm	K_{d1} mD	K_d/K_o %	K_{d1}/K_o %
3.45	65.42	43.53	2.52	63.24	66.55	96.68

注：l 为岩心长，L 为锯后长度

二、温度、压力的影响

可循环泡沫钻井液是由气、液、固组成的多相分散体系，该体系的稳定性主要取决于：(1) 处理剂的种类和浓度；(2) 表面活性剂的种类和浓度；(3) 泡沫质量或气体体积与流体体积之比；(4) 混合能量。和常规钻井液相比，可循环泡沫钻井液体系具有固相含量少、滤失量低、密度低等优点，由于其中含有大量的气体，在温度、压力等因素的影响下，钻井液密度变化范围大。通用的表述固液两相流体密度的方法和气体密度的方法已无法描述其密度变化规律，为此在室内进行实验，研究可循环泡沫钻井液的密度与压力、温度的关系。

1. 室内试验

分别在 30℃、60℃ 和 90℃ 条件下测试普通钻井液和可循环泡沫钻井液的密度随着压力的不同而变化的情况，结果如图1、图2所示。图3是在 30℃ 下初始密度为 0.5921g/cm³ 时的可循环泡沫钻井液密度随压力变化的典型曲线。

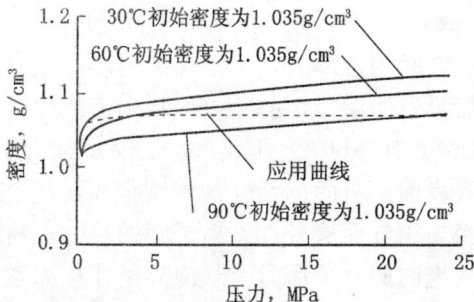

图1 普通钻井液温度—压力—密度曲线

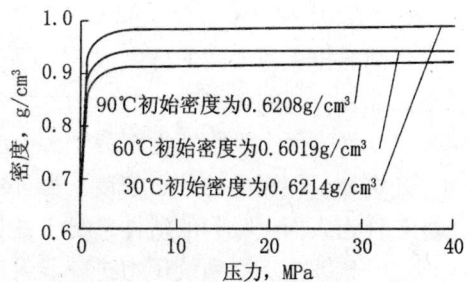

图2 可循环泡沫钻井液温度—压力—密度曲线

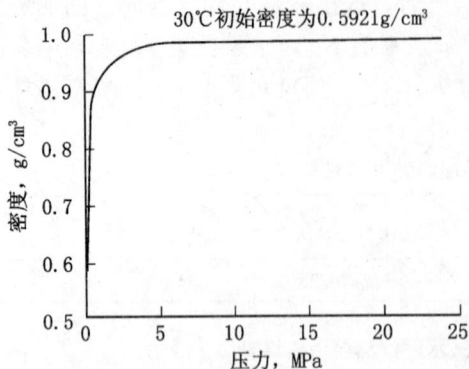

30℃初始密度为0.5921g/cm³

图3 可循环泡沫钻井液密度随
压力变化的典型曲线

2. 实验分析

（1）普通钻井液曲线。从图1可以看出，钻井液的温度—压力—密度的关系曲线基本是线性的。而当温度一定时，可循环泡沫钻井液的密度随压力的增大而增大，当压力增大到一定值时，该钻井液的密度不再增加。可循环泡沫钻井液的密度随温度的升高略有降低。在30℃、60℃和90℃下测定的压力—密度曲线趋势相同，随温度的升高钻井液密度下降。在低压范围内压力—密度曲线出现一小弯曲段，原因是普通钻井液溶液的溶剂和溶质分子间存在间隙，当压力升高时，分子间隙变小，因此钻井液密度出现明显变化。普通钻井液中溶有少量气体（空气），当压力升高时气体体积缩小，引起钻井液密度的明显变化。但是上述变化的绝对值是很小的。图1所表现的普通钻井液的温度、压力与密度的关系与水的温度、压力与密度的关系是相同的。在现场应用中，地层温度随井深的加大而增加，由于膨胀效应，普通钻井液密度的变化较小，可视为基本不变。图1中的虚线可近似为普通钻井液密度随井深（将压力折算为水柱高度）的变化曲线。

（2）可循环泡沫钻井液曲线。当温度恒定时，随着压力的增加，可循环泡沫钻井液的密度变化速率不断减小，最终接近于零。不同温度的压力—密度曲线变化趋势相同，温度上升，压力—密度曲线下移，该钻井液的温度—压力—密度曲线的变化趋势可分为3段：即低压垂直段、中间弯曲段和高压水平段。下面以图3所表示的可循环泡沫钻井液密度曲线来分段，论述该钻井液密度随压力变化的规律和变化机理。

①低压垂直段（A—B）。该段压力范围为0.1～0.5MPa，钻井液的密度变化主要表现为气体的压缩，若忽略气体在液体中的溶解，钻井液密度将随压力的变化呈线性变化。该段可循环泡沫钻井液密度变化明显，气体体积缩小近4/5，钻井液密度从$0.6g/cm^3$增加到$0.85g/cm^3$。若将气泡中的气体视为理想气体，在0.1MPa下，单位体积（mm^3）中气体分子的个数约为$26.88×10^{15}$个，气体分子质点间距约为33Å。而在0.5MPa下，单位体积（mm^3）中气体分子的个数约为$134×10^{15}$，气体分子质点的间距约为19.5Å。这时的分子间距以接近DLVO理论中离子势垒值。当气体分子间距进一步缩小时，将会出现斥力。

②中间弯曲段（B—C）。曲线进入中间段后，可循环泡沫钻井液的密度变化速率下降并趋于平缓，原因在于气体分子间距已接近DLVO理论中离子势垒值，分子间出现了排斥力。分子间的排斥力由两部分组成，一是气体分子之间的排斥力，二是气泡内表面吸附的活性剂的非极性基的碳链产生的斥力。气泡内表面吸附的活性剂的非极性基碳链产生斥力的机理是气泡表面上吸附活性剂分子所形成的界面层（30～60Å）不仅占据了较大的气泡内空间，还增加了气泡内的分子密度。另外由于气泡表面上吸附的活性剂密度很高，超过临界浓度，气泡表面上吸附的活性剂分子的极性端密布于界面层外部，离子间的斥力也将阻碍气泡进一步缩小。当系统压力进一步升高时，气泡内的分子斥力及气泡离子作用力也逐渐增加，按London‑Van der Waals引力公式描述时，分子间的短程力的作用势能可由分子间距的6次方表示，即：

$$V_e = \frac{\lambda}{r^6} \tag{1}$$

式中 V_e——London - Vander Waals 引力，当两个原子或分子间为引力时，式（1）中为负号，反之为正号；

r——分子间距，Å；

λ——与分子或原子的极化率、主特性频率等有关的函数。

当分子间距有少量变化时，气泡内气体分子与活性剂分子的非极性端之间所产生的斥力将迅速增大，从而使气泡体积难以缩小，所以，当系统压力从 0.5MPa 上升到 5MPa 时，气泡体积仅缩小了 1/2 左右，分子间距从 19.5Å 缩小到 14.3Å。从曲线上看，这一变化主要是在 0.5～1.0MPa 压力段上发生，当压力上升到 5MPa 时，泡沫钻井液几乎是不可压缩了。

③直线段（C—D）。这段曲线的变化已完全表现为液体性质，压力从 5MPa 升至 30MPa，泡沫钻井液的密度稍有上升或不变。由于上面描述的各种力的作用、气泡内及气泡表面各种力的综合影响，足以抗拒系统内压力的大幅度变化。所以，尽管钻井液中仍有大量的气泡存在，但可循环泡沫钻井液密度并不增大，而维持在 1.00g/cm^3 左右。

（3）温度的影响。温度对气体分子的影响很大，温度升高，气体分子的动能增加，气体难以压缩，具体表现为整条曲线水平下移。另外，溶液中的液体分子是极性的，气泡中液体（水）分子增加，加剧了气泡中力系的相互作用，增加了气泡收缩的难度。

（4）泡沫钻井液的静态密度与动态密度。上述实验是在静态条件下完成的，从系数效果分析，泡沫钻井液的动态密度将低于静态密度。其原因是，动态条件下，泡沫钻井液系统的动能增加，而且系统动能的增加主要表现为气体分子动能的增加。

综上所述，在实验条件下可循环泡沫钻井液的密度始终小于 1g/cm^3，当达到一定的压力后密度随温度的升高而下降。可循环泡沫钻井液的温度—压力—密度曲线可以定量计算不同井深的液柱压力，经计算，对于压力系数为 1.0～1.1 的地层在井深超过 1500m 时，可以形成 0.5～1.0MPa 的"负压"；

三、现场应用

胜利油田的草桥、孤南、桩西、临盘等地区存在着古潜山构造地层，此类地层岩性为石灰岩风化壳，连通性好，孔隙度高；滨南地区的 348 断块以及 674 断块，储层岩性为火成岩，属沙三段下部，顶部 20～30m 地层裂缝溶洞发育，属于高孔隙度、高渗透率地层，这些地层的压力系数都低于 1，是很好的油气富集区。在钻井过程中，以前应用常规钻井液，极易造成钻井液的大量漏失。草桥地区的井一般漏失量在 1000m^3 左右，滨南地区的井一般漏失量约为 200m^3，有的井甚至造成报废。不仅消耗了大量的财力，而且严重地污染了油气层，使得该类地区成为钻井的"禁区"。胜利油田采用了可循环泡沫钻井液后，其钻井液各项性能达到了设计指标，取得了良好的经济效益。

1. 滨 676 井

该井二开采用普通钻井液钻进，在钻至井深 1734.4m 时发生漏失，钻井液密度为 1.14g/cm^3，双泵循环，钻井液只进不出，单泵加入单向压力暂堵剂后钻井液进多出少，漏失 60m^3 钻井液，钻至井深 1740.21m 时静止堵漏，共计漏失 180m^3 钻井液。配制 110m^3 密度为 0.84g/cm³ 的可循环泡沫钻井液取心。

（1）第一筒岩心。在钻进取心中有渗漏现象，后来钻井液只进不出，起钻灌钻井液，共计漏失 110m³ 可循环泡沫钻井液。取心井段 1740.21～1742.61m，收获率 100%，岩性为稠油油浸玄武岩，溶洞发育，呈蜂窝煤状，连通性良好。

（2）第二筒岩心。取心井段 1742.61～1749.01m，岩心长 6.2m，收获率为 96.9%，岩性为油斑、稠油、油斑玄武岩。可循环泡沫钻井液密度为 0.75～0.77g/cm³，滤失量为 4mL。

（3）第三筒岩心。取心井段 1749.01～1756.01m，岩心长 3.5m，收获率 50%。可循环泡沫钻井液密度为 0.77～0.81g/cm³，滤失量为 4mL。

（4）第四筒岩心。取心井段 1756.01～1762.42m，岩心长 6.51m，收获率为 101.6%。岩性为油斑玄武岩，稠油油斑。可循环泡沫钻井液密度为 0.79～0.82g/cm³，滤失量为 4mL。

（5）第五筒岩心。取心井段 1762.42～1766.59m，岩心长 3.42m，收获率为 81.9%。可循环泡沫钻井液密度为 0.79～0.82g/cm³，滤失量为 3mL。

（6）第六筒岩心。取心井段 1766.92～1771.33m，岩心长 4.45m，收获率 100%。可循环泡沫钻井液密度为 0.80g/cm³，滤失量为 3mL。

该井顺利钻至井深 1800.00m 完钻。可循环泡沫钻井液密度为 0.80g/cm³，滤失量为 3mL。

2. 滨 674-3 井

该井二开进入火成岩地层时，曾发生严重的漏失，虽然采取多次堵漏措施，但仍没有效果，共漏失 1300m³ 钻井液。配制可循环泡沫钻井液，将密度由 0.73g/cm³ 降至 0.68g/cm³，调整后钻井液打开生产层。在钻至井深 1486m 时出现漏失，漏失 50m³ 钻井液，漏失时钻井液密度为 0.68g/cm³，黏度为 71s，塑性黏度为 30mPa·s，屈服值 16Pa。由于漏失严重，无法正常施工，因此配制 50m³ 密度小于 0.60g/cm³ 的可循环泡沫钻井液，并提高黏度（130s）至滴流，配合 1% 的堵漏材料调整钻井液性能后，开泵循环钻井液直到井口返出钻井液密度小于 0.50g/cm³，塑性黏度为 44mPa·s，动切力为 21Pa，钻至井深 1519m 顺利完钻。

3. 草 121 井

该井钻至井深 664.70m 时发生井漏，漏失层为奥陶系地层，钻井液只进不出，漏失 50m³ 钻井液、漏失 110m³ 清水，强行取心钻进，全井共漏失 3000m³ 清水。下钻 10 柱，配制 110m³ 密度 0.76～0.80g/cm³、黏度 150s 的可循环泡沫钻井液，开泵顶替钻井液，直到井口返钻井液，然后开始钻井，在钻至井深 688m 时，发现油砂，起钻取心。下钻到底取心钻进，钻井液密度为 0.76g/cm³，黏度为 120s，井下正常。取心进尺 2.5m，收获率 80%。在钻至井深 708.50m 时再次取心，取心进尺 2.00m，收获率 92.5%。可循环钻井液密度为 0.80g/cm³，黏度为 120s。该井完井施工顺利。

4. 罗 151-11 井

该井设计井深 3080m，完钻层位为沙河街组沙三段，钻探目的是开发罗 151 火成岩油藏。该井下入 ϕ177.8mm 技术套管至井深 3014.94m。三开使用 ϕ152.4mm 钻头钻进，在钻进过程中有明显的油气显示，钻井液由乳白色逐渐变为黄褐色，钻井液密度为 0.60～0.70g/cm³，黏度为 80～120s，塑性黏度为 24～27mPa·s，动切力为 11～14Pa，pH 值为

9～10。钻压 50kN，转速为 60r/min，泵压为 6.5MPa，排量为 15L/s。停泵时发生溢流，每隔 3～5 s 不连续涌出一次钻井液，涌出量为 1～1.5L/s。根据情况决定不电测，起钻 300m 压井，然后下油管。未装旋转控制头，边起钻边溢流，当起至井深 2700m 时，将钻井液密度调至 1.15～1.16g/cm^3 压井，观察井口有无外溢现象，当溢出量为 5L/min 时，继续起钻完，拆封井器装采油树井口。罗 151-11 井初投产产量为 17t/d，后来增加到 20t/d 左右。据测试，储层压力系数为 0.91，比预测值（1.15～1.20）低得多。该井完钻停泵后，仍然出现外溢现象，这充分说明井眼内的静液柱压力低于储层压力，这与石油大学室内评价的实验数据是相吻合的（压力为 32MPa，温度为 90℃，密度为 0.9132g/cm^3）。

四、经济效益分析

可循环泡沫钻井液体系及技术在胜利油田已应用 29 口井，这些井投产后，比邻井平均日增产原油 15t 以上，草古 102-2 井日产原油为 96t、滨 674-11 井为 46t。另外，使用可循环泡沫钻井液可有效地防止地层漏失，提高钻井时效，与常规钻井液相比，可循环泡沫钻井液每口井可减少钻井液漏失量 500m^3，节约钻井液材料费用 20×10^4 元。使用可循环泡沫钻井液，解决了低压易漏地层，即被钻井称为"禁区"的古潜山及火成岩区块漏失严重的问题。使得该类油藏得到有效开发，并很好地保护了油气层，具有很高的经济效益和社会效益。

五、结　论

（1）在实验条件范围内可循环泡沫钻井液的密度始终小于 1g/cm^3，当达到一定的压力后密度随着温度的升高而下降。

（2）可循环泡沫钻井液体系的密度低，其密度在 0.60～0.99g/cm^3 范围内可调，具有泡沫稳定性好、泡沫强度高，携砂性能良好等特点，并且投资少、效益高、工艺简单、适合现场施工。

（3）可循环泡沫钻井液技术应用于胜利油田古潜山地层中，解决了长期在古潜山地层遇到的严重漏失问题，避免了因漏失而引起的储层损害，很好地保护了油气层。

（4）在欠平衡压力钻井技术中使用可循环泡沫钻井液体系，在胜利油田获得成功。

钾石灰钻井液的研究及其在丛式井中的应用

侯建英

（辽河石油勘探局钻井一公司）

摘　要　钾石灰钻井液，是一种新型的水基钻井液，室内试验和现场应用证明它具有良好的防塌和保护油层的作用。这种钻井液主要由氢氧化钾、石灰、改性淀粉、无铬稀释剂和润滑剂等组成，现已在辽河油田推广应用。

关键词　水基钻井液　保护油层　防塌　丛式井　钾石灰钻井液

一、前　　言

在沈阳油田采用丛式井进行钻探的过程中，遇到了几套复杂地层：上部为蒙脱石含量高达 85％ 的强造浆层，导致钻具泥包，起钻严重抽吸和阻卡；中部为伊利石和伊/蒙混层，存在着压力异常，钻开后极易剥落和坍塌；下部为含蜡量高的高凝油产层，若钻井液体系不当，易受污染而影响产能。另外，由于在丛式井整体开发方案中，每一钻井平台设计打 3～17 口井，钻井液废液外排量很大，环境保护也是个严重问题。因此，寻找一种新型而有效的钻井液体系，已成当务之急。

从 1986 年初开始，对钾石灰钻井液进行研究，室内试验证明这种钻井液体系的性能稳定、抑制及抗污染能力都较强。1986 年 11 月首先用于 10 号平台丛式井组，获得了良好的效果。后又在其他井组推广应用，基本解决了沈阳油田钻井的井下复杂问题。

二、室内试验

1. 材料选择及作用机理

参照国外资料，结合油田实际，选择了下列材料。

（1）改性天然淀粉。作用是吸附和包被岩屑，控制滤失量。

（2）氢氧化钾。控制钻井液 pH 值，提供 K^+，控制 Ca^{2+} 含量。

（3）石灰。絮凝剂，提供 Ca^{2+}。

（4）褐煤粉。起类似高聚物、促进页岩稳定的作用。

（5）无铬木质素。减稠解絮凝剂。

（6）RT-001 无荧光润滑剂。增加体系的润滑性。

（7）碳酸钙和菱铁矿粉。加重剂，有利于酸化和保护油层。

2. 主要材料加量的选择

（1）改性淀粉。用 NP-01 页岩膨胀测试仪，作标准安邱土人工岩样在不同浓度的改性淀粉溶液中的吸水膨胀试验。结果说明：改性淀粉对土粉水化膨胀有较强的抑制能力，且随着浓度增加，抑制能力增强；当浓度达到 2.5%～3.0% 时基本稳定。故选择 2.5% 左右的加量较合适。

（2）KOH。文献推荐体系的 pH 值为 12，K^+ 浓度 1000～4000mg/L。利用正交试验法，选出 KOH 的加量为 0.9% 和 1.1% 时，pH 值分别为 11.5 和 12.0，K^+ 浓度为 1061.2mg/L 和 1728.5mg/L，符合体系要求。

（3）CaO。随着 CaO 加量增多，pH 值缓慢增大，Ca^{2+} 浓度增高；但加量从 0.6% 增到 1.2% 时，Ca^{2+} 浓度几乎不再增加。故 CaO 加量以 0.6% 左右为好。

3. 配方的组成

根据上述材料加量选择范围，组成三套配方，并测定钻井液性能，再作页岩分散试验及膨胀试验，对三套配方进行优选，最后确定最佳组分和加量是：

基浆＋改性淀粉 2%＋无铬木质素 1.5%＋CaO0.6%＋KOH1.1%＋褐煤粉 4%＋RT-0011% 其中基浆成分及配比是：

$$水：土：NaCO_3 = 100：3.5：0.14$$

按上述组分和加量，配制成钾石灰钻井液的性能见表 1。

表 1　钾石灰钻井液性能

性能 测量温度	黏度 s	滤失 mL	泥饼 mm	pH 值	塑性黏度 mPa·s	表观黏度 mPa·s	动切力 Pa	n	K
室温	31	6	0.5	12	15	16.5	1.5	0.87	0.082
90℃	28	7	0.5	12	10	12	2	0.78	0.110

4. 与其他类型钻井液的对比

经页岩分散回收试验，与另外三种不同类型的钻井液体系作对比，结果见表 2 和图 1。

表 2　页岩分散回收试验

钻井液体系	钾石灰	聚合物	粗分散	蒸馏水
页岩回收率，%	90.5	72.5	61.8	37.5

注：Ⅰ——钾石灰体系（无土）；
　　Ⅱ——粗分散体系（无土）；
　　Ⅲ——聚合物体系（无土）。

由表 2、图 1 可看出，钾石灰钻井液对页岩水化膨胀的抑制能力最强，效果最好，是一种好的防塌钻井液体系。

5. 抗污染试验

在钾石灰钻井液中，分别进行了岩屑、土粉、水泥和清水的污染试验，得出的结论是：在沈阳油田沙河街组岩屑加量 10%，黑山钙膨润土加量 5%，油井水泥加量 4%，清水加量 8% 的条件下，钾石灰钻井液性能变化不大，仍可满足钻井需要。这说明该钻井液体系对各种污染物均有较大的容量，因而在施工中没有特殊要求。

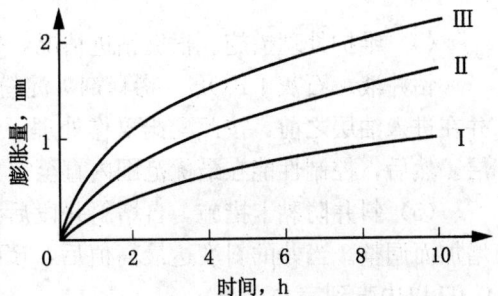

图 1　沈北 S_1—S_4 页岩人工岩心膨胀试验

6. 高速剪切与静止恢复试验

在 18000±300r/min 的高速剪切下，测不同剪切时间的表观黏度，绘制表观黏度与剪切时间的关系曲线；然后再测不同静止时间的表观黏度，并绘出相应的关系曲线。结果表明，钾石灰钻井液体系具有良好的触变性能，在高剪切速率下，黏度下降较多，且恢复较快，这既有利于在喷射钻井中充分发挥水力作用，也有利于携带岩屑。

三、现场应用

室内试验结果显示出钾石灰钻井液的优越性及其应用价值，因此决定在沈阳油田丛式井组现场应用。

沈阳油田主要用丛式井进行开发。1987 年施工的断块主要在安 12 块和沈 67 块，其中布井最多的是 10 号平台，共 17 口井（直井 1 口，斜井 16 口）。钾石灰钻井液就在这 10 号平台上试验了几口井，取得了满意的效果之后，又在沈 67 块推广使用。

1. 钾石灰钻井液现场施工工艺

（1）第一次处理。用聚合物钻井液钻穿馆陶组砾石层后，加水稀释，将膨润土含量降至 2.5%～3%，控制黏度 20～30s，然后进行第一次钾石灰钻井液综合处理。

（2）处理剂配比。

钻井液：絮凝剂：钾碱：稀释剂：降滤失剂：润滑剂＝100：1：0.4：1.1：0.4：1.5。即在约 100m³ 钻井液中，加入石灰 0.8～1t，钾碱 0.4t，无铬木质素 0.8t，腐植酸 0.4t，改性淀粉 0.4t。

（3）各井段钻井液性能见表 3。

表 3　钻井液性能

层位	井段 m	黏度 s	初切/终切 Pa/Pa	滤失量 mL	pH 值	n	K mPa·s	膨润土含量 %	固相含量 %
馆陶	0～250	40～60	0/(0～20)	6～10	8～8.5	0.50～0.65	215.6～407.1	5～6	
东营	0～650	24～28	0/0	6～8	10～12	0.65～0.80	95.8～191.8	2.5～3	5～8
S_1	0～1000	22～24	0/0	6～8	11～12	0.70～0.80	95.8～191.6	2.5～3.5	6～10
S_3 上	0～1700	22～30	0/0	5	11～13	0.65～0.75	95.8～191.6	3.5～4	8～12
S_3 下	0～2550	28～35	0/0	5	11～12	0.65～0.70	143.7～239.5	3.5～4.5	10～15

（4）维护处理措施。根据钻进情况，每钻 100～200m 补充处理一次，处理剂配比是：

钻井液：石灰：KOH：稀释剂：淀粉＝100：0.8：0.4：1：0.4。

并在进入油层之前，按此配比再作处理，使钻井液性能参数全面符合设计之后，再钻开油层。然后，控制性能在最优范围内直至完井。

（5）斜井防黏卡措施。自增斜井段后期，开始加入 RT–001，加量随井斜增大和井深增加而调整。当井的斜度达最高值后，RT–001 的加量应在 2% 以上，并控制摩阻系数在 0.07 以内直到完井。

（6）单井处理剂用量见表 4。

表 4　单井处理剂用量

处理剂 区　块	KOH t	石灰 t	无铬木质素 t	褐煤、烤胶 t	淀粉 t	CPAN t	K-PHP t	RT-001 柴油 t	加重料 t	钻井液成本 元/m
10 号平台	4.75	6.25	5.73	4.11	3.94			14.5	14.7	36.04
沈 67 块	4.74	5.15	7.46	1.48	0.89	1.89	0.55	(柴)23.7	45.5	35.09

2. 技术经济效益对比

由于钾石灰钻井液为强抑制体系，控制住了地层的恶性造浆，因而使丛式井的钻井复杂情况和井下事故明显减少，钻井周期缩短。

（1）井径规则。井径情况见表 5。

表 5　井径扩大率对比

区　块	钻井液体系	钻井井数 口	小于钻头直径		平均最大井径扩大率 %
			井数，口	占比，%	
10 号平台	聚合物	4	3	75	7.6
	钾石灰	6	3	50	7.2
	阳离子	7	6	85.5	9.5
沈 67 块	聚合物	5	2	40	12.7
	钾石灰	11	3	27.3	9.8

由表 5 可知，钾石灰体系所钻井的缩径（小于钻头直径）率和井径扩大率，都比其他两种体系的小。这说明在防塌方面，钾石灰钻井液确有其优越性。

（2）井下顺利。与其他两种体系对比，井下事故和复杂情况损失时间降低约 90%；完井电测一次成功率提高约 33%。井下情况见表 6。

表 6　井下情况对比

区块	钻井液体系	对比井数	复杂及事故损失					完井电测		
			黏卡 口	损失 h	划眼 口	损失 h	平均损失 h/口	平均测数 次/口	一次测完 口	一次成功率 %
10 号平台	聚合物	4	2	36.10	0	0	11.53	3	1	25
	钾石灰	6	0	0	0	0	0	1.5	4	66.7
	阳离子	7	1	544.30	0	0	77.36	1	7	100
沈 67 块	聚合物	5	0	0	3	432.00	72.00	2.2	2	40
	钾石灰	12	0	0	4	96.00	8.00	1.41	8	66.7

（3）成本较低。10 号平台的井型与井深相当，钾石灰体系较聚合物体系每米减少 1.55 元，即下降 4%；较阳离子体系每米低 2.99 元，下降 8.3%。沈 67 块因井型不同，直井少用润滑剂，故钾石灰成本高于聚合物体系，见表 7。

表 7　成本对比

区　块 钻井液体系	10 号平台				沈 67 块			
	井数 口	井型	平均井深 m	钻井液成本 元/m	井数 口	井型	平均井深 m	钻井液成本 元/m
聚合物	4	斜	2360.3	37.60	4	直	2221	26.86
钾石灰	6	斜	2329.2	36.05	9	斜7直2	2017	35.09
阳离子	7	斜6直1	2349	39.04				

（4）完井周期短。完井周期见表 8。

表 8　钻速及完井周期对比

区块	钻井液体系	统计井数 口	井型	平均井深 m	机械钻速 m/h	完井周期 d
10号平台	聚合物	4	斜	2360.3	8.52	35.25
	钾石灰	6	斜	2329.2	8.78	29.83
	阳离子	7	斜6，直1	2349	9.79	30.00
沈67块	聚合物	4	直	2221.25	7.09	43
	钾石灰	12	斜9直3	2017.13	9.98	27.5

（5）保护油层效果好。由于钾石灰钻井液具有抑制性强、固相含量低等优点，且钻速快、井身质量好、完井工作顺利，因而大大地缩短了油层浸泡时间，减少了油层污染程度，用钾石灰钻井液钻的沈 67 块油井口口自喷。据 13 口井资料统计，单井平均日产油 16.9t，比原计划的 14t 提高了 20%。

四、结　论

根据上述情况，对钾石灰钻井液的优点和使用价值，作如下评价：

（1）对泥页岩的水化膨胀，有较强的抑制能力，且优于常用的几种钻井液体系；

（2）膨润土含量和固相含量低，水眼黏度也低，有利于提高机械钻速；

（3）由于抑制造浆能力强，外排废液明显减少，又排除了铬离子的污染，有利于保护环境；

（4）抗污染能力强，且因减少了井下事故和复杂情况，缩短了油层浸泡时间，有利于保护油层；

（5）材料来源广，易配制，成本低。

五、尚待解决的问题

（1）解絮凝剂耐温仅 100～120℃，只能用于 3200m 以内的井，耐温问题待研究。

（2）对非离子型与阳离子型改性淀粉，尚需进一步探讨。

合成基钻井液在 SZ36 - 1 分支井的应用

苗海龙　胡良建　董　镔

（中海油田服务股份有限公司泥浆服务中心）

摘　要　SZ36-1 水平分支井项目作为提高稠油油田开发效益的新技术之一，是首次在渤海地区应用。水平分支井有许多技术难点，对钻井液的性能也有很高的要求，因此，我们选用了合成基（SBM）钻井液体系。合成基钻井液是一种新型钻井液体系，以合成有机物为连续相，盐水为分散相，有机土等为悬浮固相，加入乳化剂、增黏剂和润湿剂等，组成一种逆乳化悬浮分散体系，即油包水结构的钻井液体系。它的性能类似于油基钻井液的性能，个别还优于油基钻井液，并且不含芳香烃，毒性小，可生物降解，高闪点，低凝固点，适用于深井和特殊井作业。本项目的成功，说明合成基钻井液的各项性能优良，能够满足特殊钻探的需要，为海上油气田钻探钻井液的使用开辟了一个新的领域。

关键词　油基钻井液　稳定性　油层保护

一、工 程 概 况

SZ36-1 水平分支井项目包括 SZ36-1CF1、SZ36-1C25 hf 和 SZ36-1C26hf 等 3 口井的作业。其中以 SZ36-1CF1 为例，一开 26in 井眼至 125m，用海水钻进，稠膨润土浆清扫井眼。二开 17½in 井眼至 600m，用海水稀释后的膨润土浆钻进，适时适量替稠塞清洁井眼。四开 12¼in 井眼至 1901m 至水平开窗 A 点，最大井斜 89.14°，采用 PF-JLX/KCl/聚合物体系钻井液钻进。四开 8½in 水平分支段井眼，其分支结构如图 1 所示，采用合成基（SBM）钻井液钻进至井深 2301m 完钻。后两口井为交叉作业，但井身结构与 SZ36-1CF1 井相同，只是 SZ36-1C25hf 有二个分支，而 SZ36-1C26hf 只有一个分支。

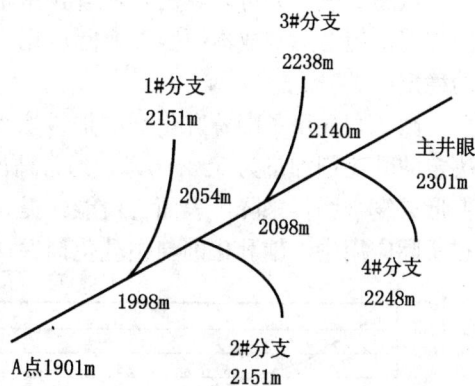

图 1　SZ36-1CF1 井水平分支示意图

3 口井的作业都非常顺利，无任何事故和意外发生。尤其是合成基钻井液在水平段的应用，充分体现了其优良特性。合成基钻井液性能稳定，具有良好的润滑性和携砂能力，滤失量也较低，从开采后的结果来看对地层的伤害也远远低于水基钻井液。

二、配方的优化

传统的油基钻井液是以矿物油为连续相的逆乳化钻井液，主要是为解决高温深井、复杂井、大位移井和水平井等特殊井作业而产生的，但对环境造成污染较为严重。合成基体系由于不含有芳香烃，可生物降解，则减少了对环境的污染。合成基体系的基液主要是以下几个种类的物质：

(1) 酯类（Esters），像 M-I 的 Ecogreen，Baroid 的 Petrofree 等都属于此类；

(2) 聚烯烃类（Polyalphdefin-PAO），由乙烯齐聚而成的低相对分子质量烃类化合物，此类产品有 M-I 的 Novadril；

(3) 线性石蜡（Linear Alpha Olefin-LAO），M-I 的 Novalite 和 Baroid 的 Petrofree LE 的基液则采用这类材料；

(4) 石蜡（Internal Olefin-IO），M-I 的 Novaplus 和 BH Inteq 的 Syn-Teq 就是这种体系。

我们采用的合成基钻井液体系，是将酯类基液（PF-JPA）做为连续油相，以 20% $CaCl_2$ 盐水做为分散水相，通过加入主乳化剂（PF-MEA）、辅乳化剂（PF-IEA）、润湿反转剂（PF-WET）、降滤失剂（PF-FA）、增黏剂（PF-IVA）、有机土和储备碱来维持钻井液体系的稳定，并调节各项性能以满足钻进的要求。接下来我们将要讨论各种材料的加量对合成基钻井液的性能的影响，以此确定一个最佳配方。

1. 合成基钻井液的电稳定性

由于合成基钻井液的基液和盐水是不互溶的，体系中的两相同时存在，但却要求两相能够混合均匀，维持一种相对的平衡，才能保证体系的性能稳定，因此合成基钻井液的稳定问题是该体系的核心技术。而衡量合成基体系稳定性最直观的参数就是破乳电压，以下通过改变油水比和乳化剂的加量来考察体系电稳定性的变化。含水量对破乳电压的影响见图2。

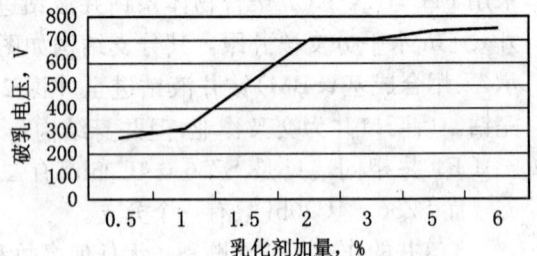

从图2中我们可以看出，随着含水量的增加，体系的破乳电压逐渐减小，稳定性也逐渐减弱，但考虑到成本原因，实际应用中，纯基液的钻井体系通过加入乳化剂来提高体系的稳定性。

图3则显示了随着乳化剂的加量增加，乳状液的破乳电压升高，电稳定性加强，最终决定的乳化剂加量为 5%～6%，通常情况下，采用两种乳化剂同时作用，通过在油水界面上形成复合物，来降低表面自由能，提高乳化效果，并且以其中一种为主，另外一种为辅。在实际应用中，辅乳化剂与主乳化剂保持一致加量。

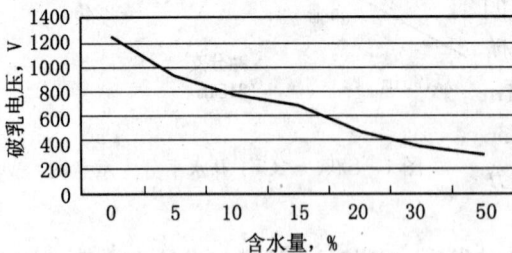

图2 含水量对破乳电压的影响   图3 乳化剂加量对破乳电压的影响

在以上配方的基础上加入 0～3% 的润湿剂，讨论润湿剂加量对体系的影响，如图4所示，润湿剂加量在 1%～3% 之间，破乳电压有个相对稳定值，这个范围也是它的推荐加量。

2. 合成基钻井液的流变性能

接下来，我们在加入 5%PF-MEA 和 5%PF-IEA 的 PF-JPA : 20%$CaCl_2$ 溶液为

7：3的乳状液中通过改变其中有机土和增黏剂的加量来比较体系的各项流变性能。如图5所示，随着有机土的加量的增加，钻井液的黏度也随之增加，比较以上加量的效果，有机土加量在2％~3％左右较好。如图6所示，为不同加量增黏剂对体系流变性能的影响，它的适合加量为1％~2％。

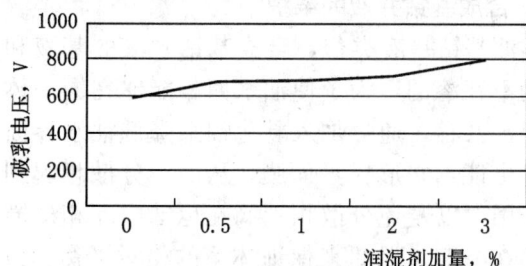

图4　润湿剂加量对破乳电压的影响

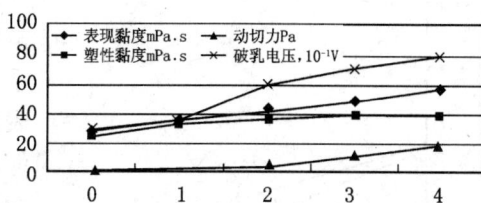

图5　有机土加量对流变性能的影响

3. 合成基钻井液的润滑性能

润滑性是衡量钻井液体系优劣的一项重要指标，所以又在目前最佳的配方的基础上，测试本体系的润滑性能。表1就是合成基钻井液的E-P扭矩值和泥饼的黏附系数，并与公司常用的其他水基钻井液体系的性能做了对比。

表1　合成基钻井液润滑性实验数据

项目体系	PF-PLUS	PF-JFC	PEM	合成基钻井液
E-P扭矩值	58	35	17	6.4
泥饼黏附系数	0.164	0.1725	0.091	0

从表1中的数据我们可以看到，合成基钻井液的E-P扭矩值明显小于水基钻井液，而泥饼的黏附系数为零，这说明合成基钻井液具有优良的润滑性能，适于大斜度井的钻进。

4. 合成基钻井液的热稳定性

最后我们又针对合成基钻井液的热稳定性做了一系列实验，如表2所示。

表2　合成基钻井液热滚实验数据（热滚12h）

热滚温度	测试温度	表观黏度，mPa·s		动切力，Pa		滤失量，mL		破乳电压，V	
		前	后	前	后	前	后	前	后
120℃	50℃	63.0	61.5	11.0	12.0	4	3	400	424
160℃	50℃	43.5	54.5	9.5	10.5	6	4	434	396

通过以上的一系列的实验，基本确定了合成基钻井液的配方：

PF-JPA（合成基液）+20％氯化钙溶液（油水比为7：3）+5.0％~6.0％PF-MEA（主乳化剂）+5.0％~6.0％PF-IEA（辅乳化剂）+1.0％~3.0％PF-WET（润湿剂）+2.0％PF-IVA（增黏剂）+3％PF-FA（降滤失剂）+1.0％~3.0％有机土+1.0％储备碱。

三、现场应用

由于合成基钻井液的配制、维护和环保要求均区别于水基钻井液，所以现场操作也与水基钻井液有所区别，尤其是钻井液的配制。

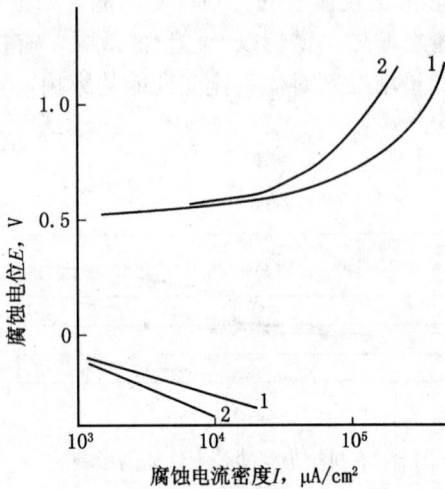

图6 增黏剂对合成基钻井液性能的影响

→ 表现黏度 mPa·s   → 静切力(10s)
■ 塑性黏度 mPa·s   ✻ 破乳电压，10⁻¹V
→ 静切力(10min)

1. 合成基钻井液的配制

在配浆过程中，必须通过强烈的剪切和搅拌使体系充分混合，降滤失剂和增黏剂可以根据现场的需要在原配方的基础上调节。

2. 合成基钻井液的维护

和油基钻井液类似，合成基钻井液的基液和盐水是不互溶的，为了使油水两相能够在同一体系里稳定共存，通过加入乳化剂来降低油水界面表面自由能，并形成界面膜，从而对分散相起到保护作用，以避免分散相液滴在运动中互相碰撞而聚结在一起。以此来保证体系的相对平衡。另外通过加入润湿剂，使亲水性的钻屑和加重材料发生润湿反转作用，变为亲油性，以此来增加体系的稳定。

在钻进过程当中，乳化剂和润湿剂会由于钻屑的吸附而有所消耗，从而影响到体系的稳定性。通过往循环系统里不断补充乳化剂和润湿剂，使合成基钻井液保持在充分的乳化状态（通过破乳电压 Es 值大小来衡量），避免破乳现象的发生，从而保持体系的稳定性。

根据配方，合成基钻井液的油水比是确定的，而在实际作业过程中，可能会有地层水或其他外来水污染钻井液。因此在钻进过程中严格避免任何外来水源污染钻井液，如严禁用水冲洗振动筛，杜绝水管线漏水对钻井液的污染等；同时密切监测油水比的变化，可通过补充基液来维持油水比保持在 7 : 3。

水平井对于钻井液的携砂能力和井壁稳定能力都有较高的要求，通过加入增黏剂来调节体系的切力和屈服值，以增强钻井液体系的携砂能力。合理使用固控设备，例如将振动筛换成高目筛布（220目＋175目），同时配合离心机的使用，有效降低了钻井液中有害固相的含量，优化钻井液的流变性能，提高泥饼质量，以此来达到环空清洁和井壁稳定的目的。

表3是3口井钻进过程中钻井液的性能。

表3 钻井液典型性能

性　能	SZ26－1CF1	SZ36－1C25hf	SZ36－1C26hf
温度，℃	40	40	40
密度，g/cm³	1.14～1.16	1.14～1.16	1.14～1.15
塑性黏度，mPa·s	50～60	40～44	45～50
动切力，Pa	8～20	8.5～12	16～19
高温高压滤失量，mL	8.8	8.6	9
API滤失量，mL	2～3	2～3.8	2.4～3.8
破乳电压，V	200～500	240～300	270～360
初切/始切，Pa/Pa	2～3.5/3～6	2.5～3/3.5～5.5	3.5～4/5～6

3. 油层保护技术

钻井液对地层的污染主要包括液相侵害和固相侵害两个方面，对于减小液相侵害，合成基钻井液比起水基钻井液具有明显的优势，因为合成基钻井液的外相为合成基基液，而基液与原油有良好的配伍性，表4是基液与原油配伍性试验的数据。从表中可以看出，合成基基液不但不会使原油增稠，反而会随基液比例的增高对原油有稀释的作用；另一方面，合成基钻井液具有良好的滤失性能，如表3中所示，3口井高温高压失水均在9mL以内，这样可以尽可能减小钻井液对储集层的水锁效应。

表4 合成基基液与原油的配伍性

原油/合成基液	黏度值，mPa·s	原油/合成基液	黏度值，mPa·s
100/0	45067	40/60	91
90/10	4120	30/70	76
80/20	1378	20/80	62
70/30	788	10/90	43
60/40	306	0/100	9
50/50	207	—	—

在减小固相侵害方面，采取了以下几个措施：

（1）采用了屏蔽暂堵技术，即在配浆过程中，按3%的加量加入暂堵材料，然后每钻进100m，补充1t。

（2）每完成一个分支，替入新配制的无固相合成基钻井液，完钻后，将主支也替满无固相钻井液，以减小长时间浸泡固相对储集层的侵害。

（3）在完井过程中采用了泥饼解除技术，即通过用合成基泥饼清洗液对泥饼长时间浸泡（不小于6h），利用清洗液中的酸使泥饼中的酸溶性物质溶解，并使泥饼松动；利用清洗剂、渗透剂将泥饼清除；利用黏土稳定剂来防止储集层的黏土水化膨胀、分散运移；利用降黏助排剂解决完井液与稠油的不配伍问题。

四、结 论

通过实验室先期所做的多项对比实验及性能评价实验和 SZ36－1CF1。

合成基钻井液体系抗 H_2S、$CaSO_4$ 及盐层侵污能力较强，可在水基钻井液易受这些侵污的地层中使用。

具有水基钻井液不可比拟的优良润滑性，适于大斜度井和水平井作业。

合成基钻井液性能稳定，维护简单，而且不易变质，回收利用可以使单井成本大大降低，例如最后作业的 SZ31－1C26hf 井用的老浆回收利用率达到76.68%，维护和配浆成本只是最先作业的 SZ36－1CF1 井的28%。

具有良好的油层保护特性，对储层损害低，适用于油层段钻进，3口井投产后，其产量均是邻井产量的3到5倍。

参 考 文 献

［1］徐同台等．水平井钻井液和完井液技术．北京：石油工业出版社，1990

［2］张克勤，陈乐亮．钻井技术手册（二）钻井液．北京：石油工业出版社，1988

［3］夏俭英．钻井液有机处理剂．北京：石油大学出版社，1991

水解聚丙烯腈钻井液

徐同台　史余生　尤万成

（大港油田石油管理局第一勘探指挥部）

摘　要　本文介绍了水解聚丙烯腈钻井液的研究和现场应用情况。实践表明，该钻井液能有效抑制泥岩水化，控制地层造浆，效果良好。

关键词　钻井液　水解聚丙烯腈　泥岩水化　地层造浆

大港地区钻井用水矿化度高（5000～6000mg/L），钙镁含量往往高达400～4000mg/L，上部地层平原组流砂发育，明化镇、馆陶、东营组泥岩多，砂层多，钻速快，地层造浆严重，沙河街泥岩剥落坍塌严重。为了满足钻井工程的要求，钻井液必须突破三大难关；钻屑絮沉，获得优质性能及泥岩防塌。为此，从1977年底至今，我们进行了水解聚丙烯腈钻井液的试验，摸到了一些规律，收到一定效果。

一、水解聚丙烯腈钻井液的研究

大港地区平原组，明化镇上段流砂发育，以往均采用清水开钻，800m以前造浆缓慢，不足以护壁，若钻井过程设备发生问题，极易造成井下复杂情况与埋钻具事故。进入明化镇下段后，泥岩造浆性能强，自造浆在黏度较低时就具有较高切力，大量细砂与细钻屑不能在大循环坑中沉除掉，反复跟随钻井液作恶性循环，钻井液密度高，含砂量大，初、终切力差距小，剪切稀释特性差，加水量大，最高可达40～60m³/h。此种钻井液不能适应快速钻井的需要，即影响钻速，又增加修泵时间。板807井采用喷射钻井，钻至1889m，修泵时间高达38小时50分钟。

水解聚丙烯腈是聚丙烯腈或腈纶下脚料加烧碱水与水（其比值为1∶1∶10）在90～95℃水解2～4h的产物。它实质上是丙烯酸钠、丙烯酰胺、丙烯腈的共聚物。

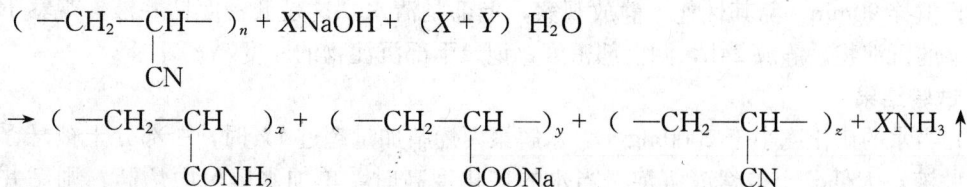

$$(\ —CH_2—CH— \ )_n + XNaOH + (X+Y) \ H_2O$$

$$\rightarrow (\ —CH_2—CH \ )_x + (\ —CH_2—CH— \ )_y + (\ —CH_2—CH— \ )_z + XNH_3 \uparrow$$

$$\quad\quad\quad CONH_2 \quad\quad\quad\quad\quad COONa \quad\quad\quad\quad\quad CN$$

式中　$n = X + Y + Z$

我们采用大庆石油化工总厂腈纶废丝下脚料为原料。

水解聚丙烯腈中酰胺基的氢原子与黏土表面的氧原子形成氢键吸附于黏土颗粒表面，有效地絮凝钻屑和劣土。羧钠基是水化基因，具有很强的水化能力，对黏土起保护作用，能降低钻井液失水量，改善泥饼质量。加入钻井液后，其分子链上的酰胺基吸附于黏土颗粒表面上,而链仍伸向溶液,链上的其他酰胺基又可吸附在其他颗粒表面上,因而使黏土颗粒附在其他颗粒表面上,黏土颗粒连成一串,形成局卫的网状结构,黏土颗粒发生絮凝,钻井液黏度、切力、失水量增加,当其量超过一定值后,继续增加水解聚丙烯腈的加量,它对黏土颗粒由絮凝变为保护作用,钻井液黏度、切力、失水量均随之下降,钻井液流动性得到明显改善(表1)。

表1 水解聚丙烯腈的加量对钻井液性质的影响

处 理 情 况	加量 %	密度 g/cm³	黏度 s	失水量 mL	泥饼 mm	初切 Pa	终切 Pa	pH 值
明化镇组岩心粉纯碱	30 0.5	1.15	28	16	3	109	176	9
水解聚丙烯腈	0.3	1.15	100	26	3	130	147	9
	0.5	1.15	31.5	9	1	0	39	10
	0.7	1.15	31.5	7	1	0	14	10.5
	1	1.15	33	7	0.5	0	0	11
	2	1.15	40	7	0.5	0	0	11

钻井液发生絮凝至再分散转折点所需水解聚丙烯腈加量与钻井液中黏土含量、黏土种类及水的矿化度有关,它随黏土含量和水的矿化度的增加而增加。

大港地区泥岩主要由伊/蒙无序间层所组成,自造浆膨润土含量高。表2列举板893井不同深度地层自造浆中膨润土含量。

表2 板893井不同深度地层自造浆中膨润土含量

井深, m	1400	1750	1810	2145	2460	2750	2940	3000
膨润土含量,%	7.5	7.2	5.7	5.5	6.8	6.3	7.4	7.5

注:膨润土含量是膨润土重量占钻井液体积之百分比。

为了验证能否采用水解聚丙烯腈配合其他处理剂预处理水,使地层中膨润土分散形成轻钻井液,而将劣质土与砂絮凝掉。开展了一系列实验。

1. 实验方法

采用各种不同矿化度的水,加入各种处理剂,再加入 10% 通过 100 目筛的明化镇下段岩心粉,搅拌 90min,测其性能。静放观察,上部是清水,这是低密度钻井液,观察下部有无明显的沉淀物。静放 24h,测上部密度,记录下部沉淀物的厚度。

2. 试验结果

(1) 当水的矿化度小于 2000mg/L、水解聚丙烯腈加量超过 1% 时,一部分土被悬浮而形成钻井液,大部分土被絮凝沉淀。当水的矿化度高时,单加水解聚丙烯腈,则钻井液发生全部絮凝,若与木质素磺酸铬铁、纯碱按一定比例配合,则亦能达到上述效果。纯碱保护水解聚丙烯腈不被钙镁离子所沉除,并利于地层中膨润土分散。木质素磺酸铬铁与上述处理剂相配合能分散一部分土,降低钻井液动切力,三者之间最优配比与水的矿化度及钙、镁含量有关。通过反复实验,对二次开钻各种矿化度水预处理方案提出以下初步看法(表3)。

表3　二次开钻各种矿化度水预处理方案

水总矿化度，mg/L	处理剂加量，%		
	水解聚丙烯腈	木质素磺酸铬铁	纯　碱
小于2000	1~2		
小于5000	2~3	0.1~0.2	0.1
5000~8000	3~5	0.3~0.5	0.1~0.2
8000~10000	4~5	0.3~0.5	0.2~0.5
大于15000	4~5	0.3~0.6	0.3~0.7

（2）要使絮凝物只靠本身重力作用沉除，则要求钻井液黏度低、切力低及动切力最好接近于零。在低相对密度钻井液中加2%的水解聚丙烯腈，就可达到上述要求。若水矿化度高时，辅以木质素磺酸铬铁也能达到上述要求。因而采用此种钻井液进行钻进，极有利于细砂、钻屑、絮凝物在大循环坑中靠本身重力沉除掉，钻井液相对密度小于1.13g/cm³（水矿化度低时可小于1.067g/cm³），其含砂量可降至0.1%。

（3）使用高矿化度水时，纯碱可直接加入水中，但用量大，若预先将纯碱加至已配好的水解聚丙烯腈溶液中，则用量小，效果好。若在11000mg/L矿化度的水中，必须加入0.7%纯碱的话，若按后一种方式加入，则只需0.15%的纯碱。

（4）在上述体系中加入烧碱水，破坏土的分散，使体系发生絮凝。

（5）当钻井液中膨润土含量增加、细胶体成分增多后，水矿化度超过5000mg/L的钻井液不再需要稀释剂协助分散，单独加入一定量水解聚丙烯腈就能形成稳定的、性能良好的钻井液体系（表4）。此时絮凝物单靠本身重力很难全部在大循环坑中沉除掉，因而，为了清除它，必须使用振动筛及除砂器，钻井液才能保持低密度与低含砂。

表4　加入膨润土后钻井液相对密度

膨润土相对密度钻井液 木质素磺酸铬铁，% 静止出水量	木质素磺酸铬铁，%				
	0	0.1	0.2	0.3	0.5
1.04	水土分家	水土分家	上部钻井液相对密度1.02	上部钻井液相对密度1.03	上部钻井液相对密度1.03
1.06	上部钻井液相对密度1.03	上部钻井液相对密度1.03	上部钻井液相对密度1.03	同上	同上

注：1. 水解聚丙烯腈加量为1%；

　　2. 水矿化度7188mg/L；

　　3. 钙镁离子总量292mg/L。

（6）随着井温增加（均超过100℃后），温度促使黏土颗粒分散，在高温下水解聚丙烯腈在碱性介质中进一步水解，酰胺基减少，羧钠基增多，进一步促使黏土分散，钻井液单位体积中黏土颗粒数目增多，若钻井液中仍保持相同量的水解聚丙烯腈，则钻井液结构性强，初、终切力差距大，形成较强的网状结构，静止时黏土可黏结，而未黏结的则通过吸力使黏土颗粒进一步黏结，缩小了网架结构的空间，脱出其中一部分水，此时钻井液表部会出水。从表5可以明显看出以上现象，随着井深增加，板861井的钻井液在搅拌状态下，其黏度接近相等，但静放24h后不搅拌，测得黏度值随井深而逐渐增加，证明井温增加，泥浆静止后的结构性越来越强。

表 5　搅拌和静放情况下不同井深下钻井液的黏度

静放时间，h	井深，m					
	1979	2270	2420	2747	2823	2950
0	28	36	30	36	38	42
24	28	54	60	146	224	不流

　　为了降低钻井液结构性，解决钻井液表面出水问题，增加水解聚丙烯腈加量，可以满足增多之黏土颗粒对护胶剂的要求。由于增加了水解聚丙烯腈，游离碱亦随之增多，pH 值的提高会进一步促使黏土分散，引起钻井液结构的增强。因而，同时还必须加入适量的木质素磺酸铬铁（或其他稀释剂），拆散黏土颗粒结构，消除静止脱水现象，降低钻井液切力。但加量不宜过大，过量会得到相反结果。

表 6　不同处理剂加入下钻井液的性能变化

处理剂加量，%	密度，g/cm³	黏度，s	失水，mL	泥饼，mm	静切力，Pa/Pa	pH 值	胶体率，%
板 859 井 2938m	1.12	36	12	1.5	0/59	8	95
0.5%水解聚丙烯腈	1.12	32	12	1	40/66	9	100
1%水解聚丙烯腈 0.2%木质素磺酸铬铁	1.12	32	10	0.5	0/10	9	100

二、现　场　应　用

1. 现场钻井液处理方法

　　(1) 二次开钻时，根据水的矿化度按上述的水解聚丙烯腈、纯碱及木质素磺酸铬铁的配比与加量对水进行预处理，钻井液密度低于 1.10g/cm³，黏度 18～20s，初、终切力零，pH 值 10～12，含砂量小于 0.1%。

　　(2) 钻至 1200m 左右，此时 pH 值降至 9～10，必须随着钻进过程不断加水，再加入水解聚丙烯腈，pH 值始终保持 9～11。此时，由于抑制了地层造浆，钻井液密度、黏度、切力、含砂均低，加水量不大，地层自造浆量不多。

　　(3) 进入馆陶组，砂岩发育，出现渗透性漏失，为此必须少加水解聚丙烯腈，使钻井液接近絮凝段，pH 值控制在 8～9，钻井液黏度保持 25～30s，终切力 10～20mg/cm²，糊堵井壁，以减少渗漏，利于带出砂岩、底砾岩大钻屑，促使地层造浆；大量加水以弥补渗漏造成的钻井液量不足。由于钻井液中水解聚丙烯腈量的不足，体系不够稳定，静止后，钻井液表面出水，滤失量大，因而必须加入羧甲基纤维素来稳定钻井液，降低滤失量，改善泥饼质量，利于巩固井壁。此时，为防止钻井液黏度、切力升高，致使大循环坑中沉砂混回钻井液，停用前半段大循环坑，改用振动筛、除砂器及后半段大循环坑，采用化学絮凝与机械除砂相结合来保证低密度、低含砂量。

　　(4) 东营组，钻井液造浆性能强，随着钻进减慢，均衡加入水与水解聚丙烯腈，保持钻井液 pH 值在 8.5～10，一般每钻进 100m 补充 1m³ 左右水解聚丙烯腈，钻井液具有低密度、良好的流动性、较低的黏度和适当的切力，塑性黏度与动切力比值为 1:2～1:4，滤失量小于 8mL，泥饼薄而坚硬，含砂量小于 0.2%。

（5）沙河街组，处理方法与东营组相同。大港地区沙河街组泥岩剥落坍塌比较严重，使用水解聚丙烯腈提高了钻井液滤液黏度，降低了泥岩水化能力，大大减少了泥岩坍塌的可能性。加之此种钻井液触变性好，易形成平板型层流，有利于携带岩屑，清洗井底及悬浮钻屑，故起下钻不易遇阻遇卡，井下正常。因而可以采用较低密度（1.07～1.13g/cm³）与黏度（22～30s）的钻井液钻进。

（6）井深超过2600～3000m以后，钻井液在加入水解聚丙烯腈的同时，适量加入木质素磺酸铬铁，约钻进100m，加100～200kg，其开始加入深度随钻进用水矿化度的高低而定，其量亦随井加深而增加。

（7）为了有效控制沙河街组泥岩坍塌，保证完井工作顺利进行，对于低压井来讲，完钻前50m加重钻井液密度至1.18～1.20g/cm³，对于高压井来讲，进入油层前50m加重至地质设计要求。为保证电测顺利，完钻前30m加入羧甲基纤维素400～600kg，将钻井液黏度提高至40s以上，切力（2～6）/（6～10）Pa/Pa，滤失量6～8mL。

处理剂消耗，一口3000m井大约需浓度为10%的水解聚丙烯腈（1∶1）30～35m³，木质素磺酸铬铁2～3t，纯碱400～800kg，碱性羧甲基纤维素1～2t。

分层钻井液性能见表7。

表7　分层钻井液性能

井段	水矿化度 mg/L	钻井液性能							
		密度，g/cm³	黏度，s	滤失水量，mL	泥饼，mm	含砂量，%	初切力，Pa	终切力，Pa	pH值
明化镇	<5000	1.01～1.12	18～20	<25	0.1	0.1	0	0	11～13
	5000 15000	1.06～1.12	16～20	30～60	0.1	0.1	0	0	11～13
馆陶组		1.10～1.15	25～30	<10	1～0.5	0.5～1	0～2	2～6	8.5～10
东营组	<5000	1.09～1.11	20～25	4～10	0.5～1	0.1～0.5	0	0	8.5～10
东营组	5000 15000	1.10～1.14	20～25	9～12	0.5～1	0.1～0.5	0	0	8.5～10
沙河街组		1.10～1.13	25～30	4～8	0.5～1	0.1～0.5	0	2～6	8.5～10
完钻前50m		1.18～1.20	30～40	4～8	0.5～1	0.1～0.5	2～4	4～6	8.5～10
沙河街组 进油层后		按地质设计	25～30	4～8	0.5～1	0.1～0.5	0～4	2～6	8.5～10
完　钻			40～60	4～8	0.5～1	0.1～0.5	3～6	6～10	8.5～10

2. 钻井液维护处理注意事项

（1）钻井过程中，钻井液中必须保持一定量的水解聚丙烯腈，方能获得良好性能，由于它呈碱性，故其含量可用pH值大小来判断。

从表8可以看出，钻井过程若不及时补充水解聚丙烯腈，无论在浅井段或深井段，则由于其含量降低至一定值后（pH值小于9），钻井液密度、黏度、切力、滤失量均大幅度上升，泥饼虚厚，稳定性能差，静放后上部出现清水。如果水解聚丙烯腈加量大，则钻井液黏度、初切力低，抑制地层造浆效果好，在快速钻井时有利于大量钻屑絮凝与清除，以保持钻井液低密度，低含砂。但井深后，如果水解聚丙烯腈加量过大，动切力低，不利于携带钻屑，pH值过高，水解聚丙烯腈会继续水解而减弱其对钻屑的絮凝作用，钻井液密度上升，而滤失量下降（表9）。

表8　不同井不同井深下钻井液的性能

井　号	井深，m	密度，g/cm³	黏度，s	滤失量，mL	泥饼，mm	初切力，Pa	终切力，Pa	pH值	含砂量，%
板858	1552	1.01	20	16	1.5	0	0	13	0.1
板858	1664	1.07	21	15	1.5	0	0	10.5	0.1
板858	1770	1.12	25	20	2	0	0	9	0.5
板858	1850	1.11	28	28	2.5	2.4	4.2	8.5	0.5
板861	2842	1.12	27	8	0.5	0	6	10	0.2
板861	2930	1.12	32	28	2	4	9	8	

表9　处理后的钻井液性能

井　号	井深，m	钻井液处理情况	密度，g/cm³	黏度，s	失水量，mL	泥饼，mm	初切力，Pa	终切力，Pa	pH值	含砂量，%
板858	1905		1.10	21	4	0.5	0	0	9.5	0.1
	1945	Hp 2 m³	1.11	20	4	0.5	0	0	9	″
	2055	Hp 4 m³	1.12	21	4	0.5	0	0	12	″
	2100	加水	1.13	22	4	0.5	0	0	14	″
	2184	加水	1.14	23	3	0.5	0	0	14	″
	2218	加水	1.15	25	2	0.5	0	0	10	0.4
	2444	加水	1.14	35	6	0.5	0	5	8.5	0.3
	2539	加水	1.11	32	10	1	5	7.6	8	0.3

综上所述，在浅井段快速钻进时，水解聚丙烯腈量宜大，钻井液 pH 值大于 10；而在深井与浅井起钻前，水解聚丙烯腈量宜适当，钻井液 pH 值保持在 9～10，若钻井用水矿化度低，则 pH 值可控制在 8～9.5。因而钻井过程，随着加水必须按一定比例及时补充水解聚丙烯腈，否则易造成钻井液性能大幅度变化，此项措施是此种钻井液获得良好性能的关键。

（2）在这种泥浆中，若不用增加水解聚丙烯腈加量的方法来提高钻井液 pH 值，而用加烧碱来提高钻井液 pH 值，则不能增长钻井液性能的稳定时间，反而会由于烧碱进一步分散黏土，而减弱水解聚丙烯腈的絮凝作用，造成钻井液密度上升，滤失量下降（表10）。

表10　水解聚丙烯腈与烧碱水处理后的钻井液性能

井号	井深，m	泥浆处理	密度，g/cm³	黏度，s	失水量，mL	泥饼，mm	初切力，Pa	终切力，Pa	pH值	含砂量，%
板857	1900	水解聚丙烯腈 4m³ 铁铬盐 300kg	1.10	20	7	1	0	0		0.1
	1916	烧碱水（30%）0.3m³	1.12	19	7	1	0	0	13	0.1
	1936		1.14	21	5	0.5	0	0	12	0.1
	1966		1.16	25	4	0.5	0	0	9.5	0.2

（3）钻井用水矿化度、水型、钙镁离子总量对水解聚丙烯腈钻井液性能及处理剂加量影响很大。为了获得良好性能，此种钻井液中各种处理剂加量均随水矿化度增大而增加。当二次开钻预处理所用药品量接近相同时，钻井液密度、滤失量均随水矿化度增大而增高，

黏度反之（表11）。

表 11　钻井用水的矿化度对钻井液性能的影响

井号	水				0～1700m 泥浆性能						
	总矿化度 mg/L	钙＋镁 mg/L	密度 g/cm³	黏度 s	滤失量 mL	泥饼 mm	初切力 Pa	终切力 Pa	pH 值	含砂量 %
板858	5484	266	1.01～1.06	20	15～24	1～2	0	0	10～13	0.1
板857	8203	478	1.03～1.13	18－20	18～40	2～3	0	0	9～13	0.1
板859	9777	570	1.03～1.12	16－22	40～60	1.5～8	0～2	0～4	7～13	0.1～1
板861	12840		1.10～1.16	16～21	42～70	3～10	0～2.8	0～4	11～13	0.4～0.5

（4）为了确保起下钻顺利，起钻前钻井液黏度均应比钻进时高出 5～10s，而且钻井液必须具有终切力，其可通过调节水解聚丙烯腈加量和加入羧甲基纤维素来达到。

（5）净化工作是获得低密度优质钻井液的重要条件。

水解聚丙烯腈为絮凝钻屑和劣质土创造了一定条件，但要有效地清除它们，还必须依靠优良的地面净化条件，否则钻屑、絮凝物会被重新分散，其结果是，不但密度难于控制，而且还影响钻井液的其他性能。

通过一年的实践，不断改进完善，采用以下净化措施初步满足了喷射钻井的要求，既解决了快速钻进的净化问题，又解决了深井阶段一个钻头进尺 500～1000m 时，中途不需停钻即可清理沉砂池与泥浆池的问题。

①大循环坑 250m³，分隔为 3 个部分，小循环安装振动筛、除砂器，两个 10m³ 左右沉砂池。

②二次开钻，钻井液由高架槽不经振动筛直流大循环坑，这样避免钻屑堵振动筛、除砂面，而且改用两筛一除极为方便。

③深井段坚持使用两筛一除，分段大循环与小循环使用，进入馆陶组后，使用两筛一除与 2、3 号大循环坑。2300～2400m，改用 1 号沉砂池与 3 号大循环池，完钻前 100～200m 改用小循环。

三、使 用 效 果

水解聚丙烯腈钻井液与水解聚丙烯酰胺钻井液一样具有低密度特点。大港地区采用此种钻井液，密度可控制在 1.08～1.15g/cm³，因而有利于钻井速度的提高。32223 队在板桥地区钻进上部地层时，同样采用 9¾in 金钢石三刮刀喷射钻头，且钻井措施基本相同，但由于采用水解聚丙烯腈钻井液，钻头机械钻速提高了 92.52%（表12）。

表 12　加入水解聚丙烯腈后钻井液对钻速的影响

井号	井段 m	钻井液类型	密度 g/cm³	黏度，s	含砂量 %	平均机械钻速 m/h
板807	119.72～1806.61	分散钻井液	1.08～1.20	18.5～27	1～3	32.42
板817	145.38～1805.33	水解聚丙烯腈泥浆	1.06～1.13	18～21	0.1	63.3

3227 队采用喷射钻井工艺，使用水解聚丙烯腈钻井液钻了 11 口井，平均井深 3025m，大大提高了钻井速度，年总进尺 33274m，平均机械钻速 12.28m/h。32711 队采用普通喷

射刮刀钻头，其进尺高达 2010.20m。

此种钻井液在深井阶段与水解聚丙烯酰胺一样，能抑制泥岩水化，减少沙河街组泥岩削落坍塌。因而可以采用密度为 1.08～1.13g/cm³，黏度 22～28s 的钻井液钻进沙河街组，这有利于提高深部地层钻速，安全钻进。

水解聚丙烯腈与水解聚丙烯酰胺一样均属高分子化合物，其中都含酰胺基和羧钠基。但前者有腈基存在，其酰胺基与羧钠基在分子结构上的分布与后者不同，水解聚丙烯腈相对分子质量低，因而它在钻井液中的含量较水解聚丙烯酰胺在钻井液中含量大 10 倍以上。水解聚丙烯腈钻井液与水解聚丙烯酰胺钻井液相比，具有以下的特有效果：

（1）能有效抑制泥岩水化并控制地层造浆，在维持相同低密度时，其用水量较水解聚丙烯酰胺减少一半以上。还可以采用水解聚丙烯腈加量不同的方法来控制地层自造浆的数量。

（2）快速钻进时，水解聚丙烯腈抑制泥岩水化，保持钻井液低黏度、低切力，在大循环坑中钻屑均靠重力沉除掉，控制钻井液密度在 1.13g/cm³ 以下（水矿化度低时可控制在 1.06g/cm³ 以下），含砂量降至 0.1%。在深部井段，水解聚丙烯腈与除砂器、振动筛相配合，含砂量降至 0.2% 以下，从而大大减少了修泵时间。板 859 井钻至 3012.61m，全井修泵时间仅 22 小时 29 分，只换了一个凡尔座。

（3）处理维护方法简单，钻井过程只需细水长流地加水与适量加入水解聚丙烯腈进行维护，不需进行大处理，钻井液性能稳定，既能控制低密度，又具有良好流动性及较低的滤失量，形成泥饼薄而坚硬，有利于井壁巩固。

（4）采用矿化度较高的水，在钻进时加聚丙烯腈与木质素磺酸铬铁可使一小部分土形成低密度钻井液，有利于巩固上部井壁。板 858 井井深 1415m 时，钻井液密度 1.06g/cm³，黏度 20s，换高压闸门，钻具在井中静止 3 小时 53 分钟，开泵顺利，井下情况正常。

隔离膜降滤失防塌剂的室内评价与现场应用

魏民洁 肖登林 薛红军 逯登智

（青海石油管理局井筒服务公司）

摘 要 本文介绍了一种新型抗盐抗温隔离膜降滤失防塌剂 CMJ－2。该剂是通过其特有的结构在井壁表面形成完全隔离的分子膜，阻止钻井液及滤液进入地层，达到稳定井壁、保护储层的效果。实验室给出了隔离膜钻井液配方，评价了成膜钻井液的抗温性、抗盐性和抑制性，表明该剂是一种综合性能很好的降滤失防塌剂，室内评价表明该剂在淡水和复合盐水钻井液中均具有良好的降滤失防塌能力。将配方分别应用于马北 105 井、涩南 2 井。现场应用表明隔离膜降滤失剂具有良好的抗温抗盐降滤失效果，特别对稳定井壁、保护油气层起到了重要作用。

关键词 隔离膜 井壁稳定 抗温 抗盐 室内研究 现场应用

一、室内评价实验

1. CMJ－2 在淡水浆中的抗温性能

在 4％钠膨润土淡水基浆中加入 2.0％CMJ－2，高速搅拌 5min，在不同温度下老化16h，测试钻井液老化前后的性能，实验结果见表 1，表 1 说明 CMJ－2 具有良好的抗温能力，在 220℃老化后仍具有较小的滤失量。

表 1　CMJ－2 在淡水基浆中的抗温性实验

序号	热滚温度 ℃	表观黏度 mPa·s	塑性黏度 mPa·s	动切力 Pa	滤失量 mL	pH 值
1	常温	18.0	10.0	8.0	4.0	9.0
2	120	15.0	12.0	3.0	7.0	9.0
3	150	13.0	11.0	2.0	9.0	9.0
4	180	12.0	10.0	2.0	11.0	9.0
5	220	7.5	6.5	1.0	14.0	9.0

2. CMJ－2 的抗盐能力

在 4％钠膨润土淡水基浆中，加入 1％、4％NaCl 和不同量的 CMJ－2 后，在 150℃下老化 16h 测定其老化前后的性能，实验结果见表 2。由表 2 可以看出，CMJ－2 在 1％的盐水浆中老化前后表观黏度和中压滤失量变化较小，在 4％的盐水浆中表观黏度和滤失量变化较大，当加量 2％时，老化后的滤失量大幅度降低，说明 CMJ－2 具有良好的抗盐能力。

表2 钻井液中加入不同量的 CMJ-1 后体系的抗盐实验

序号	盐加量,%	CMJ-2加量 %	测试 条件	表观黏度 mPa·s	塑性黏度 mPa·s	动切力 Pa	滤失量 mL	pH 值
1	1	1.5	老化前	16.0	12.0	4.0	11.0	8.5
2	1	1.5	老化后	11.0	7.5	3.5	11.0	8.5
3	1	2.0	老化前	17.0	12.5	3.0	4.5	8.5
4	1	2.0	老化后	12.0	8.5	2.5	4.6	8.5
5	1	2.5	老化前	17.5	14.0	3.5	3.5	8.5
6	1	2.5	老化后	14.0	11.5	2.5	3.8	8.5
7	1	2.8	老化前	18.5	13.5	5.0	2.5	8.5
8	1	2.8	老化后	14.5	12.5	2.5	3.0	8.0
9	4	1.5	老化前	10.0	9.0	1.5	36	8.0
10	4	1.5	老化后	8.0	7.0	1.0	22	8.0
11	4	2.0	老化前	13.0	10.5	2.5	15	8.0
12	4	2.0	老化后	9.0	7.5	1.5	6.5	8.0
13	4	2.5	老化前	21.0	16.0	5.0	8.5	8.0
14	4	2.5	老化后	12.0	9.5	2.5	4.5	8.0
15	4	2.8	老化前	19.0	14.0	5.0	3.6	8.0
16	4	2.8	老化后	10.5	8.5	2.0	3.8	8.0

3. CMJ-2 在盐水浆中的抗温性

在 4% 钠膨润土基浆中分别加入 1% 和 4% 的 NaCl，然后加入 2%CMJ-2，测定体系在不同温度下的性能，实验结果见表3。

表3 在盐水浆中加入 2%CMJ-2 后体系的抗温性实验

序号	盐加量,%	温度	表观黏度 mPa·s	塑性黏度 mPa·s	动切力 Pa	滤失量 mL	pH 值
1	1	室温	17.0	12.5	4.5	4.5	8.0
2	1	120℃	21.5	15.0	6.5	5.5	8.0
3	1	150℃	15.5	11.0	4.5	5.0	8.0
4	1	180℃	14.0	10.0	4.0	6.0	8.0
5	4	室温	13.0	10.5	2.5	15.0	8.0
6	4	120℃	12.0	9.5	2.5	7.0	8.0
7	4	150℃	9.5	8.0	1.5	4.0	8.0
8	4	180℃	7.0	6.0	1.0	8.5	8.0

由表3可以看出，CMJ-2具有良好的抗盐、抗温性能，在盐水中抗温达180℃。

二、成膜水基钻井液性能评价

1. 基本配方与性能

1#配方：4%膨润土浆 + 2.5%BTM-1 + 1%CFJ-1；

2#配方：1#＋2.0%CMJ-2；

3#配方：4%膨润土浆＋3.0BTM-1＋1%CFJ-1＋2%CMJ-2；

4#配方：3#＋重晶石粉。

常规性能见表4。

表4　成膜钻井液性能实验结果

序　号	配　方	密度 g/cm³	塑性黏度 mPa·s	动切力 Pa	初切/终切 Pa/Pa	API失水 mL	HTHP失水，mL
1	1#	1.05	27	21	2/10	2.0	30
2	2#	1.05	27	21	2/10	2.0	26
3	3#	1.05	31	23	2/8	2.4	19
4	4#	1.05	34	24	4/9	3.0	16

由表4可以看出，无论密度低的还是密度高的成膜水基钻井液均具有良好的流变性和较低的滤失量。

2. 抑制性试验

将马西1井1200m段钻屑加入钻井液中在120℃下，热滚16h后测定回收率，结果见表5。

表5　不同钻井液中的钻屑回收率

序　号	钻井液类型	回收率，%
1	阳离子钻井液	59.40
2	甲酸盐钻井液	87.2
3	聚合物钻井液	78.0
4	成膜钻井液	92.8
5	清水	8.2

由表5可以看出：成膜钻井液抑制泥页岩膨胀分散能力较聚合物及甲酸盐钻井液强。

3. 体系的抗温性

将3#钻井液在不同温度下热滚16h，测试其API滤失量，实验结果见表6

表6　体系的抗温性实验

热滚温度，℃	50	100	150	200	250
API失水，mL	2.4	3.6	6.6	9.2	16.5

由表6和图1可以看出：成膜钻井液具有良好的抗温性，可抗200℃以上高温。

4. 体系的抗盐性

对3#钻井液进行不同浓度的NaCl污染实验后，测试其在150℃下的高温高压滤失量，实验结果见表7和图2。

表7　钻井液体系的抗盐实验

NaCl加量，%	2	4	6	8	10	12	14
HTHP滤失量，mL	15.2	17.6	20.2	21	22	24	25

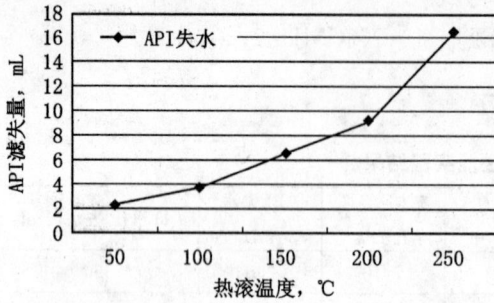

图 1 API 滤失量与热滚温度之间的关系

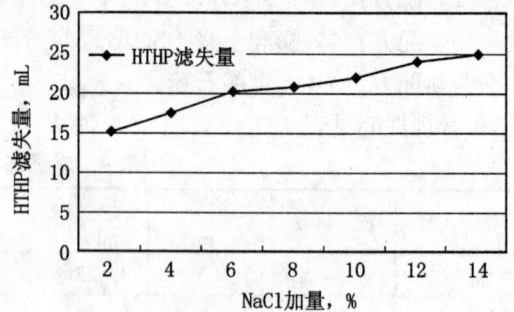

图 2 钻井液 HTHP 滤失量与 NaCl 加量之间的关系

5. 钻井液体系的抗钙性

对 3♯ 钻井液体系进行不同浓度的 $CaCl_2$ 的污染实验后，测试其在 150℃下高温高压滤失量，实验结果见表 8。

表 8   钻井液体系的抗钙实验

序　　号	$CaCl_2$ 加量，g/L	HTHP 滤失量，mL
1	2	20.0
2	5	22.0
3	10	22.5
4	15	25.0
5	20	28.0
6	25	30.0
7	30	33.5

由表 8 可以看出，成膜钻井液具有较强的抗钙能力。

三、现 场 应 用

马海区块是青海油田东部新近勘探开发的关注焦点，但该区块的地层特征使得在钻井施工过程中，经常因井壁不稳定因素而导致工程施工麻烦和井下不安全。为有效解决这一技术难题，青海石油管理局井筒服务公司在现场服务过程中采用新型钻井液处理剂材料——隔离膜降滤失防塌剂，取得了显著的成效，且对保护油气层方面也起到了极其关键的作用。

1. 地质简况

（1）马海构造是在基岩古隆起背静下发育起来的，自上而下地层分别为第三系 N_1、E_3^2、E_3^1 地层。

（2）涩南一号构造自上而下钻遇地层为第四系的七个泉组 Q_{1+2} 和上第三系的狮子沟组 N_2^3，七个泉组褐狮子沟组为整和接触。

2. 技术难点

马北区块的地层大多以棕黄色、棕红色泥岩、砂质泥岩与黄绿色砂岩互层沉积为主，夹泥质粉砂岩。防止井壁膨胀、缩径、坍塌是该地区钻井施工过程中钻井液方面的技术难点。

3. 钻井液技术

2004 年 7 月 14 日，我们在马北五号地区（马北 105 井设计井深 1270m）当中，以及

2004 年 8 月 16 日在马北六号地区（马北 104 井）当中使用隔离膜降滤失剂（CMJ－2）的情况如下：

我们按照 1.8%的加量进行了现场的使用，当时井上的地质情况较为复杂，尤其是在胶结性差的地层中，易发生坍塌、掉块，且这种情况在马北地区以往的施工中较为明显，这次使用了隔离膜降滤失防塌剂后，从未发生过掉块和坍塌现象，这是因为成膜技术使钻井液具有半透膜功能，在井壁形成一层分子膜（隔离膜），在井壁的外围形成保护层，阻止自由水及钻井液进入地层，从而有效地防止了地层的水化膨胀，封堵地层裂缝，防止井壁坍塌，保护油气层。

我们通过在马北地区的马 105 井以及涩南地区涩南 2 井（设计井深 2000m）的二口井的使用情况来看：

（1）马北马 105 井当中，加入 1.8%的 CMJ－2 前后钻井液性能如表 9 所示：

表 9　马 105 井 1.8%的 CMJ－2 前后钻井液性能

	φ600	φ300	φ200	φ100	φ6	φ3	AV	PV	YP	含砂	初切	终切	API 失水	泥饼
加前	38	30	24	20	5	3	19	11	4	02	2	5	5	0.3
加后	32	21	15	13	7	3	16	11	5	0.3	1	4	4	0.2

（2）在涩南一号地区，涩南 2 井使用 1.8%的 CMJ－2 前后钻井液性能如表 10 所示：

表 10　涩南 2 井使用 1.8%的 CMJ－2 前后钻井液性能

	φ600	φ300	φ200	φ100	φ6	φ3	AV	PV	YP	含砂	初切	终切	API 失水	泥饼
加前	38	27	21	13	7	2	19	11	8	0.5	1	3	5	0.3
加后	38	27	12	10	6	2	19	11	8	0.3	1	2	4	0.3

以上为隔离膜降滤失防塌剂 CMJ－2 在两种不同区块的实际使用情况在现场的真实反映。

以下分别是没有使用隔离膜降滤失防塌剂 CMJ－2 的马 103 井和使用隔离膜降滤失防塌剂 CMJ－2 的井径情况，见表 10、表 11、表 12 及相应的示意图 3、图 4、图 5 所示。

表 11　马 103 井的井径情况

井深（m）	钻头尺寸，mm	井径，mm	扩大率,%	井深，m	钻头尺寸，mm	井径，mm	扩大率,%
25	311.5	304.85	－2.13	575	215.9	218.99	1.43
75	311.5	308.23	－1.05	625	215.9	225.06	4.24
125	311.5	314.85	1.08	675	215.9	237.44	9.98
175	311.5	313.11	0.52	725	215.9	225.55	4.47
225	311.5	325.15	4.38	775	215.9	230.30	6.67
275	311.5	310.57	－0.30	825	215.9	252.43	16.92
325	311.5	321.82	3.31	875	215.9	244.68	13.33
375	311.5	316.56	1.62	925	215.9	215.90	0.00
425	311.5	289.40	－7.09	975	215.9	239.64	11.00
475	311.5	310.69	－0.26	1025	215.9	218.77	1.33
525	311.5	239.44	－23.03	1075	215.9	217.96	0.95

表 12　马 105 井的井径情况

井深 m	钻头尺寸 mm	井径 mm	扩大率 %	井深 m	钻头尺寸 mm	井径 mm	扩大率 %
50	311. 15	319. 1	2. 56	650	215. 9	214. 0	− 0. 88
100	311. 15	302. 9	− 2. 65	700	215. 9	223. 4	3. 47
150	311. 15	299. 2	− 3. 84	750	215. 9	214. 7	− 0. 56
200	311. 15	314. 8	1. 17	800	215. 9	215. 1	− 0. 37
250	311. 15	303. 1	− 2. 59	850	215. 9	212. 8	− 1. 44
300	311. 15	304. 0	− 2. 30	900	215. 9	227. 0	5. 14
350	311. 15	294. 5	− 5. 35	950	215. 9	226. 3	4. 82
400	311. 15	307. 7	− 1. 11	1000	215. 9	215. 2	− 0. 32
450	311. 15	388. 8	24. 96	1050	215. 9	217. 3	0. 65
500	215. 9	216. 4	0. 23	1100	215. 9	213. 3	− 1. 20
550	215. 9	214. 8	− 0. 51	1150	215. 9	238. 8	10. 61
600	215. 9	214. 4	− 0. 69	1200	215. 9	218. 8	1. 34

表 13　涩南 2 井井的井径情况

井深, m	钻头尺寸 mm	井径 mm	扩大率 %	井深, m	钻头尺寸 mm	井径 mm	扩大率 %
50	444. 5	450. 00	1. 20	1150	215. 9	229. 00	6. 00
100	444. 5	440. 00	− 1. 00	1200	215. 9	221. 00	2. 40
150	444. 5	430. 00	− 3. 30	1250	215. 9	219. 70	1. 80
200	444. 5	450. 00	1. 20	1300	215. 9	221. 70	2. 70
250	444. 5	450. 00	1. 20	1350	215. 9	219. 60	1. 70
300	444. 5	450. 00	1. 20	1400	215. 9	218. 80	1. 30
350	311. 2	337. 50	8. 50	1450	215. 9	216. 30	0. 20
398	311. 2	318. 90	2. 50	1500	215. 9	214. 00	− 0. 90
448	311. 2	323. 00	3. 80	1550	215. 9	213. 90	− 0. 90
498	311. 2	315. 90	1. 50	1600	215. 9	219. 00	1. 40
548	311. 2	316. 20	1. 60	1650	215. 9	216. 60	0. 30
598	311. 2	315. 10	1. 30	1700	215. 9	219. 40	1. 60
648	311. 2	313. 00	0. 60	1750	215. 9	219. 00	1. 40
698	311. 2	311. 60	0. 10	1800	215. 9	211. 90	− 2. 00
748	311. 2	312. 80	0. 50	1850	215. 9	218. 70	1. 30
798	311. 2	314. 30	0. 10	1900	215. 9	218. 50	1. 20
848	311. 2	312. 70	0. 50	1950	215. 9	222. 00	2. 80
898	311. 2	311. 40	0. 10	1100	215. 9	224. 90	4. 10
948	311. 2	313. 40	0. 70	1150	215. 9	229. 00	6. 00
998	311. 2	309. 70	− 0. 50	1200	215. 9	221. 00	2. 40
1048	311. 2	317. 90	2. 20	1250	215. 9	219. 70	1. 80
1100	215. 9	224. 90	4. 10				

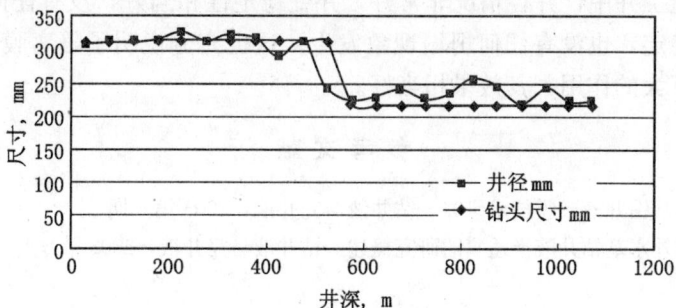

图 3　马北 103 井井径情况

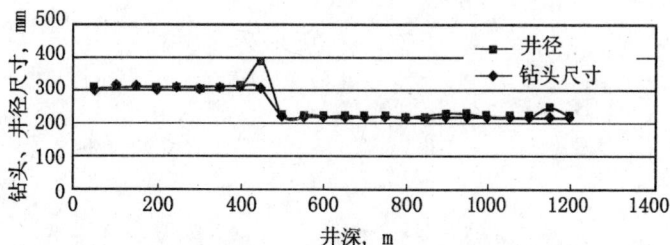

图 4　马 105 井井径情况

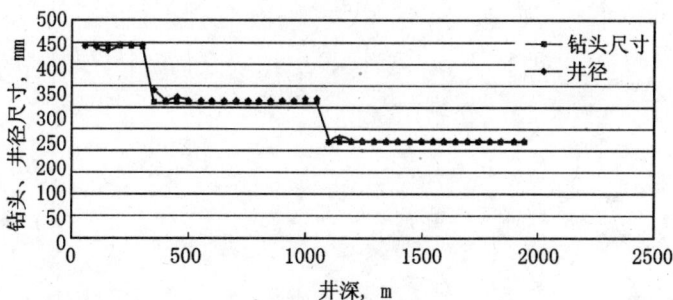

图 5　涩南 2 井井径情况

从图表中看出，没有使用马 103 井井径扩大范围：16.92%～（－23.03）%，井径极不规则；而使用隔离膜降滤失防塌剂 CMJ－2 的马 105 井和涩南 2 井的井径扩大范围分别为：10.61%～－5.35%（仅存套管鞋位置的 24.96 的扩大率）；8.5%～－3.3%

四、结　论

（1）成膜降滤失防塌剂可以通过其特有的结构在井壁表面形成完全的隔离膜，阻止钻井液及滤液进入地层，具有良好的稳定井壁、保护储集层的效果。

（2）室内评价表明，成膜水基钻井液配方具有良好的常规性能、抑制性、抗温抗盐性能，能满足现场应用要求。

通过以上数据我们可以看出：在马 103 井使用的体系是聚合物钻井液体系，在马 105 井和涩南 2 井钻井施工中，加入了隔离膜降滤失防塌剂 CMJ－2，通过两种情况比较，可以明显地看出两种情况下的井径有很大的区别，以及井径扩大率的情况有很大的不同：在加入了 CMJ－2 的施工井中，井径情况非常好，井壁稳定性相当好，没有任何缩径情况发生，井径变化也相当稳定，也没有任何坍塌现象发生。这也充分说明了隔离膜降滤失防塌剂在钻井液中发挥了巨大的作用，其效果相当好。

参 考 文 献

［1］孙金声．水基钻井液成膜技术研究．钻井液与完井液，2003 第 6 期
［2］张克勤．国外水基钻井液半透膜的研究概述．钻井液与完井液，2003 第 6 期

盐水对钻井管材的腐蚀及缓蚀机理

郑若芝　何耀春　黄步耕　张国钊

（承德石油高等技术专科学校）

摘　要　通过实验手段测定出 N80 油管钢在 4％NaCl 溶液、饱和盐水、地层水中的腐蚀速度、类型，从电化学角度分析腐蚀的原因。结果表明，N80 油管钢在三种介质中的腐蚀电位均在 0.6～0.7V 之间，因此均有腐蚀。4％NaCl 溶液对钻井管材有明显的腐蚀作用，高矿化度的地层水，特别是在低 pH 值且有二价阳离子存在的情况下，腐蚀作用更为严重。本文还通过实验优选了缓蚀剂配方并讨论其作用机理，NTF－U 与 PAM－C$_{II}$ 复配使缓蚀率达到 90％以上。

关键词　钻井流体　腐蚀　缓蚀剂

在钻井过程中，钻具的腐蚀日益为钻井工作者所重视。钻具的腐蚀源除来自地层的酸气（H_2S、CO_2）及各种类型矿化度地层水外，钻井液处理剂在高温或细菌作用下也产生有害物质。此外，为钻复杂地层或适应特殊地层而设计的钻井液，如海水、饱和盐水、各种钾基钻井液等体系本身即是强腐蚀性介质，更能加速腐蚀，而钻井流体在循环流动搅拌过程中所带入的氧气更使腐蚀过程复杂化。为了防止或减少这种腐蚀，在室内开展了研究工作，通过实测各种条件下的极化曲线来分析海水、饱和盐水及某油田地层水的腐蚀速度及其腐蚀性质和类型。在此基础上合成、筛选缓蚀剂，评价其缓蚀效果，并对其缓蚀机理进行初步探讨。由于氯化钾对钻具腐蚀性质与氯化钠属同一类型，故未作专门试验。

一、室内腐蚀实验

1. 实验介质

（1）4％大粒食用盐溶液：其组分更接近海水。

（2）饱和盐水溶液。

（3）某油田第三系地层水：总矿化度为 43791mg/L，属 $CaCl_2$ 型，其中：Na^+ 为 14024mg/L，Cl^- 为 24319mg/L，Mg^{2+} 为 600mg/L，HCO_3^- 为 2434mg/L，Ca^{2+} 为 1658mg/L，SO_4^{2-} 为 756mg/L。该地层水有较强的结垢趋势，易促进点蚀发展。

以上选用的三种腐蚀介质，均为强电解质溶液，对钻具的腐蚀以电化学反应进行。由于介质浓度及组分的差异，故对钻具的腐蚀性质及速度亦不相同，通过电化学实验测量进行具体分析。

2. 腐蚀测量方法

（1）室内静态挂片失重法：在三种腐蚀介质中，悬挂预先加工好的腐蚀挂片（材质为 N80 油管钢及用钻杆自制的腐蚀环）经一定时间（24h、36h、72h）浸泡后，用腐蚀损失的质量来计算腐蚀速度及缓蚀率，并观察挂片的腐蚀情况。计算公式如下：

$$V = \frac{m_0 - m}{st} \tag{1}$$

式中　V——腐蚀速度，g/（m²h）；

　　　m_0——腐蚀挂片原来的质量，g；

　　　m——介质浸泡后，腐蚀挂片剩余的质量，g；

　　　s——腐蚀挂片的面积，m²；

　　　t——腐蚀挂片浸泡的时间，h。

$$Z = \frac{V_0 - V}{V_0} \times 100\%$$

式中　Z——缓蚀率，%；

　　　V_0——未加缓蚀剂时腐蚀介质中的腐蚀速度，g/（m²h）；

　　　V——加缓蚀剂后腐蚀介质的腐蚀速度，g/（m²h）。

（2）电化学方法：实验采用电化学恒电压测定极化曲线，以确定相对腐蚀速度。

用 N80 油管钢为工作电极，铂电极为辅助电极，饱和甘汞电极为参比电极。在测得开路电位后，以每隔 0.5min 递变 20mV 电位，并读出相应的电流密度值（μA/cm²），用半对数坐标纸以电位值作纵坐标，电流密度值为横坐标，绘制成极化曲线。

3. 实验结果

（1）静态挂片失重法测定结果见表 1。

表 1　静态挂片失重法测定结果

介　　质	V, g/m²h	现　　象
4%氯化钠溶液	2.74	环上局部有锈斑，试液中有锈黄色沉淀
饱和氯化钠溶液	0.84	环上表面均匀，试液未见变色，澄清
地　层　水	3.96	环上大部分有锈斑及坑点腐蚀，表面有沉积物薄膜，试液中有锈黄色沉淀

（2）极化曲线测定结果。N80 油管钢在三种介质中的恒电位极化曲线见图 1。

图 1 中的腐蚀电位用来判断腐蚀倾向，腐蚀电流密度表示稳定态时的腐蚀速度。根据极化曲线图，可以得到三种腐蚀介质的腐蚀电位 E_0 和腐蚀电流密度 I_0。

腐蚀电位 E_0：$E_{0\,4\%\text{NaCl}} = 0.65\text{V}$；$E_{0\,\text{饱和NaCl}} = 0.65\text{V}$；$E_{0\,\text{地层水}} = 0.63\text{V}$。

腐蚀电流密度 I_0：$I_{0\,4\%\text{NaCl}} = 2.90\mu\text{A/cm}^2$，$I_{0\,\text{饱和盐水}} = 1.25\mu\text{A/cm}^2$，$I_{0\text{地层水}} = 145\mu\text{A/cm}^2$。

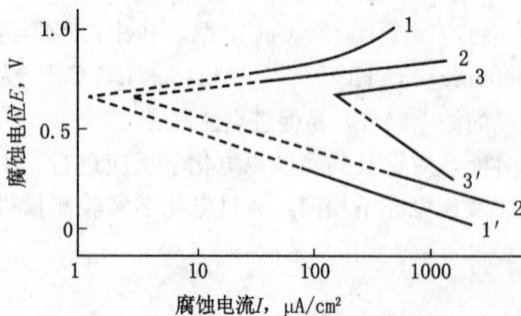

图 1　N80 油管钢的恒电位极化曲线

1、1′—饱和盐水，2、2′—4%NaCl，3、3′—地层水

三种腐蚀介质的腐蚀电位在 0.6～0.7V 之间，说明均具有腐蚀。

（3）在阴极极化曲线上，存在极限扩散电流密度 $I_{i4\%\text{NaCl}}^0 = 160\mu\text{A/cm}^2$，$I_{i\text{饱和NaCl}}^0 = 60\mu\text{A/cm}^2$，见图 2，图中曲线 1、1′为饱和 NaCl 中 N80 油管钢恒电位极化曲线，2、2′为 N80 油管钢在 4%NaCl 中恒电位阴极极化曲线。

（4）在饱和氯化钠曲线上出现钝化现象。钝化临界电位为 +1.5V；击穿电位为 +2.1V。钝化临界电位高，在介质形成的钝化膜易破裂。

4. 结果分析

从极化曲线上所观察到的现象，可以归纳如下：

（1）饱和氯化钠溶液腐蚀电流密度最小，阳极极化曲线出现钝化区，阴极的极限扩散电流密度比 4%氯化钠溶液小得多，故其腐蚀速度最慢。其原因是在氯化钠饱和溶液中，NaCl 浓度为 5.4mol/L，由于离子浓度过大，离子活度下降，从而阻碍阳极上 Fe^{2+} 的迁移，同时阴极氢离子和溶解氧的浓度扩散亦受到影响。

在阳极，由于铁离子扩散过程减慢，使金属表面上的铁离子增加，产生金属离子的超电压，而使电位移向正方向，阻碍金属离子的继续溶解；在阴极，常见的去极化剂是溶解氧和氢离子，当溶液中氯离子和钠离子浓度过大时，溶解氧（或氢离子）不能迅速

图 2　N80 油管钢的恒电位阴极极化曲线

扩散到阴极表面，这些反应物在阴极反应中被消耗后得不到及时的补充，造成金属表面上溶解氧浓度低于溶液中溶解氧的浓度，使阴极表面上积聚的电子不能很快地转移掉，从而产生超电压，使电位向负方向转移造成阴极极化，从而降低反应速度。从图 2 可见，阴极阳极极化曲线上均存在垂直线段，阴极极限扩散电流密度值（I_d^0）仅为 $60\mu A/cm^2$，表明由于氧的传质受阻滞造成浓度极化。由于阴、阳两极存在浓度极化及活性极化，并存在氧的传质受阻现象，使饱和氯化钠溶液中腐蚀速度最慢。

（2）4%NaCl 溶液 pH 值为 5.5，大量的 Cl^- 向 Fe^{2+} 的阳极运移，在阳极附近产生 $FeCl_2$ 的混合物，使溶液显示弱酸性，其反应式为：

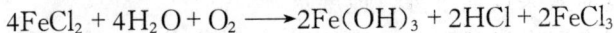

$$4FeCl_2 + 4H_2O + O_2 \longrightarrow 2Fe(OH)_3 + 2HCl + 2FeCl_3$$

同时，在阴极由于 pH 值较高，进行的阴极反应为：

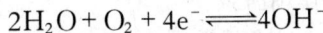

$$2H_2O + O_2 + 4e^- \rightleftharpoons 4OH^-$$

造成阴极区 pH 值高于阳极区，两极之间电位差加大，使腐蚀加速，此现象又为挂片实验所观察到的坑点腐蚀现象所证实。

（3）地层水的 pH 值为 4。虽然溶液的浓度与 4%NaCl 浓度接近，但其 Cl^- 的浓度高于 Na^+ 的浓度，由于 Ca^{2+}、Mg^{2+} 及 SO_4^{2-} 等离子的存在，使溶液中的酸度加大，溶液 pH 值降低，此时，在阴极上可存在：

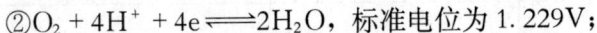

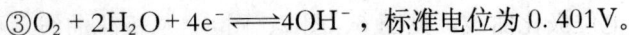

① $2H^+ + 2e^- \rightleftharpoons H_2 \uparrow$；

② $O_2 + 4H^+ + 4e \rightleftharpoons 2H_2O$，标准电位为 1.229V；

③ $O_2 + 2H_2O + 4e \rightleftharpoons 4OH^-$，标准电位为 0.401V。

标准电位低，反应趋势大。由于存在钙、镁等二价离子更易形成不溶性腐蚀产物，造成氧浓度差腐蚀电池，使坑点更多。所以，在地层水中腐蚀程度较 4%NaCl 溶液更严重些。

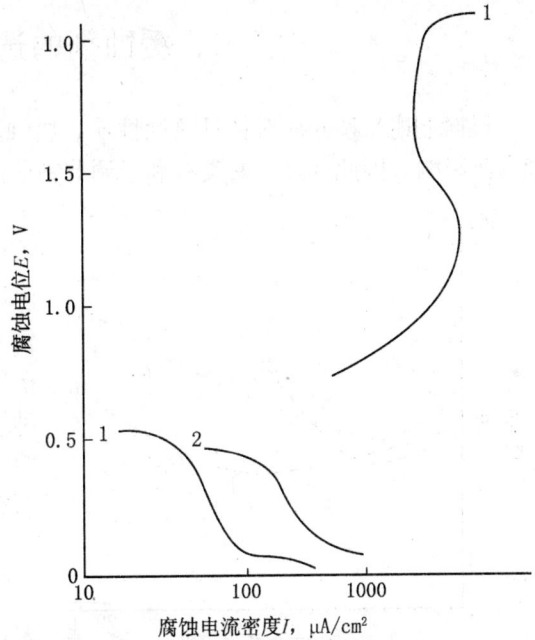

二、缓蚀剂的选择及室内评价

根据上述三种介质对钻具腐蚀性质、腐蚀速度的分析，考虑到无机缓蚀剂对钻井液性能有所影响，因此选择了两类有利于调节钻井液性能的有机混合型缓蚀剂进行室内评价。

（1）单种缓蚀剂缓蚀性能的测定。丙烯酰胺衍生物 PAM-C$_I$，相对分子质量为 5000 左右；丙烯酰胺丙烯酸盐共聚物 PAM-C$_I$，相对分子质量为 100000 左右；耐高温降黏剂，多元有机膦酸衍生物，NTF-U。用挂片失重法分别作出这 3 种缓蚀剂在各种腐蚀介质中的腐蚀结果，如图 3、图 4、图 5 所示。图中曲线 I 为饱和 NaCl 溶液，曲线 II 为地层水，曲线 III 为 4%NaCl 溶液。

从图中可以看出：

①PAM-C$_I$ 随加量不同，缓蚀率变化很大，在 5～10mg/L 之间出现低峰值，随加量增加，缓蚀率随之上升，加量增到 20mg/L 时，其缓蚀率可达 50%～70%，是由于相对分子质量低，多点吸附性能弱，必须加大浓度才能增加表面吸附的覆盖度。

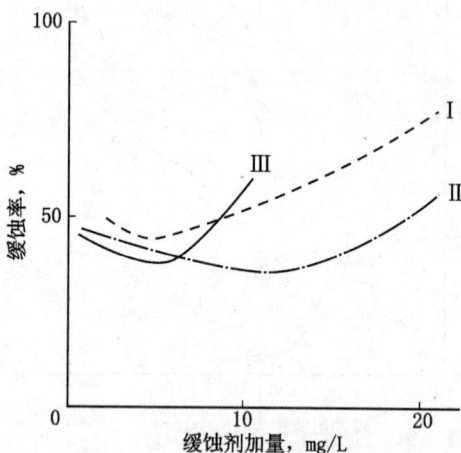

图 3　PAM-C$_I$ 在各种介质中缓蚀率曲线

②PAM-C$_{II}$ 的相对缓蚀率较高，均在 50% 以上，当加量在 12mg/L 时其缓蚀率已稳定在 80% 以上。

③NTF-U 对三种介质的缓蚀率在 40%～70% 之间，但其有效浓度在 3mg/L 时有明显效果。由于 NTF-U 具有多元有机膦酸所特有的溶限效应，其缓蚀效果并非随浓度的增大而增加，但超过某一限度时效果反而下降，地层水中缓蚀率较低是由于多元有机膦酸螯合了地层水中的 Ca^{2+}，而起到阴极去极化作用所致。

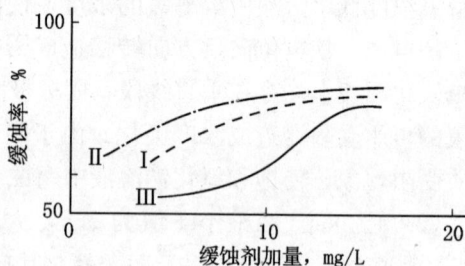

图 4　PAM-C$_{II}$ 在各种介质中缓蚀率曲线

（2）复合缓蚀剂配方的筛选。上述两类缓蚀剂均有一定的缓蚀效果，为发挥其协同效应，选择出合理配比来提高缓蚀效率，用挂片失重法测得最佳配比和缓蚀率，见表 2。

表 2　最佳配比和缓蚀率

介质名称	缓蚀剂加量，mg/L		缓蚀率,%
	NTF-U	PAM-C$_{II}$	
饱和盐水	8	8	93.5
4%NaCl	10	12	96.0
地层水	3	12	95.5

按上述配比，作三种介质的恒电位极化曲线，见图 6、图 7、图 8，从极化曲线上可见缓蚀趋势与失重法一致。图中曲线 1、1′表示均未加缓蚀剂的极化曲线，曲线 2、2′表示加入缓蚀剂的极化曲线。

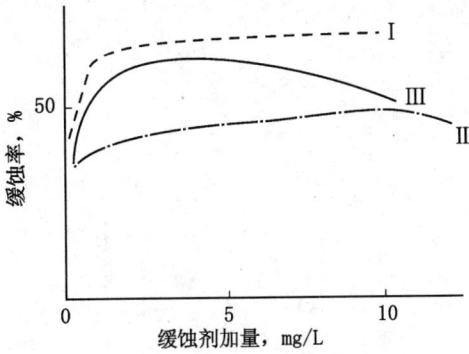

图 5　NTF-U 在各种介质中缓蚀率曲线

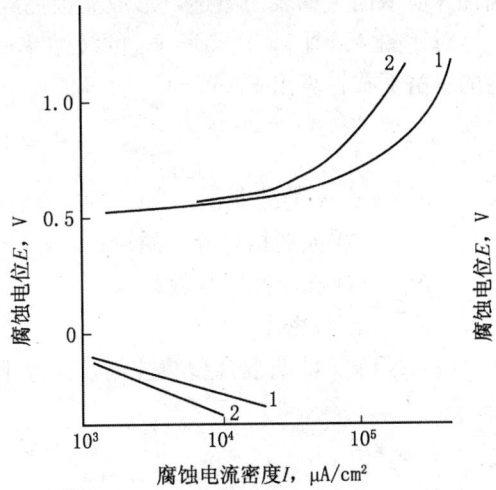

图 6　N80 油管钢在饱和盐水中
恒电位极化曲线

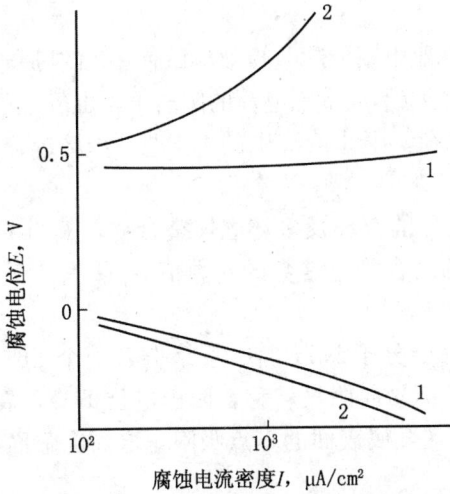

图 7　N80 油管钢在 4％NaCl 溶液
中的恒电位极化曲线

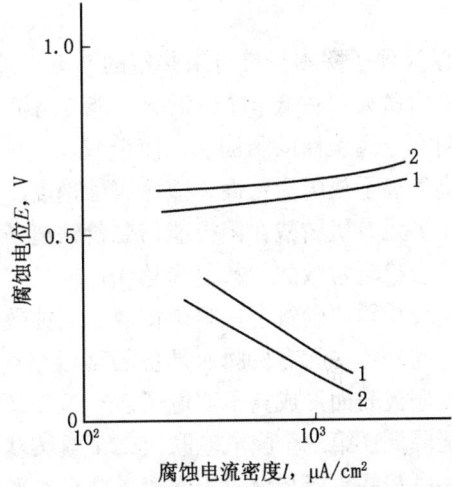

图 8　N80 油管钢在地层水中的极化曲线

三、缓蚀机理初探

（1）PAM-C$_I$ 可作为钻井液的降黏剂，为丙烯酰胺与丙烯酸的共聚物，其中羧基占 30％。PAM-C$_{II}$ 为良好的降滤失剂，在其大分子链上所带负电的 -COO$^-$ 基吸附于带正电荷的金属表面，进一步发生特性吸附，使零电荷电位（ϕ）向负方向移动，金属表面带负电荷促进了 H$^+$ 放电而加速腐蚀，在 PAM-C$_I$ 介质中均出现缓蚀率低谷峰值，当在金属表面形成完整的吸附层后对 H$^+$ 的电荷运移及物质扩散都变得困难，腐蚀受抑制，缓蚀率上升。其中占 2/3 的酰胺基团与甲基相连电离势（I_B）为 9.77（电子伏），与 -SH 为 9.44（电子伏），与 -I 为 9.54（电子伏）相近，易给出电子，与金属吸附牢固。上述二种基团在金属表面构成多点吸附，而聚合物的碳氢主链构成疏水性保护膜，网状分布在金属表面，阻碍了金属离子向外扩散或腐蚀介质水向金属表面渗透，形成非极性屏蔽效应。

对比图 4、图 5，PAM-C_{II} 的缓蚀率高于 PAM-C_I，这主要是由于相对分子质量决定的。由下式计算出 PAM-C_{II} 的 S 值比 PAM-C_I 的 S 值大 7.4 倍，故其相对缓蚀率高。

$$S = 1.09(\frac{M}{Nd})^{\frac{2}{3}}$$

式中 S——分子的截面积，指一个缓蚀剂分子能遮盖金属的表面积；

      M——缓蚀剂相对分子质量；

      N——阿佛加德罗常数；

      d——溶液密度。

（2）NTF-U 属混合型缓蚀剂，其分子式为

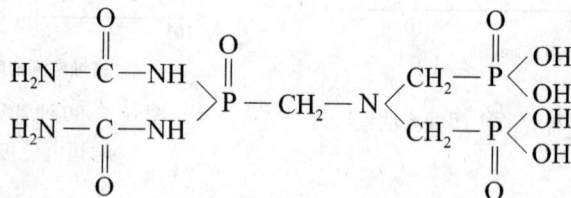

中心 N 原子除本身带有未共用的 p 电子外，受三方亚甲基的超共轭效应致使中心 N 原子供电能力增大，在低 pH 值情况下能与溶液中的 H^+ 配位形成带正电荷的阳离子，由静电引力吸附在金属表面的阴极区，使金属表面仿佛带正电荷，阻止溶液中的 H^+ 进一步接近金属，提高氢离子放电活化性，减缓腐蚀速度。

多元有机膦酸在阳极能与二价铁离子构成五元环的双环及多环立体螯合物，其与 Fe^{2+} 的络合稳定常数的对数值高达 16.20，比与 Ca^{2+} 的络合稳定常数的对数值 6.04 大 2.7 倍，故螯合物膜比较致密，阻碍扩散，缓蚀效果良好。

此外，多元有机膦所具备的增溶络合特性，一个分子 NTF-U 可络合若干个 Fe^{2+} 离子，阳极表面形成离子双电子层，致使所释放电子不易向阴极转移，阴极电位下降，腐蚀性能降低。第三个膦酰基联接二个酰胺基，增加了在金属表面的多点吸附，增加屏蔽面积，且膦酰胺基也能与金属表面离子螯合，形成螯合膜。

总之，NTF-U 分子上的各个基团在金属表面构成浓度极化、活化极化、阻力极化等各种电化学反应，均有利于提高缓蚀效果。

四、结论及问题

（1）4%NaCl 溶液对钻井管材有明显的腐蚀作用，高矿化度的地层水，特别在低 pH 值有二价阳离子存在情况下，腐蚀作用更为严重。

（2）运用电化学方法测绘极化曲线来研究钻井液对钻具的腐蚀速度、腐蚀性质及缓蚀剂的评价是行之有效的方法。

（3）选用有助改善钻井液性能的处理剂作为缓蚀剂，室内实验表明有明显效果。

本实验是各种盐水对钻具腐蚀问题的初步探索，大量工作有待今后逐步深入开展。

（1）对现场各种复杂因素如钻井液中的黏土、pH 值及各种处理剂对钻具腐蚀的影响，需进一步细微研究及现场验证。

（2）对点蚀、裂缝及应力腐蚀未进行实验观察及讨论。

（3）应实测出 pH 值—电位图，研究不同 pH 值情况下防腐蚀措施。

（4）应对各种钻井液处理剂有针对性地测定其极化曲线，以便分析其腐蚀性质及缓蚀机理。

参 考 文 献

[1] H. 克舍（西德）等. 金属腐蚀. 北京：化学工业出版社

[2] 间宫富士雄（日本）. 腐蚀抑制剂及其应用技术. 北京：石油工业出版社

[3] 相频，高孝恢. 性能—结构—化学键. 北京：高等教育出版社

[4] 大木道则等（日本）. 含氮有机化合物概论. 北京：科学出版社

埕岛油田海水钻井液对钻具的腐蚀及防护

丁锐[1]　李健鹰[1]　于连香[1]　邱正松[1]　卢润才[2]　纪春茂[2]
（1. 石油大学（华东）；2. 胜利石油管理局海洋钻井公司）

摘　要　为了减少海水钻井液对钻具的腐蚀，试验研究了埕岛油田海水的性质、钻井液组成及钻具腐蚀的主要原因。结果表明，海水钻井液对钻具的腐蚀主要是其中的溶解氧和电解质引起的；pH 值越低，腐蚀速度越快，当 pH 值大于 10 时，腐蚀速度显著变慢；腐蚀速度随环境温度的升高而增大，当超过一定的温度后，则随温度的升度而降低，同时筛选出几种对钻具有缓蚀作用的处理剂。

关键词　盐水钻井液　防腐　钻具腐蚀　腐蚀环境　缓蚀剂

一、前　　言

海水钻井液对钻具的腐蚀造成钻具刺穿、断裂是发生钻井事故的主要原因之一，它不仅影响了安全快速钻井，还会造成井眼报废。据统计，中国石油天然气总公司近几年来每年发生钻井事故约 500 起，其中 60% 源于腐蚀，损耗钢材约 300t，累计经济损失约 3×10^8 元。胜利石油管理局埕岛油田 1991 年至 1996 年损耗钻具 5300m 左右。其中 OB25D－4 井，由于腐蚀严重，钻杆外径减小了 2.29mm，在钻杆本体内有 3mm 的锈蚀圆孔，在钻井液循环过程中从 620m 处突然断裂，造成 1856.80m 深的定向井报废，直接经济损失达 0.4×10^8 元。由此可见，海水钻井液对钻具的腐蚀是不容忽视的，但是有关这方面的研究报道还很少。为此，胜利石油管理局海洋钻井公司与石油大学（华东）石油工程系经过两年多的努力，分析了埕岛海域的海水成分，研究了海水钻井液腐蚀钻具的作用因素及其作用规律，通过室内实验进行了缓蚀剂的筛选与复配效果的比较，找出了研制新型海水钻井液缓蚀剂的方向。

二、海水的主要成分

埕岛油田位于渤海湾海域，北起套尔河口，南到潍河口，即在东经 118°05′40″—119°16′05″北纬 38°17′18″—37°12′30″的广阔的海域内。这里的海水总矿化度为 29g/L，pH 值为 7.79，海水中含的主要离子和元素见表 1 和表 2。

表 1　埕岛油田海水中离子的浓度

离子含量 mg/L	Ca^{2+}	Mg^{2+}	$K^+ + Na^+$	Cl^-	SO_4^{2-}	HCO_3^-
	421	1111	7266	15706	4707	300

表 2　埕岛油田海水痕量元素

元素含量 mg/L	Zn	Co	Ni	Mn	Fe	V	Al	Sr	Ba
	0.05	0.05	0.1	0.11	2.1	0.09	5.1	7.19	0.1

从表1、表2可以看出，海水是一种含多种无机盐的电解质溶液。

在定向井、水平井的钻井过程中，钻具在造斜点处受到弯曲、拉伸、扭转交变应力的作用，钻具极易产生疲劳伤痕，露出新鲜的部分，此为阳极，而其有钝化膜的部分为阴极，钻具阴、阳两极之间的钢铁充当导线，再加上海水中的电解质，就构成了完整的腐蚀原电池。另外，为了保护油气层，减少高pH值对膨润土的分散作用，近年来，胜利石油管理局海洋钻井公司在钻井中使用了中性聚合物钻井液，这也加剧了对钻具的腐蚀作用。

三、实 验 方 法

1. 主要实验材料

腐蚀试片：A_3钢，长75.6mm，宽13mm，厚1.5mm，悬挂口径8mm。

埕岛海域海水：pH值为7.79（20℃）。

钻井液组成：潍坊膨润土，CMC，NPAN，PAC141及几种缓蚀剂。

2. 实验方法

用重量法在不同条件下测定挂片的腐蚀速度。

四、实 验 结 果

1. 酸碱性（pH值）对腐蚀速度的影响

实验结果见表3。从表3可以看出，随着pH值的升高，腐蚀速度显著降低。

表3　pH值对腐蚀速度的影响

pH 值	4.48	6.32	9.12	12.08
腐蚀速度，mm/a	0.984	0.907	0.223	0.156

2. 溶解氧对腐蚀速度的影响

钻井液在与空气的接触过程中溶解了大量的氧气，其溶解量在12mg/L以上。通过室内动态有限氧源模拟实验，测定了除氧剂的加量对腐蚀速度的影响。实验数据见表4。

表4　除氧剂加量对腐蚀速度的影响

除氧剂加量，%	0	0.05	0.10	0.14
腐蚀速度，mm/a	1.219	0.196	0.030	0.016

实验结果表明，适当除氧后，腐蚀速度从1.196mm/a降到0.016mm/a，腐蚀速度下降了98.8%。

井下试油作业表明，埕岛油田地层中CO_2含量为痕量，不是该钻井液体系的重要腐蚀源。

3. 环境温度对腐蚀速度的影响

实验数据见表 5。从表 5 可以看出，77℃ 时的腐蚀速度最大；随着环境温度的升高（40℃到 77℃）腐蚀速度逐渐加快，温度再升高（超过 77℃），腐蚀速度反而下降。这是因为，随着温度的升高，一方面氧分子运动速度加快，腐蚀加剧；另一方面，温度再升高，氧气在钻井液中的溶解度降低，反而使腐蚀速度变慢。

表 5　温度对腐蚀速度的影响

温度，℃	40	57	77	90	120
腐蚀速度，mm/a	0.303	0.588	0.595	0.510	0.348

4. 钻井液处理剂对腐蚀速度的影响

常用海水钻井液处理剂对腐蚀速度的影响见表 6。

表 6　处理剂对腐蚀速度的影响

处理剂	加量 %	腐蚀速度 mm/a	缓蚀率 %
SMP	2	0.25	73
MHP	2	0.78	36
HV - CMC	2	0.76	38
PAC141	0.2	0.55	55
KPAM	0.2	0.73	40
SK - Ⅱ	0.2	0.55	55
SRH	1	0.16	87

从表 6 可知，常用的有机处理剂一般都具有不同程度的缓蚀作用，其中 SMP 的缓蚀效果较为明显，而 SRH 水基润滑剂的缓蚀率最高。

五、缓蚀剂的筛选

中国对缓蚀剂技术的研究工作与国外差距甚远。中国用于钻井液中的缓蚀剂仅有 3 种，每年用量不足 20t。在现有的几种缓蚀剂中，选择了如下几种做缓蚀实验。实验结果见表 7、表 8 和表 9。

表 7　缓蚀剂在海水中的作用效果

缓蚀剂	加量 %	腐蚀速度 mm/a	缓蚀率，%
Na_2SO_3	0.1	0.03	97
NaH_2PO_4	0.1	0.33	73
DPI	0.1	0.83	32
AM	0.1	0.67	45
SRH	1.0	0.32	74
ZH - Ⅱ	0.1	0.29	77

表8 加有缓蚀剂的海水钻井液的腐蚀速度

体　系	腐蚀速度 mm/a	缓蚀率 %
A（室内浆）	0.3264	72
A + 0.3%ZH − Ⅱ + 0.05%除氧剂	0.0613	95
A + 1%SRH	0.1204	90
B（井浆）	0.2532	78
B + 1%SRH	0.0450	96

表9 缓蚀剂和海水钻井液流变性能的影响

体　系	测试时间	表观黏度 mPa·s	塑性黏度 mPa·s	动切力 Pa	滤失量 mL	pH 值
A（室内浆）	老化前	47	32	15	6.4	8.5
	老化后	67	48	19	2.8	8.2
A + 0.3%ZH − Ⅱ + 0.05%除氧剂	老化前	34	29	5	5.2	8.6
	老化后	38	35	3	4.4	8.4
A + 1%SRH	老化前	34	29	5	5.0	8.7
	老化后	36	33	3	4.6	8.6
B（井浆）	老化前	30	18	12	9.0	8.3
B + 1%SRH	老化前	30.5	17	13.5	10.8	8.5

从表7、表8和表9可以看出，亚硫酸氢钠的缓蚀效果高达98.8%。这是因为亚硫酸氢钠能把钻井液中的溶解氧除去。为了使放置在井场上的钻具也得到缓蚀剂的有效保护，应把除氧剂和成膜型的有机缓蚀剂结合起来，成为一种井上、井下都能用的高效缓蚀剂。

六、结　论

（1）海水钻井液对钻具的腐蚀是不容忽视的。其主要腐蚀源是溶解氧和电解质。

（2）pH 值对控制钻具腐蚀具有相当大的作用。pH 值越低腐蚀速度越快；pH 值大于10 时，腐蚀速度显著变慢。

（3）环境温度对腐蚀速度也有很大的影响。

（4）各种常用处理剂在海水钻井液中都有缓蚀效果，其中以 ZH − Ⅱ 和 SRH 在海水钻井液中的缓蚀效果较佳，其缓蚀率都大于 85%。

参 考 文 献

[1] 沈长寿，熊楚才. 钻具抗氧缓蚀剂的研究. 钻井液与完井液，1994，（4）：4～8

[2] 陈国珍. 海水痕量元素分析. 北京：海洋出版社，1990，5

[3] 苗锡庆. 钻井工程事故案例. 北京：石油工业出版社，1994

[4] 徐同台，门廉魁. 中国陆上石油工业钻井液与完井液技术新进展. 钻井液与完井液，1995，（2）：1～10

华北油田 G105 钻杆刺穿的原因分析及对策

赵福祥　范荣增　闫天亮　吴　浩　苑旭波　李　勇
（华北石油管理局）

摘　要　针对华北油田使用 G105 钻杆经常发生本体刺穿的问题，本文分析了钻杆刺穿的原因及对策，并介绍了 DPI 缓蚀剂室内实验及现场应用情况。该缓蚀剂对钻井液中 CO_2、O_2 的腐蚀具有很好的抑制作用，有效地控制了钻杆本体刺穿事故的发生。

关键词　腐蚀控制　缓蚀剂　二氧化碳腐蚀　坑蚀　钻井液

一、前　言

1. 钻井事故及原因分析

（1）钻井事故。近几年来，华北油田在留路、岔河集、高阳、任丘等地区钻井时经常发生钻杆本体刺穿事故，仅 1995 年 6—9 月份就有 6 口井次发生钻杆本体刺穿事故。如定向生产井留 17-28 井在钻至井深 1404.5m 时，钻压由 17MPa 突然降到 10MPa，立即起钻检查。发现第 27 柱（井深 648m）钻杆本体离母接头 540mm 处有一长方形的穿孔，长约 30mm，宽为 10mm，如图 1 所示。去掉穿孔钻杆后，继续钻进不到 12m 泵压又突然降低，起钻检查发现在 540～550m 处钻杆本体刺穿，穿孔部位和形态与第一次基本相同。在以后的 20 多天内，每天几乎都发生钻杆本体刺穿事故。从 4 月 18 日到 5 月 6 日期间就有 20 根钻杆本体刺穿，该套钻杆是从日本 NKK 公司购进，使用累计进尺不足 4×10^4 m，远没有达到钻具的使用寿命。

图 1　被刺穿钻杆剖开照片

任 868 生产井所用的钻杆为意大利生产的 ϕ127mmG105 钻杆，其累计进尺不足 2 万米。该套钻具在郑 305 井施工中就发生过 5 次钻杆本体刺穿事故。5 月 3 日任 868 井在钻至井深 1530m 时，泵压由 17MPa 突然降到 13MPa，起钻检查发现第 5 柱下单根本体刺穿，穿孔部位离母接头处 530mm，形态长方形，长 30mm 左右、宽 10mm 左右，如图 2 所示。在以后的几天内，又连续发生 4 次本体刺穿事故，截止到 1995 年 5 月 24 日共发生 15 次钻杆本体刺穿事故，该套钻具已经基本报废。任 869 生产井在钻至井深 950m 时就已有 30 根钻杆本体刺穿，只好重新更换全套钻具，该套钻具也只使用了 4 万多米，造成直接经济损失 270×10^4 元。

（2）钻井事故的原因分析。观察这两套被损坏的钻具，发现穿孔部位基本上发生在离母接头或公接头 540～560mm 处，即加厚过渡带附近。解剖刺穿的钻具，钻具壁厚没有明显的减小，钻杆的内壁腐蚀主要是点蚀和坑蚀。在显微镜下观察，沿腐蚀坑边有裂纹，裂纹沿钻具拉伸方向垂直发展。当裂纹发展到一定程度时，发生穿孔，从腐蚀特征看与 CO_2 腐蚀相似，因而推测钻杆刺穿是在 CO_2 腐蚀和应力的协同作用下发生腐蚀疲劳所致。

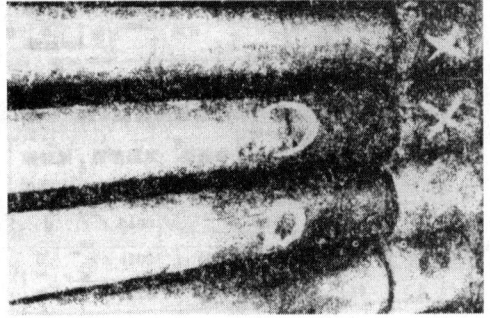

图 2　被刺穿钻杆照片

观察腐蚀产物为棕褐色松散状，滴盐酸有气泡，用醋酸铅试纸检验，没有发生颜色变化，且不助燃。这说明腐蚀产物可能有碳酸盐存在，无硫化物存在，没有 H_2S 腐蚀可能性。用 HEG4/BX 衍射分析腐蚀产物，结果表明腐蚀产物主要由 $FeCO_3$、Fe_3O_4 以及 $\gamma - Fe_2O_3$ 等组成，而这此物质是由于 CO_2 腐蚀而直接或间接产生。由此可判断，这两套钻具的腐蚀是由 CO_2 侵入引起的，这一点从地质资料也得到了证实。气测资料显示，这两套钻具所使用的地区均含有较高的 CO_2，如留路地区 CO_2 含量最高为 42%，一般在 20% 左右；任丘地区一般在 20% 左右；而鄚州地区 CO_2 含量也在 19% 以上。

2. CO_2 及 O_2 对钻具的腐蚀机理

CO_2 属于弱酸性气体，当 CO_2 侵入钻井液形成弱酸时，钻杆中有如下反应发生：

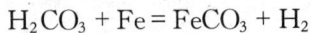

$CO_2 + H_2O = H_2CO_3$

$H_2CO_3 + Fe = FeCO_3 + H_2$

在没有其他导电离子存在时，腐蚀产物金属表面形成保护层限制腐蚀继续进行。然而钻井液体系中往往存在大量的 Cl^-、Na^+、SO_4^{2-} 等离子，尤其 Cl^- 离子由于半径小，极易穿透 $FeCO_3$ 覆盖层，形成点蚀，并和 Fe^{2+} 形成 $FeCl_2$，而 $FeCl_2$ 又极易水解生成酸，最终形成酸腐蚀。这种腐蚀一旦在某一部位上发生，就会一直进行下去，直到钻具形成穿孔为止。这种腐蚀具有很大的破坏性，这也是被刺穿的钻具穿孔附近壁厚没有明显减小的原因。CO_2 的腐蚀随着其含量的增加而增大，当分压达到 0.2MPa 时就会对钻具引起严重腐蚀。同时 CO_2 的含量增加，钻井液体系的 pH 值降低。

O_2 作为一个腐蚀源在整个钻井过程中进行腐蚀，主要起阴极去极化作用，当含量达到 0.3mg/L 时，对钻具产生腐蚀；当超过 10mg/L 时，腐蚀也就不再随 O_2 浓度的增加而增大，因为此时 O_2 扩散受到限制。一般来说，当 pH 值由 9 降至 4 时 G105 钻杆的腐蚀疲劳极限会降低为原来的百分之几甚至千分之几，因而 CO_2 的腐蚀比 O_2 的腐蚀具有更大的破坏性。但是发生 CO_2 腐蚀时往往也伴随着 O_2 的腐蚀，因而腐蚀程度更为严重。

3. 防止 O_2、CO_2 对钻具腐蚀的对策

针对钻具的腐蚀与防护问题，华北油田钻井工艺研究所已经进行了 5 年多的研究。防止钻具腐蚀可采取如下措施：

（1）采用内涂层钻杆；

（2）向钻井液中投加除氧剂控制 O_2 的腐蚀；

（3）把缓蚀剂加入到钻井液中或喷洒在钻杆上抑制 O_2 和 CO_2 的腐蚀。

二、DPI 缓蚀剂的研制

经过筛选，确定了 DPI 缓蚀剂的配方。并对其缓蚀效果及其与钻井液的配伍性进行了室内实验，结果见表 1、2、3、4。实验条件：p_{CO_2} 为 1.0MPa，时间为 16h；材质为 45♯钢。

表 1　DPI 缓蚀剂缓蚀效果（任 868 井钻井液，120℃）

缓蚀剂加量 %	腐蚀速度 g/（m²·h）	缓蚀率 %	表观黏度 mPa·s	塑性黏度 mPa·s	动切力 Pa	滤失量 mL
0	1.2370	—	38	26	12	4
0.1	0.2062	83	42	27	15	4
0.3	0.0790	93	26	12	3.4
0.5	0.1730	86	38	29	9	3.6

表 2　DPI 缓蚀剂缓蚀效果（任 868 井钻井液，100℃）

缓蚀剂加量，%	0	0.1	0.2	0.3	0.4
腐蚀，g/（m²·h）	1.1370	0.4440	0.1189	0.1031	0.1031
缓蚀率，%		64	90	91	91

表 3　DPI 缓蚀剂缓蚀效果（留 17－28 井钻井液，100℃）

缓蚀剂加量 %	腐蚀速度 g/（m²·h）	缓蚀率 %	表观黏度 mPa·s	塑性黏度 mPa·s	动切力 Pa	滤失量 mL
0	1.0460		22.5	18	4.5	4
0.1	0.4200	60	24	19	4.5	4
0.2	0.2220	78	23	19	5	3.4
0.3	0.1580	85	23.5	21	4.5	3.6
0.4	0.1350	87	27.5	20	7.5	

表 4　DPI 缓蚀剂缓蚀效果（任 439 井钻井液，100℃）

缓蚀剂加量 %	腐蚀速度 g/（m²·h）	缓蚀率 %	塑性黏度 mPa·s	动切力 Pa	滤失量 mL	HTHP 滤失量 mL
0	0.9200		14	5	6	16
0.1	0.1904	79.3	13	5.5	5.4	14.8
0.2	0.1547	83.2	14	5	5	14
0.3	0.1308	85.7	17	5.5	6.6	16
0.4	0.1189	87	14	6	5.8	15

从表 1—表 4 数据可以看出，DPI 型钻井液缓蚀剂加量在 0.1%～0.4%范围内缓蚀率可达到 85%以上。同时该缓蚀剂适应面较广，并对钻井液的性能影响不大，是目前较为理想的缓蚀剂。

三、现 场 应 用

DPI 缓蚀剂在 4 口井中进行了现场试验。首先在华北油田钻井二公司 32808 队进行试验（该套钻具在留 17‑28 井已发生 20 次钻杆本体刺穿事故）。第一口井为留 17‑101 井，井深 3240m，最大井斜为 4°50′。第二口井为任 441 井，井深 3260m，最大井斜为 26°。这两口井所在地区 CO_2 含量高，是发生钻杆腐蚀破坏严重、钻井液浪费较大的地区。在钻井过程中，一开钻井液走大循环，缓蚀剂加药量不易控制。进入二开后，钻井液进入小循环，开始加药，一次性加入 300～400kg 的 DPI 缓蚀剂，以后每天续加 20～25kg，全井用量 800～1000kg 之间。如果发生井漏，应根据钻井液漏失量进行适当补充。由于加入 DPI 缓蚀剂，在这两口井试验中除了留 17‑101 井刚开始加药后第一天发生了 3 次钻杆刺穿事故外，以后再也没有发生钻杆本体刺穿事故，且对钻井液性能没有多大影响。

此后又在高 30‑25 井和 30‑53 井进行试验。其中高 30‑53 井用的是正电胶钻井液体系，在没有加入 DPI 缓蚀剂之前，高 30‑53 井发生一次钻杆刺穿事故，加药后没有发生钻杆刺穿事故。说明 DPI 缓蚀剂不仅具有缓蚀作用，而且还具有抑制钻杆腐蚀疲劳，提高钻杆疲劳极限的作用。

从表 5 数据可知，DPI 缓蚀剂对钻井液中 CO_2、O_2 的腐蚀具有很好的抑制作用。

表 5   4 口井试验结果

试验号	井深 m	时间 h	加药量（重/体） %	腐蚀速度 mm/a	缓蚀率 %
1	1167.20～1709.39	82.5	0.2	0.045	91
2	1905.24～2149.61	48	0.2	0.099	81
3	1905.24～2149.24	30	0.3	0.067	87
4	2149.24～2996.6	183	0.3	0.103	79
5	1925.26～3164.0	263	0.3	0.3	83
6	1925.26～3164.0	288	0.3	0.29	84
7	1256.06～1724.21	85	0.3	0.089	83
8	1256.06～1724.21	79	0.3	0.068	87
9	1724.21～1930.20	56	0.3	0.156	70
10	1930.20～2630.30	95.2	0.3	0.095	82
11	1930.20～2630.30	73.3	0.3	0.091	83
12	1529.61～2631.0	151.6	0.3	0.33	76

注：1—4、5—6、7—11、12 分别为留 17‑101 井、任 44 井、高 30‑25 井、高 30‑53 井试验结果。

四、结   论

（1）华北油田在留路、岔河集、高阳、任丘等地区由于 CO_2、O_2 的腐蚀与应力共同作用产生腐蚀疲劳，使钻杆失效。

（2）采用 DPI 缓蚀剂可以避免钻具腐蚀疲劳断裂和刺穿的发生。

（3）DPI 缓蚀剂与聚合物钻井液和正电胶钻井液体系有很好的配伍性，加药量在 0.2%～0.3%时就可以达到理想的缓蚀效果，并无毒、无味，不污染环境。

钻具腐蚀原因及钻井液缓蚀剂研究

冀成楼[1]　路金宽[1]　魏振岗[2]　韩秋玲[1]

（1. 华北石油管理局钻井工艺研究所；2. 华北石油管理局勘探二公司）

摘　要　本文针对冀东庙 13－2 井的严重钻具腐蚀情况，分析了腐蚀原因。利用改进的钻井液缓蚀剂室内评价方法，对咪唑啉（M）系列、磷酸酯（P）系列及季铵盐（N）系列的缓蚀剂进行了研究。腐蚀形貌和腐蚀产物的 X 射线衍射均证实属 CO_2 腐蚀所致。室内研究结果表明，各系列缓蚀剂单独使用效果不佳，M 单一成分的缓蚀率一般不超过 70％，M 与硫化物复配物最高达 92％。M 与 N 或 M 与硫化物复配方案最有前途。缓蚀剂的室内评价方法基本可行，但还有一些问题有待进一步研究。

关键词　钻具腐蚀　二氧化碳腐蚀　实验室评价　聚合物钻井液　缓蚀剂

冀东油田唐海老爷庙 13－2 井（定向井）使用的 ϕ127mm、G105 钻杆，连续发生本体刺漏、折断事故 4 次，经现场超声波检查，发现管体严重腐蚀损坏达 351 根，造成几百万元的损失，引起了有关方面的关注。

这套 ϕ127mm 钻杆（壁厚 9.19mm，内外加厚，G 级钢）是德国 1986 年 8 月生产的，1987 年 11 月由华北油田勘探二公司 6008 队启用，在华北钻完岔深 2（井深 2251～5001m，井尺 2750m）和鄚 14（井深 0～5072m）两口超深井之后，于 1989 年 11 月由 6022 队接到唐海庙 13－2 井继续使用（井深 2800～3554m，进尺 754m），累计钻井进尺 8576m。经材质、钻井液、水文地质、腐蚀产物及井下受力等方面的综合分析认为，钻具腐蚀疲劳损坏的主要原因是侵入钻井液的 CO_2 腐蚀和井下交变应力的共同作用。

一、钻具腐蚀的原因

1. 腐蚀形态

宏观观察这套被腐蚀损坏的钻杆，发现因严重腐蚀而刺穿、折断的现象，只发生在几个单根上，其他钻杆的腐蚀程度低得多。解剖刺穿或折断的钻杆时发现，在内壁上，蚀坑分布也很不均匀，腐蚀严重部分的蚀坑大而深，而且在一些大蚀坑的周围，又有很多小蚀坑集聚在一起，形成蜂窝状（如图1），有些蚀坑较浅，但直径很大，类似局部均匀腐蚀。表1列出了 3 个样品的一些蚀坑直径与深度数据。

表1　蚀坑的直径与深度

样品编号	Ⅰ		Ⅱ					Ⅲ				
蚀坑编号	1	2	1	2	3	4	5	1	2	3	4	5
直径，mm	21.8	20.4	21.5	20.5	27.3	22.6	9.3	16.7	17.6	18.0	18.6	18.4
深度，mm	3.6	2.2	3.6	4.7	5.2	4.3	2.0	4.6	4.4	4.1	3.3	3.2

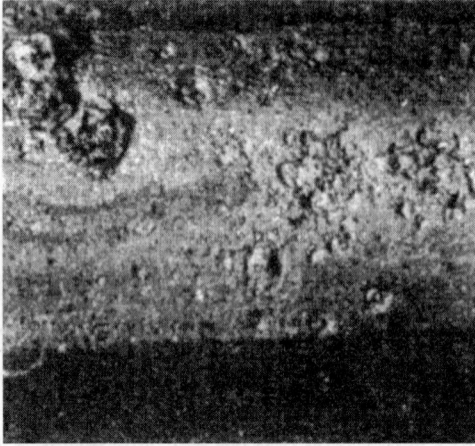

图1 钻杆内壁腐蚀情况

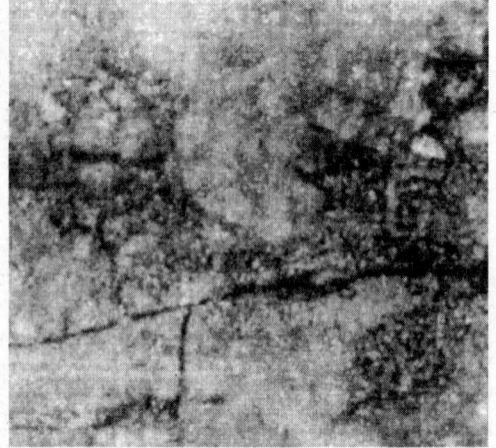

图2 CO₂腐蚀形貌

上述腐蚀特征，与一般的钻具腐蚀（例如氧的均匀腐蚀）差别很大，而与CO_2腐蚀的形貌（图2）很相似。

2. 腐蚀产物和腐蚀源

肉眼观察腐蚀产物为银灰色、松散状固体，滴几滴盐酸后有气泡，这种气体不燃烧，也不助燃，说明产物中可能存在碳酸盐。用HZG4/B型X射线衍射仪分析腐蚀产物后，发现它主要由$FeCO_3$及Fe_3O_4（FeO和$\gamma—Fe_2O_3$）组成，这些物质都是由CO_2腐蚀而直接或间接产生的。由此可以断定，这套钻具的腐蚀，是由CO_2引起的。另据岔深2井、郑14井和庙13-2井的地质和气测资料记载，3口井都有含高浓度CO_2的气层，其分布及分压数据如表2所列。从表中可以看出，CO_2在井下的分压较高，若按正常井温估算，含CO_2井段的井温应在75～120℃之间，而这些条件正是CO_2的高腐蚀区。因而，造成钻具的严重腐蚀损坏。

表2 3口井的CO₂气层分布状况

井号	层位	气层井深 m	CO₂含量 %	钻井液密度 g/cm³	静态压力 MPa	CO₂分压 MPa
庙13-2	馆陶组	2540	55.93	1.16	29.46	16.48
		2557	56.65	1.16	29.67	16.84
		2577	67.55	1.16	29.90	20.20
		2626	72.78	1.16	30.39	22.12
		2697	64.68	1.16	31.29	20.24
		2702	52.24	1.20	32.43	16.94
		2735	46.30	1.20	32.82	15.20
郑14	沙一段	4000	65.28	1.40	56.07	36.60
		4009	86.88	1.40	57.51	49.89
岔深2	馆陶段	2436～2439	100	1.18	28.77	28.77
		2543～2548	92.5	1.20	30.55	28.29

二、缓蚀剂的评价方法

针对上述腐蚀情况，决定研制一种钻井液缓蚀剂。为了在室内正确评价缓蚀剂，改进了一套评价方法，其流程是：将磨好并洗净的圆形试片（如图3a），穿在一根塑料棒上，棒的两端各装上一个用尼龙66作成的圆形支撑轮，使之起到滚动和支撑试片的双重作用，两试片之间、试片与支撑轮之间，由塑料管隔开，装成的试片串如图3b所示；把试片串装入高温高压釜，充入一定压力的 CO_2，放入滚子加热炉，加到一定温度后滚动，如图3c所示。高温高压釜的转速为55r/min，其内表面任一点的线速度约0.4m/s，试片串的转速（假设相对无滑动）约140r/min，试片外缘的线速度约0.3m/s。

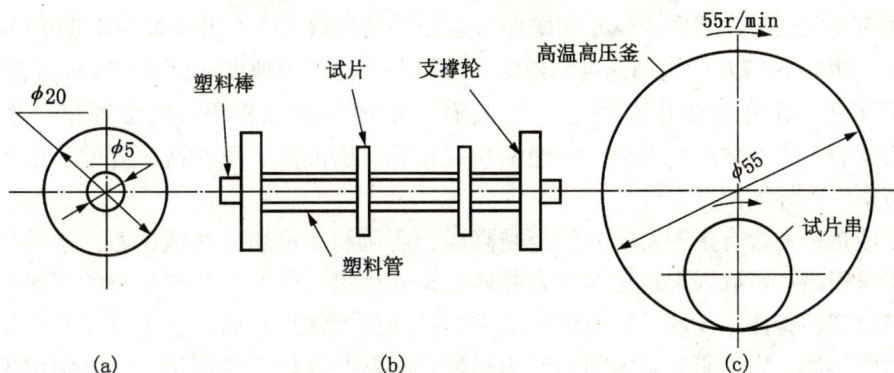

图3　缓蚀剂评价装置示意

在实验中，试片与试片、试片与支架、试片与高压釜都无电连通，故不会产生腐蚀干扰，而且试片与钻井液介质的相对运动速度恒定不变，这与现场实际较相符。使用这种方法在室内评定钻井液用缓蚀剂，取得了较好的效果。

三、缓蚀剂的室内研究

室内评价缓蚀剂所用的腐蚀介质是华北油田通用的低固相聚合物钻井液体系，基本配方为：4％膨润土 + 0.2％Na_2CO_3 + 0.2％PAC141 + 0.5％NPAN。实验条件为 $100 \pm 2℃$，0.7MPa 的 CO_2。实验的主要对象为咪唑啉系列（M系列）、磷酸酯系列（P系列）和季铵盐系列（N系列）。试验结果表明，就单独使用而言，上述3种系列的缓蚀剂都不太理想，如咪唑啉的缓蚀率大都在50％左右。所以，我们对3种系列间的复配作了大量的室内研究工作，结果见表3（表中LN为硫化物）。

表3　3种系列复配试验评价

配方	腐蚀速度 mm/a	缓蚀率 %	配方	腐蚀速度 mm/a	缓蚀率 %
空白	0.87		M－4＋LN	0.13	85
M－1＋P₁	0.24	74	M－4＋P₂＋LN	0.17	80
M－1＋N	0.087	90	M－4＋N＋P₂	0.28	67
M－1＋LN	0.087	90	M－4＋Na₂MoO₄	0.77	11

配方	腐蚀速度 mm/a	缓蚀率 %	配方	腐蚀速度 mm/a	缓蚀率 %
M-2+P₁	0.20	77	M-4+N	0.11	87
M-2	0.27	68	M-4+LN	0.069	92
M-3+LN	0.69	20	M-5+N	0.052	94

从表 3 中可看到，在 CO_2 介质中，0.87mm/a 的腐蚀速度偏低，与现场有较大出入。但应当指出，该腐蚀速度为均匀发生在整个试件表面的数据，而现场则为整套钻具上极小部分的腐蚀速度。如果 0.87mm/a 的腐蚀速度仅分布在钻具 1/10 的面积上，那就与现场基本吻合了。从这一点看，目前 CO_2 腐蚀的室内评价方法，还无法再现现场的真实条件，而只是作相对比较。另一方面，CO_2 的腐蚀与其分压呈指数关系，井下高压下的 CO_2 腐蚀速度要比 0.7MPa 下 CO_2 的腐蚀速度高数倍，所以井下的腐蚀速度远比 0.87mm/a 高。

咪唑啉单一成分对钻井液中的 CO_2 具有一定的防腐蚀作用，但缓蚀率一般不超过 70%，而从表 3 中的数据可看到，咪唑啉与硫化物、磷酸脂、季铵盐等复配，由于协同效应而使防腐蚀指标大幅度上升。

钻井液是一种含有多种物质并能经受高温、高压和高流速的腐蚀体系。这种体系对缓蚀剂的要求很高，影响因素也很多，有些还是未知因素。任何缓蚀剂配方的现场应用，都必须先经过现场验证；现场验证不仅要证实其较高的缓蚀率，而且首先要证实对钻井液应有良好的配伍性。为了研究缓蚀剂与低固相聚合物钻井液体系的配伍性，分别用现场采样和室内配样作了实验，结果见表 4。

表 4　缓蚀剂与钻井液的配伍性

钻井液试样	缓蚀剂加否	密度 g/cm³	API 滤失 mL	pH 值	表观黏度	塑性黏度	动切力	初切力	终切力
					mPa·s		Pa		
现场采样	未加	1.30	6	8.5	37.2	22	15.5	15	45
	已加	1.30	6	8.5	37	23	14	14.5	45
室内配样	未加	1.15	8	8.5	18	14	8	8	20
	已加	1.15	8.5	8.5	17	13.5	7.5	8	20

四、结　论

（1）庙 13-2 井 ϕ127mm、G105 钻杆的腐蚀损坏，主要是地层中 CO_2 侵入钻井液所致。CO_2 侵入钻井液后，与水结合成弱酸，离解为 H^+、HCO_3^- 和 CO_3^{2-}，使 pH 值降低。常温常压下的 CO_2 腐蚀是微弱的，但在井下高温、高压及高浓度 CO_2 环境下，对钻具的腐蚀非常严重，其他地区曾出现过 CO_2 腐蚀速度大于 10mm/a 的情况。

（2）利用改进的缓蚀剂室内评价方法来评价钻井液用缓蚀剂，在一定程度上可以模拟现场的腐蚀环境，取得（相对）比较理想的结果。现场和室内实验数据对比表明，它们之间的差值很大，主要原因有：

①现场的高温、高压、高速循环流动无法重现；

②试件无法模拟现场管件；

③试验介质的数量有 400mL 与几百立方米的差异，使体系的铁离子浓度相差悬殊，而铁离子浓度高时，腐蚀产物主要是 $FeCO_3$，具有一定的保护作用，铁离子浓度低时，腐蚀产物主要是 FeO 和 $FeCO_3$，无保护作用。

（3）以咪唑啉为基础原料的复配物，是良好的钻井液（CO_2）缓蚀剂，这种物质及其复配物，与钻井液的配伍性良好，单纯咪唑啉的缓蚀效果并不理想。从复配方面看，主要是含硫物质和季铵盐两种途径，但还有许多问题有待作进一步研究。

参 考 文 献

[1] Dovid W Deberry. Corrosion due to Use of Carbon Dioxide for Enhanced Oil Recovery，CO_2 Corrosion in Oil and Gas Production. NACE，Howston：Teans，1984，1～76

华北油田钻具腐蚀与防护

范荣增　戴万海　郭　卫　虞海法　唐洪斌

（华北石油管理局钻井工艺研究院）

摘　要　华北油田钻具腐蚀非常严重，并且主要是由地层中的 CO_2 和钻井液携带的 O_2 引起的，因腐蚀而失效的钻具达到钻具总失效量的 60％以上，由此而造成的经济损失高达 2000 多万元。华北石油管理局钻井工艺研究院研制出 DPI 型缓蚀剂，该缓蚀剂为咪唑啉衍生物，无毒、无味、不污染环境。对 DPI 型缓蚀剂的缓蚀效果及其与钻井液的配伍性进行了室内实验评价，实验结果表明，DPI 型缓蚀剂在加量为 0.2％～0.3％时缓蚀率基本在 85％以上，最高可达 90％，而且与钻井液的配伍性好。本文介绍了 DPI 型缓蚀剂在华北油田冀中地区的现场应用情况。DPI 型缓蚀剂的使用不仅能减缓钻井液中的 CO_2 和 O_2 对钻具的腐蚀，还可以避免发生因腐蚀疲劳而引起的钻具本体刺穿事故，延长了钻具使用寿命，缩短了钻井周期，从而获得一定的经济效益。

关键词　缓蚀剂　钻具腐蚀　二氧化碳腐蚀

华北油田钻具腐蚀非常严重，因腐蚀而失效的钻具达到钻具总失效量的 60％以上，由此而造成的经济损失高达 2000 多万元。钻具使用寿命很短，最长为 9.8×10^4 m，最短的仅为 0.73×10^4 m，平均为 4.6×10^4 m，与国外的 15×10^4 m 使用寿命相距甚远。20 世纪 90 年代在华北油田冀中地区作业时，钻具腐蚀情况更是非常严重，经常发生钻具本体刺穿事故，特别是在留路、岔河集、任丘、高阳及饶阳等地区。仅华北石油管理局第二钻井工程公司在 1995 年 1—6 月就发生 77 次钻具本体刺穿事故，报废钻具达 24t，损失时间为 653.5h，严重影响了钻井作业的正常进行，造成了巨大的经济损失。

一、腐蚀源调查

针对上述情况，华北石油管理局钻井工艺研究院详细调查了华北油田冀中地区的腐蚀源，发现冀中大部分地区含有 CO_2，其中冀中北部（霸州—廊固凹陷）CO_2 含量较少，均在 5％以下；中部（任丘—饶阳凹陷）CO_2 含量较高，霸县最高为 16.15％，任丘地区最高为 35.3％，河间肃宁地区最高为 42％，束鹿最高为 10.4％，岔河集地区最高含量为 20％；南部地区（晋县—束鹿凹陷）几乎不含 CO_2，但有些区域含有 H_2S，而且大部分区域地层中盐类含量较高。通过观察和分析，腐蚀产物为棕褐色，大部分为碳酸盐。因此确定钻具腐蚀主要是由地层中的 CO_2 和钻井液携带的 O_2 引起的。观察被刺穿钻具，发现穿孔部位基本发生在离接头 540～560mm 的加厚过渡带，解剖刺穿的钻具，发现钻具壁厚度没有明显减少，钻杆内壁的腐蚀主要是点蚀和坑蚀；在显微镜下观察，沿腐蚀坑边有裂纹，裂纹向钻具拉伸方向垂直发展，从腐蚀特征看与 CO_2 腐蚀相似。综上所述，华北油田钻具腐蚀为 O_2 和 CO_2 腐蚀，本体刺穿为 CO_2 腐蚀与应力协同作用下的腐蚀疲劳所致。

二、室内研究

1. 主要仪器和设备

仪器和设备主要有：滚子加热炉及配套的陈化釜，CO_2 气源及装置，高速搅拌器，分析天平（0.1mg），高温高压失水仪，六速旋转黏度计，API 失水仪。

试片材质为 45♯钢，尺寸为 ϕ20mm×3mm，中间小孔直径为 4mm。

2. 室内评价方法

室内实验评价采用滚动动态法。实验时，将试片用 0.045mm 水砂纸打磨出新鲜表面。然后依次用石油醚、无水乙醇和丙酮清洗，用滤纸吸干后放入干燥器中。30min 后称重，编号，串成试片串（两头用直径为 25mm 的聚四氟乙烯支架支撑，中间放入两片试片并用绝缘材料隔离），放入干燥器中备用。将钻井液高速搅拌 5min 后（使钻井液能携带一定量的 O_2），加入到陈化釜中，加入相应的缓蚀剂，搅拌后加进试片串。然后充入 CO_2 气体，充气压为 1MPa。检查气密性，放进滚子加热炉中。在 100℃下进行滚动试验，16h 后取出。试片取出后用 14%HCl（V/V）+3%7701（V/V）水溶液清洗，如果试片表面有油污，可先用石油醚清洗，再依次用水、无水乙醇和丙酮清洗，用滤纸吸干后放入干燥器中，30min 后称重。保留钻井液作性能评价试验用。

3. 缓蚀剂的性能评价

经多次室内评价实验，研制出 DPI 缓蚀剂。DPI 的合成步骤如下。

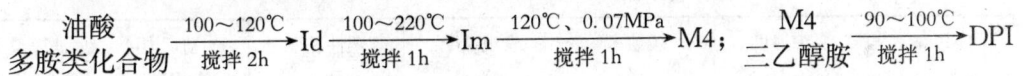

油酸
多胺类化合物 $\xrightarrow[\text{搅拌 2h}]{100\sim120℃}$ Id $\xrightarrow[\text{搅拌 1h}]{100\sim220℃}$ Im $\xrightarrow[\text{搅拌 1h}]{120℃、0.07MPa}$ M4；M4
三乙醇胺 $\xrightarrow[\text{搅拌 1h}]{90\sim100℃}$ DPI

确定了缓蚀剂配方后，选择现场具有代表性的井浆对 DPI 型缓蚀剂的缓蚀效果及其配伍性进行了评价实验，结果见表 1～表 6。

表 1　DPI 在任 868 井井浆中的性能评价结果

DPI %	腐蚀速度 g/（m²·h）	缓蚀率 %	表观黏度 mPa·s	塑性黏度 mPa·s	动切力 Pa	滤失量 FL mL
0	1.2370		38	26	12	4.0
0.1	0.2062	83	42	27	15	4.0
0.3	0.0790	93	38	26	12	3.4
0.5	0.1730	86	38	29	9	3.6

注：该井浆为聚磺钻井液。

表 2　DPI 在任 439 井井浆中的性能评价结果

DPI %	腐蚀速度 g/（m²·h）	缓蚀率 %	表观黏度 mPa·s	塑性黏度 mPa·s	动切力 Pa	滤失量 FL mL
0	0.9200		14	2.0	16.0	6.0
0.1	0.1904	79.3	13	5.5	14.8	5.4
0.2	0.1547	83.2	14	5.0	14.0	5.0
0.3	0.1308	85.7	17	5.5	16.0	6.6
0.4	0.1189	87.0	14	6.0	15.0	5.8

注：该井浆为聚合物钻井液。

表3　DPI 在留 17—28 井井浆中的性能评价结果

DPI %	腐蚀速度 g/（m²·h）	缓蚀率 %	表观黏度 mPa·s	塑性黏度 mPa·s	动切力 Pa	滤失量 FL mL
0	1.0460		22.5	18	4.5	4.2
0.1	0.4200	60	24.0	19	5.0	4.0
0.2	0.2220	78	23.0	19	4.0	3.6
0.3	0.1580	85	23.5	20	3.5	3.7
0.4	0.1350	87	27.5	20	7.5	3.9

注：该井浆为聚磺钻井液。

表4　DPI 在留 17—97 井井浆中的性能评价结果

DPI %	腐蚀速度 g/（m²·h）	缓蚀率 %	表观黏度 mPa·s	塑性黏度 mPa·s	动切力 Pa	滤失量 FL mL
0	0.9578		33	16	17	7.5
0.1	0.1867	80.5	32	16	16	7.5
0.2	0.1380	85.6	33	17	16	7.2
0.3	0.1461	84.7	34	16	18	7.5

注：该井浆为聚合物钻井液。

表5　DPI 在高 30—25 井井浆中的性能评价结果

DPI %	腐蚀速度 g/（m²·h）	缓蚀率 %	表观黏度 mPa·s	塑性黏度 mPa·s	动切力 Pa	滤失量 FL mL
0	0.6242		15.5	12	3.0	4.2
0.1	0.2644	58	15.0	12	3.0	4.4
0.2	0.0880	86	15.5	12	3.5	4.8
0.3	0.0880	86	16.0	13	4.0	4.6

注：该井浆为聚磺钻井液。

表6　DPI 在高 30—53 井井浆中的性能评价结果

DPI %	腐蚀速度 g/（m²·h）	缓蚀率 %	表观黏度 mPa·s	塑性黏度 mPa·s	动切力 Pa	滤失量 FL mL
0	0.7122		17	10	21.6	9.0
0.1	0.1598	78	15	9	21.0	8.0
0.2	0.1435	80	16	9	15.0	7.2
0.3	0.1513	79	14	9	17.6	9.4
0.4	0.1200	83	15	7	15.6	9.4

注：该井浆为正电胶钻井液。

　　从表1～表6可以看出，DPI 型缓蚀剂在加量为 0.2%～0.3%时缓蚀率基本可以达到 85%以上；除略微增黏外，其对钻井液其他性能影响不大，说明 DPI 型缓蚀剂与钻井液的配伍性较好，适用面较广，可以现场应用。

三、现 场 应 用

1. 现场使用及监测方法

DPI 型缓蚀剂需缓慢加入到混合罐中，不可集中加入，同时注意不能同 NaOH 混合加入，防止缓蚀剂在强碱中分解。DPI 型缓蚀剂最好在钻井液进入小循环后加入，以免造成缓蚀剂的浪费。对于定向井，应在造斜前加入缓蚀剂，以便更好地防止钻具的腐蚀疲劳，减少钻具刺穿事故的发生。缓蚀剂加量第一次控制在 0.2% 左右，2d 后增加到 0.3%。以后随钻井液的增加随时添加。保持缓蚀剂含量为 0.3%～0.4%。现场监测方法采用 SY/T 5390—91 "钻井液腐蚀性能检测方法——钻杆腐蚀环法"。

2. 应用规模

根据华北油田腐蚀源分布、钻具腐蚀情况、DPI 型缓蚀剂的特性及各钻井工程公司的钻具使用情况，决定试验区块主要选择在华北油田冀中中部。在冀中北部，第一钻井工程公司推广 5 口井；在冀中中部，第三钻井工程公司 32965 井队连续使用 7 口井，第二钻井工程公司应用 5 口；在冀中南部由第二钻井工程公司用一套接近报废的钻具推广应用 2 口井——赵 46 井和赵 66 井，共推广应用了 19 口井。

3. 应用效果

DPI 型缓蚀剂经在现场应用，缓蚀率均达到 80% 以上，钻具使用寿命提高 3 到 4 倍，钻具本体刺穿事故基本得以杜绝，获得了良好的经济效益。如赵 46 井和赵 66 井，这两口井位于冀中南部的赵县，都是华北石油管理局重点超深井。地层中含有少量的 H_2S 气体，对钻具的服役造成了一定的困难。在赵 46 井使用的钻具，在打该井前已在唐海的超深井服役了 35000m，内壁已出现不同程度的腐蚀坑点，又在管子站存放了半年，因大气腐蚀，外壁锈迹斑斑。第二钻井工程公司管子站认为该套钻具应该淘汰，但当时没有新钻具可以替换，只好继续使用。为了确保正常钻进，在赵 46 井开始使用 DPI 型缓蚀剂，而且没有因钻具问题影响钻井进程。赵 46 井完钻后，井队主动要求在赵 66 井继续使用 DPI 型缓蚀剂。该套钻具一直使用到 1998 年，使一套本该淘汰的钻具延长使用了 10000 多米。

在留 17-28 井钻具刺穿 25 根，起下钻 11 次，平均每次 8h，损失时间为 88h。该套钻具继续在留 17-101 井使用，在加入了 DPI 型缓蚀剂前，刺穿一根，加入缓蚀剂后的第一天也发生了 2 次钻具刺穿事故，以后就再没有发生钻具本体刺穿事故。以后用该套钻具在任 441 和西 42-1 井作业时，继续使用 DPI 型缓蚀剂，钻具刺穿事故得以杜绝，使一套濒临报废的钻具又钻了 3 口井，延长钻具使用寿命 10000 多米。根据第二钻井工程公司管子站统计，使用 DPI 型缓蚀剂的 4 口井同 1995 年 1—5 月份没有使用 DPI 型缓蚀剂的 6 口井相比，钻杆本体刺穿减少了 61 根，合计 16.6t，因钻杆本体刺穿起下钻检查钻具的时间减少了 530h，延长了钻杆使用寿命 11700m，直接经济效益达 90 多万元。第三钻井工程公司集中在一个井队同一套钻具使用 DPI 型缓蚀剂，该套钻具完井 7 口，总进尺为 18398m，实际应用缓蚀剂的进尺为 12839m。在应用中缓蚀剂的缓蚀率均在 80% 以上，延长钻具使用寿命 10271m，创造经济效益 $29.52×10^4$ 元。第一钻井工程公司于 1996 年和 1997 年在冀中北部推广应用了 5 口井。该地区以防止 O_2 腐蚀为主，钻具内壁腐蚀较重，外壁较轻。在使用 DPI 型缓蚀剂前，曾发生多起钻具本体刺穿事故，如，兴 9-1 井在使用 DPI-2 型缓蚀剂前在 2300～2700m 井段曾因钻具刺穿，被迫 7 次起下钻检查钻具，共检查出 21 根被刺钻具，严重影响了钻井速度，增加了工人的劳动强度。在井深 2886m，加入 DPI-2 型缓蚀剂后，钻杆刺穿现象消失。根据管子站的统计数据，使用缓蚀剂后，钻具本体刺穿事故减少了 35 起，合 9.5t，节约钻井时间 98h，延长钻具使用寿命 3278m，节约钻井成本 40 多万元。

四、结果与讨论

（1）华北油田大部分区域的地层中含有 CO_2，钻具腐蚀主要是由地层中的 CO_2 和钻井液携带的 O_2 引起的。这种腐蚀同应力协同作用造成了钻具的腐蚀疲劳，从而引发钻具本体刺穿事故。

（2）DPI 型缓蚀剂加量为 $0.2\%\sim0.3\%$ 时能有效抑制钻井液中 CO_2 和 O_2 对钻具的腐蚀，缓蚀率在 80% 以上，最高可达 90%。DPI 型缓蚀剂同各种钻井液体系有很好的配伍性，对钻井液性能无不良影响，并且 DPI 为咪唑啉衍生物，无毒、无味、不污染环境。

（3）DPI 型缓蚀剂的使用避免了发生因腐蚀疲劳而引起的钻具本体刺穿事故，延长了钻具使用寿命，缩短了钻井周期，取得了一定的经济效益。

（4）DPI 型缓蚀剂的性能稳定，与钻井液配伍性好，对环境无污染，可以大面积推广应用。

钻井液中硫化氢对钻具的腐蚀及控制

黄红兵

（四川石油管理局天然气研究所）

摘　要　本文研究了四川高含硫化氢地区（最高浓度达 490mg/L）的钻具腐蚀问题，对比了 3 种除硫剂（含锌除硫剂、含铜化合物除硫剂及含铁化合物除硫剂）的除硫效果及成膜型缓蚀剂的缓蚀效果，分析了 4 种钻井液（两种油基钻井液、聚合物钻井液及木质素磺酸盐钻井液）的腐蚀影响。结论认为：在含高硫化氢地区钻井时，油基钻井液最佳，水基钻井液则必须以除硫剂和缓蚀剂复配应用较好。

关键词　硫化氢　钻具腐蚀　除硫剂　油基钻井液

由于钻井管材处于溶解氧、硫化氢、二氧化碳、微生物等腐蚀性介质及疲劳应力作用下，所以钻井液中钻具的腐蚀十分严重。在这些腐蚀性介质中，硫化氢主要来自含硫化氢油气层和部分可能产生硫化氢的钻井液处理剂，因此硫化氢对钻具的腐蚀是最危险的。本文就钻井液腐蚀源中的硫化氢对钻具的腐蚀情况进行了探讨。

一、硫化氢对钻具的腐蚀危害

四川的含硫气田钻具腐蚀速率为 1.2～2.6mm/a，严重的大于 3.9mm/a、见表 1、表 2。经验表明，钻井液中存在的硫化氢是对钻井施工的严重威胁，1966 年四川塘河某井因管子发生硫化物应力破裂引起大火，估算损失在 1000×10^4 元以上；20 世纪 70 年代，四川某7000m 深井在钻探过程中，钻杆于 400m 处断裂，造成停钻，经分析认为，这次事故是由钻井液中硫化氢引起钻杆硫化物应力腐蚀破裂所致。

表 1　含硫气田深井钻井液中 H_2S 含量及钻具损坏情况

井号	钻井液分析		钻具腐蚀情况
	H_2S, mg/L	pH 值	
卧 63	490		钻具脆断
卧 48	104.7	8	接头、钻头脆断，钻杆刺穿
邓 1	34	7～8	休斯钻头 3 个牙轮掉入井内（井漏后再下钻时发生）
关基井	460～480	6～7	钻杆脆断
磨深 2	200	6～7	工具接头 3 次脆断，打捞未成造成该井报废
关基井	244	8～11	固井中 603m，977m 处接箍断裂，穿孔

钻井过程中钻遇的硫化氢地层或由钻井液中有机物质分解产生的硫化氢，其水溶液是一种弱酸，在钻井液中与钻具发生反应，导致钻具的腐蚀。为减轻硫化氢对钻具的腐蚀，

除合理选择钢材及其几何结构、采用油基钻井液或油包水乳化钻井液外，最常用的有效措施是在水基钻井液中加除硫剂和缓蚀剂。

表 2　四川气田钻杆腐蚀疲劳情况

地区	腐蚀介质	腐蚀状况及钻具使用寿命
川东	泥浆中 H_2S 含量高，含盐量高，pH 值 8～11	钻杆内外壁均出现腐蚀疲劳裂纹，一套新钻具只能钻 1600m 左右
川南	清水，泥浆 pH 值 7～11 含盐，含少量 H_2S	钻杆内壁出现腐蚀疲劳裂纹，刺穿，一套钻具使用 20000m 左右
川西南	清水，泥浆 pH 值 8～11 含盐，含 H_2S	一套 S135 钻具使用约 10000m，发生腐蚀疲劳损坏
川西北	清水，泥浆 pH 值 7～11 含盐，含 H_2S	一套 C105 钻具下井 400h 后，5 根钻杆刺穿，1 根刺断。盘参 1 井 1500mS135 钻杆下井后 32 根刺穿

二、除硫剂及其特点

除硫剂可直接加入钻井液，随着钻井液进行循环。好的除硫剂应满足以下要求：

（1）能完全迅速除去有害的硫化物，能够预测，所形成的反应产物在钻井液中应保持惰性；

（2）在钻井液体系所处的物理化学环境（宽 pH 值范围、温度、压力、剪切条件等）中都能起作用；

（3）高温下，残存于钻井液中不损害其流变性、滤失性和泥饼质量；

（4）其在钻井液中的添加量可以被快速测量；

（5）除硫剂及其反应产物不应腐蚀金属及钻井液所浸湿的材料；

（6）不损害人体健康或污染环境，广泛应用经济高效。

钻井液中常用的除硫剂可分为含锌化合物、含铁化合物和含铜化合物三大类，普遍使用的含锌化合物除硫剂是碱式碳酸锌。其除硫反应过程遵从沉淀反应机理，所形成的硫化锌对除硫剂本身和钻具都非常稳定。其用量与钻井液的 pH 值有关，pH 值在 8～11.5 时，用量较低，一旦 pH 值高于 11，由于锌酸盐的形成，提高了碱式碳酸锌的溶解度而大大降低其除硫效果。图 1 表示 pH 值与硫的 3 种形态的关系。由于碱式碳酸锌不能用于无固相或低固相钻井液中，同时也不能防止氢脆，这使其应用范围受到一定限制。

另一类含锌除硫剂是水溶性的有机锌螯合物，其在较宽的 pH 值范围内均能快速高效地除去硫化物，可用于无固相或低固相钻井液。

含铜化合物除硫剂有碳酸铜和碳酸亚铜，其除硫机理也遵从沉淀反应机理，反应生成的硫化铜和硫化亚铜为惰性不溶物。这类除硫剂要求用于 pH 值较高的钻井液（高于 S^{2-} 形成的 pH 值），否则无效，此外，由于铜的电极电位较铁的高，除硫剂与铁会形成双金属腐蚀

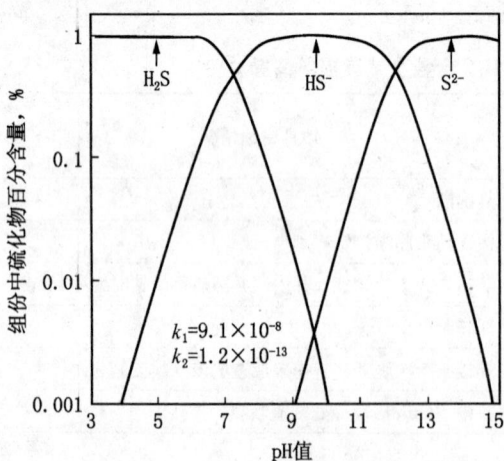

图 1　H_2S、HS^-、S^{2-} 与溶液 pH 值的关系

纵轴：组份中硫化物百分含量，%
横轴：pH值

$k_1 = 9.1 \times 10^{-8}$
$k_2 = 1.2 \times 10^{-13}$

电池，限制了其使用。

钻井液中常用的含铁化合物除硫剂是海绵铁，在大多数钻井环境中，与硫化物的反应产物是十分稳定的，反应遵从氧化还原反应机理。海绵铁在水和碱液中的溶解度相当低，因此反应发生在固相与液相界面处。此外，除硫剂还有铁的螯合物、氧化铁基加重剂和工业下脚料等。

三、缓 蚀 剂

用于钻井液中防护硫化氢腐蚀的缓蚀剂主要是一些成膜型缓蚀剂，如胺基脂肪酸盐，它们在钻井液中既可形成油溶性物质也可以是油/水分散的物质。缓蚀剂分子具有一个极性基团和一个油溶性基团，极性基团附着在钢材表面，而油溶性基团吸附一些油膜来保护钢材表面，使其不受硫化氢的侵蚀。

钻井液中防护硫化氢腐蚀剂与钻井液的配伍性有较大关系。钻井液处理剂大多为阴离子型，如咪唑啉属两性型表面活性剂，在碱性钻井液中呈示阴离子，因而能够与钻井液处理剂有较好的配伍性，其缓蚀效果也较好。

钻井液的缓蚀剂，大多是分子中含有 N 原子的物质，如胺类、咪唑啉类、季铵盐类和吡啶衍生物；含 S 原子缓蚀剂的缓蚀效果也较好，如硫代乙醇酸盐（铵盐、钙盐），硫代氰酸盐等。

四、影响钻井液中 H_2S 腐蚀的因素

钻井液中 H_2S 的腐蚀取决于 H_2S 的存在形式和数量。H_2S 在钻井液中的存在形式和含量与钻井液的类型、pH 值有关，见表 3。从表中可看出，油基钻井液对钻具的腐蚀较小，石灰钻井液腐蚀速率较低。含木素/木素磺酸盐添加剂的钻井液腐蚀最为严重。

表3　不同类型的钻井液腐蚀情况

钻井液类型	有无 H_2S	氢脆	腐蚀速率 mm/a	钻井液类型	有无 H_2S	氢脆	腐蚀速率 mm/a
油基（8.55kg/m³ 石灰）	无	无	0.13	低含量石灰	无	无	0.08
油基（22.8kg/m³ 石灰）	无	无	0.13	高含量石灰	无	无	0.09
聚合物、淀粉的低含量石灰	有		0.67	木素/木素磺酸盐（起始 pH 值为 11）	有	有	1.78
木素/木素磺酸盐（起始 pH 值为 9～11）	有	有	2.72				

此外，聚合物钻井液处理剂对钻具腐蚀也有较大影响。表 4 为不同钻井液用聚合物处理剂对钻具腐蚀的影响。从表 4 中发现，含纤维素的聚合物处理剂在高温下发生降解，释放出氧气，加速了钻具的氧腐蚀。木素磺酸盐处理剂，在温度高于 140℃时会发生分解，当环境中含 Ca^{2+} 时，木素磺酸盐分子发生盐析，低温下也发生分解，产生 H_2S、CO_2、CO 等酸性气体，加速了钻具的腐蚀。乙烯基硫酸盐－乙烯基铵盐（VS－VA）共聚物处理剂，在温度低于 230℃时，加入钻井液中，对钻具腐蚀轻微，苯乙烯磺酸盐－马来酸酐（SS-MA）共聚物处理剂，加入含石灰或石膏钻井液中，减轻了钻井液对钻具的腐蚀。

表4　钻井液用聚合物处理剂对钻具的腐蚀速率

名　　称	腐蚀速度，mm/a				
	25℃	65℃	120℃	175℃	230℃
钻井液 + CMC	0.06	0.19	0.54	0.89	2.01
钻井液 + 木素磺酸盐（含 Ca^{2+}）	0.13	0.24	0.89	1.91	3.81
钻井液 + VS - VA	0.08	0.21	0.49	0.59	1.62
钻井液 + VS - VA + SSMA（含 Ca^{2+}）	0.06	0.16	0.49	0.70	1.04
钻井液 + SSMA（含 Ca^{2+}）	0.09	0.27	0.32	0.86	1.15
钻井液 + VS - VA + SSMA（含 Ca^{2+}，重晶石）	0.08	0.22	0.32	0.59	1.68

五、对防止钻井液腐蚀钻具的几点认识

（1）钻井中最好采用油基型钻井液，若用水基钻井液则必须加入除硫剂和缓蚀剂。

（2）钻井液中所用的除硫剂和缓蚀剂应从单一使用向复合型方向发展，即采用除硫剂和缓蚀剂二合一的物质。

（3）钻井液中加入除硫剂后，生成的不溶性硫化物在钻井液池中越积越多，清除不溶物也是重要的。

（4）除硫剂和缓蚀剂的评价要通过钻井液的除硫效果、缓蚀效率和硫离子的含量来确定。

（5）原料的选取以廉价的工业下脚料、医药下脚料为主。

参 考 文 献

[1] 殷名学等. 钻具硫化物腐蚀和钻井液除硫剂. 天然气工业，1990，10（4）

[2] Garrett R L, *et al*. Chemical Scavengers for Sulfides in Water—Base Drilling Fluids. JPT，June 1979

[3] Neal Adams，*et al*. H_2S Detection and Protection. Petroleum Engineer，May 1980

[4] Tuttb R N. Corrosion in Oil and Gas Production. JPT，July1987

[5] Rerdy Ray. Drill—Pipe Maintenance Drilling—Fluid Composition Key to Cutting Corrosion Costs. OGJ，May 15，1982

[6] 赵景茂等. 泥浆缓蚀剂的研究概况. 钻井液与完井液，1990，5

钻具抗氧缓蚀剂的研究

沈长寿　熊楚才　黄红兵

（四川石油管理局天然气研究所）

摘　要　为了减少源于腐蚀的钻具损失，用转轮试验法研究了钻井材质 G105 钢在钻井液中的腐蚀情况，评选出了一种防止钻井液中溶解氧对钻具腐蚀的缓蚀剂——KO－1 缓蚀剂。这种缓蚀剂是以有机酯类化合物为主剂调配而成的，适用于盐水、淡水和聚合物钻井液。这种缓蚀剂加工简便，费用较低，适用范围广，有着广阔的应用前景。

关键词　钻井流体　缓蚀剂　钻具腐蚀　抗腐蚀剂　氧　钢材

钻具损失是钻井成本增加的一个重要原因，也是影响安全快速钻井的关键因素之一。据统计，钻具损失有 75%～85% 是由于腐蚀造成的。尽管钻具腐蚀原因包括疲劳、钻井液助剂、钻井液中溶解的氧、硫化氢、二氧化碳以及地层情况等多种因素，但钻井液中溶解氧对钻具的腐蚀是严重的、普遍存在的，而且伴随着钻井作业的全过程。此外，钻具在地面堆放的过程中，还会受到潮湿大气的腐蚀。1919 年人们已认识到钻井液对钻具的腐蚀是不容忽视的，1935 年研制出了第一批钻井液缓蚀剂，1946 年美国钻井承包商协会就此成立了专门机构，1989 年和 1990 年美国分别生产出了 253 种和 256 种钻井液缓蚀剂，占钻井液助剂的 9.71% 和 8.94%，居 18 种钻井液助剂中的第 3 位。前苏联的 10 类钻井液助剂中，有两类是钻井液缓蚀剂，抗氧缓蚀剂尤为广泛。据不完全统计，1986 年中国损失钻杆为 4kg/m，而美国同期的钻杆损失仅为 1～1.5kg/m。1982—1989 年间华北钻杆损失为 2.5kg/m。近年来，川东气田钻杆损失为 11kg/m，川南气田为 8～9kg/m，而中国石油天然气总公司给四川气田的指标则是 5kg/m。由此可见，四川气田钻井成本是较高的。据中国石油天然气总公司统计，近几年来每年钻井事故约 500 次，其中 60% 源于腐蚀，损耗钢材约 3000t，累计经济损失约 3×10^8 元。大量统计表明，国外钻具损失一般是国内的三分之一多，不到二分之一。因此，为了降低国内钻井成本，促进钻井技术的发展，开展了钻具抗氧缓蚀剂的研究工作。经过一年多的试验评选，已经研制出一种钻具抗氧缓蚀剂——KO－1 缓蚀剂，此缓蚀剂适用于盐水钻井液、淡水钻井液和聚合物钻井液。

一、腐蚀测试装置

参照评价油气田缓蚀剂的方法，建立了动态腐蚀测试装置，由动力、恒温箱和转轮等 3 部分组成。

（1）动力部分：将电磁调速电动机带动转轮转动，转轮转速可达 200r/min 以上。

（2）恒温箱：将电热丝加热，采用电子继电器控制温度，温度可达 120℃以上。

（3）转轮上有 6 个试验罐架，两个试验罐一组，并排装在一起，三组试验罐呈正三角形排列，如图 1 所示。试验罐材质为钛合金，规格为 $\phi80\text{mm} \times 265\text{mm}$，有效容积约为 1.3L。罐体与罐盖间用氟橡胶 O 形密封圈密封；挂杆材质为含钛不锈钢，规格为 $\phi10\text{mm} \times 165\text{mm}$。每个试验罐内挂试片两块，试片平行距离约 35mm。

二、实验方法——转轮法

转轮法是一种动态挂片失量法。试片浸入钻井液中，测试实验前后试片的失量，评价钻井液的腐蚀性能和缓蚀剂的缓蚀效果。

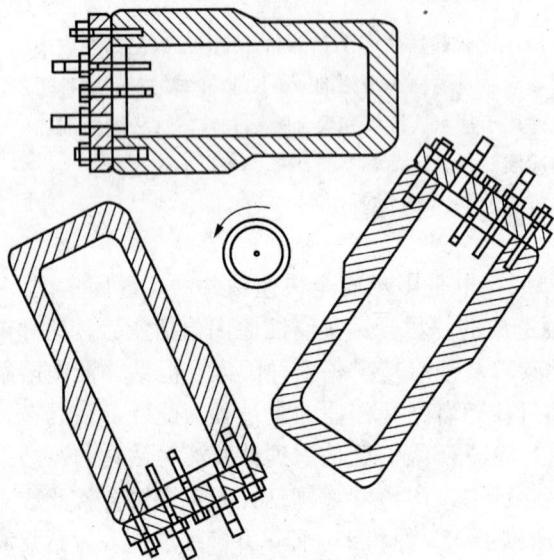

图 1　试验罐转动示意图

1. 钻井液的组成

（1）淡水钻井液：1000mL 去离子水 + 2.0gNa$_2$CO$_3$ + 40.0g 安丘膨润土 + 80g 标准评价土；

（2）聚合物钻井液：1000mL 去离子水 + 2.2gNa$_2$CO$_3$ + 41.6g 安丘膨润土 + 100gFA367 溶液（0.7%）+ 15gXY－27 溶液（0.4%）+50g 标准评价土；

（3）盐水钻井液：1000mL 去离子水 + 1.8gNa$_2$CO$_3$ + 35.0g 安丘膨润土 + 30gNaCl + 2.5gPAC + 60g 标准评价土。

此 3 种钻井液配方是四川石油管理局天然气研究所的王翰华等同志在研究钻井液缓蚀剂室内评价方法时设计的标准试验液。钻井液配好后，放置 24h，试验前用 5%NaOH 溶液调节 pH 值，搅拌均匀。

用美国 7932 型溶解氧仪测定钻井液中溶解氧的浓度。然后，向每个试验罐中装入 850mL 钻井液。测量结果表明，钻井液中溶解氧的浓度为 $7\sim12\text{mg/L}$。

2. 试样材质

试样材质为 G105 钻杆钢，规格为 $50\text{mm} \times 10\text{mm} \times 3\text{mm}$，钻一个 $\phi4\text{mm}$ 的孔。试片的制备和试验前后的处理与四川石油管理企业标准 Q/CY 176—92 中的规定相同。

3. KO－1 缓蚀剂

KO－1 缓蚀剂的主剂是有机酯类化合物，配制方便，费用较低。每注入 0.85mL，钻井液中缓蚀剂浓度为 1000mg/L。

4. 试验条件

温度为 60℃，120℃；pH 值为 7～9.8；转速为 30～200r/min；时间为 6h。

5. 计算公式

腐蚀速率的计算公式为：

$$R_c = \frac{\Delta m \times 24 \times 365 \times 10}{A\rho t} = 8.760 \times 10^4 \times \frac{\Delta m}{A\rho t} = 135.1\Delta m$$

式中　R_c——腐蚀速率，mm/a；

　　　Δm——试片失量，g；

A——试片表面积，cm²，取 13.85cm²；

ρ——密度，g/cm³，取 7.8g/cm³；

t——时间，h。

缓蚀率（或称保护度）的计算公式为：

$$D_p = \frac{\Delta m(空白) - \Delta m(含缓蚀剂)}{\Delta m(空白)} \times 100$$

式中　D_p——缓蚀率，%；

　　　Δm——试片失量，g。

三、实　验　内　容

1. 转速实验

实验条件：盐水钻井液，pH 值为 8.4，温度 60℃，时间 6h。实验结果见表 1。由表 1 可知，80r/min 的腐蚀速率大，因此，将评价转速定为 80r/min。转轮法中，除了转速是影响实验结果的主要因素之外，温度也是主要因素之一。温度的选择是根据钻井液实践确定的。

表 1　转速实验结果

转速，r/min	30	40	45	50	55	60	80	130	200
Δm，mg	25.8	29.9	27.2	29.1	27.0	30.6	33.9	28.8	30.4
R_c，mm/a	3.489	4.039	3.675	3.931	3.648	4.134	4.580	3.891	4.107

2. KO-1 缓蚀剂的浓度实验

实验条件：盐水钻井液，pH 值为 9.8，温度 60℃，时间 6h，转速 80r/min，实验结果见表 2。由表 2 可知，当缓蚀剂浓度在 4g/L 以上时，缓蚀率大于 85%，试验片表面均匀，未见明显的局部腐蚀。

表 2　KO-1 缓蚀剂浓度实验结果

浓度 g/L	Δm mg	R_c mm/a	D_p %	腐蚀情况
0	14.8	1.999	0	局部
1	6.3	0.851	57.4	局部
3	3.8	0.513	74.3	局部
4	2.0	0.270	86.5	均匀
5	1.8	0.243	87.8	均匀
6	1.3	0.179	91.2	均匀

盐水钻井液配好后，pH 值为 8.4。但现场钻井时，钻井液的 pH 值一般都大于 9，因此用 5% 的 NaOH 溶液调 pH 值至 9。在钻井实践中发现，控制钻井液的 pH 值也可以控制钻井液对钻具有的腐蚀。然而，若 pH 值太高，材料又有碱脆危险，反而加速腐蚀。即使将钻井液的 pH 值控制在 9～12 范围内，钻具的腐蚀仍很严重。根据空白实验结果，调节 pH 值后腐蚀速率虽有所下降，但仍高达 2mm/a。可见通过 pH 值控制钻具的腐蚀是有限的，必须用缓蚀剂防止钻井液对钻具的腐蚀。表 2 还说明了缓蚀剂可以减轻局部腐蚀，这

有助于提高钻井的经济效益。

3. KO-1 缓蚀剂的转速实验

为了探讨转速对缓蚀剂缓蚀效果的影响,进行了缓蚀剂转速实验。实验条件:盐水钻井液,pH 值为 9.8,温度 60℃,时间 6h,实验结果见表 3。由表 3 可知,转速对缓蚀剂缓蚀效果的影响不明显。这说明 KO-1 缓蚀剂对转速的适应能力较强。表 3 空白实验数据与表 1 比较表明,将 pH 值调高,在相同转速下腐蚀速率降低,但腐蚀仍然很严重。表 3 和表 2 比较表明,80r/min 转速下缓蚀剂的缓蚀效果随缓蚀剂的加入方式不同而不同。KO-1 缓蚀剂调配均匀后加入钻井液中,比按 KO-1 缓蚀剂组分分别依次加入钻井液中的缓蚀效果好。这说明缓蚀剂组分调配均匀后,由于缓蚀剂组分的"协同效应"而增效。"协同效应"可能是因为缓蚀剂组分的分散状态得到了改善,而在金属表面的吸附能力增强了,从而提高了缓蚀剂的效果。

表 3 KO-1 缓蚀剂的转速试验结果

转速 r/min	空白试验		缓蚀剂浓度 7.5g/L*		D_p %
	Δm, mg	R_c, mm/a	Δm, mg	R_c, mm/a	
30	11.4	1.540	1.5	0.203	86.8
50	15.0	2.026	2.0	0.270	86.7
80	14.8	1.999	2.0	0.270	88.5
130	17.3	2.337	2.0	0.270	88.4

* 缓蚀剂调配组分分别依次加入后,其相应的 KO-1 缓蚀剂浓度。

4. KO-1 缓蚀剂在不同钻井液中的缓蚀效果实验

除了盐水钻井液外,现场还使用淡水钻井液和聚合物钻井液等。因此,进行了在不同钻井液中 KO-1 缓蚀效果的实验,实验条件:80r/min,60℃,6h,实验结果见表 4。由表 4 可知,KO-1 适用于盐水、淡水及聚合物钻井液。在不调 pH 值的情况下,3 种钻井液的腐蚀性由强到弱的顺序为:盐水钻井液>淡水钻井液>聚合物钻井液。从组成来看,盐水钻井液中氯离子浓度高,加速了钻具的腐蚀,而聚合物钻井液中,含有聚合物 FA367 和 XY27,聚合物有利于在金属表面吸附,有一定的缓蚀作用,因此聚合物钻井液的腐蚀性最弱。加入 KO-1 缓蚀剂后,3 种钻井液的腐蚀性强弱顺序未变,也说明氯离子加速腐蚀,而聚合物一定程度上能抑制腐蚀。聚合物钻井液中加入缓蚀剂后,G105 钢的腐蚀速率降到 0.1mm/a 以下,达到了材料耐腐蚀级标准。这说明 KO-1 缓蚀剂可以有效地抑制 G105 钢在聚合物钻井液中的腐蚀。

表 4 KO-1 在不同钻井液中的缓蚀效果

钻 井 液	盐水钻井液			淡水钻井液		聚合物钻井液	
缓蚀剂浓度, g/L	0	0	7.5*	0	7.5*	0	7.5*
Δm, mg	33.9	14.8	2.0	22.2	1.8	17.8	0.5
R_c, mm/a	4.580	1.999	0.270	2.999	0.243	2.405	0.068
D_p, %	0	0	86.5	0	91.9	0	97.2
pH 值	8.4	9.8	9.8	9.1	9.1	9.4	9.4
腐蚀情况	局部	局部	均匀	局部	均匀	局部	均匀

* 缓蚀剂调配组分分别依次加入后,其相应的 KO-1 缓蚀剂浓度。

5. KO-1 缓蚀剂的耐温实验

实验条件：盐水钻井液，pH 值为 9.8，转速 80r/min，时间 6h，结果见表 5。表 5 数据表明，温度对 G105 钢在钻井液中的腐蚀情况有显著的影响，而且温度升高，腐蚀速率也上升，但缓蚀剂的缓蚀率仍很高，这说明 KO-1 对温度的适应范围很宽。

表 5　KO-1 缓蚀剂耐温实验结果

温度 ℃	浓度 g/L	Δm mg	R_c mm/a	D_p %	腐蚀情况
60	0	14.8	1.999	0	局部均匀
	6	1.3	0.176	91.2	
120	0	40.0	5.404	0	局部均匀
	6	4.3	0.581	89.2	

根据上述实验结果可知，KO-1 缓蚀剂能有效地抑制钻井液对 G105 钻杆钢的腐蚀，而且对温度、pH 值和转速的适用范围宽，利于钻井的现场应用。此外，KO-1 缓蚀剂的配制工艺简便，费用较低。因此，KO-1 缓蚀剂是一种有广阔应用前景的钻具抗氧缓蚀剂。

四、结　　论

（1）影响钻井液对钻具腐蚀的主要因素有温度、转速和 pH 值等。

（2）KO-1 缓蚀剂能有效地抑制钻井液中溶解氧对钻具的腐蚀，适用于盐水、淡水和聚合物钻井液，而且加工简便，费用较低，有着广阔的应用前景。

（3）3 种钻井液腐蚀性由强到弱顺序为：盐水钻井液＞淡水钻井液＞聚合物钻井液。

磁处理钻井液

王铁军
（大庆石油学院）

摘 要 应用磁处理钻井液，能降低钻井液黏度和切力，抑制泥页岩造浆，抑制泥页岩水化分散，防止井塌，保护油气层，减少事故，提高钻速，能减少处理剂的用量，降低成本，简化钻井液的处理程序，减少环境污染等。

关键词 磁化器 处理方法 钻井液 黏度 切力 抑制性 保护油气层

磁处理钻井液技术的应用研究，国外只有前苏联在 20 世纪 80 年代中期报导了磁化处理黏土悬浮液和磁化处理海水钻井液的研究，黏土悬浮液经磁化处理后动切力降低 26.9％，海水钻井液经磁化处理后初切力和终切力分别降低了 15.4％和 25.8％。国内自 1987 年开始，由大庆石油学院率先进行了探索性研究，从 1991 年起，在室内较系统地研究和优选了钻井液磁化处理条件，研制了室内和现场应用的钻井液磁化处理器；系统研究了磁化处理对钻井液流变性的影响，磁处理抑制泥页岩造浆，抑制坍塌和保护油气层等问题；在此基础上，突破性地进行了磁处理钻井液应用机理研究。并先后在大庆、吉林等油田进行了 125 口井的现场应用试验，取得了明显的效果。

多年来国内外对钻井液的处理，主要是靠使用钻井液处理剂来实现的，磁处理钻井液技术为钻井液处理提供了一种新方法和新技术，它可以不用或少用处理剂达到处理钻井液的目的，使用磁处理钻井液能减少处理剂的用量，降低成本，简化钻井液的处理程序，减少环境污染等。

磁处理钻井液的应用研究表明，磁处理钻井液能较大幅度地降黏、降切，具有较好的抑制造浆、防止地层水化膨胀和保护油气层的能力，是钻井液的一项新技术。

一、最佳磁化处理参数的选择

最佳磁化处理钻井液参数主要是：磁场强度、磁程长度、钻井液流过磁化处理器的流速和磁化处理次数（即钻井液流过磁化处理器的次数），其中最主要的是磁场强度。通过系统实验，最佳磁化处理钻井液参数确定如下。

（1）磁场强度在 75～250MT（或 750～2500GS 或 60～200kA/m）之间均有效，但最佳磁场强度是 220±20MT。

（2）磁程长度（永磁块排列的长度），一般定为 40cm，若钻井液流过磁化处理器的流速较高时，磁程长度可以适当加长，以保证磁化效果。

（3）磁化处理次数，是指钻井液通过磁化处理器的次数。一般来说磁化处理一次，即可得到较好的磁化处理效果；若再增加磁化处理次数，磁化处理效果增加不十分明显。在实际钻井过程中，钻井液流过磁化处理器，不断循环即不断进行钻井液磁化处理。

（4）钻井液流过磁化处理器的流速，是指循环过程中钻井液流过磁化处理器的流速，一般为 1～3m/s，若流速增大时可以适当增加磁程长度来保证磁化处理效果。

二、磁处理对钻井液流变性能的影响

在不同磁场强度下，磁处理水配浆、磁处理原浆和现场井浆均取得明显效果。磁处理水配浆，其塑性黏度降低 12.3%，动切力降低 11.3%，初、终切力分别降低 8.7% 和 12.8%；磁处理原浆其塑性黏度降低 8%，动切力降低 15.4%，初、终切力分别降低 10.2% 和 11.8%；磁处理现场井浆，其塑性黏度降低 11.3%，动切力降低 20.0%，初、终切力分别降低 29.9% 和 21.1%。钻井液经磁化处理后，可改善流变性，钻井液的密度越高其磁化处理效果越好。

三、磁处理钻井液抑制泥页岩造浆

1. 磁处理对造浆层段钻井液性能的影响

分别对大庆油田 20 口开发井造浆层段的不同密度井浆进行了试验研究，表 1 为 5 种不同密度的造浆层段的井浆在 150～170kA/m 场强下磁处理前后性能变化。

表 1　磁处理前后井浆性能

密度 g/cm³	处理前				处理后			
	塑性黏度 mPa·s	动切力 Pa	滤失量 mL	初切/终切 Pa	塑性黏度 mPa·s	动切力 Pa	滤失量 mL	初切/终切 Pa/Pa
1.25	18	6.1	4.4		17.2	5.9	3.6	
1.31	20.5	7.7	2.5	0.3/1	19	6.9	2.0	0.2/0.7
1.35	20.5	5.9	5.4	0.3/1.2	19	4.9	5.0	0.2/0.7
1.52	24	5.4	4.0	0.4/1.4	23	5.4	3.6	0.3/1.0
1.62	24	6.4	4.7	0.4/2	22	5.1	4.2	0.3/1.2

从表 1 可见，造浆段井浆经磁处理后，其黏度、切力均降低，失水量也略有降低，井浆密度愈高，磁处理后效果愈好。

2. 磁处理钻井液对抑制岩屑造浆的模拟实验

在室内小型循环装置上，在相同条件下进行模拟实验，分别将磁处理钻井液和井浆（非处理）循环至性能稳定，测出各自性能，然后分别加入 1%～4% 的大庆嫩五段易造浆地层岩心粉（粒度 100 目）或安丘土粉，不断循环，不断测量性能，直到性能基本稳定，进行对比。

综合 20 口井的井浆模拟实验结果，加入 4% 的大庆嫩五段易造浆地层岩心粉，磁化处理与非磁化处理相比，塑性黏度降低 7.0%，表观黏度降低 11.4%，动切力降低 35.8%；加入 3% 安丘土粉，磁化处理与非磁化处理相比，塑性黏度降低 16.2%，表观黏度降低 20.8%，初、终切力分别降低 33.9% 和 29.2%。这表明磁处理钻井液能抑制岩屑造浆。

四、磁处理钻井液抑制泥页岩水化分散

在室内先后用 NP-01 型页岩膨胀仪、CST 测定仪、滚子加热炉和黏土吸湿容积计等对安丘土和易水化页岩进行了磁处理钻井液（场强 60~300kA/m）抑制泥页岩水化的实验研究。

在磁场强度 218~230MT 时，用 NP-01 型页岩膨胀仪测出浸泡 5h 的膨胀率降低 30.1%；在磁场强度 210MT 下，用 CST 测定仪测出磁化 3 次的 CST 值降低 39.0%；在磁场强度 220MT、120℃×12h 条件下，滚动大庆油田嫩五段岩心屑，回收 40 目的滚动回收率提高 61.9%；在磁场强度 220MT 下，磁化处理 1%NaCl 溶液，浸泡 5h 的膨胀率可降低 45.3%，这与未磁化处理的 5%NaCl 溶液抑制泥页岩水化分散效果相近，磁化处理可节省 3%NaCl 的用量。

五、磁处理钻井液保护油气层

（1）静损害时间影响的实验。在磁场强度 184kA/m 下，分别对自来水和钻井液滤液进行 3 次磁化处理。用经磁化处理和未经磁化处理的自来水和钻井液滤液在相同条件下对含 5%黏土的人造岩心进行了不同时间的静损害实验。结果表明，经磁化处理的自来水和钻井液滤液对岩心静损害程度、不同静损害时间均比未经磁化处理的钻井液低。损害时间达到 4h 以后，经磁化处理的自来水和钻井液滤液对岩心的静损害程度降低率均基本不变。

（2）不同黏土含量的影响。在磁场强度 176~184kA/m 下，用经磁化处理 3 次和未经磁比处理的自来水、钻井液滤液及 10%NaCl 溶液，分别对含土量不同的人造岩心进行了 4h 的静损害实验，实验结果见表 2。由表 2 可见：经磁化处理与未经磁化处理的自来水、钻井液滤液和 10%NaCl 溶液相比，均能使含土量不同的岩心损害程度降低；对相同液体，岩心损害程度降低率随土含量的增加而增大。磁化处理自来水的损害程度降低率从 5.3%到 6.3%，磁化处理钻井液滤液损害程度降低率从 6.7%到 7.1%，而磁化处理 10%NaCl 溶液的损害程度降低率从 9.6%到 12.1%；在岩心含土量相同的条件下，经磁化处理后不同液体的损害程度降低率各异。磁化处理钻井液滤液与磁化处理自来水相比，损害程度降低率增加 17.4%，磁化处理 10%NaCl 溶液与磁化处理钻井液滤液相比，损害程度降低率增加 34.9%，磁化处理 10%NaCl 溶液与磁化处理自来水相比，损害程度降低率增加 46.2%。由此可见，油气层中黏土含量越高，磁化处理保护油气层效果越好；液体中含盐量越高，磁化处理后保护油气层的效果越好。

（3）磁处理大庆井浆使人造岩心损害程度降低率达 20%以上。

表 2　岩心黏土含量与损害程度的关系

黏土含量 %	自来水损害程度,%			钻井液滤液损害程度,%			10%NaCl 损害程度,%		
	磁化前	磁化后	损害降低率	磁化前	磁化后	损害降低率	磁化前	磁化后	损害降低率
5	90.5	85.7	5.3	92.5	86.3	6.7	78.8	71.2	9.6
10	93.0	88.7	5.7	93.6	87.2	6.9	81.7	73.0	10.6
15	95.5	90.0	5.8	94.5	88.1	6.8	84.8	75.3	11.2
20	96.9	91.0	6.3	95.8	89.0	7.1	88.2	77.5	12.1

六、磁处理对处理剂作用效果的影响

1. 高分子处理剂磁增溶

聚丙烯酸和聚丙烯酰胺类处理剂，经磁处理后其溶解度平均增加8%～12%，腐殖酸类等均增加10%以上。

2. 磁处理增加处理剂吸附能力

腐殖酸类、磺化酚醛树脂、磺化拷胶等磺化类处理剂经磁处理后，在黏土上的吸附量平均增加10%以上，聚丙烯酸钾等也明显增加吸附量。

3. 磁处理增效

磁处理对阴离子型处理剂和部分电解质溶液具有增效作用，如聚丙烯酸盐类作用效果可提高15%以上。

七、现 场 应 用

1. 大庆油田

1991年在松辽盆地敖南鼻状构造试验1口井，在松辽盆地永乐向斜构造东翼试验2口井。1992年先后在榆树林、茂兴等区块推广应用20口井，其中探井5口，开发井15口，平均井深2130.8m，1993年、1994年在宋芳屯、榆树林、两江和汤原区块推广应用82口井，其中探井21口，开发井61口，探井平均井深2300m，开发井平均井深1720m。

据105口井统计资料，探井的磁处理钻井液，塑性黏度平均降低12.6%，漏斗黏度平均降低13.7%。动切力平均降低24.7%；开发井的磁处理钻井液，塑性黏度平均降低14.7%，漏斗黏度平均降低10.9%，动切力平均降低18.5%。

使用磁处理钻井液的钻井周期明显缩短，探井和开发井分别缩短28.4%和13.7%；井径扩大率，探井平均降低38.0%，开发井平均降低40.5%；105口井钻井液处理剂的费用平均降低19.4%，每口井平均节省7490元。

2. 吉林油田

1992年在新民地区民27-39平台井中试验了4口井；1994年在新民地区民52-10平台和民73-9平台井中试验了2口井，在新立地区吉218-22平台使用了2口井；1995年在老爷府地区老19-7平台使用了3口井，老17-7和老1-15平台使用了6口井。

磁处理钻井液在吉林油田主要用于定向井，分别使用KHm-KCl钻井液、两性离子钻井液和硅铵钻井液，均取得明显效果。这表明磁化处理技术可用于多种钻井液体系，使用磁处理钻井液，塑性黏度平均降低10.5%，动切力平均降低8.3%，动塑比平均提高5.1%。

使用磁处理钻井液的钻井周期明显缩短，钻井周期平均缩短17.4%，机械钻速平均提高12.1%，井径扩大率平均降低37.0%，钻井液每米成本平均降低22.7%，每口井平均节省9190元

八、结　　论

通过系统研究和油田大量应用证实，使用磁处理钻井液能降低钻井液的黏度和切力，

防止井塌，减少事故，提高钻速，降低钻井液成本，减少环境污染，具有较好的经济效益和社会效益。

磁化处理参数是影响磁处理钻井液的主要因素，最主要的是磁场强度。因此必须按照最佳磁化处理参数设计制造磁化处理器。

使用磁处理钻井液，不改变原有钻井液的原循环系统，工艺简单、成本低、见效快。

参 考 文 献

[1] Барановскийвд 等．磁化处理对黏土悬浮液流变性影响。石油业，1984（9）：18～19

[2] АдиевМБ，щамадовДА．磁化处理海水黏土悬浮液对网状结构的影响。阿塞拜疆石油业，1984（5）：19～21

[3] 王铁军，孙维林．磁处理钻井液研究和进展．磁能应用技术，1992，2：12

[4] 王铁军，孙维林，孙连荣，刘庆旺．磁处理在抑制岩屑造浆中的应用．钻井液与完井液，1992，5（第9卷第3期）：35

[5] 孙维林，王铁军，孙玉学，龙安厚．磁化液体的岩心损害试验．钻井液与完井液，1992，9（第9卷第5期）：31～34

磁处理钻井液应用机理

王铁军

（大庆石油学院）

摘　要　在研究磁处理技术在钻井液中应用的基础上，重点对磁处理钻井液降黏、降切机理进行了探索研究，寻求钻井液经过磁处理后降黏、降切的内在因素和规律，为逐渐建立磁处理钻井液应用理论奠定了基础。

关键词　磁处理　钻井液　黏度　切力　应用机理

自 1978 年开始，大庆石油学院和大庆油田开始研究磁技术在钻井液中的应用，这在国内是没有先例的。经大量的室内实和现场应用表明，磁处理钻井液能有效地降低其黏度和切力，抑制泥页岩岩屑造浆，抑制泥页岩水化膨胀，更好地稳定井眼和保护油气层。这些都将有利于提高钻井速度和降低钻井液成本。磁处理钻井液的研究与应用越来越受到大家的重视，先后在大庆、吉林、中原、华北和长庆等油田不同程度地开展了研究、实验和使用。但是，磁处理对钻井液的作用机理却远没有被人们所认识，这方面的研究至今在国内外未见报道，这将不利于磁处理钻井液的深入研究和进一步推广应用。进行应用机理研究，将会大大促进磁处理钻井液的深入研究和更广泛的推广应用。

一、磁处理钻井液的微观实验研究

1. 磁处理对黏土颗粒吸附处理剂的变化规律的影响

1）处理剂和黏土

实验研究选用现场常用且具有代表性的钻井液处理剂：腐殖酸钾（KHm）、磺化酚树脂（SMP）、磺化丹宁（SMT）、磺化栲胶（SMK）、部分水解聚丙烯酰胺（HPAM）和部分水解聚丙烯腈钠盐（NH_4 - HPAN）。各种处理剂均有需提纯后制成母液备用。

黏土是选用安丘土，在 105℃ 下烘至恒重，放在干燥器中备用。

2）吸附量测定原理

用 721 分光光度计，通过测量处理剂溶液的吸光值，计算黏土颗粒吸附处理剂的量，其理论根据是朗伯比尔定律：

$$E = \varepsilon \cdot b \cdot C \tag{1}$$

式中　E——吸光值；

　　　ε——摩尔吸光系数；

　　　b——比色皿宽度；

　　　C——被测溶液浓度。

由式（1）看出，当 ε、b 值一定时，处理剂溶液浓度 C 与吸光值 E 成正比关系。利用上述关系，测当吸光值，求出黏土颗粒吸附处理剂后溶液的浓度，计算出黏土颗粒吸附处理剂的量。

计算公式为：

$$Ad = \frac{(C_1 - C_2)V}{m} \qquad (2)$$

式中　V——吸附时吸附剂、吸附质的溶液体积，mL；

　　　C_1——吸附前溶液中吸附质的浓度，mg/L；

　　　C_2——吸附达到动态平衡时溶液中吸附质浓度，mg/L；

　　　m——吸附剂的重量，g；

　　　Ad——黏土颗粒吸附处理剂的量，mg/g。

3）吸附量测试条件

（1）处理剂的灵敏吸收波长。

通过实验确定 KHm 的最大吸收波长为 460nm，SMT 的最大吸收波长为 390nm，SMK 的最大吸收波长为 62nm，SMT 的最大吸收波长为 620nm，HPAM 的最大吸收波长为 610nm，NH₄ - HPAN 的最大吸收波长为 610nm。

（2）黏土颗粒吸附处理剂的动平衡时间。

经过实验确定吸附 SMT、SMP、SMK、HPAM、NH₄ - HPAN、KHm 的动平衡时间分别为 45min、50min、25min、135min、30min、60min。

（3）吸附量测试。

为了便于对比磁处理与未磁处理钻井液中黏土颗粒吸附处理剂的规律，同时进行了 3 项实验，即把同一种处理剂、同一种浓度的溶液分成 3 份：一是先进行磁处理溶液，然后配成黏土悬浮液，再进行磁处理（简称磁处理溶液）。二是将处理剂溶液与黏土配成悬浮液后，再进行磁处理（简称磁处理悬浮液）；三是未磁处理的黏土与处理剂的悬浮液。

（4）测试结果与分析

黏土颗粒吸附各种处理剂的测试结果见表 1。

表 1　磁处理前后黏土—处理剂吸附量对比表

试样		Ad，mg/g								
SMT	1	55.03	69.41	86.79	108.45	125.75	128.02	100.93	131.81	132.40
	2	56.40	70.04	89.29	102.52	109.23	127.32	130.50	136.07	136.59
	3	54.21	67.15	82.46	91.16	105.56	113.35	118.52	122.82	123.50
KHm	1	56.34	63.45	78.52	88.41	99.64	109.42	119.25	123.50	125.95
	2	58.27	65.28	80.21	91.00	102.54	113.52	122.86	130.54	132.45
	3	54.31	60.25	76.21	85.59	96.31	104.23	109.54	115.95	118.21
SMP	1	11.90	26.78	37.30	47.65	55.60	58.75	59.93	60.30	—
	2	12.05	28.42	39.60	49.70	58.50	62.85	64.78	65.98	—
	3	9.90	25.25	35.55	43.60	50.20	52.20	53.46	53.96	

试 样						Ad, mg/g				
SMK	1	44.80	63.75	78.89	87.90	91.25	96.30	99.50	102.60	102.55
	2	45.40	65.65	80.70	90.30	94.45	98.60	102.30	105.45	105.60
	3	43.10	61.50	74.50	84.40	88.52	92.31	94.78	96.60	96.86
HPAM	1	12.25	20.72	26.02	31.47	39.08	43.21	47.87	49.23	51.23
	2	13.42	21.84	26.91	32.62	39.89	45.82	48.81	52.75	53.51
	3	12.02	20.59	25.90	30.58	38.99	42.23	47.19	49.08	49.82
NH₄-HPAN	1	8.53	20.20	33.10	39.20	42.40	48.60	55.40	57.25	57.78
	2	9.33	21.80	34.69	40.90	43.70	50.90	57.80	59.70	60.60
	3	8.09	19.01	32.89	37.91	40.32	46.95	52.01	54.05	54.24

由表 1 中的测试结果看出，黏土颗粒吸附处理剂的量有这样的规律：磁处理悬浮液的吸附量大于磁处理溶液的吸附量，而后者又大于未磁处理的吸附量；SMT 在安丘土上的吸附量，达到饱和吸附时与未磁处理的相比，磁处理悬浮液的吸附量平均提高 10.9%，磁处理溶液的吸附量平均提高 7.3%；KHm 在安丘土上的吸附量，达到饱和吸附时与未磁处理的相比，磁处理悬浮液的吸附量平均提高 12%，磁处理溶液的吸附量平均提高 6.5%；SMP 在安丘土上的吸附量，达到饱和吸附时与未磁处理的相比，磁处理悬浮液的吸附量平均提高 9.1%，磁处理溶液的吸附量平均提高 6.0%；HPAM 在安丘土上的吸附量，达到饱和吸附时与未磁处理的相比，磁处理悬浮液的吸附量平均提高 6.3%，磁处理溶液的吸附量平均提高 2.0%；NH₄-HPAN 在安丘土上吸附量，达到饱和吸附时与未磁处理的相比，磁处理悬浮液的吸附量平均提高 10.8%，磁处理溶液的吸附量平均提高 5.8%。

2. 黏土表观吸热附热测试

这项实验研究是从黏土颗粒与处理剂之间的吸附热出发，进一步验证磁处理增加黏土颗粒吸附处理剂的微观变化，实验是用法国 MS-80 标准型 CaLvet 热导式微量量热计进行的，该仪器最低检测热量为 106×10^{-3} J，热谱图由双笔 X-Y 记录仪描绘，焓变量由数字积分仪算出。

由积分仪计算出热谱图的焓变分别为：磁处理的 $\Delta H_磁 = -0.274$ J，未磁处理的 $\Delta H_{未磁} = -0.234$ J。二者均为放热反应，可以看出磁处理使黏土的表观吸附热增加了 14.6%，这进一步证明了磁处理使黏土颗粒吸附处理剂量增加的可靠性。

3. 磁处理对黏土颗粒 Zate 电位影响规律的实验

1) 主要仪器及试剂

主要仪器：

(1) DPM-1 型微电泳仪，一种双管投影式微电泳仪。

(2) DOS-11A 型电导率仪。

试剂：

(1) 黏土：山东的安丘土，浙江的平山土，四川渠县土和三台土。

(2) 处理剂：腐殖酸钾（KHm）、磺化酚醛树脂（SMP）、磺化丹宁（SMT）、磺化栲胶（SMK）、部分水解聚丙烯酰胺（HPAM）和部分水解聚丙烯腈铵盐（NH₄-HPAN）。

2) 测试原理与方法

(1) 测试原理。

要测出 Zeta 电位的大小，需要借助胶体的电动现象完成。电动现象是固体和液相作相对运动时所表现出来的现象。悬浮在液相介质中的黏土胶粒，在外加电场的作用下，向黏土胶粒所带电荷符号相反的电极方向移动，这种电动现象称为电泳。黏土胶粒带的电荷多，其 Zeta 电位就高。Zeta 电位与电泳速度成正比，因此可通过测试黏土胶粒的电泳速度的大小来计算其 Zeta 电位。

DMP－1 型微电泳仪计算 Zeta 电位的公式为：

$$Zeta = 1.13 \times 10^{-6} [\eta \upsilon A \lambda_0 C / \varepsilon i] \times 300^2 \tag{2}$$

式中　Zeta——电动电位，V；

　　　η——介质的黏度，10^{-2}Pa·s；

　　　υ——胶粒电泳速度，cm/s；

　　　λ_0——待测样品的比电导，Ω^{-1}；

　　　A——电泳管截面积，cm^2；

　　　C——电场校正系数，由微电泳仪厂家给出；

　　　ε——液相介电常数；

　　　i——测量电流，A。

（2）测试方法。

将黏土配成浓度为 0.25％的悬浮液，按沉降法提取测试的悬浮胶液并分成两份，其中一份不进行磁处理，另一份进行磁处理。分别把胶液注入 DPM－1 型微电泳仪中，测出电泳速度，同时记录电流数值，并测出悬浮液的电导率和温度，即可代入 Zeta 电位公式计算其大小。

3）测试结果及分析

（1）磁处理对纯黏土胶粒 Zeta 电位的影响见表 2。

表 2　磁处理对各种土的 Zeta 电位的影响

黏土	浓度,%	未磁处理时 Zeta 电位，mV	磁处理后 Zeta 电位，mV	磁处理前后的差值，mV	增加值的百分数,%
安丘土	0.25	13.474	17.660	4.186	31.067
三台土	0.25	12.642	17.078	4.436	35.089
渠县土	0.25	18.090	22.357	4.267	23.588
平山土	0.25	9.694	11.357	1.662	17.145

由表 2 的测试结果看出，悬浮液中的黏土经过磁处理后其 Zeta 电位：安丘土增加 31.1％，渠县土增加 23.6％，三台土增加 35.1％、平山土增加 17.2％。

（2）磁处理对吸附处理剂的黏土胶粒 Zeta 电位的影响见表 3。

表 3　磁处理后黏土胶粒 Zeta 电位的提高率（％）

处理剂	安丘土	三台土	渠县土	平山土
SMK	15.13	14.82	7.74	11.17
SMT	12.52	10.46	10.26	4.24
SMP	3.48	7.24	11.39	5.69
KHm	12.16	19.25	7.59	9.75
HPAM	23.75	29.40	26.71	9.96
NH₃－HPAN	23.37	23.09	23.04	13.00
KCl	9.26	12.39	7.26	7.11
NaCl		4.90	11.83	5.56

由表 3 结果可见，吸附各处理剂的黏土胶粒与纯黏土相比，其 Zeta 电位都增加。同时由表 3 还看出吸附各处理剂的黏土胶粒经磁处理后，与未磁处理的比，其 Zeta 电位都增大，其中 HPAM 和 HN₄ - HPAN 对黏土胶黏 Zeta 电位的影响最明显，平均提高 20％以上；其次是 SMK、KHm、SMT 等大分子处理剂对黏土胶粒 Zeta 电位的影响；SMP、KCl、NaCl 等处理剂对黏土胶粒 Zeta 电位的影响相对低些。

4. 磁处理对黏土颗粒表面阳离子释放影响的实验

黏土颗粒由于晶格取代而带负电荷，于是其表现吸附等电量的阳离子（如 K^+、Na^+、Ca^{2+}、Mg^{2+} 等）使黏土颗粒保持电中性。当把黏土放在水中时，吸附的部分阳离子便扩散到溶液中，称为黏土颗粒表面阳离子释放。黏土悬浮液中阳离子数目越多，说明释放出的阳离子数越多，此时黏土颗粒表面显负电性越强，Zeta 电位就越大。研究黏土悬浮液经磁处理后黏土颗粒释放阳离子的问题，是进一步说明磁处理使黏土胶粒 Zeta 电位增加的原因。黏土颗粒表面阳离子释放实验是用原子吸收分光光度计测的，实验结果见表 4。

表 4　磁处理前后三种黏土悬浮液中阳离子含量

土样	配浆水	处理方法	Ca^{2+}，mg/L	Mg^{2+}，mg/L	Na^+，mg/L	K^+，mg/L
安丘土	未磁处理水配浆	磁处理	30.92	0.15	5.33	2.18
		未磁处理	26.83	0.15	4.27	2.00
	磁处理水配浆	磁处理	30.33	0.16	6.04	2.11
		未磁处理	28.78	0.15	4.44	2.23
渠县土	未磁处理水配浆	磁处理	33.83	2.86	3.37	1.93
		未磁处理	33.44	2.53	3.38	1.75
	磁处理水配浆	磁处理	35.00	4.29	4.62	2.04
		未磁处理	33.44	3.37	4.27	1.89
三台土	未磁处理水配浆	磁处理	3.11	9.47	9.07	2.81
		未磁处理	3.11	9.47	8.89	2.70
	磁处理水配浆	磁处理	3.31	10.55	9.96	3.02
		未磁处理	2.92	9.37	8.80	2.74

由表 4 看出，磁处理后的黏土颗粒表面上 K^+、Na^+、Ca^{2+}、Mg^{2+} 离子的释放量增多，而且用磁处理水配制的黏土悬浮液再经磁处理后效果更好；安丘土磁处理与未磁处理的对比，Ca^{2+} 释放量增加 5.39％，Mg^{2+} 释放量增加 6.67％，Na^+ 释放量增加 36.04％，K^+ 释放量增加 5.69％；渠县土，Ca^{2+} 释放量增加 4.67％，Mg^{2+} 释放量增加 27.30％，Na^+ 释放量增加 8.20％，K^+ 释放量增加 7.94％；三台土，Ca^{2+} 释放量增加 13.36％，Mg^{2+} 释放量增加 12.59％，Na^+ 释放量增加 13.18％，K^+ 释放量增加 10.22％。释放出来的阳离子数最增多，使黏土颗粒的表面吸附层内阳离子减少，而吸附层内定势离子与反荷离子之差增大，黏土胶粒的 Zeta 电位增加，通过黏土颗粒阳离子释放实验，进一步验证了磁处理使黏土胶粒 Zeta 电位升高的原因。

5. 磁处理对黏土粒度分布影响的实验

实验仪器选用美国的 Sedigraph 5100 型粒度分析仪，其工作原理为 Stokes 沉降理论，安丘黏土 13g 加 100mL 蒸馏水分别配成两份黏土悬浮液，其中一份磁处理，另一份未磁处理。摇匀，静止 12h，用 5100 型粒度分析仪进行粒度分析，其分析结果见表 5。

表 5　磁处理对黏土粒粒径的影响

粒径，μm	粒径累积百分含量，%		磁处理效果
	未磁处理	磁处理	
120	100.2	99.7	无效果
100	100.2	99.8	
80	100.3	100.0	
60	100.3	100.2	
50	100.2	100.2	
40	99.8	99.9	磁处理平均提高粒径累积百分含量为 1.92%
30	98.8	99.0	
25	98.0	98.2	
20	96.7	97.2	
15	94.9	95.9	
10	92.6	94.3	
8	91.6	93.5	
6	89.2	92.0	
5	85.7	89.0	
4	78.8	81.1	
3	70.1	67.6	磁处理平均降低粒径累积百分含量为 6.62%
2	64.7	56.1	
1.5	62.8	53.5	
1.0	60.8	52.5	
0.8	60.1	52.3	
0.6	59.5	52.4	
0.5	59.1	52.6	
0.4	58.7	53.4	
0.2	58.9	54.0	

由表 5 看出，粒土悬浮液经过磁处理后，粒径 $0.2 \sim 3\mu m$ 的累积百分含量都降低了，平均降低 6.62%；粒径 $4 \sim 20\mu m$ 的累积百分含量都增加了，平均提高 1.92%。由实验看出，黏土悬浮液经过磁处理后，细颗粒的黏土数量少了，粗颗粒的黏土量多了，这有助于降低钻井液的黏度和切力。

二、磁处理钻井液降黏降切机理分析

1. 磁处理使钻井液中黏土胶粒的 *Zeta* 电位增加，提高其稳定性

由表 2 的实验数据可以看出，经磁处理的黏土胶粒的 *Zeta* 电位都增大，对安丘土、渠县土、三台土和平山土四种黏土来说磁处理后 *Zeta* 电位平均提高 26% 以上。

再从黏土胶粒表面阳离子释放实验数据（表 4）可以看出，磁处理后的安丘土等 3 种黏土悬浮液中，黏土胶粒表面释放的阳离子数均增大，也就是说黏土胶粒表面的定势离子数（负电荷数）相对增加，即反荷离子数相对减少。由前面分析知道，$Zeta$ 电位的大小取决于吸附层内定势离子数与反荷离子数之差。对于某种黏土来说定势离子是个定值，而释放出的反荷离子数越多，则定势离子数与反荷离子数的差值越大，$Zeta$ 电位值就越高。因此通过离子释放进一步验证了黏土胶粒磁处理后其 $Zeta$ 电位增加。另外分别在各种黏土悬浮液中加入不同种类的处理剂后，黏土胶粒表面吸附了处理剂，经磁处理后的黏土胶粒吸附处理剂的数量更增加，黏土胶粒的 $Zeta$ 电位更增大（表3）。由钻井液稳定原理知道，黏土胶粒的 $Zeta$ 电位是钻井液体系稳定的主要因素。经磁处理的钻井液，黏土胶粒 $Zeta$ 电位增大，黏土胶粒之间的斥力增大，当黏土胶粒之间相互碰撞时易分开而不易聚结，使钻井液体系的聚结稳定性更加提高，钻井液的网状结构更加变弱，内部摩擦力更加变小，从而使钻井液的黏度和切力降低。

2. 磁处理使钻井液中黏土胶粒吸附处理剂的量增加，提高其保护能力

在当代石油科技和物理化学文献中，还没有直接用于描述黏土胶粒吸附各钻井液处理剂的专门理论模式，本文引用了 3 种前人常用的理论模式，并把实验曲线与理论计算曲线进行了对比，寻求适合于描述钻井液中黏土胶粒吸附各钻井液处理剂的理论模式；同时利用拟合结果，从分析理论吸附模式中有关项的物理意义出发，从理论上探索磁处理使黏土胶粒吸附各种处理剂量增加的原因。

1）朗格谬尔（Langmuir）等温吸附模式

原式：$Ad = As \times b \times c / [1 + b \times c]$

直线形式：$C/Ad = C/As + 1/As \times b$ \qquad\qquad (3)

式中　Ad——平衡浓度为 C 时的吸附量，mg/g；

As——黏土胶粒表面上为单层复盖时的饱和吸附量，mg/g；

C——吸附达到平衡时的溶液浓度，mg/L；

b——等温吸咐常数。

用表 1 的实验数据分别代入直线形式，进行线性回归，即可求得磁处理与未磁处理时黏土胶粒吸附处理剂时的 As 和 b 值，具体数据见表 6。

2）弗兰因得利希（Freundilch）等温吸附模式

原式：$Ad = K \times C^{1/n}$

直线形式：$\lg Ad = \lg K + (\lg C)/n$ \qquad\qquad (4)

式中　K——与吸附能力有关的常数；

n——与温度有关的常数。

由于式（4）是经验公式，常数意义不十分明确，但为了比较，仍然用实验数据将 n，K 值拟合求出，列于数据表 6。

3）西姆哈（Simha）－弗利希（Frisch）－艾利希（Eirich）等温吸附模式

原式：$Ad = As \times K \times C / [1 + (K \times C)^{1/r}]$

直线形式：$\lg (As/Ad - 1) = -\lg (K) 1/r - \lg (C) 1/r$ \qquad\qquad (5)

式中　r——吸附质分子在黏土胶粒表面上的平均吸附点数；

K——与 r 吸附热、溶剂作用、相对分子质量和温度等因素有关的常数。

用实验数据拟合得到磁处理与未磁处理黏土胶粒吸附处理剂时的 r、K 值，见表 6。

表 6　安丘黏土胶粒吸附处理剂的理论模式拟合常数

处理剂		朗格谬尔理论模式		弗兰因德利希理论模式		西姆哈—弗利希—艾利希理论模式	
		As	b (10^{-3})	K	n	r	K (10^{-3})
SMK	磁	141.247	1.21	2.2108	3.1160	0.985	1.114
	未磁	128.588	1.72	2.2621	3.1067	0.979	1.161
KHM	磁	38.887	0.80	0.3800	1.832	0.970	0.806
	未磁	29.550	1.08	0.4720	2.0254	0.951	1.036
SMT	磁	168.688	1.62	6.7610	2.5863	1.009	1.640
	未磁	153.981	1.68	7.0630	2.7083	1.003	1.690
SMP	磁	82.232	1.88	1.1780	1.9461	1.049	1.928
	未磁	67.174	1.99	1.6030	2.0183	1.003	1.999
HPAM	磁	60.284	10.05	4.2360	2.5605	1.199	12.510
	未磁	56.353	10.10	3.5480	2.4580	1.147	13.820
NH4 – HPAN	磁	83.554	14.93	3.0760	1.6801	0.993	41.600
	未磁	78.397	15.03	3.0760	1.7272	1.0026	15.065

将表 6 中经磁处理后的各常数分别代入以上 3 个理论模式计算式中，计算出各种处理剂在安丘土胶粒上的理论吸附量，并绘制理论等温吸附曲线，在同一坐标中同时绘出实验曲线。

由曲线分析可知，六种处理剂在安丘黏土胶粒上的等温吸附的实验曲线与朗格廖尔等温吸附理论曲线最接近，其次是接近西姆哈－弗利希－艾利希等温吸附理论曲线，而弗兰因得利希等温吸咐理论曲线与实验曲线相差较大。因此使用朗格廖尔等温吸咐理论模式来描述磁处理后 6 种处理剂在安丘土胶粒上的吸附是合理的。

既然用朗格谬尔等温吸咐理论模式来描述磁处理钻井液中黏土胶粒吸附处理剂更为合理，那么就可以进一步讨论式中的饱和吸附量 As 和等温吸附常数 b。资料介绍，朗格谬尔等温吸附理论模式中的 b 值与吸附平衡常数 K 和溶剂的活度 a 有如下关系：

$$b = K/a$$

当溶液为稀溶液时，$a \approx 1$，此时 $b \approx K$。由热力学关系可知：

$$K = e^{\Delta S/R} \times e^{-\Delta H/RT} \tag{6}$$

式中　ΔS——吸附熵；

　　　ΔH——净吸附焓；

　　　R——摩尔气体常数；

　　　T——绝对温度；

　　　e——自然对数。

由表 6 中的回归常数知道，经磁处理后的 b 值降低。结合热力学关系式可知，磁处理引起 b 值的变化，是与改变了吸附熵和吸附热有关。在吸附过程中，净吸附焓 ΔH 小于零（放热）。由前面的表观吸附热实验已知，磁处理引起吸附热微量的增加（绝对值）。那么在式（6）中，$e^{-\Delta H/RT}$ 项是增加的，而磁处理后 b 值的降低只有 $e^{\Delta S/R}$ 项降低，关系式（6）才成立，而 e 和 R 均常数，因此只有 ΔS 项降低，由此可知，磁处理体系的吸附熵减小。众所周知，熵是体系混乱度（或无序度）的度量，即体系的无序度增加，熵值就大，反之熵值就小。这可以充分说明，磁处理引起黏土胶吸附处理剂增加的主要原因是由于体系的熵减小，处理剂分子在黏土悬浮液体系中混乱度降低，规整性提高，即磁处理使处理剂分子趋于有序排列，在黏土胶粒表面排列更加紧密。所以可以用物理化学熵的理论，充分地解释磁处理钻井液中黏土胶粒吸附处理剂量增加的原因。磁处理的钻井液中黏土胶粒表面吸附处理剂的量增加，使得黏土胶粒表面形成一层更厚的保护膜，起到更好的保护作用，保护黏土胶粒间不能直接接触而聚结；同时被吸附的处理剂分子又给黏土胶粒带来了更厚的水化膜，因而更加提高了钻井液的聚结稳定性，使钻井液的网状结构变弱、内摩擦力变小，钻井液的黏度、切力降低。

3. 磁处理使钻井液黏土胶粒定向排列

片状的黏土胶粒，由于晶格取代和断键，使片状的黏土胶粒在不同部位分别带正电荷或负电荷，使钻井液形成面面、端面和端端静电相连而形成较强的网状结构，造成钻井液的黏度和切力变大。经过磁处理的钻井液，将使黏土胶粒这种抗磁性物质产生附加磁矩，因其抗磁本性，相互间产生类似互感的斥力作用，由于这种斥力作用，使黏土胶粒在钻井液中趋于定向排列，形成的网状结构变弱，摩擦力变小，引起钻井液的黏度、切力降低。

4. 磁处理钻井液能抑制黏土、泥页岩钻屑的水化分散

由表 5 看出，黏土悬浮液经磁处理后，粒径 $3\mu m$ 以下的颗粒含量相对减少，而粒径 $4\sim20\mu m$ 的颗粒含量相对增加。由这项实验可进一步证实，钻井液经过磁处理后能抑制黏土、泥页岩钻屑的水化分散，从而减少了钻井液中细钻屑颗粒的含量；另一方面，被抑制未水化分散的大黏土泥页岩钻屑颗粒易通过机械法除掉，降低了钻井液中的固相含量，减少了它们对钻井液的污染。钻井液经过磁处理后，减少了细钻屑颗粒的数量，降低了固相含量，从而降低了钻井液的网状结构和内摩擦力，达到降低钻井液黏度和切力的目的。

三、结　束　语

通过磁处理钻井液微观实验研究，按着胶体化学、表面化学的某些理论进行分析，磁处理钻井液降黏降切的主要原因有两个方面：一是磁处理能增大黏土颗粒的 *Zeta* 电位，增大黏土颗粒吸附各种处理剂的量，使黏土颗粒的带电量增加，被保护的能力加强，在钻井液中更稳定。二是钻井液经磁处理后，能抑制黏土、泥页岩钻屑的水化分散，这既降低了钻井液中细钻屑颗粒的数量，又增加了粗颗粒的含量。从钻井液黏度、切力定义出发分析，钻井液经过磁处理后，其网状结构减弱和内摩擦力降低，因而其黏度和切力降低。

由钻井液的稳定原理，利用胶体化学和物理化学的某些原理，对磁处理钻井液降黏、降切的应用机理进行较详细的研究，能够充分地说明磁处理技术在钻井液中的应用是可行的，是有效的。

磁处理钻井液不仅能降黏、降切，还能保护井壁、防止井塌，更重要的是能降低处理剂的用量，降低钻井液的成本。磁处理钻井液技术是一项可行的新技术，应广泛地进行试验并推广使用。

DGB 密闭取心密闭液

史家理、王允良

（原大庆油田深井研究所）

油藏岩心是计算油田储量和设计油田开发方案必须使用的材料，而钻井取心是获得此项资料的必要手段。但水基钻井液取心时，由于在取心过程中岩心被钻井液污染，使测定的岩心含油饱和度偏低；而油基钻井液取心成本高、周期长、工艺复杂、不安全、劳动条件差，同时也会造成岩心的油污染，改变岩心含油饱和度。1964 年大庆油田提出进行密闭取心，因此，需要解决密闭取心液的技术问题。

一、技 术 难 点

首先开展了聚合物成膜密闭液试验，其基本原理是：岩心一形成，接触密闭液，立即成膜，并被包裹，保护岩心不受钻井液污染。但是。按此原理研制的密闭液，经过多次下井试验都没有取得成功。主要原因是：当密闭液一接触钻井液时，便立即成膜，堵住岩心入口，造成堵心，使取心失败，根本起不到保护岩心的作用。因此密闭取心的密闭液应当既不含油，也不含水，不能成膜，又能在岩心表面黏附，保护岩心不受钻井液污染，同时，其本身又不会侵入岩心内部，不改变岩心油水饱和度。

二、密闭液配方

密闭液（DGB）配方为：过氯乙烯树脂 2kg、蓖麻油 30L、重晶石粉 25kg，其密度 1.50～1.70g/cm³，黏度 500～700mPa·s（100℃时）（1979 年以后根据大庆油田钻调整井的需要，对密闭液进行了改进，配方是：这氯乙烯树脂 1kg、蓖麻油 17L、重晶石粉 20～25kg。密度 1.50～1.70g/cm³，70℃时黏度 1600～2000mPa·s）。配制好的密闭液呈乳黄色，半流动状态，能在岩心表面牢固地黏附，保护岩心不被钻井液污染，而且其自身成分不含矿物油和水，不会改变岩心油水饱和度。

三、密闭液的配制工艺

密闭液配制的关键是过氯乙烯树脂和蓖麻油的加温温度，温度低于 176℃，过氯乙烯树脂不能在蓖麻油中充分熔融；高于 176℃时，过氯乙烯树脂和蓖麻油的熔融物焦化，失去黏性，不能在岩心表面黏附，不能起到保护岩心的作用。过氯乙烯树脂和蓖麻油在加温过程中要不断搅拌，防止熔融物局部过热，导致熔融物焦化。

四、测定岩心密闭效果的方法

取心前将酚酞指示剂和烧碱（NaOH）按 1：1 的比例配成 0.5％的水溶液，加入钻井液中（酚酞指示剂在钻井液中的加量为 50mg/L），循环洗井一、二周。取出岩心后，用酒精检测岩样，如果显示红色说明有钻井液侵入。评价岩心密闭与否的标准是：岩心中酚酞指示剂含量低于 0.05mg/kg，岩心为密闭；酚酞指示剂含量大于 0.1mg/kg 时，岩心为不密闭。

五、现 场 应 用

1966 年 1802 钻井队在中检 3－23 井完成密闭取心试验，岩心密闭率 96.2％。1966 年后 DGB 密闭取心密闭液在大庆油田推广使用，并被国内其他油田仿制和推广使用。1979 年以后大庆油田主要在调整井进行密闭取心，每年平均实施密闭取心 5 口井左右，每井平均取心 10 筒、100m 左右，平均密闭率 85％以上。20 世纪 70 年代以后，在密闭取心工具上进行了不断的改进和发展，使之适应在中浅层、深层和坚硬地层进行密闭取心的需要，并研制成功了压力密闭取心技术。此项技术先后在国内胜利、大港、辽河等油田使用。

六、影响岩心密闭效果的主要因素

（1）钻速。特别是在高渗透性地层，当取心钻头牙齿吃入地层一瞬间，钻井液便从钻头牙齿缝隙刺入岩心，造成对岩心的污染；钻速慢，岩心裸露的时间长，影响密闭效果。

（2）割心位置。割心应在泥岩段进行，使岩心"穿鞋戴帽"，防止钻井液对岩心的垂直侵入。

（3）密闭液一定要按照规定的原料比例和配制工艺进行，保证质量。

（4）下钻要轻而稳是关键，防止密闭头销钉提前剪断，打开密闭液挡板，造成密闭液的流失，影响岩心密闭。

大斜度井保持井眼清洁的有效方法

马永峰

（华北石油管理局）

摘　要　大斜度钻井过程中，钻屑在 40°～60°井段易堆积形成岩屑床，对井下安全危害极大，容易引发憋钻和卡钻事故。解决大斜度钻井中岩屑床的堆积，不应只考虑清除钻屑的问题，重要的是如何清除井眼低端的钻屑沉积床。进行钻井排量设计时经常使用不合理或不完整的数学模型以及使用高黏度的钻井液清洁井眼，使清洁井眼工作变得更加困难。而使用重塞钻井液可有效地破坏已形成的岩屑床。"重塞"在环空中可产生异乎寻常的"射流"，把钻屑由井眼低端驱走，并且加重的钻井液可以产生更高的浮力，也有助于驱动井眼中的钻屑和淤泥。本文提出了重塞钻井液的设计方案，并提出了相应的建议。

关键词　大斜度井　岩屑床　井眼净化　重塞

在大斜度钻井过程中，钻屑在大斜度（40°～60°）井段易堆积形成岩屑床，对井下安全危害极大，容易引发憋钻和卡钻事故。传统的解决方法如"高黏钻井液塞"、提高转速、增大排量、频繁"短程起下钻"、加入润滑剂等在钻井施工已接近尾声时尚可一试，但若还有大段的井眼待钻，这些方法就难以解决随时可能出现的岩屑床危害问题。大斜度钻井不应只考虑清除钻屑的问题，重要的是如何清除井眼低端的钻屑沉积床。正常钻进过程中，大斜度段岩屑床的形成难以避免，且会随钻进时间的延长而逐渐增大。在一定时间内清除掉已构成危害的岩屑床，可保证继续钻进的顺利进行。

一、井眼清洁问题

1. 传统模型的缺陷

当井眼出现清洁问题时，首先想到的是钻井的排量和钻井液的黏度。排量设计是井眼清洁设计程序的基础，然而经常犯的错误是使用不合理或不完整的模型。

（1）传统的模型是建立在平均环空返速基础之上的。按这种模式，流动环境中的所有流动点都是均质的。这种模型只适用于垂直井段，不适用于造斜点以下的井段。现场实践也表明，由于管柱偏离井眼中心引起流型的扭曲可能要比其他传统上认为影响井眼清洁的参数更重要。对井眼的某个特定深度来讲，管柱的偏心指数大小会严重影响计算出的流型。

（2）指数方程和宾汉塑性模式在现代已经不适用，现在用赫－伯模式（Herschel－Bulkly Model）进行流型分析。尽管两者计算过程相近，但后者没有考虑钻柱转动的影响，使其在描述井下动力钻井情况下盲区的流动有独到之处。指数方程虽也没考虑转动的影响，但因其不能表述胶凝强度或低剪切速率下的应力，更适用于钻盘钻井情况下的流型分析。

2. 其他影响因素（如黏度升高）

传统的井型中，当井斜超过30°时，重晶石的"沉降效应"便出现，尽管没有出现能使钻井液密度降低的气、水侵，返出的钻井液密度仍会比泵入的密度低。这时一般要对钻井液进行处理，以提高其低剪切速率下的切力，但这样做的同时也将导致全部钻井液的黏度提高。一般认为高黏度的钻井液可以更好地清洁井眼，但问题是斜井中高端井眼激进的流动也就意味着低端流动的迟滞，也就有可能导致钻屑/重晶石在井眼低端更快地堆积。通过计算出的流型可以看出，对偏心指数为 0.5 的环空来说，钻杆的低端井眼开始出现问题。因为当钻井液流过阻力很小的通道时，黏度升高，其流动的均匀性变差。这里有一个最优低端流速的问题，它基于范式黏度计 6r/min 的读数，高于此临界值时井眼的清洁会变得更加困难。

可当使用重塞时就会有完全不同的效果。通过二维和三维的流动剖面进行分析，发现环空中有一股异乎寻常的"射流"可以把钻屑由井眼低端驱走。当钻具转动引起的"拖动力"和重塞的重力变化引起的"吸引力"结合在一起时，就出现了这样的"射流"，它流过环空的狭窄区域，洗刷了井眼的低端。并且，加重的钻井液可以产生更高的浮力，亦有助于驱动井眼中的钻屑和淤泥。

二、"射流"式"重塞"

"重塞"用原浆改造，屈服值可保持为正常钻进时的值，加入重晶石后黏度有微弱增长。"重塞"黏度低、密度高出普通钻井液 $0.36 \sim 0.48 g/cm^3$，环空液柱压力比正常情况下高出 $60 \sim 120m$ 水柱压力。按正常排量循环，同时以 80r/min 的速度转动转盘，"重塞"到达井底开始上返时可以携带大量虚泥饼和钻屑，返到地面后经固控设备过滤而被排掉。

1. 转盘的转速

钻具的转动有助于钻屑的清除，要想使"重塞"发挥其效能，当"重塞"在环空流动时就要保持钻具不停地转动。对一般钻井液，如果把转速提高到 $100 \sim 120r/min$，岩屑的清除效果就会大幅度提高，而当提高到 $150 \sim 180r/min$，岩屑清除效率更明显。有些斜井井眼低端要靠高转速来实现岩屑的清除。大斜度定向井钻井施工所用的定向工具把转速限定在 $60 \sim 80r/min$ 之内，由于这些工具在高转速时会功能失常，所以试图用高转速实现井眼清洁的作法是不切实际的。另外，提高转盘的转速尽管可以改善钻屑的携带效果，但并不一定就能彻底清除或防止钻屑在井眼低端的沉积。而泵入"重塞"可以在正常的转速范围内达到清除钻屑的功效。

2. 井下动力钻井以及"循环盲区"

使用井下动力钻具会产生循环盲区，继而导致虚泥饼和钻屑的堆积。在大斜度钻井中，使用井下马达钻进使一大段钻柱贴在低端井壁上，即使在最优的环空流态下，仍发现在钻柱和井壁接触面附近有"循环盲区"。在接单根和起下钻时，这些"循环盲区"使重晶石和钻屑聚集在低端井眼井壁上。通过对钻屑清除模式进行修正，可以使其提供最佳的流变参数和转盘的转速，并计算出不同"重塞"携带岩屑的能力，继而对"重塞"划定级别。

三、重塞的设计

（1）重塞的密度比钻井液高 $0.36 \sim 0.48 g/cm^3$，在配制和泵入"重塞"前，调整钻井液性能，使其具有较好的流变参数和较低的滤失量，且"重塞"必须全部返出地面。

（2）泵入"重塞"时可采用正常的钻进排量。当使用较稠的钻井液配制重塞时，要有一定的密度差才能取得好的作用效果。

（3）在大孔径的井眼中，"重塞"的量要加大，以延长作用时间，注入重塞的同时高转速转动转盘。

（4）振动筛筛布目数决定着当"重塞"返出时可以看到多少沉积钻屑由井里返出。用孔径为 0.071mm 的筛布效果最好。

四、结　　论

（1）在垂直段使用"重塞"循环，增加液柱压力。

（2）泵入"重塞"时以高于 80r/min 的速度转动转盘，转速越高效果越好。只用井下动力钻具钻进时不要注入"重塞"。"重塞"需要转动钻具配合。

（3）保证连续循环直到"重塞"返出地面。如果"重塞"还在斜井段时就中途停泵，钻屑会脱离"射流"使原来被驱替的钻屑重新聚集，从而前功尽弃。

（4）避免使用高黏度的"重塞"。

（5）在已显示有井眼清洁问题的井上至少要使用 3～4 轮次的"重塞"，以达到预期的效果。只使用一次可能不会完全排除存在的问题。

（6）重塞在钻杆中时避免"堵水眼"和环空塌陷。

（7）如作为维护措施，可进行如下处理：①每隔 6～8h 或 150～300m（按最先到达的时间或进尺，有特殊要求时除外）用重塞清扫井眼一次；②起钻之前循环时泵入"重塞"，并增加循环时间。

松弛测量法评价钻井液携岩性能

朱忠伟　　纪宏博

（辽河石油勘探局钻井二公司）

摘　要　目前，钻井液的悬浮能力是利用旋转黏度计测得的塑性黏度、动切力和静切力来评价。但在实践中发现，这些测试方法有时不能准确预测钻井液的井眼净化和悬浮特性。例如，羟乙基纤维素溶液比纯黄原胶溶液具有高得多的动切力和 3r/min 读值，但并不能提供足够的悬浮岩屑黏度，而纯黄原胶溶液却能将岩屑悬浮相当长的时间。因此提出使用松弛测量法来评价钻井液携岩性能，即在用范氏或 Brookfield 黏度计进行标准黏度测量之后进行，即继最后一次黏度测量，最好是 5.11s^{-1} 或更低剪切速率下，关掉仪器电机，尔后当立轴或悬锤试图返回到零时监测指示器的刻度盘或显示器，若钻井液具有持久松弛时间，则该钻井液具有较好的井眼净化性能和悬浮性能。现场试验表明这种方法是有效的。

关键词　钻井液性能　流变性　携岩　松弛测量

钻井施工中钻井液的携岩问题至关重要，携岩困难常常导致井下复杂情况和事故的发生。如在"糖葫芦"井眼中，当钻井液循环至井径较大井段的环空中，上返速度急剧下降，对于悬浮能力较差的钻井液，可能使得携带的岩屑在该处作平衡上返，即上返速度等于下降速度，从而导致钻井液携岩困难。要真正解决钻井液的携岩问题就要优化钻井液的携岩性能，而钻井液的携岩性能主要决定于钻井液的悬浮能力。目前，钻井液的悬浮能力是用旋转黏度计测得的塑性黏度、动切力和静切力来评价。但是这些测试值有时不能准确预测钻井液的井眼净化能力和悬浮特性。如对低固相钻井液，常规方法不易准确评价其在极低剪切速率下的流变性。应用范氏黏度计测定松弛值来预测携岩和悬浮固相能力的方法则可以解决这一问题。

一、问题的提出

在用黏度计评价溶液的悬浮能力时，黏度测量在 2 种聚合物浓度为 2% 的氯化钾溶液中进行。一种是质量分数为 0.7% 的羟乙基纤维素溶液，另一种是质量分数为 0.45% 的纯黄原胶溶液。每种溶液配制 1750mL。

用范氏 35A 型黏度计测量了 2 种溶液的流变性数据，见表 1。由表 1 可知，羟乙基纤维素溶液比纯黄原胶溶液具有更高的漏斗黏度、塑性黏度、动切力和 3r/min 读值。测定 3r/min 读值之后，关掉仪器以测定 10s 静切力。测羟乙基纤维素溶液时，黏度计刻度盘很快转到零，但测纯黄原胶溶液时，1min 后也未达到零。

表 1　羟乙基纤维素和纯黄原胶溶液的流变性

溶　液	FV s	PV mPa·s	YP Pa	Gel$_{5.11s^{-1}}$ mPa·s	Gel$_{0.06s^{-1}}$ mPa·s	$t_{悬浮}$ min	$t_{松弛}$ s
纯黄原胶	35	5	8.6	800	28500	140	70～120
羟乙基纤维素	120	23	21.1	1500	4000	19	15～0

用 Brookfield LVTDV－II 数字式黏度计测量 2 种溶液在低于 5.11s^{-1}（相发于范氏 35A 型黏度计的 3r/min）的剪切速率下的黏度。结果是，与纯黄原胶溶液相比，羟乙基纤维素溶液在 0.06s^{-1}下产生了相当低的黏度。这一测量结果与范氏 35A 黏度计的测量结果相反。范氏 35A 黏度计测量结果表明，就较高的动切力和 3r/min 读值而论，羟乙基纤维素溶液应是优异的悬浮液。

为找出上述测定结果与悬浮性能之间的相互关系，用磨碎的岩屑进行沉降实验。取 2 种溶液样品各 500mL 并分别加入 15g 岩屑。结果是羟乙基纤维素溶液未能提供充分的悬浮能力，而纯黄原胶溶液将这些岩屑悬浮了相当长的时间。这表明，尽管羟乙基纤维素溶液比纯黄原胶溶液具有高得多的动切力和 3r/min 读值，但并不能提供足够的可以悬浮岩屑的黏度。

因此，对上述 2 种溶液来说，3r/min 读值并不能准确反映其悬浮性能。实践中也发现，尽管某种流体可能表现出低的 3r/min 剪切应力和动切力，但其扩展的松弛测量值较高，反映出的悬浮性能较好。

二、松 弛 原 理

松弛现象是黏弹体的一个特性。对于高弹体迅速使之产生变形，物体内侧产生一定应力，此应力随时间而逐渐衰减，这一现象叫应力松弛，也叫松弛现象。松弛与蠕变的机理一样，是大分子在力（开始形成的应力）的长时间作用下发生了构想改变或位移，使原来的应力衰减或消失。Maxwell 模型就模拟了应力松弛过程。

该模型由一个黏壶和一个弹簧串联而成。当以外力作用在模型上时，弹簧和黏壶所受的应力相同，即 $\sigma = \sigma_E = \tau$。起初全部变形由弹簧承担，因黏壶还来不及做出反应。相当于改形变，弹簧内产生应力 σ_0。此后黏壶随时间增长逐渐被拉伸，而使弹簧回缩，弹簧应力相应减小。由于总的形变是由弹簧和黏壶共同作出的，所以总形变是两者之和：

$$\varepsilon_{总} = \varepsilon + \gamma \tag{1}$$
$$d\varepsilon_{总}/dt = d\varepsilon/dt + d\gamma/dt \tag{2}$$

由于
$$\sigma = \sigma_E = \tau$$
$$\sigma = \tau = \mu d\gamma/dt \tag{3}$$

则
$$d\varepsilon_{总}/dt = (1/E)(d/dt) + \tau/\mu \tag{4}$$

在应力松弛度情况下，形变保持不变，$\varepsilon_{总} =$ 常数，$d\varepsilon_{总}/dt = 0$，故
$$(1/E)(d/dt) + \tau/\mu = 0$$

将 σ 对 t 积分，且令 $t = 0$，$\sigma = \sigma_0$；$t = t$，$\sigma = \sigma$，得
$$\sigma = \sigma_0 e^{-t/(\mu/E)} = \sigma_0 e^{-t/\theta} \tag{5}$$

式中，θ 等于 μ/E，具有时间的量纲，称为松弛时间。

三、松弛测量方法

松弛测定在用范式或 Brookfield 黏度计进行标准黏度测量之后进行，即继最后一次黏度测量，最好是 5.11s^{-1}（或更低）剪切速率下关掉仪器电机。尔后当立轴或悬锤试图返回

到零时监测指示器的刻度盘或显示器，若钻井液具有持久松弛时间，则该钻井液具有较好的井眼净化性能和悬浮性能。

以钻井现场采集的基浆作为钻井液样品进行了验证。在一般情况下，钻井液的动切力和静切力等环空流变性能可以反映该钻井液的悬浮性，在合理的性能指标下该钻井液能够把钻屑及时携带到地面。但实验发现，在有些井中，虽然钻井液的常规性能较为合理，但实际上在钻进中钻井液的钻屑携带能力很差。对该钻井液进行松弛值测量，发现松弛时间很短，使得悬浮能力难以达到有效范围。

四、现场试验

1. 试验井概况

双601井是双北地区的一口探井，井身结构为：$\phi444.5mm \times 200m$（$\phi273.5mm \times 199m$）+ $\phi241.5mm \times 2448m$（$\phi177.8mm \times 2445m$）+ $\phi152.9mm \times 2865m$（$\phi139mm \times 2863m$）。该井地质构造为平原组（0～200m）、明化镇组（200～580m）、馆陶组（580～1460m）、东营组（1460～2440m）和沙河街组地层（2440～2865m），其中平原组、明化镇组及馆陶组地层为疏松砂岩、砂砾岩、灰绿色泥岩互层；东营组地层为大段灰绿色泥岩；沙河街组地层为灰绿色泥岩夹砂岩和粉砂岩。施工中由于轨迹控制不当，使井眼轨迹变成较为突出的三维轨迹，其中最大井斜为14.38°，最小为4.39°。

该井三开后在2567～2863m井段出现了严重的井塌现象，进行划眼。在划眼过程中出现3次卡钻事故。其原因为井壁的严重坍塌，使得井眼成为典型的"糖葫芦"型，完井电测时验证了这一结论：该井段井径极不规则，最大井径为460mm，最小井径为130mm，平均井径为212mm，平均井眼扩大率为39.1%，最大处井径扩大率为300%。

2. 松弛测量法分析携岩效果

钻至井深2713m后，进行短程起下钻时，下钻至井深2567m遇阻进行划眼。划眼时钻井液黏度为56s、滤失量为4mL，表观黏度为33mPa·s，动切力为13.9Pa，流性指数为0.71，稠度系数为301mPa·s^n，现场进行松弛测量，其值为10～15s，于是通过使用增黏剂提高钻井液黏度，预想把"糖葫芦"井眼中的岩屑携带至地面，但进行循环时仍无岩屑返出。然后用聚合物调整钻井液性能，使其黏度为57s，滤失量为5.5mL，表观黏度为30mPa·s，动切力为10Pa，流性指数为0.63，稠度系数为478mPa·s^n，进行现场松弛测量，其值为68s，再进行循环，发现振动筛上返出大量岩屑。之后短程起下钻均畅通无阻。由此可见：常规测量手段发现钻井液的流变性调整前后变化不大，但其松弛测量值相差悬殊。

钻至井深2852m时，进行短程起下钻，下钻至井深2686m遇阻。起钻时钻井液黏度为54s、滤失量为6.5mL，表观黏度为25mPa·s，动切力为8.1Pa，流性指数为0.67，稠度系数为313mPa·s^n，现场松弛测量值却为16s。划眼过程中，再次采用提高密度和松弛测量值的方法调整钻井液性能，调整后黏度为56s，滤失量为6.0mL，表观黏度为26mPa·s，动切力为14Pa，流性指数为0.54，稠度系数为956mPa·s^n，现场松弛测量值为62s，开泵循环后又返出大量岩屑。

钻至井深2865m进行完井电测前的短程起下钻，调整钻井液性能，降低黏度，松弛测量值降为12s，下钻至井深2747m遇阻，采用聚合物提高松弛测量值至60s以上，划眼至井底。各项电测进行顺利。说明钻井液携岩能力强，井眼清洁。

五、结论与建议

（1）使用现有仪器只进行常规标准黏度测量有时不能完全预测钻井液的井眼净化能力和固相悬浮性能。

（2）现场试验表明，采用常规现场流变测量仪器同时进行常规性能测量和松弛值测量，能够较为客观地评价钻井液的悬浮能力和携岩能力。

（3）采用松弛测量法测定钻井液的松弛值衡量其悬浮能力，可以有效地分析井眼环空钻井液的携岩性能，采用提高钻井液松弛值的方法可以解决"糖葫芦"井眼因携岩困难而造成的各种井下事故和复杂情况。

参 考 文 献

[1] Bent R. Bloodwoth, et al. Oil & Jas Joural, 1992，（6）
[2] 黄汉仁，杨坤鹏，罗平亚。泥浆工艺原理。北京：石油工业出版社，1981，7

水平井洗井效果的影响因素

范维庆　苏长明　宋玉宽　陈恒义
（胜利石油管理局钻井泥浆公司）

摘　要　水平井洗井技术是安全钻进的一项关键技术。根据国内外研究和胜利油田 7 口井的现场实践，本文讨论了影响水平井洗井效果的 10 种主要因素，即井斜角、钻井液流型、流态、环空流速、钻井液悬浮能力、井眼轨迹、岩屑颗粒大小、钻井液防塌能力、井径及工程措施。SN-1 水包油钻井液能满足水平井洗井技术的要求，有效地保证了水平井的安全钻进。

关键词　水平钻井　洗井　水基钻井液　聚合物钻井液　井眼净化　影响因素

截至 1992 年，胜利油田已顺利完成 7 口水平井，水平段最长达 555.43m（水平 20-1 井），最大井斜角达 101°（草 20-平 1 井）；涉及的储层有砂岩油层、砂泥岩互层油层、砾石层稠油层及砂砾岩油层。采用 SN-1 水包油钻井液的水平井钻井实践表明，钻井液性能稳定，井眼清洁，现场施工顺利。

一、水平井洗井效果的影响因素

1. 钻井液流型

国外对水平井洗井效果的研究表明，在层流下钻井液必须具有与井斜相应的最低屈服值，才能达到好的洗井效果。因此，为了提高水平井的洗井效果，在层流下以塑性流型的钻井液体系为好。为验证这一结论，我们对不同钻井液体系进行了流型测试实验。结果表明，1%CMC（0.4%HV-CMC 加 0.6%MV-CMC）溶液体系和 0.2%HEC、0.1%PHP 溶液加 1%超细碳酸钙体系为假塑性流体；而钻水平井用的 SN-1 水包油钻井液体系为塑性流体。在室内模拟实验架上和现场测量了岩屑迟到时间，并求出岩屑上返速度与井斜角的关系，见表 1、表 2 和表 3。由表 1、表 2、表 3 可见，假塑性流体屈服值为零，在层流下，难以将大斜度井段岩屑带出；SN-1 水包油钻井液，一般屈服值在 8~15Pa 范围内，能带出岩屑，现场钻井实践也证明了这一点。

表 1　1%CMC 流体的岩屑返速与井斜关系

井斜角（°）	0	10	20	30	40	50	60
岩屑返速，m/s	0.4	0.4	0.357	0.277	0.26	0.167	不上返

注：钻井液流速为 0.42m/s。

表 2　PHP、HEC 及 CaCO₃ 流体的岩屑返速与井斜关系

井斜角（°）	0	10	20	28
岩屑返速，m/s	0.22	0.08	上返又下滑	距井底 50cm、120cm 堆积

注：钻井液流速为 0.42m/s。

表 3　SN－1 水包油钻井液岩屑返速与井斜关系

井斜角，°	1.4	13.5	33	50	58.5	73	81
岩屑返速，m/s	0.37	0.36	0.30	0.35	0.35	0.37	0.38

注：井径 ϕ311mm；钻井液流速 0.49m/s。

2. 钻井液流态

国外研究证明，水平井不同井段的洗井效果与钻井液流态有关：井斜 0～45°井段，层流净化速度高；45°～55°井段，层流和紊流没有明显区别；55°～90°井段，紊流比层流净化好；只有井斜不大于 45°时，塞流携岩才有效。考虑钻井液流态，主要是在减轻冲蚀井壁和提高携岩能力间进行权衡。目前，由于水平井井身结构、泥浆泵排量、井下马达对钻井液流速的限制和高屈服值、高塑性黏度的要求，整个水平井中钻井液流态为层流，很难达到紊流。现场实践证明，层流能很好地满足水平井的洗井要求。重要的必须是平板层流，即动塑比为 0.5 左右，此时环空速度梯度接近于零，既避免了岩屑在上返过程中的翻转、推靠井壁，又冲刷井壁低边的岩屑，使之不形成岩屑床，达到好的洗井效果。用聚腐粉 JFF 能有效地提高 SN－1 水包油钻井液的屈服值，而不使塑性黏度过高。保证了钻井液动塑比接近 0.5，使钻井液在环空呈平板层流。埕科 1 井和水平 1 井两探井的录井砂样纯净、各层位砂样界限分明，油层解释与最后电测结果相吻合。

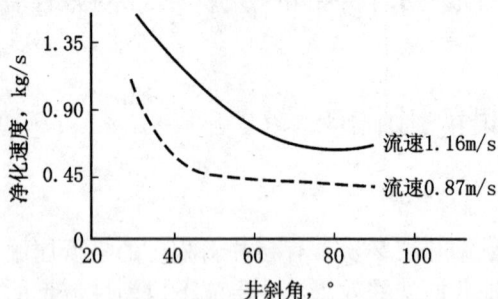

图 1　环空净化速度与泥浆流速的关系

3. 环空流速

国外研究指出，在 0～90°井斜角范围内，钻井液流速越高，环空净化速度越高，如图 1 所示。水平井钻井实践证明，提高环空钻井液流速可改善井眼净化效果，见表 4。尤其是井眼轨迹不平滑时，适当增加流速，有利于岩屑的清除。如埕科 1 井，由于水平段泥岩层井径扩大，井径不规则，这时钻井液环空流速达到 1.5～1.6m/s，岩屑也能全部带出井眼。

表 4　水平井段钻井液流速与岩屑返速的关系

钻井液流速，m/s	0.49	0.54	0.75	0.95
岩屑返速，m/s	0.36	0.39	0.58	0.58

注：表中数据是用迟到时间计算的。

4. 钻井液悬浮性

在水平井段钻进中，岩屑在几厘米到十几厘米内就滑到下井壁，从钻井液中沉出而堆积在井壁低边，增加了洗井难度。因此保证钻井液有足够的悬浮性是水平段洗井技术的关键。钻井液静切力是其悬浮性的表征，确切地说，水平井钻井液是要求在一定环空剪切速率下的零切力（即在环空剪切速率下"静止"零秒钟的切力值）。例如，根据静切力公式

$$\tau_s = 5/3 d_s \ (\rho_s - \rho)$$

可计算出 ϕ3mm 的岩屑，在岩屑密度为 2.6g/cm³ 和钻井液密度为 1.25g/cm³ 条件下完全悬浮的静切力 τ_s 值为 6.75Pa。SN－1 水包油钻井液在不同剪切速率下的零切力值不同，见表 5。由表 5 数据可知，剪切速率越高，零切力越小。

表 5 零切力与剪切速率的关系

剪切速率，s^{-1}	1022	511	340	170
零切力，Pa	1.75	2.0	2.50	2.75

用下式计算环空剪切速率

$$(dV/dX)_环 = 1000（12V/（D-D_p）+\tau_0/2\eta）$$

式中　V——环空流速；

　　　D——井径；

　　　D_p——钻具直径；

　　　τ_0——屈服值；

　　　η——塑性黏度。

求出环空剪切速率，再换算成仪器转速。在相应转速下测定静止不同时间的静切力，绘制范氏黏度计 θ_3 读值（代表静切力）与静止时间的关系曲线，延长曲线至零秒，其对应值即该剪切速率下的零切力。此值与该剪切速率下的 θ_3 值相近，因而测 θ_3 即可。SN-1 水包油钻井液在水平段 ϕ216mm 井眼中环空剪切速率，一般为 $300\sim360s^{-1}$，测 200r/min 下的静切力求出零切力，一般为 $2\sim3$Pa，见图 2。实践证明，此值能满足悬浮岩屑的要求，从而防止岩屑堆积。

5. 防塌能力

由于采用了高分子聚合物包被剂与沥青类防塌剂和高温降滤失剂的配合方案 SN-1 水包油钻井液具有良好的防塌能力，对井眼稳定起了重要作用。除了第一口水平井埕科 1 井外，其余 6 口水平井的水平段井径扩大率均小于 15%。由于井眼稳定、井径规则，有利于岩屑清除，保证了井眼清洁，使扭矩、提拉力比普通定向井还低。

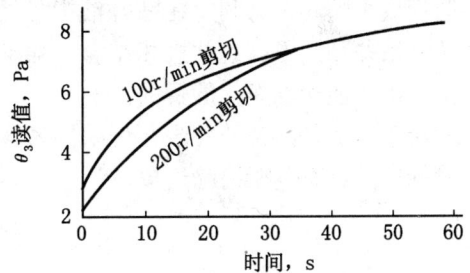

图 2　静切力与静止时间的关系

6. 井斜角

国外把水平井分为近直（$0\sim10°$）、低斜（$10°\sim30°$）、中斜（$30°\sim60°$）及大斜度（$60°\sim90°$）四个区段，研究表明，中斜度井段洗井最为困难，易发生 Boycott 沉降现象，停泵时造成岩屑滑落堵塞井眼和卡钻事故。室内模拟实验结果。如图 3 所示。由图 3 可见，在紊流流态下 $40°\sim60°$ 井斜段的洗井效果良好，而层流流态下随井斜角的增大，洗井效果变差。

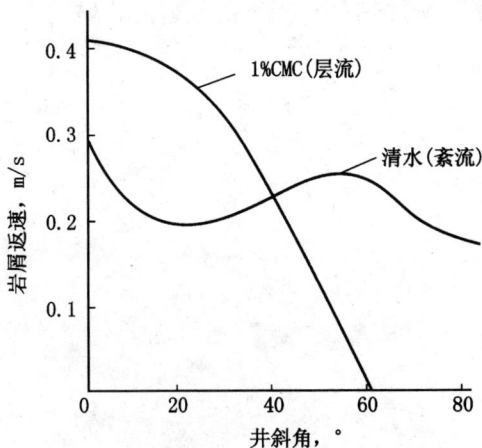

图 3　岩屑返速与井斜角的关系

7. 井径

一般情况下，不同井径的环空流速，是不同的，大井径流速偏低，而流速越大，岩屑返速越快。根据层流岩屑输送比分式 $R_t = V_岩/V_泥$，ϕ311mm 井眼中 R_t 约为 0.90，而 ϕ216mm 井眼中 R_t 为 0.77 左右。这说明过高的流速，岩屑清除效率不一定高，其可能的原因是 Boycott沉降现象加剧了岩屑的动态沉降：流速越高，沉降越快。因此，水平钻井过程中，应优选环空流速，调整流变参数，以达到不同井段的洗井目的。

8. 井眼轨迹

平滑的水平井井眼轨迹，可以减少钻井液的流动阻力，降低动能的消耗，有利于岩屑清除。草20－平1井为砾石层稠油油藏，进入第一靶点前，钻遇松散的砂岩层。因加不上钻压，造斜率不够，打入靶点垂深以下，采用强增斜钻具，向上增斜至靶点，结果在井深1100m处形成一凹段（从90°造斜至95°，最高达101°），出现"S"形井眼轨迹，水平段返出的大块砾石（直径10～20mm）堆积在低点，造成起下钻遇阻、卡。经提高黏切，才将砾石块全部带出。

9. 岩屑颗粒直径

水平钻井实践证明，岩屑颗粒直径越大，悬浮稳定性越差，越易在井壁低边形成岩屑床，造成洗井困难。

10. 钻具旋转与短程起下钻

国外研究证明，在水平钻井中，钻具旋转有利于岩屑的清除。旋转钻具的作用是（1）将下井壁沉积的岩屑推入流动的钻井液中，为钻井液流带出井眼；（2）将大块岩屑挤压、碾磨变成小颗粒，有利于在钻井液中悬浮。并带出井眼。胜利油田水平井钻井中，一般采用转盘钻井和井下马达钻进相结合，振动筛返砂量低，返出岩屑颗粒小，必须通过除砂器和离心机才能达到净化的目的。

对于井下马达钻的井眼，可采用短程起下钻措施，刮擦井壁、破坏岩屑床，采取增大排量的方法，有利于清除岩屑。

二、结　论

（1）现场钻井实践证明，SN－1水包油钻井液能满足水平井洗井要求。

（2）为更好地满足水平井洗井要求，在层流下，以选用塑性流型的钻井液体系为好，而且钻井液必须有一定的最低屈服值。

（3）在层流下，调整动塑比，保持平板层流，仍然能达到好的洗井效果。

（4）环空零切力值是保证洗井效果的重要参数。旋转钻具有利于清除岩屑，增大环空流速有利于带出较大颗粒的岩屑。

草20-平5井长裸眼水平井钻井液技术

苏长明　范维庆　顾法钊　孙　强

（胜利石油管理局泥浆公司）

摘　要　本文分析了草20断块地层特点及钻长裸眼水平井的有利条件和不利因素，提出了以MMH为主体的长裸眼水平井钻井液体系及技术措施。经草20－平5井现场应用证明，该钻井液体系具有较好的防塌、防漏和携带岩屑能力，满足了草桥油田长裸眼水平井钻井、完井施工的要求。

关键词　钻井流体　水平井　防塌　堵漏　井眼净化

一、概　况

草20－平5井位于东营凹陷南坡草桥鼻状构造带根部东侧的草20断块西部，草20断块的主要产油层是馆陶组底部的砂砾稠油层，其油层厚度为20～25m。从1991年7月～1993年5月，在草20断块共钻了5口水平井，经现场施工资料表明，该地区施工难度大，井下事故多。该地区设计的中曲率半径的水平井，造斜点深度为600～700m，上部地层软，采用弯套动力钻具钻进钻速快，地层造浆严重。在垂深850～900m之间为坚硬致密的玄武岩，可钻性差，钻速慢，钻穿玄武岩之后，又遇成岩性极差的含砾砂岩，使水平井发生严重的钻井液漏失。在该段地层，钻速快，增斜困难，必须采用动力钻具钻进，由于钻井液受额定排量的影响，加之井眼较大，钻井液上返速度小于0.6m/s，大量钻屑滞留在井眼内，在45°～80°斜井段中形成较严重的岩屑床。由于在玄武岩与含砾砂岩处形成台阶，起下钻遇卡、遇阻现象经常发生。在草20断块所钻的5口水平井均不同程度地发生类似情况。

分析井下发生复杂情况的原因，除地层因素外，还存在着井眼大、钻进液上返速度低，钻井液悬浮携岩能力差，井眼不清洁，钻速慢，易发生井塌、井漏、井斜方位调整困难等问题。

为了推广应用水平井钻井新技术、提高水平井钻井速度、减少井下复杂情况的发生，决定在草20－平5井进行长裸眼水平井钻井试验。草20－平5井于1993年5月19日用ϕ444.5mm钻头一开，钻至井深393m，ϕ339.7mm表层套管下386.88m。5月23日用ϕ244.5mm钻头二开，从700m开始定向造斜，分段造斜，最大造斜率45.65°/100m，入靶A点井深1141.50m，垂深942m，该点井斜角88.23°。该井完钻井深1542.65m，垂深960.85m，井斜角81.5°，全井最大井斜角91.2°，方位角274.9°，位移711.7m，水平段长401.15m，ϕ177.8mm油层套管下深1534.79m。为确定地层，钻到A点及完井后均采用斯伦贝谢公司的TLCS方法进行了中间电测和完井电测。该井钻井周期17d又21h，建井周期40d又2h（等电测10d），纯钻进时间96.7h机械钻速15，95m/h。

二、长裸眼水平井钻井液技术

简化井身结构，采用长裸眼水平钻井工艺，既有有利的一面，又存在不利的一面。

1. 有利因素

（1）井眼较小，钻速较快，钻井液上返速度较高，有利于井眼清洁。

（2）井斜、方位易控制，可减少起下钻的次数，有利于缩短钻井周期。

（3）由于简化了井身结构，可缩短建井周期，有利于降低钻井工程成本。

2. 不利因素

（1）由于不下技术套管，水平井裸眼井段长，摩阻增大，易发生黏附卡钻。

（2）上部地层蒙脱石含量高，具有很强的水化膨胀和造浆能力，对钻井液性能的影响主要是黏度，切力升高快，固相含量高，大量钻屑黏附在井壁表面，易造成缩径。

（3）水平段以上井眼裸眼时间较长，易发生复杂情况。

（4）在上部斜井段易形成键槽，造成键槽卡钻。

（5）进入砾石层后易发生井漏，造成井下事故。

3. 对钻井液功能的要求

为适应草桥地区长裸眼水平井钻井工艺对钻井液的特殊要求，钻井液必须具备以下功能：

（1）具有很强的抑制黏土分散能力及防塌作用。

（2）有较好的润滑性，降低摩阻。

（3）有合适的流变参数，较高的剪切稀释特性及触变性，改善钻井液的携岩性能，保持井眼清洁。

（4）有一定的防漏堵漏效果，控制砾石层的漏失，保护油层。

（5）能较好地预防砾石稠油层段的井壁垮塌。

4. 技术措施

为确保水平井钻井液有上述功能，使长裸眼水平井顺利钻进，现场施工主要采取以下几项技术措施：

（1）上部地层钻进中，以 MMH 为主要处理剂，并配合使用少量高分子聚合物钻井液处理剂，达到了抑制黏土分散，控制造浆，保持井眼稳定的目的。

（2）为解决长裸眼水平井摩阻大的问题，定向造斜后加入 0.5% SN-1 固体乳化剂，5% 的原油，并配合使用降滤失剂等，提高泥饼质量，降低摩阻，防止了卡钻事故的发生。

（3）钻进至斜井段后，逐步增加 MMH 加量，提高钻井液屈服值、触变性及低剪切速率下的黏度，特别是提高 $\phi 6$、$\phi 3$ 值，使钻井液能够有效地悬浮和携带岩屑，达到保持井眼清洁的目的，钻井液性能见表 1。

表 1　二开钻井液性能

井深 m	井斜 (°)	密度 g/cm³	漏斗黏度 s	滤失量 mL	pH 值	动切力 Pa	塑性黏度 mPa·s	初切/终切 Pa/Pa	$\phi 300$	$\phi 100$
698	0	1.10	22	10	12	8	5	6/8	19	16
750	12	1.12	25	10	11	7.5	6	5/7.5	17	15
902	54	1.13	53	9	11	9	12	6/14	24	17
998	66	1.12	68	10	11	12	12	11/16.5	31	25
1038	80	1.12	76	10	11	13.5	10	12/18	33	27
1101	84	1.13	67	8	9	8.5	9	8/17	24	18
1163	89	1.13	85	8	9	15.5	4	8.5/22	26	25
1259	89	1.13	68	6	9	13	6	15/29	26	22
1300	91	1.13	60	7	9	12	6	12/20	24	20
1542	81.5	1.13	60	7	9	11	9	7/11	23	18

另外，过高的钻井液返速对井壁产生很大的冲蚀作用，导致井径扩大。既要保持井眼清洁，又要克服钻井液对井壁的冲蚀，较好的解决方法是：在钻进至砾石层后，将 MMH 的用量提高到 3% 以上，并合理控制钻井液中亚甲基蓝黏土含量，将动塑比提高到 1 以上，靠 MMH 来改善钻井液的流动状态和结构特性，使其在井眼周围形成滞流层，避免钻井液流动对井壁的冲蚀。

（4）在钻穿玄武岩、进入砾石层后，为解决砾石层的漏失问题，在钻井液中加入 2% 的缓溶膨胀堵漏剂，该产品溶解速度较慢，静止溶解速度大于一周，但吸水膨胀速度快，当该堵漏剂进入漏层后，随吸水量的增加，体积逐渐增大，充填和堵塞孔隙，与其他物质作用，形成屏蔽层，达到堵漏目的，完井作业后，该堵漏剂被溶解，不会永久堵塞油层，起到保护油层的作用。

（5）草 20 断块砾石稠油层的主要胶结物为稠油。因此，在该地区钻水平井应尽量减少钻井液中矿物油含量，绝对不能使用低胶质油基钻井液。否则，油基钻井液溶解稠油后，使大量砾石失去胶结能力而发生垮塌。使用 SN-1 聚合物水包油钻井液时，应严格控制含量，保持含油量小于 6%，尽量减少钻井液与地层中稠油的互溶性。

（6）完井作业时，为保证 ϕ177.8mm 套管顺利下至设计井深，在水平段注入含有玻璃微珠的高密度完井液，并将处于水平段的套管内灌柴油或清水，靠重钻井液的漂浮及润滑作用，减少套管对井壁的正压力和摩擦力。下套管过程中，从未出现过遇阻、遇卡等现象，ϕ177.8mm 套管顺利下至 1534.79m，固井质量优良。

三、现场应用及认识

1. 现场应用

（1）以 MMH 为主的钻井液体系可满足草桥油田长裸眼水平井钻井及完井要求，具有较好的防塌、防漏和携带岩屑的能力。钻井速度快，井眼清洁，施工过程中未发生卡钻或其它井下复杂事故，井下安全，井眼稳定，起下钻，测斜及下套管作业顺利。采用长裸眼钻井工艺，可大大缩短钻井和建井周期。草 20-平 5 井钻井周期 17d 又 21h，是胜利油田到目前为止钻井速度最快的一口高难度水平井，钻井成本大幅度降低。钻井液成本降低 35%。

（2）由于钻井液具有较好的润滑性，起下钻摩阻较小，ϕ177.8mm 套管顺利下至设计井深 1534.79m，创胜利油田水平井裸眼套管下深纪录。

2. 几点认识

（1）使用以 MMH 为主体的钻井液体系，必须严格筛选与其相配伍的钻井液处理剂，否则达不到预期的效果，室内实验发现 FCLS、SMC 等处理剂对正电钻井液体系的流变参数负作用大，加入少量的 FCLS 即可破坏体系的特性，而恢复其原有的性能则相当困难，要稀释钻井液时，选用阳离子型稀释剂或 XG-1 稀释剂。

（2）缓溶膨胀堵漏剂易糊振动筛，有待进一步改进。

屏蔽聚磺钾钻井液解决柯深 1 井超高压差黏卡问题

张育慈　黄　蕾　尹建华　杨金荣

（新疆石油管理局）

摘　要　针对柯深－1井存在的多套压力系统、各层压力系数相差大及地层渗透性好的特点，在分析4次压差卡钻原因的基础上，探讨了解决该井易发生压差卡钻问题的方法。经过室内及现场试验证明，用屏蔽聚磺钾钻井液效果最好，此种钻井液抑制性、屏蔽防透性、润滑性及流变性等各相关性能都较好，从而有效地解决了柯深－1井因超高压差发生卡钻的难题。

关键词　钻井流体　泥浆添加剂　聚合物泥浆　屏蔽　压差卡钻

柯深1井（KS－1井）是南疆地区的一口重点预探井，钻探深度6800m，钻探目的层为柯克亚构造下第三系和白垩系地层。该井于1991年12月27日开钻，下入 ϕ508mm 表层套管284m，ϕ339.7mm 技术套管3541m。在1993年1月24日钻达井深5009m之前，井下安全，未发生严重遇阻、卡钻等复杂情况，1月25日钻达井深5010～5014m时，井口发现溢流，1月30日下钻钻进至5018.45m发生卡钻，至5月26日，这期间共发生卡钻4次，历时81.79d，钻进进尺仅19m。经分析得知原因是钻井液密度太低，5000m左右的高压盐水层未压死，致使钻井液受盐水侵污染，其性能受到严重破坏。井下几十个砂岩层渗透缩径和泥岩膨胀缩径，以及中部地层压力系数低，造成了超高压差的压差卡钻。我们在室内做了50多套试验，取得了一千多个数据，并通过现场的调整、改善，将原来的聚磺井浆转化为聚磺钾屏蔽钻井液，解决了超高压差卡钻的难题，并且在屏蔽封堵及润滑性方面有了突破性认识。

一、KS－1井简况

1. KS－1井地层特点

该地区地层物性见表1。对地层岩石黏土矿物分析可知，伊利石含量49%～70%，伊利石/蒙脱石（I/S）混层含量10%～29%，绿泥石含量12%～21%。随埋藏深度增加，I/S混层减少，伊利石和绿泥石逐渐增加。

表1　KS－1井地层物性

层位	深度 m	岩性	孔隙度 ϕ, %			渗透率 K, mD		
			最大	最小	平均	最大	最小	平均
N_1	3165～3855	砂岩、泥砂岩	30.54	2.48	12.69	1605	<1	118.1
E	5940～6100	砂岩、泥砂岩	22	2.42	10.34	1700	<1	135.37
K	6340～6800	砂岩、泥砂岩	24.28	1.99	10.64	847	<1	96.15

2. 四次卡钻情况及对策

（1）卡钻情况。

第一次卡钻：1993 年 1 月 30 日，下钻划眼到底，井口发现溢流。出口钻井液密度由 1.67g/cm³ 降至 1.42g/cm³，用加重钻井液在钻进中于 5015.85m 突然出现转盘憋停，上提被卡，泡煤油－块 T 和美国的 PIPELAK 解卡剂，经 71.67h 浸泡无效，同时解卡剂对井浆性能破坏大，絮凝增稠、析水，丧失流动性和结构。测卡点在 3660m 处，采取爆炸松扣、套铣等措施，于 3 月 19 日解卡，历时 48d。

第二次卡钻：1993 年 3 月 24 日，划眼至 4102m 时接单根后上提遇卡，下放遇阻，转盘转不动，经提拉计算卡点仍在 6037m 左右。配注密度为 1.95g/cm³ 的油基 PIPELAK 解卡剂，浸泡 6d 无效，后经爆炸松扣解卡，耗时 7d。

第三次卡钻：1993 年 4 月 7 日下钻划眼至 4800m，阻卡频繁，常将转盘憋停，经调整钻具结构加密短起下钻，稍有好转。但是在 4 月 18 日短起下钻时遇卡，卡点仍在 3673m 处，钻具卡死，后又经爆炸松扣、套铣，于 5 月 7 日解卡，历时 18d。

第四次卡钻：1993 年 5 月 19 日扩眼、洗井，恢复钻进，上午九时停转盘，上提钻具准备校对指重表，但是还未提起时钻具又被卡死，卡点仍在 3673m 左右。后在爆炸松扣、套铣的过程中，发现钻具在 3653.5m 处即开始被卡，钻具被黏附，套铣时憋跳严重，于 5 月 26 日晚才解卡，历时 7d。第四次卡钻解除后，正常钻进至 5028.64m，但在接单根时，转盘憋劲仍很大，压差渗透仍在发生，压差卡钻随时可能发生，稍有不慎便会卡死。

（2）原因分析。

分析上述情况认为，四次严重卡钻的卡点均发生在 3600～3800m 井段。5009～5019m 为高压低渗含气盐水层（后效监测全烃值达 2200），其压力系数为 1.89。3600～3800m 段的实际地层压力系数仅 0.89，当井浆密度为 1.97g/cm³ 时，压差为 38.9MPa，所以在同一井眼中存在超高压差是卡钻的主要原因。3600～3760m 段卡点频繁，是典型的低压高渗透井段，这是因为压力系数超低仅（0.89），且该段岩性为粉砂岩、细砂岩与泥岩不等互层。砂层孔隙度高，最高达 30.54%，平均 12.69%，孔喉尺寸最大可达 37.16μm，平均 6.32μm。砂层渗透率大，最大为 1605mD，平均 128.1mD，在高压差作用下，高渗透砂岩地层形成较厚的泥饼，电测井径为 304.8mm，小于钻头直径 311.15mm。此井在 5009m 以前，钻井液体系为聚磺钻井液，其本身的抑制性和抗污染能力差，加之受高压盐水侵后，性能受破坏未能及时恢复和改善，泥饼虚厚，用滤液浸泡该井 3732～3736m 井段（为红色泥岩岩屑），4～5min 内即散塌变软为泥。随井深增加，钻具重量增加，对井壁的侧向压力也增加，因此卡钻的几率也就增大。在长期因超压差形成的"大、小井眼"椭圆形长槽井眼的井段中，一旦钻杆被推靠进入，其钻杆面几乎有 2/3 被包住，若泥饼黏附系数大、润滑性差，就必然会卡钻。综上所述，多次卡钻的原因是超高压差渗透性推靠压差卡钻。

（3）采取对策。

针对以上情况，采取以下对策。

①提高钻井液密度，压死高压盐水层，防止其性能再度受破坏。例如该井浆密度为 1.95g/cm³，96h 后有盐水后效，使密度降至 1.74g/cm³，当密度为 1.97g/cm³ 时，循环 4h 后情况恢复正常；

②提高井浆的抑制能力和抗盐水侵（盐膏侵）的污染能力，克服泥岩水化膨胀缩径及分散；

③改善泥饼质量，使其能在渗透层面牢固架桥、造壁，实现渗透率小、滤失量低，泥饼薄而韧且光滑，压缩性强、防透性好。

二、室内研究

1. 井壁稳定抑制性评价

井壁稳定抑制性实验结果见表2。实验中岩样为该井3732～3736m井段的泥岩岩屑。由表2可知，当KCl或K_2SiO_3的加量不够时，抑制性虽有所增强，但效果并不理想。当用足够量的K^+和聚合物复配使用时，能很好地抑制该井泥页岩的分散、膨胀。

表2　钻井液浸泡岩屑实验结果

序号	钻井液	浸泡情况	备注
I	原井浆	7min后岩屑变软分散成糊状	HTHP滤失量为3.4mL；泥饼2mm，虚厚；清水防透滤失量为3mL；膨润土含量为26g/L
II	I + 3％KCl + 0.5％K_2SiO_3 + 2％胶液（XY - 27 + SK - 3）	抑制性有上升趋势	K^+加量不够
III	II + 0.5％K_2SiO_3	7min后岩屑变软，但不散塌	HTHP滤失量为4mL；泥饼1mm
IV	I + 0.5％KCl	5min后无散塌	API滤失量为1.5mL；泥饼0.5mm，压缩性及韧性好
V	IV + 1％K_2SiO_3 + 2％胶液	5min后变硬，不散	膨润土含量为12.8g/L
VI	最终转化浆	45min后岩屑硬且形状不变	HTHP滤失量为2.4mL；泥饼1mm，压缩性及韧性好

2. 屏蔽封堵性评价

（1）封堵材料的选择。首先考虑在高密度、高固相泥浆中加入封堵材料后，对钻井液流变性不能有较大影响，同时还必须耐高温高压。因此选择了粗、细目碳酸钙为架桥粒子，粉剂磺化沥表等为充填粒子。

（2）实验程序及条件。

①高温高压泥饼防透性试验。选择各级封堵材料加入井浆，测高温高压（3.5MPa，90℃，30min）滤失量。然后倒掉浆液，用原泥饼做清水防透滤失量试验（3.5MPa，90℃，30min）。

②动态封堵实验。正向用煤油测岩心渗透率；反向动态挤泥浆（压差为3.5MPa）；正向用煤油测封堵后岩心渗透率。

③封堵实验。确定了封堵材料、实验程序及条件后，选择几种不同加量的封堵剂进行实验，结果见表3。由表3可知，实验时II浆滤失量较小，但其黏度太高。将封堵材料减半（如III浆）后，防透效果却不佳，同时渗透率损害值没有达到90％以上，说明封堵效果不是很好。因而进行调整、改善，现场按IV浆结果实施，并把原来的聚合物钻井液转化成聚磺钾屏蔽钻井液，使得HTHP滤失量为2.4mL，泥饼1mm，泥饼致密、光滑、韧性强，清水防透滤失量为1.8mL，该泥饼用30％NaCl盐水做防透滤失实验，测其滤失量仍为1.8mL，泥饼完好。渗透率损害率为95％，即封堵率达到了90％以上，几乎将地层表面的孔隙、微裂缝等全部封堵，而且还可以承受40MPa的压差。由表3还可知，岩心的动滤失量为零。这说明钻井液除了在岩心表面形成很好的屏蔽层外，部分微细封堵颗粒进入岩心孔隙后又形成了一定的内泥饼（即屏蔽层），从而达到了封堵要求。

表 3 封堵实验结果

序号	钻 井 液	HTHP 滤失量 mL	清水防透滤失量 mL	岩心动态滤失量 mL	渗透率损害值 %	压差 MPa
I	井浆	6.4	80	2.8	65.2	3.5
II	井浆（XY－27＋SK－3）＋1.5%WC－1＋2.5%QCX－1＋2%DSSAS＋1%FRH＋0.5%核桃壳	4.4	3.8	0	72.6	3.5
III	II浆中四种封堵材料减半，其它同	5.4	64			
IV	井浆＋1%WC－1＋2%QCX－1＋2%DSSAS＋1%FRH	6.8	4.8	0	70.2	3.5
V	最终转化浆	2.4	1.8	0	95	35～40

通过试验和井内实际情况验证，对高压高渗透层的封堵，只要封堵材料选择合适，粒级配比恰当，压差愈高则封堵效果就愈好。

3. 润滑性实验

由于下部地层高压盐水侵入井浆，严重破坏了其性能，泥饼质量变差，摩阻增大，这更增加了压差卡钻的可能。第三次卡钻解除后，对井浆进行了调整及处理，使得 HTHP 滤失得由 6mL 下降到 4.6mL，摩擦角由 5°降到 4°，摩擦系数由 0.0875 降至 0.0699。在此情况下仍发生了第四次卡钻，说明防透及润滑作用还是不太好，因此除了在井浆中加入必要的胶液、钾盐及封堵堵料外，还添加了具有高效双吸附功能的白油润滑剂 MHR－86，测得摩擦系数为 0.0528。在室内又做了如下实验，即在该浆中加入 DSSAS、K_2SiO_3 等，评价其润滑性。结果见表 4。由表 4 可知，K_2SiO_3 在这种钻井液中不仅能起到如前所述的抑制作用，而且还能起到润滑增效作用。

表 4 室内润滑性评价实验

序号	钻 井 液	摩擦角（°）	摩 擦 系 数
I	井浆＋1%DSSAS＋1%MHR－86	3.5	0.0612
II	I＋0.5%K_2SiO_3（循环均匀后测）	3	0.0524
III	II＋1%DSSAS	2	0.00349
IV	III＋1%DSSAS＋1%K_2SiO_3	1.5	0.0262

4. 流变性实验

一般高密度钻井液的流变性较难控制，而且含盐、具有一定矿化度的高密度钻井液（密度 1.97～2.00g/cm³）就更难控制。因此在调整和改善钻井液抑制性、封堵效果及润滑性的同时，必须控制好流变性。经调整转化后各段的钻井液性能见表 5，其中 I 为第三次卡钻解除后调整过的钻井液；II 为第四次卡钻解除后，稍做调整的钻井液；III 为加了胶液、少量封堵材料、润滑剂及 KCl 的钻井液；IV 为加了 10%H_2O、5%KCl、足量的 K_2SiO_3、封堵材料及润滑剂的钻井液；V 为 5028m 最终转化成的钻井液。从表 5 可知，几次调整改善的钻井液 API 滤失量均很少。II、III 钻井液加入了封堵材料和润滑剂后黏度增加，切力较高，加入 XY－27、SK－III胶液和 SMP－II，并配合适量清水，再用 10%K_2SiO_3胶液维护，使得钻井液各相关性能始终协调、良好。

表5　处理后的钻井液性能

钻井液	密度 g/cm³	漏斗黏度 s	滤失量 mL	泥饼 mm	pH 值	表观黏度 mPa·s	塑性黏度 mPa·s	动切力 Pa	初切/终切 Pa/Pa
Ⅰ	1.97	62	1.6	0.5	9.5	90	80	10	2.5/10
Ⅱ	2.0		1.6	0.5	9	85	65	20	9/20
Ⅲ	2.0	170	1.2	0.5	9	95	60	35	25/26
Ⅳ	2.0	82	1.5	0.5	9	66.5	59	7.5	3/20
Ⅴ	1.95	57	1	0.3	9	68	62		2.5/9

三、现 场 应 用

以实验数据为依据在现场分步实施进行调整。第一步，先后加入 XY-27、SK-3、KCl、K₂SiO₃、SMP、DSSAS、WC-1、QCX-1 及 FRH 等进行调整，然后下井试起下钻，效果良好；第二步，先后加入 DSSAS、MHR-86 及 FRH 等进行调整改善，使钻井液的各相关性能均达到了要求，而且随时间的增加性能愈来愈好，达到了预期效果。

（1）第一次起下钻，整个过程基本顺利，无严重阻卡，仅在 3649.5～3654m 小井眼处突然将转盘憋停一次，电流值达 0.6A，一经活动便转入正常。这是由于新旧钻井液正在交替，还未完全转化造成的。在此期间，先后顶替出泡过 3 次的解卡剂和混浆 58m³、地层盐水 48m³，并带出了虚泥饼和沉砂，通过固控设备除去约 5m³，充分清洗了井眼。先后加入了 DSSAS、MHR-86 及 FRH，使摩擦角降为 2°，摩擦系数仅为 0.0349。这在密度为 1.97g/cm³ 的钻井液中是较为少见的。因此，当地面和技术套管内的井浆各相关性能全部达到了要求的 4d 后，进行了第二次分段下钻试通洗井，下至 3734m、4000m、4250m、5010m、5028m 时一切正常，无阻卡现象发生。其后发生了一次顿钻事故。处理时，钻具在井内静止了 11h，接方钻杆洗井后上提一活动即出，井下安全。

（2）在中途完井电测中，3 次提下测井仪器，次次顺利到底。整个测井时间为 23h，井深 5022m，虽然项目多、难度大，但作业很顺利。下套管前静置观察 3 天，然后下钻通井、洗井提钻，无阻卡。以前转盘转动电流为 0.38A，现在仅为 0.18～0.185A。从而证明了摩阻的大幅度降低。共下入 464 根 φ244.5mm 的技术套管，管体带钢性扶正器 14 只（311.2mm×244.5mm）；弹簧扶正器 107 只（311.2mm×244.5mm）。整个施工仅用 43h，安全顺利地一次下到井底，中途无阻卡。

（3）固井作业（二级固井）顺利。一级注灰和替浆，二级投弹、开孔，洗井循环及固井都很顺利。

四、几 点 认 识

（1）关于压差卡钻问题。据国外有关资料报道，当钻井液液柱与地层压力之差大于 10MPa 时，卡钻的可能达 50%，压差大于 12MPa 时，有 80% 的卡钻可能，当压差大于 15MPa 时，卡钻几率达 100%。KS-1 井在近 40MPa 的压差下连续发生 4 次严重卡钻，但通过调整钻井液的配方和性能，使其抑制性、屏蔽防透性、润滑性和流变性等各相关性能都得到了优化，从而有效地解决了 KS-1 井超高压差卡钻的难题。

（2）把钢性、高品位、超微、超细、多级配惰性降滤失剂和屏蔽防透技术应用于钻井液中，可以为钻井工程钻遇复杂地层时提供新的技术，提高了钻井效率。

（3）K_2SiO_3（硅酸钾）在这种屏蔽聚磺钻井液中，不但能起到较强的抑制作用，而且还可以起到润滑增效作用。但其机理还有待于进一步研究。

（4）在解决处理高难复杂问题时，一定要坚持现场技术监测和小型引导验证相结合的方法，有重点、按顺序地分步实施。同时还要选用高效能、高质量的处理剂。

DSJ 水基解卡剂

郑祥玉　李景武　赵立杰

（大庆石油管理局钻井工程技术研究院）

摘要　本文详细介绍了 DSJ 水基解卡剂的评价和筛选方法。现场应用表明该解卡剂效果显著，并在大庆油田多口井上推广使用。

关键词　水基解卡剂　表面活性剂　润滑性　解卡

大庆油田外围探井钻井过程采用气测录井作业，不允许混油，更不能采用油基解卡剂解卡。1979 年以后，大量钻调整井。由于注水钻调整井要使用高密度钻井液，钻井液密度一般在 $1.60\sim1.90\text{g/cm}^3$，最高的可达 2.0g/cm^3 以上，泥饼黏滞系数（用 Biroid 泥饼黏滞系数测定仪测定）一般为 0.25，有的甚至超过 0.30，极易发生卡钻事故。由于调整区块长期注水开发，导致水淹，必须用电阻率测井来解释水淹程度，而电阻率测井不允许含油，因此，卡钻后不能用油基解卡剂解卡，必须研制水基解卡剂。

一、技 术 难 点

为了满足探井录井的需要，要求解卡液不含矿物油，也不能产生与矿物油一样的荧光，不影响气测录井和测井解释水淹层。同时解卡液应具有好的渗透性、润滑性和低的表面张力及低级别的荧光。此外，还要求解卡液有一定的悬浮性，能够在解除卡钻后，携带脱落的泥饼和大块岩屑。

二、水基解卡剂的评价和筛选

1. 表面活性剂渗透性的评价和筛选

由于钻井液为弱碱性，因此，水基解卡液选用的表面活性剂应为阴离子型。资料报导，渗透性好的表面活性剂的 HLB 值应在 $13.5\sim15$ 之间，亲水基团应在分子链中部，并且应该带有支链。根据这些要求，对 OP-10（聚氧乙烯基苯酚醚）、OT（即快渗剂 T 或称快 T，磺化琥珀酸二 2 乙基已酯钠盐）、十二烷基苯磺酸纳、十二醇硫酸脂钠、列卡尔 BX（即拉开粉，丁基萘磺酸钠）等阴离子型表面活性剂的 HLB 值和渗透性进行了评价和筛选，最后确定 OT 的各项性能满足要求，其 HLB 值为 13.7，分子链中带有两个乙基（支链），亲水的磺酸基团又在长链分子的中间。使用印染业帆布沉降法测定其渗透性为 $22\sim44\text{s}$（OP-10 为 165s，）。

2. 润滑性的评价和筛选

用 EP 极压润滑仪，对 SMP（磺化聚丙烯酰胺）、STO（一种商品解卡剂）、TK、OT、

OP－10、Baroid－2（Baroid 解卡剂 2 号）、Baroid 润湿剂、工业酒精、乙二醇和十四烷基苯磺酸三乙醇胺等十种产品的水溶液进行了润滑性测定，测定结果见表 1。

表 1　润滑性测定数据表

测样	SMP	STO	TK	OP－10	OT	Baroid－2	Baroid 润湿剂	工业酒精	乙二醇	十四烷基苯磺酸三乙醇胺
数据	150	200	280	160	200	220	180	170	240	240

由表 1 可见，TK 的润滑性最好，可以用来配制解卡液。

3. 表面张力的评价和筛选

用表面张力仪对以上产品进行了表面张力的测定，测定结果见表 2。

表 2　表面张力测定数据表

测样	SMP 3%	STO 3%	TK 3%	OP－10 3%	OT 3%	Baroid－2 3%	Baroid 润湿剂	工业酒精	HPAM 1%	蒸馏水
数据	35.9	29.5	33.2	33.3	24.9	30.0	28.7	29	32	71.9

注：以上测定均在 20℃ 条件下进行。

由表 2 可见，OT 的表面张力最低，适合做解卡液使用。

4. 荧光的评价和筛选

用紫外荧光仪对以上产品进行了荧光的测定，测定结果见表 3。

表 3　荧光测定数据表

测样	SMP 3%	STO 3%	TK 3%	OP－10 3%	OT 3%	Baroid－2 3%	Baroid 润湿剂	工业酒精	HPAM 1%	OA 3%
等级	<8	10	5	8	6	7—8	6	7	7	7

由表 3 可见，OA（油酸）、TK、OT、HPAM 产品的荧光等级都小于 7，可以用来配制解卡液。

5. 解卡能力的评价和筛选

对 OT、OP－10、列卡尔、TK（即太古油，亦称土尔其红油，磺化蓖麻油）等表面活性剂进行解卡能力评价实验。方法是：取调整井高密度钻井液（密度 1.80g/cm³ 以上）为原浆，高速搅拌 3min 后，低速搅拌 30min，倒入用泥饼摩擦系数测定仪改制的"解卡仪"中，在 3.3MPa（475psi）压力下，经 30min 后使其形成泥饼，将泥饼摩擦系数测定仪吸盘压下，并吸住，每隔 5min 测一次泥饼摩擦系数（卡钻系数），直至扭矩表读数达到 300lb/in。放掉压力，卸掉钻井液杯下盖外罩，放掉钻井液，再装好外罩，灌入解卡液，重新加 3.3MPa（475psi）压力，1.5h 后用扭矩仪测定和记录扭矩读数。卸掉钻井液杯，观察和记录泥饼形态和致密程度，记录解卡液滤失量，数据见表 4。

表 4　解卡能力的评价实验数据表

序号	测样	注入解卡液压 1.5h 后			
		滤失量 mL	泥饼厚度 mm	扭矩 lb/in	泥饼描述
1	OP－10 3%	0.5	2	230	泥饼与吸盘大部分脱离
2	OT 3%	0.5	2	215	泥饼与吸盘基本大部分脱离
3	TK 3%	0.5	1.5	235	泥饼与吸盘几乎全部脱离
4	列卡尔 3%	0.5	2.0	250	泥饼与吸盘黏附紧密

注：以上测定采用调整井现场钻井液，原浆扭矩读数都超过 300lb/in。

由表 4 可见，OT 和 TK 的解卡能力都很强，可以选为解卡液的主要成分。

6. 综合配方评价

经过以上评价和流变性实验，评选出水基解卡液配方为：HPAM∶KHm∶OA∶TK∶OT = 100mL∶(0.3～0.7)g∶(0.5～1g)∶(1～1.5)mL∶(1～1.5)mL∶(3～5)mL，综合性能见表 5。

表 5　水基解卡液综合性能数据表

密度 g/cm³	黏度 s	表面黏度 mPa·s	塑性黏度 mPa·s	动切力 Pa	沉降时间 s	表面张力 N/mm	泥饼形态	荧光级别
1.02	25	15	15	<50	<40	5.1	与吸盘分离	<7

三、现场试验和应用

1984 年在大庆油田金 24 井、古 702 井、方参 1 井、朝 62 井和升 71 井进行了 DSJ 水基解卡剂现场试验，结果见表 6。

表 6　水基解卡液现场试验数据表

井号	卡钻井深 m	卡钻长度 m	卡钻时间 h∶min	解卡液配方和性能			解卡液量 m³	结果
				配方	密度 mg/cm³	黏度 s		
金 24	2005.53	132.52	122∶10	12m³ 水 + 100kgHPAM + 175kgKHm + 180kgOA + 180kgTK + 250kgOT	1.02	25	12.5	13∶20 后解卡
古 702	1957.33	241.33	88∶40	12m³ 水 + 80kgHPAM + 200kgKHm + 120kgOA + 100kgTK + 200kgOT	0.95	30	12.2	48h 后解卡
方参 1	3046	546	79∶25	30m³ 水 + 100kgHPAM + 200kgKHm + 360kgMY1 + 300kgOT	0.90	65	22	13∶20 后解卡 400m，下部未解卡
朝 62	1613	253	75∶30	10m³ 水 + 25kgHPAM + 175kgKHm + 180kgTK + 360kgOT + 100kgMY1	0.95	20	10	解卡
升 71	2124	132.3	132∶3	9m³ 水 + 20kgHPAM + 375kgKHm + 180kgTK + 360kgOT + 500kgMY1	1.0	22	8	62h 后解卡
				8m³ 水 + 5kgHPAM + 100kgKHm + 100kgTK + 720kgOT + 300kgMY1	0.9	20	11	

注：MY1 为磺化棉子油，一种润滑剂；

升 71 井第一次注入解卡液 31h 后，因天气寒冷，怕冻管线而将解卡液替出，167h 后第二次注入解卡液。

现场试验的 5 口井，根据不同的卡钻井段长度和卡钻时间，调整了各种成分的配比，其中 OT 量的调整最重要，卡钻井段和卡钻时间长的，OT 用量增加。特别是升 71 井，第二次注的解卡液，其 OT 的量增加到 720kg，效果明显。

1985 年以后在大庆油田的 10 多口井上推广使用了 DSJ 水基解卡剂。

DJK-2解卡剂解除压差卡钻

郑斯耕

（中原钻井工程公司泥浆站）

摘　要　中原油田首次试制成功国内解卡剂 DKJ-1，并在此基础上开发出了与美制 SFT 水平大体相当的粉剂 DJK-2。DJK-2解卡剂是袋装粉末解卡剂，储存、运输和使用都很方便，中原油田5次解卡成功的应用证明，它的解卡速度和解卡成功率都高于 DJK-1 解卡剂，因此深受井队欢迎。

一、前　　言

DJK-1解卡剂已经在中原油田广泛应用，获得了显著的技术效果和经济效益。但是，它在储存、运输和使用上不如美国的 SFT 解卡剂便利，解卡速度也不如 SFT 迅速。为此，我们研制出了 DJK-2 解卡剂。1982年6月完成了室内实验，确定了配方与制备工艺。1982年12月试制了 DJK-2 解卡剂 20t。1983年1月投入现场试验，共试验5次，均获成功。5次成功解卡表明，DJK-2 解卡剂达到了便利储运和使用、提高解卡速度、保持或提高平均解卡成功率在80%以上的预期目的。

二、室内实验结果

1. DKJ-2解卡剂的组成

首先，采用正交实验对氧化沥青、石灰等原材料的加量及其影响进行考察，从而摸索出有希望的配方。然后，进行扩大实验和重复实验，确定了 DKJ-2 解卡剂的组成，具体数据见表1。

表1　DJK-2解卡剂的组成

原材料	氧化沥青	石灰	有机土	乳化剂	表面活性剂
用量重量，%	50～60	15～20	5～10	5～10	5～10

2. DKJ-2解卡剂的制备

因为所用原材料都是粉末状产品，所以它的制备工艺十分简单，工业上用混合机按比例混合均匀装袋即成，一般采用双层袋装，每袋净重 20kg。

3. DKJ-2解卡剂所配解卡液的性能

800mLO 号柴油中加入 200gPTK-2 解卡剂粉末，搅拌 30min，再加 40mL 淡水，搅拌 30～60min，即为未加重的解卡液。加入重晶石，搅拌 1h，即为加重的解卡液。解卡液具有如下性能。

(1) 滤失量低，泥饼薄。

中压 API 滤失量为 0～4mL（全部是油），泥饼 0.5～1.0mm，高温高压 1HTHP（50℃3.5MPa）滤失量 3～8mL（全部是油）。

(2) 润滑性好。

用泥饼黏附系数仪测量泥饼黏附系数，一般黏附不上，黏附系数极小。

(3) 流变参数更接近于 SFT 解卡液（见表 2、表 3）。

表 2　DJK－2 解卡液的流变参数

性能 解重液	密度，g/cm³	塑性黏度，mPa·s	屈服值，Pa
DKJ－2	0.89	15～25	1.4～4.8
	1.40	20～40	2.4～7.2
	1.60	30～50	4.8～9.6
	1.80	40～60	4.8～12
	2.0	50～90	7.2～14.4
SFT	0.92	20～40	2.4～7.2
	1.40	30～50	4.8～9.6
	1.60	30～50	4.8～9.6
	1.80	40～60	4.8～12
	2.0	50～85	7.2～14.4

注：DJK－2 数据始测温度为 60℃。

表 3　解卡液性能实测结果

性能 解卡液	密度 g/cm³	表观黏度[①] mPa·s	塑性黏度 mPa·s	屈服值 Pa	API 滤失[②] mL	HTHP 滤失 mL	破乳电压 V
DJK－2	0.89	24	21	2.9	0～4	—	800
	1.40	42	38	3.8	0～3	—	1000
	1.59	46	40	5.8	0～3	3.0	1400
	1.68	58	51	6.7	0～2	7.0	2000
	1.87	79	69	9.6	0～1.5	5.6	2000
	2.0	102	92	9.6	0～1.0	2.5	2000
SFT－100[③]	0.91	28.5	26	2.4	2.6	—	460
	1.43	56	49	6.7	2.5	—	960
	1.79	69	56	12.5	2.0	—	870

①流变参数始测温度为 60℃；

②采用双层国产定性中速滤纸测量；

③用美国 SFT－100 样品，按其推荐的用量（基浆，750mL 柴油，250g/SFT－100，50mL 水），用与 DJK－2 解卡液相同的条件配制。

(4) 稳定性好。

室温下放置 7 天无沉淀，上下密度差小于 0.05g/cm³；60℃下静置 24h 后无沉淀，上下密度差小于 0.1g/cm³；150℃滚动 16h 后性能变化不大，见表 4。

表 4 150℃ × 16h 滚动实验结果

表 4 150℃ × 16h 滚动实验结果

性能 情况	密度 g/cm³	表观黏度 mPa·s	塑性黏度 mPa·s	屈服值 Pa	静切力 Pa/Pa	API 滤失/泥饼 mL/mm	破乳电压 V
滚动前	1.86	80.5	75	5.3	4/5	0/0.5	1200
滚动后	1.87	75.0	68	6.7	4/5	0/0.5	2000

注：流变参数始测温度为 60℃。

从上述数据可以看出，DJK－2 解卡液的性能基本上达到了 SFT 的水平，并且，解卡剂的用量比 SFT 减少 20％ 左右（（250－200）/250×100％＝20％）。

三、现场试验结果

压差卡钻发生以后，现场解卡作业要做到快、足、准、动，即：尽快配制解卡液，解卡液注入量要足够，要准确注入卡段，浸泡中要尽可能地活动钻具和顶替钻井液。这样，可提高解卡速度和解卡成功率。

1. DKJ－2 解卡液的配制

解卡液的相对密度应当等于或略大于井内钻井液相对密度；配制量要保证注入量足够浸泡卡段并留有余量。现场采用带搅拌器和埋入式泥浆枪的泥浆罐、泥浆泵与混合漏斗，用表 5 推荐的加量按如下程序配制解卡液：

（1）将罐清理干净；

（2）泵入需要量的 0 号柴油，循环搅拌；

（3）通过混合漏斗加入 DJK－2 解卡剂，循环搅拌 30min；

（4）加水，循环搅拌 30min；

（5）加重晶石，循环搅拌 30～60min，达到所需性能即可使用。

表 5 配制 1m³ DJK－2 解卡液用料表

相对密度 g/cm³	0 号柴油 m³	DJK－2 kg	水 L	重晶石 t	塑性黏度 mPa·s	屈服值 Pa
0.89	0.79	197	39	0	15～25	1.4～4.8
1.0	0.76	190	38	0.14	20～30	2.4～7.2
1.1	0.74	185	37	0.27	20～30	2.4～7.2
1.2	0.72	180	36	0.39	20～30	2.4～7.2
1.3	0.69	172	35	0.52	20～40	2.4～7.2
1.4	0.66	165	33	0.65	20～40	2.4～7.2
1.5	0.64	160	32	0.77	30～50	4.8～9.6
1.6	0.62	155	31	0.90	30～50	4.8～9.6
1.7	0.59	148	30	1.03	40～60	4.8～9.6
1.8	0.57	143	29	1.15	40～60	4.8～12
1.9	0.55	137	28	1.28	50～85	7.2～14.4
2.0	0.52	130	26	1.41	50～90	7.2～14.4
2.1	0.50	125	25	1.54	60～100	9.6～16.8
2.2	0.48	120	24	1.66	80～120	12～19.2

注：0 号柴油和重晶石的密度分别按 0.83g/cm³ 和 4.2g/cm³ 计；

配制时加柴油可稀释，加 DJK－2 解卡剂可增稠；

流变参数仅供参考。

2. 解卡程序

（1）用泥浆泵（或水泥车）大排量注入解卡液，注入量要足够浸泡卡段，准确浸泡卡段，并使管内留有足够解卡液（一般不少于2m³）。

（2）解卡液注入后，要经常活动钻具（上提、下放和转动），一般至少每小时活动1次。

（3）浸泡过程中，根据管内解卡液的留量，要时常顶替钻井液，一般至少每小时顶替1次，每次顶替量0.1～0.2m³。

（4）解卡后，循环钻井液，根据现场情况，可将解卡液回收备用，亦可混入井浆中。

3. 现场试验情况

1983年1月至8月，共试验4口井5次压差卡钻，情况见表6。

表6　DJK－2解卡液现场使用情况

序号	1	2	3	4	5
井号	濮63	濮67	卫76	卫76	文33－71
井队	32759	32698	4527	4527	32441
卡钻时间	1月6日 9：30	3月2日 18：05	3月14日 11：30	5月3日 12：30	8月1日 16：00
9⅝in技术套管深度，m	2483.19	2500	2009	2009	只下300m13⅜in表层套管
井深，m	3594.24	3434	3250	3519	2930
钻头尺寸及其位置，m	189mm 3265.20	8½in 3432	8½in 3249	8½in 3276	8½in 1025
卡点位置，m	3250	2900	2800	2700	922
钻井液密度，g/cm³	1.48	1.36	1.66	1.60	1.46
解卡液密度，g/cm³	1.40①	1.38	1.68	1.60	1.46
解卡液注入时间	1月18日 16：30	3月4日 8：00	3月16日 11：30	5月5日 0：15	8月4日 18：00②
解卡液注入量，m³	10	31	21.5	30	15
解卡时间	1月19日 3：30	3月4日 9：18	3月17日 8：00	5月5日 7：45	8月5日 19：00
浸泡中活动钻具及替浆情况	未及时活动钻具	—	未及时活动钻具和替浆	未及时活动钻具和替浆	未及时活动钻具
平均解卡速度③			13：04		
平均事故时间④			63：12		

注：① 因配制解卡液时罐破跑浆，密度未达到要求，强行注入；

②该井卡钻后，8月2日11：30注入原油9m³，浸泡5.5h，窜槽，无效。其他4次卡钻均因井下油气活跃，不能泡油处理；

③ 解卡速度系指注入解卡液到解卡这段时间，即浸泡时间，时间越短，解卡速度越快。

④事故时间系指从卡钻发生到解卡这段时间，即卡段起止时间。

上述5次卡钻解卡，均是在井场用容积为30m³的泥浆罐接规定用量和程序配制的解卡液，配制极为便利，深受井队欢迎。解卡后，都将解卡液混入井浆中。

据1981年DJK-1解卡剂统计，DJK-1解卡剂的平均事故时间大于100h，平均解卡速度为20h。

4. 效果

（1）DJK－2解卡剂是粉末袋装解卡剂，储存、运输便利。

（2）现场备料迅速，配制解卡液简易。

（3）仅据 5 次试验统计，它的平均解卡速度比 DJK－1 解卡剂快 7h，提高了 35％；它的解卡成功率预期可高于 DJK－1 解卡剂，仅据这 5 次试验统计，它对于压差卡钻的平均解卡成功率将大于 90％，甚至为 100％。

（4）经济效益显著。这是因为它省去了麻烦费时的套铣作业，这种作业会耗费大量人力、物力、顺利的情况也要耗资十几万元，而采用解卡剂，一般只需（1～3）×10^4 元，每次解卡成功至少获益 10×10^4 元。同时，由于大大减少了事故时间，带来的好处是十分明显又是难以准确计算的。

四、讨　论

1. 解卡机理

压差卡钻的机理已为人所周知。当钻井液柱压力大于地层压力，钻具在井内静止并且未居井眼中间而靠近属于渗透层的井壁时，压差产生作用将钻具压入井壁泥饼中，如果钻井液失水大、泥饼厚、固相含量高，就会使这个卡钻力远远超过钻具所允许的最大上提拉力，从而形成压差卡钻。根据这个机理，判断压差卡钻的标志可归纳如下。

（1）钻具在卡钻时是静止的。

（2）卡钻部位是渗透层。

（3）用正常泵压可以循环。

（4）对卡段来说钻井液柱压力大于地层压力。

（5）钻柱不能上下运动或转动。

（6）钻井液具有高的固相含量、高失水和厚泥饼。

前 4 点是压差卡钻的关键标志。所以，尽管优质钻井液（如低比重、低固相、不分散）能减少压差卡钻的几率，但任何水基钻井液，不管其性能多好，也难以完全避免这种卡钻的发生。

发生压差卡钻之后，拖延的时间越长，解卡越难。DJK－2 解卡液的 5 次现场使用，再次证明了这点。第 2 次濮 67 井和第 4 次卫 76 井，都是在卡钻发生 40h 以内注入的解卡液，浸泡 8 小时之内解卡；其他 3 次都是在 48h 之后注入的解卡液，解卡速度明显减慢；特别是第 5 次文 38－71 井，它的井最浅，卡段在 922～1025m 的浅层，但由于卡钻 3 天后才注入解卡液，因而解卡最慢。

压差卡钻发生以后，循环钻井液是不利的，因为这会使泥饼不断增厚，黏卡面积不断增大，"应该停止循环钻井液，以下再使泥饼增厚"。并应尽快注入解卡液。

解卡液的解卡机理，主要是解卡液渗入卡段钻具和泥饼的接触部位，使泥饼收缩变薄、减小接触面积，并且润湿、润湿接触面。显然，注入解卡液以后，尽可能上下活动和转动钻具，尽可能顶替钻井液，有助于渗透、润滑，促进解卡。表 6 中卫 76 井的两次卡钻是明显的对比，两次卡钻都发生在同一井段，及时活动钻具者 7.5h 解卡，而基本未活动钻具者 20.5h 才解卡。但是，注入解卡液之前过多的活动钻具是不利的，这会使钻井液中的固体颗粒运移并堆集在接触面，增加摩阻。

国外解卡液品种繁多，国内自 DJK－1 解卡剂以后也相继出现几种解卡剂。但是国内外的解卡剂几乎都是油基钻井液类型。这是因为它们是与卡钻的水基钻井液不相混溶的体系，具有水基钻井液所没有的润湿、渗透和润滑性能，注入卡段之后，能有效解卡。一些水基解卡液，如，酸（HCl、HF）、碱（NaOH）、盐（NH₄HF）类，往往会引起井壁不稳定问题，一般只用于硬质地层的卡钻。油基解卡液则不会产生这个问题，能够较长时间的浸泡直至解卡。原油、柴油也有较大的局限性。专门的、能够达到所需比重的解卡液，普遍适用于压差卡钻，特别是对于重钻井液井、深井和复杂井的压差卡钻，它是必不可少的"打捞工具"。采用一般的油基钻井液或油包水钻井液，解卡成功率也是很高的，只不过解卡时间长些。

2. 解卡液在高温高压下的稳定性

中原油田发生的压差卡钻，几乎都是在沙河街地层，卡段集中在 2500～3500m 井段，卡钻时头位置大都在 3000m 以下，有的甚至卡在 4000m 以下，这就要求解卡液在井下保持稳定，这是人们十分关心的一个问题。

DJK-1 和 DJK-2 解卡液都属于油基钻井液类型，不同于水基钻井液的在井下高温高压下主要是受高温影响表现为增稠、胶凝、固化成型或减稠等流变性变化及失水增加或下降等变化，它们的特点是黏度随温度升高而下降，随压力增加而上升，所以，"油基钻井液从地面到井下，在温度、压力的综合影响下，黏度变化不大"。并且得到结论：只要"重晶石在泥浆池中不沉淀，它在井下一定不会沉淀"。这个观点已被大量的室内实验和现场实践所证实。DJK-1 和 DJK-2 解卡剂已成功解卡 30 多次，有的井钻头被卡在 4000m 以下，温度高达 140～150℃；大多数情况下钻头被卡在 3000～3500m，温度多在 120～130℃，从未产生重晶石沉淀问题。因此，解卡液在常压、60℃下静置 24h 不沉淀，则井下不会产生重晶石沉淀。

对于解卡液的抗高温能力，采用滚动烘箱高温滚动 16h 或 24h，检测滚动前后的流变性变化，有足够的代表性。毫无疑问，如果 60℃下静置不沉淀，高温滚动（50℃或更高）后性能稳定，则井下不会出现问题。油基钻井液（包括油基解卡液）之所以比水基钻井液抗温能力强，主要原因就是它的油相压缩系数大，井下高温存在的同时必定有高压存在，油的高压增稠补偿了它的高温减稠。并且，"油基泥浆在井下的滤失速度，将远低于 API 高温试验测得的数值"。总之，只要它在地面稳定，在井下也会稳定。这就是油基解卡液的特点和优点。

五、结 论

（1）DJK-2 解卡剂是粉末袋装解卡剂，储运方便，现场配制解卡液简易。

（2）5 次解卡成功证明，DJK-2 解卡速度高于 DJK-1 解卡剂，平均解卡成功率也可望提高到 90％以上。

（3）尽管 DJK-2 解卡剂的成本高于 DJK-1 解卡剂，但是由于它使解卡时间和事故时间显著缩短，因此它的经济效益更大，使用更为合算。

（4）DJK-2 解卡剂抗温能力大于 150℃，在井下高温高压下稳定，适用于重钻井液井、深井、复杂井以及泡油未能解卡的压差卡钻。

阳深 1 井低密度抗高温防塌钻井液

王允良　郑祥玉　李景武　吴国瑞　马继珍　赵振帮　李　宁
（大庆石油管理局钻井工程技术研究院）

摘　要　阳深 1 井是大庆油田的一口深井，完钻井深 4651.22m。由于地温梯度较高，要求钻井液抗温达到 220℃。自行研制出了水解腈纶废料（HPAN）－K21－磺化聚丙烯酰胺（S－PAM）深井抗高温防塌钻井液，现场应用表明，这种钻井液满足了阳深 1 井安全钻井的需要。钻井液经受了 186.6℃ 的高温考验，性能始终稳定、良好，钻进、测井、固井均一次成功。

关键词　阳深 1 井　钻井液　抗高温　滤失量

一、地 质 特 点

阳深 1 井位于大庆油田太阳升构造岩基隆起的高点，设计井深 4800m，需要钻穿新生界的第四系、中生界的白垩系和侏罗系。新生界第四系深度为 0～139m，主要为砂质黏土，上部含有流砂。中生界白垩系深度为 139～4504m，其中，嫩江组（深度 139～955.5m）和姚家组（深度 955.5～1129.5m）主要为泥岩和页岩，易水化，造浆能力很强，也易造成井壁缩径和坍塌；青山口组（深度 1129.5～1591.3m）主要为脆性页岩，存在微裂缝，遇水后极易崩塌，引起井壁掉块和坍塌；泉头组（深度 1591.3～3294m）主要为紫色泥岩，具有塑性，影响钻头的切削；登娄库组（深度 3294～4504m）主要为砂岩、泥质粉砂岩，岩石硬度 8 级以上；侏罗系（基底，深度 4504m 以下）岩石硬度超过 10 级。

阳深 1 井地温梯度 4.5℃/100m 以上，井底温度高。

二、工 程 简 况

阳深 1 井于 1978 年 4 月 7 日第一次开钻，用 17¾in 钻头钻至 159.00m，下 13⅜in 表层套管至 156.26m；1978 年 4 月 25 日第二次开钻，用 12¼in 钻头钻至 1983.91m，下 9⅝in 技术套管至 1781.71m；1978 年 7 月 12 日第三次开钻，用 8½in 钻头钻至 4651.22m，下 5½in 油层套管至 4610.72m，用高温陶粒水泥固井。全井取心 22 次，进尺 102.14m；处理各种事故 17 起，其中 4 起断钻铤、断钻头和 2 起掉钻头及牙轮事故均一次成功。

三、技 术 难 点

1976 年钻肇 12 井时使用了水解腈纶废料处理的低密度（1.04g/cm³）、低黏度（25s 以下，苏式漏斗黏度计）、低滤失量（4mL 以下）钻井液，获得了较高的钻井速度。但当钻进嫩江组大段泥页岩时，引起井塌。钻进青山口大段裂缝性硬而脆的页岩井段时，井塌加剧。处理井塌事故耗时 12d 又 20h。将钻井液密度提高到 1.20g/cm³，黏度提高到 40s 后才抑制住井塌。钻井速度大幅度降低，钻井液泵的磨损严重。钻进中依然时有井塌发生，岩样的真实率只有 4%。

1978 年大庆油田决定钻阳深 1 井，要求水基钻井液抗 220℃ 高温，这是国内没有的。根据勘探目的要求，为了保护油层，要求钻井液密度低于 1.15mg/cm³ 以满足高压喷射钻井的要求和减少泵的磨损。同时要求顺利钻穿嫩江组大段泥页岩和青山口大段裂缝性硬而脆的页岩井段。

四、解决的技术关键

研制出了水解腈纶废料（HPAN）- K21 - 磺化聚丙烯酰胺（S - PAM）深井抗高温防塌钻井液。

（1）HPAN 的原料是丙烯腈单体聚合生产腈纶丝过程的废料，在烧碱溶液中能够水解生成丙烯腈 - 丙烯酰胺 - 丙烯酸纳，带多个复杂支链的三元聚合物。经过实验确定腈纶废料的最佳水解条件是：碱比（腈纶废料：烧碱）为 1 :（0.4～0.5），浓度 15.6%～18.5%，温度 90～95℃，时间 2～3h。在这种条件下水解得到的产物，其水解度为 70% 左右，三元聚合物中的羧纳基与酰胺基的比例适宜用来处理钻井液。水解腈纶废料的主要作用是控制钻井液的高温滤失量，见表 1。

表 1 水解腈纶废料改善钻井液性能效果

加量 %	密度 g/cm³	黏度 s	滤失量 mL	泥饼 mm	初切力	终切力	pH 值
					Pa		
0	1.15	22.5	8	1.5	0	1.5	7
0.5	1.14	30.9	4	1.0	0	0	8
1.0	1.13	33.0	2.6	1.0	0	0	9

（2）K21 是吉林省辽源第三化工厂研制和生产的钻井液处理剂，其主要成分为硝基腐质酸钾、磺化酚醛树脂和煤焦油树脂。其主要作用是：

①提高抗温能力。实验证明，在 200℃ 温度下，K21 不分解；

②硝基腐质酸钾向钻井液提供 K^+，K^+ 有抑制黏土水化分散的能力，有利于阻止地层坍塌；

③腐植酸、酚醛树脂和煤焦油树脂都是大分子聚合物，能填塞在地层裂隙中，起到保护封堵地层的作用，并能抗高温。

（3）HPAN 所生成的三元聚合物相对分子质量大约在 90000 左右，不能耐 150℃ 以上的高温，为此研制了磺化聚丙烯酰胺（S - PAM）抗高温钻井液处理剂。聚丙烯酰胺在一定温度条件下可以进行磺甲基化，生成带磺酸基团的丙烯腈 - 丙烯酰胺 - 丙烯酸钠三元聚合物。磺甲基化的条件是：AM（聚丙烯酰胺）：HCHO（甲醛）：$NaSO_3$（亚硫酸纳）为 1：1：1，温度 70～75℃，时间 2～5h，AM 的浓度 0.8%～2.0%；pH 值 12～13（以 NaOH 或 KOH 调 pH）。磺甲基化后的聚丙烯酰胺抗高温能力提高到 200℃ 以上，见表 2。

表 2　磺化聚丙烯酰胺（S－PAM）抗高温实验数据表

处 理 情 况	密度 g/cm³	黏度 s	失水 mL	测温 ℃
HPAN－K21 钻井液，200℃、24h	1.12	20.6	8.8	75
加 S－PAM8%，200℃、24h	1.12	25.2	6.8	75

五、现 场 应 用

阳深 1 井采用自造浆 30%、K21（浓度 5%）70%配制成密度 1.08mg/cm³、黏度 25～26s 的低密度钻井液，加入 2%～4%的 HPAN，控制滤失量为 4～5mL。钻进至 3803m 时，井底温度约 140℃，钻井液滤失量增大，采用加大 HPAN 加量，保持在高温下 HPAN 分解与补加量平衡的方法，勉强维持滤失量在 10mL 左右。钻进至 4209m，井底温度约 160℃时，HPAN 明显失效，开始试验性加入少量 S－PAM 来改善钻井液性能。钻进至 4547.60m，井底温度约 180℃时，加大 S－PAM 加量，控制滤失量为 4～9mL，钻至 4651m 完钻。具体情况见表 3。

表 3　阳深 1 井现场钻井液处理和性能数据表

井深 m	处理情况	密度 g/cm³	黏度 s	滤失量 mL	泥饼 mm	切力（浮筒） Pa/Pa
3803		1.10	21	7	0.5	0/0
3872	增加 HPAN 加量，使消耗与补充平衡	1.11	21.5	10	1.0	0/0
4209	继续增加 HPAN 加量	1.13	21.5	13	1.0	0/0
4309	加 S－PAM3%	1.13	21.5	7	0.5	0/0
4500		1.15	22	7.5	0.5	0/0
4547.6	加 S－PAM6%，加水	1.12	22	4	0.5	0/0

六、结　　论

用研制出的水解腈纶废料（HPAN）和磺化聚丙烯酰胺（S－PAM）两种抗高温钻井液处理剂，结合现场实际，配制了水解腈纶废料（HPAN）－K21－磺化聚丙烯酰胺（S－PAM）深井抗高温防塌钻井液。顺利钻进至 4651m 完钻，井底温度 186.6℃。该钻井液具有以下特点。

（1）经受了 186.6℃的高温考验，性能始终稳定、良好，钻进、测井、固井均一次成功，特别是 3 次井下事故，10 次打捞作业顺利，钻具曾在井下静止 51h 又 30min，下钻打捞一次成功；

（2）滤失量小，抑制能力强，较好的防止了井壁的剥落、坍塌，平均井径扩大率 35%以内。没有出现缩径，起下钻、测井、下套管均未出现遇阻、遇卡现象；

（3）触变性好，钻井液在井内静止 10d 后，下钻顺利到井底，开泵一次成功，稍经循环，立刻恢复静止前的性能；

（4）实现了低固相，固相含量小于 10%（体积比），其中膨润土含量小于 2%。塑性黏度在 6～7mPa·s 之间，流动性好，有利于喷射钻井和提高机械钻速。

柯深 1 井钻井液工艺

钱琪祥　尹剑华　宋玉龙

（新疆石油管理局塔西南石油勘探开发公司）

摘　要　柯深 1 井是新疆石油管理局在昆仑山前柯克亚油气田上为寻找深部原生油气藏而钻探的一口重点探井，井深 6481m，所钻地层复杂，ϕ339.7mm 技术套管下深至 3540.93m，ϕ244.5mm 技术套管下深至 5025.68m，这在我国均是首次；使用的钻井液密度范围大，从 1.02g/cm^3～2.12g/cm^3；针对不同井段分别使用高膨润土含量钻井液、聚合物低密度钻井液、聚磺钻井液及聚磺钾屏蔽钻井液。本文介绍了为解决钻井过程中遇到的诸如大直径井眼、压差卡钻、井壁稳定等问题所应用的钻井液工艺，提出要在山前构造上快速、安全地钻探一口深井，必须建立地层破裂压力剖面、地层坍塌压力剖面和地层孔隙压力剖面，根据这三条压力剖面决定各层技术套管下入的深度，选择使用最佳的钻井液密度。

关键词　水基钻井液　聚合物钻井液　压差卡钻　大眼井钻井　深井钻井　井塌

柯深 1 井是新疆石油管理局在昆仑山前柯克亚油气田上为寻找深部原生油气藏而钻探的一口总公司重点探井，设计井深 6800m。地质构造复杂，自上而下钻遇洪水冲积的砾石层，疏松的泥岩与砂岩互层，中压盐水层，上油组低压巨厚砂岩水层，裂缝发育、受地应力影响且垮塌严重的砂泥岩互层，又遇低压层，最终钻至裂缝十分发育的超高压白云质灰岩油气层，完钻井深 6481m。柯深一井 1991 年 12 月 27 日开钻，ϕ508mm 表层套管下深至 283.96m；1992 年 1 月 7 日二开，ϕ339.7mm 技术套管下深至 3540.93m；1992 年 5 月 25 日三开，ϕ244.5mm 技术套管下深至 5025.68m；1993 年 7 月 12 日四开，用 ϕ215.9mm 钻头钻进，至 1994 年 8 月 28 日钻达 6481m，最后 ϕ177.8mm×ϕ139.7mm 复合套管下深至 6479m 完井。该井是我国在山前地区的第一口深探井，各次下入技术套管的深度为全国首次，地层条件复杂，难度相当大。

一、钻井液使用概况

1. 一开钻井液使用概况

一开所钻地层对钻井液的要求是既要有利于洪水冲积砾石的携带，又要使风成砂地层不易垮塌，还要保证电测的顺利进行及大口径 ϕ508mm 长段表层套管的顺利下入。因此，必须是高黏切、低滤失的膨润土钻井液。

现场应用中采取了如下措施：

（1）泥浆罐中加入水及 Na_2CO_3，再加入定量的 50% 的 CMC，加膨润土充分搅拌预水化，最后加入剩余的 CMC 进一步增黏（由于膨润土加量多，若不先加些 CMC，膨润土易沉淀；而一次加够 CMC，再加膨润土，则影响膨润土的水化分散效果）。测得钻井液密度为 1.06g/cm^3，漏斗黏度 118s，API 滤失量 10mL。

（2）钻穿 17.5m 风成砂与 25m 砾石层之后，用 0.5%CMC 溶液维护并补充钻井液。因开钻时仅有 2 台振动筛工作，几天内的钻屑量近 100m³，采用勤放沉砂罐与放掉部分稠钻井液并先后补充 300m³CMC 溶液等办法来控制性能。但含砂量仍高达 2.5%。

（3）为使电测仪器能顺利下入，须将黏切降低。起钻前放掉一半钻井液，用 CMC 溶液调节钻井液密度至 1.10g/cm³，漏斗黏度 38s，静切力 2/5Pa/Pa，API 滤失量 7mL。在下套管前通井时，加适量膨润土浆将钻井液黏切提高，使 ϕ508mm 表层套管下深至 283.96m。

2. 二开钻井液使用概况

二开井段为 285.49～3544.20m，用 ϕ444.5mm 钻头钻进，钻屑量大（500m³）、钻井液量多（750m³），由此带来处理剂加量大与处理时间长等一系列问题；再者，返速仅 0.25m/s，携带钻屑、清洁井眼困难；此外，N_2 层底部中压盐水层必须使用当量密度为 1.35g/cm³ 的钻井液，而 X_6 层低压大水层压力系数仅为 0.99，二者不是同一压力系统，这将带来严重渗漏、缩径及压差卡钻等问题。

二开钻井液准备工作是在彻底、干净地清理了循环系统、放掉了地面所有的钻井液之后进行的。用了四级固控设备，3 台振动筛，1 台除砂器，1 台清洁器，1 台离心机，自动加重系统，储量 500m³ 的罐式储备系统及其他辅助设备。二开钻井液使用分两段，1300m 以上为聚合物低密度钻井液，1300m 以下为聚合物高密度钻井液并逐渐转化为聚磺钻井液。

（1）聚合物低密度钻井液 200m³（其配方为 PAC141：膨润土：Na_2CO_3：CMC = 0.5%：2%：0.6%：0.1%）与井内钻井液相混，测得密度为 1.02g/cm³，漏斗黏度 25s，API 滤失量 12mL。在钻进过程中不断补充浓度为 0.5% 的 PAC141 胶液及预水化膨润土浆。为维持低固相，驱动四级固控设备并及时清理沉砂罐，钻井液密度始终不超过 1.10g/cm³。ϕ444.5mm 的井眼每米进尺消耗聚合物 4.5kg，膨润土量要控制在 20～25g/L。由于净化好，聚合物的浓度与膨润土量合适，既保证了快速钻进，又保证了加重前基浆性能良好。

（2）井深 1300m 之后将密度提高到 1.35g/cm³，加重后的聚合物钻井液的维护原则是搞好固相控制。总固相控制在 16%～18%，膨润土含量控制在 35～40g/L，同时，加 SAS 和 SMP－2 维护、控制滤失以利于井壁的稳定；加 PAC145 胶液及稀释剂 PSC 控制黏切；自井深 2900m 开始加 FRH（四川威远化工厂产），加量为钻井液总量的 2%，使滤饼摩阴系数一直控制在 0.11 以下；在 3400m 进入 X_6 大水层前加入单向压力封闭剂，以防止或减少钻井液对地层的渗漏。钻完二开进尺后，配制了带有携砂剂的钻井液对全井进行清洗，使得电测及首次下入我国最深的 ϕ339.7mm 技术套管的工作顺利进行。

3. 三开钻井液使用概况

三开井段 3544.20～5028.64m，历时 413d，其中处理事故与复杂情况 128d。三开钻井液技术难点：

（1）地层压力系数不一，存在着巨大的压差。5009m 钻遇超高压盐水层，钻井液密度达 1.97g/cm³，而同一裸眼 X_7 层的地层压力系数仅 0.98，钻井液液柱压力与裸眼最低地层孔隙压力差高达 39.6MPa，难以避免压差卡钻。

（2）钻屑量大，ϕ311mm 的井眼平均井径扩大率为 15.1%，三开井段钻屑量将是 180m³。该井段地层硬、钻速慢，且使用巴拉斯、PDC 钻头钻进，钻屑被切削得较碎，绝大部分钻屑被分散到钻井液中去了，使有害固相大增。黏切上升，处理频繁，钻井液总量约 550m³。

（3）X_9、X_{10} 地层有纵向和横向微裂缝存在，带有螺旋扶正器的巴拉斯钻头高速运转，钻柱撞击井壁，呈层理性剥落掉块。渗漏也较严重，渗漏量平均每天 $8\sim10\mathrm{m}^3$，最严重的一次漏失是 2h 漏失钻井液 $11\mathrm{m}^3$。

（4）突然钻遇高压盐水层时带来的困难。由于在长段、压力系统不一的裸眼中极易造成压差卡钻。当该井钻遇低渗盐水层后，没能及时压稳，造成钻井液性能恶化。

三开钻井液仍用聚磺体系，聚合物用 PAC141 与 XY27，加 SMP 与软化点为 120℃ 的 SAS 控制滤失量，稀释剂是 PSC、SMT 和 SMC，通常配成 10％ 的浓度（PSC：SMT：SMC＝2：1：1）维护处理。钻达 5009m 前井下很安全，钻井液性能均匀、稳定；钻遇高压盐水层后，因上述体系本身的抑制性和抗污染能力差，而且未能及时得到改善，故造成连续 4 次压差卡钻；之后将钻井液体系改造为屏蔽聚磺钾钻井液，问题才得以解决。

4. 四开钻井液使用概况

四开井段为 5028.64～6481m，历时 413d，其中处理事故与复杂情况 97d。四开钻井液难点依然是高压差问题。在 5500～6100m 又遇低压层，此井段地层压力系数仅 1.20，完井前钻井液密度是 $2.12\mathrm{g/cm}^3$，钻井液液柱压力与地层孔隙压力差高达 53～66MPa；此外，严重的剥落掉块（由于地层裂缝发育和构造地应力的因素所致）引起井壁不稳定。此段 $\phi216\mathrm{mm}$ 的井眼，最终测出平均井径是 $\phi413\mathrm{mm}$。该井井斜在 5125m 以前为 $3.3°$，到 5400m 以后增大到 $11°$。严重井斜必然引起井下复杂情况，当钻至 6372.6 时发现钻井液气侵并井涌，全烃含量由 0.2233％ 猛升至 42.55％，关井求压后，立压为 4.8MPa。经循环脱气在放喷管线点火，火焰高达 3m 且伴有震耳轰鸣声。此时钻井液密度是 $1.92\mathrm{g/cm}^3$，平衡油气层压力系数应是 2.00，因是高压油气层，需有一个附加值，最终用 $2.12\mathrm{g/cm}^3$ 的密度完井。其间多次将钻具提至套管内，静止 55h 后测油气上窜速度还高达 26m/h。

二、大直径问题

使用 $\phi444.5\mathrm{m}$ 钻大钻至 3258.17m，这在国内是首次。钻屑量 $500\mathrm{m}^3$，钻井液循环量超过 $750\mathrm{m}^3$，循环一周 6h，这使钻井液性能的维护与处理相当麻烦。

（1）这么多的钻屑靠聚合物包被及固控设备全部除去是不可能的，一部分钻屑不可避免地分散到钻井液中去，使钻井液性能变坏，这种现象在大井眼中尤为明显。该井在 1300m 后有一中压盐水层，需用密度 $1.35\mathrm{g/cm}^3$ 的钻井液钻井，其总固相含量控制在 16％～18％，膨润土含量控制在 35～40g/L。为此，在井深 1100m 后逐渐加重，还要勤放沉砂罐并用离心机来清除过量的固相，不断补充加重材料与膨润土浆。

（2）大井眼钻井液量多，每次加的材料也多，处理时间就长，因此，井场上除用原钻机配套的钻井液设备外，还应配有 1 个 $40\mathrm{m}^3$ 的胶液罐，1 个 $40\mathrm{m}^3$ 的稀释剂罐，1 个 $4\mathrm{m}^3$ 的高架罐，1 个小型输送带，1 台简易起重装置，带有 2 个立式灰罐的自动加重系统和容量为 $490\mathrm{m}^3$ 装备精良的罐群储备系统。这些设备的配置给钻井液的维护及处理还来了方便。

（3）大井眼钻进中存在低返速的问题。在此井眼中使用两台美制 T1600 钻井泵，$\phi444.5\mathrm{mm}$ 钻头未安装水眼，泵压高达 22MPa，返速仅有 0.25m/s。靠如此低的返速难以将钻屑很好地携带上来，为此增设了 3 号机泵组，适当延长接单根前的钻井液循环时间，起钻前充分洗井（以振动筛面上不见钻屑为止）。尽管如此，每次下钻到底时都有几米沉砂（大的钻屑或塌块未能携上来），因此，当二开设计进尺钻完后，就配制带有携砂剂的稠钻井液。在 $30\mathrm{m}^3$ 10％ 膨润土浆中加 0.2tCMC、$0.1\mathrm{tNa}_2\mathrm{CO}_3$、0.5t 单向压力封闭剂和 0.5t 携砂剂（改性石棉纤维）充分搅拌、水化，再加 0.2tPAC141 增稠至滴流，注入井中形成一段近 200m 的塞流，将井底沉砂全部携带上来，这为顺利下入 φ339.7mm 技术套管奠定了基础。在下入 φ244.5mm 套管之前也做了同样的工作。

三、压差卡钻问题

1. 压差卡钻

柯深 1 井钻达 5009m 时遇高压盐水层，钻井液密度从 1.67g/cm³ 逐渐增至 1.97g/cm³，先后发生 4 次卡钻事故，经美国 HOMCO 测卡仪测出卡点在 3660～3800m 井段。5009～5025m 为高压低渗透含气盐水层，全烃值为 2200mg/L；经关井后求压得知其压力系数为 1.89，而 3660～3800m 井段的实际地层压力系数仅 0.89。此外，该段岩性为粉砂岩、细砂岩与泥岩不等互层，砂岩孔隙度平均 12.69%，最高达 30.54%；孔喉尺寸平均为 6.32μm，最大 37.16μm；渗透率平均为 128.1×10^{-3} μm²，最大为 1605×10^{-3} μm²。在高压差作用下，高渗透砂岩地层就形成较厚的滤饼。该井卡钻以前使用的是聚磺钻井液体系，其抑制性及抗污染能力差，受高压盐水侵后，性能未能及时恢复与改善，滤饼更虚厚；随井深增加，钻具重量增加，对井壁的侧向压力也增加，因此，卡钻几率也增大了。

针对上述情况，采取以下措施：

（1）提高钻井液密度，压死高压盐水层以防止钻井液性能再受破坏；

（2）提高钻井液的抑制能力和抗盐水侵的污染能力，克服膨胀缩径及分散。试验认为，加 5%NaCl 和 2%K$_2$SiO$_3$，聚合物用 SK-3 和 JT-888，分散剂用 SPC 效果较好；

（3）改善钻井液质量，使其能在渗透层面牢固地架桥造壁，屏蔽封堵效果好。可选择适当粒度的超细碳酸钙为架桥粒子、粉剂磺化沥青为充填粒子。

2. 封堵实验

封堵实验程序、条件及结果如下。

（1）高温高压滤饼防透性实验。选择各级封堵材料加入井浆，测高温高压（3.5MPa，90℃，30min）滤失量，然后倒掉此浆，用原滤饼做清水防透滤失实验（3.5MPa，90℃，30min）。

（2）动态封堵实验。正向用煤油测岩心渗透率，反向动态挤钻井液（压差为 3.5MPa），正向用煤油测封堵后岩心渗透率。

（3）封堵实验。选择几种不同的封堵剂进行实验，结果见表 1。由表 1 可知，实验时 II 浆滤失量较小，但其黏度太高；将封堵材料减半（如 III 浆）后防透效果却不佳，而且渗透率损害值没有超过 90%，这说明封堵效果不是很好。因而现场按 IV 浆结果实施，把原来的聚合物钻井液转化成聚磺钾屏蔽钻井液，使得 HTHP 滤失量为 2.4mL，滤饼 1mm 且致密、光滑、韧性强，清水防透滤失量为 1.8mL；用 30%NaCl 盐水做防透滤失试验，滤失量仍为 1.8mL，滤饼完好，渗透率损害值为 95%。如此，几乎将地层表面的孔隙、微裂缝等全部封堵，而且还能承受 40MPa 的压差。由表 1 还可知，岩心的动滤失量为零，这说明钻井液除了在岩心表面形成很好的屏蔽层外，部分细颗粒进入岩心孔隙后封堵又形成了一定的内滤饼（即屏蔽层），从而达到了封堵要求。通过实验和井内实际验证，对高压高渗透层的封堵，只要封堵材料选择得合适，粒级配比恰当，压差愈高则封堵效果越好。

表 1　封堵实验结果

表 1　封堵实验结果

序号	钻　井　液	HTHP 滤失量 mL	清水防透滤失量 mL	岩心动态滤失量 mL	渗透率损害值 %	压差 MPa
I	井浆（聚磺钾钻井液）	6.4	80	2.8	65.2	3.5
II	井浆（XY27＋SK－3）＋1.5％WC－1＋2.5％QCX－1＋2％DSSAS＋1％FRH＋0.5 %核桃壳	4.4	3.8	0	72.6	3.5
III	II浆中4种封堵材料减半，其余量相同	54	64			
IV	井浆＋1％WC－1＋2％QCX－1＋2％DSSAS＋1％FRH	6.8	4.8	0	70.2	3.5
V	最终转化浆	2.4	1.8	0	95	35～40

当钻达 5829m 时，1.97g/cm² 的钻井液又遇地层压力系数为 1.20 的低压层。因在几个月的钻进中很少加入各种屏蔽封堵材料，因而又发生压差卡钻。一次将各种所需材料加够，再未发生此种性质的卡钻事故。

四、井壁稳定问题

柯深 1 井位于昆仑山前构造带，靠近印度板块向欧亚板块下俯冲的边缘地区，所以，山前地带地应力对深部地层的作用较大，地层为陆相、海相交替沉积。柯深 1 井钻达 5200m 之后井下塌块骤然增多，从井眼中返出的塌块最大的为 12.5cm×5.6cm×1.2cm，岩性为砂质泥岩及泥质砂岩，致密又坚硬。由于钻井液密度高达 1.97g/cm³，漏斗黏度 70s，静切力为 9/22Pa/Pa，一般的塌块均能携带出井眼，但是过大的塌块就易将钻柱憋停。尤其是当钻柱带有 3 个 φ311mm 螺旋扶正器的情况下，塌块嵌入扶正条的水槽中，极易发生卡钻。因此，从井深 5325m 处卸去这 3 个扶正器，但这又会导致井斜急剧增大，从 5125m 时的 3.3°急剧增大到 5400m 的 11°，严重的井斜增加了钻柱对井壁的摩擦与碰撞。经验认为井壁失稳应从钻井液化学和岩石力学这两方面入手。实际钻探中发现，井壁失稳时的 HTHP 滤失量已控制到 2.4mL，渗透率恢复值已达95％，岩屑回收率已达 98％。可见，需从岩石力学方面来解决。专家们研究发现，井壁失稳还与一条地层坍塌压力剖面的存在有关。但并不是钻井液密度越高越好，超过一定限度反而使井壁失稳。

从北京石油大学黄荣樽教授和邓金根副教授所做的"柯深 1 井地层坍塌和破裂压力剖面图"（见图 1）中可知，坍塌压力不超过当量钻井液密度 1.60g/cm³。但由于 φ244.5mm 技术套管并未将 5009m 出现的高压低渗含气盐水层全部封因，故而只能用 1.97g/cm³ 的高密度钻井液继续钻进，这就造成了后患。

当时，在还不清楚钻井液密度已大大超过坍塌压力的情况下，为判断井斜与塌块的原因，在井段 5624.20～5626.82m 工程取心一筒，观察地层的倾角与裂缝情况。发现倾角仅 7°，但裂缝十分发育，裂缝间的充填物为石英，系硅质胶结。柯深 1 井在完井电测时分别用 3700 系列和 MAXIS - 500 系列测井，在测井图中最常见的裂缝是近似平行的与层理面一致或以低角度斜交的低角度裂缝，与层理面一致的部分多出现在岩石夹杂的高导物质中，这种裂缝多是构造在进行水平运动的过程中沿层理薄弱环节剪切而成。此外，就是低角度局部闭合的微细缝与网状缝，特征是裂缝的角度及方位无一定规律可循，纵横交错，大部分属微细的开口缝。由于上述裂缝的存在引起动力缝（因钻井液超重造成），特征是近似与井轴平行，延伸较长，开度大，在井壁两侧均能见到，与试油时压裂的情况相似。水动力缝往往造成裂缝间垂向互相串通，这是造成井塌、井壁失稳的根本原因。

由于上述原因，柯深 1 井最终也没有解决井壁失稳的问题，仅是将塌块由钻井液携带出井眼而已，以至于 φ216mm 的井眼测出的平均井径竟达 413mm。

五、结　　论

柯深 1 井从开钻至完井共用 1002d，其中处理事故和复杂情况 225d。事故主要是卡钻，复杂情况主要是井壁失稳。回顾钻探的全过程，我们认为要在山前构造上快速、安全地钻探一口深井必须建立 3 条压力剖面，即地层破裂压力剖面，地层坍塌压力剖面和地层孔隙压力剖面。根据这 3 条压力剖面决定各层技术套管下入的深度，并选择使用最佳的钻井液密度，在钻井液处理和维护上各种设备、仪器必须配置齐全，储备罐群、自动加重装置是必不可少的，国产的各种钻井液材料完全能满足山前构造深井钻探的需要。

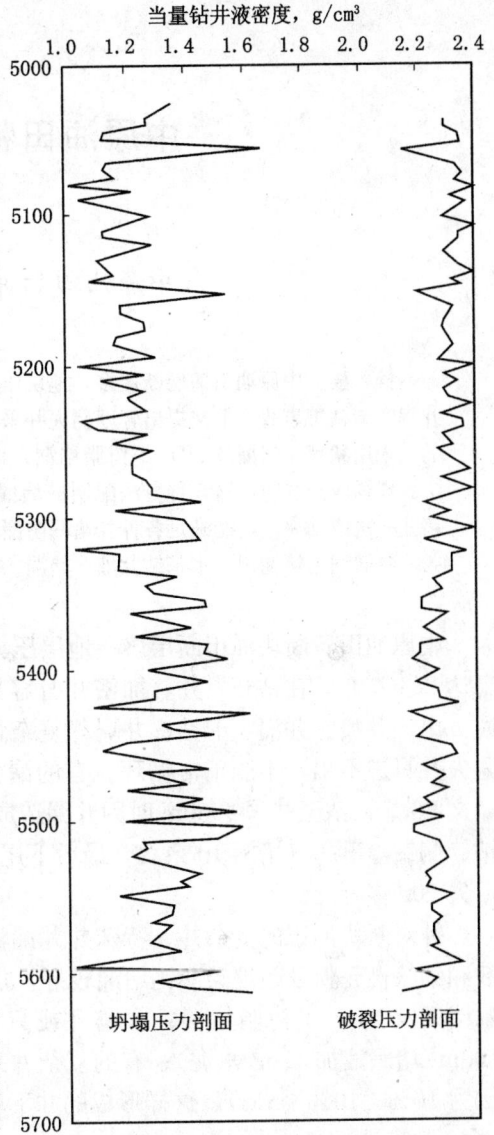

图 1　柯深 1 井的地层坍塌和破裂压力剖面图
计算条件为：最大水平地应力梯度为 0.0289MPa/m，最小水平地应力梯度为 0.0215MPa/m，地层孔隙压力梯度 0.0120MPa/m，地层的泥质含量为 60%，泥岩层的有效应力系数为 0.65，砂岩层的有效应力系数为 1.0。

中原油田特殊井堵漏工艺

王 勤
（中原油田钻井研究院泥浆研究所）

摘 要 中原油田地层断层多，地层压力系数差异大，在钻井过程中经常发生严重的井漏、井塌、卡钻等事故。本文提出轻度漏失井采用单封剂和核桃壳粉及超细碳酸钙堵漏，漏失严重的井采用狄塞尔堵漏及 ND-1 树脂堵漏，窜槽井或只进不出的井采用堵漏液配合注水泥的方法。现场应用表明，这 3 种方法配制的堵漏液能在井下形成强度较大的堵塞层，堵漏效果好，堵漏一次成功率高，能满足各种井堵漏防漏的需要。

关键词 堵漏剂 水基钻井液 堵漏 钻井液添加剂

中原油田各断块油田断层多、地层压力系数差异大，有的层位压力系数为 0.8，有的则高达 2.4 左右。在钻开发井、加密井时容易与邻近采油井、注水井发生层位窜槽，互相联通，出现井喷、井漏、卡钻、井塌等复杂情况。有些井出现一阵喷油一阵喷水，有些严重漏失井只进不出，不能正常循环。有的漏失井总漏失量超过 2000m³，漏失时间超过半年。如文 88 井，钻至井深 4060m 时因井漏造成全井报废；文 10-69 井因严重井漏、井塌、卡钻、侧钻等事故（堵漏 10 余次，最后下尾管，侧钻 3 次），建井周期延长 308d，直接经济损失 200 多万元。

针对断块油田的复杂井、特殊井井漏做了许多试验。在渗漏及轻度漏失时，采用单封剂和细核桃壳粉及超细碳酸钙堵漏较好，加量一般为 3%～4%；漏失严重的井，采用狄塞尔堵漏及 ND-1 树脂堵漏；窜槽井或只进不出的井，采用堵漏液配合注水泥效果较好（30m³ 堵漏液加 12m³ 水泥）；有的复杂井采用单封剂和核桃壳粉及建筑水泥堵漏较好（配比为 10%：10%：5%），这样形成的井下堵塞层强度大，堵得牢固，堵漏一次成功率高。

一、堵 漏 机 理

采用桥塞堵漏与化学堵漏相结合的方法。当片状、粒状及纤维状的混合堵漏材料进入漏失层后，由于上部地层压力差的作用而较快地漏失，形成塞状的骨架结构，将漏失通道堵住。堵漏液中的水泥成份在井下温度条件下较快地发生化学变化，固化后将塞状的骨架结构较牢地固定下来，防止压力变化后松散，形成强度较高的堵塞层，从而提高堵漏一次成功率。桥塞堵漏与化学堵漏相结合的方法克服了桥塞堵漏形成的堵漏物强度小，承受不住较大压力及单纯注水泥效果差的缺点。

二、室 内 实 验

针对中原油田漏层的特点，结合以往的堵漏经验，选择狄塞尔堵漏液和水泥浆，单封剂、水泥浆和核桃壳粉进行室内优选配方实验。

1. 狄塞尔堵漏液与水泥混合配方

堵漏液配方如下，其中1#配方为基浆，2#配方为堵漏液，性能见表1。

1#：6%膨润土+0.5%NaOH+0.5%Na$_2$CO$_3$+1%NaCl+重晶石。

2#：1#配方+8%狄塞尔堵漏剂+8%核桃壳粉+4%蚌壳渣粉。

表1 基浆和堵漏液性能

配方	密度 g/cm³	漏斗黏度 s	滤失量 mL	泥饼 mm	静切力（初切/终切）Pa/Pa	pH值
1#	1.55	30	50	6	0/15	10
2#	1.53	100	60	8	25/40	12

狄塞尔堵漏液与水泥浆（水泥：水=1：1）混合后的性能见表2。

表2 狄塞尔堵漏液与水泥浆混配后的性能

堵漏液：水泥浆	密度 g/cm³	流动度 cm	t_{ini} min	t_{fin} min	温度℃	强度 MPa
1：1	1.68	25	190	610	65	11.4
1：2	1.74	28	290	490	65	13.3
2：1	1.60	22	310	760	65	9.5

注：t_{ini}、t_{fin}分别为初凝和终凝时间。

2. 单封剂与水泥及核桃壳粉混合配方

（1）堵漏液。堵漏液配方如下，性能见表3。

3#：1#配方+5%水泥+8%单封剂+8%核桃壳粉+5%蚌壳渣粉。

表3 单封剂与水泥及核桃壳粉混合堵漏液性能

配方	密度 g/cm³	漏斗黏度 s	滤失量 mL	泥饼 mm	静切力（初切/终切）Pa/Pa	pH值
3#	1.54	87	60	8	20/35	12

（2）堵漏实验。用美国产的堵漏试验仪钢球小珠静态法进行实验。压力7MPa，稳压10min，滤失量185mL，渗入深度25mm。堵塞层坚韧，效果好。

三、现场应用

1. 现场配制

在配制罐内加入18～20m³清水，然后分别加100kg烧碱和纯碱，加500kg盐，加1～1.2t抗盐土，循环1h后加重至要求的密度，再加入2～2.5t狄塞尔堵漏剂，2～2.5t核桃壳粉，1t蚌壳渣粉，配好后循环5min，测量堵漏液性能。若太稠，可适当加些清水，直到能顺利泵入为止。

2. 现场施工

堵漏液配好并清理滤渣后，下钻至漏层上部20～50m处（特殊情况下钻具不动直接打）。将闸门倒好，往井内泵入堵漏液8～10m³，然后打300袋水泥后，再泵入8～10m³堵漏液，替钻井液，起钻至技术套管，关封井器，将后面水泥浆都挤入地层内。也可以将堵漏液与水泥按 1：1 比例混和打，直到将混浆打完后再将堵漏液打完，替钻井液，起钻至技术套管内，关封井器，将混合液挤入漏层内。挤压时压力一般在 10MPa 以上。堵漏液进入漏层后返钻井液恢复正常。挤压时一般一次挤完，关井静止 1～2d。也可以先打 300 袋水泥，然后打堵漏剂、替钻井液后起钻至技术套管内，关井挤压（或不起钻，直接关井挤）。

（1）前参 2 井。

①堵漏前概况。前参 2 井从 1985 年 11 月开钻至 1990 年 7 月完钻。一开使用 ϕ660mm 钻头钻至井深 500m，ϕ508mm 套管下至井深 495.38m；二开使用 ϕ432mm 钻头钻至井深 3262.14m，ϕ305mm 钻头钻至井深 3427.01m，ϕ229mm 套管下至井深 3409.86m；三开使用 ϕ203mm 钻头钻进。

该井使用油包水钻井液，钻至井深 5003.13m 时，出现严重井漏，井口不返钻井液，堵漏效果不佳。经电测发现在 ϕ229mm 套管上部破裂。电测曲线解释为，井口至井深 500m 井段破裂严重，其中 497～500m 段套管变形；在 500～1050m 井段有破裂损坏处；在 1050～2150m 井段有损坏可疑处；ϕ229mm 套管固井水泥返高 2275.50m。套铣出的套管碎片最薄处象纸一样薄，且腐蚀呈多孔状，上部地层坍塌、漏失严重。3 次挤水泥堵漏及 2 次狄塞尔堵漏效果不好，破裂套管变形部位缩径，且日趋严重。经讨论决定先堵漏，若堵漏不成功再倒扣套铣。

②室内实验。经过反复实验，最后确定用狄塞尔堵漏剂加水泥和核桃壳粉配制堵漏液。配方如下，性能见表 4。

4#：4%膨润土 + 0.5%NaOH + 0.5%Na$_2$CO$_3$ + 1%NaCl + 重晶石。

5#：4#配方 + 4%水泥 + 5%狄塞尔堵漏剂 + 4%核桃壳粉 + 1%蚌壳粉。

表 4 基浆和狄塞尔堵漏液性能

配方	密度 g/cm³	漏斗黏度 s	滤失量 mL	泥饼 mm	静切力（初切/终切）Pa/Pa	pH 值
4#	1.35	26	60	8	0/15	12
5#	1.37	100	75	10	25/40	12

仪器：美国产堵漏试验仪。

方法：小珠静态实验法。不锈钢小珠子的直径为 3mm，大珠子直径为 7.5mm，叠在一起的不锈钢珠子堆的厚度为 3.5cm，上部一层为大珠子。配好 3000mL 堵漏液，工作压力 7.5MPa，稳压 10min，滤失量 320mL，渗透层厚 20mm，堵漏层坚韧，强度大。

配好的堵漏液，静止 18h 后明显变稠，2d 后凝固变硬。

③现场施工。分别在井深 510m 和 767m 两处堵漏。第一次配了罐堵漏液，打入井眼内 45m³，挤入漏层 42m³。最高挤压 5MPa，稳压 3.5MPa。静止 3d 试压，下钻至井深 518.65m，替浆密度为 1.26g/cm³，当量密度为 1.96g/cm³。钻上部水泥塞后，下钻至井深 776m 处堵漏。

第二次堵漏时配堵漏液两罐，打入井内 35m³，挤入漏层 16m³，停泵压力 4.3MPa，5min 后降至 3.5MPa，替浆密度为 1.29g/cm³，静止 3d 后试压。钻具下至井深 600m 处，当量密度为 1.89g/cm³ 未达到要求。

第三次堵漏时配堵漏液 2 罐，打入 23.5m³，没能达到要求，试压密度为 1.87g/cm³。

第四次堵漏时配堵漏液 2 罐，打入井内 20m³，挤入漏层 4.6m³，最高挤压 8.5～9MPa，停泵压力 6MPa（替入密度为 1.26g/cm³），静止 3d 后试压。下钻至井深 770m 试压，稳压 5MPa，27min 后降到 4.3MPa，密度为 1.96g/cm³，开始加重循环，同时加入 3t 的 DF-4 单向压力封堵剂。下钻至井深 775m，加重到密度为 2.03～2.10g/cm³ 循环。10h 后下钻至井深 1093m。加重到密度为 2.02g/cm³，循环 2d，堵漏达到设计要求，固井。救活了一口打了 5a 之久，耗资近 5000×10⁴ 元的深探井。

(2) 文 13-117 井。该井在钻至井深 3350m 时，钻具被卡死。打入解卡剂不返，由于液柱压力降低出现严重气侵现象，形成了井下复杂的漏失。该井不能用水泥及水泥复配物堵漏（防止将上部钻具固住，给解卡造成困难），用单封剂效果不好，最后决定使用 ND-1 树脂堵漏，其特点是可泵性好，固化时间可根据情况调整。

在 20m³ 清水中分别加入 100kg 烧碱和纯碱、1t 抗盐土、1t 盐，然后加重使钻井液密度达到 1.80g/cm³。加入 1t 的 ND-1 堵漏剂，500kg 固化剂，2.5t 核桃壳粉，加盐至饱和，配好后循环 0.5h，泵入井下 20m³，挤入漏层 4m³，最高挤压为 11MPa，套压 7MPa，稳定 10h 后，套压降至 5MPa，12h 后恢复正常循环，堵漏一次成功，2d 后打解卡剂解卡。

(3) 文 90-14 井。该井钻至井深 2910m 时发生严重井漏，钻井液只进不出，井漏发生后将钻具起至技术套管内，漏失钻井液 70m³。技术套管下深 1600m，钻井液密度为 1.56g/cm³，黏度为 40s，经 2 次用狄塞尔堵漏液堵漏，效果不佳。经过讨论决定使用狄塞尔堵漏液配合打水泥的方法堵漏。按 2♯ 配方加入 1.2t 膨润土、500kg 盐、200kg 纯碱、2.5t 狄塞尔堵漏剂、2t 核桃壳粉、1t 蚌壳渣，堵漏液的密度为 1.5～1.55g/cm³，黏度为 80s，替浆密度为 1.56g/cm³。将钻具下至井深 2860m，打水泥 350 袋，水泥浆平均密度为 1.84g/cm³，打完水泥后，打堵漏液 15m³，水泥浆替至钻头以下关封井器，挤入漏层 15m³ 最高挤压 12MPa，稳定 10MPa，挤完后起钻至技术套管内，静止 2d，堵漏一次成功，使该井顺利完钻，取得了显著经济效益。

(4) 文 13-228 井。该井是一口定向井，在钻至井深 3572m 时发生多次卡钻，无法继续正常钻进，决定换油包水钻井液。用油包水钻井液划眼至井深 3402m 时发生严重井漏，不返钻井液。决定用狄塞尔堵漏剂、核桃壳粉和超细碳酸钙混合液堵漏。向配制罐内加入密度 1.75g/cm³ 的油包水钻井液，然后加 3t 狄塞尔堵漏剂，2t 核桃壳粉，1.5m³ 柴油，堵漏液密度为 1.74g/cm³。配好后，下钻至井深 3300m，泵入 20m³ 堵漏液，替 19m³ 钻井液，起钻至技术套管内，挤入漏层 15m³，最高挤压 15MPa，泵压 18MPa，静止 2d，大排量循环不漏。继续划眼，当划眼至井深 3485m 时出现井漏，只进不出，将钻具起至技术套管内进行第二次堵漏。在配制罐内加入 25m³ 油包水钻井液，再加入 3t 狄塞尔堵漏剂，2t 核桃壳粉，1t 超细 CaCO₃，1.5m³ 柴油，堵漏液配好后密度为 1.68g/cm³，黏度为 87s。将钻具下至井深 3300m，泵入 21m³ 堵漏液，替入 21m³ 钻井液，起钻至技术套管内，挤入漏层 12m³ 堵漏液，挤压为 10MPa，套压 6MPa，静止 3d 后试压，符合要求。继续划眼到底，井下恢复正常。

四、问题及不足

钻开发井、加密井时出现的层位联通问题，以及同裸眼中多断层的开发井中的防漏及堵漏技术有待进一步研究探讨，以便更有效地处理该类型井中的复杂情况。

膨润土—聚合物不分散低固相钻井液

洪培云

华北石油管理局

摘　要　本文介绍了膨润土—聚合物不分散低固相钻井液的特点，并详述了其组成和作用机理，现场应用表明，该体系钻井液钻速明显提高，钻井成本大幅降低。

关键词　钻井液　不分散低固相　聚合物　膨润土　剪切稀释

20世纪60年代以来，钻井工作者重视研究钻井液的组成和性能对钻速的影响，随着研究工作的深入，人们逐步认识到钻井液的类型、组成和性能是影响钻井速度与成本的重要因素，而钻井液中的固相是影响钻井速度与成本的关键因素。因此，在钻井液工艺中大力发展固控技术的研究与应用。聚合物中的絮凝剂（或包被剂）可使钻井液中的钻屑或劣质黏土处于不分散的絮凝状态，便于机械固控设备将其清除。这样，钻井液工艺中较好地解决了分散钻井液体系存在的钻屑（劣土）在钻井液中分散的问题。20世纪70年代以来，随着对不分散低固相钻井液体系的优异水力特性和防塌作用的进一步认识，在使用喷射钻井技术的同时，充分发挥不分散低固相膨润土—聚合物钻井液体系的絮凝、剪切稀释和良好的水力参数等优越性，使钻井速度显著提高，钻井成本不断降低。总之，当钻井进入科学化时期，膨润土—聚合物不分散低固相钻井液是钻井生产实践中见到显著成效的新型钻井液。

一、不分散低固相钻井液体系的由来与发展

在世界石油勘探、开发进入科学化时期，聚合物以专利形式被广大钻井工作者认识和应用。这就标志着钻井工作进入一个新时期。

1. 国外膨润土—聚合物不分散低固相钻井液工艺发展简况

从1958年国外钻井工艺已步入到科学化钻井阶段，重要的标志是使用镶钻头和引入高聚物。喷射钻井的关键在于发挥钻头水马力的作用，因此，完全絮凝剂用于钻井实现了清水钻井，即，使用一种处理剂使钻井液中的固相全部絮凝，在地面上沉除，再让清水返至井底。但由于井壁的稳定及携带岩屑受到一定的限制，故不能广泛应用。随着聚合物的种类、品种不断出现，人们可以比较自如地控制较低的固相，采用化学处理方法保留一些优质土，除去劣质土和钻屑。此时，选择性絮凝专利不断涌现，随之，膨润土—高聚物体系的淡水不分散低固相钻井液出现，1966年在加拿大西部油田第一次系统地使用该体系泥浆钻井，取得了较好的效果，并于1968年应用于3500米的深井。继之，石油工业发达国家相继使用膨润土—高聚物钻井液体系。

2. 我国使用膨润土—聚合物不分散低固相钻井液的情况

我国自1973年以来，在九个油田124个钻井队先后用聚丙烯酰胺处理的钻井液打了

263口井（注：1975年的统计资料）。尽管在1975年大港全国泥浆会议上，推广使用新型处理剂聚丙烯酰胺，但当时仍处于试用阶段。1978年四川江油全国泥浆会议上又提出推广使用优质轻钻井液——以聚丙烯酰胺为主要处理剂的低固相钻井液。对其他高聚物，如聚丙烯酸钙（代号CPA）、小分子水解聚丙烯腈钙盐（代号CPAN）、水解聚丙烯腈（代号HPAN）和铵基聚丙烯腈（代号NH_4PAN），已在个别地区使用或开展了试验室的工作，但当时聚合物的应用还很不普遍。

华北油田自任邱油田会战以来，已在部分井队使用聚丙烯酰胺，但不配套，这套钻井液的工艺问题尚未解决。随着喷射钻井的推广，膨润土—聚合物不分散低固相钻井液体系在实践中逐步形成，并不断完善。

3. 华北油田推广应用膨润土—聚合物钻井液的历程

华北油田地处京、津之南，渤海之西，地层属于可钻性较好的砂泥岩，固相污染是提高钻速之大敌。为了提高钻井速度，减少井下复杂情况，在兄弟油田使用聚丙烯酰胺钻井液的经验基础上，不断摸索，不断改进，不断完善，不断提高，膨润土—聚合物钻井液体系初步形成，达到了基本不分散的要求。

（1）使用阶段。

1976年至1978年，基本上是单一使用水解聚丙烯酰胺。全井钻进过程中，加入水解度为30％、相对分子质量为300万左右的水解聚丙烯酰胺。一口井使用7％含量的胶液2～3t，为了实现相对密度较小，在无得力的固控装备条件下，大量加入清水，大量排放钻井液，虽然钻井速度暂时提高了，但井壁的稳定、钻井复杂情况无法控制与解决。这就是使用聚丙烯酰胺钻井液的初级阶段。使用水解聚丙烯酰胺为絮凝剂（或包被剂），降失水剂和井壁稳定剂尚不配套，急待解决。

（2）清水复合予处理阶段。

为了控制低固相，在1979年底、1980年初，采用水解聚丙烯酰胺与水解聚丙烯腈钙盐（代号CPAN）置于$150m^3$清水中，进行第二次开钻，称为清水二开复合予处理。在钻完造浆段后，以水解聚丙烯腈钙盐维护。这样，井壁、失水等都得到改善。与单一使用聚丙烯酰胺相比，清水复合预处理对提高钻速、稳定井壁、降底高压失水和改善泥饼质量都有较好的效果。但产生一个上部井眼偏大问题，根据现场统记资料，上部井眼扩大率在40％～60％，对钻井工作发生复杂情况的处理极为不利。对全井实现安全、快速钻井也是个难题。因此，如何实现井眼规则、井身质量好，是一个亟待解决的问题。

（3）膨润土—聚合物不分散低固相钻井液体系形成阶段

针对上部地层疏松、渗透性好的特点，为了解决喷射钻井过程中易造成井眼扩大的危害，应在刚刚钻进的井段尽快形成致密光滑的泥饼。为此，必须在第二次开钻时配制已充分水化、分散的膨润土钻井液，使其达到泥糊井壁的目的；同时，又能把钻屑及时包起来，在地面上及时将其清除。因此，在1980年底、1981年初，采用坂土——聚合物复合予处理钻井液工艺代替清水复合予处理。即在第二次开钻前，将优质膨润土（一般采用改性膨润土）在地面上水化，分散配制好，即，膨润土予水化。再将高聚物中大、中、小不同相对分子质量、不同作用机理的聚合物，按最佳配方要求配制好。第二次开钻后，将膨润土浆和聚合物胶液按上述最佳配方加足药量，充分循环入井。钻井过程中，根据井下情况，及时地补充膨润土浆和聚合物胶液，确保钻井顺利进行。这就是目前钻井队普遍采用的膨润土—聚合物钻井液，为了说明聚合物的种类，也有称之为两聚、三聚或多聚钻井液体系。

二、膨润土—聚合物钻井液的特点

膨润土—聚合物不分散低固相钻井液体系是以膨润土浆予水化后，即充分水化、分散，膨润土胶粒泥糊井壁，形成薄而韧的泥饼；再以大、小不同相对分子质量聚合物包被钻屑，细颗粒被桥联，在泥浆体系中呈现不分散状态；然后借助地面固控设备——振动筛、除砂器、除泥器等将其清除，使钻井液体系保持低固相的特点，满足钻井的需要。

1. 提高钻井速度

华北油田各勘探公司已普遍使用这套膨润土—聚合物不分散低固相钻井液体系，提高了钻井速度。勘探二公司从1978年到1982年，每年钻井速度增长14.3%；1981年至1982年，钻井速度增长20.3%。勘探三公司，1981年至1982年，队年进尺增长24.5%，虽然平均井深增加了7.8%，但钻井周期下降了12.3%，建井周期下降9.3%，机械钻速提高11.3%。钻井效果详见表1。

表1　使用膨润土聚合物的钻井效果情况

泥浆类型	统计井数口	平均井深 m	钻井周期 d	钻机月速 m	黏卡次/损失时间 次/h	黏卡率 m/次	固井合格率 %	钻井液成本 元/m
单一PAM泥浆	80	2860	70	1145	15/1711	14686	96	12.53
膨润土—聚合物钻井液	132	3361	68	1154	15/312	29577	99	11.05
膨润土—聚合物钻井液效果		加深501m	减少2d	增加9m/（台·月）	损失时间降低81.8%	降低101.4%	提高3%	降低1.48元/m

从上例可见，使用膨润土—聚合物钻井液比单一聚合物钻井液优越，在井深增加500m的情况下，钻速提高，钻井周期缩短，黏卡率大幅度下降，质量提高，成本降低。表2是使用该泥浆体系的钻井队的钻井情况。

表2　各钻井队的钻井情况

队　　号	3269	32894	32970	32609	32967
1982年总进尺，m	40536	34010	31781	27695	22520
开完井数，口	开13完12	开11完10	开10完10	开9完8	开6完6
平均井深，m	3055	3115	3178	3224	3818
钻井液类型	PHP—CPA—CPAN—HPAN 膨润土—聚合物	PHP—CPA—CPAN—NH_4PAN 膨润土—聚合物	PHP—CPAN—HPAN 膨润土—聚合物	PHP—CPA—CPAN—NH_4PAN 膨润土—聚合物	CPA—HPAN 膨润土—聚合物

从表2可以看出，这些钻井队已经达到国外钻井先进水平。在平均井深3000m的情况下，年进尺3×10^4m，已是美国钻井水平。我国的这些井队，全都采用两聚、三聚或多聚膨润土—聚合物钻井液体系。

2. 剪切稀释特性好

在喷射钻井中，主要依靠钻头的水马力破碎岩屑。如何提高钻头的水马力，需要在钻井液上下功夫，使钻头处的钻井液黏度最低，摩阻最小、压降损失最小、比水马力才能较高。

因此，要求泥浆在钻头水眼处黏度最低（接近清水），而在环空因要悬浮和携带岩屑，黏度要高一些，这就表现出泥浆的剪切稀释特性，即在钻头水眼处，高剪切率下黏度低，在环形空间低剪切率下黏度变高的特性，这种剪切稀释特性对钻井速度的提高是十分重要的。我们常以流性指数 n 和屈服值与塑性黏度的比值（即动塑比）来衡量剪切稀释特性，详见表 3。

表 3　不同聚合物的剪切稀释特性

名　称	浓度，g/L	流性指数	动塑比
水	—	1.0	0
怀俄明膨润土	56.3	0.7	0.85
CMC	2.68	0.95	0.15
PAM	4.02	0.82	0.67
PHP	1.61	0.62	1.6
HEC	2.68	0.85	0.5
HEC	5.36	0.57	—
XC	2.68	0.46	2.1

从表 3 中可以看出：生物聚合物的剪切稀释最优，水解聚丙烯酰胺（PHP）的剪切稀释能力也比较好。根据实验室的实验结果，PHP 的水解度为 30％、相对分子质量为 300×10^4，浓度达到 1000mg/L 左右时，其流变性也比较理想。目前，现场使用 PHP 的水解度多为 30％左右，浓度 500mg/L 以上，满足了钻井的需要。

3. 钻井液性能好，井眼规则，井下安全

对目前现场应用的几种聚合物进行合理复配，可以实现固相低、比重低、黏度低、失水低、黏滞系数较低的优质、稳定性能，为钻井提供了良好的钻井液。同时，也使井眼规则，井径扩大率逐渐降低，从单一使用 PHP 井径扩大率为 40％～60％降至使用多聚体系的井径扩大率为 20％以下，一般为 10％～15％，详见表 4。

表 4　现场常用几种聚合物钻井液体系对井径的影响

井　号	阿 3 井	阿 5 井	哈 3 井
钻井液类型	单—PHP	PHP—CPAN—HPAN	PHP—CPAN—HPAN
平均井径，mm	263	247	258
易塌段最大井径，mm	495	375	280
平均井径扩大率，％	22.3	15.1	20
最大井径扩大率，％	130.2	74.4	30.2

表 4 中的三口井是二连新区阿尔善构造相邻的三口井，极易垮塌层位岩性化学分析为蒙脱石、伊利石含量 90％以上。由于钻井液选用的聚合物不同，性能不同，井眼情况亦不同，阿 5 井平均井径扩大率比阿 3 井降低 7.2％，哈 3 井易塌段井径扩大率比阿 3 井降低了100％。可见，把聚合物合理复配好，可以获得良好的钻井液性能，进而规则的井径，确保了井下安全钻进。

表 5　使用聚合物后卡钻情况表

年　　份	泥浆类型	黏卡情况
1979	单一 PHP 处理	钻进 9181m 黏卡一次
1980	清水 PHP—CPAN 复合予处理	钻进 21050m 黏卡一次
1981	膨润土—聚合物钻井液	钻进 27855m 黏卡一次
1982	两聚三聚多聚钻井液体系	钻进 25506m 黏卡一次
1983 上半年	两聚三聚多聚钻井液体系	钻进 33378m 黏卡一次

从表 5 还可以看出使用复配的多聚体系使井下黏卡事故显著降低，井下更安全了。

4. 钻井液排放少，减少环境污染

使用单一 PHP 钻井液时，一般排放 300～500 多立方米，多则 1000 多立方米；但使用膨润土—聚合物钻井液体系后，基本不向外排放钻井液，这大大的减少了对环境的污染。

5. 成本降低，使用方便

使用膨润土—聚合物钻井液体系后，钻井液 pH 值一般为 8 左右，不再需要大量砸烧碱、加烧碱减少了工人的繁重体力劳动。目前，使用的聚合物均为粉剂，易保管，使用方便，深受现场欢迎。总之，膨润土—聚合物钻井液体系已在华北油田普遍使用，成效十分显著，其综合效果可见表 6。

表 6　使用膨润土—聚合物钻井液体系综合效果表

项　目	1978 年 1—9 月	1982 年	效　果
井深	<3000m	<3000m	—
井数，口	37	14	—
钻井周期 d	24.4	22.25	降低 2.15d
电测一次成功率，%	43	100	提高 57%
固井合格率，%	90	100	提高 10%
井径扩大率，%	80	2.3	降低 77.7%
外排泥浆量（估计），m³	200	无	
本泥浆成本（不计重晶石），元/m	4.31	4.89	
黏卡率，%	24	7	降低 17%
黏卡损失时间，h	1422	20	减少 1402 小时
黏卡用油，m³	145	12	减少 137 方
泥浆类型	单一 PHP	膨润土聚合物	

三、膨润土—聚合物钻井液的组成及其作用机理

膨润土—聚合物钻井液体系主要成分是优质膨润土和聚合物。应掌握聚合物的结构特点和其在泥浆中所起到的作用，才能使用得当，达到预期的效果。

1. 主要组成

1）膨润土浆

膨润土是水基钻井液的重要原材料，它对提供什么样的钻井液（基浆）钻井，关系十分重要。根据我国埋藏膨润土的情况，优质膨润土——钠膨润土蕴藏量目前还不很多，改性膨润土较为普遍。我们选择造浆量较高、失水性能较好的山东高阳塔尔堡公社、安邱县和维县的钙膨润土进行改性，并配制成泥浆。

钠膨润土配方为：

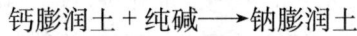

$$钙膨润土 + 纯碱 \longrightarrow 钠膨润土$$

选择纯碱（Na_2CO_3）为改性剂，使其改变膨润土性质，即由不水化分散变成易水化分散，这必须在水溶液条件下，加以外力搅拌、温度等条件才能实现。为此，我们在配制膨润土浆时，一要加够改性剂纯碱，二要加水强力搅拌，三要静放 2d，以使改性完全。因此，配制膨润土浆的要点是：加碱、搅拌并静放。

配制预水化膨润土浆的配方：水：土：纯碱 = 1000：100：7。

配制方法：按配方进行投料后，强力搅拌，使其充分进行分散、水化，静放 48h 后备用。

2）聚合物

聚合物的选用是这套钻井液体系的关键，要选择合适品种与数量的絮凝剂（包被剂）、降失水剂等。

（1）聚丙烯酰胺（代号 PAM）。

其分子表示式为：

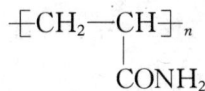

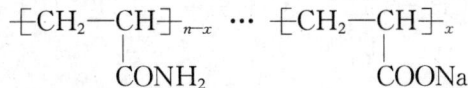

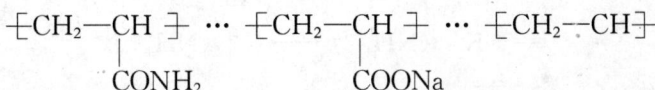

$$\underset{CONH_2}{\overset{\displaystyle [CH_2-CH]_n}{\big|}}$$

它是丙烯酰胺的均聚物，它的相对分子质量从 1000×10^4 到 800×10^4 不等。

根据试验室的工作，我们选择 300×10^4 左右的聚丙烯酰胺为钻井液体系中的完全絮凝剂。也就是说，将全部钻屑包裹起来起来，在地面上进行清除。

（2）水解聚丙烯酰胺（代号 PHP）。

其分子表示式为：

$$[CH_2-CH]_{n-x} \cdots [CH_2-CH]_x$$
$$\underset{CONH_2}{\big|} \qquad \underset{COONa}{\big|}$$

它是聚丙烯酰胺加烧碱水解后产物。

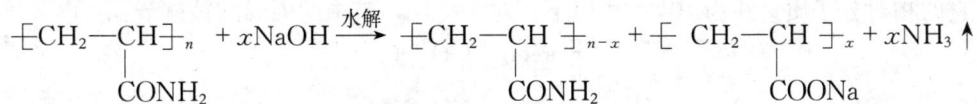

$$[CH_2-CH]_n + x NaOH \xrightarrow{水解} [CH_2-CH]_{n-x} + [CH_2-CH]_x + x NH_3 \uparrow$$
$$\underset{CONH_2}{\big|} \qquad\qquad\qquad \underset{CONH_2}{\big|} \qquad \underset{COONa}{\big|}$$

根据试验确定水解度 30% 为最佳水解度，相对分子质量选用 300×10^4 较好，这种相对分子质量的水解聚丙烯酰胺含丙烯酰胺与丙稀酸钠链节。

（3）聚丙烯酸钙（代号 CPA）。

其分子表示式为：

$$[CH_2-CH] \cdots [CH_2-CH] \cdots [CH_2-CH]$$
$$\underset{CONH_2}{\big|} \qquad\qquad \underset{COONa}{\big|}$$

它是由聚丙烯酰胺加烧碱水解后，加入氯化钙（CaCl）进行沉淀所得到的产物。分子链增加了一个丙烯酰胺基团，使之产生抗钙、抗盐侵的能力。其相对分子质量一般选用 $(200\sim250)\times10^4$ 为好，它含丙烯酸钠、丙烯酸钙和丙烯酰胺链节。

（4）水解聚丙烯酸钾（代号 K—PAM）。

其分子表示式为

$$\begin{array}{ccc} \overbrace{\text{CH}_2-\text{CH}}^{} &\cdots& \overbrace{\text{CH}_2-\text{CH}}^{} \\ \mid & & \mid \\ \text{CONH}_2 & & \text{COOK} \end{array}$$

这与水解聚丙烯酰胺相似。水解时采用氢氧化钾（KOH），为体系中提供一些 K^+（钾离子），起到一定的防塌作用。水解聚丙烯酸钾含丙烯酰胺与丙烯酸钾链节，相对分子质量以 250×10^4 左右为宜。

（5）水解聚丙烯腈钠盐（代号 HPAN）。

俗称聚丙烯腈，其分子表示式为：

$$\begin{array}{ccccc} \overbrace{\text{CH}_2-\text{CH}}^{} &\cdots& \overbrace{\text{CH}_2-\text{CH}}^{} & & \overbrace{\text{CH}_2-\text{CH}}^{} \\ \mid & & \mid & & \mid \\ \text{CN} & & \text{CONH}_2 & & \text{COONa} \end{array}$$

它含丙稀腈、丙稀酰胺和丙稀酸钠链节，水解度为 60％左右。丙烯酸钠含量较高，相对分子质量约为 20×10^4 以下。在体系中起降失水、降摩阻、抗盐和抗温等多种功能，是比较受欢迎的处理剂。这种聚合物中有腈基（—CN），这是稳定性能、抗温、降失水的缘由所在。

（6）水解聚丙烯腈钙盐（代号 CPAN）。

俗称聚丙烯腈钙，它的分子表示式为：

$$\begin{array}{ccccccc} \overbrace{\text{CH}_2-\text{CH}}^{} &\cdots& \overbrace{\text{CH}_2-\text{CH}}^{} &\cdots& \overbrace{\text{CH}_2-\text{CH}}^{} &\cdots& \overbrace{\text{CH}_2-\text{CH}}^{} \\ \mid & & \mid & & \mid & & \mid \\ \text{CN} & & \text{CONH}_2 & & \text{COONa} & & \text{COOCa/2} \end{array}$$

它含丙烯腈、丙烯酰胺、丙烯酸钠和丙烯酸钙链节，相对分子质量约为 20×10^4 以下。

（7）水解聚丙烯腈胺盐（代号 NH_4—PAN）。

俗称铵基聚丙烯腈或高温高压水解聚丙烯腈，其分子表示式为：

$$\begin{array}{ccccccc} \overbrace{\text{CH}_2-\text{CH}}^{} &\cdots& \overbrace{\text{CH}_2-\text{CH}\quad\text{CH}}^{} &\cdots& \overbrace{\text{CH}_2-\text{CH}}^{} &\cdots& \overbrace{\text{CH}_2-\text{CH}}^{} \\ \mid & & \quad\;\text{CO}\quad\text{CO} & & \mid & & \mid \\ \text{CN} & & \quad\;\;\text{NH} & & \text{COONH}_4 & & \text{CONH}_2 \end{array}$$

它的相对分子质量约为 10×10^4 以下。对于防塌，其中的丙烯酸铵链节：

$$\begin{array}{c} \overbrace{\text{CH}_2-\text{CH}}^{} \\ \mid \\ \text{COONH}_4 \end{array}$$

中的 NH_4^+ 铵离子同 K^+ 有相同的作用机理。因为 NH_4^+ 的水化半径与 K^+ 水化半径差不多，可以进入蒙脱石的晶层间（其层间距约为 $15\sim18A^\circ$）。K^+ 的水化半径 $9.6A^0$，恰好进入蒙脱石的晶层间，改变蒙脱石为类伊利石结构，使井壁趋于稳定。

$$\equiv\; +K^+\;(NH_4^+)\longrightarrow K^+\;(NH_4^+)\equiv$$

$$蒙脱石+K^+\;(NH_4^+)\longrightarrow 类伊利石$$

（8）其他聚合物。

丙烯腈、丙烯酸、丙烯磺酸盐和丙烯酸盐等基团，在体系中各起着十分重要的作用。对基本基团进行组合、调整，可得到更多的聚合物，这里不一一列举。

根据试验室及现场实践结果，提供下列使用浓度，供参考，见表7。

表7　常用聚合物及其使用浓度

聚合物名称	代　　号	相对分子质量，10^4	使用浓度，mg/L	功　　能
聚丙烯酰胺	PAM	300		完全絮凝剂
水解聚丙烯酰胺	PHP	300	300～400	有选絮作用
聚丙烯酸钙	CPA	200～300	350～500	有选絮作用
水解聚丙烯腈钠盐	HPAN	<20	3400～4800	降失水稳定剂
水解聚丙烯腈钙盐	CPAN	<20	3400～4800	有降失水稳定作用
水解聚丙烯腈胺盐	NH₄PAN	<20	3400～4100	抗温防塌作用

随着膨润土—聚合物钻井液的广泛应用，聚合物的品种正在逐步发展。80A44、80A46、80A51；PAC141，SK-1104等都是丙烯酸盐及其衍生物的共聚物。随着科学的不断发展，聚合物越来越多的涌现出来，应用于钻井液体系中。

2. 复配原则及原因

根据几年来的实践与摸索，在聚合物的使用上，一定要遵循大、小复配的原则，既有大分子的絮凝剂，又有小分子的降失水、稳定剂。也就是说，必须有两种以上的聚合物复配使用，不能单一使用。因为大分子意味着分子链长，分子链比较伸展后有利于桥联更多的土粒，桥联后易被清除，从而保证了体系的固相含量较低。小分子意味着分子链短，分子链中含有大量的水化基团，在水溶液中呈阴离子状态存在，COO^-吸附大量的水化膜，形成较厚的溶剂化膜，使体系易稳定。因此，在膨润土—聚合物钻井液体系中，最少选用两种或两种以上的聚合物。

3. 使用要点

（1）抓好二开预处理工作。

二开前，必须按水：土：纯碱＝1000：100：7的比例配制膨润土浆，并静放48h后方可使用。配制好100～120m³相对密度为1.06～1.08的预水化膨润土浆后，将其稀释到密度1.02～1.03g/cm³、漏斗黏度16～18s，并加入0.1％的PHP、0.3％～0.4％的CPA、0.1％～0.2％的NaOH（视情况加），进行充分循环使其性能达到相对密度1.02～1.03、漏斗黏度16～18s、API失水小于10mL，这时可进行第二次开钻，也称之为二开复合预处理。

（2）聚合物的复配要相当、得当。

二开时，一定要将大、小聚合物分别配制好后，逐步均匀加入。在钻进中要注意不断补充消耗的聚合物品种。如果发现钻进中失水不大，但黏度比重增长较快，若不是地面净化问题，则应补充大分子聚合物。使黏度和相对密度稳住；如果黏度、比重变化不大，而失水较大时，应补充小分子聚合物。在钻进中应及时检测，按设计要求及时调整钻井液参数及性能，添加大、小聚合物以保证钻井工作顺利。钻井液性能不能大幅度调整。为了保证井眼质量，可根据地层的特殊情况添加合适的聚合物。

（3）保持钻井液性能均匀、稳定，及时地补充膨润土浆和聚合物。

（4）常用的几种复配方案：

（1）PHP—CPAN—HPAN：一大两小三聚钻井液体系；

（2）CPA—HPAN：一大一小两聚钻井液体系；

（3）PHP—CPA—NH₄PAN：两大一小三聚钻井液体系；

（4）PHP—CPA—CPAN—NH₄PAN：两大两小多聚钻井液体系；

（5）PHP—CPA—HPAN—NH₄PAN：两大两小多聚钻井液体系；

（6）PHP—CPAN—HPAN—NH₄PAN：一大三小多聚钻井液体系；

（7）及时检测钻井液性能指标，及时维护处理。

四、展　望

尽管膨润土—聚合物钻井液体系在国外已使用 20 余年，聚合物的种类达几百种，复配条件十分优越。而我国真正大量应用不过四、五年的历史，聚合物的种类还不足十个，进行复配也受到一定的限制，使用中也会出现一些意想不到的问题。

1. 存在问题

（1）固控装备。

根据现场实践，采用现有的单层振动筛，筛布目数 20—40 目，6×8^{in} 除砂器，在 2500m 以内控制相对密度 1.15 以内。之后，固控设备清除固相能力有所降低，必须使用除泥器。因此，当使用双层振动筛、除砂器、除泥器、离心机等比较配套的固控设施后，体系的总固相、无用固相、多余的膨润土都可及时加以清除，保持泥浆体系的均匀、稳定，对提高钻井速度、井下安全大有好处。

（2）加入浓度不够。

由于固控设备所限，大量的固相（主要是岩屑）未被清除，在钻井液体系中悬浮，使相对密度、黏度、切力较高。如固相能按要求清除掉，则要增加高聚合物的用量。

（3）性能不够稳定。

这套钻井液体系受固相影响较大。因相高，性能波动则较大。因此，固相的清除是这套钻井液体系均匀稳定的重要因素。

2. 展望和设想

根据目前的情况，聚合物的研究、发展方向是增加品种、提高质量、加强配伍使用，向复杂井、深井、超深井迈进，并逐步进行流变性研究及流型的研究。

广谱型屏蔽暂堵保护油气层技术的探讨

徐同台[1]　陈永浩[2]　冯京海[2]　王富华[3]　邱正松[3]　许绍营[4]
（1. 中国石油天然气集团公司老干部局；2. 冀东油田分公司；
3. 中国石油大学（东营）；4. 大港油田集团有限责任公司）

摘要　采用广谱型屏蔽暂堵保护油气层钻井液技术，可以解决中高渗透率油气层和不均质储层的油气层保护技术难题。复配使用多种粒径的架桥粒子和多种粒径的充填粒子，有效封堵不均质油气层流动孔喉，在近井壁带形成渗透率接近零的屏蔽暂堵层，可以阻止钻井液固相和滤液侵入油气层，减少钻井液对油气层的损害。

关键词　地层损害　屏蔽暂堵　临时性封堵　井眼稳定　钻井液　钻井液添加剂

屏蔽暂堵保护油气层技术主要是解决裸眼井段多压力层系地层的保护油气层技术难题。利用油气层被钻开时，钻井液液柱压力与油气层压力之间形成的压差，在极短时间内，迫使在钻井液中人为加入的各种类型和尺寸的固相粒子进入油气层孔喉，在近井壁附近形成渗透率接近零的屏蔽暂堵带。此暂堵带能有效阻止钻井液、水泥浆中的固相和滤液侵入油气层暂堵带厚度必须小于射孔弹射入深度，以便完井投产时通过射孔解堵。

一、屏蔽暂堵保护油气层技术的技术要点和存在的问题

1. 技术要点

测定油气层孔喉分布曲线和孔喉平均直径；按 1/2～2/3 孔喉直径选择架桥颗粒的尺寸，其加量大于 3%；按 1/4 孔喉直径选用充填粒子，加量大于 1.5%；可变形粒子加量为 1%～2%，粒径与充填粒子相当；软化点与油气层温度相适应。

2. 存在问题

屏蔽暂堵保护油气层技术已在中国广泛推广应用，取得较好的效果。但是在同一油田中，部分井效果显著，而部分井效果欠佳。例如某油田，在 A 井使用了屏蔽暂堵保护油气层技术，平均产油量为 25.9t/d，比邻井（17t/d）增加了 52.2%，但是相同的技术措施在其他井上使用没有取得成效。造成这种现象的主要原因是由于屏蔽暂堵保护油气层技术存在以下问题。

（1）根据储层平均渗透率确定的一个孔喉直径来选用各种暂堵粒子，不能有效封堵不同渗透率的储层。中国油田多数为陆相沉积，其中一部分油田为河流相沉积。位于同一区块不同部位的井同一组油气层各层孔隙度、渗透率在横向、纵向、层内、层间不均质程度高。根据某油田馆陶组已投产的 92 口井 166 层的统计资料，各小层平均有效孔隙度为 14%～48%；平均渗透率为 (0.1～8956.52) mD。这 92 口井 166 层渗透率分布情况见表 1。

表1 A区块已投产油气层渗透率分布情况（根据测井资料）

K mD	层数	占总层数 %	K mD	层数	占总层数 %
0.1～50	11	6.6	1000～2000	38	22.9
50～100	3	1.8	2000～3000	12	7.2
100～500	41	24.7	3000～5000	10	6.0
500～1000	37	22.3	>5000	14	8.5

从表1可以看出，A区块馆陶组储层横向油气层单层平均渗透率变化大，多数分布在（100～2000）mD之间，油气层层内分布不均匀。例如A井（如图1所示），在1858.98～1862.77m油气层段实测了30个点，孔隙度分布为30.3%～33.5%，渗透率分布为610～3214mD。馆陶组各小层纵向渗透率变化亦很大，例如B井（如图2所示），测井解释16～20号为油气层，各小层平均渗透率为48～1092mD。

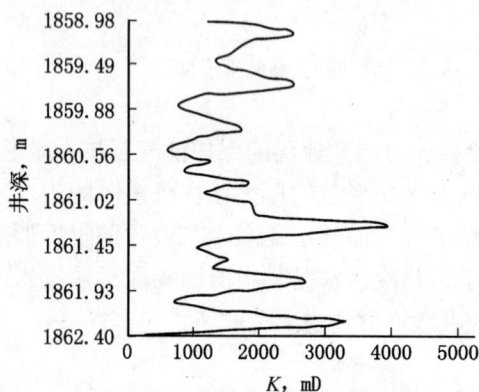

图1 A井油气层段不同井深处的渗透率

A区块储层孔喉半径与渗透率一样，纵、横向变化大，最小流动孔喉半径为1.7μm，最大孔喉半径为75μm。$r_{流动50}$比$r_{平均}$和r_{50}大得多，且随渗透率而发生变化；$r_{平均}$分布在0.98～16.27μm之间，r_{50}变化范围为0.33～27.81μm，$r_{流动50}$分布在2.77～34.04μm之间。渗透率贡献值达96%～98%时的$r_{主要流动孔喉50}$分布在2.3～44.1μm之间，r_{max}分布在4.57～75μm之间。该区块储层层内孔喉半径亦严重不均质。C井馆陶组1858.98～1862.78m油层段井深与孔喉半径之间的关系如图3所示。从图3可以看出，此小层层内孔喉半径变化较大。

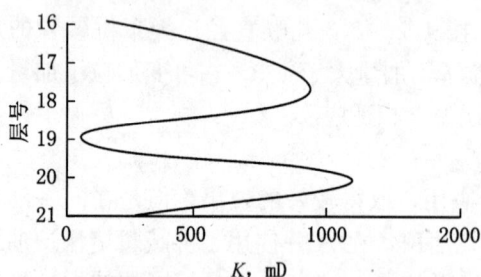

图2 B井油气层各小层（测井编号）的渗透率

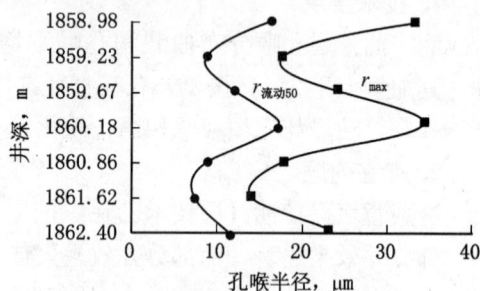

图3 C井1858.98～1862.78m段
井深与孔喉半径的关系

从某区块油气层渗透率与孔喉直径分布情况来看，对于纵向严重不均质的油气层，一口井在钻进前，很难知道所钻油气层确切的孔喉直径，因而难以准确地确定暂堵粒子直径，所以按照一个孔喉直径选用的各种暂堵粒子，不可能有效地封堵所钻目的层的所有孔喉，达不到屏蔽暂堵的应有保护油气层效果。

（2）依据平均孔喉直径所选用的暂堵粒子难以有效封堵对油气层渗透率贡献大的大孔喉，特别对于中高渗透率储层。屏蔽暂堵技术选用的架桥粒子是依据油气层的平均孔喉直径确定的，平均孔喉直径是油气层所有孔喉直径的平均值，油气层中有相当一部分小孔喉中存在的束缚水是不流动的，对油气层的渗透率不起贡献作用。表 2 为某区块 ES_3^{2+3} 油气层不同渗透率下的 d_{50}、$d_{平均}$ 和 $d_{流动50}$，可以看出 3 者之间相差较大。因此采用平均孔喉直径来确定架桥粒子、填充粒子和可变形粒子的粒径，不能确保对渗透率起主要贡献作用的大孔喉的封堵。

表 2 某区块 ES_3^{2+3} 油气层渗透率与孔喉直径关系

K mD	$d_{平均}$ μm	d_{50} μm	$d_{流动50}$ μm	K mD	$d_{平均}$ μm	d_{50} μm	$d_{流动50}$ μm
54.36	8.60	1.29	13.03	292.98	15.99	7.34	26.91
129.34	12.40	2.17	19.93	416.64	16.96	7.89	26.91
218.98	14.36	4.99	23.13	598.18	19.34	10.55	30.39

二、广谱型屏蔽暂堵保护油气层技术的探讨

为解决中高渗透率油气层和不均质储层保护所遇到的技术难题，有效地封堵近井眼带的油气层孔喉，应该依据油气层纵向、横向、层内、层间孔喉直径的变化规律确定与多种粒径架桥粒子相匹配的广谱型屏蔽暂堵保护油气层钻井液技术。选用相匹配的多种粒径的架桥粒子和多种粒径的充填粒子，有效地封堵不均质油气层流动孔喉，在近井眼附近形成渗透率接近零的屏蔽暂堵带，阻止钻井液固相和滤液进入油气层，实现减少钻井液对油气层损害的目的。

1. 广谱型屏蔽暂堵保护油气层钻井液技术

（1）应用所研究区块目的油气层取心井岩心实测的渗透率与孔喉特性数据，计算出不同渗透率段下的平均 $d_{流动50}$（或 $d_{主要流动50}$）和 d_{max}，见表 3。

表 3 A 区块馆陶组油气层渗透率与孔喉直径之间的关系

K，mD		$d_{平均}$，μm		d_{50}，μm		$\overline{d}_{流动50}$，μm	$\overline{d}_{主要流动50}$，μm	$\overline{d}_{max}$，μm
范围	平均值	范围	平均值	范围	平均值			
45～127	79.9	0.98～2.97	1.80	0.33～3.30	1.58	4.73	4.64	8.66
237～470	364.0	1.67～3.93	2.41	0.10～5.60	2.31	6.71	6.71	11.66
500～993	767.7	2.50～5.93	3.08	0.16～4.82	3.25	6.73	7.34	11.57
1040～194	1467.7	3.10～9.25	5.29	3.88～14.04	7.22	10.32	11.42	17.50
2032～294	2354.6	2.71～6.42	4.75	2.34～9.48	5.90	10.05	10.88	18.40
3011～378	3299.5	5.46～6.48	5.70	5.56～9.79	7.34	11.52	12.60	20.03
4289～197	12014.0	8.87～16.27	13.78	7.50～27.81	19.48	27.13	33.97	67.98

（2）依据油气层的 $d_{流动50}$ 和 d_{max} 确定多种暂堵粒子的直径。按 $1/2 \sim 2/3$ 储层 $d_{流动50}$ 来选择架桥粒子的 d_{50}，使其在钻井液中的含量大于 4%；按 $1/4$ 储层 $d_{流动50}$ 来选择充填粒子的 d_{50}，其加量大于 1.5%。选择架桥粒子时，必须考虑其 d_{90} 应等于 $1/2 \sim 2/3$ 储层 d_{max}。

(3) 分析研究油气层渗透率和孔喉直径的分布规律，确定所需各种粒径架桥粒子和填充粒子的比例。

(4) 选用沥青等类产品作为可变形粒子，加量为 2%，但其软化点应高于油气层井下温度 10～50℃；如地质录井要求使用低荧光钻井液，则可使用乳化石蜡、树脂和聚合醇等类产品。

2. 室内实验检验结果

(1) 高温高压动滤失量的实验，要求经过一定时间后的动滤失量增值等于零，该时间尽量短，如图 4 所示。

(2) 检测钻井液对不同渗透率岩心的渗透率恢复率。广谱型屏蔽暂堵硅基钻井液对油气层（F 井 102♯岩心）损害程度的评价：气相渗透率为 $207 \times 10^{-3} \mu m^2$、孔隙度为 26.4%、油相渗透率为 $56 \times 10^{-3} \mu m^2$、钻井液污染后返排渗透率为 $49.67 \times 10^{-3} \mu m^2$、渗透率恢复率为 88.7%；被钻井液污染后的岩心切除 1.2cm、返排渗透率为 $54.93 \times 10^{-3} \mu m^2$、渗透率恢复率为 98.1%。

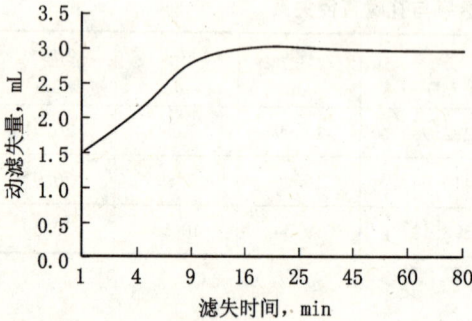

图 4　广谱型屏蔽暂堵保护油气层
钻井液动滤失量与时间的关系

三、结　论

(1) 屏蔽暂堵保护油气层钻井液技术应用于高渗透油气层或严重不均质油气层时，存在两个问题：一是依据一个小层平均渗透率对应的孔喉直径所选用的各种暂堵粒子，不能有效封堵严重不均质的储层；二是依据平均孔喉直径所选用的暂堵粒子难以有效封堵对油气层渗透率贡献大的大孔喉，特别对于中高渗透率储层。

(2) 依据油气层孔喉直径变化规律，采用多种粒径暂堵粒子相匹配的广谱型屏蔽暂堵保护油气层钻井液技术，能较好地减少钻井液对中高渗透率油气层和严重不均质油气层的损害。

大情字井地区储层损害机理及保护储层技术研究

孙金声[1]　杨贤友[1]　刘进京[1]　刘雨晴[1]　李淑白[1]　郝宗宝[2]　周保中[2]

（1. 中国石油勘探开发研究院；2. 吉林油田勘探部钻井研究院）

摘　要　本文针对吉林油田大情字井地区的储层特征，通过储层潜在损害因素分析和储层敏感性评价，揭示了该地区储层损害的机理。本文还提出了开发过程中储层保护的措施，研制出了一套适合该地区的钻井完井液技术，并取得了良好的现场试验效果。

关键词　大情字井　储层损害机理　保护储层　水敏性　钻井完井液

吉林油田大情字井区块石油地质储量规模大，升级条件好，是该油田具有良好勘探开发前景的地区。在该地区投入大规模的勘探开发之前，充分认识与储层损害及保护有关的储层性质，揭示储层的潜在损害因素，评价储层的损害类型与程序，研究储层损害的机理，提出开发过程保护储层的措施建议，对于减轻或消除开发过程的储层损害，特别是钻井液对储层的损害，改善该油田的勘探开发效果和效益，具有非常重要的意义。

一、储层基本特征

吉林油田大情字井区块的储层主要分布在白垩系下统的青山口组（即高台子油层）和姚家组（即葡萄花油层），它们的地质储量（控制加预测）分别约为 9616×10^4 t 和 1929×10^4 t。大情字井储层岩石的岩性主要为粉砂岩和细砂岩，以长石砂岩和岩屑长石砂岩为主，分选好。岩石中青山口组的碳酸盐含量为 $4.95\% \sim 24\%$，泥质含量为 $10\% \sim 25\%$，平均为 14.03%；姚家组的碳酸盐含量平均为 12.9%，泥质含量平均为 15.42%。青山口组的胶结物以方解石为主，姚家组的胶结物以泥质和钙质为主。该地区青山口组和姚家组储层的黏土矿物组成差别不大，都以伊利石为主，相对含量为 $54\% \sim 70\%$，平均含量为 59%；其次是伊/蒙混层，相对含量 $25\% \sim 41\%$，平均含量为 34.44%，蒙脱石的混层比占 $5\% \sim 28\%$；高岭石和绿泥石的含量较低，它们的相对含量范围分别为 $0\% \sim 9\%$ 和 $0\% \sim 10\%$，平均含量分别为 1.7% 和 2.2%。大情字井油田储层温度基本属于正常温度，地温梯度的范围为 $3.31 \sim 3.57$ ℃ /100m，平均约为 3.47℃/100m 左右。地层压力属于正常偏低压力，压力系数为 $0.91 \sim 1.00$，平均为 0.97 左右。

大情字井区块高台子油层属于中孔、低渗储层，气测渗透率最低为 0.01mD，最大为 40mD，有 60% 以上岩心的渗透率在 $0.1 \sim 40$mD 的有效分布区间之内，试井解释的油相有效渗透率最低为 0.15mD，最大为 63.2mD，平均为 27.0mD 左右；孔隙度最小为 5%，最大为 23%，一般分布区间为 $10.65\% \sim 20\%$，有效孔隙度分布区间（$10\% \sim 23\%$）的比例大于 80%。储层物性非均质性严重，纵向分布上表现为三个较高值区，分别对应于 $1800 \sim 1900$m，$2200 \sim 2300$m，$2450 \sim 2510$m，并且层间非均质较强；平面上不同砂体成因类型储层的物性变化大，非均质性差异大，河口坝物性较好，远砂坝相对较差。

大情字井区块葡萄花油层的平均气测渗透率为 0.49mD，试井解释的油相有效渗透率最低为 0.009mD，最大为 0.09mD，平均为 0.0495mD，孔隙度最小为 3.1%，最大为 20.4%，平均为 12.3%。可见，大情字葡萄花油层为中孔、特低渗储层。

二、储层潜在损害分析

1. 水敏（盐敏）性

钻井完井液和生产作业液进入储层，可能引起储层中黏土矿物的水化膨胀和分散运移，堵塞油气层孔隙导致储层渗透率降低，而受到水敏（盐敏）损害。根据国内外研究成果，储层的水敏（盐敏）性强弱主要取决于储层中黏土矿物的含量与产状，以及储层的渗透率和孔喉大小。一般说，储层中黏土矿物（特别是蒙脱石）含量越高、渗透率越低、孔喉越小，则储层的水敏（盐敏）性可能就越强；反之，则储层的水敏（盐敏）性就可能越弱。大情字井地区储层的黏土矿物中不含纯蒙脱石，只含有伊/蒙混层黏土矿物，其平均相对含量达到 34%，储层的泥质含量也较高，平均达到 14%～15%，储层的渗透率也较低。所以，总的来说，预测大情字井地区储层具有中等到强的水敏（盐敏）性损害。

2. 流速敏感性

当流体以过大的流速在储层中流动时，可以引起储层中的微粒发生运移而堵塞孔喉，使储层渗透率降低而造成速敏损害。一般说，地层微粒的含量越大、储层越疏松、孔喉越小，储层的流速敏感性就越强，即临界流速较低和渗透率损害较大。尽管没有储层微粒的分析资料，但根据微粒是储层填隙物的一部分，可以从储层填隙物的总量估计储层微粒的含量。由于大情字井地区储层填隙物泥质含量和伊利石含量较高，储层的孔喉可能较小（渗透率低），因此，虽然储层岩石强度较高，但可以预计大情字井区块储层具有中等左右的流速敏感性损害。

3. 酸敏性

使储层渗透率降低的现象就是储层的酸敏性损害。所以，储层的酸敏性强弱主要取决于储层中绿泥石和其他可溶性含铁矿物以及酸不溶微粒的含量。一般说，这些矿物质含量越高，储层的潜在酸敏性可能就越强。根据前面介绍的储层矿物分析资料，大情字井地区储层中绿泥石含量不高，基本不含其他酸溶性的含铁矿物（铁方解石和铁白云石），并且储层中碳酸盐含量高，酸溶后还可能改善储层的渗透率。因此，估计该地区储层的酸敏损害程度较弱或没有酸敏损害。

4. 碱敏性

储层的碱敏性是指钻井完井液、射孔液和碱驱流体等碱性工作液或其滤液进入储层后与储层中的黏土矿物反应，使黏土负电荷增加、水敏性增强，或者与地层水中的高价阳离子和阴离子，如 Ca^{2+}、Mg^{2+} 和 HCO_3^- 离子等反应，生成 $Ca(OH)_2$、$CaCO_3$、$Mg(OH)_2$ 等沉淀而堵塞储层通道，碱敏性与储层中的黏土矿物含量、地层水中高价离子的含量、储层的渗透率和孔喉大小有关。由大情字井区块储层特性分析可知，储层中含有较高的黏土矿物，其渗透率和孔喉都较低，地层水中含有比较多的 HCO_3^- 离子。所以，估计该储层具有中等到弱的碱敏性损害。

5. 压力敏感性

在测试、欠平衡钻井和开发生产过程中，若油气的产出使储层的孔隙压力降低，则将破坏储层中原有的压力平衡，使储层岩石受到一个净上覆压力的作用而使储层岩石受到压缩，造成储层的渗透率降低，这种现象就称为储层的压力敏感性。储层的压力敏感性与储层能量大小、孔隙充填情况和充填物的性质等因素有关。一般说，储层能量较低，充填物中泥质含量越高、物性越差，对压力就越敏感，接触式胶结比孔隙式胶结易于被压缩。因此，根据大情字井地区储层能量不高，充填物中泥质含量较高，物性也不是很好的情况，可以推测，尽管该地区岩石强度较大，但储层的压力敏感性可能较强。

6. 无机和有机垢的损害问题

由于地层水的矿化度不是很高，地层水中高价阳离子的含量也很低，所以，压力和 pH 改变引起地层水本身结垢的可能性不大。但地层水中含有较多的高价阴离子（SO_4^{2-} 和 HCO_3^- 离子），若是外来流体中含有较多的钙、镁等高价离子，则这些离子进入储层后就会与地层水中的高价阴离子结合生成硫酸钙（镁）和碳酸钙（镁）沉淀，引起无机垢损害。

由于储存原油的蜡和胶质含量较高，凝固点也较高，所以，在采油生产过程中存在析蜡和胶质沉淀等有机垢堵塞损害储层的问题。

7. 固相损害侵入问题

从储层物性资料分析可知，大情字井油田主力储层的渗透率和孔喉都较小，所以，钻井液完井液中固相侵入储层而造成固相损害的可能性较小。但是，由于大情字井区块的储层存在微裂缝，若钻井液的密度过大，可能把固相压入微裂缝中引起比较严重的固相侵入损害，若是钻井液密度大到压漏了储层，则可能造成严重的固相侵入损害。

8. 钻井液完井液滤液的水锁损害问题

由于大情字井油田主力储层的渗透率和孔喉较小，储层存在严重的非均质性，所以，可以预测钻井液完井液滤液侵入储层后，引起储层水锁损害的可能性较大。

可见，大情字井油田在钻井完井过程中的主要储层损害问题是钻井完井液固相侵入微裂缝或漏失引起固相堵塞损害，钻井完井液滤液侵入储层引起的水敏、水锁和碱敏损害，以及含高价阳离子的完井液滤液侵入储层引起的无机垢损害。

三、储层敏感性评价

1. 流速敏感性评价

岩心流速敏感性评价实验结果见表 1。

表 1　吉林大情字井储层岩心模拟地层水流速敏感性实验结果

井号	岩心号	K_a mD	孔隙度 %	K_w mD	K_{min}/K_w %	Q_c mL/min	敏感程度
黑 47	74−1	0.1511	9.43	0.07	60.56	0.05	中等偏弱
黑 52	72−2	0.7514	10.32	0.26	37.67	0.05	中等偏强
黑 102	24	3.1423	16.89	1.46	90.16	0.50	弱速敏
	14	36.005	18.63	16.05	68.03	0.25	中等偏弱

从表 1 可以看出，大情字井地区的模拟地层水的流速敏感为中等偏弱，临界流量为

0. 05～0. 5mL/min。

2. 水敏性评价

岩心水敏性实验结果见表2。

表2　吉林大情字井储层岩心水敏性实验结果

井号	岩心号	K_a mD	孔隙度 %	K_w mD	K_w^* mD	K_w^*/K_w （%）	敏感程度
黑52	63－2	0. 1278	9. 20	0. 0407	0. 0075	18. 94	强水敏
黑102	10	31. 6036	17. 51	30. 1977	10. 437	34. 56	中等偏强
	11	1. 4095	15. 07	1. 0481	0. 4539	43. 31	中等偏强

从表2可以看出，大情字井地区储层具有强到中等偏强的水敏性损害，渗透率恢复值为 18.94%～43.31%，平均为32.27%，总体来说属于中等偏强水敏性范围。当用模拟地层水驱替使岩心的渗透率达到平衡后，注地层水（1/2 模拟地层水）与注蒸馏水均使岩心的渗透率降低，但各阶段降低幅度有所不同，注地层水过程中使岩心渗透率降低约20%，而注蒸馏水过程中使岩心的渗透率降低幅度达到约40%～60%。该储层的水敏性较强，可能主要是由储层中伊/蒙混层矿物的水化膨胀所引起。由于该储层泥质含量较高，平均达到15%左右，伊/蒙混层的平均含量达到25%～41%，平均为34%，且储层的孔喉又很小，所以储层中的黏土遇淡水后，稍有一点膨胀就会对孔喉的渗流产生严重的影响，而导致渗透率降低。

3. 盐度敏感性评价

岩心盐度敏感性实验结果见表3。

表3　吉林大情字井储层岩心盐度敏感性实验结果

井号	岩心号	K_a mD	孔隙度 %	K_w mD	K_w^*/K_w %	C_c mg/L	敏感程度
黑47	74－3	0. 2994	15. 62	0. 1141	20. 81	17569	强损害
黑71	3	1. 405	10. 92	0. 6276	29. 92	17569	强损害
黑102	13	29. 415	18. 02	13. 812	13. 86	17569	强损害

由表3可以看出：当逐渐降低注入水的矿化度时，岩心渗透率也明显降低，特别是在矿化度为5000mg/L之后，岩心渗透率降低更为明显。根据临界矿化度的定义，该岩心的临界矿化度应为17569mg/L。由岩心的 K_w^*/K_w 值为13.86%～29.92%，说明储层具有强的盐度敏感性损害。与岩心的水敏性实验相比（平均 K_w^*/K_w 为32.27%），损害程度有所增加，但是，相差程度不大，这可能是由于岩心本身具有一定的差异所造成。

4. 盐酸酸敏性评价

岩心酸敏性实验结果见表4。

表4　吉林大情字井储层岩心酸敏性实验结果

井号	岩心号	K_a mD	孔隙度 %	K_w mD	K_{end} mD	渗透率恢复值 %	敏感程度
黑52	72－3	0. 803	12. 04	0. 408	0. 318	77. 78	弱酸敏
黑75	4	0. 2604	10. 94	0. 106	0. 294	278. 23	无
黑102	3	0. 3130	14. 60	0. 169	0. 276	163. 52	无

从表 4 可以看出，注入 1~2 倍孔隙体积的 15%HCl 到岩心中作用后，岩心的渗透率恢复值为 77.78%~278.23%，属于弱酸敏到无酸敏储层，平均渗透率恢复值为 173.18%。所以，平均来说，大情字井地区储层没有酸敏性损害。

5. 碱敏性评价

岩心碱敏性实验结果见表 5。

表 5　吉林大情字井储层岩心碱敏性评价实验结果

井号	岩心号	K_a mD	孔隙度 %	K_w mD	渗透率恢复值 %	pH 值	敏感程度
黑 52	63-5	0.5382	13.38	0.1348	85.27	10	弱损害
黑 75	10	0.2885	12.50	0.0961	38.74	9	中等偏强
黑 102	21	3.9056	13.10	1.8274	80.96	10	弱损害

由表 5 可以看出，3 块岩心中有 2 块在 pH 值大于 10 后渗透率才有明显降低，所以储层岩心的临界 pH 值为 9~10。注碱液后 2 块岩心的渗透率恢复值都大于 80%，属弱碱敏性范围，平均来说，渗透率恢复值为 68.32%，属于中等偏弱碱敏性损害。

6. 水锁损害评价

岩心水锁损害实验结果见表 6。

表 6　吉林大情字井储层岩心水锁损害评价实验结果

井号	岩心号	K_a mD	孔隙度 %	K_o mD	渗透率恢复值 %	p_{max}/p_o	驱开后损害程度
黑 52	63-4	0.4127	8.16	0.2132	93.09	3.78	弱损害
黑 71	10	3.9483	11.46	4.502	62.60	18.24	中等偏弱
黑 75	7	0.4127	12.61	0.5237	78.42	3.57	弱损害

由表 6 中实验结果可以看出，岩心的渗透率恢复值为 62.6%~93.097%，水锁损害程度为中等偏弱到弱，平均渗透原恢复值为 78.04%，所以，平均来说，大情字井地区储层的水锁损害为弱损害。其原因是，长时间驱替油将流动通道中的大多数水份带走，但小孔道中的水则难驱开，含水饱和度很难恢复到初始状况，所以，岩心的最终渗透率很难恢复到初值。

7. 油藏压力敏感性评价

选取黑 71 井和黑 102 井各 1 块岩心进行了大情字井储层的压力敏感性实验研究。实验的环压范围为 2.0~40MPa，实验结果见表 7。

表 7　吉林大情字井储层岩心压力敏感性损害评价实验结果

井号	岩心号	K_a mD	孔隙度 %	K_o mD	K_{oa}/K_o %	临界压力 MPa	损害程度
黑 71	2	1.45	10.81	0.8694	87.18	10	弱损害
黑 102	5	39.08	18.09	26.109	96.30	20	极弱损害

大情字井地区的储层压力损害基本属于弱或极弱损害，渗透率损害率约为 4%~13%。损害程度与岩心的渗透率有一定的关系，岩心渗透率越低，损害程度越大，但总体损害程度较弱。该区块压力敏感性的临界压力依岩心的不同而不同，但总体上均在 10MPa 以上。

上述敏感性实验结果表明，吉林大情字井储层以水敏（盐敏）损害为主，其次是速敏损害，压力敏感性和碱敏损害相对较弱，平均来说，不存在酸敏损害。地层有足够的能量可以驱开水锁段塞时，水锁损害较小；若是地层没有足够的能量驱开水锁段塞时，水锁损害将会很严重。

四、保护大情字井地区储层的措施

根据前面的储层潜在损害分析和储层敏感性实验结果可知，该地区主要的储层损害问题是钻井完井液固相侵入微裂缝或漏失引起的固相堵塞损害，钻井完井液的滤液侵入储层引起的水敏、水锁和碱敏损害，注水速度过快引起的速敏性损害，以及含高价阳离子的完井液滤液侵入储层引起的无机垢损害。所以要保护大情字井地区储层，减轻钻井和完井作业对储层的损害，应从防止固相侵入微裂缝或钻井液漏失导致的固相损害、低渗储层的滤液侵入损害，使用合适的钻井液密度，防止钻井液漏失及缩短钻井液浸泡储层时间，以及控制合理的注水速度等方面入手，具体的保护储层措施原则建议如下：

(1) 在目的层段尽量使用合适的钻井液密度；
(2) 使用保护储层效果较好的钻井液体系；
(3) 缩短钻井完井液浸泡油层时间；
(4) 降低钻井液的滤失量和滤液的界面张力；
(5) 使用合适的暂堵措施；
(6) 控制适量的 pH 值和提高滤液的抑制性；
(7) 采用低失水水泥浆和近平衡固井技术；
(8) 加强固控；
(9) 控制合理的注水速度，防止速敏损害。

五、保护储层钻井完井液技术

由于大情字井地区上部地层易坍塌，钻井完井液必须有利于井壁稳定和保护储层，根据室内研究和现场应用情况，采用正电胶阳离子聚合物钻井液，具体配方为：

配方 (1)：3%～4%膨润土 + 0.25%～0.35%MMH (干粉) + 0.2%～0.3%CAL - 90 + 1%～1.5%DYFT - 1 + 1.5%～2%CHSP + 1%～2%NPAN

岩心流动评价实验表明，该正电胶阳离子聚合物钻井液对天然岩心的渗透率恢复值为72%左右，没有达到渗透率恢复值大于85%的要求。所以，通过加入表面活性剂和新研制的桥堵剂 QDJ - 1，进一步降低钻井液滤液的水锁损害，提高钻井液的渗透率恢复值。加入0.1%NP - 30 和加入 0.4%的 QDJ - 1 后改进的钻井液性能见表8。

表8　正电胶阳离子聚合物钻井液体系加入 NP - 30 和 QDJ - 1 的性能变化

钻井液配方	钻井液性能				
	表观黏度 mPa·s	塑性黏度 mPa·s	动切力 Pa	静切力 Pa/Pa	滤失量 mL
正电胶阳离子钻井液	22	13	9	2.5/6.0	4.2
正电胶阳离子钻井液 + 0.1%NP - 30	20	13	7	2/5	4.0
正电胶阳离子钻井液 + 0.4%QDJ - 1	22.5	18	4.5	2/5.5	3.2

由表 8 的可以看出，正电胶阳离子聚合物钻井液加入 0.1%NP－30 和加入 0.4% 的桥堵剂 QDJ－后，对钻井液的性能无不良影响。

用吉林大情字地区油田储层的天然岩心，模拟现场条件（温度 90℃ 左右，损害压差 3.5MPa，损害速梯 $150s^{-1}$），按照动态评价模拟现场钻井液损害时的实验步骤，评价了正电胶阳离子聚合物钻井液。该钻井液加入 NP－30 表面活性剂和 QDJ－1 新型桥堵剂后，钻井液损害岩心的渗透率恢复值实验结果见表 9。用改进配方在驱替过程中各岩心的渗透恢复率值随驱替煤油孔隙体积（PV）变化情况见图 1、图 2 和图 3。

表 9　改进前后的 MMH 钻井液动态损害天然岩心评价结果

序号	损害流体	岩心号	K_a mD	K_o mD	渗透率恢复值,%	
					单块岩心	平均
1	MMH 阳离子钻井液	141－23	0.42	0.054	68.04	71.28
		34－3	6.67	1.65	74.52	
2	配方（1）＋0.1%NP－30	38	0.13	0.0353	80.14	76.93
		20－3	2.13	2.23	73.71	
3	配方（1）＋0.4%QDJ－1	16－5	5.535	2.80	68.71	79.81
		14－2	3.78	2.0369	90.91	
4	配方（1）＋0.1% NP30＋0.4%QDJ－1	47－2167.99－2168.09－1	0.78	0.673	93.58	88.71
		47－2167.89－2167.97－2	1.57	0.887	87.86	
		52－2353.62－2353.72－1	0.58	0.67	84.68	

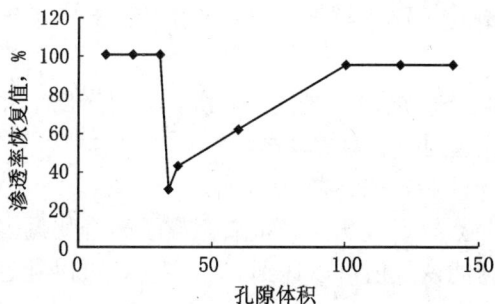

图 1　47－2167.99－2168.09－1 号岩心的渗透率恢复值随驱替煤油孔隙体积的变化

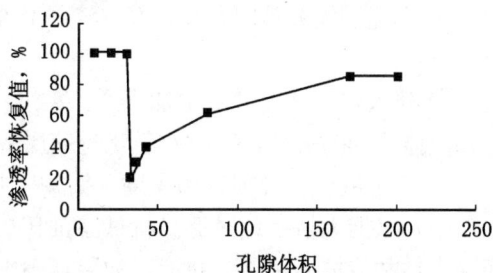

图 2　47－2167.89－2167.97－2 号岩心的渗透率恢复值随驱替煤油孔隙体积的变化

从表 9 可以看出，对于大情字井油田的天然岩心，没有加入表面活性剂 NP－30 和新型桥堵剂 QDJ－1 改进的正电胶阳离子聚合物钻井液损害岩心后的渗透率恢复值为 71.28%，通过加入 NP－30 改进后的该钻井液体系的渗透率恢复值平均为 76.93%，渗透率恢复值平均提高了 6.5% 左右；加入 QDJ－1 改进后的该钻井液体系的渗透率恢复值平均为 79.81%，渗透率恢复值平均提高了约 8.5%；同时加入 NP－30 和 QDJ－1 改进后的最终钻井液配方的渗透率恢复

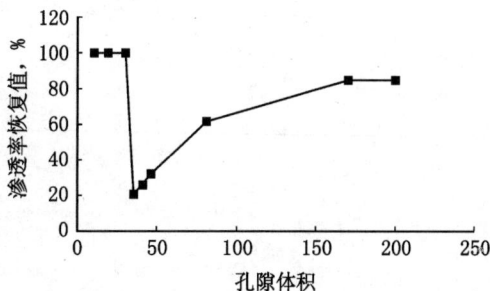

图 3　52－2353.62－2353.72－1 号岩心渗透率恢复值随驱替煤油孔隙体积的变化

值平均可以达到 88.71%，渗透率恢复值平均提高了 17% 左右。这说明通过加入表面活性剂 NP-30 和新型桥堵剂 QDJ-1 对新研制的正电胶阳离子聚合物钻井液进行改进后，钻井液保护油层的效果明显提高。正电胶阳离子聚合物低表面张力钻井液（配方 2）是适合保护大情字地区低渗特低渗油层的钻井液，其渗透率恢复值大于 85%，经大情字地区黑 108 井试验。其表皮系数为 -1.3，对保护储层有良好的效果。

六、结 束 语

（1）根据大情字地区储层特性，分析其潜在损害表明，大情字地区储层在钻井完井过程中的主要储层损害问题是钻井完井液固相侵入微裂缝或钻井液漏失引起固相堵塞损害，钻井完井液滤液侵入储层引起的水敏、水锁和碱敏损害，以及含高价阳离子的完井液滤液侵入储层引起的无机垢损害。敏感性评价实验表明，大情字地区储层平均具有中等左右的速敏损害、强的水敏和盐敏损害，临界矿化度基本为地层水的矿化度，弱的碱敏和酸敏损害，若是储层有足够能量可以驱开水锁段塞，则水锁损害的程度较轻，若是储层没有足够能量驱开水锁段塞，则水锁损害的程度非常严重。

（2）由于大情字地区在钻井完井过程中存在的主要损害是水敏损害和水锁损害，所以在设计该地区保护储层的钻井完井液时，应重点考虑水敏和水锁损害问题，主要的技术措施应该从以下几方面考虑：

① 增强钻井完井液滤液的抑制性和降低滤液的表面张力；

② 降低钻井液完井液的滤失量；

③ 在配制完井液时，应注意其离子含量和矿化度，必须接近地层水的矿化度和离子组成；

④ 建议在钻井完井液中加入适当粒度的固相粒子，以便形成致密滤饼，从而降低钻井完井液体系的滤失量，同时对低渗透储层的微裂缝起到一定的封堵作用；

⑤ 为了减轻碱敏损害的程度，钻井完井液的 pH 最好控制在 10 左右。

（3）根据大情字地区低渗特低渗油田的损害特点，研究出了正电胶阳离子聚合物低表面张力钻井液体系，该钻井液对油层岩心平均渗透滤恢复值可以达到 89% 左右，可以满足大情字地区保护低渗、特低渗油层的钻井要求。

盐水完井液的腐蚀与防护

冀成楼　路金宽

（华北石油管理局钻井工艺研究所）

摘　要　无固相盐水完井液中因含有多种盐类，对钻井管材的腐蚀十分严重。本文从分析腐蚀机理入手，提出了向该完井液中加入缓蚀剂的防护方法，并对氮、磷、硫三类缓蚀剂的缓蚀机理和使用效果，进行了分析和评价。

关键词　无固相　盐水　完井液　缓蚀剂　腐蚀环境　防腐

近年来使用的无固相盐水完井液中，常用的盐类有 $NaCl$、$CaCl_2$、$MgCl_2$、$ZnCl_2$、KCl、KBr、$CaBr_2$、$ZnBr_2$ 等。在水介质中加入这些盐后，增大了导电性、腐蚀性，使钻井管材受到孔蚀和应力腐蚀。据介绍，在腐蚀性最低的 $NaCl$ 清洁盐水体系中，腐蚀速率大于 $0.1mm/a$，$ZnCl_2/CaCl_2$ 清洁盐水的腐蚀速率高达 $100mm/a$。但盐水的腐蚀大多是坑蚀，实际破坏程度远大于上述数据。

一、腐蚀机理

清洁盐水完井液的腐蚀因素有两个，一是体系中的溶解氧，二是作为添加物加入的溶解盐（主要是孔蚀）。循环入井的完井液，都含有饱和的氧，氧与管材最外层的铁发生氧化还原反应，生成铁的氧化物，使管材表面出现锈斑。由于其溶解度有限（最高 $10^{-4}mol/m^3$），造成的腐蚀也不严重，但作为腐蚀的开端，给钢铁的加剧腐蚀起到了引发的作用。此外，氯化物的大量加入，也为孔蚀的发育提供了条件，如图 1 所示。当管体表面有腐蚀斑点、划痕或材料内部有夹杂物时，在这些部位，都会发生腐蚀、形成蚀核，并继续增大，使金属表面出现可见的蚀孔。一旦蚀孔形成，"挖深"能力很强，蚀孔内的金属处于活泼状态，电位低，蚀孔外的金属处于钝化状态，电位高，这样就构成了一个腐蚀微电池。由于另外一些其他因素的存在，会使蚀孔很快加深。相对于孔外介质的滞流状态，孔内金属离子浓度增加，为了维护电中性，Cl^- 大量迁入，孔内的 pH 值下降，从而加剧了金属的腐蚀。同时，孔外发生了 $\frac{1}{2}O_2 + H_2O + 2e \rightarrow 2OH^-$ 的反应，生成 $Fe(OH)_2$ 沉淀物。由于 pH 值的变化，$Ca(HCO_3)_2$ 转化为 $CaCO_3$ 的沉淀

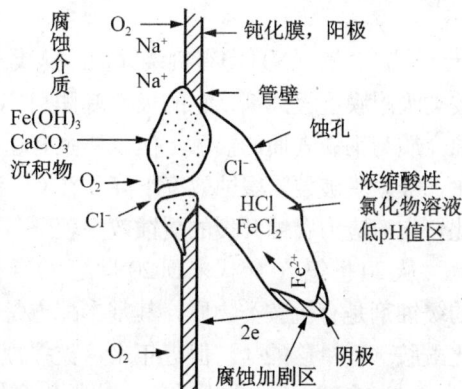

图 1　井下管材在 NaCl 盐水中孔蚀示意

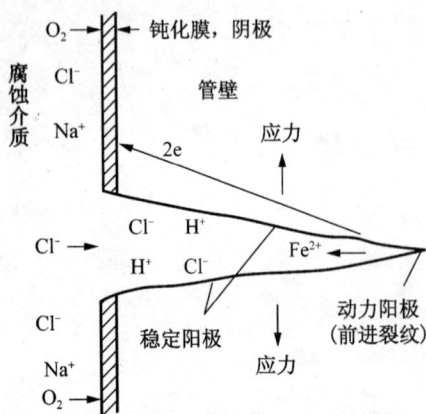

图 2　井下管材应力腐蚀开裂示意

物，封堵孔口，形成一个封闭电池，使孔内的 $FeCl_2$ 浓度更高，pH 值下降更低，进一步加快了蚀孔的挖深，发生管材穿孔现象。1989 年 12 月华北油田勘探二公司使用的一套钻具，进尺只有 10000m，内壁就出现了大量的蚀孔，多处被刺穿，未刺穿的蚀孔深达几毫米，在蚀孔表面盖有一层黑色封盖层，造成钻具报废。

Cl^- 的加入，使井下受力管材应力腐蚀开裂的可能性增加。管体表面有大量的裂纹源，在 Cl^- 与拉应力的联合作用下，会产生塑性变形，出现滑移阶梯，把表面下的新鲜金属裸露出来，再被腐蚀，形成蚀坑，沿着与拉应力垂直的方向发展为微观裂纹，促进了应力的高度集中，使尖端及邻近区域迅速变形屈服，于是又出现滑移阶梯，使尖端裂纹进一步加深。如此交替进行，最后使管体截面断裂，如图 2 所示。

二、腐蚀的防护

1. 防护方法

（1）改进金属材料的成分，加入耐蚀元素，提高整体管材的耐腐蚀能力，这个方法成本高，周期长，作为长期研究目标是可取的。

（2）采用阴极保护法，提高阳极电位，改进电化学腐蚀进程，但因钻井管材深入地下几千米，电流衰减严重，也不适用。

（3）从改变介质环境，改善管材表面性能入手，此方法不受井下条件的限制，很适用。这种方法的基本点是在完井液中加入缓蚀剂，或将腐蚀成份除掉，或使管材表面形成保护膜，从而达到防止或延缓腐蚀破坏目的。盐水完井液腐蚀防护最直接的方法，就是向体系中加入缓蚀剂。

三、盐水完井液用缓蚀剂

（1）含氮（N）类有机缓蚀剂。这类缓蚀剂应用得最早、最广。盐水体系中常用的是有机胺类吸附膜型缓蚀剂，它的极性基团可以吸附到钢铁表面，形成一层致密的物理膜，阻挡腐蚀介质与钢铁表面的接触。但该体系有适用的局限性，在高温（120℃以上）条件下会发生变化，吸附膜破裂，缓蚀效率下降。在 Cl^- 浓度较大的环境中，吸附膜阻挡不住 Cl^- 的穿透。因此，它对应力腐蚀开裂的缓蚀效率较低。

从 20 世纪 70 年代末到 20 世纪 80 年代初期，美国在盐水体系（作为完井液使用）中所用的缓蚀剂是有机胺类物质，其基本配方是：14％挥发性胺＋19％异丙醇＋45％水＋适量羟乙基化酰胺＋适量羧酸盐。但近年来这类缓蚀剂的使用越来越少。

（2）含磷（P）类缓蚀剂。这类化合物是以 P 为阳离子的盐水缓蚀剂，对于高腐蚀性双价金属盐水体系，其缓蚀效率可达 99％，分子通式为

$$R_a^+ P \ (R')_{(4-a)} X^-$$

式中 a 可取 0、1、2，但 $a=1$ 最好；R 为束电子基团，是含 1—30 个碳原子的烷基；R′ 为独立的芳香基；X^- 为阴离子，最好是 Cl^-。

为了提高磷盐缓蚀效率，可向其中加入聚乙氧基季胺盐表面活性剂。这种缓蚀剂的代表为三苯基烷基氯化磷，适量温度 90～175℃，使用浓度大于 200mg/L（0.002%），一般加量在 0.1%～0.5% 范围内。

（3）含硫（S）无机缓蚀剂。含硫化合物具有抗高温、高温缓蚀率高等特点，将会在盐水完井液体系中广泛使用。日本一家公司在 140℃ 和 180℃ 条件下的试验证明，在高温下能够抑制盐水腐蚀的缓蚀剂，只有含硫化合物。

其通式为：

$$X-SCN \quad 或 \quad \begin{array}{c} R \qquad\ S \qquad\ R_2 \\ \diagdown\quad \diagup\diagdown\quad\diagup \\ N-C-N \\ \diagup\qquad\qquad\diagdown \\ R_1 \qquad\qquad R_3 \end{array}$$

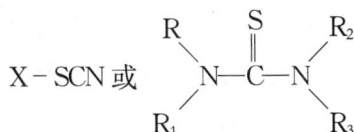

式中前者为硫氰酸盐，X 是金属离子；后者为硫脲，在高温（150℃ 以上）下可发生化学变化，分解出 SCN^-。用作盐水缓蚀剂的硫氰酸盐有 NH_4SCN、$KSCN$、$NaSCN$、$Ca(SCN)_2$、$Mg(SCN)_2$ 和 $Zn(SCN)_2$ 等，适用温度均在 240℃ 以下，硫氰酸盐加量在 0.1%～0.5% 之间。其中 $NaSCN$ 成本低而使用广泛，一般双价盐用得少。根据报道及我们的试验数据证明，单独使用硫氰酸盐的效果并不理想，特别是在低温（低于 120℃）下，$NaCl$ 盐水体系缓蚀率超不过 50%，高温下可达 80% 以上。

为了提高硫氰酸盐的缓蚀效率，使用时应加入某种还原剂，把盐水中的一部分溶解氧除去，起到辅助剂的作用。能作辅助剂的物质有还原糖类、醛糖类、酮醛糖类、柠檬酸及其盐及酒石酸等。它们的加入，可大幅度地提高缓蚀剂的缓蚀效率。硫氰酸盐同辅助剂复配，在盐水体系中的缓蚀率可达 90% 以上。

这种缓蚀剂的作用机理还没有较明确的定论，一般认为，硫氰酸盐的缓蚀机理是 SCN^- 中的 S 原子在一定的温度下与金属发生化学反应（是腐蚀过程），形成一层致密的 FeS 保护膜，这层膜较致密，在高温条件下稳定性很好。所以，含硫化合物更适用于高温完井液体系，从理论上讲，一次加入就可达到防腐目的，比较经济。辅助剂主要是在低温条件下发挥作用，一旦保护膜形成，再加辅助剂就没有意义了。

四、结 束 语

关于盐水完井液的腐蚀与防护，有大量的工作要做，国外已广泛应用了多种缓蚀剂，国内也开始注意到这项工作的重要性，并已开展了这方面的调查研究工作。对盐水完井液体系的腐蚀防护工作有以下建议。

（1）盐水完井液对钻井管材具有很强的腐蚀性，为了延长管材的使用寿命，应对完井液接触的管材进行防护。

（2）盐水完井液中的腐蚀性成分，主要是溶解到其中的氧和加入的氯化物。氧能引起均匀腐蚀，为孔蚀打基础；Cl^- 会加剧孔蚀的发生，引起受力管材的应力腐蚀开裂；盐浓度的提高，会加快腐蚀速度。

（3）盐水完井液腐蚀的防护方法中，最有效的是采用缓蚀剂。缓蚀剂随同完井液一同泵入井下，使其在管体表面形成一层致密的保护膜，并将部分溶解氧除去。

（4）硫氰酸盐以 NaSCN 为主，其耐高温、缓蚀效率高，但在低温时还要加入某些还原剂，以补偿缓蚀率。

（5）应加快完井液腐蚀与防护方面的研究，把问题解决在出现之前。

参 考 文 献

[1] R. T. Foley. Role of the Chloride Iron in Iron Corrosion. Corrosion NACE，V. 26，No. 2

[2] Great Lakes Chemical Corp. Corrosion Inhibitors for Clear Calcium Free High Density Fluids. US 484779

[3] Dow Chemical Company. Phosphonium Salt Corrosion Inhibitors for High Density Brines. EP 0139260 A

[4] Yasuyoshi Tomoe & Machiko Tezuka Teikoku Oil Co. , Ltd. The Influence of CO_2 on the Corrosion Behaviour of Oil Country Tubular Goods in Hot High Density Brines. Corrosion 87，No. 50

[5] Dow Chemical Company. Corrosion Inhibitors for Aqueous Brines. GB 2027686 A

磷酸氢二铵对钻具的缓蚀作用

隋跃华

（胜利石油管理局钻井泥浆公司）

摘　要　本文利用挂片失重法研究了磷酸氢二铵在无机盐溶液及泥浆中的缓蚀作用。本文指出，在用磷酸氢二铵作缓蚀剂时，体系的 pH 值应控制在 8～10.5 之间；在低矿化度下的加量为 0.25%～0.50%，在高矿化度下的加量为 0.25%～0.75%。磷酸氢二铵对钻井液流变性无明显影响。

关键词　水基钻井液　缓蚀剂　磷酸盐　钻井液性能　钻具腐蚀

随着钻井技术的发展，钻井液及钻井液添加剂对钻具的腐蚀问题日益受到关注。本文利用挂片失重法研究了钻井液中常用无机盐的腐蚀作用及磷酸盐的缓蚀作用。

一、实　验　部　分

（1）仪器：电热恒温水浴，磁力搅拌器，电导率仪，API 失水仪，六速旋转黏度计。

（2）磷酸盐缓蚀剂：$(NH_4)_2HPO_4$，AR；$NH_4H_2PO_4$，AR；K_2HPO_4，CP；KH_2PO_4，CP；K_3PO_4，CP。

（3）主要无机盐腐蚀剂：$MgCl_2$、$MgSO_4$、$CaSO_4$、NaCl 及其复合物。

（4）腐蚀试片：为 E75 钢级钻具挂片，由胜利油田钻井管具公司提供。挂片规格为 35mm×10mm×3mm，挂片小孔直径为 4mm，挂片表面积为 983mm²。

（5）常温静态浸泡实验方法：在 250mL 磨口三角瓶中，加入 250mL 腐蚀剂与缓蚀剂的复合溶液。将试片放入上述溶液中并加盖，室温下放置 27d。然后取出试片，用硬毛刷清洗，再在 10%～15% 的盐酸中浸泡 5～10s 除去铁锈，用水和丙酮冲洗干净，于 120℃下烘 2h，称重并计算失重和腐蚀速度。

（6）动态浸泡实验方法：在 250mL 磨口三角瓶中，加入 250mL 腐蚀剂与缓蚀剂的复合溶液，放入试片加盖。60℃恒温水浴下放置 12d，每天用磁力搅拌器搅拌 2 次，转速为 42r/min，每次搅拌 10min。然后清洗、烘干并称重。

二、结果与讨论

（1）复合盐浓度对 E75 钢级挂片腐蚀速度的影响。以 17.5%$MgCl_2$、6.8%$MgSO_4$、6.9%$CaSO_4$ 和 68.8%NaCl 复配而成实验用复合盐。实验中以复合盐水溶液作腐蚀介质。常温静态及 60℃恒温动态下复合盐对腐蚀速度的影响见表 1。由表 1 可见，随着复合盐浓度的增加及腐蚀温度的升高，腐蚀速度明显加快。

表1 复合盐浓度对腐蚀速度的影响

复合盐浓度 %	常温静态		60℃恒温动态
	腐蚀速度 kg/（cm² · a）	现象	腐蚀速度 kg/（cm² · a）
1	0.9355	均匀腐蚀	5.1604
3	1.4556	均匀腐蚀	8.5904
5	2.3458	坑蚀	12.7293
7	3.6198	坑蚀严重	16.0417
10	5.3369	坑蚀较重	20.3477

（2）常用无机磷酸盐的缓蚀作用。几种不同的无机磷酸盐在1％和3％复合盐水溶液中的腐蚀速度见表2。当复合盐浓度为1％时，磷酸盐加量为0.1％；当复合盐浓度为3％时，磷酸盐加量为0.75％。由表2可见，$(NH_4)_2HPO_4$在浓度较低时，不但无缓蚀作用，而且还会导致坑蚀，而在加量为0.75％时，缓蚀率可达95.9％，这与文献报道是一致的。K_2HPO_4在不同的浓度复合盐条件下的缓蚀效果都较好。其他磷酸盐中，K_3PO_4的缓蚀作用较好，磷酸二氢盐不宜在高矿化度及高pH值下使用。从价格和对测井电阻率两方面综合考虑，选择$(NH_4)_2HPO_4$作为缓蚀剂。

表2 常用无机磷酸盐的缓蚀作用

磷酸盐	1％复合盐			3％复合盐		
	腐蚀速度 kg/（m² · a）	缓蚀率 %	现象	腐蚀速度 kg/（m² · a）	缓蚀率 %	现象
—	1.0979	—	均匀腐蚀	1.4556	—	均匀腐蚀
$(NH_4)_2HPO_4$	0.5545	49.5	稍有坑蚀	0.0330	97.8	表面光滑
K_2HPO_4	0.0949	91.3	均匀腐蚀	0.0592	95.9	表面光滑
$NH_4H_2PO_4$	—		—	2.2523	—	挂片变黑
KH_2PO_4	0.5255	52.1	均匀腐蚀	2.1064	—	挂片变黑
K_3PO_4	0.0797	92.7	均匀腐蚀	0.0398	97.2	表面光滑

（3）磷酸氢二铵浓度对缓蚀效果的影响。常温下，磷酸氢二铵浓度大于0.25％时，缓蚀效果均较好，见表3。60℃恒温动态条件下，复合盐浓度为1％时，浓度大于0.25％即可；而在复合盐浓度为3％时，只有当浓度大于0.5％时缓蚀作用才明显，见表4。

表3 常温下磷酸氢二铵的缓蚀作用

	加量 %	腐蚀速度 kg/（m² · a）	缓蚀率 %	现象
1％复合盐	0	1.0979		均匀腐蚀
	0.1	0.5545	49.5	稍有坑蚀
	0.25	0.0797	92.7	表面光滑
	0.5	0.0866	92.1	表面光滑
3％复合盐	0	1.4556		均匀腐蚀
	0.25	0.0633	95.7	轻微腐蚀
	0.5	0.0564	96.1	表面光滑
	0.75	0.0592	95.9	表面光滑

表 4　60℃恒温动态条件下磷酸氢二铵的缓蚀作用

	加量 %	腐蚀速度 kg/（m² · a）	缓蚀率 %	现　象
1% 复 合 盐	0	4.1079		均匀腐蚀
	0.25	0.0216	99.4	均匀腐蚀
	0.5	0.1857	95.5	均匀腐蚀
3% 复 合 盐	0	8.5904		均匀腐蚀
	0.5	0.2105	94.9	均匀腐蚀
	0.75	0.0031	99.9	均匀腐蚀

（4）pH 值对磷酸氢二铵缓蚀作用的影响。在 1%复合盐条件下，分别以盐酸（1∶1）和 4mol/L NaOH 溶液调节 pH 值，测定了 pH 值对磷酸氢二铵缓蚀作用的影响，见表 5。当 pH 值小于 6 时，腐蚀速度明显加快；当 pH 值在 9～10.5 时，腐蚀速度大大降低。但在高 pH 值下，会使钻井液中黏土颗粒继续分散，导致钻井液性能变坏；还会使磷酸氢二铵分解而降低使用效果；更严重的是，高 pH 值可能导致碱脆的发生，因此在实际应用中不宜维持过高的 pH 值。

表 5　pH 值对磷酸氢二铵缓蚀作用的影响

pH 值	腐蚀速度 kg/（m² · a）	现　象
4	1.0160	均匀腐蚀
6	0.5682	均匀腐蚀
8	0.4733	均匀腐蚀
10	0.4403	局部腐蚀
12	0.4210	局部腐蚀

（5）磷酸氢二铵在钻井液中的缓蚀作用。试验中 1# 钻井液为 4%膨润土浆加 0.1% PAM，再加 1%复合盐，PAM 相对分子质量为 400×10⁴。2# 钻井液为 4%膨润土浆加 3%复合盐。试验结果见表 6。

表 6　磷酸氢二铵在钻井液中的缓蚀作用

钻井液	加量 %	腐蚀速度 kg/（m² · a）	缓蚀率 %
1#	0	1.6314	
	0.25	0.1424	91.3
2#	0	4.4929	
	0.75	0	100

（6）磷酸氢二铵对钻井液流变性的影响。磷酸氢二铵对钻井液流变性的影响见表 7。实验基浆为 4%膨润土浆＋1%FCLS＋1%中黏 CMC＋0.1%PAM。由表 7 可见，磷酸氢二铵对钻井液流变性无太大影响。

表 7　磷酸氢二铵对钻井液流变性的影响

加量 %	漏斗黏度 s	动切力 Pa	塑性黏度 mPa·s	pH 值
0	32	2.75	17.5	12
0.25	31	4	16	11
0.5	32	4	16	9
0.75	31	3	16	8

三、结　论

(1) 磷酸氢二铵在无机盐溶液及钻井液中有明显的缓蚀作用。在低矿化度情况下的加量为 0.25%～0.5%，在高矿化度下的加量为 0.25%～0.75%。

(2) 在使用磷酸氢二铵作缓蚀剂时，体系的 pH 值应控制在 8～10.5 之间。

(3) 磷酸氢二铵对钻井液性能无明显影响。

多靶点、大斜度井——张 28 井钻井液工艺技术

李希君

（胜利石油管理局钻井工程技术公司泥浆公司）

摘　要　本文分析了大斜度井钻井液施工的技术难点。针对不同的井段、井斜、地层岩性及诸多工程不利因素影响，采取不同的钻井液技术措施，成功地完成张 28 井的钻探，并发现了多层油气。现场施工结果表明，正电胶聚合物润滑防塌钻井液体系与其他处理剂的配伍性良好，抑制防塌效果好，携岩能力强，性能稳定，润滑性好，并能较好地保护油气层，满足了南阳油田张店地区复杂地层特殊井的施工要求。

关键词　正电胶聚合物　润滑　防塌　大斜度　多靶点

一、基 本 概 况

张 28 井是河南石油勘探局第一口大斜度多靶点的定向探井，该井用 ϕ445mm 钻头一开，下入表套 ϕ340mm×198m（J55×9.65mm）。用 ϕ311mm 钻头二开，钻进至 1950m 开始造斜，采用"增斜—增斜—增斜—稳斜"的井身结构，由于该地区地层倾角大，岩性坚硬，可钻性差，而提前下技术套管 ϕ244mm×2144m（N80×10.03mm）。用 3Aϕ216mm 钻头三开，采用增斜钻具钻进，沿途钻穿 A、B、C 三个靶点，最大井斜 75°。基本数据见表 1。该井二开后采用聚合物防塌钻井液体系钻进至 1900m 后，逐渐转换为正电胶聚合物润滑防塌钻井液体系施工。

表 1　张 28 井井眼基本数据

类型	斜深 m	造斜点 m	A 靶点 m	B 靶点 m	C 靶点 m	最大井斜 (°)	井底位移 m
设计	2961.44	1946.70	2251.67	2498.07	2829.14	72	854.26
实际	3034.00	1950.50	2247.71	2491.92	2824.97	75	926.31

二、钻井液技术难点

由于该井钻遇的断层较多且要中 3 个靶点，下第三系地层岩性为细砂岩、粉砂岩及灰色泥岩，上部软下部较硬，且软硬夹层很多，地层极易坍塌掉块。黏土矿物以蒙脱石为主，伊利石次之，故有较大的膨胀性和分散性，因此对钻井液提出了很高的要求。

1. 井壁的稳定性

首先，南 38 断块构造轴向近南北，北部的③号断层为该块的含油主控层，断层走向近东西，倾角上陡下缓，2166m 左右钻遇该断层，断面倾角 20°，断距 70m，地层斜倾角 15°；近 A 靶区位置，岩性为细砂岩、粉砂岩，泥岩为主，上覆岩层造成井壁岩石应力集中，易

垮塌；造斜段（2144～2824m）要保证3个月内井眼稳定，所以钻井液要有良好的护壁性。其次，因地层倾角大，地质结构复杂，岩性坚硬，可钻性差，为了中靶调整钻具结构，起下钻频繁，也要求井壁有很好的稳定性，因此钻井液要有良好的抑制防塌能力。以前在此地区所钻的几口井均出现了复杂情况，如大面积的坍塌、卡钻等。

2. 润滑性能

一个井眼3个靶心，井底井斜度大（大于70°），定向有难度，多次测斜扭方位造成轨迹不圆滑；裸眼长，钻具与井壁摩擦面积大，要求钻井液摩阻系数低，润滑性能要好。

3. 悬浮携岩能力

微增斜段（15°～30°）和稳斜段（72°～74°）较长，小排量、低返速的条件下要及时有效地将井底岩屑携带出来，停泵时能悬浮住岩屑，不至于形成岩屑床，要求钻井液悬浮能力好。

三、钻井液工艺的具体措施

1. 钻井液体系的选择

钻井液类型的选择和设计必须满足地质和工程的需要，对于大斜度多靶点井，钻井液要具有：强抑制性，能控制地层造浆，保持钻井液性能稳定性；良好的悬浮携带性，可满足井眼清洁要求；良好的润滑性，能有效地降低摩阻和扭矩；还能有效进行油气层保护。我们采用正电胶聚合物润滑防塌钻井液体系，针对不同的地层、井眼轨迹、井斜，通过改变钻井液配方中的某种处理剂的含量来调整钻井液性能，解决实际施工中的复杂情况，取得了很好的效果。该钻井液体系主要以聚合物、正电胶MMH为主，辅助于防塌剂（SL-2）、乳化剂（SN-1）、降滤失剂（SL-1、SNY-1）、流型调节剂（NH_4HPAN）、降黏剂（SL-4）、润滑剂（RT-001）和加重剂（铁矿粉）等。

现场施工中我们将其分为四个阶段。

（1）聚合物润滑钻井液。

井段（1900～2122m）是填井前的造斜段到增斜段，井斜由7.93°增至49.53°，主要岩性为细砂岩与泥岩不等厚互层，以及少量粉砂岩。

基本配方为：0.5%～0.75%NaOH+0.65%～1.25%NH_4HPAN+0.4%～0.6%PAM+0.5%～0.65%SL-1+0.1%SN-1+0.5%～1%RT-001。

室内实验配方为：500mL井浆+0.5%NaOH+0.8%NH_4HPAN+0.5%PAM+0.6%SL-1+0.1%SN-1+1%RT-001，高搅2h后测其性能：API失水5mL，pH值8，塑性黏度PV19mPa·s，动切力YP10Pa，初/终切3.0/10Pa/Pa，动塑比$\eta_{动/塑}$0.53，摩阻系数K_f0.0787。

（2）正电胶聚合物钻井液。

井段（1950～2175m）：填井后，重新定向，由造斜段到增斜段，井斜由13°到45°，主要岩性为细砂岩与泥岩不等厚互层，以及少量粉砂岩。

基本配方为：0.25%～0.5%NaOH+0.35%～0.5%NH_4HPAN+0.35%～0.5%PAM+0.65%～0.75%SL-1+0.25%～0.35%PAC141+0.25%SL-4+2.5%～5.0%MMH+0.5%～1%RT-001+0.1%SN-1。

室内实验配方为：500mL井浆+0.4%NaOH+0.4%NH_4HPAN+0.4%PAM+0.7%SL-1+0.3%PAC141+0.25%SL-4+4%MMH+0.1%SN-1+1%RT-001，高搅2h

后测其性能：API 失水 4mL，pH 值 8，PV25mPa·s，YP13Pa，初/终切 4.0/12Pa/Pa，$\eta_{动/塑}$0.52，K_f0.0612。

（3）正电胶聚合物润滑钻井液。

井段 2175～2480m 是该井的主要增斜段。地层岩性为细砂岩、粉砂岩及泥岩，井斜由 45°增至 63°。该段极易发生岩屑垂沉现象，摩阻和扭矩增加，因此应进一步提高钻井液的悬浮携带和润滑防卡能力，以满足井下施工要求。

基本配方为：0.65％～0.75％NaOH＋0.25％～0.35％NH₄HPAN＋0.2％PAM＋0.75％～1.0％SL－1＋0.25％～0.35％PAC141＋1.0％～3.0％MMH＋0.75％～1.0％SNY－1＋1.5％～2.5％RT－001＋0.2％～0.3％SN－1。

室内实验配方为：500mL 井浆＋0.7％NaOH＋0.3％NH₄HPAN＋0.2％PAM＋0.8％SL－1＋0.3％PAC141＋2％MMH＋0.8％SNY－1＋0.3％SN－1＋2.5％RT－001，高搅 2 小时后测其性能：API 失水 4.2mL，pH 值 8.5，PV30mPa·s，YP23Pa，初/终切 8.0/16Pa/Pa，$\eta_{动/塑}$0.77，K_f0.0524。

（4）正电胶聚合物润滑防塌钻井液。

井段 2480～3034m 为主要的稳斜段，井段由 63°增至 74°，岩性为细砂岩、粉砂岩与泥岩。此段易形成岩屑床，同时注意防塌。

基本配方为：0.65％～1.0％NaOH＋0.2％～0.4％PAM＋0.15％～0.25％PAC141＋1.0％～1.25％SL－1＋0.4％～0.5％SL－4＋1.0％～1.25％SL－2＋1.0％～2.5％MMH＋1.0％～1.25％SNY－1＋0.25％NH₄HPAN＋0.2％～0.3％SN－1＋2％～3％RT－001.

室内实验配方为：500mL 井浆＋0.8％NaOH＋0.3％PAM＋0.25％PAC141＋1.0％SL－1＋0.4％SL－4＋1.0％SL－2＋2％MMH＋1.0％SNY－1＋0.25％NH₄HPAN＋0.3％SN－1＋3％RT－001，高搅 2h 后测其性能：API 失水 4.2mL，pH 值 9.5，PV24mPa·s，YP25Pa，初/终切 12/17Pa/Pa，$\eta_{动/塑}$1.04，K_f0.0349。

各井段钻井液性能见表 2。

表 2　4 个井段的钻井液性能

井段 m	密度 g/cm³	漏斗黏度 s	API 失水 mL	pH 值	PV mPa·s	YP Pa	初/终切 Pa/Pa	膨润土含量 g/L	$\eta_{动/塑}$	K_f
1900～2122	1.15～1.17	58～63	4.5～5.5	8～9	17～22	9～12	(2.5～4)/(9～12)	62～65	0.40～0.60	0.0787～0.0612
1950～2175	1.16～1.19	70～100	3.5～4.0	8～9	24～30	11～14.5	(3.5～4)/(10～14)	57～60	0.48～0.55	0.0787～0.0524
2175～2480	1.18～1.22	90～100	4.0～4.5	8～9	28～32	14～23	(5～9.0)/(13～17)	50～53	0.50～0.82	0.0612～0.0437
2480～3034	1.22～1.23	98～128	3.0～4.5	9～10	23～30	22～27	(10～13)/(15～26)	48～52	0.80～1.30	0.0524～0.0349

2. 防塌措施

在钻上部岩性为砂砾岩及细粉砂岩的核Ⅱ、核Ⅲ段时，在钻井液中加入足量的 SL－1，用 NH₄HPAN 和 SNY－1 来调节钻井液的流变性，控制 API 滤失量在 5～3.0mL 的范围内，减少泥页岩的膨胀。由于核Ⅲ段有断层，而且该段的砂砾岩、细砂岩互层易膨胀、垮塌且地层倾角达 20°，上覆岩层造成井壁岩石应力集中，该井段设计的钻井液密度为 1.23～1.25g/cm³，现场控制钻井液密度在 1.22～1.23g/cm³ 之间，保持钻井液对井壁有合适的支撑能力。随着井斜的增加同时增加 SL－1、SL－2 和 SNY－1 在钻井液中的含量，施工中 SL－1 与 SL－2 的加量以 1:1 的比例，防塌效果最好。钻进过程中，保持钻井液中高分子聚合物总量为 0.5%～0.8%之间，较好地抑制造浆，适时使用除泥器和离心机，除掉劣质固相，保持膨润土含量适中，钻井液性能稳定，泥饼质量优良，薄且坚韧致密，很好地稳定井壁。

3. 润滑防卡措施

提高钻井液的润滑性能是降低钻井施工过程中摩阻和扭矩的主要途径。由于该井为重点探井，要求钻井液材料不能影响地质录井，液体润滑剂采用无荧光白油润滑剂（RT-001），固体润滑剂采用塑料小球（HZN-102）。随着井斜的增加，白油润滑剂的量也相应加大，"油/水"含量高于"5.0/80"，泥饼黏附系数控制在 0.08 以下（用 NZ-3 型泥饼黏滞系数测定仪所测）。

RT-001 的加量对泥饼影响的对比实验：取 500mL 的井浆，加一定毫升数的 RT-001 和 0.1%～0.3%的乳化剂 SN-1，高搅 1h 后测其性能，见表 3。

表 3　RT-001 的加量对泥饼影响的对比实验结果

项目	500mL 的井浆 + RT-001 的百分数							
	0	1%	1.5%	2%	2.5%	3%	3.5%	4%
API 滤失，mL	5	5	4.8	4.6	4.6	4.4	4.4	4.2
K_f	0.096	0.088	0.079	0.052	0.043	0.035	0.026	0.026
K_f 降低率，%		8.3	10.2	34.2	17.3	18.6	25.7	0

从实验结果可以看出：

（1）RT-001 的加量在 2%～3%比较合适，泥饼摩阻系数在 0.052～0.035 之间，能够满足防卡、快速钻进的要求。若加量大于 4%时，润滑性可能会更好，但参考 RT-001 价格，从降低钻井液成本着手，RT-001 的百分含量不宜太高。在井斜由 40°增至 70°的井段，现场施工时，采取在循环槽中细水常流的方式加 RT-001，每钻进 50m 补充 1～2t 的 RT-001，其钻具的摩阻系数可降低 24%～35%，扭矩可降低 24%～31%。

（2）固相润滑剂（HZN-102）主要用于减少钻具或套管与井壁之间的摩擦，下套管之前，将 HZN-102 加入到钻井液的入口罐中，使其在钻井液中的含量达 2.5%～3%，同时配合加入白油 RT-001 计 0.5～1t，充分搅拌，计算好时间，将其泵入井眼，封堵裸眼段，防卡效果很佳，每次下套管都很顺利。

4. 井眼净化措施

由于该井斜度大，三开使用 8½in 钻头钻进，沿途要钻穿 A、B、C 三个靶点，井斜逐渐增到 72°，在较长的微增斜及稳斜段，极易发生岩屑沉垂及井壁垮塌现象。工艺上保持钻井液具有较好的流变性能，在兼顾钻井液其他性能情况下提高钻井液的动切力及动塑比，来提高钻井液的悬浮携带能力，正电胶聚合物润滑防塌体系其动切力可提高到 25～27Pa，$\eta_{动/塑}$ 值高达 0.80～1.20。该体系 MMH 的加量对提高钻井液的动切力及动塑比起决定性的作用，初次提切，MMH 的含量达 4%～5%，当钻井液的动切力及动塑比足够大时，MMH 的加量减少，其含量为 1.5%～2%。本井控制的静切力值，理论上计算，静止时完全可以悬浮住 5mm 以下岩屑，使之不沉降。钻进中，环空中不可避免地存在大的颗粒，这些颗粒最容易沉降到下井壁形成岩屑床。因此净化井眼还要与工程措施配合好，每打完一个立柱上下活动钻具一次；每钻进 100m 短起下一次，在钻进过程中保持钻具的旋转或经常活动，可以防止形成岩屑床，还可将大颗粒岩屑磨碎，使岩屑更容易携带出来。大排量循环，协助携砂，破坏岩屑床，保证井眼清洁。

5. 油气层保护措施

钻进过程中，钻井液密度始终保持在 1.25g/cm³ 以内，进入油层，API 滤失量控制在 5mL 以下；其次，实施屏蔽暂堵油层保护技术，在进入油层前 100m，加入 3% 以上的油溶树脂屏蔽暂堵剂及 0.5%～1% 的单封。使用井深 2250m 和 2290m 处的井浆，在室内进行砂岩油气层损害程度评价实验，结果渗透率恢复值分别为 90.8% 和 93.3%。

四、复杂情况的处理及现场使用效果

1. 复杂情况及处理

本井钻进至 2122m，由于变更地质设计（龙 11 井是 1975 年完钻的一口探井，作为张 28 井的参照井，因龙 11 井井位与新的地质认识存在矛盾，对龙 11 井井位进行了重新测量。结果与原图井口位置有较大变动，致使张 28 井设计目的层段的断层倾角由原来的 10° 变为 20°。因此原设计井钻探已不能达到地质设计目的，致使张 28 井变更地质设计），决定填井重新侧钻，填井段 1800～1980m，候凝时间 72h。由于填井时前置液使用清水，候凝时间长，水泥浆有"窜槽"现象，造成钻井液严重污染。下钻通井时在 1340m 遇阻，开泵循环时有水泥块返出。自 1340m 到 1850m 井段均有水泥浆、混浆，致使通井时划眼困难，时而放空，时而遇阻。钻打水泥塞时，振动筛上返出水泥块及未凝固的稠水泥浆。在 1700m 处，长时间划眼后，停泵上提钻具遇卡现象严重，此时黏度 65s，动切力 10Pa，仍不能满足井下安全。根据实际情况，进一步改善钻井液性能，使正电胶含量达 25kg/m³，黏度高达 300s，满足井下需要。实施结果：有大量岩屑和水泥块返出，最重的达 380g，循环两周后井下趋于正常。以后钻进中使用铵盐和 SL-4 逐渐将黏度降为 80～100s，直至 φ311mm 井眼完钻，中途电测作业、下技套、固井都很顺利，均一次成功。

2. 现场应用效果

在钻 φ216mm 的井眼时，井斜度已达 50°，定向测量设备要求使用 QDT 无线随钻测斜仪，由于 QDT 仪器出了故障不能修复，只好仍采用 DST 有线随钻仪器测斜仪，探管在钻杆内下滑很慢，有时采取开泵帮助才到井底，致使每次测量时间达 2～3h。由于井眼清洁，钻井液性能优良，从未出现黏卡等异常现象，每次测量都很顺利。

完井电测结果解释，共发现了 16 个油层，累计达 114.5m，比原设计要求更理想，取得了很好的经济效益。

五、几 点 认 识

（1）根据地质构造、地层岩性及井眼轨迹等特点选择正电胶聚合物润滑防塌钻井液体系，满足了河南油田张店地区复杂地层特殊井的施工要求。

（2）该体系悬浮携带能力强，抑制、润滑防卡效果好，能很好地满足多靶点、大斜度井的施工要求。

（3）大斜度定向井，工程上需要有良好的配合，每钻进一定时间或井段搞一次短起下，可以避免岩屑床的形成；充分利用好固控设备，最大限度地降低钻井液中的劣质固相含量，是钻井液性能稳定的重要因素。

参 考 文 献

［1］胡景荣．再论大斜度定向井的井眼净化问题．钻采工艺，2001
［2］孟怀启等．河南油田大斜度定向井钻井液技术．钻井液与完井液，2002，（1）

利用微泡沫钻井液解决吉林海坨子地区裂缝性地层漏失问题

赵剑龙　周保中　王晓波　张路军　薛建平
（吉林油田钻井工艺研究院）

摘　要　本文介绍了微泡沫钻井液在吉林海坨子地区的应用情况。采用该体系钻井液实现了近平衡钻井的目的，并解决了海坨子地区下部地层裂缝性漏失的问题，同时很好地保护了油气层。

关键词　微泡沫钻井液　欠平衡钻井　裂缝性地层　漏失　保护油层

一、地 质 概 况

海坨地区位于松辽盆地南部中央坳陷区西部红岗—大安阶地的南端，西邻西部斜坡区，东邻长岭凹陷，油田东部有平方铁路通过，交通方便，地势平坦，地面海拔 130～140m，年平均气温 4.7℃，年均匀降水量 380～550mm，该区地理位置和气候条件较好。

1. 地质层序及岩性描述

该地区自上而下钻遇的地层分别为第四系、第三系、白垩系的明水组、四方台组、嫩江组、姚家组、青山口组，泉头组完钻。钻遇地层深度及岩性情况见表 1。目的层主要为萨尔图油层和高台子油层，油层顶面埋深分别为 1400～1450m、1700～2000m。

表 1　海坨地区地质层序及岩性描述

地质年代	底深, m	厚度, m	岩性简述
第四系	60.0	61.5	表层黄土，流砂层，砂砾层
泰康组	165.0	105.0	灰白色、杂色砂砾层
明水组	540.0	375.0	灰、灰紫色泥岩，灰色泥质粉岩
四方台子	730.0	190.0	灰白色粉砂岩，灰绿、紫红色泥岩
嫩五段	860.0	130.0	灰、深灰色泥岩，薄层灰白色粉砂岩
嫩四段	990.0	130.0	灰黑色泥岩，棕红色泥岩，灰白色粉砂岩
嫩三段	1100.0	110.0	灰黑色泥岩，泥页岩，薄层灰白色粉砂岩
嫩二段	1230.0	130.0	灰黑色泥岩，底部为灰褐色油页岩
嫩一段	1300.0	70.0	灰黑色泥岩，夹灰白色粉砂岩条带
姚二+三段	1340.0	40.0	紫红色泥岩，夹灰白色粉砂岩
姚一段	1380.0	40.0	紫红、棕红色泥岩，夹粉砂岩薄层
青二+三段	1750.0	370.0	紫红、灰黑色泥岩，灰色粉砂岩
青一段	1850.0	100.0	黑色泥岩，灰褐色油页岩
泉四段	1950.0	100.0	灰黑、紫红色泥岩，灰白色粉砂岩

2. 储层物性特征

利用海 24 井区内 7 口取心井岩心化验分析资料分析，该区物性特征为中—低孔、特低渗透类型，萨尔图油层四个砂组在岩性、物性等方面均有一定差别。

Ⅰ砂组储层岩性主要为粉砂岩，岩石矿物由石英、长石、岩屑及灰质胶结物组成。粒径 0.2～0.03mm，分选中等，孔隙胶结，灰质含量平均达 17.7%。油层平均孔隙度为 17%，平均渗透率 5.9mD。

Ⅲ砂组岩性为灰白色粉细砂岩，粒径 0.1～0.03mm，风化较浅，孔隙—接触胶结，分选较好，磨圆次棱角状，灰质含量平均达 25%。油层平均孔隙度为 12%，平均渗透度 0.3mD。

Ⅳ砂组储层岩性以粉砂岩为主，平均粒径 0.2～0.03mm，石英、长石矿物见不同程度的次生加大，磨圆次棱角状，泥质含量较少，灰质含量平均 30%。油层孔隙度平均 20%，渗透率平均 30mD。

3. 储层流体性质

地层水矿化度基本相同，一般为 15000mg/L，均表现为高矿化度，水型简单等特点。水型为 $NaHCO_3$ 型，pH 值 7～8.5，为中性或偏碱性。

4. 储层温度和压力

海 24 井Ⅰ砂组 1、2 号小层地层测试结果，原始地层压力 13.845MPa，平均流动压力 0.551MPa，压力系数 0.99，地层温度 59℃，体积系数 1.177，压缩系数 1.05×10^{-3} 1/MPa，原油密度 0.860g/cm³，黏度 24.1mPa·s。

海 23 井萨尔图油层Ⅰ砂组 1 号层 1440.2～1443.2m 井段，油藏高压物性资料分析，一次脱气油气比为 43.5m³/m³，原始饱和压力 9.0MPa，原油体积系数 1.086，原油压缩系数 0.85×10^{-3} 1/MPa，地层油密度 0.8207g/cm³，地层油黏度 16.7mPa·s，地层温度 59.9℃，地层压力 14.242MPa。

5. 地层裂缝特征

根据钻井施工、钻井取心及"5700"测井等资料分析，海坨地区裂缝发育，从嫩江组至泉头组存在网状、垂直、单斜、水平裂缝，如图 1 所示。

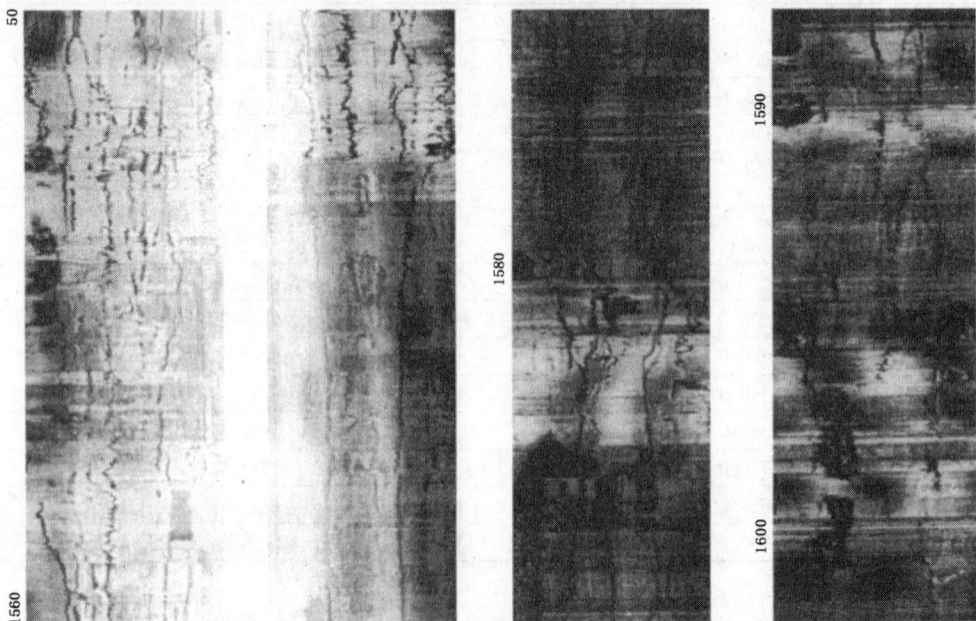

图 1 海 28 井裂缝发育情况

海 28 井利用电导率异常检测程序（DCA）处理出的裂缝成果解释共 14 个砂层裂缝发育。其中全井共有 18 段裂缝发育，见表 2。

表 2　海 28 井地层裂缝解释数据

层　　位	厚度，m	裂缝解释	漏失钻井液，m³	漏失速度，m³/min
	36.4	垂直	30	0.6
姚二 + 三段	5.4	水平		
	25.2	网状	20	0.6
姚一段	38.2	网状	40	0.6
	1	水平		
青二 + 三段	10	网状	50	0.6
	2.2	水平		
	4.6	网状		
			70	1.8

从海 28 井地层倾角裂缝解释表可知，姚家组姚一段 1404～1525m 和青山口组二 + 三段 1549～1576m，地层存在垂直、水平和网状裂缝，裂缝发育，裂缝方位是东北—西南。海 28 井取出岩心有明显的垂直裂缝，岩心两半规圆后中间有 3～5mm。

从海坨地区已完钻的 18 口探井资料分析看到，裂缝现象普遍存在，在 7 口取心井中，有 5 口井岩心存在裂缝，共见到 317 条裂缝，芯长 354.4m，裂缝总长 58.1m，每条裂缝长 0.1～10m，一般在 0.2～0.5m。

二、工程问题

海坨地区所钻遇地层具有泥岩段长、地层压力低、地层裂缝性发育等特征。由于地层裂缝发育，在钻井过程中采用常规钻井液钻进垂直、网状裂缝，漏失较严重，严重漏失造成上部长泥岩段坍塌。因此，井漏及井漏引起井塌是勘探开发钻井过程中的主要工程问题。

1. 探井钻井情况

统计 26 口探井，发生井漏 18 口，占统计井数的 69.2%，漏失超过 100m³ 的 11 口，占漏失井的 61.1%，漏失超过 200m³ 的 7 口，占漏失井的 38.9%，因漏失严重没有钻达设计井深的 3 口，占漏失井的 16.7%；

2. 开发井钻井情况

统计 44 口开发井，发生漏失 28 口，占统计井数的 63.6%，漏失超过 100m³ 的 12 口，占漏失井的 42.8%。

3. 重点井钻井情况

海 23 井 1461m 出现严重漏失，多次采取桥堵和工程措施维护钻进到 1681m，再次出现严重漏失，无法建立循环，被迫完钻。全井漏失 900m³ 以上。

海 24 井 1539.41m 出现漏失，钻井液密度 1.19g/cm³，多次进行桥堵无效，在处理井漏过程中，1340～1425m 井塌，被迫完钻。全井漏失 180m³。

三、技 术 难 点

利用微泡沫钻井液解决吉林海坨子地区地层裂缝性漏失问题的技术难点在于保证海坨子地区井壁稳定的前提条件下；采用微泡沫钻井液解决高台子油层的裂缝性漏失技术。

四、钻井液技术

为了解决严重井漏问题，针对吉林油田钻井液技术现状，研究开发出一种适合海坨子地区地层特点、具有防漏作用、能够实现储层保护的微泡沫钻井液体系。该体系具有密度低、成本低、携屑性好、易于维护的优点。

1. 发泡剂评价

我们按石油天然气行业标准 SY/T5350—91《钻井液用发泡剂评价程度》，对国内十余种发泡剂进行了室内研究，结果表明：FP—12 起泡性能好，泡沫稳定，半衰期长，抗盐、抗油性能良好，是较好的发泡剂。

2. 稳泡剂评价

本着二开钻井液转化为微泡沫钻井液原则，优选出"2.5％膨润土＋0.25％FA367"作稳泡剂，稳泡效果最佳。优选实验数据见表3、表4。

表3　稳泡剂优选

发 泡 剂	0.3％PAC－141		0.3％HV－CMC		0.3％FA367	
	V, mL	$T_{1/2}$, min	VmL	$T_{1/2}$, min	V, mL	$T_{1/2}$, min
FP－12	300	23	225	28	210	35

表4　FA367稳泡剂加量实验

稳泡剂加量,％	V, mL	$T_{1/2}$, min
0.1	580	7.5
0.2	570	17
0.3	540	30
0.4	510	40
0.5	465	46

3. 消泡剂评价

为了防止钻井过程中出现异常情况和完井测井、固井工作的顺利进行，针对所选发泡剂进行了消泡剂评价，评价结果见表5。

表5　消泡剂加量对微泡沫钻井液性能影响

配　方	密度, g/cm³	塑性黏度, mPa·s	动切力, Pa	静切力, Pa/Pa
3♯配方	0.67	26	12	13.5/19
配方＋0.2％消泡剂	0.60	26	10	3/6
配方＋0.4％消泡剂	0.68	12	9	2/4
配方＋0.6％消泡剂	0.82	19	15.5	3/6
配方＋0.8％消泡剂	0.84	14	3.5	1/3
配方＋1.0％消泡剂	0.99	17	5.5	2/5

4. 微泡沫钻井液抗污染性评价

针对配方在不同污染介质中进行了抗污染性评价。评价结果表明所选配方具有较强的抗污染能力，结果见表 6。

表 6　微泡沫钻井液抗污染实验数据

污 染 物	密度，g/cm^3	塑性黏度，mPa·s	动切力，Pa	稳定时间，h
配方	0.86	26	12	>36
配方＋4％NaCl（14mg）	0.89	39	30	>36
配方＋15％煤油（53mL）	0.87	22	9	>36

5. 微泡沫钻井液体系

通过优选，选出适合吉林油田海坨地区的微泡沫钻井液体系：现场浆＋10％膨润土浆 50mL＋1％FA367 胶液 50mL＋1％发泡剂，基浆密度 1.10～1.12g/cm^3，性能见表 7。

表 7　微泡沫钻井液性能

密度，g/cm^3	0.90～1.00
塑性黏度，mPa·s	30～60
屈服值，Pa	10～20
API 滤失量，mL	≤6
初切/终切，Pa	4～6/6～15
固相含量，％	≤12

五、现场应用情况

根据室内研究，先后完成了海 31 井、海 32 井、海 36 井、海 37 井和海 39 井等 5 口井的现场试验，应用微泡沫钻井液成功地进行了海坨子地区高台子油层的勘探，取得了重大突破。

1. 海 31 井

三开采用微泡沫钻井液，基浆密度 1.10～1.12g/cm^3。井口密度 0.90～0.92g/cm^3，钻进到 1571m 时发生井漏，考虑以往钻井存在井塌现象，没有采取降低钻井液密度的措施，而是采用桥堵措施，钻进至 1707m 后漏失彻底消失，全井共漏失 120 多立方米。完钻 1865m，技套下深 1500m。测井、固井顺利。

2. 海 32 井

根据海 31 井施工过程中地层没有出现失稳，在井壁稳定情况不明确的条件下，为了减少井漏，针对海 32 井三开设计采取降低基浆和微泡沫密度（1.10g/cm^3、0.88g/cm^3）。钻进过程中井口密度控制在 0.82～0.90g/cm^3，无漏失现象，钻进到 1860m 取心时发生井漏，漏失钻井液 15m^3，采用静止方法堵漏见效至完钻 1975m，技套下深 1600m。

3. 海 36 井和海 37 井

海 36 井和海 37 井在海 32 井试验的基础上，采取进一步降低基浆和微泡沫密度（1.09g/cm^3、0.85g/cm^3）的技术措施，试验了海 36 井和海 37 井两口井，完钻井深分别为

1944m、1921m，技套下入深度分别为 1569.8m、1636m。三开井口密度 0.80~0.87g/cm³，两口井均无漏失至完钻。

4. 海 39 井

海 39 井为预探井，设计井深 2210m，完钻井深 2233.07m。技术套管下深 1452m，仅封住嫩江组以上地层，试验微泡沫钻井液钻遇姚家组地层过程中地层的稳定性和漏失情况。三开井口密度 0.85~1.03g/cm³。钻进 1941.73m 时起钻抽吸引起掉块卡钻，卡点位置 1512m；处理卡钻过程中井漏两次，累计漏失 36m³，处理卡钻后采用微泡沫钻井液钻进至 2233.07m 完钻。

六、结　论

（1）采用微泡沫钻井液技术解决了海坨子地区下部地层裂缝性漏失问题。在室内研究的基础上，成功地完成了 5 口探井的现场施工。

（2）采用微泡沫钻井液技术实现了近平衡钻井的目的。现场施工微泡沫钻井液井口密度控制在 0.80~1.03g/cm³.

（3）采用微泡沫钻井液技术创造了低压长泥岩井段裂缝性地层钻进 800m 以上记录。

（4）微泡沫钻井液技术在工艺上能够满足取心、测井、固井等完井施工要求。

（5）微泡沫钻井液技术的低密度特性具有良好的油层保护作用。

参 考 文 献

［1］关富佳．泡沫钻井液研究及应用．钻井液与完井液，2003，20（6）

塔西南琼库恰克地区膏泥层井壁稳定性研究

邱正松[1]　丁　锐[1]　李健鹰[1]　于兰香[1]　钱琪祥[2]　高　波[2]　张育慈[2]
（1. 石油大学；2. 塔西南勘探开发公司）

摘　要　琼库恰克地区位于巴楚县色力布亚乡西北，属塔里木盆地西南凹陷麦盖堤斜坡琼库恰克构造带的巴什托普背斜地带。该地区井深，地质构造十分复杂，钻井成功率低。特别是下第三系阿卡塔什组存在大段石膏和膏泥层、二叠系存在大段红层，常常引起严重的坍塌卡钻等复杂情况。本文针对石膏和膏泥层的井壁不稳定问题进行了实验研究。结果表明，石膏层特别是膏泥层的显著特点是水化强分散弱膨胀。膏泥层的稳定性在很大程度上取决于石膏的百分含量，石膏含量在 20％～55％范围内的膏泥岩样易水化分散坍塌。新型的化学固壁剂和 PAC141 具有显著的抑制石膏和膏泥层水化分散作用，而 KCl 的抑制效果差。

关键词　井眼稳定　深井　抑制剂　盐膏层　化学处理剂　塔里木盆地

琼库恰克地区是新疆塔西南新探区，位于巴楚县色力布亚乡西北，属于塔里木盆地西南凹陷麦盖堤斜坡琼库恰克构造带的巴什托普背斜地带。钻探资料表明，该地区石炭系下部 5000m 左右的巴楚组有 11.5m 高压油气层，其中有 6.5m 左右的裂缝油层，勘探前景较好。但是，在该地区钻探的井较深，地质构造十分复杂，存在多层高压盐水层、石膏和膏泥层以及红色泥页岩层，致使钻井成功率低，多数井因卡钻、井塌而中途侧钻或报废。因此，下第三系阿卡塔什组 90m 左右的石膏层、膏泥过渡层及二叠系 350m 左右的红层引起的井壁不稳定问题，尤其是石膏层两端的膏泥层引起的坍塌卡钻问题是该地区探井迫切需要解决的问题。例如，在曲 3 井具有代表性的石膏层和膏泥层中，石膏层为纯度较高的硬石膏，其含量可达 92％；下部膏泥层中的黏土矿物以伊利石、伊/蒙混层以及绿/蒙混层和绿泥石为主，石膏含量随深度增加而降低。石膏层和膏泥层的 CEC 较低，回收率较低（尤其是膏泥层岩样回收率仅为 9％），膨胀率也较低。因此，膏层，特别是膏泥层的特点是强分散低膨胀，与钻井液作用后易分散坍塌而造成卡钻。

一、石膏层和膏泥层不稳定原因

1. 石膏含量对膏泥层膨胀性的影响

将纯石膏与膏泥层下部的泥页岩按不同比例混合，用 NP－01 页岩膨胀仪测常温常压膨胀率，用 HTP 高温高压膨胀仪在 106℃、8MPa 下测膨胀率，据实验结果绘出混合岩样膨胀量随石膏含量变化的曲线，如图 1 所示。由图 1 可见，膏泥层高温高压膨胀量与常温常压膨胀量都很低，并随石膏含量的增加而降低；纯石膏样的膨胀量最低。因此，膨胀作用不是引起石膏层坍塌的主要原因。

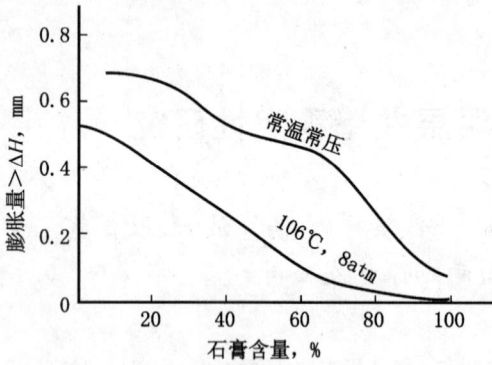

图 1　混合岩样的膨胀量与石膏含量的关系

2. 石膏含量对膏泥层稳定性指数的影响

对不同石膏含量的人工混合膏泥岩样的稳定性指数 SSI 的测定结果表明，（一般地）试样中石膏含量越高，其稳定性指数越高；纯石膏和含 80％石膏的混合试样的 SSI 值接近 100％，显示了较高的稳定性；不含石膏的岩样 SSI 值也达 60％以上；而石膏含量在 20％～55％之间的混合岩样及曲 5 井实际地层中含 55％石膏的膏泥岩样均完全分散脱落，说明在此石膏含量范围内的膏泥岩易水化分散。这与实际钻井情况相符。

二、抑制剂对含膏地层的作用

1. 氯化钾的抑制作用

石膏层和膏泥层岩样的回收率与氯化钾浓度的关系如图 2 所示。由图 2 可知，当 KCl 浓度为 1％～10％时，它对石膏层不仅没有抑制分散作用，反而促进其分散；它对红层岩样也没有表现出抑制分散作用。当 KCl 浓度为 3％～5％时，对膏泥层有一定的抑制分散作用，此后，其抑制效果便与浓度无关了。

2. 新型化学固壁剂的抑制作用

为了解决含膏泥页岩层的不稳定问题，在室内研制成功了一种新型的化学固壁剂，它能与井眼周围页岩发生较强的化学作用，使页岩井壁的稳定性得到显著的提高。石膏层和膏泥层岩样回收率随化学固壁剂加量的变化情况如图 3 所示。由图 3 可知，当化学固壁剂的加量为 0～3％时，它对石膏层的抑制效果不明显，此后，抑制效果较强；当加量为 7％时，回收率可达 90％以上，显示出优越的抑制分散作用效果。对膏泥层，随着加量的增加，

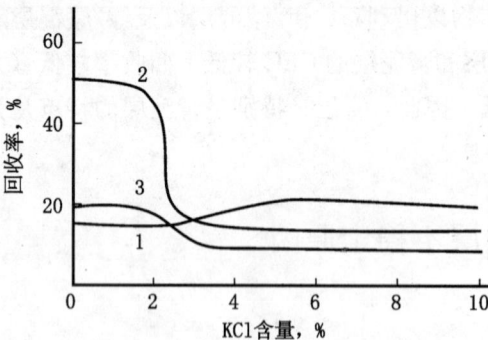

图 2　KCl 对含膏地层的抑制分散作用
1—琼 001A 井 3922～3930m 膏泥样；
2—琼 001A 井 3842～3904m 石膏样；
3—曲 3 井 4147～4299m 红层砂质泥岩样。

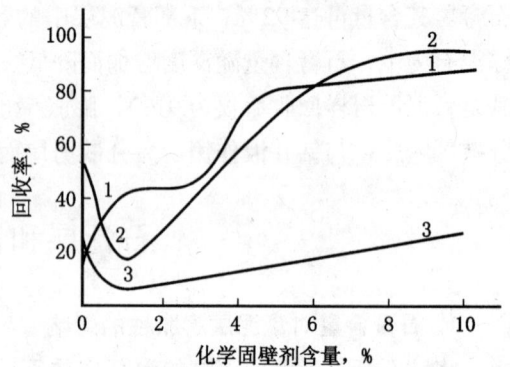

图 3　化学固壁剂对含膏地层的抑制分散作用
1—琼 001A 井 3922～3930m 膏泥样；
2—琼 001A 井 3842～3904m 石膏样；
3—曲 3 井 4147～4299m 红层样。

化学固壁剂对其抑制分散作用呈台阶式增加；当加量为 5％以上时，抑制分散效果较好。总之，化学固壁剂的加量达到一定值后，其抑制石膏和膏泥层水化分散作用显著，这主要是由于化学固壁剂能吸附包被在膏泥岩表面，与钙离子发生化学作用，在表面形成惰性保护膜，从而减缓或阻止了水化作用并提高井壁强度，起到了稳定井壁的作用。该化学固壁剂对红层也有一定的抑制作用。

3. 石膏的抑制作用

石膏抑制石膏层和膏泥层水化分散的实验结果见表 1。由表 1 可知，1.5％石膏对石膏层的抑制作用明显优于 10％KCl 和 3％化学固壁剂，不会促进水化分散作用；1.5％石膏对膏泥层的抑制分散作用优于 3％KCl。这可能是由同离子效应引起的。

表 1 石膏对含膏层的抑制分散作用

层位	井深 m	岩性	用不同试液时的回收率,％					
			1.5％石膏	3％KCl	10％KCl	3％固壁剂	5％固壁剂	水
琼 001A 井，下第三系	3842～3904	石膏	50	14	14.5	37	72	50
	3922～3930	膏泥	19	17	19	45	81	15

4. 有机处理剂的抑制分散作用

PAC141（包被剂）、SPC（抗温抗饱和盐水稳定剂）、MHP（无荧光防塌剂）和 KAHm 这 4 种有机处理剂的抑制作用实验结果见表 2。由表 2 可知，只有 PAC141 对石膏层及膏泥层的抑制分散效果都好。

表 2 4 种有机处理剂对含膏岩屑回收率（％）的影响

处理剂	0.3％PAC141	3％SPC	3％MHP	3％KAHm	蒸馏水
石膏层	66	29			50
膏泥层	75	21	25.6	30.4	15
红层*	8	22	22	20	19

注：* 曲 3 井 4147～4299m 红层。

综上所述，对于石膏层，有显著抑制分散效果的是高分子包被剂 PAC141 和化学固壁剂（加量大于 5％）；1.5％石膏的抑制效果不明显；KCl 会加剧石膏层的水化分散。对于膏泥层，抑制分散效果较好的是 0.3％PAC141 和化学固壁剂（加量大于 5％）；1.5％石膏和浓度大于 5％的 KCl 只有很小的抑制分散作用。据上述结果分析可知，从物理化学方面抑制石膏层和膏泥层水化分散的主要途径是：（1）使用抗钙的强包被剂（如 PAC141）；（2）使用新型化学固壁剂；（3）考虑使用具有同离子抑制作用的石膏。

三、结　　论

（1）塔西南琼库恰克地区下第三系石膏层为纯度较高的硬石膏。膏层下端的膏泥过渡层中的黏土矿物以伊利石、伊/蒙混层、绿泥石和绿/蒙混层矿物为主。二叠系红层中的黏土矿物以伊/蒙混层和绿泥石为主。膏层特别是膏泥层的特点是水化强分散低膨胀。

（2）水化膨胀作用不是引起石膏层井塌的主要原因；石膏含量在 20％～55％范围内的膏泥岩样易水化分散坍塌。

（3）新型化学固壁剂和 PAC141 加量适当时，有显著的抑制石膏和膏泥层水化分散作用。KCl 能加剧石膏层和红层的水化分散，而且对膏泥层的抑制水化分散效果较差。

聚合物盐水钻井液对钻具的腐蚀与防护

李铭瑞　　吴修斌

（中原油田钻井工艺研究院）

摘　要　本文介绍了中原油田钻井液对钻具的腐蚀情况及其防护技术。用钻具实验环法对现场几口井的钻具腐蚀情况进行了跟踪调查，结果表明，聚合物盐水钻井液对钻杆的腐蚀性强，坑蚀严重，局部腐蚀造成整体报废，大部分钻具进尺不到 3×10^4 m，钻具刺穿和断裂情况时有发生。用旋转挂片失重法、滚动失重法及腐蚀疲劳实验研究了钻具腐蚀的影响因素，结果表明，溶解盐（由于中原油田富含石膏层）和溶解氧是中原油田钻具腐蚀的主要根源。复合缓蚀剂（Na_2SO_3 与 Nm-1 复配）缓蚀效果好，对钻井液性能无不良影响且润滑性能好。钻井液中加入缓蚀剂后，可减少对钻具的腐蚀损失，从而降低钻井成本，对钻井循环系统设备及套管起到保护作用，减少甚至避免了钻具刺穿和断裂事故，此外对钻井液润滑性也有所改善，减少了卡钻事故，取得了良好的社会经济效益。

关键词　水基钻井液　聚合物钻井液　盐水钻井液　钻井液添加剂　缓蚀剂　钻具腐蚀防腐　中原油田

聚合物盐水钻井液是中原油田广泛使用的一种钻井液体系，它对钻具的腐蚀破坏比较严重，钻井液循环系统是一个半敞开系统，大气中的氧极易溶解在钻井液体系中造成氧腐蚀；中原油田地层富含盐膏，溶解盐加剧了腐蚀；钻具在钻进过程中受到拉、压、扭等多种应力的交互作用，腐蚀更加严重。因此，研究钻井液对钻具腐蚀的规律，控制钻具的腐蚀破坏，具有重大意义。

一、中原油田钻具腐蚀现状

1. 钻具腐蚀概况

中原油田钻具腐蚀比较严重，据不完全统计，仅钻井一公司和二公司使用的钻杆，1990 年至 1993 年就报废了 4413.2t（合 144.3km），经济损失达 7502.68×10⁴ 元（以 1993 年 φ127mm 钻杆价格计算）。钻具报废的主要原因是腐蚀，粗略统计表明，φ127mm 钻杆腐蚀报废的比例约为 56%，每米进尺腐蚀报废约 1.06kg，经济损失 18 元。方钻杆几乎都是因腐蚀断裂而报废，未统计在内。据国外 1975 年资料统计，每钻进 1ft（0.3048m），钻具损耗约 1 美元腐蚀损坏比例为 75%～85%。由此可见，中原油田 20 世纪 90 年代的钻具腐蚀情况比国外 20 世纪 70 年代还要严重。

用钻具腐蚀实验环法对新文 13-15 井、文 33-261 井、文 95-69 井、文 209-47 井及濮 3-359 井的钻具腐蚀情况进行了跟踪调查。结果表明，聚合物盐水钻井液平均腐蚀速度为 0.514g/（m²·h）。如果按平均腐蚀计算，这套钻杆使用不到 6a 就要报废，似乎并不很严重，但是它是坑蚀而非均匀腐蚀，实际使用寿命要短得多。濮深 12 井钻具腐蚀是一个典型的例子，该井使用三磺聚合物盐水泥浆（pH 值为 10，Cl^- 浓度为 $(5\sim7)\times10^4\,mg/L$），在钻井过程中（井深 4678m）发现腐蚀严重，有 31 根钻杆不能再用，补送 $\phi127mmG105$ 标准钻杆 155 根，完井后，有 351 根钻杆发生严重腐蚀。该井从 2500～5000m 使用 $\phi127mmS135$ 和 $\phi127mmG105$ 钻杆共 830 根，因腐蚀失效 382 根，平均每米进尺损失 398.8 元。

2. 钻具腐蚀特点

对濮深 12 井部分钻杆解剖分析表明，坑蚀严重，管体内壁更甚。局部腐蚀造成整体报废，这是盐水钻井液的一大特征。S135 钻杆外壁为土灰色，有一层钻井液附着物，局部可见大小不均匀的蚀坑，大的直径约 10mm，数量较少；小的直径 2～4mm，近似圆形或椭圆形；另外一些不规则。内壁有钻井液附着物，清除后可见有数排沿管体纵向分布、大而浅的串珠状蚀坑，其中直径 30mm 的圆形浅坑较多，部分浅坑直径为 20mm，这些蚀坑坑底粗糙，似由更小的蚀坑汇集而成，其余管体表面较光滑。G105 钻杆与 S135 钻杆类似，蚀坑在局部很密集，内壁有钻井液附着物；除去表面锈蚀物后，露出一排排蚀坑，排列方式与 S135 钻杆相同。蚀皮的一面为钻井液，一面为铁锈蚀物，泥饼厚 3mm。经 X 射线衍射分析，腐蚀产物为四氧化三铁立方系氧化物，是钢铁在中性介质中因电化学腐蚀而生成的常见化合物。钻具刺穿大部分发生在钻具两端距接头 1m 处。

由上可知，中原油田钻具腐蚀严重，大部分钻具使用进尺不足 $3\times10^4\,m$；钻具断裂、刺穿造成的钻井事故时有发生。因此，急需采取有效的钻具防护措施。

二、钻具腐蚀规律的研究

钻井液循环系统是一个半敞开系统，氧可以不断进入钻井液中。氧腐蚀是最普通、最严重的腐蚀，钻井液中即使是存在 1mg/L 的氧也会对钻具造成严重的腐蚀，含氧量越高，腐蚀速度越快。根据中原油田的地层特点和钻井液循环系统的特点，重点研究了氧腐蚀受温度、压力及 pH 值等因素影响的规律。

1. 实验方法

（1）旋转挂片失重法（敞口系统）。将配好的钻井液倒入 RCC－1 型旋转挂片实验仪的烧杯中，把 3 片 A3 钢腐蚀片清洗、测量并称重后，固定在试验架上，放入烧杯中，用塑料板盖在烧杯上；然后，将烧杯放在水浴中，在一定温度下旋转试验一定时间，取出试片。观察试片表面腐蚀形貌，清洗、称重后计算腐蚀速度。

（2）滚动失重法（密闭系统）。将已配好的钻井液倒入 500mL 老化罐中，把两片 45 号钢磨光、清洗、测量并称重，固定在试验架上，放入老化罐中，再把老化罐放入恒温滚子炉中，在一定温度（60～120℃）下滚动 15h（转速为 45r/min）。观察试片表面腐蚀形貌，清洗、称重后计算腐蚀速度。

（3）腐蚀疲劳试验。用华中理工大学自制的旋转弯曲腐蚀疲劳试验机进行试验。试验条件为：应力（水平）为 $1.909\times10^4\,MPa$，转速为 79r/min，介质流量为 1.5L/min，温度为 32±2℃。

（4）计算公式。

$$V=\frac{W_0-W}{S\cdot T}\tag{1}$$

式中 V——腐蚀速度，g/（m²·h）；

       W_0——试片腐蚀前质量，g；

       W——试片腐蚀后质量，g；

       S——试片表面积，m²；

       T——腐蚀时间，h。

$$\eta = \frac{V_0 - V_1}{V_0} \times 100\% \tag{2}$$

式中 η——缓蚀率，%；

       V_0——未加缓蚀剂时的腐蚀速度，g/（m²·h）；

       V_1——加缓蚀剂后的腐蚀速度，g/（m²·h）。

2. 氧对钻具腐蚀的影响

（1）溶解盐的影响。钻井液中溶解的盐能加速氧的电化学腐蚀作用。中原油田地层富含盐膏，地层中的盐膏不断溶解于钻井液中而使其成为盐水钻井液。溶解盐增加了钻井液的导电率，随着盐含量的增加腐蚀速度加快，当 NaCl 含量在 3%～4% 时，腐蚀速度最大，此后又有所下降，见图 1。因为随着 NaCl 浓度的增加，溶解氧减少而使氧腐蚀下降。饱和盐水钻井液中几乎不含氧，因而腐蚀速度很小，见表 1。氯离子是金属发生孔蚀的"激发剂"，在含氯离子的介质中有氧或其他氧化剂存在时，能促使蚀核长大成活性中心，最终使金属穿洞或形成大蚀坑。但钻具出井后因含盐钻井液不均匀地附着在钻具上，造成的腐蚀更为严重。例如，当出井钻具上有泥饼覆盖时，腐蚀速度为 0.65g/（m²·h），是斑蚀；若钻具上无泥饼但有少量钻井液时，腐蚀速度为 0.35g（m²·h），均匀腐蚀且为斑蚀。这是因为暴露在大气中的钻具，增加了与氧接触的机会，氯离子的存在使其易发生孔蚀，而蚀孔的形成会加速腐蚀。即使泥饼风干后，因为空气中含有水分，氧可通过锈层输送到铁表面，使孔蚀加深。可见，溶解盐对腐蚀的影响是很大的。中原油田钻井液对钻具的腐蚀经常是破坏性最大的孔蚀和坑蚀。

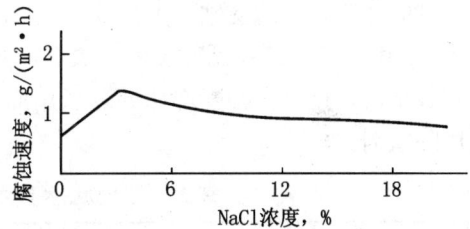

图 1 NaCl 浓度对腐蚀速度的影响

表 1 几种钻井液中的钻具腐蚀速度

钻井液类型	实验条件	腐蚀速度 g/（m²·h）
低固相聚合物钻井液	淡水，室内 80℃	0.3
	3%盐水，室内 80℃	0.7
	现场 Cl⁻ 含量 30～40g/L	0.5
饱和盐水钻井液	室内 100℃	0.5
聚磺钻井液	现场	0.3

（2）pH 值的影响。研究表明，钻井液 pH 值对钻具腐蚀的影响极大，钻具的腐蚀速度随 pH 值的升高而降低。低 pH 值时的腐蚀过程不仅有氧的去极化反应，还有氢的极化反应，这加快了钻具的腐蚀速度；当 pH 值升高后，只有氧的去极化腐蚀且在高碱性时有钝化作用；所以，适当提高钻井液的 pH 值可以减少钻井液的腐蚀速度。但是 pH 值太高不利于井壁稳定，一般 pH 值控制在 9～10。目前中原油田钻井液 pH 值在 9 以上，所以 pH 值

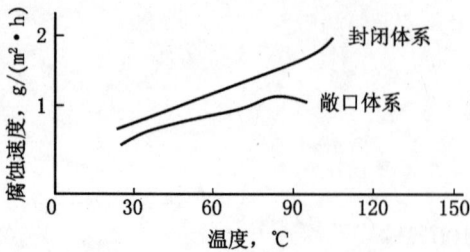

图 2　温度对腐蚀的影响

对腐蚀的影响不大。

（3）温度的影响。温度对氧的扩散和去极化腐蚀有明显的影响，温度升高，腐蚀速度加快，但在敞口系统中，随着温度升高到 70～80℃时有一个最高点，氧的溶解度先升高后下降，见图 2。

（4）应力的影响。钻具由于受到拉、扭、压等复杂交变应力的作用，造成局部应力不均匀，从而改变了钻杆表面电化学均匀性。在应力集中的地方产生局部腐蚀，而在腐蚀的地方应力更加集中，如此相互促进，使钻杆严重腐蚀，造成疲劳失效，甚至刺穿断裂。钻具的损坏多为腐蚀疲劳，单纯的机械原因造成的损坏极少。华中理工大学用腐蚀疲劳试验机做的试验表明，40Gr 钢在淡水钻井液中腐蚀疲劳寿命为 11.8×10^4 周次，而在 3％盐水中为 8.31×10^4 周次，在盐水钻井液中为 8.8×10^4 周次。说明 40Gr 钢在盐水钻井液中腐蚀疲劳寿命比在淡水钻井液中小许多。

三、钻井液对钻具腐蚀的防护技术

钻井液中溶解的氧和盐是钻具腐蚀的主要腐蚀源，添加除氧剂（降去氧）和成膜缓蚀剂（隔离氧、盐等腐蚀介质）是有效措施。

1. 除氧剂

试验证明，亚硫酸钠（无机除氧剂）在钻井液中具有较好的除氧效果，缓蚀效果良好，见表 2。由于钻井液在循环过程中氧会不断得到补充，实际除氧剂的用量将是理论用量的几倍到数十倍，这会大幅度增加处理费用而且还会产生点坑蚀。因此，目前国外通常不单独使用除氧剂。

表 2　聚合物钻井液中不同浓度 Na_2SO_3 的除氧效果

Na_2SO_3 浓度 mg/L	腐蚀速度 g/ (m² · h)	缓蚀率 ％	腐蚀形貌
0	0.76		斑蚀
50	0.52	31.6	斑蚀
250	0.45	40.8	点坑蚀、斑蚀
500	0.38	50.0	点坑蚀、斑蚀
1000	0.25	67.1	点坑蚀、斑蚀

2. 钻井液缓蚀剂

国外在钻井液中使用缓蚀剂已有很长的历史，缓蚀剂品种数在全部钻井液处理剂中占第三位。我国目前尚无成型产品，因此，我们和华中理工大学合作研制了成膜型缓蚀剂 Nm-1。

（1）Nm-1 浓度对缓蚀率的影响。钻井液中含有黏土等多种固相和其他复杂物质吸附缓蚀剂，所以，在钻井液中 Nm-1 浓度要高，Nm-1 浓度对缓蚀剂的影响见图 3。从图 3 可以看出，当 Nm-1 浓度在 0～0.06％时，缓蚀率增加幅度较大，在 0.06％以上时缓蚀率增加幅度减小。可能原因是当 Nm-1 浓度达到 0.06％时，它在金属上吸附接近饱和。即使再增加缓蚀剂浓度，吸附量也不会增加太多。考虑经济效益，在现场使用时缓蚀剂浓度达到 600mg/L 即可。

(2) Nm-1 对腐蚀疲劳的影响。实验表明，在含有不同浓度 Nm-1 的盐水钻井液中，40Gr 钢的腐蚀疲劳寿命随着 Nm-1 浓度的增加而延长。当 Nm-1 加量为 2000mg/L 时，腐蚀疲劳寿命可提高 50%。

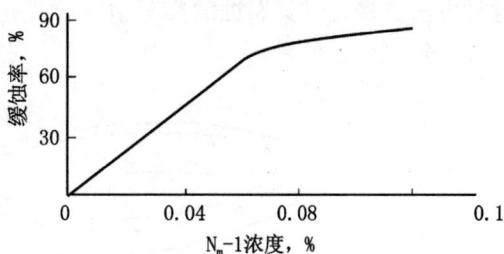

图3　Nm-1 浓度对缓蚀率的影响

(3) Nm-1 对钻井液性能的影响。试验表明，Nm-1 对钻井液无不良影响，而且还有一定的润滑作用。用极压润滑仪做 Nm-1 润滑性试验，当 Nm-1 浓度为 0.1%、0.2%、0.3% 时，其降阻率分别为 51.5%、57.4%、58.8%。

(4) 复合缓蚀剂评价。复合缓蚀剂配方：0.06%Nm-1 + 0.1%Na₂SO₃，缓蚀效果见表3。由表3可知，复合缓蚀剂的缓蚀率可达 80%，缓蚀效果良好。为考察其配伍性，用钻井液Ⅱ做常规性能试验，结果见表4。由表4可知，复合缓蚀剂的配伍性良好。因此，可以进行现场试验。

表3　复合缓蚀剂对钻井液腐蚀钻具速度的影响

钻井液	缓蚀剂	40℃		60℃		80℃	
		V, g/ (m² · h)	η,%	V, g/ (m² · h)	η,%	V, g/ (m² · h)	η,%
Ⅰ	不加	0.912		1.09		1.304	
	加	0.012	98.7	0.062	94.8	0.156	87.9
Ⅱ	不加	0.403		0.564		0.76	
	加	0.077	80.9	0.112	80.1	0.124	83.7

表4　复合缓蚀剂与泥浆的配伍性试验结果

温度	缓蚀剂	密度 g/cm³	漏斗黏度 s	滤失量 mL	表观黏度 mPa · s	塑性黏度 mPa · s	动切力 Pa
常温	不加	1.09	45	15.5	38.5	27	6.5
	加	1.09	44	15.2	37.5	25	7.5
120℃	不加	1.09	40	17.5	28.5	28	0.5
	加	1.09	42	17.2	30.5	30	0.5

3. 现场试验

试验方法：腐蚀试验环法。

(1) 试验环的加工与安装。有两种加工安装试验环的方法：

①试验环—钻杆接头联合体。即在加工的钻杆接头母扣处车一平台；用同种钢质加工试验环，使其内径与接头内径相同，壁厚 2～3mm。将试验环放入接头内，再将接头接入钻具组合中。图4为安装图。

②测试环—橡胶套联合体。试验环内径与 S135 钻杆内径相同，直接放在钻杆母扣内，安装情况见图5。试验表明，第一种方法存在着电偶腐蚀和缝隙腐蚀。第二种方法的钻具与测试环隔离，消除了电偶腐蚀；在橡胶圈与测试环之间用聚苯乙烯填充，消除了缝隙腐蚀。

这种方法更接近钻具腐蚀的实际情况。最初采用第一种方法未成功，后来用第二种方法获得了比较理想的效果。

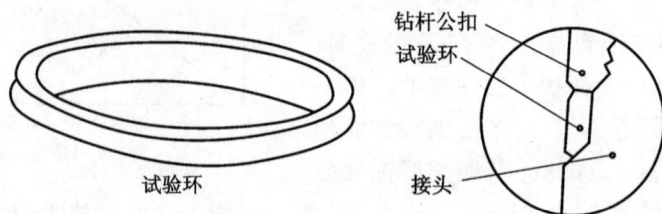

图 4　试验环—钻杆接头联合体示意图
注：试验环外径 9.68cm，内径 8.41cm，高 1.03cm

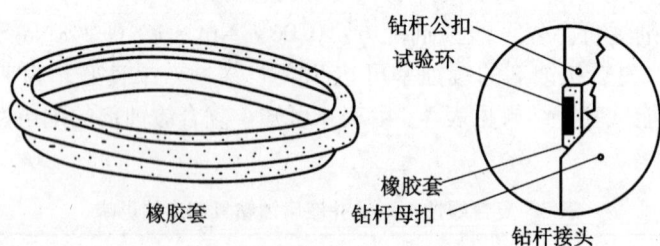

图 5　试验环—橡胶套联合体示意图
注：试验环外径 9.24cm，内径 8.24cm，高 0.66cm

（2）试验内容。为了排除其他因素（如钻具类型、钻井液 pH 值、腐蚀时间等）的影响，并使试验更接近钻杆真实的腐蚀情况，确定了以下试验条件：钻杆型号是 G105 或 S135；试验环材料是 G105 钢；试验时间约为 40h；钻井液中加入 0.06％的 Nm－1 及 0.1％的 Na_2SO_3；所用盐水聚合物钻井液及饱和盐水钻井液的 pH 值分别为不低于 10 和不低于 9，Cl^- 含量分别为 20～60g/L 和不低于 180g/L。具体试验步骤：

①把试验环内外表面打磨光滑（光洁度达到 $3.2\mu m$），用丙酮或石油醚擦洗干净并干燥；然后精确测量，计算内表面积；精确称量其质量。

②用溶解的聚苯乙烯填充橡胶套，放入试验环，干燥后用丙酮擦去试验环表面的污染物，放入干燥器内待用。

③将试验环联合体放入钻杆母扣接头内并随钻杆下入井中，正常钻进一定时间后取出。观察试验环表面腐蚀情况后迅速放入带有干燥器的密封袋内，带回实验室处理。

④将缓蚀剂和除氧剂均匀地加入钻井液中，循环钻井液一周后重复步骤③。

⑤用软布擦去试验环表面的污垢及腐蚀产物，记录腐蚀外貌（若有点蚀，记录蚀点数）。取下橡胶套，用加有缓蚀剂的酸清洗，用丙酮擦去污物及聚苯乙烯，干燥，称重并计算腐蚀速度。

（3）试验结果分析。先后在文东、文南、濮城区块 5 口井进行了 6 次试验，试验结果见表 5。由表 5 可知，该缓蚀剂（1％Na_2SO_3＋0.06％Nm－1）能有效地防止钻具腐蚀。进行防腐试验的钻具在加入缓蚀剂后，在井内均未发现腐蚀情况，稍有斑蚀但无点蚀的平均缓蚀率达 60％以上，钻具出井后缓蚀剂仍有很好的效果，停放 2～7d 也均未出现锈层。复合缓蚀剂与钻井液的配伍性试验结果见表 6。由表 6 可知，缓蚀剂与钻井液的配伍性良好。

表5　5口井钻具腐蚀试验结果

井　号	井段 m	V, g/(m²·h)		η %	泥浆类型	Cl⁻ g/L
		空白	加缓蚀剂后			
新文 13-15	2100~2300	0.558	0.211	62.27	聚合物	20~30
新文 13-15	2800~3100	0.270	0.076	71.8	饱和盐水	180
文 33-204	2900~3000	0.621	0.213	65.7	聚合物	70
文 95-69	2934~3160	0.318	0.105	66.7	聚合物	50
文 209-47	2800~3000	0.515	0.203	60.6	聚合物	40~60
濮 3-359	2200~2400	0.560	0.196	65	聚合物	40~50

表6　复合缓蚀剂的配伍性试验结果

井　号	井深 m	缓蚀剂加量 %	密度 g/cm³	漏斗黏度 s	滤失量 mL	pH 值
新文 13-15	2910	0	1.85	45	10	9
	3000	0.05~0.07	1.85	42	9	9
文 33-204	2900	0	1.20	55	6	10
	3000	0.05~0.07	1.21	50	5	10
文 95-69	2934	0	1.40	65~69	4	10
	3160	0.05~0.07	1.40	69~59	3.2	10
文 209-47	2800	0	1.40	45	4	10
	2890	0.05~0.07	1.40	46	4	10
濮 3-359	2200	0	1.20	48	5	10
	2400	0.05~0.07	1.20	50	5	10

4. 经济效益分析

该缓蚀剂对钻具腐蚀具有明显的防护效果，可以减少钻具的腐蚀损失。中原油田每米进尺因钻具腐蚀造成的经济损失约 18 元，若缓蚀率以 60%、每年进尺以 50×10^4 m 计，每年可减少损失 $340 \sim 390 \times 10^4$ 元。钻井液中加入缓蚀剂后，不但可以保护钻具，而且对循环系统的设备也起保护作用；在完井作业后，缓蚀剂对套管也有保护作用；此外，还可减少甚至避免钻具（刺穿和断裂）事故。因此，社会经济效益良好。

四、结　论

（1）中原油田地层富含盐膏，钻具腐蚀严重。氧、盐及交变应力的综合作用使腐蚀更加严重和复杂。

（2）使用除氧剂可以起到一定的钻具保护作用，但用量大且易产生点坑蚀。复合缓蚀剂（Nm-1 与 Na_2SO_3 复配）具有良好的缓蚀效果。

（3）缓蚀剂可减少钻具损失，减少钻井事故，保护钻井循环系统设备和套管，具有明显的社会经济效益。

参 考 文 献

[1] 李克向主编. 钻井工程的腐蚀与防腐. 钻井手册（甲方）. 北京：石油工业出版社，1990：463
[2] 张克勤主编. 钻具的腐蚀. 钻井液. 北京：石油工业出版社，1988
[3] 王翰华等. 钻井液腐蚀性能检测方法——钻杆腐蚀环法. 钻井液技术标准（三）. 北京：石油工业出版社，1993

王北区块盐间非砂岩油藏溢流与井漏的处理

李永成

摘　要　王北区块盐间非砂岩油藏以泥质白云岩和钙芒硝白云岩为主，属于孔隙型或裂缝—孔隙型异常高压油藏，在钻井施工过程中容易发生井口溢流和井漏。本文对该特殊油藏进行了分析，并探讨了处理溢流和井漏的具体措施，列举了此项研究用于指导王北区块盐间非砂岩油藏钻探取得成功的实例。

关键词　盐间非砂岩油藏　溢流　井漏　处理

江汉盆地潜江凹陷是一个典型的内陆古盐湖，王场构造位于潜江凹陷北部，蚌湖生油深洼东侧，为一长轴高陡背斜，走向北西—南东，长 12km，宽 5km，地层倾角 20°～80°，两翼陡，轴部缓，构造闭合高度 1300m，闭合面积 50Km²，车挡断层将王场构造分割成南北两区块。王场构造北部区块即王北区块，其潜江组为一套盐韵律夹砂、泥岩地层，以盐韵律为特征。纵向上由 160 个Ⅲ级盐韵律组成，每个Ⅲ级盐韵律厚 10～50m 不等，韵律上部为盐岩段，下部为钙芒硝质白云岩、泥质白云岩等（以下简称非砂岩）。盐间非砂岩油藏具有单层厚度薄、纵向层数多、累积厚度大、油层连片性强、油层分布范围广等特点。江汉盐间非砂岩资源丰富，现已探明储量 155×10⁴t，控制储量 2010×10⁴t。在开发方面一直处于试采阶段，未进行规模开采，先后进行 6 种非常规试采，累积采油 6.2×10⁴t，试油试采表明，依靠工艺技术进步，盐间非砂岩油藏具有较大的开采潜力。盐间非砂岩是潜江组的主要生油层，生油条件好，属于异常高压地层。由于盐间非砂岩油藏的特殊性，在钻井施工过程中容易发生井口溢流和井漏，及二者并存的现象，给钻井施工带来了诸多困难，严重影响了钻井综合经济效益及勘探开发进程，因此，研究盐间非砂岩油藏钻井工艺技术，对于安全、优质、高效地开发盐间非砂岩油藏具有非常重要的意义。

一、地 质 概 况

1. 盐间非砂岩油藏类型及特征

（1）油藏特点。盐间非砂岩油藏与常规油藏不同，具体表现在以下几方面。

①盐间油浸非砂岩的分布主要受盐岩分布区的控制，大多有盐岩分布的地区盐间层都见不同程度的油浸。

②具有层状分布的特点：纵向上层数多，累计厚度大，而且十分稳定，可层层连续跟踪对比。

③在大部分地区生储同层，油气聚集于盐间层顶部，靠上部盐层封堵，为自生自储式油藏；在裂缝发育带，由于垂向裂隙沟通，油气可运聚至上部的盐间层，形成下生上储式油藏。

④具有孔洞缝多种储集空间类型：孔隙是主要储油空间，基质渗透率极低；裂缝是次要的储油空间，但对油层渗流条件起到了重要作用。在泥质白云岩和泥质钙芒硝相区，由于溶蚀孔隙发育，裂隙相对不发育，储层类型为孔隙型；在泥页岩、混合岩相区，水平层理发育，加上层薄，易形成垂直裂缝，储层类型为裂缝—孔隙型；在应力集中区裂隙发育，储层类型为裂缝型。

⑤油藏在一定程度上受构造控制，在构造高部位油气富集。

⑥至目前为止，盐间非砂岩油层尚未发现边水和底水，油藏驱动类型为定容弹性驱动。

⑦裂缝型和裂缝—孔隙性油层初期可获高产，但稳产期短，产量递减快；孔隙型油层初期产量较低，但可较长时间稳产。

（2）油藏类型。盐间非砂岩油藏类型复杂，属于自生自储式或下生上储式的孔隙型或裂缝—孔隙型油藏。

（3）王北区块盐间非砂岩油藏具有相对简单的特点。

①储层厚度大，油层较为集中，非砂岩单层厚度大，分布稳定；且三套韵律层集中。

②储层岩性和物性较好：盐间非砂岩为砂泥岩过渡相沉积，以钙芒硝质白云岩为主，泥质含量 10%～20%，黏土矿物含量少，其总量小于 5%，无蒙脱石。岩石成岩胶结较好，尽管储层基质孔隙度较小，但裂缝发育；同时裂缝具有一定张开度，对储层渗透率贡献较大。据室内试验和矿场试采证实，储层具有亲水性。

2. 地层温度与压力

根据实测资料统计（见表 1），王场地区盐间层地层温度属正常地层温度。

表 1　王场地区盐间地层温度统计表

井　　号	层　　位	井深，m	温度，℃
王平 1	E_{q3}^4	1450	69.32
王云 2	E_{q3}^3	1300	64.00
王云 10-6	$E_{q3}^{3下}$	1450	70.00

3 口井地层压力资料（见表 2）统计表明，地层压力高于地层静压，压力系数为 1.2 左右，属异常高压地层。

表 2　王场地区地层压力数据表

井　　号	层　　位	油层中深，m	地层压力，MPa	压力系数	备　　注
王云 2	$3^下$	1300	15.77	1.24	
王云 3	3^4-10、11	1430	14.60	1.04	
王云 10-6	3^4-9	1494.6	30.026	2.052	98 年 6 月测试
	$3^{3下}-7$、8，3^4-9	1482.6	17.585	1.21	99 年 3 月测试

总之，盐间非砂岩油层属正常温度、异常高压的常规油油层。

二、王北区块盐间非砂岩油藏钻井工艺技术

（1）为了给处理溢流和井漏创造有利的条件，防止上部地层的垮塌，避免工程复杂事

故随之发生，要优化井身结构，必须设计表层套管、技术套管封住易垮塌的上部地层。

（2）盐间非砂岩油层是在内陆盐湖环境下沉积而成的，存在于盐岩韵律层间，盐岩发育，必须在钻井作业中采用饱和盐水钻井液（完井液）体系。

（3）王北区块盐间非砂岩油藏溢流时应采取以下技术措施。

①钻进中发现井口有轻微溢流或钻井液发生油、气、水侵时，采取小排量或节流循环录取有关数据并进行除气。不要盲目地加重，即使加重也要控制速度，每分钟不得加入超过100kg的加重料，否则易诱发井漏。

②钻进中发现井口溢流超过3m³，应立即发出报警信号，并按正确的关井程序迅速关井，采取措施，重建井内压力平衡，确立最佳的钻井液密度（王北区块钻井液密度一般在1.26～1.28g/cm³左右），使井内钻井液柱压力与地层流体压力近（微欠）于平衡，使其轻微溢流可以控制，尽可能地减少压井，避免诱发井漏。

③空井发生溢流时应尽可能多地抢下钻杆，接回压凡尔或方钻杆，正确地关井，作压井准备，根据具体情况，采取相应措施，重建井内压力平衡。

④测井时发生溢流，溢流严重时，应停止测井作业，快速起出电缆、仪器，应尽可能多地抢下钻杆，接回压凡尔或方钻杆，正确地关井，作压井准备，若来不及起出电缆、仪器，应采取果断措施，确保井口安全。

⑤下套管固井作业过程中发生溢流时，调整钻井液性能，根据立压调整钻井液密度建立井内压力平衡。注水泥过程中发生溢流时要强行固井和关井候凝，为抵消水泥浆初凝失重而引起的压力损失，可在环空施加一定的回压，注意关井压力不得超过井控装备额定工作压力、套管抗内压强度的80%、地层破裂压力三者中的最小值。

（4）王北区块盐间非砂岩油藏井漏时的技术措施。

首先要做好井漏的预防工作。一定要收集待钻井全井段地层破裂压力、孔隙压力及动态压力资料，以及可能井漏地层、区块产层及注水层深度、厚度、孔喉裂缝尺寸等岩性、物性数据，为下一步施工提供科学的依据。准确判断漏失性质是处理井漏的关键所在。王北区块盐间非砂岩油藏井漏一般属于裂缝性漏失和渗透—裂缝性漏失，是由于油藏本身存在的孔—裂缝（具有一定张开度）及外力诱导和外来流体侵入盐间非砂岩导致可溶性盐溶解所致的漏失。一定要贯彻好"以防为主、堵防结合"的堵漏方针，进入漏层前调整钻井液性能（适当地降低钻井液的密度、提高其马氏漏斗黏度、降低有害固相含量等），加入暂堵剂（如屏闭暂堵剂、DF-1、QS-2等）同时简化钻具结构，钻头不装水眼并在井场储备足够的盐水钻井液、加重和堵漏材料，为井漏的处理作必要的准备。实施前期井漏的预防，能有效地防止了渗透性漏失的发生，同时也为裂缝性漏失的处理奠定了基础。

①主要堵漏的方法。

A. 稠钻井液静止堵漏：使用钠土、增黏剂等提高钻井液的黏切，一般是配制10～40m³滴流钻井液注入漏层，静止即可，适用于渗透性较微井漏。

B. 复合暂堵剂堵漏（随黏堵漏）：在钻井液中加入一定浓度的单向压力封闭剂等细粒径暂堵剂，注入漏层或全井循环，用于长裸眼且漏失层不清楚的井。

C. 桥塞堵漏：在钻井液中加入一定浓度的粒状、片状和纤维材料，注入漏层并适当憋压，使其在漏层内架桥而封堵。选用不同级配的材料可封堵不同性质、不同程度的井漏，是最常用的堵漏方法。

D. 水泥堵漏：采用纯水泥、复配水泥或特种水钻井液堵漏，多用于恶性井漏。

E. "糊状"堵剂堵漏：用钠土水钻井液剪切增稠，注入漏层堵漏，适用于压力系数极低的高渗地层或裂缝。

F. 几种堵漏法复合堵漏：采用单向压力封闭剂、桥堵剂、水泥等材料中几种进行复配配制堵漏浆，多用于单一堵漏方法无效或堵不死的情况，亦经常采用。

②处理井漏原则。

对于非产层井漏，可采取各种堵漏方法甚至水泥堵死，漏一层堵死一层，尽可能减少后期准确判断漏层的困难；对于产层则采用桥堵或暂堵等堵漏方法。根据井漏的不同层位和漏失性质，采取不同的堵漏方法。

A. 漏速在 $0.5\sim5m^3/h$，采用稠浆或细桥塞堵漏，起钻静止。

B. 漏速在 $5\sim15m^3/h$，采用桥塞堵漏，起钻静止。

C. 漏速大于 $15m^3/h$，先采用桥塞堵漏，起钻静止后下钻观察漏速，视漏速大小再采取水泥堵漏或复合暂堵剂堵漏（随钻堵漏）或不同级配的桥塞堵漏。

D. 对于上喷下漏，注入足以平衡地层压力的含堵漏剂的压井钻井液，封堵漏层，再调整密度等性能指标，压稳高压层。对于上漏下喷，采取从环空先注入桥塞浆，后注入压钻井液的方法将堵漏浆顶入漏层，若泵压上升则说明堵漏浆已进入漏层，再静止。

（5）施工重点及注意事项。

①无论采取何种方法或方式堵漏都要对井内钻井液静液柱压力与地层流体压力二者平衡状况研究清楚，尽可能地使它们达到近平衡（或微欠平衡）。其中最重要的是井内钻井液（完井液）密度的调控适宜。钻井液密度过高会压漏地层，同时也会诱发井漏，过低会加速溢流的程度诱发井涌、井喷，所以一定要做好现场钻井液性能的监测，尤其是钻井液（完井液）密度的监测。

②力求做到在保证漏层完全打开的前提下堵漏，发现一层一次性地堵住一层，防止再发现漏失时对漏失地层位判断不清，走弯路，造成堵漏的盲目性。如果一次堵不住，反复多次地对同一漏层堵漏，由于裂缝具有一定张开度及无机盐的溶解，会使孔隙—裂缝尺寸随之增加，从而表现为总是堵不住的假象。因此要注意如果一次堵不住，应尽快采用复合堵漏方法（一般是先桥塞后水泥堵漏）将漏层彻底堵死。

③王北区块盐间非砂岩油藏有时在同一地层溢流和井漏循环发生。这就要求控制好井内浆柱压力大小，把握好钻井液密度（一般在 $1.26\sim1.28g/cm^3$ 为宜）。

④确保动力设备、提升设备及循环配制系统的完好，按井控要求配齐各种封井器、除气器和油气分离器等设备。

⑤要配足够的钻井液储备罐；井场要有足够的场地储备加重材料和堵漏材料；道路要保持畅通，确保各种设备、器材、材料的供给和其他施工的顺利进行。

三、实际应用效果的综合评价

由于初期对王北区块盐间非砂岩油藏认识不清，在钻井施工过程中经常发生溢流和井漏，处理措施欠妥，致使溢流和井漏未能有效控制，造成溢流和井漏循环发生，并由此引起复杂事故多起，损失时间 7000 多小时，造成了巨大的经济损失，付出了惨重的代价，其中王北新 10-5 井是其典型的实例。因此对王北区块盐间非砂岩油藏发生溢流与井漏展开了专题研究，获得重大突破，使后来的钻探井取得成功，其中王北 11-7 井是其典型的实例。

1. 王北新 10—5 井溢流与井漏处理简况

本井设计井深 2700m，实际完钻井深 2750m。在钻至井深 H1581.66～1591.75m 发生井漏，漏速 14.7～27.9m³/h，钻井液密度 1.30g/cm³、马氏漏斗黏度 64s。采用复合桥塞浆堵漏 3 次（细、中粗料配制），漏速降为 1～2m³/h，于井深 H1601m 注水钻井液彻底封堵，恢复正常钻进。

2001 年 12 月 12 日钻至井深 H2436～2437m（5 韵律层）发现井漏，最大漏速 61.5m³/h，最小漏速 24.5m³/h，平均 26m³/h 注入桥塞浆堵漏（细、中粗料配制），注完后井口外溢，关井，配加重浆 45m³，（密度为 1.35g/cm³），压井，恢复平衡后补下技套至井深 449.44m。2001 的 12 月 16 日，下钻探水泥塞，塞面 404.2m，塞厚 51.68m，至井深 H517.27m 发生井漏，停泵外溢，出原油 2min，后注入密度为 1.29g/cm³ 钻井液分段循环排污、下钻。2001 年 12 月 17 日下钻至井深 H2429m 时井漏，再注桥塞浆（中粗、细）20m³，恢复钻进。2001 年 12 月 18 日钻至井深 H2473.5m（7 韵律层），发生井漏，漏速 33m³/h，漏前钻井液密度 1.29g/cm³、马氏漏斗黏度 74s。注桥塞浆（粗、中、细）堵漏。2001 年 12 月 19 日起下钻中漏失钻井液量 70m³，下钻到底开泵循环，停泵井口外溢，注入密度为 1.32g/cm³ 钻井液 70m³，关井。2001 年 12 月 25 日注桥塞浆（细、中粗），再注水泥 200 袋。2001 年 12 月 26 日下钻至井深 H2427.26m 探到水泥塞，塞厚 48.48m，钻水泥塞至井深 H2436m，井漏，漏速 59.25m³/h，停泵后外溢严重，注入密度为 1.34g/cm³ 钻井液 40m³，关井套压 2MPa。2001 年 12 月 30 日注桥塞浆（中粗、细）42.3m³ 后，注入水泥 300 袋，起钻过程中至井深 H1749.63m 发生井涌，涌出转盘面 4～5m，关井，套压 0MPa，立压 1.5MPa。2001 年 12 月 31 日下钻至井深 H2436m 探水泥塞，井底无水泥塞。2002 年 1 月 2 日注桥塞浆 31.9m³（粗、中、细），注入水泥 150 袋。2002 年 1 月 3 日下钻探水泥塞，到底无水泥塞。

2002 年 1 月 4 日注桥塞浆（粗、中、细）31.8m³，注水泥 150 袋加粉煤灰 50 袋。2002 年 1 月 6 日下钻探水泥塞，钻塞至井深 2358.5～2385m 放空，至井深 H2431.66m 时，钻井液只进不返出，用小排量强钻至原井漏井深 H2475.54m，钻井液密度 1.25g/cm³、马氏漏斗黏度 60s。钻至井深 H2503.85m（8 韵律层），井口外溢，起 1 柱，关井（入口密度 1.25g/cm³，出口为 1.21g/cm³）。2002 年 1 月 10 日注桥塞浆（粗、中、细）36.5m³，注桥塞浆时强钻至 H2504.25m，后憋压，憋不起压。2002 年 1 月 11 日循环排污，强钻至井深 H2507.38m，漏速 43.2m³/h，停泵有外溢，断流后，起钻。2002 年 1 月 12 日注水泥 200 袋。2002 年 1 月 13 日井队自配钻井液（密度为 1.26g/cm³）120m³，下钻探水泥塞，塞厚 81.55m，循环测漏速 24.7m³/h，停泵，关井。2002 年 1 月 14 日开井，准备起钻，卸方钻杆后反喷严重，循环，出口密度为 1.03～1.25g/cm³，漏速为 24.45m³/h，停泵，外溢严重，关井。2002 年 1 月 17 日下钻钻水泥塞，井深 2426.80～2431.56m 放空，井深 H2431.56m 只进不返出，强钻至 2445m。2002 年 1 月 18 日注桥塞浆（粗、细）29m³，再注水泥 200 袋。2002 年 1 月 19 日下钻至井深 2428.74m 探到水泥塞，塞厚 16.26m，循环排污，漏速 24m³/h，起钻。2002 年 1 月 21 日注桥塞浆（粗、中、细）30m³，憋压、憋入 21.45m³，套压 1MPa。1h 后循环排污，出口密度 1.10～1.23g/cm³，停泵外溢，7min 后断流，循环漏速 16.8m³/h。在经过多次桥塞堵漏、注水泥堵漏、胶质水泥堵漏等收效甚微的情况下，被迫强钻，于 2002 年 2 月 5 日至井深 H2750.00m 完钻。

综观王北新 10-5 井溢流与井漏处理情况，存在着溢流与井漏前预防措施（主要是钻井液密度的控制不当）不当，处理溢流与井漏的手段过于盲目等原因，致使溢流和井漏反复发生，该井在处理溢流与井漏过程中共消耗钻井液量 6121m³、水泥量 100t、堵漏材料 510t，损失时间 1385h，造成了巨大的经济损失。

2. 王北 11－7 井成功处理溢流与井漏简况

本井设计井深 2700m，实际完钻井深 2766m。井身结构为：ϕ339.7mm 表层套管下深 58m，ϕ244.5mm 技术套管下深 464m。采用低固相聚合物饱和盐水钻井液（完井液）体系。在预计溢流与井漏的地层前做了科学的预防工作而且处理比较合理：

（1）井场储备足够的加重钻井液（一般为 60～100m³），加重、堵漏材料。

（2）按照井控要求安装调试好井控设备，并简化钻具结构（钻具不带扶正器），钻头不装水眼。

（3）调整钻井液性能。降低固相含量，适当降低钻井液密度（钻井液密度控制在 1.26～1.28g/cm³），提高钻井液马氏漏斗黏度到 60～80s 并加入随钻堵漏剂（如屏闭暂堵剂、DF－1 等）。

2002 年 8 月 26 日，正常钻进至井深 H1032m 时，发生井漏，漏速 50.0m³/h，强钻至井深 H1130m，漏失钻井液量 25m³，测得稳定漏速 5.6m³/h。配制 15m³ 桥塞浆（DF－1、暂堵剂、狄塞尔等）注入漏层后，起钻至井深 H460m，静止 12h 后，下钻至井深 H1032m 循环钻井液，观察钻井液面变化情况，无漏失现象，说明该漏层已经彻底堵死。

2002 年 8 月 31 日，正常钻进至井深 H2161m 时，发生井漏，漏速 6.0m³/h，强钻至井深 H2172m，测得稳定漏速 3m³/h，后又补充加入随钻堵漏材料（DF－1、狄塞尔、核桃壳等），继续钻进，钻进至井深 H2209m 时，井下停止漏失，说明随钻堵漏材料起到了很好的封堵作用，已经堵死了该漏层。

2002 年 9 月 5 日，正常钻进至井深 H2500m 时，钻井液密度 1.27g/cm³、马氏漏斗黏度 64s。当日 23：00 钻井液密度突然从 1.27g/cm³ 下降至 1.25g/cm³，于是迅速组织加重恢复原钻井液性能，钻井液密度提高到 1.27g/cm³，恢复正常钻进，停止循环钻井液阶段，测定外溢量 0.5m³/h（由于少许油气滑脱向上运移所致），未作处理，继续钻进至 2766m，完钻。为了有效地控制油气上窜，确保完井施工安全，完井阶段将钻井液密度调高到 1.28g/cm³，马氏漏斗黏度调高到 68s。完井电测一次成功，各项完井施工顺利。

通过王北 11－7 井处理溢流与井漏过程，可以看出主要的成功在于溢流与井漏预防及处理的科学，没有盲目堵漏和加重，避免了溢流与井漏的重复发生，安全无复杂事故，挽回了巨大的经济损失。

四、结论与认识

（1）王北区块盐间非砂岩油藏，在钻井施工过程中采用优质低固相聚合物饱和盐水钻井液（完井液）体系，配合随钻堵漏和复合堵漏，采用近（或欠）平衡钻井技术，可以有效地控制溢流和井漏的发生。

（2）深入研究王北区块盐间非砂岩油藏压力状况及物性，为钻井施工提供准确的数据，为科学钻井提供依据。

（3）加强钻井工艺技术研究，进一步优化钻井液（完井液）体系，完善预防和处理溢流和井漏的措施。

用热滚动态模拟法评价钻井液对钻具的腐蚀

唐善法　付绍斌

（江汉石油学院石油工程系）

摘　要　本文介绍了热滚动态腐蚀模拟测试法的装置、原理及评价方法。采用改进过的热滚炉做测试装置，对动态模拟法的平行性与可行性，及其对缓蚀剂作用效果的评价和对钻井液缓蚀性能应用效果的预测进行了实验。室内实验和现场应用结果表明，该动态腐蚀模拟测试法的平行性和准确度误差均小于10％，并可用于缓蚀剂优选与钻井液配方等的评价。

关键词　水基钻井液　腐蚀速度　评价方法　缓蚀剂

用于测试介质腐蚀速度的方法有电化学法（极化电阻法）和经典腐蚀失重法。电化学方法只适用于电解质溶液的测试。腐蚀失重法虽有动、静方法两种，但研究表明，对于同一介质、材质而言，试件处于静止时的腐蚀速度明显低于动态，静态时具有缓蚀作用的缓蚀剂在动态下不一定具有缓蚀作用。对于钻井液缓蚀剂的优选及防腐钻井液配方的研制，均应在模拟井下流体冲刷速度下，采用动态腐蚀速度测定法进行评价。目前，国内外用于注水作业及酸化作业中的动态腐蚀速度测试法主要包括旋转挂片法和转轮法。旋转挂片法虽可较好地模拟钻井液的冲刷速度，但不能密封、承压，实验温度低于100℃、压力为常压。滚轮法不能模拟所需的流体冲刷速度。因此针对钻井作业中高温、高压及流体冲刷作用的特点、钻井液的黏稠性及其组成的复杂性，研制适合于钻井液腐蚀特征的动态测试评价装置及相应方法势在必行。为此，根据江汉油田钻井液特征及其对钻具腐蚀的特点，研制出钻井液动态腐蚀测试评价方法——热滚动态模拟测试法。

一、动态腐蚀测试原理及方法

1. 测试装置简介

热滚炉是评价钻井液高温稳定性、泥页岩高温水化分散性的常规仪器，它具有模拟井底高温、钻井液循环速度和循环压耗的功能。因此，为了降低动态腐蚀测试装置成本、扩大其应用范围，对热滚炉进行了改造，研制出了适合于钻井液腐蚀速度测试的动态评价装置。其主要改进部分及优点如下。

（1）高温罐的改造。以聚四氟乙烯材料作内衬的高温罐罐体，能够保证实验介质与金属罐体隔绝，从而消除金属罐体自身参与腐蚀而对实验结果的影响；适当改进高温罐充气阀，实现充氮、排氧和密封加压。改造后的高温罐如图1所示。

（2）试件夹持器的研制。新研制的试件夹持器如图2所示。材料为聚四氟乙烯。通过改变夹持器滚轮尺寸大小，改变夹持器与高温罐内壁的相对滚动速度，最终模拟出钻井液对试件的不同冲刷速度。

（3）改进后的动态腐蚀模拟测试装置的指标如下：温度 120～150℃，压力 0.7～3.0MPa，剪切速率 30～150s^{-1}。

2. 动态腐蚀测试方法及原理

（1）实验介质及其用量确定。实验介质是实用的钻井液或配制的模拟钻井液及其他任何腐蚀性介质，实验介质用量为 300mL。

（2）腐蚀试件的制备。为了使腐蚀情况与现场实际情况相吻合，腐蚀试件均采用钻具或石油专用管材原材料，尺寸大小根据试件面积与介质用量之比确定。根据美国材料与试验学会 A262-62T 标准中休氏试验

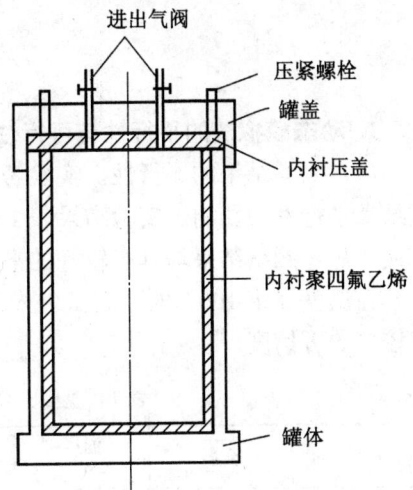

图 1　高温罐示意图

推荐值，取介质液量与试件面积的比值为 20mL/cm^2，因此试件尺寸 50mm×10mm×3mm。对同一介质使用相同材质试件两片。试件按上述尺寸进行机加工，并用金相砂纸打磨，光洁度达 V7。试验前，用去污粉、有机溶剂（丙酮、乙醇）去除试件上的有机污物，干燥恒重后称量备用。

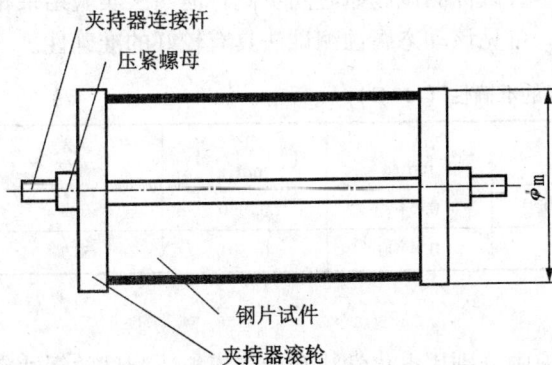

图 2　试件夹持器示意图

（3）实验时间的确定。试件腐蚀程度（即失重大小）取决于腐蚀时间长短和介质的腐蚀性。对于腐蚀性弱的介质，为了提高实验结果的准确程度，减少称量误差，应适当延长实验时间。根据文献介绍和钻具材质情况，实验时间定为 72～169h。若腐蚀速度低于 0.076mm/a 时，试验时间定为：

$$t（h）= 50/腐蚀速度（mm/a）$$

（4）动态腐蚀速度的测定与计算。将已准备好的试件正确安装在指定的夹持器

上，放入盛有腐蚀介质的高温罐中，密闭、充氮、排氧并加压至设定值。最后将高温罐置于滚子炉中滚动，加温至设定值，恒温滚动时间为所需的实验周期。实验完毕后，取出试件，观察腐蚀形貌，照相，清洗试件表面腐蚀产物，恒重称量。按下式计算试件在腐蚀介质中的腐蚀速度：

$$v = \frac{w_2 - w_1}{A \times t} \times 1.123 (\text{mm/a})$$

式中　w_2——腐蚀后试件的质量，g；

　　　w_1——腐蚀前试件质量，g；

　　　A——试件的表面积，cm^2；

　　　t——试件腐蚀时间，h。

二、室内实验

1. 动态模拟法的平行性与可行性

(1) 实验结果的平行性。实验考察了温度、实验介质类别，腐蚀试件材质及数目对测试结果平行性的影响。实验结果表1中的数据表明，在给定实验条件下，不论腐蚀试件是2片或3片，测试结果均具有较好的平行性，误差大小均在工程允许误差内（不超过10%）。尤其在温度高于100℃时，若试件光洁度为V7，即使只用2片试件，测得的腐蚀速率也具有较好的可信度。

表1　温度、介质、材质及数目对测试结果的影响

试件	介质	温度 ℃	V_1 mm/a	V_2 mm/a	V_3 mm/a	$\bar{V}$ mm/a	误差 %
A3 钢	饱和盐水	40	0.1021	0.1248	—	0.1135	10.0
A3 钢	饱和盐水	100	0.3172	0.3494	—	0.3333	4.8
G105 钢	盐水泥浆	120	0.0319	0.0317	0.0329	0.0322	3.4
A3 钢	饱和盐水	150	0.3590	0.3460	0.3460	0.3500	2.6

(2) 实验结果的准确性。就同一温度（150℃）、同一介质、同一实验材质的试件进行腐蚀速率测定，结果见表2。由表2可知，尽管试件测试起始时间不同，但两次实验结果相近，误差仅为5.5%，远小于工程允许误差。可见该动态腐蚀测试法具有较好的准确性。

表2　测试结果的准确性（150℃）

实验时间	V_1 mm/a	V_2 mm/a	V_3 mm/a	$\bar{V}$ mm/a	误差 %
1992年4月26—27日	0.3590	0.3460	0.3460	0.350	5.5
1992年4月28—29日	0.3830	0.0371	0.4100	0.391	5.5

2. 对缓蚀剂作用效果的评价

表3是缓蚀剂JFP、HP在3%NaCl溶液中分别用电化学法和动态模拟法测试的缓蚀率结果。数据表明，尽管两种方法的原理及测试方法不同，所得结果变化规律却相同，即JFP效果优于HP。表明热滚动态法能较好地评价缓蚀剂的作用效果。

表3　不同测试方法评价缓蚀剂效果

测试方法	缓蚀剂	腐蚀速度 mm/a	缓蚀率 %
极化电阻法	JFP	0.0885	50.3
	HP	0.1136	16.9
动态腐蚀模拟法	JFP	0.1189	67.4
	HP	0.2121	41.8

注：缓蚀剂用量为1000mg/kg，温度25℃。

3. 现场应用

针对江汉油田饱和盐水钻井液的腐蚀特点研制出具有缓蚀性能的钻井液，其现场应用

效果见表4。该钻井液由江汉油田常用饱和盐水针井液添加缓蚀剂组成，其缓蚀效果首先在室内用动态模拟法进行评价，达标（缓蚀率大于80％）后，进行现场试验。现场挂环实测缓蚀率大于60％，合格。1995年12月到1996年1月，在广39井、王新40井进行了现场实验。经室内和现场监测，平均缓蚀率达75％，顺利完成试验任务。由表4中的结果可以看出，动态模拟法对钻井液缓蚀率的预测结果与现场挂环测试结果规律一致，表明该方法具有较好的实用预测性。

表4 室内、现场缓蚀效果评价对比

井 号	评 价 方 法	缓蚀率，％	钻井液组成
广39	动态模拟法	90	广39井浆＋0.25％DFP
广39	现场钻具内挂环	86	广39井浆＋0.25％DFP
王新40	动态模拟法	81.5	王新40井浆＋0.25％DFP
王新40	现场钻具内挂环	80	王新40井浆＋0.25％DFP

综上所述可知，动态模拟法能较好地测试钻井液的腐蚀速度，而且测量误差均低于10％，可满足钻井液缓蚀剂优选评价和钻井液配方评价的需要。

三、结论与认识

（1）根据江汉油田饱和盐水钻井液腐蚀特点研制出一种动态腐蚀测试评价装置，并建立了相应的测试方法。其主要性能指标为：温度120～150℃，压力0.7～3.0MPa，剪切速率30～150s^{-1}。

（2）该测试评价方法标准为：介质为任意腐蚀性流体；试件材质为石油专用管材，尺寸50mm×10mm×3mm；实验时间不少于72h。

（3）该动态腐蚀模拟测试法平行性、准确度误差小于10％，可有于缓蚀剂优选与钻井液配方的评价，具有推广应用价值。

参 考 文 献

[1] Bradley B W. Oxygen Cause Drilling Pipe Corrosion. Corrosion Control Handbook, Fourth Edition. 1995：262～264

[2] 郑家燊，赵景茂．磷酸酯和磷酸盐在盐水泥浆中对碳钢的缓蚀作用．油田化学，1990，7（1）：53～56

[3] 化工部化工机械研究院．腐蚀理论试验及监测．腐蚀与防护手册．化学工业出版社，1987.246～263

油包水乳化钻井液在新家 4 井试验成功

潘世奎　　刘心嘉

摘　要　油包水乳化钻井液是在复杂地层钻井时使用的一种重要洗井液。本文概述了我国第一口油包水乳化钻井液试验井的实践，重点介绍了基本配方及原材料选择、现场配制技术和井下使用情况。

关键词　油包水乳化钻井液　岩盐层　膏岩　乳化剂

一、基 本 情 况

1. 地质概况

高家堡深层构造比较完整，闭合幅度较大；浅层构造比较破碎，被断层分成多断块、断鼻，闭合幅度较小。地质特点是沙一段以上与岔河集、鄚洲构造差不多；但沙二段与周围其他地区差别比较大，为一套泥膏、石膏、膏泥集中发育段。比较特殊；沙三上为沙泥岩间互沉积段，砂岩发育，是高家堡构造的主要勘探层，但横向变化很大，从家1井到家4井，家3井到家6井，虽然井距只有500m～900m，但主要油层突变尖灭很快；沙三终端主要是一套膏盐层、盐岩层、油页岩等特殊岩性段，说明当时在这个地方的沉积环境为气候比较干燥、炎热、水分蒸发量很大，进水量小的潟湖相；沙三下段一直到沙四孔店是一套暗色的泥质粉沙岩和泥岩间互，也说明这个地方是湖盆的中心，沉积的地层很厚。

2. 工程概况

新家4井于1978年10月19日开钻，1980年12月2日完钻，完钻井深5109.84m，实测井底温度为180℃。

井身结构：$\phi 13\frac{3}{8}$in（表套）×202.54m + $\phi 9\frac{5}{8}$in（技套）×3625.51m + $\phi 7$in（技套）×4514.14m。

3. 技术难点

该井下第三系沙三段有厚达800m的岩盐层、膏岩、膏泥及页岩交互地层，存在着岩盐层的蠕变及膏泥岩的吸水膨胀等多种井下复杂情况，钻井中极易引起卡钻。该地区1974—1978年间，用淡水轻钻井液、饱和盐水钻井液及饱和盐水重钻井液先后钻的家3、家4、家6等3口深井，都在该复杂井段先后发生过11次卡钻（其中卡死5次），处理中，因无法找到落鱼或井下情况复杂无法断续处理，均被迫侧钻，先后在该井段打出5个新井眼，井下丢下6条落鱼，仍未能通过复杂井段，均未钻达目的层，被迫提前完井。

二、钻 井 液 技 术

为了尽快攻克复杂地层钻井液的技术难关，1978年底，由原石油部勘探开发研究院钻井研究所、原华北石油会战指挥部钻井研究所和勘探二部及原华东石油学院开发系等单位开展油包水乳化钻井液科研攻关，参照原华东石油学院室内实验的初步配方，历经5个多月室内实验，选定以石油磺酸铁为主乳化剂、有机土与氧化沥青为亲油胶体，以腐植酸酰胺为辅助乳化剂的基本配方。经室内系统实验和高温陈化、抗污染（淡水、盐水、石膏、岩盐、水泥、泥质页岩、斑土、原油、井浆）等较严格的室内考验，该配方基本符合国外相同条件的标准，又经过一个多月的现场设备技术改造和配制，配出300m³油包水乳化钻井液，于1979年6月18日正式替入新家4井，7月2日，该井用油包水乳化钻井液第三次开钻，顺利闯过严重阻卡复杂井段（3671～3712m），于井深3821m穿过膏盐地层，控制了膏盐在高温、高压影响下的塑性变形等复杂因素而导致的阻卡，钻遇了三次程度不同的井漏，井下情况比较正常，钻井液性能稳定，经受住了高温（140℃）、高压（80MPa）的考验，截至10月底，钻达4377m，顺利下入7in技术套管，显示了这种新型钻井液钻复杂地层的优越性。

1. 基本配方、原材料概述及主要技术指标

1）基本配方

综合分析对比室内系统数据后，选定油包水乳化泥浆的基本配方如下。

（1）油水比70∶30。

（2）乳化剂：主乳化剂$_1$石油磺酸铁10%；主乳化剂$_2$失水山梨醇单油酸脂7%；辅乳化剂腐殖酸酰胺3%。

（3）油中可分散胶体：有机膨润土3%；氧化沥青3%。

（4）水相活度调节剂（占水相体积的含量）：氯化钠16%；氯化钙15%；氯化钾5%。

（5）碱度调节剂：生石灰9%。

（6）加重剂：重晶石200%。

2）材料概述

（1）油相。油相是油包水乳化钻井液的分散介质（外相），对油品选择原则为：苯胺点、闪点和燃点要高。本方案选用0号柴油，其有关性能与国外要求标准见表1。

表1　油品参数对比

名称	0号柴油	国外要求
闪点	89℃（闭口）	82.2℃
燃点	111℃（闭口）	100℃
苯胺点	72℃	大于62.8℃

（2）乳化剂。乳化剂是决定乳状液成型（W/O或O/W型）的基本条件，也是形成稳定乳状液的关键。本方案选用了3种不同类型的乳化剂。

①主乳化剂$_1$（着重于成型）——石油磺酸铁，属阴离子型表面活性剂。凡高价金属（铁Fe^{3+}）的皂类，利于形成油包水型乳状液。

②主乳化剂$_2$单独使用石油磺酸铁作为乳化剂，其乳化效率不高。为此，选用非离子型表面活性剂失水山梨醇单油酸脂（Span－80）作为复合乳化剂来弥补。Span－80也是一种形成油包水型非离子表面活性剂，对提高乳化效率、改善乳状液稳定性有显著效果。

③辅助乳化剂与主乳化剂复配，起到提高乳化膜强度、改善乳状液稳定性的效果。辅助乳化剂——腐殖酸酰胺是一种非离子表面活性剂，外观呈黑色粉末，低温下在水中微溶，

提高水相 pH 值，升温 80℃以上，溶解度增加。

（3）油中可分散胶体。油中可分散胶体是指那些能在油中分散成胶态体系的物质。它能提高乳化钻井液体系的黏度及切力，起到改善乳状液稳定性和降低滤失量的双重效果。

本方案选用两类油中可分散胶体即有机膨润土及高软化点氧化沥青。

①有机膨润土。利用阳离子表面活性剂与普通膨润土进行离子交换制备，本方案采用黑山钙膨润土经纯碱予处理后与十二烷基二甲苄基氯化胺反应制得。有机阳离子把黏土表面的无机阳离子交换下来以后，黏土表面变为亲油特性，其吸附属化学吸附性质，因此，比较牢固，很不易解吸，稳定性好。

②氧化沥青。它是一种结构较低的油中可分散胶体，在油包水乳化钻井液中有明显的增黏作用，其增切效果比有机膨润土差，但有良好的降滤失性能，对提高乳状液稳定性及耐高温性效果良好。

本方案采用软化点为 164℃、针入度 5～8 的氧化沥青。这种沥青兼有提高体系切力的作用，对控制滤失量效果好。

采用上述两类油中可分散胶体，使乳化泥浆体系在高温下稳定，悬浮性好，流变参数合适，滤失量亦低。

（4）水相及其活度调节。水相是油包水乳化钻井液的分散相。我们采用氯化钠、氯化钙、氯化钾三种盐类组成的复合盐水作为水相，其特点为：

①水相含盐，有利于乳化，提高乳状液的稳定性。

②含复合盐类，特别是钾盐，有利于抑制泥页岩水化膨胀。

③多种盐类复合，又未达到饱和程度，可防止重结晶盐卡。

④提高水相比重，使乳化泥浆密度相应提高，减少使用加重剂，降低体系中不溶性固体含量。按本配方配出乳化钻井液分散相（水珠）的分散细度，经显微镜观察，粒度 2～3μm 占 95％以上，符合标准要求。

（5）碱度调节。油包水乳化钻井液的碱度直接影响乳化体系稳定性及抗污染能力。本方案采用生石灰粉，细度经过 100 目，加量 9％～10％，乳状液水相 pH 值为 11.2～11.4，对稳定乳状液起到了良好效果。

（6）加重剂。选择加重剂主要应考虑下列因素：

①细度十分重要。要求标准：95％通过 325 目，100％通过 200 目。

②密度尽可能提高。

③重晶石在加工、运输、储存过程中严防受潮，这点十分关键，不然将会导致重晶石吸水及加重后沉淀的不良后果。

3）主要性能

（1）密度。根据工艺要求，通过调节重晶石含量来控制密度高低。实际施工中配制的最低密度为 1.13g/cm³（基浆），最高密度达 2.18g/cm³（储备的重浆）。

（2）漏斗黏度。在 50℃测量值为 80～100s。

（3）流变参数。在 50℃用范氏黏度计测定，塑性黏度 80～100mPa·s，视黏度 90～120mPa·s，屈服值 2.5～4.0Pa，静切力（2.0～3.5）/（3.0～5.0）Pa/Pa。

（4）滤失量及滤饼厚度。

常温滤失量：（0～2）mL/30min 油，无水；滤饼厚度（0.2～0.5）mm/30min。

高温高压滤失量：在 150℃下测定为 4～6mL 油/30min，无水；在 93℃下测定为 1～

2mL 油/30min，无水。

（5）酸碱值。利用破乳法测定水相 pH 值为 11.2～11.5，碱度为 1.7～1.9mL。

（6）泥饼黏附系数。用 Baroid 泥饼黏附系数仪测定，该乳化钻井液的黏附系数极小（黏附盘不黏吸）。

（7）钻井液极压、润滑系数。用 Baroid 极压/润滑联用仪测定，该钻井液的极压系数达 122.59MPa，润滑系数为 0.04～0.05。

（8）乳化稳定性指标。该乳化钻井液经滚子加热炉 150℃老化 16h 后的破乳电压（50℃测定）548～574V。

（9）水相分散细度。用显微镜观察，乳化钻井液水相分散均匀，粒度 3～5μm 的占 95%以上。

（10）悬浮稳定性指标。乳化钻井液经滚子加热炉 150℃高温陈化 16h 后，重晶石不沉淀；地面储备的高密度（2.18g/cm³）乳化浆在 7～9 月气温下陈放 75d 无沉淀；在 3630m 深井高温高压影响下，静置 12d 又 6h 又 35min，重晶石悬浮良好，无密度差。

对照国外有关资料，这套油包水乳化钻井液已测得的各项参数与国外同类泥浆质量指标基本相符，质量良好。

2. 现场配制工艺技术

油包水乳化钻井液现场配制工艺比水基钻井液复杂。配制工艺技术的好坏直接影响乳状液质量，因此，必须十分重视现场设备改造，满足配制工艺要求，同时，还须严格每道工艺的施工质量。

1）现场设备改造

这次配制是在原华北勘探二部 6002 队家 4 井井场配制的。为了使 F-320-3D 型钻机适合于配制油包水型乳化钻井液工艺技术的要求，对设备进行了必要的改造。

2）现场试验

先后配制了 6 次油包水乳化钻井液，计 442m³，其中第 3 次开钻前配制 4 次，297m³，钻井中补充配制两次，145m³。这 6 次配制主要采取了如下措施。

（1）有机坂土的转化工艺采用钙膨润土与纯碱及阳离子表面活性剂在柴油内直接转化，关键是要提高循环强度（泵压应控制 3MPa 左右），强化反应速度和反应效果。高软化点（164℃）氧化沥青，用人工粉碎成小于 1cm³ 的颗粒，在提高柴油温度达 90～110℃下循环加入，达到全部溶化分散。

（2）石油磺酸铁出厂的产品酸值过高（pH 值为 1～2），对乳化钻井液的稳定性带来一定的影响，因此将石油磺酸铁加入在氧化沥青油浆中高温（90℃左右）循环排酸 4h 以上，以消除酸值过高的影响。

（3）适当提高石灰加量，由原配方的 90%提高的 10%，对控制乳化钻井液体系的 pH 值、改善乳状液的电稳定性和悬浮稳定性起着十分重要的作用。

（4）饱和盐水的加入采用有机土油浆经混合漏斗强烈循环、在漏斗上部加入盐水的方式，能够满足配制质量要求。关键在于循环时的强度，即循环泵压在 3MPa 以上的条件下加入。国外提供的资料，加水时循环泵压在 3.1MPa 水珠分散最好。

（5）第六次配制时，去掉沥青，油浆质量仍达到要求，破乳电压达 446～544V。

3. 现场使用情况

新家 4 井采用油包水乳化钻井液三开钻进，安全闯过该构造各井已钻遇的严重阻卡复杂井段（3671～3712m），在井深3821m顺利钻穿膏盐地层，控制了膏盐层在高温、高压条件下的塑性变形而导致的阻卡。钻井中发生了3次不同程度的井漏，都及时采取措施消除。到1979年10月底，已钻达井深4377m，共用ϕ215.9mm钻头39只，平均机械钻速0.63m/h，乳化钻井液各项性能指标在井下高温（140℃）、高压（80MPa）及大段膏盐和泥质污染的影响下，仍表现出性能稳定、抗污染能力强、维护容易、控制方便、井径规则等很多优点，取得了现场实践的初步效果。

1）钻穿岩层的岩性简述

第三次开钻，自井深3630～4300m为第三系沙河街组三段，主要可分为三个层段：

（1）第一层段3630～3821m系膏盐集中段，按岩性分类如表2。

表2　3630～3821m层段岩性分类情况表

岩 性 分 类	层　　数	总厚度，m	最大单层厚度，m
岩盐	12	116.5	19
膏盐	3	13	8
石膏	3	5	2
膏泥岩	1	7	7
油页岩	3	11	6
泥岩	10	35.5	12
合计	32	191	—

岩盐集中段为该构造主要严重卡钻井段，家3、家4、家6等3口井均在此处卡钻而提前完井，另一突出问题是膏盐污染。

（2）第二层段3821～4000m为钙质泥岩夹石膏质白云岩，有硬夹层，钻时极低，局部层间裂隙曾发生井漏。

（3）第三层段4000～4300m为深灰色钙质泥岩与沙质泥岩，钻屑侵污明显。

乳化钻井液从1979年6月18日替入井底到钻达井深4300m，经历78d，油浆各项性能稳定，除因控制岩盐层塑性变形而加重及发生3次井漏而降低密度外，各项性能参数基本不需调整，仍能保持优质性能。各井段乳化钻井液性能指标变化情况见表3。

生产实践证明，油包水乳化钻井液对岩盐层、膏盐层、石膏层、膏泥岩等的抗压污染能力强，这是目前其他类型的钻井液所无法比拟的。油包水乳化钻井液的抗温和泥岩层防黏土侵污的性能极好。该井使用油包水乳化钻井液在140℃、80MPa条件下钻进了4个月，泥岩地层共钻进500m，性能基本未受影响。

2）岩盐层的塑性变形及其处理

在井下高温高压环境下，岩膏层产生塑性变形是导致高家堡构造以往3口深井（家3、家4、家6井）连续发生11次卡钻，打了5个井眼（井下6条落鱼），被迫提前完钻的主要原因。

本井在下入9⅝in技术套管固井后，曾在第一岩盐层位置（3571.86～3576.67m）发现技术套管挤压变形。9⅝×P110×11.99mm套管抗挤安全系数为1.36，内径为220.5mm，打印结果缩小为ϕ210×ϕ203的椭圆，后来用震击器带胀管器处理。当钻过3660～3730m井段后，每次下钻都在3671～3712m岩盐层集中段顶部有不同程度的遇阻，但起钻比较顺利。

表 3 各井段乳化钻井液性能指标变化情况表

井段 m	岩性	乳状液各项参数														处理情况摘要	备注
		流变参数							滤失性能				pH值	破乳电压	泥浆极压润滑系数		
		密度 g/cm³	漏斗粘度 s	塑性粘度 mPa·s	视黏度 mPa·s	屈服值 Pa	范氏黏度 初	范氏黏度 终	常温 滤失量 mL	常温 滤饼 mm	高温高压 滤失量 mL	高温高压 滤饼 mm					
3630		1.86	120	90.3	90.6	26	18	30	0	0.5			11.5	大于430	0.04~0.05	加重晶石60t，提高密度，防止岩盐层的塑性变形	入井后
3630	油页岩	1.88	104	90.4	96.1	25	18	30	0	0.5			11.4	大于430			循环均匀
3821	岩膏层	2.04	119.5	149	168	24	26.7	36	0	0.2			11.2	大于430			钻膏盐层前后
3833	钙质	2.04	129	154	173	24	40	60	0	0.2			11.2	大于430		配密度1.13g/cm³的轻密度乳状液，混入22m³降低密度	
3843.67	泥岩	1.935	97	110	123	32	13.2	24	0	0.2			11.2	大于430			第一次漏前后
3893	钙质	1.945	92	104	111.5	75	35	50	0	0.2			11.4	大于430		混入轻密度乳状液11m³，降低密度	
3902.79	泥岩	1.9	90	91	98	70	40	55	0	0.2	1	1		大于430		混入轻密度乳状液14m³，降低密度	第二次漏前后
3945	钙质泥岩及泥岩	1.91	105	114	122	35	40	55	2	0.2	1	0.7			17766		第三次井漏前后
4047	岩	1.88	86	86	90	30	20	25	2	0.2	0	1				未处理	
4100	泥岩	1.89	87	88	89.5	25	20	30	2	0.2	0	1					
4200	泥岩	1.89	90	88.4	98.8	30	25	30	2	0.2							
4300	泥岩	1.9	90	74	79	50	17.5	25	2.5	0.2							

经过讨论分析，认为初期密度 1.91～1.92g/cm³ 仍不足以平衡岩盐层塑性变形的压力。钻进中因有环空压降作用于地层，停泵起钻时由于钻进进尺还少，钻头距变形地层近，岩盐层还没有来得及发生变形，钻头就已通过复杂井段，因此起钻无阻卡，而停泵久，下钻则遇阻。根据当时的流变参数，计算环空压降为 4.1MPa，则平衡岩盐层塑性变形所需的侧压力应为 75.14MPa，折算所需的钻井液密度最低值应为 2.03g/cm³。因此，将钻井液密度提高到 2.03～2.04g/cm³，下钻情况稍转正常，仍有轻微遇阻，不需专门划眼即可通过复杂井段。但是，当继续钻进至 3833m 发生井漏以后，被迫降低密度至 1.88g/cm³，复杂井段阻卡现象比较明显。由于井漏与岩盐层的塑性变形同时存在，被迫采取以防漏为主的技术措施，对岩盐层则采取尽量控制下钻速度及定期划眼通过复杂井段的办法来维持。

3) 井漏及其处理

油包水乳化钻井液钻进中必须十分注意井漏，因为井漏一方面会加剧井下复杂情况，另一方面又会损失大量钻井液，乳化钻井液成本高，大量漏失，经济损失也大。

第一次井漏。第 8 号钻头至井深 3833m，发现井漏，在井段 3833～3834.26m，100min 漏失 7.2m³，漏速为 4.1m³/h。钻井液密度 2.04g/cm³，漏斗黏度 129s，塑性黏度 154mPa·s，动切力 2.4Pa，静切力为 4/6Pa/Pa。泵压为 15MPa 后将泵压降至 11～12MPa，钻进井段 3834.26～3834.45m 后漏失 6.8m³，漏速为 3.1m³/h。此类井漏属软硬地层夹层间裂隙压差漏失，降低泵压，漏速减小，因此应建立平衡压力。钻头起出套管后，采用加入轻密度油包水乳化钻井液（1.13g/cm³）降低井浆密度，共加入 22m³ 轻浆，钻井液密度由 2.04g/cm³ 降至 1.935g/cm³，下钻循环正常，1h 又 40min 后，漏失现象消除，这次共漏失 14m³。

第二次井漏。第 13 号钻头钻至井深 3839m，又发现井漏，30min 漏失 8m³，漏速为 16m³/h，加入轻油浆 11m³，钻井液密度由 1.94g/cm³ 降至 1.90g/cm³，漏失现象消除。

第三次井漏。第 13 号钻头钻进至井深 3839m，又发生井漏，钻井液密度 1.92g/cm³，漏失 17.1m³，平均漏速 0.37m³/h。在井段 3945～3947m 漏失 2.6m³，漏速为 0.2～0.6m³/h。在井段 3950～3957m 漏失 6.4m³，漏速为 0.8m³/h。在井段 3958～3966m 加入轻油浆（密度 1.13g/cm³）7.4m³，密度降至 1.90g/cm³。继续漏失，至 3979.84m 起钻，累计漏失 17.2m³，平均漏速为 0.34m³/h。将密度降至 1.87g/cm³，漏失现象基本消除。

3 次井漏均由压差引起的，在井下情况允许的前提下适当降低钻井液密度，减少液柱压力，缩小压差，努力实现平衡压力钻井。

分析井深 3630～4518m 使用高胶性油包水乳化重钻井液钻进的全部钻头资料（共 68 只钻头），在 68 只钻头中有 24 只下钻遇阻，共遇阻 32 次，16 只钻头起钻遇卡，遇卡 21 次，共遇阻卡 53 次，只有 6 次不在岩盐、膏盐井段。在遇阻的 32 次中有 26 次均发生在岩盐顶部或岩盐夹层部位。在遇卡 21 次中有 18 次发生在岩盐或盐岩夹层部位。岩盐部位起下钻的阻卡率占 84%。从阻卡井段来看，大部分发生在井深 3640～3724m，约占阻卡总数的 80%。因此，岩盐层的塑性变形是高家堡构造新家 4 井用高胶性油包水乳化重钻井液起下钻遇阻的主要原因。

另外有 9 次起下钻遇阻卡发生在钙质泥岩、石膏、泥岩、油页岩地层，从测井资料井径图看出，在 3668～3672m（泥页岩）、3684～3690m（泥岩、页岩底部有一米岩盐）、3722～3735m（钙质泥岩和石膏）井径均有扩大，由 8½in 扩大到 14～16in，说明石膏、钙质泥岩、泥页岩都影响该井的坍塌与阻卡。

井深 3821m 穿过此段膏盐地层，控制了膏盐地层在高温高压影响下的塑性变形等复杂因素而导致的阻卡和多次发生的不同程度的井漏，井下情况比较正常。油浆的维护处理比较简便，经受了井下 150℃高温和 83MPa 压力的考验，顺利钻至井深 4518m，安全下入 7in 技术套管，这种新型钻井液钻复杂地层的优越性已初步显示出来，各井段油浆性能见表 3。

1980 年，针对新家 4 井下入 7in 技术套管后，用饱和盐水钻井液从 4514.13～4717.72m 钻遇新的岩盐层，提出了研制新的油包水乳化钻井液配方的任务，华北油田钻井工艺研究所与勘探二公司合作，参照国外的经验，从现有原材料出发，以达到钻至 5000m 为目的，用了两个月的时间，摸索了一套革除氧化沥青，提高油水比（由 70：30 上升到 80：20）、降低乳化剂加量（由 20%降至 9%左右）的接近于低胶性油包水乳化钻井液的新方案，经过室内系统实验和现场测试，证明这套油包水乳化钻井液同样具有抗 150℃高温、抗污染（淡水、盐水、石膏、盐粉、岩屑、原油）能力强和成本低的优点，现场配制低胶性油包水乳化钻井液于 1980 年 9 月 16 日替入井内并于 9 月 20 日使用这类钻井液钻进，截至 1980 年 12 月 2 日已突破原设计，钻至井深 5109.84m 完井，实测井温 180℃，进尺 392.12m，井下情况比较正常。

三、结　论

（1）新家 4 井用油包水乳化钻井液顺利钻过复杂地层、完井的成功实践表明，油包水乳化钻井液是制服复杂地层、防止井下复杂情况发生的一种极为有效的钻井液体系。

（2）油包水乳化钻井液体系中材料品种多，规格要求严，成本又十分昂贵，必须建立乳化钻井液体系的乳化剂系列产品、降滤失剂、增黏剂、润湿反转剂等新材料体系，并使其商品化，这样对油包水乳化钻井液的应用推广和降低成本均有现实意义。

（3）油包水加重钻井液的固相有效控制问题是个十分突出的问题，没有有效的固控装备来处理，油浆性能将难以控制和稳定。

（4）在岩盐、膏泥岩类可塑性复杂地层钻进时，除了应该十分重视钻井液的科学外，考虑压差、时间与塑性地层的塑变速度累计量等也十分重要，应予以认真对待。

钻井液技术
在现场的应用

油气层保护技术在滨南油田的应用

司贤群

（胜利石油管理局钻井工程技术公司泥浆公司）

摘　要　滨南油田的郑 408 区块、单六东区块，其油气层属水敏性极强及碱敏性较强的油气藏类型。开发过程中采用普通水基钻井液施工，储层受水敏及碱敏伤害严重，甚至有的井不出油。早期采用的油基钻井液，其施工成本较高，且不利于环境保护。经研究开发，决定采用油气层保护技术与 BPS－聚合物复合盐钻井液体系施工，工程顺利，取得了与用油基钻井液施工相当的效果，有效地保护了油气层。试油结果表明，郑 408 区块应用 12 口井，平均单井日出油 7～8t，单六东区块应用 1 口井，日产油 40t，取得了较好的经济效益及社会效益。

关键词　油气层保护　强抑制钻井液完井液　黑色正电胶　滨南油田

滨南油田的郑 408 区块、单六东区块，其油气储层属水敏性极强、碱敏性较强的油层藏类型。20 世纪 90 年代以前用普通水基钻井液在这两个区块钻探，单井出油量很低，甚至不出油；20 世纪 90 年代中期用油基钻井液所钻的井获得了较好的油层保护效果，但使用油基钻井液存在许多不利因素，如成本偏高，安全性差，施工难度大，环境污染等，其推广应用受到限制。针对这一问题胜利泥浆公司进行科研攻关，经过大量室内评价实验，研究出适用于这两区块油气层储层的水基钻井液完井液体系，现场应用获得与油基钻井液相当的效果。

一、储层特点及其潜在的损害因素

1. 郑 408 区块

滨南油田的郑家区块位于东营凹陷北部陡坡带西段，油藏埋深 1300～1380m，含油层沙三上为含砾砂岩、砾状砂岩夹灰绿色砂质泥岩，平均粒度中值 0.26mm，上部以中性—亲油为主，下部以亲水为主，含油面积 10km²，储层黏土矿物含量见表 1。

表 1　储层黏土矿物分析

矿物类型	相对含量，%
蒙脱石	30.2
伊利石	18.9
高岭石	41.4
绿泥石	9.5

储层孔隙类型以粒间孔和微孔隙为主，并含有少量次生溶孔，储层平均孔隙度为 25%～29%，平均渗透率 909.2mD，含油饱和度 63.7%，储层埋藏浅，胶结疏松，黏土矿物以易分散运移的高岭石和易膨胀的伊蒙混层为主，储层易发生水敏性伤害及碱敏伤害。

2. 单六东区块

单六东区块位于单家寺油田西区、东营凹陷与滨县突起之间的过渡带上，为滨县突起自北向南伸向东管凹陷，是受前震旦系变质岩基底控制的鼻状构造；本区块主要含油层系为馆陶组下部；油藏埋深为1080～1130m，储层岩性为粉砂岩，细砂岩和含砾不等粒砂岩夹泥岩组成；含油面积4.8km²，粒度中值0.2～0.23mm，储层中黏土矿物相对含量伊/蒙混层高达50%，孔隙度30%～33%，渗透率3～4D，地层水矿化度10300～15200mg/L，水型为$CaCl_2$型。钻井施工过程中，一方面钻井液中的部分固相颗粒被直接挤入地层，堵塞孔道，造成储层伤害；另一方面钻井液中的液相渗入地层与储层中的黏土矿物发生敏感效应，使黏土矿物水化膨胀，堵塞流通通道，造成对储层的伤害。

二、油气层保护技术方案的实施

1. 油气层保护技术的研究

储层特征及岩石矿物分析和已钻井资料的研究表明：降低并改进钻井液滤失量，使之与地层流体相配伍，控制钻井液密度，实施近平衡压力钻井，应为滨南油田郑408区块及单六东区块保护油气层的重要技术措施。

(1) 郑408区块、单六东区块油藏属常温常压系统，在施工过程中钻井液完井液密度应控制在1.05～1.08g/cm³以内，实施近平衡压力钻井。

(2) 结合两区块地层岩性特征，通过大量室内评价实验，优选出了钻井液材料及配方，其具备以下几方面的功能。

①钻井液有极强的包被性能和抑制性能，防止造成储层黏土矿物水化膨胀及分散运移，堵塞油气层孔道；

②所优选的处理剂具有较好的水溶性（淡水、咸水），而且处理剂之间有较好的相容性，不影响油藏中流体性能，与产层矿物具有良好的配伍性；

③钻井液携带能力好、防塌造壁能力强；

④控制体系酸碱值在7～7.5范围内。

适合于两区块储层的钻井液体系BPS-聚合物复合盐体系的主要配方为：

(3%～4%) 膨润土＋0.3%A＋0.3%B＋0.3%C＋0.3%复合盐＋0.2%BPS

(注：A、B为两种高分子聚合物；C为一种中分子聚合物；BPS为黑色正电胶。)

2. 技术方案现场实施

(1) 充分掌握已钻井的地层压力与钻井液使用情况，了解钻井施工参数，合理设计钻井液性能，保证入井钻井液材料全部合格，加入及时，处理到位。

(2) 加强固相控制：一方面聚合物含量加足，钻井液具备足够强的吸附包被功能，使小颗粒变成大颗粒，以利于固控设备清除；另一方面充分利用好井队所配固控设备，力争在第一周内最大限度清除钻井液中劣质固相。

(3) 控制钻井液密度，实施近平衡压力钻井：由于地层造浆较为严重，在使用好固控设备的同时，现场需要根据情况及时补充足够的絮凝包被高分子聚合物，以抑制黏土的水化分散。根据井下实际情况加测钻井液密度，尽量使用低密度钻井液施工，以降低井底压差；若需加重仅用青石粉。

(4) 细化二开钻井液替换前后处理工作。

分别用 BPS‐聚合物复合盐钻井液体系和油基钻井液体系对郑 408 区块储层岩心作泥页岩滚动回收实验，8h 线性膨胀实验并记录在动态条件下岩心被污染前后渗透率变化情况，见表 2。

表 2　储层岩心在两种钻井液体系下的变化值

项目 体系	回收率，%	线性膨胀，mm	渗透率恢复值，%
强抑制体系	99	0.04	89
油基体系	76.5	0.03	97

实验表明优选 BPS‐聚合物复合盐强抑制体系效果与油基钻井液体系相当。现场应用情况为：郑 408 区块的井用普通钻井液钻到 1200m（垂深）左右，单六东区块井用普通钻井液钻进到 1005m 左右，然后起钻彻底清除地面循环系统积砂。现场准备足够量的 BPS‐聚合物复合盐强抑制钻井液，准备就绪后一次性将井眼内普通钻井液替换为强抑制钻井液，进行钻井施工。钻井过程中随着井深增加，钻井液的消耗，及时补充预配的强抑制钻井液，避免现场直接加入清水影响钻井液综合性能，同时使用好固相设备。在现场应用中还要注意以下两点：

①进入油层前加入 1%～2% 超细碳酸钙及 1%～2%BPS 黑色正电胶，对油气层实行屏蔽暂堵；同时有利于形成薄而致密的滤饼，保护好油气层；

②进行随机抽样，作好分析化验工作，及时监测地层流体性能，确保钻井液性能符合设计要求。

三、应 用 效 果

近几年来应用 BPS‐聚合物复合盐钻井液完井液体系在胜利油田滨南采油厂的郑 408 区块及单家寺单六区块进行钻井施工，工程顺利，电测成功率 100%，下套管一次成功，所钻部分井的钻井液性能、岩心渗透率、恢复值及回收率见表 3。

表 3　强抑制钻井液所钻井的性能及指标数据

井号	井深 m	密度 g/cm³	动切力 Pa	塑性黏度 mPa·s	静切力 Pa/Pa	滤失量/泥饼 mL/mm	固含 %	pH 值	渗透率恢复值 %	岩心回收率 %
郑 408‐17	1340	1.08	19.0	11.0	3/7	4/0.5	0.3	7.5	81	99
郑 408‐32	1340	1.08	18.5	16.0	13/23	3/0.5	0.3	7	80	98
郑 408‐X33	1415	1.06	13.0	12.0	8/18	4/0.5	0.3	7.5	79	98
郑 408‐X14	1372	1.08	14.0	12.0	6/18	4/0.5	0.3	7	78	99
郑 408‐30	1340	1.06	14.0	28.0	3/6	4/0.5	0.3	7.5	78	98
郑 408‐31	1335	1.07	18.0	13.0	2/5	4/0.5	0.3	7.5	80	97
郑 408‐28	1340	1.07	13.0	18.0	2/5	4/0.5	0.3	7.5	78	99
郑 408‐15	1340	1.07	16.0	11.0	3/6	4/0.5	0.3	7	80	98
郑 408‐34	1340	1.07	17.0	10.0	3/5	4/0.5	0.3	7.0	78	99
郑 408‐12	1345	1.07	17.0	10.0	3/7	4/0.5	0.3	7.5	79	99
郑 408‐29	1340	1.07	13.0		3/7	4/0.5	0.3	7.0	79	98
单六东试 1	1115	1.08		12.0	3/6	4/0.5	0.3	7.5	80	98

应用该钻井液完井液体系在郑 408 区块所钻的井平均日产油 7～8t，在单六东区所钻试 1 井获得日产油量 40t，达到类似油基钻井液完井液施工效果，取得了可观的经济效益及社会效益。

四、保护油气层机理探讨

由电测井径知用强抑制体系所钻井井眼规则，井径扩大率较小，如郑 408－3 井径扩大率为 6％，说明该钻井液体系具有较强的抑制能力，所钻出的井眼稳定。

1. 体系的强抑制作用

钻井完井过程中，钻井液滤液侵入储层是难避免的，由于体系中含有与储层相配伍的强抑制剂，因而滤液侵入储层后会防止黏土的水化膨胀及分散运移，从而达到防止或减少固相颗粒堵塞油气层的目的。

2. 黑色正电胶 BPS 保护油气层作用

黑色正电胶 BPS 具有更高的正电性，能被水润湿，在钻井液中它一方面将水分子极化形成水化膜，BPS 胶粒通过静电吸引力同黏土紧紧地吸附在一起；另一方面 BPS 胶粒表面同黏土表面的羟基相互作用，使 BPS 具有强抑制性和优良的剪切稀释特性。室内研究发现 3％BPS 黑胶抑制能力高于 10％KCl 的抑制能力，并且具有较好的油溶性，因此具有较好的保护油气层的效果。应用 BPS 黑色正电胶钻井液，井壁稳定，可以避免或减少靠提高钻井液密度来稳定井壁，从而减少了正压差，使钻井液滤液侵入储层深度减小而达到保护油气层的目的。

3. 屏蔽暂堵功能

该钻井液体系具有正电胶钻井液独特的流变性能，进入油层前再加入 1％～2％的超细碳酸钙，满足与储层孔喉大小的匹配，在近井壁处以超细碳酸钙为架桥粒子、以 BPS 胶粒为变形粒子，二者联合作用在井壁周围形成屏蔽暂堵带，并形成良好的内滤饼，从而减少进入储层的颗粒量，达到屏蔽暂堵效果。

五、结　论

（1）油气层保护技术在滨南油田两个水敏性区块应用，不仅有效地保护了油气层，而且工程顺利，安全环保。

（2）应用强抑制钻井液完井液体系开发水敏性油气储层，达到了与油基钻井液相当的效果，前景广阔，值得大力推广。

（3）加强现场监督机制，贯彻落实各种技术措施的实施。

参 考 文 献

［1］樊世忠等．钻井液完井液及保护油气层技术．山东东营：石油大学出版社，1996

［2］郭保雨等．黑色正电胶（BPS）的研究与应用．油田化学，2002（1）

［3］隋跃华等．强抑制性钻井液完井液研究与应用．钻井液与完井液，2001（6）

古平 1 井钻井液应用

郑　涛　许永志

（大庆石油管理局钻井工程技术研究院）

摘　要　古平 1 井是国内第一口贯穿异常高压裂缝泥岩的水平井，针对该井存在"五易""两不易"的技术难点，通过室内评价和已往在该区的钻井经验，在该井中优化使用了具有防漏功能的油基钻井液，并重点提高了油基钻井液的携砂效果，确保 ϕ311 大井眼和水平段井眼畅通，避免了井下复杂事故的发生。在钻井液技术上采取有针对性的预防措施，优选了具有防漏功能的复合材料和与之匹配的粒度，实施储层保护，尽量减少储层污染，为完井作业打下了良好基础。

关键词　水平井　裂缝　油基钻井液　防漏

一、地质概况

古平 1 井位于松辽盆地中央凹陷区古龙凹陷地位哈向斜哈拉海断裂南端。该区为松辽盆地内的主要生油凹陷之一，有 60 多口井于青山口组、姚二段、姚三段、嫩江组一段、嫩江组二段泥岩中见到油气显示。研究认为，主要是泥岩中存在大量裂缝。针对泥岩裂缝试油，结果有 12 口井获得工业油流和低产油流，表明这种储层具有良好的勘探前景。为了通过钻穿多套纵向裂缝，增加泥岩裂缝渗流面积，提高单井产能，开拓勘探领域及研究泥岩裂缝分布规律，开展了裂缝性泥岩大位移探井水平井——古平 1 井的现场试验。

二、工程概况

该井表层套管 ϕ339.7mm 下至 250.28m；第二次开钻钻头尺寸为 ϕ311mm，钻达井深为 1743.95m 开始造斜，完钻斜深 2138m，井底井斜角 80.81°，方位角 99.8°，平移方位 101.05°，垂深 2017.81m，水平位移 218.11m，视平移 218.10m，ϕ244.5mm 技术套管下至 2137.48m；第三次开钻，钻头尺寸为 ϕ215.9mm，斜深 3192m，垂深 2108.72m，井斜角 86.74°，全井水平位移 1267.62m，水平段长 1001.5m，ϕ139.7mm 油层套管（包括筛管）下至 3187m，技术套管以下筛管完井。

三、技术难点

（1）造斜段及水平段为裂缝发育的青山口组泥岩。该层以往钻井易塌、易漏、易卡钻。古平 1 井青山口组泥岩裂缝密集段的厚度一般小于 2m，高角度纵向裂缝延长度一般为 10～20m 长，裂缝宽度一般为 0.1～0.5mm 之间。泥岩裂缝产状主要是层间裂缝，其次是垂直裂缝，斜交裂缝少见。裂缝长达数十厘米，并且开启程度良好，给钻井施工带来很大困难。

（2）大斜度段施工处于 φ311mm 井眼的青二、三段中，钻压传递、携砂、防卡困难。在 φ311mm 井眼造斜段，由于地层硬，划眼易断钻具、卡钻。水平段由于水平裂缝及垂直裂缝共存，加之水平段长，也易发生井塌、卡钻等复杂情况和事故。

四、钻井液技术

古平 1 井是在裂缝性泥岩中所钻的水平井，针对"五易""两不易"（不同成因的裂缝易喷、易塌、易漏、易卡、裂缝中油层易受污染和伤害；裂缝不易确定，完井方法不易确定等）的困难，对钻井液的优选和使用提出了较高要求。通过室内评价和已往在该区的钻井经验，在该井中优化使用了具有防漏功能的油基钻井液，该井钻井历时 162d，全井几次电测，一次成功率均为 100%。该井的顺利完工，表明了油包水乳化钻井液技术比较适用钻探井水平井。

1. 油包水乳化钻井液的室内配方实验及优选

通过实验优选出主辅乳化剂 SP－80、环烷酸酰胺和油酸，油水比为 90：10。其配方为：90% 柴油＋3%SP－80＋2% 环烷酸酰胺＋2% 油酸＋3% 有机土＋1%NaOH＋1%OT＋8% 石灰＋25%$CaCl_2$ 水溶液＋4%KCl＋4% 磺化沥青＋2% 氧化沥青。油水比对油包水钻井液性能的影响见表 1。

表 1　油水比选择对比实验

油水比	密度 g/cm³	漏斗黏度 s	滤失量 mL	滤饼 mm	高温高压失水 mL	动切/终切 Pa/Pa	塑性黏度 mPa·s	动切力 Pa	破乳电压 V
95/5	0.93	53	0	0	3.6	1.0/3.0	17	2.5	1890
90/10	0.94	54	0	0	4.9	1.5/3.5	19	3.0	1680
85/15	0.95	63	0	0	5.0	2.0/4.0	22	4.5	1270
75/25	0.98	77	0	0	7.9	3.5/5.5	31	7.5	720

注：HTHP3.5MPa，180℃。

2. 油包水乳化钻井液防漏堵漏技术

分析认为，钻入泥岩裂缝段不会发生大的漏失，但有发生微漏的可能。至于能否发生大漏失，主要在于钻井时井壁承受的压力是否超过封堵后的裂缝抗拉强度。在钻井液中加入适量的高效封堵剂，可使裂缝性地层的漏失压力和破裂压力大为提高，从而达到防漏和堵漏的目的。

选用合适的封堵材料、合理的粒级级配、合理的材料复配和合理的加量等，是成功封堵裂缝性泥岩的关键。最好是采取暂堵性封堵，实际研制中选择了刚性材料和柔性材料相配合，以合适的比例将二者加到油包水钻井液中，起到随钻防漏堵漏和保护储层双重作用。

能用于封堵泥岩裂缝的刚性暂堵性封堵材料必须同时满足以下几点：

（1）溶于水，不溶于油；

（2）有一定硬度，易于加工粉碎成不同粒度；

（3）密度大于油，能均匀分散在油包水钻井液中。

综合考虑认为工业氯化钾完全符合条件，最为合适。

柔性封堵材料要求有以下几点：

(1) 溶于水，不溶或少溶于油；

(2) 易于加工粉碎成不同粒度；

(3) 未溶时或溶解过程中有一定的柔性；

(4) 密度大于油，能均匀分散在油包水钻井液中。

分析认为，改性沥青粉是首选材料。同时磺化沥青和氧化沥青是油包水乳化钻井液的主要降滤失剂，磺化沥青效果更好。考虑到古平1井青山口地层易坍塌，所以磺化沥青加量偏大一些。实验结果见表2。

表2 降滤失剂的选择实验结果

名　　称	加量 %	滤失量 mL	滤饼 mm	塑性黏度 mPa·s	动切力 Pa
磺化沥青	6	0	0	26	2.5
氧化沥青	6	0.5	0.5	23	1.5
磺化沥青＋氧化沥青	4＋2	0	0	19	3.0

由表2可知：磺化沥青和氧化沥青复配使用效果更佳。

古平1井泥岩裂缝开口尺寸是未知的，其大小和形状差别也很大，很难有非常明确的针对性。但可以根据上述判断，大致确定裂缝尺寸，然后根据裂缝开口尺寸确定多级颗粒级配中的颗粒尺寸。

五、现场使用情况

1. 大井眼大斜度段钻井液的使用情况

一开使用膨润土混浆开钻，顺利下入 ϕ339.7mm 套管，套管下深 250.28m。二开考虑到在新区钻第一口水平井，造斜段大井眼裂缝泥岩易坍塌，采用油包水乳化钻井液，确保了二开造斜段的顺利施工。

为降低钻井成本，二开采用其他井回收的油包水乳化钻井液 120m³，进行除砂、补充处理剂，测得性能：密度为 1.09g/cm³，漏斗黏度 51s，滤失量 0，滤饼 0，塑性黏度 17mPa·s，动切力 4.5Pa，流性指数 0.74，稠度系数 0.13，油水比 89：11，破乳电压 1220V，摩阻系数 0.02。然后加重至 1.15g/cm³，达到开钻要求，用 ϕ311.2mm 钻头二开。

钻进中，当钻井液黏度低时，适当补加有机土提黏，黏度高时，按循环周加入适量柴油降低黏度。

经常测量钻井液性能，根据地层情况和钻井施工需要，进行及时调整，保持钻井液性能稳定。例如：二开钻进过程中，曾出现一次井下复杂情况，当钻至井深 1368.68m 下钻时，遇阻 44.47m，划眼 2 根后甩单根，上提钻具遇卡，开泵不通，活动钻具提出 2 个单根后卡死，钻头距井底 44.47m。当时钻井液密度 1.12g/cm³，黏度 67s，之后接地面震击器震击解卡。通过认真分析这次出现的井下复杂情况，认为事故原因主要是钻井液在大井眼中携砂能力差所致，于是，及时采取相应措施，对钻井液进行了处理，提高其携砂能力。补加有机膨润土 1.75t，CaO 计 1.5t，磺化沥青 3t，提高钻井液密度至 1.25g/cm³，井下情况恢复正常。

由于对钻井液处理及时得当，在以后的钻进中（其中组织停工 53d），尤其是从

1743.95m造斜至2138m二开完钻，从未出现任何井下复杂情况，起下钻畅通无阻，电测一次成功，下技术套管固井顺利。

2. 水平段钻井液使用情况

三开钻井液用二开固完井回收的油包水乳化钻井液180m³进行处理。测得性能：密度1.27g/cm³，漏斗黏度59s，塑性黏度26mPa·s，动切力5.5Pa，静切力（初切/终切）2.0/4.5Pa/Pa，流性指数0.71，稠度系数0.26，摩阻系数0.01，$N=0.2\%$，破乳电压大于2000V。然后加重至1.38g/cm³，达到开钻要求，用ϕ215.9mm钻头三开。钻井过程钻井液性能见表3。

表3　古井1井不同井深油包水乳化钻井液性能对照表

性能 井深 m	密度 g/cm³	漏斗黏度 s	塑性黏度 mPa·s	动切力 Pa	初切/终切 Pa/Pa	高温高压滤失量 mL	破乳电压 V	N %	摩阻系数
429	1.11	62	9	3.5	1.0/2.0	8.8	1470	0.6	0.03
816	1.12	80	11	4.0	1.5/2.5	8.5	>2000	0.6	0.03
1220	1.11	65	9	3.5	1.0/2.5	8.7	>2000	0.5	0.02
1743	1.30	75	27	7.0	1.5/4.5	7.4	>2000	0.5	0.02
1962	1.34	78	29	2.0/4.5		7.5	>2000	0.3	0.02
2138	1.34	86	32	8.0	2.5/5.5	7.1	>2000	0.3	0.01
2405	1.38	67	34	9.0	2.5/5.5	7.3	>2000	0.2	0.01
2710	1.38	69	35	9.0	2.0/6.0	6.9	>2000	0.2	0.01
2980	1.37	68	34	8.5	2.0/6.0	6.9	>2000	0.1	0.01
3192	1.37	69	33	8.5	1.5/5.5	6.8	>2000	0.1	0.01

注：高温高压滤失量条件为3.5MPa，180℃。

在三开水平段的钻进过程中，把工作着重放在防塌和钻井液的携砂能力上，具体做到以下几点：

（1）严格执行设计方案，把密度控制在设计上限。

（2）加密测量钻井液性能，发现问题及时处理，保持钻井液性能稳定，同时，使用好固控设备，保持含砂量和Kf在要求范围内。

（3）密切注视水平段裂缝泥岩的岩性变化和地层压力变化，依据离子活度平衡原理，适当调解体系中的电解质及封堵、防塌剂的加量，使钻井液性能更适应地层需要，井壁更稳定。

油包水乳化钻井液有效地防止青山口裂缝泥岩坍塌，为三开水平段顺利施工提供了有利的技术保障，仅用37d，钻完水平段长1001.5m的进尺，中途和完井电测一次成功，完井作业十分顺利。

六、结　论

（1）油包水乳化钻井液成功地在古平1井青山口易坍塌泥岩裂缝井段的使用，钻井液性能稳定，在易坍易漏井段未因钻井液因素发生任何井下复杂事故，满足了钻井施工的需要。

（2）固控设备的合理使用，使该体系的特点得以充分发挥，水平段密度和含砂量完全控制在设计范围内，符合率达100％，使储层损害降至最低限度。

（3）井壁稳定，全井平均井径扩大率仅为4.02％，全井电测一次成功率达100％。

（4）油包水乳化钻井液在古平1井的成功使用，在易坍易漏青山口组泥岩段仅用37d即钻完1001.5m水平井段，缩短了储层的浸泡时间，有利地保护了储层。

AQUA – DRLL Glycol – Base
钻井液体系在雪古 1 井的应用

张景红

（胜利石油管理局钻井工程技术公司泥浆公司）

摘　要　在雪古 1 井施工中美国贝克·休斯公司采用了先进的 AQUA – DRLL Glycol – Base 钻井液体系，该体系是一种用来替代油基钻井液和合成基钻井液的环保安全型先进的钻井液体系，该钻井液体系性能稳定，抑制性强，悬浮携带性良好，保证了该井的顺利施工。且有利于环保。本文介绍了该体系的特点及施工中的配制、调整、维护等情况。

关键词　钻井液　乙二醇　盐类　BACKE HUGHES　AQUA – DRLL Glycol – Base

雪古 1 井是美国 Chevron 公司与胜利油田合作开发的第一口风险探井，该井位于垦东地区的沾化东区块，设计井深 4200m，主要勘探目的层为中生界和古生界。其中一开、二开井段为大包段，由中国胜利油田黄河钻井总公司作为承包商，钻井四公司 5002 钻井队负责施工，胜利钻井泥浆公司提供钻井液技术服务。三开井段为日费段，美国 Chevron 公司作为甲方，由美国贝克·休斯公司（BACKE HUGHES）提供钻井液技术服务，胜利钻井泥浆公司作为分包商参与了钻井液施工，在该井施工中美国贝克·休斯公司采用了先进的 AQUA – DRLL Glycol – Base 钻井液体系，该钻井液性能稳定，抑制性强，悬浮携带性良好，且有利于环保，保证了该井的顺利施工。

一、工程概况

一开：雪古 1 井于 2000 年 3 月 15 日一开，用 $\phi660.4$mm 钻头于 3 月 17 日钻至井深 379m，下入 $\phi508$mm 套管 377.16m。

二开：2000 年 3 月 25 日用 $\phi444.5$mm 钻头钻进，于 4 月 16 日钻进至 2120.12m 完钻，下入 $\phi339.7$mm 套管 2118.08m。

三开：2000 年 5 月 27 日三开，用 $\phi311.2$mm 钻头钻进于 8 月 2 日钻至井深 3700m，提前完钻。

二、地　质　分　层

详细地质分层见表 1。

表 1　地质分层情况

地　层	深度，m
平　原　组	450
名化镇组	1350

地 层	深度，m
馆 陶 组	1800
东 营 组	2050
沙 河 街 组	2200
中 生 界	3240
古 生 界	4200

三、AQUA – DRLL Glycol – Base 钻井液体系

1. 体系特点

该钻井液体系是美国贝克·休斯公司所应用的一种先进的钻井液体系，是用来替代油基钻井液和合成基钻井液的环保安全型钻井液体系，该体系的主要处理剂为 AQUA – COL，其主要成分为乙二醇类，据称在一般水基钻井液中，将上述化合物加入一定量就可以明显地提高该体系的页岩抑制性、润滑性，并且毒性低，可以生物降解，还可以增强钻屑的硬度，被认为是可以代替油基钻井液的一种水基钻井液体系。这种低相对分子质量、水溶性的乙二醇类主要应用于钻进不稳定的页岩，通过从数量和种类上的多层重叠的抑制理论，使井壁的稳定性显著提高。因为根据浊点机理，当溶有乙二醇类的滤液侵入"热"地层时，滤液的温度不断上升，溶解的乙二醇类不断析出，并吸附到页岩基岩上，从而有效地阻止滤液通过页岩孔隙进一步侵入，并抑制页岩吸水膨胀。此外，当乙二醇类在钻进过程中侵入到页岩中时，仍溶于滤液中的乙二醇类还是滤液的一部分，由于它是一种提黏剂，所以溶解的乙二醇类通过提高滤液的黏度而进一步阻止滤液的侵入。

另一个先进的机理是当钻井液通过岩石与钻头界面时，析出的乙二醇类直接吸附到钻屑上。由于钻头所产生的能量钻屑被加热，在这种"热"的状态下滤液与它接触，乙二醇类会析出，因此，就会有许多的游离的乙二醇类通过瞬间的热量传递吸附到钻屑上。由于带负电的乙二醇类与钻屑内的黏土颗粒的正电端面之间的强烈吸附作用，游离的乙二醇类受到黏土的吸引并且吸附到黏土的表面上。这层乙二醇类的保护膜将一直与钻屑相连直到钻屑被携带到井眼的低温环境中。这时乙二醇类将重新进入溶液而不会随钻屑而除去。与其他钻井液相比，这样就显著减少了钻屑的分散，使钻井液保持较低的稀释率从而保持性能的稳定。这样废物的体积可以减少，有利于环保。

乙二醇类在地面温度下不溶于水，乳化后加入钻井液中，能在钻具和井壁上形成一层憎水膜，有利于防止压差卡钻，增强润滑性，这样就可以根据井温、地层特性、钻井条件选择混合的乙二醇类添加剂，使之充分发挥协同作用，来改善钻井液性能，提高井壁稳定性，提高钻井速度。

2. 体系主要组成

（1）水相：淡水或盐水，盐水中盐的种类和含量的选择通常由浊点所决定，水相的活性越低，泥页岩的稳定性越好。

（2）一种或几种成膜剂（AQUA – COL，AQUA – COL B，AQUA – COL D，AQUA

- COL S，AQUA - COL XS)。其种类和含量是由浊点和盐的兼容性所决定。

  (3) 聚合物类泥页岩抑制剂。

  (4) 流型调节剂。

  (5) 降失水剂、防塌剂 。

  (6) 快钻剂。

  (7) 杀菌剂（针对生物降解）。

  (8) 防腐剂。

四、钻井液的配制

  (1) 测定或估计井底循环温度，确定浊点温度（一般认为井底循环温度低于井底地层温度，浊点温度接近于或低于井底循环温度）。

  (2) 根据 GLY - CAD2.0 计算适合该温度的乙二醇类和盐类的组分和含量。

  (3) 加入提黏剂 XANPLEX D，从而获得适当的水合作用。

  (4) 根据步骤（2）所得结论加入 AQUA - COL 和 $CaCl_2$，从而获得特定的 Glycol 浓度及盐的浓度。

  (5) 加入降失水剂 MIL - PAC、PERMALOSE HT 等处理剂调节钻井液性能。

五、钻井液性能的调整与维护

  (1) 密度：采用 $CaCl_2$ 和重晶石作为加重剂，根据工程需要调整钻井液的密度。

  (2) 浊点：开始钻进后，根据井底循环温度的变化以及乙二醇的含量、Cl^- 含量以及浊点的测定，再根据 GLY - CAD2.0 的计算结果，加入相应的 AQUA - COL 及 $CaCl_2$，用以调整 Glycol 的含量及钻井液中 Cl^- 含量，而使浊点温度低于井底循环温度。

  (3) 悬浮携带性及流变性：在钻进中，根据钻井液性能测试结果，通过调整胶液中 XANPLEX D 及 NEW DRILL PLUS 的用量，并结合其他处理剂的作用，调整钻井液性能（其中以 XANPLEX D 为主），使钻井液具有足够的悬浮携带性以及良好的流变性。

  (4) 抑制防塌性：$CaCl_2$/AQUA - DRLL 钻井液中 Glycol 和 Ca^{2+} 具有很强的抑制性，而且在钻进过程中又不断补充加入 NEW DRILL PLUS 使钻井液的抑制性进一步提高，同时加入防塌剂 ULFATROL 提高钻井液的防塌性。

  (5) 失水：利用 CHEMTROL X、MIL - PAC、PERMALOSE HT、DFD - 140 等降失水剂降低钻井液的失水，同时根据钻井液中固相的分布情况，加入 MIL - GEL 和 MIL - CARB 调整固相分布从而达到降低失水量的作用。

  (6) pH 值：利用烧碱调解钻井液的 pH 值，控制其在 8.5～9 之间。

  (7) 润滑性：钻井中缓慢加入 PENETREXD，用以防止钻头泥包，增进钻速，并提高钻井液的润滑性。

  (8) 固相含量：该井施工中，四级固控设备齐全，首先使用 80—150 目的筛布清除大颗粒固相，利用清洁机和离心机进一步清除相对较细的固相颗粒，从而控制固相含量在 8%～11%，含砂量在 0.02%～0.1%。

  (9) 在钻井液中加防腐剂和杀菌剂，减少钻井液对钻具的腐蚀及杀灭钻井液中的细菌。

（10）钻井液的补充：把需要加入的药品配成胶液，充分混合后补充入井浆中。

六、施工情况

该井预先配制新钻井液 224m³，三开开始钻进时，用预先配制好的钻井液顶替原钻井液，并尽快调整好钻井液性能，同时根据钻进情况及钻井液性能变化不断调整、维护，在该井施工中钻井液性能稳定、流变性较好、悬浮携带性强、井壁稳定，井眼规则、畅通，起下钻顺利，满足了钻井的需要。该井在施工中分别与 2000 年 6 月 10 日和 23 日两次断落钻具，虽然在打捞过程中施工程序较多，钻具在井底时间较长，但每次施工都很顺利，无沉砂、黏卡现象，保证了钻具的顺利打捞。

七、钻井液性能

钻井液性能见表 2。

表 2 钻井液性能

井深 ft	W	表观黏度 s	塑性黏度 mPa·s	动切力 Pa	静切力 Pa/Pa	API 失水/泥饼 mL/mm	HTHP 失水/泥饼 mL/mm	Glycol	固相含量 %	含砂量 %	MBT	Cl⁻ 10⁴mg/L	pH值
~8510	9.6~9.8	36~38	9~13	7.2~10.1	2~4/4~6/6~8	5.5~11/0.5~1	10~14/1	4	6~8	0.5~1	7~10	4.5~5.4	8
~9333	9.8~9.9	38~42	11~15	6.7~9.1	3~5/6~8/8~12	8~9/0.5~1	12~18/1	4	9~10	0.5	8~15	4.5~5.2	8
~9767	9.8~10	42~48	13~18	6.7~9.6		7~9/0.5	17~18/1	4	8~10	0.2~5	8~15	4.5~5.1	8
~10164	9.9~10	42~50	15~19	9.1~11.5		6~8/0.5	14~16/1	2~3	9~10	0.2~5	8~13	5.0~6.8	8
~10426	9.8~9.9	42~48	16~19	8.6~11.5		6~9/0.5	17~20/1	2.5	9~10	0.2~5	8~13	6.2~6.6	8
~11157	9.8~9.9	40~50	16~21	9.1~12		7~9/0.5	17~18/1	2.5	9~10	3	9~13	5.6~5.9	8
~11920	9.5~9.6	42~48	17~20	8.6~11.0		6~9/0.5	18~20/1	2.5~3	9~10	0.2~5	10~11	4.7~6.0	8
~12140	9.9~9.9	45~50	17~19	8.6~9.6		5~8/0.5	17~20/1	2.2~3	10~11	3	10~12	4.5~6.0	8

八、几点认识

（1）美国 BACKE HUGHES 公司的 AQUA - DRLL Glycol - Base 钻井液体系是一种低固相、强抑制性、润滑性好的钻井液体系。该体系适合与敏感地层的施工。

（2）该钻井液抗高温性能较好、抑制性较强，在钻进中性能稳定、维护较简单，而且井壁稳定。

（3）该钻井液润滑性较好，钻进中钻具的扭矩和摩阻较小。

（4）该钻井液的悬浮携带性较好，钻进中返砂良好，下钻无沉砂，钻具断落井底事故发生后，虽然打捞时间较长，但打捞过程中无黏卡或沉砂卡钻现象。

（5）BACKE HUGHES公司对循环系统设备的要求较高，要求固控设备配套齐全。该钻井液体系对固相的控制较严格，钻进中振动筛使用80—150目筛布，清洁机不停使用，并适时使用离心机。固相含量控制在8%～10%，并利用计算机计算固相的分布情况，便于决定固空设备的使用情况及是否加需要入固相等。

（6）BACKE HUGHES公司各种钻井液资料配套齐全，所配备的计算机中有各种配套软件及各种井的原始资料，有利于钻井液的维护和调整。

（7）在钻进中，钻井监督要求泥浆工程师及时汇报，而且起下钻一般不通知泥浆工程师，要求钻井液性能随时满足工程施工的需要。

（8）该体系施工中浊点的调节是一个难点，本井施工中虽然采取了各种措施，浊点几乎没能调到井底循环温度以下，所以需要了解钻井液中乙二醇类含量及盐类含量与浊点的定量关系，以及与该体系相配伍的处理剂的情况。

（9）由于钻井液矿化度较高，钻井液的失水较难控制，降失水剂的用量较大。

参 考 文 献

[1] Formate Brines for Drilling and Completion: State of the Art，SPE 30498

[2] Use of Format - based Fluids for Drilling and Completion，Offshore，1996，56（8）：63～64，82

新型有机硅钻井液在新疆准东油田的试验应用

张歧安　徐先国　董　伟

（新疆石油管理局钻井准东泥浆公司）

摘　要　新疆准东油田的北三台、沙南区块在钻井过程中常因井壁不稳定而引起井下事故和复杂情况的发生，使用钾盐三磺钻井液、钾盐高聚物钻井液和正电胶 MMH 钻井液后，大大减少了井下事故，但常需要加入大量的高分子聚合物和降失水剂，增加了钻井液的成本和劳动强度，并且钾盐聚合物钻井液及正电胶钻井液的稳定性不够好，抗温性较差。因此，我们依据硅醇理论进行了大量的钻井液室内实验，确认有机硅具有现有处理剂所没有的抗温性能和分子特性，可组成具有高温定性好、配伍性好、强抑制性等特点的有机硅淡水钻井液，并取得了良好的效果。

关键词　有机硅　抑制性　稳定性　深井

近年来，随着准噶尔盆地勘探、开发的不断深入，为了达到发现和保护油气层目的的要求，钻井的难度相对增大，钻井过程中的井下事故和复杂情况不断发生，采用钾盐三磺钻井液和钾盐高聚物钻井液钻井后，虽然大大减少了井下事故和复杂情况的发生，但各类钾盐钻井液一般要加入 $3\%\sim5\%$ 的 KCl，K^+ 强烈地破坏了钻井液的絮凝状态，造成钻井液体系失水量过大，钻井液的黏、切较难控制。为了维护钻井液体系的稳定，常需加入大量的高分子聚合物和降失水剂，增加了钻井液的处理费用和劳动强度，同时，钾盐聚合物钻井液的抗温性差，高密度情况下钻井液性能不稳定，钻井液触变性大，下钻后开泵容易造成蹩漏地层等复杂情况的发生。大量室内实验表明，可以采用有机硅防漏剂代替 KCl 等处理剂，在保证钻井液抑制性的前提下，提高钻井液的稳定性、流变性和抗温能力，形成了新型的有机硅（CX-1）聚合物防塌钻井液。

一、有机硅产品的组成和作用机理

1. 有机硅产品（CX-1）的组成

有机硅 CX-1 的主要化学成分是 $CH_3Si(OH)_2N_2$ 的不同缩合物，是水容性的淡黄色或无色透明液体，密度为 $1.23\sim1.25g/cm^3$，固体含量为 $30\%\sim35\%$，总碱量小于 5%，有效组份大于 16%，黏度 $20\sim30mPa\cdot s$，裂解温度在 $300℃$ 以上。

2. 有机硅作用机理

依据硅醇理论，有机硅 CX-1 分子中的 Si-OH 键容易和黏土上的 Si-O 键缩聚成 Si-O-Si 键，使黏土表面化学吸附一层含有 CH_3-Si 集团的化合物，使黏土表面发生润湿反转，由亲水性变为憎水性，从而阻止或减弱黏土矿物表面对水分子的吸附，表现为对黏土水化分散的抑制作用。同时，有机硅中的 -OH 基团吸附在黏土上，能降低钻井液的滤失量，也能降低黏土的水化分散。另外，有机硅的碱性强，在钻井液中能够促使聚合物充分发挥作用。实验证明，CX-1还是一种抗高温的钻井液防塌剂和稀释剂，与絮凝包被剂、稀释剂配合使用时，由于它们的交互作用，可进一步提高体系的抑制防塌能力，通过大量室内实验，确定CX-1、FA-367和SAS作为钻井液的防塌剂、絮凝包被剂和降失水剂，用XY-27、PA-1和SPNH调整钻井液的流变参数，选择合适的膨润土含量，组成有机硅淡水钻井液。

二、室内实验

1. 配伍性实验

在有机硅钻井液实验中发现，CX-1与FA-367、XY-27复配使用效果好。有机硅可增强FA-367的包被能力，也可增强钻井液的抗温性，有机硅与XY-27复配使用有明显的稀释作用。同时该钻井液与干粉磺化沥青或胶体磺化沥青、油基类及非油基类处理剂如润滑剂、消泡剂、堵漏剂等都具有良好的配伍性。

2. 有机硅钻井液加重实验

随着高密度钻井液的不断使用，要求钻井液具有较强的加重能力，北34井区、北81井区和北82井的钻井液最高密度达到了 $1.82\sim1.92g/cm^3$。针对有机硅钻井液所做的加重实验，其数据见表1。

表1 有机硅钻井液加重实验

配　方	密度 g/cm³	表观黏度 mPa·s	塑性黏度 mPa·s	动切力 Pa	API滤失量 mL	HTHP滤失量 mL
基浆：4％膨润土浆 +0.5％CX-1+0.2％FA-367	1.03	36	16.5	12	4.6	11.5
基浆+重晶石	1.30	41	25	18	7.6	10.5
	1.50	50	30	23	10.21	10.5
	1.85	68	39	30	13.27	10.5
	1.90	77	41	33	14.01	10.5

从表1可以看出，有机硅钻井液在高密度情况下仍具有良好的流变性。

3. 膨胀性实验

采用标准土，105℃烘干24h，压力4MPa，时间10min制成厚度12mm的岩样，做16h膨胀实验，数据见表2。

表2 膨胀性实验

膨胀量 　　浓度 时间	3％KCl	0.5％CX-1
1	2.70	0.91
3	4.30	1.54
5	4.42	1.98
7	4.65	2.41
16	4.75	3.03

从表2结果表明，CX-1具有很强的抑制黏土水化膨胀作用，有机硅在钻井液中含量

达到 0.5% 时的抑制效果比 3%KCl 的效果好。

4. 页岩滚动回收率实验

用 CX-1 品配制成不同浓度的胶液，采用第三系和三叠系苍房沟组的岩样，混合研磨过 4—10 目的筛放于胶液中恒温 120℃ 滚动 16h，结果见表 3。

表 3 页岩滚动回收率实验

介质	清水	0.3%CX-1	0.5%CX-1	1.0%CX-1	1.5%CX-1
回收率,%	1.15	9.45	15.29	14.92	14.73

实验结果表明有机硅加量达到 0.5% 即可，随着加量的增加对抑制页岩分散意义不大。

5. 有机硅钻井液耐黏土侵实验

有机硅钻井液耐黏土侵实验结果见表 4。

表 4 有机硅钻井液耐黏土侵实验

配　　方	漏斗黏度 s	表观黏度 mPa·s	塑性黏度 mPa·s	动切力 Pa	滤失量 mL
Ⅰ	24	8	6	1.21	19
Ⅰ+2%劣土	24	8.5	6.5	1.32	19
Ⅰ+4%劣土	29	10.5	7	1.45	19
Ⅰ+6%劣土	31	11.5	9	1.96	18.5
Ⅰ+10%劣土	35	13	11	2.2	18

注：配方Ⅰ：5%膨润土浆 + 0.5% CX-1。

从表 4 中可以看出，加入 2%～10% 的劣土（这是现场钻井液中劣土含量的平均指标）钻井液的流变性基本不发生变化，表明有机硅对黏土水化分散有很好的抑制作用。

6. 有机硅钻井液抗温性能评价

高温稳定性是深井钻井液稳定的关键，合理选择钻井液处理剂能够提高钻井液的抗温能力，用 5% 膨润土浆加入 1%CX-1，再加入 0.5%PA-1、0.3%FA-367 和 0.1%XY-27 等处理剂配制的钻井液进行高温滚动实验，数据见表 5。滚动条件：温度 140℃，滚动时间 16h。

表 5 有机硅钻井液抗温性能实验

	密度 g/cm³	漏斗黏度 s	表观黏度 mPa·s	塑性黏度 mPa·s	动切力 Pa	滤失量 mL
滚动前	1.47	54	39	33	9.20	11
	1.84	88	56.5	43	13.8	10
滚动后	1.47	60	40	30	7.15	11
	1.84	92	53.5	37	16.86	10

从表 5 可以看出，有机硅钻井液抗温性良好，现场应用也证明了这一结果。北 82 井在使用本钻井液过程中，每次下钻循环，与提钻前黏度只差 2～10s。

7. 有机硅钻井液配方的确定

根据以上室内实验的结果和有关地质、工程资料，确定了有机硅钻井液的配方为：配制 5% 的膨润土浆，充分预水化 24h，加入 0.2%～0.4%CMC 控制失水，用 0.3%～0.5%FA-367 和 0.1%XY-27 调整钻井液流型，加入 0.5%～1%CX-1，使用 2%～3%SAS 和 1%～2%润滑剂增加钻井液的失水造壁能力和润滑性，若需进一步增强钻井液的抑制性，可加 1%～2%KCl，加重材料用重晶石或铁矿粉。

三、有机硅钻井液现场处理及维护方案

安全钻井需要钻井液具有较强的抑制性、抗温性和较大的固相包容能力。钻井过程中遇到的缩径、垮塌、黏附卡钻、电测遇阻等现象，从钻井液方面考虑，主要是钻井液体系的抑制性和失水造壁能力相对薄弱、钻井液性能变化幅度过大造成的，为了使有机硅钻井液能够安全、有效地进行现场施工，制定了以下现场处理及维护方案。

(1) 根据室内所选配方或转化配方配制有机硅钻井液。在使用过程中，有机硅 CX-1 的加量控制在 0.5%～1% 之间，FA-367 的加量控制在 0.3%～0.5%，用 PA-1、XY-27、SPNH 等处理剂随时调整钻井液性能，在钻遇易缩、易垮地层时，加入 SAS 和润滑剂增加钻井液的防塌、失水造壁能力并降低钻井液的摩阻。

(2) 钻进中随时保证有机硅 CX-1 和 FA367 在钻井液中的含量达到要求，以确保钻井液的强抑制性。若泥页岩水化膨胀、分散严重，加入 1%～2%KCl 无机盐抑制剂，满足正常施工的需要。

(3) 膨润土含量是钻井液保持较好的悬浮携带能力、流变性和泥饼质量的关键。要随钻监测膨润土含量值，控制膨润土含量在 4%～6% 之间。

(4) 无用固相是影响钻井液性能和处理费用的重要因素。认真使用好固控设备，搞好钻井液净化工作，循环罐上的搅拌设备要正常运转。

(5) 有机硅处理剂是一种新型的钻井液助剂，在转化钻井液的过程中，要做好小型先导试验，掌握第一手资料后，方可进行现场施工，禁止盲目使用。

(6) 深井段高温地层使用有机硅钻井液，要选用抗温性能好的助剂复配使用，增加钻井液的高温稳定性。使用高密度钻井液时，加重前要调整好钻井液的流变性，保持钻井液具有良好的流动性和悬浮能力。

四、现场应用情况简述

1. 有机硅钻井液在北 34 井区的应用

B4144 井与 B4067 井是北 34 井区的生产井，有机硅钻井液在这两口井的三开井段同时展开试验应用，目的是在现场运用过程中，检验有机硅钻井液的抑制性、防塌性及钻井液的稳定性。北 34 井区生产井三开段采用 ϕ215.9mm 钻头钻井，所钻地层为侏罗系，地层是以棕红色、棕褐、深灰、灰绿色泥岩为主，特点是容易水化、分散、膨胀，造成缩径、垮塌，并且地层造浆严重。该区块三开段使用钻井液密度高（1.60～1.82g/cm³），钻井液内固相含量高，三开段钻井液黏、切上升速度快，钻井液流变性、稳定性差，处理较频繁。因此，决定引用有机硅处理剂 CX-1。转化前对二开钻井液进行充分净化后，补充 FA367 的量达到 0.5%，然后直接在钻井液内加入 0.5%～1%CX-1，用 0.5%PA-1 调整钻井液流型和降失水。转化过程简便，转化后钻井液性能稳定，流变性转好。钻进中钻井液性能

稳定，提下钻顺利，开泵容易。加重过程中，钻井液黏切基本上没有上升的迹象。两口井完井电测、下套管和固井工作都非常顺利，平均井径扩大率为8.5％，比同区块使用其他类型钻井液的井低4.5％。通过这两口井三开段有机硅钻井液的使用，充分说明有机硅CX-1具有良好的抑制性和防塌能力。两口井钻井液性能见表6。

表6 B4144 井和 B4067 井钻井液性能

井号	地层	井段 m	密度 g/cm³	漏斗黏度 s	表观黏度 mPa·s	塑性黏度 mPa·s	动切力 Pa	滤失量 mL
B4144	J₃q	2419～2750	1.49～1.82	61	38	22	19	7
	J₁₋₂sh	2750～2820	1.82	79	36	18	27	7
B4067	J₁₋₂sh	2400～2655	1.82	87	52	34	18	8

2. 有机硅钻井液在沙南地区的应用

SQ2401、SQ2402 两口井是沙南地区的开发井（表7），以前在该地区使用 MMH 钻井液，考虑到电测、固井的因素，一般在钻进后期减少或停加正电胶 MMH。为了继续保持钻井液的抑制性和稳定性，决定从侏罗系地层底部采用有机硅 CX-1 替代 MMH。

沙南地区开发井设计为二开井，采用 φ215.9mm 钻头钻井。二开侏罗系以下井段所钻遇的地层有三叠系的小泉沟组、烧房沟组、韭菜园组和二叠系的梧桐沟组。三叠系、二叠系地层主要以棕色、棕褐色、深灰色泥页岩为主（各组地层岩性见附表1），岩性水敏性极强，烧房沟、韭菜园、梧桐沟组地层极易坍塌。由于正电胶钻井液的触变性过大，失水较难控制，容易造成压力激动和对油气层的损害，因此，前期所钻探井和评价井在进入这些地层时都停加了正电胶 MMH。由于停加正电胶使得钻井液的抑制性能变差，造成前期所钻井在这些层段都出现了不同程度的井塌，引起划眼、电测遇阻等井下复杂情况，使钻井工期延长，钻井费用增加。SQ2401 井和 SQ2402 井引用有机硅处理剂后，首先保证了停加正电胶 MMH 后钻井液的强抑制性，同时又改善了钻井液的流变性，基本解决了井塌和电测遇阻的复杂情况。邻井沙 108 井最大井径达到 368mm，而 SQ2401 井最大井径只有230mm，SQ2402 井最大井径为 260mm，两口井完井电测均一次成功。SQ2401 井和SQ2402 井钻井液性能见表7。

表7 SQ2401、SQ2402 井所用有机硅钻井液性能

井号	地层	井段 m	密度 g/cm³	漏斗黏度 s	表观黏度 mPa·s	塑性黏度 mPa·s	动切力 Pa	滤失量 mL
SQ2401	T₂₋₃xq	1660～1900	1.25	64	22	14	8	6
	T₁s	1900～2180	1.27	67	25	12	12.5	5
	T₁j	2180～2410	1.29	95	34	18	16	6
	P₂w	2410～2700	1.28	107	43	14	9	6
SQ2402	T₂₋₃xq	1600～1900	1.26	53	19	8	8	7
	T₁s	1900～2180	1.30	64	29	18	11	7
	T₁j	2200～2400	1.35	80	34	23	11	5
	P₂w	2400～2700	1.35	90	38	31	7.5	5

3. 有机硅钻井液在北 82 井的应用

有机硅钻井液经过上述两个区块阶段性试验，基本证实有机硅钻井液具有良好的抑制性和防塌能力，有机硅 GX-1 与 FA367、PA-1 等处理剂具有良好的配伍性，并且有机硅 CX-1 的加入对钾盐钻井液、正电胶钻井液没有负面影响。为了进一步证实有机硅钻井液的特性和完善它的技术措施，决定在北 82 井二开段试验应用有机硅钻井液。

北 82 井设计为三开井，二开段采用 311mm 钻头钻开，所钻地层有第三系、白垩系和侏罗系；三开段采用 215.9mm 钻头，所钻地层有三叠系。地层特点：泥岩段长（地层岩性见附表 2），地层压力高。要求钻井液应具有较强的抑制性、失水造壁能力和良好的悬浮、携带能力。

北 82 井从 2460m 吐谷鲁群开始将钾盐聚合物钻井液转化为有机硅钻井液，转化过程无需大型处理，直接往钻井液内加入 0.5%～1%CX-1 即可，从转化前后性能来看，转化后钻井液黏切、失水都略有下降，其他性能没有发生变化。从开始使用至完井，全井钻井液性能均匀稳定，携带出的钻屑棱角分明、干净，过 60 目筛布时不糊筛，钻井液密度比同一地区的北 81 井低，井壁稳定，提下钻顺利。北 82 井钻至 4174m 时，由于地层出气，钻井液密度从 1.66g/cm³ 加至 1.86g/cm³ 后，钻井液性能基本稳定，没有发生大幅度的变化，显示了有机硅钻井液良好的固相包容能力和高密度下优良的流变性，也证明了有机硅钻井液抗温性好。北 82 井有机硅钻井液中 FA-367 和有机硅的含量分别控制在 0.5%～0.8% 和 0.5%～1% 时，只需加入少量降失水剂就可保证钻井液有较好的失水造壁性。北 82 井有机硅钻井液性能见表 8。

表 8 北 82 井所用钻井液性能

地层	井段 m	密度 g/cm³	漏斗黏度 s	表观黏度 mPa·s	塑性黏度 mPa·s	动切力 Pa	滤失量 mL
K_1tg	2460～2600	1.35	63	20	11	9	5
J_1t	2600～2900	1.35～1.56	65	45	28	31	5
J_2x-J_1s	2900～3200	1.56～1.60	68	40.5	27	13.8	4
J_1b	3200～3470	1.67	68	55	39	19.5	4
$T_{2-3}xq$	3470～3800	1.66	75	57	35	17.5	4
T_1ch	3800～4174	1.66～1.86	92	80	40	40.88	4

五、使用有机硅钻井液的几点认识

（1）有机硅钻井液具有良好的流变性，具有很强的加重能力和高温稳定性，特别适合深井和地层压力高的地区。

（2）有机硅钻井液具有较强的抑制性和防塌能力，较低的滤失量和较低的摩阻系数，有很宽的膨润土容量，与常用的降黏剂、降失水剂、井壁稳定剂、润滑剂等钻井液助剂都有很好的配伍性。

（3）有机硅钻井液具有很好的可逆性，钻井液体系之间相互转化时安全、稳定、维护简单、劳动强度低。

（4）由于有机硅钻井液较强的抑制性和较低的高温高压失水量，减少了钻井液滤液和微粒对储集层的损害，从而有效地保护了油气层。由于不加或少加无机盐类处理剂，完井电测有利于钻井液电阻率 R_m 大于 $0.8\Omega \cdot m$，确保了电测资料的准确解释。

六、存 在 问 题

（1）有机硅钻井液只在准东三个区块分井段进行了试验应用，在全井进行应用的配方、使用方法和技术措施有待探索。

（2）有机硅钻井液的高温稳定性只是在室内实验中得到了证实，由于试验井的井底温度最高也只有 100℃左右，因此它的高温稳定性在现场应用中还有待于进一步探索。

（3）有机硅与无机盐（KCl）的配合使用，还需要进一步完善，增加该体系的使用范围，以便能够推广使用。

表9　沙南钻遇地层剖面及岩性

地层	底界深度，m	厚度，m	岩性简述
第四纪	30	30	浇灰黄色散砂、未成岩
晚第三纪	750	720	棕红色泥岩、膏泥岩夹灰色不等粒砂岩
早第三纪	900	150	棕褐色泥岩、棕褐色膏泥岩
白垩系	1380	480	棕色、棕褐色泥岩、灰色粉砂岩
侏罗系	1688	308	灰褐色、灰黑色泥岩、灰色细砂岩
三叠系	2375	687	灰色、棕褐色泥岩、砂质泥岩
二叠系	2700	325	灰色、褐灰色泥岩、砂质泥岩

表10　北82井钻遇地层剖面及岩性

地层	底界深度，m	厚度，m	岩性简述
第四系	300	300	黄色黏土和灰色砾岩
第三系	1730	1430	棕褐色泥岩、棕红色膏泥岩砂砾岩
白垩系	2630	990	棕褐色泥岩、紫灰色泥岩、砂质泥岩
侏罗系	3450	820	灰色砂岩、炭质泥岩
三叠系	4174	724	棕褐色泥岩、灰色砂岩、碳质泥岩

聚硅氟钻井液体系在柳南 L102－P1 水平井的应用

张淑霞　杨景中　赵树国　卢叔芹　李祥银

（冀东油田勘探开发工程监理公司）

摘　要　L102－P1 井是冀东油田部署在柳赞油田柳 102 区块北部高点的第一口中曲率半径开发水平井。其目的是改善该区块馆陶组 Ⅱ4 底水油藏的开发效果，提高产能和采收率。该区块储层为馆陶组疏松地层，岩性为泥岩、细砂岩、含砾不等粒砾岩。该区块在斜井段和水平段采用聚硅氟钻井液体系，其应用结果表明：该体系钻井液性能稳定，易于维护和调整；具有强抑制防塌性能，页岩回收率高，能满足井眼稳定的需要，井径扩大率小；井眼净化效果好；摩阻系数低，完井测井一次成功，固井和下套管顺利。整个施工期间未发生与钻井液性能有关的复杂情况，油层保护效果好，渗透率恢复值高。

关键词　聚硅氟钻井液　水平井　井壁稳定　井眼净化　润滑防卡　油层保护

一、储 层 特 征

柳 102 区块馆陶组构造是发育在高柳断层下降盘、被断层复杂化的逆牵引背斜构造。该区块馆陶组为一辫状河沉积。从上到下河流能量逐渐减弱，单砂体厚度变细，一般为 2.0～19m。但由于靠近物源，含砾砂岩依然可见。

储层岩性主要为不等粒砂岩和细砂岩，部分为中砂岩。岩石碎屑以石英为主，长石次之，含有少量暗色矿物。岩屑中以溶岩岩屑为主。岩石类型主要为不等砾砂岩和细砂岩，胶结物含量少，以高岭石为主，其次为绿泥石、蒙皂石等；胶结类型以孔隙—接触式为主，颗粒圆度呈次圆状，分选中等。

孔隙类型为粒间孔、粒间溶孔和粒内溶孔等。孔喉半径变化大（0.4～100μm），储层平均孔隙度在 31.2%，渗透率在 1640mD 属中—高孔渗储层。邻井储层敏感性试验见表 1。

表 1　LN2－6 井明下段和馆陶组储层敏感性试验

敏感性	层位	样品总数	储集层敏感性实测结果样品数					
			强	中偏强	中	中偏弱	弱	无
水速敏	N_m	3	1	—	—	—	2	—
	N_g	16	—	—	—	7	9	—
水敏	N_m	3	—	2	—	1	—	—
	N_g	16	—	5	—	5	5	—
盐酸敏	N_m	3	—	—	1	—	2	—
	N_g	16	—	1	6	—	7	2

从表 1 可见水速敏特征：N_m 强—弱，N_g 中偏弱—弱；水敏特征：N_m 中偏强—中偏弱，N_g 强—弱；盐速敏特征：N_m 中—弱，N_g 中偏强—无。

该区块油藏分布主要受构造控制，高部位为油，低部位为水，属块状底水油藏，储集层压力系数低。

二、工程概况

L102-P1 井为中曲率半径,双增双稳井身剖面水平井,位于河北省滦南县柳赞乡西南约 5km,构造位置是柳赞油田柳 102 区块 $N_gⅡ4$ 油藏构造高部位。设计完钻井深 2474m,最大井斜角 89.4°,水平位移 652m,水平段长 334.5m。

该井一开用 $\phi444.5mm$ 钻头钻至井深 160m,下入 $\phi339.7mm$ 套管至井深 157.9m;二开用 $\phi311.1mm$ 钻头钻至井深 1603m,下入 $\phi244.5mm$ 技套至井深 1600.32m;三开用 $\phi215.9mm$ 钻头钻至井深 2478m 下入 $\phi139.7mm$ 油套至井深 2475m。根据水平井轨道控制的总体要求,该井从二开斜井段采用 MWD、导向钻具进行井眼轨迹监测和控制;三开后采用 LWD 进行井眼轨迹监测和控制。该井从 1630m 处开始造斜,至垂深 1957.38m 处钻达 A 靶点,造斜率为 7°/30m。该井完钻井深 2478m,最大井斜 92.2°,方位 71.68°,水平位移 662.91m,水平段长 344m。该井采用尾管固井技术,该井固井质量优质。

根据该井特点,我们在斜井段和水平段采用了聚硅氟钻井液体系。

三、技术难点

(1)柳南地区明化镇地层蒙脱石含量高,易水化膨胀造浆,造成井眼缩径和钻井液黏土污染;另外,三开井段采用了 PDC 钻头,钻速快,容易造成起下钻阻卡现象,因此抑制地层造浆是该井钻进中的难点。

(2)该井目的层(水平段)馆陶组地层属岩性胶结相对松散的砂岩地层,机械钻速快,在井斜角达到 40°~50°的井段容易形成岩屑床,并会沿液流相反的方向滑动,从而导致井下复杂情况的发生。

(3)随着井斜角的增大,地层的坍塌压力增大,破裂压力降低,同时由于目的层的压力系数较低,水平井施工使用较高的钻井液密度,更容易发生井壁垮塌、黏卡和井漏等复杂情况。该井井身剖面设计为"直—增—稳—增—稳—平"的形式,靶区有两个靶点,使得钻柱与井壁的接触面积大,进而使摩阻与黏附力增大,因此,如何改善泥饼质量,降低钻柱与井壁的摩阻和扭矩,防止井壁坍塌、卡钻事故的发生显得尤为重要。

(4)该井由于井斜角大,因此,在大斜度井段及水平井段如何保持井壁稳定,防止井径扩大是难点。

(5)由于水平井在钻进过程中作用于地层的压差较大,再加上该井储集层压力系数低,使用的钻井液密度相对较高,油层裸露方向由纵向变成横向,增加了油层保护工作的难度。因此,在斜井段和水平井段,如何保护好储层是该井能否钻探成功的关键。

四、钻井液技术

1. 室内研究

1)抑制性

(1)页岩滚动回收率。选用柳 102 区块易塌井段的岩心,在 120℃下滚动 16h,评价不同体系钻井液对页岩回收率的影响，结果见表2。由表2可以看出，聚硅氟钻井液体系的页岩回收率明显增大，证明该体系能很好地抑制泥页岩的水化膨胀与分散，其性能优于目前使用的聚合物钻井液体系的抑制性。

表2　不同体系钻井液岩心回收率对比

项　目	岩心加量 g	回收量 g	回收率 %
抑制性体系	50	35.2	70.4
聚合物体系	50	39.2	78.4
聚硅氟钻井液体系	50	45.1	90.2

(2) 防膨效果。选用柳102区块易塌井段的岩屑，用页岩膨胀仪分别测岩屑膨胀高度。实验结果见图1。从图1中可以看出：硅稀释剂＋硅稳定剂的防膨效果（曲线3）较好，尤其当时间超过24h之后，其抑制性更强，岩屑在其中的膨胀高度更低。

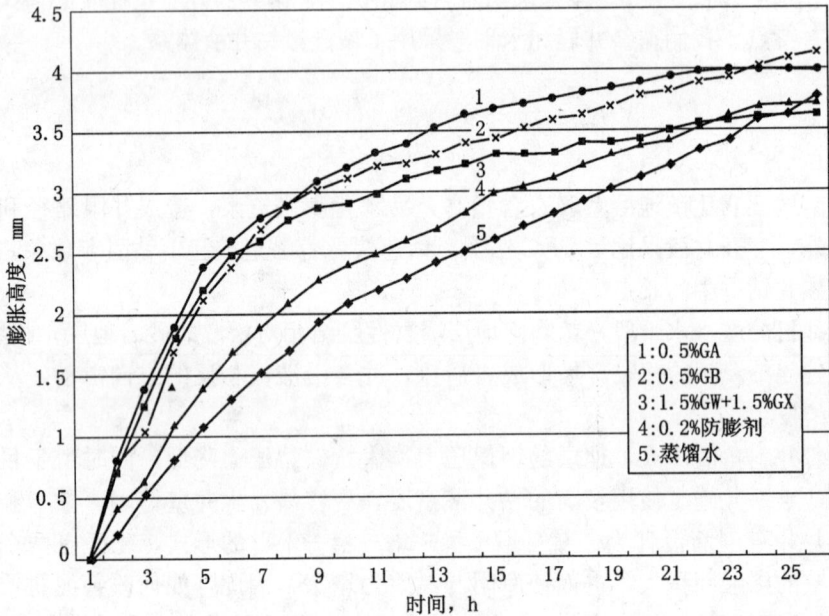

图1　防膨效果图

2. 钻井液配方的确定及润滑剂的选择

(1) 钻井液配方的确定。通过一系列的实验及对多种处理剂的评价，研究设计了适合该区块钻井液技术方案，有针对性地优选了钻井液性能参数，并通过室内实验评价了优选钻井液配方的油层保护效果，确定该井在定向造斜井段及水平井段选用聚硅氟钻井液体系。聚硅氟钻井液体系的配方如下：

5%土粉＋0.3%强力包被剂HFB－102＋1%抗盐降滤失剂－Ⅰ＋2%聚硅氟稳定剂GF-WJ＋2%聚硅氟稀释剂GXJ＋1%聚硅氟抑制剂GTJ＋5%～10%渣油＋1.5%润滑防塌剂HRT－101＋1.5%磺化酚醛树脂SMP＋0.5%多功能井壁保护剂＋1%磺化沥青。

该井在上部地层采用聚合物钻井液，通过聚合物的絮凝和抑制作用，防止地层造浆，在定向造斜及水平井段采用聚硅氟钻井液，一方面通过聚硅氟钻井液中甲基硅醇钠含有的Si－OH键与黏土表面形成牢固的化学吸附，防止含泥岩井壁的吸水剥落坍塌，削弱钻井液中黏土形成的网架结构，使其具有较好的流变性和润滑性能；另一方面通过聚合醇的浊点效应，使之在保护油气层的同时，以其电性抑制和成膜作用稳定井壁，防止垮塌。

（2）润滑剂的选择。在上述配方中，混8%～12%原油，并辅以相应的液体润滑剂，使之在钻具、套管、井眼、钻屑表面形成吸附膜，使钻具与井眼之间的固—固摩擦变为活性剂非极性端之间或油膜之间的摩擦；另配合少量能够以物理和化学吸附作用在钻具和井壁上形成隔离润滑膜的固体润滑剂，使钻具与井眼间由滑动摩擦转化为滚动摩擦，从而使钻具的摩擦阻力和转盘扭矩大大降低，保证施工的安全。

3. 钻井液体系的主要优点

（1）具有抑制性强、防塌能力好的特点，能够满足该区块水平井井壁稳定的要求。

（2）润滑性能好，摩阻和扭矩低，能满足水平井施工过程中摩阻控制的需求。

（3）流型易于调整，携岩能力强，井眼净化效果好，钻速高，井下复杂情况少。

（4）油层保护效果好，能够满足大斜度井段及水平井段油层保护的需要，渗透率恢复值高。

（5）防漏堵漏效果显著，封堵材料能够在很短的时间内在近井筒附近形成渗透率很小、且具有一定强度的屏蔽暂堵带。

五、现 场 应 用

（1）一开井段（0～160m）采用膨润土浆。按5%加量配量60m³膨润土浆，预水化24h后开钻，并在钻进过程中用CMC胶液处理，以使钻井液保持一定的黏切，保证钻进、下套管和固井顺利。

（2）二开井段（160～1603m）所钻层位为平原组及明化镇组地层，该井段采用钾铵基聚合物钻井液，其配方为：0.3%强力包被剂HFB－102＋1%抗盐降滤失剂－Ⅰ＋0.5%抗盐降滤失剂－Ⅲ＋1.5%润滑防塌剂。

钻进过程中将强力包被剂HFB－102、抗盐降滤失剂－Ⅰ或抗盐降滤失剂－Ⅲ、NaOH配成胶液，以细水长流的方式不断补充，强化聚合物包被剂对钻屑固相的絮凝包被作用，提高钻井液的抑制性，提高携砂能力；定时补充润滑防塌材料，改善泥饼质量，保证动力钻具施工的润滑和携砂效果；控制钻井液pH值在7～9之间。

（3）三开井段（1603～2478m）是本井裸眼大斜度井段，地层压力系数低，所钻层位明化镇下段馆陶组疏松地层，其难点是防键槽卡钻、携岩、润滑降摩阻和抑制地层造浆。此段采用聚硅氟钻井液体系以提高其防塌抑制性和润滑性。

三开前首先充分净化二开钻井液，清除有害固相，用纯碱预处理后钻水泥塞，钻完水泥塞后，放掉一部分膨润土含量较高的二开聚合物钻井液，加水稀释后开泵循环，根据聚硅氟钻井液配方，依次向钻井液中加入各种钻井液材料，用NaOH调整pH值至8～11，转型为聚硅氟钻井液。用石灰石粉将钻井液密度提高至1.15g/cm³，循环均匀后三开。

钻进时钻井液以维护为主，避免钻井液性能大幅波动。

①在防塌方面。在钻进过程中，及时补充GFWJ、GTJ和GXJ胶，充分利用有机硅分子易与黏土颗粒表面吸附的特性，形成牢固的化学吸附层，使黏土表面产生润湿反转，阻止和减缓了黏土表面的水化作用，从而有效地防止泥页岩的水化膨胀坍塌，提高了钻井液

的抑制性。另外，在大斜度井段及时向钻井液中补充页岩稳定剂、磺化酚醛树脂 SMP－1 和多功能井壁保护剂、润滑防塌剂 HPT－101 及降滤失剂的有效含量，改善泥饼质量，严格控制中压滤失量 FL 不大于 3mL，高温高压滤失量 HTHP 不大于 12mL，增强泥饼的强度和韧性，以提高井壁稳定性。

②在润滑防卡方面。充分利用固控设备，清除有害固相，控制钻井液的含砂量不大于 0.3％，并根据井下情况尽量保持较低的钻井液密度，且每钻进 100～150m 进行一次短起下，以破坏岩屑床的形成。从三开至完钻，分三次向钻井液中混油，并根据摩阻的变化，及时补充水基润滑剂，以改善泥饼质量，控制摩阻和扭矩，确保摩阻系数不大于 0.08。另外，在水平段加强短起下次数，下钻到底，充分循环除砂；及时活动钻具，使钻具在井下静止时间不超过 3min，防止黏卡；水平段钻井液环空流型以紊流为主，保持泵排量在 30L/s 以上，充分清除岩屑床。电测和固井前向井内泵入黏度 80～100s 的清扫液，保证井眼清洁，并在裸眼井段加入固体润滑剂，将钻柱与井壁之间的滑动摩擦变为滚动摩擦，从而降低摩阻和扭矩，防止卡钻事故的发生。

③在油层保护方面，根据储层特性，在钻达目的层前，调整好钻井液性能，钻进中充分利用固控设备，控制好钻井液的含砂量及无用固相，采用近平衡钻进，以减少压差对油气层造成的损害；严格控制滤失量，尽量缩短钻井液对油气层的浸泡时间。另外，在进入主力油层前，提前向钻井液中加入 2％～3％ 的暂堵剂（超细碳酸钙），并在钻进过程中及时补充封堵材料，保持钻井液中暂堵剂的有效含量，以提高暂堵剂通过上井壁的机会，增强防漏堵漏效果，并提高暂堵带的承压能力；同时提高堵漏浆液的黏度和切力，以增强携带暂堵材料的能力。

钻井液性能见表 3、表 4。

表 3 L102－P1 井钻井液性能

井深 m	密度 g/cm³	漏斗黏度 s	塑性黏度 mPa·s	动切力 Pa	中压滤失 mL	pH 值	摩阻系数
497	1.04	33	7	1	6	11	0.0875
910	1.08	32	6	1	5.5	10	0.0787
1294	1.10	34	9	1	4.8	9	0.0875
1603	1.10	37	10	2.5	5.6	8	0.0787
1831	1.15	48	23	3	2.4	11	0.0699
2021	1.16	54	24	2	2.0	11	0.0787
2171	1.16	57	27	8.5	2.0	11	0.0699
2346	1.18	57	28	12	3.0	11	0.0787
2438	1.16	58	30	8.5	1.0	10	0.0699

表 4 现场取样化验检测结果

井深 m	表观黏度 mPa·s	塑性黏度 mPa·s	动切力 Pa	初切/终切 Pa/Pa	中压滤失 mL	泥饼 mm	高温高压滤失 mL	膨润土含量 g/L	固含 ％	岩心回收率 ％	摩阻系数
1890	26.5	21	5.5	1.5/4.0	2.8	0.6	9.6	67.9	13	70.8	0.05
1974	30.5	21	9.5	1.5/3.5	2.0	0.5	7.2	64.4	15	92.4	0.03
2171	34.5	26	8.5	2.0/4.0	1.0	0.5	7.2	64.4	18	93.4	0.03
2460	34.5	35	12	3.5/4.0	0.8	0.5	4.8	64.4	17.5	—	0.02

六、应用效果分析及初步认识

（1）聚硅氟混油钻井液体系抑制防塌性强，井壁稳定，返出的岩屑分明，井径扩大率低，能满足该区块水平井施工要求。

（2）在井斜 30°以后的井段，钻井液环空返速是有效携屑的重要保证，条件允许时环空返速应达到 0.9m/s，最好达 1.1m/s。

（3）水平井段钻进时，强化固控措施，不仅对改善井眼净化和钻井液的润滑性，防止黏卡事故的发生有着积极的作用，同时还有助于钻井液性能的优质稳定和降低成本。

（4）在泥饼摩阻系数较低的情况，观察起钻上提拉力、下钻阻力，并观察下钻到底循环过程中钻屑返出量，是判断井眼干净的最简单方法。钻进过程中转动转盘并大排量循环洗井是弥补井眼净化不足和检查井眼净化程度的手段。短起下钻和旋转井下动力钻具划眼，是破坏岩屑床的最佳方法。

（5）在易漏井段钻进时，适当提高钻井液的黏度及提前加入适量的封堵剂，边钻边堵是防止井漏事故发生的基本方法；钻井液触变性大，静止时间长，下钻要分段循环，以免蹩漏地层；增加堵漏剂的加量是提高堵漏剂通过井眼上侧漏失地层时防漏堵漏成功的关键。优选合理的水平井段长度，防止过高的压耗形成高压差而发生井漏。

（6）聚硅氟钻井液体系油层保护效果好，渗透率恢复值高（在井深 2460m 处，岩心渗透率恢复值为 90.72%），投产初期平均日产油 130～150t、天然气 3000m³，且稳产时间较长。至 2003 年初，用该钻井液体系在柳 102 区块已相继完成了 5 口水平井，投产初期平均产油量为 114t/d，使该区块的采收率由 29% 提高到 40%。

（7）聚硅氟钻井液体系动塑比较低，有待进一步提高。其提高方法可根据现场钻井液流变性情况，通过添加预水化膨润土，增加结构力，达到增加钻井液动切力的目的；或通过添加聚合物降黏剂的方法，降低液相黏度，达到降低塑性黏度，从而提高动塑比。数据可见表 5。

表 5　提高动塑比实验

项　目	密度 g/cm³	塑性黏度 mPa·s	动切力 Pa	初切 Pa	终切 Pa	动塑比	滤失量 mL
原浆	1.35	25	6	2	6	0.20	3.0
加 0.3%预水化膨润土	1.35	28	14	3	7	0.50	3.0
加 0.5% XY-27	1.35	24	15	2.5	7	0.625	3.0

参 考 文 献

[1] 徐同台等著. 水平井钻井液与完井液. 北京：石油工业出版社
[2] 黄汉仁，杨坤鹏，罗平亚. 泥浆工艺原理. 北京：石油工业出版社，1981

钾钙基聚磺钻井液在准噶尔盆地腹部莫北油田的应用

戎克生　李　斌　武爱虹　郑永海　王晓虎

（新疆石油管理局钻井泥浆技术服务公司）

摘　要　新疆准噶尔盆地莫北油田中生界白垩系吐谷鲁组（300～3850m）泥岩地层水化膨胀缩径严重，阻卡频繁，地层造浆性强，钻井液流变性控制困难，电测一次成功率较低。针对以上问题采用钾钙基钻井液体系，并配合相应的钻井工程技术措施，实现了二开裸眼钻至完井。现场应用表明，钾钙基钻井液体系具有较强的抑制性，减少了泥岩地层膨胀缩径引起的井下复杂情况，实现了井壁稳定，井径规则；而且，钻井液的流变性易控制，保证了裸眼完井作业的顺利实施，提高了电测一次成功率；通过强化钻井工程技术措施，缩短了钻井周期，提高了经济效益。该区块简化井身结构共钻井 100 余口，完成井平均井深 4000m。

关键词　莫北油田　钾钙基钻井液　防塌　抑制性　封堵　简化井身结构

一、地质概况

莫北油气田位于准噶尔盆地古尔班通古特沙漠腹地，工区内地表被未固定—半固定沙丘覆盖。是被莫北 2 井东断裂和莫 005 井东断裂夹持的三角形背斜断块。

该区地层自下而上依次有侏罗系三工河组（J_1s）、西山窑组（J_2s）、头屯河组（J_2t）及白垩系吐谷鲁组（K_1tg）。

储层岩性主要为细、中粒岩屑砂岩和不等粒岩屑砂岩。黏土矿物以高岭石含量最高（47％），储层孔隙度平均为 12.3％，渗透率平均为 6.02mD，储层孔隙类型以粒间孔为主。

二、工程问题

从该区及邻区过去探井钻井地层资料来看，所钻遇地层自上而下基本是同一压力系统，地层压力系数在 1.00 左右。第三系的吐谷鲁组地层上部主要为灰褐色泥岩、粉砂质泥岩，夹中—薄层泥质粉细砂岩，底部为大段灰色砾状砂岩，钙泥质胶结，泥岩性硬脆，吸水性差—好，钻井中易吸水膨胀、剥落，造成井眼缩径、垮塌严重（特别是在 1100～1400m 井段）。因而在探井钻井中该段地层多次发生井眼缩径、垮塌，造成长井段划眼和卡钻。为了保证安全钻进和满足勘探需要，探井采用的是下技术套管井身结构，技术套管下到井深 2800m 左右，以封固上部易出现复杂情况的地层。在开发钻井中若继续采用下技术套管的井身结构，则钻井工期较长，钻井投资较大，势必影响整个区块的开发效益。因此对开发莫北油气田侏罗系三工河组油藏采用不下技术套管的钻井方案，而保持井壁稳定是实现这一技术目标的前提和关键。

三、技术难题

莫北油气田吐谷鲁组厚达 3400 多米。吐谷鲁大段泥岩吸水性强，具有较强的造浆能力，在 1200～1350m 井段，岩性为灰绿色夹棕红色胶泥岩，黏性非常强，易相互黏结。将岩心样品放入清水中，很快呈稀糊状，不成型。从岩心样品看，即使在高浓度的高聚物包被剂及高浓度无机盐环境下，仍然难以有效地控制其吸水能力。吐谷鲁组底部（3000～3300m）泥岩为棕褐色，具有较强的吸水性。

西山窑煤层厚约 10m 左右，煤层上下为硬脆性的碳质泥岩，易剥落掉块。较大的井内压力激动将导致井塌。

因此，莫 005 井区钻井的技术难点在于：简化井身结构后，如何顺利钻过上述潜在的不稳定地层，即避免上部吐谷鲁组泥岩地层缩径卡钻、下部西山窑煤层发生垮塌等复杂情况出现，直到最后电测、完井作业安全完成。

四、钻井液技术

1. 莫北油气田吐谷鲁组泥岩水化特征分析

1）岩心矿物成分分析

利用日本产 D/Max‑3C 型 X 射线衍射仪，采用定向薄片法测定岩样中矿物成分，结果见表 1。

表 1 岩样矿物成分

井号	层位	井深 m	黏土矿物绝对含量 %	各类黏土矿物绝对含量 %				非黏土矿物绝对含量 %	非黏土中不同矿物的绝对含量 %		
				蒙脱石	伊利石	高岭石	绿泥石		石英	长石	方解石
1	K_1tg	1200～1400	23	4	5		4	77	69	1	7

实验条件：Cu 靶 Ni 滤光；35kV，25mA；4°/分，0.02°/步；DS＝SS＝1°；RS＝0.3mm。

由表 1 可见，岩样中蒙脱石矿物绝对含量为 14%，其相对含量则可达 60.9%，表明该岩样具有很强的水化膨胀和水化分散潜在能力。

2）岩样膨胀实验评价

莫北泥岩在清水中的线膨胀率见表 2。

表 2 清水中泥岩线膨胀数据

岩样	试液	样高 mm	2h mm	16h mm	2h 膨胀率 %	16h 膨胀率 %
莫北泥岩	清水	12.3	＋2.78	＋3.35	20.2	27.2

注：膨胀实验条件：称取烘干样品 10g；制样：压力 50kg，稳压 5min。

由表 2 可见，岩样的 2h 膨胀率较高（20.2%），16h 膨胀率增加不大（27.2%），表明其具有吸水初期膨胀速率较快，后期膨胀速率变小的特点。

3）岩心热滚动分散实验评价

莫北泥岩在清水中的热滚动分散实验结果见表 3。

表 3　岩心热滚动分散实验数据

岩 样	试 液	样重 g	40目烘干重 g	40目烘干平均重 g	40目回收率 %
莫北泥岩	清水	50.0	0.3	0.3	0.6
莫北泥岩	同上	50.0	0.3		
莫北泥岩	同上	50.0	0.25	0.25	0.5
莫北泥岩	同上	50.0	0.25		

注：风干样品：6—10目；滚动温度：80℃±1℃；滚动时间：16h。

表 3 分散数据说明，莫北泥岩的分散性非常强烈，清水中的 40 目回收率几乎为零。

4）岩心 CST 实验评价

莫北泥岩在清水中的 CST 分散实验结果如表 4 所示。

根据岩样在清水中 m、b 值大的特点，表明该组泥岩水化分散性特强。

表 4　岩心 CST 实验数据

岩 样	试 液	20s	60s	120s	m	b
莫北泥岩	清水	196.5	295.6	375.4	35.055	172.32

注：回归方程 $y = mx + b$，m 值越大，水化分散越快；b 值越大，瞬时破裂的胶体颗粒越多。

5）岩心浸泡实验分析

取岩心样品 20g，将其浸入装有 100mL 试液的烧杯中，室内静置，观察岩心样品随时间的变化情况，结果见表 5。

表 5　岩心浸泡实验

岩 样	试 液	10min 现象描述	60min 现象描述	24h 现象描述
莫北泥岩	清水	遇水分散、剥落速度较快，到10min 时近 90% 已分散。	完全分散	完全分散

注：泥岩浸泡实验条件：泥球泥岩样品；样品尺寸：10～15mm。

表 5 的岩心浸泡实验再次表明了岩样本身异常强烈的分散性质。

2. 水化作用对井壁稳定性的影响分析

根据前面实验研究分析，吐谷鲁组地层水化作用引起井壁失稳的基本机理为：

(1) 钻井液的达西流、毛细管流进入地层微缝隙和孔隙后，产生了如下作用后果：对于含水敏性矿物较多的吐谷鲁组泥页岩，水化作用造成岩石内膨胀压增加，减小了岩石的有效应力，同时使得岩石颗粒间胶结力减弱，岩石强度降低。

(2) 由于不利的黏土阳离子交换等引起的膨胀压增加，减小了岩石有效应力。

以上有效应力减小和强度降低，使位于该地带弱点处的井壁岩石处于危险的剪切屈服状态，极易导致岩石整体膨胀变形。如果岩石膨胀超过屈服状态，井壁泥页岩将被破坏，出现缩径、掉块等现象。

显然，对于含水敏性矿物较多的呈塑性泥页岩吐谷鲁组地层，井壁失稳的决定因素是进入地层流体的化学特性，其可控因素为钻井液的抑制性。对于含水敏性矿物少的致密硬脆性西山窑煤层上下的碳质泥岩页岩地层，井壁失稳的决定因素是孔缝的发育程度和压力传递大小，其可控因素是近井壁地层渗透率大小及封堵层衰减压力能力的强弱。

3. 抑制水化实验研究

1）抑制泥岩膨胀实验

实验仪器为 NP-01 型页岩膨胀仪。选取典型的抑制性无机盐 KCl、CaO 以及钻井液体系作试液，与清水进行抑制岩样膨胀实验，实验结果见表 6。

表 6　抑制泥岩膨胀实验

序号	岩样	试液	样高 mm	2h 增高 mm	16h 增高 mm	2h 膨胀率 %	16h 膨胀率 %
1	莫北泥岩	清水	12.3	2.78	3.35	26.2	27.2
3	莫北泥岩	5%KCl 溶液	12.8	2.7	2.86	21.09	22.34
5	莫北泥岩	0.2%CaO 溶液	12.6	2.24	2.91	17.78	23.09
8	莫北泥岩	1#钻井液	12.8	2.2	2.55	17.2	19.9
9	莫北泥岩	2#钻井液	12.9	2	2.27	15.5	17.6

注：1#钻井液配方：4%膨润土浆＋0.6%JT-888＋0.3%MAN104＋0.5%FN-1＋2%KT-100＋3%HLF-2＋2%SMP-1（干）＋5%KCl＋0.2%CaO＋5%原油；2#钻井液配方：3%膨润土浆＋0.5%JT-888＋0.5%MAN104＋2%KT-100＋3%HLF-2＋2%SMP-1（干）＋2%SPNH＋5%KCl＋0.2%CaO＋5%原油。

用表 6 中实验数据作图，得到图 1。

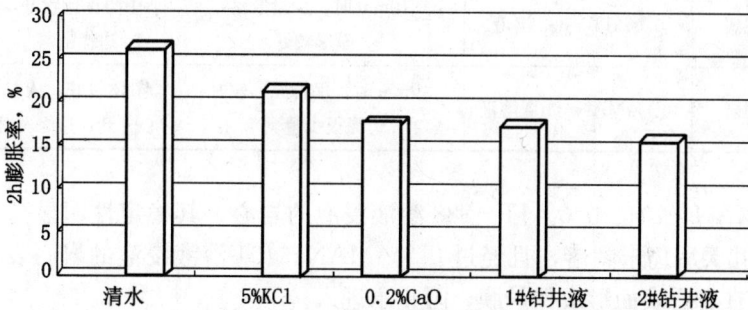

图 1　各种试液 2h 线膨胀率柱状对比图

综合对比来看，2#钻井液的抑制膨胀能力最好，抑制膨胀能力排序为：2#钻井液＞1#钻井液＞0.2%CaO＞5%KCl＞清水。

2）抑制页岩分散实验

（1）泥岩的热滚动分散性抑制实验。

实验仪器：滚子炉、分样筛。莫北泥岩的热滚动分散性抑制实验结果见表 7。

表 7　泥岩热滚动分散性抑制实验

序号	岩样	试液	样重 g	40 目烘干重 g	40 目烘干平均重 g	40 目回收率 %
1	莫北泥岩	清水	50.0	0.3	0.3	0.6
2	莫北泥岩	同上	50.0	0.3		
3	莫北泥岩	同上	50.0	0.25	0.25	0.5
4	莫北泥岩	同上	50.0	0.25		
6	莫北泥岩	5%KCl 溶液	30.0	5.0		16.7
8	莫北泥岩	0.2%CaO 溶液	30.0	5.0		16.7
17	莫北泥岩	1#钻井液	50.0	43.0		86.0
20	莫北泥岩	2#钻井液	50.0	43.0		86.0

由表 7 可见，在清水中泥岩回收率近乎于零的情况下，盐溶液、1♯钻井液、2♯钻井液均能不同程度提高滚动回收率。抑制分散能力综合排序为：钻井液＞盐溶液＞清水。这个排序与抑制膨胀能力排序相似。

（2）泥岩浸泡实验。

实验结果见表 8。

表 8　莫北泥岩浸泡实验结果

序号	岩　样	试　液	10min 现象描述	60min 现象描述	24h 现象描述
1	莫北泥岩	清水	遇水分散、剥落，速度较快，到 10min 时近 90% 已分散	完全分散	完全分散
2	莫北泥岩	5%KCl 溶液	10min 时近 80% 分散	少量未分散	完全分散
3	莫北泥岩	0.2%CaO 溶液	10min 时近 70% 分散	少量未分散	完全分散
4	莫北泥岩	0.3%JT-888 溶液	10min 时，少量散落，原形较好	中心保持较好，边缘散落	未完全分散
5	莫北泥岩	0.6%JT-888 溶液	10min 时，少量散落，原形较好	中心保持较好，边缘散落	未完全分散
6	莫北泥岩	0.3%MAN-104 溶液	10min 时，保持原形较好，边缘很少量剥落	整体较好，从中心分开，边缘剥落	保持较好

经 0.3%MAN-104、0.6%JT-888 溶液浸泡的岩心，其稳定性明显高于经其他溶液浸泡的岩心，几天后仍未剥落，且经过 0.3%MAN-104 溶液浸泡的岩心表面很硬，表明 MAN-104 能在岩心表面形成保护膜，阻止水进入。

（3）钻井液防塌能力评价。

岩样水化前及不同试液水化一定时间后的不同针入深度对应的剪切应力值实验结果见表 9。其中 1♯浆：4%膨润土浆＋0.6%JT-888＋0.4%MAN-104＋0.5%FN-1＋2%KT-100＋3%HLF-2＋2%SMP-1＋5%KCl＋0.2%CaO＋1%～2%原油。

表 9　不同针入深度对应的剪切应力值

试液	水化时间 min	针入深度，mm										
		2	3	4	5	6	7	8	9	10	12	14
无	0	5.464	4.475	4.009	3.684							
清水	30	0.251	0.201	0.203	0.320	0.531	0.717	0.865	0.976			
1♯浆	30	0.319	0.291	0.300	0.415	0.643	0.856	1.020	1.139			
	60	0.800	0.520	0.421	0.393	0.495	0.660	0.826	0.966			
	330	0.494	0.410	0.351	0.311	0.281	0.256	0.237	0.221	0.208	0.196	0.211

3）泥页岩水化时效（能力）评价

泥页岩与试液（清水、处理剂溶液、钻井液）接触后，泥页岩一般来说要产生水化（在某些情况下也可能产生去水化）。水化的结果必然是使其强度降低，并且这一过程是与水化时间密切相关的。因此非常有必要测定水化过程中泥页岩强度的变化。用自动针入度仪就可以测定不同水化时间的岩样的剪切应力，来反映岩样强度随水化时间的变化。对不同的岩样，也可以相对比较其水化能力的差异。图2为水化时间对莫北油气田1000～1200m吐谷鲁组泥岩样剪切应力的影响，所用试液为1♯浆。

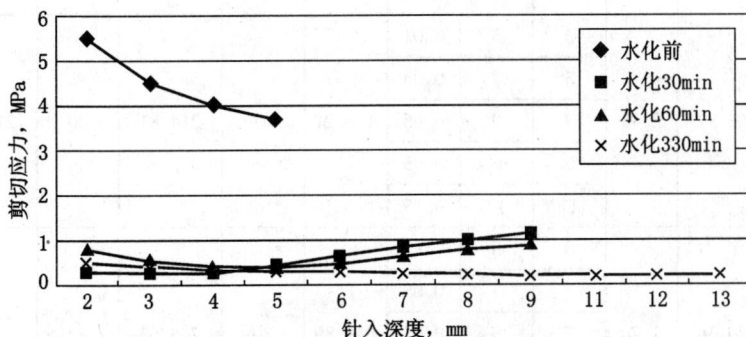

图2　岩样剪切应力随水化时间的变化

由图2可见：

（1）水化前后剪切应力随针入深度的变化规律有所不同；

（2）随水化时间增长，对应针入深度的岩样剪切应力减小，说明其强度随水化时间增长而降低；

（3）水化前泥页岩强度较高，泥页岩水化后剪切应力大幅度降低，这也说明阻止水进入泥岩防止泥岩水化的重要性。

4. 硬脆性页岩地层封堵实验研究

西山窑上下部地层为硬脆性的碳质泥岩，易剥落掉块，煤层本身也容易垮塌。硬脆性地层的特征是微裂缝比较发育，岩石完整性参数较差，岩石的水化作用弱。硬脆性泥页岩地层井壁不稳定的关键是其"微裂缝"和"高渗透性"所至。只要能在近井壁地层形成一层致密的不透水层，防止水继续渗入，井内液柱压力就能有效支撑井壁，防止井壁失稳。

（1）根据地层岩性的差异，制作出了硬脆岩心和松散岩芯，分别模拟硬脆性岩石和松散岩石。

（2）封堵钻井液的配制：4％膨润土浆＋0.6％JT－888＋0.3％MAN－104＋0.5％FN－1＋2％KT－100＋3％HLF－2＋2％SMP－1＋5％KCl＋0.2％CaO＋1％～2％原油；

（3）封堵实验。封堵条件为：围压5MPa，驱动压力3.5MPa，封堵时间10min。实验数据见表10。

5. 实验研究结论

针对莫005井区土谷鲁组地层不稳定特点，开展了该地层岩样水化与抑制水化实验研究，评价了多种抑制性处理剂，并对该组地层潜在的不稳定机理进行了分析；针对西山窑上下部硬脆性多裂缝地层，开展了封堵机理和封堵实验研究，获得如下结论。

（1）吐谷鲁组岩样中蒙脱石矿物绝对含量为14％，其相对含量则可达60.9％，表明该地层具有很强的水化膨胀和水化分散潜在能力。膨胀实验表明，岩样的2h膨胀率较高

（20.2%），16h 膨胀率增加不大（27.2%），表明其具有吸水初期膨胀速率较快，后期膨胀速率变小的特点。

表 10　封堵实验数据

岩心号	试验类型	K_{w1} mD	封堵总滤失量 mL	强度试验			反排 K_{w2} mD	K_{w2}/K_{w1} %	去饼反 K_{w3} mD	K_{w3}/K_{w1} %	大排量反 K_{w4} mD	K_{w4}/K_{w1} %
				驱动压力 MPa	围压 MPa	2min滤失量 mL						
硬脆岩心1#	封堵强度反排	266.87	2.45	3	5	0.01	178.21	67	214.81	80	214.81	80
				5	7	0.05						
				7	9	0.05						
				9	11	0.05						
				11	13	0.05						
硬脆岩心2#	封堵强度反排	920.38	1.70	3	5	0	646.89	70	763.63	83		
				5	7	0.05						
				7	9	0.05						
				9	11	0.05						
				11	13	0.05						
松散岩心1#	封堵强度反排	256.14	4.0	3	5	0	76.00	30				
				5	7	0.10						
				7	9	0.15						
				9	11	0.15						
				11	13	0.15						
松散岩心2#	封堵强度反排	333.52	3.0①	3	5	0.05	270.91	81				
				5	7	0.10						
				7	9	0.10						
				9	11	0.10						
				11	13	0.15						
硬脆岩心3#	封堵反排	563.80	1.10				553.89	98				
松散岩心3#	封堵反排	839.76	2.85②				574.57	68			642.32	76

①其中失砂量为 0.15mL；②其中失砂量为 0.10mL。

（2）热滚动和 CST 分散实验表明，土谷鲁组泥岩水化分散性非常强烈。

（3）吐谷鲁组地层水化作用引起井壁失稳的基本机理为：

①钻井液的达西流、毛细管流进入地层微缝隙和孔隙后，水化作用造成岩石内膨胀压增加，减小了岩石的有效应力，同时使得岩石颗粒间胶结力减弱，岩石强度降低；

②由于不利的黏土阳离子交换等引起的膨胀压增加，减小了岩石有效应力。

（4）对于含水敏性矿物较多的、呈塑性的泥页岩吐谷鲁组地层，井壁失稳的决定因素是进入地层流体的化学特性，其可控因素为钻井液的抑制性。

（5）对于含水敏性矿物少的致密硬脆性西山窑煤层上下的碳质泥岩页岩地层，井壁失稳的决定因素是孔缝的发育程度和压力传递大小，其可控因素是近井壁地层渗透率大小及封堵层衰减压力能力的强弱。

（6）抑制泥岩膨胀性试液及钻井液排序为：钻井液＞CaO＞KCl。

（7）抑制泥岩分散性试液及钻井液排序为：钻井液＞CaO＞KCl。

6. 钻井液体系的选择

根据抑制泥岩水化及防塌实验研究结果和莫北油田的具体情况，选择钾钙基聚磺混油钻井液体系为莫北油气田钻井的主要钻井液体系。该钻井液体系具有以下特点：

（1）以控制固相粒子分散度为核心，体系中加入强抑制性的无机盐；

（2）通过钾、钙离子的协同抑制作用，使黏土离子处于适度絮凝的粗分粗态，大幅度提高体系的固相容量限和抑制泥页岩水化能力；

（3）用 CaO 沉淀 HCO_3^- 和 CO_3^{2-}，除掉对钻井液性能有破坏作用的化学污染源；

（4）以磺化聚合物处理剂控制黏土粒子分散度，提高泥饼质量，减小钻井液向井壁的滤失量；

（5）·用磺化沥青和油溶性树脂提供可变形的软粒子，进一步封堵井壁微裂缝，增强井壁的稳定性。

钻井液配方为：4%膨润土 + 0.2%Na_2CO_3 + 0.2%KOH + 0.5%～0.6%JT－888 + 0.8%FN－1 + 0.3%～0.5%MAN－104 + 3%～5%SMP－1 + 1%～2%SPNH + 3%～5%HLF－2 + 5%～7%KCl + 3%～5%KT100 + 0.1%～0.5%CaO + 3%～5%原油 + 0.1%～0.2%ABSN + 铁矿粉。

钻井液性能见表 11。

表 11　钻井液性能参数

井段 m	密度 g/cm³	漏斗黏度 s	滤失量/线性膨胀量 mL/mm	pH 值	静切力 Pa/Pa	塑性黏度 mPa·s	动切力 Pa	Cl⁻ mg/L	Ca²⁺ mg/L
0～500	1.05～1.15	50～80	≤10						
～3980	1.22～1.25	45～70	≤5/0.5	9～10	(1～6)/(5～15)	20～35	8～15	目的层 8000～10000	500～800

五、莫北油气田钾钙基聚磺钻井液体系现场应用情况

1. 钻井液技术措施

（1）一开采用高膨润土－CMC 钻井液钻穿流沙层，保证携岩，防窜、防漏，确保下套管及固井作业顺利。实施过程中有部分井用处理后的老浆开钻。

（2）二开要求按设计配方配制钻井液，依次加入 MAN－104、JT－888、FN－1、SMP－1、HLF－2 等；KCl 转化时加量为 7%，钻井中保证含量在 3%～5%；混入原油 3%～5%。

（3）开钻后，按设计要求足量加入 MAN－104 和 KCl。钻进中随时采用胶液的方式补充维护，保证钻井液的强抑制性；采用 JT－888 辅助 FN－1 降低钻井液 API 滤失量，SMP－1 改善滤饼质量；上部井段要求加足防塌剂 HLF－2，加量在 5% 左右，适当加入轻钙，加强钻井液的防塌、封堵性；井深 2000m 以下井段以 KT－100 和 KZD－1 加强钻井液的防塌、封堵性，保证滤饼有较好的防透性，通过现场实践说明 KT－100 加量控制在 3%～5%、KZD－1 加量控制在 1%～2% 较为合适；混入 3%～5% 原油，提高钻井液的润滑性。

（4）钻至井深 1100m 钻井液密度提至 1.20g/cm³ 以上，井深 1500m 以下井段钻井液密度为 1.22～1.25g/cm³，保证安全钻进。

（5）钻井液维护以胶液为主，采取细水长流的办法，避免钻井液性能波动过大；配制胶液时，先在胶液罐中加入清水和大分子包被剂，待大分子溶解后再加入降滤失剂、防塌剂等其他处理剂；CaO 在循环罐泥浆槽上由专人负责按循环周均匀加入。

（6）二开后常规性能每班测两次，滤液分析每两天测一次；井深 3000m 以后每两天测一次 HTHP 滤失量。

（7）在钻井完井液性能达标的情况下，各种防塌剂、封堵剂、油层保护剂必须按设计足量加入，确保井下正常。MB5033 井钻至井深 3252.59m 时修链条，钻具在井内静止 3⅙h 后，提下正常，证明了钻井液对井壁的稳定作用。

（8）进入油层前加入 QCX－1、WC－1、KT－100、KZD－1，确保各剂含量，补充 KCl 保证钻井液完井液滤液矿化度达到设计要求。

（9）工程措施制定合理，钻井中精心操作，严格执行钻井工程措施，量化短程提下钻制度、提钻灌浆制度、遇阻卡划眼制度和提下钻速度，及时修整井壁，避免操作不当造成井下复杂。

（10）利用好四级固控设备，及时清除钻井液中的有害固相。

2. 钻井液应用效果

莫北油气田采用钾钙基钻井液体系，并配合相应的钻井工程技术措施。现场应用表明，钾钙基钻井液体系具有较强的抑制性，有效地减轻了泥岩地层的水化膨胀，明显减少了由膨胀缩径引起的井下复杂情况，实现了井壁稳定，井径规则；控制了钻井液的流变性，减轻了泥岩地层的缩径阻卡，保证了裸眼完井作业的顺利实施，提高了电测一次成功率；通过强化钻井工程技术措施，缩短了钻井周期，提高了钻井时效，节约了钻井成本，实现了二开裸眼钻至完井，提高了经济效益。采用该体系完井的 72 口井，平均井深 3973m，平均机械钻速为 11.37m/h，平均复杂时率 3.34%，平均钻机台月为 1.28。

六、结　论

（1）通过对莫北油田吐谷鲁地层水化特征的全面分析、抑制性实验研究及封堵实验研究，优选出满足莫北油田简化井身结构井施工要求的钾钙基聚磺混油钻井液体系。

（2）该钻井液体系抑制性强，能有效抑制吐谷鲁强水敏泥岩地层的水化膨胀缩径、造浆，保证了该区长裸眼段施工井顺利进行。

（3）该体系具良好的封堵能力，能够有效封堵散塌及地层发育胶结不好的地层，井壁稳定，井眼规则。

（4）通过 K^+、Ca^{2+} 的复配，使用强化钻井液增强对钻屑的抑制作用。施工中确保 K^+、Ca^{2+} 含量达到设计要求。利用 Ca^{2+} 同离子效应，有效控制大段膏质泥岩地层塑性蠕动变形，防止 Ca^{2+} 污染钻井液。

（5）该钻井液流变性能易调控。

圣科 1 井钻井液的研究与应用

李祥华　　储书平

（江苏石油勘探局钻井处泥浆公司）

摘　要　通过对句容地区钻井情况调查，依据地层特点，从稳定井壁的钻井液入手，室内进行了处理剂的优选及配伍性、流变性、污染、岩屑回收、抗高温试验等研究，通过优选评价，确立了复合金属离子聚合物复配小阳离子钻井液体系为该井钻井液体系。施工顺利表明复合金属离子聚合物复配小阳离子钻井液抑制强，防塌、抗污染能力强，能达到预期的目的。同时，该体系钻井液对该地区的安全钻井有重要意义。

关键词　钻井液　金属离子聚合物　小阳离子

圣科 1 井是中国石油天然气总公司"九五"期间部署在江苏下扬子地区的一口科学探索井，目的是探明该地区中、古生界，尤其是下古生界地层含油气性和资源潜力，科学地评价油气资源，为今后油气勘探提供可靠的依据。

圣科 1 井一开使用 $\phi660.4mm$ 钻头开钻，至井深 111.0m，下入 $\phi508mm$ 表层套管 109.6m，用内插法固井。二次开钻使用 $\phi444.5mm$ 钻头，至井深 1782.00m，用 $\phi311mm$ 钻头钻口袋至 1811.57m，下入 $\phi339.7mm$ 技术套管 1781.55m，采用内插法固井。三次开钻使用 $\phi311.1mm$ 钻头，至井深 3341.73m，下入 $\phi244.5mm$ 技术套管 3338.04m，采用分级箍固井。第四次开钻使用 $\phi215.9mm$ 钻头，钻达井深 4250.52m，经地层裸眼测试和抽汲测试后完钻。

一、地　质　概　况

圣科 1 井位于下扬子区苏南句容断陷中央隆起带二圣桥构造。设计井深 4500m。实际井深 4250.52m。上部地层岩性为泥岩、角砾岩、玄武岩、碳质泥岩和煤层，易漏、易坍塌；中上部地层岩性为灰岩，裂缝、晶洞和溶洞发育，极易发生井漏和井涌出水，二迭系泥页岩，碳质泥岩及煤层和志留系硬脆性泥页岩极易发生垮塌；下部地层岩性为灰岩、白云岩，漏失问题也很突出，加之地层倾角大，属典型的高陡构造，致使井斜难以控制，井眼轨迹差。地层层序和岩性见表 1。

表 1　圣科 1 井钻遇的地层层序和主要岩性

层位	地层代号	底界深度，m	段长，m	主要岩性
浦口组	K_2p	567.0	560.3	棕、暗棕色泥岩，含膏泥岩夹少量灰色粉砂岩，底部灰色蚀变安山岩局部灰色砂砾层
大隆组	P_2d	583.0	16.0	灰色含砂质泥岩，蚀变泥岩
龙潭组	P_2l	684.0	101.0	灰黑色碳质泥岩、页岩，夹细砂岩，粉砂岩

层位	地层代号	底界深度，m	段长，m	主要岩性
青龙组	T_1q	2040.0	1356.0	巨厚层灰—深灰色灰岩，夹深灰色泥岩
龙潭组	P_2l	2079.0	39.0	黑—灰黑色碳质泥岩、页岩、煤层夹粉砂岩
青龙组	T_1q	2148.0	69.0	灰色灰岩，夹灰黑色泥岩白云质泥岩
龙潭组	P_2l	2180.0	32.0	碳质泥岩，深灰色泥岩，煤层
青龙组	T_1q	2276.0	96.0	灰色泥岩、灰岩
龙潭组	P_2l	2501.5	225.5	碳质泥岩，黑色页岩，煤层夹粉砂岩
栖霞组	P_1q	2680.0	178.5	灰色灰岩
五通组	$D_{2-3}w$	2724.5	44.5	石英砂岩
高家边组	S_1g	3774.0	1049.5	中上部厚层灰—深灰色泥岩夹粉砂岩 下部细砂、粉砂岩与泥岩不等厚互层
奥陶系	O	4049.0	275.0	厚层—巨厚层灰岩，云质灰岩，灰质白云岩
寒武系		4250.52		巨厚层白云岩

二、钻井工程潜在问题

（1）江苏下扬子句容地区经历多次地质构造运动，地层极为复杂，浅部的角砾岩、玄武岩，中上部的灰岩，下部的灰岩、白云岩地层裂缝、晶洞和溶洞发育，极易发生井漏和井涌出水。

（2）二迭系泥页岩、碳质泥岩及煤层和志留系硬脆性泥页岩极易发生垮塌。

（3）该地区地层倾角大，属典型的高陡构造，致使井斜难以控制，井眼轨迹差，由于防斜需要加之地层可钻性差，钻井速度慢，周期长。

（4）二开井段不同压力系数的地层处于同一裸眼井段，防漏与防井涌、防塌矛盾突出。中下部地层缺少实钻资料，存在不确定因素。

（5）该地区以往钻井过程中漏、塌、斜、涌等复杂情况严重制约了钻井生产的进行，甚至造成工程报废。

三、钻井液技术难点

（1）上部一开井段胶结疏松的角砾岩地层易发生井壁坍塌，并存在大井眼携带、悬浮大颗粒砾石问题。要求钻井液具有良好的护壁和携带悬浮能力。

（2）上部浦口组含膏泥岩井壁水化膨胀，岩屑水化分散对钻井液污染问题。

（3）三叠系青龙组、二叠系栖霞组、奥陶系海相灰岩地层防漏堵、防出水以及高压油气侵井控问题。

（4）二叠系龙潭组煤层、碳质泥岩、页岩极为破碎，容易发生井壁垮塌；志留系高家边组微裂隙发育的硬脆性泥岩亦易发生井壁失稳。

（5）古生界海相灰岩地层中含有 H_2S、CO_2 酸性气体，对钻具和钻井液会产生不利影响。

（6）该地区地温梯度超过 $3℃/100m$，要求深井阶段钻井液具有良好的抗温能力。

四、钻井液配方室内评价

根据句容地区地层特点、井身结构，以稳定井壁的钻井液入手，室内开展了优选基浆，造壁性、抑制性、处理剂的优选及配伍性，抗高温试验等研究，通过优选评价，确立了复合金属离子聚合物复配小阳离子钻井液配方。

1. PMHA－Ⅱ、JMHA－Ⅰ的抑制性评价

试验方法：用地层岩心（12－20目），在一定温度条件下滚动16h后，40目的回收率为一次回收率，再用蒸馏水在一定温度下滚动16h，得到二次回收率。实验数据见表2。由表1可以看出，无论是用易水化分散的三垛组岩心，还是用易膨胀垮塌的阜宁组岩心，PMHA－Ⅱ的一次、二次回收率均高于FA367、FA368、MSF－Ⅱ。JMHA－Ⅰ二次回收率均高于JT－888、HPAN，复合金属离子钻井液体系滚动回收率高于两性离子钻井液体系。说明复合金属离子聚合物抑制性较两性离子聚合物强。

表2　PMHA－Ⅱ、JMHA－Ⅰ抑制性评价（100℃×16h）

序号	配　方	一次回收率,%（40目，100℃×16h）	二次回收率,%（40目，100℃×16h）
1	5%膨润土浆＋0.1%PMHA－Ⅱ＋50gHGES岩心	69.9	20.9
2	5%膨润土浆＋0.1%FA368＋50gHGES岩心	39.2	15.08
3	5%膨润土浆＋0.1%FA367＋50gHGES岩心	45.89	9.19
4	4%膨润土浆＋0.5%JMHA－Ⅰ＋50gFMES岩心	82.7	5.9
5	4%膨润土浆＋0.5%JT888＋50gFMES岩心	89.1	2.6
6	4%膨润土浆＋0.5%HPAN＋50gFMES岩心	25.8	1.0
7	3%膨润土浆＋0.2%PMHA－Ⅱ＋50gFMES岩心	58.2	28.88
8	3%膨润土浆＋0.2%JMHA－Ⅰ＋50gFMES岩心	53.2	18.4
9	3%膨润土浆＋0.2%MSF－Ⅰ＋50gFMES岩心	52.4	9.4
10	4%膨润土浆＋0.2%PMHA－Ⅱ＋0.5%JMHA－Ⅰ＋0.2%XY27＋50gEf岩心	89.6	57.8
11	4%膨润土浆＋0.2%FA368＋0.5%HPAN＋0.2%XY27＋50gEf岩心	82.7	50.3
12	4%膨润土浆＋0.2%FA367＋0.5%HPAN＋0.2%XY27＋50gEf岩心	81.7	36.8

2. 复合金属离子聚合物复配小阳离子钻井液配方优选

通过正交试验，钻井液性能见表3，优选出钻井液配方为：5%膨润土＋0.3%～0.4%PMHA－Ⅱ＋0.4%～0.6%JMHA－Ⅰ＋0.2%～0.3%CSW－Ⅰ＋1%～2%FT－Ⅰ以XY27调整流型。

表3　复合金属离子聚合物复配小阳离子钻井液配方优选

序号	配　方	漏斗黏度 s	塑性黏度 mPa·s	动切力 Pa	动塑比 Pa/Pa	水眼黏度 mPa·s	滤失量 mL
1	基浆＋0.2%PMHA－Ⅱ＋0.2%JMHA－Ⅰ＋0.1%CSW－Ⅰ＋1%FT－Ⅰ	40	13	4	0.31	10.17	7.5
2	基浆＋0.2%PMHA－Ⅱ＋0.4%JMHA－Ⅰ＋0.2%CSW－Ⅰ＋1.5%FT－Ⅰ	43	15	4.5	0.30	12.24	7.4

序号	配　　方	漏斗黏度 s	塑性黏度 mPa·s	动切力 Pa	动塑比 Pa/Pa	水眼黏度 mPa·s	滤失量 mL
3	基浆 + 0.2%PMHA - Ⅱ + 0.6%JMHA - Ⅰ + 0.3%CSW - Ⅰ + 2%FT - Ⅰ	46	16	4.5	0.28	12.33	7.3
4	基浆 + 0.3%PMHA - Ⅱ + 0.2%JMHA - Ⅰ + 0.2%CSW - Ⅰ + 2%FT - Ⅰ	33	14	1.5	0.11	10.72	7.2
5	基浆 + 0.3%PMHA - Ⅱ + 0.4%JMHA - Ⅰ + 0.3%CSW - Ⅰ + 1%FT - Ⅰ	45	15	5	0.33	11.68	7.8
6	基浆 + 0.3%PMHA - Ⅱ + 0.6%JMHA - Ⅰ + 0.1%CSW - Ⅰ + 1.5%FT - Ⅰ	49	29	1.5	0.05	20.73	7.4
7	基浆 + 0.4%PMHA - Ⅱ + 0.2%JMHA - Ⅰ + 0.3%CSW - Ⅰ + 1.5%FT - Ⅰ	40	14	3	0.21	11.44	7.4
8	基浆 + 0.4%PMHA - Ⅱ + 0.4%JMHA - Ⅰ + 0.1%CSW - Ⅰ + 2%FT - Ⅰ	48	17	4.5	0.26	12.44	6.5
9	基浆 + 0.4%PMHA - Ⅱ + 0.6%JMHA - Ⅰ + 0.2%CSW - Ⅰ + 1%FT - Ⅰ	55	17	6	0.35	12.08	7.0

备注：1. 基浆：5%膨润土 + 膨润土量 3%Na_2CO_3；2. 以 XY - 27 调整泥浆流变性能

3. PMHA - Ⅱ对钻井液的静切力的影响

实验表明，在膨润土浆或井浆中加入一定量的 PMHA - Ⅱ后，钻井液的结构黏度急剧上升，且随着静止时间的延长，结构不断增强，达到一定时间后，静切力不再增加（见表4），类似于正电胶的性能，这大大增强了钻井液悬浮携带能力。

表4　PMHA - Ⅱ对静切力的影响

配　　方　＼　静切力, Pa　＼　时间, a	10s	1min	5min	10min	15min	20min	25min
4%膨润土浆	1	2	2.5	2.5	3.0	3.0	
4%膨润土浆 + 0.3%PMHA - Ⅱ	9	10.5	17	17	17	17	
4%膨润土浆 + 0.3%MSF			2.5	6	6.5	7	
井浆	1.5	2	6	7.5	9	10.5	13
井浆 + 0.5%MSF	3.5	7.5	15	20	22.5	25	27
井浆 + 0.5%PMHA - Ⅱ	2.5	4	8	11	12	13	15

4. CSW - Ⅰ抑制性评价

实验采用 CSW - Ⅰ与低相对分子质量阳离子聚合物 ZCO - Ⅰ作回收率试验，结果见表5，由表5可见，CSW - Ⅰ提高了钻井液的抑制能力，且较 ZCO - Ⅰ抑制性强。

表5　CSW - Ⅰ抑制性评价

序号	配　　方	回收率,%
1	井浆 + 0.2%ZCO - Ⅰ + 50g 岩心	48.8
2	井浆 + 0.3%ZCO - Ⅰ + 50g 岩心	32.0
3	井浆 + 0.1%CSW - Ⅰ + 50g 岩心	52.4

序号	配方	回收率,%
4	井浆 + 0.2%CSW - Ⅰ + 50g 岩心	58.2
5	井浆 + 0.3%CSW - Ⅰ + 50g 岩心	51.2
6	井浆 + 50g 岩心	43.8
7	5%膨润土 + 0.4%PMHA - Ⅱ + 0.6%JMHA - Ⅰ + 0.05%XY - 27 + 1.5%FT - Ⅰ + 0.2%CSW - Ⅰ	54.0

备注：1. 井浆为：PMHA + JMHA；2. 岩心为高集易水化分散的泥岩

5. 抗高温试验

圣科 1 井设计井深 4500m，井底温度将超过 120℃，选用的钻井液应具有较强的高稳定性。抗高温试验数据见表 6。表 6 的数据表明，抗高温降失水剂 JT - 888、SPNH 具有良好的抗稳能力。

表 6 抗高温试验（高温滚动 160℃ ×16h）

序号	配方	塑性黏度 mPa·s	动切力 Pa	动塑比 Pa/Pa	水眼黏度 mPa·s	n	K	滤失量 mL
1	基浆 + 0.6%JMHA - Ⅰ + 0.2%CSW - Ⅰ + 1.5%FT - Ⅰ	14	3	0.21	11.44	0.77	0.08	6.6
2	基浆 + 0.6%JMHA - Ⅰ + 0.2%CSW - Ⅰ + 1.5%FT - Ⅰ + 1%SPNH	16	3	0.19	12.87	0.79	0.08	5.8
3	基浆 + 0.6%JMHA - Ⅰ + 0.2%CSW - Ⅰ + 1.5%FT - Ⅰ + 2%SPNH	13	2.5	0.19	10.72	0.78	0.07	5.0
4	基浆 + 0.4%JT - 888 + 0.2%CSW - Ⅰ + 1.5%FT - Ⅰ	13	2	0.15	7.98	0.81	0.05	8.2
5	基浆 + 0.4%JT - 888 + 0.2%CSW - Ⅰ + 1.5%FT - Ⅰ + 1%SPNH	13	1.5	0.12	10.72	0.86	0.04	7.2
6	基浆 + 0.4%JT - 888 + 0.2%CSW - Ⅰ + 1.5%FT - Ⅰ + 2%SPNH	15	1.5	0.1	12.14	0.87	0.04	6.0
7	基浆 + 0.6%JT - 888 + 0.2%CSW - Ⅰ + 1.5%FT - Ⅰ	10	1.5	0.15	7.86	0.82	0.04	8.0
8	基浆 + 0.6%JT - 888 + 0.2%CSW - Ⅰ + 1.5%FT - Ⅰ + 1%SPNH	11	1.5	0.14	9.29	0.84	0.04	6.2
9	基浆 + 0.6%JT - 888 + 0.2%CSW - Ⅰ + 1.5%FT - Ⅰ + 2%SPNH	14	2	0.14	12.95	0.83	0.05	5.7

备注：基浆：5%膨润土 + 膨润土量 3%Na$_2$CO$_3$ + 0.4%PMHA - Ⅱ

6. 抗盐污染试验

试验方法：向钻井液中加入 0.05% ～ 0.2%CaCl$_2$，实验数据见表 7。从表 7 数据可见，钻井液性能变化较小，说明复合金属离子聚合物钻井液具有良好的抗钙污染能力。

表 7 抗盐试验

序号	配方	表观黏度 mPa·s	塑性黏度 mPa·s	动切力 Pa	动塑比	水眼黏度 mPa·s	n	K	滤失量 mL
1	基浆 + 0.2%PMHA - Ⅱ + 0.4%JMHA - Ⅰ + 0.2%XY - 28	48	48	53.5	1.11	36.11	0.49	3.44	3.5

序号	配方	表观黏度 mPa·s	塑性黏度 mPa·s	动切力 Pa	动塑比	水眼黏度 mPa·s	n	K	滤失量 mL
2	基浆+0.2%PMHA-Ⅱ+0.4%JMHA -Ⅰ+0.2%XY-28+0.05%CaCl₂	51	51	50	0.98	32.61	0.42	5.55	3.3
3	基浆+0.2%PMHA-Ⅱ+0.4%JMHA -Ⅰ+0.2%XY-28+0.1%CaCl₂	53	53	39	0.74	26.96	0.49	3.12	3.8
4	基浆+0.2%PMHA-Ⅱ+0.4%JMHA -Ⅰ+0.2%XY-28+0.2%CaCl₂	52	52	48	0.92	28.23	0.43	5.13	3.4

五、圣科 1 井矿物组份分析及各段钻井液配方

根据前期调研和圣科 1 井跟踪研究分析，利用 X 衍射仪对钻屑的矿物组分进行分析，2100m 以上地层主要由砂泥岩和灰岩组成，黏土矿物含量比较高，该段地层钻屑易水化分散，因而需要保证大分子和小阳离子的加量，充分发挥包被作用和小阳离子的抑制作用。选用钻井液配方为：4%～5%膨润土+0.3%～0.4%PMHA-Ⅱ+0.4%～0.6%JMHA+0.2%～0.3%CSW-Ⅰ。

2100～3780m 段黏土矿物含量较上部高（50%～60%），主要由伊蒙混层、伊利石及绿泥石组成，伊蒙混层中蒙脱石含量要比上部更低（5%～15%），而绿泥石含量要比上部大。这类地层因微裂隙发育而更容易发生坍塌，需要良好的滤饼起护壁作用，要保持防塌剂的含量，最好选用封堵作用强的改性沥青类防塌剂，同时要有适当的液柱压力起良好的支撑作用，要防止压力激动和机械碰撞。该井段选用钻井液配方为：4%膨润土+0.2%～0.3%PMHA-Ⅱ+0.3%～0.4%JMHA-Ⅰ+0.2%～0.3%CSW-Ⅰ+1.5%FT-Ⅰ。

3780～4250.52m 地层主要由灰岩和白云岩组成，主要矿物组分是方解石和白云石，该段地层裂缝、裂隙、晶洞、溶洞发育，钻井液要保持低密度和堵漏配伍性。该井段选用钻井液配方：4%膨润土+0.2%PMHA-Ⅱ+0.4%JT-888+1%FT-Ⅰ+2.0%SMP-Ⅱ+1%～2.0%SMC+2.0%SPNP

六、圣科 1 井钻井液现场应用

1. 钻井液的使用类型及其适应性

在对本地区过去所钻的多口井进行广泛调查分析的基础上，室内进行了百余组对比实验，并制定出细致的处理、维护方案；同时针对不同的井漏情况研究出多套堵漏工艺措施，为现场施工起到了良好的指导作用。

1）6.7～111.0m，ϕ660.4mm 井眼

（1）钻井液体系：普通淡水膨润土浆。

（2）钻井液配方：膨润土含量 6%～8%。

（3）钻井液性能：密度 1.06～1.10g/cm³，黏度 40～60s。

（4）钻井液适应性：钻井液保持适当的膨润土含量和切力，满足该井段钻井、携砂的需要，下表层套管、固井顺利。

2）111.0～1811.57m，φ444.5mm 井眼

（1）钻井液体系：复合金属离子聚合物复配小阳离子钻井液。

（2）钻井液配方：5％～6％膨润土＋0.3％～0.4％PMHA－Ⅱ＋0.4％～0.6％JMHA－Ⅰ＋0.2％～0.3％CSW－Ⅰ＋1％FT－Ⅰ。

（3）钻井液性能：密度1.10～1.20g/cm³，黏度40～60s，API失水7～12ml，pH值8～10，泥饼1mm，含砂0.2％。

（4）钻井液处理、维护要点：

①以 PMHA－Ⅱ作为包被剂，控制 K2P 含膏泥岩的水化分散，并形成适当结构，满足大井眼携砂和悬浮岩屑需要，同时引进小阳离子 CSW－Ⅰ，增强钻井液的抑制能力。

②以 JMHA－Ⅰ为主，配合 CMC 控制钻井液滤失量。

③进入碳质泥岩和煤层时，加入2％～3％QS－Ⅱ、2％FT－Ⅰ，提高钻井液造壁和对破碎地层的封堵能力，增强钻井液防塌能力。

④针对该井段地层倾角大（30°～75°）、钻遇断层多及地层破碎的情况，及时调整钻井液密度，确保井壁稳定。

⑤该段在1057.6m、1091m、1283.88m 和1463.78m 发现 H_2S 显示，通过提高 pH 值和密度，加入碱式碳酸锌除硫，消除了 H_2S 的影响。

（5）钻井液对地层及钻井工艺的适应性：

①K_2p 地层紫色泥岩、含膏泥岩段钻井液性能稳定。

②推覆到三迭系之上的二叠系龙潭组碳质泥岩和页岩、煤层，不仅倾角大，而且破碎，极易产生井壁垮塌，加入 QS－Ⅱ、FT－Ⅰ以增强对地层的封堵和造壁能力，并适当提高钻井液密度，有效地制止了井壁垮塌，并保持在浸泡56d情况下，井壁仍处于稳定状态。

③本井段钻进至1282.42m 时，发生裂缝性井漏，同时，出现钻井液置换地层水的现象，通过桥堵和性能处理，井下恢复正常。

④在井深1567.07m 和1700.19m 两次断钻具，落鱼长分别为20.07m 和66.03m，落鱼在井内静置分别为14.25h 和10.25h，打捞均一次成功，体现出钻井液具有良好的携带岩屑和清洁井眼能力。

⑤1463.44m、1811.57m 两次电测均一次成功，下技术套管、固井顺利。

3）1811.57～3341.73m，φ311.1 井眼

（1）钻井液体系：复合金属离子聚合物复配小阳离子钻井液。

（2）钻井液配方：膨润土4％＋0.2％～0.3％PMHA－Ⅱ＋0.3％～0.4％JMHA－Ⅰ＋0.2％～0.3％CSW－Ⅰ＋1％～1.5％FT－Ⅰ。

（3）钻井液性能：密度1.11～1.24g/cm³，黏度50～70s，API失水7～10mL，pH值8～9，泥饼1mm，含砂0.1％～0.2％。

（4）钻井液处理、维护要点：

①均匀加入 PMHA－Ⅱ＋CSW－Ⅰ混合溶液，保持钻井液的抑制能力。

②及时补充 FT－Ⅰ，保持钻井液良好的造壁、防塌能力。

③及时调整钻井液密度，由1.12g/cm³ 逐步调整至1.24g/cm³，满足平衡地层侧压力和构造应力的需要。

④在钻进龙潭组易垮塌的碳质泥岩和煤层时适当提高钻井液黏度和切力，增强携带悬浮能力。

（5）钻井液对地层及钻井工艺的适应性：

①本井段三次钻入二迭系龙潭组易垮地层，累计厚度为 295m，其中碳质泥页岩 239.5m 煤层 12.5m，浸泡时间最长达 101 天，未发生井壁垮塌现象；钻进志留系高家边泥岩段 616.5m，浸泡 56 天，井壁保持稳定。

②在井深 1963.51m 和 3341.73m 两次断钻具，落鱼长度分别为 116.59m、2679.31m，落鱼在井内静止时间分别为 8h 和 23h，打捞钻具顺利。

③井深 2769.89m、3341.73m 两次电测均一次成功，下技术套管、分级箍固井顺利。

④该井段平均井径扩大率 10.6%，且无显著的扩径现象，较以往所钻井 27%～61% 井径扩大率有显著改善。

4）3341.73～4250.52m，ϕ215.9mm

（1）钻井液体系：复合金属离子聚合物磺化钻井液。

（2）钻井液配方：4%膨润土 + 0.1%～0.3%PMHA - Ⅱ + 0.3%～0.4%JT - 888 + 1%FT - Ⅰ + 1%～2%SMP - Ⅱ + 1%～2%SMC + 2%SPNP。

（3）钻井液性能：密度 1.07～1.24g/cm³，黏度 40～65s，API 失水 5.5～8mL，HTHP 失水 12～15mL，pH 值 9～13，泥饼 1mm，含砂 0.2%。

（4）钻井液处理维护要点：

①钻进过程中以"少聚多磺，适度分散，适当黏、切，薄韧滤饼"为钻井液处理和维护原则。

②使用 SMP - Ⅱ、SPNP，辅之以 JT - 888，OSAM - K 控制 HTHP 滤失量，以 SMC 控制体系的分散程度。

③针对裸眼内上部有 435.96m 志留系高家边组砂泥岩地层的情况，用本井 3398.43m 处岩芯，进行坍塌压力梯度计算，得出该层防塌泥浆密度应大于 1.07g/cm³，在 3787.00m 之后井下出现多次漏失的情况下，逐步将钻井液密度从 1.20～1.25g/cm³ 降至 1.07～1.12g/cm³ 之间，不仅保证了井壁稳定还有利于防漏堵漏。

（5）钻井液对地层及钻井工艺的适应性：

①顺利钻穿志留系高家边组砂、泥岩地层，进入奥陶系灰岩、寒武系白云岩地层，井壁稳定，井眼畅通。

②井深 3448.29m、3496.38m 分别发生两次断钻具事故。落鱼长分别为 114.31m 和 21.43m；在井下静止 13.25h 和 12.25h，打捞一次成功。

③井深 3790.49m、3769.0m 两次电测顺利，4250.56m 全套完井电测，VSP 测井顺利。

④井深 3787～3790.49m 和 3912.89～3913.39m 钻遇两个大型漏层，采用桥堵工艺，堵漏成功，并确保在 3790.49m 裸眼地层测试成功。第二个漏层在放空 0.41m、井口失返情况下，采用桥堵配合水泥封堵漏层成功，恢复正常钻进。钻进至 4209～4218.9m 钻遇第三个漏层，经过二次桥堵，封住漏层。钻进至 4237.24～4250.52m 遇第四个漏层，最大放空 0.64m；累计放空 1.14m，地层裸眼测试后，经两次桥堵，一次石灰乳堵漏无效。进行地层裸眼抽汲测试后完井。

⑤钻进至井深 4208.53m，起钻在 3616m 发生键槽卡钻事故，在实施震击解卡过程中，由于误接的提升短接滑扣导致顿钻事故，落鱼在井下 18d 未发生黏卡，22d 时仍能保持循环，经爆炸松扣，打捞处理至 4078.88m，井下落鱼长 129.65m，因处理难度极大，放弃打

捞，填井。自 4008.6m 侧钻至 4055.6m，下钻在 3592.44m 发生第二次键槽卡钻，处理过程中钻具脱扣，再次发生顿钻，经爆炸松扣，反扣钻具打捞，处理至 3950.41m，井下落鱼长 105.19m，因倒扣困难，套铣筒落井，决定第二次填井，自 3890m 侧钻，至原井深 4208.53m，历时 97d。在处理事故过程中，井壁稳定，井眼畅通，确保了各项打捞工艺的顺利实施。

⑥本井段浸泡时间长达 251d，井壁稳定，平均井径扩大率仅为 7.5%，为各项钻井工艺的实施和地质资料的录取创造了良好的条件。

2. 圣科 1 井井漏及处理情况

本井钻遇的地层裂缝、溶洞极为发育，漏层多，压力系数低，漏失性质各异。特别是在深井段出现高陡裂缝与溶洞并存的情况，全井共钻遇五套漏层。

（1）第一次井漏。钻进至井深 1282.42m，钻时加快并伴有蹩钻现象，井口失返，2min 后渐有返出，漏速 90m³/h，漏失钻井液 15m³，19.05h 后漏失停止，恢复钻进至 1283.88m，钻井液密度由 1.19g/cm³ 降至 1.14g/cm³，黏度由 47s 降至 40s，滤失量由 7mL 上升至 9mL，全烃由 0.19% 升至 27.42%，现场决定停钻取芯。但因本井在井深 1062.5m（T₁q）有 H_2S 显示，在处理过程中，不仅存在井漏，还出现 H_2S 气侵、水侵等复杂情况。

分析该漏层漏失井段为 1282.42～1283.88m，属裂缝性漏失，该层不仅是漏失层而且是油气水层，大于 1.16g/cm³ 的钻井液进入漏层与地层内流体交替，表现为出口密度低于进口密度，滤失量猛增，流变性能变坏，体积变化不明显等现象，经过堵漏提高漏层的承压能力，同时控制钻井液密度为 1.14～1.15g/cm³，基本达到压力平衡，再通过调整流变性能，控制滤失量，恢复正常钻进。

（2）第二次井漏。钻进至井深 3787.0～3788.49m，钻时由 25～30min/m 加快至 10～9min/m，钻井液进多出少，循环观察 1½h，漏失密度为 1.21g/cm³ 的钻井液 60m³，漏速 51.4m³/h。经过两次桥堵，完全封住漏层，但在地层裸眼测试后，又发生漏失，再次实行桥堵，经 3 次桥堵，封住漏层。

（3）第三次井漏。钻进至 3912.98～3913.39m，放空 0.41m，漏失密度为 1.15g/cm³ 的钻井液 42m³，最大漏速 142.8m³/h，平均漏速 22.9m³/h。经过 5 次桥堵，两次快凝水泥堵漏成功。

（4）第四次井漏。钻进井段 4209.90～4218.90m 发生漏失，漏速 25.7m³/h，降低泵冲（从 90 冲/min 降至 60 冲/min），循环观察，漏速 15m³/h，该段漏失钻井液共 182.9m³，经过 4 次桥堵浆挤堵，堵漏成功。该漏层自 4209～4218.9m 为白云岩，裂缝发育，有 60°以上斜裂缝，缝宽 1～2mm，且裂缝充填不完全。

（5）第五次井漏。钻进至 4237.24～4237.88m，放空 0.64m，井口失返。因为决定进行中途测试，未采取堵漏措施。测试后下入 H617A 钻头，采用清抢钻，至 4250.52m，间断放空 3 次，计 0.5m，井口不返，该段漏失钻井液共 322.5m³，清水 250m³，经过两次桥堵，一次石灰乳（59m³）堵漏无效，进行抽吸测试后完井。

七、认识与建议

（1）圣科 1 井采用的复合金属离子聚合物复配小阳离子钻井液体系，深井段转化为复合金属离子聚磺体系，适合本地区地层需要。钻井液具备携砂能力强、悬浮能力好、井眼清洁、抑制能力防塌能力强、井壁稳定、井眼畅通、抗钙能力强、高温稳定和性能易于调整控制等特点，满足了钻井工艺及地质资料录取的需要。

（2）对于二叠系龙潭组页岩、碳质泥岩、煤层的防塌，一是要适当提高钻井液密度；二是及时加入封堵、造壁能力强的沥青类防塌剂，增强钻井液防塌能力；三是改善钻井液流变性能，增强携带悬浮能力；四是控制钻井液滤失量，提高抑制能力。

（3）复合金属离子聚合物复配小阳离子钻井液体系，具有介于两性离子聚合物和正电胶钻井液之间的性能特征，有较好的剪切稀释特性，有利于携带和悬浮岩屑。

（4）引进的小阳离子提高了滤液的抑制能力，较好地抑制了泥岩的水化分散，确保了井下无严重井塌等复杂情况发生，满足了安全钻井的需要。

（5）对本地区中小型裂缝性漏失，采取桥堵工艺，能够起到很好的堵漏效果，漏层承压能力可以满足钻井工艺需要；对于连通性较好、裂缝较宽的漏层，桥堵可以起到一定的封堵效果，但承压能力较差，应采取桥堵配合水泥封堵的综合堵漏技术；对于缝、洞并存，有放空现象的大型漏层，单一的堵漏工艺很难奏效，必须采取综合配套堵漏工艺，必要时用清水抢钻，套管封隔。

参 考 文 献

［1］ВД戈罗德诺夫．李蓉华，周大晨译．预防钻井过程中复杂情况的物理—化学方法．北京：石油工业出版社，1992

［2］ 黄汉仁等．泥浆工艺原理．北京：石油工业出版社，1981

［3］ 邓明毅等．吐哈油田煤层安全钻井技术．吐哈油田钻井液完井液技术论文集，1994

阳离子聚合物钻井液在陕 38 井的应用

蔺志鹏

（长庆石油勘探局钻采工艺研究所）

摘　要　本文介绍的阳离子聚合物钻井液具有组成简单、抑制性强的特点。在陕 38 井的应用表明，该体系具有显著的防塌作用，能满足钻井施工的要求。

关键词　聚合物钻井液　聚电解质　防塌

陕 38 井是陕甘宁盆地中部天然气探区的一口深井，在井深 702～3615m（完井）井段使用了阳离子聚合物钻井液体系，解决了延长组地层缩径而引起的起下钻遇阻、遇卡及石千峰、石河子组地层的井壁坍塌问题，提高了钻进速度，做到了钻井液与完井液的统一。

一、钻井液体系的组成

目前国内生产的阳离子聚合物产品虽然与常用的处理剂相容性不好，使得膨润土不分散，但与非离子处理剂和无机盐相容。因此在阳离子聚合物钻井液体系中，若使用阳离子聚合物处理剂来调节性能，不可避免地要抵消其作用效果。因此，我们选用了与其相容的非离子处理剂。

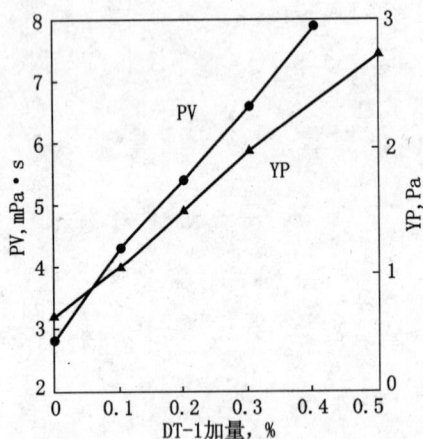

图 1　DT-1 对阳离子钻井液流变性的影响

1. CPAM

相对分子质量为 300×10^4，浓度为 7％，其作用为包被絮凝钻屑和控制密度，其絮凝效果与 PHP 相当。

2. TDC$_{15}$

相对分子质量小于 2×10^4，浓度为 65％，其作用为抑制钻屑分散和防塌。

3. DT-1

控制流变性和滤失量，在清水 + 2％CPAM + 0.5％TDC$_{15}$ 体系中，DT-1 对体系流变性的影响见图 1。

二、现场施工技术措施

在陕 38 井的现场施工中，根据井深和地层条件分三阶段进行。

1. 井深 702～2700m（二开至刘家沟）井段

钻井液配方为：清水 + 0.5％～1％CPAM + 0.1％～0.3％TDC$_{15}$。此阶段的钻井液维护处理以快速钻进为主要目的，具体做法为加入 TDC$_{15}$稳定井壁，加入 CPAM 絮凝包被钻屑，控制钻井液密度小于 1.05g/cm^3，漏斗黏度小于 20s，塑性黏度 1～5mPa·s，不控制滤失量。在处理剂有一定含量的情况下（检测滤液中阳离子含量），适当以清水维护钻井液。钻井液密度还可以防止刘家沟地层的漏失。

2. 井深 2700～3420m（石千峰至本溪）井段

钻井液配方为：清水 + 1％～2％CPAM + 0.3％～0.5％TDC$_{15}$ + 0.1％～0.3％DT－1。此阶段已进入石千峰、石河子组易塌地层，提高钻井液中阳离子处理剂含量，并加入 DT－1 提黏，确保井眼稳定。控制钻井液密度在 1.05～1.14g/cm^3，塑性黏度 3～15mPa·s，滤失量 50～130mL（适当控制或不加控制），pH 值 6～7，用处理剂和稀溶液维护钻井液。双石层打穿后可适当降低 CPAM 和 TDC$_{15}$ 的用量。

3. 井深 3420～3615m（奥陶系至完井）井段

钻井液配方为清水 + 0.5％～1％CPAM + 0.5％TDC$_{15}$ + 0.3％～0.5％DT－1。此阶段钻井液的维护处理以减少对气层的伤害及保证取心、电测和下套管作业的顺利进行为目的。控制漏斗黏度在 33～35s，滤失量小于 20mL，密度 1.10～1.15g/cm^3，pH 值 6～7。

三、现场应用效果

阳离子聚合物钻井液在陕 38 井的应用证明，它能满足钻井施工的要求，做到了井下安全，起下钻畅通，电测、下套管作业顺利，提高了钻井速度。阳离子聚合物有效地控制了延长组井段的缩径问题，起下钻不卡不阻，并在钻井液滤失量达 50～130mL 情况下，较好地防止了双石层的井壁坍塌，保证了井下安全。

四、结　论

（1）无论是对以蒙脱石为主（延长组）还是以伊利石和伊/蒙混层为主（双石层）的泥页岩地层，阳离子聚合物钻井液均能较好地控制其井壁稳定。

（2）该钻井液黏度低，剪切稀释性能好。全井不使用膨润土和烧碱，亚微米固相颗粒少，为快速钻进创造了条件。

（3）该钻井液的抑制性强，固控效果明显，削弱了钻具泥包和卡钻的因素，有利于井下安全。

正电胶磺化混油聚合物钻井液在长裸眼水平井中的应用

张民立[1]　周建东[2]　王志军[2]　李再军[2]　唐怀联[1]　曹志远[1]　李长江[1]　肖占峰[1]

（1. 塔里木华北泥浆技术服务公司；2. 塔里木油田分公司）

摘　要　针对塔里木油田大部分开发水平井裸眼井段长，地层极易坍塌、渗漏，造成黏附卡钻等复杂问题，采取不同的井段，不同地层采用不同的钻井液体系等措施。经现场 50 口长裸眼水平井应用表明，该套钻井液体系性能稳定，具有很强的抑制性及悬浮携砂性，钻井施工安全、顺利，无黏附卡钻事故发生，仅套管费用每口井就节约几百万元，取得了非常好的经济效益。

关键词　正电胶聚合物钻井液　井眼稳定　井眼净化　防止地层损害　水平井钻井

随着塔里木油田简化井身结构长裸眼钻井方案的实施，多数开发水平井均为二开井，裸眼段长为 4500～5000m，地层复杂。为保证长裸眼井段钻井施工的顺利进行，对钻井液体系提出了较高的要求。事实上，优良的钻井液性能是保证长裸眼井优质、快速钻井的关键，也是制约钻井总成本的重要因素。近几年来，塔里木华北泥浆技术服务公司在塔里木地区完成了近 50 口长裸眼水平井，对钻井液体系和处理剂进行了科学优选和合理复配，并在实践中总结了一些经验。

一、钻井液技术方案

1. 体系优选

为满足钻井工艺技术的要求，在设计长裸眼水平井钻井液时，从体系优选到处理剂复配、参数优化、成本控制等方面进行了综合分析，确定了正电胶聚合物（上部地层）—正电胶聚磺（下部地层）—正电胶磺化混油（定向水平段）钻井液体系，以满足长裸眼水平井不同井段、不同地层对钻井液性能的要求。利用正电胶的固有特性，既可以防止上部大井眼砂层的坍塌、渗漏，又可以防止下部硬脆性泥页岩或火成岩地层的剥落、掉块。正电胶聚合物钻井液具有很强的抑制能力，能防止中上部软泥岩地层分散、造浆以及黏附卡钻等复杂情况的发生。正电胶聚磺钻井液具有很强的抗高温稳定性，能够保证钻井液在高温、高压下性能优良，再配合使用稳定处理剂对地层进行封堵，可以确保长裸眼井段的井壁稳定。该套钻井液具有的低塑性黏度和低水眼黏度特性，有助于动力马达及钻头水马力的发挥，解决了大斜度井段和水平井段钻进存在的"岩屑床—流变性—水马力发挥—压耗"等诸多问题，提高了机械钻速，缩短了钻井周期，减少了裸眼井壁的浸泡时间，较好地保护了油气层。引入新型聚合物随钻堵漏材料（LR‑999），解决了长裸眼的渗漏问题。该套钻井液体系，满足了长裸眼水平井的需要。

2. 钻井液维护要点

钻井液性能参数见表 1。

表 1　长裸眼水平井钻井液性能参数

井段	漏斗黏度 s	塑性黏度 mPa·s	动切力 Pa	静切力 Pa/Pa	API 滤失量	HTHP 滤失量	pH 值	膨润土含量, g/L	固相含量 %	摩阻系数
表层	50~80				<15			50~60		
中上部	30~45	8~15	6~12	(2~5) / (5~10)	5~8	<15	8~9	35~45	<0.5	<0.1
中下部	40~55	10~20	8~12	(3~5) / (5~15)	3~5	<12	9~10	35~45	<0.5	<0.1
定向水平段	40~55	6~15	8~15	(5~10) / (10~20)	2~4	<10~6	9~10	35~50	<0.3	不黏

（1）表层（0~500m）。该井段为第四系成岩性较差的黏土层。在调整维护钻井液性能时，主要考虑防止地层坍塌、渗漏和悬浮携砂，保证钻井液具有很强的造壁性和适当高的切力，滤失量可适当放开。膨润土含量保持为 50~60g/L，同时复配使用正电胶。充分利用正电胶的特性，发挥其"软套管"的作用，利于悬浮携砂、防渗漏、防坍塌。

一开用浓度为 8%~10%的膨润土浆钻进，用 0.2%~0.4%的正电胶（干粉）和其他处理剂配成的胶液，调整处理钻井液，使钻井液形成良好的结构。膨润土含量与正电胶的加量成反比关系。钻进过程中用正电胶、高相对分子质量和低相对分子质量聚合物复配的胶液和膨润土浆对钻井液进行性能维护、补充消耗，保证充足的钻井液量，加大膨润土浆及正电胶的用量。严格用好固控设备，保证含砂量小于 0.5%。

（2）二开（500~600m 左右）。该段为长裸眼井段。钻遇地层为第三系、二叠系、侏罗系及石灰系，地层岩性复杂。第三系大套软泥岩、泥质砂岩、砂岩泥岩易分散造浆；二叠系火成岩等易掉块垮塌；侏罗系及石灰系的硬脆性泥页岩极易剥落、掉块垮塌等。长裸眼井的钻井液性能维护不同于其他多开井，要求钻井液不但具有较强的抑制性，防止中上部软泥岩地层的分散、造浆，而且要有很强的防塌及抗温能力，保证长裸眼井段的井壁稳定及钻井液性能的高温稳定性。长裸眼井的处理剂选配与加量也与其他多开井不同，抗高温降滤失剂、防塌剂、润滑剂的加量要适当增大，防止井壁坍塌和卡钻。

①中上部井段。该井段（塔中地区为 500~2900m 左右、轮南地区为 500~4500m 左右、哈德地区为 500~4300m 左右）钻井液的抑制性和流变性是主要矛盾。采用低固相强包被不分散正电胶聚合物钻井液，主要在如何优质快速钻进以及抑制分散、造浆、防止阻卡、防止钻头泥包、发挥水马力等方面做工作。在钻井液维护上，首先加入足量的高相对分子质量聚合物包被剂并结合使用正电胶、清洁剂，尽量不用分散剂是解决阻止、防止钻头泥包的关键，做到"一足、二低、一适当"，即加入足量的高相对分子质量聚合物，低固相、低黏度和低切力，膨润土含量适当。膨润土含量是不可忽视的参数，它是形成优质泥饼、优良结构及保证良好流变性的基础。同时补充水化好的优质膨润土浆，为正电胶形成良好结构提供"活性离子"。正常钻进时，以正电胶结合高相对分子质量、低相对分子质量聚合物复配成的胶液对钻井液进行性能维护，它们的加量分别为 0.2%~0.4%的正电胶（干粉）、0.5%~0.8%高相对分子质量聚合物（80A51、KPAM 等）、0.3%~0.5%低相对分子质量聚合物（NPAN、KPAN 等）、0.2%~0.4%清洁剂（RH-4）和 1%~2%的润滑剂（生产井为 DH-1、探井为 DH-4），配合使用超细碳酸钙（1、2）进行封堵，改善泥饼质量，用聚合物或两性离子稀释剂调整流型，避免使用强分散剂。

②中下部井段。该井段泥饼质量及流型调整是主要矛盾。主要是保证井壁稳定、防坍塌、防渗漏及做好保护油气层工作。在维护钻井液性能时，在中上部井段的基础上，及时

引入磺化处理剂进行转化，改善泥饼质量，提高钻井液体系的抗温稳定性，并配合使用防塌剂以稳定井壁。磺化处理剂及防塌剂必须及时引入，而且量要加足，这是确保长裸眼井井壁稳定的关键。由于钻井速度的加快，长裸眼井壁会出现复杂情况，磺化处理剂（SMP、SHC 和 PSC 等的复配物）加量控制为 3％～5％，防塌剂 YL－N（阳离子乳化沥青——YL－50、80、120 系列）加量控制为 2％～3％；探井使用 WFT－666，ZHF－1 等处理剂，再配合使用油层保护剂及超细碳酸钙，改善泥饼质量，形成屏蔽暂堵层，保护好油气层。大斜度井段及水平段处理剂加量可适当加大。可采用混原油并结合适量润滑剂的方法，改善润滑性。井斜角小于 45° 以前，原油加量控制在 3％～5％ 范围内；井斜角大于 45° 以后，原油加量逐渐提高在 5％～8％ 范围内，乳化剂加量控制为 0.5％～1.0％，保证原油充分乳化，钻井液流变性良好，中压滤失量为 2～5mL，高温高压滤失量控制在 6～12mL 左右。

二、现 场 应 用

1. 应用情况

几年来，运用该钻井液体系完成了近 50 口大斜度及水平井的长裸眼钻井，其中双台阶水平井 11 口。实践证明，该体系解决了长裸眼大斜度井及水平井的复杂问题。

（1）哈德 4－H4 井在钻井过程中，钻至井深 5178.58m（井斜为 75°）时起钻发现定向工具马达外壳脱扣，后经 5 次打捞，历时 170h，6 趟起下钻均畅通无阻，该井长裸眼砂岩地层跨隔测试一次成功。

（2）轮南 2－25－H1 井在钻井过程中，在大斜度井段及水平段两次发生螺杆掉井事故，在长时间静止情况下，打捞均一次成功。

（3）ST6－H2 井，井深为 5055m，钻井周期仅为 29d（其中电测阻停耽误 3d）。

（4）HD1－H13 井在水平段钻进中，多次发生钻具、螺杆落井事故，静止 24h，打捞一次成功，该井钻井周期长达 250d，长裸眼井壁稳定、起下钻畅通，电测、下套管一次成功。

（5）HD4－15H 井发生螺杆掉井事故，落鱼在水平段静止 8d 多，打捞一次成功。大斜度井和水平井长裸眼井段钻井，仅套管费用每口井就节约几百万元，取得了非常好的经济效益。

2. 特殊施工措施

（1）井壁稳定。造成井壁不稳定的因素主要有两方面，物理化学作用和力学作用。解决物理化学作用引起的井壁不稳定，首先要提高钻井液的护壁性，降低钻井液滤失量及改变滤液特性，尤其是高温高压滤失量要低，并保证合适的膨润土含量，形成薄而韧的泥饼，加入足量的力学稳定剂。膨润土含量控制为 35～50g/L，API 滤失量控制为 3～5mL，高温高压滤失量控制为 8～12mL。解决力学作用造成的井壁不稳定问题，主要从钻井液密度及流态两方面考虑，在确定钻井液密度时，其密度值应高于地层压力而低于破裂压力。并非密度越高井壁越稳定，这点很重要。加入足量的力学稳定防塌处理剂如 YL－n0（阳离子乳化沥青）系列，加量控制为 2％～3％。在体系选择方面充分利用正电胶的"固—液"特性，用软套管来保护井壁；控制钻井液流变性，调整流态，避免钻井液冲刷井壁；控制起下钻速度、操作平衡，尽量减少钻具对井壁的碰撞。

（2）悬浮携砂及避免岩屑床的形成。解决该问题的关键是钻井液流变性及工程参数。

在小斜度井段保持平板层流，利于携砂，要求钻井液具有较高的屈服值、较低的塑性黏度及较高的动塑化。维护处理时，以正电胶为主，复配使用高相对分子质量聚合物。在大斜度井段及水平井段保持紊流，有利于携砂，避免岩屑床的形成。钻井液处于紊流状态时，冲力接近常数，其携砂能力只由钻井液密度决定，而与屈服值关系不大。因此，钻井液应具有高切力，保证较强的悬浮能力。维护处理时，以正电胶为主，配合使用抗高温降滤失剂及防塌、润滑剂等处理剂，少用或不用高分子最聚合物，这是关键。在排量控制方面，井斜角小于 30°时，环空返速控制为 0.616～0.916m/s，可避免形成岩屑床；井斜角大于 45°时，环空返速不小于 0.916m/s，能减少岩屑床的形成。

（3）防卡。首先要保证形成优良的泥饼，其次是加入适量的润滑剂或混原油，降低泥饼摩擦系数。在水平段钻进时，大部分扭矩提高和阻卡问题，是由于井眼清洁差而形成岩屑床、井壁不稳定、键槽或压差所引起的，只有这些复杂情况排除以后，润滑才成为关键。因此，水平井的扭矩及阻卡问题单靠润滑剂是不能解决的。提高润滑性可采取如下措施：当井斜角小于 45°时，混入 3%～5%的原油、0.5%～1.0%的润滑剂、0.1%～0.3%的乳化剂；井斜角大于 45°时，原油加量控制为 5%～8%，润滑剂加量控制为 1%～2%，加入0.3%～0.5%乳化剂，使体系具有良好的润滑性。特殊井及特殊作业前，加入 0.5%左右的固体润滑剂如塑料小球或石墨粉等，变滑动润滑为滚动润滑，考虑到塑料小球对筛管的影响，尽量使用石墨粉，以保证特殊作业的安全顺利。用好四级固控设备，降低体系中劣质固相含量，使含砂量小于 0.3%，防止"砂质"泥饼的形成。也是防止井下卡钻事故的关键因素。

三、几点认识

（1）长裸眼定向水平井钻井成功的关键是井壁稳定，井壁稳定的关键是泥饼质量，优质泥饼的形成在于处理剂的选择与复配。

（2）正电胶聚合物—电胶聚磺—正电胶混油体系是长裸眼定向水平井的理想体系，YL-n0系列（阳离子乳化沥青）及正电胶是长裸眼定向水平井不可缺少的两种处理剂。

（3）长裸眼定向水平井钻井液密度的控制及流变性的调整，要根据不同的井段有针对性地进行。

（4）强化固控配套，尤其是高效离心机的使用，是长裸眼定向水平井不可缺少的固控设备。

（5）钻井工程措施、井眼轨迹控制等，对长裸眼定向水平井的顺利施工有很大的影响。

小阳离子-聚合醇钻井液在玉西 1 井的应用

张增福　陆　平　马世清　杜　苏　许志军

（土哈石油勘探开发指挥部钻井泥浆公司）

摘　要　玉西 1 井为鲁克沁构造带玉西构造 1 号断块上的第一口预探井，设计井深 3650m，完钻井深 3666m。该井为两层套管结构，二开后 241mm 钻头钻至井底，其中钻遇和第三系及白垩系富含盐膏，下侏罗系的 J_2x—J_1b 地层含有多套煤线，且微裂隙发育，目的层三叠系 T_2k 组为大段细砂岩层，孔隙度和渗透率较低。为了稳定井壁，保证施工安全，有利于发现和保护油气层，该井二开后上部井段采用抑制、抗盐能力强的钾盐聚合物钻井液，侏罗系以下井段使用流变性能优良、抑制封堵润滑效果好、荧光级别低、油层保护效果突出的小阳离子－聚合醇钻井液，使得该井施工中复杂损失率较同区块探井大幅度降低，周期缩短，较好地满足了油层保护、地质录井以及取芯等施工要求。

关键词　小阳离子　聚合醇　抑制性　润滑　油层保护

一、前　言

玉西 1 井为鲁克沁构造带玉西构造 1 号断块上的第一口预探井，设计井深 3650m，完钻井深 3666m。目的层为三叠系 T_2k 组，钻探目的是评价玉西 1 号断块 T_2k 下油组含油气性，进而扩大鲁克沁油田储量规模。

该井 N_1t—K 层段富含盐膏，膏质泥岩和软泥岩的塑性变形及蠕变缩径较严重；下侏罗系的 J_2x—J_1b 地层含有多套煤线，泥页岩硬脆且微裂隙发育，加之裸眼段长，井壁稳定问题相对突出；目的层段孔隙度和渗透率较低，且井位处于农田中间，对油层保护和环保都提出了更高要求。

针对该井情况，二开后上部井段采用钾盐聚合物钻进，工程配合每 150～200m 短程起下钻措施，抑制盐膏层蠕变缩径，防止阻止；侏罗系以下井段使用小阳离子－聚合醇钻井液，以改善钻井液流变性，提高抑制防塌、润滑防卡及封堵造壁能力，降低荧光影响和储层损害，保证施工安全。实施过程中较好地满足了井壁稳定、油层保护、地质录井以及取芯等施工要求。

二、地质工程概况

1. 地层特点

（1）第三系及白垩系井段为大段膏质泥岩和软泥岩，易水化膨胀缩径和分散造浆；

（2）下侏罗系井段为杂色硬脆性泥岩夹多套不等厚煤层，井壁容易失稳；

（3）目的层三叠系 T_2k 组井段为大段细砂岩层，低孔低渗，易受污染；

（4）井温较高，3400m 以后井底温度在 120℃以上，钻井液应有好的热稳定性。

2. 工程概况

该井用 ϕ444.5mm 钻头开钻，钻至井深 497.14m 起钻测井，下入 ϕ339.7mm 表层套管，以 ϕ241mm 钻头二开，实钻至井深 3666m，完钻测井，下入 ϕ139.7mm 油层套管，钻井周期 44d，建井周期 48d，全井复杂损失时间 17h，无事故，两次测井都一次成功，并于 3526m 取芯一次，进尺 7.6m，收获率 100%，发现了良好的油气显示。

三、钻井液技术要点

结合该井地层特点、井身结构设计以及有效保护储层、不影响地质录井等要求，钻井液技术实施中应做到：

（1）具有强抑制能力，防止长裸眼钻井施工中出现周期性盐膏层蠕变缩径和硬脆性泥页岩剥蚀掉块。

（2）强封堵造壁能力，防止层理裂隙发育地层及煤线坍塌。

（3）良好的润滑性和热稳定性，防止目的层黏附卡钻和钻井液高温老化。

（4）钻井液荧光级别低，储层损害程度小。

四、钻井液技术

小阳离子－聚合醇钻井液是在聚磺钻井液基础上，添加一定比例的聚合醇和小阳离子加以改造而成的。主处理剂小阳离子属于水化半径小、水化能低的有机盐类黏土稳定剂，能够优先吸附于黏土表面，交换出钠、钙离子以降低黏土的水化活性，增强钻井液抑制能力；聚合醇作为一种非离子型低相对分子质量聚合物表面活性剂，具有浊点效应和界面特性，能够改善钻井液润滑性能，提高封堵能力，同时可以显著降低油水界面张力，减缓水锁效应的影响，保护油气层。结合二者优势和特点，室内开展了相关试验评价，获得了流变性能优良、抑制润滑能力强、油层保护效果突出的小阳离子－聚合醇钻井液配方。

1. 小阳离子试验

（1）钻屑回收率对比。取吐哈油田齐古组泥岩钻屑，烘干过 20 目筛，筛余后分别在不同浓度的 CSW－1（小阳离子）和 KCl 溶液中进行滚动回收实验，实验数据见下表，可以看出当 CSW－1 加量在 0.3% 以上时，一次回收率和二次回收率均能在 80% 以上，而 KCl 加量到 10% 时，一次回收率仍然不能达到 80%，且二次回收率普遍在 60% 以下。

表1　CSW－1 与 KCl 溶液岩屑回收率对比

处理剂	加量，%	R_{20}，%	R'_{20}，%
CSW－1	0.1	46.36	43.32
	0.2	78.15	73.14
	0.3	86.70	83.43
	0.4	86.68	83.68
	1.0	87.2	85.66

处理剂	加量，%	R_{20}，%	R'_{20}，%
KCl	1.0	57.34	43.46
	2.0	70.87	55.54
	3.0	74.74	58.62
	4.0	76.01	56.26
	10.0	78.2	56.13

（2）相容性试验。分别在聚合物、聚磺以及聚合醇钻井液中加入 0.5％的 CSW - 1（小阳离子），测量其对钻井液失水及流变性的影响，见表 2。从表中数据可以看出，加入小阳离子后，原浆失水略有上升，对流变性能影响不大，只是动塑比稍有提高，说明小阳离子与不同钻井液体系有较好的相容性。

表 2 小阳离子相容性试验

序号	配方	漏斗黏度 s	滤失量 mL	塑性黏度 mPa·s	动切力 Pa	动塑比
1#	5％土粉 + 0.3％FA367 + 0.5％NPAN + 0.2％CMC	25	6.2	11	3	0.27
2#	1# + 0.5％CSW - 1	28	7.6	11	4	0.36
3#	1# + 2％SPNH + 2％FT - 1 + 1％PSC	35	4.6	14	5	0.35
4#	3# + 0.5％CSW - 1	41	7.0	16	6	0.38
5#	3# + 3％JLX	40	4.8	17	5.5	0.32
6#	5# + 0.5％CSW - 1	42	5.8	14	6	0.42

2. 小阳离子-聚合醇钻井液评价实验

聚合醇理论研究及两年来现场实践经验表明，在聚合物或聚磺钻井液中，聚合醇的最优加量为 2％～3％。依据小阳离子试验可知，小阳离子加量在 0.3％～0.5％之间即有足够的抑制能力。由于小阳离子 - 聚合醇钻井液拟试验井段为中深部，因此以聚磺钻井液为基础，加入 3％聚合醇及 0.4％小阳离子作为基浆配方，与其他类型钻井液对比，评价该钻井液相关性能。

（1）回收率实验。仍然以齐古组泥岩钻屑实验（见表 3）来对比不同类型钻井液抑制黏土水化分散能力。实验条件为：烘干后过 20 目筛，分别放入不同泥浆中 60℃热滚 16h，再用 20 目筛回收。结果显示，聚磺泥浆中加入 3％聚合醇和 0.4％小阳离子改造成的小阳离子 - 聚合醇钻井液，钻屑回收率提高了 25.8％，而且与常规聚合物和 KCl 聚合物相比，一次回收率分别提高了 6.93％、2.53％。

表 3 岩屑回收率对比

泥浆类型	聚合物	聚磺	小阳离子 - 聚合醇	3％KCl 聚合物
一次回收率，%	77.23	66.85	84.16	81.63

注：清水回收率为 37％。

（2）润滑性评价。室内测定泥饼摩擦系数（见表4）的结果发现，转化为小阳离子－聚合醇钻井液后，泥饼摩阻下降33.4%，比乳化原油聚磺的泥饼摩擦系数还要低。

表4　润滑性评价

泥浆类型	聚合物	聚磺	5%乳化原油聚磺	小阳离子－聚合醇
摩阻系数 K_f	0.086	0.0524	0.0437	0.0349

（3）热稳定性评价。以聚合物钻井液为基浆，分别进行聚磺和小阳离子/聚合醇改造，再分别对三种钻井液在不同温度热滚后测定流变性和失水（表5），可知小阳离子－聚合醇钻井液与各种处理剂有较好的配伍性，不破坏聚磺钻井液中抗温处理剂作用的发挥，而且能够将聚磺钻井液抗温极限提高20℃以上。

表5　热滚试验

钻井液	参　数	热滚前	热滚16h后				
			80℃	100℃	120℃	140℃	160℃
聚合物钻井液	塑性黏度，mPa·s	11	12	12	18	—	—
	动切力，Pa	3	4	5	10	—	—
	滤失量，mL	6.2	7	7	18	—	—
聚磺钻井液	塑性黏度，mPa·s	14	14	15	13	12	—
	动切力，Pa	5	5.5	5	4	2	—
	滤失量，mL	4.6	5	5	5.4	8	—
小阳离子－聚合物	塑性黏度，mPa·s	17	17	16	16	14	11
	动切力，Pa	5.5	5.5	5	4.5	4	2.5
	滤失量，mL	5.2	5	4.8	5.4	6	7.8

通过对小阳离子抑制性、与聚合物/聚磺钻井液相容性试验以及小阳离子－聚合醇钻井液相关性能评价试验结果可以看出，在聚磺钻井液基础上添加3%聚合醇和0.4%小阳离子后，抑制性、润滑性、流变性及抗温能力都不同程度有所增强。

五、现 场 应 用

1. 维护处理

玉西1井于2445m（齐古组底部）实施聚合物钻井液转化，先是充分运转固控设备清除劣质固相，用聚合物胶液稀释钻井液，使膨润土含量小于50g/L，固相在8%以下，之后一次性加入3%聚合醇（浊点60℃）、0.5%小阳离子及1%SPNH、0.5%NFA－25和0.5%PSC，使用PSC、XY27碱液调整性能，转化为聚合醇小阳离子钻井液。

前期维护以大分子胶液为主，提供体系的抑制能力，防止侏罗系泥岩水化分散引起性能波动；定期补充高浓度NFA－25、CMC和NAPAN胶液，护胶降失水，提高泥饼质量，稳定井壁；逐步增大SPNH、SMP和PSC的用量，增强体系的热稳定性；保证聚合醇含量在3%、小阳离子含量在0.4%以上，使体系在保持润滑防卡、抑制防塌能力的同时，具有优良的剪切稀释特性，满足悬浮携带和快速钻进要求。

钻至 J2x 底界（3110m）以后，地层含煤线，且井温较高（出口泥浆温度 70℃），正常维护主要以小阳离子提供抑制，以 SPNH、SMP 提高抗温能力，以 PSC、SMT 调整泥浆流动性，确保性能稳定。另外泥浆中添加 2％QCX－1、0.5％的 801 随钻堵漏剂和 FT－1 加强封堵，改善泥饼质量，防漏防塌，并再次补充 3％聚合醇（浊点 80℃），以维持体系的润滑性，增强封堵造壁和油层保护能力。

2. 钻井液性能控制

钻井液性能控制情况见表 6。可以看出，小阳离子－聚合醇钻井液应用井段，钻井液性能基本稳定，失水控制在 5mL 以下，摩阻低于 2.5，动塑比保持在 0.35～0.45 之间，膨润土含量、固相控制在设计范围以内，说明钻井液具有良好的抑制性、流变性、润滑性及热稳定性。

表 6　小阳离子-聚合醇钻井液应用井段钻井液性能统计表

井深 m	密度 g/cm³	黏度 s	滤失量 mL	摩阻系数 K_f	塑性黏度 mPa·s	动切力 Pa	pH 值	膨润土含量 g/L	固相含量 %	HTHP 失水 mL
2387（转化前）	1.20	48	6	0.0437	20	9	8	42	8	
2590	1.27	55	4.6	0.0349	21	8.5	9	60	12	10/100℃
3006	1.31	40	5.2	0.0262	17	9	9	64	14	12.8/110℃
3217	1.29	50	4.4	0.0262	20	9	9	70	10.5	12.8/100℃
3286	1.30	51	3.8	0.0349	20	11	9	50	13	14.2/120℃
3617	1.30	39	3.2	0.0349	20	6	9	61	10	7.2/100℃

3. 复杂情况

玉西 1 井盐膏层段施工过程中，由于失水增大，膏质泥岩水化膨胀及塑性变形缩径造成一次下钻遇阻划眼，损失时间 3h；另外在小阳离子－聚合醇应用井段也出现了两次下钻遇阻划眼，分别在下侏罗统的 J2x 与 J1b 交界面处和三叠系的 T2-3k 硬脆性泥岩段，共损失时间 14h。复杂情况统计见表 7。

表 7　玉西 1 井复杂情况统计

井号	井深，m	层位	复杂类型及经过	原因分析	损失时间，h
玉西1井	1324	E_8h	短程起下钻遇阻，划眼井段 1228～1295m	失水偏大，膏质软泥岩膨胀及塑性变形缩径	3
	3286	J_1b	下钻遇阻，划眼井段 3141.16m 至井底	J2x 底部钻遇多套薄煤层，起钻井深正处于 J1b 与 J2x 交界面处，地层疏松，容易塌掉	5
	3526	$T_{2-3}k$	短程起下钻遇阻，划眼井段 3420.97m 至井底	地层为硬脆性杂色泥岩，胶结差，坍塌压力高，易剥蚀掉块	9

六、效果分析

表 8 为玉西 1 井与鲁克沁构造带已完成的探井指标对比。从表中可以看出，玉西 1 井

比过去完成的邻井平均井深增加 179m，由于小阳离子－聚合醇钻井液的良好抑制、润滑、造壁能力，使得复杂事故损失率下降了 85％，在井壁稳定的前提下，工程上大胆使用 PDC 钻头，使该井钻井周期较邻井平均缩短了 72.42d，平均机械钻速提高了一倍，只是平均钻井液成本上升了 14％。

表8　鲁克沁构造完成井指标情况对比

井号	钻井液类型	完钻井深 m	完井液密度 g/cm³	平均井径 ％	钻井周期 d	平均机速 m/h	复杂事故损失 ％	钻井液成本 元/m
鲁南1	聚磺	3500	1.28	9.64	109.08	2.71	1.37	246.83
玉101	聚磺	3610	1.27	11.08	85	3.75	16.0	215.23
玉东1	聚磺	3800	1.25	6.71	129.38	3.13	0.18	243.89
火1	聚磺	3037	1.30	12.18	139.03	3.64	27.1	285.85
平均		3487	1.28	9.90	115.62	3.30	11.16	247.95
玉西1	小阳离子－聚合醇	3666	1.29	9.33	43.2	6.29	1.64	282.54
对比		179	+0.01	-0.57	72.42	2.99	9.52	+34.59

七、结论和认识

（1）小阳离子－聚合醇钻井液性能稳定，具有良好的抑制、润滑和封堵造壁能力，可大幅度降低井下复杂情况、事故发生几率。

（2）小阳离子与常规水基钻井液配套处理剂及聚合醇有很好的相容性，经小阳离子改造后，钻井液抑制能力更强，流变性更优良，但是只有当一次性加量大于并保持 0.3％以上时，性能才不会大幅度波动。

（3）聚合醇能明显改善钻井液润滑性能，增强封堵造壁能力，而且随着井温升高，选择使用浊点更高的聚合醇，有利于防塌、造壁和润滑作用的发挥。

参 考 文 献

［1］朴昌浩. 阳离子聚合物稳定井壁探讨. 北京：石油工业出版社，1999
［2］丁锐等. 钻井液防塌剂分类. 北京：石油工业出版社，1999
［3］向兴金. 新型防塌水基钻井液体系研究. 北京：石油工业出版社，1999

油溶软暂堵完井液在苏 6 井的应用

杨呈德　杨　斌　蔺志鹏　马祥林

（长庆石油勘探局）

摘　要　室内试验结果表明，钻井（完井）液滤液侵入地层是长庆气田上古低渗砂岩气层严重伤害的主要诱因。做到无滤液侵入或尽量减少侵入并改变滤液的性质是保护该气层的主要途径之一。正是基于这种考虑，研制出了油溶软暂堵完井液。本文简要叙述了该完井液的工作原理、配方及其在苏 6 井的成功应用。

关键词　低渗砂岩气层　油溶软暂堵剂　滤液侵入　电阻率　补偿中子

一、前　　言

近年来，人们逐渐认识到保护油气储集层技术是一项极为重要的技术，是保护油气资源和"少投入，多产出"的重要技术，是一项涉及多学科、多部门和多专业的系统工程。"七五"后期，长庆油田在研究安塞长 6 油层伤害机理和保护技术的同时，开展了以下石盒子组为代表的盆地东部上古低渗砂岩气层伤害机理和保护措施的研究，基本上搞清了上古低渗砂岩气藏的敏感性特征、普遍性和特有的伤害机理，并研制和组配了保护气层的完井液配方。油溶软暂堵完井液 OSS－1 体系就是其中之一，并在苏里格气田苏 6 井成功地进行了现场试验，取得了良好效果。

二、保护气层机理

经地质资料调查和室内实验研究表明，长庆气田上古低渗砂岩气层黏土含量高，水敏速敏性强，孔喉细微，毛细管压力高，水锁严重，压力敏感效应明显。钻井液完井液滤液侵入是引起该气层（尤其是下石盒子组）严重伤害的主要诱因，也就是说，水对气层可引起灾难性伤害。因此做到无滤液进入或尽力减少滤液侵入并改变滤液性质（增强抑制性，润湿反转性等）是保护该气层的主要途径之一。油溶软暂堵完井液 OSS－1 体系就是基于此而研制的，其主要的工作原理是利用低渗砂岩孔隙同时存在三相互不混溶的流体产生的物理化学现象而引起的"堵塞"，即近井带的"严重伤害"，使其对每一相的渗透率下降至接近为零，阻止滤液进一步侵入地层，为压裂投产提供一个未受钻井液滤液伤害的原始储层。

三、完井液配方筛选及评价

根据大量研究的结果及现场技术条件的可行性，选用油溶软暂堵型钻井（完井）液 OSS－1 体系进行现场试验。根据试验区块地质储集层条件，在室内将所研制的完井液体系配方调整为：试验井近储层前达到设计性能指标的井浆＋3％～5％油溶暂堵剂（液态）OSS－1＋0.5％～1％专用表面活性剂 RJ－1＋0.3％～0.5％抑制剂 CSJ－1＋0.5％～1.0％降滤失剂 FL－1。油溶软暂堵完井液与几种完井液对长庆气田上古气层岩心动态伤害评价结果见表1。从评价的数据看，OSS－1体系反向渗透率明显的低，即流体进入地层渗透率低（堵塞效果好），而切去伤害段1cm后正向渗透率恢复率明显的高。

表1 完井液动态伤害评价结果*

岩心号	钻井完井液体系	SB 盐水 K_{w1} mD	SB 盐水 K_{w2} mD	SB 盐水 K_{w3} mD	$\dfrac{K_{w1}-K_{w2}}{K_{w1}}$ %	$\dfrac{K_{w3}}{K_{w1}}$ %
34		0.1677	0.0671	0.0843	59.9	50.3
35	现场钻井液体系	0.1213	0.0607	0.0725	50.0	59.8
平均					55.0	55.1
69		0.1256	0.0383	0.0678	69.5	54.0
72	高分子聚合物	0.1595	0.0417	0.0769	73.9	48.2
平均					71.7	51.1
23		0.1742	0.1367	0.1212	21.5	69.6
27	强抑制正电胶体系	0.1678	0.1223	0.1087	27.1	64.8
平均					24.3	67.2
15		0.2341	0.0276	0.2110	88.2	90.1
11	油溶软暂堵体系	0.2691	0.0378	0.2467	86.0	91.7
平均					87.1	90.9

* 伤害试验条件：$\Delta p = 3.5$MPa，$T =$ 室温；岩心：山西组岩心；剪切速率：400s^{-1}；动态伤害时间：145min；静态伤害时间：85min；K_{w1}—伤害前 SB 盐水测渗透率，K_{w2}—伤害后反向 SB 测渗透率，K_{w3} 为岩心伤害端截取 1cm 后正向 SB 盐水测渗透率。

四、现场实验简况

苏6井是在苏里格地区部署的一口重要探井，在该井进行保护气层试验，是为了获得更好的勘探效果。

在苏6井钻至井深3270m处（离进入设计气层约40m）加入10.2t（体积比约5％）油溶软暂堵剂 OSS－1，1.8t 的专用表面活性剂 RJ－1，1.175t 的次生有机离子形成剂 CSJ－1，2.1t 的专用降滤失剂 FL－1，这样完井液转成了油溶软暂堵完井液，并在钻至3309m井段的钻进中形成了优良性能：密度 1.04g/cm³，漏斗黏度120s，API 失水 2.4mL（用 API 滤纸测），泥饼痕迹，pH 值为10，表观黏度 55mPa·s，塑性黏度 40mPa·s，动切力 15Pa。发现气显示良好，起钻取心。

（1）第一筒心：3309.00～3325.50m，进尺 16.50m，收率 100％。

钻井液性能：密度 1.04g/cm³，漏斗黏度120s，API 失水 2.4mL，pH 值为10，表观黏度 55mPa·s，塑性黏度 40mPa·s，动切力 15Pa，静切力 2/4Pa/Pa。

（2）第二筒心：3325.50～3342.60m，进尺 17.10m，收率 100％。

钻井液性能：密度 1.04g/cm³，漏斗黏度121s，API 失水 2.0mL，泥饼 0.1mm，表观黏度 55.5mPa·s，塑性黏度 39mPa·s，动切力 16.5Pa，pH 值 12，静切力 2/4Pa/Pa。

(3) 第三筒心：3373.00～3391.96m，进尺 18.96m，收率 100%；

钻井液性能为：密度 1.05g/cm³，漏斗黏度 85s，API 失水 4.0mL，泥饼 0.1mm，表观黏度 39.5mPa·s，塑性黏度 30mPa·s，动切力 4.75Pa。

试验期间，施工顺利，未因试验出现复杂情况。

五、试验效果分析

以下几个方面分析了 OSS-1 保护气层完井液体系现场试验效果。

1. 在室内进行岩心堵塞率评价试验

试验期间，在每筒心取心时进行了完井液取样。试验结束回基地后在室内进行了对上古气层岩心的堵塞率评价试验。气层岩心封堵效果及岩心气体渗透率恢复评价实验数据见表 2。

表 2　OSS-1 暂堵钻井液伤害岩心参数数据表

序号	钻井液样品来源				岩心伤害参数					
	试验井号	取样井深 m	取样地层	岩心井号	岩心号	层位	压力，MPa 内压 *	环压	作用时间 h	累计流量 mL
1	苏 6 井	3326	石盒子	S211 井	134/78-1	石盒子	4.5	7.0	5.0	1.4
2	苏 6 井	3389	山西组	S140 井	28/22-8	山西组	4.5	7.0	5.0	1.0

* 作用 2h 后不出滤液改为 8.5MPa，围压 10.5MPa。

表 3　试验完井液对岩心的封堵及恢复实验数据表

序号	岩号	层位	K_{w1} mD	K_{w21} 4.5MPa	K_{w22} 8.5MPa	暂堵率 %	K_{w3} mD	恢复率 %
1	134/78-1	石盒子	0.0566	0.00	0.0115	79.70	0.0586	103.6
2	28/22-8	山西组	0.0594	0.00	0.0073	87.70	0.0476	80.20

从表 3 的试验数据看出，现场试验用邻井同层位的岩心评定完井液样品封堵率，在压差为相当于完井液液柱压力（4.5MPa）时，作用约 2h 未出滤液，表明其封堵率为 100%，将模拟液柱压力提高到 8.5MPa（相当于完井液密度为 1.26g/cm³），其封堵率也达到了 78%～87%，恢复率达到了 80% 以上。这表明，该完井液在本身液柱压力的作用下，确实起到了很好的封堵作用，阻止了滤液进一步进入地层，达到保护气层的作用，封堵后的地层可通过增产措施恢复渗透率。

2. 通过电测曲线分析

试验井与邻井的测井、取心分析资料对比分析表明，使用油溶暂堵完井液大幅度改善了钻井的井径质量，保证了电测响应的真实性，提高了电测对地层中油、气、水的分辨能力。具体表现如下：

（1）提高了钻井井径质量，测井曲线质量明显改善。

使用油溶暂堵完井液的苏 6 井与邻井桃 5 井进行井径对比（如图 1 所示）。桃 5 井未使用暂堵钻井液，其井壁塌跨段占 30%～70%，测井仪器不能紧贴井壁，导致密度、补偿中子曲线严重失真，电阻率、声波曲线测量值亦偏离实际值；而使用暂堵钻井液的苏 6 井目的层段井径合格率达 90%～100%，测井资料真实可靠。对比同时发现，试验井中未使用暂堵剂的上部层段，由于后期钻井液性能优良，井径质量也有较明显的改善，井径塌跨段一般小于30%，且塌跨幅度较小。

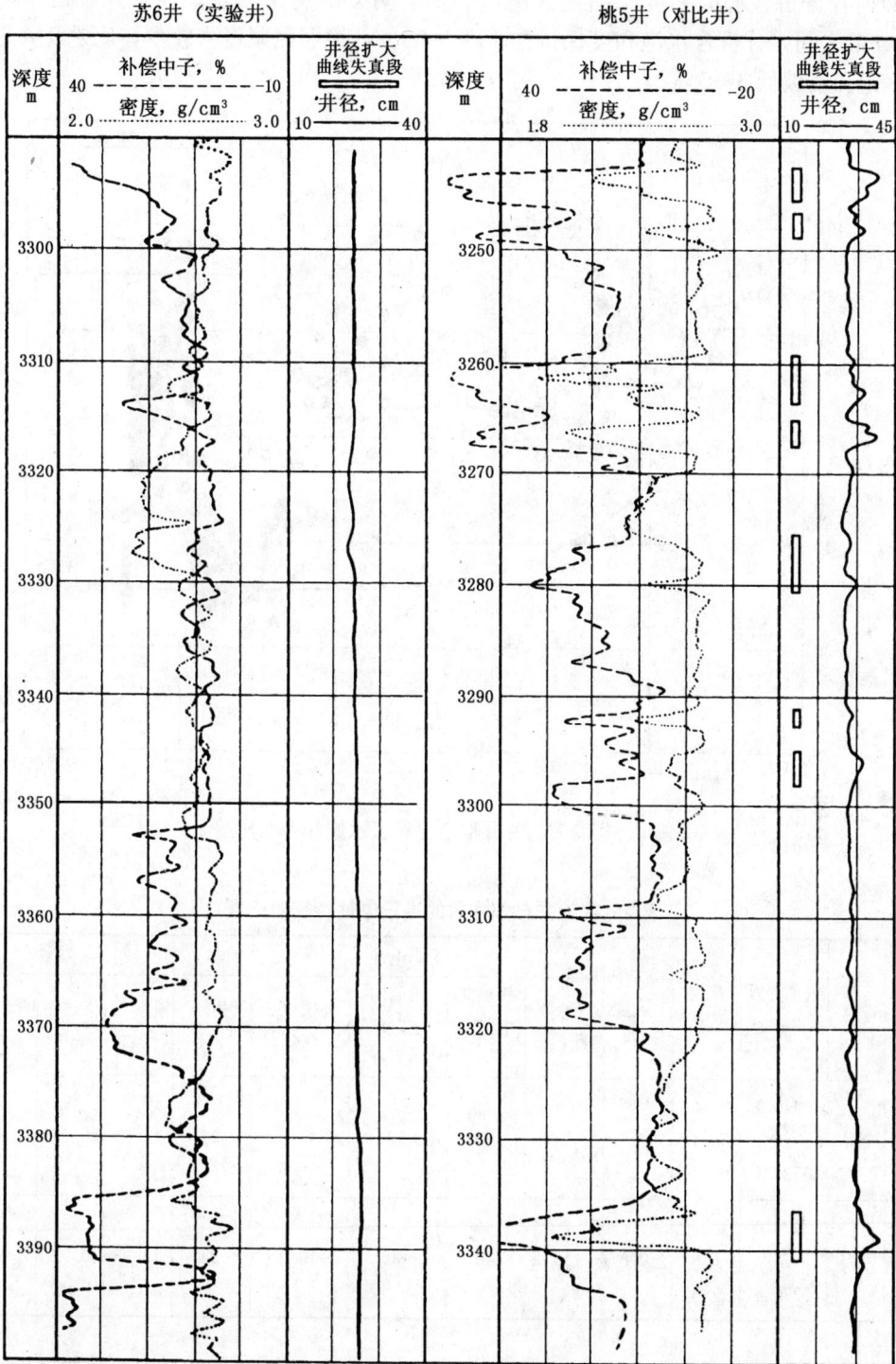

图1 试验井与邻井测井曲线对比图

(2) 有效地抑制了钻井液滤液侵入地层，电测曲线能更好反映储集层流体（气、水）性质。

对比苏 6 井与桃 5 井同一层段取心的含水饱和度（图 2、表 4）。在相同物性条件下，使用暂堵钻井液的苏 6 井岩心分析含水饱和度明显低于桃 5 井。桃 5 井渗透率不小于 0.4mD 时，分析含水饱和度大幅度升高，表现了明显的泥浆侵入；苏 6 井渗透率即使在 1～100mD 之间，分析含水饱和度保持在 25％～35％，说明泥浆侵入较少，比桃 5 井平均分析含水饱和度偏低 34.3％。

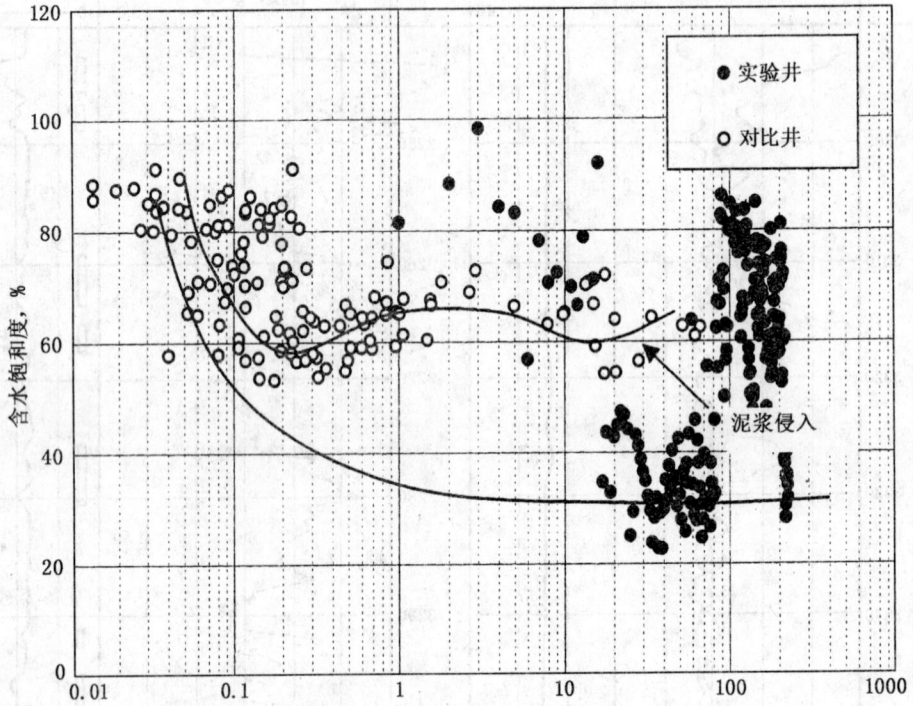

图 2　实验井与邻井取心分析含水饱和度对比图

表 4　实验井与邻井目的层段电性特征对比表

井别	井号	气层井段 m	厚度 m	层位	电性					物性		
					微球 Ω·m	深侧向电阻率 Ω·m	浅侧向电阻率 Ω·m	补偿中子 %	井径 cm	孔隙度 %	渗透率 mD	含水饱和度 %
实验井	苏 6	3318.3～3324.4	6.1	盒 8	7.0	72	52	6.0	24	13.63	10.545	32.44
对比井	桃 5	3270.0～3276.8	6.8	盒 8	10	40	30	10.0	24	13.25	13.230	66.74

电性特征对比上，由图 3、表 4 可以看出，在物性相当的储层段，苏 6 井浅测向电阻率值均高于对应的桃 5 井，补偿中子值低于桃 5 井。说明使用暂堵剂能有效地阻止泥浆滤液侵入地层，测井曲线更能反映地层的真实流体性质。

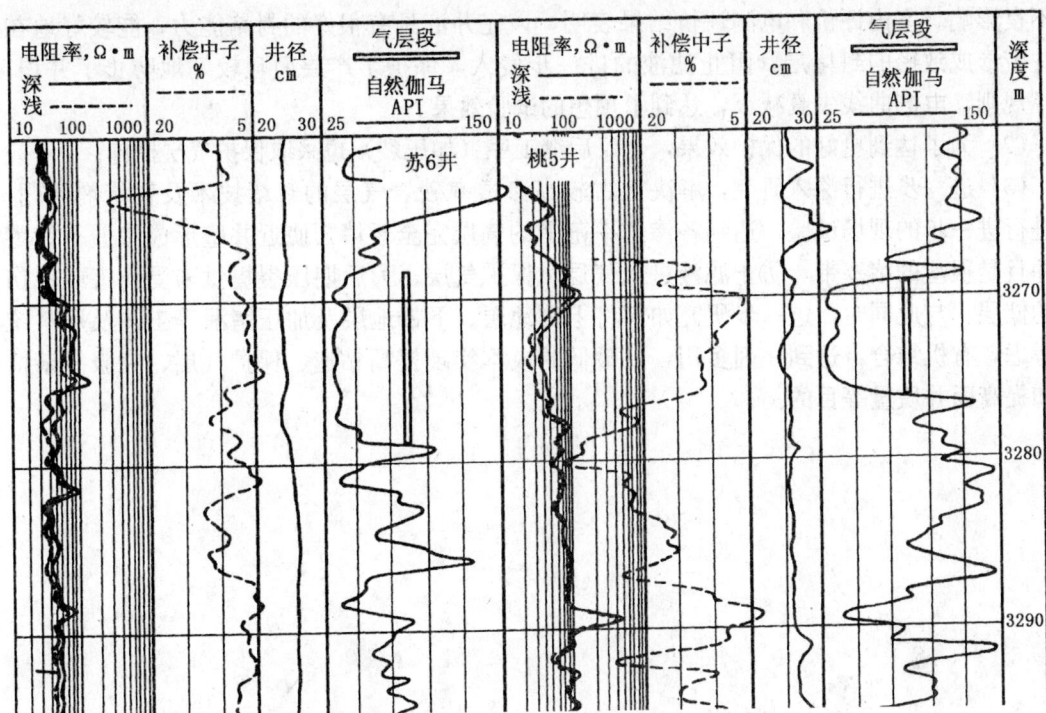

图 3 暂堵剂实验井与邻井目的层段电性参数对比图

3. 气产量对比分析

试验井压裂后试气产量 $36.78 \times 10^4 m^3/d$（无阻流量 $120 \times 10^4 m^3/d$），而对比井压裂后试气产量为 $21.07 \times 10^4 m^3/d$（无阻流量为 $26.12 \times 10^4 m^3/d$）；此前的另一个区块的一口试验井压裂后试气产量为 $5.19 \times 10^4 m^3/d$，而非试验邻井为 $4.44 \times 10^4 m^3/d$。有较明显的增产趋势。此后又试验了两口井，并推广了 20 余口井，均取得了类似的良好效果。

4. 油溶暂堵完井液的使用对钻井工程的影响

统计了试验井与邻井相同井段的机械钻速及固井质量数据，见表5。从表中数据可以看出，使用油溶暂堵完井液对工程施工无不良影响。

表 5 试验井与邻井相应井段的钻速对比

井 号	井 段	平均机械钻速 m/h	固井质量	取心进尺 m	平均机械钻速 m	备　注
苏 6	3152～3448	3.62	合格	53.6	6.70	试验井，仅上古井段，2000 年 6 月
桃 5	3099～3427	2.39	合格	24.73	5.5	邻井，1999 年 10 月，仅上古井段

六、结论及建议

（1）从以上的分析可以看出，油溶软暂堵剂完井液在苏 6 井的现场试验工艺是成功的。这种钻井液适应上古低渗砂岩气藏的钻进和取心，并表现出抑制性强的优点，其密度低、易于控制、失水低、泥饼致密、润滑性好（相当于加入润滑剂）且井下安全，对钻井施工

— 843 —

无不良影响。室内评价和电测评价结果表明，该完井液具有很好的封堵能力，能较好地在近井带形成致密的封堵层，阻止滤液的进一步侵入，保护了产层而且较好地防止了井塌，井径规则，电测曲线失真减小，达到了预想的试验效果。

（2）为了达到更好的保护效果，建议后继工序（如压裂）也采取保护气层措施。

（3）进一步进行深入研究，解决上古较高渗透率砂岩气层的暂堵技术及暂堵剂问题，并进行进一步的现场试验，达到各渗透率范围的气层完全暂堵，使近井壁形成渗透率为零的并且是很薄的堵塞带，防止滤液进入气层，保护气层，为后期压裂提供未受伤害或低伤害的储层。与此同时，进一步研究如何将上古地层、下古地层及加压堵漏等工艺及用料统筹考虑，有机结合，达到一剂多用，以最低的成本实现提高钻速、保护气层、克服复杂情况和提高固井质量等目的。

无固相甲酸盐钻井液在柴达木盆地冷湖三号油田的应用

逯登智

（青海油田井筒服务公司）

随着石油工业的发展，在石油开发中越来越重视保护储层、提高单井产量、缩短建井周期、降低开发成本和减少井下复杂情况的发生。同时新型化工材料的开发和生产，为石油开发的技术创新提供了物质保证。无固相甲酸盐钻井液的研究和使用也是在这样的背景下产生的。

甲酸盐钻井液的室内评价和现场的使用表明，其较过去的 KCl 钻井液和聚合物钻井液具有更强的抑制性和抗污染能力，能更好地保护储层和环境，可以大幅度提高钻速，同时避免对设备的腐蚀。

依据冷滩 1 井、冷 104 井的地质特征和发现油气层、保护油气层的需要，这两口重点探井的钻井液都采用了无固相甲酸盐钻井液体系。这两口井都要钻遇 N_1、E_3^2、E_3^1、E_{1+2}、K_{1+2} 和 J_{1+2} 层，其间有极易水化的泥岩层，膨胀性强，也有容易坍塌掉块的砾岩和碳质泥页岩层。储层敏感性强，油气层易受污染。无固相甲酸盐钻井液体系，具有抑制能力强、悬浮能力强的特点，且有良好的润滑防卡、防塌性能，渗透率恢复值高。采用该钻井液体系对油层起到了一定的保护作用。而且该钻井液密度低、无固相、静切力小，利于井下安全和快速钻进，满足了冷滩 1 井和冷 104 井的施工要求。这种钻井液不仅有利于提高机械钻速、保护油气层，而且很好地解决了地层坍塌、缩径、黏卡等复杂情况。

一、地质概况

冷 104 井、冷滩 1 井是在石泉滩地区钻探冷 103 井、获得新层系油层的重大发现基础上，为了进一步认准储层特性而定的两口重点探井。石泉滩地区位于柴北缘西北部祁连山和阿尔金山交汇的山前带，属于青海省海西洲冷湖镇辖区。该区平均海拔 $2750 \sim 2800m$ 左右，地形为戈壁沙滩，气候环境恶劣，属典型的大陆高原干旱气候，具有高寒、缺氧和多风的特点。在 20 世纪五、六十年代在石泉滩地区发现了冷湖三号（J_1 储层）为侏罗系原生油藏。

（1）储集层特性。下侏罗统岩性为含砾粗粒岩屑砂岩、岩屑中粗砂岩，石英含量 $8\% \sim 20\%$，长石含量 $10\% \sim 15\%$，岩屑含量 $58\% \sim 74\%$（岩屑成份以变质岩岩屑为主，占 $52\% \sim 64\%$，火山岩岩屑次之，占 $8\% \sim 14\%$），颗粒分选性中—好，磨圆度中等，接触方式为线接触。胶结物含量 $6\% \sim 8\%$，其中泥质占 $5\% \sim 7\%$，方解石 $1\% \sim 2\%$。对冷 103 井岩心的分析结果表明，孔隙度介于 $18\% \sim 36\%$ 之间，渗透率介于 $18.3 \sim 107.8mD$。总体上，该圈闭侏罗系储层条件较好，属于中高孔—中低渗储层。

（2）石泉滩地区岩性分布。侏罗系自上而上，岩性由细变粗，总体为一套反旋回沉积。

小煤沟组（J₁）下部为一套深灰色泥岩、灰黑色碳质泥岩沉积，上部地层岩性为大棕褐色、棕灰色含砾砂岩为主，砾岩成分较高。全井岩性以砾岩为主，含棕黄色泥岩，易水化膨胀，砾岩易塌、易漏。

（3）石泉滩地区储层敏感性评价结果。通过岩心分析，储层首要的潜在损害问题是水敏性。因此应尽可能增强入井流体的抑制性，以防止黏土水化膨胀造成损害。储层具有中等程度的碱敏性，高 pH 值的作业液滤液进入储层可使高价离子生成氢氧化物沉淀而引起地层损害，所以要尽量降低作业液的 pH 值。该储层还具有中等程度的流速敏感性，酸化产生微粒会造成储集层的损害。

二、存在的工程问题

由于石泉滩地区地层岩石砾石含量高，碳质泥页岩及易发生坍塌掉块，造成井眼形成"大肚子"，不利于电测、下套管等作业，严重时会造成埋钻具、反复划眼等复杂情况的发生，一旦发生大面积坍塌，处理起来非常困难，严重影响钻井施工。冷 103 井在完井电测时通井数次，最终只电测了上部井段，下部的碳质泥页岩由于井塌严重无法进行电测作业。砾石颗粒直径尺寸在 1.5～3cm，携砂问题是最关键的。在接单根、起下钻时易发生堵水眼情况，严重影响生产时效，不利于缩短建井周期和减少对油气层的浸泡时间。钻井液还必须满足携带岩屑的要求，保证井底干净，避免造成重复钻进、磨损钻头、降低机械钻速或增加钻井作业的风险。另外钻井液还必须具有强的抑制性和稳定性，防止泥岩的水化膨胀。而该储层对流体的敏感性强，钻井液体系除了具有强的抑制性，还要无固相，防止地层黏土颗粒分散膨胀，堵塞油气通道。钻井液体系中亚微离子含量要低，尽量降低钻井液对储集层的污染。因此选择一种好的钻井液体系是最主要的。石泉滩地区地层渗透率好，孔隙度高，在钻遇有大段层砾岩时易发生井漏，在所钻探的 10 多口井都有不同程度的井漏，防漏也是该地区施工的一项主要工作。

三、技 术 难 点

从石泉滩地区所钻探的十几口井来看，该储层的强敏感性、易井漏和易井壁坍塌是制约油田开发和发现新油层的关键因素。钻井液处理和维护有很大的难度，主要技术难点有以下几个方面。

（1）解决碳质泥页岩的坍塌和大段砾岩掉块的问题，减少井下复杂情况的发生，确保安全钻井作业。

（2）解决大段砾石层井漏的问题，缩短建井周期，减少不必要的损失和降低地层污染。

（3）解决钻井液性能的优化及调控问题，包括流变性、防塌抑制性、润滑性、封堵能力及抗盐污染能力等。

（4）保护和发现新储层、解决提高储层渗透率恢复值问题，是探井施工的最终目的，石泉滩地区的地质特点决定了采取保护措施的必要性。

四、钻井液技术

根据冷湖三号石泉滩地区的地质特点，要求选用的钻井液体系必须具有以下特性：

（1）良好的抑制性和控制地层造浆的能力。

（2）强的防塌和封堵能力。

（3）良好的润滑防卡能力。

（4）良好稳定综合性能，满足携带岩屑要求和避免由于性能波动而引起的其他复杂情况。

（5）减少对油气层的污染，提高储层渗透率恢复值。

（6）一定的抗盐、抗污染能力。

1. 室内实验

为了使所选用甲酸盐钻井液体系能满足要求，在使用前进行了室内实验，包括抗污染能力、岩屑回收率、抗温和加重实验。甲酸盐钻井液体系的作用机理与实验数据如下。

（1）作用机理。

甲酸盐在水中电离为 $HCOO^-$ 和 K^+、Na^+，K^+ 和 Na^+ 对劣质土、黏土有较好的抑制性，$HCOO^-$ 与钻井液中的抑制性聚合物的碳链通过氢键、分子间力和电荷引力等形式相结合，增加对劣质土及黏土的吸附和抑制，也有利于机械清除。另一方面可溶性盐类的加入，降低了水的蒸汽压，使钻井液的滤失量减小，滤液的 pH 值在 7.5～8.5 之间，钻屑及储层中的黏土矿物不易发生水化分散。这样，钻井液中几乎不含亚微颗粒，加之甲酸盐钻井液是通过可压缩的沥青粉及 $HCOO^-$ 形成的半透膜构成滤饼，具有良好的润滑性和较低的滤失量以及薄而韧的滤饼，故能很好地保持井壁稳定，也避免了外来固相侵入储层，阻塞油气通道。

（2）优选配方。

甲酸盐钻井液的基本组成为甲酸盐、抑制性聚合物、增黏剂、降滤失剂、润滑剂和油层保护剂。通过大量的实验，优选了四套配方，其具体性能见表1。通过表1的数据可以看出，这四套配方能满足实际的钻井需要。

表1　优选配方的性能数据

序号	体系	密度 g/cm³	漏斗黏度 s	滤失量 mL	pH 值	表观黏度 mPa·s	塑性黏度 mPa·s	动切力 Pa	φ3	初切力 Pa	终切力 Pa
1	I	1.03	59	4.8	8.0	34	24	10	1.0	1.0	1.5
2	II	1.03	53	5.0	8.5	28	20	8.0	1.0	0.5	1.0
3	III	1.04	45	5.4	7.5	25	18	7.0	0.5	0.5	1.0
4	IV	1.03	69	4.2	8.0	38	30	8.0	1.0	1.0	2.5

（3）抗污染实验。

在作用机理一小节中，从理论上分析了甲酸盐钻井液的抗污染能力，现在通过室内实验来证明甲酸盐钻井液的抗污染能力。表2、表3、表4是抗污染实验数据。（选用上面四套配方之一为原浆）。

表 2　甲酸盐钻井液抗膨润土实验数据

序号	体系	密度 g/cm³	漏斗黏度 s	滤失量 mL	pH 值	表观黏度 mPa·s	塑性黏度 mPa·s	动切力 Pa	φ3	初切力 Pa	终切力 Pa
1	原浆Ⅰ	1.03	59	4.8	8.0	34	24	10	1.0	1.0	1.5
2	+1.0%	1.012	94	7.0	8.5	18	32	16	3.5	1.5	2.0
3	+2.0%	1.018	72	8.0	8.0	40	28	12	2.5	0.5	1.0
4	+3.0%	1.02	92	6.4	8.5	45	31	14	3.5	1.5	2.8
5	+4.0%	1.026	117	5.2	8.5	53	39	14.5	4.5	3.0	8.0

表 3　甲酸盐钻井液抗 NaCl 实验数据

序号	体系	密度 g/cm³	漏斗黏度 s	滤失量 mL	pH 值	表观黏度 mPa·s	塑性黏度 mPa·s	动切力 Pa	φ3	初切力 Pa	终切力 Pa
1	原浆Ⅳ	1.03	59	4.8	8.0	34	24	10	1.0	1.0	1.5
2	+1%	1.035	59	6.5	8.5	25	22	4.0	0.5	0.5	1.0
3	+5%	1.065	54	5.8	8.0	26	21	5.5	0.5	0.5	1.0
4	+15%	1.12	52	5.7	8.0	26	22	4.0	0.8	0.5	1.2
5	+20%	1.155	51	4.0	8.0	26	21	5.0	0.8	0.7	1.6

表 4　甲酸盐钻井液抗 CaCl₂ 实验数据

序号	体系	密度 g/cm³	漏斗黏度 s	滤失量 mL	pH 值	表观黏度 mPa·s	塑性黏度 mPa·s	动切力 Pa	φ3	初切力 Pa	终切力 Pa
1	原浆Ⅳ	1.03	59	4.8	8.0	34	24	10	1.0	1.0	1.5
2	+3%	1.05	42	5.8	8.0	24	19	5.0	2.0	0.5	1.0
3	+5%	1.075	43	6.5	8.0	22	17	5.0	1.0	0.5	1.0
4	+10%	1.105	43	5.2	8.0	22	16	6.0	1.0	0.5	1.5

由以上数据可以看出，甲酸盐钻井液的抗污染能力很强，性能较稳定，和配方性能比较，变化不大，能够满足钻井的要求。

（4）回收率实验。

用回收率实验来验证甲酸盐钻井液的抑制性。取一定体积的原浆，加入过 4 目、不过 6 目的黏土颗粒 30g，在 60℃ 的温度下滚动 16h，然后将热滚后的黏土过 60 目筛，烘干、称重、计算回收率。结果和对比情况见表 5。

表 5　回收率对比实验数据

体系	回收率
清水	8.0%
饱和盐水	28.0%
甲酸盐钻井液	90.3%

由实验数据可以看出，甲酸盐钻井液的抑制性最强，能够抑制黏土的水化分散。

（5）抗温实验。

配制两套不同性能的甲酸盐钻井液，进行抗温实验。把原浆在120℃的条件下，热滚16h，然后对比性能的变化情况。具体数据见表6。

表6　甲酸盐钻井液抗温实验数据

序号	体系	密度 g/cm³	漏斗黏度 s	滤失量 mL	pH值	表观黏度 mPa·s	塑性黏度 mPa·s	动切力 Pa	φ3	初切力 Pa	终切力 Pa
1	原浆Ⅰ	1.03	59	4.8	8.0	34	24	10	1.0	1.0	1.5
2	热滚	1.03	58	5.0	8.0	34	24	10	1.0	1.0	1.5
3	原浆Ⅳ	1.03	69	4.2	8.0	38	30	8.0	1.5	1.0	2.5
4	热滚	1.03	67	4.4	8.0	37	29	8.0	1.2	1.0	2.5

由实验数据可以看出，甲酸盐钻井液具有很好的抗温性，在120℃的条件下，钻井液性能基本稳定。

（6）加重实验。

为了让甲酸盐钻井液的使用范围更广，能够满足不同压力系统条件下的钻井需求，在实验室内进行了加重实验。由于甲酸盐钻井液不允许用惰性加重材料，所以加重剂选用了重金属盐类 $ZnCl_2$、$ZnBr_2$，其最高的密度可加到 2.3g/cm³。具体的加重结果见表7。

表7　甲酸盐钻井液 $ZnCl_2$ 加重实验数据

序号	体系	密度 g/cm³	漏斗黏度 s	滤失量 mL	pH值	表观黏度 mPa·s	塑性黏度 mPa·s	动切力 Pa	φ3	初切力 Pa	终切力 Pa
1	原浆	1.03	59	4.8	8.0	34	24	10	1.0	1.0	1.5
2	+1%	1.04	40	5.5	7.0	19	16	3.0	2.0	0.5	0.75
3	+5%	1.07	31	6.4	7.0	8.5	7.0	1.5	2.0	0.5	1.0
4	+10%	1.11	30	5.4	6.0	8.5	7.5	1.0	1.5	0.5	1.0
5	+12%	1.13	30	5.2	6.0	9.0	7.5	1.5	2.0	0.5	1.5
6	+15%	1.15	30	5.0	5.0	9.5	8.5	1.0	1.5	0.5	1.0
7	+20%	1.18	30	5.0	4.0	11.5	10.5	1.0	1.5	0.5	1.0
8	+50%	1.34	33	4.0	5.0	16.0	14.5	1.5	2.0	0.5	1.5
9	+100%	1.57	45	1.4	5.0	22.0	19.0	3.0	2.5	2.0	4.5
10	+150%	1.68	46	2.0	5.0	24.0	20.0	4.0	2.5	1.5	4.0
11	+200%	1.80	67	0.8	4.0	32.0	25.0	7.0	3.0	2.0	4.5

通过在室内大量详尽和细致的实验，对甲酸盐钻井液有了比较深刻的认识，对其基本性能和抗污染情况以及性能的变化规律有了清楚的了解。从实验数据可以看出甲酸盐钻井液体系完全能够满足在冷湖三号石泉滩的应用。决定选用配方如下：

1.2%L-24+0.45%L-12+0.45%B-31+1.5%T-13+0.15%烧碱+3%HK+0.2%W-11+3%YPB-Ⅱ+2%ST-2+8%HCOOK+水

2. 钻井液工艺要点

（1）保持钻井液具有良好的抑制性，关键是保持B-31有足够的加量。在甲酸盐体系中含量在0.45%以上，通过连续使用B-31并采用等浓度维护方法来实现。

（2）钻井液体系具有防止碳质页岩坍塌能力，体系通过屏蔽暂堵技术强化钻井液的封堵造壁性，在进入碳质页岩层前加入 1.5%T - 13、3%YPB - Ⅱ 等，并及时补充。

（3）提高体系的抗盐、抗污染能力，由于该体系属于无固相，主要是处理剂受盐、钙影响，选择抗污染能力强的处理剂就能满足要求。

（4）保持钻井液具有良好的润滑性，提高钻井液的防卡能力。滩 1 井、冷 104 井裸眼井段在 1000m 以上，此间还要机动取心。这两口井选用高效优质的 JHC 作为润滑剂，加量在 1%左右，JHC 具有浊点效应，能起到抑制作用。

（5）对大段砾岩层的井漏问题，采用惰性堵漏材料，如 Qs - 2、T - 13 等，ST - 2、YPB - Ⅱ 也有一定的堵漏作用。

（6）在储层保护上采用 ST - 2、YPB - Ⅱ 等油层保护剂，加量在 3%左右。针对储层水敏性强的特点，严格控制钻井液滤失量在 4mL 以下，形成的滤饼薄而韧，防止有害物质进入油气层而阻塞油气通道。

五、现场应用

冷滩 1 井和冷 104 井分别在二开后钻遇坍塌的煤层和泥岩层。为保护油气层，抑制地层造浆，防止发生严重井漏，两口井都采用了无固相甲酸盐钻井液。

按室内实验研究，为了保证二开时钻井液体系性能发挥它的优良作用，现场配制甲酸盐钻井液时加大了一些处理剂的用量。使用配方如下：

1.2%L - 24 + 0.5%L - 12 + 0.55%B - 31 + 3%T - 13 + 0.15%烧碱 + 3%HK + 1%W - 11 + 3%YPB - Ⅱ + 2%ST - 2 + 1%JHC + 10%HCOOK + 水（100m³）

测量其性能数据见表 8。

表 8　二开前配制的甲酸盐钻井液性能

密度 g/cm³	漏斗黏度 s	滤失量 mL	pH 值	表观黏度 mPa·s	塑性黏度 mPa·s	动切力 Pa	静切力 Pa/Pa	泥饼 mm	含砂量 %
1.15	43	3.8	9	21	16	5	0.5/1.0	0.2	<0.1

根据表 8 数据，甲酸盐钻井液能够保持稳定的泥浆性能，满足工程要求；维护钻井液只需补充钻井液消耗量，无需进行大的调整和处理。

在整个施工过程中冷滩 1 井和冷 104 井的钻井液的性能如表 9、表 10 所示。

表 9　冷滩 1 井的钻井液性能

密度 g/cm³	漏斗黏度 s	滤失量 mL	pH 值	表观黏度 mPa·s	塑性黏度 mPa·s	动切力 Pa	静切力 Pa/Pa	泥饼 mm	含砂量 %
1.15~1.18	40~55	3.5~3.8	8~9	18~22	10~17	7~10	1.0/4	0.1~0.2	<0.2

表 10　冷 104 井的钻井液性能

密度 g/cm³	漏斗黏度 s	滤失量 mL	pH 值	表观黏度 mPa·s	塑性黏度 mPa·s	动切力 Pa	静切力 Pa/Pa	泥饼 mm	含砂量 %
1.11~1.17	45~55	3.5~4.0	8~9	19~25	12~20	9~14	1.0/4	0.1~0.3	<0.1

该无固相甲酸盐钻井液体系的应用效果如下。

（1）在整个施工过程中滩 1 井、冷 104 井井壁稳定，全井起下钻无一次划眼，井眼畅通无阻。从井底返出的砂样看颗粒规则无重复钻井现象且井底无沉砂，提高了生产时效。

（2）钻井液润滑性好，滩 1 井在 1300～1825m 井斜较大，井斜度从 1.202°增至 7.524°，再增至 10.021°，又增至 14.725°，最后增至 15.726°，在这种情况下，无卡钻事故的发生。

（3）滩 1 井全井电测均为 1 次成功，冷 104 井在完井电测时在 1382m 遇阻（分析原因为起钻前循环时间太短），和同一区块的冷 103 井相比有了很大的提高。

（4）滩 1 井、冷 104 井全井在使用甲酸盐体系的井段，无井漏，碳质页岩垮塌的现象。滩 1 井的施工中在接单根时有两次泵压明显升高的情况，分析原因有两种可能：一是砾石进入钻头水眼造成；二是井壁坍塌造成的。

六、结论和建议

从室内实验和滩 1 井、冷 104 井现场使用的情况分析，我们得出如下结论：

（1）抑制性强。甲酸盐钻井液具有很强的抑制性，对地层中的黏土进行有效的包被和抑制，能够保证井壁的稳定；同时避免储层黏土矿物的分散和运移，防止阻塞油气通道。

（2）有利于保护油气层。钻井液中的异常低固相，可以避免外来固相对储集层通道的堵塞。且钻井液的小滤失量以及滤液的强抑制性也不会引起储集层黏土的水化分散，避免了孔隙通道的阻塞。由此可以推断，该钻井液体系对砂岩。泥质砂岩和裂缝性储集层应有很好的保护作用。

（3）维护处理简单、有利于保护环境。由于钻井液抗污染能力强，性能稳定，维护处理量小，所以钻井液体积以保证足够的工程用量就可以，避免钻井液废液的排放，保护了环境，也减少了现场工人的劳动强度。

4. 甲酸盐钻井液的效益前景分析。甲酸盐钻井液的成本优势在于提高机械钻速，缩短建井周期，节约了钻井综合成本。甲酸盐钻井液能提高钻速，可以节约大量的钻井的综合成本。

由于甲酸盐钻井液能很好的保护储层。提高单井产量，从可持续发展方面也创造了可观的经济效益。

总之，甲酸盐钻井液是一个适应时代要求，可操作性强，能创造经济效益和社会效益的新型体系。

添加正电胶的盐水加重钻井液在花园油田的现场应用

谭希硕

摘 要 通过对江陵地区地层特性及钻井液使用情况进行调研，本文分析了多层段玄武岩地层施工困难的根本原因，详尽介绍了正电胶盐水加重钻井液在陵斜 23－1 井的成功应用，并进一步探讨了江陵地区玄武岩地层的钻井液技术。

关键词 玄武岩 正电胶盐水加重钻井液 探讨

一、现状调研与分析

1. 江陵地区地层与特性

江汉油田江陵凹陷区域范围广，构造差异大，地层倾角大，油藏部位深浅不一。这一地区最为突出的特点就是玄武岩地层的不确定性：许多构造上在潜江组及荆沙组地层均有一层或几层玄武岩，其单层厚度从几米到几十米不等，例如陵斜 23－1 井，实钻中探知潜江组 630～642m、荆沙组 1000～1015m、荆沙组 1060～1079m 均是灰黑色玄武岩地层，而且具体深度及厚度与邻井获得的资料差异很大。

20 世纪 90 年代以来钻遇多层段玄武岩地层的几口井的施工均不顺利。陵斜 70 井未完成钻探目的，范 3 井、范 2 井付出了高成本、长周期的代价，赤 8 井在 2487～2496m 井段内划眼时间长达 12d。这些典型的复杂情况、事故均主要因地层玄武岩发育、施工中出现严重垮塌所致。

2. 江陵地区钻井液使用概况

江陵地区 20 世纪 90 年代以来使用的钻井液体系以不饱和盐水防塌体系为主，应用于不含或含极少量玄武岩地层的构造上，施工中取得了良好的钻探效果，例如，在沙 27 区块、陵 76 区块、沙 24 区块等均实现了高效优质快速钻井，而在前述几口复杂事故井的施工中（包括陵斜 23－1 井转换体系前），均表明这一钻井液体系无法完全满足钻井安全施工的需要。主要表现在所用钻井液密度不能平衡玄武岩地层的坍塌压力，一旦钻遇玄武岩发育的地层，井下即出现大块的坍塌剥落物，又因上返的环空空间相对大钻屑而言非常狭小，往往造成钻具蹩跳严重、泵压升高、环空不畅、上提下放钻具困难，甚至无法冲划、卡钻等井下复杂情况和事故。

3. 玄武岩地层施工困难的原因分析及对策

通过对玄武岩岩屑的观察与分析，发现玄武岩地层微裂缝发育，坍塌压力高，并且多数夹于泥岩层段中，碎块粒径大，岩性结构致密，密度高，硬度大。在多层段玄武岩地层的实钻中，钻头破碎的岩屑粒径一般都比较大，并且均出现钻具蹩跳严重的现象，陵斜 23－1 井岩屑取样，测得大岩屑的径向长度最大 46mm，最小 18mm。对于盐水体系而言，要携带出如此大粒径、高密度的岩屑，即使花费较大的材料投入，也不一定能安全保障施工顺利。未及时返出的高硬度碎块在泥岩层段的不停翻转，必然不断地切削泥岩井壁，使玄武岩地层出现"架空"现象，加上钻具的碰撞，将使玄武岩地层极易发生严重的垮塌，这就是玄武岩地层施工困难的根本原因。

因此，要解决这一难题，必须要保证所钻井段的井壁稳定，提高钻井液的悬浮携屑能力，而且井壁与钻具之间要有足够的间隙让钻屑反出。

二、正电胶盐水加重钻井液在陵斜 23 - 1 井的应用

1. 工程地质概况

1）地质分层

陵斜 23 - 1 井地质分层见表 1。

表 1　陵斜 23 - 1 井地质分层

地层时代	设计地层深度，m	岩性简述
平原组	60	黄色黏土、砾石层、流砂层
广华寺组	180	杂色黏土岩、砾状砂岩、砂砾岩、砾岩
潜江组	598	灰、绿灰色泥岩夹石膏质泥岩、油页岩、玄武岩
荆沙组	1092	棕紫色泥岩夹石膏质泥岩、间夹玄武岩
新沟嘴组	1260	灰色、棕紫色泥岩夹粉砂岩

2）实钻井身结构

（1）钻头：ϕ444.5mm×85.93m + ϕ244.5mm×513.12m + ϕ215.9mm×1260.00m。

（2）套管：ϕ339.7mm×82.97m + ϕ139.7mm×1250.62m。

3）工程复杂简况

该井二开钻至井深630m遇玄武岩，至646.50m起钻定向，定向至660.58m因钻遇的大段玄武岩垮塌造成蹩钻严重、卡钻频繁，多次调整钻井液性能无法使井下恢复正常，在646m至660.58m定向钻进过程中，施工越来越艰难，被迫终止定向，起钻扩划眼、调整钻井液，但扩眼困难，从639.85m到642m扩眼耗时近31h，没有进展，为避免再次重复赤8井划眼长达12d的情况，果断填井侧钻（时间损失共计239.5h），侧钻后改用正电胶盐水加重钻井液，后续施工较顺利。

4）钻井液施工概况

该井一开使用正电胶钠土浆，表层施工顺利。二开使用抑制性聚合物淡水钻井液，钻至550m转化为欠饱和盐水防塌钻井液，钻至660.58m被迫填井侧钻，改用正电胶盐水加重钻井液顺利完成后续施工。

2. 侧钻钻井液体系选定及室内实验

聚合物盐水钻井液是江汉油田应用广泛、成熟的钻井液体系，该体系具有性能稳定、抗污染能力强、抑制防塌效果好、劣质固相含量低、泥饼摩擦系数小、油层保护效果好等优点。但其抑制防塌效果对于稳定玄武岩地层不明显，赤8井等井的教训和经验表明，如果钻遇大段的玄武岩地层，钻井液密度只要低于1.40g/cm³，必然会出现严重的垮塌，因此，必须进行加重作业，将钻业液体系转化为聚合物盐水加重钻井液。

但聚合物盐水钻井液的唯一缺憾就是结构性差（属"先天不足"），要用此钻井液成功

携带出大量的大粒径、高密度的玄武岩岩屑，诸多教训表明这是很困难的。而江汉油田的正电胶钻井液体系经过近十年的研究及多个区块的现场应用，技术已相当成熟，正电胶钻井液具有流变性独特、悬浮携带能力强、抑制性强、油层保护效果好的优势，其极强的悬浮携带能力可望能解决玄武岩的悬浮携带难题。

为此，设想将正电胶应用于聚合物盐水钻井液体系，然后再进行加重作业，有望解决多层玄武岩地层施工复杂的难题。经反复分析讨论，终于确定了在聚合物盐水钻井液中先添加正电胶再进行加重作业的施工思路，经室内实验、配方优选，确定了最终的配方，具体配方及测定结果见表 2。

表 2　室内实验配方及实验结果

配方	密度，g/cm³	黏度，s	滤失量，mL	动切力，Pa	动塑比
1#：侧钻前井浆	1.30	57	3.2	6.5	0.16
2#：清水＋10％钠土＋0.04％NaOH ＋0.2％正电胶干粉	1.03	86	28.0	16.5	0.58
3#：1#＋35％2#	1.24	62	9.4	11	0.34
4#：3#＋1.5％降滤失剂＋0.3％ 增黏剂＋25％BaSO₄	1.41	183	4.2	26	0.32

从试验结果看，钻井液的悬浮携带能力有了很大的改善，该配方达到了预期试验目的。结合现场的实际情况，迅速做好了现场配制的前期准备工作。

3. 现场的配制与维护处理

1）配制

将原钻井液转入储备罐，清空 3 井、4 井钻井液循环罐，并用清水冲洗一遍，打入清水 30m³，通过混合漏斗加入钠土粉 4t，片碱 0.1t，搅拌水化 3h 后，加入正电胶干粉 0.2t，充分搅拌均匀后，与原浆 80m³ 混合。混合均匀后，加降滤失剂 2t，增黏剂 0.5t，石灰石粉 30t，重晶石粉 18t，配制完成后测定其性能，见表 3。

表 3　现场配浆的主要性能

密度，g/cm³	黏度，s	滤失量，mL	初切/终切，Pa	表观黏度，mPa·s	动切力，Pa	动塑比	pH 值
1.43	187	2.4	8/15.5	103	24	0.31	9.5

从流变切力与动塑比来看，正电胶在该体系中发挥了比较理想的作用，彻底改变了盐水钻井液结构差的先天性缺陷，可望解决玄武岩的悬浮携带难题。

2）维护与处理

在实钻中，钻井液的维护与处理，重点放在保障悬浮携带能力和保持井壁稳定上。首先是保持较高的含量和合适的正电胶浓度；其次是控制密度，保证密度不低于 1.40g/cm³，这是保持井壁稳定的关键。具体做法如下。

（1）保持钻井液量充足。及时补充优质胶液，每罐胶液（10m³）的增黏剂用量 100～200kg，防塌剂用量 50～100kg，NaOH 用量 50～100kg，PHP 用量 0～25kg。

（2）保持钻井液具有较强的悬浮携带能力。正常钻进中，每 24h 补充 6m³ 正电胶钠土胶液。胶液配制使用土粉、片碱、正电胶，具体加量视所测的结构强弱而定。使用上述增粘剂控制黏度不低于 160s。

（3）维持井壁稳定。使用防垮处理剂与维持密度双管齐下的措施来解决井壁稳定问题。钻进中及时使用 K-PAM、KCl 等处理剂防垮，维持密度不低于 $1.40g/cm^3$，偏低时及时使用 $CaCO_3$ 调整到位。

（4）维持 NaCl 含量相对稳定。在 Cl^- 下降时，使用 KCl、NaCl 来调整，保持 NaCl 含量不低于 $1 \times 10^4 mg/L$。

4. 侧钻井段实测钻井液性能

侧钻至完钻井段施工中，现场实际测量的钻井液性能见表 4。

表 4　陵斜 23-1 井侧钻后钻井液性能一览表

井深 m	地层	密度 g/cm³	黏度 s	失水 mL	pH 值	膨润土含量 %	NaCl 含量 10⁴mg/L	表观黏度 mPa·s	塑性黏度 mPa·s	动切力 Pa	动塑比	静切力 (10s/10min) Pa/Pa
侧钻新配	—	1.43	187	2.4	9.5	1.89	16.28	103	79	24	0.31	8/15.5
599	潜江	1.435	188	2.2	10	1.79	14.37	112	85	27	0.32	6/13
648	潜江	1.45	195	2.0	11	1.79	14.08	103	78	25	0.32	8.5/12
770	潜江	1.435	196	2.0	10	1.64	12.96	102	80	22.5	0.28	7.5/22
838	潜江	1.42	207	2.0	10	1.79	13.49	96.5	74	22.5	0.30	5.5/13
980	荆沙	1.415	172	2.0	9.5	1.79	12.41	79	59	20	0.34	7.5/18
1084	荆沙	1.41	178	2.0	10	1.79	13.48	100	75	25	0.33	5/16
1196	新沟嘴	1.43	211	2.0	10	1.79	10.04	112.5	85	27.5	0.41	10/22
1221	新沟嘴	1.42	240	2.0	9.5	1.79	12.76	108	80	28	0.35	8/18

5. 使用效果分析

（1）悬浮携带能力。定向侧钻钻遇的第一层是玄武岩（相当于侧钻前的 630m 以下井段），钻进时发现转盘有憋跳现象，井口返出岩屑全为玄武岩，而且大多数岩屑尺寸特别大（最大岩屑的径向长度最长 46mm，最短 18mm），如此高密度、大尺寸玄武岩岩屑的顺利返出，充分显示了该钻井液体系悬浮携带能力之强。钻至 698m，钻时变快，岩屑中玄武岩数量逐渐减少，井下情况正常，表明该层顺利钻穿，而且未出现井壁失稳现象。此后在 775~780m、825~875m、880~903m、970~1015m 和 1069~1080m 钻遇的玄武岩地层，均顺利钻穿。充分说明这一钻井液体系能够满足钻玄武岩地层时对悬浮携带能力的特殊要求。

（2）对玄武岩地层的稳定作用。侧钻前，刚刚钻遇玄武岩地层，便出现严重的垮塌，转换体系后，玄武岩地层的稳定性大为改善，地质预告的各层段内的玄武岩地层没有出现垮塌现象。在 1092m 以后，考虑到预计的玄武岩地层已经全部钻穿，从保护油气层的角度出发，不再刻意苛求密度必须在 $1.40g/cm^3$ 以上。在 1195m 前后返出的砂样再次出现了玄武岩岩屑，估计此处还有一玄武岩地层，或者上面的玄武岩地层出现了垮塌。由于此时密度已下降至 1.39~1.40g/cm³，虽然此时动塑比值仍有 0.33，但井下出现了复杂情况：钻进时，转盘憋跳严重，停转盘有打倒车现象。在处理过程中及时调整钻井液性能，将密度再次提至 1.43g/cm³，井口即返出大量的玄武岩岩屑，井下恢复正常。从上述现象看，密度稍有下调，玄武岩地层的稳定性就变差，因此，对于这样的特殊地层，密度维持在 1.40g/cm³ 以上是保障井下安全的关键。

（3）该钻井液体系的沉降稳定性好，多次测定稳定性，上下密度差值均为 0，说明该体系的沉降稳定性极佳。

三、在同区块其他井的应用

该体系通过在花园油田陵 24 - 2、陵 22 - 1、陵 23 - 2 等井的使用，得到进一步的完善，钻井施工中基本杜绝了因玄武岩地层所致的井下复杂问题，使该区块的钻井周期明显缩短，钻井综合效益得到提高。

四、几点认识

（1）对于江陵凹陷玄武岩多层段发育的区块，钻井施工中，采用普通欠饱和盐水钻井液体系，很难满足安全快速钻井施工的需要，采用适当密度的正电胶盐水加重钻井液可彻底解决多段玄武岩地层施工中复杂事故多的难题。

（2）添加正电胶的盐水加重钻井液的配制及维护处理是否成功，关键在于正电胶基浆的配制以及膨润土含量能否一直维持较高水平。

（3）用适当提高钻井液密度的方法来稳定玄武岩地层，预防垮塌的发生，是解决江陵地区施工复杂情况多的有效手段。对于江陵凹陷含多层段玄武岩的区块，钻井过程中钻井液密度的确定，应首先从保障施工安全顺利的角度出发，在确保复杂地层（如玄武岩、砾石等）井壁稳定的前提下尽可能采用较低的密度。

（4）在含有长段玄武岩地层的区块，尽可能优选井位地面点，钻成直井或自然造斜井，且避开在玄武岩地层造斜、增斜、纠方位等施工作业，这将有助于保障施工顺利。

（5）玄武岩地层施工中最好不用 PDC 钻头，并且要严格控制钻时、转速，以使破碎的岩屑比较细小；而且尽量不要带扶正器，不使用满眼钻具，以便大的玄武岩钻屑有充足的环空空间，保障其能顺利返出。如果井下出现不正常的憋跳，返出的岩屑有玄武岩，要从钻井液性能和玄武岩钻屑的上返空间两方面做工作。如果只提高钻井液悬浮携带能力，不考虑上返空间太小这一因素，将有可能出现大粒径的玄武岩岩屑在上返过程中卡在井壁和钻具间的现象，引起钻具的严重憋跳，甚至造成井壁失稳、卡钻、断钻具等井下复杂情况和事故。

MMH 聚合物饱和盐水钻井液在郝科 1 井的应用

范坤模

（胜利石油管理局钻井工程技术公司泥浆公司）

摘　要　应用 MMH 聚合物饱和盐水钻井液技术钻成目前胜利油田最深（5807.81m），井底温度最高（230℃左右），盐膏层段长达 864m，井下喷、漏、塌、卡均存在的郝科 1 井。该技术较好地解决了高温高密度下钻井液的性能稳定问题，滤失量控制及护壁问题，抑制泥页岩水化防塌问题，钻井液润滑性防卡问题，抗盐膏污染及钻井液悬浮携带钻屑问题，有效地避免和消除了井下发生的复杂情况和事故。

关键词　聚合物饱和盐水　钻井液　盐膏盐　泥页岩水水化

一、郝科 1 井地质简况

郝科 1 井是胜利油田 1995 年在东营盐下设计钻探的一口全国重点科学探索井，设计井深 5500m，后加深钻至 5807.81m 完钻。

该井地质情况复杂，设计要钻穿 4 段盐膏层，进入孔店组目的层见油气完钻。复杂地层主要在盐膏层段，实钻证实这段地层长达 864m。盐膏段中岩层比较复杂，一般由泥岩（包括软泥岩）、泥质盐岩、泥质膏岩、盐岩、膏岩、盐膏和砂岩等互相交错组成。泥岩按其颜色不同大致分蓝灰色和紫红色两种，按其硬度又分为硬脆泥岩和软泥岩。硬脆性泥岩岩性坚实，横纵向裂缝发育，易碎，极易发生大掉块坍塌和漏失。软泥岩中含较多的地层水，欠压实，极易发生蠕变，膨胀缩径，过去习惯称此地层为橡皮层，易发生卡钻。软泥岩胶结性差，易水化分散，会严重污染钻井液（造浆层）。这些地层对钻井液的抑制性能要求特高。

盐膏层中的晶体盐以盐岩、石膏为主，单层厚度不一，盐岩为无色或褐色，单层最大厚度达 23m，膏以石膏、无水石膏、钙芒硝等多种形式存在，与泥岩交互存在。硬石膏吸水体积膨胀率达 26%。盐膏层中的晶体盐和石膏易溶解，容易形成大井眼，在钻井液密度不足以制止盐层塑性蠕变的情况下，盐层塑性蠕变的速度很快，有可能挤毁技术套管。

盐膏层中的砂层，一般都含有高压油、气、水层，一般高压盐水居多，其特点是压力高，一般钻井液密度要高达 $1.95g/cm^3$ 以上才能压住，盐水密度一般在 $1.18g/cm^3$ 以上，$CaCl_2$ 型盐水的钙离子浓度高达 20000mg/L，是钻井液严重的污染源。

这段复杂的盐膏地层，一旦钻井液技术不适应，极易产生井下复杂情况和事故，钻井无法进行。

二、郝科 1 井的钻井工程问题

郝科 1 井钻井过程中先后均遇到了喷、漏、塌、卡等钻井工程问题，经采取相应措施，都一一克服，确保了钻井安全。

1. 卡钻问题

郝科 1 井在进入盐层时，由于钻井液密度偏低，在井深 3566.43～3567.43m 盐层钻进时，发生遇卡现象。转盘扭矩由 300mA 升到 400mA，上提钻具增加 300kN 提出。后将钻井液密度提至 1.92g/cm³，经短起下钻，井下正常，恢复了正常钻井。

2. 井漏问题

郝科 1 井在进入盐膏层后，先后发生过 15 次井漏，共漏失钻井液 732m³。分析其原因是，井内形成上低下高和上高下低的复杂井眼，一旦密度控制不合理，漏失即可发生（特别是当密度高于 1.95g/cm³ 时，漏失随时会发生）。

3. 井喷问题

郝科 1 井在井深 4359～4485m 井段，钻遇高压盐水层，钻开盐水层时密度 1.78g/cm³，发生井喷，用 1.92～2.25g/cm³ 钻井液压井成功。后维持 1.92～1.95g/cm³ 压住盐水，恢复了正常钻进。

4. 井塌问题

郝科 1 井钻至井深 4400m 之后，井下发生了紫色硬脆性泥岩严重垮塌现象，下钻循环时，发现大量岩石掉块被带出地面，最多时布满振动筛面，从筛面上选出 3 块有代表性的掉块描述如下：

大掉块：重 901g，长 17cm，宽 9.1cm，高 3.2cm；

中掉块：重 344g，长 10.8cm，宽 5.2cm 高 4.0cm；

小掉块：重 262g，长 12.4cm，宽 5.5cm，高 2.6cm。

这些掉块棱角分明，断面整齐。分析认为掉落原因是地层硬脆性泥岩因水侵入裂缝、钻具碰撞等而落入井内，由于钻井液悬浮、携砂性能特强，被及时带出地面，未对井下安全造成危害。

三、钻井液技术难点

郝科 1 井是国内比较复杂的一口高温、高压、高难度的科学探索井之一，根据以往钻复杂盐膏层井的经验以及已使用过的钻井液，本井钻井液技术将面临以下技术难点。

（1）钻井液抑制性问题

钻井液必须具有强抑制性。以往所用的钻井液体系，虽然有一定抑制性，但都不足以满足抑制的需要。经过室内各类型钻井液的对比试验，最终选择了正电胶钻井液、阳离子聚合物钻井液、聚磺钻井液三位合一体的 MMH 聚合物饱和盐水钻井液体系。

（2）高密度下钻井液的悬浮稳定性问题。

（3）高温、高压下钻井液滤失量控制及造壁护壁问题。

（4）减少盐膏层对钻井液的污染问题。

（5）钻井液抗高温达 220℃ 以上问题。

（6）饱和盐水钻井液对钻具缓蚀技术的要求等问题。

四、郝科 1 井钻井液技术

1. 钻井液体系及配方

郝科 1 井钻井液体系经室内优选，最终选择了以正电胶、正电聚合物、聚磺三类钻井液合一的 MMH 聚合物饱和盐水钻井液体系。

1）开钻钻井液

以 MMH 膨润土浆作为一开钻井液。

2）3259m 前钻井液类型及配方

（1）类型：MMH 阳离子聚合物淡水钻井液。

（2）配方：以井浆为基浆＋0.2％MMH＋（0.5％～1％）阳离子聚合物（胶体）＋（0.1％～0.15％）GD-18＋（0.2％～0.3％）铵盐＋1.5％防塌剂＋（0.5％～1％）润滑剂＋重晶石达设计密度。

3）5500m 前钻井液类型及配方

（1）类型：MMH 聚合物盐水钻井液，饱和盐水钻井液。

（2）配方：以井浆为基浆＋（0.1％～0.3％）A-903＋（0.1％～0.3％）SL-1＋（0.2％～0.3％）SK-Ⅱ＋（1％～3％）K-OXAM＋（1％～3％）SMP＋1.1％润滑剂＋（5％～10％）聚合物（2％浓度）＋MMH 适量＋（30％～36％）NaCl＋5％Na_2SO_4＋重晶石达设计密度。

4）5807m 前钻井液类型及配方

（1）类型：MMH 聚合物饱和盐水钻井液。

（2）配方：以 5500m 前钻井液为基浆＋3％SAS＋0.2％抗 4 号高温剂＋MMH 适量。

2. 钻井液抑制防塌技术

郝科 1 井使用的 MMH 聚合物饱和盐水钻井液体系，经室内实验证明具有较强抑制性能，而强抑制性的关键是要保持其中各组分的有效含量。

（1）MMH、阳离子聚合物含量的保持是钻井液的基础，应随时补充消耗的量，维持稳定含量。

（2）在进入塌层前要加足量的防塌剂，同时保持稳定的量。

（3）定期取井上钻井液进行室内人造岩心浸泡实验，观察钻井液防塌能力，以确定是否补充各组分加量。

（4）将钻井液配方中主要组分配成胶液，维护性能。

3. 钻井液悬浮稳定性技术

郝科 1 井钻井液的悬浮稳定性主要依靠 MMH 与黏土形成的复合体和适量的聚合物包被，保持钻井液有较高的静切力和屈服值，以提高重晶石的悬浮和钻井液携砂能力，保持井眼畅通。

4. 钻井液防漏堵漏技术

郝科 1 井在实钻中，遇到了在同一裸眼井段存在不同压力层系的复杂状况，即三开后2623～2844m 井段为砂岩密集地层，地质设计破裂压力系数为 1.544。而进入盐膏层后，为控制盐岩塑性蠕变及压住高压盐水层，钻井液密度必须控制在 1.90g/cm^3 以上，因此形成上低下高的复杂井眼。为防止上部井段井漏，采取了两种防漏堵漏措施。

（1）屏蔽暂堵技术

在井深 2600～3600m 井段的钻进过程中，多次采用加入单向压力封闭剂和超细碳酸钙，并逐步提高钻井液密度，封堵上部砂岩地层，钻井液密度从 1.25g/cm^3 调至 1.90g/cm^3 未发生漏失，防漏成功。

（2）憋压堵漏措施

为了进一步提高上部地层承压能力，进行了两次憋压堵漏。具体做法是：地面配好足够的堵漏稠浆（井浆加 SL-1 复合堵漏剂，粗、中、细按一定比例）备用，将光钻具下入封堵段底部，把堵漏稠浆注入封堵段。将钻具起至套管内，关封井器，憋入一定量堵漏钻井液，停泵静止24h，下钻至井底，单泵、双泵循环不漏，堵漏成功。

经过上述防漏、堵漏措施的实施，基本保证了钻井液密度在1.95/cm³以下不漏。

本井因9⅝in技套未能封住4359～4445m段高压盐水层，四开后的钻井液必须使用高密度，下部地层承受不了压住盐水的钻井液密度，四开后发生多次井漏，这就形成了上高下低的复杂井眼。对这段地层钻井的防漏堵漏措施主要有三点。

（1）控制钻井液密度，减少漏失量。

本井实钻证明，凡是钻井液密度超过1.95/cm³以上，漏失就可能在任何地层发生。在确保压稳高压盐水层最低密度限及地层承压最高密度限范围内，控制钻井液一定密度范围，保持钻井液密度均匀、稳定，是可以维持正常钻进的。

四开之后的逐步摸索表明，钻井液密度在1.88～1.90/cm³范围内，控制每次滤失量在10～20m³范围内，保证了正常钻至4960m。

（2）静止堵漏。

钻井中一旦发现漏失，控制滤失量，立即将钻具起至技套内静止24～48h，新钻地层的漏失可自行消除，静止堵漏效果明显。

（3）释放高压盐水层压力，降低密度，消除井漏。

在井深4963m处理断钻具卡钻事故中，为有利于解卡，试探性地采取了降低钻井液密度的措施，随着密度的降低，盐水进入井内，开始井口溢流量较大，后逐渐减少并消失。释放高压盐水试验成功。因此钻井液密度由1.93/cm³逐步降至1.60～1.57/cm³，维持1.60～1.62/cm³钻进，直至钻完5502m完钻，漏失再未发生。

5. 钻井液滤失量控制技术

以往钻盐膏层使用的钻井液，滤失量控制是一个技术难点。钻井液滤失量偏高（180℃/3.5MPa，滤失量高达100mL以上），井深后更难控制，这也是造成井下复杂情况的重要原因之一。单独的MMH、阳离子聚合物钻井液也存在失水偏大的情况。经室内优选，本井采用了多种抗盐、抗钙降失水剂进行复配的办法，有效地控制了钻井液滤失量。根据各井段的需要，适当控制滤失量，确保了井下安全。本井将A-903、SL-1、SK-Ⅱ等聚合物降滤失剂按比例配成胶液，必要时加入SMP等粉剂，全井API滤失量最低可以控制在3～4mL，一般维护在10mL左右。高温高压滤失量5000m以下控制在48～24mL，最低为195℃/3.5MPa滤失量5～6mL，对确保井下安全发挥了重要作用。

6. 钻井液抗高温技术

本井在配方的选择中，注重了抗高温处理剂的优选和复配，在实钻中本体系在5300m前高温性能是稳定的，至5500m静止后的井浆有增稠现象，经过抗高温剂的处理，抗温达到了230℃以上，见表1。

表1　5000m以下井浆静止后性能变化情况

井深，m	静止时间，h	起钻前性能		下钻井底返出性能		性能描述
		密度，g/cm³	黏度，s	密度，g/cm³	黏度，s	
5016	41	1.60～1.61	40～41	1.60～1.61	53～57	稳定
5703	64	1.61～1.62	40～41	1.58～1.60	48～59	稳定
5182	58	1.60～1.61	33～35	1.60～1.62	35～46	稳定

井深，m	静止时间，h	起钻前性能		下钻井底返出性能		性能描述
		密度，g/cm³	黏度，s	密度，g/cm³	黏度，s	
5216	41	1.60～1.61	42～41	1.58～1.62	55～76	稳定
5309	39	1.58～1.59	43～49	1.59～1.57	43～45	稳定
5346	34	1.58～1.57	42～44	1.54～1.58	46～63	稳定
5424	21	1.58～1.59	46～49	1.55～1.59	80～123	稍有增稠
5474	31	1.58～1.59	47～56	1.57～1.58	130～180	增稠
5502	58	1.58～1.59	43～45	1.55～1.58	200～300	严重增稠
5694	52	1.60	47	1.62～1.63	85～89	加抗温剂稳定
5746	48	1.61	45	1.58～1.59	82～86	加抗温剂稳定

注：5746m 井底返出钻井液 API 失水 3mL，HTHP 失水 5mL。

7. 钻井液对钻具缓蚀技术

MMH 聚合物饱和盐水钻井液对钻具腐蚀随着井的加深和时间延长而严重，经选用 2H-Ⅱ缓蚀润滑剂在室内和井下实验，取得一定效果。室内 120℃实验，钻井液中加入 0.2%缓蚀剂，缓蚀率可达 98.9%，140℃实验，钻井液中加入 0.3%缓蚀剂，缓蚀率可达 79.52%。4200m 进行井下实验，跟踪调查结果见表 2。

表 2　钻具腐蚀实验

序号	取井浆时间，年月日	缓蚀剂加量	井深，m	腐蚀速度，mm/a	侵蚀率，%	描述
1	1995.12.4	未加	3846	4.27	—	轻微腐蚀
2	1995.12.7	未加	3848	5.11	—	加重
3	1995.12.28	未加	3923	9.56	—	腐蚀速度加快
4	1996.03.01	未加	4198	10.12	—	严重腐蚀
5	1996.03.15	加入缓蚀剂	4215	3.01	70.03	明显降低
6	1996.04.07	加入缓蚀剂	4397	4.15	58.90	试环黑点减少
7	1996.06.21	加入缓蚀剂	4537	4.53	55.52	蚀点明显减少
8	1996.07.01	加入缓蚀剂	4819	6.77	33.10	轻微的点坑

从表 2 数据说明，井浆未加缓蚀剂前，随井加深、时间延长，钻井液对钻具腐蚀速度加快；加入缓蚀剂后，腐蚀速度明显降低。

8. 钻井液固相控制技术

深井高密度下钻井液的固相控制是影响钻井液性能稳定和减少井下复杂情况产生的重要因素。根据本井的经验，要搞好钻井液固相控制，应把握以下几点。

（1）保持钻井液体系较强的不分散抑制性，有效控制泥岩地层水化、分散和造浆。实践证明这套钻井液体系满足了这一要求。

（2）配套和使用好固控设备。本井从二开始配备了两筛二除和离心机，筛布选用了 60 目、80 目、100 目细筛。只要循环钻井液必须通过振动筛。在无法使用除砂器和离心机的情况下，配套了两台清洁器，并使用 120 目细筛布，保持连续正常运转。

（3）为避免钻井液糊筛跑失，采用了以下措施：

①保持双筛运转；

②控制好黏度、切力，以不跑失钻井液为佳；

③尽量不往钻井液中加入干粉类高聚物等处理剂；

④严格要求加入处理剂的细度；

⑤避免钻井液盐结晶；

⑥专人管理，替换坏筛和清刷筛布。

（4）定期清理循环罐底部积砂和稠浆。

（5）使用与井浆等浓度的混合胶液稀释和补充消耗的钻井液，严格控制钻井液含砂量小于 0.5%。

9. 钻井液抗钙污染技术

盐膏层中，主要是石膏和盐水中的钙离子对钻井液的污染，减少钙离子对钻井液的污染，是稳定性能的关键，本井采取的主要措施有以下几点。

（1）优选抗钙污染能力强的处理剂，增强钻井液抗钙能力。

（2）使用硫酸铵、硫酸钠抑制地层中石膏的溶解，始终保持钻井液中硫酸根离子浓度大于 10000mg/L。

（3）控制钻井液 pH 值 8～9 范围内。

（4）钻井液中钙离子浓度升高，引起滤失量增大，这时可以采用 Na_2CO_3 除钙，降低钻井液钙离子浓度。只要滤失量不升高，黏切稳定，钻井液中钙离子浓度保持在 1000mg/L 或更高一些是适宜的。

10. 钻井液配制及转化

MMH 聚合物饱和盐水钻井液是根据不同井段的要求，在地面和井下逐步转化而成的。

本井基浆是以 5% 钠土配成基浆，静止老化 24h 后，加入 0.3%MMH（固相含量）形成 MMH 膨润土浆复合体，并加入 CMC 降滤失剂，作为一开钻井液。

1）钻井液转化程序

用一开钻井液作为基浆，在循环罐内加足配方中要求的各种处理剂，性能达到设计要求，作为二开使用的 MMH 阳离子聚合物淡水钻井液。

用二开剩余钻井液为基浆，在技套内循环加足配方中要求的各种处理剂，性能调至设计要求，作为三开使用的 MMH 聚合物盐水钻井液。在进入盐膏层 200m 左右，逐步加足盐量，形成 MMH 聚合物饱和盐水钻井液，才能进入盐膏层钻井，并钻穿盐膏层井段，按设计下入 9⅝in 技套。

用三开剩余钻井液，在技套内调整好各项性能，达到设计要求，作为四开时需要的 MMH 聚合物饱和盐水钻井液，钻完设计井深 5500m。

加深钻井液，主要针对提高钻井液高温稳定性，在原浆基浆上加入抗高温剂等处理，钻完加深井段。

2）钻井液转化技术要点

（1）转化前室内应优选好各阶段转化配方，以指导现场施工。

（2）按室内配方要求，准备充足的各种处理剂。

（3）对加入的聚合物处理剂，按比例配成混合胶液，可采用多个循环周，加足所需数量。

（4）加入处理剂程序是：先加入混合胶液，再加入未能配成胶液的各种处理剂，然后加盐达到矿化度要求，最后加重晶石达到密度要求。

（5）钻井液加入处理剂过程中，应随时检测性能，控制好黏切、失水、密度的大幅度变化，以减少处理剂的消耗。

（6）淡水钻井液转化为盐水、饱和盐水钻井液时，加盐要循序渐进，控制钻井液增稠、减稠和滤失量猛增的现象。

3）钻井液维护处理措施

本井钻井液面临多次转化，并且使用的处理剂品种多、数量大，要维护优质、性能稳定，采取的维护处理技术要点如下。

（1）为了维持钻井液主要组分在钻井液中稳定的含量，除了在钻井液转化时按配方加足各组分的量，钻井中随井加深和钻井时间的延长，定时补充消耗加量十分重要。因此，从二开开始，把组成钻井液的主要组分，凡适合配成胶液的，都按比例配成混合胶液（包括淡水、盐水、饱和盐水），浓度在 0.5％～2％，需减稠时加入稀浓度，需增稠时加入高浓度，对维护钻井液性能的优质、稳定发挥了重要作用。

（2）严格控制钻井液中膨润土含量。随着井的加深，钻井液中的膨润土含量变化会引起黏切和流变性能的变化。控制好钻井液的膨润土含量。对抗高温和性能的稳定关系密切。本井三开后将膨润土含量 55～57g/L 逐渐降低至稳定在 36～40g/L，对维护高温下钻井液性能的稳定是适宜的。当钻井液膨润土含量偏高，立即采用混合胶液稀释，膨润土含量偏低，立即加入预水化般土浆调节，达到了理想的效果。

（3）进入盐膏层后，为防止盐膏的溶解，应始终保持钻井液盐量大于饱和状态（补充的胶液应是饱和盐水），一旦盐量稍有降低，应及时加盐达到饱和状态。钻井液硫酸根的含量应始终保持 1000mg/L 以上。正常情况下保持钻井液含钙量在 500mg/L，钻井液性能即能保持稳定。

（4）由于高压盐水的入侵，钻井液含钙量会急剧上升，引起黏切升高，滤失量上升。本井采用 Na_2CO_3 除钙的效果明显，钻井液性能很快恢复正常。当钻井液抗钙性能提高，一般含钙量在 1000mg/L 或更高对性能不会造成大的变化。

（5）进入易塌地层前，要求一次加足防塌剂，应以预防为主。等井下发生坍塌时，加量会成倍增加。本井为保持钻井液的防塌、润滑和抑制性能，深井阶段一般保持一个月左右单独补充防塌剂、润滑剂、MMH 等处理剂一次。

（6）钻井液密度的稳定是本井防喷、防漏的重要措施之一。要保持密度的稳定，首先应确保钻井液流变性能的稳定，不发生重晶石在井下和地面沉淀的现象。另外在加重方法上也应注意，钻井液加重密度的升幅不应太大，本井一般保持在每循环周升幅在 0.02～0.03g/cm³ 范围；同时采取了混重混浆的加重办法，收效甚好。

五、现场应用效果

MMH 聚合物饱和盐水钻井液通过郝科 1 井的钻井实践，取得如下几点效果。

（1）郝科 1 井优选的钻井液体系，属于 20 世纪 90 年代国内先进的钻井液体系，也是胜利油田 30 年来钻复杂盐膏地层，钻井液应用最成功的一口井。

（2）本井钻井液性能基本实现了优质、稳定，满足了地质和工程设计的要求，第一次实现了盐下深层降低钻井液密度，实现了近平衡压力钻井，对取全取准各项地质资料发挥了重要作用。

（3）从开钻始，全井共起下钻 87 趟（二开 10 趟、三开 39 趟、四开 30 趟），其中三开有 3 趟，四开有 5 趟钻是因为地层工程等方面的原因，有遇阻、遇卡、划眼的现象，其余均保持起下钻畅通无阻。全井未因钻井液因素引发井下复杂情况和事故，基本确保了钻井安全。

（4）在井下发生硬脆性泥岩严重坍塌的情况下，钻井液能将重达 901g 的大掉块携带出井眼，这是钻井史上少有的。由于钻井液特强的悬浮、携带钻屑的能力，井下和地面未发现重晶石沉淀现象，对保证井眼的起下钻畅通发挥了重要作用。

（5）解决了以往深井钻井液滤失量偏大和无法控制的现象，本井钻井液滤失量得到了有效控制。API 滤失量最低达到 3～4mL，高温高压滤失量最低也达 5～10mL。这对井壁的稳定，井下的安全是十分有利的。

（6）钻井液抗高温性能有所突破。本井原设计 5500m，按地质设计预测的地温梯度为 3.2～3.87℃/100m（3.2 为动态，3.87 为静态），井底温度为 190～226.9℃。本体系预计抗温达 220℃。实钻 5300m 后，井下钻井液出现逐步增稠的现象，抗 220℃高温已出现问题。后经加入抗高温剂等处理调整，钻井液抗高温能力提高。加深钻井，钻井液性能稳定，5800m 井深，井下静态温度将达 230℃以上，此时钻井液静止后性能仍较稳定，显示出抗高温特性。

六、教训和经验

郝科 1 井在钻过盐膏层后，对单层盐层较厚和集中段，曾用双层套管封住，这是防止盐层蠕变挤毁套管的措施。四开之后，由于采用了释放高压盐水，降低钻井液密度的措施，在钻完 5500m 前的最后两趟起下钻中发生了套管内遇阻，遇卡现象。这是技套已被盐层蠕变挤坏的迹象。加深钻进时，先后用 ϕ215.9mm 钻头和 ϕ200.02mm 钻头钻进时，技套内均有遇阻遇卡现象，而且一趟比一趟严重，勉强钻至 5807m，被迫完钻。选成技套被盐层挤毁的情况，主要是使用钻井液密度低，不足以控制盐层的蠕变而造成。胜利油田原钻的新东风 10 井，未出现此现象，主要是四开后仍保持 1.80g/cm³ 以上密度钻井。这是钻进盐膏层井的深刻教训，也是今后的宝贵经验。

参 考 文 献

[1] 刁立孟. 对付盐膏层的钻井液技术. 钻井液与完井液，1990，4

稳定泡沫在青1井中的应用

张建斌　陆大宽

（长庆石油勘深局工程技术研究院）

摘　要　青1井是长庆油田东部地区天然气勘探中的一口重点参数井。为了避免常规钻井液对气层的损害，该井采用稳定泡沫打开气层，对了解气层的原始物性及天然气储量起到了重要作用。

关键词　稳定泡沫　抗高温　发泡　稳定　增黏

青1井井深3232m，井底温度100℃左右。稳定泡沫虽已成功地应用于1000m左右的浅井作业，但用于这样深的井还是首次。泡沫液组分中的发泡剂、稳定剂、增黏剂的抗高温性能及泡沫配方的选择对这次应用是一个至关重要的问题。

一、室内实验

1. 发泡剂的抗温实验

采用TAS发泡剂。其主要成分是烷基磺酸盐，它是由石油为基本原料经裂解后制得得粉末状产品。

抗温实验方法如下：将样品配成一定浓度的胶体，装入高温罐恒温处理，经高温后测得的性能参数见表1。其中发泡体积是指将100mL泡沫液置于有高速搅拌机（空载钻速14000～18000r/min）搅拌杯中，高速搅拌5min所得的泡沫体积。

表1　TAS发泡剂抗温性能

时间，h	发泡体积，mL							
	常温	60℃	70℃	80℃	90℃	100℃	110℃	120℃
1.0	500	410	440	510	510	510	510	510
1.5	500	530	500	490	500	500	480	460
2.0	500	560	540	520	500	485	485	500
4.0	500	500	480	505	470	510	560	—

从表1可看出，TAS的发泡效率基本上不受温度的影响，加高温后的发泡体积与常温时相接近，是一种抗高温能力较强的高效发泡剂。

2. 稳定剂、增黏剂的抗温试验

稳定剂、增黏剂是泡沫液的重要组成部分，它们的抗温性直接影响泡沫的质量和稳定性。为此，要采用抗高温性强的处理剂。经筛选，稳定剂采用黄单胞多糖生物聚合物（XC）作稳定剂，采用高黏度羧甲基纤维素（HV－CMC）作增黏剂。实验结果见表2、表3。

表 2　XC 稳定剂抗温性能

表 2　XC 稳定剂抗温性能

时间，h	塑性黏度，mPa·s							
	常温	60℃	70℃	80℃	90℃	100℃	110℃	120℃
1.0	10.0	6.0	6.0	6.0	6.0	4.0	4.0	5.5
1.5	10.0	8.5	6.0	6.0	5.5	5.0	4.5	5.5
2.0	10.0	6.0	5.5	5.0	5.0	4.5	4.5	4.5
4.0	10.0	6.0	6.0	5.0	4.0	3.5	4.0	5.0

表 3　HV-CMC 稳定剂抗温性能

时间，h	塑性黏度，mPa·s							
	常温	60℃	70℃	80℃	90℃	100℃	110℃	120℃
1.0	14.0	12.0	11.5	11.0	11.0	9.0	7.0	6.0
1.5	14.0	11.5	10.5	11.0	10.0	9.0	8.5	6.0
2.0	14.0	8.0	7.0	7.0	7.5	6.0	4.5	4.5
4.0	14.0	7.5	6.5	5.0	4.4	4.5	3.5	3.5

从表 2、3 可看出 XC 和 HV-CMC 胶体的塑性黏度受温度和恒温时间的影响比较大，但从发泡和稳泡能力看仍可完全满足设计要求。

3. 泡沫液抗温及抗污染实验

对于深井钻井来说，要使泡沫液产生高效率的泡沫，而且具有较高的稳定性，才能满足钻井工程的需要。以经高温后的泡沫稳定性能参数为依据，确定 C90 稳定泡沫配方为：0.5%XC + 0.4%HV-CMC + 0.5%TAS + 0.01%防腐剂（HCHO）。

泡沫的稳定性用泡沫的出水时间来衡量。出水时间是指将泡沫液（100mL）置于有高速搅拌机的搅拌杯中，高速搅拌 5min，从停机至泡沫杯底部析出水珠为止所用的时间。C90 泡沫抗温、抗污染实验结果见表 4、表 5。

表 4　C90 泡沫液抗温性能

时间，h	塑性黏度，mPa·s							
	常温	60℃	70℃	80℃	90℃	100℃	110℃	120℃
1.0	20	14	10	10	10	10	10	>20
1.5	20	8	10	10	10	10	6	—
2.0	20	8	10	10	10	>20	>20	>20
4.0	20	12	10	10	10	>20	>20	—

表 5　C90 泡沫排液、抗污染性能

项目	加压后的排液量（泡沫），mL					
	1min	3min	5min	10min	15min	加 50g/L NaCl、2.5g/L CaCl₂，石灰将 pH 值调至 11，加 12%原油
排液能力	550	790	890	920	920	
抗盐实验	400	650	740	850	860	
抗油实验	460	710	790	820	820	

从表 4、表 5 可看出，经不同温度和恒温时间后，C90 泡沫配方的稳定性指标基本上一致，可满足设计要求。同时该泡沫配方具有较高的排液能力和较强的抗盐、抗油能力。

二、现 场 实 验

1. 泡沫液的配制

C90 泡沫配方中稳定剂和增黏剂均属高聚物类，要使它们充分发挥作用，需提前一天配制，使其完全水化溶解，基液的表观黏度 20～30mPa·s，塑性黏度 15mPa·s 左右。TAS 是粉末状，不能通过混合漏斗直接加入基液中，否则会立即起泡影响使用效果，应配成饱和水溶液泵送到基液中，循环时应将管线出口埋入基液，避免在使用前起泡。XC 溶液放置过久易发酵，故在配制过程中加入防腐剂 HCHO。

2. 现场使用

在青 1 井 3205～3209.74m 和 3209.74～3232m 气层段，采用 φ152mm 金刚石取心钻头和川 83 单筒取心工具进行二次泡沫取心钻进。第一次泡沫取心进尺 4.74m，机械钻速 0.64m/h，岩心收获率 100％；第二次泡沫取心进尺 22.26m，机械钻速 1.10m/h，岩心收获率 53.7％。泡沫取心时机械钻速是同地层常规钻井液取心时的两倍左右。泡沫取心时施工参数及出口泡沫性能见表 6、表 7。

表 6　青 1 井泡沫取心钻进施工参数

井深，m	泡沫取心钻进施工参数						
	风压 MPa	风量 m³/min	液压 MPa	液量 L/min	回压 MPa	钻压 kN	转速 r/min
3205	7.84	16.09	7.7	129.6	0.6	20	48
3207	8.6	16.86	6.5	102.8	0.7	30	48
3209	8.82	16.55	8.9	86	0.79	40	48
3210	6.08	16.92	5.4	134.1	0.25	20	50
3216	6.08	16.92	6.0	115.2	0.9	20	50
3222	6.37	16.92	6.3	88	0.5	30－40	50
3232	6.08	16.92	6.2	119.2	0.45	30－40	50

表 7　青 1 井出口泡沫性能参数

井深，m	泡沫性能参数							
	密度 kg/L	气液比	液体体积分数 ％	质量参数 ％	表观黏度 mPa·s	塑性黏度 mPa·s	动切力 Pa	出水时间 min
3205	0.107	8.3	10.7	89.3	150	110	40	17
3207	0.129	6.7	13	87	142	50	92	25
3209	0.105	8.5	10.5	89.5	150	50	100	35
3210	0.047	20.3	4.7	95.3	37	9	28	13
3216	0.11	8.1	11	89	145	85	60	16
3222	0.116	7.6	11.6	88.4	115	65	65	30
3232	0.11	8.1	11	89	115	50	65	35

从表 7 可见，C90 稳定泡沫出口平均密度为 0.12kg/L，质量参数为 84%～95%，液体体积百分数为 4.7%～16.9%，稳定性指标（出水时间）平均 20min，泡沫柱压力小于地层压力 8～12MPa，使气层钻进处于负压状态，达到了保护气层效果。

三、结　　论

（1）经过泡沫取心钻进取得了青 1 井真实的气层原始资料，提高了对该地区奥陶系气层的认识。

（2）C90 稳定泡沫配方在青 1 井的使用是成功的，该井在井深 3232m（95.5℃）取心钻进，岩心收获率及泡沫出口性能参数均创国内先进水平。

水包油钻井液在大庆欠平衡井中的应用

耿晓光　郝立志　郑　涛
（大庆石油管理局钻井工程技术研究院）

　　摘　要　为有效地保护储层，加快勘探步伐，大庆油田要在长垣东部深层钻欠平衡井，欠平衡钻井液是欠平衡钻井的关键技术之一。通过对预钻井区块地质情况的了解，确定了采用水包油钻井液作为欠平衡钻井液，通过室内研实，研制出了可实现密度 0.90g/cm³、抗温可达近 200℃ 的水包油钻井液。现场应用证明，该钻井液体系能够满足欠平衡钻井施工的要求，具有较好的稳定井壁能力，而且对录井、测井无影响，现场应用取得了较好的效果。
　　关键词　欠平衡　钻井液　水包油　抗高温

　　欠平衡钻井对地层具有较轻的损害，可以减少压差卡钻和提高机械钻速。近些年大庆油田长垣东部深层钻了一些探井，发现了天然气储层。为了加快勘探步伐，决定在长垣东部深层探井上实施欠平衡钻井。钻井液是欠平衡钻井成败的关键技术之一，本文主要介绍了所钻欠平衡井区块的地质情况、技术难点、钻井液的选择以及钻井液在卫深 5 井现场应用的情况。

一、地 质 概 况

　　卫深 5 井其构造位于松辽盆地东南断陷区徐家围子断陷西斜坡北部，实际三开欠平衡段井深为 3089m～3791m。层位位于登娄库组、营城组、沙河子组和火石岭组。登娄库组上部为暗紫、灰色泥岩与灰色粉砂岩、细砂岩呈不等厚互层，中部为暗紫色泥岩与灰色粉砂岩、细砂岩、粗砂岩、含砾粗砂岩呈不等厚互层，下部为暗紫色泥岩与灰色粉砂岩、粗砂岩呈不等厚互层。营城组上部为暗紫、深灰色泥岩与灰色粗砂岩、砂砾岩呈不等厚互层，夹灰绿色凝灰岩，下部为杂色砾岩与绿灰、灰色凝灰岩呈不等厚互层，与下伏地层呈不整合接触。侏罗系火石岭组顶部为灰色凝灰岩与杂色砾岩互层，中、上部为暗紫、深灰、灰黑色安山岩，安山玄武岩，玄武岩与灰、灰绿色凝灰岩呈不等厚互层，下部为暗紫色、深灰色安山岩，杂色砾岩，暗紫色角砾岩呈不等厚互层，底部为暗紫色安山质凝灰角砾岩，与下伏地层呈不整合接触。基底为灰绿、黑灰、深灰色糜棱岩。

　　火山岩储层以中酸性喷发岩为主，邻井岩心分析孔隙度为 0.3%～1.6%，渗透率 0.02～1.37mD，钻井取心见裂隙，属裂隙型储集层。地层压力系数 1.02～1.03，地温梯度 4.25℃/100m 左右。

二、技 术 难 点

　　为了减少对油气层的损害，20 世纪 90 年代在该区块钻了近十口深层探井，使用的钻井液体系有两性复合离子钻井液、正电胶钻井液和油包水钻井液体系。钻井过程中，采用两性复合离子和正电胶钻井液所钻井在登娄库组、营城组以及火石岭组的井径扩大率较大而且井径也不规则，平均井径扩大率为 17.5％，最大的井径扩大率达到了近 70％；而且在钻井液密度 1.20g/cm³ 时发生过较严重的井漏问题，有些井发生过卡钻问题。使用油包水钻井液所钻的井井径扩大率都很小，平均井径扩大率不超过 6％，井径也很规则，钻井液密度 1.15g/cm³ 左右。但使用油包水钻井液存在着成本高、污染环境、影响电法测井等问题，必须研究新的钻井液，确保在欠平衡钻井条件下，保持井壁稳定，确保安全钻进。此外，该井所钻的深部地层岩石的可钻性很差，机械钻速很低，地温梯度较高，井深 4000m 井底温度就达到了 160℃ 多，因而钻井液必须在 160℃ 下保持良好的性能。

三、钻井液技术

根据邻井的情况，宋深 101 井欠平衡段的地层压力系数第一段为 1.08～1.09，第二欠平衡段的地层压力系数为 1.1～1.20；预测卫深 5 井欠平衡段的地层压力系数 0.94～0.98。在对地质资料充分研究分析的基础上，结合欠平衡钻井的特点，进行了欠平衡钻井液体系的选择。

通过室内实验研制出了水包油钻井液，其配方为：水 + 40％～70％柴油 + 4％～6％乳化剂 A + 2％～4％稳定剂 B + 0.5％抗高温降滤失量剂 C + 0.5％抑制剂 D。水包油钻井液性能见表 1。

表 1　水包油钻井液（油水比 60∶40）性能

密度 g/cm³	温度 ℃	$\phi600/\phi300$	$\phi200/\phi100$	$\phi6/\phi3$	初切/终切 Pa/Pa	塑性黏度 mPa·s	动切力 Pa	分层情况
0.92	室温	100/60	45/27	6/5	3.0/3.5	40	10	不分层
0.92	160℃×16h 老化后	90/63	51/36	10/8	5.0/5.0	37	13	不分层
0.92	160℃×96h 老化后	138/91	73/42	9/7	3.0/5.0	47	22	不分层
1.20	室温	101/61	45/27	5/4	3.0/3.0	40	11	不分层
1.20	160℃×16h 老化后	126/85	69/45	10/7	4.0/6.0	41	22	不分层
1.60	室温	150/100	79/53	7/6	4.0/5.0	50	25	不分层
1.60	160℃×16h 老化后	152/106	83/59	9/8	5.0/6.0	46	30	不分层

注：测定钻井液 API 滤失量都小于 1mL。

从表 1 实验数据看出，室内配制的水包油钻井液具有较强的乳化稳定性，高温后油水不分层，具有较合适的静切力，悬浮性强，流变性好，API 滤失量都很低，说明研制的水包油钻井液具有良好的热稳定性。

四、现场使用情况

1. 水包油钻井液在宋深 101 井三开欠平衡段现场试验

宋深 101 井于 2000 年 9 月 18 日三开，10 月 17 日完钻，完钻井深 3880m，共钻进 911m，钻进时间为 30d。钻进过程中，钻井液的黏度控制在 50～70s 之间，钻井液密度控制在 0.92～0.94g/cm³ 之间，钻井液性能见表 2。使用 200 目高频震动筛，两台 SWACO414 离心机间断使用，对欠平衡段全过程实施固相控制，及时清除了无用固相，保证了钻井液实现低密度。三开钻进期间起下钻作业 19 趟，每次起下钻作业都很正常，未发生与钻井液有关的事故，断钻具后落鱼在井下静止 20 多小时，打捞一次成功，没有黏卡现象。该井电测一次成功。三开欠平衡段井径很规则，平均井径扩大率 6%，三开欠平衡段采用低密度固井完井方式，固井质量合格。

表 2   宋深 101 井钻井液性能

井深 m	密度 g/cm³	漏斗黏度 s	滤失量 mL	静切力 10s	静切力 10min	φ600/φ300	φ6/φ3	固含 %	油水比	含砂量 %	电导率 HS/cm
配浆	0.94	62	0.4	2.0	2.5	62/36	2.5/2.0	3.0	60:40	0	0.45
2987	0.94	57	0.4	2.0	2.5	55/32	2.0/2.0	3.0	60:40	0.1	0.41
3195	0.93	61	0.5	2.0	3.5	61/38	4.0/3.0	3.5	59:41	0.25	0.60
3220	0.93	59	0.4	3.0	3.5	69/44	6.0/5.0	3.0	58:42	0.3	0.46
3325	0.91	68	0.4	2.5	4.5	77/51	7.0/6.0	3.0	65:35	0.3	0.61
3432	0.92	65	0.2	3.5	5.0	66/44	8.0/7.0	3.0	64:36	0.3	0.58
3537	0.93	69	0.5	3.5	5.0	73/49	10/9.0	4.0	55:45	0.3	0.58
3590	0.93	73	0.5	6.0	10	63/44	13/12	5.0	53:47	0.3	0.61
3650	0.94	55	0.3	4.0	6.0	60/40	8.0/7.0	4.0	50:50	0.25	0.56
3720	0.94	66	0.3	5.0	8.0	65/44	8.0/7.0	4.0	48:52	0.25	0.52
3780	0.94	68	0.3	4.0	6.0	71/50	13/12	4.5	46:54	0.2	0.53
3830	0.93	69	0.2	6.0	10	69/48	11/10	5.0	43:57	0.3	0.58
3880	0.95	67	0.2	4.0	6.0	63/42	10/8.5	5.0	43:57	0.3	0.65

2. 水包油钻井液在卫深 5 井三开欠平衡井段现场实验

卫深 5 井于 2000 年 9 月 7 日三开，10 月 17 日完钻，完钻井深 3791.09m，共钻进 702.02m，钻进时间为 40d。钻进过程中，钻井液的黏度控制在 50～70s 之间，钻井液密度控制在 0.90～0.93g/cm³ 之间，钻井液性能见表 3。

表 3   卫深 5 井钻井液性能

井深 m	密度 g/cm³	漏斗黏度 s	滤失量 mL	静切力 10s	静切力 10min	φ600/φ300	φ6/φ3	固含 %	油水比	含砂量 %	电导率 HS/cm
配浆	0.93	57	1.6	1.5	2.5	65/39	3.0/2.0	4.0	55:45	0	0.45
3090	0.93	54	2.0	1.5	2.5	67/48	2.5/2.0	5.0	53:47	0.1	0.51
3141	0.93	63	1.8	1.5	2.0	63/37	3.0/2.0	5.0	52:48	0.1	0.50
3167	0.92	59	2.0	1.5	2.5	57/35	35/2.5	5.0	51:49	0.1	0.06
3208	0.92	71	1.8	2.5	3.5	73/45	4.0/3.0	4.0	56:44	0.1	0.62
3276	0.91	69	1.8	2.5	5.0	80/49	5.0/3.0	5.0	55:45	0.2	0.60
3337	0.92	67	2.0	2.5	5.0	88/57	5.0/3.0	5.0	56:44	0.1	0.65
3401	0.92	70	2.2	2.5	7.0	82/52	5.0/4.0	6.0	53:47	0.1	0.60
3471	0.92	69	2.0	3.0	7.0	78/50	4.5/3.5	7.0	56:44	0.1	0.64
3510	0.92	64	1.8	2.5	7.0	84/53	6.0/5.0	7.5	56:44	0.3	0.65
3574	0.93	68	2.0	3.0	6.0	78/50	4.5/3.5	8.0	56:44	0.2	0.65
3590	1.03	65	1.6	3.0	7.0	82/50	5.0/4.0	10.0	51:49	0.2	0.65
3650	1.02	66	1.6	3.5	10.0	78/46	5.0/4.0	10.0	48:52	0.3	0.65
3670	1.03	65	1.4	4.0	11.0	81/52	5.5/4.5	10.0	47:53	0.2	0.65
3740	1.04	66	1.6	3.5	10.0	77/45	5.0/4.0	11.0	45:55	0.3	0.60
3791	1.04	68	1.4	4.0	11.0	81/52	5.0/4.0	10.0	45:55	0.2	0.62

三开欠平衡钻进期间，点着火炬，火焰高度平均 2~8m，真平实现了欠平衡钻井。三开钻进期间起下钻各种作业都很正常，未发生与钻井液有关的事故，该井电测一成功。三开平均井径扩大率 10.2%，固井质量合格。

五、效　果

(1) 实现钻井液低密度，满足了欠平衡钻井的需要。

宋深 101 井和卫深 5 井在三开井段钻井过程中，水包油钻井液的密度控制在了 0.90~0.94g/cm³，满足了欠平衡钻井的需要。宋深 101 井对比测井完下钻到底循环点火成功，火苗高 1.5m，宽 0.8~1.0m，点火 13min；而卫深 5 井欠平衡段火焰一直维持在 2~8m 之间。

(2) 钻井液携屑能强。

该钻井液具有较强的携屑能力，钻井液的动塑比较高，达到了 0.4~0.5，整个钻进过程中震动筛上的岩屑返出正常，而且剪切稀释性好，下钻中途不用循环钻井液，下钻到底开泵不憋泵。保证了钻井各项施工的顺利；满足了录井、测井等施工的正常进行。

(3) 钻井液的乳化稳定性好。

水包油钻井液在油水比达到了 65∶35 的情况下具有良好的乳化稳定性，没有出现油水分层现象，抗温达到 160℃。

(4) 具有较强的稳定井壁能力。

该钻井液滤失量低，具有较强的稳定井壁能力，在三开井段施工过程中没有出现井塌等事故，起下钻等作业都很顺利，三开井段平均井径扩大率：宋深 101 井为 6%、卫深 5 井为 10.2%，而邻井宋深 1 井、宋深 2 井（使用水基钻井液）该层位的平均井径扩大率分别为 36.9% 和 38.2%。

(5) 机械钻速高。

由于钻井液密度较低，提高了机械钻速，宋深 101 井三开欠平衡段的机械钻速 2.97m/h；卫深 5 井三开欠平衡段的机械钻速 2.68m/h；与 2000 年完成的升深 7 井和达深 1 井相比机械钻速提高了 2~3 倍。

(6) 该钻井液电阻率为 2Ω·m，满足电法测井和核磁测井的要求。

参 考 文 献

[1] 续丽琼，赵翰宝. 用于钻水平井的低密度水包油乳化钻井液. 油田化学，1993，第 10 卷，第 3 期
[2] 续丽琼. 用离心法检测水包油乳状液的稳定性. 钻井液与完井液，1992，第 9 卷，第 1 期
[3] 王富华等. SN-1 固体乳化剂的室内研究及现场应用. 钻井液与完井液，1995，第 12 卷，第 4 期

微泡（可循环）钻井液在青海柴达木盆地花土沟油田的应用

（青海油田井筒服务公司）

摘　要　在油气田的勘探开发过程中，由于老油田的压力降低，以及稠油油田、低压裂缝气田、低压渗透油田的出现，给近平衡压力钻井和油气层保护过程中钻井液的使用提出了新的要求。为勘探开发这类油气田及解决异常低压高渗透地层的防堵漏问题，钻井液工作者先后开发研制了多种类型的低密度流体钻井技术，以满足地层压力的要求。低密度流体包括空气、雾、一次性泡沫、充气钻井液以及新近开发的微泡钻井液。然而，空气、雾、一次性泡沫和充气钻井液除需额外增加专用设备而限制了其使用的普遍性外，还各有其不同的局限性。空气、雾钻井液适合于造壁性好，没有复杂地层的情况；一次性泡沫存在价格昂贵和环保问题。微泡钻井液为非聚集和可再循环的微气泡钻井液，只要选用合适的发泡剂，使用足够量的具有高屈服值和剪切稀释特性的处理剂，在压力降和气蚀条件下，就能产生稳定的微泡沫，该体系对设备没有苛刻的要求，其性能的可调性好，钻井液密度可以控制在 $0.85\sim1.00\mathrm{g/cm^3}$ 范围内，可根据不同的地层压力对钻井液进行密度调整，抗污染能力强，所形成的微气泡可在近井筒构成厚度小于1cm的暂堵带，有效地保护了油气层，且不需要清除滤饼技术，能在很大程度上防止或减少低压、易漏地层的井漏等井下复杂情况的发生。花土沟油田是低压老油田，油层压力系数在 $0.6\sim0.8$，施工中严格控制钻井液密度，有效地解放和保护了油气层，提高了单井产量，实现了油田的高效开发。

关键词　微泡　低密度　防漏　保护油气层

一、前　　言

花土沟油田位于青海省柴达木盆地西部南区，属茫崖坳陷狮子沟—油砂山构造带的花土沟高点，油田地面为山地地形，沟壑纵横，地形复杂，海拔 3050～3300m。该油田地面构造是一个顶部平缓东翼缓西翼陡的不对称短轴背斜构造，地下构造是一个被短层复杂化的、位于狮子沟逆短层上盘一个不对称的短轴背斜。含油层系为第三系上新统下油砂山组（N_{21}）和上干柴沟组（N_1），油层埋藏深度 200～1200m。发育有砂岩和碳酸盐岩两类储层。砂岩类储层以粉细砂岩为主，细、中砂岩次之，下油砂山组上部有少数粗砂岩和砂砾岩。储层胶结物主要是泥质和砂质，胶结方式以孔隙填充为主。

花土沟油田整个油藏属于同一压力系统，温度、地层压力较低，平均原始压力为 4.6～8.3MPa，原始温度为 27.4～38.4℃。油藏类型为岩性圈闭控制的构造。分段岩性综述如下。

（1）下油砂山组（N_{21}）：低界深度 980m，岩性为浅棕红色砂岩，棕红、棕褐色泥岩，砾状砂岩，夹棕红色泥质粉砂岩，灰色、灰黄色砂岩和粉砂岩。

（2）上干柴沟组（N_1）：岩性以棕红色、棕褐色砂质泥岩和棕褐色、褐色泥岩为主，夹砾岩、砾状砂岩、含砾泥岩。施工区块地层压力系数为 0.6～0.8。N2－63－7 井井身结构

为一开用 ϕ311.50mm 钻头开眼，钻至 100m 下入 ϕ244.5mm 套管；二开用 ϕ215.90mm 钻头钻至完钻井深，下入 ϕ139.70mm 套管。

二、工 程 问 题

1. 井漏问题

该地区的地层是被断层复杂化的一低压区块，钻井液密度控制不当，极易发生井漏，且漏失量大，造成对低压油气层的严重污染，降低单井产量，不利于油田的高效开发。

2. 井壁稳定问题

在花土沟油田使用微泡钻井液的目的是为了达到负压钻井，降低钻井液对低压油气藏的污染，尽可能解放油气层，防止钻井液进入油层阻塞油气通道，钻井液密度要控制在 0.98g/cm³ 左右，但是低密度钻井液对上部地层井壁的作用力也降低，容易引起井壁失稳，发生坍塌和缩径，造成井下复杂情况的发生。

三、技 术 难 点

花土沟油田是一低压油气藏，防止低压油层的污染是该油田高效开发的关键，因此，对钻井施工技术的要求就更高，必须缩短建井周期，减少钻井液对油气层的浸泡时间。钻井液必须满足保护油气层和高速钻井的要求。钻井液技术存在以下几方面的难点：

（1）解决低压油气层的井漏问题，保证钻井液有足够低的密度和强的封堵能力，实现近平衡钻井，提高钻井速度，防止井漏的发生，达到保护油气层的目的。

（2）解决上部地层的坍塌和井壁稳定问题，要求钻井液具有强的抑制性和防塌能力，防止地层垮塌和膨胀缩径，减少井下复杂情况的发生。

（3）微泡（可循环）钻井液的性能优化和调控，包括流变性、润滑性、防塌抑制能力、封堵能力及抗盐钙污染能力。

（4）保证钻井液必须具有良好的携砂能力，保持井底干净，确保高效钻井。

四、钻井液技术

为了使微泡（可循环）钻井液满足花土沟油田开发的需要和钻井施工的要求，从理论和实际应用方面都做了详细的技术研究。

1. 微泡（可循环）钻井液的作用机理

1）微泡的形成

微泡是由多层膜包裹着气核的独立的球体组成的，其中，膜是维持气泡强度的关键；大量稳定均匀的气泡为非聚集和可再循环的微气泡。一般情况下，普通微气泡的直径为 10～100μm，加之其质量小，即使使用四级固控设备，绝大多数微气泡经过细目振动筛、水力旋流器和高速离心机后，仍能够保持原态而重复使用。

微泡沫是气体分散到液体中的分散体系。由于气体和液体的密度相差很大，流体中的气泡容易升到液面而聚集、破裂，因此，微泡沫膜的强度是微泡稳定性的关键所在。

微气泡的产生，必须有适当尺寸的气核和产生气蚀的条件，即压力降和气蚀条件。在现场应用中，当钻井液流出钻头水眼时，在强水动力气蚀条件下，紊流和压力降产生微空隙，这些微空隙又被表面活性剂包裹，作为产生含压球形的动力。

使用表面活性剂（即发泡剂），能使微泡形成后产生表面张力，来包裹微气泡而形成多层泡壁，为了得到最佳效果而保持钻井液中微泡的稳定，选用具有高屈服应力和剪切稀释特性的聚合物作为泡沫稳定剂，复配使用低剪切速率的增黏剂，以保证井眼清洁，钻屑悬浮和控制侵入，以及保持微气泡的稳定。

2）微泡钻井液桥塞机理

微气泡可以作为桥塞的"固相"材料，但与普通固相不同，它可以在近井筒形成厚度小于 1cm 的暂堵带，还能桥塞裂缝和洞穴。另外，微泡钻井液还具有低密度和不形成过平衡等优点，当水力压力释放后，气泡因为其变形性而从原来的桥塞位置脱出、消失，不需要泥饼清除技术，更有利于对油气层的保护。

3）微泡钻井液密度与井底压力的关系

一般情况下，微泡钻井液的密度随压力的增大而增大，随温度的升高而减小，在一定条件下，当压力超过一定值时，由于气体分子与发泡剂非极性端之间的斥力以及微泡表面颗粒之间的紧密程度增加，形成一个"蛋壳"，微泡几乎不再被压缩，密度不会再升高。

4）微泡（可循环泡沫）钻井液室内研究

（1）体系配方的确定。

微泡（可循环）钻井液体系的主发泡剂、辅助发泡剂和稳泡剂的选择是关键，因此在室内进行了正交实验。从实验结果看，主发泡剂的加量以 0.3%F-873 为最佳，辅助发泡剂加量以 0.25%OP-10 为最合适，稳泡剂采用抑制性聚合物，从钻井液性能和经济的角度出发，采用的配方如下：

$H_2O + 2.8\%$（土）$+ 5\%Na_2CO_3$（土）$+ 0.1\%NaOH + 0.2\%DFD-120 + 0.25\%HV-CMC + 0.3\%FPT-52 + 1.5\%T-13 + 0.3\%F-873 + 0.25\%OP-10$。

（2）优选体系的抗污染能力。

将以上配方用来做抗污染实验的基本配方，将其定为基浆 I# 配方。

①抗土侵实验。

选用新疆建设兵团制造的二级膨润土，分别按 3.5%、4.5%、6.5%、8.5% 的加量试验了优选配方的抗土粉能力，测量其对钻井液性能的影响，结果见表 1。由表 1 可以看出，所选体系配方的黏土限量可达 50g/L 而能保持较好的流变性。

表 1　优选钻井液抗土粉实验数据

序号	配方及处理情况	常规密度 g/cm²	高搅密度 g/cm²	黏度 s	滤失量 mL	泥饼 mm	表观黏度 mPa·s	塑性黏度 mPa·s	φ3	动切力 Pa	初切 Pa	终切 Pa	pH 值
1	基浆 I#	0.83	0.61	74	4.4	0.3	38.5	27	1.0	11.5	1.0	5.0	8.0
2	I#+1%土粉	0.89	0.68	164	6.6	0.3	47.5	39	2.0	8.5	1.5	7.0	8.0
3	I#+3%土粉	0.94	0.845	350	5.0	0.5	52.0	34	5.0	18.0	6.0	19.0	8.0
4	I#+5%土粉	0.955	0.95	滴流	4.6	2.0	70.5	37	20.0	23.5	15.0	25.0	8.0

②抗 NaCl 实验。

选用工业用粗盐进行了一系列的抗盐实验，不同加量下的钻井液性能实验数据如表2所示。由表2中可以看出，优选体系配方抗盐性基本等于一般淡水泥浆抗盐性，NaCl对泥浆性能的影响拐点在3％～5％，之后逐渐转换为盐水微泡（可循环泡沫）钻井液。

表2　优选钻井液抗 NaCl 实验数据

序号	配方及处理情况	常规密度 g/cm²	高搅密度 g/cm²	黏度 s	滤失量 mL	泥饼 mm	表观黏度 mPa·s	塑性黏度 mPa·s	$\phi 3$	动切力 Pa	初切 Pa	终切 Pa	pH 值
1	基浆Ⅰ♯	0.83	0.61	74	4.4	0.3	38.5	27	1.0	11.5	1.0	5.0	8.0
2	Ⅰ♯＋1％粗盐	0.94	0.62	76	5.2	0.3	33.5	26	1.0	7.5	2.0	7.0	8.0
3	Ⅰ♯＋3％粗盐	1.00	0.71	107	3.8	0.8	35.5	24	3.0	11.5	6.0	10.0	8.0
4	Ⅰ♯＋5％粗盐	1.005	0.79	110	6.0	0.7	36.5	24	5.0	12.5	7.0	10.0	8.0
5	Ⅰ♯＋6％粗盐	1.05	0.84	100	5.0	0.7	33.0	23	4.0	10.0	3.0	6.0	7.5
6	Ⅰ♯＋10％粗盐	1.005	0.78	81	5.0	0.6	26.0	20	0.5	6.0	0.6	6.0	8.0

③抗 $CaCl_2$、$MgCl_2$ 实验。

在抗 Ca^{2+}、Mg^{2+} 实验中我们选用了工业用 $CaCl_2$ 和 $MgCl_2$，分别作了抗 $CaCl_2$、抗 $MgCl_2$ 和抗 $CaCl_2$＋$MgCl_2$（1∶1的浓度比）的对比实验，分别得出如表3、表4和表5所示的结果。结果表明，优选配方抗 Ca^{2+}、Mg^{2+} 能力较强，即使在 Ca^{2+}、Mg^{2+} 达到 2000mg/L 情况下，密度仍然能够保持在 $0.8g/cm^3$ 左右，而滤失量基本保持不变。

表3　优选钻井液抗 $CaCl_2$ 实验数据

序号	配方及处理情况	常规密度 g/cm²	高搅密度 g/cm²	黏度 s	滤失量 mL	泥饼 mm	表观黏度 mPa·s	塑性黏度 mPa·s	$\phi 3$	动切力 Pa	初切 Pa	终切 Pa	pH 值
1	基浆Ⅰ♯	0.90	0.54	90	6.4	0.3	38.0	28	1.0	10.0	1.0	5.0	8.0
2	Ⅰ♯＋100mg/L 的 $CaCl_2$	0.85	0.64	143	5.0	0.3	40	29	1.5	11.0	1.5	8.0	8.0
3	Ⅰ♯＋300mg/L 的 $CaCl_2$	0.92	0.67	84	6.0	0.3	33.0	25	1.5	8.0	1.0	5.0	8.0
4	Ⅰ♯＋600mg/L 的 $CaCl_2$	0.95	0.64	77	5.8	0.3	32.0	23	1.0	9.0	7.0	4.0	8.0
5	Ⅰ♯＋1000mg/L 的 $CaCl_2$	0.96	0.75	72	6.2	0.3	31.0	22	1.0	9.0	1.0	4.0	8.0
6	Ⅰ♯＋1500mg/L 的 $CaCl_2$	0.985	0.755	103	5.8	0.3	33.0	25	1.0	8.0	1.5	4.0	8.0
7	Ⅰ♯＋2000mg/L 的 $CaCl_2$	0.98	0.80		5.0	0.3	30.5	22	1.0	8.5	1.0	3.0	8.0

表4　优选钻井液抗 MgCl₂ 实验数据

序号	配方及处理情况	常规密度 g/cm²	高搅密度 g/cm²	黏度 s	滤失量 mL	泥饼 mm	表观黏度 mPa·s	塑性黏度 mPa·s	φ3	动切力 Pa	初切 Pa	终切 Pa	pH 值
1	基浆Ⅰ#	0.82	0.52	93	6.1	0.3	38.0	26	1.5	12	1.0	8.0	8.0
2	Ⅰ#＋100mg/L 的 MgCl₂	0.81	0.62	115	5.5	0.3	37.5	27	1.0	10.5	1.0	4.0	8.0
3	Ⅰ#＋300mg/L 的 MgCl₂	0.78	0.52	173	4.7	0.3	39.0	26	1.0	13.0	1.5	5.0	8.0
4	Ⅰ#＋600mg/L 的 MgCl₂	0.925	0.595	84	4.9	0.3	33.5	25	1.5	8.5	1.0	4.5	8.0
5	Ⅰ#＋1000mg/L 的 MgCl₂	0.96	0.745	76	6.2	0.3	33.5	27	1.0	6.5	0.8	4.0	8.0
6	Ⅰ#＋1500mg/L 的 MgCl₂	1.01	0.67	91	5.2	0.3	31.5	24	1.0	7.5	0.6	3.0	8.0
7	Ⅰ#＋2000mg/L 的 MgCl₂	1.05	0.80	73	5.0	0.3	30.0	21	1.0	9.0	1.0	3.0	8.5

表5　优选钻井液抗 CaCl₂＋MgCl₂（1∶1浓度）实验数据

序号	配方及处理情况	常规密度 g/cm²	高搅密度 g/cm²	黏度 s	滤失量 mL	泥饼 mm	表观黏度 mPa·s	塑性黏度 mPa·s	φ3	动切力 Pa	初切 Pa	终切 Pa	pH 值
1	基浆Ⅰ#	0.92	0.56	77	5.3	0.3	34.0	24	1.0	10.0	0.5	5.5	8.0
2	Ⅰ#＋100mg/L 的 Mg²⁺、Ca²⁺	0.87	0.63	135	5.6	0.3	37.0	27	1.5	10.0	1.0	5.0	8.0
3	Ⅰ#＋300mg/L 的 Mg²⁺、Ca²⁺	0.76	0.70	140	5.9	0.3	40.0	32	3.0	8.0	2.0	5.0	8.0
4	Ⅰ#＋600mg/L 的 Mg²⁺、Ca²⁺	0.885	0.75	114	4.6	0.3	39.5	28	1.0	11.5	1.0	6.0	8.0
5	Ⅰ#＋1000mg/L 的 Mg²⁺、Ca²⁺	0.96	0.735	114	6.0	0.8	35.0	25	0.5	10.0	0.5	5.0	8.0
6	Ⅰ#＋1500mg/L 的 Mg²⁺、Ca²⁺	0.935	0.77	123	5.8	0.8	34.0	19	2.0	15.0	1.5	7.0	8.5
7	Ⅰ#＋2000mg/L 的 Mg²⁺、Ca²⁺	1.01	0.88	86	4.8	0.8	30.0	22	2.0	8.0	1.5	7.5	8.0

④抗油实验数据。

在抗油实验中，选用工业用柴油做为污染源，分别在优选配方中加入不同浓度的柴油，得出实验数据如表6所示，从表6中可以看出，该优选配方的微泡沫稳定性较好，而使具有消泡作用的柴油不足以破坏其泡沫的稳定性，且钻井液性能基本保持良好状态。

表6 优选钻井液抗油实验数据

序号	配方及处理情况	常规密度 g/cm²	高搅密度 g/cm²	黏度 s	滤失量 mL	泥饼 mm	表观黏度 mPa·s	塑性黏度 mPa·s	φ3	动切力 Pa	初切 Pa	终切 Pa	pH值
1	基浆Ⅰ#	0.83	0.61	74	4.4	0.3	38.5	27	1.0	11.5	1.0	1.0	8.0
2	Ⅰ#+0.5%柴油	0.945	0.70	82	5.5	0.3	37.5	26	1.0	11.5	1.0	1.5	8.0
3	Ⅰ#+1.0%柴油	1.01	0.835	70	5.0	0.3	31.0	21	0.5	10.0	0.5	1.0	8.0
4	Ⅰ#+2.0%柴油	1.01	0.755	70	4.5	0.4	31.0	22	0.5	9.0	0.5	0.5	8.0
5	Ⅰ#+4.0%柴油	1.01	0.965	81	3.6	0.6	32.5	24	1.0	8.5	1.0	0.6	8.0
6	Ⅰ#+6.0%柴油	1.005	0.850	76	3.6	0.6	30.0	22	0.2	8.0	0.2	0.2	8.0
7	Ⅰ#+8.0%柴油	1.00	0.89	71	2.8	0.8	33.0	25	2.0	8.5	2.0	1.0	8.0
8	Ⅰ#+10%柴油	0.995	0.87	72	2.4	0.6	33.0	24	0.5	9.0	0.5	1.0	8.0
9	Ⅰ#+15%柴油	0.985	0.865	83	2.6	0.7	35.5	26	1.0	9.5	1.0	0.7	8.0

（3）密度恢复实验。

为了有效控制钻井液密度，使其适用于现场施工的需要，本实验中用YHP-007作为调整密度的调节剂，不同加量的YHP-007对钻井液性能的影响如表7所示，YHP-007的加量在1.0%左右时，钻井液的密度可以恢复到1.03g/cm³，且钻井液综合性能基本不受到影响。

表7 密度恢复实验

序号	配方及处理情况	常规密度 g/cm²	高搅密度 g/cm²	黏度 s	滤失量 mL	泥饼 mm	表观黏度 mPa·s	塑性黏度 mPa·s	φ3	动切力 Pa	初切 Pa	终切 Pa	pH值
1	基浆Ⅰ#	0.87	0.54	114	3.4	0.6	35.5	25	1.0	10.5	1.0	5.5	8.5
2	Ⅰ#+0.4%YHP-007	0.99	0.75	70	4.8	0.6	35.0	22	1.0	13.0	1.5	5.5	8.0
3	Ⅰ#+0.6%YHP-007	1.02	0.82	68	6.0	0.6	34.0	12	1.0	22.0	1.0	5.0	8.0
4	Ⅰ#+0.8%YHP-007	1.03	0.82	66	3.6	0.7	33.0	11	1.0	22.0	1.0	3.0	8.0
5	Ⅰ#+1.0%YHP-007	1.03	0.91	67	3.8	0.6	30.0	22	1.0	8.0	0.5	2.5	8.0

（4）抗高温实验数据。

将优选出的微泡（可循环）体系按配方比例分别对其常温性能和120℃下热滚动16h的性能进行了比较，其结果如表8所示，从得到的数据看，钻井液密度在搅拌下恢复得更低，滤失量有一定的下降。说明该体系的抗温能力较好。

表8 抗高温实验数据

序号	热处理情况	常规密度 g/cm²	高搅密度 g/cm²	黏度 s	滤失量 mL	泥饼 mm	表观黏度 mPa·s	塑性黏度 mPa·s	φ3	动切力 Pa	初切 Pa	终切 Pa	pH值
1	常温	0.88	0.56	101	4.0	0.7	35.0	26	0.5	9.0	1.5	6.0	8.0
2	120℃热滚动16h	1.01	0.48	82	3.8	0.7	30.5	22	0.5	8.5	0.2	2.5	8.0

（5）半衰期实验数据。

将微泡（可循环）钻井液静置不同的时间，其密度的变化情况如下：

4000r/min 搅拌 30min，测上部密度：0.56g/cm³；

静置 4h，测上部密度：0.57g/cm³；

静置 16h，测上部密度：0.70g/cm³；

静置 24h，测上部密度：0.81g/cm³。

由于泡沫的消失，密度的平均升高率为 0.01g/（cm³×h），其变化比较缓慢，能够满足钻井作业的需求。

（6）页岩回收率。

实验方法：取表 9 中不同体系的基浆 400mL，加入 6 目筛的膨润土 30.0g，用泵封罐密封后，在 60℃干热滚 16h，过 80 目筛，将岩屑烘干，称重，计算回收率见表 9。

表 9　回收率实验数据

体　　系	回收率，%
清水	8.0
饱和盐水	28.0
清水＋0.2%聚季胺	26.7
清水＋0.3%HT－201	65.0
清水＋0.15%FPT－52	77.6
优选的体系	90.3

通过上面的实验数据，微泡（可循环）钻井液体系具有较低的密度，可以控制在 0.65～0.98g/cm³，且具有良好稳定的综合性能和抗污染能力。

2. 钻井液工艺要点

（1）保持钻井具有良好的抑制性，关键是保持 FPT－52 有足够的加量。在微泡体系中含量在 0.3% 以上，通过连续使用 FPT－52 并采用等浓度维护方法来实现。

（2）保持钻井液体系具有防止地层坍塌能力，体系通过屏蔽暂堵技术强化钻井液的封堵造壁性，在整个体系中加入 1.5%T－13 等，并及时补充。

（3）提高体系的抗盐、钙污染能力，由于该体系属于低固相，使用的钻井液处理剂必须具有一定的抗污染能力。

（4）保持钻井液体系具有防漏能力，低密度是实现这一作用的关键，因此，微泡（可循环）钻井液良好的稳定性决定了体系的防漏作用。

总之，微泡（可循环）钻井液具有良好的发泡和稳定性能是最关键的因素，是钻井液维护处理的难点所在。

五、现 场 应 用

N2－63－29（下）井位于柴达木盆地花土沟油田的北山区块。本井地层压力系数为 0.6～0.8，N_{22} 和 N_{21} 中上部地层断层发育，钻进过程中钻井液漏失严重；且地层多为极易吸水膨胀的浅黄色砂质泥岩和棕红色泥岩层。这对整个钻井工程提出了较高的要求。

N2－63－29（下）井于 2002 年 4 月 14 日一开，使用 φ311.2mm 钻头钻至井深 46.07m

时发生井漏（钻井液密度 1.08g/cm³），调整钻井液黏度至滴流，强行钻至井深 99.18m，用时 6.5h，漏失高黏钻井液 50m³。

二开使用微泡（可循环）钻井液体系，将钻井液密度调整至 0.95g/cm³，黏度 60～70s。钻井过程中维持钻井液密度在 0.95～0.98g/cm³ 之间，平均黏度 55～65s（具体性能见表 10），未发现有井漏现象，节约了以往钻井同期花费的堵漏时间，平均每班进尺 95m，比前期相应井段的平均钻进速度提高了约 20m/班。观察井底返出的岩屑，泥岩颗粒规则，包被致密，无重复钻进现象，易于通过振动筛分离。

表 10　二开钻井液性能

密度 g/cm³	黏度 s	滤失量 mL	pH 值	表观黏度 mPa·s	塑性黏度 mPa·s	动切力 Pa	静切力 Pa	泥饼 mm
0.95～0.98	52～67	4.0～6.0	9	25～43	22～29	8～16	3/7	≤0.3

当钻进至井深 830m 时，发现有井壁掉块现象，决定提高钻井液密度。加入 YHP-007 共 400kg，将钻井液密度提高至 1.03g/cm³（其基本性能见表 11），当即稳定了井壁，消除了掉块现象，且钻井液其他性能变化不大。

表 11　二开加入消泡剂后钻井液性能

密度 g/cm³	黏度 s	滤失量 mL	pH 值	表观黏度 mPa·s	塑性黏度 mPa·s	动切力 Pa	静切力 Pa	泥饼 mm
1.03～1.04	45～49	5.0	9	25～36	17～26	8～10	2/5	≤0.3

整个从二开 99.18m 至完钻 995.71m，共计纯钻进时间为 95.75h，大大节约了钻井时间，缩短了建井周期。

六、建议和结论

（1）该微泡（可循环泡沫）钻井液体系具有很好的油气层保护作用，且易于解堵，可广泛应用于低压、易渗透地层的勘探开发。

（2）该微泡（可循环泡沫）钻井液体系抗污染能力强，操作简便，钻井工程中不需要额外增添设备，一般的钻机设备即可使用。

（3）该微泡（可循环泡沫）钻井液体系不含重金属离子，有利于保护环境。

（4）该微泡（可循环泡沫）钻井液体系具有很好的流变性，性能可调，使用范围广，适应性强。

（5）该微泡（可循环泡沫）钻井液体系具有很好的流变性和抑制性，性能易于控制、调节，适用范围广，适应性强。

参 考 文 献

[1] 左风江．钻井承包商协会论文集．北京：石油工业出版社，2003

可循环泡沫钻井液技术在宝302井的应用

景国安[1]　张国新[1]　袁建强[2]　邓新华[1]　郭春巧[1]　何振奎[1]　蒋建宁[2]

（1. 河南油田分公司石油工程技术研究院；2. 河南石油勘探局钻井工程公司）

摘　要　本文介绍了可循环泡沫钻井液技术在宝302井的应用情况。该体系钻井液密度可调，抗污染能力强，施工工艺简单且对储层有很好的保护作用，最大特点是可循环使用、投资小，效益高。

关键词　泡沫钻井液　可循环　欠平衡

欠平衡压力钻井技术可适用于高渗、裂缝性地层，对侵入液体高度敏感地层以及低孔低渗低压地层是降低钻井液滤液及固相侵入、防止损害储层的一种有效方法。宝302井位于博湖县才坎诺尔乡，是新疆焉吾盆地博湖凹陷宝浪苏木构造带宝南断鼻构造上的一口评价井。按设计要求，该井3238～3318m井段采用欠平衡钻进，经过充分调研、论证，并在室内实验的基础上决定采用可循环泡沫钻井液体系。该钻井液体系的主要特点为：密度在 0.60～0.99g/cm³ 之间可调，泡沫强度高、稳定时间长，抗温、抗盐、抗污染能力强，现场施工工艺简单、不需增加特殊设备以及对储层具有很好的保护作用等，其最大的特点是可循环使用、投资小、效益高。

一、地质钻井概况

宝302井是一口双靶点定向井，设计井深3757m，最大井斜43.5°，水平位移1052.5m。完钻层位为侏罗系三工河组，钻井目的是探明宝南断鼻中块的含油气情况。该井欠平衡井段岩性为深灰色泥岩偶有煤线夹层，严格细分为80%纯泥岩，20%属粉砂质泥岩。

该井井身结构为：一开ϕ445.0mm钻头钻至井深601m，ϕ340mm套管下深600m；二开ϕ311.1mm钻头钻至井深3163m，ϕ244.5mm套管下深3160m；三开ϕ215.9mm钻头钻至设计井深3757m。

二、技 术 难 点

该井欠平衡井段岩性为深灰色泥岩并偶有煤层，欠平衡井段较长，对可循环泡沫钻井液体系的稳定性和防塌能力要求较高。

三、钻井液技术

可循环泡沫钻井液是由气相、液相、固相组成的多相分散体系，和常规钻井液相比，该体系具有固相含量低、滤失量低和密度低等优点。

1. 基本配方

基本配方为：基浆＋0.6％～1.1％发泡稳泡剂＋0.2％流型调节剂＋0.3％～0.5％降滤失剂＋0.2％～0.4％增黏剂。

2. 基本性能

（1）泡沫质量：60％～80％。

（2）泡沫稳定性：在常温下静止24h或120℃静态老化16h后，再搅拌仍能恢复到原性能。

（3）钻井液性能：密度0.60～0.99g/cm³，API滤失量低于5ML，塑性黏度15～35mPa·s，动切力10～25Pa，稳定时间高于98h，抗温120℃。

四、现 场 应 用

1. 现场施工工艺

（1）技术套管固井结束后，清罐、检查循环系统设备，用清水替出井眼内水基钻井液，充分清洗井眼。

（2）按配方配制足够数量的泡沫钻井液，替出井筒内清水（放掉），循环均匀泡沫钻井液。

（3）加入各种流型调节剂，调整好钻井液性能，然后均匀加入发泡剂，利用泥浆枪使钻井液产生充足的泡沫，并达到所需要的密度和流变性能。

（4）泡沫钻井液性能应维持在：密度0.60～0.99g/cm³，漏斗黏度65～90s，动切力10～15Pa，塑性黏度15～25mPa·s。在各种设备正常运转的前提下，进行欠平衡施工。

（5）钻井过程中，充分利用好固控设备，控制钻井液含砂量小于0.1％。使用泥浆枪以保证有足够的泡沫，并及时补充处理剂，使循环罐保持足够的钻井液。

（6）钻井过程中，严密观察循环罐液面，定时监测钻井液性能，并随时调整性能以满足欠平衡压力钻井的需要。

2. 钻井液维护及处理

宝302井三开欠平衡钻进过程中，要根据泡沫钻井液变化情况及时进行调整维护，一般每天补充处理剂2～3t，使泡沫钻井液密度一直保持在0.74g/cm³左右，塑性黏度在18～20mPa·s，动切力在14Pa左右。钻至井深3274.87m时，欠平衡井段完成，共钻进111.87m，然后采用密度1.18g/cm³的聚合物磺化钻井液体系钻至设计井深。该井欠平衡钻进参数见表1。

表1　宝302井欠平衡施工参数

井段，m	钻压，kN	泵压，MPa	转速，r/min	排量，L/s	密度，g/cm³
3163～3166	60～80	13～14	60～65	26～28	0.72～0.78
3166～3195	140～160	7	65	21～22	0.73～0.77
3195～3236	160～180	5.5～6	65～70	18～20	0.75～0.76
3236～3274.87	140～160	5～7	65	18～22	0.73～0.75

3. 现场应用效果分析

（1）该井在欠平衡井段的施工过程中可循环泡沫钻井液的性能始终控制在最佳范围内，达到了低密度、低固相、高动塑比且具有良好的携岩能力的目的。

（2）现场监测表明，钻井液出口密度始终低于进口密度。在动态条件下测试的密度低于静态条件下测试的密度，这是可循环泡沫钻井液与其他泡沫钻井液体系的不同之处。

（3）为了评价宝 302 井所用可循环泡沫钻井液对储层的损害程度，在室内进行了岩心渗透率恢复实验，结果岩心渗透率恢复 70.12%。可见，可循环泡沫钻井完井液对油气层的保护效果较好。

五、结论与认识

（1）可循环泡沫钻井液体系性能稳定，滤失量低，动塑比高，携岩性能好，稳定时间长（超过 98h）。

（2）可循环泡沫钻井液体系抗温、抗污染能力强。在深井泥岩地层使用，该体系不降解、不稠化，密度不升高；抑制性强，无垮塌、缩径现象，具有很强的抗污染能力。

（3）可循环泡沫钻井液在深井泥岩及煤层井段首次使用并取得成功（未出现坍塌及掉块情况），从而拓宽了泡沫钻井液的使用范围。

（4）可循环泡沫钻井完井液的机理需进一步进行探讨。

参 考 文 献

[1] 李克向. 保护油气层钻井完井技术. 北京：石油工业出版社，1993

[2] 吕振华. 可循环泡沫钻井液在罗 151－11 井欠平衡压力钻井中的应用. 石油钻探技术，2000 (3)：27～28

有机黑色正电胶钻井液在华北油田的应用

赵江印[1]　吴廷银[1]　梁志强[1]　张同顺[1]　赵增春[2]

（1. 华北石油管理局第四钻井工程公司；2. 华北油田采油三厂）

摘　要　针对华北油田以蒙脱石和伊/蒙混层为主的强造浆性地层在钻井过程中存在的问题，选用了不仅具有 MMH 正电胶钻井液的特性，而且正电性比 MMH 正电胶高、可油溶、抑制能力以及抗污染能力均优于 MMH 正电胶的有机黑色正电胶。经过近 3 年来 58 口井现场应用表明，有机黑色正电胶钻井液能与多种外理剂配伍，钻井液的滤失量既可以控制在聚合物钻井液要求的范围内，又可以发挥正电胶钻井液的特性；固相、膨润土容量较高，可用于造浆较强以及含膏泥岩的地层；有机黑色正电胶钻井液正电位高，对黏土矿物抑制能力强，井壁稳定，减少了井下事故复杂的发生，提高了机械钻速，保护油气层效果好。

关键词　钻井液　有机黑色正电胶　流变性　抑制性　防止地层损害

近几年来，MMH 正电胶钻井液在华北油田已应用了百余口井，因其具有独特的流变性、剪切稀释特性以及在井壁可形成静止层和与地层争夺自由水等特性，在提高机械钻速、保护油气层和稳定井壁等方面收到了显著的效果。但 MMH 正电胶钻井液对于华北油田以蒙脱石和伊/蒙混层为主的强造浆性地层以及钻井液密度较高井的使用还存在如下一些问题。

（1）滤失量偏大。

（2）在固相含量较高时黏度和切力不宜控制。

（3）控制地层造浆以及抗污染能力较差。

（4）MMH 正电胶的正电性较低，尤其是当加入负电性较强的处理剂时，影响其特性的发挥。

（5）MMH 正电胶水溶而不油溶，不利于进一步增强油气层保护效果。

因此，选用了不仅具有 MMH 正电胶钻井液的特性，而且正电性比 MMH 正电胶高、可油溶、抑制能力以及抗污染能力均优于 MMH 正电胶的有机黑色正电胶钻井液替代 MMH 正电胶钻井液。

一、有机黑色正电胶钻井液的应用

1. 有机黑色正电胶钻井液电性转化

有机黑色正电胶是一种带正电荷的有机溶胶，其所带正电荷比 MMH 高。向含有黏土相的钻井液中加入具有阳离子基团的有机黑色正电胶，其阳离子基团靠静电引力牢固地吸附在黏土颗粒表面的晶层间，从而改变黏土颗粒表面电荷性质，使黏土矿物颗粒的电位降低或转变为正电位。有机黑色正电胶为有机化合物。加入钻井液后能均匀分散于水中，在泥饼中转化为油溶性。室内实验表明，3％有机黑色正电胶的抑制能力高于 10％KCl 的抑制能力，因此该钻井液比 MMH 正电胶钻井液具有更强的抑制能力以及稳定井壁和保护油气层能力。

2. 应用情况

有机黑色正电胶钻井液首先在晋 93 – 16X 井应用。晋 93 – 16X 井是一口单靶点定向井，完钻井深为 2480m，沙一段地层底部含一套膏质泥岩，最大井斜为 16.85°，最大水平位移为 183.78m，完井周期为 23.85d；φ273mm 表层套管下深为 103.95m，二开采用 φ216mm 钻头钻至完钻井深。钻井液维护处理为：一开用 3t 钠膨润土配浆，二开加入0.35t 有机黑色正电胶进行预处理；上部采用有机黑色正电胶胶液和降滤失剂 BXJ 维护，造斜后加入液体润滑剂 RH8501 防卡，控制 API 滤失量小于 8mL；下部井段再配合 NPAN 和 SMP 维护，控制 API 滤失量小于 5mL。同时，根据摩阻系数大小以及井下情况及时补充液体润滑剂 RH8501 防卡。该井施工安全顺利，完井电测一次成功，全井无事故发生。

2001 年有机黑色正电胶钻井液分别在晋 93 断块、留 416 断块、留 17 断块、西 36 断块和泽 10 断块推广应用了 11 口井（其中定向井 5 口、直井 6 口），平均井深为 2720m、钻井周期为 17.16d、建井周期为 26.99d、机械钻速为 15.24m/h，事故和复杂时效为零。值得指出的是定向井晋 93 – 20X 井，其完钻井深为 3100m，最大井斜达 55.45°，最大水平位移达 792.48m，井下施工安全顺利，未发生复杂情况。

2002 年有机黑色正电胶钻井液在留 23 断块、赵 57 断块、泽 70 断块、晋 94 断块等 10 个断块共应用了 27 口井，其中定向井 16 口，直井 11 口，平均井深为 2693.6m、钻井周期为 12.78d、建井周期为 22.13d、机械钻速为 20.71m/h，事故和复杂时效为零，井下施工顺利。

2003 年在留 18 断块、赵 41 断块、留 416 断块、晋 94 断块等 8 个断块应用了 20 口井（其中定向井 17 口、直井 3 口），无任何事故发生，其中有 3 口井最大井斜角超过 50°、水平位移超过 729m。特别是晋 93 – 28X 井，完钻井深为 3085m，最大井斜为 61°，最大水平位移为 729.65m，井下安全顺利。典型井的钻井液性能见表 1。

表 1 典型井的钻井液性能

井号	井深 m	密度 g/cm³	漏斗黏度 s	塑性黏度 mPa·s	动切力 Pa	静切力 Pa	中压滤失量 mL	高温高压滤失量 mL	膨润土含量 g/L	摩阻系数
晋 93 – 16X	2480	1.05～1.24	30～47	6～14	2～7	2.0/5.0	12.0～4.0	16.0	64.35～77.22	≤0.15
晋 93 – 20X	3100	1.08～1.25	29～50	10～20	3～10	2.0/6.0	15.0～4.0	12.0	55.77～67.93	≤0.10
晋 93 – 28X	3085	1.05～1.26	30～44	9～20	2～8	2.0/4.0	8.0～3.8	10.0	41.47～70.07	≤0.10
晋 416 – 12	2696	1.05～1.26	33～47	7～19	3～8	2.0/4.0	10.0～3.8	14.4	58.06～99.39	—
晋 40 – 23X	3269	1.08～1.30	30～48	5～20	2～9	1.5/4.0	8.0～4.0	11.0	54.34～69.67	≤0.10

3. 应用及维护

1）应用及维护措施

有机黑色正电胶钻井液处理剂的选择以及现场维护处理方案与 MMH 正电胶钻井液大同小异。

（1）用 100m³ 清水加入 3t 钠膨润土配浆，预水化后，加入 0.2%～0.3% 有机黑色正电胶进行二开预处理。

（2）平原组、明化镇组和馆陶组地层钻速较快，重点是补充钻井液量，用 0.6% 的有机黑色正电胶胶液配合清水维护。在 $\phi 216$mm 井眼中每钻进 100m 加入 50kg 有机黑色正电胶，同时适量加入降滤失剂 BXJ 以降低滤失量。当有机黑色正电胶累计加量大于 0.5％时，可适当减少用量，一般每钻进 300m 加入 50kg。

（3）东营组地层逐步控制滤失量，采用有机黑色正电胶胶液和降滤失剂 BXJ 交替维护，再配合 0.1％～0.2％的腐殖酸钾类处理剂或 NPAN 控制黏度和切力。

（4）沙河街组地层进一步控制滤失量，除采用有机黑色正电胶胶液和降滤失剂 BXJ 交替维护外，可适当加入 1％～2％的超细碳酸钙和抗温降滤失剂 SMP。

（5）若对防卡和防塌有特殊要求，可适当补充防卡剂和防塌剂。

2）维护要点

（1）配浆用的膨润土量不宜过多，一般 3t 即可。

（2）有机黑色正电胶要连续使用，一般消耗量约为 0.3～0.5kg/m。

（3）控制低黏度和低切力，避免形成过强的钻井液结构。

（4）上部地层钻进时可适当放宽钻井液滤失量，下部地层则适当控制滤失量。

（5）使用好多级固控设备，选用孔径为 0.125～0.154mm 的振动筛筛布，有效控制劣质土含量。

二、应用效果

1. 有机黑色正电胶钻井液的特性

有机黑色正电胶钻井液具有独特的流变性和剪切稀释特性，提高了机械钻速，减少了井下事故的发生。2001 年完成的 11 口井和 2002 年完成的 27 口井分别与当年同期完成的井进行指标对比，在平均井深分别增加 83m 和 21m 的情况下，平均机械钻速分别提高了 9.6％和 32％，平均钻井周期分别缩短了 4.7％和 20.8％，事故复杂时效分别减少了 0.69％和 1.44％。对晋 93 断块使用聚合物钻井液和有机黑色正电胶钻井液所钻的 4 口井进行了对比，在井深基本相当的情况下，使用有机黑色正电胶钻井液钻的井比用聚合物钻井液钻的井平均机械钻速提高了 6.3％，平均钻井周期缩短了 20.4％。

2. 抑制能力以及抗污染能力强

在留路地区使用有机黑色正电胶钻井液钻了 8 口井，均获得了成功。同时在含膏泥岩的荆丘地区应用了 10 口井，也获得了成功。现场应用结果表明，有机黑色正电胶钻井液控制造浆能力和抗膏泥岩污染能力强于 MMH 正电胶钻井液，钻井过程中不排放钻井液，并能与多种处理剂配伍。

3. 固相、膨润土容量限较高

在使用有机黑色正电胶钻井液钻井过程中，钻井液密度超过 1.30g/cm^3，膨润土含量达到 99.36g/L，钻井液的黏度和切力容易控制。

4. 携带岩屑能力强，适合定向井钻井

7 口井斜超过 45°的定向井均起下钻正常，无"岩屑床"存在，所有井均未发生复杂事故。

5. 保护油气层效果好

据资料统计，2001 年用 MMH 正电胶钻井液钻的井，进行地层测试 7 层，其中完善层 4 层，表皮系数为 -0.13～-1.5，完善层比例占 57.1％；而使用聚合物钻井液钻的井进行

地层测试 18 层，其中完善层 10 层，表皮系数为 -0.34~ -1.15，完善层比例占55.6％。2002 年使用有机黑色正电胶钻的井进行地层测试 6 层次，其中完善层 5 层，表皮系数为 -0.21~ -2.40，完善层比例占 83.3％；而使用聚合物钻井液钻的井进行地层测试 15 层次，其中完善层 9 层，表皮系数为 -0.8~ -2.1，完善层比例占 60％。完善层即表皮系数小于 0。这是应用地层测试手段将油气层损害的表皮效应确定为量化指标，其值越小，完善程度越高，表明不但解除了污染，而且井眼周围储层的渗透率有所改善。据统计，同一区块使用有机黑色正电胶钻井液的井经抽汲求产，出油效果比用其他钻井液的邻井提高17％~46％。表明有机黑色正电胶钻井液保护油气层效果好。

三、认识与建议

（1）有机黑色正电胶钻井液能与多种处理剂配伍，钻井液的滤失量既可以控制在聚合物钻井液要求的范围内，又可以发挥正电胶钻井液的特性。

（2）有机黑色正电胶钻井液的固相、膨润土容量限较高，可用于造浆较强以及含膏泥岩的地层。

（3）有机黑色正电胶钻井液正电位高，对黏土矿物抑制能力强，井壁稳定，减少了井下复杂事故的发生，提高了机械钻速，保护油气层效果好。

（4）有机黑色正电胶具有油溶性的特点，对地质录井有荧光干扰，建议在地质部门允许下应用。

参 考 文 献

[1] 赵江印等. MMH 钻井液在华北油田南部地区的应用. 石油钻采工艺 1998，20 (6)
[2] 张春光等. 正电胶泥浆体系和阳离子处理剂. 钻井液与完井液，1993，10 (3)：1~19
[3] 张春光等. 电性抑制性井壁稳定与油层保护. 钻井液与完井液，2002，19 (6)：5~8
[4] 苏长明等. 黏土矿物及钻井液电动电位变化规律研究. 钻井液与完井液，2002，19 (6)：1~4

钾钙基聚磺钻井液体系在准噶尔盆地南缘卡因迪克地区的应用

张　毅　谢远灿　胡　辉　刘敬礼　李　竞

（新疆石油管理局钻井泥浆技术服务公司）

摘　要　准噶尔盆地南缘卡因迪克地区白垩系紫泥泉子组油藏埋深 3500m，侏罗系齐古组油藏埋深 4000m。该区近 3 年钻探井 8 口，不论是使用有机盐钻井液，还是使用 PRT 钻井液、钾钙基钻井液，均存在严重的井壁失稳问题，钻井过程中阻卡频繁，井径扩大，严重影响固井质量。通过对该区已完井资料及地层岩矿理化性能分析，优选钻井液体系及处理剂，基本解决了该区块的井壁失稳难题，并实现了白垩系紫泥泉子组油藏不下技术套管施工作业。

关键词　钾钙基聚磺钻井液　处理剂　配方　性能评价　现场应用

一、地质概况

准噶尔盆地南缘卡因迪克背斜是北天山山前坳陷中的一个正向构造，它与西边的卡西 1 号背斜、卡西 2 号背斜和东边的卡东背斜构成了一个由北西向南东的构造带。卡因迪克背斜位于四棵树凹陷与车排子隆起的交界部位。

该区域发育的地层主要是侏罗系、白垩系、第三系和第四系。存在三个大的区域性不整合：新生界与白垩系、白垩系与侏罗系、白垩系与其下伏的地层不整合。

第三系紫泥泉子组储层主要为薄层状细砂岩和极细砂岩互层。砂岩类型主要为不等粒砂岩和含砾不等粒砂岩。孔隙类型主要以原生粒间孔为主。黏土矿物组分为伊/蒙混层（I/S）＋伊利石（I）＋绿泥石（C），各组分平均含量依次为 58％、27.2％和 14.8％，其中伊/蒙混层黏土矿物中的蒙脱石含量为 53.3％。

侏罗系齐古组储层岩性主要为细中粒砂岩、不等粒砂岩及砂砾岩。孔隙类型主要以原生粒间孔为主。黏土矿物组分为伊/蒙混层（I/S）＋伊利石（I）＋绿泥石（C），各组分平均含量依次为 11.8％、19.5％和 68.7％。

二、工程问题

卡因迪克地区 20 世纪 50 年代钻探了卡 1、卡 2、卡 3、卡 4、卡 5 共计 5 口探井。由于这些井均未钻至下伏主要目的层而未获得突破。2000 年该地区成功钻探了卡 6 井（完钻井深 4430m），并且获工业油气流，从而取得了重大突破。随后又部署钻探了卡 7、卡 8、卡001、卡 002 和卡 003 共 5 口探井。已经完成的 6 口探井的钻探过程和测井资料分析表明，该地区钻井难度较大，提下钻阻卡严重，事故和复杂情况经常发生，特别是井壁垮塌问题，一直没有得到很好的解决，部分易垮塌井段（特别是油层井段）的井径扩大率达 50％以上，个别井段的井径扩大率达到 100％以上，给后期的作业和施工带来了很大困难。

三、技术难题

（1）独山子组和塔西河组渗透性砂岩层易垮塌扩径，塔西河组和沙湾组含膏质泥岩，石膏层易蠕变缩径并坍塌，钻进过程中阻卡、划眼现象频繁。

（2）安集海河组、紫泥泉子组存在强水敏泥岩。井径扩大率普遍较大。

（3）白垩系地层泥岩易吸水膨胀，发生剥落，再加上地应力的影响，造成垮塌。白垩系下部地层存在高渗透水层，井径扩大严重。

（4）侏罗系地层以泥岩为主，泥岩较破碎且脆硬，极易剥落掉块，在钻进或下钻作业时，经常遇到不同程度阻卡现象，并多次发生电缆被卡事故。

四、钻井液技术

1. 卡因迪克地区泥页岩黏土矿物含量分析

卡因迪克地区泥页岩黏土矿物含量见表1。

表1　卡因迪克地区泥页岩黏土矿物含量

井　号	层　位	深度，m	黏土矿物相对含量，%		
			伊利石	绿泥石	伊/蒙混层
卡6	N_1t	2850.10	37	31	32
	N_1s	3053.22	28	35	37
	$E_{2-3}a$	3259.21	38	7	55
	$E_{1-2}z$	3409~3406	30	13	57
卡7	$E_{2-3}a$	3878~3882	21	5	69
	$E_{1-2}z$	4176~4197	31	20	49
卡8	$E_{2-3}a$	3290~3293	24	6	63
	$E_{1-2}z$	3412~3414	36	3	57
卡001	$E_{2-3}a$	3289.99	12	5	80
	$E_{1-2}z$	3335~3439	21	11	68
卡002	$E_{2-3}a$	3287~3291	37.5	5	53.5
	$E_{1-2}z$	3423~3428	20	12	68
	J_1s	4257	19	11	41
卡003	$E_{2-3}a$	3290	13	11	71
	$E_{1-2}z$	3395~3460	12	3	85

由表1可知，这些地层的岩石中含有大量强水敏性的黏土矿物，它们在井眼中表现出的不稳定特征主要有三种：

（1）以非膨胀型黏土矿物高岭石、伊利石为主的泥页岩，这些泥页岩中少量的水敏性黏土矿物在整个结构中起着"黏结剂"的作用，它们遇水后水化分散，导致地层胶结变差，形成不稳定结构而井塌。

（2）以水敏性黏土矿物蒙脱石为主的泥页岩，吸水膨胀后缩径和井壁坍塌。

（3）以伊/蒙混层黏土矿物为主的泥页岩，由于它们各自保留了自身不同的水化性质，表现为水化程度的非均一性。因两者线膨胀的差异，出现崩散、剥落、掉块等坍塌现象，导致卡钻、大段划眼等复杂情况。

从以上岩石理化特性分析可知，塔西河组、沙湾组、安集海河组、紫泥泉子组及白垩系地层稳定性差的原因是由于水敏性黏土矿物和微裂缝的存在。因而钻井液的针对性措施一是增加滤液的抑制性，用以抑制水敏性黏土矿物的水化，二是增强钻井液的封堵性，用以封堵地层微裂缝，阻止钻井液滤液渗入地层。

2. 解决井壁失稳的钻井液技术对策

（1）提高钻井液的抑制性来稳定井壁。

①提高钻井液中高分子聚合物的含量，使聚合物分子吸附在井壁及钻屑上，形成一层聚合物水化膜，阻止钻井液中自由水继续进入黏土矿物内部，同时防止钻屑在井筒内上返过程中分散，使钻屑尽量保持原始大小，以便地面上固控设备有效清除。提高聚合物的含量后，也增加了钻井液的滤液黏度，使钻井液进入黏土内部及地层孔隙的速度降低，同时降低了地层岩石胶结物的溶解速度，以此实现对井壁的保护。

②提高钻井液的矿化度，通过加入高比例的 KCl 和 CaO 来抑制黏土的水化膨胀，通过 K^+ 的晶格嵌入，使黏土水化膨胀趋势减弱。加入 CaO 后使钻井液中的黏土处于适度分散状态，同时提高体系对金属离子的抗污染能力。

（2）改善泥饼质量、提高钻井液的封堵能力。

①通过加入一定量的 SMP－1、SPNH、FN－1 来降低钻井液的 API 失水及 HTHP 失水，增加泥饼的致密程度，提高泥饼质量。

②调节钻井液中固相颗粒的级配，一方面利用地面固控设备有效清除钻屑，避免钻屑二次、三次入井形成多次分散，形成虚、假、厚泥饼；另一方面通过人为加入一定量的固相颗粒，如定期加入一定量的水化膨润土浆、QCX－1、磺化沥青和加重料，达到泥饼中固相的合理级配，形成致密、韧、薄的泥饼，来实现稳定和保护井壁。

（3）通过加入刚性粒子及可变形的粒子嵌入地层的孔隙间，增强岩石的支撑能力。同时沥青软化后在井壁上形成防透层，阻止钻井液滤液进入地层内部。

（4）根据井下钻井实际情况及时调整钻井液密度，提供合适的液柱压力来稳定井壁。

（5）加入原油和乳化剂，增强钻井液的润滑性，降低摩阻。

3. 处理剂的评价及优选

（1）包被剂的评价及优选。评价结果见表 2。

表 2　包被剂的抑制性评价

处理剂	加量，%	塑性黏度，mPa·s	动切力，Pa	一次回收率，%	二次回收率，%	线膨胀量，mm
4%基浆	—	5	2	20.3	13.4	1.45
80A51	0.3	17	7	43.5	19.8	1.12
MAN104	0.3	13	4	44.2	23.9	1.21
PAC141	0.3	11	4	33.9	15.3	1.24
FA367	0.3	10.5	6	55.07	24.27	1.19

注：岩样为卡 6 井安集海河组岩样。

由评价结果可知 FA367 效果较好。

（2）降滤失剂的评价及优选。评价结果见表3。

表3　降滤失剂的评价结果

处理剂	加量 %	滤失量 mL	塑性黏度 mPa·s	动切力 Pa	一次回收率 %	二次回收率 %	线膨胀量 mm
4%基浆	—		5	2	20.3	13.4	1.45
JT-888	0.4	10	10	3	43.2	24.5	1.16
MAN101	0.4	11	12	3	33	16.5	1.22
SK-2	0.4	11	11	3	41	20.6	1.21
SP-8	0.4	9.5	12	2.5	44.7	21.6	1.17
NPAN	0.4	13	8	2	42.2	22.1	1.24

出评价结果可知：JT-888、SP-8效果相当。

（3）防塌剂的评价及优选。评价结果见表4、表5。

表4　防塌剂的降滤失能力评价结果

处理剂	加量,%	HTHP滤失量,mL	一次回收率,%	二次回收率,%	线膨胀量,mm
4%基浆		65	20.3	13.4	1.45
FT-1	2	29	76	38.9	1.16
KT-100	2	33	62.3	28.13	1.20
HLF-2	2	31	73	39	1.14
天然沥青	2	21	86	46	1.38
阳离子乳化沥青	2	24	82	41.6	1.29

注：HTHP失水条件：100℃，3.5MPa。

表5　防塌剂的封堵能力评价结果

配方组成	实验条件	HTHP滤失量,mL	封堵深度,mm	滤液颜色
基浆+天然沥青	85℃，3.5MPa	40		清
	95℃，3.5MPa	25	1~2	清
	105℃，3.5MPa	18	3~4	清
	120℃，3.5MPa	30	12	黑色
基浆+阳离子乳化沥青	85℃，3.5MPa	43	1~2	清
	95℃，3.5MPa	28	3~4	清
	105℃，3.5MPa	20	6~8	清
	120℃，3.5MPa	35	12	黑色

从封堵能力评价结果可以看出，天然沥青及阳离子乳化沥青防塌效果最好。

由于实验中天然沥青在85℃以下未达到软化点，未能起到应有的封堵作用。随温度的升高封堵深度增加，滤失量也降低了。

（4）钻井液体系及配方的确定。

卡因迪克地区探井先后使用了PRT钻井液、钾钙基钻井液、有机盐钻井液等3种钻井液体系。结合现场实践及室内实验，确定卡因迪克地区紫泥泉子组油藏及齐古组油藏开发井使用钾钙基聚磺混油钻井液体系。

钾钙基聚磺混油钻井完井液体系配方如下：

1#配方：4%膨润土＋0.2%Na$_2$CO$_3$＋0.2%KOH＋0.5%～0.8%JT-888（SP-8）＋5%～7%KCl＋0.3%～0.5%MAN104＋0.6%～0.8%FN-1＋2%～3%阳离子乳化沥青＋0.2%～3%SMP＋1%SPNH＋2%～4%磺化沥青粉＋0.1%～0.5%CaO＋5%～8%原油＋0.2%～0.3%ABSN。

2#配方：1#配方＋重晶石。

3#配方：2#配方＋2%QCX-1＋1%WC-1＋1.5%FB-2（ST-2）。

钻井液性能数据见表6。

表6 钻井液性能实验数据

性能 配方	密度 g/cm^3	黏度 s	滤失量 mL	塑性黏度 mPa·s	动切力 Pa	初切/终切 Pa/Pa	HTHP滤失量 mL	回收率 %
1#	1.05	55	6.0	10	4	2/6		0
2#	1.40	62	5.6	14	6	3/9	16.4	84.54
3#	1.42	70	4.2	20	12	4/5	7.6	90.2

注：回收率实验条件：安集海河岩心，120℃/16h。

（5）现场钻井液转化及维护要点。

①二开转化时留一开膨润土浆50m^3，按实验配方加足各种化工料，调整钻井液性能至设计要求，将密度调整到1.25g/cm^3，保证安全通过600m处的水层。500～1900m密度控制在1.25～1.28g/cm^3，保证安全快速钻进。在1000m和1600m各混入原油10m^3，在1300m加入6t磺化沥青胶体以加强钻井液的封堵造壁性。胶液中包被剂含量控制在0.5%左右，以JT-888、SP-8控制失水在4～5mL，以SMP-1干粉增强钻井液的稳定性，以SPNH、KT-100和阳离子乳化沥青改善泥饼质量，加强护壁。以原油加乳化剂增强钻井液的润滑性能，用CaO调整钻井液流型。钻进中适时开动离心机，降低有害固相含量。此段K$^+$含量控制在25000～30000mg/L。

②1850～3200m段黏度波动较大，日常胶液中包被剂按0.6%加入，失水控制在4～5mL，SMP-1干粉按4%加入，SPNH根据泥饼质量适当调节，KT-100视井下情况足量加入。沙湾组渗透性好，极易发生黏附卡钻，此段短提过程中挂卡厉害，钻进中采用合适的密度，加强润滑，对防止黏卡很重要，此段加入原油40m^3，KR-n计6t，密度控制在1.26～1.28g/cm^3，K$^+$含量控制在25000～35000mg/L。

③3200～3800m，胶液中包被剂0.5%、SPNH计1%、SMP-1干粉4%。失水控制在4～5mL，根据失水情况调整降失水剂的加入量，KT-100按4%加入，如震动筛上剥落掉块较多，加入量适当上调。此段密度控制在1.32～1.38g/cm^3，K$^+$含量控制在25000～30000mg/L。

④3800～4050m，日常维护中包被剂量逐渐减少，失水控制在3.5mL左右，后期维护以SMP-1干粉和KT-100为主，进入油层前100m开始加入油层保护剂，分4次加完。完井电测时K$^+$含量控制在20000mg/L左右，以不影响电测录井。

⑤全井以CaO调整泥浆流型，保证K$^+$含量，以达到较好的抑制作用。

五、应 用 效 果

钾钙基聚磺混油钻井完井液体系在卡因迪克地区 11 口简化井身结构的开发井中取得了成功应用，解决了该区井壁垮塌、井径严重扩大、提下钻阻卡频繁等技术难题，保证了钻井施工中长裸眼井段的井壁稳定。11 口井平均复杂时率为 2.34%，油层段平均井径扩大率为 5.52%，非油层段平均井径扩大率 13.22%，各项钻井施工作业顺利。钾钙基聚磺混油钻井液体系的成功应用为今后该区的进一步开发钻井奠定了基础。

六、结　　论

(1) 钾钙基聚磺混油钻井液体系具有较强的抑制性，能够有效抑制长裸眼井段强水敏泥岩地层的水化膨胀，岩屑回收率高。

(2) 该体系良好的封堵能力，能够有效封堵散塌及地层发育胶结不好的地层，井壁稳定，井眼规则。

(3) 该体系具有较强的抗 Ca^{2+} 污染能力，能够有效控制大段膏质泥岩地层塑性蠕动变形，防止 Ca^{2+} 污染钻井液，钻井液性能稳定。

(4) 该钻井液流变性能易调控。

(5) 该体系具有良好的润滑性能、较好的抗温性能、较强的抗膨润土侵、抗盐侵能力。

参 考 文 献

[1] 徐同台著. 钻井工程井壁稳定新技术. 北京：石油工业出版社，1999

可循环微泡沫钻井液在彩南油田的应用

张 毅 赵曙光 李 竞 窦体强 杜亚龙

（新疆石油管理局钻井泥浆技术服务公司）

摘 要 针对新疆准噶尔盆地彩南油田上部井段低压裂缝地层严重漏失问题，研究出了可循环微泡沫钻井液体系。该体系主要采用起泡剂、稳泡剂、固泡剂配制而成，能反复循环使用，无须特殊脱气和充气设备，同时保留了普通泡沫钻井液的部分优点。室内对微泡沫钻井液体系组成、微观形态分析、稳定性评价、当量密度计算等方面进行了研究，形成了可循环微泡沫钻井液技术。现场应用效果表明，该钻井液体系具有稳定性高、现场配制简单、性能优良、抗污染能力强、防漏堵漏效果好等优点。

关键词 彩南油田 泡沫钻井液体系 现场应用

一、概 况

对彩南油田 96 口开发井资料的统计表明，发生不同程度漏失井为 70 口，漏失率达 72.9%；漏失地层压力梯度约为 $1.00g/cm^3$（等效密度）左右，漏失现象为随钻有进无出漏失；漏失原因为低压裂缝；处理方法主要为桥塞堵漏与注水泥堵漏，大部分井注水泥堵漏次数均在 5 次以上，最高注水泥堵漏次数为 10 次。随钻井漏严重影响了钻井速度，使钻井综合成本增加。

1. 地层与岩性简述

彩南油田地质分层见表 1。

表 1 彩南油田地质分层与岩性简述

地 层		井段，m	岩性简要描述
下第三系 E		0～410	泥岩夹泥质粉砂岩
白垩系 K		410～1610	上部为巨厚层棕褐色泥岩与中厚层细、粉砂岩；下部为厚层细砂岩、粉砂岩夹砂质泥岩、泥岩；底部发育一套粉砂岩、细砂岩、砾状砂岩
侏罗系 J	石树沟群 $J_{2-3}Sh$	1610～1950	中、上部为中厚—厚层泥岩夹中厚层粉砂岩、细砂岩；下部为中厚—巨厚层细砂岩、粉砂岩与中厚层泥岩略等厚互层
	西山窑组 J_2X	1950～2260	中上部为中厚层泥岩夹粉砂岩；下部为泥岩夹煤层；底部为厚层粉砂岩、细砂岩
	J_1S	2260～2290	巨厚层泥质粉砂岩，泥岩夹薄层粉砂岩

2. 漏失井段

根据完成井漏失点分布（如图 1 所示），彩南油田开发井漏失井段主要为：
①主要漏失井段 400～700m，即下第三系地层底界到吐谷鲁地层上部 270～300m。

②次主漏失井段 1800～2000m，即石树沟群地层中下部 150～180m。

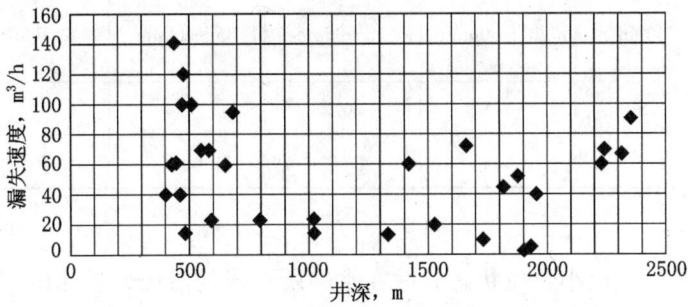

图 1　漏失速度—井深散点分布图

3. 井身结构

一开：ϕ311.2mm 钻头×300m，ϕ244.5mm 表层套管×300m。

二开：ϕ215.9mm 钻头×2290m，ϕ139.7mm 油层套管×2290m。

二、室 内 研 究

1. 微泡沫钻井液的基本组成

可循环微泡沫钻井液是气、液、固三相体系，由水和分散在水中的微气泡及黏土颗粒组成，其基本组成为：基浆＋起泡剂＋稳泡剂＋降滤失剂＋增黏剂。

基本配方：3％澎润土浆＋0.6％稳泡剂 1＋0.3％稳泡剂 2＋0.5％起泡剂＋0.4％固泡剂。

2. 微泡沫的微观形态及特征分析

图 2、图 3 是利用偏光显微镜拍摄的微泡沫钻井液和普通泡沫钻井液的照片（160 倍）。可见普通泡沫的气泡半径较大，液膜很薄，气泡之间紧密排列，存在明显的 Plateau（膜界面）交界，气泡形状不规则，且大小分布不均；而微泡沫体系中，微气泡细小、分散，是由多层膜包裹着独立球状气核；气泡半径很小，液膜厚，其尺寸与气泡半径相当，泡与泡之间分散排列，气泡大小分布比较均匀。

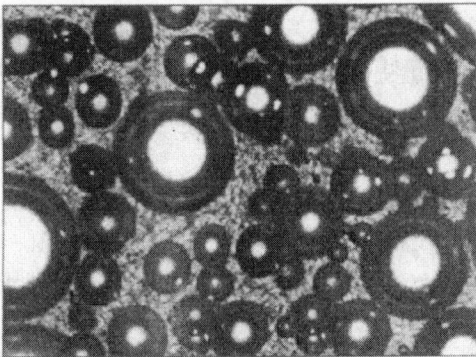

图 2　三相微泡沫体系

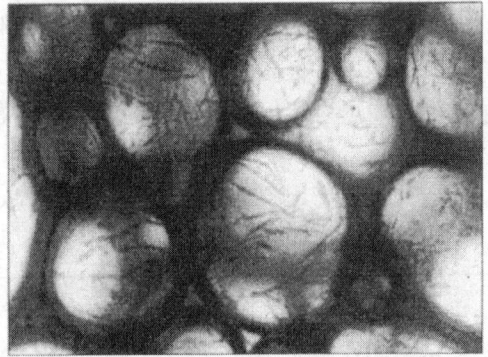

图 3　普通泡沫体系

3. 粒径分析

通过对若干可循环微泡沫体系的放大相片（放大倍数为 250 倍）的气泡尺寸进行测量，统计出了体系中微气泡的粒径分布，见表 2。

表 2　可循环微泡沫钻井液微气泡的粒径分布

粒径范围	<10μm	10～30μm	30～85μm	85～100μm	>100μm	平均粒径
两相	1.5	7.8	66.2	17.4	7.1	72.5μm
三相	1.5	6.4	74	12.5	5.6	63μm

4. 半衰期研究

多数钻井液是黏土以小颗粒状态分散在水中所形成的溶胶—悬浮体,对泡沫体系的稳定性有增强作用,而且随黏土含量的增加,泡沫稳定性也提高。

分别用常规量筒法与近红外扫描仪对可循环微泡沫钻井液体系的稳定性进行分析。黏土含量为 3%,含稳泡剂的可循环微泡沫钻井液体系的半衰期约为 21h。

5. 影响微泡沫钻井液体系性能的因素分析

(1)剪切速率对可循环微泡沫体系性能的影响。

剪切速率主要对起泡剂的发泡效果产生影响,尤其是对以物理和化学法相结合产气的微泡沫体系影响较大。当剪切速率很大(高速搅拌)时,发泡快且泡沫均匀,质量好,但是在现场施工中由于受设备的制约一般不容易达到。

如果剪切速率过低(低速搅拌),对可循环微泡沫钻井液不能保证有足够的冲击力,直接影响该体系的稳定性。表 3 反映了同一体系在不同剪切速率下的稳定性、密度及流变性。

表 3　剪切速率对可循环微泡沫钻井液性能的影响

转速 r/min	稳定性 h	密度 g/cm³	滤失量 mL	泥饼 mm	表现黏度 mPa·s	塑性黏度 mPa·s	动切力 Pa	动塑比
<100	12	0.57	5	0.2	71	23.5	47	2.0
>200	>24	0.41	4.5	0.2	120	72	48	0.67
>4000	>24	0.35	4.2	0.2	135	85	50	0.59

当剪切速率大时,体系的动切力、塑性黏度明显升高,密度变得很低,泡沫体系更加稳定。剪切速率极高时,产生的泡沫结构更细,起泡量更大,体系最稳定。因此,在现场施工中,应尽可能保证较高的剪切速率才能获得高质量、稳定性好的可循环微泡沫钻井液体系。

(2)高温高压条件对微泡沫钻井液稳定性的影响。

①压力的影响。

压力对气体的影响较大,压力越大,泡沫越稳定。因为泡沫质量一定时,压力越大,气泡半径越小。

②温度的影响。

A. 温度升高使液相黏度降低,排液速率增大,稳定性随温度升高而下降。

B. 温度升高使气体分子的动能增加,分子运动加剧,气体体积增大,难以压缩,增加了气泡收缩的难度。

C. 温度升高,液膜加速蒸发而变薄,泡膜强度降低。

（3）高温高压条件对微泡沫钻井液密度的影响。

选取预测数据中温度等于 30℃ 和 120℃ 时的数据作出微泡沫钻井液温度—压力—密度曲线，如图 4 所示。

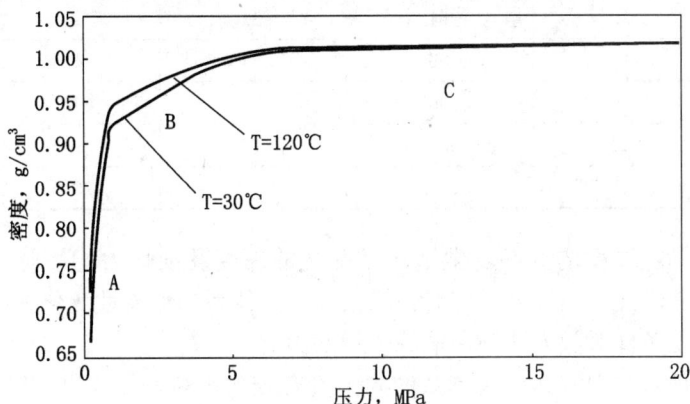

图 4　微泡沫钻井液温度—压力—密度曲线

由图 4 可以看出，随着压力的增加，微泡沫钻井液的密度变化速率不断减小，最终接近于零，此时微泡沫体系的密度接近外相密度。不同温度下的压力—密度曲线变化趋势相同。

图 5 是压力一定（0.2MPa）时的温度—密度曲线。

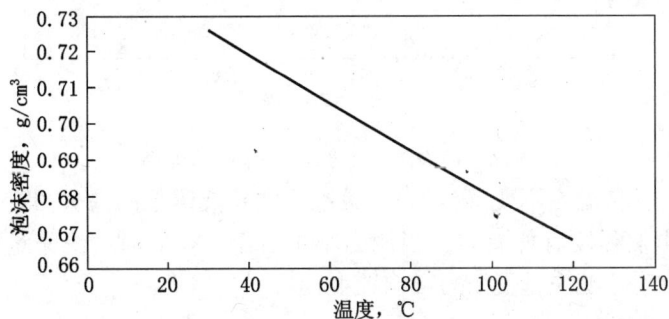

图 5　温度—密度曲线

从图中可以看出，压力和温度对微泡沫钻井液的影响是两种完全不同的状况。压力的影响如前所述，而当压力恒定时，体系密度与温度呈线性关系变化，温度上升则密度下降。

（4）高温高压条件对微泡沫钻井液流变性的影响。

对于可循环微泡沫钻井液体系在高温高压条件下的流变性，利用高温高压旋转流变仪进行了测量，结果如表 3。

表 4　高温高压对可循环微泡沫钻井液流变性的影响

温度,℃	压力, MPa	表观黏度，mPa·s	塑性黏度，mPa·s	动切力，Pa	动塑比
	5	59	38	31	0.55
60	10	60	39	31	0.54
	15	62	40	22	0.55

温度, ℃	压力, MPa	表观黏度, mPa·s	塑性黏度, mPa·s	动切力, Pa	动塑比
90	5	46.5	29	17.5	0.60
	10	51	30	21	0.70
	15	50	30	20	0.67
120	5	36	26	10	0.38
	10	36.5	17	19.5	1.15
	15	37.5	17	20.5	1.20

由表 4 可见，随温度的升高，微泡沫钻井液的黏度及动切力均下降；随压力的增大，黏度及动切力略有增加。当温度一定时，增大压力，体系的流变性变化并不显著。

（5）高温高压条件对微泡沫钻井液滤失量的影响。

高温高压条件对微泡沫钻井液体系的滤失量有较大影响。用 170－50 型高温高压失水仪对三相微泡沫体系的滤失量进行了测定（动态条件下），结果如图 6、图 7 所示。

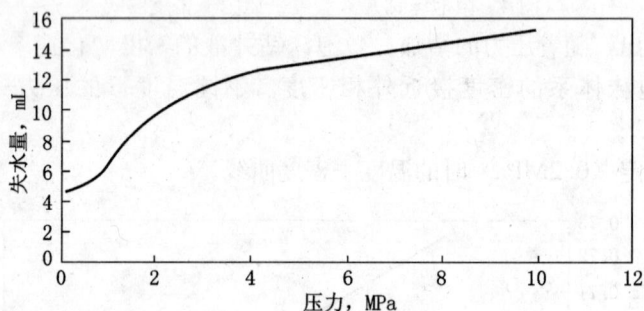

图 6　微泡沫钻井液压力—滤失量曲线

由图 6 可见，保持温度不变（常温），微泡沫钻井液体系的滤失量随压力增大而增大。压力对滤失量的影响程度有所差异：当压力小于等于 5MPa 时，滤失量受压力影响较大，当压力大于 5MPa 时，滤失量受压力影响较小。

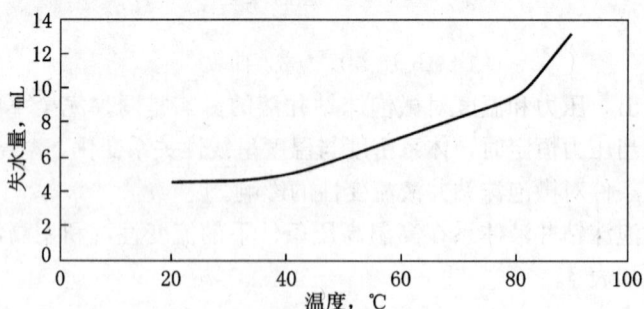

图 7　微泡沫钻井液温度—滤失量曲线

由图 7 可知，保持压力不变（0.2MPa），微泡沫钻井液体系的滤失量随温度增加而增大。

6. 配方优选与评价

同普通泡沫钻井液相比，可循环微泡沫钻井液对处理剂的要求更高。所使用的起泡剂应具有：（1）起泡性能好，而起泡量不需太大，微泡沫基液与气体接触后生成的泡沫必须非常细小均匀；（2）稳定性好，在长时间的循环和高温条件下性能稳定；（3）抗污染能力强，与其他处理剂配伍性好。对所使用的稳泡剂，要求有优良的稳泡性能及调整基液性能的能力，使其能再循环使用。

1）配方优选试验

通过对处理剂的筛选，室内初步确定了几套微泡沫钻井液体系配方：

1#：4％膨润土＋0.2％Na_2CO_3＋0.9％稳泡剂＋0.5％起泡剂（新疆产）＋0.4％固泡剂；

2#：4％膨润土＋0.2％Na_2CO_3＋0.9％稳泡剂＋0.5％fomer（伊朗产）＋0.4％固泡剂；

3#：4％膨润土＋0.25％Na_2CO_3＋0.9％稳泡剂＋0.5％起泡剂（固体，成都产）＋0.6％固泡剂；

4#：4％膨润土＋0.25％Na_2CO_3＋0.9％稳泡剂＋0.5％起泡剂（液体，成都产）＋0.6％固泡剂。

试验条件：温度28℃，转速4000r/min。

微泡沫钻井液性能见表5。

表5　微泡沫钻井液性能

配　方	密度 g/cm³	塑性黏度 mPa·s	动切力 Pa	静切力 Pa/Pa	API滤失量 mL	稳定时间 h
1#	0.95	30	31.5	7.5/20	11.5	＞48
2#	0.90	35	23.5	10.5/21.5	9.5	＞48
3#	0.83	45	28.5	10.5/18	10.5	＞48
4#	0.76	55	25.5	11.5/19	9.5	＞48

由表5可以看出，在相同的试验条件下，4种配方均具有较好的稳定性和流变性，稳定时间均大于48h。现场施工中根据地层压力选用4#配方。

2）抗温性试验

使用4#微泡沫钻井液配方进行抗温性试验，结果见表6。

表6　微泡沫钻井液的抗温性能

温度 ℃	密度 g/cm³	塑性黏度 mPa·s	动切力 Pa	静切力 Pa/Pa	滤失量 mL
40	0.75	47	21	9.5/17	10.5
60	0.73	41	20	10/18	11.0
80	0.71	37	15	8.0/15	12.5

3）抗污染试验

使用4#配方分别加入1％NaCl＋0.5％$CaCl_2$、5％NaCl＋1.0％$CaCl_2$，进行抗污染性能试验，试验结果见表7。

表7　微泡沫钻井液的抗盐抗钙性能

密度 g/cm³	塑性黏度 mPa·s	动切力 Pa	静切力 Pa/Pa	API滤失量 mL	稳定性 h
0.77	57	27	13/19	9.5	＞24
0.78	60	28.5	12/17	9.0	＞24

由以上试验结果可知，可循环微泡沫钻井液体系具有较好的稳定性、良好的抗温性能及较强的抗污染性能。

三、可循环微泡沫钻井液现场应用情况及应用效果

可循环微泡沫钻井液现场转化配浆及使用过程中，不需要特殊脱气及充气设备，常规设备即可满足施工要求。

现场配浆设备：ZJ－45 钻机：循环系统配备 3 个 $80m^3$ 循环罐、1 个 $40m^3$ 的沉砂罐，每个罐配备 3 台功率 7.5kw 搅拌器和一个泥浆枪；加料漏斗。

转化方法：按上述优选出的 4# 配方顺序及加量，从加料漏斗直接加入稳泡剂、起泡剂及固泡剂，通过井筒循环调整性能达到施工要求。

微泡沫钻井液向聚合物钻井液转化方法：向微泡沫钻井液中加入低浓度降失滤剂胶液，然后加入 6% 轻质原油，开动搅拌器及固控设备除泡。转化前后性能见表 8。

表 8 可循环微泡沫钻井液转化前后性能参数

阶段	密度 g/cm³	漏斗黏度 s	滤失量 mL	pH 值	静切力 Pa	动切力 Pa	塑性黏度 mPa·s
转化前	0.73~0.99	78~130	<7	8~10	(2~5) / (5~12)	8~16	15~28
转化后	1.10~1.17	50~65	<4.5	8~9	1.5/2.5	7	12

1. C2854 井应用情况

C2854 井二开直接转化为可循环微泡沫钻井液体系，从 260m 钻至井深 1704m（该井段也是二开的易漏失井段），钻进过程中井壁稳定，钻井液地面密度控制在 0.73~0.97g/cm³，基液密度为 1.03~1.06g/cm³，静液压梯为 0.96~1.03g/cm³，循环当量密度为 0.99~1.06g/cm³，未出现任何井下复杂情况。为稳定下部井眼，1704m 转化为聚合物钻井液体系，钻至井深 2220m 处发生轻微漏失，加入 2% 综合堵漏剂后，正常钻进至完钻井深 2290m。完井固井时井口钻井液返出正常，未发生漏失。

2. C1801 井应用情况

C1801 井二开使用聚合物钻井液。在井深 337~805m 处发生多次有进无出的严重漏失，后反复在井深 330~805m 之间进行了 8 次注水泥和多次桥塞堵漏，均不能建立正常循环，决定转化为可循环微泡沫钻井液。

提钻至表套内转化为可循环微泡沫钻井液后，分段循环至井底，恢复正常钻进，钻井液密度 0.85~0.99g/cm³，黏度 100s 以上，钻至井深 2032m，无漏失。为稳定下部井眼转化为聚合物混油钻井液体系，顺利钻至完钻井深 2400m。

3. C1802 井应用情况

C1802 井二开使用聚合物钻井液，井深 349~900m 发生多次有进无出的严重漏失，6次注水泥堵漏无效，决定将聚合物钻井液转化为微泡沫钻井液。

提钻至表套内进行转化，转化后下钻循环无漏失，钻井液密度 0.96~0.99g/cm³，黏度 80~100s，顺利钻至井深 2020m。为满足下部井眼稳定要求，将可循环微泡沫钻井液转化为聚合物钻井完井液，钻至完钻井深 2420m。转化后采用聚合物钻井完井液施工，上部可循环微泡沫钻井液施工井段未发生漏失。

4. C1377 井应用情况

C1377 井二开按设计要求配制聚合物钻井液，钻至井深 764m 发生严重井漏，采用注水泥堵漏，钻灰塞时发生严重漏失，决定将聚合物钻井液转化为可循环微泡沫钻井液体系。转化后下钻循环无漏失。施工中可循环微泡沫钻井液密度 $0.81 \sim 0.95 \text{g/cm}^3$，黏度 $60 \sim 105\text{s}$，顺利钻至井深 2030m，转化为聚合物钻井完井液，顺利钻至完钻井深 2420m。

5. 应用效果分析

（1）C2854 井二开直接使用可循环微泡沫钻井液体系，易漏井段（260～1704m）施工，未发生漏失，起到了防漏效果。

（2）C1801 井、C1802 井和 C1377 井在多次桥堵和注水泥堵漏无效的情况下，现场直接转化为可循环微泡沫钻井液，解决了漏失问题。

（3）可循环微泡沫钻井液可方便地转化为聚合物钻井完井液，转化后钻井液密度升为 1.10g/cm^3 以上，可循环微泡沫钻井液施工井段均未发生漏失，表明可循环微泡沫钻井液能够提高所钻地层的承压能力。

（4）可循环微泡沫钻井液携砂和悬浮性能好，每次短程起下钻和起钻换钻头均能下钻到底，井底无沉砂；起下钻和短起下均无阻卡，井壁稳定，该体系能满足钻井工艺的要求，保证了安全钻井。

四、结　　论

（1）可循环微泡沫钻井液体系解决了新疆准噶尔盆地彩南油田的严重井漏问题，缩短了钻井周期，避免了堵漏耗费的大量人力、物力和财力，为解决其他类似彩南油田的低压易漏油田钻井过程中的严重漏失问题，提供了一种新的钻井液体系。

（2）可循环微泡沫钻井液体系配制简单、维护方便、易于转化。钻井液性能能够满足钻井工程要求。

（3）可循环微泡沫钻井液体系当量密度可控制在 1.00g/cm^3 左右，用于井深 1000m 以内效果较为明显，井深超过 1500m 时，则循环当量密度接近基液密度。

（4）可循环微泡沫钻井液体系对泥浆泵的上水效率有一定影响，循环中地面管汇（线）振（摆）动幅度较大。

（5）钻进中为保证钻屑的有效分离，必须配备高频振动筛。

参 考 文 献

[1] 宋金仕. 循环泡沫钻井工艺技术的应用. 石油钻采工艺，1998，(6)：24～28.

[2] 王云峰. 表面活性剂及其在油气田中的应用. 北京：石油工业出版社，1995

[3] 赵国玺. 表面活性剂物理化学. 北京：北京大学出版社，1984

广谱型屏蔽暂堵保护油层技术在大港油田的应用

（大港油田钻井泥浆技术服务公司）

摘　要　广谱型屏蔽暂堵保护油气层技术是对传统屏蔽暂堵保护油气层技术理论的继承与发展，该技术是依据储层的 $d_{流动50}$ 和最大流动孔喉直径来确定不同渗透率段下的暂堵剂粒子的直径，使得屏蔽暂堵理论更具科学性。实践证明：该技术适用于渗透性严重不均质的砂岩油藏，暂堵剂对钻井液性能基本无不良影响，使钻井液体系具有强抑制性，且对钻井液润滑性能有一定程度的改善，减少了事故复杂情况，缩短了油层浸泡时间。广谱型屏蔽暂堵保护油气层技术的实施会使钻井液总成本略有增加，但成功实施暂堵技术后会大大减少完井后期作业，提高油井的产量。

关键词　保护油气层　屏蔽暂堵　不均质　多压力层系

一、技　术　机　理

1. 油气层保护机理

屏蔽暂堵保护油气层技术（简称屏蔽暂堵技术）主要用来解决裸眼井段多压力层系地层保护油气层技术的难题。其原理是利用钻井液液柱压力与油气层孔隙压力之间的压差和钻井液中的固相与处理剂，在油气层被钻开的极短时间内在井筒近井壁附近形成渗透率接近零的屏蔽暂堵带，此屏蔽暂堵带能有效地阻止钻井液、水泥浆中的固相和滤液继续侵入油气层，对油气层造成污染，而形成的屏蔽暂堵带能够通过射孔解堵。该技术已广泛应用于钻井实践中，取得了较好的效果。

屏蔽暂堵理论是针对孔隙型砂岩油气层提出的一种保护油层理论，它的技术要点是：根据储层岩心压汞实验得到储层孔喉直径分布曲线，从而计算出储层平均孔喉直径，按 1/2～2/3 倍孔喉直径选择油层保护添加剂的粒径。在进入油气层前加入油层保护添加剂，调整钻井液中的固相粒径分布，从而将钻井液转化为保护油层钻井完井液，达到保护油气层的目的。传统屏蔽暂堵保护油气层技术在计算储层平均孔喉直径时是将储层所有孔喉都参加了计算。这样做忽略了两个因素，一是不同的孔喉直径对储层渗透率的贡献是不同的，大的储层孔喉数量少，但它对储层渗透率的贡献大，微小孔喉数量大，但对储层渗透率的贡献小；二是由于储层的非均质性，在储层存在孔喉直径极小的微孔隙，这些孔隙中的流体在目前的开采条件下是不流动的，因此，封堵这些孔隙也是没有意义的。如果将这些孔喉用于计算平均孔喉直径，那么理论计算的平均孔喉直径将大大小于储层实际流动的平均孔喉直径，根据这样的计算结果选择的油层保护剂其封堵效果较差，起不到堵塞主要流通孔道的作用。图 1 是冀东油田柳一区块沙三地层第 2＋3 储层的储层渗透率与各种孔喉直径之间关系曲线。

广谱型屏蔽暂堵保护油气层技术是对传统屏蔽暂堵保护油气层技术理论的继承与发展，该技术是依据储层的 $d_{流动50}$ 和最大流动孔喉直径来确定不同渗透率段下的暂堵剂粒子的直径，克服了传统屏蔽暂堵技术确定暂堵剂粒径时存在的缺陷，使得屏蔽暂堵理论更具科学性，其主要技术要点：

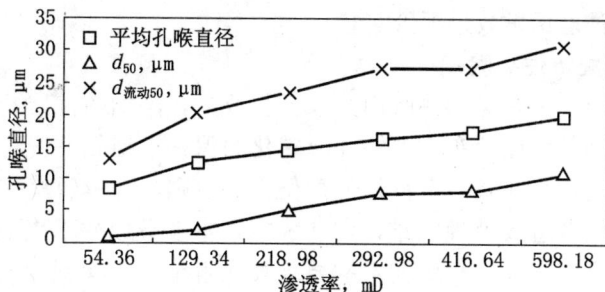

图 1　柳 1 区块 Es_3^{2+3} 储层
渗透率与各种孔喉直径之间关系曲线

（1）分析研究储层渗透率变化规律，采用所研究区块储层（取心井）岩心实测的渗透率与孔喉特性数据，计算出渗透率贡献值达到 97％（±1％）时储层孔喉的平均直径 $d_{流动50}$，以及储层最大孔喉直径 d_{max}。没有考虑渗透率贡献值 3％ 的微小孔喉的主要原因：由于孔喉直径极小，在储层中常被不流动的流体所占据，容易造成永久损害，在目前开采条件下不可能开采出该孔隙中的油和气，封堵这部分孔喉没有实际意义；如果把它的孔喉直径累计到求 d_{50} 的值中去，会使该值大幅度降低，起不到堵塞主要流通孔道的作用。

（2）依据储层的 $d_{流动50}$ 和最大流动孔喉直径来确定不同渗透率段下的暂堵剂粒子的直径，按 1/2～2/3 倍储层的 $d_{流动50}$ 来选择架桥粒子的 d_{50}。充分考虑砂岩油藏的非均质性，根据目标区块油气层渗透率的分布规律确定各种粒径暂堵剂的比例，并使其在钻井液中的含量大于 4％；按 1/4 储层孔喉的平均直径 $d_{流动50}$ 选择充填粒子直径 d_{50}，其加量大于 1.5％。在选择架桥粒子时，还必须考虑架桥粒子的 d_{90} 等于 1/2～2/3 倍储层最大孔喉直径。

（3）选用沥青类产品作为可变形粒子添加剂，加量为 2％，但其软化点应高于油层温度 10～50℃。如地质录井要求使用低荧光钻井液，则可使用乳化石蜡或聚合醇类产品作为可变形粒子添加剂。

2. 与传统屏蔽暂堵技术对比

与传统屏蔽暂堵保护油气层技术相比，广谱型屏蔽暂堵技术对储层物性特征的研究更细致，暂堵剂优选时针对性更强，解决了储层的平均孔喉直径与主要流动孔喉平均直径差异较大带来的问题，提出了储层渗透率贡献值的新概念。两种技术的对比见表 1。

表 1　广谱型屏蔽暂堵技术与传统屏蔽暂堵技术对比

类　型	依　据	架桥粒子 d_{50}	架桥粒子 d_{90}	充填粒子 d_{50}	可变形粒子
广谱型屏蔽暂堵技术	渗透率贡献值 97％ 下的平均 $d_{流动50}$ 和 d_{max}	(1/2～2/3) $d_{流动50}$	(1/2～2/3) d_{max}	1/4 储层 $d_{流动50}$，加量 1.5％	沥青类，加量 2％
传统屏蔽暂堵技术	平均孔直径 d_{50}	(1/2～2/3) 孔喉平均直径	未考虑	1/4 孔喉平均直径	沥青类，加量 2％

二、室内评价实验

根据广谱型屏蔽暂堵技术要点，我们与天津华孚化学公司合作开发出适合不同渗透率储层的系列暂堵剂作为架桥粒子，其粒径分布可根据储层孔喉直径分布进行调整，研究出HWZP－Ⅲ、HFZ－103等作为充填粒子，在室内进行了油层保护添加剂与井浆的配伍性实验，完成了系统的油层保护效果评价实验。

1. 暂堵剂与井浆配伍性实验

屏蔽暂堵保护油层技术是对钻井所用井浆进行改造，添加与油层孔喉直径相匹配的暂堵剂，调整井浆中的固相粒径分布，把钻井液转化为保护油层钻井完井液，达到保护油层的目的。这就要求暂堵剂与井浆具有良好的配伍性，否则，大量暂堵剂的加入会造成井浆性能的大幅度变化，轻者造成处理困难，增加成本，重者造成井下事故。因此，我们从现场取回各种井浆，按广谱型屏蔽暂堵技术的要求加入暂堵剂，检测加入前后井浆性能，以此来评价各种暂堵剂与井浆的配伍性，实验结果见表2。

表2　井浆与油层保护剂配伍性实验

密度 g/cm³	黏度 s	失水/泥饼 mL/mm	pH值	静切力 Pa/Pa	表观黏度 mPa·s	塑性黏度 mPa·s	动切力 Pa	高温高压失水/渗透失水 mL	实验条件
1#：抑制性井浆									
1.21	26	4.2/0.5	9.5	0.5/1.5	30	26	4	11/7.2	
2#：1#井浆＋2％FDTY－80＋暂堵剂（1％200目＋2％400目＋1％800目＋1％500目）									
1.22	26	4.2/0.5	9.5	0.5/1.5	31	25	6		
1.22	27	4.0/0.5	9.5	0.5/2.0	29	24	5	8.2/6.4	70℃×16h
3#：聚合物井浆									
1.16	30	10/1.0	7.5	0.5/3.0	26	25	1	13/10.5	
4#：3#井浆＋2％FDTY－80＋暂堵剂（1％300目＋1％600目＋2％500目＋1％单封）									
1.18	33	8/0.5	7.5	0.5/2.5	23	19	4		
1.18	28	6/0.5	7.0	0/1.5	20	18	2	9.5/7.3	70℃×16h
5#：硅基防塌泥浆									
1.28	35	5.6/0.5	9.0	2/10	31.5	18	13.5	12/9.0	
6#：5#硅基防塌泥浆＋2％FDTY－135＋0.1％防水锁剂＋暂堵剂（1％1200目＋2％800目＋1％500目）									
1.28	38	4.5/0.5	9.0	2/11.5	21		14		
1.28	39	4.5/0.5	9.0	3.0/12	36	21	15	10.0/6.8	120℃×160h

实验表明：在不同类型井浆中按配方加入油层保护添加剂后，井浆性能变化不大，其高温高压失水和渗透失水显著降低，这说明油层保护添加剂与井浆配伍性良好。

2. 屏蔽保护效果评价

为了评价广谱型屏蔽暂堵技术对储层保护的效果，采用人造岩心进行了暂堵的有效性、屏蔽暂堵带强度、暂堵带厚度等室内实验。

1）暂堵保护带有效性评价

本实验的目的是评价屏蔽暂堵剂对岩心的封堵效果，取地层岩心并用屏蔽暂堵井浆进行动态污染，通过测量不同时间的动态失水量来评价封堵效果，实验结果见图2。

从图中可以看出，在动态污染实验中保护带的形成时间在15min左右，但保护带形成后其动失水不再随时间延长而增加。这充分说明暂堵剂有效封堵了岩心孔隙，形成的保护带非常致密，能够满足油层保护暂堵的要求。

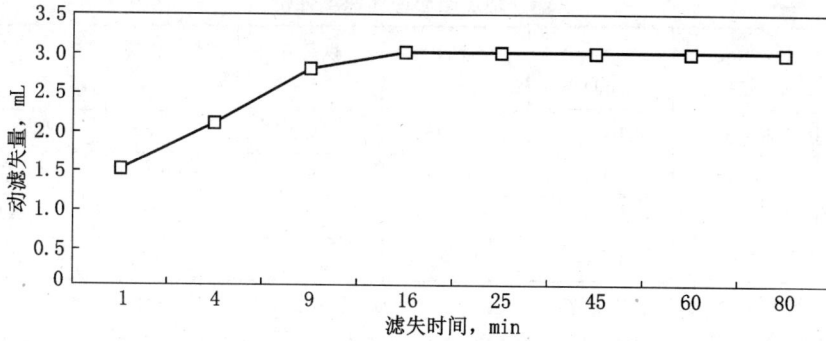

图 2 广谱型硅基钻井液动滤失量与滤失时间关系曲线

2）保护带强度的评价

本实验的目的是为了评价暂堵带的封堵强度。暂堵带强度愈大，愈能经受激动压力的冲击，封堵效果越好，反之，暂堵带强度低，在强大的激动压力的冲击下，容易造成暂堵带被突破，从而产生新的污染，达不到保护油气层的目的。取不同渗透率的人造岩心，用不同的屏蔽暂堵井浆进行静态污染，然后再用普通井浆对污染后的岩心进行正向驱替，测定不同驱替压力下的岩心渗透率。实验结果见表3。

表3 暂堵带强度实验评价

配 方	岩心号	渗透率，K_w mD	不同压差下的 K_d，mD				
			3.5MPa	5MPa	7MPa	9MPa	11MPa
硅基钻井液	A9	76.42	0.08	0.004	0.002	0.0027	0.001
	A10	69.50	0.07	0.0037	0.007	0.0020	0.001
聚合物钻井液	A11	80.23	0.09	0.0029	0.002	0.0012	0.000
	A12	75.37	0.08	0.0033	0.0018	0.0009	0.000
硅基钻井液	B9	29.46	0.07	0.0051	0.0025	0.002	0.001
	B10	27.12	0.05	0.0045	0.0031	0.0021	0.000
聚合物钻井液	B11	17.98	0.04	0.0037	0.0026	0.0014	0.001
	B12	19.34	0.05	0.0042	0.0023	0.0011	0.000
硅基钻井液	C9	2.51	0.02	0.003	0.0023	0.0006	0.000
	C10	1.65	0.02	0.0022	0.0016	0.0010	0.000
聚合物钻井液	C11	2.32	0.03	0.0025	0.002	0.0016	0.000
	C12	2.54	0.03	0.002	0.0018	0.0007	0.000

实验结果表明：随驱替压力的增大，岩心的渗透率逐渐降低，当驱替压力达到11MPa时岩心的渗透率接近零。这说明：当压差为11MPa时，未见渗透率突然增加，保护带并没有受到破坏，即在不同渗透率岩心上形成的保护带至少能承受11MPa的压差。

3）暂堵深度的评价

本实验的目的是为了评价暂堵带的厚度，了解暂堵污染带能否在油井投产施工作业中被消除，不影响油井生产。取地层岩心，用不同的屏蔽暂堵井浆进行动态污染，分别测量各个岩心污染前和污染后截去一定长度污染端后的渗透率，实验结果见表4。

表 4 地层岩心暂堵深度评价

岩心号	K_a mD	K_w mD	K_q mD	恢复值 %	截去长度 cm	井浆类型
x-18-8	203.59	165.1	157.18	95.2	1.8	抑制性钻井液
w-12-45	—	45.8	45.1	98.4	1.53	硅基钻井液
L29-3-1	—	16.4	15.67	97.33	1.57	聚合物钻井液
L29-3-2	89	12.71	12.35	97.2	1.24	聚合醇硅基钻井液

注：K_a 为空气渗透率，K_w 为暂堵前测得的渗透率，K_q 为暂堵后截去一段岩心后测得的渗透率。

实验表明：在受到屏蔽暂堵井浆污染后，人造岩心和地层岩心在截去受污染端岩心一定长度后，所剩岩心的渗透率可达到岩心污染前的 95% 以上，截去岩心长度小于 2.0cm。这说明：暂堵保护带厚度小于 2.0cm，此暂堵带在油井投产作业中完全可以被射孔穿透，不会影响油井生产。

3. 室内研究小结

（1）广谱型屏蔽暂堵剂配方能在较短时间内有效封堵地层孔隙喉道，形成高强度保护带，对油气层具有良好的保护效果。

（2）暂堵深度是暂堵的关键，固相颗粒侵入越深对地层造成的损害越严重，而且很难恢复。用暂堵井浆污染的岩心在切去约 2cm 长度后，所剩岩心的渗透率接近污染前岩心的渗透率，这说明暂堵深度较浅，满足射孔解堵要求。

（3）暂堵剂与井浆配伍性强，现场易于维护处理。暂堵剂能使钻井液的滤失量进一步降低，适当增加井浆密度，有利于井下安全，可加快钻井、完井速度，缩短油气层浸泡时间，减少完井液滤液对油气层的伤害。

三、现场应用

大港油田的地层沉积环境、储层状况和油藏特性等与冀东油田极为相似，都属于断块型砂岩油气藏，油藏的横向、纵向、层内、层间都存在严重的不均质性，各断块之间油藏特性差异较大，无规律可循，给油气层保护工作带来极大的困难。广谱型屏蔽暂堵保护油气层技术在冀东油田柳赞区块的应用取得成功后，我们及时与大港油田公司有关部门联系，介绍了冀东油田广谱型屏蔽暂堵保护油气层技术应用的成功经验，大港油田公司决定对港东一、二区块、段六拨油田和枣 81×1 断块进行广谱型屏蔽暂堵保护油气层技术研究和现场试验，并提供了大量的相关资料。我们对相关资料进行了收集、分析、整理，分析三个区块的油藏特性，制定了研究方案，完成了室内实验，完成了 7 口井的现场试验，收到了预期的效果。

1. 港东区块

1）储层物性及孔喉半径

本项目研究的是港东区块中、浅层的油气层保护方案，开发层系为上第三系的明化镇、馆陶组和下第三系的东营组地层的油藏。油层埋藏深度为 1034.8～2639.6m，主力油层为一套河流相沉积的细、粉砂岩，以泥质胶结为主，平均孔隙度 32%，空气渗透率为 100～2000mD，最高可达到 6000mD，平均为 1002mD，有效渗透率为 339mD，层间、层内非均质性强。明化镇和馆陶组共划分为 8 个油组、47 个小层，东营组分为 4 个油组、19 个小层。

（1）储层物性。

根据大港油田公司提供的油藏资料，港东一区各断块平均孔隙度为 32％，平均渗透率为 934mD，港东二区各断块平均孔隙度为 32％，平均渗透率为 1115mD，各断块储层的孔隙度、渗透率统计见表 5。

表 5　港东一区、二区各断块储层的孔隙度、渗透率统计

区块	断块	层位	孔隙度,％	渗透率, mD	区块	断块	层位	孔隙度,％	渗透率, mD
一区块	一断块	明Ⅱ	33	987	二区块	一断块	明馆	—	990
		明Ⅲ	32	952		二断块	明馆	—	911
		明Ⅳ	30	1264		四断块	明馆	—	1165
		其他	29	645		五断块	明馆	—	1016
	五断块	明馆	—	993		六断块	明馆	32	1008
	六断块	馆Ⅰ	—	1764		—	—	—	—
		其他	—	1176		—	—	—	—
	七、八断块	明馆	32	963		—	—	—	—

港东一、二区块各断块各油组平均孔隙度、渗透率统计见表 6。

表 6　港东一、二区块平均孔隙度、渗透率统计

油层组	一区块		二区块	
	孔隙度,％	空气渗透率, mD	孔隙度,％	空气渗透率, mD
明Ⅰ	29.6	583		
明Ⅱ	30.3	1243	32.2	1992
明Ⅲ	31.0	1017	30.1	1259
明Ⅳ	26.2	333	29.6	1952
馆Ⅰ	26.5	1131		
馆Ⅱ	27.4	1593		
馆Ⅲ	24.8	703	23.5	378
馆Ⅳ	26.9	1069	26.8	373

根据测井资料解释，港东开发区块储层物性见表 7。

表 7　港东开发区块储层物性

地层	物性	粒度中值, mm	泥质含量,％	孔隙度,％	渗透率, mD
明化镇组馆陶组	最小值	0.33	4.0	5.0	0.5
	最大值	0.33	78	37	10000
	平均值	0.155	16	33	800
东营组	最小值	0.13	12	11	0.5
	最大值	0.17	78	30	500
	平均值	0.08	38	24	96

（2）港东区块油藏非均质性评价。

根据《陆相复杂断块油田精细油藏描述技术》一书记载，港东开发区块各油组、各单砂体储层渗透率见表8。

表8 港东开发区块各油组、各单砂体储层渗透率

层 位		渗透率，mD		层 位		渗透率，mD	
油组	单砂体	范围	平均值	油组	单砂体	范围	平均值
$Nm_下II$	8-3	3.0~6960	1595		2-3	2.0~6130	1053
	9-2	1.0~5060	1562		3-3	3.0~480	237
	10-2	49~7335	2778		4-3	0.9~8400	1404
$Nm_下III$	4-3	0.9~5897	2628	$Nm_下IV$	5-3	1.0~3210	1034
	5-3	5.0~1735	484		6-3	267~3260	1721
	6-3	0.9~3790	884		7-3	0.9~2460	483
	7-2	0.9~4540	1121		8-3	15~6060	1457
	8-3	0.9~3090	563		9-3	1.0~1700	228
				NgI	1-1	9.0~5500	848

综合表5~表8，大港油田港东开发区块各断块间油层渗透率在645~1764mD间变化，各油组间渗透率在333~1992mD间变化，各单砂体间的渗透率变化更大，最小渗透率从0.9mD至267mD不等，最大渗透率在237mD至8400mD之间波动，各储层砂岩胶结物含量变化也非常大，从4.0%~78%不等，各储层间的孔隙度从5.0%到37%。因此，港东开发区块油藏是非常不均质的，属于典型的河流相沉积油藏。

（3）储层孔喉半径。

根据港205井岩心实际压汞曲线计算出该井各油组孔隙度、渗透率和孔喉半径，统计数据见表9。

表9 港205井各油层渗透率及孔喉半径统计

井深，m	层位	孔隙度，%	渗透率，mD	孔喉半径，μm	
				中值	最大连通孔喉
1458.59		30.5	4466	8.82	25.86
1550.62	明III	33.7	2289	12.5	22.06
1442.18		28.9	162	0.16	21.43
1665.43		33.1	8183	20.27	31.25
1663.77	明IV	32.2	360	4.29	9.15
1632.49		26.5	40	1.10	8.15
2165.86	馆IV	32.0	4360	9.87	28.85
1845.44	馆I	30.6	2046	22.73	37.5
2070.50	馆III	29.1	377	2.78	20.27

2）现场应用

（1）钻井液类型选择。

港东一区、二区明化镇、馆陶组油层埋藏深度在1000m左右，设计井深在1600~

2100m 之间，井型以定向井为主，都是开发井，钻井液密度为 $1.15 \sim 1.20 g/cm^3$，储层主要潜在损害因素为黏土吸水膨胀，易造成孔喉的堵塞。因此，该区施工选择钾胺基聚合物钻井液体系。

(2) 广谱型屏蔽暂堵保护油层技术。

根据前述分析，本区保护油层采用广谱型屏蔽暂堵保护油层技术，其暂堵剂组成配方为：300 目碳酸钙加量 1%，d_{50} 粒径为 $21 \sim 25 \mu m$；400 目碳酸钙加量 2%，d_{50} 粒径为 $11 \sim 14 \mu m$；600 目碳酸钙加量 1%，d_{50} 粒径为 $6 \sim 8 \mu m$，单封加量 1%；可变形粒子选用 FDTY-80，加量为 2%。

(3) 现场试验。

在港东一区进行了三口井的现场试验工作。根据港东一区广谱型屏蔽暂堵保护油层暂堵剂配方准备各种粒径暂堵剂，在进入第一个油层前对钻井液进行调整，在钻井液性能达到要求后，按配方加入各种粒径暂堵材料，同时检测暂堵剂加入前后钻井液性能。钻进过程中，根据钻井液消耗及时补充暂堵材料，使钻井液中暂堵剂有效含量保持相对稳定。完井前调整钻井液性能，保证完井电测和下套管施工顺利，缩短完井周期，缩短油气层浸泡时间。三口井各种油层保护剂加量统计见表 10。

表 10　试验井暂堵剂加量统计

井　号	300 目碳酸钙，t	400 目碳酸钙，t	600 目碳酸钙，t	单封，t	FDTY-80，t
港 2-22-1	2.0	4.2	2.3	1.7	2.5
港 7-33-2	2.25	3.0	2.0	2.1	3.0
港 1-24-1	2.5	5.0	2.5	2.5	3.5

2. 段六拨油田

1) 储层物性及孔喉半径

(1) 储层物性。

段六拨油田目前主要开发枣 0、枣 II、枣 III 油组，根据岩心实测结果，枣 0 油组储层渗透率分布为 $0.33 \sim 387 mD$，平均为 54.08mD；枣 II 油组储层渗透率分布为 $0.18 \sim 217 mD$，平均为 10.9mD；枣 III 油组储层渗透率分布为 $0.19 \sim 172 mD$，平均为 8.99mD。详见表 11。

表 11　段六拨油层物性

油组	小层	孔隙度，%			渗透率，mD		
		最大	最小	平均	最大	最小	平均
枣 0	Z_0^1	22.2	12	18.3	299	0.53	40.11
	Z_0^2	21.7	10.8	18.1	104	0.98	34.6
	Z_0^3	20.0	13.2	18.2	230	0.33	67.21
	Z_0^4	20.2	10.8	17.6	387	1.3	77.37
	Z_0^5	21.9	14.5	18.7	130	21	65.4
	Z_0^6	20.5	15.5	18.8	194	0.94	48.27
枣 II	Z_2^1	18.3	8.3	13.9	16	0.31	5.08
	Z_2^2	19.7	7.9	13.3	217	0.18	12.0
	Z_{02}^3	17.5	7.7	13.7	311	0.21	7.97

油组	小层	孔隙度，%			渗透率，mD		
		最大	最小	平均	最大	最小	平均
枣Ⅲ	Z_3^1	17.0	9.2	14.3	41	1	10.79
	Z_3^2	17.5	9.7	13.5	172	2	40
	Z_3^3	19	6.5	13.6	6.2	0.19	1.96

（2）孔喉半径。

根据官 2215、段 44－40、段 35－53 和段 37－51 等取心井 218 块油层岩心的压汞曲线计算出段六拨油田孔喉结构，见表 12、表 13。

表 12　段六拨油田孔隙结构类型

项　目	孔隙结构			
	Ⅰ（中孔中渗型）	Ⅰ（低渗细喉）	Ⅲ（特低渗特细喉）	Ⅳ（微渗微喉）
孔隙度，%	18.98	17.0	14.8	11.92
渗透率，mD	173.57	36.2	4.49	0.60
最大连通孔喉半径，μm	13.03	7.30	3.64	0.897
孔喉中值半径，μm	3.61	0.94	0.43	0.098
主要流动孔喉平均半径，μm	8.13	4.17	1.85	0.467
平均孔喉半径，μm	3.11	1.70	1.36	0.325
难流动孔喉半径，μm	1.72	0.68	0.32	0.06

表 13　段六拨油田油层组孔隙结构

	油层组	枣 0	枣Ⅱ	枣Ⅲ
项目				
岩石物性	孔隙度，%	18.35	13.94	13.59
	渗透率，mD	49.5	13.99	6.5
孔喉半径，μm	最大连通孔喉半径	6.95	4.90	3.93
	孔喉中值半径	0.997	0.71	0.56
	主要流动孔喉平均半径	3.95	2.64	2.13
	平均孔喉半径	1.85	1.74	1.48
	难流动孔喉半径	0.64	0.48	0.39
孔隙结构类型，%	Ⅰ类	12.6		
	Ⅱ类	57.6	26.0	17.0
	Ⅲ类	24.3	54.8	61.8
	Ⅳ类	5.4	16.2	20.6

综合表 11 至表 13 可以看出，段六拨油田三个主力油层的孔隙度和渗透率存在较大的差异，油层内部各小层间也存在很大的差异；段六拨油田的油藏属于低渗、特低渗油

藏，各主力油层的孔隙结构组成也各不相同，枣 0 油组以低渗细喉孔隙为主，存在小部分中孔中渗孔隙，枣Ⅱ油组和枣Ⅲ油组以特低渗、特细喉孔隙为主，存在部分低渗细喉孔隙。

2）现场应用方案

（1）钻井液体系选择。

段六拨油田平均垂深在 3200m 左右，都是生产井，以定向井为主，斜深在 3300～3500m 之间，井底温度在 110～120℃左右，完井钻井液密度为 1.25～1.28g/cm³，少数井高达 1.35～1.40g/cm³。储层存在水敏、盐敏和水锁等潜在损害因素，因此，本地区目的层井段选择硅基防塌钻井液体系。

（2）广谱型屏蔽暂堵保护油层技术。

依据段六拨油田储层特性分析，采用广谱型屏蔽暂堵保护油层技术保护油层，枣 0 油组暂堵剂组成配方为：500 目碳酸钙加量 1%，d_{50} 粒径为 10～12μm；800 目碳酸钙加量 2%，d_{50} 粒径为 5～6μm；1200 目碳酸钙加量 1%，d_{50} 粒径为 3～4μm；枣Ⅱ、枣Ⅲ油组暂堵剂组成配方为：800 目碳酸钙加量 1%，d_{50} 粒径为 5～6μm；1200 目碳酸钙加量 2%，d_{50} 粒径为 3～4μm；可变形粒子选用 FDTY-135，加量为 2%；以 OP-10 为防水锁剂，加量为 0.1%。

（3）现场试验。

在段二区块段 38-53 井进行了现场试验。该井实际完钻井深 3435m，钻进到 1850m 后，在聚合物钻井液的基础上逐渐改为硅基防塌钻井液。在钻进维护时，及时加入硅腐钾、润滑防塌剂等材料，使钻井液具有良好的润滑性能和防塌性能，增强钻井液的润滑防塌能力。在进入油气层前按设计加入了足量的油层保护材料。由于该井有两组油层，在钻进过程中，间断使用离心机减少无用固相，进入下组油层前，及时补充所需的各种架桥粒子和可变形粒子，确保其有效含量，同时辅助少量稀释剂胶液，稳定钻井液性能，达到了保护油气层的目的。

3. 枣 81×1 断块

枣 81×1 断块位于河北省仓县望海寺乡黄官屯以南 1.5km，属于枣园油田风化店构造，含油目的层为孔一段枣Ⅲ油组，油藏埋深 1515～1560m，是 2002 年新探明的断块。枣 81×1 井枣Ⅲ油组试油实测油层温度为 68.0℃，油层原始压力 16.31MPa，枣 12 断块枣Ⅱ、Ⅲ油组油层温度 69.2℃，地层原始压力 17.80MPa，因此，枣 81×1 断块枣Ⅲ油组与枣 12 断块枣Ⅱ、Ⅲ油组是同一套油水系统，具有相同的压力体系。

1）物性及孔隙结构

（1）储层物性。

依据枣 81×1 井录井资料，枣Ⅲ油组为灰褐色油斑细砂岩，成分以石英为主，长石次之。根据枣 81×1 井测井资料统计，该区块平均孔隙度为 25.5%，平均渗透率为 256.5mD。根据其邻近的枣 12 断块测井资料统计，其平均孔隙度为 22.7%，渗透率总平均为 158.1mD，渗透率变异系数 0.62，非均质系数 2.0，纵向上枣Ⅲ油组平均孔隙度 22%，平均渗透率 114.6mD；平面上枣Ⅲ油组孔隙度分布为 19%～23%，渗透率分布为 50～250mD。根据枣 12-13 井枣Ⅱ、Ⅲ油组岩心实测结果表明：其孔隙度分布在 7.98%～31.05%，平均为 24.14%，渗透率分布在 0.32～4164mD，平均为 774.25mD。枣 81×1 断块储层物性见表 14。

表 14　枣 81×1 井油层物性

井段，m	层号	厚度，m	孔隙度，%	渗透率，mD	含油饱和度，%	泥质含量，%
1764.4～1768.2	11	3.8	17.22	77.3	1.55	14.3
1768.2～1770.2		2	23.22	232.1	46.66	8.4
1770.2～1772.2		2	17.7	86.3	2.2	19.4
1772.2～1782.8		10.6	21.94	183.9	30.84	13.7
1784.1～1785.8	12	1.7	21.96	176.2	11.61	22.4
1788.0～1794.0	13	6	23.68	275.2	51.37	13.5
1795.3～1797.1	14	1.8	23.69	246	30.86	11.2
1797.1～1800.4		3.3	22.2	187	24.12	13.3
1804.0～1805.7	15	1.7	22.27	194.2	27.14	8.7
1807.0～1809.2	16	2.2	25.03	312.4	38.74	9.8
1814.8～1816.9	17	2.1	22.66	218.1	45.1	14.4
1818.5～1819.4	18	0.9	16.25	46.6	0	26.8
1820.1～1821.1	19	1	19.99	123.5	0	25.9
1821.6～1824.0	20	2.4	18.36	52.1	1.84	20.2
1824.0～1826.4		2.4	5.45	439.4	43.56	8.5
1829.4～1833.5	21	4.1	25.68	356.7	37.68	13.6
1839.8～1844.2	22	4.4	26.44	427.4	26.33	6.9
1847.5～1849.5	23	2	26.84	466.5	28.25	13.1

（2）孔喉结构。

由于枣 81×1 断块未取心，因此，孔喉结构参照其邻近的枣 12 区块的孔喉结构。依据枣 12-13 井枣Ⅱ、枣Ⅲ油组压汞曲线，枣 12 断块孔隙结构以粗—中喉道为主，其孔喉结构见表 15。

表 15　枣 12-13 井枣Ⅱ、枣Ⅲ油组孔喉结构

井深，m	层位	孔隙度，%	渗透率，mD	孔喉半径，μm			
				$r_{平均}$	r_{50}	$r_{流动50}$	$r_{最大连通孔喉}$
1666.26	枣Ⅱ、Ⅲ	25.25	86.31		0.09	4.81	16.95
1669.6		24.76	16.82			0.53	4.45
1672.99		16.71	317.36	8.94	0.09	10.40	18.79
1680.60		22.28	879.27	13.49	11.05	19.24	25.51
1686.69		23.08	14.14		0.087	0.82	4.22
1687.64		25.35	359.22		1.63	6.51	15.01
1688.44		25.38	131.76			1.12	4.22
1689.67		22.64	29.84		0.041	0.49	7.77

2）现场应用方案

（1）钻井液体系选择。

枣 81×1 断块是新开发区块，所钻井数少，枣 81×1 井的实钻资料表明，该区块在孔

一段地层顶部存在石膏层。枣 12 - 13 井枣Ⅱ、Ⅲ油组资料表明，该油组地层水为氯化钙水型，总矿化度为 26604～36060mg/L，属于强水敏、强盐敏储层，储层潜在的油层损害因素为水敏、盐敏和钻井液固相堵塞。因此，枣 81×1 断块目的层井段钻井液体系选用抑制性钻井液，在体系中增加抑制剂 LXY - 1，以提高体系的抑制性。

（2）广谱型屏蔽暂堵保护油层技术。

根据前述资料分析，本区保护油层采用广谱型屏蔽暂堵保护油层技术，其暂堵剂组成配方为：Ⅰ型碳酸钙加量 1%，d_{50} 粒径为 22μm；Ⅱ型碳酸钙加量 2%，d_{50} 粒径为 12～15μm；Ⅲ型碳酸钙加量 1%，d_{50} 粒径为 7～9μm；Ⅳ型碳酸钙加量 1%，d_{50} 粒径为 6～8μm；可变形粒子选用 FDTY - 80，加量为 2%。

（3）现场应用。

在枣 81×1 区块共试验三口井，分别为枣 81 - 12、枣 81 - 16 和枣 81 - 18，其中枣 81 - 18 井试验无膨润土甲酸盐钻井液体系。油气层保护措施概括为：枣 81×1 区块使用抑制性钻井液，三开进入设计油气层前按设计在抑制性钻井液基础上调整好性能，适当降低黏切，足量加入各种暂堵粒子等油气层保护材料，减小油保材料一次加入对钻井液性能的影响；同时改善泥饼质量，降低滤液、固相等对油气层的损害。充分利用固控设备降低泥浆中的有害固相。现场应用表明，电测及下套管作业均顺利进行，缩短了钻井液对油气层的浸泡时间，有效地保护了油气层。

在枣 81 - 18 井的施工过程中，在钻穿馆陶组后（1485m）起钻，配无土相钻井液。将地面循环罐原钻井液全部排放，清理干净，打入清水，然后边循环边配置甲酸盐钻井液 155m³。然后用新配钻井液一次替完井内原来的钻井液，钻进中用增黏降滤失剂胶液调节钻井液性能，及时补充 PAC141 和甲酸钠，维持其在钻井液中的有效浓度，保证钻井液具有较强的抑制性，控制住造浆。钻井液性能见表 16。

表 16　枣 81 - 18 井钻井液性能表

井深 m	常规性能							流变性能	
	密度 g/cm³	黏度 s	失水 mL	泥饼 mm	含砂 %	pH 值	静切力 Pa/Pa	动切力 Pa	塑性黏度 mPa·s
867	1.13	35	7	0.5	0.3	9	0/0.5	5	10
1170	1.13	38	6	0.5	0.3	9	1.0/2.5	6.5	10
1389	1.13	43	7	0.5	0.5	9	1.0/2.0	7.5	10
1485	1.13	45	7	0.5	0.4	8	1.0/2.0	8	11
1528	1.14	32	8	0.2	0.2	9	0.5/1.0	1.5	6
1687	1.16	35	7.5	0.3	0.2	9	1.0/2.0	3	9

钻进过程中，开启全部固控设备，以控制钻井液密度小于 1.15g/cm³，含砂小于 0.3%，满足发现和保护油气层的需要。进入油气层井段，按配方加入细目碳酸钙，保证其在钻井液中的有效含量。既可保护油气层，又可保证泥浆中有一定的固相含量，有利于在井壁形成一层致密的泥饼。

四、油层保护效果评价

为了检验暂堵剂的封堵效果，我们从现场取回井浆进行跟踪分析，其结果见表 17。化验结果表明：暂堵剂加入后对井浆性能基本无不良影响，并使井浆的高温高压失水和渗透失水更低，加入暂堵剂后平均岩心渗透率恢复值达到 81.64% 以上，达到了保护油层的目的。我们也跟踪了三个试验区块试验井及邻井的试油结果，详见表 18。统计表明：试验井平均产油量较邻井提高了 57.64%，而且稳产周期长，从试油到 2003 年底保持稳产。

表 17　试验井暂堵效果评价实验

井号		密度 g/cm³	黏度 s	失水 mL	pH 值	静切力 Pa	HTHP 失水 mL	渗透失水 mL	渗透率恢复值 %
港 7-33-2	前	1.08	25	5.0	9	0/1.0	12.2	7.4	64.8
	后	1.11	31	4.8	9	3.0/8.5	11.8	6.4	88.9
港 2-22-1	前	1.11	28	5.6	7.5	1.0/4.0	8.5	6.4	50.5
	后	1.15	39	5.0	7.5	2.0/10.5	7.4	4.8	85.3
港 1-24-1	前	1.12	26	5.0	8.5	0.5/1.5	10.5	6.8	61.7
	后	1.14	30	4.5	8.5	2.5/7.5	9.0	5.8	84.3
枣 81-12	前	1.11	25.5	6.5	9	1.5/10	10.0	8.0	70.2
	后	1.12	23.0	6.0	9	1.0/9.0	9.2	6.8	81.8
枣 81-16	前	1.20	31.5	10.0	8	7.5/10.5	14.0	9.0	67.4
	后	1.20	37	9.2	9	6.0/12.5	12.0	7.0	81.3
段 38-52	前	1.25	30	4.6	9	0.5/2.0	15.0	11.0	65.4
	后	1.30	37	3.6	9	2.0/3.5	12.0	8.4	78.6
		1.34	33	4.2	9.5	2.0/2.5	13.4	8.8	71.31

表 18　试验井试油结果统计

序号	井号	射孔井段，m	试油时间	产液量，m³	产油量，m³	含水率，%	备注
1	港 6-73-2	1860~1864.1	2003.1.16	34.5	7.9	77.1	邻井
2	港 2-61-2	1998~2001.4	2003.1.19	32.2	5.5	82.5	邻井
3	港 7-33-1	1518.8~1522.1	2003.1.18	48.7	48.7	0.1	邻井
4	港 7-33-2	1554~1557.1	2003.1.19	40.0	25.0	37.5	试验井
5	港 2-22-1	1431.5~1433.6	2003.1.23	32.0	32.0	0	试验井
6	港 1-24-1	1587.6~1591.9	2003.2.24	38.5	36.4	0	试验井
7	枣 81-12	1535.3~1574.0	2003.6.26	45.0	25.1	44.3	试验井
8	枣 81-16	1561.1~1576.0	2003.7.9	50.5	25.9	68.5	试验井
9	枣 81-18	1601.6~1618.0	2003.7.9	50.5	29.1	42.3	试验井
10	枣 81-14	1506.1~1580.0	2003.6.29	38.9	17.5	64.9	邻井
11	枣 81-10	1531.0~1556.8	2003.6.28	56.6	12.3	78.3	邻井
12	枣 81-22	1551.0~1562.6	2003.6.30	36.7	15.9	56.7	邻井
13	段 38-54	3155.1~3248.0	2003.4.25	29.3	10.7	63.6	邻井
14	段 38-53	2978.5~2998.5	2003.5.5	25.0	13.3	48.5	试验井

五、认识与建议

（1）广谱型屏蔽暂堵保护油气层技术是依据对渗透率贡献率的大小来区别对待不同的孔喉，纠正了传统屏保技术应用中的偏差，平均流动孔吼直径和最大流动孔吼直径的提出使得屏蔽暂堵保护油层技术更科学，尤其适用于渗透性严重不均质的砂岩油藏。

（2）暂堵剂对钻井液性能基本无不良影响，使钻井液体系具有强抑制性，抑制储层中黏土的水化膨胀、分散以及钻屑的水化分散，且对钻井液润滑性能有一定程度改善，减少了事故，缩短了油层浸泡时间。

（3）广谱型屏蔽暂堵保护油气层技术的实施会使钻井液总成本略有增加，主要是增加暂堵剂的成本，但成功实施后会大大减少完井后期作业，降低后期作业成本；同时，暂堵可使油井的初期产量大幅度提高，油井生产过程中增加的产量会很快收回所投入的成本。

（4）广谱型屏蔽暂堵保护油气层技术实施前的基础资料工作非常繁琐，特别是储层物性实验，资料的收集、整理与计算，牵涉众多部门，工作量大，因此，需要各有关部门通力合作，才能把工作落到实处，真正实现保护油气层，达到提高油井产量的目的。

参 考 文 献

［1］徐同台等．广谱屏蔽暂堵保护油气层技术的探讨．钻井液与完井液，2003（2）
［2］樊世忠，鄢捷年等．钻井液完井液及保护油气层技术．北京：石油工业出版社，1994

氯化钾—有机正电胶钻井液在 G81－4 井的应用

陈永浩 李家库 卢淑琴 罗万静 王成立

（冀东油田勘探开发工程监理公司）

摘 要 G81－4 井是冀东油田第一口采用氯化钾—有机正电胶钻井液体系和广谱型屏蔽暂堵技术进行油层保护的试验井。现场应用表明：该钻井液体系具有很好的触变性，携岩能力强，抑制性、防塌和润滑效果好，室内和投产后均表现出很好的油层保护效果。

关键词 氯化钾—有机正电胶钻井液体系 广谱型屏蔽暂堵 触变性 抑制性

一、储 层 特 征

G104－5 区块位于冀东油田高尚堡构造北部高柳断层上升盘的宽缓断鼻构造，地层总体上北倾，倾角 2～3°，含油层系为馆陶组，含油面积 6.2km²，地质储量 1134×10⁴t。G81－4 井位于 G104－5 区块。

1. 储层性质

1）储层特性

G104－5 区块馆陶组储层主要岩性为细砂岩、中砂岩，部分为不等粒砂岩、含砾砂岩、砂砾岩、砾岩等。G104－5 区块馆陶组储层岩心实测有效孔隙度一般在 25%～35%，平均为 32%；渗透率为 12.9～24721mD，平均为 1900mD，属于高孔高渗。根据已投产 92 口井 166 层的统计，并依据测井资料，有效孔隙度一般在 14%～48%，平均为 30.91%；渗透率为 0.1～8956.52mD，平均为 1540.4mD。各层孔隙度、渗透率在横向、纵向、层向、层间不均匀程度高。

表1 G104－5 区块已投产油气层渗透率分布情况（根据测井资料）

K, mD	层数	占总层数,%	K, mD	层数	占总层数,%
0.1～50	11	6.6	1000～2000	38	22.9
50～100	3	1.8	2000～3000	12	7.2
100～500	41	24.7	3000～5000	10	6.0
500～1000	37	22.3	大于5000	14	8.5

2）储层孔喉半径

与渗透率一样 G104－5 区块储层孔喉半径纵横向变化大，最小流动孔喉半径为 1.7μm，最大孔喉半径高达 75μm。$r_{流动50}$ 比 $r_{平均}$ 和 r_{50} 大得多，随渗透率而发生变化情况见表2；$r_{平均}$ 分布在 0.98～16.27μm，r_{50} 变化在 0.33～27.81μm，$r_{流动50}$ 分布在 2.77～34.04μm。渗透率贡献值达 96%～98% 时，$r_{主要流动孔喉50}$ 分布在 2.3～44.1μm。r_{max} 分布在 4.7～75μm。该区块储层小层内孔喉半径亦严重不均质。

表2 G104-5区块渗透率与孔喉半径之间关系

渗透率 mD		$r_{平均}$ μm		r_{50} μm		$r_{流动50}$ μm		$r_{主要流动50}$ μm		r_{max} μm	
范围	平均值	范围	平均值	范围	平均值	范围	平均值	范围	平均值	范围	平均值
45~127	79.89	0.98~2.97	1.8	0.33~3.3	1.58	2.77~8.06	4.73	2.3~9.9	4.64	4.57~13.94	8.66
237~470	364	1.67~3.93	2.41	0.10~5.6	2.31	4.4~7.89	6.71	4.41~8.33	6.71	8.91~13.65	11.66
500~993	767.7	2.5~5.93	3.08	0.16~4.82	3.25	5.55~8.24	6.73	5.77~8.33	7.34	8.87~21.11	11.57
1040~1943	1467.7	3.1~9.253	5.29	3.88~14.04	7.22	6.25~17.04	10.32	7.89~22.06	11.42	10.63~31.41	17.5
2032~2949	2354.6	2.71~6.42	4.75	2.34~9.48	5.9	7.28~11.54	10.05	7.5~12.5	10.88	11.52~20.41	18.4
3011~3789	3299.5	5.46~6.48	5.7	5.56~9.79	7.34	10.71~12.5	11.52	12.06~13.39	12.6	19.19~23.02	20.03
4289~19757	12014	8.87~16.27	13.78	7.50~27.81	19.48	15.31~34.09	27.13	22.72~44.12	33.97	32.91~75	67.98

3）黏土矿物

G104-5区块馆陶组油层中的黏土矿物分为两类：一部分油层中的黏土矿物以蒙皂石或伊/蒙无序间层为主（50%~90%），次之为高岭石（4%~20%），还含有伊利石（4%~11%）和绿泥石（4%~11%）；另一部分油层则以高岭石（33%~53%）和蒙皂石（26%~48%）为主，并含伊利石和绿泥石。从薄片分析结果来看，胶结物中以高岭石为主，分布在粒间与颗粒表面上。

2. 油藏类型及流体性质

1）油藏类型

G104-5区块 N_g 油藏类型为断鼻构造层状和块状油藏，个别油层属岩性油藏。纵向上含油井段约100m；8~12小层为构造层状或岩性油藏，每层具有各自的油水界面，驱动类型以边水驱动为主。

2）地层压力

原始油层压力系数为0.93~0.99，平均为0.97。

3）地层温度

根据投产井测温资料，油层井段温度为60~75℃，平均为65℃，地温梯度为2.9℃/100m。

4）流体性质

（1）原油性质。N_g 油藏原油具有"三高一低"的特点，即原油密度高、黏度高、胶质沥青质含量高和凝固点低。

（2）地层水性质。大部分井地层水为碳酸氢钠型水，总矿化度为854~5434mg/L，平均为1600mg/L。

5）油层的敏感性

G104-5区块馆陶组油层纵、横向严重的不均匀性亦反映在油层敏感性上。该区块3口取心井26块储层岩心所测的各种敏感性数据表明，馆陶组储层速敏变化较大，从无至强，大部分为弱、中等偏弱；临界流速为0.98~12.75m/d，大部分为1~5m/d；储层的水敏性、酸敏感性亦从无至强；水敏性大部分为弱，但从室内评价实验中看出，有的岩样表现为极强的水敏性；酸敏则大部分为弱至中等；润湿性从中性至弱亲水，大部分为中性；馆陶组储层临界矿化度为2500mg/L。

二、油层保护措施

1. 油层损害机理

高尚堡浅层现场取的岩心样品为疏松油砂，无法取得柱形岩心样品进行室内实验评价，室内进行了疏松砂岩油层保护技术实验研究方法的研究。研制了实验用的岩心封固套，研究出了天然油砂人造实验岩心的制备方法及技术要求，从而满足了室内油气层保护评价的需要。

通过储层数据分析和室内实验，认为该区储层属于中等偏弱速敏、强水敏、强盐敏储层，储层的不均质性强。依据该储层为强水敏、强盐敏情况在实际钻井完井过程中，钻井液固相堵塞及滤液引起的水敏、盐敏损害是该储层钻井过程的主要损害因素。因此，在钻井完井过程中，要求钻井液在接触储层的短时间内能够迅速形成渗透率很低的屏蔽暂堵带，阻止固相颗粒侵入储层孔喉，减缓滤液侵入，同时，钻井液滤液也应该有较高的抑制性。但是，由于该储层存在严重的不均质性，传统的屏蔽暂堵技术不可能完全达到这个目的，因此，必须突破传统屏蔽暂堵技术原则，尽量对储层渗透率贡献较大的孔喉实施暂堵保护。

2. 屏蔽暂堵油层保护技术存在的问题

对于河流相沉积的油层，即使是同一区块不同层位的油层，其孔隙度、渗透率在横向、纵向、层内、层间不均匀程度也很高。根据油层平均渗透率而确定一个孔喉直径来选择各种暂堵粒子去封堵不同渗透率的油层，不能有效地在不同渗透率的油层形成屏蔽环，从而有效阻止有害固相和滤液对油层造成伤害，因此，造成了屏蔽暂堵油层保护技术在部分井效果不好的结果。

3. 广谱型屏蔽暂堵油层保护技术

为解决中高渗透率油气层和不均质储层油气层保护所遇到的技术难题，有效地封堵近井眼带的油气层孔吼，应该根据油气层纵向、横向、层内、层间孔吼直径的变化规律，应用多种粒径架桥粒子相匹配的广谱型屏蔽暂堵保护油气层钻井液技术。该技术选用相匹配的多种粒径架桥粒子和多种粒径的充填粒子，有效地封堵不均质油气层流动孔吼，在近井眼形成渗透率接近零的屏蔽暂堵带，阻止钻井液固相和滤液进入油气层，实现减少钻井液对油气层损害的目的。

1）广谱型屏蔽暂堵保护油气层钻井液技术

（1）应用所研究区块目的油气层岩心实测的渗透率与孔吼特性数据，计算出不同的渗透率段下的平均 $d_{流动50}$（或 $d_{主要流动50}$）和 d_{max}。

（2）依据油气层的 $d_{流动50}$ 和 d_{max} 确定多种暂堵粒子的直径。按 $1/2 \sim 2/3$ 倍储层 $d_{流动50}$ 的原则选择架桥粒子 d_{50}，使其在钻井液中的含量大于 4%；按 $1/4$ 倍储层 $d_{流动50}$ 的原则选择充填粒子 d_{50}，其加量大于 1.5%。选择架桥粒子时，必须考虑其 d_{50} 应等于 $1/2 \sim 2/3$ 倍储层 d_{max}。

（3）分析研究油气层渗透率和孔喉直径分布的规律，确定所需各种粒径架桥粒子和填充粒子的比例。

（4）选用沥青类产品作为可变形粒子，加量为 2%，但其软化点应高于油气层井下温度 $10 \sim 50℃$；如地质录井要求低荧光钻井液，则可使作乳化石蜡、树脂、聚合醇等类产品。

2）室内实验检验结果

（1）高温高压动滤失量的实验，要求经过一定时间后的动滤失量增值等于零，该时间尽量短。

（2）广谱型屏蔽暂堵技术对油气层损害程度的评价：气相渗透率为 207mD、孔隙度为 26.4％、油相渗透率为 56mD、钻井液污染后反排渗透率为 49.67mD、渗透率恢复率为 88.7％；被钻井液污染后的岩心切除 1.2cm、反排渗透率为 54.93mD、渗透率恢复率为 98.1％。

4. 油层保护体系的确定

（1）保护油层钻井液基本体系选择。

室内研究改进：评价了常用聚合物钻井液体系，同时还进行了新型有机正电胶钻井液体系的研究。有机正电胶钻井液能形成一种独特的泥饼，不用化学处理就能有效恢复储层渗透性，其恢复渗透率等于甚至超过了常规钻井液。有机正电胶钻井液的屏蔽暂堵实验表明，有机正电胶具有更强的正电性，能被水润湿，具有油溶性，并易于与其他钻井液处理剂配伍，具有更强的页岩抑制性、稳定井壁和油层保护能力。

（2）室内油气层保护评价数据见表3。

表3　室内油气层保护评价数据

钻井液体系	表现黏度 mPa·s	塑性黏度 mPa·s	屈服值 Pa	初/终切 Pa/Pa	中压失水 mL	pH值	固相含量 %	膨润土含量 g/L	含砂量 %	回收率 %（钻井液/清水）	HTHP 失水 mL/温度值（℃）	渗透率恢复值（反排/一次切割）%
聚合物钻井液	17.5	15	2.5	0.5/0.5	4	8.5	7	75	0.3	63.0/3.2	—	51.31/89.5
有机正电胶钻井液	17.5	12	5.5	0.5/11	4.2	8.5	7	71.5	0.3	81.6/11	12/80	38.46/99.6

聚合物钻井液配方：0.2％～0.3％复合金属离子钾＋1％铵盐＋1％有机硅腐植酸钾＋1.5％液体润滑剂＋3％～4％超细碳酸钙＋3％随钻堵漏剂。

有机正电胶钻井液配方：基浆＋0.2％复合金属离子两性＋0.5％铵盐＋0.5％KCl＋2％有机正电胶＋2％有机硅腐植酸钾＋1％磺化酚醛树脂＋1.5％液体润滑剂＋3％～4％超细碳酸钙＋3％随钻堵漏剂。

该钻井液具有理想的超广谱屏蔽暂堵保护油层功能，可以减少固相颗粒的侵入损害，抑制油气层中的黏土水化膨胀；形成的屏蔽暂堵带不仅有利于返排和渗透率恢复，而且具有形成有效封堵的压差小、盐水突破压力高的优点，作为 G104-5 区块最佳的保护油层钻井液。

三、地质、工程概况

1. 地质概况

G81-4 井位于 G104-5 区块西南方向的构造中高部位，钻探目的是落实区块 9～11 小层含油边界，滚动开发 N_g8～11 油层，兼顾评价 N_g12～13 层的含油情况。目的层为馆陶组，地层分层与岩性见表4。

表4 G81-4井地层分层与岩性

层　位	底界垂深，m	压力系数	破裂压力系数	岩 性 描 述
平原组	300	—	—	黏土及散砂
明上段	850	—	1.5	灰、灰褐色泥岩、粉砂岩与浅灰色细砂岩不等厚互层
明下段	1650	—	1.56	上部浅灰色泥岩与粉砂岩互层，下部多见灰黄色、棕红色泥岩、泥质粉砂岩和浅灰色砂岩互层
馆陶组	1950	0.96～0.97	1.78	上部紫红色泥岩与灰白色含砾砂岩互层，下部见数层灰黑色玄武岩，底部为灰白色块状砾岩

2. 工程概况

1）井身结构

一开：ϕ374.6mm×153m + ϕ273.05mm×150m

二开：ϕ215.9mm×2069m + ϕ139.7mm×2066m

2）钻井工作时间

2001年9月6日一开，2001年9月7日二开，2001年9月29日完钻。

(1) 造斜点600m，最大井斜25.46°，方位243°，最大水平位移502m。

(2) 设计斜深2069m，实际斜深1985m；设计垂深1950m，实际垂深1875.20m。

(3) 钻井周期25d 加 19.5h。

四、钻井液工艺技术

在室内实验的基础上，确定G81-4井的钻井液以油层保护为主，确保钻井液的抑制性、防塌润滑性能，保持井壁稳定。基本措施是一开采用膨润土浆施工，二开逐步转化为KCl—有机正电胶钻井液，在进入油层前100m转化成具有广谱型暂堵效果的完井液。钻井液的维护和处理措施如下所述。

1. 一开井段

ϕ374.6mm（0～153m）。

(1) 基浆的配制。清水80m³，依次从混合漏斗加入纯碱0.5t，膨润土粉5t，充分循环后，找入储备罐，充分预水化后使用。

(2) 一开钻井液为膨润土钻井液。一开平原组地层主要是黏土和散砂，钻井过程中及时补充清水和聚合物胶液，使钻井液保持一定的黏度和切力。钻井液密度1.07g/cm³，黏度42s。

2. 二开井段

ϕ215.9mm（153～1985m）。使用氯化钾—有机正电胶钻井液。

(1) 配浆。膨润土粉1.5t + 纯碱0.2t + PMHA-Ⅱ计0.3t + NH₄PAN计1.2t + 有机正电胶1.0t。

(2) 钻井液的处理维护。钻进中，以0.5%NH₄HPAN + 0.2%PMHA-Ⅱ配成胶液，并以细水常流方式补充，每钻进100m加入0.05t的PMHA-Ⅱ和0.1～0.15t的NH₄PAN。控制膨润土含量在55g/L左右，控制上部地层造浆和泥饼的滤失量，保持井壁稳定，为钻井液体系的转型创造条件。

(3) 氯化钾—有机正电胶钻井液体系的转化：

在钻至造斜点之前450m时，以胶液的形式加入0.5t的有机正电胶、0.3t的KCl和磺化酚醛树脂SMP-1。钻至造斜点600m后，为了保证定向钻具顺利下入，短起下钻修整井眼，加入0.5t有机正电胶，提高钻井液的黏度、切力和润滑性能。

(4) 1000m前严格控制钻井液性能，密度1.08～1.10g/cm³，黏度35～50s。钻至900m时，以胶液的形式加入0.7t的KCl。用1%SMP-1、铵盐和2%硅腐钾控制钻井液的滤失量，铵盐和硅腐钾的加入同时具有调整钻井液流型的作用。

(5) 1000m以后，进入造浆地层明下段，在用SMP-1、有机硅腐钾控制滤失量的同时，跟足聚合物胶液，并及时补充有机正电胶的有效含量2.5%，以溶液的方式补充烧碱水，维持钻井液的pH值在7.5～8左右，密度1.10～1.12g/cm³，黏度30～40s。1200m以后开始逐渐加入低荧光磺化沥青DYFT-1，以提高钻井液的防塌润滑性能。

(6) 1600m左右，开动四级固控设备，彻底清除钻井液中的无用固相，因上部进尺快，要处理好钻井液，为加入油层保护材料作好准备。加入3t低荧光磺化沥青DYFT-1、2.5t有机正电胶、3t高效随钻堵漏剂和6t超细碳酸钙。在钻进过程中，大水流跟水，补充聚合物胶液，停开离心机。进油层前50m，为防止玄武岩井壁垮塌，确保油层暂堵压差，用石灰石粉将钻井液密度提至1.17g/cm³，此时钻井液黏度40～60s，钻井液的滤失量4mL，含砂量小于0.3%，初切力2～3Pa，终切力10～20Pa，塑性黏度10～20mPa·s，动切力8～15Pa，固相含量10%，膨润土含量45～55g/L。

(7) 取心钻进过程中，加入液体润滑剂提高钻井液的润滑性，以胶液的形式补充聚合物胶液，控制钻井液的pH值。钻井液的性能指标为：密度1.17g/cm³，钻井液黏度40～50s，滤失量4mL，含砂量小于0.3%，初力1～2Pa，终切力5～15Pa，塑性黏度10～20mPa·s，动切力5～15Pa，固相含量10%，膨润土含量45～55g/L。

(8) 打完进尺后，短起下，修整井眼，循环调整好钻井液，待井眼清洁后，加入2%～3%塑料小球配浆封闭斜井段，起钻测井。全井钻井液性能见表5。

表5 G81-4井分段钻井液性能

| 层位 | 井段 | 常规性能 | | | | 流变性能 | | MBT g/L | 固相含量 % | HTHP 滤失量 mL |
		密度 g/cm³	黏度 s	滤失量 mL	初切/终切 Pa/Pa	塑性黏度 mPa·s	动切力 Pa			
平原组	—	1.07	42	7.0				—	—	—
		1.07	30					—	—	—
明上段	496	1.07	30	7.6	0/0	5	0.5	—	—	—
	702	1.08	30	9.2	0/0	4	0.5	—	—	—
明下段	949	1.08	31	9.4	0.5/0.5	7	4	43	2.5	—
	1084	1.09	31	8.5	0.2/1.5	6	3.5	—	12.5	—
	1130	1.10	32	5.8	0.5/1.5	9	4.5	48	4.0	—
	1274	1.12	34	4.2	0.5/2.5	11	3.0	57	12.0	—
	1325	1.12	35	6.0	0.5/9	12	7	—	12.5	—
	1448	1.11	35	5.6	0.5/12.5	15	6	—	10.0	—
	1578	1.11	33	4.8	0.5/8.5	10	2.5	55	10.0	16.0
	1649	1.12	34	4.8	0.5/8.5	10	3	—	11.0	—

层位	井段	常规性能				流变性能		MBT g/L	固相含量 %	HTHP 滤失量 mL
		密度 g/cm³	黏度 s	滤失量 mL	初切/终切 Pa/Pa	塑性黏度 mPa·s	动切力 Pa			
馆陶组	1698	1.10	40	6.0	1/16	15	15	—		15
	1750	1.12	45	5.8	1.5/18	20	20	53	13.5	
	1848	1.13	50	3.8	2.5/17	18	7.5			11.6
	1930	1.14	45	3.5	1.5/20	20	15			
	1950	1.14	42	3.8	1.5/13.5	16	9			
	1976	1.17	47	2.0	1/5.5	14	5	53	14	9.0

五、试验效果评价

在现场试验中，KCl—有机正电胶钻井液体系具有携岩能力好、抑制性强、润滑防塌效果显著的特点，在全井施工中未出现起钻拔活塞、下钻遇阻等井下复杂情况，钻井液的性能指标达到了安全钻进和油层保护的要求，井眼规则，平均井径扩大率2.7%，在防塌、防卡井眼净化方面达到了油层保护的试验目的。

1. 防塌效果

G81-4井明下段地层易水化膨胀、分散，钻井液黏度和切力难于控制。由于地层造浆严重，使自然密度增长，固相含量升高，通常导致起下钻遇阻划眼；馆陶组玄武岩地层容易发生剥落掉块，井眼扩大，造成测井阻卡情况。在现场取样进行室内泥页岩回收率、泥页岩膨胀实验中，泥页岩在清水中回收率为11%的情况下，其钻井液的回收率均在80%以上，在钻井液中的相对膨胀降低率均大于12%，表现出较强的抑制性和良好的井壁稳定效果。钻井施工中未出现掉块、泥包、缩径等复杂情况。其抑制性评价见表6。

表6　G81-4井现场钻井液抑制性评价

取样井深 m	泥页岩滚动分散实验（80℃/16h）			泥页岩膨胀实验（80℃/16h）		
	清水回收率 %	钻井液回收率 %	回收率提高率 %	清水膨胀量 mm	钻井液膨胀量 mm	相对膨胀降低率 %
1595	11	83.8	662	1.71	1.35	21
1892	11	81.6	642	1.71	1.42	17
1985	11	80.2	629	1.71	1.51	12

2. 防卡效果

氯化钾—有机正电胶钻井液具有良好的润滑防卡效果，该体系中加入2%有机正电胶，配合一定量液体润滑剂使用后，钻井液的摩阻系数为0.14，在取心井段1954.14～1978.27m，加入固体润滑剂塑料小球，取心9筒，井斜角32.11°时，起下钻畅通无阻。进入油层段之前，加入3%的低荧光沥青，改善了泥饼质量，降低了泥饼的滤失量，提高了钻井液体系的润滑防塌性能；钻井施工中短起下钻措施的落实，有效地防止了各种卡钻事故的发生。

3. 井眼净化效果

G81-4井为三段制二开定向井，钻井过程中多次出现增斜、扭方位等情况，增加了井眼净化的难度。氯化钾—有机正电胶钻井液表现出特殊的剪切稀释性能，动塑比在0.5左右，液型指数n值控制在$0.4\sim0.8$范围内，钻井液既满足携砂清洁井眼的作用，又防止了钻头水眼处的钻井液对地层的冲刷。充分利用好四级固控设备，保证了设备的正常运转和清除效果。

4. 油层保护效果

搞好油层保护工作是本口井采用氯化钾—有机正电胶钻井液的根本原因。在钻井施工中，现场取样进行室内评价，切割以后油层段完井液岩心渗透率恢复分别为97%和99%，数据见表7。

表7　G81-4井现场取样油层保护效果评价

取样井深 m	气相渗透率 mD	油相渗透率 mD	损害后渗透率 mD	渗透率恢复值 %	端面切割后	
					渗透率 mD	渗透率恢复值 %
1595	1213.54	2803.77	215.67	7.69	2580.16	92
1895	1221.12	568.47	126.33	22.22	556.78	97
1985	1257.21	1167.81	364.94	31.25	1160.03	99

G81-4井2001年10月23日投产，投产初期的日产量为：产液量20.8t，产油量20.3t；邻井G114-6井酸化两次后，日产液量4.2t，产油量3.0t。

六、结　论

（1）氯化钾—有机正电胶钻井液具有很好抑制防塌能力，井眼质量好，井径平滑规则，油层封固段平均井径扩大率2.73%。

（2）该钻井液具有很好的润滑性能，起下钻和取心施工畅通无阻，电测一次成功，缩短了钻井液对油层的浸泡时间。

（3）室内油层保护评价及投产后的效果表明，氯化钾—有机正电胶钻井液具有很好的油层保护效果。

（4）氯化钾—有机正电胶钻井液具有黏切高，固容量小的特点，施工中用好四级固控设备，泥浆的pH值适宜维持在$9\sim9.5$左右。

（5）广谱型屏蔽暂堵材料的粒级分布很宽，匹配于大、中、小各级孔喉，具有很强的区域针对性。

有机盐聚合醇钻井液在准噶尔盆地南缘地区的应用

张　毅　汪世国　李　行

（新疆石油管理局钻井钻井液技术服务公司）

摘　要　准噶尔盆地南缘地区地质情况异常复杂，特别是安集海河组地层的强水敏泥页岩、超高压地层流体、高地应力、大地层倾角、断层以及上部的巨厚砾石层等引起的井壁失稳，一直制约着该区的勘探开发进度。新疆油田钻井液技术人员在总结该区多年的钻探经验、对南缘地区地质构造情况深入研究和充分认识的基础上，研究开发了有机盐钻井液体系，并在体系中引入聚合醇，经过室内大量实验及现场不断调整、修正，形成了高密度、低固相、强抑制、强封堵、良好流变性及润滑性的有机盐聚合醇钻井液体系。该体系在南缘地区山前构造西 5 井及东湾 1 井成功应用，解决了该区强水敏泥岩的水化膨胀、分散造浆及高密度钻井液密度与流变性之间的矛盾，为钻井施工提供了安全井眼环境，缩短了钻井周期、降低了钻井综合成本。

关键词　有机盐聚合醇钻井液　作用机理　配方　钻井液性能　现场应用

一、地质概况

准噶尔盆地南缘，从西段四棵树凹陷到中段昌吉凹陷至东段阜康断裂，东西长约 450km，南北宽约 50km，面积 18600km² 左右，发育有许多有利于油气聚集的构造，多年来一直是油气勘探寄予厚望的地区。预测石油总资源量为 10.773×10^8 t，天然气总资源量为 5671×10^8 m³。该区主要地质特征为：

（1）整个南缘沉积环境是氧化—半氧化环境，而且气候干旱、堆积速度快、离物源区近及搬运距离短，沉积物以陆相碎屑岩为主，成岩性差，多为泥钙质胶结。

（2）在海西期、燕山期、喜山期南缘山前坳陷经受了一次又一次大的构造运动，形成了深层的滑脱断裂，使背斜之间不是鞍部相连，而是凹陷相接。导致了凹陷构造层位相同而压力系统不同的现象。

（3）地层倾角大。最小为 $9° \sim 15°$，一般在 $18° \sim 25°$，有的构造地层倾角高达 $80° \sim 90°$（独山子背斜独深 1 井岩心及电测资料证实）。

（4）泥岩中不但含少量钙，而且水敏性极强，其中的伊利石、蒙脱石吸水易膨胀、垮塌，造成钻井中大段划眼及频繁的卡钻事故。

（5）地层中有压力系数特高的高压水层及气层存在。如安 4 井的安集海河组地层中就有压力梯度高达 2.45g/cm³ 以上的高压气、水层，而泥岩地层不但具有强不敏性，同时受高压地应力作用和特高压地层流体作用，使井壁极不稳定。

（6）由于黏土矿物中伊利石、蒙脱石、绿泥石、高岭土及芒硝相对含量高，对钻井液增稠快，石膏质含量高，极易污染钻井液。

（7）各个构造中均有 1—3 条主断裂，次生及派生断裂也十分发育，将一个完整的构造切割成若干个小断块，形成不同的压力系统及油气层。如独山子背斜的独深 1 井在塔西河组和沙湾组钻进中只见到 2 层段的显示，而独 1 井相距不足 2km，在该段钻进中见到 8 层段的油气水显示。

（8）南缘构造沉积还有膏盐地层，霍 8A 井钻井中，返出的岩屑中见到结晶程度很好的盐粒。

二、南缘山前构造钻井问题

20 世纪 80 年代以来，在该区的几个构造上共完成探井 15 口，但数口井均因安集海河组地层复杂、频繁发生缩径、垮塌、卡钻等事故和复杂情况而未能完成设计的地质钻探任务。

1. 井身结构难以确定

（1）浅层气难以预测。井浅压力高，气体滑脱上升快，预兆不明显，极易发生井喷，危害很大。

（2）钻井剖面上的压力系统难以预测。各个构造均发育有 1～3 条主断裂，次生及派生断裂也十分发育，将一个完整的构造切割成若干个小断块，形成难以预测、差异大的不同的压力系统。安 4 井在安集海河组钻井液密度使用到了 2.53g/cm³ 还有后效，而离该井不远的安 6 井只用到 2.15～2.35g/cm³ 就可顺利钻进。

（3）地质分层不易界定。安集海河组底界划分难度较大，如西 4 井设计安集海河组井段为 4005～4560m，但在实际钻进中自 3943m 进入安集海河组，钻至 4588m 前都一直不能确定安集海河组是否钻穿，在 4588m 出现溢流，发生黏卡后才确定在 4562m 已钻穿安集海河组。

（4）地应力与地层压力高。在某些构造上，有高压气、水层，其地层压力梯度达 2.00g/cm³ 以上，有些井区甚至高达 2.45g/cm³（安 4 井安集海河组）。而泥岩地层具有强水敏性，同时受高压地应力作用和特高压地层流体作用，加为构造复杂，断层多而且发育，地层受运动挤压而严重破碎，从而使井壁极不稳定，缩径、垮塌等复杂情况非常严重。

2. 机械钻速低

（1）地层可钻性差。15 口井平均机械钻速 1.71m/h。除去平均机械钻速最高的呼 3 井为 8.66m/h（欠平衡钻井）和平均机械钻速最低的安 4 井（恢复钻井后）0.88m/h，其余井平均机械钻速为 1.58m/h。

（2）钻井液密度异常高造成机械钻速下降。独深 1 井 2099～3140m 钻井液密度 2.00～2.50g/cm³，平均机械钻速 0，91m/h。安 4 井四开、五开井段钻井液密度均在 2.40～2.55g/cm³，平均机械钻速 0.88m/h。

（3）大井眼、小井眼机械钻速低。φ660mm、φ445mm 钻头由于钻头直径大，机械钻速低，大井眼井段一般占全井井深一半以上，最终导致全井机械钻速下降。φ149mm 小井眼由于钻头小，承压能力低，下部地层岩石坚硬、钻压小，造成机械钻速低。如安 4 井五开后 φ149m 井眼进尺 462m，纯钻时间 710h，平均机械钻速为 0.65m/h。

（4）地层倾角高达 80°～90°，为保证井身质量，钻压难以加到常规值。钻压小、机械钻速也就难以提高。

三、钻井液技术难题

（1）钻井液抑制性难以满足井壁稳定要求。该区地层黏土矿物含量达 60% 左右，其中安集海河组蒙脱石含量达 70%，沙湾组、塔西河组伊蒙混层含量为 50%～60%，伊蒙混层均为无序混层，且其中蒙脱石含量多达 94%，所以水敏性极强。

（2）地层压力系数高，高压油气水层相容、相互、相近，且难以预测。地应力大，钻井液密度受现有钻井液体系、加重材料等制约，不能继续提高。由安 4 井、独深 1 井钻井过程看，钻井液密度 2.48～2.53g/cm³ 均不能平衡地应力造成的井壁失稳，维持正压差钻井无法实现。

（3）山前构造地层倾角大，井壁易失稳。如独深 1 井地层倾角高达 80°～90°。加上地质破碎带的存在与硬脆性泥页岩层理裂缝发育，在钻井液滤液或地层水浸泡及钻井液液流冲蚀作用下，使井塌加剧，该区井径扩大率最大达 100% 以上。

（4）有些区块上部井段砾石夹层厚，砾石粒径大，钻井中护壁困难，散塌难以控制。

（5）现有钻井液体系及材料难以满足超高密度钻井液需要，维持钻井液具有良好流变性能和造壁性能与保持钻井液具有强抑制性之间存在矛盾。由于地层强水敏，采用高浓度无机盐提高抑制性，但无机盐的存在又给保持钻井液流变性能和造壁性能带来损害。当钻井液密度达 2.40g/cm³ 以上，尤其是达到 2.50g/cm³ 左右，在现有条件下钻井液中的固相容量将近临界，体系抗固相侵蚀能力极低。有少量的固相（钻屑）侵入，钻井液的流变性就急剧变差，在没有有效固控设备情况下，被迫冲放钻井液，造成钻井液变调—冲放—井壁失稳—划眼—增稠，恶性循环。

四、有机盐钻井液室内研究

1. 有机盐的合成

依据溶解理论，研究有机酸盐如甲酸钾、甲酸钠、乙酸钾、柠檬酸钾，酒石酸钾、乙酸铵、柠檬酸铵、酒石酸铵和它们的季铵盐，以及它们的混合物的溶解度与溶液的离子强度、离子活度、离子浓度之间的关系，溶解度与密度之间的关系，确定有机盐的合成配方。经过室内大量实验，合成出满足需要的多组分有机盐 Weigh2、Weigh3。

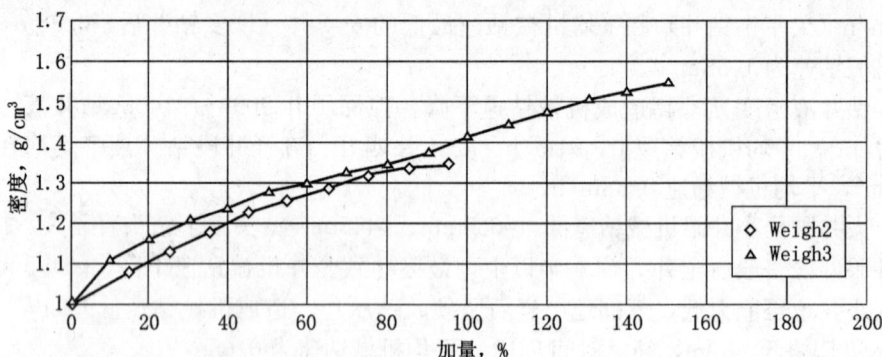

图 1　有机盐水溶性加重剂 Weigh2、Weigh3 加量和密度的关系（20℃）

2. 有机盐水溶液的密度

有机盐水溶液的密度由有机盐的溶解度决定。

3. 有机盐水深液的黏度

Weigh2 和 Weigh3 水溶液的黏度随密度的增加而增加，变化幅度不大。

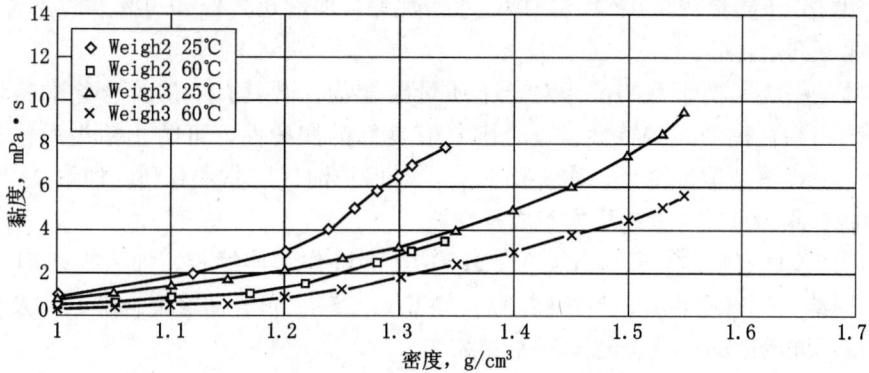

图2 有机盐水溶性加重剂 Weigh2、Weigh3 黏度和密度的关系

4. 有机盐水溶液的结晶温度

Weigh2 和 Weigh3 水溶液的结晶温度很低，在钻井和完井现场作业中，不会出现结晶。

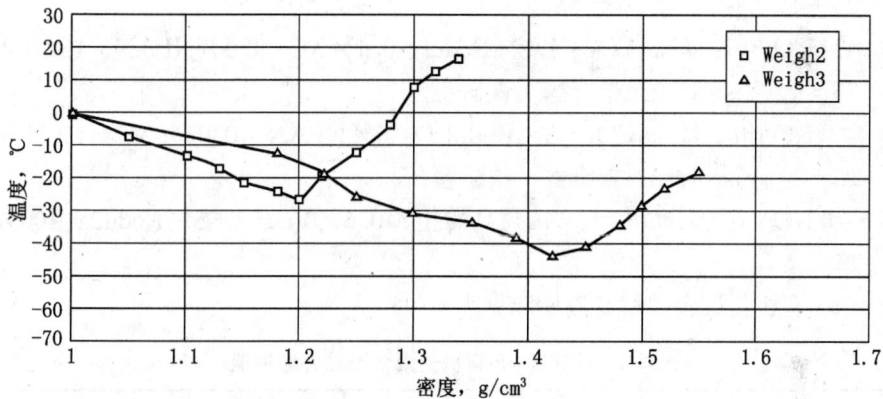

图3 有机盐水溶性加重剂 Weigh2、Weigh3 在不同密度下的结晶温度

5. 配套处理剂

常规处理剂不能满足高浓度有机盐无固相条件下的性能要求，因此开发出与有机盐配套的相关处理剂。

（1）降滤失剂 Redul。

Redul 为线性中小相对分子质量抗盐抗温聚合物，可大幅度降低滤失量。加量 1%～1.5%。

（2）提切剂 Visco1 和 Visco2。

Visco1 是硅酸盐矿物的改性产品。加量为 5%～8%。

Visco2 是含磺酸基的聚合物经微交联合成的高分子化合物，配合 Visco1 形成空间网架结构。加量为 0.1%～0.3%。

（3）封堵防塌剂——无荧光仿沥青 NFA-25。

NFA-25 为油溶性的多元脂肪醇树脂改性而成。既含油溶组分，又含水溶组分、在钻井液中能与水土乳化形成可压缩性泥饼，起到防塌、润滑、降高温高压滤失量的作用；油溶性组分在温度作用下可发生塑性变形封堵页岩微裂缝。加量 2%～3%。

（4）包被剂 IND10。

钻井液用包被抑制剂 IND10 为含磺化乙烯基单体与乙烯基单体共聚而成的线性高分子

聚合物，相对分子质量在 500×10^4 以中。水溶性好，加量 $0.2\% \sim 0.4\%$。

（5）润滑剂聚合醇。

聚合醇是一类非离子型的低相对分子质量聚合物。既具有一般聚合物的特性，又具有非离子表面活性剂的某些特性。聚合醇具有良好的润滑性，可防止钻头泥包和压差卡钻等复杂问题；聚合醇能降低油水界面张力，对保护油气层非常有利。加量 $2\% \sim 4\%$。

6. 有机盐聚合醇钻井液的配方组成及性能

以不同浓度的有机盐（Weigh2、Weigh3）水溶液作为连续相，加入提切剂（Visco1、Visco2）、降滤失剂（Redul）、封堵防塌剂（NFA - 25）、润滑剂（聚合醇）以及惰性加重材料配制成不同密度的有机盐聚合醇钻井液。

经过大量室内实验，优选出 5 套不同密度的有机盐聚合醇钻井液基本配方。

配方 1：$H_2O + 0.3\% Na_2CO_3 + 0.1\% XC + 1\% Redul + 1\% NPAN + 50\% Weigh2 + 75\% Weigh3 + 2\% NFA - 25 + 4\% Viscol + 2\%$ 聚合醇。

配方 2：$H_2O + 0.3\% Na_2CO_3 + 0.1\% XC + 1\% Redul + 1.5\% NPAN + 150\% Weigh3 + 2\% NFA - 25 + 4\% Viscol + 2\%$ 聚合醇。

配方 3：$H_2O + 0.3\% Na_2CO_3 + 1.2\% Redul + 0.1\% XC + 1.5\% NPAN + 150\% Weigh3 + 2\% NFA - 25 + 4\% Viscol + 2\%$ 聚合醇 + 铁矿粉。

配方 4：$H_2O + 0.3\% Na_2CO_3 + 1\% Redul + 0.5\% NPAN + 0.05\% XC + 150\% Weigh3 + 2\% NFA - 25 + 1\% Viscol + 2\%$ 聚合醇 + 铁矿粉。

配方 5：$H_2O + 0.3\% Na_2CO_3 + 10\%$ 高岭土 $+ 0.6\% Visco2 + 5\% Redu2 + 100\% Weigh3 + 2\%$ 聚合醇。

配方 1—5 有机盐聚合醇钻井液性能见表 1。

表 1　配方 1—5 有机盐聚合醇钻井液性能

配方	密度 g/cm³	pH 值	表观黏度 mPa·s	塑性黏度 mPa·s	动切力 Pa	初切/终切 Pa/Pa	中压滤失量 mL	高温高压滤失量 mL
配方 1	1.45	9.0	32.5	25.0	7.5	1.0/3.0	1.5	14.0
配方 2	1.55	9.0	40.0	31.0	9.0	1.0/1.5	0.8	12.0
配方 3	2.46	9.0	118.0	109.0	9.0	2.0/6.0	1.0	18.0
配方 4	2.60	9.0	124.0	109.0	15.0	2.0/5.0	1.0	16.0
配方 5	1.46	9.0	50.5	36.0	14.0	1.0/2.5	0.5	13.0

注：高温高压滤失量的实验条件：150℃，3.5MPa。

7. 有机盐聚合醇钻井液的抑制性

1）抑制机理

（1）较高的电解质浓度。

有机盐聚合醇钻井液的滤液为 Weigh2、Weigh3 的水溶液，电解质浓度较高（约 $5 \times 10^5 \mathrm{mg/L}$），可阻止钻井液中的自由水进入地层。

（2）很低的水活度 $a_水$。

不同种类盐的饱和溶液中的 a 水值见表 2。

表 2　不同种类盐的饱和溶液中的 $a_水$ 值

溶液	纯水	饱和 NaCl	饱和 KCl	饱和 CaCl$_2$	20% 甘油	1%FA367	饱和 甲酸钠	饱和 甲酸钠	饱和 Weigh2	饱和 Weigh3
$a_水$ 值	1.00	0.80	0.70	0.35	0.90	0.85	0.30	0.20	0.15	0.09

由表 2 可知 Weigh2、Weigh3 饱和溶液的 $a_水$ 值极。因此在有机盐钻井液中，井壁、钻屑、黏土颗粒的水化应力 $\tau_{水化}$ 比在其他钻井液中小得多，其结果是在有机盐钻井液中，井壁稳定，钻屑、黏土不分散、不膨胀。

（3）吸附作用及离子交换。

有机盐在水中电离为有机酸根阴离子 $X_m R_n (COO)_1^{q-}$ 与 K^+、Na^+、NH_4^+、$[NH_x R_{4-x}]^+$ 阳离子。

聚合醇是由 $-(CH_2-CH_2O)-(\underset{CH_3}{CH}-CH_2-O)-$ 链节联成的非离子聚合物，端点带有羟基 $-OH$。

黏土颗粒表面带负电，端面带正电。钾离子、铵离子、有机铵离子首先吸附于黏土颗粒表面，然后嵌入黏土晶格中，使黏土晶格结构更加紧密，抑制其表面水化与渗透水化。有机酸根阴离子吸附于粘土颗粒端面上，阻止其水化。聚合醇分子以氢键方式吸附于黏土颗粒表面；烷氧基吸附于黏土颗粒端面。聚合醇的这种吸附作用加强了有机盐对黏土颗粒的抑制。在其浊点以上，吸附物更加疏水亲油，使黏土颗粒避免水化的能力更强。有机盐与聚合醇在钻井液中对黏土颗粒的吸附作用见图 4。

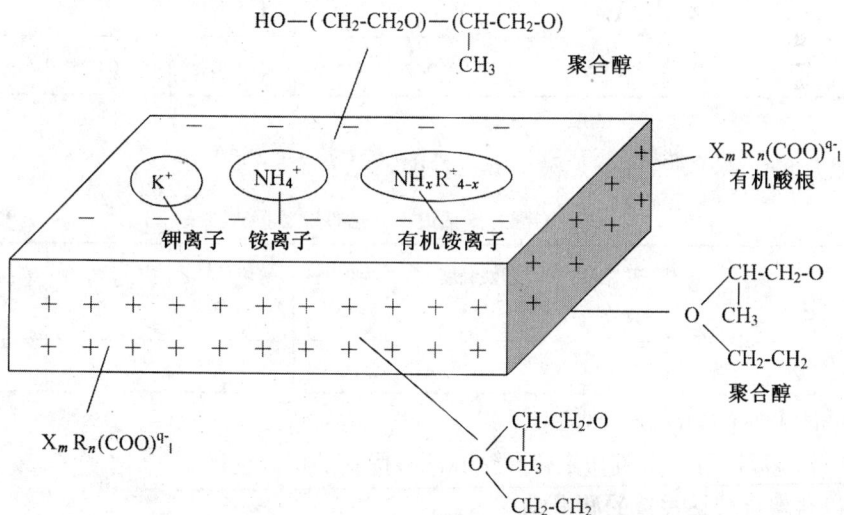

图 4　有机盐与聚合醇对黏土颗粒的吸附作用示意图

（2）抑制性评价

选择表 1 中的配方 1、配方 3、配方 4 分别加入准噶尔盆地南缘西 4 井安集海河组钻屑，120℃热滚 16h 后钻屑回收率数据见表 3。

表 3　钻屑回收率数据

配　　方	钻屑回收率,%
配方 1	95.6
配方 3	98.0
配方 4	97.3

由表 3 可见,有机盐聚合醇钻井液抑制钻屑分散性能很强。

8. 有机盐聚合醇钻井液抗高温性能

1) 有机盐聚合醇钻井液抗高温机理

有机盐水溶性加重剂含有大量的有机酸根 $X_m R_n (COO)_1^{q-}$ 阴离子,该阴离子含有较多的还原性基团,可除掉钻井液中的溶解氧,使其他常规水基钻井液中可降解的处理剂不发生降解反应,有效保护各种处理剂在高温下稳定地发挥作用。

2) 有机盐聚合醇钻井液抗高温性能评价

测定配方 1—4 在 150℃条件下热滚 16h 后性能,见表 4。

表 4　配方 1～配方 4 热滚 16h 后性能数据

配方	密度 g/cm³	pH 值	表观黏度 mPa·s	塑性黏度 mPa·s	动切力 Pa	初切/终切 Pa/Pa	中压滤失量 mL	高温高压滤失量 mL
配方 1	1.45	9.0	35.0	26.0	9.0	1.0/2.5	2.0	16.0
配方 2	1.55	9.0	32.5	25.0	7.5	1.0/1.5	1.2	13.0
配方 3	2.46	9.0	121.0	114.0	7.0	1.5/2.0	0.8	17.0
配方 4	2.60	9.0	96.5	63.0	13.5	1.0/4.5	1.0	18.5

注:高温高压滤失量的实验条件:150℃,3.5MPa。

测定配方 5 在 200℃条件下热滚 16h 后性能,见表 5。

表 5　配方 5 热滚 16h 后性能数据

配方	密度 g/cm³	pH 值	表观黏度 mPa·s	塑性黏度 mPa·s	动切力 Pa	初切/终切 Pa/Pa	中压滤失量 mL	高温高压滤失量 mL
配方 5	1.46	9.0	40.5	21.0	8.0	1.0/1.5	1.0	18.5

注:高温高压滤失量的实验条件:200℃,3.5MPa。

由以上实验数据可知有机盐聚合醇钻井液有优良的抗温性能。

9. 有机盐聚合醇钻井液的润滑性

1) 有机盐聚合醇钻井液的润滑机理

(1) 聚合醇为非离子型低分子聚合物,具有"浊点"效应。通过聚合醇对黏土吸附特性的研究表明,随温度升高,吸附量增加,当温度超过其浊点温度时,聚合醇发生相分离作用,在黏土表面形成一层憎水的油膜,利于防塌、润滑。

(2) 大量的有机酸根具有很强的表面活性,能吸附在金属或黏土表面,形成润滑膜。

(3) 体系低固相含量能有效地降低摩阻系数。

2）有机盐聚合醇钻井液的润滑性能评价

用极压润滑仪测定了常规聚磺钻井液体系、油基钻井液体系和配方2有机盐聚合醇钻井液体系的润滑系数，结果见表6。

表6　不同钻井液体系的润滑系数

钻井液体系	密度，g/cm³	摩阻系数
聚磺钻井液	1.55	0.22
油基钻井液	1.55	0.05
有机盐聚合醇钻井液	1.55	0.13

由表6可见，有机盐聚合醇钻井液的润滑性能较好。

10. 有机盐聚合醇钻井液的抗污染性能评价

选择表1中配方1、配方3、配方4分别加入污染物，进行抗污染性能试验。试验数据见表7。

表7　有机盐聚合醇钻井液抗污染性能

配方	污染物	密度 g/cm³	pH值	表观黏度 mPa·s	塑性黏度 mPa·s	动切力 Pa	初切/终切 Pa/Pa	中压滤失量 mL	高温高压滤失量 mL
配方1	5%夏子街土	1.45	9.0	34.0	26.0	8.0	1.0/3.0	1.0	15.0
	4%NaCl	1.45	9.0	32.0	25.0	7.0	1.0/2.0	1.5	16.0
	1%CaSO₄	1.45	9.0	31.0	25.0	6.0	1.0/2.5	1.0	14.0
配方3	5%夏子街土	2.46	9.0	122.0	110.0	12.0	2.0/6.0	0.6	17.0
	4%NaCl	2.46	9.0	120.0	111.0	9.0	2.0/5.0	1.0	16.5
	1%CaSO₄	2.46	9.0	120.0	109.0	11.0	2.0/3.0	1.0	17.0
配方4	5%夏子街土	2.60	9.0	130.0	116.0	14.0	1.5/2.5	0.5	15.0
	4%NaCl	2.60	9.0	128.0	112.0	16.0	1.0/2.0	0.5	15.0
	1%CaSO₄	2.60	9.0	121.0	111.0	10.0	2.0/4.0	0.6	14.5

试验条件：150℃，热滚16h。

由上表可见有机盐聚合醇钻井液有良好的抗污染性能。

11. 有机盐聚合醇钻井完井液保护油气层性能

1）有机盐聚合醇钻井完井液保护油气层机理

（1）有机盐聚合醇的滤液可抑制油气层中黏土的水化膨胀；有机盐与聚合醇相对分子质量小，分子链在微米级以下，不会堵塞储层孔喉，因此可有效保护油气层。

（2）有机酸根为阴离子表面活性剂，聚合醇为非离子表面活性剂，且二者浓度都很高，在滤液中形成阴离子表面活性剂—非离子表面活性剂复合胶束，使油气界面张力比含任何单一组分滤液的界面张力要低得多，从而大大降低滤液对油气层的水锁效应，提高油气采收率。

2）有机盐聚合醇钻井液保护油气层性能评价

岩心渗透率恢复值试验数据见表8。

表8 岩心渗透率恢复值

配方	岩心长度	岩心直径 mm	污染前压力 MPa	污染后压力 MPa	K_0 mD	K_d mD	渗透率恢复值 %
配方1	2.864	2.488	0.055	0.056	32.15	30.58	95.12
配方3	2.938	2.484	0.08	0.094	23.78	21.93	92.22

岩心：西4井3920~3930m井段，砂岩。

五、应 用 效 果

西5井是位于准噶尔盆地北天山山前凹陷四棵树凹陷西湖背斜上的一口重点预探井，东湾1井位于准噶尔盆地中央凹陷南缘山前断褶带东湾背斜，也是南缘地区的一口重点预探井。两口井施工难度较大，地层压力系数达2.00以上，属超高压力系统。地层岩性矿物组成一部分以蒙脱石为主，蒙脱石含量达65%，易水化膨胀；一部分为伊/蒙混层，混层中蒙脱石含量最高达94%，极易龟裂散塌。

西5井三开井段使用有机盐聚合醇钻井液施工。井段为3925~5200m，地层为安集海河组、紫泥泉子组和东沟组。

东湾1井三开、四开井段使用有机盐聚合醇钻井液体系施工。井段2000~5419m，地层为独山子组、塔西河组、沙湾组、安集海河组、紫泥泉子组和东沟组。

施工重点主要是强化钻井液封堵造壁性、防透性，提高钻井液的液相黏度，防止塔西河组硬脆性泥岩地层的散塌，确保井壁稳定；严格控制滤失量，防止沙湾组渗透性好的地层形成虚假泥饼；充分利用有机盐的强抑制性，聚合醇的"浊点效应"，沥青类的防塌作用，防止安集海河组地层泥岩造浆、缩径、垮塌，满足了钻井施工需要。西5井三开及东湾1井三开、四开井段钻井液性能数据见表9、表10。

表9 西5井三开段钻井液性能

井段 m	密度 g/cm³	FV s	塑性黏度 mPa·s	动切力 Pa	初切/终切 Pa/Pa	中压滤失量 mL	摩阻系数	高温高压滤失量 mL
3925~5200	1.80~2.18	50~180	55~123	4.0~33.0	1.0~9.0/2.0~26	1.0~1.4	4~5.5	6.0~7.2

表10 东湾1井三开、四开钻井液性能数据

井段 m	密度 g/cm³	FV s	塑性黏度 mPa·s	动切力 Pa	初切/终切 Pa/Pa	中压滤失量 mL	高温高压滤失量 mL	摩阻系数
2000~4405.33	1.23~1.92	94~196	47~115	8~28	1.5~4.5/1.5~10.5	1.8~1.0	4.4~1.0	4~5
4405.33~5419	1.73~1.82	86~162	90~122	15~32	1.5~4.0/7~18	1.2~1.8	4.4~1.0	4~5

西5井三开有机盐聚合醇钻井液体系最高使用密度2.15g/cm³，东湾1井有机盐聚合醇钻井液最高使用密度为1.92g/cm³，有机盐无固相基浆密度达到1.42~1.45g/cm³，相对其他钻井液体系，固相含量降低13.0%~14.0%（体积比），流变性很好。有机盐作为加重抑

制剂，抑制性极强，有效抑制了安集海河组地层造浆。有机盐聚合醇钻井液体系为西5井及东湾1井的优质快速钻井提供了安全井眼环境。

由于有机盐中还原性阴离子可除掉钻井液中的溶解氧，保护处理剂，并可保护金属钻具不受腐蚀，使得钻井液抗温性能良好，西5井及东湾1井井底温度为120℃，钻井液表现出各种性能和高温稳定性。

由于钻井液固相含量低，亚微米固相含量更低，与南缘使用其他钻井液的井相比，机械钻速大幅度提高。

使用有机盐聚合醇体系完井的西5井、东湾1井与南缘地区使用其他体系完井的山前构造井各项技术指标对比见表11。

表11　技术指标对比

序号	井号	完钻井深 m	完钻层位	钻机月速 m/（台月）	机械钻速 m/h	复杂时率 ％	备注
1	独南1	4257	安集海	289	1.13	8.24	
2	安4	3410	紫泥泉子	214	1.62	32.13	
3	呼2	4634	东沟组	247	1.23	7.12	
4	西4	4588	安集海	261	1.22	10.85	
5	独深1	3135	安集海	175	1.22	11.58	
6	西5	5200	东沟组	560.95	2.87	9.45	复杂时率中二开钾钙基施工井段为8.17％，三开有机盐施工井段为1.28％
7	东湾1	5419	东沟组	616.5	2.22	3.92	

西5井及东湾1井使用有机盐聚合醇钻井液施工井段井壁稳定、井径规则。西5井施工井段平均井径扩大率2.21％，东湾1井施工井段平均井径扩大率1.85％，测井数次均一次成功。表现出有机盐聚合醇钻井液在高难度复杂井施工中的优势和良好的使用前景。

六、结　　论

（1）有机盐聚合醇钻井液密度达到1.55g/cm³时，不加惰性加重剂（基本固相）；密度在1.55g/cm³以上时，用惰性加重剂加重，其流变性很好、滤失量较低。

（2）对泥页岩地层的抑制能力非常强，钻进中井壁稳定，井眼规则，井径扩大率较小。

（3）体系中亚微米粒子含量非常低，可降低钻头的研磨效应，提高机械钻速，延长钻头寿命。亚微米粒子含量低，体系将具有较高的固相容量限。

（4）有机盐钻井液体系由于固相含量低、矿化度高，对储层不会产生堵塞污染。根据活度平衡理论，当钻井液矿化度大于地层水矿化度时，井眼系统不会向地层失水。体系中不含高价离子，不会与地层水中组分生成沉淀。因此，可实现对储集层的有效保护。

（5）有机盐中还原性阴离子可除掉钻井液中的溶解氧，可保护处理剂，使得钻井液抗温性能良好，室内试验最高抗温达200℃，西5井井底温度为120℃时，钻井液性能的高温稳定性非常好。

（6）有机盐钻井液体系配合聚合醇使用，体系的抑制能力与井眼净化效果更好。

（7）该体系用于超高密度井段钻井，可以大幅度降低钻井液冲放量，减少维护处理钻井液的时间，有利于降低钻井液成本与钻井工程综合成本。

参 考 文 献

［1］Carney11. Investigation of High Temperature Fluid Loss Control Agents in Geothermal Drilling Fluids. SPE 10736，1989
［2］Hille M. Vinylamide Co - polymers in Drilling Fluids for Deep，High Temperature Well. SPE 13558，1992
［3］Hilscher LW. High Temperature Drilling Fluid for Geothermal and Deep Sensitive Formation. SPE 10737，1989
［4］Clements WR. Electrolyte - tolerant Polymers for High Temperature Drilling Fluids. SPE 13614，1992
［5］徐同台等. 钻井工程井壁稳定新技术. 北京：石油工业出版社，1999
［6］向兴金等. 聚合醇类防塌水基钻井液体系的研究及其应用. 江汉石油学院学报，1996，18（4）72~75

HPAN－CMC－ABSN 混油钻井液在定向井中的应用

徐同台　　尤万成　　史余生

（原大港石油管理局第一勘探指挥部）

摘　要　本文介绍了 HPAN－CMC－ABSN 混油钻井液的机理，处理方法及在大港油田的应用情况。6 个井队 70 多口井的应用表明，该钻井液体系效果良好。

关键词　定向井　HPAN　ABSN　混油钻井液

大港油田 1973 年 10 月开始钻定向井。由于井斜大，方位变化大，裸眼井段长，钻井过程经常发生黏卡事故。到 1978 年共钻定向井 15 口，发生黏卡事故 63 次，键槽卡钻 4 次，卡套管 2 次，卡电缆 2 次，报废井两口，损失时间 6200h，严重影响定向井的安全快速钻井。为了消除定向井泥饼黏附卡钻，电测遇阻，确保安全快速钻进，提出用 HPAN 混油钻井液钻定向井，并摸索了一套适用于大港地区钻定向井的钻井液参数指标，大大减少了黏卡事故。

一、概　　况

大港地区定向井大多在海边、卤池和水泡边，钻井用水矿化度高达 $(3\sim5)\times10^4$ mg/L。钙镁总量高至 1000mg/L 以上，大量可溶性盐类可使钻井液性能变坏。以往对这种高矿化度钻井液均采用铁铬盐（FCLS）作稀释剂，CMC 作降失水剂。但是由于该地区地层易塌，经常发生井下复杂情况。用此种钻井液钻定向井，即使混入 10%～20% 的原油并加入表面活性剂，黏卡事故仍有发生，钻具在井中不敢停留，连接单根均必须转动转盘。为了彻底扭转打定向井的被动局面，试验了 HPAN 混油，收到较好效果。1980 年逐步推广至全部钻定向井的 6 个井队，取得明显效果。

二、HPAN－CMC－十二烷基苯磺酸三已醇胺（ABSN）混油钻井液机理

HPAN 实际是带丙烯酸钠、丙烯酰胺和丙烯腈的高聚物，钻井液中酰胺基的氢原子与黏土表面氧原子形成氢键，而羧钠基是水化基团，具有很强的水化能力，在黏土颗粒表面上形成吸附水化层，并起高分子保护作用。若钻井液中加入足够的 HPAN，既起稀释作用，又起降失水作用。加入 ABSN 和混入 5%～10% 原油可以起到降低摩阻的作用。另外原油中的沥青质又可以起到防塌作用。

综上所述，在海水、卤水钻井液中可以不用 FCLS 作稀释剂，而采用 HPAN、CMC 和 ABSN 联合处理钻井液，获得的钻井液流动性好、滤失量低、泥饼薄、固相和含砂量都低，摩擦系数也低，适应了钻定向井的需要。

三、HPAN‑CMC‑ABSN 混油钻井液的处理方法

二次开钻采用清水钻开水泥塞，然后替入钻井液，加入 0.2%～0.3% 的 Na_2CO_3，2%～3% 的 HPAN（浓度 10%），0.2%～0.3%CMC，转化成 HPAN 钻井液，使达到密度 1.15g/cm^3，滤失量小于 5mL，切力 0/（1～2）Pa，含砂量小于 0.5%，然后二次开钻。钻井过程中边加水边加 HPAN，保持钻井液中一定 HPAN 含量，定期加入 CMC，钻至后期控制加水量，靠地层造浆让黏度升高 5s 左右，钻油层前 50m 加重晶石，提高钻井液相对密度达到设计要求。

三次开钻钻水泥塞前，往钻井液中加入纯碱 0.2%～0.3%，钻完水泥塞后补充少量 HPAN 与 CMC，使其性能达到要求。

钻进中从 500m 开始混入 5%～10% 原油，0.1%～0.2% ABSN，以后每钻进 300～400m，补充 6m^3 原油，180kg ABSN 直至完钻。

处理维护中应注意下述问题。

（1）钻井液要有适宜的 HPAN 含量，它可以用钻井液的 pH 来判断，2000m 前 pH 控制在 8～9.5，2000m 后，pH 控制在 7～8 为宜。

（2）钻进中每 100m，采用咸水加 0.05%～0.1%CMC、淡水加 0.02%～0.03%CMC，但在高矿化度钻井液中，CMC 宜在钻头工作初、中期加入。

（3）在高矿化度水中，Ca^{2+}、Mg^{2+}，在 1000mg/L 以上时，可加入 0.1%～0.2% 烧碱水（42%），在淡水钻井液中不能单独加入烧碱水。

（4）原油与 ABSN 必须定期同时加入，混油时从混合漏斗加入或用泵直接泵入，以提高乳化效果。钻上部地层宜用凝固点低于 20℃ 的原油，井深后可用凝固点高的原油。

（5）黏土控制在 8% 以下，能较好地接受 HPAN 处理，当固相高时，要想转化必须补充水，然后加 HPAN。

（6）必须配备良好的净化系统及设备。

四、HPAN‑CMC‑ABSN 混油钻井液性能

据几年来钻定向井的实践，大港地区钻井液性能应控制在表 1 所列范围之内。

表 1　大港地区钻井液性能范围

井段	密度，g/cm^3	黏度，s	滤失量，mL	泥饼，mm	初切力，Pa	终切力，Pa	pH 值	泥饼摩擦系数	含砂，%
二开至下技术套管	1.10～1.12	28～32	<5	<1	0	1～2	8～9.5	0.03～0.06	0.5
电测	1.10～1.12	30～35	<5	<1	0/1	2～3	8～9.5	—	—
下技术套管前	1.10～1.12	28～32	<5	<1	0/1	2～3	8～9.5	—	—
三开至东营组	1.10～1.12	25～30	<5	<1	0	1～2	8～9.5	—	—
沙河街组至完钻	按地质设计	35～40	<5	<1	0	1.5～3	7～8	—	—
完钻电测	1.10～1.12	40～45	<5	<1	0～1	2～3.5	7～8	—	—
下套管前	1.10～1.12	30～35	<5	<1	0/1	1.5～3	7～8	—	—

采用 HPAN、混油钻井液，钻井液性能稳定，全井钻井液黏度变化幅度在 10s 以内。切力可控制在 1～3Pa，滤失量小于 5mL，泥饼 0.5mm，5min 的摩擦系数 0～0.016，30min 摩擦系数 0.03～0.06，含砂量 0.1%～0.3%，可以基本上满足定向井的要求。

扳南 3-1 井最大井斜角 24°10′，全井没发生任何事故。全井共电测 13 次，仅在 12¼in 井眼中电测遇阻一次，其成功率为 92.3%。此井钻井液性能见表 2。

表 2　扳南 3-1 井钻井液性能

井深 m	密度 g/cm³	黏度 s	滤失量 mL	泥饼 mm	含砂量 %	初切力 Pa	终切力 Pa	pH 值	塑性黏度 mPa·s	动切力 Pa	流型指数	稠度系数	z	30min 摩擦系数
970	1.14	31	8	1	1	0	2	10	12	4.2	0.639	2	837	0.090
1406	1.20	34	3	0.5	0.2	0	1.8	8.5	18	7.5	0.672	3.305	429	0.048
1517	1.18	41	4	—	0.3	0	2	8	13.5	4.8	0.666	1.605	12860	0.030
1956	1.20	33	2		0.1	0			26.5	6.5	0.740	1.955	816	0.030
2235	1.18	33	3	—		0	2.5	8	20.5	8.5	0.629	3.70	1013	0.060
2326	1.24	41	2		0.2	0	2.5	8	22	7.5	0.672	2.80	731	0.076
2651	1.25	35	3			0	2	8	17	5.5	0.684	1.965	1037	0.052
2722	1.28	34	2			0	1.4	7	25	5.0	0.777	0.375	1003	0.033
2810	1.31	43	2			0	1.8	7.5	33	11.5	0.666	4.345	534	0.08

从表 2 可见 HPAN-CMC-ABSN 混油钻井液具有良好的流变性及较低的泥饼摩擦系数。

五、使 用 效 果

HPAN-CMC-ABSN 混油钻井液已在 6 个井队 70 口井中使用，收到较好效果。

(1) 减少了定向井钻井液的黏卡事故。1973—1978 年共钻定向井 15 口（井斜角大于 20°，最大 36°）。钻具在井下静止 0.5～2h，不黏卡，事故率大大降低。

(2) HPAN-CMC-ABSN 混油钻井液滤失量低，泥饼薄，渗透率低，性能稳定，黏切变化幅度小，含砂量低，摩擦系数小。

(3) 提高了电测成功率，电测前钻井液不作大变动，电测成功率达 85% 以上。

(4) 沉砂效果好，钻井液含砂量低（小于 0.05%），固相含量低，卤水自造浆可控制在 1.15g/cm³ 左右。

(5) 能抑制沙河街组泥岩坍塌。井径扩大率小于 15%，起下钻通畅。

(6) 处理维护方法简单，性能稳定。

SR301 粉状解卡剂在泉 371 井的应用

王文英[1]　陈星元[2]

（1. 华北石油管理局钻井工艺研究院；2. 华北石油管理局钻井四公司）

摘　要　本文介绍了 SR301 粉状解卡剂在泉 371 井的应用情况。实际应用表明该解卡剂具有密度可调，解卡几率高，现场配制简单和可重复使用等特点。

关键词　SR301 粉状解卡剂　泉 371 井

压差卡钻是钻井事故中最常见的一种事故。华北油田 1979 年发生黏卡 109 次，1980 年以来，由于加强了泥浆技术管理工作，黏卡事故比 1979 年有所减少，但 1980 年仍有 30 次。黏卡发生后，采用油浴解卡比较有效，但油浴解卡局限性大，有些井 3 次泡油均不能解卡，只好采用套铣倒扣处理，损失较大。有些井根本不允许采用油浴解卡方法，比如，油气水比较活跃的高压井，裸眼有严重泥页岩坍塌的井，疏松地层裸露的井和卡点高、卡钻井段长的井等均难以采用油浴解卡，因为油品密度、低液柱压力不能平衡地层压力，易发生井喷、井塌或导致事故恶化，加剧了井下复杂情况。再比如，泥浆密度高的井、超深井，因油品与钻井液密度差大，一者施工泵压过高，增加了施工的困难，二者因重力分离油上移，钻井液下沉，结果卡点不易泡上，为了保证卡点被油浸泡，就要使钻杆内油面高于被卡井段以上且不断顶替油品，则油品消耗量大。为了解决以上问题，研制了 SR301 粉状解卡剂，SR301 粉状解卡剂是由沥青、石灰粉、表面活性剂等经特殊加工工艺制成的，外观为黑色流动粉末，为袋装产品。使用时与柴油、水混合配制成解卡液。1982 年 7 月 7 日在泉 371 井应用了 SR301 粉状解卡剂并获得成功。

一、泉 371 井的基本情况

1. 井身结构

$15\frac{3}{4}$in3A×128m + $10\frac{3}{4}$in 表套×126.39m + $8\frac{1}{2}$in3A×2846.23m

2. 卡钻时钻井液性能

钻井液密度 1.30g/cm³，漏斗黏度 81s，API 滤失量为 3.5mL，初切为 1.0Pa，终切 2.7Pa，含砂量为 0.5%，pH 为 8，15min 黏附系数为 0.24。

3. 被卡钻具结构

$8\frac{1}{2}$inJ－4×0.25m + 430mm×410mm×0.51m + $6\frac{1}{4}$inDC×132.64m + 5inDP ×2710.46m + 411mm×520mm×0.5m + $5\frac{1}{4}$inKL×0.70m

二、技　术　难　点

（1）泉 371 井系柳泉构造北部的找气探井，在 2134～2547m 先后发现 5 个油气层，油气活跃，以气为主，且处于卡点上下，注油浸泡有可能诱发井喷。

（2）裸眼井段和被卡井段均较长，裸眼段长达 2719.84m，被卡钻具长达 622.07m。该井地层松软，易塌。且在 2179.23～2323.37m 有一条长 143.64m 老眼留下的落鱼，大段注油浸泡有泡塌地层、落鱼重新脱出的危险。

（3）泥浆密度高、钻头水眼小（$\phi 11.2$mm），双水眼，单泵循环泵压 15MPa。计算注原油泵压达 20MPa 以上，施工困难。若降低施工泵压，势必要降低排量，降低了排量又不能保证返速，可能造成窜槽，达不到油浴的目的。

三、现场应用

1. 卡钻经过及原因分析

泉 371 井于 1982 年 4 月 4 日开钻，6 月 29 日钻至井深 2846.23m 时，接单根后下放钻具距井底 1.16m 突然遇阻，转动转盘憋钻倒车严重，上提遇卡。原悬重 76t，提至 90t 无效，又以 50～100t 多次活动无效，测算卡点在 730m 左右。当时叛断为掉块卡钻，经强行活动后，卡点由 730m 下移至 2223m，硬卡解除。但下部钻具已历时 6h 未活动，造成黏卡。

2. 现场配制情况

设备：40m³ 罐一个，15m³ 罐一个，T148 水泥车 2 台。

配制用料：按配方计算出配制 40m³、密度为 1.30g/cm³ 的解卡液需 9.68t SR301 解卡剂、23.2m³ 柴油、5.8m³ 水和 18t 重晶石。

配制方法：先将柴油放入 40m³ 罐中，用 T148 水泥车与 15m³ 罐建立循环，边循环便通过混合漏斗加入 SR301 解卡剂及水，循环 2h 后，解卡液密度 0.92g/cm³，塑性黏度 57mPa·s，表观黏度 66mPa·s，动切力 9.0Pa，破乳电压为 712v。继续循环，边循环边加入重晶石，加完后再循环 2h。加重后解卡液密度为 1.30g/cm³，塑性黏度 70mPa·s，表观黏度 80mPa·s，动切力 10.0Pa，破乳电压为 880v。注解卡液前钻井液密度 1.27g/cm³，漏斗黏度 44s，表观黏度为 25mPa·s，塑性黏度 16mPa·s，动切力 9.0Pa，API 滤失量 6mL，含砂量 0.6%，初切 1.7Pa，终切 2.3Pa，pH 值为 11。

现场施工：7 月 7 日 16:04～16:07 注前置液原油 2.5m³，泵压 10MPa，16:09～16:42 注解卡液 34m³，泵压 11.5～20MPa，16:42～16:46 注后置液原油 2m³，泵压 10MPa，16:48～17:07 替钻井液 18.5m³，泵压 11.5MPa。预计浸泡井段为 2845～1873m，管内留解卡液 5m³，浸泡时每 4h 顶替一次，每次顶替 0.2m³，每小时以 0～1200kN 活动 6 次。顶替时泵压正常，均为 8MPa，回压 1.5MPa，返出钻井液正常。7 月 8 日凌晨 4:40 活动钻具时，发现悬重回升，下放钻具解卡。共浸泡 11h 又 33min。4:50 替出解卡液，解卡液性能良好，无沉淀、无窜槽、无垮塌物返出。返出解卡液 34℃ 时密度 1.30g/cm³，破乳电压 100V，塑性黏度 95mPa·s，表观黏度 105.6mPa·s，动切力 11.5Pa。

四、解卡机理分析

返出解卡液破乳电压降低很多。分析入井前后解卡液的含水量、固相含量、膨润土含量，入井前解卡液含水 17.5%，固相含量 545g/cm³，膨润土含量 3.68g/cm³；返出解卡液含水 35%，固相含量 560g/cm³，膨润土含量 14.78g/cm³。从以上分析中可以看出解卡液有一定分解水基钻井液泥饼的能力，能从泥饼中夺取水分，致使泥饼脱水产生裂纹，从而传递了液柱压力，使钻柱解卡。解卡液之所以有这样的能力是由于 SR301 粉状解卡剂的主、辅乳化剂有较强的乳化水的能力以及加入的高效渗透剂所致。

五、结　论

泉 371 井的使用表明，SR301 粉状解卡剂有如下特点。

（1）密度可调。由于解卡液密度可接近钻井液密度，注入后液面不上移，可大大减少注入量，可保证排量和返速，施工泵压低。浸泡中不受时间和井下复杂情况的限制，解卡几率高。

（2）SR301 粉状解卡剂具有高效解卡的特点。

①由于加入了高效渗透剂，解卡液有很强的渗透作用和润湿作用，能渗到钻具与井壁泥饼之间，传递压力使之解卡。

②解卡液是一种非常稳定的油包水乳状液，有很强的乳化水的能力，能夺取泥饼中水分，使泥饼产生裂纹，从而传递压力，使钻具解卡。

③外相为油，润滑性好，降低了泥饼黏附系数，有利于解卡。

（3）现场配制简单。卡钻后，将 SR301 与柴油、水混合搅拌即可。由于是袋装产品，可存放井场，一旦卡钻能尽快打入井内，增加解卡几率。

（4）可回收重复使用。解卡液回收后，可根据测定的含水量补充柴油、SR301 解卡剂的量，搅拌均匀即可再使用。

三磺钻井液在四川的应用

（四川石油管理局钻采工艺研究所）

摘　要　为适应我国钻深井的需要，四川石油管理局、西南石油学院以及其他一些单位协作，研制出了抗高温淡水钻井液稀释剂和失水控制剂——磺甲基褐煤（SMC）、抗高温稀释剂——磺甲基单宁（SMT）、磺甲基栲胶（SMK）和抗高温抗盐降失水剂——磺甲基酚醛树脂（SMP）。这在我国深井抗高温水基钻井液处理剂方面构成了一个比较完整的系列。

关键词　三磺钻井液　耐热稳定　抗盐　防塌　防黏卡

一、概　况

所谓三磺钻井液，就是利用磺甲基褐煤，磺甲基单宁或磺甲基栲胶，磺甲基酚醛树脂这3种处理剂配制的钻井液。

三磺钻井液于1975年首先在川南阳深1井试用，紧接着在我国第一口6000m深井——女基井的5251m至6011m井段和第一口7000m超深井——关基井成功地使用了这一体系，都收到了良好的效果。

经几年来的使用、总结、交流经验和推广，三磺钻井液现已普遍应用于各种不同深度的井。其耐热稳定性、流变性、失水造壁性以及泥饼的黏滞性和抗污染能力等方面均显示出优越性，并已为大家所公认。

二、三磺钻井液的特性

从几年来各矿区使用三磺钻井液钻井所取得的效果看，三磺钻井液有如下几方面的特性。

1. 耐热稳定性好

无论是淡水钻井液还是盐水钻井液，凡此体系钻井液其抗温能力都相当强。室内实验和现场应用，都充分证实了这一点。

（1）女基井于井深5251~6011m井段（震旦系地层）使用SMC-膨润土钻井液钻进，历时80多天，钻井液性能相当稳定，钻井工艺效果好，使用维护简单、方便。其使用情况见表1。

表1　女基井使用三磺钻井液的情况

性　能 井浆及实验条件	钻井液性能					
	密度，g/cm³	黏度，s	失水，mL	泥饼，mm	pH值	测温，℃
5251m，井浆	1.07	18.5	8	1.0	10	65
170℃×24h	1.08	25	14	1.0	8.5	65
5406m，井浆	1.12	20	5.5	1.0	9	65
170℃×24h	1.12	71	7.5	1.0	8.5	65

| 性 能 | 钻井液性能 | | | | | |
井浆及实验条件	密度，g/cm³	黏度，s	失水，mL	泥饼，mm	pH 值	测温，℃
5470m，井浆	1.12	21	4	1.0	10	65
170℃×24h	1.12	50	5	1.0	9	65
5857m，井浆	1.13	20	5	1.0	11	65
175℃×24h	1.13	24	6.5	1.0	9.5	65
5947m，井浆	1.14	21	5	1.0	11	65
180℃×24h	1.14	27.5	7	1.0	9	65
6011m，井浆	1.14	21	5	1.0	10.5	65
185℃×24h	1.14	32	6.5	1.0	9.5	65

（2）关基井利用三磺钻井液钻到设计井深 7175m。其井底温度在 185～190℃范围内。在井深 7160m 取井浆做恒温实验（表 2）。

表 2　关基井井浆实验

序号	性 能 配 方	密度 g/cm³	黏度 s	失水 mL	泥饼 mm	pH 值	初切 Pa	终切 Pa	测温 ℃	备注
1	7160m 井浆	2.21	48	3	1.5	9.5	5.5	9.8	60	总矿化度：
	200℃×24h	2.23	156	5	3.5	9	—	—	60	6～7×10⁴mg/L
2	井浆＋20％混合剂 ＋20％SMP	1.99	26	2.5	0.5	9.5	1.0	2.8	60	
	200℃×24h	1.98	27	3.5	2	9	0.3	2.1	60	
	220℃×24h	1.98	82	8.5	5	9	3.0	0.8	60	
3	原浆＋7％SMC ＋5％SMP＋20％	1.20	23	5.5	0.5	9	—	—	60	
	NaCl200℃×24h	1.20	20	7.5	1	7	—	—	60	

从表中可见，这一体系钻井液完全适用于盐水加重钻井液，并能对付超深井长段裸眼、大段石膏、高压盐水和薄层岩盐等复杂情况。在高温高压下失水低，泥饼薄，泥饼黏滞系数小，流变性能好。此体系钻井液在井底（7175m，185℃）静置半月后其性能基本不变。本井完钻时井浆做的恒温实验数据见表 3。

表 3　关基井井浆恒温实验

取样日期 及 实验条件	性 能							测温℃
	密度 g/cm³	黏度 s	失水 mL	泥饼 mm	pH 值	静切力，Pa		
						1min	10min	
1977 年 12 月 3 日井浆	2.19	37.5	3.5	1.5	10	7.3	11.3	60
180℃×24h	2.21	52	4.5	1.5	9.5	7.0	19.1	60
12 月 29 日井浆	2.17	62	2.5	2	10	12.4	14.3	60
180℃×24h	2.21	92	4	2	9.5	13.4	—	60
1978 年 1 月 26 日井浆	2.19	58	2.5	2	10	10.7	15.3	60
180℃×24h	2.20	78	4	2	9.5	18.2	—	60
2 月 1 日井浆	2.13	34	4	2	10	3.6	6.1	60
180℃×24h	2.14	63	4	2.5	9.5	6.7	—	60

（3）川西南自深 1 井采用三磺钻井液从井深 4719m 钻至 5533.5m。井底温度高达 192℃，井浆性能一直比较稳定。不同井段的井浆取样做恒温实验，数据见表 4。

表 4　自深 1 井不同井段井浆恒温实验

取样日期及实验条件	性　能							测温℃
	密度 g/cm³	黏度 s	失水 mL	泥饼 mm	静切力，Pa		pH 值	
					1min	10min		
4747m 井浆	1.23	42	4	0.5	3.7	6.8	9.5	70
150℃×24h	1.23	45	5	0.5	4.1	5.2	9.5	70
4807m 井浆	1.26	53	4.5	0.5	7.4	13.2	9	70
150℃×24h	1.26	56	4.5	0.5	9.8	15.3	9	70
5001m 井浆	1.24	45	4	0.5	4.3	6.7	10	70
150℃×24h	1.24	57	4	0.5	4.8	10.3	10	70
5030m 井浆	1.24	66	4	0.5	7.7	12.9	9.5	70
180℃×24h	1.26	57	4	0.5	4.5	9.8	9	70
5201m 井浆	1.25	40	4	0.5	3.9	8.2	10	70
180℃×24h	1.25	41	5	0.5	3.2	7.0	9.5	70

实验结果表明，井浆恒温陈化前后的性能基本一致，而且经较长时间的恒温陈化其性能也基本不变。

又于该井井深 5270.5m 取样在 180℃下恒温时间长达 7d，其性能仍保持稳定（表 5）。

表 5　自深 1 井井浆恒温实验

实验条件	性　能							测温℃
	密度 g/cm³	黏度 s	失水 mL	泥饼 mm	静切力，Pa		pH 值	
					1min	10min		
5270.5m 井浆	1.24	45	6	0.5	3.6	7.0	9.5	70
180℃×24h	1.26	41.5	5	0.5	3.6	7.7	9.5	70
180℃×48h	1.26	36	8	1	1.9	4.9	8.5	70
180℃×72h	1.26	41	6	1	3.0	7.6	9.5	70
180℃×96h	1.27	34	7.5	1	3.8	6.7	9	70
180℃×120h	1.26	33.5	5	1	2.5	6.5	9	70
180℃×144h	1.27	39	6	0.5	3.0	7.1	8.5	70
180℃×168h	1.27	39	7	1	3.0	7.1	8.5	70

在普通采用此体系钻井液打井以来，较为集中的反映是三磺钻井液在井内性能长期稳定，如自深 1 井于井深 4719m 转化为三磺钻井液直到下套管历时 72d，井浆性能一直比较稳定。又如川东池 3 井，转化为三磺钻井液后历时 45d，未进行维护处理，性能一直稳定。

这是因为 SMC，SMT 及 SMP 分子都是以热稳定性很高的苯环为主链的处理剂，高温下不易降解，经改性后分子中有足够的吸附基团和亲水基团。在存在高价金属阳离子和高温条件下，仍能保持处理剂性能，从而保持胶体的高温稳定性。

2. 抗可溶性盐类污染能力强

在四川打井，不可避免地会遇到岩盐、石膏、盐水等对钻井液的污染。虽然在 20 世纪 60 年代就有了较为成功的对付岩盐、石膏的办法，如采用钙处理钻井液和饱和盐水钻井液钻进，但有些技术规范无法达到理想的指标。目前，普遍采用三磺钻井液钻过岩盐、石膏地层，其效果较佳。如，川东矿区绝大部分井在不同程度上遇到石膏、岩盐，将其钻井液转化为三磺体系前后的高温高压失水列于表 6。

表 6 川东各井钻井液转化前后高温高压失水变化

井号	井段 m	矿化度 $10^4 mg/m^3$	转化前		转化后		试温℃
			滤失量，mL	泥饼，mm	滤失量，mL	泥饼，mm	
双 6	3383~3637	4.1×10^4	23.4	3	13.4	3	90
张 14	2827~3064	4.5×10^4	35	7	12.4	3	90
拨向 1	3507~3817	11.9×10^4	35.2	5	19.6	3	90
葛 1	3269~3371	3.4×10^4	36	7	16.4	5	100
池 3	4802~	4.2×10^4	30.7	11	18.6	5	120
成 13	2500~2708	4.6×10^4	110	15	13.2	7	90
卧 51	2800~2900	6.3×10^4	48	7	12	4	90

从表 6 可见，当钻遇岩盐、石膏层时，将井浆转化为三磺钻井液，其性能远比转化前好得多。在其他矿区也不例外。即使在饱和盐水中也有良好的性能（表 7）。

表 7 三磺饱和盐水钻井液

序号	性能 配方	密度，g/cm^3	黏度，s	失水，mL	泥饼，mm	pH值	初切，Pa	终切，Pa	测温℃
1	1.10 原浆 + 100% 混合剂 + 10%SMP + 0.1%NaOH + 盐饱和	1.25	22	4	1	8.5	0	0	60
	180℃ × 24h	1.26	40	6	0.5	7	0	0	60
2	井浆 + 5%SMC + 10%SMP + 盐饱和	1.67	22.5	3	0.5	8	0.8	0.3	60
	180℃ × 24h	1.67	60	6.5	3.5	7	0.2	4.6	60
3	1.10 原浆 + 30%SMC + 50%SMP + 盐饱和	1.44	20.5	3	1	7	0	0.3	60
	180℃ × 24h	1.47	100	3.5	0.5	9.5	3.6	6.1	60

川西北龙 4 井，在井深 4333m，钻遇石膏、岩盐地层，钻井液矿化度达 $3.7 \times 10^4 mg/m^3$；中深 1 井在井深 4528m，由于钻井液受石膏、盐水侵污，矿化度升高，高温高压失水增大，转化为三磺钻井液后，无论是常规或高温高压性能都有很大的改善。

3. 防塌、防黏卡的效果突出

四川是以碳酸盐裂缝和洞隙产气为主的地区。其特点是产层多，埋藏深，压力系统不一，兼有石膏，岩盐污染钻井液。钻井过程中经常受到喷、漏、塌、卡的威胁。特别是由于井身结构的限制，不得不在长段裸眼中采用重钻井液钻进，进而导致不仅存在钻井液热稳定性问题，而且极易发生压差卡钻。

分析造成压差卡钻的诸因素，能够解决的只有减少井下泥浆在高温高压下的失水和泥饼以及降低泥饼的黏滞系数。

20世纪80年代以来，由于SMP的批量生产，为三磺泥浆的推广使用提供了物质条件。仅以1980年同1979年比较，压差卡钻的次数明显下降。四川石油管理局由1979年的压差卡钻25次，损失时间577d，下降为1980年的压差卡钻8次，损失时间198d。再以川南矿区为例，1980年比1979年压差卡钻减少情况见表8。

表8　川南矿区压差卡钻减少情况表

1979年		1980年		1980年比1979年降低	
次数	损失时间，h	次数	损失时间，h	次数，%	损失时间，%
16	1166	6	975	62.5	16.38

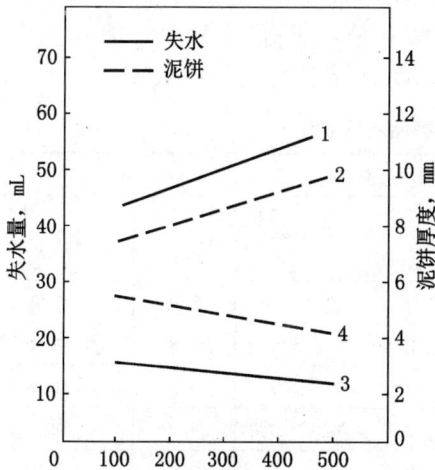

图1　钻井液转化前后失水和泥饼厚度与
压差的关系

1、2为转化前密度1.51g/cm³ 钻井液；3、4为转
化后，加重至密度1.80g/cm³ 三磺钻井液；参数
测定条件：120℃×3.5MPa和0.7MPa

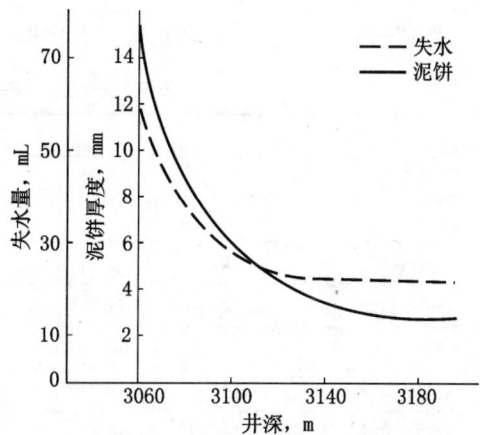

图2　转化为三磺钻井液后 HTHP 失水
和泥饼情况

采用三磺钻井液钻井能有效地防止和减少压差卡钻。

川西南自深1井，于井深4720～5533m采用三磺钻井液在150℃，2MPa条件下失水由23.7mL降至9.6mL。45min泥饼摩擦系数为0.07，泥饼薄而韧。该井经过5次断钻杆，3次钻水泥塞，1次顿钻，事故处理中从未发生卡钻。

川东卧65井钻石膏、岩盐层，由原用的褐煤—氯化钙钻井液转化为三磺钻井液。失水量变化的情况如图1。

卧65井井浆转化后高温高压（HTHP）失水变化情况如图2。

卧65井从3059m开始转化，钻至4120m下7in套管，钻井液总矿化度(9～11)×10⁴mg/m³。井下一直正常。有一次因换柴油机，在井深3691m，钻井液在井内静置147h，下钻顺利到底；又在井深 4120m，钻井液在井内静置 157h，下钻畅通无阻，顺利到底；再一次因等电测，钻井液在井内静置 130h，下钻通井一直到底。易塌地层（阳一段）的平均井径只比钻头大 5mm，证明了此体系钻井液有良好的防塌、防黏卡的作用。

近几年来，在开发川东石炭系所钻的一些井中，如张 1 井、张 2 井、成 3 井和卧 49 井等，在钻叠二迭系、石炭系地层时，由于井下严重的坍塌，造成严重事故而失败。而井身结构相同的卧 65 井，则采用三磺钻井液，成为第一口成功地打开石炭系的井，为开发石炭系新气层开辟了道路。

三磺钻井液的泥饼摩阻系数低，如关基井在井深 7056m 至 7175m 转化为三磺钻井液后，摩阻系数由 0.24 下降至 0.16。

川东卧 65 井在井深 2097m 转化为三磺钻井液体系，泥饼黏附系数的变化如图 3 所示。

川南矿区阳深 2 井，使用密度 2.22g/cm³ 的重钻井液，于井深 3979m 加入 SMP 和

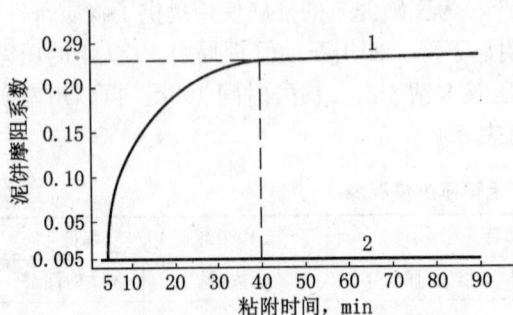

图 3　钻井液体系转化前后泥饼黏附系数的变化
1 为处理前井浆；2 为处理后井浆

SMC 处理后，用自制的仪器测得其泥饼摩阻系数（K_f）下降的情况见表 9。

表 9　阳深 2 井井浆转化后摩阻系数变化

钻井液	性　　能						
	密度，g/cm³	黏度，s	失水，mL	泥饼，mm	静切力，Pa		摩阻系数
					1min	10min	
4100m 井浆	2.21	66	3	0.5	7.5	9.0	0.68
4133m 井浆	2.22	44	3	0.5	3.5	5.8	0.58
4204m 井浆	2.19	56	3	0.5	4.5	5.5	0.25
4227m 井浆	2.18	41	3	0.5	3.0	4.5	0.13
4239m 井浆	2.18	38	3	0.5	1.2	2.0	0.13
4410m 井浆	2.17	49	3	0.5	3.5	5.0	0.085

总起来看，三磺钻井液有良好的防塌、防黏卡效果的原因如下。

（1）三磺处理剂有效地改善了泥饼的质量，降低了泥饼的渗透率，减少了滤液向地层的渗透和浸泡。

（2）泥饼薄而致密坚韧。使井壁得以巩固同时减小了钻具接触时的包角，达到了防止压差卡钻或减缓卡钻的程度。

（3）SMP 能有效地降低泥饼摩擦系数。特别是在重钻井液的情况下也能有效地防止压差卡钻的发生。

三、三磺的使用与维护

1. 三磺的配制

三磺可以用膨润土原浆加入磺甲基褐煤、磺甲基单宁或磺甲基栲胶和磺甲基酚醛树脂

配制而成。而大多数情况下都是由井浆转化。井浆可以是褐煤—氯化钙钻井液、聚丙烯酰胺钻井液，也可以是 CMC 钻井液、铁铬盐钻井液和高矿化度钻井液。这些转化都是比较容易进行的，只是在转化前需对井浆的矿化度有所了解，以便正确地选用 SMP 的型号。如矿化度在 $13 \times 10^4 \, mg/m^3$ 以内，可选用 SMP_1；矿化度大于此值，则可考虑选用 SMP_2。千万不能以为 SMP_2 可以代替 SMP_1，因为抗盐能力必须在特定的范围内才能充分发挥 SMP 的效能。比如，钻井液的矿化度为 $8 \times 10^4 \, mg/m^3$ 时选用了 SMP_2 其最后效果反不如选用 SMP_1 好。同理，如果钻井液的矿化度为 $18 \times 10^4 \, mg/m^3$，选用 SMP_1 其效果自然也难以令人满意。

2. 复配比例

SMC、SMT（或 SMK）和 SMP 在配制三磺钻井液中的比例是根据钻井工艺的具体情况来确定的，并非千篇一律。如果主要用于抗盐，则 SMP 的用量要相应大一些；若在淡水钻井液中用于调节流变性和降失水，则以加入 SMC 和 SMT 为主；在重钻井液中要求降低泥饼摩擦系数，且流变性能好，则 SMT、SMP 的加量应适当放大。实践证实，要使三磺钻井液具有良好的性能，满足钻井工艺的要求，必须选择好处理剂之间的比例，同时还必须保证处理剂在钻井液中的含量（SMC 及 SMP 一般加量为 5% 左右，SMT 则根据实际情况而定），才能充分发挥其效能。

必须说明的是，凡用三磺处理剂中的一种来调整钻井液性能，使钻井液满足钻井工艺的要求，这类钻井液均属三磺体系钻井液。根据实际需要目前的发展情况，三磺处理剂也可和其他处理剂配伍使用。

3. 钻井液的 pH 值

实验和现场实际资料的统计都证实了 pH 值 8~10 是该体系钻井液的最佳范围。从实验得知，处理剂在膨润土上的吸附量随 pH 值的增大而减少。因而钻井液 pH 值若大于 10 也影响处理剂作用效果，钻井液的失水量和泥饼厚度增加。

4. 在钻井液中加入适量的铬离子可以提高处理剂抑制黏土高温下变化的能力和改善钻井液的流变性

高价金属阳离子与处理剂相络合后，提高了处理剂在黏土上的吸附能力，从而提高了处理效能。一般是在钻井液中加入 0.1%~0.2% 的重铬酸钠或重铬酸钾。

5. 钻井液中亚甲基兰膨润土含量的多少是决定此钻井液体系在高温下稳定性好坏的基础

当钻井液中亚甲基兰膨润土含量超过高温容量限许多时，就难以避免钻井液的高温胶凝。不少井的经验表明：如果泥浆中的膨润土含量高，即使使用大量的处理剂，泥浆的热稳定性仍然较差，处理的次数也很频繁。这样不仅给钻井液工作增加许多麻烦，且钻井液性能较差，对处理剂也是个浪费。

根据四川石油管理局大量现场资料的统计，推荐在不同密度的钻井液中亚甲基兰膨润土含量的范围见到表 10。

表 10　不同比重的钻井液膨润土含量范围

钻井液密度，g/cm^3	1.2	1.4	1.6	1.8	2.0	2.2
亚甲基兰膨润土含量，g/L	70~90	60~80	40~70	40~60	35~50	30~40

一般而言，在满足钻井液流变性能和高温高压滤失性的前提下，泥浆中的膨润土含量力求低一些为好。

根据资料统计，认为三磺钻井液的技术指标应该根据流变参数以及井下的实际情况和钻井工艺要求而定；150℃，3.5MPa 高温高压失水小于 25mL；泥饼摩擦系数小于 0.2。

可循环微泡沫钻井液技术研究与应用

左凤江　贾东民　耿东士　夏景刚　张民立　丁光波　孙东山
（华北油田钻井工艺研究院）

摘　要　针对低压裂缝性潜山油层和砂岩油层的勘探开发中使用常规水基钻井液存在严重漏失问题，华北油田钻井工艺研究院研制出了抗高温可循环微泡沫钻井液体系。室内对发泡剂、稳泡剂用量以及该钻井液的稳定性、抗温性、抗污染性和油层保护进行了评价。结果表明，该体系起泡性能好，微泡沫稳定性强，在长时间循环和高温条件下性能稳定，抗污染能力强，与储层流体及钻井液处理剂配伍性好；配制微泡沫钻井液，发泡剂最佳用量为 0.4%～1.0%，稳泡剂最佳用量为 0.1%～0.3%。现场应用表明，微泡沫钻井液具有低密度的特点，在钻进过程中相对稳定，解决了在低压储层钻井时遇到的井漏问题，避免了因井漏引起的储层损害，达到了保护油层的目的；该钻井液具有较强的携砂能力，岩屑返出正常，完全满足了开发低压油气层工程和地质需要。

关键词　微泡沫钻井液　防漏　防止油层损害

华北油田存在大量的低压裂缝性潜山油气藏和砂岩油藏，且埋藏深，地层温度高。针对在低压裂缝性潜山油藏和砂岩油藏的勘探开发中，使用常规水基钻井液存在严重漏失的问题，钻井工艺研究院开发研制出抗高温可循环微泡沫钻井液体系。该套体系 2000 年在哈345X 井成功应用，在储层存在二级和三级裂缝、压力系数仅为 0.68 的情况下，没有发生漏失现象，产油量是邻井哈 343 井日产油量的 5.7 倍。2001 年哈 336 井和漳 102－6 井两口开发井中推广应用，均显示了良好的低密度及防漏失效果，其中在漳 102－6 井获得了日产油 50.2m³ 的工业油流。应用结果表明，微泡沫钻井液性能完全能够满足开发低压油气层工程和地质需要，具有良好的防漏和保护油层的双重功能。该项技术为低压油藏的钻井施工提供了一种新的钻井液体系，可有效地抑制井漏的出现，达到保护油层目的。

一、室内研究

1. 发泡剂优选

（1）微泡沫钻井液对发泡剂的要求。要成功地实现微泡沫钻井，必须有优良的泡沫钻井液，而发泡剂则是泡沫钻井液质量好坏的关键，好的发泡剂应具有如下性能：

①起泡性能好，泡沫基液与气体接触后可产生大量的、颗粒较细的泡沫；

②泡沫稳定性强，能在长时间的循环和高温条件下性能稳定；

③抗污染能力强，与储层液体及钻井液处理剂配伍性好，遇到地层水时性能稳定。

（2）发泡剂的评价。按中华人民共和国石油天然气行业标准 SY/T5350—91《钻井液用发泡剂评价程序》，分别在淡水、4%盐水、淡水＋15%煤油、4%盐水＋15%煤油中对国内十余种发泡剂进行了室内实验。结果表明，1231、FP－12 和 AES 发泡量大，半衰期长，抗盐、抗油性能良好，是较好的发泡剂。但 1231 为阳离子表面活性剂，实际应用时与膨润土以及降失水剂不配伍；AES 结构中存在醚键，抗温能力差；FP-12 为阴离子表面活性剂且分子结构稳定，具有良好的抗高温性能，为此初步选定 FP-12 作为微泡沫钻井液的发泡剂。

（3）发泡剂加量。为确定发泡剂的最佳加量，在淡水中进行了加量实验。结果表明，发泡剂在加量较少的范围内就具备较好的发泡能力，且随发泡剂加量的增加，发泡体积也不断增加，发泡剂加量为 0.4%～1.0% 时，体积从 400mL 增加至 500～790mL，半衰期为 151～190s。根据微泡沫钻井液对发泡体积的要求，发泡剂加量在 0.4%～1.0% 之间即可满足要求。

2. 稳泡剂优选

微泡沫是气体分散在液体中的分散体系，由于气体和液体的密度相差很大，故在液体中的气泡总是很快升到液面，形成被一层液膜隔开的气泡聚集物。泡沫同时又是一种热力学不稳定体系，容易破裂，其破裂过程主要是隔开气体的液膜破裂的过程。泡沫的理论研究表明，泡沫的稳定与液膜的强度密不可分，而液膜的强度则取决于液膜的表面黏度、表面张力和表面电荷。其中，液膜的表面黏度是决定泡沫稳定性的关键，表面黏度大，则液面不易受到外力作用而破裂，同时也将减缓液膜的排液速度和气体透过膜的扩散速度，这就增加了泡沫的稳定性。在起泡剂中加入高分子极性物质作为稳泡剂，两者在界面上形成表面黏度很大的混合膜，可大大提高泡沫的稳定性。选取 4 种常用的稳泡剂与 FP-12 进行实验，实验结果见表 1。由表 1 可知，几种稳泡剂的稳泡效果分别为：XC＞HV-HEC＞HV-CMC＞PAC-141。稳泡剂加量实验结果见表 2。

表 1　稳泡剂优选

发泡剂	PAC-141		HV-CMC		HV-HEC		XC	
	V, mL	$T_{1/2}$, min	V, mL	$T_{1/2}$, min	V, mL	$T_{1/2}$, min	V, mL	$T_{1/2}$, min
FP-12	300	23	225	28	290	34	200	42

表 2　稳泡剂加量实验

稳泡剂加量,%	V, mL	$T_{1/2}$, min
0.05	650	6
0.1	590	7.5
0.15	580	14
0.2	580	18
0.3	570	29
0.4	530	42
0.5	470	48

从表 2 中可以看出，随着稳泡剂加量的增加，稳泡效果越来越好，同时体系的发泡能力下降。这主要是由于水分子受到束缚，泡沫壁增厚，膜表面黏度增大，起泡剂分子不能自由移动，成膜几率降低，泡沫比面积变小，因此发泡体积减少，半衰期增长。在确定稳泡剂加量时，应在满足泡沫稳定性要求的前提下尽量少加。室内通过实验比较，微泡沫钻井液中稳泡剂加量控制在 0.1%～0.3% 范围内较为合适。

3. 配方优选与评价

通过对华北油田常用处理剂的筛选，室内初步确定微泡沫钻井液体系的配方，并进行了微泡沫钻井液稳定性、抗温性、抗污染性实验。

（1）稳定性试验。根据发泡剂和稳泡剂的评价结果，在室温下对微泡沫钻井液进行了不同配方稳定性实验，结果如表3。

表3　微泡沫钻井液稳定性能实验

配方	密度 g/cm³	塑性黏度 mPa·s	动切力 Pa	静切力 Pa/Pa	中压失水 mL	稳定时间
1#	0.66	22	13	2.5/5	7.2	>24h
2#	0.69	24	13	2/10	7.6	>24h
3#	0.63	25	13	3/7	6.8	>48h
4#	0.64	26	12	3/13	6.2	>48h
5#	0.70	11	8	2/7	10.4	>36h

配方：1#：4%膨润土+1%SMP+0.6%FP-12+0.5%油酸+0.3%PAC-141；

2#：4%膨润土+0.5%SMP+0.6%FP-12+0.5%油酸+0.3%PAC-141；

3#：5%膨润土+0.5%SMP+0.3%MMH+0.5%FP-12+0.1%PAC-141；

4#：5%膨润土+1%SMP+0.3%MMH+1%FP-12+0.1%PAC-141；

5#：5%膨润土+0.3%MMH+1%FP-12。

由表3可以看出，在常温下5种配方均具有较好的稳定性和流变性，稳定时间均大于24h。

（2）抗温性实验。使用上述3#、4#、5#钻井液配方，进行抗高温实验，结果见表4。

表4　微型泡沫钻井液抗高温实验

配方号	实验条件	ρ g/cm³	PV mPa·s	YP Pa	Gel Pa/Pa	FL_{API} mL
3#	150℃×16h后	0.70	37	22	16/17	6.4
4#	150℃×16h后	0.72	50	14	1.5/6	6.0
5#	150℃×16h后	0.62	14	8	4/9.5	10.2

从表4可以看出，微泡沫钻井液体系高温后仍具有良好的发泡能力和流变性，抗温能力强。

（3）抗污染实验。室内分别用4%NaCl和15%煤油进行污染实验，实验结果见表5。

表5　微型泡沫钻井液抗污染实验

配方号	污染前性能			污染物	污染后性能			
	ρ g/cm³	PV mPa·s	YP Pa		ρ g/cm³	PV mPa·s	YP Pa	稳定时间 h
5#	0.67	26	12	4%NaCl	0.75	29	30	>24h
				15%煤油	0.73	23	10	>24h

从表5中看出，微泡沫钻井液加入盐或煤油后能保持低密度特性和良好的稳定性，加入盐后黏切升高，但仍具有较好的流动性；加入煤油后，钻井液性能基本不变，密度升高，黏度和切力稍微降低。

4. 油层保护效果评价

微泡沫钻井液可用于低压地层欠平衡和平衡钻井，有利于保护油气层。通过在正压差条件下的研究可知，微泡沫钻井液仍具有很好的油层保护效果。岩心经微泡沫钻井液污染后，切割 1.0cm 后测得的岩心渗透率恢复值大于 90%。实验数据见表 6。

表 6   屏蔽暂堵及反排试验

钻井液配方	渗透率，mD		渗透率恢复值 %	FL mL
	K_w	$K_反$		
3#	72.3	68.8	95.2	8.4
4#	68.9	64.6	93.8	8.1
5#	93.4	84.9	90.8	8.8

试验条件：压差 3.5MPa，时间 145min，温度 60℃；

K_w—污染前正向 1%KCl 溶液测渗透率；

$K_反$—污染后岩心切割 1.0cm 后反向油测渗透率；

5. 微泡沫钻井液密度调整

微泡沫钻井液体系的密度可通过消泡剂进行调整，实验结果见表 7、表 8。

表 7   消泡剂加量对微泡沫钻井液性能的影响（低搅）

配　　方	ρ g/cm³	PV mPa·s	YP Pa	Gel Pa/Pa
基浆	0.64	26	12	13.5/19
基浆 + 0.2%XP525	0.60	26	10	3/6
基浆 + 0.4%XP525	0.68	12	9	2/4
基浆 + 0.6%XP525	0.82	19	15.5	3/6
基浆 + 0.8%XP525	0.84	14	3.5	1/3
基浆 + 1.0%XP525	0.99	17	5.5	2/5
基浆 + 0.2%YP8701	0.60	36	8.5	3/10
基浆 + 0.4%YP8701	0.73	28	14	4.5/8.5
基浆 + 0.6%YP8701	0.83	41	11.5	4.5/10.5
基浆 + 0.8%YP8701	1.0	23	6	3/5
基浆 + 1.0%YP8701	1.0	26	7	2/5

表 8   消泡剂加量对微泡沫钻井液发泡能力的影响（高搅）

消泡剂加量，%	100mL 基浆发泡体积，mL	
	+ XP－525	+ YP－8701
0	560	560
0.2	340	380
0.4	260	180
0.6	210	140
0.8	160	110
1.0	140	110

由表 7 和表 8 中可以看出，消泡剂 XP525 和 YP8701 都具有调节微泡沫钻井液密度的能力，且随着消泡剂加量的增加，微泡沫钻井液的密度逐渐增加，直至达到常规水基钻井

液的密度。因而当现场不需要微泡沫钻井液钻井时，可在微泡沫钻井液中加入一定量的消泡剂来调节微泡沫钻井液的密度，将微泡沫钻井液转化成低固相的常规钻井液。

二、现场应用

1. 地质概况

哈336井和淖102-6井是二连油田在潜山地层布的两口新井，其中哈336井构造位置为二连盆地马尼特坳陷阿南凹陷哈南油田。完钻井深为1860m，潜山井段为1740m～1860m，合计120m，淖102-6井构造位置为二连盆地乌兰察布坳陷额仁淖尔凹陷包尔构造带淖102潜山，完钻井深为995m，潜山井段为905～995m，合计90m。哈336井储层岩性为凝灰岩，属孔隙裂缝型储层，黏土矿物属弱水敏性，地层压力系数0.71左右。淖102-6井储层岩性为花岗质混合片麻岩、大理岩和糜棱岩，裂缝极为发育，潜山顶部10m左右风化程度高，岩石破碎，存在小—中型溶洞，属特低孔高渗透裂缝型储层，地层压力系数0.94左右。

2. 施工简况

（1）哈336井。三开前开始配制泡沫钻井液基浆，采用基浆钻水泥塞，待水泥塞钻完以后，及时对钙浸的泡沫基浆进行处理，使之达到了配制泡沫钻井液的性能要求。然后将基浆配制成泡沫钻井液，循环均匀后测泡沫钻井液密度为 $0.81g/cm^3$，漏斗黏度102s，使用 $\phi116.8mm$ 钻头进行三开，使用3.5d钻至1860m设计井深顺利完钻。三开钻进期间没有出现任何井下复杂。泡沫钻井液密度如终维持在 $0.80～0.84g/cm^3$ 之间。

（2）淖102-6井。三开前开始配制泡沫钻井液基浆，由于本井水泥塞段较长，因此采用清水通过3♯循环罐循环钻水泥塞，在1♯、2♯、3♯泥浆罐中配制泡沫基浆，钻完水泥塞后将井筒中水顶替干净，然后配制泡沫钻井液，使用 $\phi152.4mm$ 钻头三开，泡沫钻井液初始密度为 $0.93g/cm^3$，漏斗黏度133s。使用2d钻至井深995m顺利完钻。三开钻进期间。泡沫钻井液密度始终维持在 $0.90～0.95g/cm^3$，达到了设计要求。

3. 维护处理

两口井在三开钻进期间，根据井口返出泡沫钻井液的密度、黏度、切力及泡沫大小，及时对泡沫钻井液进行维护处理。通过现场小型试验及时补加发泡剂和稳泡剂，以维持各处理剂在泡沫钻井液中的有效含量。充分利用各循环罐中的搅拌器以及混合漏斗将泡沫钻井液中的大泡变成微泡，维持了泥浆泵较好的上水效率，从而保证了钻井工程的顺利进行。两口井在三开井段钻进期间泡沫钻井液性能见表9、表10。

表9　哈336井三开泡沫钻井液性能

井深 m	ρ g/cm³	FV s	AV mPa·s	PV mPa·s	YP Pa	Gel Pa/Pa
1740	0.81	102				
1754	0.83	151	19	11	7	6/15
1792	0.84	138	23	16	7	6/11
1816	0.80	137	20.5	15	5.5	4/6
1820	0.83	130	29	18	11	5/8
1830	0.82	120	27	15	12	6/11
1858	0.80	118	31	18	13	3.5/7

表 10 淖 102 - 6 井三开泡沫钻井液性能

井深 m	ρ g/cm³	FV s	AV mPa·s	PV mPa·s	YP Pa	Gel Pa/Pa
905	0.93	133				
913	0.90	112	32	20	12	5/7
935	0.90	115	27	15	12	5/10
950	0.95	115	22.5	16	6.5	5/10
962	0.93	103	24	13	11	5/10
973	0.94	123	26	15	11	5/10
988	0.91	115	25	14	11	5/10
995	0.94	116	25.5	13	12.5	5/11

三、应 用 效 果

1. 密度低、携砂性好

这两口井在三开期间,泡沫钻井液性能稳定,哈 336 井密度始终保持在 0.80~0.84g/cm³ 之间,淖 102 - 6 井密度为 0.90~0.95g/cm³ 之间。虽然泡沫钻井液密度较水基钻井液低,但由于泡沫钻井液动切力较普通水基钻井液高,具有较强的携砂能力,钻进期间井口返出岩屑正常,保证了地质录井及时发现油气显示。泥浆泵上水正常,两口井在三开钻进期间,配制的泡沫钻井液泡沫较小,性能稳定。泥浆泵上水效率 50%~70%,泵压保持为 5~10MPa。

2. 防漏效果好

由于泡沫钻井液密度低,减小了井筒中钻井液的液柱压力,加之泡沫胶团对小裂缝的封堵作用,避免了在低压地层钻井时易发生井漏的现象。虽然两口井的储层压力系数均小于 1,但两口井在整个三开钻井期间都没有井漏现象发生,显示了泡沫钻井液良好的低密度和防漏效果。

3. 与邻井对比情况

哈 336 井的邻井为哈 340 井和哈 341 井,这两口邻井三开井段所用的钻井液均为低密度水基钻井液。哈 340 井三开井段 1663~1922m 所用的钻井液密度 1.01~1.02g/cm³,漏斗黏度 30~35s,使用 ϕ152.4mm 钻头,其三开井段机械钻速平均为 23.87min/m。哈 341 井三开井段 1619~1900m 所用的钻井液密度 1.01~1.03g/cm³,漏斗黏度 19~26s,使用 152.4mm 钻头,其三开井段机械钻速平均为 24.76min/m。哈 336 井三开井段共计 120m,使用 ϕ116.8mm 钻头,纯钻时间为 71h,机械钻速平均 35.5min/m。

淖 102 - 6 井的邻井为淖 107 井,淖 107 井三开采用的钻井液为低密度水基钻井液,密度 1.01~1.05g/cm³,漏斗黏度 15~26s,使用 ϕ152.4mm 钻头,机械钻速平均为 26.69min/m。淖 102 - 6 井三开井段为 90m,纯钻时间为 45h,使用 ϕ152.4mm 钻头,机械钻速平均为 30min/m。

哈 336 井和淖 102 - 6 井的试油情况与邻井对比情况见表 11。

表 11　哈 336 和淖 102-6 井产量与邻井对比情况

井号	试油日期	产液量，m³/d	
		油	水
哈 340	88 年 8 月	52.5	
哈 10	88 年 5 月	28.9	
哈 341	88 年 8 月	11.73	
哈 336	2001 年 9 月		23.58
淖 102	98 年 2 月	捞油，至 2001 年 7 月共捞 465m³	
淖 107	95 年 5 月	8.3	
淖 102-6	2001 年 10 月	50.2	

四、结　论

（1）微泡沫钻井液具有密度低的特点，哈 336 和淖 102-6 井的泡沫钻井液密度均小于 1，且在三开钻进过程中相对稳定。解决了以往在低压储层钻井时遇到的井漏问题，避免了因漏失而引起的储层损害。

（2）微泡沫钻井液具有较强的携砂能力，两口井在泡沫钻井液钻进过程中井口岩屑返出正常，满足了地质录井和钻井工程的要求。

（3）实施可循环微泡沫钻井液钻井投资少，现场应用不需要井队增加额外设备，不影响机械钻速。

（4）微泡沫钻井液为低压油藏的钻井施工提供了一种新的钻井液体系，可有效地抑制井漏的出现，达到保护油层目的，在低压油藏具有很广阔的应用前景。

水包油钻井液在任平 1 井的应用

摘　要　本文介绍了任平 1 井的钻井液应用技术。该井在施工中采用了两套钻井液体系，一是聚合物不分散防卡钻井液，二是水包油乳化钻井液。由于钻井液工艺合理，避免了井下事故和复杂情况，使任平 1 井顺利完成。

关键词　水包油钻井液　聚合物钻井液　不分散　防卡

一、水包柴油钻井液在任平 1 井的应用

1. 概况

任平 1 井位于任丘油田任 11 山头，钻探目的是了解雾迷山组碳酸盐油层水平方向缝洞发育情况，增加泄油面积，降低水锥高度，为潜山油藏后期开发寻求一条提高产量的途径。该井设计垂深 2703m，水平段长 300m，闭合距 724m，最大造斜率 14°/30m，属中半径水平井。本井于 1900 年 10 月 26 日开钻，至 1991 年 3 月 28 日完钻，实际完钻垂深 2699.43m，斜深 3180m，水平段长 300m，闭合距 739.34m，最大造斜率 11.33°/30m。井身结构为：一开 ϕ444.5mm 钻头钻至井深 503.3m，下入 ϕ339.7mm 表层套管 501.83m；二开 ϕ311.15mm 钻头钻至井深 2720.5m，下入 ϕ244.48mm 技术套管 2719.8m；三开 ϕ215.9mm 钻头钻至井深 3180m，水平段使用 ϕ215.9mm 钻头钻进 300m。

该井在施工过程中，采用了两种钻井液体系，一是适用于上部第三系的聚合物不分散防卡钻井液，二是适用于水平井段潜山低油层压力系数的水包油乳化钻井液。由于钻井液工艺合理，避免了可能出现的井下复杂事故，使任平 1 井顺利完成。

2. 钻井液体系的确定

1）二开泥浆体系及防卡措施

本井两次钻遇第三系地层，上部 Nm、Ng 地层疏松，蒙脱石含量高，成岩性差，造浆能力强，Ed、Es_{1+3} 地层黏土矿物以伊利石、伊/蒙混层为主，易塌，采用了具有良好抑制能力的聚合物不分散钻井液，它可抑制地层造浆，稳定钻井液性能，预防井塌。本井造斜点为 2037m，钻至潜山井深 2750m 时，设计井斜 38°，实际井深 2716.5m，井斜 41°。由于造斜点深，地层硬，增斜率大，采用单一液体防卡剂，难以达到防卡要求，所以采用固、液润滑剂复合防卡措施，以固体润滑剂苯乙烯－二乙烯苯共聚物小球为主，在环空井壁及钻具表面形成多层球型支点，以液体润滑剂 8501 为辅，降低泥饼黏附系数，起到了防卡作用。二开为 PAC141－NAPN－SMP＋小球＋8501 不分散聚合物钻井液体系。

2）三开钻井液体系及防漏措施

本井三开所钻油层属低压裂缝性碳酸盐油藏，缝洞发育（与本井相距 162m 的任 304 井，采用了清水钻井，发生了有进无出的井漏，实测油层压力系数仅 0.9383）。本井若采用清水或低固相聚合物钻井液钻井，极可能发生漏失，故立足于降低钻井液密度，实施近平衡压力钻进防塌，选用了水包油乳化钻井液，降低了钻井液密度，并具有良好携屑能力。鉴于钻进时的环空循环压耗及压力激动，具体配方为：水油比 4∶6、0.2％1 号增黏剂、

0.3％2 号增黏剂、0.3％降滤失剂、1.4％主乳化剂。配制时的钻井液密度以低于 0.9g/cm³ 为宜，室内试验表明，水油比为 4∶6 的水包油乳化钻井液密度可控制在 0.89g/cm³，动切力超过 8Pa。

3. 现场应用

1）一开、二开钻井液

第一次开钻配膨润土浆 80m³，为配合表层电测，加 250kg CMC、250kg PAC 进行预处理。二开后，钻井液处理采用包被剂与降滤失剂复配溶液的方式。在造斜点前一个钻头起钻前，从混合漏斗加 8501 润滑剂 2％～2.5％，塑料小球 2％～2.5％，并在钻进中，每天测定其含量，随时补充。到了 E_d 底部一次性加沥青类防塌剂 1.5％FT－342，并在钻进中适量补充，各井段钻井液性能见表 1。

表 1 全井实际分段钻井液性能

地层	Qp	Nm	Ng	Ed	Es$_{1+3}$	Jxw
斜深井段，m	0～292.5	～1288	～1888	～2490	～2716.5	～3180
密度，g/cm³	1.03～1.05	1.05～1.15	1.15～1.17	1.17～1.24	1.24～1.27	0.89～0.97
黏度，s	20～25	20～25	25～28	28～32	30～35	40～80
API 滤失，mL	<10	6～4	5～4	4～3	4～3	5～2.5
静切力，Pa	0/0.5	(0.5～1) / (1～1.5)	(0.5～1) / (1～2)	(1～1.5) / (1.5～2.5)	(1～1.5) / (1.5～3)	(1.5～3) / (2.5～4.5)
含砂量，%	<1	<0.8	<0.5	<0.3	<0.3	<0.4
pH 值	7～8	7～7.5	7～7.5	7～7.5	7～7.5	7～7.5
塑性黏度，mPa·s		8～10	10～12	12～16	16～20	20～35
动切力，Pa		3～4	4～5	5～7	6～8	8～15
膨润土含量，g/L		50～70.5	65～71.5	71.5～78.5	71.5～78.5	12.9～14.3
HTHP 滤失，mL				≤12	≤12	15.5

2）三开钻井液

三开前共配制水包油乳状液 293.5m³，配方及性能见表 2、表 3。其方法是按配制量的 40％将清水放入 3、4 号循环罐，开动搅拌器，开泵，地面循环，通过混合漏斗按先后次序缓慢加入 1 号增黏剂、2 号增黏剂、降滤失剂，加完后用搅拌器、泥浆枪、混合漏斗喷刺剪切 1h，然后从混合漏斗加入配制量的 1.4％主乳化剂，继续循环 1h，再将油按配制量的 60％，通过混合漏斗缓慢加入胶液中，循环均匀后测性能，达到要求转入其他容器中。重复上述过程，进行下次配制工作。本井先配浆 180m³，一次替入井内，随后又配制 113.5m³，其中 80m³ 打入高架罐，储存备用，余下与井内钻井液建立全井大循环。

表 2 水包油乳状液的配方

组分名称	配方，%	组分名称	配方，%
水相	40	一号增黏剂	0.2
油相	60	二号增黏剂	0.3
主乳化剂	1.4	降滤失剂	0.3
辅助乳化剂	0.3		

表 3 水包油乳状液性能

性能	指标	性能	指标
密度，g/cm³	0.89～0.97	pH 值	7～7.5
漏斗黏度，s	40～80	塑性黏度，mPa·s	20～3.5
API 滤失，mL	5～2.5	动切力，Pa	8～15
静切力，Pa	1.5～4.5	电导率，$\Omega^{-1} \cdot cm^{-1}$	(0.20～0.35)×10^{-2}
含砂量，%	<0.4	HTHP 滤失，mL	15.5

3) 现场性能

通过本井的实践，已经摸索出简便易行的水包油乳化钻井液性能调控方法。

(1) 黏度及动切力值：提高外相黏度或增大内相比例和分散度，均能提切力及黏度，降低外相黏度或降低内相比例能降低动切力及黏度，加 1 号增黏剂、2 号增黏剂或加油，加乳化剂能提高动切力及黏度，加水能降低动切力及黏度。

(2) 密度：加清水或石灰石、土粉，可提密度，加油可降密度。

(3) 稳定性：若乳化钻井液的稳定性不好，将会出现油、水分层现象，严重时还会失去乳状液性质。改善稳定性的办法是增加乳化剂、增黏剂的加量，提高机械剪切能力。室内配以 11000r/min 以上的高速搅拌，分散的颗粒比 1000r/min 以下的搅拌要细得多，如每次搅拌 20～30min，在显微镜下观察，其分散相油珠 3～5μm 占大多数，经激光粒度分析仪分析，这种细小的油珠不易聚集（图 1）。

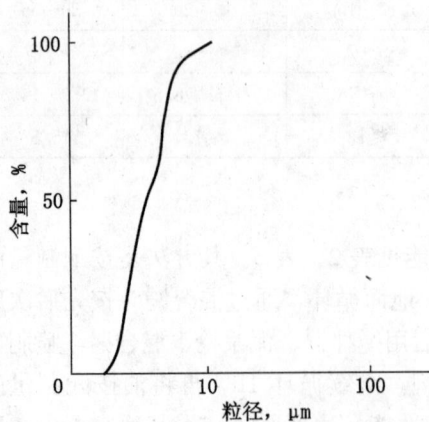

图 1 乳状液分散度

(4) 滤失量：添加少量的膨润土，可大幅度降低滤失量。

在本井三开的实钻过程中，钻井液性能的调整紧紧围绕着钻井液密度的调节，这是三开泥浆性能调控的核心，是防漏的关键。钻井液密度的调整，经过三个阶段。第一阶段：井深 2720.5～2743.54m，密度 0.89～0.90g/cm³，远低于地层压力系数 0.9383，使钻进中地层流体侵入速度为 0.54m³/h，停泵状态下溢流为 0.84m³/h。基于此情况，进入第二阶段将钻井液密度调整为 0.93～0.95g/cm³，在钻至井深 2743.5～2943.44m 时微有井漏，漏速 0.2～0.39m³/h，停泵溢流为 0.38～0.78m³/h，随着油层的充分暴露，钻进中逐渐不严重，其中一趟钻竟出原油 50m³，几趟钻先后放出原油及后效乳化钻井液约 165m³，说明了钻井液密度偏低。故进入第三阶段，井深 2934.44～3180m，将钻井液密度提至 0.96～0.97g/cm³，此时，钻进中漏速为 0.55～0.94m³/h，停泵无溢流，起钻时仍能保持钻井液液柱压力略高于油层压力，起下钻基本无后效，说明该密度较为合理，采用此密度一直维护至完钻。三开钻井液性能及漏失、溢流情况见表 4。

表4 钻井液性能及漏失溢流情况

斜深，m	2720.5~2743.54	~2820.54	~2932.34	~3043	~3180
密度，g/cm³	0.89~0.90	0.935~0.94	0.93~0.94	0.96~0.97	0.96~0.97
漏斗黏度，s	82.5	44~54	64~74	55~65	36~43
API滤失，mL	17	8	3~5	2~2.5	3~3.5
含砂量，%	0.1	0.2	0.1	0.4	0.2
塑性黏度，mPa·s	25~35	30~50	30~40	25~35	20~24
动切力，Pa	8~15	10~15	8~12	8~12	7~11
静切力，Pa	3~4	1.5~2.5	1.5~2.5	2~4	1.5~3
电导率，$\times 10^{-2}\Omega^{-1} \cdot cm^{-1}$	0.18~0.2	0.2~0.35	0.24~0.32	0.25~0.35	0.24~0.32
钻进漏速，m³/h	—	0.3	—	0.62	0.55
漏失量，m³	—	—	—	14.35	16.64
静止溢流，m³/h	0.84	0.68	1.24	—	—
循环溢流，m³/h	0.54	—	—	—	—

4. 应用效果

（1）本井上部采用的聚合物不分散防卡钻井液，全井未发生任何卡钻事故，电测一次成功。在井深2487m发生钻具脱扣，落鱼长5.45m，下钻对扣顺利。在井深2591.3m钻铤公扣断，鱼长130m，井斜39°，落鱼在井下静止26h，下卡瓦打捞筒顺利捞获，表明该钻井液具有良好的防卡能力。

（2）下部采用高油水比的水包油乳化钻井液，流变性及携屑能力强，钻井液密度低，基本处于平衡压力状态钻进，取得了良好的防漏效果，创出了一条低压力系数潜山油层钻井防漏的新途径。

（3）井漏问题的有效解决，避免了大量钻井液漏失对油层造成的损害。同时，水包油乳化钻井液具有极低的固相含量，获得了保护油气层的效果，经测试求产，比邻井产量高4~5倍。

低密度水包原油钻井液的应用

左凤江　庄立新　杨　洪　刘占国　耿东士　王文英

（华北石油管理局）

摘　要　本文介绍了一种新型高油水比（7∶3）水包原油钻井液体系。通过对乳化剂及钻井液配方的优选及对水包原油钻井液的稳定性、抗温性、抗污染性的评价，结果表明，该钻井液具有密度低、滤失量低、润滑性好、抗温达120℃、流变性易调整等特性。该钻井液体系在任平2井现场应用效果良好。

关键词　水包油乳状液　水平钻井　钻井液性能　钻井液配方

华北油田冀中地区任丘潜山油藏以裂缝性碳酸盐岩为主，产油量较高。近年来这些油藏的原油产量急剧下降，其主要原因是潜山主力油藏已进入中后期开发阶段，油藏水淹严重，原油综合含水率达82.3%。为控制该油藏开采的底水锥进速度，降低原油含水率，提高单井产量和采收率，决定采用水平井开发。

采用水平井开采是潜山油藏后期开发最好的增产途径，但钻井工作难度较大。该油藏目前孔隙压力系数低于1，且缝洞发育，因此使用普通钻井液钻进易发生漏失。邻井任平1井的实测油层压力系数为0.9383，使用了油水比为6∶4的水包柴油钻井液，效果较好。任平2井设计垂深2950m，水平段370m，比任平1井长70m，且邻井油层压力系数为0.67，又是ϕ152mm的小井眼。受条件限制，任平2井对钻井液的要求比任平1井高。为了降低钻井液成本，提高水包油钻井液体系的抗温性和润滑性，决定采用高油水比（7∶3）水包原油钻井液。

一、室 内 实 验

1. 乳化剂优选

通过正交实验优选乳化剂。结果表明，OS-15、SP-80、CP-233、O∏-4、O∏-7、平平加A20、十二烷基苯磺酸三乙醇胺等都能配制出较稳定的乳状液，但乳状液的黏度高，流变性也不好。各乳状液配方如下：

1#：0.5%OS-15+0.5%SP-80；

2#：0.5%CP-233+0.5%O∏-4；

3#：0.5%平平加A-20+0.5%SP-80；

4#：0.3%CP-233+0.3%平平加A-20+0.5%SP-80；

5#：0.3%CP-233+0.3%十二烷基三乙醇胺+0.1%平平加A-20；

6#：0.9%O∏-7+0.4%平平加A-20+0.2%ABS；

7#：0.4%平平加A-20+0.05%十二烷基苯磺酸钙+0.9%O∏-7；

8#：0.5%油酸三乙醇胺＋0.1%平平加A－20＋30%OⅡ－7。

造成乳状液黏度高的原因是乳化剂选择不合适。原油黏度高，表面张力大，不易分散。因此要求乳化剂分子作用力足够大，以克服原油较大的表面张力。针对原油特点，选择脂肪醇、脂肪酸、脂肪胺等极性有机物合成了乳化剂CS－94。因为极性分子间作用力大，能与其他乳化剂分子发生作用形成高强度膜，抗温性好。

2. 钻井液配方

水包原油钻井液是热力学不稳定体系。影响其稳定性的主要因素有乳化剂、外相黏度、内相性质及浓度、界面电荷和固体粉末等，其中最主要的是乳化剂。乳化剂分子作用力越大，膜强度越高，乳状液越稳定；复合乳化剂比单一乳化剂所形成的界面膜强度高；乳状液中分散介质黏度越大，乳状液的稳定性越高；加入固体粉末也能使乳状液趋于稳定。

根据上述理论，在乳化剂优选实验基础上，将CS－94与其他乳化剂复配成4种乳状液，性能见表1，配方如下：

9#：1%CS－94＋0.5%EL－40＋1%高改沥青粉

10#：1%CS－90＋0.5%OⅡ－7＋1%高改沥青粉

11#：1%CS－94＋0.5%Y－1＋1%高改沥青粉

12#：1%CS－94＋0.5%Y－1＋1%高改沥青粉＋0.1%PAC141＋0.1%HV－CMC

表1 乳状液复配性能

配 方	实验条件	密度，g/cm³	塑性黏度，mPa·s	动切力，Pa	滤失量，mL	电导率，S/m	稳定性
9#	高温前	0.90	26	20	3.5	0.2	稳定
	高温后	0.90	34	20.5	4.0	0.3	稳定
10#	高温前	0.90	37	9	3.5	0.27	稳定
	高温后	0.90	38	20	4.1	0.28	稳定
11#	高温前	0.90	48	11.5	5.5	0.26	稳定
	高温后	0.90	43	12	5.0	0.29	稳定
12#	高温前	0.90	60	23	5.0	0.33	稳定
	高温后	0.90	46	21.5	5.0	0.36	稳定

注：油水比为7:3，高温实验条件为120℃、6h，润滑系数均为0.065，k为电导率

表1数据表明，11#配方在高温前后性能稳定，流变性能合适，因此选用11#配方。12#配方是在11#配方的基础上，加入了有增黏作用的PAC141和HV－CMC，使乳状液体系更稳定。因此可以把PAC141和HV－CMC作为增黏剂。最后确定任平2井水包原油钻井液配方为：

70%原油＋30%水＋1%CS－94＋0.5%Y－1＋1%高改沥青＋0.1%PAC141＋0.1%HV－CMC

3. 水包原油钻井液性能

(1) 稳定性。从两方面对乳状液稳定性进行了考察。

①离心老化实验。离心实验中析出水量越少，体系越稳定，结果见表2。表2数据表明，按这套配方配制的水包原油钻井液是比较稳定的。

表 2　水包原油钻井液离心老化试验

油水比	离心时间，min	静置时间，h	析水量，mL	稳定性
7∶3	5	100	0.05	稳定、略析油
7∶3	10	200	0.1	稳定、略析油

②粒度分析。根据乳状液理论，稳定的乳状液中液珠直径最好不超过 $3\mu m$，且越小越好。水包原油钻井液的粒度分析结果见表 3。表 3 中数据表明，在高剪切速率下，乳状液分散相中 95％液珠的直径小于 $3\mu m$，表明乳状液是稳定的。

表 3　水包原油钻井液粒度分析

上限粒度，μm	含量，％	上限粒度，μm	含量，％	上限粒度，μm	含量，％	上限粒度，μm	含量，％
4.84	100	3.37	98.8	2.34	81.8	1.63	48.4
4.50	99.9	3.13	97.5	2.18	75.2	1.51	42.8
4.19	99.8	2.91	95.3	2.03	68.1	1.41	37.6
3.89	99.7	2.71	92.0	1.88	61.0	1.31	32.8
3.62	99.4	2.52	87.5	1.75	54.5	1.22	28.5

（2）抗温性。任平 2 井垂深 2950m，井下温度在 100℃以上，因此要求水包原油钻井液在温度高于 100℃时仍能保持性能稳定。该钻井液在 120℃下热滚 16h 前后的性能见表 4。表 4 数据表明，这套水包原油钻井液体系抗温达 120℃。

表 4　水包原油钻井液抗温性能

试验条件	密度，g/cm^3	塑性黏度，$mPa \cdot s$	动切力，Pa	静切力，Pa/Pa	滤失量，mL	电导率，Ω/m
高温前	0.90	60	23	4.5/5.5	5	0.33
高温后	0.90	46	21.5	4/5	5	0.36

（3）抗污染性能。针对现场可能出现的问题，对水包原油钻井液进行原油、钻屑、井场水、水基钻井液污染的实验，结果见表 5。表 5 数据表明，该钻井液体系具有一定的抗污染性，能满足钻井施工的要求。

表 5　水包原油钻井液抗污染性能

钻井液		密度，g/cm^3	表观黏度，$mPa \cdot s$	塑性黏度，$mPa \cdot s$	动切力，Pa	静切力，Pa/Pa	电导率，Ω/m
基浆		0.90	67.5	46	21.5	4.0/5.0	0.36
原油	10％	0.89	80	50	30	8.0/10	0.2
	15％	0.88	84	56	28	9.0/14	0.28
岩粉	10％	0.94	73.5	48	25.5	7.0/10	0.34
	15％	0.96	83.0	55	28	5.5/7.0	0.42
水	10％	0.92	49.5	39	10.5	4.0/6.0	0.40
	15％	0.93	37.5	33	6.0	3.0/4.0	0.50
原油岩粉	10％	0.91	82.5	53	29.5	8.0/10.0	0.85
	15％						
水基钻井液	15％	0.925	42.5	28	14.5	4/5	1.15

注：岩粉均为任 862 井岩屑，测试温度为高温后 50℃，高温试验条件为 120℃、16h。

二、现场应用

1. 任平 2 井基本概况

任平 2 井位于冀中坳陷饶阳凹陷任丘潜山带任北斜坡构造上，完钻井深 3483m，水平段 153.3m，采用三开裸眼完井。在井深 1725.4m 处开始造斜，第一造斜段造斜率为 3°/30m，到井斜 45°稳斜钻进至斜深 3153m，技术套管下深 3151m，稳斜钻井 15m，进入第二造斜段，造斜率 8.4°/30m，增斜至 87.6°进入水平段。

由于目的层压力系数仅为 0.67（邻井实测），极易发生漏失，因此选用了高油水比（7:3）水包原油钻井液钻水平段。三开前配制水包原油钻井液 250m³。

2. 现场施工方案

（1）材料。175m³ 原油，75m³ 水，2.5t 的 CS-94，0.8t 的 Y-1，75kg 的 PAC141，75kg 的 HV-CMC，2.5t 高改沥青粉。

（2）配制工艺。用地面循环罐配制。将水放入罐中（250m³ 分三次配制，两次为 100m³，一次为 50m³），通过混合漏斗按比例加入原油及乳化剂，最后在钻进过程中加入高改沥青。

（3）维护处理原则。

①每班检测油水比，测定电导率；

②用好固控设备，及时清除钻屑；

③提黏、提切，增加水相中 PAC141、HV-CMC 的用量；

④加清水，降黏、降切；

⑤提高密度，加清水或石灰石粉、重晶石；

⑥降低密度，加原油并按比例加入乳化剂，但原油与水的比例不得大于 8:2；

⑦降低滤失量，加入高改沥青粉。

3. 现场应用情况

任平 2 井从三开（深 3151m）开始使用水包原油钻井液钻进，三开前配制水包原油钻井液 250m³。由于井场水矿化度较高（3500mg/L），水包原油钻井液按室内实验配方配制，黏度、切力达不到设计要求。配制时通过加大水相中 PAC141 的用量，使黏度、切力达到了设计要求。在钻进过程中，油层产出原油会不断混入水包原油钻井液中，采用不断补充乳化剂、少量水、PAC141、HV-CMC 等维护处理措施，使水包原油钻井液始终保持良好性能。在钻进中曾发生过两次掉钻具事故，由于钻井液性能良好，打捞都一次成功。第一次在井深 3194.34m，螺杆掉入井底，长约 18m。第二次在井深 3330m，钻铤公扣断裂，钻头连同一根钻铤掉入井下，长约 10m。使用水包原油钻井液钻进此井段时，共起下钻 17 次，均未出现遇阻、遇卡，下钻不到井底等现象，说明水包原油钻井液的润滑性能、流变性能、防塌性能均满足了水平钻井的施工要求。该井场没有除泥器，除砂器也不能正常工作。三开后，为了清除固相，使用了孔径为 0.1mm 的振动筛布，水包原油钻井液顺利通过振动筛。现场实测水包原油钻井液性能见表 6。

由于地层压力系数低，钻至井深 3199.34～3239m 发生漏失，漏速 1.2m³/h，在井深 3360～3365m 再次发生漏失，漏速 0.7m³/h，推算地层压力系数约 0.825。采取堵漏措施，第一次采用 PAM 堵漏，没成功。又采用 PAC141 与膨润土配成絮凝状钻井液打入井下，基本将漏失堵住，继续钻至完钻井深。

表6 现场实测水包原油钻进液性能

井深，m	密度，g/cm³	漏斗黏度，s	塑性黏度，mPa·s	动切力，Pa	API失水，mL	含砂量，%
3174.24	0.905	28	11	5	5	0.1
3249.18	0.91	32	17	6	5	0.1
3307.73	0.92	47	28	7.5	5	0.2
3370.00	0.943	43	27	7.5	4	0.3
3385.65	0.93	40	21.5	6.5	3.5	0.2

三、几点认识

（1）现场实践表明，高油水比（7∶3）水包原油钻井液密度低、润滑性好、滤失量低、流变性易调整，是钻水平井的优良钻井液。

（2）高油水比水包原油钻井液比水包柴油钻井液成本低，每立方米降低成本33%。

（3）高油水比水包原油钻井液中的固相易清除，任平2井只用振动筛（筛布孔径为0.1mm）即保持了钻井液有较低的固相含量。如果使用除泥器、除砂器，完全可以保持低密度。

（4）水包原油乳状液中水相的矿化度对其黏度、切力影响较大，因此配制前应对配浆水进行分析，如果矿化度高应先进行水处理再用来配制水包原油钻井液。

参 考 文 献

[1] 刘程等．表面活性剂应用手册．北京：化学工业出版社，1994

可循环泡沫钻井液在冷 43 - 34 - 666 井的应用

刘 榆 吴军康

（华北石油钻井工艺研究院）

摘 要 本文介绍了可循环泡沫钻井液在冷 43 - 34 - 666 井的应用情况实践表明，该体系钻井液密度低，携砂能力低，防漏堵漏效果好，并且保护油气层效果好，具有广阔应用前景。

关键词 可循环泡沫钻井液 井漏 地层亏空 保护油层

可循环泡沫钻井液是针对老油区多年开采，地层亏空严重，油层压力系数低，极易发生井漏等问题而研制出来的一种钻完井液体系。

一、地 质 情 况

冷东地区是一个老区块，经过多年开采，地层亏空严重，油层压力系数低，部分区块仅 0.6g/cm³，且连通性极好，地层胶结差易发生严重漏失。

冷 43 - 34 - 666 井是冷东地区的一口调整开发定向井，该井位于辽宁省盘山县吴家乡孙家窝铺村北约 600m，设计井深 1915m，完钻井深 1896m，目的层为沙三油层，主力油层在 1700～1900m，地质分层见表 1。

表 1 冷 43 - 34 - 666 井地质分层

地 层	底深，m
平原组	350
明化镇组	760
馆陶组	930
东营组	1180
沙河街一、二段	1330
沙河街三段	1915

二、工 程 情 况

采用聚合物钻井液钻到 957m 时发生井漏，漏失钻井液 120m³，静止堵漏无效，打胶质水泥堵漏成功；钻进到井深 1726m 发现井口钻井液返出量变少，起钻，灌钻井液 90m³ 灌满；下钻在 510m 遇阻划眼，划出新眼。侧钻至 1719m 时又发生井漏，漏失钻井液 100m³，密度 1.13g/cm³，黏度 60s。测量井眼中钻井液的静液面，计算出地层的压力系数为 0.55g/cm³。使用可循环泡沫钻井液钻完下部井段。

井身结构为：$\phi273mm×72.19m+\phi241×1662.26m+\phi152×1896m$。

三、技 术 难 点

（1）该井油层井段压力系数低，连通性好，易于发生井漏。

（2）由于井口不返性的严重漏失，易于诱发卡钻、井塌等事故和复杂情况，甚至使井报废。

（3）由于油层段漏失，堵漏方法和堵漏手段受到限制。

（4）用多种堵漏技术未见到明显效果。

四、泡沫钻井液体系的现场试验

1. 前期施工情况

该井钻进到957m时发生井漏，漏失钻井液120m³，静止堵漏无效，打胶质水泥堵漏成功。该井在井深1726m发现井口钻井液返出量变少，停泵，倒两个阀尔，开泵不返，起钻，灌钻井液不满，改双泵灌满，漏失钻井液80~90m³。钻具起至表套，下钻在510m遇阻划眼，后划出新眼，钻至井深1662m，下入技术套管，技术套管下深1660m。但当钻至1719m时又发生井漏，漏失钻井液100m³，当时钻井液密度1.13g/cm³，黏度60s。罐钻井液罐不满，采取起钻至技术套管内等技术措施。经判断是油层段亏空导致井漏，在静止期间曾测量钻井液的静液面，计算地层的压力系数为0.55，且该区块连通性极好，地层胶结不好，在该区块32467井队和钻井二公司均报废过一口井。因此，决定使用可循环泡沫钻井液体系钻完剩余井段。

2. 制泡沫钻井液地面设备要求

（1）由于可循环泡沫配制需要的搅拌条件高，必须将大泡通过搅拌变成小泡，使之稳定，地面搅拌器最好用大功率的搅拌器。

（2）由于可循环泡沫形成低密度的泡沫钻井液，它对于泵的上水效率有一定的影响，有时需要用灌注泵等将泡沫钻井液泵入井内。

3. 循环泡沫钻井液的配制

（1）计算井内钻井液的量为35m³，加地面用量，共需配钻井液110m³。

（2）按3%~5%土粉+0.1%~0.2%XC+0.1%~0.2%PAC+1%ABS+1%~2%SMP+1%~2%FT-881配制泡沫钻井液。

（3）三开后放掉地面全部钻井液，酿成4%的澎润土浆40m³，再加入400kg的发泡剂十二烷基硫苯磺酸钠和200kg的稳泡剂黄原胶，更换了大功率搅拌机，并配备一台剪切泵，充分搅拌后，钻井液体积达到70m³左右，泵入井内，把井筒内的钻井液替换出来后放掉，按上述配方补充够钻井液。循环均匀后的钻井液密度0.76g/cm³，黏度70~80s。

后进行了桥塞堵漏，堵漏成功后进行钻进，钻井液密度0.68~0.87g/cm³，漏斗黏度58~95s，流型指数0.64，稠度系数299，pH值8.5。

钻进过程中，为了达到稳定泡沫的目的，要尽量保持发泡剂和稳泡剂的有效含量，每钻进50m或12h，加入十二烷基硫酸钠100kg，黄原胶100kg，充分利用好剪切泵和大功率搅拌机，保持钻井液性能的稳定。各井段钻井液性能见表2。

表 2　冷 43 - 34 - 666 井泡沫钻井液性能

井深，m	密度，g/cm³	漏斗黏度，s	塑性黏度，mP·s	动切力，Pa	静切力，Pa/Pa
1660	0.76	80	26	11	3/5
1701	0.77	85	26	10	3.5/6
1745	0.79	82	25	9.5	2.5/8
1769	0.80	80	25	12	2/6
1798	0.79	86	29	11	2.5/9
1856	0.81	79	27	8	3/9
1896	0.78	90	30	11	4.5/12

为了提高钻井液的防漏堵漏效果，降低流失量，使形成的泥饼更加致密，每次加入发泡剂和稳泡剂的同时，加入 0.5t 暂堵剂和 0.5t 磺化沥青，使井壁更加稳定规则。

从 1660m 三开到 1896m 完钻，共用时 3d，期间起下钻两次，每次起下钻都通畅无阻，没有遇阻遇卡现象，说明该体系悬砂、携砂效果好。钻进过程中共补充钻井液 20m³，钻井液漏失量少，有利于保护油气层。钻井过程顺利，完井电测一次成功，下尾管固井顺利。本井投产后，日产原油 10t，采油强度大大高于邻井。

（4）该井段钻井液的配方用料。在 1719～1896m 井段钻井液的配方用料为：ABS 计 1.8t，XC 计 0.5t，PAC 计 0.7t，土粉计 35t，SMP 计 1.5t，FT - 881 计 1t，NaOH 计 0.3t，Na_2CO_3 计 0.8t。

五、效 果 评 价

1. 钻井液密度低，携砂能力强

冷 43 - 34 - 666 井在三开期间，钻井液性能稳定，虽然钻井液密度较低，但由于可循环泡沫钻井液动切力较高，具有较强的携砂能力，反出岩屑正常，保证了正常录井，及时发现了油气显示。钻井液泵上水正常，泵压正常，井眼清洁，起下钻通畅无阻，下套管、固井顺利。

2. 防漏堵漏效果好

由于可循环泡沫钻井液密度低，降低了井眼中的液柱压力，又由于泡沫钻井液独特的结构，避免了在低压易漏地层钻井时容易发生的井漏现象。这口井在钻井过程中钻井液量消耗少，没有井漏现象，显示了良好的防漏堵漏效果。

3. 保护油气层效果明显

现在冷 43 - 34 - 666 井已经全部投产，原油产量明显高于邻井，具体情况如下：冷 43 - 34 - 666 井，投产后第一个月（28.6d）生产原油 295t，第二个月（30d）生产原油 237t，第三个月（31d）生产原油 236t，第四个月（30d）生产原油 205t，投产 119.6d 共生产原油 973t，平均日产原油 8.1t。目前该区块邻井都已停产。邻井开发之初，地层压力 16.8MPa，日产原油 20～30t；冷 43 - 34 - 666 井投产时地层压力为 4.5MPa。比较采液强度，冷 43 - 34 - 666 井为 8.1t/4.5MPa＝1.8t/MPa，邻井开发之初为 25t/16.8MPa＝1.5t/MPa，可见冷 43－34－666 井采用泡沫钻井液提高了采油强度，见到了明显的保护油气层效果。

六、结　　论

（1）可循环泡沫钻井液体系工艺技术简单，施工方便，经济实用，防漏堵漏效果明显，能保护油气层，提高油气产量，可广泛适用于辽南地区，尤其是冷冻、锦采等地层胶结疏松、地层压力低的油气层，是优良的防漏堵漏钻井液体系。

（2）该体系为低压油藏的钻井施工提供了一种新的钻井液体系，可以有效地预防井漏的发生，达到保护油气层的目的，在低压油藏具有广阔的应用前景。

甲基葡萄糖甙钻井液在锦 612-18-26 井的应用

宋元森　卿鹏程

摘　要　本文介绍了锦 612-18-26 井应用甲基葡萄糖甙（MEG）钻井液的情况。实际应用表明，该钻井液体系能抑制泥岩水化膨胀、保持油层气。

关键词　甲基葡萄黏甙钻井液　水化膨胀

一、地 质 情 况

锦 612-18-26 井位于辽宁省凌海市安屯乡三义村南约 1.4km 处，是锦 612 块的一口开发斜井。地质分层及岩性描述见表 1。

表 1　锦 612-18-26 井地质分层及岩性

地　　层			实钻深度 m	主要油气井段 m	岩 性 描 述
系	组	段			
上第三系	馆陶组		784		砂岩、粗砂岩、砂砾岩、砾石
下第三系	东营组		844	935～1372	灰色、灰绿色泥岩夹砂岩
	下第三系	S_1、S_2 段	1096		油斑砂岩、油浸砂砾岩夹泥岩
		S_3 段	1407		油斑、油浸砂岩、细砂岩夹泥岩

二、工程情况简介

锦 612-18-26 井于 2002 年 5 月 17 日开钻，2002 年 5 月 28 日交井，在 198～1407m 使用 MEG 钻井液体系，钻井、中完、测井、固井等施工作业均非常顺利。井身结构见表 2。

表 2　锦 612-18-26 井井身结构

序号	井眼尺寸，mm	井段，m	套管尺寸，mm	套管下深，m
1	346	0～198.62	273	198
2	215	1407	139.7	1406

三、技 术 难 点

（1）锦 612-18-26 井位于辽宁省凌海市大凌河入海口生态养殖场附近，井场周围均是养虾池塘，环境保护要求严格；

（2）该井位于锦 612 区块，其 S_2、S_3 油藏属中孔、中渗油藏，其间的泥岩水敏性强，易水膨胀堵塞油气通道，污染油层。

（3）该井是我公司第一次使用 MEG 钻井液体系。

四、钻井液施工措施

1. 防漏措施

（1）在馆陶段钻进时，要使钻井液保持 4%～5% 的膨润土含量，提高钻井液的携带、悬浮岩屑的能力，增强造壁性，必要时加入适量暂堵剂，以提高地层的承压能力。

（2）控制下钻速度不能过快，开泵要先小排量，待返出正常后再逐渐开大排量，以免造成压力激动而憋漏地层。

（4）提高净化设备的使用效率，及时清除钻井液中的有害固相，防止环空憋堵引发井漏。

2. 油气层保护措施

（1）严格控制钻井液施工密度在设计密度 1.15g/cm³ 以内。

（2）钻入油气层后及时加入足量的 MEG，抑制油气层中的泥岩水化膨胀和分散运移，防止堵塞油气通道。

（3）钻入油气层后及时加入足量的降失水剂，控制 API 失水不超过 4mL。

（4）充分使用好净化设备，控制膨润土含量不超过 4%、固相含量不大于 8%、含沙量不大于 0.2%。

（5）处理维护好钻井液，保障工程顺利施工，加快钻进速度，缩短对油气层的浸泡时间。

五、钻井液的施工情况

1. 0～198m：普通水基钻井液

按 8%～10% 膨润土 ＋（1%～1.5%Na₂CO₃ ＋ 1% 改性淀粉 ＋ 1%FT-881 的配方配制成黏度为 80～100s 的一开钻井液，用改性淀粉降滤失，提高造壁性，用 FT-881 改善钻井液流动性和泥饼质量。

2. 198～1407m 井段：MEG 钻井液

用原浆钻完上部套管内的阻流环和水泥塞后，稀释清砂，并加入适量纯碱和 FClS 预处理水泥塞，然后按 4%～5% 膨润土 ＋ 0.5%Na₂CO₃ ＋ 5%MEG ＋ 1% 改性淀粉 ＋ 1%FT-881 的配方配制成黏度为 60～70s 的二开钻井液进行二开，在馆陶段钻进时一直按此配方补充钻井液。

在钻穿馆陶段进入油气层之前，利用离心机充分清除有害固相，使钻井液中的膨润土含量低于 4%，一次性加入 15% 的 MEG，同时加入 FT-881 改善流动性，在钻进过程中不断补充 MEG，使其含量不低于 15%。分段钻井液性能见表 3。

六、使 用 效 果

（1）锦 612-18-26 井全井施工非常顺利，完井电测、下套管及固井等施工顺利，钻井速度明显加快，建井周期仅为 7d。

（2）振动筛面上的岩屑清晰，棱角分明，电测井径曲线几乎是一条直线，说明 MEG 钻井液体系抑制性强。

（3）该试验井井斜达 14°，施工过程中没有加其他润滑剂，而起下钻、钻进及完井作业顺利，证明 MEG 钻井液体系润滑能力强。

表3　分段钻井液性能

井段 m	密度 g/cm³	黏度 s	静切力，Pa/Pa		API 失水 mL	pH 值	塑性黏度 mPa·s	动切力 Pa	流型指数	稠度系数 mPa·sⁿ	含膨润土 %	含固相 %	含沙 %
			10s	10min									
0 ～ 200	1.10	80 ～ 100	4.0 ～ 5.0	6.0 ～ 8.0	<12	8.0 ～ 9.0					8 ～ 10	<8	< 1.0
200 ～ 900	1.10 ～ 1.12	60 ～ 70	3.0 ～ 4.0	4.0 ～ 6.0	<8	8.0 ～ 9.0	12 ～ 15	3.5 ～ 5.0	0.72 ～ 0.64	100 ～ 150	4 ～ 5	<9	< 0.5
900 ～ 1407	1.12 ～ 1.15	40 ～ 50	2.0 ～ 3.0	4.0 ～ 5.0	<4	8.0 ～ 9.0	15 ～ 20	5.0 ～ 7.0	0.67 ～ 0.60	150 ～ 220	<4	<8	< 0.3

（4）完井油气显示情况以及与邻井的对比。

对该井的结果分析表明，与两口邻井（锦612-18-28井，距离200m；锦612-16-26井，距离400m）相比，油气显示明显，发现的油层段长。锦612-18-28井发现油层27m，锦612-16-26井发现油层为32m，而这口试验井发现的油层段为45.6m，比距离最近的锦612-18-28井多发现油层近18.6m，说明 MEG 钻井液体系减少了对油气层的污染，具有很好的油气层保护功能。

（5）试验井的投产情况以及与邻井的对比。

锦612-18-26井于2002年6月4日投产，上述两口邻井分别于2002年2月17日、2002年3月9日投产，通过对这三口井的套压、油压进行对比，锦612-18-26井的套压、油压明显高于两口邻井，其中油压高出近2倍，套压高出近5倍。截止到8月6日，锦612-18-26井的油压仍达到0.9MPa，套压7.8MPa，回压0.45MPa，日产液34.9t，其中日产油33.9t，日产气7880m³，而邻井已采用抽油方式采油，这表明该钻井液体系具有很好的油气层保护性能。

甲酸盐无固相钻井完井液在欢 633 井的应用

刘 榆 宋元森

（辽河油田钻井一公司）

摘 要 本文介绍了甲酸盐无固相钻井完井液在欢 633 井的应用情况。现场应用表明该钻井完井液体系抑制性强，能满足不稳定泥页岩地层安全钻井的需要，并能有效保护油气层。

关键词 钻井液 甲酸盐 无固相 抑制性

一、地质情况简介

欢 633 井位于辽宁省盘山县南偏东约 8.5km。属于欢 103 块，是辽河油田漏塌严重区块，主要目的层为 S_4 和中生界，完钻井深 3620m，最大井斜 16°，四开使用甲酸盐无固相钻完井液体系。地质分层见表 1。

表 1 欢 633 井地质分层情况

地层	斜深，m	岩 性
馆陶组	1087	
东营组	1719	
沙一、二段	2352	
沙三段	3103	
沙四段	3534	灰绿色泥岩，粉砂质泥岩，浅灰色细砂岩，夹砂砾岩，黄褐色中砂岩夹薄层油页岩，底部为灰色泥岩
中生界	3620	角砾岩、混合花岗岩、辉绿岩

二、工程情况简介

欢 633 井于 2001 年 8 月 9 日开钻，2001 年 12 月 11 日交井，全井施工顺利。

表 2 欢 633 井身结构

序号	井眼尺寸，mm	井段，m	套管尺寸，mm	套管下深，m
1	508	0～52.5	508	52.19
2	346	～1260	273.05	1159.26
3	241.3	～3110	177.8	3103
4	152	～3620	127	3618

三、钻井液施工技术难点

（1）为了更好的发现和保护油气层，甲方在四开井段设计使用密度 1.05～1.12g/cm³ 的甲酸盐无固相钻完井液体系，该钻完井液体系第一次在辽河油田使用。

（2）四开井段为沙四和中生界地层，含有大段的深灰色泥岩、灰色泥岩、油页岩，易于分散、垮塌。

（3）四开井段气层发育，要求起钻不能抽吸。

四、钻井液技术

1. 甲酸盐无固相钻井完井液配方

0.2%PMHA-Ⅱ+0.2%～3%XC+0.2%80-A51+1%改性淀粉+1%SPNH+1%单项压力封闭剂+10%～50%甲酸盐。

（1）甲酸盐无固相钻井完井液回收率实验：实验选用沈 625 块 S_4 坍塌层岩屑，所有钻井液分别取自现场。甲酸盐无固相钻井完井液体系由甲酸钠配制，密度为 1.13g/cm³。实验结果见表 3。

表 3　无固相钻完井液岩屑回收率实验

项　　目	加量，%	回收，g	回收率（120℃×16h），%
聚合物体系	50	32.5	65.0
有机硅体系	50	44.0	88.0
甲酸盐无固相钻完井液体	50	46.0	92.0

从表 3 可以看出甲酸盐无固相钻完井液具有良好的防塌效果。

（2）甲酸盐无固相钻完井液膨胀性实验：采用过 100 目筛、105℃烘干 2h 的二级土做膨胀试验，用华北 NP-01 页岩膨胀测试仪测试 8h 的线性膨胀量。结果见表 4。

表 4　甲酸盐无固相钻完井液体系的膨胀实验

项　　目	膨胀量，%	页岩膨胀降低率，%
蒸馏水空白	6.56	—
聚合物体系	2.62	60.1
有机硅体系	2.49	62.0
甲酸盐无固相钻完井液体系	2.10	68.0

2. 施工过程

3110m 四开，按体系配方，清洗泥浆罐后配制四开钻井完井液体系，配浆密度 1.05g/cm³。顺利地由 3110m 钻至 3205m，根据地质情况钻井完井液密度逐步提到 1.10g/cm³；钻井液性能稳定，井下正常。钻达 3205m 准备起钻前静止测后效，油气上窜速度 220m/h，发现气侵后钻井完井液密度逐步提至 1.21g/cm³，上窜速度仍为 36m/h。分析认为是薄层气的影响，为了充分保护好油气层，未再提密度。在后期钻井施工过程中密度一直保持在 1.18g/cm³ 左右，每次起下钻都有后效，始终处于欠平衡钻进施工。由于该钻井液体系黏切低，施工过程中的气体随之排除，保证了钻井施工的顺利进行，平均每天进尺达 100m，比邻井钻速快 30%，整个钻井施工顺利，钻井液性能稳定。

完钻后，为了保证固井质量，使用甲酸钾将密度提至 1.22g/cm³，3 次电测均一次测完，固井施工顺利，整个四开施工 45d。

3. 施工过程钻井液性能

钻井液性能见表 5。

表 5　钻井液性能表

井深，m	密度，g/cm³	黏度，s	滤失量，mL	pH 值	塑性黏度，mPa·s	动切力，Pa	流型指数	固相含量,%
3112	1.07	50	16	11	18	7	0.60	3
3205	1.13	63	12	10.5	25	13.5	0.51	3.5
3205	1.21	65	12	11	27	16	0.56	4
3255	1.19	69	10	11	29	14	0.59	4
3428	1.17	73	11	10	31	13	0.59	2
3620	1.18	75	10	10	28	13	0.60	5
3620	1.22	70	10	10	28	13	0.60	5.8

五、应　用　结　果

甲酸盐无固相钻井完井液体系的现场应用表明该体系有如下优点。

(1) 不污染环境，不损害产层。这是因为该体系中没有对环境不利的因素，无黏土和固相。

(2) 甲酸盐无固相钻井完井液体系有良好的抑制性能，页岩回收率高，可以有效地保护井壁稳定；泥饼薄，起钻顺利不发生抽吸；因井径规则，平均井径扩大率为 5%；地质捞砂基本不用清洗，说明井壁稳定、抑制能力强。

(3) 有利于提高机械钻速，欢 633 井的钻速比邻井高 30%。甲酸盐无固相钻完井液体系基本无须膨润土和加重材料，紊流减阻作用性强，摩阻低，甲酸盐无固相钻完井液体系固相含量低，在钻进中有利于降低环空压降，开泵容易，不会出现较大的起下钻和开泵时的压力波动。

(4) 甲酸盐体性能稳定，体系维护工艺简单，四开费用为 27 万，高于普通无固相钻井液体系 40%。

(5) 该钻井完井液体系首次使用于泥岩地层，在有后效欠平衡条件下，井下仍然安全无任何复杂情况，说明塌效果非常明显。

六、结　　论

(1) 甲酸盐无固相钻完井液体系抑制性强，能满足不稳定泥页岩地层安全钻井的需要。

(2) 甲酸盐无固相钻井完井液是一种高密度条件下使用无固相体系的有效保护油气层的手段。

(3) 该体系使用有机盐，对环境、测井无影响。

(4) 该钻井液体系由于用甲酸盐加重，成本高，在密度 1.20g/cm³ 以下与普通无固相钻井液基本相当，1.25g/cm³ 以上需慎重选用。

YD-2无荧光干扰油溶性暂堵剂的研制与应用

左凤江　耿东士　贾东民　张民立　夏景刚　郭　卫　戴万海
（华北石油钻井工艺研究院）

摘　要　屏蔽暂堵技术是国内广泛采用的一种钻井液保护油气层技术。其中油溶性暂堵剂具有可油溶解堵、在一定温度和压力下可变形等特点，这是其他类暂堵剂不可替代的，但该产品普遍存在较高的荧光，影响地质录井和油层识别，在探井中使用受到限制。YD-2无荧光干扰油溶性暂堵剂则消除了荧光干扰问题，并通过控制生产工艺，调整软化点在80～150℃范围，以满足不同地温储集层的需要。产品最初在开发井高35-2井进行了效果评价试验，其与钻井完井液配伍性好，电测解释、试油结果均显示出良好的保护油层效果。在探井中推广应用，不影响地质录井，改造后的钻井完井液具有良好的屏蔽暂堵效果，达到了保护油气层的目的。

关键词　屏蔽　封堵剂　无荧光　防止地层损害　钻井液

钻井过程中采用屏蔽暂堵保护油层的钻井液技术，对于准确评价油气层，及时发现油气层，提高探井成功率和提高生产井的原油产量，有着十分重要的作用。该项技术在"八五"期间在全国各油田推广应用取得了显著的经济效益，"九五"期间该技术作为探井保护油气层技术，被中国石油总公司列为重点科技攻关课题。华北油田根据冀中地区油藏的具体地质地层特点，采用屏蔽暂堵技术开展了探井保护油气层钻井完井液的研究工作。由于国内的油溶性暂堵剂产品均存在较高的荧光，影响地质录井。为解决这一问题，研制出了荧光级别低于2级、软化点可调的YD-2无荧光干扰油溶性暂堵剂，通过现场应用，取得了较好的保护油气层效果。

一、室内实验

1. 产品理化性能

YD-2无荧光干扰油溶性暂堵剂由有机合成材料、交联剂、表面活性剂、无机盐和碱在一定的反应条件下制得的。产品的软化点可通过调整原料的比例、pH值和反应温度而获得。表1为不同反应条件下产品的理化性能。

表1　YD-2理化性能

批 号	外　观	水份，%	pH值	油溶率，%	软化点，℃	荧光级别
1	灰白色粉末	7	7.5	83	147	2
2	白色粉末	8.5	8	85	132	2
3	白色粉末	8.2	8	86.5	123	1
4	灰白色粉末	6.3	8	88	108	1
5	白色粉末	7.3	8.5	87	97	—
6	白色粉末	5.6	8.5	91	84	—

2. 与钻井液的配伍性实验

选择常用的钻井液体系聚合物和聚磺钻井液，评价 YD-2 对钻井液性能的影响。表 2 为 123℃、147℃时两种产品室内实验的结果。

表 2　YD-2 对钻井液流变参数的影响

钻井液类型	YD-2 软化点	加量 %	流变参数					
			表观黏度 mPa·s	塑性黏度 mPa·s	动切力 Pa	静切力 Pa	API 失水 mL	HTHP 失水 mL
聚合物钻井液	123℃	0	27	20	7	3/5	7.6	21
		1	29	23	6	4/7	7.8	18.3
		2	32	24	8	4/8	7.4	18
		3	36	27	9	4/8	7.5	17.6
	147℃	0	27	20	7	3/5	7.6	24.5
		1	28.5	23	5.5	3/6	8.2	22.5
		2	33	24	9	5/8	7.6	20.4
		3	37	27	10	5/9	7.8	21
聚磺钻井液	123℃	0	34	26	8	4/7	5.2	16.4
		1	35	26	9	3/8	5.4	15.3
		2	37	28	9	4/9	4.8	14.5
		3	40	30	10	4/9	4.3	13.8
	147℃	0	34	26	8	4/7	5.2	17.8
		1	33	27	6	3/5	5.8	15.4
		2	36	28	9	5/8	5.0	15.2
		3	41	30	11	4/9	5.1	13.9

注：1. 聚合物钻井液：5%钠膨润土浆 + KPAM + NPAN + BaSO$_4$，密度 1.30g/cm^3；

　　2. 聚磺钻井液：5%钠膨润土浆 + KPAM + NPAN + SMP + HMF + SMC + BaSO$_4$，密度 1.30g/cm^3；

　　3. HTHP 滤失条件：123℃软化点暂堵剂为 120℃/3.5MPa；147℃软化点暂堵剂为 150℃/3.5MPa。

上述试验说明，YD-2 无荧光油溶性暂堵剂对钻井液流变参数影响不大，能够改善高温高压条件下泥饼质量，降低 HTHP 滤失量。

3. 抗温性试验

在聚磺钻井液中加入 1%～2% 的 YD-2，在 150℃高温条件下滚动 16h 后，钻井液化学性质没有发生变化。试验数据见表 3。

表 3　YD-2 抗温性试验

钻井液 ＼ 性能	高温前后	表观黏度 mPa·s	塑性黏度 mPa·s	动切力 Pa	静切力 (10s/10min) Pa/Pa	API 失水 mL	HTHP 失水 mL
基浆	高温前	30.5	24	6.5	3.5/7	7.5	15.6
+1%1#YD-2		31.5	24	7.5	4/7	7.6	13.4
+1%2#YD-2		30	23	7	4/7	7.3	14.6

钻井液 ＼ 性能	高温前后	表观黏度 mPa·s	塑性黏度 mPa·s	动切力 Pa	静切力（10s/10min）Pa/Pa	API 失水 mL	HTHP 失水 mL
基　浆	高温后	26.5	21	5.5	3/5	6.7	15.2
＋1％1＃YD－2		28	22	6	3/6	6.4	13.1
＋1％2＃YD－2		27.5	22	5.5	3/5	6.6	14.4

注：1. 1＃YD－2 软化点 120℃，2＃YD－2 软化点 150℃；

2. 聚磺钻井液配方：5％钠膨润土浆＋KPAM＋NPAN＋SMP＋HMF＋SMC；

3. HTHP 滤失条件：120℃/3.5MPa。

4. 屏蔽暂堵效果评价

（1）评价方法。

用高温高压动失水仪模拟钻井过程中钻井液对油气层的损害程度以及加入暂堵剂后的暂堵效果。最后通过静态流动试验观察其形成泥饼的强度以及反排解堵效果，测定稳定渗透率 $K_反$，计算出渗透率恢复值（渗透率恢复值＝（$K_反/K_w$）×100％）。

（2）试验结果。

使用聚磺钻井液配制屏蔽暂堵钻井液。根据储层岩心孔喉直径的主要分布范围，依据 1/2～2/3 架桥原理，选择和确定满足屏蔽暂堵技术所要求粒径的暂堵剂及加量。

基浆配方：5％钠膨润土＋0.3％KPAM＋0.5％NPAN＋1％HMF＋1％SMP。

储层岩心：高 35 井、西柳 10－16 井、苏 20 井、留 70－231 井和哈 62 井。

暂堵剂及加量：YD－2 无荧光油溶性暂堵剂 1％～3％、QS 超细碳酸钙 3％～5％。

屏蔽暂堵效果见表 4。

表 4　屏蔽暂堵效果

试验岩心		钻井液	渗透率，mD		渗透率恢复值%	温度℃	滤失量 mL
			K_w	$K_反$			
西柳 10－16	2－18/23－1	基浆	12.83	8.2	63.9	80	18
	2－18/23－4	基浆＋YD－2＋QS	13.6	12.82	94.3	80	11.3
高－35	1－5/47－4	基浆	65.48	44.60	68.11	80	18
	1－5/47－6	基浆＋YD－2＋QS	57.32	53.74	93.75	80	11.3
苏－20	2－21/21－2	基浆	63.60	42.77	67.25	80	20
	2－21/21－3	基浆＋YD－2＋QS	66.35	60.8	91.64	80	9.4
哈－62	6－10/42－1	基浆	11.0	7.62	69.3	60	7.9
	6－10/42－2	基浆＋YD－2＋QS	11.3	10.28	91.1	60	6.4
留 70－231	4－24/88－1	基浆	19.2	10.4	54.2	95	18.4
	4－24/88－1	基浆＋YD－2＋QS	16.9	13.54	80.1	95	15.2

注：K_w—暂堵前正向 1％KCl 溶液测渗透率；$K_反$—暂堵后反向油测渗透率。

从表 4 可以看出，YD－2 无荧光油溶性暂堵剂与超细碳酸钙配合使用能达到良好的屏蔽暂堵效果，渗透率恢复值在 80％以上。

二、现场应用与效果

1. 高 35－2 井

（1）工程概况。

高 35－2 井为冀中凹陷蠡县斜坡大百尺构造带的一口开发井，设计井深 2700m，完钻层位沙二、沙三段。一开用 444.5mm 钻头一开，井深 121.12m；二开用 215.9mm 钻头，钻至设计井深 2700m，顺利完钻。

（2）储层物性。

高 35 断块储层为第三系沙河街组沙一段、沙二段，属孔隙型、均质砂岩油藏。油层位置在 2450～2660m，油层岩性为浅灰色细砂岩，孔喉半径主要分布在 2.5～16μm，孔隙度为 16％～23％，渗透率为（93～226）×10$^{-3}\mu$m^2。

（3）现场应用情况。

钻至 2300m 依次加入 1.5％QS－4、1.5％YD－2 改性钻井液，使其成为屏蔽暂堵式保护油气层钻井完井液。钻井液性能见表 5。

表 5　屏蔽暂堵式钻井完井液性能

性　　能	密度 g/cm^3	漏斗黏度 s	塑性黏度 mPa·s	动切力 Pa	API 失水 mL	HTHP 失水 mL	初切/终切 Pa/Pa	pH 值
井浆	1.23	28	14	3.5	4.2	17	1/7	7.5
井浆＋1.5％QS－4	1.24	31	14	3.5	5.0	8.8	1.5/12	7.5
井浆＋1.5％QS－4 ＋1.5％YD－2	1.24	32	14	4.5	5.0	6.4	1/10	8

（4）现场钻井液屏蔽暂堵效果评价。

使用高温高压失水仪和岩心静态流动试验装置对现场加入 QS－4 和 YD－2 前后的钻井液做保护油气层效果评价，渗透率恢复值由 63.7％提高到 91.41％，数据见表 6。

表 6　高 35－2 井钻井完井液渗透率恢复值试验

钻井液组成	试验岩心 高 35 井	渗透率，mD			暂堵率 ％	渗透率恢复值 ％	温度 ℃	滤失量 mL
		K_w	K_1	$K_反$				
现场浆	1－7/47（3）	84.09	24.39	53.57	71.35	63.71	80	21
现场浆＋QS－4	1－7/47（5）	78.23	15.49	56.19	80.20	71.83	80	17.6
现场浆＋ QS－4＋YD－2	1－7/47（6）	90.37	3.25	82.61	96.41	91.41	80	9.4

（5）与邻井电测解释对比。

高 35－1 井与高 35－2 井相距 250m，由同一钻井队施工，两口井地层的对应关系较好，可比性也较强。通过电测对比，采用保护油层钻井液后高 35－2 井有如下优点。

①有利于电测解释。高 35－2 井电测解释表明，油层比较典型，油水层界面非常清晰；

②油层受钻井液污染小。在油层渗透率高于高 35－1 井的情况下，污染半径反而变小；

③有利于发现油层。高 35－2 井解释的油层比高 35－1 井多发现了 3 层，厚度也增加了 5m。

（6）产油量比。

高35-2井在2.4m的油层段试油，日产油量达15.88m³，较邻井高35-1井有了较大的提高，单位厚度产油指数比邻井提高了近一倍。对比数据见表7。

表7 产油情况对比

井 号	射孔井段 m	有效厚度 m	$K_{有效}$ mD	按流动曲线折算产（油/水）量 m³/d	产油指数 m³/（d·MPa）	单位厚度产油指数 m³（d·MPa·m）
高35-1井	2500.4～2507.0	5.8	241.67	13.31/0.41	1.60	0.276
	2525～2528	1.8	484	5.59/2.07	0.47	0.261
高35-2井	2504.0～2507.0	2.4	39	15.88/—	1.19	0.496

2. 苏61井

（1）工程概况。

苏61井位于河北省霸州市东杨庄乡杜台子村，是位于冀中凹陷霸县凹陷文安斜坡苏桥东断块的一口预探井。钻探目的是了解该断块 C-P 系地层的含油气情况。设计井深4200m，完钻层位石炭二叠系。使用444.5mm钻头一开，井深88m，339.73mm套管下深85.61m，使用311.2mm钻头二开，井深2230.5m，244.5mm套管下深2228.75mm，使用215.9mm钻头三开，钻至4205m顺利完钻。

（2）储层物性。

根据地质资料分析可知：二叠系的上石盒子组为本井的产层，属粒间孔隙型储层。岩性为浅灰色砂岩、砂砾岩与暗紫色、灰紫色泥岩间互，砂岩结构为粗中砂，渗透性较好。储层岩性为纯石英含砾粗中砂岩，石英占陆源矿物成分的90%以上，泥质占胶结物的8%。胶结类型为孔隙—接触式胶结。储集层比较发育，单层厚度大，石炭—二叠系地层厚540.8m，其中砂层188m，砂地比为34.7%。孔隙度最大为19.2%，最小为14.1%，平均为16.7%。渗透率最大为$404×10^{-3}\mu m^2$，最小为$70.8×10^{-3}m^2$，平均值为$273.7×10^{-3}\mu m^2$，喉道半径为11.03～19.05μm。

（3）现场应用情况。

使用HMF、NPAN、HMP21和SMC等处理剂调整二开钻井液达到设计性能。钻至3048m依次加入1.5%QS-4、1.5%YD-2配成屏蔽暂堵式保护油气层钻井液。进入油层后，及时补充YD-2及QS-4，保持其在钻井液中的有效含量，表8为不同井深钻井液性能。

表8 屏蔽暂堵钻井液性能

井深 m	密度 g/cm³	黏度 s	塑性黏度 mPa·s	动切力 Pa	API失水/泥饼 mL/mm	HTHP失水/泥饼 mL/mm	初切/终切 Pa/Pa	pH值
3068	1.29	62	30	11	4/0.5	12.8/3.5	3/9	9
3168	1.37	53	28	11	3.5/0.5		3/5	9
3205	1.35	60	28	14	3.5/0.5	15.2/3.5	4/7	8.5
3394	1.36	72	30	13	3/0.5		4/10	9
3459	1.37	56	26	10	3/0.5	10.4/2.5	3/6	9
3763	1.42	113	34	18	3/0.5	8.8/2	5/15	9
3831	1.42	62	32	12	3/0.5	10.4/4	4/15	8.5
4041	1.42	62	31	13	3/0.5	11.2/4	4/13	8.5

（4）现场钻井液屏蔽暂堵效果评价。

用高温高压动失水仪和岩心静态流动实验装置对现场加入 YD-2 前后的钻井液做保护油气层动态模拟实验，测定岩心的渗透率恢复值，数据见表9。

表9 苏61井钻井完井液渗透率恢复值试验

取浆井深 m	渗透率，mD		渗透率恢复值，%	压差，MPa	时间，min	温度，℃	滤失量，mL
	K_w	K_1					
3028	0.135	0.086	63.8	3.5	145	90	2.6
3580	0.197	0.167	84.8	3.5	145	90	2.4
4000	0.096	0.082	85.4	3.5	145	100	1.3

从表9可知，未加入 YD-2 的现场浆渗透率恢复值为63.8%，加入 YD-2 的现场浆渗透率恢复值为84.8%和85.4%。说明采用以 YD-2 为暂堵剂的屏蔽暂堵钻井液对该区块储层的保护是非常有效的。

（5）测试情况。

通过表皮系数和堵塞比可以看出，储层段未受到外来作业流体的污染。数据见表10。

表10 测试段表皮系数和堵塞比

井段，m	地层	类型	表皮系数	堵塞比
3823.3～3844.3	C-P	水层	-0.44	0.88
3165～3208	ES_3	含油水层	-0.59	0.77

三、结　论

（1）YD-2 荧光级别小于2级，不影响地质录井，有利于油层的识别和发现。

（2）YD-2 对钻井液的性能无不良影响，能有效降低 API、HTHP 滤失量，与常规处理剂有良好配伍性。

（3）通过合理的粒级匹配，YD-2 与其他暂堵剂配合使用能达到良好的屏蔽暂堵效果。

聚合物三磺盐水防塌钻井液在濮深 13 井的现场应用

代余武　李成维

摘　要　濮深 13 井是中原油田的一口高难度探井，使用聚合物三磺盐水防塌钻井液顺利地解决了钻井工程中所遇到的多方面困难。通过该井的实践，找到了一套适合于中原油田复杂地层钻井的钻井液体系。本文系统地总结了濮深 13 井钻井液体系的处理过程、配方、性能以及该钻井液体系的诸多优越性。

关键词　聚合物　盐水　防塌　钻井液

一、前　　言

濮深 13 井位于中原油田西部海通集凹陷，是以找气为主的深层预探井之一，设计井深 5500m。该井有如下地质特点：

（1）易塌井段长。邻井刘 3 井在 3300～3800m 井段常出现灰色剥蚀掉块，虽然通过提高钻井液密度，失水由 4～6mL 降到 2～2.4mL，但仍有部分剥蚀掉块，常有遇阻遇卡现象。

（2）深层温度高。邻井地温梯度达 3.31℃/100m，预计钻达设计井深 5500m，温度可达到 181.5℃。

濮深 13 井钻探工艺技术特点是：取心次数多，测井次数多，套管层次复杂，还要进行中途测试。

针对地质特点及钻探工艺技术要求，用于濮深 13 井的钻井液应具有下列性能：抗污染及防塌能力强；钻井液热稳定性要好；高温下流变性要好；悬浮和携带能力强。

为了取全、取准各项资料，保证钻井工程的顺利进行，我们对邻井刘 3 井的钻井情况进行了调查和分析，参考国内外有关钻超深井的经验，提出了本井的钻井液体系及处理方案，经室内反复试验，形成了三磺聚合物盐水防塌钻井液体系。经濮深 13 井应用，完钻井深 5149.25m，效果良好。

二、室内试验

1. 处理剂选择及机理分析

根据濮深 13 井所在地区的地质特点和本井的钻探要求，对国内目前常用的几种抗高温处理剂、高分子丙烯酸处理剂、润滑剂、磺化酚醛树脂类及淀粉类等 20 多种处理剂进行室内筛选，经过常温和高温滚动试验，认为用下面几种处理剂可以达到所需的性能。

（1）磺化硝基腐植酸钾（SNMK）。它具有多种基团，能有效地抑制泥页岩水化、膨胀、分散，起到良好的护壁堵孔、稳定井壁和防塌作用，同时在高温下性能稳定。

（2）磺化酚醛树脂（SMP）。具有较强的抗盐污染能力，当与腐植酸钾复配后，在降低高温高压失水和稳定钻井液性能上又有独特的优点。

（3）NaCl。能提高水相矿化度及滤液黏度，减少泥页岩水化膨胀压力，使滤液不致渗入更深地层去，同时又可提高钻井液动切力值，达到提高动塑比值的目的。

（4）防塌润滑剂 FT-341 和 FT-342。在提高钻井液润滑性的同时，可增加泥饼在高温高压下的可压缩性，从而起到封堵微裂缝作用。

（5）丙烯酸类处理剂。除具有包被、抑制分散作用外，还可以提高剪切稀释效能，保证在停泵或井下复杂时，将钻屑能及时悬浮并携带上来。

2. 配方选择

用以上处理剂，经正交试验复配后，优选出三套配方。将这三套配方在不同温度下恒温滚动，实验表明确实具有抗温能力强、流变性好、高温高压下滤失量低的特点，数据见表1。从而形成了适应濮深 13 井的钻井液体系方案，用于三开和四开井段。

表1　室内试验性能及流变参数

序号	温度	密度 g/cm³	漏斗黏度 s	滤失量 mL	pH 值	塑性黏度 mPa·s	动切力 Pa	初切/终切 Pa/Pa	流性指数	稠度系数 mPa·sⁿ	测温℃
1	井浆	1.26	43	3.7	11	23	10.5	4.78/14.82	0.60	0.52	70
2	1#	1.26	54	3.0	11	32	9.08	2.15/21.5	0.70	0.65	70
	180℃	1.27	44	3.8	9	31	8.6	2.39/7.65	0.70	0.31	70
3	2#	1.23	45	2.5	12	30	7.5	1.9/17.7	0.74	0.22	70
	195℃	1.23	42	4.2	8	27	12.5	2.87/7.17	0.60	0.58	70
4	3#	1.60	64	2.0	12	61	14	4.30/13.86	0.75	0.39	70
	202℃	1.60	52	4.0	9	31	16	4.78/18.16	0.58	0.82	70

注：1#：井浆 + 4% SNMK + 1.5% FCLS + 0.8% NaOH + 5% NaCl + 5% KCl + 3% SMP + 0.5% CMS + 1.0% $K_2Cr_2O_7$；

2#：井浆 + 3% SNMK + 3.0% FCLS + 1.0% NaOH + 5% NaCl + 5% KCl + 3% SMP + 0.5% CMS + 1.0% $K_2Cr_2O_7$；

3#：井浆 + 2% SNMK + 4% SMP + 1.0% CMS + 3.0% FT-342 + 5% NaCl + 0.5% NaOH + 加重 $BaSO_1$。

三、现 场 应 用

1. 分段钻井液转化及维护处理

（1）一开用 PAM-NaCl-CMC 体系，保证表层套管顺利下入。

（2）二开用低固相聚合物钻井液，即 HPAM-CPAN-CMS，并复配 FCLS 和 FT-341。在该井段主要依靠大分子 HPAM 包被钻屑，抑制分散，并充分使用振动筛、除砂器来控制固相。井深 2600m 后转化为 SMP-SMC-FT-341 体系，顺利钻至井深 3150m。但由于该井段井径大，泥浆量多，仅有的固控设备不能满足需要，大部分固相仍被分散在钻井液中，摩阻系数大，造成多次修泵，仅降黏切就消耗 FCLS 达 43t，NaCl 达 25t，NaOH 达 50t。所以，为了使 φ339.7mm 技术套管顺利下入，取井浆测全性能，并用 NF-1 型黏附仪测摩阻，数值达 0.13/45min，这时加磺化丹宁（SMT）调整流动性，用润滑剂 RH-3 和聚乙烯塑料球（HZN-102）调整润滑性。循环均匀后，顺利下入 φ339.7mm×3149.08m 全国第一大直径套管。钻井液静止91.42h后，开泵一次成功，顺利固完井。

（3）三开开始使用三磺聚合物盐水防塌钻井液，配制工艺严格按步骤和方法进行。三开钻井液是把二开钻井液放去1/3，并在清水中先加所需处理剂的一半，将钻具下到井内后，与地面浆混合，待循环均匀，再加入剩余的处理剂。充分循环均匀后便可加重到设计要求。三开转化一次性加入下列药品：SNMK共8t，SMP共6t，CMS共3t，FCLS共1t，NaOH共0.8t，NaCl共8t，并逐步将NaCl补充到25t。

三开后正常钻进至3278.2m起钻。当下钻至3112.5m时遇阻，将泥浆密度由1.30g/cm³逐步提高至1.39g/cm³，划眼48h才到井底。下PDC钻头钻至井深3947.5m后进行中途电测，测至3745m时遇阻，通井时在该井段划眼长达60h，将泥浆密度从1.55～1.56g/cm³提至1.59g/cm³时，测井顺利。以后再下入PDC钻头，顺利钻至井深4536.25m，无一次划眼，中途电测一次成功。三开井段使用三只PDC钻头，最高进尺602.6m，基本顺利地穿过易塌段。

钻井液的维护处理应有充分的试验依据。正常钻进中，为了抑制钻屑的分散，提高流动性和携砂能力，同时满足安全施工的要求，每天除补充0.5%PAC-141、PAC-143（比例为1：0.5）混合液5～8m³外，同时补充5%NaCl溶液1～2m³。每钻进100m测全性能，并根据试验加入抗温和抗盐的处理剂。一般情况下，Cl⁻浓度控制在（2.5～3.1）×10⁴mg/L，黏度在50～70s。井深4000m前，动切力值在7.17～14.34Pa，动塑比值0.50～0.85，静切力值4.78～11.95/7.17～16.73Pa。井深4000m后，动切力控制在11.95～16.73Pa，动塑比值在0.66～2.55，静切力值9.56～16.73/23.9～38.24Pa。

从井口返出泥浆的性能看，黏度不高而静切力值高，动塑比值大，这正满足了井下需要。因为将井浆经170℃×24h滚动后测试实际性能，静切力值并不高。另外本井受钻具结构的影响（127mm内加厚钻杆×218.72m），泵压已达18～21MPa，而排量仅28～26L/s，在取心时排量仅18～20L/m，上返速度更低，这样对携带岩屑更不利，所以对泥浆应通过调整钻井液参数，提高动塑比值来达到层流携砂的目的，且提高比值，使环空流态达到平板化。实践证明，这一做法是合理的，也是符合井下需求的，并取得了良好效果，没有因动切力增大使开泵或起下钻产生很大压力激动。

（4）四开将达到关键性阶段，抗温能力及热稳定性的好坏、膨润土含量的控制是十分重要的。三开钻井周期长，膨润土含量、固含已不能适应下部钻井需要，所以采取配部分新浆进行替换。

①转化工艺。

经室内分析试验，井浆中至少保证50%新浆，才能达到适宜的流变性能和降失水要求，膨润土含量控制在45～50g/L，Cl⁻控制在2.6～3.1×10⁴mg/L。所以将地面循环罐中的钻井液放出120m³，配新浆120m³，预水化24h后与井浆混合，循环均匀加入所需处理剂：KV土粉9t，CMS共3t，Na₂CO₃共1t，SMP共3t，FT-341共7t，NaCl共10t。

一次性转化好后测性能，达到要求即可加重到设计要求。

②钻井液维护处理。

四开配制新浆后，固相含量大大降低，维护处理周期增长，处理剂用量减少，而且在每起下钻一次长达50h的情况下，测钻井液循环周，没有出现忽高忽低的现象，性能均匀稳定。从井口返出性能看，井深4436～4700m井段，黏度在50～60s，失水量2～1.5mL，静切力（7.17～11.95）/（11.95～16）Pa/Pa，动塑比值0.43～0.61。井深4700m后，黏度 40～50s，失水量 1.8～2.6mL，动切力 19.6～27.72Pa，动塑比值 1.39～2.76，膨润土含量控制在 45～48g/L，Cl^- 浓度在 2.6～3.92×10^4mg/L。

如果从常规性能看，黏度不高，静切力和动切力值高，动塑比值也较高。但经高温滚动后，黏度和动切力值都有下降，而且温度越高，性能变得越好。如果要以地面常规性能衡量全井钻井液变化，则降低黏切后，必然会造成携带不出砂子的趋势。从钻具结构上考虑，这种性能完全合乎井下需要。因为钻井液在 ϕ244.5mm 套管中最大流速仅 0.49m/s，如果没有高的动切力和动塑比值，就不足以悬浮和携带岩屑，所以这种性能是合乎井下实际需要的。

四、钻井工程施工

本井钻至井深 5149.2m，共发生断钻具事故三起，大绳断顿钻事故一起，设备出现故障不能循环，强行起钻十多起，电测六次，中途测试一次，都没有因钻井液质量问题，使井下复杂化，充分显示了这种钻井液的优越性。

1. 两次大型套管的顺利下入

（1）二开用 ϕ444.5mm 钻头，钻达井深 3150.25m，中途测井一次完成。如前所述对井浆进行抗温实验，加入抗温能力强、润滑性好的处理剂，顺利下入全国第一口大直径 ϕ339.7mm×3149.08m 套管到底，整个作业进行 78.2h，全部套管下完，上提悬重只增加了 2.5kN，无阻卡，钻井液静止 91.42h，开泵一次成功，顺利固完井。

（2）三开用 ϕ311mm 钻头，钻至井深 4536.25m，循环一周即中途电测，一次测完。通井时只补充 0.5%PAC-141 溶液 20m³、润滑剂 FT-341 共 10t 和玻璃微珠 4t，循环均匀后无阻卡地下入 ϕ244.5mm×4533.64m 技术套管，整个作业进行 71.25h，钻井液静止 94h，开泵一次成功，顺利固完井。

2. 分阶段中途电测

在本井 5 次中途电测中，前两次是国产仪器测井，后三次均由斯伦贝谢测井队测试，最短的测井时间 30h，最长则达 91h，尤其是完钻电测后，又在 8 天两小时后测地温，没有通井，一次测完无阻卡。

3. 中途测试

当钻至井深 4919.27m、裸眼井段长达 445.63m 时，进行中途测试。从坐封到解封经 6h 不黏不卡，一次测试完毕，解封后上提悬重只增加 30kN。

五、应用效果及特点

1. 具有良好的防塌能力

使用聚合物三磺盐水防塌钻井液在易塌井段钻出的井径规则，井径扩大率小。在井段 3150.25～4536.25m 上，平均井径扩大率 5.45%，取 4704m 砂泥岩做回收滚动实验，收获率在 98%以上，而清水中回收率仅 74.7%。

2. 膨润土含量适当，失水造壁性好，泥饼可压缩性强

膨润土含量的高低直接影响着滤失量的高低及抗温能力。本井不论三开、四开钻进，膨润土含量均控制得较好，高温滚动未发生稠化，且还有下降现象。

3. 流变性好

不论在三开还是四开钻进中,钻井液都具有良好的流动性能,环空流态始终处于平板流动,在钻铤部位也没有出现紊流情况,核隙比除 4536~4700m 在 0.65 外,其他都在 0.73 以上,钻杆和钻铤部位环空返速大大低于临界返速。

4. 具有良好的悬浮能力和携带能力

三开、四开钻进,起下钻一次达 50h,有时等四、五 d,甚至更长时间才下钻,共起下钻 60 多次,开泵均一次成功。在中途停泵或检修设备或发生井下事故时,也没有使井下产生复杂化。尤其在 4936.50m 发现泵压下降,经查是钻铤落井,捞获后循环泥浆,携带出重 28.5g 的阻流板和其他片状岩屑。当时钻井液动切力为 20.08Pa,动塑比值 2.47,可见提高动切力是相当重要的。

5. 抗温能力强、热稳定性好

在深井水基钻井液中,它的抗温能力已达 202℃,并持续 24h 性能稳定。如果继续钻至 5500m,温度也不过是 181.5℃,这种钻井液的抗温能力已足够了。

6. 润滑性好,防黏卡能力强

不论是二开、三开还是四开钻进,电测、取心、下套管以及中途测试,在要求钻井液不能混油的情况下,仅使用国内较常用的处理剂,就达到了工程施工的要求,尤其中途测试在中原油田还是第一次,从而结束了深井依赖外油田测试的历史。

六、结　论

实践证明,这聚合物三磺盐水防塌钻井液体系可完全适应中原油田复杂的地层情况,并具有以下优点:

(1) 防塌能力强,井径扩大率小。对于中原油田深层易塌地区,使用这种钻井液可以有效地抑制页岩水化分散和剥蚀掉块。

(2) 润滑性好,有利于防止黏卡,有利于进行测井、下套管等特殊作业。

(3) 抗温能力强,热稳定性好,可用于中原地区 5000~6000m 深井。

(4) 抗污染能力强,可适应高矿化度深井复杂地层使用。

(5) 高、中压滤失量低,高、低温流变性好,泥饼坚韧光滑,可减少井下复杂。

(6) 悬浮和携带能力强,可满足低返速携砂要求。

钾基石灰钻井液的现场应用

赵继成　黄正烨

摘　要　本文叙述了大港油田小集等地区使用钾基石灰钻井液,有效抑制沙河街组大段泥页岩的吸水剥落,使井径扩大率明显下降的简要情况,其中着重介绍了钾基石灰钻井液的现场转化及维护方法,为解决泥页岩地层井径扩大问题提供了一定的现场经验。

关键词　钾基石灰钻井液　防塌　现场试验

埋深多在 2000～3000m 的沙河街组,是一个以大段泥页岩为主的区域性坍塌层位,大港油田尤以小集、六间房地区为甚。采用普通水基钻井液钻井时,由于不能有效抑制该地层泥页岩的吸水剥落,井径扩大率一般在 20%～40%,最大井径可达 625mm(钻头直径为 215.9mm),因而经常发生起钻遇卡,下钻不能到底,长井段划眼等问题。如小集地区使用普通淡水泥浆所钻的 8 口井,平均每口井处理复杂情况的时间为 252h,占钻井总时间的 7.4%。1989 年采用 KHm-FCLS 钻井液所钻的 14 口井,虽然情况比使用普通淡水钻井液好一些,但平均每口井处理复杂情况时间仍达 68.9h。

从 1989 年开始,在大量室内试验的基础上,优选出了新的抑制性钻井液体系—钾基石灰钻井液,并在 4 口井上进行了现场试验,收到了较好效果。1990 年运用 TQC 方法进一步完善其现场处理工艺,在小 11-17 井使用,更显出该体系的优势,从而为解决泥页岩井段扩径问题,开辟了新的途径。

一、现场应用工艺要点

1. 钾基石灰钻井液的基本组分

(1) 膨润土 7%～10%(重量体积比,下同),或抗盐土 6%～7%。

(2) 钙基防塌剂 1%～1.5%,其主要成分为:石灰 43%,沥青质 57%。沥青质加入石灰中可防止石灰受潮结块和使用时扑面呛鼻,沥青质还有防塌和润滑作用。

(3) 氢氧化钾 0.3%～0.8%(加量以最终将钻井液 pH 值调至 10.5～12 为准)。

(4) 铁铬盐 1%～3%。

(5) 羧甲基纤维素 0.1%～5%(或 1% 的 CMS-1)。

(6) 磺化沥青钠盐 1%～2%。

2. 配制

该体系可全井使用,配制方法如下:

(1) 基浆配制:如果钻井液用水总矿化度小于 10000mg/L,可直接加入普通膨润土进行配制;如果总矿化度达到 10000～25000mg/L 时,应先加 KOH 将配浆水的 pH 值调到 10～12后再配制;而当配浆水总矿化度大于 25000mg/L 时,最好改用抗盐土配浆。

（2）当基浆充分水化（24h 以上）后，按比例加入铁铬盐、氢氧化钾和钙基防塌剂，然后加入羧甲基纤维素和磺化沥青。

（3）测定钻井液性能，视情况适当补加一些处理剂进行调整，最终将钻井液密度加重到设计要求即可。

3. 转化

鉴于聚合物钻井液具有固相含量低、剪切稀释特性好并有利于高压喷射钻井等特点，而钾基石灰钻井液的优势在于防止或减轻沙河街组泥页岩的坍塌，因此在馆陶组以上地层，一般仍使用聚合物钻井液，进入沙河街组前才转化为钾基石灰钻井液。转化方法如下。

（1）转化时机：二开井在馆陶组底部进行转化；技术套管下入馆陶组的三开井，在技术套管内一次完成转化。无论二开井还是三开井，都应该在进入主要坍塌层位前转化。

（2）转化方法：首先应取井浆作好地面小型试验，以确定水和各种处理剂的最佳加量。转化时先加水将钻井液密度降至 $1.10g/cm^3$ 左右，最高不超过 $1.15g/cm^3$，然后在 1～2 个循环周内将处理剂均匀加入。加药顺序十分关键，因为当钻井液中加入各种处理剂后，会产生一系列的物理和化学变化，不但加药数量会影响到钻井液性能，而且加药顺序也会对钻井液性能产生较大影响。如，在钻井液中先加降黏剂，待黏切降低后再加钙基防塌剂，钻井液黏切不会有多大变化。但如果先加入钙基防塌剂，等钻井液黏切上升后再加降黏剂，则钻井液黏切就很难降下来。正确的作法是：先加水、降黏剂、KOH，将井浆密度调整到 $1.10～1.15g/cm^3$，漏斗黏度 20～25s，静切力 0/0，pH 值 10.5～12，再依次加入钙基防塌剂、CMC、磺化沥青钠盐、加重材料等其他处理剂，使性能达到设计要求。

4. 维护处理

及时、合适的维护处理，是保证该钻井液体系获得理想防塌效果的重要措施。除了前面提到的"加药顺序"处，还应注意以下要点。

（1）pH 值的控制：控制钾基石灰钻井液的 pH 值十分重要。pH 值偏高，钻井液中 Ca^{2+} 含量就会减少，起不到防塌和抑制造浆作用；pH 值偏低，泥浆中 Ca^{2+} 含量就会过大，造成黏、切高，滤失量大，流动性差。经 5 口井的实践及理论计算，最佳 pH 值范围为 10.5～12。

（2）K^+、Ca^{2+} 的浓度：随着钻井过程的不断进行，钻井液中 K^+、Ca^{2+} 浓度会逐渐降低。为了保证钻井液防塌能力，应定期取样进行滤液分析，及时补充 KOH 和钙基防塌剂。滤液中 Ca^{2+} 浓度控制在 200～300mg/L，K^+ 浓度控制在 2000～4000mg/L 为宜。需要注意的是，在转化完成后，严禁再使用纯碱，原因是会生成 $CaCO_3$ 沉淀，消耗 Ca^{2+}。即使在钻遇石膏层时也不必加纯碱，只需补加一些 KOH 将钻井液的 pH 值提到 12 即可。

（3）加药方法：每次处理前，测定钻井液滤液中 Ca^{2+}、K^+ 浓度，并估算其他处理剂的含量，然后据此进行小型试验，确定处理配方，并将欲加药品配成混合液按循环周均匀加入。有条件的井队，应配备带有搅拌器的专用加药罐，条件暂不具备的井队，可通过混合漏斗在 4 号罐内配胶液，然后用 1 号泵进行井内循环，2 号泵进行地面循环，将药液逐步加到井浆中。

（4）固相控制：若钻井液中有害固相含量太高，会出现加入钙基防塌剂后黏切急剧上升的现象，因此必须全井使用好固控设备，最大程度地降低钻井液中的有害固相含量。

（5）防黏卡措施：用磺化沥青钠盐配合适量消泡润滑剂，将泥饼黏附系数控制在设计范围内。

二、现场应用效果

从已试验完的 5 口井，尤其是现场处理工艺完善后的小 11－17 井看，钾基石灰钻井液对于防止大港油田沙河街组泥页岩坍塌，具有明显的效果。使用钾石灰钻井液的 5 口试验井和工艺完善后的小 11－17 井，与使用普通分散钻井液的 41 口井对比，各项指标的平均值见表 1。

表 1　使用钾基石灰钻井液与普通分散钻井液的效果对比

泥浆类型	对比井数口	完钻井深 m	钻井液成本 元/m	井径扩大率 %	钻井液引起的复杂时间 h	电测一次成功率 %	机械钻速 m/h	钻井周期 d
普通分散钻井液	41	3203	62①	12.95②	88.6	75.6	8.38③	75.98
钾基石灰钻井液	5	3356	59	5.42	9.4	100	13.21④	52.35
钾基石灰钻井液	1⑤	3234	46	3.87	0	100	14.51	22.02

注：①统计 28 口井；②统计 30 口井；③小集 14 口井；④小集 2 口井；⑤小 11－17 井。

表 1 中各项指标均表明，钾石灰钻井液确实优于普通分散钻井液。使用钾石灰钻井液的井，井径扩大率明显下降，钻井周期明显缩短，从而减少了钻井综合成本，带来了直接经济效益。同时，由于减少了油层浸泡时间，有利于油层保护，间接经济效益也是显而易见的。

三、结　论

（1）钾基石灰钻井液具有明显的抑制泥页岩吸水剥落、防止井径扩大的能力。只要正确使用，完全能将泥页岩井段的井径扩大率控制在 10％ 以下，从而减少井下复杂情况，提高电测成功率，缩短钻井及建井周期，降低综合成本，并有利于保护油层。

（2）钾基石灰钻井液在 120℃ 时不固化，并具有较高的固相容量限及较强的抗污能力，因此适用范围较广，可有于 4000m 深井。

（3）pH 值、K^+、Ca^{2+}、加药顺序及加药方法是该体系现场应用中应掌握的工艺要点。

聚合醇钻井液在沈 625－10－22 井的应用

宋元森

（辽河油田钻井一公司）

摘 要 沈北地区沙四段岩性同沈北地区其他井一样，主要为大套（500～1000m）深灰色泥岩，夹薄层油页岩，水敏性强，易水化分散引起井壁失稳。曾使用过多种防塌体系，但都没有彻底解决该层段的井壁失稳问题。络合醇钻井液以其高价的无机阳离子络合物和聚合醇双重抑制机理，基本解决了该井沙四段泥页岩剥蚀掉块、坍塌问题。

关键词 聚合醇钻井液 阳离子络合物 泥页岩 坍塌

一、地质情况简介

沈 625－10－22 井位于辽宁省新民市兴隆堡镇大荒地村南约 1km 处。完钻井深 3520m，中完井深 3150m，目的层为沙三段、沙四段和太古界。地质分层及岩性描述见表 1。

表 1 地质分层及岩性

地层	底深，m	岩 性
馆陶组	200	浅灰色砂砾岩夹灰绿色泥岩
东营组	850	灰绿色泥岩与浅灰色含砾砂岩
沙一段	1360	灰绿泥岩夹浅灰色砂岩、含砾砂岩
沙三段	2530	灰色泥岩与灰白色砂砾岩、粗砂岩、中砂岩、细砂岩呈不等厚互层
沙四段	3150	大段深灰色泥岩、浅灰色粉砂岩底部发育有灰褐色油页岩、灰黑色玄武岩、浅灰色泥化玄武岩、紫红色泥质砂砾岩
太古界	3520（未穿）	黄灰色、灰白色油斑、荧光石英岩，夹褐红色、灰色板岩，灰黄色、紫红色油迹、荧光白云岩

二、工程情况简介

井身结构：$\phi 444.5mm \times 252m + \phi 241.3mm \times 3150m + \phi 152.4mm \times 3520m$；

套管程序：$\phi 339.7mm \times 252m + \phi 177.8mm \times 3150m + \phi 127.0mm \times 3520m$。

全井各项施工顺利，起下钻畅通，完井作业顺利，固井质量合格，平均机械钻速 12.50m/h，钻井周期 43d。

三、技 术 难 点

络合醇钻井液体系主要用于解决沈北沙四段井壁稳定问题。主要技术难点在于以下几个方面。

（1）沙四井段的大套深灰色泥岩、硬脆性泥岩和灰褐色油页岩，极易水化分散，造成井壁坍塌。

（2）不同压力系数地层在同一裸眼并存，下部为平衡地层压力使用钻井液密度较高，增加了压差卡钻的机会。

（3）该井是第一次使用络合醇钻井液体系。

（4）该地区地层压力系数较高，使用钻井液密度在 $1.52\sim1.55g/cm^3$。邻井在沙四段用高密度钻房身泡组地层及部分元古界地层时，易造成井漏、井塌甚至井眼报废。

四、各井段使用的钻井液体系及施工措施

1. 0～252m

（1）钻井液体系：普通水基钻井液。

（2）施工措施：本井段地层为馆陶组，岩性主要为砂砾岩，钻井液要保持较高的膨润土含量，提高携带岩屑的能力，并使用好净化设备，保持井眼清洁，保证表层大套管的顺利下入。

2. 252～2200m

（1）钻井液体系：聚合物不分散钻井液。

（2）施工措施：本井段地层为东营组、沙一段和沙三段上部，地层岩性主要为灰绿色、灰色泥岩夹砂砾岩。灰绿色泥岩较软，易水化分散，造浆能力强，可钻性强，通常使用PDC钻头钻进，钻井液中要加入足量的强力包被剂，保持低黏低切，使用好净化设备彻底清除有害固相，加快钻进速度。

3. 2200～3150m

（1）钻井液体系：络合醇钻井液。

（2）施工措施：本井段地层为沙三段下部、沙四段和房身泡组，地层岩性主要为大段深灰色泥岩，下部有灰褐色油页岩、灰黑色玄武岩薄层。本井段是本井的施工重点和难点，具体施工措施如下：

①在进入沙四段（2530m）之前，提高钻井液密度至设计上限（$1.35g/cm^3$）。

②一次性加入 1% 的抗高温降失水剂（SMP－Ⅱ、OCL－JA），保证钻井液中压失水小于3mL，高温高压失水小于12mL。

③一次性加入 2% 的抗高温泥页岩稳定剂（OCL－ⅣB）和抗高温泥页岩抑制剂络合醇（GHP－Ⅱ），提高钻井液的抑制性。

4. 3150～3520m

（1）钻井液体系：水包油钻井液。

（2）施工措施：本井段地层为油斑、荧光石英岩和白云岩，是本井施工的主要目的层。钻井液施工要以保护油气层为主，黏度要保持在 60～80s，并使用 80 目以上的振动筛筛布和离心机，及时清除固相，保持钻井液的无固相状态。

五、钻井液的维护和处理情况

1. 0～252m 井段情况

（1）钻井液体系：普通水基钻井液。

（2）施工措施：用 12t 膨润土、0.5t 的 Na_2CO_3 和淡水配制一开所需钻井液 $80m^3$，充分水化后，加 0.2t 的 CMC 提黏至 80～100s 后一开。

2. 252～2200m 井段情况

钻井液体系：聚合物不分散钻井液。

（2）施工措施：用一开钻井液钻完水泥塞后，稀释清砂，加入 0.2t 的 Na_2CO_3、0.2t 的 FCLS 预处理，防止水泥塞污染钻井液。按 0.4％聚丙烯晴铵盐＋1％防塌降失水剂 FT－881＋0.2％强力包被剂的配比加入 0.4t 聚丙烯晴铵盐、1t 防塌降失水剂 FT－881 和 0.2t 强力包被剂，调整黏度至 36s 后二开钻进。钻井过程中每钻进 150～200m 按此配比处理一次。本井段施工顺利，一直保持了低黏低切，黏度 35～40s，动切力 3.5～5Pa。

3. 2200～3150m 井段情况

（1）钻井液体系：络合醇钻井液。

（2）施工措施：钻进至 2200m 时将钻井液由聚合物不分散体系改成络合醇体系，改型配方为：井浆＋0.5％FCLS＋0.4％NaOH＋1％SMP＋1％OCL－JA＋2％GPH－Ⅱ＋2％OCL－IVB＋0.1％强力包被剂。分别加入 0.8t 的 FCLS、0.7t 的 NaOH、1.5t 的 SMP、1.5t 的 OCL－JA、3t 的 GPH－Ⅱ、3t 的 OCL－IVB 和 0.15t 强力包被剂，改型后发现钻井液终切高达 18Pa，钻井液中小气泡较多，提密度困难，于是又加入 0.8t 的 FCLS 和 0.5t 的 NaOH，终切降至 11Pa，提密度至 $1.35g/cm^3$，后正常钻进。此后每钻进 150～200m 按 1％FCLS＋0.7％NaOH＋1％SMP＋1％OCL－JA＋2％OCL－IVB＋2％GPH－Ⅱ＋0.1％强力包被剂的配方处理一次。

4. 3150～3520m 井段情况

（1）钻井液体系：水包油完井液体系。

（2）钻井液配方：70％水＋30％柴油＋1％主乳化剂 OT＋0.4％辅乳化剂 NP－10＋0.5％提黏剂 XC＋0.3％提黏降失水剂 PAC＋1％单项封闭剂。

（3）配制、维护与处理：用原浆钻完水泥塞后，用清水替出井内钻井液，清洗循环罐，加入 $80m^3$ 清水，并将 0.4t 的 NaOH 溶于清水中，加入 1t 的 XC、1t 聚阴离子纤维素（PAC）、3t 的 OT、0.6t 的 NP－10 和 45t 柴油循环、搅拌，配制成密度为 $0.96g/cm^3$、黏度为 70s 左右的稳定乳状液后三开钻进。钻进中补充柴油，保持油水比为 3∶7；保持主、辅乳化剂足够含量，提高乳状液的稳定性；补充 XC、聚阴离子纤维素，以保持黏度在 60～80s。

各井段使用钻井液性能见表 2。

表 2　钻井液分段性能

垂深 m	密度 g/cm³	黏度 s	静切力		滤失量 mL	pH 值	塑性黏度 mPa·s	动切力 Pa	流性指数	稠度系数 mPa·s^n	膨润土含量 ％	固相含量 ％
			初切	终切								
0 ～ 252	1.09	60 ～ 80	3 ～ 5	8 ～ 15	—	8	—	—	—	—	—	—
252 ～ 2200	1.10 ～ 1.20	35 ～ 40	0 ～ 0.5	0.5 ～ 2.0	8 ～ 10	9	12 ～ 15	3.0 ～ 5.0	0.70 ～ 0.75	80 ～ 120	<4	7 ～ 11
2200 ～ 3150	1.20 ～ 1.52	40 ～ 90	2.5 ～ 4.0	11 ～ 18	3 ～ 5	9.5 ～ 11	16 ～ 24	7 ～ 10	0.55 ～ 0.65	267 ～ 580	<4	11 ～ 18
3150 ～ 3520	0.96 ～ 0.98	55 ～ 60	1.5 ～ 3.5	2.5 ～ 5.0	8 ～ 12	8 ～ 9	20 ～ 30	10 ～ 13	0.55 ～ 0.65	500 ～ 700	—	—

六、络合醇钻井液在沙三（S₃）、沙四（S₄）段的使用效果

（1）本井段施工顺利，起下钻畅通，没有遇阻遇卡现象，振动筛面上几乎见不到剥蚀掉块，中完电测一次成功，下套管、固井顺利，固井质量合格，而且钻井液使用密度较邻井低，有利于保护沙三、沙四段的油气层。与同一区块、同一构造、井深相近的邻井对比情况见表3。

表3　与邻井对比情况

井　号	沈 625 - 10 - 22	沈 625 - 12 - 22	沈 625 - 24 - 20
井型	直开发井	直开发井	开发斜井
井深，m	3520	3520	3511
S₃、S₄ 段使用钻井液体系	络合醇钻井液	聚合物分散钻井液	聚合物分散钻井液
S₄ 底深，m	3150	3150	3160
S₃、S₄ 段厚度，m	1790	1790	1860
S₃、S₄ 段使用最高密度，g/cm^3	1.52	1.55	1.57
S₃/S₄ 井径扩大率	2.41/3.75	11.76/19.61	8.9/14.13
S₃、S₄ 段复杂情况损失时间，h	无	无	井塌划眼 49
全井机械钻速，m/h	12.50	10.91	8.64
钻井周期，d	43d	46d	67d

（2）井壁稳定，平均井径扩大率远远小于邻井，井径电测曲线几乎为一条直线，机械钻速快，建井周期短。对比情况见表3。

（3）润滑效果好。本井在施工过程中未加入其他润滑剂，但起钻附加拉力扭矩小。

七、结　论

（1）络合醇钻井液体系有效地解决了该区块沙三、沙四段硬脆性泥页岩剥蚀掉块、坍塌以及起下钻遇卡遇阻等复杂情况，钻井施工顺利。

（2）该钻井液体系抑制能力强，润滑效果好，低密度条件下井眼稳定，有利于保护油气层。

（3）从与邻井的对比可以看出，该体系在满足施工要求的前提下，提高了机械钻速，缩短了钻井周期。

八、存在问题

该钻井液体系黏切较大，稀释剂用量大，气泡多，提密度困难，泵上水效率低。

高钙复合盐钻井液在沈 635 井的应用

吴军康　徐多胜

（辽河油田钻井一公司）

随着辽河油田沈北地区的进一步勘探开发，所钻井越来越深，钻井的难度越来越大，井下复杂情况越来越多，最突出的问题是沙四井段的坍塌。沙四段泥页岩易水化膨胀、剥落掉块，井壁失稳。原来使用较多的聚磺钻井液体系和 FCLS 分散钻井液体系，对于沙四段防塌能力不足，井塌、划眼等复杂情况时有发生。通过引入甲酸钾和提高钻井液中钙离子浓度，研制出强抑制性防塌钻井液体系。该体系不但具有较强抑制防塌能力，同时具有较好的油层保护能力，能满足钻井、录井、测井、固井等对钻井液的要求。现场试验表明，该体系钻井液基本解决了沈北地区深井井壁坍塌问题。

一、地 质 概 况

沈 635 井位于辽宁省新民市兴隆堡乡西 200m，属于沈 616 东块构造，设计井深 3702m，完钻井深 3830m，最大井斜 17°。该井是一口评价斜井，是当时沈北地区中完和完钻井深最深的一口井，且沙四段最长。地质分层情况见表 1。

表 1　沈 635 井地质分层情况

地　层	斜深，m
馆陶组	280
东营组	740
沙一段	1200
沙三段	2602
沙四段	3530
元古界	3830

二、工 程 简 介

沈 635 井于 2002 年 4 月 26 日开钻，2002 年 7 月 15 日交井，从 2600～3619m 使用淡水基高钙复合盐钻井液，钻井、中完、测井、固井等施工作业均非常顺利。该井是沈北地区难度较大的井，设计井深深，而且应用高密度钻井液打的井段在沈北地区是最长的。沈 635 井井身结构见表 2。

表 2　沈 635 井井身结构

序 号	井眼尺寸, mm	井段, m	套管尺寸, mm	套管下深, m
1	444.5	0~300	339.7	296
2	241	3619	177.8	3609
3	152	3830	127	3830

三、施 工 难 点

（1）东营组、沙一段地层泥岩水化分散能力强，造浆严重，要求钻井液有强的抑制能力和一定的造壁能力，防止起钻抽吸。

（2）沙四井段长 968m，为大段深灰色硬脆性泥岩，极易水化分散，造成井壁坍塌，泥岩段越长井壁稳定性越差，施工难度越大。

（3）不同压力系数地层在同一裸眼并存，下部为了平衡地层压力使用钻井液密度较高，增加了压差卡钻的机会。

（4）由于盐类物质增加，钻井液流变性调整难度增大。

（5）该井用高密度钻井液钻沙四井段地层及部分元古界地层，由于密度高易于造成井漏、井塌甚至井眼报废。

四、高钙复合盐钻井液的防塌机理

高钙复合盐钻井液体系通过在钻井液中加入石灰，钻井液中钙离子的浓度达到 500mg/L 以上，改变了黏土吸附阳离子的类型，使 Na^+ 黏土部分变成 Ca^{2+} 黏土，改变黏土的水化性能，使钻井液处于适度的絮凝和分散状态，控制分散，抑制造浆，使钻井液性能稳定。另外，钙离子具有独特的防塌能力，它可与页岩中的 SiO_2 和 Al 反应而形成不能膨胀的钙铝硅酸盐。高价离子优先吸附，可以减少复合盐中 K^+ 的消耗。通过对石灰石矿源的优选，烧制的石灰含量可达到一般石灰石 2~3 倍，可以为钻井液提供更多的钙离子，并使钻井液免受其他杂质的污染。

另外，在体系中引入了复合有机盐，其主要成分是甲酸钾和甲酸钠。甲酸复合盐稳定页岩的机理：一是，甲酸盐钻井液的滤液黏度高，使水不易进入页岩；二是，在没有裂缝的低渗透页岩地层，稳定页岩的机理是页岩相当于半透膜，在高浓度的盐水中自由水较少，水的活度低，其渗透压可使页岩孔隙中的水反向流动。这种反渗透作用使钻井液中的水流向页岩的净流量减小，结果导致页岩水化降低和毛细管压力上升缓慢。如果渗透返流比流入页岩的水流大，在近井地带就会脱水且毛细管压力降低，这些都将使地层应力和近井地带的有效应力增加，这有利于提高抑制性，有利于井壁稳定。而且，甲酸钾可以在钻井液中提供 K^+，页岩中的黏土矿物吸附了不同的离子，表现出不同的水化程度，产生不同的水化应力，页岩中的黏土发生不同程度的膨胀，其稳定性就会受到不同程度的影响。当吸附离子给页岩带来的水化应力达到足以破坏静电引力时，离子开始向外扩散，大量的水分子开始进入页岩黏土的晶格内，开始发生渗透水化。当钻井液中的离子浓度增加时，钻井液中与黏土表面吸附离子的浓度差减小，渗透水化就减弱。未水化的 K^+ 的离子半径是

2.66A°，与黏土四面体中氧原子组成的六角环的半径（2.88A°）返似。K^+ 容易进入六角环把两个黏土片拉在一起，并且离晶格中心比较近，因此引力大，使水分子不易进入晶格。而其他阳离子半径与六角环尺寸不匹配，起不到这种作用。这是其防塌原理之一。水化后的 K^+ 离子半径比伊利石层间间隙小，容易进入其中，使其水化减弱。而其他阳离子水化后的离子半径都比伊利石层间间隙大，进不去，没有这种作用。这是其防塌原理之二。该钻井液体系通过以上各能力的协同作用实现了该体系的强防塌性能。

五、体系的形成

经过反复试验，最后形成复合盐钻井液体系的配方为：淡水 + 5％土粉 + 4％复合盐 + 1％FCLS + 0.8％NaOH + 1％SPNH + 1％FD - 1 + 0.4％80A - 51 + 1.5％CaO + 3％RT - 001（Ⅱ）+ 1％油性石墨。其性能见表3。

表3　高钙复合盐钻井液体系性能表

密度 g/cm³	黏度 s	滤失量 mL	pH 值	初切力 Pa	终切力 Pa	流性指数	稠度系数 mPa·sⁿ	膨润土含量 ％	Ca²⁺ mg/L	温度 ℃
1.12	75	4.2	11	2	2	0.66	264	4.2	521	室温
1.11	53	5	11	1	1	0.68	189			90

六、性 能 评 价

1. 体系热稳定性评价

将按配方配制成的钻井液体系加入老化罐中，在150℃下滚动16h性能，然后取出冷却至70℃时测其性能，如表4。

表4　体系高温后性能

密度 g/cm³	黏度 s	滤失量 mL	pH 值	FK	终切 Pa	初切 Pa	流性指数	稠度系数 mPa·sⁿ	Ca²⁺ mg/L	温度 ℃
1.12	75	4.2	11	0.053	2.0	4	0.66	277	521	室温
1.11	53	5	11	0.053	1.50	3	0.68	288	518	90
1.12	60	5.2	10	0.053	3.0	5	0.62	286	504	滚动后70℃测

注：HTHP滤失量 = 12.4mL。

2. 膨胀性对比试验

在 NP - 01 页岩膨胀仪上测中钾中钙铁铬盐钻井液体系；无毒钻井液体系；KCl 钻井液体系和高钙复合盐钻井液体系的膨胀曲线，如图1所示。从图中可以看出高钙复合盐钻井液体系的初期性抑制好于中钾中钙铁铬盐钻井液体系、无毒钻井液体系。

3. 岩屑回收率试验

筛取 8—10 目的沙四段页岩40g，分别加入中钾中钙铁铬盐钻井液体系；无毒钻井液体系；KCl 钻井液体系：高钙复合盐钻井液体系，在 120℃ 下滚动 16h，然后用 40 目筛回收岩屑，测得回收率，如图2所示。

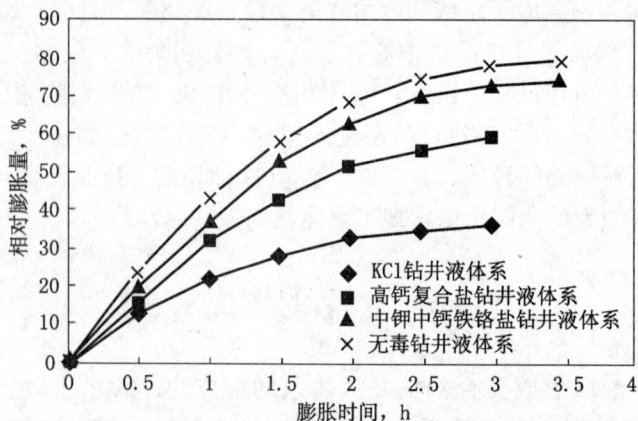

图1 膨胀曲线

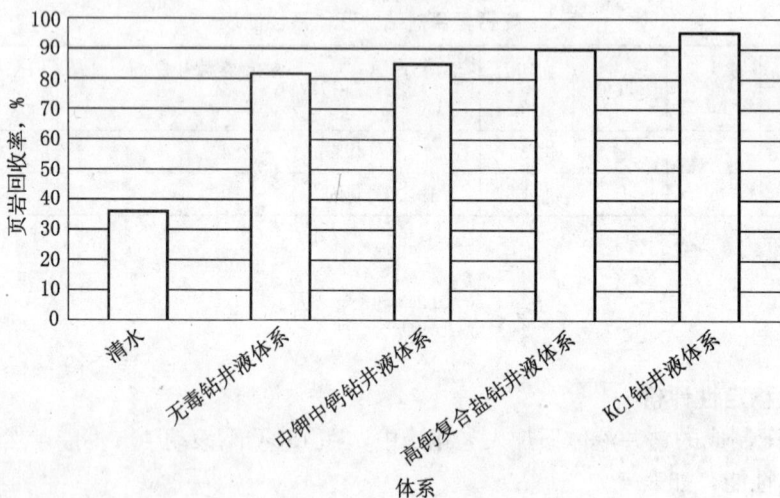

图2 钻井液体系页岩回收率直方图

从图2中可以看出，四种钻井液体系中，高钙复合盐钻井液体系对页岩的抑制性与KCl钻井液体系接近，抑制性较强。

七、现场应用

1. 沈635井概况

沈635井位于辽宁省新民市兴隆堡乡西200m，属于沈616东块构造，设计完钻井深3702m，完钻井深3830m，最大井斜17°。该井是一口评价斜井，它是沈北地区中完和完钻井深最深的一口井，且沙四段最长。套管结构与井身结构如下：

表层套管：ϕ339.7mm × 296m；技术套管：ϕ244.5mm × 3602m；尾管 ϕ127mm ×3803m。

地质分层依次为：馆陶组（280m），东营（740m），沙一段（1200m），沙三段（2602m），沙四段（3150m）房身泡组（3530m）和元古界（3830m）。

从2600～3619m使用淡水基高钙复合盐钻井液，钻井、中完、测井、固井等施工作业均非常顺利。该井是沈北地区难度较大的井，设计井深深，应用高密度钻井液打的井段在沈北地区是最长的。

2. 改型维护情况

该井钻至 2600m 时，由于将要进入易塌地层沙四井段，对钻井液进行了改型，由 FCLS 钻井液体系改为高钙复合盐钻井液体系，首次加入 2t 高钙石灰，4t 复合盐，2.6t 的 FCLS，2t 烧碱，1t 的 SPNH，1t 的 FD-1，1t 的 SMP 和 0.1t 的 80A-51，钻井液改型顺利。以后 150～200m 处理一次钻井液，处理剂为 1～1.5t 石灰，3～4t 复合盐，1～1.5t 的 FCLS，0.8～1.2t 烧碱，1t 的 SPNH，1t 的 FD-1，1t 的 SMP，0.1t 的 80A-51，以及白油、柔性石墨和磷片石墨等，聚合醇配合增强润滑，防卡。黏度控制在 60～90s（随井深增加而逐渐提高）之间，控制中压失水在 5～4mL（随井深增加而降低），高温高压失水在 12～9mL 之间（随井深增加而降低）。完井电测、下套管用 0.1t 的 SPNH，0.1t 的 FD-1，0.3t 塑料小球打封闭，保证特殊作业的顺利进行。表 5 是分段钻井液性能。

表 5　沈 635 井钻井液性能

井深 m	温度	密度 g/cm³	黏度 s	pH 值	失水量 mL 中压	失水量 mL 高温高压	初切/终切 Pa/Pa	塑性黏度 mPa·s	动切力 Pa	流性指数	稠度系数 mPa·sⁿ	Ca²⁺ mg/L	膨润土含量%
2560	常温	1.25	40	10.5	4.0		0/1	14.0	5.0	0.72	121	0	4.56
2650	常温	1.25	41	10.5	4.0	13.6	0.5/2.0	14.0	3.5	0.73	112	505	4.32
2970	常温	1.35	57	11	3.0	12.2	1.5/3.0	25.0	8.0	0.68	299	457	4.68
	90℃	1.33	50	11			1.5/2.5	19.0	6.0	0.69	425		
3400	常温	1.54	70	11	2.0	10.6	1.0/3.5	38.0	12.5	0.69	458	520	4.78
	90℃	1.52	48	11			1.0/2.5	23.0	7.0	0.70	238		
3790	常温	1.60	87	11	3.0	9.0	2.0/5.0	35.0	18.5	0.57	1041	503	4.89
	90℃	1.58	62	11			2.0/3.5	24.0	11.5	0.60	564		

八、使用效果

高钙复合盐钻井液体系在辽河油田非常复杂的沈北地区最深的一口井首次使用，使用井段是沈北沙四、沙三井段，使用井没有出现大段井塌划眼现象，开泵正常，电测和下套管顺利，井径较规则，该钻井液体系满足了钻井、录井、测井、固井的要求，提高了钻井速度，保护了油气层，使沈北沙河街组地层的泥页岩失稳问题基本得到解决，钻井液性能稳定，达到了研究目的。高钙复合盐在沈 635 井的应用证明，这一钻井液体系能够满足沈北地区深探井易塌井段的施工要求。

（1）良好的润滑效果。沈 635 井斜 17°，起下钻、接单根等附加拉力小，电测、下套管顺利。

（2）携岩能力强。钻井液具有较高的动塑比，将尖峰形流型改变为层板形流型，减少了钻井液对井壁的冲刷，提高了携岩能力。

（3）优良的抗温稳定性。下钻到底后开泵顺利，中途不需要打通水眼，完井阶段钻井液性能稳定。

（4）良好的井壁稳定能力，井壁稳定，没有发生井塌划眼现象，起下钻均较顺利。

九、认识和体系

（1）使用高钙复合盐钻井液体系满足了沈北地区沙河街组地层的钻井、录井、测井、固井及环保对钻井液的要求。

（2）高钙复合盐钻井液体系抑制能力强，性能稳定，井壁稳定，井下安全，具有明显的防塌效果。

（3）高钙复合盐钻井液体系抗温能力强，满足了沈北地区最深井完井的抗温要求。

海水 KCl 钻井液在仙鹤 4 井的应用

李先锋　吴军康

（辽河油田钻井二公司）

摘　要　本文详细介绍了海水 KCl 钻井液体系的形成过程及在仙鹤 4 井的应用情况。实践表明，该钻井液体系抑制能力强、防塌能力强，性能稳定，维护简单，适用于海上钻井作业。

关键词　KCl 钻井液　提黏剂　降滤失　润滑剂

一、地 质 情 况

仙鹤 4 井位于辽河海南构造仙鹤 4 圈闭，是一口预探直井，完钻井深 3470m。由浅海平台在浅海区施工，环保要求高。仙鹤构造地层情况见表 1。

表 1　仙鹤构造地层情况

地 层 时 代				地层 m	岩性描述
界	系	组	段		
新生界	上第三系	馆陶组		1522.5	灰白色砂岩、砂砾岩夹灰色泥岩，与下伏地层呈不整合接触
	下第三系	东营组	Ed1	2794	灰白色砂岩、砂砾岩与绿灰色泥岩互层
			Ed2		上部为灰色细砂岩、粉砂岩与深灰色泥岩互层，底部为浅灰色砾状砂岩
			Ed3		灰色细砂岩、粉砂岩与灰色、深灰色泥岩互层
		沙河街组	S$_{1-2}$	2995.4	中上部为深灰色质纯泥岩，下部为灰色含钙、含砾砂岩夹泥岩
			S$_3$	3470 未穿	上部主要为灰色泥岩夹浅灰色细粉砂岩；中下部为灰色细砂岩、粉砂岩、砂砾岩夹深灰色泥岩

二、工 程 简 介

仙鹤 4 井由胜利 3 号平台施工，辽河钻一泥浆公司负责钻井液施工，于 2004 年 4 月 15 日开钻，2004 年 6 月 14 日交井，全井施工顺利。井身结构见表 2。

表 2　仙鹤 4 井井身结构

序　号	井眼尺寸，mm	井段，m	套管尺寸，mm	套管下深，m
1	660.4	0～69	508	67.57
2	346	72～1751.30	273.05	1746.26
3	241.3	1751.30～3470	139.7	3462.31

三、施 工 难 点

（1）东营组、沙河街组的地质情况复杂，富含以蒙脱石、伊蒙混层为主的泥岩，含 SO_4^{2-}、CO_3^{2-}，存在强坍塌应力及由沉积引起的超高压地层流体。邻井架东1井在钻井过程中井壁失稳、缩径、垮塌、阻卡严重，由于 SO_4^{2-} 影响钻井液流变性难以控制。

（2）不同压力系数地层在同一裸眼并存，增加了钻探难度。

（3）为了降低成本，本井首次使用海水配制 KCl 钻井液。

（4）该井在浅海区域施工，钻井液体系必须满足海洋环保要求。

四、室 内 实 验

室内实验的目的是要确定海水 KCl 钻井液体系的组成。

1. 两种基浆为确定

（1）在海水中加入 0.25％的 NaOH、0.5％的 $NaCO_3$、3％海水造浆粉和 10％膨润土，充分搅拌 3～5h 后，在室温下静置老化 24h 形成待用基浆 A。

（2）在海水中分别加入 10％、15％、20％、25％的基浆 A 和 10％KCl，搅拌 3～5h 后测定其漏斗黏度 FV，作 FV 与基浆 A 加量的关系图（如图 1 所示）。

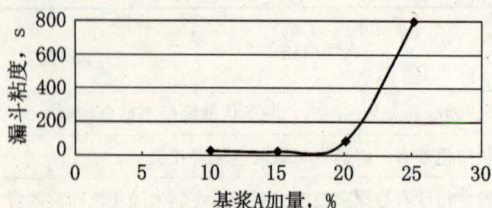

图 1　膨润土加量实验图

从图 2 中可以看出，KCl 加量在 7％～8％时页岩膨胀量基本相同，因此将 KCl 含量定为 7％。

根据图 1 和国内外使用 KCl 钻井液体系的经验及辽河海上地层的特点，我们将海水 + 15％基浆 A + 10％KCl 作为基浆 B。

2. KCl 加量的选择

在海水 + 15％基浆 A 中分别加入 3％、5％、7％、8％KCl，用 NP - 01 页岩膨胀仪测膨胀曲线，如图 2 所示。

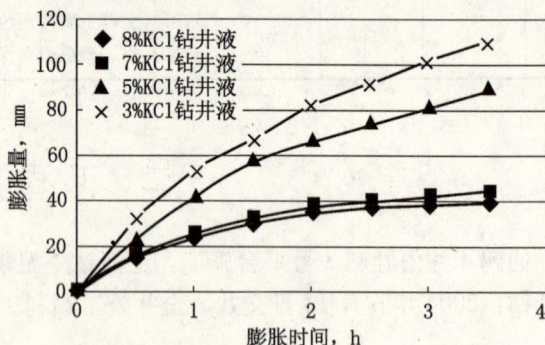

图 2　钻井液中 KCl 含量确定膨胀曲线图

3. 提黏剂的种类及加量的选择

（1）提黏剂种类的确定。

我们参考国内外 KCl 钻井液体系使用提黏剂的情况，并结合辽河油田的特点，决定以改性淀粉、复合金属离子、CMC 作为提黏剂的研究对象。在海水 + 15％基浆 A + 7％KCl 的钻井液中加入 1％改性淀粉、0.25％复合金属离子、0.25％CMC（从成本考虑了其加量）。提黏结果见表 3。

从表 1 中可以看出在用同样的成本的情况下使用复合金属离子提黏比较合适。

（2）提黏剂加量的确定。

表 3　提黏剂种类优选表

性能 加入种类	黏度，s	120℃滚动 16h，70℃测黏度，s	API 滤失量，mL
钻井液 + 1%改性淀粉	32	28	34
钻井液 + 0.25%复合金属离子	35	33	26
钻井液 + 0.25%HV - CMC	31	29	28

在海水 + 15%基浆 A + 7%KCl 的钻井液中加入 0.25%、0.5%、0.75%、1.00%的复合金属离子，做复合金属离子加量与黏度的关系曲线图，如图 3 所示。

从图 3 中可以看出，复合金属离子加量在 0.5%时提黏效果较好，钻井液黏度较合适。

4. 降滤失剂种类及加量的选择

（1）降滤失剂种类的确定。

结合海上使用海水钻井液的经验，以 SPNH、KH - 931、SMP 作为选择降滤失剂的研究对象。在海水 + 15%基浆 A + 7%KCl + 0.5%复合金属离子的钻井液中加入 1.8% SPNH、1.5%KH - 931、1.4%SMP（Ⅱ），降滤失结果见表 4。

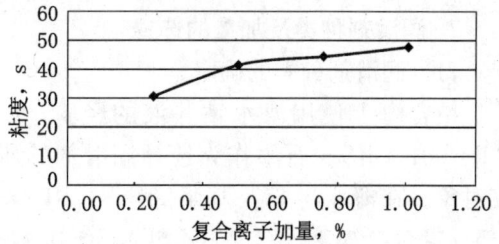

图 3　复合离子加量优选

表 4　降滤失剂种类优选表

性能 加入种类	黏度，s	API 滤失量，mL
钻井液 + 1.5%SPNH	29	12
钻井液 + 1.5%KH - 931	32	18
钻井液 + 1.5%SMP（Ⅱ）	31	14

在成本几乎相同的情况下，使用 SPNH 做为降滤失剂比较合适。

（2）降滤失剂加量的确定。

在海水 + 15%基浆 A + 7%KCl + 0.5%复合金属离子的钻井液中加入 1.0%、1.5%、2.0%、3.0%的 SPNH，做 API. FL—SPNH 加量曲线图，如图 4 所示。

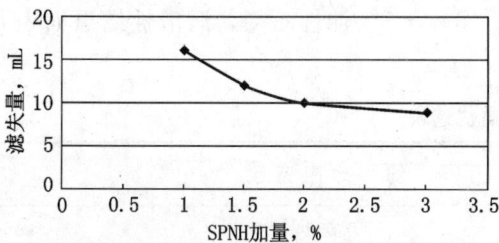

图 4　SPNH 加量的优选图

从图 4 中可以看出，SPNH 在 2%时降滤失效果较好且成本较低。

5. 包被剂种类及加量的选择

结合海上使用海水钻井液的经验，以 80A -51、乳胶大分子、K - PHP 作为研究对象，进一步提高钻井液抑制剂性能及包被无用钻屑、黏土的能力。在海水 + 15%基浆 A + 7% KCl + 0.5%复合金属离子 + 2.0%SPNH 的钻井液中加入 0.3%的 80A - 51、0.3%乳胶大分子、0.3%的 K - PHP，对其抑制性进行评价，结果如图 5 所示：

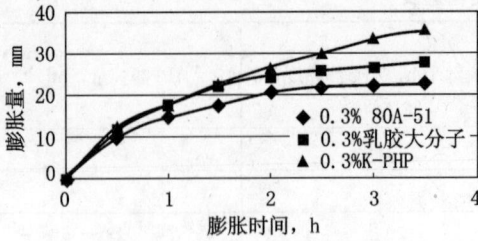

图 5　抑制剂种类优选图

在几乎同样成本的情况下，使用 80A-51 做为抑制剂比较合适。

6. 抑制剂加量的确定

在海水 + 15％基浆 A + 7％KCl + 0.5％复合金属离子 + 2.0％SPNH 的钻井液中分别加入 0.3％、0.4％、0.5％、0.6％的 80A-51，做膨胀曲线图（如图 6 所示）。从图 6 中可以看出，80A-51 加量在 0.4％、0.5％时抑制效果差别不大，考虑到成本因素，选用 80A-51 加量为 0.4％较好。

7. 润滑剂种类及加量的选择

（1）润滑剂种类的确定。

结合海上使用海水钻井液的经验，以 RT-001（Ⅱ）、石墨作为选择润滑剂的研究对象。在海水 + 15％基浆 A + 7％KCl + 0.5％复合金属离子 + 2.0％SPNH + 0.4％ 80A-51 的钻井液中加入 3％ RT-001（Ⅱ）、4％油性石墨、1.5％RT-001（Ⅱ）+ 2％油性石墨，润滑性见表 5。

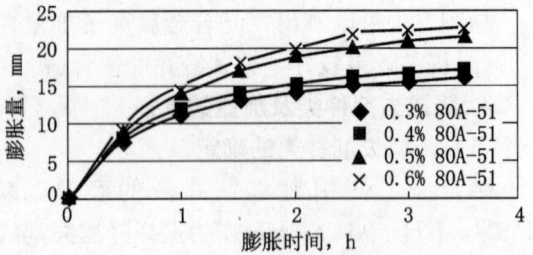

图 6　80A-51 加量优选图

表 5　润滑剂种类优选表

性能 加入种类	滤饼摩阻系数
钻井液 + 3％RT-001（Ⅱ）	0.0787
钻井液 + 4％油性石墨	0.0699
钻井液 + 1.5％RT-001（Ⅱ）+ 2％油性石墨	0.0612

从表 5 中可以看出在几乎同样成本的情况下，使用 RT-001（Ⅱ）与石墨复配做为润滑剂比较合适。

（2）润滑剂加量的确定。

在海水 + 15％基浆 A + 7％KCl + 0.5％复合金属离子 + 2.0％SPNH + 0.4％80A-51 的钻井液中分别加入 2％RT-001（Ⅱ）+ 1％油性石墨、3％RT-001（Ⅱ）+ 1％油性石墨、2％RT-001（Ⅱ）+ 2％油性石墨、2％RT-001（Ⅱ）+ 3％油性石墨，润滑性结果如表 6 所示。

表 6　润滑剂加量优选表

性能 加入种类	滤饼摩阻系数
钻井液 + 2％RT-001（Ⅱ）+ 1％油性石墨	0.0524
钻井液 + 3％RT-001（Ⅱ）+ 1％油性石墨	0.0612
钻井液 + 2％RT-001（Ⅱ）+ 2％油性石墨	0.0437
钻井液 + 1.5％RT-001（Ⅱ）+ 3％油性石墨	0.0612

从表中可以看出，在石墨与 RT-001（Ⅱ）的复配中，2%RT-001（Ⅱ）+2%油性石墨的润滑性好。

8. 海水 KCl 钻井液体系的形成及性能

最后形成 KCl 钻井液体系的配方为：海水+15%基浆 A+7%KCl+0.5%复合金属离子+2.0%SPNH+0.4%80A-51+3%RT-001（Ⅱ）+1%油性石墨。其性能见表 7。

表 7　KCl 钻井液体系性能表

密度 g/cm³	黏度 s	滤失量 mL	pH 值	初切 Pa	终切 Pa	流性指数 n	稠度系数 mPa·s^n	膨润土含量 %	KCl 含量 %	温度 ℃
1.12	45	5	10	1	2	0.72	176	0.73	5.7	室温
1.11	43	5	10	0.5	1	0.74	156			90

五、海水 KCl 钻井液体系的评价及抗污染能力测试

1. KCl 钻井液体系的评价

1）体系热稳定性评价

将按配方所形成的钻井液体系置入老化罐中，在 150℃下滚动 16h，然后冷却至 70℃时测其性能。结果见表 8。

表 8　KCl 钻井液体系抗温性能表

密度 g/cm³	黏度 s	滤失量 mL	pH 值	初切力 Pa	终切力 Pa	流性指数	稠度系数 mPa·s^n	温度 ℃
1.12	45	9	10	1	2	0.72	176	室温
1.11	43	10	10	0.5	1	0.74	156	90
1.12	44	10.5	9.5	0.5	1.5	0.72	168	滚动后 70℃时测量

2）体系抑制性实验

（1）膨胀性对比实验。

在 NP-01 页岩膨胀仪上测①无毒钻井液体系、②有机硅钻井液体系、③硅氟钻井液体系和④KCl 钻井液体系的膨胀曲线，如图 7 所示。从图中可以看出 KCl 钻井液体系初期抑制性好于无毒钻井液体系、硅氟钻井液体系和有机硅钻井液防塌体系。

（2）岩屑回收率实验。

筛取 8-10 目的沙四段页岩，分别加 40g 于 KCl 钻井液体系、有机硅防塌体系、无毒钻井液和硅氟钻井液体系中，在 120℃下滚动 16h，然后用 40 目筛回收岩屑，测得回收率，如图 8 所示。

从图 8 中可以看出三种钻井液体系

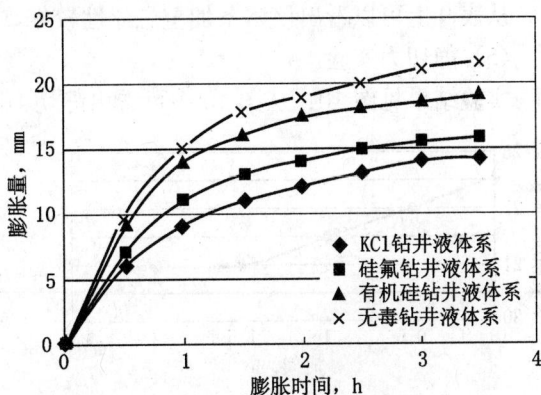

图 7　体系抑制性对比图

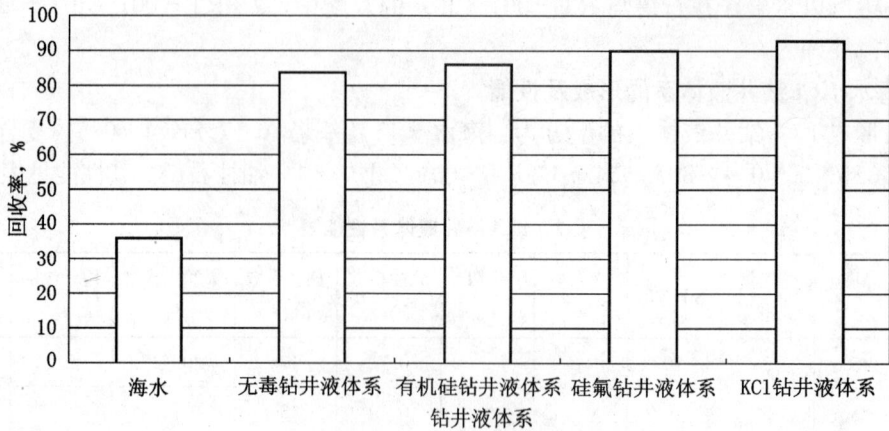

图 8　钻井液体系页岩回收率对比图

中，KCl 钻井液体系对页岩的抑制性最强。

（3）剪切实验。

钻井液在转速为 11000r/min 的 5 轴高速搅拌器上连续搅拌，作搅拌时间与表观黏度的关系图，如图 9 所示。从图上可以看出 KCl 钻井液体系抗高速剪切较好。

（4）加重悬浮实验。

原体系分别加重到 1.30g/cm³、1.45g/cm³，性能见表 9。

表 9　体系加重悬浮实验表

序号	密度 g/cm³	黏度 s	滤失量 mL	pH 值	初切 Pa	终切 Pa	流性指数	稠度系数 mPa·s^n	温度 ℃
I	1.30	55	5.2	10	1.0	2	0.68	214	室温
	1.29	42	5.4	9.5	1.5	2	0.70	182	恒温 120℃，滚动 16h
	1.29	46	6.0	10	1.5	2.5	0.69	234	恒温 120℃静止 24h
II	1.50	58	5.0	10	1.5	2.0	0.67	289	室温
	1.49	45	5.2	10	1.5	2.0	0.66	273	恒温 120℃滚动 16h
	1.49	47	5.0	10	1.5	3.0	0.68	256	恒温 120℃静止 24h

从表 9 上可以看出该体系加重悬浮性较好，密度在 1.50g/cm³ 内可调。

（5）静切力实验。

实验结果见图 10：从图 10 中可看出静切力随着时间的延长超过 1h 后缓慢增长。

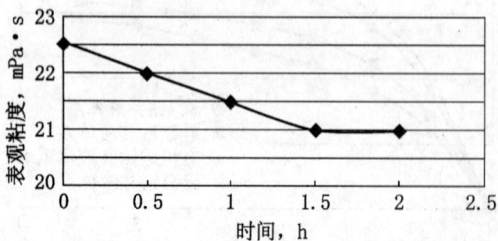

图 9　体系抗剪切实验图

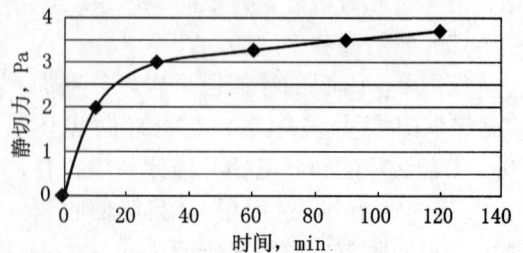

图 10　静切力与时间关系图

2. KCl 钻井液体系抗污染能力测试

（1）海水容量限的测定。

在体系中分别加入6%、8%、10%海水，测试结果见表10。

表 10　KCl 钻井液体系海水容量限性能测试表

性能 体系	黏度 s	滤失量 mL	高温高压失水 mL	初切/终切 Pa/Pa	流性指数	稠度系数 mPa·s^n
KCl 体系	45	5	14.3	1.0/2.0	0.72	176
+5%水	43	6	15.0	1.0/1.5	0.74	156
+10%水	38	6.5	15.6	0.5/1.5	0.80	123
+15%水	31	18.0	30.8	0.5/1.0	0.87	87

表 10 表明该体系海水容量限是 10%。

（2）膨润土容量限的测定。

向 KCl 钻井液中分别加入2%、4%、6%、8%、10%膨润土后测其性能。测量结果见表11。

表 11　KCl 钻井液体系膨润土容量限性能测试表

性能 体系	黏度 s	滤失量 mL	高温高压失水 mL	初切/终切 Pa/Pa	流性指数	稠度系数 mPa·s^n
KCl 体系	45	5	14.3	1.0/2.0	0.72	176
+2%黏土	47	5	12.8	1.0/2.5	0.70	187
+4%黏土	52	4.5	12.0	1.5/3.0	0.68	234
+6%黏土	86	4.0	11.6	2.0/3.5	0.54	457

由表 11 可以看出，KCl 钻井液的黏土容量限为 4%。

（3）水泥侵实验。

在体系中分别加入4%、6%、8%、10%水泥，实验结果见表12。

表 12　KCl 钻井液体系抗水泥污染性能测试表

性能 体系	黏度 s	滤失量 mL	高温高压失水 mL	初切/终切 Pa/Pa	流性指数	稠度系数 mPa·s^n
KCl 体系	45	5	14.3	1.0/2.0	0.72	176
+6%水泥	46	5	14.8	1.0/2.5	0.70	187
+8%水泥	48	5.6	15.6	1.5/3.0	0.67	256
+10%水泥	50	6.0	16	3.0/5.0	0.64	287
+12%水泥	78	9.0	20	4.5/8.5	0.52	489

从表 12 可以看出体系可抗 10%的水泥污染。

六、该井的地层特点及对钻井液的要求

（1）馆陶组由块状砂砾岩组成，胶结疏松，成岩性差，要求钻井液具有较好的防塌、防漏能力及较好的携悬岩能力。

（2）沙河街组地层泥岩水化分散能力强，易发生坍塌，要求钻井液的滤失量小、抑制性强、防塌能力强。

（3）本区气层发育，在施工过程中保持合理的钻井液密度，做好防喷工作，防止发生井喷。

（4）东营组地层应提高钻井液的抑制性，防止缩径及钻头泥包。

（5）该井在海上施工，应做好环保工作，防止钻进液污染海洋。

（6）加强保护油气层的措施，选用优质钻井液，使用合适的钻井液密度，对油气层进行保护。

七、钻井液分段处理维护情况

（1）0～1350m。本段下入技术套管，地层为馆陶组，钻井液体系使用海水基普通分散钻井液，钻井液黏切较高，漏斗黏度为 70～85s，钻进过程中要及时补充土粉和海水造浆粉，以保持钻井液的黏度和切力，中完前大排量彻底循环以保护井筒干净，保障电测和下套管顺利。

（2）1350～3434m。本井段是施工的重点井段，钻进液使用海水基 KCl 钻井液体系。

八、海水基 KCl 钻井液现场配制工艺

（1）使用原浆将水泥塞彻底钻穿，测量密闭罐中钻井液体积（实际 90m³）并计算表层套管内的钻井液体积（实际 86m³）。

（2）对膨润土含量进行准确测定，实际膨润土含量为 3.6%。

（3）彻底清理 1♯罐和 4♯罐的钻井液；主要是清理 1♯罐内的砂子和 4♯罐内的膨润土。

（4）按膨润土含量 1.0%（体积百分比）精确计算所需钻井液量，理论需要钻井液 49～58.5m³，实际预留 55m³；放掉多余的钻井液，将预留钻井液加水 130m³，黏度达 30s 左右。

（5）将井内钻井液全部替换，加水的同时，加入 0.3% 80A-51，1.5% 改性淀粉，0.2% 高黏 CMC，0.25% 的 NaOH，循环均匀至黏度 45s；实际加入 500kg 的 80A-51，3t 改性淀粉，400kg 高黏 CMC，500kg 的 NaOH，黏度 49s。

（6）循环均匀后加入 8% KCl，实际加入 15t 的 KCl；充分循环后黏度约 43s，然后二开。

九、海水基 KCl 钻井液现场维护调整工艺

（1）东营组按每 100m 需要 2.5t 的 KCl，300kg 的 80A-51，1.0t 改性淀粉，0.2t 的 NaOH 补充处理剂，高黏 CMC 加量以把黏度控制在 40～50s（随井深增加而逐渐提高）之间为宜，控制上部地层时 API 滤失量在 8～12ml。

（2）2800m 以后，由于地层造浆性不强，KCl 消耗量逐渐减少，按每 100m 需要 2.0t

的 KCl、200kg 的 80A‑51 和 200kg 复合金属两性离子聚合物，进行补充。

（3）2500 之后，加入 5t 的 RT‑001，润滑防卡。

（4）2500～3000m 时，地层进入易塌地层，钻井液密度、性能及处理剂使用均做了大幅度调整，以 SPNHH 和 SMP‑Ⅱ降低失水，KH‑931 封堵地层微裂隙，RT‑001 和柔性石墨配合增强润滑，防卡。高黏 CMC 使黏度控制在 50～60s（随井深增加而逐渐提高）之间，控制 API 失水在 6～4mL（随井深增加而降低），HTHP 失水在 15～12mL 之间（随井深增加而降低），典型的钻井液性能如表 13 所示。

表 13　仙鹤 3 井 KCl 钻井液性能

井深 m	温度 ℃	密度 g/cm³	黏度 s	pH 值	滤失量（mL）		初切力/终切力 Pa/Pa	塑性黏度 mPa·s	动切力 Pa	流性指数	稠度指数 mPa·sⁿ	KCl 含量%	膨润土 含量%
					中压	高温高压							
1570	常温	1.14	45	9.5	8.0		1.0/2.0	16.0	5.0	0.69	192	7.6	1.13
2010	常温	1.18	51	9.5	5.0		1.5/2.5	18.0	6.0	0.68	219	7.3	1.67
2657	常温	1.25	48	10	5.0	13.6	2.5/4.0	17.0	6.0	0.67	225	6.3	2.72
	90℃	1.25	43				2.0/3.5	15.0	5.0	0.68	183		
2901	常温	1.28	50	10	4.0	10.8	2.5/4.0	18.0	6.5	0.66	240	5.8	2.48
	90℃	1.27	44				2.0/4.0	16.0	6.0	0.65	246		
3061 ～中完前	常温	1.40	82	10	3.0	9.2	3.0/5.0	35.0	13.0	0.65	537	5.2	2.26
	90℃	1.39	66				2.5/5.0	28.0	11.0	0.64	468		
3208	常温	1.08	74	10	5.0	12.8	3.0/4.0	33.0	11.0	0.70	342	5.0	1.83
	90℃	1.08	59				2.0/3.0	26.0	9.0	0.67	342		
3396	常温	1.32	90	10	4.0	10.3	3.0/4.5	40.0	14.0	0.67	529	4.8	1.77
	90℃	1.31	68				2.5/4.0	30.0	11.0	0.66	430		
3434 ～固井前	常温	1.50	95	10	4.0	10.6	3.0/5.0	42.0	15.0	0.66	596	4.9	1.70
	90℃	1.48	72				2.5/4.5	31.0	12.0	0.64	515		

（5）3000～3434m 时，地层进入易塌地层且井底温度较高，钻井液密度、性能及处理剂使用均做了相应调整，提黏剂以聚阴离子纤维素为主，配合复合金属两性离子聚合物，黏度控制在 60～90s（随井深增加而逐渐提高）之间，以 SPNH 和 SMP‑Ⅱ降低失水，KH‑931 封堵地层微裂隙，RT‑001 和柔性石墨和聚合醇配合增强润滑防卡。控制 API 在 3～4mL，HTHP 失水在 8～12mL 之间（随井深增加而降低）。

（6）进入油气层时，按屏蔽暂堵技术要求加入了 8t 超细目碳酸钙、8t 单封、5t 聚合醇、5t 的 RT‑001 和 4t 的 EP‑11（一种油溶性树脂）进行油气层保护，即同时使用聚合醇和屏蔽暂堵技术进行油气层保护。

十、应用效果

这是海水基 KCl 钻井液第一次在辽河油田海上钻井作业中使用，取得了令人满意的效果。

（1）钻井液抑制能力强，尤其是在东营造浆地层，只要钻井液中 KCl 含量不低于 5%，钻井液性能不会有太大的变化，钻井液维护处理简单，性能稳定。

（2）钻井液的防塌能力强，进入沙三段以后，防塌成为钻井液的重点工作，本井起下钻 30 余次，连续取心 7 筒，无一次划眼复杂情况发生，井眼畅通，无任何阻卡现象。全井井径扩大率为 6%，是在海上钻井作业中井眼轨迹最好的一口井。

（3）全井中完电测和完井电测均一次到底，一次成功，井眼干净畅通。

十一、几点认识

（1）KCl 海水基钻井液体系是一种优良的钻井液体系，它性能稳定，处理维护简单，非常适合高风险、高投入的海上钻井作业。

（2）该钻井液的各项性能指标要及时测量，尤其是 KCl 含量的测定更要准确无误，根据测量结果确定处理剂的加量。

（3）固控设备要配套，最好配备 4 级净化设备，以便及时清除钻井液中的有害固相，使钻井液的性能稳定。

涠洲 12－1 北油田开发井油基钻井液应用技术

谢克姜　陈志忠　符士山　徐绍成　余可芝　林立整
（中海油田服务股份有限公司）

摘　要　北部湾的涠洲 12－1 油田的涠二段灰色泥页岩层理和微裂缝较发育、坍塌应力较大，坍塌严重，给钻井带来很大的麻烦。涠洲 12－1 南块钻开发井时，共钻 16 口丛式井，井下发生坍塌，经常出现卡钻现象。在涠洲 12－1 北块开发前，总结了涠洲 12－1 南块的经验，作了一些研究和调整，在钻井液体系上，继续使用油基钻井液，同时根据坍塌应力研究结果，钻井液密度由南块的 $1.35g/cm^3 \sim 1.40g/cm^3$，提高至 $1.55g/cm^3 \sim 1.58g/cm^3$。经过一系列的改进后，涠洲 12－1 北油田开发井钻井作业中坍塌现象明显减少，提高了钻速，缩短了钻井作业时间。

关键词　油基钻井液　开发井

一、地 质 简 况

1. 地质分层及岩性

涠一段上部杂色泥岩与浅灰色细砂岩、中砂岩不等互层；中部浅灰色砂砾岩、含砾粗砂岩、粗砂岩与杂色泥岩不等厚互层；下部浅灰色中砂岩、粗砂岩与杂色泥岩不等厚互层。以中—厚层状灰色、褐灰色泥岩为主，夹薄—中层状灰色泥质粉砂岩。涠二段上部灰色泥岩含粉砂；下部垂深 1950～2199m 为褐灰色泥岩，质纯，性硬，层理和微裂缝较发育，易水化，为易垮塌层段。如图 1 所示。

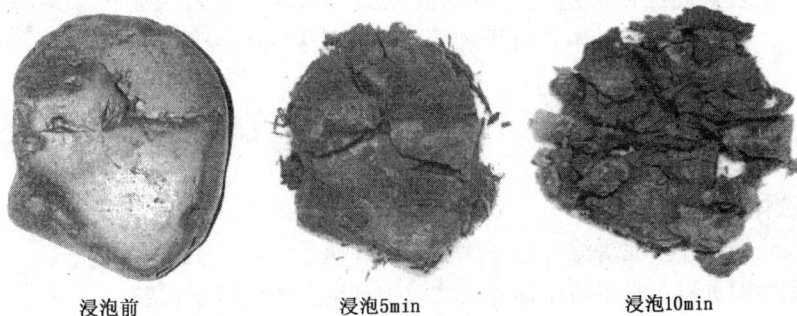

浸泡前　　　　　　浸泡5min　　　　　　浸泡10min

图 1　涠二段硬脆性泥页岩浸泡试验图

2. 硬脆性泥页岩的 X 射线衍射分析

实验结果见表 1。

表 1　硬脆性泥页岩的 X 射线衍射分析

井号	黏土矿物总量,%	黏土矿物相对含量,%					混层比,%
		伊利石	绿泥石	高岭石	蒙皂石	伊/蒙混层	
6	34.5	44.1	20.1	17.9	—	17.9	10

由上述分析结果可以看出，硬脆性泥页岩中非膨胀性黏土矿物如伊利石、高岭石和绿泥石含量较多，而不含膨胀性黏土矿物蒙皂石，伊/蒙混层中蒙皂石的混层比也很低。

3. 硬脆性泥页岩的扫描电镜分析

扫描电镜照片如图2所示（裂缝，45倍）。从扫描电镜照片上可以看出，涠洲12-1北油田硬脆性泥页岩微裂缝相当发育。

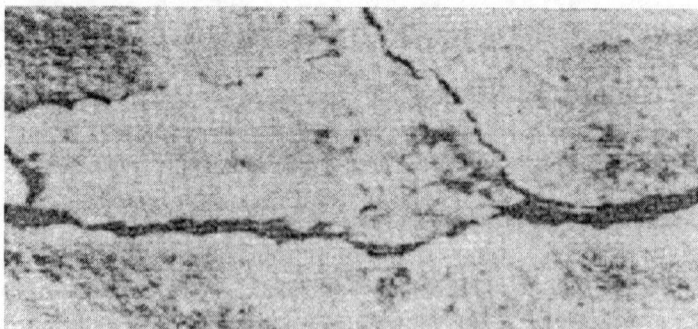

图2 硬脆性泥页岩的扫描电镜图

二、涠洲12-1油田的硬脆性泥页岩井壁坍塌机理

通过研究发现，涠洲12-1油田的硬脆性泥页岩存在着两个突出特点：一是微裂缝发育；二是伊利石、高岭石等非膨胀性黏土矿物含量比较高，其中微裂缝的存在是导致硬脆性泥页岩垮塌的直接原因，而伊利石、高岭石等非膨胀性黏土矿物的存在则是硬脆性泥页岩垮塌的内部因素。具体地讲，认为硬脆性泥页岩垮塌分两个阶段：第一步由于微裂缝的存在，导致钻井液滤液沿微裂缝侵入（需要指出的是微裂缝可能是纵横交织存在的）；第二步，若侵入滤液为水基滤液时，其中的伊利石、高岭石和伊/蒙混层等会水化膨胀（尽管它们膨胀率不高，小于5%）造成岩块受力不均，这种受力不均更加剧了滤液的侵入和微裂缝的开启，当一个岩块周围微裂缝完全被滤液充满开启时，该岩块就被水基滤液完成一次"水力切割"，于是便与周围岩体分离开来，表现为剥落掉块。

三、钻井液技术研究

1. 钻井液体系的选择

（1）常用防塌钻井液泥饼滤失速率比较如图3所示。

（2）硬脆性泥页岩在常用防塌钻井液滤液中高温高压膨胀率比较如图4所示。

（3）防塌钻井液体系的优选

油基钻井液具有强的抑制性，能防止和减少由于水敏性地层产生水化、膨胀、分散而引起的缩径或井塌；在钻遇石膏层、盐层及水泥塞时，对 Ca^{2+}、Mg^{2+}、Na^+ 等离子具有很强的抗侵污能力；由于以油为外相，油基钻井液润滑效果极佳，能大大降低钻进及起下钻具时的扭矩、阻力和张力，减少由于阻、卡引起的井下复杂事故。

中海油股份有限公司的油基钻井液滤饼滤失速率较小，滤液全部为油相，基本不会

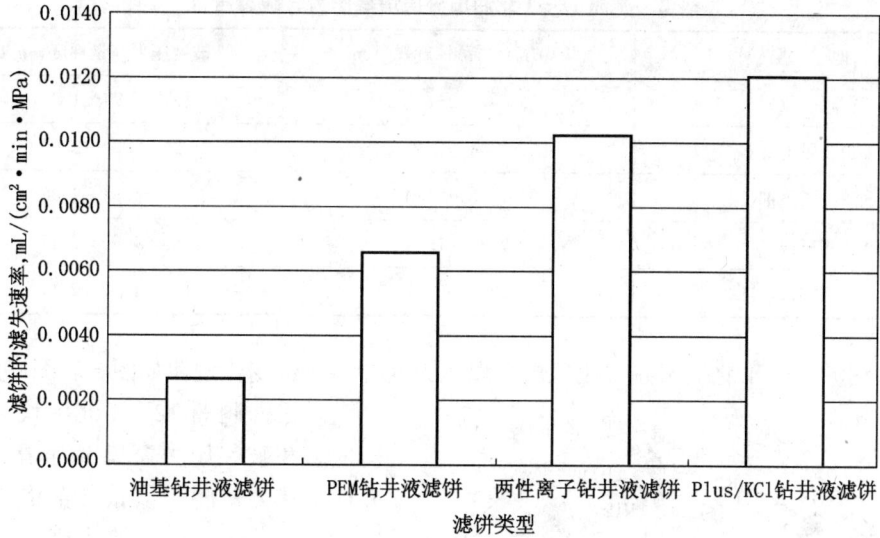

图 3 防塌钻井液体系泥饼滤失速率比较

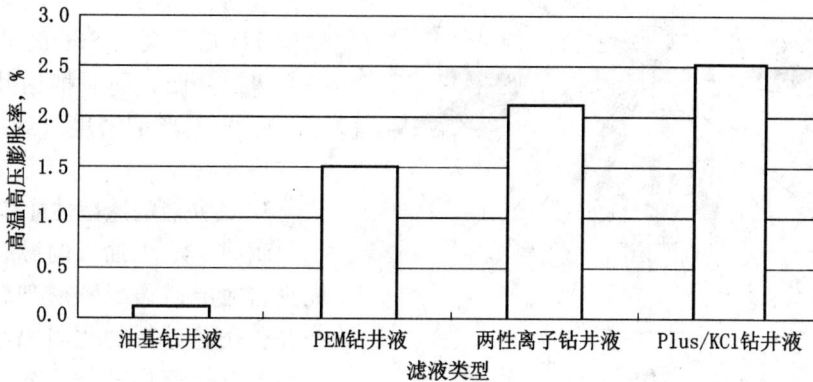

图 4 硬脆性泥页岩在防塌钻井液滤液中的高温高压膨胀率比较

引起黏土矿物和盐/膏泥岩水化膨胀，同时进入亲水性硬脆性泥页岩阻力较大，可减少水化膨胀压；使用的 PF－MOTEX 降滤失处理剂是沥青类产品，在油中分散好、封堵效果好，能阻止压力传递，有效支撑井壁，减小滤失量和滤失速度，在近井壁附近形成具有一定厚度的极低渗透率的内、外泥饼；可通过改变钻井液的润湿性，提高毛管阻力和钻井液的滤液黏度。从而能通过物理化学方法较好地减轻或解决潤二段硬脆性泥页岩的坍塌问题。

针对潤二段硬脆性泥页岩坍塌机理和剥落掉块的现象，从井壁稳定的角度出发，油基钻井液体系较水基钻井液体系有不可替代的优势；油基钻井液液相与油气层配伍性较好，具有更好的储层保护效果。

2. 合理的钻井液密度的确定

利用物理力学因素保持地层的力学平衡，防止地层坍塌与塑性变形，用径向支撑应力来稳定井眼。

（1）石油大学对潤二段灰色泥页岩的坍塌应力研究结论如表 2 所示。

表 2　润洲 12-1 北油田分层坍塌压力与破裂压力

地　　层	坍塌压力当量梯度, g/cm³	破裂压力当量梯度, g/cm³
润一段	1.25	1.74～1.92
润二段上部	1.44～1.50	1.77～2.03
润二段下部	1.30～1.40	1.84～2.08
润三段	1.33～1.39	1.96～2.17
润四段	1.40	1.97～2.11

（2）润洲 12-1 北油田润二段地层坍塌压力随井斜方位变化规律如图 5 和图 6 所示。

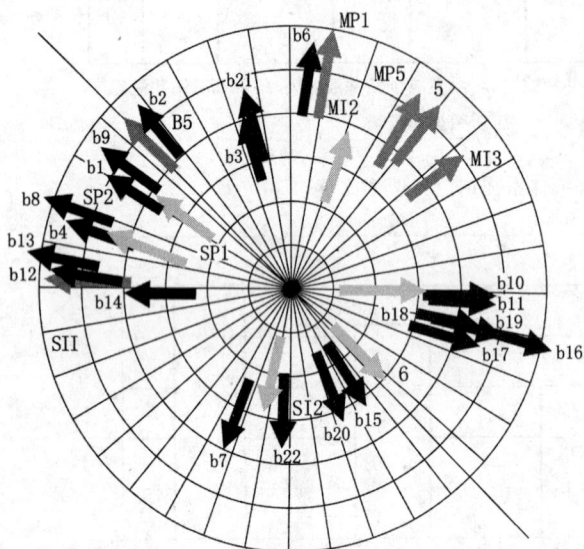

图 5　润洲 12-1 北油田井位简图

根据润洲 12-1 北区块地层坍塌应力和破裂压力窗口窄等情况综合考虑，认为钻润二段钻井液的密度不能低于 1.55g/cm³。具体措施：钻至润二段顶部（垂深 1700m）时，把钻井液密度提至 1.55g/cm³，维持该密度钻至 TD 后，泵入 8m³ 加重低黏度清洁塞清扫井眼，同时把钻井液密度提至井底循环当量密度（约 1.58g/cm³ 左右）。

3. 钻井液的造壁性能和封堵性能

润洲 12-1 油田的微裂缝硬脆性泥页岩地层微裂缝和层理较发育，应在井壁孔缝进行物化阻隔，阻止压力传递，有效支撑井壁，减小滤失量和滤失速度，使井眼—地层压力的压力系统稳定。因此，应采用封堵技术，在钻井液中加入 PF-MOTEX 和 PF-QS2，用 PF-QS2 作架桥粒子，用 PF-MOTEX 控制高温高压失水不大于 8.0mL/30min，并作为最后一级可变形填充粒子，在井壁孔缝形成具有一定厚度的极低渗透率的内、外泥饼实现物化阻隔，达到稳定井壁的目的。

4. 合理的钻井液流变性控制

在斜井中，岩屑下滑速度与岩屑受重力作用方向不一致，存在径向分量与轴向分量，即钻屑的重力被分解为一个垂直井壁的力和一个沿环空向下的力，随着井斜角的增加，钻井液返速及携砂能力越来越小（当井斜角大于 40°时，钻屑很容易在下井壁形成岩屑床）。岩屑床一旦形成，破坏并消除是非常困难的，因为钻屑在自身重力和钻屑间的摩擦力的共同作用下，远远大于钻屑与钻

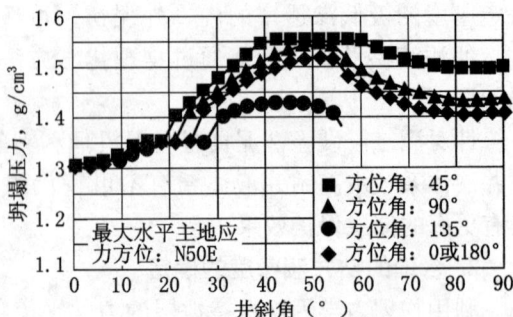

图 6　地层坍塌压力随井斜角的变化

井液的摩擦力，并且环空液流多从环空的上部通过，对岩屑的冲刺力减少，对岩屑的运移量也大大减少。

井斜角较小井段（小于45°），层流能获得最佳的井眼清洗效果，尽可能提高钻井液的动切力和动塑比，并泵入高黏稠塞来清除岩屑；大斜度井段中（大于45°），地层条件允许的话，应尽量使用紊流，清除效果更佳。但钻进大斜度井段时，由于受各种条件的限制，钻井液在环空无法达到紊流，可以通过提高钻井液的动塑比，使其在环空形成平板层流来提高岩屑的清洗和携带效果；采用泵入一段稀塞后跟一段稠塞的方法，大排量循环并不停地上下活动和转动钻具，协助清砂，防止环空岩屑浓度过高和岩屑床的形成，利用稀塞促成局部紊流来清扫岩屑床，利用稠塞悬浮和清除岩屑。

5. 合适的泵排量与环空返速的确定

泵排量与环空返速应能确保钻屑的携带（表3），又使钻井液在环空处于层流状态，减少钻井液对井壁的冲刷。

表3　用宾汉流型在直井条件下的岩屑输送率情况

钻屑大小（厚×长×宽）mm	5×8×8	10×20×20	30×60×60	40×80×80	50×90×90
环空反速，m/s	1.026	1.026	1.026	1.026	1.026
岩屑滑落速度，m/s	0.307	0.485	0.841	0.971	1.03
岩屑输送速度，m/s	0.719	0.541	0.185	0.055	−0.004
岩屑输送率，%	0.7	0.53	0.18	0.05 难以带动	无法带动
3100m深岩屑返出时间，h	1.2	1.59	4.65	15.66	∞

条件：排量3600L/min；311.2mm裸眼，5⅞in钻杆，直井；钻井液相对密度1.55g/cm³，漏斗黏度72秒/夸脱；$\phi600/\phi300.121/75$；$\phi6/\phi3.10/8$。

从表3可以看出，在直井的条件下比90mm×70mm×30mm大的岩屑基本无法被带出来，在斜井的条件下，钻井液更是无法将其带出井外。也就是说，小的坍塌物可以带出来，大的坍塌物是无法带出来。在现场，大的坍塌物是靠全程倒划眼"赶"至套管鞋，再大排量（4000L/min）循环3～5个循环周才能返出来。

国内外的大量试验证实，当井斜角30°～90°时，临界返速为0.79～1.10m/s。

四、油基钻井液现场应用技术

1. 油基钻井液的配制

油基钻井液先在码头按配方配制好，用拖轮运到平台，再加重至所需的密度。在运输过程中可能混入海水、固井时也混入海水或在平台上加入饱和盐水。

2. 油基钻井液配方组成

5♯白油＋PF－MOEMUL（主乳化剂）＋PF－MOCOAT（辅助乳化剂）＋PF－MO-GEL（有机黏土）＋PF－MOTEX（降滤失剂）＋PF－MOWET（润湿反转剂）＋生石灰＋$CaCl_2$

3. 井壁稳定技术措施

（1）地层坍塌应力释放造成的井壁失稳属于物理因素，最有效的办法是应用物理力学的方法解决。根据涠洲12-1北区块地层坍塌应力和破裂压力窗口窄等情况综合考虑,认为钻涠二段钻井液的密度不能低于 1.55g/cm³。具体措施:钻至涠二段顶部(垂深1700m)时,把钻井液密度提至 1.55g/cm³,维持该密度钻至 TD 后,泵入 8m³ 加重低黏度清洁塞清扫井眼,同时把钻井液密度提至井底循环当量密度(约 1.58g/cm³ 左右)。

(2)维护油基钻井液具有良好的乳化稳定性,保证高温高压滤液全部为油相。利用油的黏度和表面张力阻止滤液的深入,从而避免岩块周围微裂缝完全被滤液充满而开启的可能性;滤液全部为油相基本不会引起黏土矿物和盐/膏泥岩的水化膨胀,同时进入亲水性硬脆性泥页岩阻力较大,减少水化膨胀压。

(3)用 PF-MOTEX 控制高温高压失水不大于 8.0mL/30min,并在进入涠二段前加入 PF-QS2。利用 PF-MOTEX 中的可变形粒子和 PF-QS2 封堵地层中的微裂缝,阻止压力传递,有效支撑井壁;同时改善造壁能力和泥饼质量,减小滤失量和滤失速度,在近井壁附近形成具有一定厚度的极低渗透率的内、外泥饼。

(4)合理维护 PF-MOWET 的浓度,通过改变钻井液的润湿性,提高毛细管阻力和钻井液的滤液黏度。

(5)适当降低油水比和滤液的活度,从而降低油基钻井液的抑制性,使岩屑更易破碎,有利于岩屑的携带和井眼清洁。

4. 井眼清洁技术措施

(1)环空返速是净化井眼的关键。根据钻井经验,建议钻杆的环空返速大于 0.9m/s;通过使用 224.425mm 钻杆后,泵压大幅度下降,排量大幅度增加,上返速度大大提高,在 311.2mm 井眼的环空上返速度基本维持在 0.9~1.03m/s,这样大大提高了带砂能力。

(2)适当降低油水比和滤液的活度,从而降低油基钻井液的抑制性,使岩屑更易破碎,有利于岩屑的携带和井眼清洁。

(3)当涠二段井壁出现剥落情况时,建议在井底至少循环井内三个循环周时间。

(4)维护钻井液具有良好的流变性,选用合理流型和钻井液流变参数。由于涠二段地层条件不允许使用紊流,可以通过提高钻井液的动塑比,使其在环空形成宽平板层流来提高岩屑携带效果;采用泵入一段稀塞的方法,大排量循环并不停地上下活动和转动钻具,协助清砂,防止环空岩屑浓度过高及岩屑床的形成。

(5)控制钻井液中的有机膨润土含量,用 PF-MOHSV 提高 6 转和 3 转的黏度计读数,保持一定低剪切速率下的黏度,以提高岩屑携带和悬浮能力,防止停泵时形成岩屑床;严格控制初、终切力差值,尽量避免钻井液触变性过大而带来的各种不利影响,避免起下过程产生过高的抽吸和激动压力。

(6)尽可能装细目筛布和用好的离心机,有条件时可置换部分新浆,以降低低密度固相含量和钻井液重复使用易出现老化的问题;尽可能降低钻井液中的固相含量非常重要。这些固相包括老化的固相和累积的细质土(这些土主要来自所钻井眼和随重晶石(混在重晶石里)一起加入的)。

(7)除常规的稀稠塞外,同时使用木质纤维清扫塞。木质纤维材料不仅可用于控制钻井液的漏失,而且可作为改善岩屑携带能力的添加剂,或作为清洁井眼的清扫添加剂。它能降低岩屑的沉降速度,同时能使钻井液在循环速度下保持低的有效黏度,如图 7 所示。在现场使用中,当清扫塞返出时,可以看到返出的钻屑明显增多。

5. 正常钻进时油基钻井液维护处理

利用其他井回收的旧浆，混入部分新浆，并利用离心机降密度至 $1.40\sim1.45g/cm^3$，用于下口井钻进。进入潤二段前，加重至 $1.55g/cm^3$。补充钻井液是用新浆加重至 $1.45\sim1.50g/cm^3$，再补充至循环系统。正常钻进时，典型钻井液性能如表4所示。

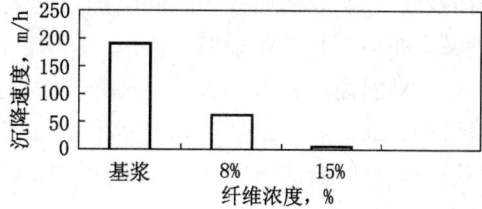

图7　木质纤维清扫塞沉降速度试验

表4　典型钻井液性能数据及设计指标

性　能	实　际	设　计
密度，g/cm^3	$1.40\sim1.60$	$1.45\sim1.60$
漏斗黏度，s	$60\sim83$	$50\sim80$
塑性黏度，$mPa\cdot s$	$40\sim55$	$25\sim40$
动切力，Pa	$8\sim15$	$5\sim13$
初切/终切（10s/10min），Pa	$3.5\sim6/8\sim13$	$3\sim7/7\sim15$
高温高压失水，mL	$4\sim6$	$\leqslant12$
油水比	$88/18\sim82/18$	$80\sim90/20\sim10$
乳化电压，V	$600-1750$	$\geqslant400$

（1）比重的调整。根据地层坍塌应力预测，调整初始钻井液比重，开始钻进。在钻进过程中，根据井下情况和返出岩屑的形状、层位，逐步调整钻井液密度。

（2）流变性。在维持足够的切力来悬浮加重材料和提供足够的携砂能力的前提下，尽可能维持低的流变性以减少喷嘴和环空压力降以获得最佳钻头水马力和最大的钻速。流变性控制主要是根据大量的室内实验，用有良好流变性的钻井液配方配制基浆；在现场上，通过控制低密度固相和合适的油水比，加基浆或少量白油稀释，并用乳化剂和润湿剂来调整。

（3）固相控制。由于固相进入油基钻井液中后会与油相接触变成油润湿，使油基钻井液的黏度、切力和密度增加，同时也会影响钻井液的费用、钻速和水马力并增加井漏的可能性，再加之油基钻井液不能排放，要回收重复使用，固相控制变得非常重要。在油基钻井液中，由于基油黏度比较大，使用的密度较高，固相从油中分离出来较困难，长时间使用离心机，也会失去大量的油，很不经济。因此，固相控制主要通过使用高频率振动筛、高目数密筛布来控制清除固相，同时补充新配制油基钻井液基浆稀释处理。

（4）电稳定性。电稳定性是测量水在连续相中被乳化的程度，是衡量乳状液稳定性的一个重要参数。通常其破乳电压大于400V。破乳电压的大小通常跟油水比、电解质的浓度、水润湿固体、处理剂、剪切状况和温度等有关。

（5）碱度。油基钻井液的碱度反映体系中的石灰剩余量。碱度用石灰调整，石灰对油基钻井液的成功与否起决定性作用，随着井底温度的增加变得更加关键。南海西部海域高温高压深井的碱度主要控制在 $1.0\sim1.5$ 间，使油基钻井液处在碱性环境中，乳化剂和其他处理剂在碱性范围内获得最佳性能，保证高温稳定性，防止酸性气体（如 CO_2、H_2S 等）污染，防止电解质电离。由于石灰有促进水润湿的趋势，同时过高的碱度也会引起流变性数值的增加，所以在加石灰的同时加入润湿剂。在钻井过程中，石灰含量会有消耗，每天检测碱度并根据其需要添加石灰。

（6）高温高压失水。通过维护降失水剂的浓度，控制高温高压失水在 4.5～8.0ml，并且滤液都是油。若高温高压失水量平稳增加，说明钻井液需要处理，可用主乳化剂或副乳化剂进行处理；若滤液中含有水，还应加入润湿剂以加强乳化作用，出水情况不允许长时间存在。

在钻进过程中，应作业者要求，把油基钻井液的滤失量降得很低。这就必需加入大量 PF－MOTEX，而 PF－MOTEX 对油基钻井液有提高漏斗黏度作用，但对提高静切力、动切力作用不大。过多加入 PF－MOTEX 势必影响到 PF－MOGEL 或 PF－MOHSV 的加入，这对提高油基钻井液的静切力、动切力不利。

钻井液的滤失量应控制在设计内适当范围，不要追求过低滤失量，同时也要保证滤液不含水。

（7）油水比的调整。正常钻进期间钻井液的油水比不能低于 80/20，如果出现油水比降低或大幅波动，则应密切检测性能变化，以确定恢复油水比的方法，混浆前进行小型地面混配试验。

在正常钻进时的油水比会自然增高。这主要是循环系统温度高（在钻井液槽处实测温度 80℃），油基钻井液中的大量水分被蒸发掉，另外作业者也要求高的油水比。高的油水比虽然对防塌有一点作用，但对油基钻井液的静切力和低剪切速率黏度有很大影响，如，5 月 22 日与 5 月 24 日的油基钻井液性能比较见表 5。

表 5 油基钻井液性能比较

日 期	油水比	黏度，s	静切力，Pa/Pa	φ6/φ3	低剪切速率黏度，mPa·s
22 日	90/10	58	4/7.5	8/6	29100
24 日	95/5	56	1.5/2	3/2	3000

由此看出油水比高到一定程度后静切力和低剪切速率黏度急剧降低。后来加入 PF－MOHSV，把漏斗黏度提到 65 秒/夸脱，而对静切力和低剪切速率黏度影响不大。

在大斜度井，携带和悬浮岩屑是非常重要的。油基钻井液的动塑比低，携带和悬浮岩屑主要是依靠高的低转速黏度来实现。所以油基钻井液的油水比应该维持适当范围内，不要追求过高的油水比。在后来作业中油水比控制在不大于 88/12。

（8）适度 Aw 控制。用 $CaCl_2$ 维护钻井液的活度，进一步提高油基钻井液的抑制性和减少固相水化。主要根据室内实验结果，在现场通过检测 Cl^- 含量的变化决定 $CaCl_2$ 的补充数量。

五、结 论

（1）涠二段油基钻井液的使用满足了作业的要求。

（2）该体系的稳定性好，携砂能力强，如井斜度小的井，无需短起下和通井，套管能顺利下至设计井深。

（3）体系的初切力、终切力差值小，避免了钻井液触变性过大而带来的各种不利影响，避免了起下钻过程可能产生过高的抽吸和激动压力。

（4）该体系在稳定井壁方面，通过采用合理的物理化学方法取得了一定的效果，但由于地层和井身结构的原因，钻井液密度使用受到限制，还没有完全解决涠二段井下坍塌以及因坍塌而带来的复杂情况等问题。

（5）215.9mm 油层段安全顺利，尾管顺利下至设计井深。

参 考 文 献

［1］张克勤，陈乐亮主编．钻井技术手册（二）钻井液．北京：石油工业出版社，1988

［2］徐同台，崔茂荣，王允良，李健主编．钻井工程井壁稳定新技术．北京：石油工业出版，1999